Quantenphysik im Überblick

Ein Buch zum schnellen Einstieg in die
verschiedenen Arbeitsmethoden der Quantenphysik

Mit MATLAB-Programmplots

von
Volker A. Weberruß

Mit 165 Bildern

R. Oldenbourg Verlag München Wien 1998

Texte, Graphikerstellung, analytische und numerische Berechnungen sowie Herstellung des Software-Manuskriptes durch

Dr. Volker A. Weberruß

Kontakt- und Auftragsadresse:
V.A.W. scientific consultation
Im Lehenbach 18
D-73650 Winterbach
Tel./Fax.: ++49-(0)7181-71224

Temporäre Web-Adressen:
E-Mail: v.weberruss@physik.uni-stuttgart.de

MATLAB ist ein eingetragenes Warenzeichen der Firma The MathWorks, Inc.

Die in diesem Buch abgedruckten Programme wurden sorgfältig getestet; deren Funktionsfähigkeit wird aber nicht garantiert. Für programmbedingte Schäden kann weder vom Verlag noch vom Autor irgendeine Haftung übernommen werden.

Für Ingeborg und Rolf,
für deren Hilfsbereitschaft und Güte
ein einfaches Dankeschön nicht ausreichen würde

Die Deutsche Bibliothek - CIP-Einheitsaufnahme

Weberruß, Volker A.:
Quantenphysik im Überblick : ein Buch zum schnellen Einstieg in die verschiedenen Arbeitsmethoden der Quantenphysik ; mit MATLAB-Programmplots / von Volker A. Weberruß. – München ; Wien : Oldenbourg, 1998
  ISBN 3-486-24418-3

© 1998 R. Oldenbourg Verlag
Rosenheimer Straße 145, D-81671 München
Telefon: (089) 45051-0, Internet: http://www.oldenbourg.de

Lektorat: Andreas Türk
Herstellung: Rainer Hartl
Umschlagkonzeption: Kraxenberger Kommunikationshaus, München
Gedruckt auf säure- und chlorfreiem Papier
Gesamtherstellung: R. Oldenbourg Graphische Betriebe GmbH, München

Vorwort

Das vorliegende Buch repräsentiert eine Überblicksvorlesung über das weite Gebiet der *Quantenphysik*. Für die Quantenphysik grundlegende Sachverhalte werden dargestellt. Neuere experimentelle Leistungen, wie beispielsweise die Erzeugung von Antiwasserstoff und Bose-Einstein-Kondensaten, werden angesprochen. Weiterführende physikalische Methoden, beispielsweise vorgegeben durch Eichfeldtheorien, werden behandelt. Ein theoretischer Ansatz zur Vereinheitlichung der Maxwellschen Elektrodynamik und der Einsteinschen Gravitationstheorie wird studiert. Abschließend wird kurz auf die Problematik der Einordnung der Quantenphysik in einen übergeordneten nichtlinearen Rahmen eingegangen.

Das Gesamtkonzept des Buches ist in allen Teilen dahingehend ausgerichtet, die Methoden der Quantenphysik im Zusammenhang mit anderen Physikdisziplinen zu sehen: So werden auf allen Ebenen Verbindungen und Bezüge zu grundlegenden Disziplinen (wie der Mechanik, der Thermodynamik und der Elektrodynamik) herausgearbeitet; die (inzwischen schon als klassische Disziplin zu wertende) Relativitätstheorie sowie neuere Disziplinen wie die Lasertheorie und die nichtlineare Physik werden in vielerlei Zusammenhängen berücksichtigt; die „klassischen Wurzeln" quantenphysikalischer Schemata werden studiert. Auch die für die moderne Physik immer wichtiger werdende numerische Methodik findet an geeigneten Stellen ihre Berücksichtigung, d. h. einige Grundelemente der Programmiertechnik und ihre Anwendung zur Lösung und Veranschaulichung von mathematischen Gleichungen werden im Zusammenhang mit speziellen physikalischen Modellen berücksichtigt. Auf diese Weise wird die Einordnung der Quantenphysik in einen größeren Rahmen möglich. Da in dem vorliegenden Buch eine große Menge wesentlicher Merkmale der Quantenphysik und ihre Bezüge zur Physik makroskopischer Systeme in vielerlei Wechselbeziehungen berücksichtigt werden und Denkansätze zur Vereinheitlichung angesprochen werden, könnte man die Darstellungsweise des Buches auch als eine „ganzheitliche" charakterisieren.

Das Buch gliedert sich in mehrere Hauptteile, die grundsätzliche gedankliche Teileinheiten markieren und die – entsprechend erweitert – auch als einzelne Bücher hätten veröffentlicht werden können. Diese Hauptteile habe ich folglich als „Bücher" bezeichnet. Das vorliegende Buch setzt sich aus sechs solchen „Büchern" zusammen, wobei in diesem Zusammenhang erwähnt werden sollte, daß die Kapitelnumerierung trotz der Einteilung in „Bücher" fortlaufend durchgeführt wird. Nach einer Einführung in das vorliegende Buch folgt das den ersten Hauptteil abgrenzende „Buch 1" mit dem Titel *Grundlagen*. Es besteht aus einem Kapitel, in welchen mathematische und gedankliche Grundlagen dargestellt und grundlegende Begriffe eingeführt werden. Das folgende „Buch 2", *Der klassische Überbau der Quantenphysik*, besteht ebenfalls nur aus einem einzigen Kapitel, in dem für den Übergang zur Quantenphysik wesentliche makroskopische Systeme und zugeordnete theoretische Behandlungsweisen auf wesentliche Bestandteile reduziert dagestellt werden. Das aus zwei Kapiteln bestehende „Buch 3", *Quantenmechanik*, behandelt nichtrelativistische sowie relativistische Strukturen der Quantenmechanik. „Buch 4", *Quantenfeldtheorie, Quantenstatistik, Elementarteilchen*, besteht aus vier Kapiteln, die sich einerseits mit der quantenfeldtheoretischen und quantenstatistischen Beschreibung von Teilchensystemen und andererseits mit grundlegenden Eigenschaften mikroskopischer Teilchen beschäftigen. Das aus einem Kapitel bestehende „Buch 5", *Numerische Aspekte der Quantenphysik*, gibt einen Einblick in einige einfache numerische Verfahrensweisen. Das „Buch 6", *Lineare und nichtlineare Aspekte der Quantenphysik*, schließt das Buch ab. Es besteht aus zwei Kapiteln, in dem spezielle lineare und nichtlineare Aspekte der Quantenphysik betrachtet, der oben angesprochene theoretische Ansatz zur Vereinheitlichung der Maxwellschen Elektrodynamik und der Einsteinschen Gravitationstheorie studiert und auf die ebenfalls angesprochene Problematik der Einordnung der Quantenphysik in einen nichtlinearen Rahmen eingegangen wird. Diese beiden letzten Kapitel sollen zum Nachdenken über zukünftige Entwicklungsmöglichkeiten der Quantenphysik anregen.

Bezüglich der Detailstruktur des Buches ist festzuhalten, daß wichtige Begriffe nicht vorausgesetzt, sondern in den jeweiligen Kapiteln explizit eingeführt, erklärt und in Relation zu anderen üblichen Gebrauchsweisen gesetzt werden. Auch sollte erwähnt werden, daß aus dem angloamerikanischen Sprachraum kommende Begriffe in der amerikanischen und nicht in der britischen Schreibweise benützt werden: beispielsweise Color und nicht Colour, Flavor und nicht Flavour. Zusätzlich hinzugefügte kleine Beispiele dienen zur Vertiefung einzelner Sachverhalte. In einzelnen Kapitel werden zudem größere Beispiele diskutiert, die den Inhalt eines größeren Abschnitts oder Kapitels umfassend illustrieren. Ist die Kenntnis mathematischer Grundlagen unumgänglich, dann wird zu Beginn eines Kapitels eine Einführung in diese mathematischen Grundlagen gegeben.

Um eine hohe didaktische Qualität zu erreichen, wurden graphische Objekte eingeführt. So trennen graue Balken kleine Beispiele und Beweise vom übrigen Text ab. Wichtige Formeln werden grau hinterlegt. Verschiedene Formen von „Labels" und ein „Button" dienen zur Hervorhebung spezieller Sachverhalte: Ein *Beachte-Label* hebt wichtige Aussagen hervor; ein *Hinweis-Label* hebt Aussagen hervor, die den Zusammenhang abstrakter und klassischer Sachverhalte mit der Quantenphysik herstellen; ein *Theorem-Label* grenzt Theoreme vom übrigen Text ab; ein *Ausrufezeichen-Label* kennzeichnet Aussagen, welche die Qualität quantenphysikalischer Formalismen illustrieren; wichtige mathematische und formale Attribute werden durch Bildlabels hervorgehoben; entspechende Labels auf der Grundlage verschiedener sachverhaltspezifischer Bilder deuten auf für das allgemeine physikalische Verständnis wichtige Aussagen hin; ein *Programm-Button* kennzeichnet Computerprogramme.

Das Buch richtet sich einerseits an Studenten der Fachbereiche Physik und Mathematik und andererseits an wissenschaftlich Interessierte aus verwandten Fachgebieten. Es soll einen schnellen und weitgehenden Einstieg in das weite Feld der Quantenphysik ermöglichen, sodaß wesentliche Vorlesungen und Veröffentlichungen über Quantenphysik schnell in ein grundlegendes Schema eingeordnet und damit leichter nachvollzogen werden können. Um dies zu erreichen, werden die vielfältigen Möglichkeiten der Quantenphysik in einer formal geschlossenen und (wie ich hoffe) didaktisch anspruchsvollen Art und Weise präsentiert.

Sicherlich läßt sich in einer derartigen Arbeit nicht jeder Aspekt zu aller Zufriedenheit würdigen. Ich hoffe jedoch, daß das Buch ein positives Echo findet.

Winterbach
April 1998 *Volker A. Weberruß*

Inhaltsverzeichnis

Symbolverzeichnis

In dem vorliegenden Buch werden durchgehende Symbolstrukturen benützt. Es ist deshalb sinnvoll, erst einmal auf die grundsätzlichen Strukturen aufmerksam zu machen. Beginnen wir mit einigen Bemerkungen zu den im Buch auftretenden grundlegenden Objektklassen:

- Grundlegende Objekte der mathematisch-theoretischen Physik sind *Tensoren*. Eine fundamentale Ausformulierung von Tensorelementen ist mittels oberer und unterer Indices möglich. Während obere Indices die Eigenschaft *Kontravarianz* andeuten, erfassen untere Indices die Eigenschaft *Kovarianz*, wobei die Zahl der (oberen bzw. unteren) Indices auf die (kontravariante bzw. kovariante) Ordnung eines Tensorelements hinweist. Diese Ausformulierung wird in diesem Buch durchgehend benützt, wenn eine der vierdimensionalen (relativistischen) Raum-Zeit-Welt angepaßte Viererformulierung zugrunde gelegt wird. Beispiele für Tensorelemente sind durch die Raum-Zeit-Koordinaten q^μ mit $\mu = 1, 2, 3, 0$ (z. B. $q^1 = x^1 = x$, $q^2 = x^2 = y$, $q^3 = x^3 = z$, $q^0 = x^0 = ct$ bzw. $q^0 = x^4 = ict$) gegeben, die entsprechend des auftretenden oberen Index μ von erster kontravarianter Ordnung sind. Nicht immer jedoch deuten in der Viererformulierung auftretende Indices die Tensorelementordnung an, dies sollte hier erwähnt werden: Christoffel-Symbole repräsentieren Beispiele dafür.
- Eine im Zusammenhang mit der Spinphysik auftretende Objektklasse bilden die *Spinoren*, die ebenfalls in ko- und kontravarianter Form auftreten können. Spinoren werden in diesem Buch in der Schriftart 𝔉𝔯𝔞𝔨𝔱𝔲𝔯 gesetzt, d. h. beispielsweise stellt $\mathfrak{S}_{(i)}$ bzw. $\mathfrak{S}^{(j)}$ einen kovarianten bzw. einen kontravarianten Elementarspinor dar. Spinorkomponenten werden ohne Klammern gesetzt und klein geschrieben, d. h. $\mathfrak{s}_i$, $\mathfrak{s}^i$ stellen die Komponenten der obigen Spinoren dar. Von einem allgemeinen mathematischen Standpunkt aus betrachtet, bilden derartige Spinoren eine noch weitergehendere Objektklasse als die Tensoren: Tensoren lassen sich aus Spinoren aufbauen. Im vorliegenden Buch spielt dieser Aspekt jedoch eine untergeordnete Rolle, weshalb diese Objektklasse erst an zweiter Stelle genannt wird.
- In der mathematisch-theoretischen Physik treten häufig abstrakte Mengen von Elementen auf, die verschiedene Arten von *abstrakten Räumen* bilden. Die zugeordneten Mengensymbole werden in der Schriftart ROMAN SPEZIAL gesetzt. Beispielsweise steht $\mathbb{H}$ für eine Menge von quantenmechanischen Zustandsvektoren, die einen *Hilbert-Raum* bilden.

Die Indexstruktur der im Buch auftretenden Objekte läßt sich weitergehend konkretisieren:

- Im Rahmen der Viererformulierung werden als Indices griechische Buchstaben μ, ν, κ, etc. benützt. Werden im Rahmen der Viererformulierung nur „räumlichen Größen" betrachtet, dann werden Buchstabenindices in der Schriftart *Times Roman kursiv* benützt, d. h. es wird i, j, k, etc. geschrieben. So werden beispielsweise die Raum-Zeit-Koordinaten q^1, q^2, q^3, q^0 in der Form q^μ ($\mu = 1, 2, 3, 0$) notiert, die Raum-Koordinaten alleine werden in der Form q^i ($i = 1, 2, 3$) geschrieben.

- Im Rahmen der Spinorformulierung werden alleine Buchstabenindices der Schriftart *Times Roman kursiv* genommen.

- Außerhalb des Bereichs der Viererformulierung und Spinorformulierung gilt folgendes: Für diskrete (abzählbare) Elemente werden ebenfalls Buchstabenindices in der Schriftart *Times Roman kursiv* benützt; für kontinuierliche (nicht abzählbare) Elemente werden (wenn es für die Darstellung günstig ist) Buchstabenindices in der *Italic-Version* i, j, k, etc. benützt. In diesem (nicht-spinoriellen, nicht auf die Viererformulierung bezogenen) Zusammenhang einzuführende Indices werden entweder innerhalb von Klammern geführt oder als untere Indices angefügt.

Elemente einer bestimmten Objektklasse lassen sich zu übergeordneten Einheiten zusammenfassen. So lassen sich Tensorelemente zu übergeordneten Tensoren und Spinorelemente zu übergeordneten Spinoren zusammenfassen. Derartigen übergeordneten Einheiten werden spezielle Symbole zugeordnet. So gilt in diesem Buch (entsprechend der obigen Ausführungen) für Spinoren die Symbolzuordnung $\mathfrak{s}_i \to \mathfrak{S}_{(i)}$, $\mathfrak{s}^i \to \mathfrak{S}^{(i)}$. Darüber hinaus sind folgende Festlegungen zu berücksichtigen:

- Unterhalb der Objektklasse der Spinoren angesiedelten übergeordneten Einheiten, deren Elemente in Form von zeilenförmigen oder spaltenförmigen Matrizen anordenbar sind (das sind insbesondere Tensoren 1. Ordnung, sogenannte *Vektoren*), werden **fette Symbole** zugeordnet oder es werden Mengenklammern { } benützt. Beispielsweise repräsentiert $\boldsymbol{x}$ die drei räumlichen Koordinaten x, y, z in einer kompakten Art und Weise.

- Unterhalb der Objektklasse der Spinoren angesiedelten übergeordneten Einheiten, deren Elemente in Form von quadratischen Matrizen anordenbar sind (das sind insbesondere Tensoren 2. Ordnung, die häufig einfach als „Tensoren" bezeichnet werden), werden serifenlose Symbole zugeordnet oder es werden Mengenklammern { } benützt. Beispielsweise stellt U eine solche Matrix dar.

- Für beliebige Matrizen gilt: Transponierte Matrizen beliebiger Ordnung werden durch das obere Symbol T dargestellt (beispielsweise bedeutet U^T die zur Matrix U transponierte Matrix), konjugiert komplexe Matrizen sind durch das zusätzliche Symbol * ausgezeichnet (beispielsweise ist U^* die zur Matrix U konjugiert komplexe Matrix) und das obere Symbol -1 deutet eine inverse Größe an (beispielsweise ist U^{-1} die zu U inverse Matrix). Das obere Symbol † zeichnet adjungierte Matrizen aus (z. B. ist $U^\dagger$ die zur Matrix U adjungierte Matrix).

- Für beliebige Matrizen der vierdimensionalen speziell relativistischen Raum-Zeit-Welt gilt speziell: Es wird das zusätzliche Zahlenwertsymbol 4 angefügt. So treten in diesem Buch folgende Größen auf: $\boldsymbol{x}^4$ (Vierervektor der Raum-Zeit-Koordinaten), $\boldsymbol{p}^4$ (Vierervektor der Energie-Impuls-Koordinaten), L^4 (Vierertensor der Lorentz-Transformation).

Ein wesentliches Merkmal jeglicher mathematisch-theoretischer Beschreibung ist das Auftreten von Operatoren:

- Operatoren erhalten das zusätzliche Symbol ^, d. h. z. B. repräsentiert $\hat{H}$ einen Operator. Ansonsten gelten die gleichen Symboldefinitionen wie für Matrizen.

Auf folgende Strukturen sei noch hingewiesen:

- Treten Größenpaare auf, bei denen ein Element durch einen oberen Balken ausgezeichnet ist, d. h. beispielsweise das Größenpaar q_i, $\bar{q}_i$, dann ist das Element mit Balken das zum Element ohne Balken konjugierte Element, wobei die Definition der Konjugation über eine partielle Ableitung der sogenannten Lagrangefunktion bzw. -dichte erfolgt. Im Buch wird diese Zuordnung ausführlich behandelt. Im Zusammenhang mit Teilchensymbolen deutet ein oberer Balken ein zugeordnetes Antiteilchen an.
- Zur Auszeichnung von Dichtefunktionen und Moden- bzw. Operatormoden wird eine $\mathcal{KALLIGRAPHISCHE\ SCHRIFTFORM}$ benützt: So steht $\mathcal{L}$ bzw. $\mathcal{H}$ für die Lagrange- bzw. die Hamiltondichte und $\mathcal{U}_i$ repräsentiert Moden.

Die wichtigsten Symbole werden im folgenden Verzeichnis aufgelistet. Griechische und grundlegende mathematische Symbole sind am Ende des Verzeichnisses aufgeführt.

$\hat{a}_i^-$, $\hat{a}_i^+$	Vernichtungs- bzw. Erzeugungsoperator für Fermionen
A	Beliebiger Skalar, Amplitude, Arbeit
A^μ, A_μ	Element eines kontravarianten bzw. eines kovarianten Tensors 1. Ordnung
$A^{\mu\nu}$, $A_{\mu\nu}$	Element eines kontravarianten bzw. eines kovarianten Tensors 2. Ordnung
A_μ^a	Eichfeldkomponente
$\boldsymbol{A}$	Beliebiger Vektor, beliebige Spaltenmatrix, Vektorpotential
$\hat{b}_i^-$, $\hat{b}_i^+$	Vernichtungs- bzw. Erzeugungsoperator für Bosonen
$\boldsymbol{B}$	Beliebiger Vektor, Vektor der magnetischen Induktion
c	Lichtgeschwindigkeit
c_V	Lichtgeschwindigkeit des Vakuums
$ct = x^0$	Zeitkoordinate mit der Dimension einer Länge
$d^3k = dk_1 dk_2 dk_3$	Infinitesimales Volumenelement im Wellenvektorraum
$d^3p = dp_1 dp_2 dp_3$	Infinitesimales Volumenelement im Impulsraum
ds	Infinitesimales Linienelement (raumzeitlicher Abstand zwischen zwei naheliegenden Raum-Zeit-Punkten)
dw	Wahrscheinlichkeitselement
$d^3x = dx^1 dx^2 dx^3$	Infinitesimales Raum-Volumenelement (alternativ: dx^i)
$d^4x = dx^1 dx^2 dx^3 dx^0$	Infinitesimales raumzeitliches Volumenelement (alternativ: dx^ν)
$d^{3N}x$	Infinitesimales raumzeitliches Volumenelement eines N-komponentigen Vielteilchensystems mit Koordinaten $x^i(l)$, $l = 1 \ldots N$, $i = 1,2,3$
$d\Omega$	Phasenraumelement
$D[\{g(i)\}] = \{g(i)\}$	Darstellung auf der Grundlage von Matrizen $g(i)$

$\boldsymbol{D}$	Dielektrische Verschiebung
D, d	Drehmatrix bzw. infinitesimale Drehmatrix
$\hat{D}$	Drehoperator (infinitesimale oder endliche Drehungen)
$\mathfrak{D}$	Dirac-Spinor
e	Positive oder negative Elementarladung
$\boldsymbol{e}_i$	Einheitsvektor
E	Energie
$\boldsymbol{E}$	Elektrische Feldstärke
f	Beliebige Funktion, Zahl der Freiheitsgrade
$\boldsymbol{f}, f_\nu$	Kraftdichte bzw. zugeordnete Komponente
F	Betrag einer Kraft, Funktional („Funktion" einer Funktion f)
$\boldsymbol{F}$	Kraftvektor
$\boldsymbol{F}_{\mathrm{G}}$	Gravitationskraftvektor
$\{F^{\mu\nu}\}, F^{\mu\nu}$	Feldtensor der Elektrodynamik bzw. Komponente
$g(i)$	Element einer Gruppe G
$\mathrm{g}(i) = D[g(i)]$	Darstellungsmatrix der Gruppe G
$g^{\mu\nu}, g_{\mu\nu}$	Metriktensorelemente
G	Newtonsche Gravitationskonstante, Gruppe
$G_{(ij)}, G^{(ij)}$	Tensor zum Herab- bzw. zum Heraufziehen von Spinorindices
$\hbar = h/2\pi$	Plancksche Konstante (h = Plancksches Wirkungsquantum)
H	Hamiltonfunktion
$\boldsymbol{H}$	Magnetische Feldstärke
$\hat{H}$	Hamiltonoperator
$\hat{H}_0$	Hamiltonoperator eines abgeschlossenen Systems
$\lambda\hat{H}_{\mathrm{S}}$	Wechselwirkungsoperator, der in vielen Fällen eine relativ kleine „Störung" repräsentiert: „Störoperator", λ gibt die Größenordnung der Störung vor
$\hat{H}_{\mathrm{B}}$	„Badoperator", Bahnbewegungsoperator
$\hat{H}^{(2)}$	Hamiltonoperator in 2. Quantisierung („quantenfeldtheoretischer Systemoperator")
$\hat{H}^{(2,\mathrm{B})}, \hat{H}^{(2,\mathrm{F})}$	Hamiltonoperator in 2. Quantisierung für Bosonen bzw. für Fermionen
$\mathcal{H}$	Hamiltondichte
$\mathbb{H}$	Hilbert-Raum
$\mathrm{i} = \sqrt{-1}, \mathrm{i}^2 = -1$	Imaginäre Einheit
I	Stromstärke ($I = \mathrm{d}Q/\mathrm{d}t$, Q = Gesamtladung), Inertialsystem
j	Gesamtdrehimpulsquantenzahl
$\boldsymbol{j}$	Gesamtdrehimpulsvektor, Stromdichtevektor
$J, J_3 = J_z$	Quantenzahl eines Drehimpulses bzw. dritte Komponente
k	Betrag eines Wellenvektors
$\boldsymbol{k}$	Wellenvektor
k^4	Viererwellenvektor
k_{B}	Boltzmannsche Konstante
K	Einsteinsche Gravitationskonstante

$\mathfrak{K}$	Klein-Gordon-Spinor
l	Bahndrehimpulsquantenzahl
$\boldsymbol{l}$	Bahndrehimpulsvektor
$\hat{\boldsymbol{l}}$	Bahndrehimpulsoperator
L	Lagrangefunktion
L^4	Vierertensor der Lorentz-Transformation
$\mathcal{L}$	Lagrangedichte
m	Magnetische Quantenzahl, Masse
m_0	Ruhemasse
M	Observable, Eigenwert einer Observablen, Anzahlgröße (z. B. Anzahl der Nebenbedingungen)
$\hat{M}$	Operator einer Observablen M (Schrödingerbild)
$\hat{M}_{\mathrm{H}}$	Operator einer Observablen M (Heisenbergbild)
$\hat{M}_{\mathrm{W}}$	Operator einer Observablen M (Wechselwirkungsbild)
n	Hauptquantenzahl, Anzahlgröße
N	Normierungsfaktor, Anzahlgröße
$O_{ij}(k), \mathsf{O}(k)$	Element einer orthogonalen Matrix mit Abzählnummer k bzw. übergeordnete Matrix
$\hat{O}$	Orthogonaler Operator
p_i	Impulskoordinate
$\boldsymbol{p}$	Impulsvektor
$\hat{\boldsymbol{p}}$	Impulsoperator
$\hat{P}_{ij}$	Projektionsoperator
P_i	Generator einer Gruppe
q_i	Beliebige (generalisierte) Koordinate
$\bar{q}_i = \partial L / \partial \dot{q}_i$	Zu q_i kanonisch konjugierte Koordinate
Q	Gesamtladung
Q_i	Komponente einer generalisierten Kraft
Q^a	Verallgemeinerte Ladung
r	Matrix, die infinitesimale Drehungen vermittelt
R	Krümmungsskalar
$R_{\mu\nu}$	Element des Ricci-Tensors
$\boldsymbol{s}$	Spinvektor
$\hat{s}_i$	Spin-Matrix
S	Wirkungsintegral (= „Wirkung"), Skalarprodukt
$\mathfrak{S}^{(j_1 \ldots j_{M'})}_{(i_1 \ldots i_M)}, \mathfrak{s}^{j_1 \ldots j_{M'}}_{i_1 \ldots i_M}$	Allgemeiner Spinor beliebiger Ordnung bzw. Komponente
t	Zeitkoordinate
T	Kinetische Energie
$\mathsf{T}, T^{\mu\nu}$	Energie-Impuls-Tensor bzw. Komponente
$u_{ij}(k), \mathsf{u}(k)$	Element einer unimodularen Matrix mit Abzählnummer k bzw. übergeordnete Matrix
$U_{ij}(k), \mathsf{U}(k)$	Element einer unitären Matrix mit Abzählnummer k bzw. übergeordnete Matrix
$\hat{U}$	Unitärer Operator

$\mathcal{U}$	Mode
$\hat{\mathcal{U}}_m$	Operatormode
v	Element eines abstrakten Raums, Geschwindigkeitsbetrag
v_i	Geschwindigkeitsvektorkomponente
$\boldsymbol{v}$	Geschwindigkeitsvektor
V	Potentielle Energie
V^4	Raumzeitliches Volumen (Vierervolumen)
$\mathbb{V}^n$	Vektorraum der Dimension n
W	Skalare Wechselwirkungsfunktion
x^i	Kartesische Raumkoordinate, $x^1 = x$, $x^2 = y$, $x^3 = z$
$\boldsymbol{x}$	Vektor der kartesischen Raumkoordinaten x^i
x^μ ($\mu = 1,2,3,0$)	Kartesische Raumkoordinaten x^i + Zeitkoordinate $x^0 = ct$
$\boldsymbol{x}^4$	Vierervektor der Raum-Zeit-Koordinaten x^i, $x^0 = ct$
$x^0 = ct$	Zeitkoordinate des pseudoeuklidischen (Minkowski-)Raums
$x^4 = \mathrm{i}ct$	Zeitkoordinate des euklidischen Raums
X	Koordinatenvektor eines Vielteilchensystems
Z	Zustandssumme

Häufig treten griechische Symbole auf. Die wichtigsten werden im folgenden aufgelistet:

α	Komplexe Zahl, Winkel
$\hat{\alpha}^i$	Matrix-Operator in der Dirac-Theorie
β	Komplexe Zahl, Winkel
$\hat{\beta}$	Matrix-Operator in der Dirac-Theorie
γ	Relativistischer Vorfaktor
$\hat{\gamma}^i, \hat{\gamma}^0$	Dirac-Matrix, spezielle Formulierung: $\hat{\alpha}^i = \hat{\gamma}^0\hat{\gamma}^i$, $\hat{\beta} = \hat{\gamma}^0$
Γ	Eulersche Gammafunktion
Γ_C	Ladungsparameter
$\Gamma^\kappa_{\mu\nu}$	Christoffel-Symbol
δ	Variationssymbol
$\delta^i_j = \delta_{ij} = \delta^{ij} = \delta(i,j)$ $= \begin{cases} 1 & \text{für } i = j \\ 0 & \text{für } i \neq j \end{cases}$	Kronecker-Delta
Δ	Differenzoperator
$\varepsilon = \varepsilon_0\varepsilon_r$	Dielektrizitätskonstante
ε_0	Absolute Dielektrizitätskonstante (auch: Influenzkonstante)
ε_r	Relative Dielektrizitätskonstante
$\eta^{\mu\nu}, \eta_{\mu\nu}$	Spezielle Metriktensorelemente (pseudoeuklidischer Raum)
$\hat{\eta}^-_i, \hat{\eta}^+_i$	Vernichtungs- bzw Erzeugungsoperator (Bosonen, Fermionen)
Θ	Winkel im Kugelkoordinatensystem
λ	Größenordnungsparameter
λ_i, λ_{ij}	Potenzreihenkoeffizienten
$\Lambda_{\{v_i(l)\}}$	Potenzreihenkoeffizient auf kompakter Beschreibungsebene
$\hat{\lambda}_i$	$SU(n)$-Generator

$\mu = \mu_0 \mu_r$	Permeabilität
μ_0	Absolute Permeabilität (auch: Induktionskonstante)
μ_r	Relative Permeabilität
ν	Frequenz
ρ	Dichtefunktion (beispielsweise: ρ_Q ... Ladungsdichte)
$\hat{\sigma}^i$	Pauli-Matrix
$\{\hat{\sigma}^i\}$	Geschlossene Darstellung der Pauli-Matrizen
ς	Linienparameter
Σ	Summenzeichen
φ, φ_i	Winkel
ϕ_i	„Zentrale Funktion"
Φ	Drehvektor (gerichtete Drehung um den Winkel φ)
$\hat{\chi}$	Symmetrieoperator
ψ, ψ_i	Quantenmechanische Feldfunktionen („Wellenfunktionen")
Ψ_i	Feldfunktion allgemein
Ψ	Vektor der Feldfunktionen Ψ_i
ω	Winkelgeschwindigkeit
Ω	Oszillator-Kopplungsstärke, Phasenraumsymbol

Wichtige Zustandsvektorsymbole zeigt die folgende Liste:

$\lvert \varphi_i \rangle$ oder $\lvert i \rangle$	Quantenmechanischer Zustandsvektor
$\langle \varphi_i \lvert \varphi_k \rangle$ oder $\langle i \lvert k \rangle$	Skalarprodukt zweier quantenmechanischer Zustandsvektoren
$\lvert \varphi_{B,i} \rangle$	Basiszustandsvektor
$\lvert \psi_t \rangle$	Zeitabhängiger Zustandsvektor (Schrödinger Formalismus)
$\lvert \psi_i \rangle$	Zeitunabhängiger Zustandsvektoren (Schrödinger Formalismus)

Häufig treten Kürzel auf, die spezielle Operatoren repräsentieren:

det	Determinante
div	Divergenzoperator
div	Tensordivergenz-Operator
Im	Imaginärteil
lim	Grenzwert
Re	Realteil

Wichtige Formelzeichen und Festlegungen zeigt die folgende Auflistung:

$\in$	„Element aus", „liegend in"
$1 = \begin{pmatrix} 1 & 0 \\ 0 & 1 \end{pmatrix}$	Einheitsmatrix
$\hat{1}$	Einheitsoperator, häufig: $\hat{1} = \begin{pmatrix} 1 & 0 \\ 0 & 1 \end{pmatrix}$
$A \otimes B$	Direktes Produkt zweier Matrizen A, B

$\{\ \}$	Mengenklammern
$<\ >$	Mittelwertklammern
$\|\ \|$	Normsymbol, enthält Spezialfall *Betrag eines Vektors* $\|\ \|$
$\mathbb{H}_1 \oplus \mathbb{H}_2$	Orthogonale Summe zweier Hilbert-Räume
$\boldsymbol{AB}$	Skalarprodukt zweier Vektoren $\boldsymbol{A}$, $\boldsymbol{B}$
$\boldsymbol{A} \times \boldsymbol{B}$	Vektorprodukt zweier Vektoren $\boldsymbol{A}$, $\boldsymbol{B}$
$\sphericalangle\, \boldsymbol{A}, \boldsymbol{B}$	Winkel zwischen zwei Vektoren $\boldsymbol{A}$, $\boldsymbol{B}$

Abschließend wollen wir noch einige wichtige Differentialoperatoren betrachten:

$$\Box = \triangle - \frac{\partial^2}{\partial x^{0^2}}$$ D'Alembertscher Operator

$$\triangle = \frac{\partial^2}{\partial x^{1^2}} + \frac{\partial^2}{\partial x^{2^2}} + \frac{\partial^2}{\partial x^{3^2}}$$ Laplace-Operator $\triangle = \nabla^2$

$$\nabla = \left(\frac{\partial}{\partial x^1}, \frac{\partial}{\partial x^2}, \frac{\partial}{\partial x^3} \right)$$ Nabla-Operator

$$\frac{\partial}{\partial x^\mu}$$ Partielle Ableitung

$$\nabla_i = \frac{\partial}{\partial x^i}$$ Nabla-Operator-Komponente $(i = 1, 2, 3)$

$$\nabla_\mu = \frac{\partial}{\partial x^\mu}$$ Vierernabla-Komponente $(\mu = 1, 2, 3, 0)$

$$\{\partial_{ij^\star}\}, \partial_{ij^\star}$$ Gemischter Spinoroperator bzw. Komponente

Konstanten[1] und Definitionen

$c_V = 2.99792458 \cdot 10^8 \, \text{m/s}$ Lichtgeschwindigkeit des Vakuums

$e = \pm 1.6027733 \cdot 10^{-19} \, \text{C}$ Positive oder negative Elementarladung

$G = 6.670 \cdot 10^{-11} \, \text{m}^3/\text{kg} \, \text{s}^2$ Newtonsche Gravitationskonstante

$\hbar = 1.05457266 \cdot 10^{-34} \, \text{Js}$ Plancksche Konstante

$h = 6.6260755 \cdot 10^{-34} \, \text{Js}$ Plancksches Wirkungsquantum

$k_B = 1.380662 \cdot 10^{-23} \, \text{J/K}$ Boltzmannsche Konstante

$m_{0,e} = 9.109534 \cdot 10^{-31} \, \text{kg}$ Ruhemasse Elektron

$m_{0,n} = 1.6747 \cdot 10^{-27} \, \text{kg}$ Ruhemasse Neutron

$m_{0,p} = 1.6726485 \cdot 10^{-27} \, \text{kg}$ Ruhemasse Proton

$N_A = 6.02 \cdot 10^{23} \, \text{Moleküle/mol}$ Avogadro-Konstante

$\varepsilon_0 = 8.854187817 \cdot 10^{-12} \, \text{As/Vm}$ Absolute Dielektrizitätskonstante

$\mu_0 = 4\pi \cdot 10^{-6} \, \text{Vs/Am}$ Absolute Permeabilität

$\mu_B = 9.274078 \cdot 10^{-24} \, \text{Am}^2$ Bohrsches Magneton

$\text{mm} = 10^{-3} \, \text{m}$ Millimeter

$\mu\text{m} = 10^{-6} \, \text{m}$ Mikrometer

$\text{nm} = 10^{-9} \, \text{m}$ Nanometer

$\text{pm} = 10^{-12} \, \text{m}$ Pikometer

$\text{Å} = 10^{-10} \, \text{m} = 0.1 \, \text{nm}$ Ångstrøm

---

[1]Die Zahlenwerte der folgenden physikalischen Konstanten sowie später noch folgende Werte von spezifischen Quantenzahlen wurden vor allem [42] entnommen.

Labelverzeichnis

Im Buch treten Labels auf, welche einzelne Sachverhalte hervorheben, wobei zwei verschiedene Klassen von Labels benützt werden: Textlabels und Bildlabels. Zusätzlich tritt ein Programm-Button auf, der Computerprogramme kennzeichnet. Auf diese graphischen Objekte wurde bereits im Vorwort hingewiesen. Betrachten wir sie im folgenden etwas genauer. Beginnen wir mit der Betrachtung der Textlabels:

Beachte-Label: hebt (bezüglich der Kerninhalte des Buches) wichtige Aussagen hervor

Hinweis-Label: hebt Aussagen hervor, die den Zusammenhang abstrakter und klassischer Sachverhalte mit der Quantenphysik herstellen; stellt Verbindungen zwischen abstrakten bzw. klassischen Sachverhalten und über die Quantenphysik hinausgehenden physikalischen Sachverhalten her

Theorem-Label: grenzt Theoreme vom übrigen Text ab

Als Ergänzung zu den Textlabels ist folgendes Bildlabel zu berücksichtigen:

Ausrufezeichen-Label: kennzeichnet Aussagen, welche die Qualität quantenmechanischer Formalismen illustrieren

Als weitere Ergänzung zu den Textlabels treten Bildlabels auf, die mathematische und formale Sachverhalte sowie verschiedene theoretisch-physikalische Strukturen hervorheben:

   Label zur Hervorhebung mathematischer Sachverhalte

   Label zur Hervorhebung formaler Sachverhalte

   Label zur Hervorhebung von Beweisstrukturen

   Label zur Hervorhebung von Aussagen, welche die Einbettung wichtiger Strukturen in übergeordnete Strukturen verdeutlichen

Zusätzlich treten Bildlabels auf, die für das allgemeine physikalische Verständnis wichtige Aussagen hervorheben. Das jeweils gewählte Bild spiegelt das jeweilige physikalische Teilgebiet wider:

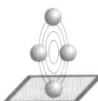   Hervorhebungslabel im Zusammenhang mit der klassischen Massenpunktmechanik und klassischen Feldtheorie

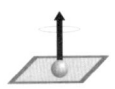   Hervorhebungslabel im Zusammenhang mit der Spinphysik

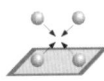   Hervorhebungslabel im Zusammenhang mit der Elementarteilchenphysik

Als letztes Label sei das folgende angegeben:

     Dieses Label steht bei hervorzuhebenden Sachverhalten, die noch ungeklärte Fragen betreffen

Der erwähnte Programm-Button hat folgendes Aussehen:

1 Einführung

Drei Theorien haben das wissenschaftliche Denken des 20. Jahrhunderts entscheidend geprägt. Zum einen die Entwicklung der *Quantentheorie* und zum anderen die Entwicklung der *speziellen* und der *allgemeinen Relativitätstheorie*. Während die Quantentheorie sich mit Materieeigenschaften beschäftigt, die im mikroskopischen – d. h. molekularen, atomaren und subatomaren – Bereich dominant sind, beschäftigt sich die allgemeine Relativitätstheorie mit in kosmischen Raum-Zeit-Dimensionen relevanten Materieeigenschaften. Ein Verbindungsglied zwischen beiden Theorien bildet die spezielle Relativitätstheorie, die eine grundlegende Raum-Zeit-Symmetrie vorgibt, der sowohl *mikroskopische* als auch *kosmologische Systeme* unterordenbar sind. Weil häufig der von einer Welt aus makroskopischen Objekten geprägten Anschauungswelt widersprechend, ist die Quantentheorie eines der faszinierendsten Gebiete der modernen Naturwissenschaften. Die der täglichen direkten Erfahrung ferne Vorstellung, daß das Vorhandensein von *Masse* mit einer *Krümmung von Raum und Zeit* gekoppelt ist, verleiht der Relativitätstheorie einen außerordentlichen Reiz. Faßt man wesentliche Aussagen dieser Theorien zusammen, dann erhält man ein Bild der *Materie*, das weit über die den Sinnen zugängliche Erfahrungswelt des Menschen hinausgeht. Durch die möglich gewordene künstliche Erzeugung von *Antimaterie* wird diese Faszination noch erhöht: ist es jetzt doch möglich, Bausteine einer „Gegenwelt" zu erzeugen, d. h. materielle Strukturen mit Eigenschaften teilweise konträr zu den Eigenschaften „gewöhnlicher Materie".

1.1 Materie

Mit dem Begriff *Materie* werden in diesem Buch alle massebehafteten (d. h. alle physikalischen) Systeme belegt. Insbesondere werden sowohl mikroskopische als auch kosmologische Systeme diesem Begriff untergeordnet. Systeme wie Atome und Moleküle bzw. Sterne und Galaxien bilden in diesem Sinne spezielle *Materieformen*. Diejenigen Systeme, welche die innere Struktur der Materie bestimmen, werden in diesem Buch als *mikroskopische Teilchen*, als *Mikroteilchen* oder kurz als *Teilchen* bezeichnet. Die Subsysteme von *Molekülen* und *Atomen*, also *Elektronen* und *Kerne*, bilden Beispiele für derartige mikroskopische Teilchen. Andere Beispiele sind durch die Subsysteme der Kerne, d. h. *Protonen* und *Neutronen*, oder durch deren Subsysteme, die sogenannten *Quarks*, gegeben. Diejenigen mikroskopischen Teilchen, welche massemäßig gesehen unterhalb der Materieebene der *Hadronen* (mit dem Proton und dem Neutron als wichtigsten Vertretern) liegen, werden im folgenden auch als *Elementarteilchen* oder als *elementare Teilchen* bezeichnet[1]. Im Sinne dieser Definition bilden die *Leptonen* (mit dem Elektron als dem wichtigsten Vertreter) sowie die *Quarks* spezielle Elementarteilchen. Auch diesem Begriff untergeordnet werden in diesem Buch die bestimmten *Wechselwirkungsfeldern* im Rahmen des allgemein gültigen *Wellen-Teilchen-Dualismus* zuordenbaren *Feldteilchen* mit verschwindender Ruhemasse, wie z. B. *Photonen* als Feldteilchen eines elektromagnetischen Feldes[2].

Legt man diesen Begriffsgebrauch zugrunde, dann läßt sich das heutige Wissen um die Struktur der hauptsächlich beobachtbaren Materieformen vereinfacht folgendermaßen beschreiben: Jede Form von Materie läßt sich auf eine Menge von *Elementarteilchen* zurückführen. Zwischen ihnen sind Umwandlungsprozesse möglich, wobei weitere elementare Teilchen auftreten. Maßgeblich für diese Umwandlungsprozesse sind drei fundamentale Wechselwirkungen, die *elektroschwache Wechselwirkung* (die sich in bestimmten Grenzfällen als *schwache Wechselwirkung* äußert) die *starke Wechselwirkung* und die *elektromagnetische Wechselwirkung*. Das Entstehen höherwertigerer Materieformen ist zurückführbar auf die starke Wechselwirkung, die elektromagnetische Wechselwirkung sowie auf eine weitere fundamentale Wechselwirkung, die *Gravitationswechselwirkung*. Diese Wechselwirkungen führen – auf Grund unterschiedlicher Reichweiten und Stärken sowie auf Grund von Wechselwirkungskompensation – zu einer Hierarchie von Materieformen mit unterschiedlichen physikalischen Eigenschaften. So führt die starke Wechselwirkung zwischen Quarks insbesondere zu der Herausbildung von *Nukleonensystemen* (Proton, Neutron, Kerne gebildet aus Protonen und Neutronen). Abhängig von der Anzahl der Protonen weisen derartige Systeme eine unterschiedliche positive elektrische Ladung auf. Durch Ankopplung von elektrisch negativ geladenen Elektronen entstehen über die elektromagnetische Wechselwirkung neutrale *Nukleonen-Elektronen-Systeme* (beispielsweise Atome, Moleküle) bzw. mehr oder weniger stark (positiv oder negativ) geladene Nukleonen-Elektronen-Systeme (beispielsweise Ionen, Plasmen). Relativ gesehen *makroskopische Objekte*, die der Sinneswahrnehmung direkt zugänglich sind, einschließlich derjenigen Materieformen, die man mit dem Begriff *Leben* umschreibt, bilden Sonderfälle derartiger Nukleonen-Elektronen-Systeme. Ihr Verhalten läßt sich insbesondere durch Prozesse beschreiben, die als *chemische Reaktionen* oder *Transportprozesse* bezeichnet werden[3]. Durch die Gravitationswechselwirkung bilden sich schließlich *Massensysteme*, d. h. Sterne, Planeten und übergeordnete kosmologische Systeme

---

[1]Es sei hier erwähnt, daß unter *Elementarteilchen* häufig Teilchen verstanden werden, die sich nicht auf eine „tieferliegendere Klasse" von Teilchen zurückführen lassen. Diese Definition soll in diesem Buch jedoch nicht zugrunde gelegt werden, hat sich im Laufe der Entwicklung der modernen Phsyik doch immer wieder gezeigt, daß als „unteilbar" angenommene Teilchen doch wieder teilbar sind. Ein historisch gesehen weit zurückliegendes Beispiel bilden die Atome. Der Begriff *Atom*, der aus dem Griechischen kommt und „das Unzerschneidbare" bedeutet, deutet darauf hin. Mit dieser Begründung wird in dem vorliegenden Buch eine etwas andere Begriffszuordnung zugrunde gelegt.

[2]wobei unter dem *Wellen-Teilchen-Dualismus* der Sachverhalt verstanden wird, daß jede Form von Materie sowohl durch eine geeignete Feldfunktion als auch durch einer solchen Feldfunktion zuordnenbare Feldteilchen beschrieben werden kann.

[3]wobei *chemische Reaktion* andeutet, daß Prozesse in der Elektronenhülle eines Atoms oder Moleküls ablaufen, und *Transportprozeß* beispielsweise den Sachverhalt andeutet, daß ionischer Ladungstransport stattfindet.

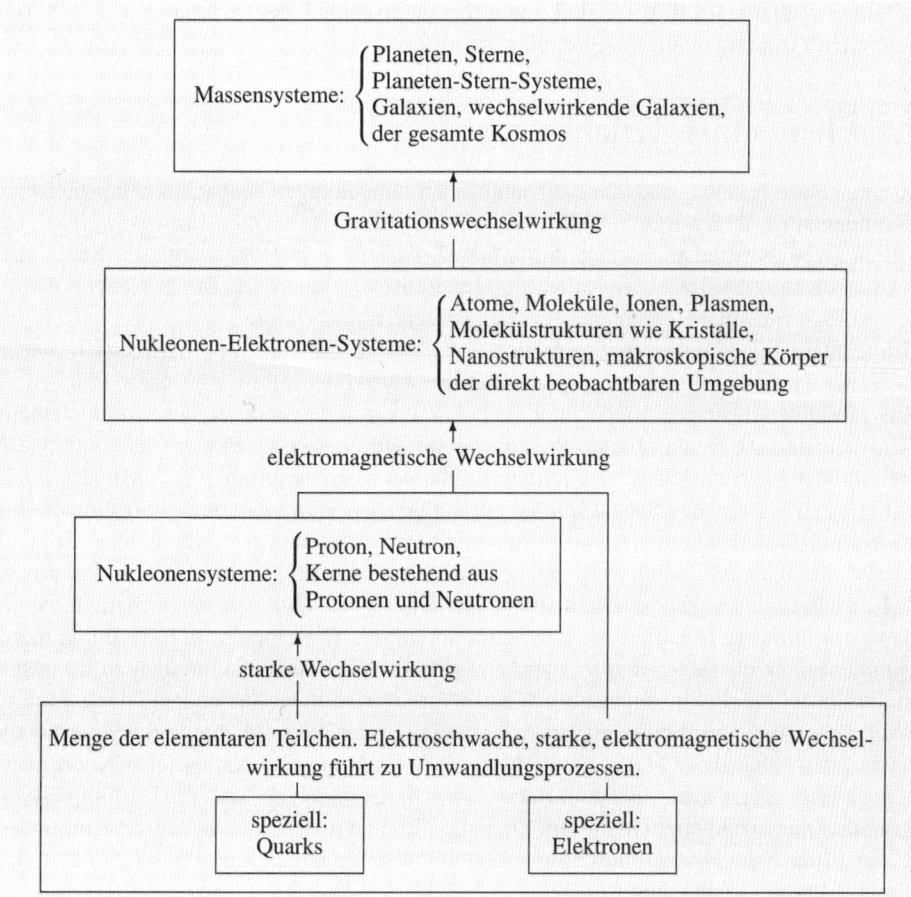

Bild 1.1 Die grundsätzliche innere Struktur der hauptsächlich beobachtbaren Materieformen. Unterschiedliche Reichweiten und Stärken der fundamentalen Wechselwirkungen sowie Wechselwirkungskompensation führen zu Systemhierarchien: Während die mit der elektroschwachen und starken Wechselwirkung verbundenen Kräfte eine relativ kurze Reichweite zeigen, hat die mit der elektromagnetischen Wechselwirkung verbundene elektromagnetische Kraft und die mit der Gravitationswechselwirkung verbundene Gravitationskraft jeweils eine (theoretisch unendlich) große Reichweite. Die Stärke der Kräfte nimmt von der starken über die elektromagnetische und die elektroschwache Kraft zur Gravitationskraft hin ab. Die Ladungen von Atomkernen und Elektronen kompensieren sich nach außen hin weitgehend, sodaß im Bereich der Massensysteme nur die Gravitationswechselwirkung eine Rolle spielt. Der Bereich der Nukleonen-Elektronen-Systeme wird auf Grund der relativen Stärke der elektromagnetischen Wechselwirkung gegenüber der Gravitationswechselwirkung und der relativ kurzen Reichweiten der elektroschwachen und starken Wechselwirkung von der elektromagnetischen Wechselwirkung bestimmt. Die relativ geringe Stärke der Gravitationswechselwirkung führt dazu, daß sie im Bereich der elementaren Teilchen vernachlässigt werden kann. In diesem Bereich sind vor allem die relativ gesehen kurzreichweitige starke und elektroschwache Wechselwirkung sowie die elektromagnetische Wechselwirkung zu berücksichtigen

wie Galaxien heraus. Im Bild 1.1 sind diese, die hauptsächlich beobachtbaren Materieformen betreffenden Zusammenhänge dargestellt.

1.1.1 Elementare Teilchen

Freie elementare Teilchen sind innerhalb natürlicher Umgebungen beobachtbar (beispielsweise als Komponenten der kosmischen Teilchenstrahlung, der sogenannten *Höhenstrahlung*) oder künstlich erzeugbar (beispielsweise durch *Streuexperimente* in Hochenergiebeschleunigern). Ihre Untersuchung ist derzeit vor allem von theoretischem Interesse. Die praktische Ausnutzung von Eigenschaften elementarer Teilchen ist derzeit noch Fiktion.

Elementare Teilchen weisen eine relativ große Menge von verschiedenartigen Eigenschaften auf, die dann auch in daraus gebildeten höherwertigeren mikroskopischen Teilchen und daraus gebildeten Systemen wiederfindbar sind. Zwei grundlegende Eigenschaften elementarer Teilchen sind die Eigenschaften *Ruhemasse m_0* und *Ladung Q*. Eine weitere wichtige Eigenschaft ist die Eigenschaft *Eigendrehimpuls*, die bei mikroskopischen Teilchen als *Spin* bezeichnet wird. Mit einem solchen Spin ist ein *magnetisches Moment* verknüpft. Innerhalb einer durch ein äußeres Magnetfeld vorgegebenen Vorzugsrichtung erweisen sich derartige magnetische Momente und damit verbundene Spins als „gequantelt", d. h. hier, es sind nur diskrete Einstellmöglichkeiten beobachtbar, die durch geeignete *Quantenzahlen* charakterisierbar sind. Vektorielle Eigenschaften wie der Spin oder andere Drehimpulse müssen durch mehrere Quantenzahlen charakterisiert werden, um sowohl den Betrag beschreiben zu können als auch die Einstellmöglichkeiten bezüglich einer Vorzugsrichtung erfassen zu können. Eine solche Vorzugsrichtung wird beispielsweise durch ein vorgegebenes Magnetfeld definiert, wobei in den meisten Fällen diese Magnetfeldrichtung der z-Richtung eines kartesischen Koordinatensystems gleichgesetzt wird. Eine dem Betrag eines Spins oder eines anderen Drehimpulses zugeordnete Quantenzahl erhält in diesem Buch das Grundsymbol J und die einer z-Komponente (d. h. der dritten Komponente eines Spins oder eines anderen Drehimpulses) zugeordnete Quantenzahl erhält das Grundsymbol $J_z (= J_3)$.

Über ihre Eigenschaften können elementare Teilchen und damit auch höherwertigere mikroskopische Teilchen klassifiziert werden, d. h. es ist eine gedankliche Zusammenfassung von Mengen von elementaren Teilchen bzw. Mengen von höherwertigeren mikroskopischen Teilchen zu Einheiten mit typischen Teilcheneigenschaften möglich. Eine wichtige Einteilung ist die Einteilung in *Bosonen* und *Fermionen*, wobei Bosonen einen Spin aufweisen, der im folgenden durch einen ganzzahligen Wert einer Quantenzahl mit Grundsymbol J charakterisiert wird, und Fermionen einen Spin aufweisen, der durch einen halbzahligen Wert einer Quantenzahl mit Grundsymbol J charakterisierbar ist. Man sagt, Bosonen sind Teilchen mit „ganzzahligem Spin" und Fermionen sind Teilchen mit „halbzahligem Spin".

1.1.2 Nukleonensysteme

Strukturmäßig über der Materieebene der elementaren Teilchen liegt die Materieebene der Nukleonensysteme, das sind *Kerne* gebildet aus Neutronen und Protonen. Ihre Untersuchung ist von außerordentlichem theoretischen und praktischen Wert hinsichtlich ihrer Bedeutung im Zusammenhang mit der Energiegewinnung über *Kernspaltungs-* oder *Kernfusionsmechanismen*.

In Abhängigkeit von der Anzahl der jeweiligen Neutronen und Protonen sind Kerne entweder Bosonen oder Fermionen. Sie lassen sich insbesondere durch die *Ordungszahl Z* sowie die *Massenzahl A* charakterisieren. Während die Ordungszahl *Z* ist gleich der *Protonenzahl* und damit gleich der *Kernladungszahl* ist, ist die Massenzahl gleich der *relativen Atommasse* (bezogen auf 1/12 der Masse des für die Klassifizierung von Atommassen grundlegenden Kohlenstoffisotops ^{12}C), wobei ein Mittelwert bezüglich der natürlichen Isotopenmischung betrachtet werden muß. Der Begriff *Isotop* deutet an, daß Kerne mit gleicher Protonenzahl *Z* und unterschiedlicher *Neutronenzahl N* existieren, d. h. der Begriff *Isotop* kennzeichnet *Nuklide* mit gleicher Kernladungszahl *Z*, wobei der Begriff *Nuklid* auf das Auftreten verschiedener Kombinationen der Quantenzahlen *Z* und *N* bei Kernen einer speziellen Atomsorte hinweist. Ergänzend dazu nennt man Kerne mit gleicher Neutronenzahl *Isotone*, Kerne mit gleicher Massenzahl *Isobare*. Wird keine natürliche Isotopenmischung betrachtet oder gibt es nur ein einziges Isotop, dann ist die Massenzahl *A* gleich der Anzahl der Protonen und Neutronen.[4]

1.1.3 Nukleonen-Elektronen-Systeme

Strukturmäßig über der Materieebene der Nukleonensysteme liegt die Materieebene der Nukleonen-Elektronen-Systeme.

1.1.3.1 Atome und Moleküle

Grundlegende Nukleonen-Elektronen-Systeme sind durch Atome und Moleküle gegeben. Die Untersuchung von Molekülen und ihren Eigenschaften hat vor allem Bedeutung für die Entwicklung von neuartigen Materialien. Beispiele, welche die Entwicklung von Materialien mit neuartigen Eigenschaften erhoffen lassen, sind *Fullerene*[5]. Fullerene sind „fußballartige" molekulare Gebilde: das „Buckminster-Fulleren" setzt sich aus 12 Fünfecken und 20 Sechsecken zusammen. Ein anderes Beispiel für im Rahmen der modernen Materialforschung interessante Moleküle zeigt das Bild 1.2: Hexabrombenzol-Moleküle[6]. Organische Moleküle wie das in diesem Beispiel angegebene Molekül könnten beispielsweise eine Bedeutung als Bauelemente einer *Molekularen Elektronik* erlangen, d. h. eine Bedeutung im Zusammenhang mit einer Elektronik auf der Grundlage insbesondere organischer Moleküle mit Schaltfähigkeit[7].

---

[4]Im Zusammenhang mit Nukleonensystemen sei auf die Veröffentlichungen des Kernforschungszentrums Karlsruhe hingewiesen. Hierbei seien beispielsweise die theoretischen Arbeiten von F. H. Fröhner über Datenanalyse und die Anwendung des Maximum-Information-Entropie-Prinzips in der Kernphysik erwähnt: siehe [23, 24]. Auch sei hier auf die Berichte des Instituts für Strahlenphysik der Universität Stuttgart hingewiesen. Die von U. Kneissl und Mitarbeitern angefertigten Arbeiten vermitteln einen Eindruck über die Fülle verschiedenartiger Verhaltensweisen von Nukleonen und Nukleonensystemen. Insbesondere die Arbeiten über nukleare Spektroskopie, nukleare Reaktionen und nukleare Astrophysik seien hier erwähnt: siehe [40].

[5]Das „Buckminster-Fulleren" kann beispielsweise durch Verdampfen von Graphit in einer Heliumatmosphäre gewonnen werden: siehe [87].

[6]Man vergleiche mit der Veröffentlichung [93]. Diese von R. Strohmaier und anderen durchgeführte sowie weitere von W. Eisenmenger, B. Gompf und Mitarbeitern an der Universität Stuttgart durchgeführte Raster-Tunnel-Mikroskop-Untersuchungen geben einen anschaulichen Einblick in die strukturelle Vielfalt von Molekülen und Molekülstrukturen.

[7]Hier sei insbesondere auf die Veröffentlichungen des Sonderforschungsbereichs „molekulare Elektronik" an der Universität Stuttgart hingewiesen: siehe [51].

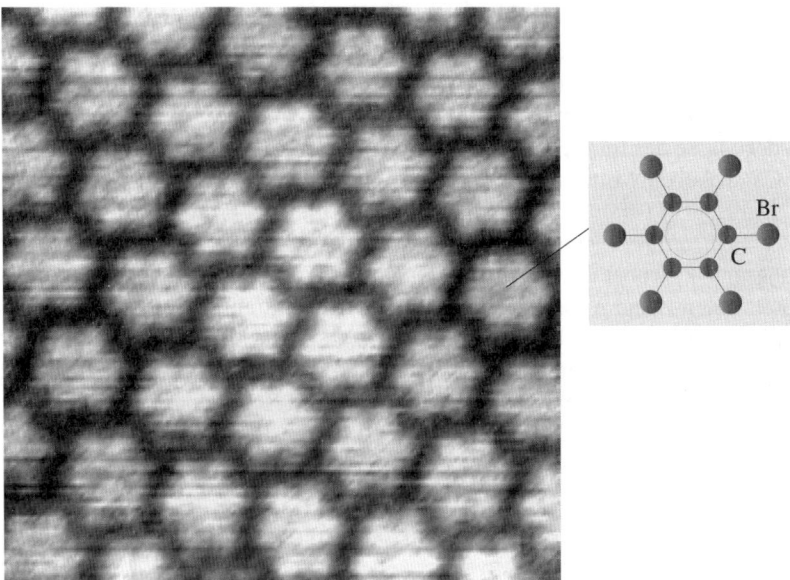

Bild 1.2 Hexabrombenzol-Moleküle (C_6Br_6) auf Molybdendisulfid (MoS_2) als Trägersubstanz. Deutlich erkennbar ist die Rotations- und Spiegelungssymmetrie eines C_6Br_6-Moleküls. Bezüglich den Bilddiagonalen ist die Molekülstruktur näherungsweise translationssymmetrisch. STM-Aufnahme (STM = scanning tunneling microscope), freundlicherweise zur Verfügung gestellt von R. Strohmaier, C. Ludwig, J. Petersen, B. Gompf, W. Eisenmenger (1. Physikalisches Institut, Universität Stuttgart). Zusätzlich eingetragen worden ist eine schematische Darstellung eines einzelnen Hexabrombenzol-Moleküls

1.1.3.2 Festkörper, Flüssigkeiten und Gase

Bezüglich der räumlichen Ausdehnung schließt sich an die atomare und molekulare Materieebene die Ebene der Festkörper, der Flüssigkeiten und Gase an. Auch diese Materieebene repräsentiert im Rahmen des in diesem Buch vorausgesetzten Klassifikationsschemas eine spezielle Nukleonen-Elektronen-Systemebene. Insbesondere die Untersuchung von Festkörperstrukturen ist Gegenstand der modernen Naturwissenschaften. Neben dem theoretischen Interesse steht gleichberechtigt das Interesse, Materialien zu finden, die für verschiedenartige technische Anwendungen eingesetzt werden können. Ein Beispiel bilden sogenannte *Nanostrukturen*[8], d. h. Halbleitersysteme oder Systeme auf der Grundlage organischer Moleküle im Nanometerbereich. Die Bilder 1.3 und 1.4 zeigen eine spezielle Nanostruktur: molekulare Drähte mit einer Dicke im Nanometerbereich. Untersucht werden derartige Nanostrukturen hinsichtlich ihrer Anwendbarkeit in der Mikroelektronik und Molekularen Elektronik, bieten solche Nanostrukturen doch die Möglichkeit der Herstellung sehr kompakter und – was die Schaltfähigkeit betrifft – schneller elektronischer Bauelemente wie *Dioden* und *Transistoren* bis hin zu kompletten *integrierten Schaltkreisen*. Auch als Energiequellen zur Versorgung von Kommunikationsnetzen sind Nanostrukturen einsetzbar: Ein auf der Basis von

---

[8]Man vergleiche beispielsweise mit [49]. Dort werden Nanostrukturen, ihre theoretische Beschreibung sowie Anwendungen beschrieben.

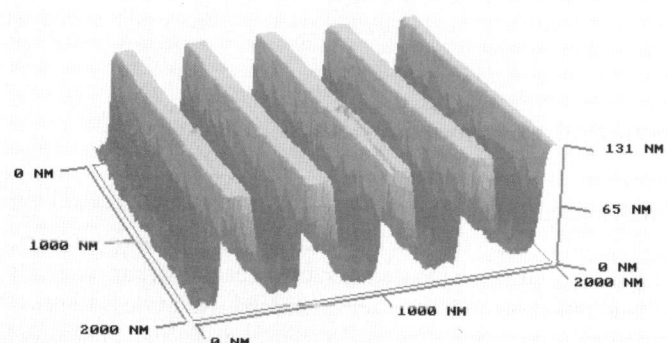

Bild 1.3 Molekulare Drähte beobachtet mit einem AFM (= Atomic Force Microscope). Freundlicherweise zur Verfügung gestellt von U. Griesinger, H. Schweizer, Physikalisches Institut, Universität Stuttgart

parallelen molekularen Drähten arbeitender, sogenannter *DFB-Laser* (= distributed feedback laser) kann zur Einspeisung von kohärentem und monochromatischem Licht in Glasfasernetze herangezogen werden. Durch eine digitale oder analoge Modulation kann dem Laserlicht dann Information aufgeprägt und durch das Glasfasernetz selektiv übertragen werden. Sogar die

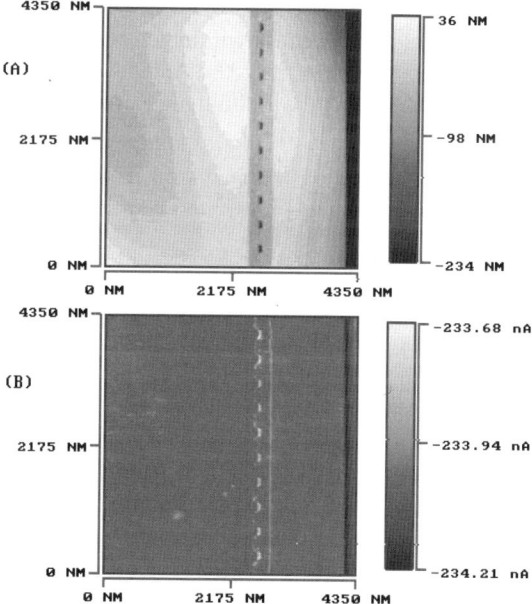

Bild 1.4 Molekulare Drähte beobachtet mit einem AFM, Seitenansicht. (A): AFM-Topographie-Messung. (B): AFM-Reibungsmessung. Freundlicherweise zur Verfügung gestellt von U. Griesinger, H. Schweizer, Physikalisches Institut, Universität Stuttgart

Herstellung von *parallelverarbeitenden Computern* auf der Basis solcher Nanostrukturen wird diskutiert[9].

1.1.3.3 Bosonen- und Fermionensysteme

Spezialfälle von Nukleonen-Elektronen-Systemen sind durch *Bosonensysteme* und *Fermionensysteme* nahe dem absoluten Temperaturnullpunkt gegeben. Verbunden mit speziellen Eigenschaften von Bosonen und Fermionen sind spezifische Verhaltensweisen der Bosonen- bzw. Fermionensysteme. Insbesondere sind Systemzustände wechselwirkungsfreier Bosonen am absoluten Temperaturnullpunkt dadurch ausgezeichnet, daß nahezu alle Bosonen des Bosonensystems die gleiche Energie einnehmen, man kann sagen, es findet eine *Kondensation* statt. Gerade die Untersuchung derartiger *Bose-Einstein-Kondensate* hat in den vergangenen Jahren einen erheblichen Aufschwung erlebt[10]. Das theoretische und experimentelle Studium derartiger Materiezustände ist ein weites Feld der theoretischen Physik. Eine technische Ausnützung ihrer Eigenschaften ist in der Laserphysik möglich.

1.1.4 Massensysteme

Allen diesen Materieebenen strukturmäßig übergeordnet ist die kosmologische Materieebene, welche im Sinne des angegebenen Schemas die Materieebene der Massensysteme ist. Die Untersuchung dieser Materieebene ist derzeit vor allem hinsichtlich der Frage nach der Entstehung und der weiteren zeitlichen Entwicklung des Universums von Bedeutung. Im Zusammenhang mit diesbezüglichen Fragestellungen ist insbesondere die Untersuchung der verschiedenartigen kosmologischen Materieformen und ihrer Wechselwirkungen von Bedeutung. Die Bilder 1.5 und 1.6 zeigen Beispiele derartiger Materieformen. Die Anbindung derartiger Systeme an die Quantenphysik geschieht insbesondere über die vielfältigen Kernmechanismen in *Sternen*, deren Strahlung letzten Endes auch entfernteste Materieansammlungen beobachtbar macht.

1.2 Antimaterie

Untersucht man den vielgestaltigen „Teilchenzoo", dann stellt man fest, daß es Teilchenpaare gibt, deren Teilchen die gleiche Masse und den gleichen Spin (sowie noch weitere gleiche Eigenschaften wie *Lebensdauer* und *Isospin*) haben, jedoch andersgeartete Ladungen bzw. „ladungsartige Quantenzahlen" (wie die *Baryonenzahl*, die *Leptonenzahl*, die *Hyperladungszahl* und die Quantenzahl der Eigenschaft *Strangeness*) sowie – wenn Fermionen betrachtet werden – eine geänderte *Parität* aufweisen. Diese Unterschiede führen zur begrifflichen Auftrennung

---

[9]Bezüglich theoretischer Konzepte zur Informationsverarbeitung vergleiche man beispielsweise mit [44, 45].

[10]Ein in diesem Zusammenhang bedeutendes Verfahren stellt ein von C. E. Wieman, E. A. Cornell und anderen durchgeführtes Verfahren dar, welches die Erzeugung von Kondensaten schwach wechselwirkender Bosegase ermöglicht. Es sei hier insbesondere auf die ausführliche Darstellung dieses Verfahrens in dem Artikel von W. Petrich hingewiesen: siehe [41]. Bose-Einstein-Kondensate werden im Abschnitt 7.3.2 noch genauer studiert.

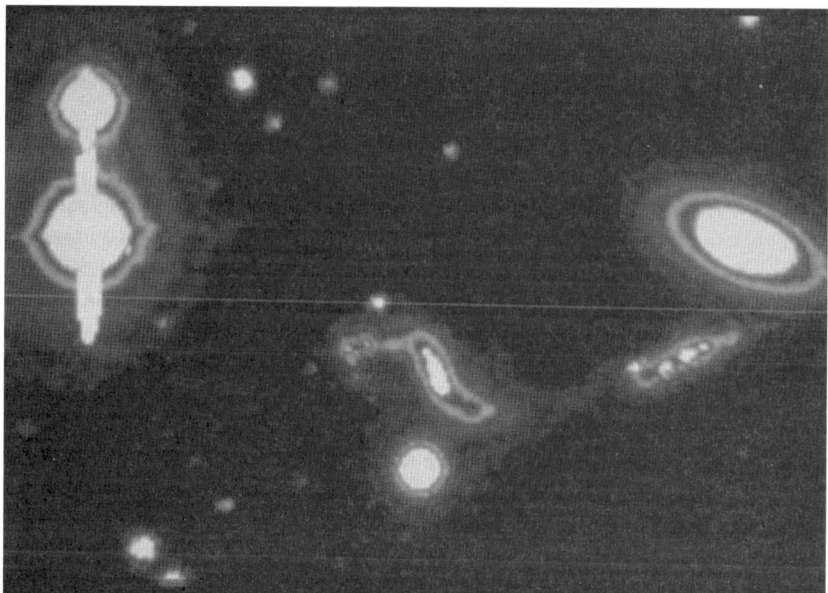

Bild 1.5 Ein Beispiel einer kosmologischen Materieform. Drei wechselwirkende Galaxien am Ort der Infrarotquelle 02258+3451. Falschfarbenaufnahme, Calar Alto. Freundlicherweise zur Verfügung gestellt vom Max-Planck-Institut für Astronomie, 1991. Aufnahme: U. Klaas, J. Fried, D. Lutz

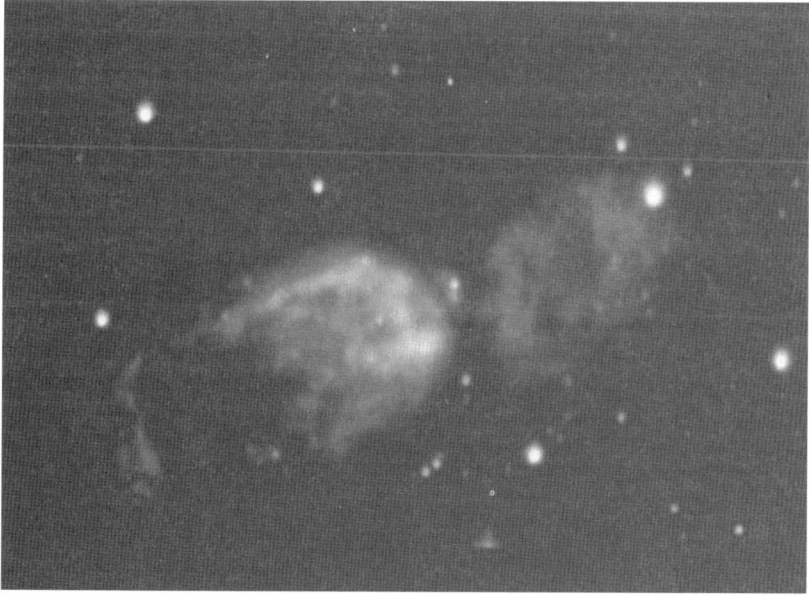

Bild 1.6 Ein Beispiel einer kosmologischen Materieform. Bipolarer Nebel S 106 (Zentralstern in der Bildmitte mit zwei flächenhaften Gasnebeln). Sonst wie Bild 1.5

eines solchen Teilchenpaares in ein *Teilchen* und ein zugeordnetes *Antiteilchen*. Ein bekanntes Beispiel dafür bildet das *Elektron-Positron-Paar* mit dem Elektron als Teilchen und dem Positron als Antiteilchen. Findet man kein dergestalt zuordenbares Antiteilchen, dann sagt man „Teilchen und Antiteilchen sind einander gleich".

Antiteilchen und daraus gebildete Systeme werden für gewöhnlich dem Oberbegriff *Antimaterie* untergeordnet. Im Sinne der Begriffsbildung des Buches repräsentiert Antimaterie eine spezielle Materieform. Eine die Phantasie besonders anregende Vorstellung ist die Vorstellung von technischen Möglichkeiten, welche die industrielle Erzeugung von unterschiedlichen Formen von komplizierten Antimateriestrukturen ermöglichen würde. Wenngleich auch außerordentlich anregend, sind derartige Vorstellungen jedoch momentan weit von der Realisierbarkeit entfernt. Zwar kann inzwischen *Antiwasserstoff* kurzzeitig innerhalb von Hochenergie-Beschleunigern erzeugt werden[11], eine technische Herstellung von komplizierten Antimateriestrukturen ist damit noch nicht möglich. Auch sind höherwertigere Antiteilchensysteme bislang noch rein theoretische Gebilde. Dies gilt auch für Antimaterie-Galaxien, die schon des öfteren Gegenstand der Diskussion waren. Auf Grund von fehlenden experimentellen Indizien müssen diesbezügliche Fragestellungen derzeit in den Bereich der Spekulation verwiesen werden, sodaß darauf nicht näher eingegangen werden soll.

1.3 Über das vorliegende Buch

Gegenstand des vorliegenden Buches ist die Ebene der *Quantensysteme*, d. h. die Ebene mikroskopischer Systeme. Als Beispiele seien elementare Teilchen, Kerne, Atome, Moleküle, Nanostrukturen und weiterreichende Festkörperstrukturen genannt. Das Grundgerüst der theoretischen Beschreibung derartiger Quantensysteme wird im folgenden präsentiert. Spezielle größere und kleinere Beispiele werden die Ausführungen illustrieren. Begonnen wird mit allgemeinen, in der theoretischen Physik und insbesondere der Quantenphysik relevanten Grundbegriffen. Anschließend wird ein Blick auf den „klassischen Überbau" der Quantenphysik geworfen, d. h. es werden grundlegende Sachverhalte der klassischen Mechanik und der klassischen Feldtheorie studiert. Grundlegende Formalismen der nichtrelativistischen und relativistischen Quantenmechanik, der Quantenfeldtheorie, der Quantenstatistik und der Elementarteilchentheorie werden anschließend systematisch eingeführt, wobei auf jeder Ebene der Betrachtung Vergleiche mit Sachverhalten anderer Physikdisziplinen durchgeführt werden. Abschließend werden einige spezielle lineare und nichtlineare Aspekte der Quantenphysik betrachtet, ein theoretischer Ansatz zur Vereinheitlichung der Maxwellschen Elektrodynamik und der Einsteinschen Gravitationstheorie wird studiert und ein einfacher Denkansatz zur Einordnung der Quantenphysik in einen nichtlinearen Rahmen wird angesprochen.

---

[11]Ein in dieser Hinsicht bahnbrechendes Experiment stellt das von W. Oelert und Mitarbeitern ausgeführte Hochenergieexperiment am Europäischen Forschungszentrum CERN in Genf dar. Es wird im Abschnitt 5.4.3 noch genauer betrachtet.

Buch 1: Grundlagen

Räume, Zeit und Symmetrien: Abstrakte Räume (metrischer Raum, normierter Raum, unitärer Raum, Hilbert-Raum), wichtige Symmetriegruppen (unitäre Gruppe, orthogonale Gruppe, Liesche Gruppen), Symmetrieeigenschaften (Hermitezität, Orthonormalität), mathematische Strukturen (Skalare, Vektoren, Tensoren), raumzeitliche Bezugssysteme (Metrik, Metriktensor), Differentialgeometrie (Krümmungstensor, Krümmungsskalar, kovariante Ableitung), raumzeitliche Symmetrien (Poincaré-Gruppe)

2 Räume, Zeit und Symmetrien

Beschäftigt man sich mit der Theorie der Naturbeschreibung, dann stößt man unweigerlich auf drei Grundbegriffe: *abstrakter Raum, Symmetriegruppe* und *Bezugssystem.* Während abstrakte Räume der Naturbeschreibung zu einer grundsätzlichen gedanklichen Ordnung verhelfen, geben Symmetriegruppen (insbesondere raumzeitliche) Bedingungen vor, die bei der Auffindung von Naturgesetzen hilfreich sind. Eine herausragende Stellung im Zusammenhang mit jeglicher Form der Naturbeschreibung haben Bezugssysteme: die Beschreibung physikalischer Systeme[1] geschieht relativ zu Bezugssystemen. Betrachten wir die dadurch vorgegebenen drei Themenkreise im folgenden etwas genauer und schaffen auf diese Weise notwendige mathematisch-theoretische Grundlagen.

2.1 Abstrakte Räume

Beliebige materielle oder mathematisch-theoretische Systeme lassen sich konkret oder zumindest gedanklich in Mengen spezifischer materieller oder mathematisch-theoretischer Elemente zerlegen. Beispiele für materielle Systeme, die sich in materielle Elemente zerlegen lassen, sind durch Kernbausteine (Proton, Neutron) gegeben, die auf eine Menge von Elementarteilchen, die Quarks, zurückführbar sind. Beispiele für mathematisch-theoretische Systeme, die sich in eine Menge aus mathematisch-theoretischen Elementen zerlegen lassen, bilden Gleichungssysteme, die sich beispielsweise in ein Koeffizientenschema, eine Inhomogenitätsmatrix sowie eine Lösungsmatrix aufspalten lassen. Die von einer Lösungsmatrix repräsentierten Lösungen bilden selbst wieder eine derartige Menge mathematisch-theoretischer Elemente.

Eine beliebige Menge mathematisch-theoretischer Elemente bezeichnet man als einen *Raum* im allgemeinen Sinne. Derartige Elemente können beispielsweise reelle oder komplexe Zahlen, Vektoren der analytischen Geometrie, Matrizen, Funktionen oder Zustandsvektoren der Quantenmechanik sein. Abhängig von ihren Eigenschaften lassen sich spezielle abstrakte Räume definieren: Bild 2.1 gibt einen Überblick über die hierarchische Struktur wesentlicher

---

[1]Unter *physikalischen Systemen* sollen in diesem Buch Systeme der unbelebten Natur verstanden werden. Ein Leser sollte sich klar machen, daß diese Trennung eine rein willkürliche ist: auch Systeme der belebten Natur genügen dem Begriff *Physik* unterordenbaren Gesetzmäßigkeiten.

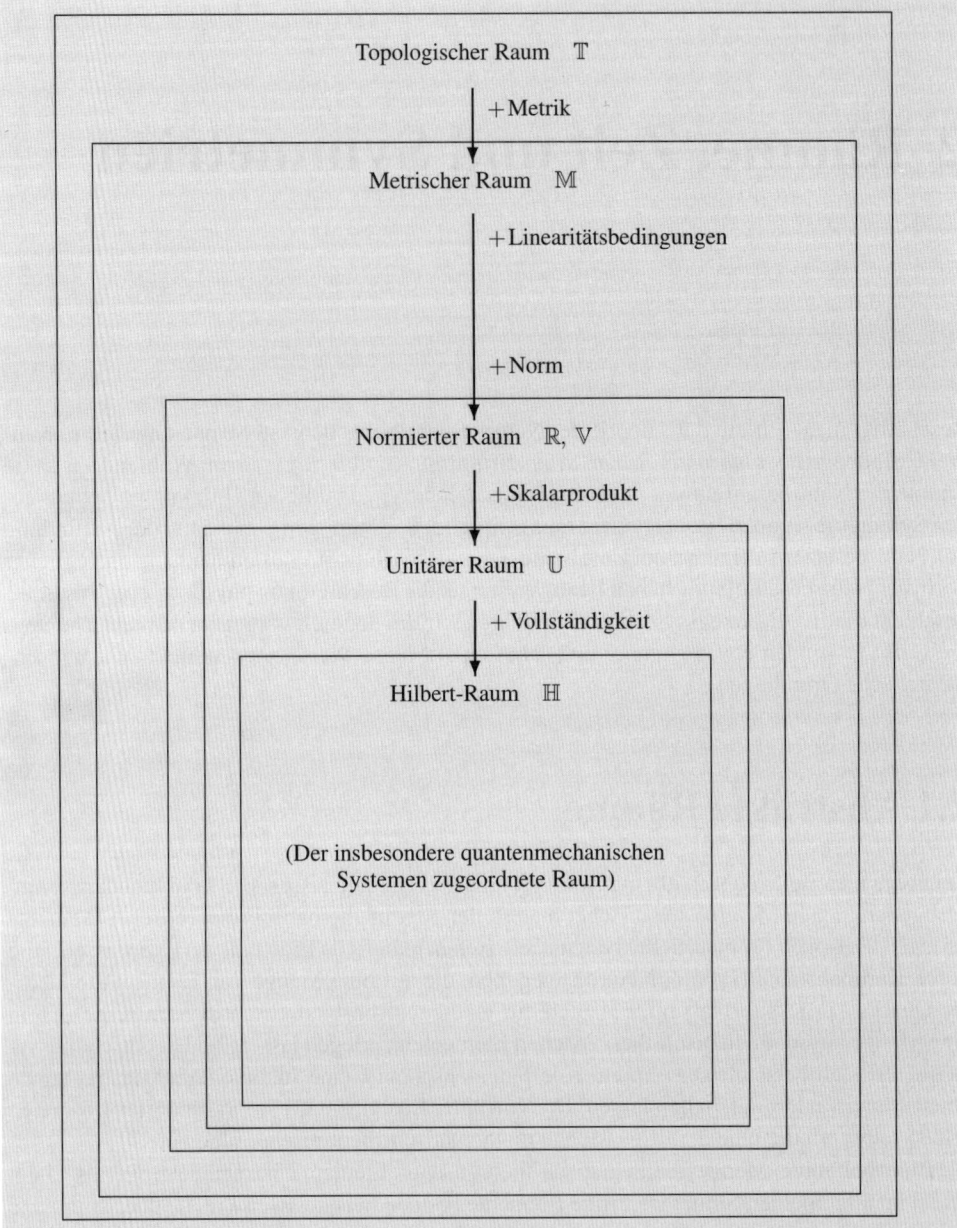

Bild 2.1 Die hierarchische Struktur abstrakter Räume. Die neben den Pfeilen stehenden Begriffe deuten verschärfende Kriterien an, die jeweils zu einem Raum führen, dessen Elemente eine Teilmenge des jeweils übergeordneten Raums bilden

solcher Räume. (Eine noch detailliertere Einteilung ist möglich, soll jedoch nicht betrachtet werden; in diesem Zusammenhang sei auf Lehrbücher der Mathematik hingewiesen.[2])

Entsprechend dieses Bildes kennzeichnet der Begriff des *topologischen Raums* die allgemeinste Form eines Raums. Durch eine sukzessive Verschärfung von Klassifikationskriterien lassen sich weitere Räume einführen, deren Elemente eine Teilmenge des jeweils übergeordneten Raums bilden.

Solche Räume sind genaugenommen *Unterräume* des jeweils übergeordneten Raums. Im Bild 2.1 aufgeführt werden die Unterräume *metrischer Raum*, *normierter Raum*, *unitärer Raum* und *Hilbert-Raum*.

Entsprechend des Bildes 2.1 sind alle Aussagen, die in einem metrischen Raum richtig sind, auch in einem normierten und erst recht in einem unitären Raum gültig; Aussagen, die für einen normierten Raum gelten, tun dies auch im unitären Raum. Eine Umkehrung dieser Zusammenhänge ist nur bedingt möglich.[3]

Die im Bild 2.1 angegebenen speziellen Räume werden im folgenden näher betrachtet.

2.1.1 Der metrische Raum

Wichtige Begriffe der Mathematik und auch der mathematischen Physik sind die Begriffe *metrischer Raum* und *Metrik*: Man bezeichnet einen Raum als *metrischen Raum* $\mathbb{M}$, wenn eine Metrik als eine zwei beliebigen (komplexen oder reellen) Elementen v und v' des Raums zugeordnete reelle Zahlenfunktion $s(v, v')$ erklärt ist, für welche die drei Relationen

- Relation 1:

$$s(v, v') \begin{cases} > 0 & \text{für} \quad v \neq v' \\ = 0 & \text{für} \quad v = v' \end{cases} , \tag{2.1}$$

- Relation 2:

$$s(v, v') = s(v', v) , \tag{2.2}$$

- Relation 3:

$$s(v, v') \leq s(v, v'') + s(v'', v') \quad \text{(Dreiecksungleichung)} \tag{2.3}$$

gelten, wenn v'' ebenfalls ein Element des Raums ist.

---

[2]Hierbei sei beispielsweise auf [3, 4, 5] hingewiesen. Die wohl prägnanteste Darstellungen der Theorie abstrakter Räume bietet das Buch von S. Großmann.

[3]Man vergleiche auch hier mit dem Buch von S. Großmann (siehe [5]).

Beispiel 2.1 Die Zahlenfunktion

$$s\left(v,v'\right)=\sqrt{\sum_{i=1}^{n}\left(v_i-v_i'\right)^2}\,,\tag{2.4}$$

mit den Elementen (v_i, v_i' = reelle Zahlen)

$$v:=\boldsymbol{v}=\begin{pmatrix}v_1\\ \cdot\\ \cdot\\ v_n\end{pmatrix},\quad v':=\boldsymbol{v}'=\begin{pmatrix}v_1'\\ \cdot\\ \cdot\\ v_n'\end{pmatrix},\tag{2.5}$$

stellt eine im obigen Sinne definierte Metrik dar. Die Menge der Elemente $v:=\boldsymbol{v}$ bildet den dazugehörigen metrischen Raum.

In Anlehnung an die einen Punkt vorgebende spezielle Relation (2.5) und die einen Abstand anzeigende spezielle Relation (2.4) wird ein allgemeines Element v häufig auch als „Punkt" und die Metrik $s\left(v,v'\right)$ als „Abstand" bezeichnet.

2.1.2 Der normierte Raum

Ein *normierter Raum* $\mathbb{R}$ ist ein *linearer Raum* für den eine *Norm* erklärt ist. Jeder normierte Raum ist auch ein metrischer Raum.

2.1.2.1 Der lineare Raum

Der für die Definition eines normierten Raums grundlegende Raum ist der lineare Raum. Ein linearer Raum ist folgendermaßen definierbar: Eine nichtleere Menge, für deren (komplexe oder reelle) Elemente v eine Addition sowie eine Multiplikation mit (komplexen oder reellen) Zahlen erklärt ist, heißt *linearer Raum* $\mathbb{R}$, wenn gilt:

- Zu je zwei Elementen $v, v' \in \mathbb{R}$ gibt es genau ein Element $v + v'$, das als *Summe* von v und v' bezeichnet wird (Ausführbarkeit und Eindeutigkeit der Addition).
- Für alle $v, v', v'' \in \mathbb{R}$ gilt: $v + (v' + v'') = (v + v') + v''$ (Assoziativgesetz der Addition).
- Für alle $v, v' \in \mathbb{R}$ gilt: $v + v' = v' + v$ (Kommutativgesetz der Addition).
- Für alle $v, v' \in \mathbb{R}$ gibt es ein Element $v'' \in \mathbb{R}$, so daß $v + v'' = v'$ gilt (Umkehrbarkeitsgesetz der Addition).
- Zu jedem Element $v \in \mathbb{R}$ und jeder komplexen (reellen) Zahl α gibt es genau ein Element αv, das als das α-fache von v bezeichnet wird (Ausführbarkeit und Eindeutigkeit der Multiplikation).
- Für alle $v \in \mathbb{R}$ und alle komplexen (reellen) Zahlen α, α' gilt: $(\alpha\alpha')\,v = \alpha\,(\alpha')\,v$ (Assoziativgesetz der Multiplikation).
- Für alle $v \in \mathbb{R}$ gilt: $1v = v$ (Existenz eines „Einselements").
- Für alle $v, v' \in \mathbb{R}$ und alle komplexen (reellen) Zahlen α, α' gilt: $\alpha\,(v + v') = \alpha v + \alpha v'$ sowie $(\alpha + \alpha')\,v = \alpha v + \alpha' v$ (Distributivgesetze).

Liegt ein linearer Raum vor, dessen Elemente v sich eindeutig als Linearkombinationen von n unabhängigen Elementen $v(i)$ dieses Raums darstellen lassen, dann nennt man diesen linearen Raum einen *n-dimensionalen linearen Raum* und verwendet das Symbol $\mathbb{R}^n$.

 Die linear unabhängigen Elemente $v(i)$ bilden eine endliche *Basis*. Innerhalb eines linearen Raums existiert für gewöhnlich *nicht nur eine* Basis. Die *Dimension* n der Basis ist unabhängig von der Wahl der Basis.

Ein solcher Raum wird auch als ein *n-dimensionaler Vektorraum* $\mathbb{V}^n$ bezeichnet. Die Elemente eines derartigen Raums werden auch *Vektoren* genannt.

Beispiel 2.2 Die Elemente (vgl. (2.5))

$$v := \boldsymbol{v} = \begin{pmatrix} v_1 \\ \cdot \\ \cdot \\ \cdot \\ v_n \end{pmatrix} \tag{2.6}$$

bilden einen n-dimensionalen Vektorraum, wenn die einen linearen Raum definierenden algebraischen Operationen entsprechend

$$v + v' = \boldsymbol{v} + \boldsymbol{v}' = \begin{pmatrix} v_1 + v'_1 \\ \cdot \\ \cdot \\ \cdot \\ v_n + v'_n \end{pmatrix} \;,\; \alpha v = \alpha \boldsymbol{v} = \begin{pmatrix} \alpha v_1 \\ \cdot \\ \cdot \\ \cdot \\ \alpha v_n \end{pmatrix} \tag{2.7}$$

eingeführt werden. Die Elemente

$$v_{\mathrm{B},i} = \begin{pmatrix} \delta_i^1 \\ \cdot \\ \cdot \\ \cdot \\ \delta_i^n \end{pmatrix} \;,\; \delta_i^j = \delta_{ji} = \delta^{ji} = \delta(j,i) = \begin{cases} 1 & \text{für} \quad i = j \\ 0 & \text{für} \quad i \neq j \end{cases} \tag{2.8}$$

„spannen" eine Basis auf, wobei δ_i^j gemäß der angegebenen Relation für das Kronecker-Delta steht. Über die Linearkombination

$$v = \boldsymbol{v} = \sum_{i=1}^{n} v_i v_{\mathrm{B},i} = \sum_{i=1}^{n} v_i \begin{pmatrix} \delta_i^1 \\ \cdot \\ \cdot \\ \cdot \\ \delta_i^n \end{pmatrix} \tag{2.9}$$

lassen sich beliebige Vektoren $v = \boldsymbol{v}$ darstellen.

Entsprechend dieses Beispiels ist die Anzahl n unabhängiger Elemente (= Basisvektoren) eines n-dimensionalen linearen Raums gleich der Anzahl der Elemente einer in einem solchen Zusammenhang auftretenden Spalten- oder Zeilenmatrix, wobei die Position eines Elements einer solchen Spalten- oder Zeilenmatrix die Zugehörigkeit zu einem bestimmten Basisvektor anzeigt.

In der Quantenphysik ist $v = \mathbf{v}$ häufig einem Ortsvektor gleichzusetzen. Im Fall eines kartesischen Koordinatensystems entspricht $\mathbf{v}$ dann dem kartesischen Ortsvektor $\mathbf{x}$ mit Koordinaten $x^1 = x$, $x^2 = y$, $x^3 = z$.

2.1.2.2 Der Übergang zum normierten Raum

Ein linearer Raum wird als ein *normierter Raum* bezeichnet, wenn allen Elementen v eine *Norm* $\| v \|$ zugeordnet ist, die eine reelle Zahl ist, welche folgende Eigenschaften hat:

- Eigenschaft 1:

$$\| v \| \begin{cases} = 0 & \text{für} \quad v = 0 \\ > 0 & \text{für} \quad v \neq 0 \end{cases}, \tag{2.10}$$

- Eigenschaft 2:

$$\| \alpha v \| = |\alpha| \, \| v \| \quad (\alpha = \text{komplexe oder reelle Zahl}, |\alpha| = \text{Betrag von } \alpha) , \tag{2.11}$$

- Eigenschaft 3:

$$\| v + v' \| \leq \| v \| + \| v' \| \quad \text{(Dreiecksungleichung)} . \tag{2.12}$$

Ein wichtiger Spezialfall einer Norm ist der Betrag $|v|$ einer Spalten- oder Zeilenmatrix v.

Beispiel 2.3 Der im Beispiel 2.2 beschriebene Vektorraum ist normierbar. Die Norm einer damit verknüpften Spaltenmatrix $\mathbf{v}$ läßt sich gemäß

$$\| \mathbf{v} \| = \sqrt{|v_1|^2 + \ldots + |v_n|^2} \tag{2.13}$$

einführen. Diese Norm beschreibt den Betrag $|\mathbf{v}|$ der Spaltenmatrix $\mathbf{v}$: $\| \mathbf{v} \| = |\mathbf{v}|$

Ein normierter Raum ist auch ein metrischer Raum. Es gilt

$$s\left(v, v'\right) = \| v - v' \| \quad \text{und} \quad s(v, 0) = \| v \| . \tag{2.14}$$

In der Quantenphysik sind auf den Wert 1 normierte Räume von Bedeutung, welche Wahrscheinlichkeitsinterpretationen zulassen. In diesem Normierungszusammenhang treten Normierungsintegrale über beispielsweise die Koordinaten $x^1 = x$, $x^2 = y$, $x^3 = z$ auf.

2.1.3 Der unitäre Raum

Man bezeichnet einen normierten Raum als einen *unitären Raum* $\mathbb{U}$ mit Elementen $v, v' \in \mathbb{U}$, wenn zusätzlich ein *Skalarprodukt* (*inneres Produkt*) (v, v') gemäß (α = komplexe oder reelle Zahl)

- Relation 1:

$$(v, v) = \text{reell}, \quad (v, v) \begin{cases} = 0 & \text{für} \quad v = 0 \\ > 0 & \text{für} \quad v \neq 0 \end{cases}, \tag{2.15}$$

- Relation 2:

$$(v, v') = (v', v)^* \quad (* = \text{konjugiert komplex}), \tag{2.16}$$

- Relation 3:

$$(\alpha v + \alpha' v', v'') = \alpha (v, v'') + \alpha' (v', v''), \tag{2.17}$$

- Relation 4:

$$(v, \alpha' v' + \alpha'' v'') = \alpha' (v, v') + \alpha'' (v, v''), \tag{2.18}$$

- Relation 5:

$$\left| (v, v') \right|^2 \leq (v, v) (v', v') \quad \text{(Schwarzsche Ungleichung)} \tag{2.19}$$

erklärt ist und wenn Norm $\| v \|$ und Skalarprodukt (v, v) über die Beziehung

$$\| v \| = \sqrt{(v, v)} \quad \text{mit} \quad v \in \mathbb{U} \tag{2.20}$$

miteinander verbunden sind.

> Es sei hier betont, daß die hier auftretende runde Klammer ein Skalarprodukt kennzeichnet, also keinen Formelelemente abgrenzenden Charakter hat. Ob im folgenden eine runde Klammer derartig zu interpretieren ist oder ob ein abgrenzender Charakter zugrunde zu legen ist, wird sich aus dem jeweiligen Zusammenhang leicht erschließen lassen.

Zwei Elemente $v = v(i), v' = v(j)$ ($i \neq j$) eines unitären Raums sind zueinander *orthogonal*, wenn

$$(v(i), v(j)) = 0 \quad (i \neq j) \tag{2.21}$$

gilt. Eine Menge von Elementen $v(i)$ bildet ein *Orthonormalsystem* (Orthonormalität = Orthogonalität + Normierung auf den Wert 1), wenn

$$(v(i), v(j)) = \delta(i, j) \tag{2.22}$$

gilt. Nichtorthogonale Mengen von Elementen können durch das *Schmidtsche Orthogonalisierungsverfahren*[4] orthogonalisiert werden.

---

[4]Das grundlegende Schema dieses Verfahrens findet sich beispielsweise in [4].

2.1.4 Der Hilbert-Raum

Ein *vollständiger* unitärer Raum wird als *Hilbert-Raum* $\mathbb{H}$ bezeichnet. Der Begriff der *Vollständigkeit* läßt sich wie folgt erklären: Ein unitärer Raum ist vollständig, wenn es für jede konvergente Folge $\{v(k)\}$ des Raums ein Element v dieses Raums gibt, so daß

$$v = \lim_{k \to \infty} v(k) \tag{2.23}$$

gilt. Es gelten die Relationen (α = komplexe oder reelle Zahl)

$$v + v' = \lim_{k \to \infty} \left[v(k) + v'(k) \right] , \tag{2.24}$$

$$\alpha v = \lim_{k \to \infty} \alpha v(k) , \tag{2.25}$$

$$\| v \| = \lim_{k \to \infty} \| v(k) \| . \tag{2.26}$$

Jeder unitäre Raum läßt sich durch Hinzufügung des Grenzwertes zu einem Hilbert-Raum ergänzen.

Sind $\mathbb{H}(1)$ und $\mathbb{H}(2)$ zwei Hilbert-Räume mit Elementen $v(1) \in \mathbb{H}(1)$ und $v(2) \in \mathbb{H}(2)$ zur Beschreibung zweier physikalischer Systeme, dann läßt sich stets ein zusammengesetzter Hilbert-Raum $\mathbb{H}$ zur Beschreibung des zusammengesetzten physikalischen Systems einführen. Formal läßt sich dies durch

$$\mathbb{H} = \mathbb{H}(1) \oplus \mathbb{H}(2) \tag{2.27}$$

beschreiben. Im Fall mehrerer Hilbert-Räume läßt sich dieser Zusammenhang gemäß

$$\mathbb{H} = \mathbb{H}(0) \oplus \mathbb{H}(1) \oplus \ldots \oplus \mathbb{H}(l) \oplus \ldots \oplus \mathbb{H}(N) = \oplus_{l=0}^{N} \mathbb{H}(l) \tag{2.28}$$

erweitern. Man bezeichnet diese Zusammensetzung als *orthogonale* oder *direkte Summe*.

Beispiel 2.4 Ein spezieller Hilbert-Raum wird aufgespannt von den innerhalb eines Intervalls $[-a, +a]$ reellen quadratintegrablen Zustandsfunktionen $\psi_i(x)$:

$$\int_{-a}^{+a} |\psi_i(x)|^2 \, d^3x < \infty . \tag{2.29}$$

Diese Zustandsfunktionen bilden den Raum $\mathbb{L}^2$. Das dazugehörige Skalarprodukt ist definierbar durch

$$(\psi_i(x), \psi_k(x)) = \int_{-a}^{+a} \psi_i^*(x) \psi_k(x) d^3x . \tag{2.30}$$

$\psi_i^*(x)$ ist die zu $\psi_i(x)$ konjugiert komplexe Zustandsfunktion. x steht für den kartesischen Ortsvektor mit Koordinaten $x^1 = x$, $x^2 = y$, $x^3 = z$. Identifiziert man die Zustandsfunktionen $\psi_i(x)$ mit den Elementen v, dann läßt sich zeigen, daß diese Zustandsfunktionen einen Hilbert-Raum bilden. Insbesondere erfüllt das Skalarprodukt die oben angegebenen Unitaritätsrelationen.

Hilbert-Räume sind grundlegend für die Klassifizierung von Funktionen, die das Verhalten quantenmechanischer Systeme beschreiben. Die Elemente eines abstrakten Hilbert-Raums werden häufig als *Zustandsvektoren* bezeichnet. Dies wird auch in diesem Buch der Fall sein. Liegen konkrete Funktionenräume mit von *x* (und eventuell auch *t*) abhängigen Funktionen vor, dann wird in diesem Buch stattdessen der Begriff *Zustandsfunktion* benützt.

2.1.4.1 Der Zusammenhang mit einem Fock-Raum

Hilbert-Räume, die als ein spezielles Raumelement einen eindeutigen *Vakuumzustand* aufweisen, werden auch als *Fock-Räume* bezeichnet. Ein Fock-Raum läßt sich als ein Hilbert-Raum $\mathbb{H}$ auffassen, der sich als eine orthogonale Summe der Form (2.28) von N Einteilchen-Hilbert-Räumen $\mathbb{H}(l)$ $(l = 0, 1, 2, \ldots, N)$ ergibt. Der Begriff *Vakuumzustand* kennzeichnet einen „Zustand ohne Teilchen", der mittels eines abstrakten Zustandsvektors formal charakterisiert werden kann. Durch die Anwendung von speziellen Operatoren, den *Erzeugungs-* und *Vernichtungsoperatoren*, können sämtliche Teilchenzustände auf eine formale Art und Weise konstruiert werden.

Fock-Räume und ihre abstrakten Zustandsvektoren sind grundlegend für die Behandlung quantenfeldtheoretischer Systeme, d. h. die Betrachtungen der Quantenfeldtheorie lassen sich dem Begriff des Fock-Raums unterordnen.[5]

2.1.4.2 Der Zusammenhang mit einem Banach-Raum

In diesem Zusammenhang sei noch folgendes erwähnt: Jeder Hilbert-Raum ist auch ein *Banach-Raum*. Ein Banach-Raum entsteht aus einem normierten Raum, indem die oben angegebene Vollständigkeitsforderung gestellt wird. Jeder normierte Raum kann zu einem Banach-Raum ergänzt werden.

2.2 Symmetriegruppen

Materielle Systeme (wie beispielsweise Moleküle oder Kristalle) oder damit verknüpfte abstrakte Repräsentationen (beispielsweise gegeben durch mathematische Größen wie Lagrangedichten $\mathcal{L}$) sind auf jeder Ebene der Beschreibung durch strukturelle Muster charakterisierbar. Ihre Elemente lassen sich gedanklich ordnen und klassifizieren. Das im Abschnitt 2.1 eingeführte Schema gibt ein grobes „Raster" für eine derartige Einordnung vor.

---

[5]Man vergleiche mit dem Kapitel 6. Dort werden grundlegende Elemente der Quantenfeldtheorie dargestellt. Die Zustandsvektoren (6.21) und (6.28) stellen Beispiele für in diesem Zusammenhang auftretende abstrakte Zustandsvektoren dar.

Sehr häufig sind derartige Muster forminvariant bezüglich einer Menge von Operationen. Man spricht dann von *Symmetrieoperationen.* Jede Symmetrieoperation beschreibt ein spezielles *Symmetrieelement* des betrachteten Systems. Sämtliche Symmetrieelemente eines betrachteten Systems formen eine *Symmetriegruppe.* Auf einer mathematischen Ebene kann ein Symmetrieelement einer Symmetriegruppe von einer mathematischen Größe wie einem Differentialoperator oder einer Zahlenwert-Matrix repräsentiert werden.

Raum-Zeit-Symmetrien, die das dynamische Verhalten von Atomen und Molekülen charakterisieren, oder räumliche Symmetrien, wie Translations-, Spiegelungs- und Rotationssymmetrie, repräsentieren *äußere Symmetrien.* In der Elementarteilchentheorie sind zusätzlich *innere Symmetrien* von Bedeutung, die Ordnungen physikalischer Eigenschaften von Elementarteilchenklassen beschreiben.

> Äußere Symmetrien spielen bei der Aufstellung quantentheoretischer Gesetzmäßigkeiten eine zentrale Rolle, d. h. sie stellen zusätzliche Bedingungen an den allgemeinen Formalismus. Verbunden mit äußeren Symmetrien sind spezifische statische und dynamische Eigenschaften des quantentheoretischen Systems.

Zum Beispiel bedingt die spezifische Symmetrie eines molekularen Systems die Existenz von spezifischen Auswahlregeln, die mögliche molekulare Zustandsänderungen einschränken.

> Sind innere Symmetrien bekannt, so können Voraussagen über die Existenz von noch unbekannten mikroskopischen Teilchen und ihren zu erwartenden Eigenschaften gemacht werden.

Die Vorhersage des „top-Quarks" des Quarksmultipletts stellt ein wichtiges Beispiel für eine derartige Vorhersage dar.

> Sind Symmetrieeigenschaften bekannt, dann läßt sich auch direkt auf Erhaltungssätze schließen: Zwischen Symmetrieeigenschaften eines Naturgesetzes und Erhaltungsgrößen existiert ein direkter Zusammenhang, d. h. jedem Symmetrieelement entspricht eine physikalische Größe, die in einem abgeschlossenen System eine Erhaltungsgröße ist, und *vice versa.*

In den kommenden Abschnitten werden einige Grundlagen diskutiert, die im Verlauf dieser Überblicksvorlesung weiter konkretisiert werden.[6]

---

[6]So wird im Abschnitt 3.4 im Rahmen der Betrachtung des Noetherschen Theorems der Zusammenhang zwischen Symmetrien und Erhaltungssätzen herausgearbeitet und im Abschnitt 8.3 werden im Rahmen der Betrachtung mikroskopischer Teilchen spezielle innere Symmetrien wie die Isospinsymmetrie und die Supersymmetrie studiert.

2.2.1 Gruppen, Matrizen und Operatoren

In der Quantenphysik treten häufig *Gruppen* von *Differentialoperatoren* (im folgenden kurz *Operatoren* genannt) oder *Zahlenwert-Matrizen* (im folgenden kurz *Matrizen* genannt) auf. Klassifiziert werden können Gruppen, Matrizen und Operatoren durch formale Kriterien, die in der sogenannten *Gruppentheorie* herausgearbeitet werden. Einige wesentlichen Elemente werden im folgenden eingehend studiert.

2.2.1.1 Definition einer Gruppe

Eine Menge G von Elementen $g(i) \in G$ bildet eine *Gruppe*, wenn folgende Bedingungen erfüllt sind:

- Für jedes Paar von Elementen $g(i), g(j) \in G$ existiert ein *Produkt* $g(i)g(j) = g(k)$, das wieder ein Element aus der Menge G ist (wobei unter *Produkt* eine geeignete Verknüpfungsvorschrift verstanden wird, die nicht notwendigerweise einer gewöhnlichen Multiplikation gleichsetzbar ist). Im allgemeinen ist diese Multiplikation nicht kommutativ, d.h. es gilt $g(i)g(j) \neq g(j)g(i)$.
- Die Multiplikation zweier Mengenelemente ist *assoziativ*, d.h. es gilt $[g(i)g(j)]g(k) = g(i)[g(j)g(k)]$.
- Es existiert ein *Einheitselement* 1, sodaß für jedes Element der Menge G die Relation $1g(i) = g(i)1 = g(i)$ gilt.
- Jedes Element $g(i) \in G$ hat ein *inverses Element* $g(i)^{-1} \in G$, sodaß die Beziehungen $g(i)g(i)^{-1} = 1$, $g(i)^{-1}g(i) = 1$ gelten. Im Fall von Operatoren ist dieses Einheitselement dem Einheitsoperator $\hat{1}$ und im Fall von Matrizen der Einheitsmatrix 1 gleichzusetzen.
- Sind die letzten beiden Beziehungen nicht erfüllt, so spricht man von einer *Halbgruppe*.

Spricht man von einer Symmetriegruppe, dann meint man in erster Linie eine Menge von Symmetrieaussagen. In zweiter Linie jedoch meint man eine mathematische Darstellung einer solchen Menge von Symmetrieaussagen, wie z.B. eine Menge von Operatoren oder eine zugeordnete Menge von (quadratischen) Matrizen.

Beispiele für Gruppen sind die Symmetriegruppen der Molekülphysik, die beschreiben, durch welche Operationen Moleküle wieder in sich selbst überführt werden können.

2.2.1.2 Matrizen-Darstellung

Sind zwei Gruppen G und G' mit Elementen $g(i) \in G$ und $g(i)' \in G$ aufeinander abbildbar, d.h. gibt es eine mathematische Verknüpfung $\{g(i)\} \rightarrow \{g(i)'\}$, welche die Elemente beider Gruppen verbindet, so trennt man in *homomorphe Abbildungen* und in *isomorphe Abbildungen*: Bleiben sämtliche Gruppenoperationen erhalten d.h. $(g(i)g(j))' = g(i)'g(j)'$, so spricht man von einer *homomorphen Abbildung*; ist die Abbildung umkehrbar eindeutig, $\{g(i)\} \leftrightarrow \{g(i)'\}$, so nennt man sie *isomorph*.

Eine Gruppe von (quadratischen) Matrizen $\{D[g(i)]\}$, zu welcher eine Gruppe G (abstrakter Elemente oder Operatoren) homomorph ist, bildet eine *Matrizen-Darstellung* (bzw. Matrizen-Repräsentation) von G. Die Gruppe G und die Gruppe der Matrizen $\{D[g(i)]\}$ ist verbunden durch eine mathematische Beziehung der Form $\{g(i)\} \rightarrow \{D[g(i)]\}$, wobei D die Abbildungsvorschrift ($=$ Transformationsvorschrift) symbolisiert. $\{D[g(i)]\}$ heißt *Darstellung* der Gruppe; die Matrizen $D[g(i)]$ werden als *Darstellungsmatrizen* bezeichnet. Jeder Satz von Matrizen, der durch eine derartige Abbildungsvorschrift mit einer Gruppe G verbunden ist, bildet eine Darstellung von G. Für jede dieser Matrizen-Darstellungen gilt $D[g(i)]D[g(j)] = D[g(i)g(j)]$.

Die Transformation einer Darstellung repräsentiert durch quadratische Matrizen $D[g(i)]$ in eine Darstellung repräsentiert durch quadratische Matrizen $D'[g(i)]$ wird beschrieben durch

$$D'[g(i)] = U^{\dagger}D[g(i)]U = U^{-1}D[g(i)]U \ . \tag{2.31}$$

U stellt eine im Anschluß an diese Betrachtungen noch einzuführende unitäre Transformation dar und $U^{-1} = U^{\dagger}$ ist die im Zusammenhang mit einer unitären Transformation auftretende inverse Transformation. Die durch $D'[g(i)]$ beschriebene Darstellung wird als eine *äquivalente Darstellung* bezeichnet. Es gibt unendlich viele solcher äquivalenter Darstellungen. Der Übergang zu einer äquivalenten Darstellung wird als *Ähnlichkeitstransformation* bezeichnet. Häufig wird auch die umgekehrte Definition angegeben: $D'[g(i)] = UD[g(i)]U^{-1}$.

Eine Matrizen-Darstellung heißt *vollständig reduzibel*, falls sich jede Matrix $D[g(i)]$ der Matrizen-Darstellung durch irgendeine Ähnlichkeitstransformation der Form (2.31) in die vollständig blockdiagonale Form

$$D'[g(i)] = \left.\begin{pmatrix} D_1'[g(i)] & 0 & 0 & \ldots & 0 \\ 0 & D_2'[g(i)] & 0 & \ldots & 0 \\ 0 & 0 & & \ldots & 0 \\ \cdot & \cdot & & \ldots & \cdot \\ \cdot & \cdot & & \ldots & \cdot \\ \cdot & \cdot & & \ldots & \cdot \\ 0 & 0 & 0 & \ldots & D_N'[g(i)] \end{pmatrix}\right\} n \tag{2.32}$$

bringen läßt. Lassen sich die Matrizen $D(g_i)$ nicht auf eine vollständig blockdiagonale Form bringen, d. h. Ähnlichkeitstransformationen führen allerhöchstens auf Matrizen der Form

$$D'[g(i)] = \left.\begin{pmatrix} D_a'[g(i)] & \mathsf{R} \\ 0 & D_b'[g(i)] \end{pmatrix}\right\} n \tag{2.33}$$

(wobei R eine Restmatrix ungleich der Nullmatrix 0 ist), so spricht man von einer *reduziblen Darstellung*. In beiden Fällen bilden die quadratischen Matrizen $D_j'[g(i)]$ selbst wieder Darstellungen Γ_j der Gruppe. Die Matrizen $D_j'[g(i)]$ einer vollständig reduziblen oder reduziblen Darstellung können selbst wieder reduzibel sein. Das Verfahren bricht ab, wenn die Matrizen einer Darstellung vollständig in ihre irreduziblen Bestandteile zerlegt sind. Lassen sich die Darstellungsmatrizen $D[g(i)]$ nicht in eine blockdiagonale Form bringen, so spricht man von einer *irreduziblen Darstellung*.

Grundlegende physikalische Größen transformieren sich wie die irreduziblen Darstellungen grundlegender Gruppen. Das Problem der Festlegung systemspezifischer Grundgrößen kann somit auf das Problem der Ausreduktion systemspezifischer reduzibler Darstellungen zurückgeführt werden.

I. Matrizen-Darstellung und direktes Produkt

Aus zwei irreduziblen Darstellungen Γ_j, Γ_k einer Gruppe G läßt sich eine neue Darstellung $\Gamma_j \otimes \Gamma_k$ gewinnen, wobei das Symbol $\otimes$ das *direkte Produkt* symbolisiert. Steht $\mathbf{g}_j$ bzw. $\mathbf{g}_k$ für eine Darstellungsmatrix der Darstellung Γ_j bzw. Γ_k, dann erfaßt

$$\mathbf{g}_j \otimes \mathbf{g}_k = \begin{pmatrix} g_{j,11}\mathbf{g}_k & \cdots & g_{j,1n}\mathbf{g}_k \\ \cdot & \cdots & \cdot \\ \cdot & \cdots & \cdot \\ \cdot & \cdots & \cdot \\ g_{j,n1}\mathbf{g}_k & \cdots & g_{j,nn}\mathbf{g}_k \end{pmatrix} \tag{2.34}$$

eine Darstellungsmatix der Darstellung $\Gamma_j \otimes \Gamma_k$. Die Darstellung $\Gamma_j \otimes \Gamma_k$ ist im allgemeinen reduzibel. Durch eine geeignete Transformation können dann wieder irreduzible Darstellungen gewonnen werden.

II. Matrizen-Darstellung und Vektorraum

Die n-dimensionalen Darstellungsmatrizen $\mathbf{g}(k)$ einer Gruppe G können aufgefaßt werden als Transformationsmatrizen, die Vektoren $\mathbf{v}$ eines n-dimensionalen Vektorraums $\mathbb{V}^n$ in Vektoren $\mathbf{v}'$ des gleichen Vektorraums abbilden:

$$v_i' = \sum_{j=1}^{n} g_{ij}(k)v_j , \quad \mathbf{v} = \begin{pmatrix} v_1 \\ \cdot \\ \cdot \\ \cdot \\ v_n \end{pmatrix} , \quad \mathbf{v}' = \begin{pmatrix} v_1' \\ \cdot \\ \cdot \\ \cdot \\ v_n' \end{pmatrix} \quad \text{mit } \mathbf{v}, \mathbf{v}' \in \mathbb{V}^n . \tag{2.35}$$

Die Beziehung (2.35) steht für ein *lineares Gleichungssystem*, wobei $g_{ij}(k)$ die Elemente der Darstellungsmatrizen symbolisiert. Im Fall einer Ausreduktion einer Gruppe von reduziblen Matrizen zerfällt der Vektorraum $\mathbb{V}^n$ (d. h. der n-dimensionale *Darstellungsraum*) in niedrigerdimensionale *Unterräume*.

$$v_i' = \sum_{j=1}^{n} g_{ij}(k)v_j , \quad \det[\mathbf{g}(k)] = 1 \tag{2.36}$$

stellt einen Spezialfall der obigen Transformation dar. Diese Transformation wird als *unimodulare Transformation* bezeichnet, die dazugehörige Gruppe als *unimodulare Gruppe*.

Die unimodulare Gruppe spielt im Zusammenhang mit Spinor-Transformationen eine wichtige Rolle.

III. Matrizen-Darstellung und Symmetrien

Jede Gruppe von Matrizen kann durch spezifische Merkmale von anderen Gruppen abgegrenzt werden. Im folgenden werden die Eigenschaften von Matrizen-Darstellungen einiger spezieller Symmetriegruppen näher erörtert.

Hermitesche Symmetrie

Die Gruppe der *hermiteschen* oder *selbstadjungierten Matrizen* ist als die Gruppe definierbar, deren Matrizen $\mathbf{g}(i)$ gleich den zugeordneten adjungierten (= hermitesch konjugierten) Matrizen

$$\mathbf{g}(i)^{\dagger} = \mathbf{g}(i)^{*\mathrm{T}} \tag{2.37}$$

sind:

$$\mathbf{g}(i) = \mathbf{g}(i)^{\dagger} . \tag{2.38}$$

Hierbei deutet T eine transponierte (d. h. eine durch Zeilen-Spalten-Vertauschung erhaltene) Matrix und * eine konjugiert komplexe Matrix an.

Hermitesche Matrizen (und Operatoren) haben in der Quantenmechanik eine überragende Bedeutung. Der Grund dafür ist, daß derartigen Matrizen (Operatoren) zugeordnete Eigenwertgleichungen reelle Eigenwerte aufweisen, die als meßbare Systemeigenwerte interpretiert werden können.

Unitäre und spezielle unitäre Symmetrie

Die Menge aller n-dimensionalen Matrizen $\mathsf{U}(k)$ mit Elementen $U_{ij}(k)$, die gemäß (2.35) Vektoren eines n-dimensionalen Vektorraums in andere Vektoren dieses Vektorraums abbildet, repräsentiert die *unitäre Gruppe* $U(n)$, wenn die Relationen

$$\sum_{j=1}^{n} U_{ij}(k)U_{jl}(k)^{*\mathrm{T}} = \sum_{j=1}^{n} U_{ij}(k)^{*\mathrm{T}}U_{jl}(k) = \delta_{il} \tag{2.39}$$

(*Unitaritätsbedingungen*) gelten bzw. (zusammengefaßt und in Matrizen-Schreibweise) wenn folgende Relation gilt:

$$\mathsf{U}(k)\mathsf{U}(k)^{\dagger} = \mathsf{U}(k)^{\dagger}\mathsf{U}(k) = \mathbf{1} . \tag{2.40}$$

Die Matrizen $\mathsf{U}(k)$ werden als *unitäre Matrizen* bezeichnet. Das Symbol * bezeichnet ein zu einem vorgegebenen Matrixelement konjugiert komplexes Matrixelement; das Symbol T bezeichnet ein zu einem vorgegebenen Matrixelement transponiertes Matrixelement. Die konjugiert komplexen und transponierten Matrixelemente bilden eine zur Ausgangsmatrix adjungierte Matrix, d. h. es gilt $\mathsf{U}(k)^{\dagger} = \mathsf{U}(k)^{*\mathrm{T}}$. Auf Grund von (2.39) bzw. (2.40) ist die adjungierte Matrix $\mathsf{U}(k)^{\dagger}$ einer unitären Matrix $\mathsf{U}(k)$ gleich der inversen Matrix $\mathsf{U}(k)^{-1}$, d. h. es gilt $\mathsf{U}(k)^{\dagger} = \mathsf{U}(k)^{*\mathrm{T}} = \mathsf{U}(k)^{-1}$.

Transformationen auf der Grundlage unitärer Matrizen (oder Operatoren) lassen Skalarprodukte unverändert, was bei der Behandlung quantenmechanischer Probleme ausgenützt werden kann: Betrachtet man Zustandsfunktionen ψ, so repräsentieren Skalarprodukte, die über diese Zustandsfunktionen gebildet werden, physikalische Meßgrößen. Durch unitäre Transformationen ist es nun möglich, verschiedene Arten von – eventuell einfacher zu handhabenden – Beschreibungsformalismen zu erzeugen, ohne den physikalischen Gehalt (die Meßgrößen!) zu verändern. Unitäre Gruppen sind heranziehbar zur Beschreibung der Symmetrien innerhalb von Teilchenmultipletts mikroskopischer Teilchen.

Wie sich durch Determinantenbildung aus (2.39) zeigen läßt, ist der Betrag der Determinante einer unitären Matrix $U(k)$ gleich 1:

$$|\det[U(k)]| = 1 \,. \tag{2.41}$$

Der Sonderfall der *speziellen unitären Gruppe SU(n)* liegt vor, wenn die Determinanten der Matrizen $U(k)$ selbst den Wert 1 haben:

$$\det[U(k)] = 1 \,. \tag{2.42}$$

Orthogonale und spezielle orthogonale Symmetrie

Reelle unitäre Matrizen werden als *orthogonale Matrizen* bezeichnet, wobei *reell* heißt, daß $U_{ij}(k) = U_{ij}(k)^*$ gilt. Setzt man in diesem Fall $U_{ij}(k) = O_{ij}(k)$ sowie $U(k) = O(k)$, dann gilt nach (2.39) bzw. (2.40) für derartige Matrizen

$$\sum_{j=1}^{n} O_{ij}(k) O_{jl}(k)^{\mathrm{T}} = \sum_{j=1}^{n} O_{ij}(k)^{\mathrm{T}} O_{jl}(k) = \delta_{il} \,, \ O(k) O(k)^{\mathrm{T}} = O(k)^{\mathrm{T}} O(k) = 1. \tag{2.43}$$

Die Menge aller n-dimensionalen orthogonalen Matrizen $O(k)$ repräsentiert die *orthogonale Gruppe O(n)*.

Orthogonale Gruppen[7] sind im Zusammenhang mit geometrischen Operationen von Bedeutung. So geschieht die Beschreibung von Rotationen (d. h. Drehungen) im dreidimensionalen (oder zweidimensionalen) Ortsraum auf der Grundlage von Matrizen (oder Operatoren), die orthogonale Gruppen bilden. Es sei hier angefügt, daß Drehungen im allgemeinen komplexen Fall durch unitäre Transformationen beschrieben werden, die orthogonale Transformationen als Grenzfälle enthalten. Orthogonale und unitäre Transformationen bilden somit eine Drehungen beschreibende Transformationseinheit.

---

[7]Die Verwendung des Plurals deutet insbesondere die Existenz von Untergruppen und die Möglichkeit der Bildung direkter Produkte an!

Wie sich durch Determinantenbildung aus (2.43) zeigen läßt, hat die Determinante einer orthogonalen Matrix den Wert ± 1, d. h. es gilt

$$\det[\mathsf{O}(k)] = \pm 1 \ . \tag{2.44}$$

Die Teilmenge der Matrizen $\mathsf{O}(k)$ mit Determinante $+1$, d. h.

$$\det[\mathsf{O}(k)] = 1 \ , \tag{2.45}$$

bildet die *spezielle* (auch: *eigentliche*) *orthogonale Gruppe SO(n)*.

2.2.1.3 Operatoren-Darstellung

Eine Gruppe von Operatoren $\hat{g}(i)$ zu welcher eine Gruppe G (abstrakter Elemente oder Matrizen) homomorph ist, bildet eine *Operatoren-Darstellung* (bzw. Operatoren-Repräsentation) von G. Die Gruppe G und die Gruppe der Operatoren $\hat{g}(i)$ ist verbunden durch eine mathematische Beziehung der Form $\{g(i)\} \rightarrow \{\hat{g}(i)\}$. Eine Operatoren-Darstellung selbst kann wiederum durch eine Gruppe von Matrizen dargestellt werden, und *vice versa*.[8]

Symmetrieeigenschaften von Operatoren lassen sich durch ihre Wirkung auf Elemente von Vektorräumen definieren. Betrachtet man Operatoren $\hat{g}(i)$, zugeordnete Vektorräume $\mathbb{V}^n$ mit Vektoren $v, v' \in \mathbb{V}^n$ sowie komplexe Zahlen α, β, dann lassen sich wichtige Symmetrieeigenschaften von Operatoren auf folgende Weise einführen:

- **Lineare Operatoren**: Operatoren $\hat{g}(i)$ sind linear, wenn

$$\hat{g}(i)\left[\alpha v + \beta v'\right] = \left[\alpha \hat{g}(i)v + \beta \hat{g}(i)v'\right] \ . \tag{2.46}$$

- **Adjungierte Operatoren**: Ein Operator $\hat{g}(i)^\dagger$ ist der zum Operator $\hat{g}(i)$ adjungierte Operator, wenn (die äußeren Klammern berschreiben ein geeignet einzuführendes *Skalarprodukt*)

$$\left(\hat{g}(i)v, v'\right) = \left(v, \hat{g}(i)^\dagger v'\right) \ . \tag{2.47}$$

- **Hermitesche Operatoren**: Ein Operator $\hat{g}(i)$ ist ein hermitescher (selbstadjungierter) Operator, wenn

$$\hat{g}(i)^\dagger = \hat{g}(i) \ . \tag{2.48}$$

- **Unitäre Operatoren**: Ein Operator $\hat{g}(i)$ ist ein unitärer Operator, wenn ($\hat{1}$ steht für den Einheitsoperator)

$$\hat{g}(i)\hat{g}(i)^\dagger = \hat{1} \ . \tag{2.49}$$

- **Orthogonale Operatoren**: Reelle unitäre Operatoren werden als orthogonale Operatoren bezeichnet.

---

[8]Der Begriff *Darstellung*, das sei hier angemerkt, wird häufig alleine im Zusammenhang mit Matrizen-Darstellungen benützt. Dies wird im vorliegenden Buch jedoch nicht vorausgesetzt.

Der Zusammenhang zwischen einem Operator $\hat{g}$ und einer Matrix **g** mit Elementen $g(j,k)$ läßt sich über ein Skalarprodukt der Form

$$(v(j), \hat{g}\,v(k)) = g(j,k) \tag{2.50}$$

herstellen: Wendet man einen Operator $\hat{g}$ auf alle n Basisvektoren $v(j)$ eines n-dimensionalen Vektorraums an und bildet anschließend bezüglich allen Basisvektoren dieses Vektorraums Skalarprodukte, dann bildet die Menge aller Skalarprodukte eine zugeordnete (quadratische) Matrix $g(j,k)$.

Die Operatoren quantenmechanischer Bewegungsgleichungen wie der Schrödinger- oder Dirac-Gleichung sind lineare Operatoren. Da Lösungen von Bewegungsgleichungen, die solchen linearen Operatoren zugeordnet sind, entsprechend der eingeführten Linearitätsbedingungen addiert werden dürfen und die so durchgeführte Superposition wiederum eine Lösung der betrachteten Bewegungsgleichung darstellt, sind Lösungen dieser quantenmechanischen Bewegungsgleichungen superponierbar. Derartige und andere Operatoren quantenmechanischer Schemata sind hermitesche Operatoren, was reelle Eigenwerte garantiert, welche meßbaren Systemeigenwerten gleichgesetzt werden können.

2.2.2 Liesche Gruppen und Liesche Algebren

Betrachtet man wichtige *kontinuierliche Gruppen*, so stellt man fest, daß diese in aller Regel *Liesche Gruppen*[9] sind. Da Lie-Gruppen für die Beschreibung physikalischer Systeme eine überragende Bedeutung haben, werden ihre Eigenschaften im folgenden etwas genauer betrachtet.

2.2.2.1 Charakterisierung einer Lieschen Gruppe

Eine Liesche Gruppe läßt sich wie folgt charakterisieren:

- Eine *Liesche Gruppe G* ist eine *kontinuierliche, M-parametrige Gruppe*, deren jeweilige Elemente in einer analytischen Weise von den M Parametern abhängen.
- Für Elemente $g[\{\alpha(i)\}]$ einer Lieschen Gruppe G gilt

$$g[\{\alpha(i)\}]\,g[\{\alpha'(i)\}] = g[\{\alpha(i)\} + \{\alpha'(i)\}]\ ,$$

$$g[\{\alpha(i)\}]\,g[\{-\alpha'(i)\}] = 1\ , \tag{2.51}$$

  wobei $\alpha(i)$ die M kontinuierlichen Parameter darstellt.

---

[9]Der wichtige gruppentheoretische Bereich der Lieschen Gruppen wurde von dem norwegischen Mathematiker Sophus Lie im 19. Jahrhundert begründet. Die Theorie Liescher Gruppen wird heutzutage sowohl in der Physik mikroskopischer Teilchen als auch in der Festkörperphysik angewandt.

 Für die Quantenphysik wichtige Liesche Gruppen sind durch die noch zu behandelnde Drehgruppe sowie durch die ebenfalls noch zu behandelnde Lorentz-Gruppe gegeben.

2.2.2.2 Liesche Algebren

Elemente g einer Lieschen Gruppe G mit M Parametern $\alpha(i)$ lassen sich formal durch

$$g = g\left[\alpha(1)\ldots\alpha(M)\right] \tag{2.52}$$

beschreiben. Identifiziert man die Gruppenelemente g mit Matrizen oder Operatoren, die infinitesimale[10] Transformationen vermitteln[11] (d. h. setzt man infinitesimale Parameter $\alpha(i)$ voraus), dann läßt sich ein Gruppenelement g immer durch

$$g\left[\alpha(1)\ldots\alpha(M)\right] = 1 + \sum_{i=1}^{M}\alpha(i)P(i) \tag{2.53}$$

darstellen. 1 steht hier für das Einselement, das einem Einheitsoperator $\hat{\mathbb{I}}$ oder einer Einheitsmatrix 1 gleichgesetzt werden kann. Anschaulich stellt (2.53) eine Größe g dar, die eine Operation in der Umgebung der Einheitsoperation 1 vermittelt. Die Art der Abweichung von dieser Einheitsoperation wird durch die Größen $P(i)$ beschrieben, die Größe der Abweichung wird von den Parametern $\alpha(i)$ erfaßt. Betrachtet man beispielsweise Transformationsoperatoren $\hat{g}$, die eine infinitesimale Symmetriegruppe repräsentieren, dann stellen die Größen $\hat{P}(i)$ Transformationsoperatoren dar, die die infinitesimale Abweichung relativ zur Wirkung des Einheitsoperators $\hat{\mathbb{I}}$ erfassen.

 Die Größen $P(i)$ werden deshalb als (infinitesimale) *Erzeugende* oder *Generatoren* bezeichnet. Im Zusammenhang mit Operatoren (bzw. Matrizen) spricht man des öfteren auch von *erzeugenden Operatoren* (bzw. erzeugenden Matrizen).

 Diese Erzeugenden „spannen" einen linearen Raum auf. Man bezeichnet diesen Raum als (oder besser: man umschreibt dessen Eigenschaften mit den Begriffen) *Liesche Algebra*, Lie-Ring oder Infinitesimalring. Die Dimension dieses Raums ist gleich der Dimension der Lieschen Gruppe.

---

[10]Es sei hier bemerkt, daß hier und im folgenden unter *infinitesimal naheliegenden Größen* zwei „zum Grenzwert hin unendlich naheliegende Größen" verstanden werden.

[11]Hier und im folgenden wird das Verb *vermitteln* insbesondere im Zusammenhang mit Operatoren benützt, um sprachlich anzudeuten, daß erst durch Anwendung derartiger Operatoren auf spezielle Zustandsvektoren Energieausdrücke oder andere meßbare Größen beschreibende Ausdrücke erhalten werden.

In der Quantenphysik sind die Erzeugenden von Symmetrietransformationen im wesentlichen identisch mit quantenmechanischen Observablen-Operatoren. Als Beispiel sei der quantenmechanische Impulsoperator genannt, welcher der Erzeugende der räumlichen Translationen ist, und es sei der Hamiltonoperator genannt, der der Erzeugende der zeitlichen Translationen ist. Drehimpulsoperatoren erzeugen demgegenüber Drehungen. Zwischen derartigen Operatoren und raumzeitlichen Symmetrieeigenschaften besteht also ein enger Zusammenhang.[12]

2.2.2.3 Vertauschungsrelationen

Wesentliche Elemente einer Lieschen Algebra sind Vertauschungsrelationen: Betrachtet man eine Liesche Algebra auf der Grundlage von Erzeugenden $P(i)$, dann enthält die Liesche Algebra auch den *Kommutator*

$$[P(i), P(j)]_- = P(i)P(j) - P(j)P(i) \,.$$ (2.54)

Man bezeichnet die durch dieses Bildungsgesetz vorgegebene Operation auch als *Liesche Multiplikation*. Betrachtet man alle innerhalb einer speziellen Gruppe möglichen Lieschen Multiplikationen, dann erhält man als Ergebnis einen Satz von algebraischen Gleichungen der Form

$$[P(i), P(j)]_- = \sum_{k=1}^{M} C(i,j,k)P(k) \,.$$ (2.55)

Diese Gleichungen werden als *Vertauschungsrelationen* bezeichnet. Diese Vertauschungsrelationen bestimmen die Liesche Algebra und damit die Struktur der Lieschen Gruppe. Die Koeffizienten $C(i,j,k)$ nennt man folgerichtig *Strukturkonstanten*.

Zur späteren Verwendung sei hier noch die Relation

$$[P(i), P(j)]_+ = P(i)P(j) + P(j)P(i)$$ (2.56)

angegeben, die einen *Antikommutator* definiert. Entsprechend der obigen Kommutatorrelation unterscheiden sich Kommutator und Antikommutator im Summationsvorzeichen.

In der Quantenphysik beschreibt das Verschwinden eines Operatoren-Kommutators die gleichzeitige Meßbarkeit der den Operatoren zugeordneten Observablen. Kommutatoren und Antikommutatoren werden insbesondere im Rahmen der Betrachtung der Methoden der Quantenfeldtheorie eine wichtige Rolle spielen. Dort erlauben sie die Festlegung grundsätzlicher Eigenschaften von Bosonen ($\rightarrow$ Kommutatoren) oder Fermionen ($\rightarrow$ Antikommutatoren) im Rahmen eines abstrakten quantenfeldtheoretischen Formalismus.

---

[12]Konkretisierungen der obigen Aussagen werden im Verlaufe der Ausführungen noch folgen. So wird das folgende Beispiel 2.2.3 spezielle Liesche Gruppen berücksichtigen und es werden Erzeugende betrachtet, die für die Spinphysik von Bedeutung sind. Im Abschnitt 4.2.2 wird der Hamiltonoperator als der Erzeugende der zeitlichen Translationen eingeführt.

2.2.3 Ein Beispiel: Drehgruppen

Wird ein physikalisches System durch eine Drehung im Raum in sich selbst überführt, so weist es die Eigenschaft *Rotationssymmetrie* auf. Ein Beispiel dafür zeigt das in der Einführung angegebene Bild 1.2: Hexabrombenzol-Moleküle aufgebracht auf einer Trägersubstanz. Das ebenfalls dort angegebene rechte Teilbild zeigt eine schematische Darstellung eines einzelnen Hexabrombenzol-Moleküls. Dreht man ein solches Molekül (gedanklich) um Mehrfache des Winkels 60° bezüglich einer senkrecht, in der Mitte der Molekülebene stehende Drehachse, so wird das Molekül wieder in sich selbst überführt. Der Systemänderung gleichwertig ist eine entgegengesetzt gerichtete Koordinatensystemänderung. Vermittelt werden Drehungen durch (Zahlenwert-)Matrizen oder (Differential-)Operatoren:

2.2.3.1 Drehmatrizen

Dreht man ein kartesisches Koordinatensystem in Gegenuhrzeigerrichtung um den Winkel φ, so sind die Koordinaten $x^1 = x$, $x^2 = y$, $x^3 = z$ (dreidimensionales Bezugssystem) bzw. $x^1 = x$, $x^2 = y$ (zweidimensionales Bezugssystem) eines Vektors x im ursprünglichen Koordinatensystem mit den Koordinaten $x^{1'} = x'$, $x^{2'} = y'$, $x^{3'} = z'$ bzw. $x^{1'} = x'$, $x^{2'} = y'$ des Vektors x' im gedrehten Koordinatensystem über das lineare Gleichungssystem

$$x' = \mathsf{D}x \tag{2.57}$$

miteinander verknüpft, wobei

$$x = \begin{pmatrix} x \\ y \\ z \end{pmatrix} \text{ bzw. } x = \begin{pmatrix} x \\ y \end{pmatrix} \tag{2.58}$$

zu berücksichtigen ist. D ist die *dreidimensionale* bzw. die *zweidimensionale Drehmatrix*

$$\mathsf{D} = \begin{pmatrix} D_{11} & D_{12} & D_{13} \\ D_{21} & D_{22} & D_{23} \\ D_{31} & D_{32} & D_{33} \end{pmatrix} = \mathsf{D}(c_x, c_y, c_z, \varphi) \text{ bzw. } \mathsf{D} = \begin{pmatrix} D_{11} & D_{12} \\ D_{21} & D_{22} \end{pmatrix} = \mathsf{D}(\varphi) \, . \tag{2.59}$$

Im dreidimensionalen Fall sind die Matrixelemente D_{ij} durch

$$D_{11} = \cos\varphi + c_x{}^2 c_\varphi \, , \; D_{12} = c_z \sin\varphi + c_x c_y c_\varphi \, , \; D_{13} = -c_y \sin\varphi + c_x c_z c_\varphi \, ,$$

$$D_{22} = \cos\varphi + c_y{}^2 c_\varphi \, , \; D_{23} = c_x \sin\varphi + c_y c_z c_\varphi \, , \; D_{21} = -c_z \sin\varphi + c_x c_y c_\varphi \, , \tag{2.60}$$

$$D_{33} = \cos\varphi + c_z{}^2 c_\varphi \, , \; D_{31} = c_y \sin\varphi + c_x c_z c_\varphi \, , \; D_{32} = -c_x \sin\varphi + c_y c_z c_\varphi$$

gegeben und im zweidimensionalen Fall gilt

$$D_{11} = \cos\varphi \, , \; D_{12} = \sin\varphi \, , \; D_{21} = -\sin\varphi \, , \; D_{22} = \cos\varphi \, . \tag{2.61}$$

c_φ stellt eine Drehwinkelfunktion (φ = Drehwinkel) dar:

$$c_\varphi = 1 - \cos\varphi \, . \tag{2.62}$$

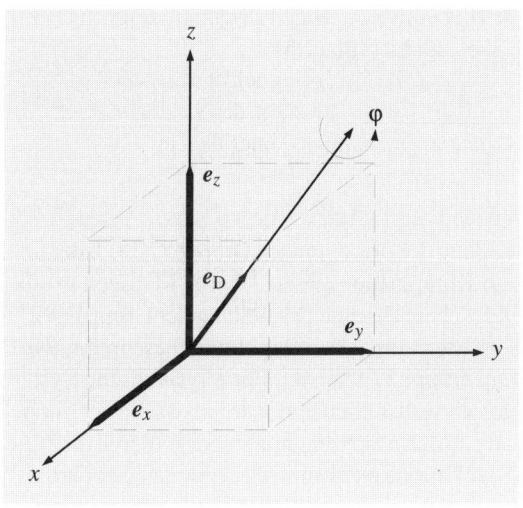

Bild 2.2 Drehungen im dreidimensionalen
Raum: die geometrische Situation

c_x, c_y, c_z repräsentieren die Richtungskosinusse (e_x, e_y, e_z = Einheitsvektoren der Koordinatenachsen, e_D = Einheitsvektor der Drehachse)

$$c_x = \cos\left(\sphericalangle e_x, e_D\right) ,$$
$$c_y = \cos\left(\sphericalangle e_y, e_D\right) , \tag{2.63}$$
$$c_z = \cos\left(\sphericalangle e_z, e_D\right) .$$

Die obigen Beziehungen ergeben sich aus einer elementaren Analyse der geometrischen Situation. Während Bild 2.2 die geometrische Situation im dreidimensionalen Fall zeigt, illustriert Bild 2.3 die zweidimensionale (ebene) Drehung. Entsprechend der Voraussetzungen werden Drehungen im Gegenuhrzeigersinn betrachtet.

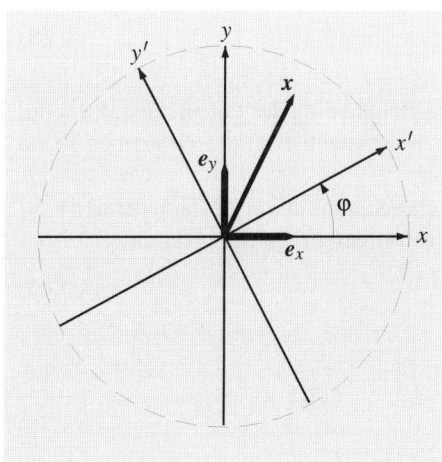

Bild 2.3 Ein Beispiel einer Drehung im zweidimensionalen Raum

Nach den obigen Definitionen repräsentieren die einparametrigen Drehmatrizen von (2.59) eine einparametrige Liesche Gruppe; so gilt insbesondere (vgl. (2.51))

$$D(\varphi)D(\varphi') = D(\varphi + \varphi'), \quad D(\varphi)D(-\varphi) = 1. \tag{2.64}$$

Die Drehmatrizen $D(\varphi)$ sind orthogonale Matrizen, d. h. es gilt (vgl. (2.43))

$$D^T(\varphi)D(\varphi) = D(\varphi)D^T(\varphi) = 1. \tag{2.65}$$

Die Matrizen $D(\varphi)$ bilden eine Matrizen-Darstellung der orthogonalen Gruppe $O(2)$. Jeder andere Satz von Matrizen $\tilde{D}(\varphi)$, der ebenfalls die Kompositionsgesetze dieser Matrizen erfüllt (d. h. insbesondere (2.64) und (2.65) erfüllt), bildet ebenfalls eine Darstellung der Gruppe $O(2)$. Da die Gruppe der Matrizen $D(\varphi)$ Drehungen im (zweidimensionalen) Raum beschreibt, wird sie als (zweidimensionale) *Dreh-* oder *Rotationsgruppe* bezeichnet. Für physikalische Systeme, die alleine durch diese Rotationsgruppe in sich selbst überführt werden, ist diese Gruppe die vollständige Symmetriegruppe. Im Gegensatz zu den Matrizen $D(\varphi)$ repräsentieren die Matrizen $D(c_x, c_y, c_z, \varphi)$ die Gruppe $O(3)$. Im Fall der Gruppe $O(3)$ sind drei Parameter zu berücksichtigen, wobei die drei Parameter dem Drehwinkel φ sowie zwei Winkeln zur Charakterisierung der Einstellung der Drehachse gleichgesetzt werden können. Hält man die Drehachse in einem bestimmten Winkel fest, dann liegt eine einparametrige Untergruppe der Gruppe $O(3)$ vor, die isomorph zu $O(2)$ ist.

Betrachtet man nur sehr kleine (infinitesimale) Drehungen, so kann die obige Transformationsbeziehung (2.57) durch die linearisierte Transformationsbeziehung

$$x' = dx \tag{2.66}$$

mit der *linearisierten Drehmatrix*

$$d = \begin{pmatrix} d_{11} & d_{12} & d_{13} \\ d_{21} & d_{22} & d_{23} \\ d_{31} & d_{32} & d_{33} \end{pmatrix} = \begin{pmatrix} 1 & c_z\varphi & -c_y\varphi \\ -c_z\varphi & 1 & c_x\varphi \\ c_y\varphi & -c_x\varphi & 1 \end{pmatrix} \tag{2.67}$$

bzw.

$$d = \begin{pmatrix} d_{11} & d_{12} \\ d_{21} & d_{22} \end{pmatrix} = \begin{pmatrix} 1 & \varphi \\ -\varphi & 1 \end{pmatrix} \tag{2.68}$$

ersetzt werden. Man erhält diese Linearisierung durch Betrachtung der Potenzreihenform der Kosinus- bzw. Sinusfunktion. Bricht man diese Potenzreihen nach den linearen Termen ab, so erhält man die obigen Beziehungen.

Zerlegt man die linearisierte Drehmatrix (2.67) in eine Summe aus einer Einheitsmatrix sowie einer Restmatrix, so läßt sich die linearisierte Transformationsbeziehung durch

$$x' = x + \delta x \tag{2.69}$$

ersetzen. Der Term

$$\delta x = rx, \quad r = \begin{pmatrix} r_{11} & r_{12} & r_{13} \\ r_{21} & r_{22} & r_{23} \\ r_{31} & r_{32} & r_{33} \end{pmatrix} = \begin{pmatrix} 0 & c_z\varphi & -c_y\varphi \\ -c_z\varphi & 0 & c_x\varphi \\ c_y\varphi & -c_x\varphi & 0 \end{pmatrix} \tag{2.70}$$

erfaßt die Abweichung der neuen Koordinaten von den ursprünglichen Koordinaten auf Grund der infinitesimalen Drehung, wobei sich die Änderung δx des Koordinatenvektors x durch das Vektorprodukt

$$\delta x = x \times \Phi \tag{2.71}$$

oder (in Komponentenschreibweise) durch

$$\delta x = y\Phi_z - z\Phi_y\,,$$
$$\delta y = z\Phi_x - x\Phi_z\,, \tag{2.72}$$
$$\delta z = x\Phi_y - y\Phi_x$$

darstellen läßt. Hierbei ist Φ der Achsenvektor mit Komponenten Φ_x, Φ_y, Φ_z, der die Rotationsachse konkretisiert. Im dreidimensionalen Fall läßt sich der Achsenvektor durch

$$\Phi_x = c_x\varphi\,, \quad \Phi_y = c_y\varphi\,, \quad \Phi_z = c_z\varphi \tag{2.73}$$

erfassen; im zweidimensionalen Fall steht diese Rotationsachse senkrecht auf der x-y-Ebene, d. h. es gilt

$$\Phi_x = 0\,, \quad \Phi_y = 0\,, \quad \Phi_z = \varphi\,. \tag{2.74}$$

Mit Hilfe der eingeführten Drehmatrizen kann jeder Punkt eines materiellen Systems in einen Punkt innerhalb eines gedrehten Koordinatensystems abgebildet werden, was insbesondere bedeutet, daß diese Drehmatrizen auf die Koordinaten des Bezugssystems wirken. Diesen Drehmatrizen zuordnen lassen sich Drehoperatoren, die direkt auf Funktionen wirken, welche direkt ein materielles System charakterisieren, und auf diese Weise eine Drehung des materiellen Systems beschreiben.

2.2.3.2 Drehoperatoren

Man betrachte ein Feld $\Psi(x)$, das sowohl ein skalares Feld als auch ein Vektorfeld repräsentieren kann. Führt man einen geeigneten *Drehoperator* $\hat{D}(\Phi)$ ein, so läßt sich der Zusammenhang zwischen der ursprünglichen Funktion $\Psi(x)$ und einer zugeordneten gedrehten Funktion $\Psi'(x)$ durch

$$\hat{D}(\Phi)\Psi(x) = \Psi'(x) \tag{2.75}$$

beschreiben. Während infinitesimale Drehungen durch den Drehoperator

$$\hat{D}(\Phi) = \hat{1} - \frac{\mathrm{i}}{\hbar}\Phi\hat{l} \tag{2.76}$$

vermittelt werden, erfaßt der Drehoperator

$$\hat{D}(\Phi) = \exp\left(-\frac{\mathrm{i}}{\hbar}\Phi\hat{l}\right) \tag{2.77}$$

den Fall beliebiger Drehungen.

Die Größe $\hat{\boldsymbol{l}}$ mit Komponenten $\hat{l}_x, \hat{l}_y, \hat{l}_z$ steht für einen Operator, der in quantenmechanischen Formalismen häufig auftritt und als *Drehimpulsoperator* bezeichnet wird. Entsprechend

$$\hat{\boldsymbol{l}} = \hat{\boldsymbol{x}} \times \hat{\boldsymbol{p}} \quad \text{mit} \quad \hat{l}_x = y\hat{p}_z - z\hat{p}_y, \quad \hat{l}_y = z\hat{p}_x - x\hat{p}_z, \quad \hat{l}_z = x\hat{p}_y - y\hat{p}_x \tag{2.78}$$

setzt sich der Drehimpulsoperator über ein Vektorprodukt aus zwei Operatoren (dem *Impulsoperator* $\hat{\boldsymbol{p}}$ mit Komponenten $\hat{p}_x, \hat{p}_y, \hat{p}_z$ und dem *Ortsoperator* $\hat{\boldsymbol{x}}$ mit Komponenten $\hat{x}, \hat{y}, \hat{z}$) zusammen, die durch

$$\hat{\boldsymbol{p}} = -i\hbar\nabla \quad \text{mit} \quad \hat{p}_x = -i\hbar\frac{\partial}{\partial x}, \quad \hat{p}_y = -i\hbar\frac{\partial}{\partial y}, \quad \hat{p}_z = -i\hbar\frac{\partial}{\partial z} \tag{2.79}$$

und

$$\hat{\boldsymbol{x}} = \boldsymbol{x} \quad \text{mit} \quad \hat{x} = x, \quad \hat{y} = y, \quad \hat{z} = z \tag{2.80}$$

definierbar sind. Hierbei repräsentiert ∇ den Nabla-Operator mit Komponenten

$$\nabla_x = \frac{\partial}{\partial x}, \quad \nabla_y = \frac{\partial}{\partial y}, \quad \nabla_z = \frac{\partial}{\partial z}. \tag{2.81}$$

Beweis 2.1 Überführt man die Raumkoordinaten $\boldsymbol{x}$ mittels einer infinitesimale Drehungen erzeugenden Matrix $\mathsf{d}(\varphi) = \mathsf{d}(\boldsymbol{\Phi})$ in Raumkoordinaten $\boldsymbol{x}'$ eines gedrehten Koordinatensystems, so gilt

$$\boldsymbol{\Psi}(\boldsymbol{x}') = \boldsymbol{\Psi}(\boldsymbol{x} + \delta\boldsymbol{x}) = \boldsymbol{\Psi}(\mathsf{d}(\boldsymbol{\Phi})\boldsymbol{x}) = \boldsymbol{\Psi}'(\boldsymbol{x}), \tag{2.82}$$

wobei das letzte Gleichheitszeichen die Gleichwertigkeit von Koordinatensystemänderung und zugeordneter Änderung des physikalischen Systems ausdrückt. Führt man einen geeigneten Drehoperator $\hat{D}(\boldsymbol{\Phi})$ ein, so läßt sich dieser Zusammenhang durch $\hat{D}(\boldsymbol{\Phi})\boldsymbol{\Psi}(\boldsymbol{x}) = \boldsymbol{\Psi}'(\boldsymbol{x})$ ersetzen. Dieser neue Zusammenhang ist wegen (2.82) und (2.71) und unter Verwendung der Relationen (2.79) gleich

$$
\begin{aligned}
\hat{D}(\boldsymbol{\Phi})\boldsymbol{\Psi}(\boldsymbol{x}) \quad &= \quad \boldsymbol{\Psi}(\boldsymbol{x} + \boldsymbol{x} \times \boldsymbol{\Phi}) \\
\overset{\text{Taylorentwicklung}}{\approx} \quad &\quad \boldsymbol{\Psi}(\boldsymbol{x}) + (\boldsymbol{x} \times \boldsymbol{\Phi})\nabla\boldsymbol{\Psi}(\boldsymbol{x}) \\
&= \quad \boldsymbol{\Psi}(\boldsymbol{x}) - (\boldsymbol{\Phi} \times \boldsymbol{x})\nabla\boldsymbol{\Psi}(\boldsymbol{x}) \\
&= \quad \boldsymbol{\Psi}(\boldsymbol{x}) - \frac{i}{\hbar}(\boldsymbol{\Phi} \times \boldsymbol{x})\hat{\boldsymbol{p}}\boldsymbol{\Psi}(\boldsymbol{x}) \\
&= \quad \boldsymbol{\Psi}(\boldsymbol{x}) - \frac{i}{\hbar}\boldsymbol{\Phi}(\boldsymbol{x} \times \hat{\boldsymbol{p}})\boldsymbol{\Psi}(\boldsymbol{x}) \\
&= \quad \boldsymbol{\Psi}(\boldsymbol{x}) - \frac{i}{\hbar}\left(\boldsymbol{\Phi}\hat{\boldsymbol{l}}\right)\boldsymbol{\Psi}(\boldsymbol{x}) \tag{2.83}
\end{aligned}
$$

setzbar. Vergleicht man beide Seiten von (2.83), so läßt sich der Operator $\hat{D}(\boldsymbol{\Phi})$ konkretisieren. Man erhält den oben angegebenen Drehoperator (2.76) für infinitesimale Drehungen:

$$\hat{D}(\boldsymbol{\Phi}) = \hat{1} - \frac{i}{\hbar}\boldsymbol{\Phi}\hat{\boldsymbol{l}}. \tag{2.84}$$

Beweis 2.2 Zur Herleitung eines Operators, der beliebige Drehungen enthält, betrachte man endliche Drehungen vermittelt durch eine Gruppe von Operatoren $\hat{D}(\Phi)$. Betrachtet man eine spezielle Drehung, und führt man eine zusätzliche infinitesimale Drehung $\delta\Phi$ aus, so läßt sich diese Drehung durch den Drehoperator

$$\hat{D}(\Phi + \delta\Phi) = \hat{D}(\delta\Phi)\hat{D}(\Phi) \tag{2.85}$$

vermitteln, was die Gruppeneigenschaften der Operatoren $\hat{D}(\Phi)$ widerspiegelt. Unter Verwendung der expliziten Form (2.84) erhält man

$$\hat{D}(\Phi + \delta\Phi) = \left(\hat{1} - \frac{i}{\hbar}\delta\Phi\hat{l}\right)\hat{D}(\Phi) \tag{2.86}$$

bzw. – nach Subtraktion des Terms $\hat{1}\hat{D}(\Phi)$ –

$$\hat{D}(\Phi + \delta\Phi) - \hat{D}(\Phi) = \delta\hat{D}(\Phi) = -\frac{i}{\hbar}\delta\Phi\hat{l}\hat{D}(\Phi) \,. \tag{2.87}$$

Dividiert man diese Beziehung durch $\delta\Phi_x$ bzw. $\delta\Phi_y$ bzw. $\delta\Phi_z$, so zerfällt diese Einzelgleichung in ein Gleichungssystem der Form

$$\frac{\delta\hat{D}(\Phi)}{\delta\Phi_x} = -\frac{i}{\hbar}\hat{l}_x\hat{D}(\Phi) \,, \quad \frac{\delta\hat{D}(\Phi)}{\delta\Phi_y} = -\frac{i}{\hbar}\hat{l}_y\hat{D}(\Phi) \,, \quad \frac{\delta\hat{D}(\Phi)}{\delta\Phi_z} = -\frac{i}{\hbar}\hat{l}_z\hat{D}(\Phi) \,. \tag{2.88}$$

Da infinitesimale Transformationen betrachtet werden, sind diese Beziehungen gleichwertig dem Differentialgleichungssystem

$$\frac{\partial\hat{D}(\Phi)}{\partial\Phi_x} = -\frac{i}{\hbar}\hat{l}_x\hat{D}(\Phi) \,, \quad \frac{\partial\hat{D}(\Phi)}{\partial\Phi_y} = -\frac{i}{\hbar}\hat{l}_y\hat{D}(\Phi) \,, \quad \frac{\partial\hat{D}(\Phi)}{\partial\Phi_z} = -\frac{i}{\hbar}\hat{l}_z\hat{D}(\Phi) \tag{2.89}$$

mit der analytischen Lösung (2.77):

$$\hat{D}(\Phi) = \exp\left(-\frac{i}{\hbar}\Phi\hat{l}\right) \,. \tag{2.90}$$

Berücksichtigt man den für Funktionen genauso wie für Operatoren geltenden Zusammenhang

$$\exp(\alpha) = 1 + \frac{\alpha}{1!} + \frac{\alpha^2}{2!} + \cdots \,, \tag{2.91}$$

dann ist klar, daß sich (2.84) aus (2.90) durch Abbruch nach dem zweiten Potenzreihenterm ergibt. Dieser zweite Potenzreihenterm beschreibt gerade infinitesimale Abweichungen von der Einheitsoperation.

Die Operatoren (2.76) und (2.77) bilden jeweils eine Operatoren-Darstellung der Gruppe $SU(2)$. Die Menge aller Operatoren (2.76) beschreibt infinitesimale Drehungen, die Menge der Operatoren (2.77) beliebige Drehungen. Wendet man einen derartigen Operator auf eine Feldfunktion an, dann läßt sich diese Funktion in eine gedrehte Feldfunktion überführen. Dies kann beispielsweise ausgenützt werden, um eine Feldfunktion in eine der Symmetrie des Problems besser angepaßte Form zu überführen.

I. Der Drehimpulsoperator

Setzt man in den gemäß (2.78) gegeben Drehimpulsoperator $\hat{l}$ den gemäß (2.79) gegebenen Impulsoperator $\hat{p}$ ein, dann erhält man eine explizite Formulierung des Drehimpulsoperators:

$$\hat{l}_x = y\frac{\partial}{\partial z} - z\frac{\partial}{\partial y} \ , \ \hat{l}_y = z\frac{\partial}{\partial x} - x\frac{\partial}{\partial z} \ , \ \hat{l}_z = x\frac{\partial}{\partial y} - y\frac{\partial}{\partial x} \ . \tag{2.92}$$

Diese Drehimpulsoperatorform gilt für kartesische Koordinatensysteme. Führt man eine Koordinatensystem-Transformation durch, ändert sich auch die Drehimpulsoperatorform. Geht man beispielsweise zu Kugelkoordinaten r, θ und φ über, dann nehmen die Komponenten des Drehimpulsoperators die Form

$$\hat{l}_x = -\frac{\hbar}{i}\left(\sin\varphi\frac{\partial}{\partial\theta} + \cot\theta\cos\varphi\frac{\partial}{\partial\varphi}\right) \ , \ \hat{l}_y = \frac{\hbar}{i}\left(\cos\varphi\frac{\partial}{\partial\theta} - \cot\theta\sin\varphi\frac{\partial}{\partial\varphi}\right) \ ,$$
$$\hat{l}_z = \frac{\hbar}{i}\frac{\partial}{\partial\varphi} \tag{2.93}$$

an. Diese beiden Drehimpulsoperatorformen seien zur späteren Verwendung notiert.

Ein häufig vorkommender Operator ist der aus den Komponenten $\hat{l}_x$, $\hat{l}_y$, $\hat{l}_z$ gebildete Betragsquadratoperator

$$\hat{l}^2 = \hat{l}^2 = \hat{l}_x^2 + \hat{l}_y^2 + \hat{l}_z^2 \ , \tag{2.94}$$

der nach Einsetzen der oben angegebenen Operatoren folgende explizite Form annimmt:

$$\hat{l}^2 = -\hbar^2\left[L(1) - L(2)\right] \tag{2.95}$$

mit

$$L(1) = x^2\left(\frac{\partial^2}{\partial y^2} + \frac{\partial^2}{\partial z^2}\right) + y^2\left(\frac{\partial^2}{\partial z^2} + \frac{\partial^2}{\partial x^2}\right) + z^2\left(\frac{\partial^2}{\partial x^2} + \frac{\partial^2}{\partial y^2}\right) \ , \tag{2.96}$$

$$L(2) = \left(x\frac{\partial}{\partial z}z\frac{\partial}{\partial x} + z\frac{\partial}{\partial x}x\frac{\partial}{\partial z}\right) + \left(y\frac{\partial}{\partial x}x\frac{\partial}{\partial y} + x\frac{\partial}{\partial y}y\frac{\partial}{\partial x}\right) +$$
$$\left(z\frac{\partial}{\partial y}y\frac{\partial}{\partial z} + y\frac{\partial}{\partial z}z\frac{\partial}{\partial y}\right) \ . \tag{2.97}$$

Genauso wie bei den obigen Komponenten führt eine Koordinatensystem-Transformation zu einer Änderung der Operatorform. Geht man beispielsweise zu Kugelkoordinaten r, θ und φ über, dann nimmt der Betragsquadratoperator die Form

$$\hat{l}^2 = -\hbar^2\left[\frac{1}{\sin\theta}\frac{\partial}{\partial\theta}\left(\sin\theta\frac{\partial}{\partial\theta}\right) + \frac{1}{\sin^2\theta}\frac{\partial^2}{\partial\varphi^2}\right] \tag{2.98}$$

an. Auch diese beiden Operatorformen seien zur späteren Verwendung notiert.[13]

---

[13]Die konkrete Berechnung der einzelnen Operatorformen soll hier nicht durchgeführt werden. Es sei jedoch darauf hingewiesen, daß eine systematische Berechnung ausgehend von der später noch auftretenden Abbildungsvorschrift (2.169) möglich ist.

Die durch die obigen Relationen vorgegebenen Operatorformen sind in quanten-mechanischen Rechnungen in mannigfaltiger Weise zu berücksichtigen. So wird der angegebene Betragsquadratoperator in Kugelkoordinaten im Zusammenhang mit der Schrödinger-Gleichung des Wasserstoff-Problems auftreten.[14]

In Verbindung mit geeigneten quantenmechanischen Zustandsvektoren vermitteln die Drehimpulsoperatoren $\hat{l}_x$, $\hat{l}_y$, $\hat{l}_z$ mögliche Bahndrehimpulseigenwerte mikroskopischer Teilchen.[15]

II. Die Drehimpulsoperator-Vertauschungsrelationen

Vergleicht man die in Komponentenschreibweise geschriebene Beziehung (2.76), d. h.

$$\hat{D}(\boldsymbol{\Phi}) = \hat{1} + \frac{1}{i\hbar}\left(\Phi_x \hat{l}_x + \Phi_y \hat{l}_y + \Phi_z \hat{l}_z\right), \tag{2.99}$$

mit der im Rahmen der Einführung Liescher Gruppen angegebenen Relation (2.53), dann ist klar, daß die Bahndrehimpulsoperator-Komponenten die (infinitesimalen) Erzeugenden einer Lieschen Gruppe sind. Wie sich durch explizites Einsetzen sofort nachrechnen läßt, gelten in diesem Fall die Vertauschungsrelationen

$$
\begin{aligned}
\left[\hat{l}_x, \hat{l}_y\right]_- &= i\hbar \hat{l}_z, \\
\left[\hat{l}_y, \hat{l}_z\right]_- &= i\hbar \hat{l}_x, \\
\left[\hat{l}_z, \hat{l}_x\right]_- &= i\hbar \hat{l}_y
\end{aligned}
\tag{2.100}
$$

und

$$\left[\hat{l}^2, \hat{l}_x\right]_- = \left[\hat{l}^2, \hat{l}_y\right]_- = \left[\hat{l}^2, \hat{l}_z\right]_- = 0. \tag{2.101}$$

Diese Vertauschungsrelationen machen Aussagen über die gleichzeitige Meßbarkeit von Drehimpulskomponenten quantenmechanischer Systeme.[16]

Die angesprochene Liesche Gruppe ist die spezielle unitäre Gruppe $SU(2)$:

---

[14]Die Schrödinger-Gleichung des Wasserstoff-Problems wird im Abschnitt 4.9.2 eingeführt und diskutiert. Der Zusammenhang mit dem Betragsquadratoperator wird dort hergestellt.

[15]Auch dieser Sachverhalt wird im Abschnitt 4.9.2, im Zusammenhang mit dem Wasserstoff-Problem, diskutiert.

[16]Man vergleiche beispielsweise mit dem Abschnitt 4.3.7. Dort wird die Problematik der gleichzeitigen Meßbarkeit im Zusammenhang mit verschiedenen Operatortypen studiert.

2.2.3.3 $SU(2)$-Operatoren

Die Vertauschungsrelationen

$$\left[\hat{\lambda}_i, \hat{\lambda}_j\right]_- = i\hbar \hat{\lambda}_k \,, \quad \left[\hat{\lambda}^2, \hat{\lambda}_i\right]_- = 0 \tag{2.102}$$

mit

$$\{(i,j,k)\} = \{(x,y,z),(y,z,x),(z,x,y)\} = \{(1,2,3),(2,3,1),(3,1,2)\} \,, \tag{2.103}$$

$$i = x,y,z = 1,2,3$$

bilden eine Verallgemeinerung der Vertauschungsrelationen (2.100) und (2.101).

Von diesem verallgemeinerten Standpunkt aus betrachtet stellen die Drehimpulsoperator-Komponenten $\hat{l}_i$ $(i = x,y,z = 1,2,3)$ entsprechend

$$\hat{\lambda}_i \rightarrow \hat{l}_i \quad (i = x,y,z = 1,2,3) \tag{2.104}$$

eine spezielle *Operator-Spezifizierung* der durch die Vertauschungsrelationen (2.102) definierten Gruppe (infinitesimaler) Erzeugender dar. Wie sich sofort explizit nachrechnen läßt, bilden die Matrizen

$$\hat{s}_x = \hat{s}_1 = \frac{\hbar}{2}\begin{pmatrix} 0 & 1 \\ 1 & 0 \end{pmatrix},$$

$$\hat{s}_y = \hat{s}_2 = \frac{\hbar}{2}\begin{pmatrix} 0 & -i \\ i & 0 \end{pmatrix}, \tag{2.105}$$

$$\hat{s}_z = \hat{s}_3 = \frac{\hbar}{2}\begin{pmatrix} 1 & 0 \\ 0 & -1 \end{pmatrix}$$

entsprechend

$$\hat{\lambda}_i \rightarrow \hat{s}_i \quad (i = x,y,z = 1,2,3) \tag{2.106}$$

eine *Matrizen-Spezifizierung* der durch die Vertauschungsrelationen (2.102) definierten Gruppe (infinitesimaler) Erzeugender.

Die Matrizen (2.105) werden auf Grund ihres Auftretens in der Spinphysik als Spinmatrizen bezeichnet.[17]

Über den Zusammenhang

$$\hat{D}(\boldsymbol{\Phi}) = \hat{1} + \sum_{i=1}^{3} \frac{1}{i\hbar} \Phi_i \hat{\lambda}_i \tag{2.107}$$

vermitteln die oben definierten Erzeugenden spezielle „infinitesimale Darstellungen" der speziellen unitären Gruppe $SU(2)$, d. h. infinitesimale Transformationen beschreibende Gruppenelemente. Während (2.104) eine Operatoren-Darstellung liefert, führt (2.106) zu einer Matrizen-Darstellung.

---

[17]Eine tiefergehende Betrachtung dieser Spinmatrizen wird im Kapitel 5 folgen.

Während Drehimpulsoperatoren $\hat{l}_x$, $\hat{l}_y$, $\hat{l}_z$ mögliche Bahndrehimpulseigenwerte mikroskopischer Teilchen vermitteln, beschreiben die Spinmatrizen $\hat{s}_x$, $\hat{s}_y$, $\hat{s}_z$ Eigendrehimpulseigenwerte mikroskopischer Teilchen. Berücksichtigt man, daß das Auftreten bestimmter Eigenwerte immer mit bestimmten Symmetrieeigenschaften des betrachteten Systems verbunden ist, dann wird verständlich, daß das Auftreten verschiedener Formen von Drehimpulsoperatoren bzw. Drehimpulsmatrizen und verschiedener Formen von speziellen unitären Gruppen immer dann zu erwarten ist, wenn man es mit Systemen mit verschiedenen Formen von Drehsymmetrie zu tun hat. Dies ist auch der Fall, wenn sehr abstrakte Formen von Drehsymmetrien vorliegen.[18]

2.2.3.4 *SU(n)*-Operatoren

Das obige Schema läßt sich gemäß

$$\hat{D}(\boldsymbol{\Phi}) = \hat{1} + \sum_{i=1}^{s=n^2-1} \frac{1}{i\hbar} \Phi_i \hat{\lambda}_i \tag{2.108}$$

und

$$\left[\hat{\lambda}_i, \hat{\lambda}_j\right]_- = \sum_{k=1}^{s=n^2-1} i\hbar \Lambda_{ijk} \hat{\lambda}_k \tag{2.109}$$

für spezielle unitäre Gruppen $SU(n)$ erweitern, wobei die Strukturgrößen Λ_{ijk} die Struktur der jeweiligen Lieschen Gruppe spezifizieren und $\hat{\lambda}_i$ für $SU(n)$-Generatoren steht. Die Zahl

$$s = n^2 - 1 \tag{2.110}$$

gibt die Anzahl der freien Parameter und damit die Anzahl der (infinitesimalen) Erzeugenden einer speziellen unitären Gruppe wieder. Tabelle 2.1 zeigt diese Relation im Vergleich zu für andere Gruppen geltenden Parameterrelationen.

Die Beziehungen der speziellen unitären Gruppe $SU(2)$ ergeben sich aus diesen allgemeinen Beziehungen durch Gleichsetzung der Strukturgrößen mit den Elementen eines antisymmetrischen Tensors, des Epsilon-Tensors, der durch

$$\varepsilon_{123} = \varepsilon_{231} = \varepsilon_{312} = +1 \,, \quad \varepsilon_{213} = \varepsilon_{132} = \varepsilon_{321} = -1 \,, \quad \text{sonst} = 0 \tag{2.111}$$

definierbar ist.[19] Entsprechend der obigen Beziehungen gibt es in diesem Fall $s = n^2 - 1 = 4 - 1 = 3$ freie Parameter und damit $s = 3$ (infinitesimale) Erzeugende.

---

[18]Drehimpulsoperatoren $\hat{l}_x$, $\hat{l}_y$, $\hat{l}_z$ und ihre Eigenwerte werden im Kapitel über Quantenmechanik, dem Kapitel 4, diskutiert. Spinmatrizen und ihre Eigenwerte werden im Kapitel über relativistische Quantenmechanik, dem Kapitel 5, studiert. Eine abstraktere Form von Drehsymmetrie, die Isospinsymmetrie, wird im Kapitel über mikroskopische Teilchen noch betrachtet.

[19]Eine sehr ausführliche Darstellung dieses Sachverhalts findet der interessierte Leser beispielsweise in [49]. Dort erfolgt eine Diskussion des gesamten Sachverhalts auch im Zusammenhang mit der speziellen unitären Gruppe $SU(3)$.

Tabelle 2.1 Symmetriegruppen und freie Parameter. Die angegebenen Parameterrelationen lassen sich durch Betrachtung grundlegender Beziehungen unter Einbezug einschränkender Bedingungen gewinnen. So kann man im Zusammenhang mit der Gruppe $SU(n)$ davon ausgehen, daß $2n^2$ (komplexe und konjugiert komplexe) Matrixelementanteile vorliegen. Berücksichtigt man die zusätzliche Bedingung, daß ein Matrixelement gleich einem dazu adjungierten Matrixelement sein muß, dann ist klar, daß davon n^2 Anteile abgezogen werden müssen. Berücksichtigt man noch, daß im Vergleich zur Gruppe $U(n)$ die zusätzliche Determinantenbedingung $\det[\mathsf{U}] = 1$ auftritt, so erhält man schließlich $2n^2 - n^2 - 1 = n^2 - 1$ freie Parameter

Symmetriegruppe	freie Parameter
$U(n)$	$s = n^2$
$SU(n)$	$s = n^2 - 1$
$O(n)$	$s = \frac{n}{2}(n-1)$
$SO(n)$	$s = \frac{n}{2}(n-1)$

2.3 Bezugssysteme

Die Grundlage zur Beschreibung raumzeitlicher Ereignisse bilden geradlinige oder krummlinige *raumzeitliche Bezugssysteme*, wobei der Begriff des *Raums* hier nicht im vorher eingeführten allgemeinen Sinne, sondern im Sinne von *Ortsraum* zu verstehen ist. Da dieser Sprachgebrauch in der Physik üblich ist, soll er auch hier beibehalten werden. Ob im folgenden unter *Raum* ein Ortsraum (oder auch ein Orts-Zeit-Raum) oder ein allgemeiner abstrakter Raum zu verstehen ist, wird sich aus dem jeweiligen Zusammenhang erschließen lassen.

Ein *kartesisches Koordinatensystem* repräsentiert ein Beispiel für ein geradliniges Bezugssystem. *Kugelkoordinatensysteme* und *Zylinderkoordinatensysteme* repräsentieren Beispiele für krummlinige Bezugssysteme. Während zur Beschreibung von Prozessen, die innerhalb nichtkosmischer Dimensionen ablaufen, sowohl geradlinige als auch krummlinige raumzeitliche Koordinatensysteme zugrunde gelegt werden können, müssen zur Beschreibung von Prozessen, die innerhalb kosmischer Dimensionen ablaufen, krummlinige raumzeitliche Koordinatensysteme herangezogen werden. Geradlinige Bezugssysteme sind dann nur noch als lokale Näherungen heranziehbar. Ursache hiefür ist die durch eine Massenverteilung hervorgerufene *Krümmung des physikalischen Raum-Zeit-Kontinuums*, ausformuliert in der von A. Einstein eingeführten *allgemeinen Relativitätstheorie*. Da eine solche *Raum-Zeit-Krümmung* direkt auf das Vorhandensein von Masse zurückführbar ist, ist sie im Prinzip immer zu berücksichtigen. Eine beobachtungsmäßige Relevanz ist *de facto* jedoch nur gegeben, wenn Prozesse innerhalb kosmischer Dimensionen und beeinflußt durch kosmische Massen betrachtet werden. Beispielsweise ist durch Auswertung von Spektren nachweisbar, daß molekulare bzw. atomare Prozesse auf Sonnen mit relativ großer Masse langsamer ablaufen als auf Sonnen mit relativ geringer Masse. In anderen Fällen sind die durch diese Krümmung hervorgerufenen Effekte vernachlässigbar. Insbesondere in der Physik mikroskopischer Systeme sind Einflüsse der Krümmung auf Grund der relativen Stärke der elektromagnetischen sowie der starken und elektroschwachen Wechselwirkung verschwindend klein, sodaß eine derartige Krümmung im Zusammenhang mit mikroskopischen Systemen vernachlässigt werden kann.

Von herausragender Bedeutung für die Beschreibung raumzeitlicher Prozesse innerhalb nichtkosmischer Dimensionen sind die sogenannten *Inertialsysteme*, d. h. gleichförmig sich bewegende, nichtrotierende Bezugssysteme, welche die grundsätzliche Struktur raumzeitlicher Prozesse innerhalb nichtkosmischer Dimensionen präzise wiedergeben. In solchen Bezugssystemen gelten alle drei *Newtonschen Axiome*, welche die *Newtonsche Mechanik* definieren:

- Ein Körper bleibt in Ruhe oder führt eine gleichförmig geradlinige Bewegung aus, wenn keine äußeren Kräfte auf ihn wirken. (Trägheitsgesetz.)
- Der Zustand eines sich mit einer durch den Geschwindigkeitsvektor v beschriebenen Geschwindigkeit bewegenden Körpers der Masse m läßt sich durch einen Impulsvektor $p = mv$ repräsentieren. Die zeitliche Änderung des Impulsvektors ist proportional einer auf ihn einwirkenden Kraft F, wobei die zeitliche Änderung in Richtung von F geschieht. (Newtonsches Bewegungsgesetz.)
- Die von zwei Körpern aufeinander ausgeübten Kräfte sind gleich groß und entgegengesetzt gerichtet. (Wechselwirkungsgesetz.)

Der räumliche Teil eines Inertialsystems kann ein beliebiges (auch krummliniges) Bezugssystem sein, jedoch wird üblicherweise ein kartesisches Koordinatensystem zugrunde gelegt. Dies wird im folgenden auch in diesem Buch vorausgesetzt. Zusätzlich sind Inertialsysteme durch einen Satz von entsprechend der grundsätzlichen *raumzeitlichen Struktur* synchronisierten Zeitmeßsystemen („Uhren") zur Festlegung der Zeitkoordinate ausgezeichnet. Wie ein solcher, mit der grundsätzlichen raumzeitlichen Struktur zu vereinbarender Synchronisationsprozeß durchgeführt werden muß, und was unter dem Begriff *raumzeitliche Struktur* zu verstehen ist, läßt sich direkt aus der Endlichkeit der Ausbreitungsgeschwindigkeit beliebiger Signale ableiten: Wie in der ebenfalls von A. Einstein eingeführten *speziellen Relativitätstheorie* ausformuliert wird, ist die schnellstmögliche Signalgeschwindigkeit gleich der Lichtgeschwindigkeit des Vakuums $c_V = 2.99792458 \cdot 10^8 \, \mathrm{m/s}$ und unabhängig vom Bezugssystem. Da man zur Abstimmung von Zeitmeßsystemen (d. h. zur Festlegung der „Gleichzeitigkeit") ein Synchronisationssignal benötigt, führt ein Synchronisationsvorgang damit im günstigsten Fall zu einem Satz von Zeitmeßsystemen, der die Lichteigenschaften wiedergibt. Somit erhält man einen wohldefinierten Zusammenhang zwischen Raumkoordinaten und der Zeitkoordinate eines raumzeitlichen Bezugssystems, der die grundsätzliche raumzeitliche Struktur eines beliebigen Bewegungsvorgangs widerspiegelt. *Inertialsystemäquivalente Kontinua*, d. h. *physikalische Raum-Zeit-Kontinua*, die durch ein Inertialsystem beschrieben werden können, sind grundlegend für die Physik mikroskopischer Systeme und werden in diesem Buch über weite Strecken vorausgesetzt.

Betrachtet man ein spezielles physikalisches Raum-Zeit-Kontinuum, so können zur Beschreibung der Dynamik eines physikalischen Systems innerhalb dieses Kontinuums völlig verschiedenartige Koordinatensysteme zugrunde gelegt werden. Eine grundlegende, die geometrische Struktur eines speziellen Koordinatensystems charakterisierende Größe ist der sogenannte *Metriktensor*. Ein Metriktensor vermittelt den Zusammenhang zwischen Koordinatendifferenzen und dem Abstand zweier Raum-Zeit-Punkte. Mit einem speziellen Metriktensor verbunden ist ein spezieller *Riemannscher Raum*. Betrachtet man einen Metriktensor mit Elementen $g_{\mu\nu} = \delta_{\mu\nu}$, dann heißt der damit verbundene Riemannsche Raum *euklidisch*. Wird stattdessen der Metriktensor $g_{\mu\nu} = \eta_{\mu\nu} = \pm\delta_{\mu\nu}$ vorausgesetzt, dann heißt der Riemannsche Raum *pseudoeuklidisch*. Der pseudoeuklidische Raum wird häufig auch *Minkowski-Raum* genannt.

Im Zusammenhang mit Übergängen zwischen Koordinatensystemen ist die (in grundlegenden Zügen in der speziellen und allgemeinen Relativitätstheorie ausformulierte) Gleichwertigkeit von Ereignisänderung und Änderung des Beobachterzustands (die in diesem Buch auch als Äquivalenz von Systempräparation und Koordinatensystem-Transformation charakterisiert wird) zu berücksichtigen: Beispielsweise ist die Drehung eines Körpers innerhalb eines festgehaltenen Koordinatensystems gleichwertig der (entgegengesetzten) Drehung des Koordinatensystems unter gleichzeitiger Beibehaltung der Raumlage des Körpers (wobei der Ruhezustand des Körpers oder des Koordinatensystems durch die Abwesenheit von Beschleunigungskräften charakterisierbar ist). Während die Zustandsänderung eines Systems unter Beibehaltung des zugrundeliegenden Koordinatensystems sich in einem diesen Prozeß beschreibenden Gleichungssystem durch Änderung von spezifischen Funktionen ausdrückt, wird eine Zustandsänderung auf Grund eines Koordinatensystemwechsels durch eine geeignete Koordinatentransformation innerhalb des Gleichungssystems erfaßt. So kann beispielsweise das Auftreten eines Magnetfeldes um eine sich bewegende Ladung herum innerhalb der diesen Prozeß beschreibenden Maxwellschen Gleichungen einerseits durch Vorgabe einer Ladungsgeschwindigkeit und andererseits durch den Übergang zu einem relativ sich bewegenden Inertialsystem (und einer damit verbundenen Inertialsystemtransformation) erfaßt werden.

2.3.1 Ortsraum, Zeit und Bezugssysteme

Der Umgang mit krummlinigen Koordinatensystemen erfordert eine genaue Kenntnis der sogenannten *Differentialgeometrie* („Riemannsche Geometrie"). Einige Elemente der Differentialgeometrie werden im folgenden näher betrachtet. Beginnen wir jedoch mit einigen grundsätzlichen Ausführungen über *raumzeitliche Koordinatensysteme*.

2.3.1.1 Koordinatensysteme in Raum und Zeit

Die Beschreibung raumzeitlicher Prozesse geschieht auf der Grundlage raumzeitlicher Koordinatensysteme. Entsprechend der vierdimensionalen Raum-Zeit-Struktur weisen derartige raumzeitliche Koordinatensysteme vier Dimensionen auf, die durch drei Raumkoordinaten und eine Zeitkoordinate vorgegeben sind.

I. Geradlinige Koordinatensysteme

Legt man ein geradliniges Koordinatensystem zugrunde, dann sind zwei grundsätzliche Klassen von raumzeitlichen Koordinaten einführbar: Koordinaten $q(\mu)$ ($\mu = 1,2,3,0$), die achsenparallel abgegriffen werden, und Koordinaten $\tilde{q}(\mu)$ ($\mu = 1,2,3,0$), die über senkrechte Projektionen bestimmt werden. Bild 2.4 veranschaulicht beide Klassen raumzeitlicher Koordinaten. Während Bild 2.4 den Fall eines im Koordinatennullpunkt liegenden Ursprungs des Koordinatensystems zeigt, illustriert Bild 2.5 demgegenüber den Fall eines im Punkt q liegenden Ursprungs. In diesem Fall ersetzen Koordinatenabschnitte die ursprünglichen Koordinaten. Da im Rahmen der üblichen physikalischen Meßmethodik achsenparallele Koordinaten $q(\mu)$ bzw. Koordinatenabschnitte $\Delta q(\mu)$ vorausgesetzt werden, werden die über senkrechte Projektionen bestimmbaren Koordinaten $\tilde{q}(\mu)$ und ihre Abschnitte $\Delta \tilde{q}(\mu)$ im folgenden nicht weiter betrachtet.

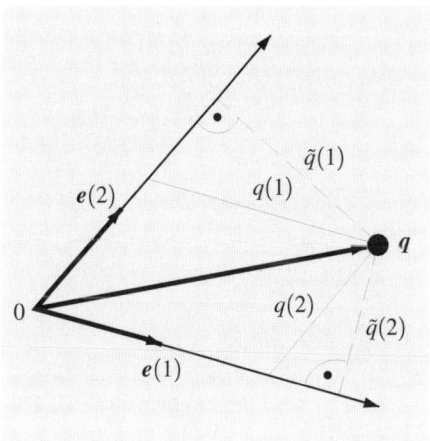

Bild 2.4 Koordinaten $q(\mu)$ und Koordinaten $\tilde{q}(\mu)$: Koordinaten $q(\mu)$ werden achsenparallel abgegriffen und Koordinaten $\tilde{q}(\mu)$ werden über senkrechte Projektionen bestimmt. Es werden beispielhaft jeweils zwei Koordinaten ($\mu = 1, 2$) betrachtet. $e(1), e(2)$ repräsentieren die Basisvektoren des Koordinatensystems. Der Ursprung des Koordinatensystems wird in den Koordinatennullpunkt gelegt. In diesem Bild wird ein zweidimensionales geradliniges Koordinatensystem betrachtet. Würde man ein höherdimensionales geradliniges Koordinatensystem zugrunde legen, dann müßten Projektionen auf die jeweils von zwei Achsen aufgespannten Flächen zur Definition der Koordinaten $\tilde{q}(\mu)$ betrachtet werden

Notiert man die zu betrachtenden Koordinatenabschnitte im folgenden in der Form Δq^μ ($\mu = 1, 2, 3, 0$), dann läßt sich eine solche Koordinatenabschnitte geschlossen repräsentierende Größe Δq in der Form

$$\Delta q = \Delta q^1 e_1 + \Delta q^2 e_2 + \Delta q^3 e_3 + \Delta q^0 e_0 \tag{2.112}$$

darstellen, wobei e_μ ($\mu = 1, 2, 3, 0$) die *Basisvektoren* des Koordinatensystems darstellt. Es werden in diesem Buch immer *Einheitsvektoren* e_μ betrachtet, d. h. die Basisvektoren e_μ haben die Länge 1. Während $\mu = i = 1, 2, 3$ räumliche Größen abzählt, kennzeichnet $\mu = 0$ zeitliche Größen. Bild 2.6 illustriert die betrachtete Situation.

Auf Einheitsvektoren basierende Koordinatensysteme, deren Ursprung verschoben werden kann, ohne daß sich die Komponenten einer darin vorgegebenen physikalischen Größe ändern, werden auch als *affine Koordinatensysteme* bezeichnet, die dazugehörigen Koordinaten bzw. die dazugehörigen Koordinatenabschnitte werden *affine Koordinaten* bzw. *affine Koordinatenabschnitte* genannt. Die hier berücksichtigten raumzeitlichen Koordinatensysteme sind derartige affine Koordinatensysteme.

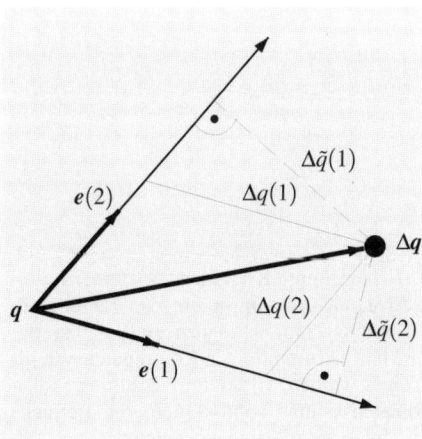

Bild 2.5 Der Fall eines nicht im Nullpunkt liegenden Ursprungs: statt Koordinatengrößen $q(\mu)$ bzw. $\tilde{q}(\mu)$ treten Abschnittsgrößen $\Delta q(\mu)$ bzw. $\Delta \tilde{q}(\mu)$ auf

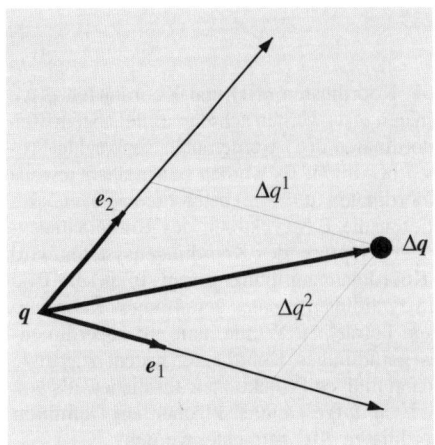

Bild 2.6 Zur Veranschaulichung der Koordinaten-abschnitte Δq^μ. Es wird der zweidimensionale Fall $\mu = 1, 2$ betrachtet

II. Beliebige Koordinatensysteme

Im Fall eines beliebigen (auch krummlinigen) Koordinatensystems können stattdessen vom Raum-Zeit-Punkt $\boldsymbol{q}$ abhängige Einheitsvektoren $\boldsymbol{e}_\mu(\boldsymbol{q})$ benützt werden, die Tangenten an die Koordinatenlinien bilden. Dann können raumzeitliche Abstandsgrößen gemäß

$$\mathrm{d}\boldsymbol{q} = \mathrm{d}q^1\boldsymbol{e}_1(\boldsymbol{q}) + \mathrm{d}q^2\boldsymbol{e}_2(\boldsymbol{q}) + \mathrm{d}q^3\boldsymbol{e}_3(\boldsymbol{q}) + \mathrm{d}q^0\boldsymbol{e}_0(\boldsymbol{q}) \qquad (2.113)$$

eingeführt werden. Die Koordinatendifferentiale $\mathrm{d}q^\mu$ stehen für Abstände zweier infinitesimal naheliegenden Punkte. Auf diese Weise können beliebige (auch krummlinige) Koordinatensysteme in Segmente zerlegt werden, sodaß *lokal* immer geradlinige Koordinatensysteme vorliegen. Bild 2.7 veranschaulicht die geometrische Situation.

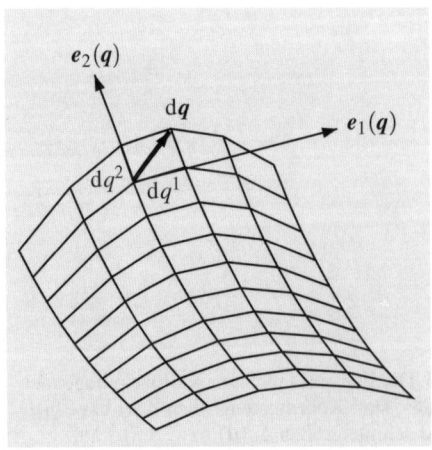

Bild 2.7 Krummlinige Koordinatensysteme: Infinitesimale Abstände und vom Raum-Zeit-Punkt $\boldsymbol{q}$ abhängige Einheitsvektoren können zur lokalen Beschreibung eines krummlinigen Koordinatensystems herangezogen werden. Die durch geradlinige lokale Koordinatensysteme approximierbaren Bereiche werden im folgenden Segmente genannt

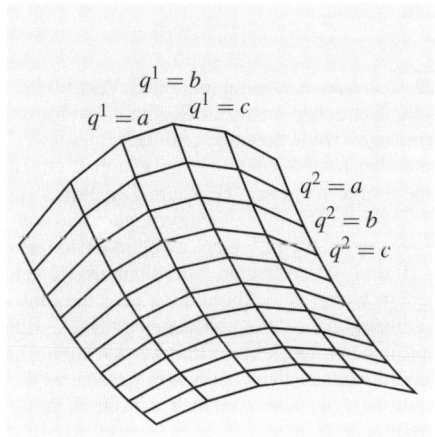

Bild 2.8 Zur Veranschaulichung globaler Koordinaten q^μ. Es wird der zweidimensionale Fall $\mu = 1, 2$ betrachtet

In physikalischer Hinsicht bedeutet dies, daß ein physikalisches System, das auf der Grundlage eines krummlinigen Koordinatensystems beschrieben wird, lokal durch für ein geradliniges Koordinatensystem geltende Formalismen erfaßt werden kann.

Entsprechend dieser Segmentierung können globale Koordinaten q^μ ($\mu = 1, 2, 3, 0$) eingeführt werden. Man vergleiche mit dem Bild 2.8.

In physikalischer Hinsicht bedeutet dies, daß Integrale über (im Rahmen einer Segmentierung auftretende) Differentiale das physikalische System global beschreiben.

2.3.1.2 Tensoren in Raum und Zeit

Physikalische Gesetzmäßigkeiten sind genaugenommen logische Aussagen über das Verhalten eines physikalischen Systems, ausformuliert innerhalb eines Koordinatensystems und mit Hilfe von Operatoren, die auf wohldefinierte physikalische Größen wirken. In mathematischer Hinsicht sind physikalische Größen häufig *Tensoren* einer bestimmten Ordnung. Immer wieder werden noch allgemeinere Größen, sogenannte *Spinoren*, benötigt. Diese Größen werden jedoch nicht hier betrachtet. Ihre Behandlung wird erst später erfolgen. Angefangen von Tensoren 0. Ordnung (die auch als *Skalare* bezeichnet werden), über Tensoren 1. Ordnung (die auch als *Vektoren* bezeichnet werden) bis hin zu Tensoren höherer Ordnung (die des öfteren kurz als „Tensoren" bezeichnet werden), enthält die mathematische Form eines physikalischen Gesetzes Tensoren unterschiedlicher Ordnung. Definiert werden kann ein Tensor durch sein Transformationsverhalten bezüglich beliebigen Koordinatensystem-Transformationen. Betrachten wir derartige Tensoren und ihre Definition etwas genauer. Entsprechend der hier zu berücksichtigenden Situation werden vierdimensionale Tensoren vorausgesetzt: μ, ν, etc. $= 1, 2, 3, 0$. Für höherdimensionale Tensoren lassen sich die folgenden Überlegungen verallgemeinern:

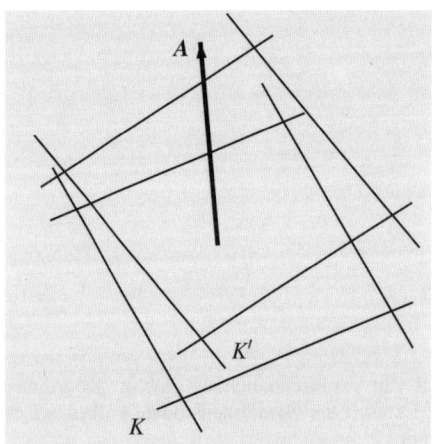

Bild 2.9 Zur Veranschaulichung einer Vektortransformation: Betrachtet man ein Segment zweier relativ zueinander verschobenen und gedrehten zweidimensionalen Koordinatensysteme K und K', dann kann einem in K vorliegenden Raum-Zeit-Punkt ein in K' vorliegender Raum-Zeit-Punkt zugeordnet werden. Die Komponenten A^μ eines zweidimensionalen Vektors A sind in den beiden Koordinatensystemen verschieden, wobei eine Abbbildung über die funktionale Abhängigkeit der Koordinaten $q^{\mu'}$ in K' von den Koordinaten q^μ in K vermittelt werden kann. Da affine Koordinatensysteme betrachtet werden, ist die Verschiedenheit der Komponenten auf die Drehung zurückzuführen

- Skalare A lassen sich als Größen definieren, die bei einer beliebigen Koordinatensystem-Transformation $K \to K'$ ($e_\mu \to e'_\mu$) unverändert bleiben, d. h. es gilt

$$A' = A .\tag{2.114}$$

- Transformieren sich die Komponenten A^μ einer Größe beim Übergang von einem beliebigen Koordinatensystem K in ein beliebiges Koordinatensystem K' nach der Regel

$$A^{\mu'} = \sum_\nu \frac{\partial q^{\mu'}}{\partial q^\nu} A^\nu ,\tag{2.115}$$

dann wird eine solche Größe als ein *kontravarianter Tensor 1. Ordnung* bezeichnet. Transformieren sich Komponenten $A^{\mu\nu}$ einer Größe beim Übergang von einem Koordinatensystem zum anderen nach der Regel

$$A^{\mu\nu'} = \sum_{\kappa,\varepsilon} \frac{\partial q^{\mu'}}{\partial q^\kappa} \frac{\partial q^{\nu'}}{\partial q^\varepsilon} A^{\kappa\varepsilon} ,\tag{2.116}$$

dann wird eine solche Größe als ein *kontravarianter Tensor 2. Ordnung* bezeichnet. Auf die gleiche Weise können kontravariante Tensoren höherer Ordnung definiert werden.

- Im Gegensatz zu kontravarianten Tensoren läßt sich ein *kovarianter Tensor 1. Ordnung* bzw. ein *kovarianter Tensor 2. Ordnung* über die Transformationsbeziehung

$$A_\mu{}' = \sum_\nu \frac{\partial q^\nu}{\partial q^{\mu'}} A_\nu \quad \text{bzw.} \quad A_{\mu\nu}{}' = \sum_{\kappa,\varepsilon} \frac{\partial q^\kappa}{\partial q^{\mu'}} \frac{\partial q^\varepsilon}{\partial q^{\nu'}} A_{\kappa\varepsilon}\tag{2.117}$$

definieren. Kovariante Tensoren höherer Ordnung können auf eine analoge Art und Weise definiert werden.

Bild 2.9 veranschaulicht die Transformation eines Tensors 1. Ordnung (d. h. eines Vektors).

Beispiel 2.5 Man betrachte das geradlinige (schiefwinklige) Koordinatensystem K, das von den drei Einheitsvektoren $\boldsymbol{e}_i$ $(i = 1, 2, 3)$ aufgespannt wird. Geht man zu einem Koordinatensystem K' mit Einheitsvektoren $\boldsymbol{e}'_i$ $(i = 1, 2, 3)$ über, dann transformieren sich die (affinen) Koordinaten q^ν eines beliebigen Punktes im Koordinatensystem K entsprechend

$$q^{\mu'} = \sum_\nu \frac{\partial q^{\mu'}}{\partial q^\nu} q^\nu \,. \tag{2.118}$$

Entsprechend dieser Transformationsbeziehung bilden die Koordinaten q^ν ein einfach kontravariantes Tensorfeld.

Beispiel 2.6 Ein weiteres einfach kontravariantes Tensorfeld wird von den Koordinatendifferentialen $\mathrm{d}q^\nu$ gebildet:

$$\mathrm{d}q^{\mu'} = \sum_\nu \frac{\partial q^{\mu'}}{\partial q^\nu} \mathrm{d}q^\nu \,. \tag{2.119}$$

Diese Beziehung repräsentiert nichts anderes als ein totales Differential.

Im folgenden werden immer dann obere und untere Indices benützt, wenn Größen der vierdimensionalen Raum-Zeit-Welt betrachtet werden, wobei entsprechend der obigen Ausführungen die Eigenschaft *Kovarianz* durch untere Indices und die Eigenschaft *Kontravarianz* durch obere Indices symbolisiert wird. Es sei hier jedoch darauf hingewiesen, daß nicht alle obere und untere Indices aufweisenden Größen der vierdimensionalen Raum-Zeit-Welt Tensoren entsprechend ihres Indexcharakters sind. Beispiele bilden die noch folgenden Christoffel-Symbole, die einfache Dreiindexsymbole sind und nicht als Tensoren dritter Ordnung interpretiert werden dürfen. Auch sei darauf hingewiesen, daß obere und untere Indices im Rahmen einer über die *Objektklasse* der Tensoren hinausgehenden Objektklasse auftreten, nämlich im Rahmen der Objektklasse der *Spinoren*. Diese Objektklasse wird jedoch erst später eingeführt. Inwieweit eine in diesem Buch benützte indizierte Größe dem hier eingeführten Tensorbegriff (oder dem später noch einzuführenden Spinorbegriff) unterordenbar ist, kann entsprechend dem hier betrachteten bzw. dem später noch zu betrachtenden Transformationsschema festgestellt werden.

2.3.1.3 Metriktensor und Metrik

Eine grundlegende Größe zur Beschreibung lokaler Eigenschaften von raumzeitlichen Koordinatensystemen ist der *Metriktensor* (auch *metrischer Tensor* oder *metrischer Fundamentaltensor*). Über die Betrachtung raumzeitlicher Abstände kann der Metriktensor schnell eingeführt werden.[20]

---

[20]Eine detailreichere Darstellung mit ausführlichen Begründungen findet der interessierte Leser beispielsweise in [6].

I. Der Metriktensor

Der raumzeitliche Abstand ds zwischen zwei infinitesimal naheliegenden Raum-Zeit-Punkten eines beliebigen Koordinatensystems mit Raum-Zeit-Koordinaten q^{μ} ist mit den Koordinatendifferentialen dq^{μ} über folgende Beziehungen verknüpft[21]:

$$ds = \sqrt{\sum_{\mu,\nu} g_{\mu\nu} dq^{\mu} dq^{\nu}} \quad \text{bzw.} \quad (ds)^2 = \sum_{\mu,\nu} g_{\mu\nu} dq^{\mu} dq^{\nu}. \tag{2.120}$$

Ein Segment ds wird auch als ein *Linienelement* bezeichnet. Ein solches Linienelement ist eine Invariante bezüglich beliebigen Koordinatensystem-Transformationen. Beliebige Abstände s können entsprechend dem oben beschriebenen Verfahren durch Integration über Segmente ds dargestellt werden (ς sei ein beliebiger Kurvenparameter):

$$s = \int ds = \int \sqrt{\sum_{\mu,\nu} g_{\mu\nu} dq^{\mu} dq^{\nu}} = \int \sqrt{\sum_{\mu,\nu} g_{\mu\nu} \frac{dq^{\mu}}{d\varsigma} \frac{dq^{\nu}}{d\varsigma}} d\varsigma. \tag{2.121}$$

Die Tensorkomponenten (die Größen $e_{\mu}(q)$ stehen für vom Raum-Zeit-Punkt q abhängige Einheitsvektoren)

$$g_{\mu\nu} = e_{\mu}(q) e_{\nu}(q) \quad , \quad g_{\mu\nu} = g_{\nu\mu} \tag{2.122}$$

bilden einen symmetrischen kovarianten Tensor 2. Ordnung, den *Metriktensor* g (auch: Metriktensor $g_{\mu\nu}$).

Explizit vorzufinden ist der Metriktensor im Bereich der Quantenphysik vor allem im Zusammenhang mit relativistischen Bewegungsgleichungen. Auch im Rahmen der Feynmanschen Pfadintegralmethode tritt der Metriktensor explizit auf, wenn krummlinige Koordinatensysteme zugrundegelegt werden.

II. Die Metrik

Die durch eine spezielle Zahlenfunktion $(ds)^2$ beschriebenen Eigenschaften eines (mit den Elementen q verbundenen) speziellen abstrakten Raums werden häufig mit dem Begriff *Metrik* umschrieben. In aller Regel wird die Zahlenfunktion $(ds)^2$ selbst als *Metrik* bezeichnet[22]. Die letztere Sprechweise wird in diesem Buch zugrunde gelegt. Darüber hinausgehend wird auch die Zahlenfunktion ds derartig umschrieben.

---

[21] Man quadriere die Beziehung (2.113) und setze die Produkte $e_{\mu}e_{\nu}$ gleich $g_{\mu\nu}$. Die Produkte $e_{\mu}e_{\nu}$ sind genaugenommen Skalarprodukte zweier Einheitsvektoren, die wir noch genauer behandeln werden.

[22] Definiert man den Begriff *Metrik* in diesem Sinne, dann liegt eine Metrikdefinition ähnlich der im Abschnitt 2.1.1 eingeführten Metrikdefinition vor: die in dem nun vorliegenden physikalischen Rahmen auftretende Metrikdefinition unterscheidet sich von der mathematischen Metrikdefinition des Abschnitts 2.1.1 dadurch, daß eine solche Zahlenfunktion auch negative Werte annehmen kann.

III. Riemannsche Räume

Die dadurch (d. h. durch Zahlenfunktionen $(ds)^2$ bzw. durch Metriktensoren **g**) charakterisierten abstrakten Räume sollen im folgenden als *Riemannsche Räume* bezeichnet werden.[23] Entsprechend der somit eingeführten Beziehungen und Sprechweisen ist mit einem speziellen Riemannschen Raum ein spezielles Koordinatensystem verknüpft.[24]

Beispiel 2.7 Durch die Zahlenfunktion

$$(ds)^2 = r^2 (d\theta)^2 + r^2 \sin^2 \theta (d\varphi)^2 + (dr)^2 \tag{2.123}$$

bzw. durch die Metriktensorkomponenten

$$g_{ij} = K_{ij} = \begin{cases} r^2 & \text{für} \quad \mu = \nu = 1 \\ r^2 \sin^2 \theta & \text{für} \quad \mu = \nu = 2 \\ 1 & \text{für} \quad \mu = \nu = 3 \\ 0 & \text{für} \quad \mu \neq \nu \end{cases} \tag{2.124}$$

wird ein Riemannscher Raum mit Elementen **q** (mit Komponenten $q^1 = r$, $q^2 = \theta$, $q^3 = \varphi$) charakterisiert. Damit verknüpft ist ein Kugelkoordinatensystem. Bild 2.10 zeigt dieses Kugelkoordinatensystem sowie ein damit verbundenes kartesisches Koordinatensystem.

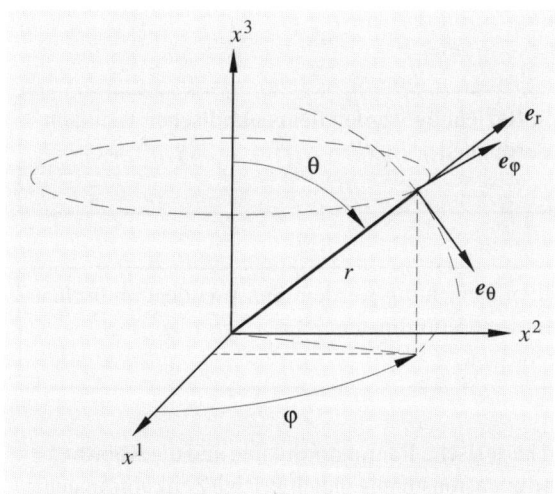

Bild 2.10 Kugelkoordinaten und kartesische Koordinaten. Die Größen e_r, e_θ, e_φ repräsentieren die vom Raum-Punkt r, θ, φ abhängigen Einheitsvektoren

[23]Die in diesem Sinne definierten Riemannsche Räume sind eng verwandt mit den im Abschnitt 2.1.1 eingeführten metrischen Räumen. Ein Unterschied besteht darin, daß im Zusammenhang mit metrischen Räumen positiv definite Zahlenfunktionen vorausgesetzt werden, während die hier vorliegende Zahlenfunktion $(ds)^2$ negative Werte annehmen kann.

[24]Eine vom Koordinatensystem unabhängige Definition des Riemannschen Raums ist mit Hilfe des (noch einzuführenden) Riemannschen Krümmungstensors möglich, der die von einer Materieverteilung hervorgerufene Krümmung des physikalischen Raum-Zeit-Kontinuums beschreibt. Wird der Begriff des Riemannschen Raums mit dem physikalischen Raum-Zeit-Kontinuum verknüpft, dann gibt es gleichwertige Koordinatensysteme und Metriktensoren, die durch Transformationen ineinander überführt werden können, und die einen speziellen Riemannschen Raum beschreiben.

Beispiel 2.8 Durch die Zahlenfunktionen [25]

$$(\mathrm{d}s)^2 = \left(\mathrm{d}x^1\right)^2 + \left(\mathrm{d}x^2\right)^2 + \left(\mathrm{d}x^3\right)^2 + \left(\mathrm{d}x^4\right)^2 \,,$$

$$(\mathrm{d}s)^2 = \left(\mathrm{d}x^1\right)^2 + \left(\mathrm{d}x^2\right)^2 + \left(\mathrm{d}x^3\right)^2 - \left(\mathrm{d}x^0\right)^2$$

(2.125)

bzw. durch die Metriktensorkomponenten[26]

$$g_{\mu\nu} = \delta_{\mu\nu} = \begin{cases} 1 & \text{für} \quad \mu = \nu \\ 0 & \text{für} \quad \mu \neq \nu \end{cases} \,,$$

$$g_{\mu\nu} = \eta_{\mu\nu} = \begin{cases} 1 & \text{für} \quad \mu = \nu = 1,2,3 \\ -1 & \text{für} \quad \mu = \nu = 0 \\ 0 & \text{für} \quad \mu \neq \nu \end{cases}$$

(2.126)

werden zwei ähnliche Riemannsche Räume definiert. Der mit dem Kronecker Delta $\delta_{\mu\nu}$ bzw. der Zeitkoordinate x^4 verknüpfte Riemannsche Raum soll im folgenden als (vierdimensionaler, raumzeitlicher) *euklidischer Raum* und der mit $\eta_{\mu\nu}$ bzw. x^0 verknüpfte Riemannsche Raum als (vierdimensionaler, raumzeitlicher) *pseudoeuklidischer Raum* oder auch als *Minkowski-Raum* bezeichnet werden. Mit beiden Riemannschen Räumen sind geradlinige Koordinatensysteme verknüpft.

 Entsprechend der jeweils ersten Beziehung werden dem euklidischen Riemannschen Raum die Raum-Zeit-Koordinaten $q^1 = x^1 = x$, $q^2 = x^2 = y$, $q^3 = x^3 = z$, $q^0 = x^4 = \mathrm{i}ct$ zugeordnet.

 Entsprechend der jeweils zweiten Beziehung werden dem pseudoeuklidischen Riemannschen Raum die Raum-Zeit-Koordinaten $q^1 = x^1 = x$, $q^2 = x^2 = y$, $q^3 = x^3 = z$, $q^0 = x^0 = ct$ zugeordnet.

Die Koordinaten $x^1 = x$, $x^2 = y$, $x^3 = z$ sind kartesische Raumkoordinaten und die Koordinaten $x^4 = \mathrm{i}ct$, $x^0 = ct$ sind den Raumkoordinaten dimensionsmäßig gleichwertige Zeitkoordinaten.[27]

Werden im folgenden geradlinige Koordinatensysteme betrachtet, dann werden pseudoeuklidische Koordinaten zugrunde gelegt.

---

[25]Die zweite Beziehung macht deutlich, daß $(\mathrm{d}s)^2$ (auf Grund des Einbezugs einer Zeitkoordinate) prinzipiell Werte kleiner 0 annehmen kann.

[26]Es sei hier darauf hingewiesen, daß $\eta_{\mu\nu}$ bezüglich des Minus-Zeichens häufig umgekehrt definiert wird, d. h. es wird -1 für $\mu = \nu = 1,2,3$ und 1 für $\mu = \nu = 0$ gesetzt.

[27]Eine häufig zu findende andersgeartete Notationsweise sei hier noch angegeben: häufig schreibt man in der speziellen Relativitätstheorie $x^4 = ct$ und in der allgemeinen Relativitätstheorie $x^0 = ct$.

Vergleicht man die durch (2.125) gegebenen beiden Beziehungen, dann ist offensichtlich, daß die Wahl pseudoeuklidischer Koordinaten dazu führt, daß eine nicht vollständig zu den Raumkoordinaten x^i ($i = 1, 2, 3$) gleichwertige Zeitkoordinate $x^0 = ct$ statt einer vollständig gleichwertigen Zeitkoordinate $x^4 = ict$ auftritt (Vorzeichen in (2.125)!), was in letzter Konsequenz dazu führt, daß in vielen kompakten Gleichungsformulierungen der pseudoeuklidische Metriktensor $\eta_{\mu\nu}$ explizit auftritt, während man bei Verwendung der Koordinate x^4 darauf verzichten kann.

IV. Ko- und Kontravarianzänderungen

Die kontra- bzw. kovarianten Eigenschaften eines Tensors können mit Hilfe des Metriktensors abgeändert werden, d. h. Indices können herauf- und heruntergezogen werden, sodaß beispielsweise

$$A^\mu = \sum_\kappa g^{\mu\kappa} A_\kappa \,, \quad A_\mu = \sum_\kappa g_{\mu\kappa} A^\kappa \,, \tag{2.127}$$

$$A^\nu_\mu = \sum_\kappa g_{\mu\kappa} A^{\nu\kappa} \,, \quad A^\mu_\nu = \sum_\kappa g^{\mu\kappa} A_{\nu\kappa} \,, \tag{2.128}$$

$$A^{\mu\nu} = \sum_\kappa g^{\mu\kappa} A^\nu_\kappa \,, \quad A_{\mu\nu} = \sum_\kappa g_{\mu\kappa} A^\kappa_\nu \tag{2.129}$$

gilt. Die Tensoren A^κ_ν sind gemischte Tensoren, die sowohl ko- als auch kontravariante Eigenschaften aufweisen. Die hier beschriebene Metriktensoreigenschaft kann ausgenützt werden, um eine innerhalb eines Bezugssystems vorliegende Tensorgleichung bezüglich ihrer ko- und kontravarianten Eigenschaften abzuändern.

Beispiel 2.9 Im Fall eines durch $g_{\mu\nu} = \delta_{\mu\nu}$ definierten euklidischen Raums gelten für die durch die Komponenten A^μ, $A^{\mu\nu}$ beschriebenen Tensoren die Relationen

$$A_\mu = \sum_\kappa g_{\mu\kappa} A^\kappa = \sum_\kappa \delta_{\mu\kappa} A^\kappa = A^\mu \tag{2.130}$$

und im Fall des durch $g_{\mu\nu} = \eta_{\mu\nu}$ definierten pseudoeuklidischen Raums gilt

$$A_\mu = \sum_\kappa g_{\mu\kappa} A^\kappa = \sum_\kappa \eta_{\mu\kappa} A^\kappa = \begin{cases} A^\mu & \text{für} \quad \mu = 1, 2, 3 \\ -A^\mu & \text{für} \quad \mu = 0 \end{cases}. \tag{2.131}$$

Diese Relationen verdeutlichen, daß es im Fall eines euklidischen Raums keinen Unterschied zwischen ko- und zugeordneten kontravarianten Tensoren gibt, und daß im Fall eines pseudoeuklidischen Raums ko- und kontravariante Tensoren bis auf ein bei bestimmten Komponenten auftretendes Minus-Zeichen identisch sind, d. h. in beiden Fällen gibt es im wesentlichen keinen Unterschied zwischen Ko- und Kontravarianz. Verwendet man also ein Inertialsystem auf der Grundlage eines kartesischen Bezugssystems, dann können kontravariante und kovariante Größen im wesentlichen einander gleichgesetzt werden. So können kovariante statt kontravariante Tensoren und *vice versa* benützt werden. Da in diesem Buch häufig Inertialsysteme zugrunde gelegt werden, ist diese Eigenschaft besonders zu beachten.

V. Der inverse Metriktensor

$g^{\mu\nu}$ stellt die Matrixelemente des zum Metriktensor inversen Tensors dar:

$$\sum_\mu g_{\kappa\mu} g^{\varepsilon\mu} = \delta_\kappa^\varepsilon = \delta^{\kappa\varepsilon} = \delta_{\kappa\varepsilon} \ . \tag{2.132}$$

Für den inversen Metriktensor gilt

$$g^{\mu\varepsilon} = e^\mu(q) e^\varepsilon(q) \ , \tag{2.133}$$

wobei $e^\mu(q)$ die Einheitsvektoren des zugeordneten kovarianten (man sagt auch: reziproken) Koordinatensystems darstellt.

Beispiel 2.10 Die inversen Metriktensoren der in den Beispielen 2.7 und 2.8 eingeführten Metriktensoren K_{ij}, $\delta_{\mu\nu}$, $\eta_{\mu\nu}$ haben die Form

$$K^{ij} = \begin{cases} 1/K_{ij} & i = j \\ 0 & i \neq j \end{cases} \ ,$$

$$\delta^{\mu\nu} = \delta_{\mu\nu} \ , \tag{2.134}$$

$$\eta^{\mu\nu} = \eta_{\mu\nu} \ .$$

Mit (2.133) verbunden ist die Relation

$$e^\mu(q) = \sum_\varepsilon g^{\mu\varepsilon} e_\varepsilon(q) \ , \tag{2.135}$$

die den Zusammenhang der Einheitsvektoren des kontravarianten und des kovarianten Koordinatensystems beschreibt.

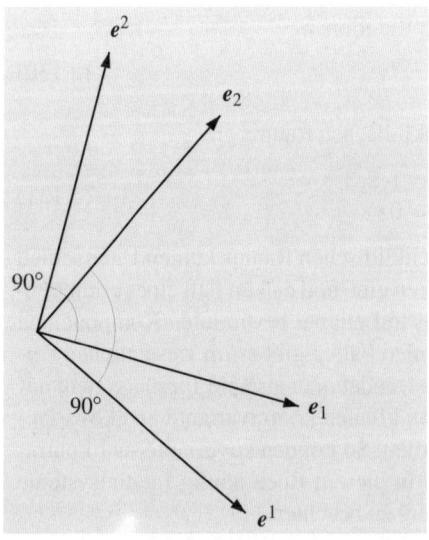

Bild 2.11 Koordinatensystem und zugeordnetes reziprokes Koordinatensystem in der 1-2-Ebene. e_1, e_2 stehen für Einheitsvektoren des Ausgangskoordinatensystems und e^1, e^2 für Einheitsvektoren des zugeordneten reziproken Koordinatensystems

Beispiel 2.11 Für den Zusammenhang zwischen einem (räumlichen, dreidimensionalen) geradlinigen Koordinatensystem und dem zugeordneten reziproken Koordinatensystem (vgl. Bild 2.11) findet man den Zusammenhang

$$e^1 = \frac{e_2 \times e_3}{V} \; , \quad e^2 = \frac{e_3 \times e_1}{V} \; , \quad e^3 = \frac{e_1 \times e_2}{V} \; , \tag{2.136}$$

wobei V ein Volumen darstellt, das von dem *Spatprodukt*

$$V = (e_1 \times e_2) e_3 = (e_2 \times e_3) e_1 - (e_3 \times e_1) e_2 \tag{2.137}$$

repräsentiert wird. Die einzelnen Beziehungen von (2.136) gehen durch *zyklische Vertauschung* der Indices auseinander hervor. Das innerhalb eines Spatprodukts auftretende spezielle Skalarprodukt sowie das Vektorprodukt lassen sich auf eine einfache Weise definieren:

- Ein *Skalarprodukt AB* zwischen zwei (räumlichen, dreidimensionalen) Vektoren A, B kann als eine Zahl

$$AB = |A| |B| \cos \varphi \tag{2.138}$$

  definiert werden, wenn $|A|$, $|B|$ die Beträge der jeweiligen Vektoren darstellen und φ der von den beiden Vektoren eingeschlossene Winkel ist.
- Ein *Vektorprodukt $A \times B$* definiert demgegenüber einen neuen, auf der von den Vektoren A und B gebildeten Fläche stehenden (senkrechten) Vektor, wobei A, B und $A \times B$ ein rechtshändiges System bilden: man vergleiche mit Bild 2.12. Der Betrag des neuen Vektors ist durch

$$|A \times B| = |A| |B| \sin \varphi \tag{2.139}$$

  gegeben.

Auf der Grundlage eines kontravarianten Koordinatensystems bzw. eines zugeordneten reziproken Koordinatensystems können die Vektoren A, B in der Form

$$A = \sum_{i=1}^{3} A^i e_i \; , \quad B = \sum_{i=1}^{3} B^i e_i \quad \text{bzw.} \quad A = \sum_{i=1}^{3} A_i e^i \; , \quad B = \sum_{i=1}^{3} B_i e^i \tag{2.140}$$

geschrieben werden. Setzt man derartige Vektorformulierungen voraus, dann können die obigen Produktdefinitionen in verschiedenartige mathematisch transparente Formen gebracht werden. Berücksichtigt man beispielsweise die erste der in (2.140) angegebene Vektorformulierung, dann läßt sich

$$\begin{aligned} AB = {} & A^1 B^1 e_1 e_1 + A^2 B^2 e_2 e_2 + A^3 B^3 e_3 e_3 + \left(A^1 B^2 + A^2 B^1 \right) e_1 e_2 \\ & + \left(A^2 B^3 + A^3 B^2 \right) e_2 e_3 + \left(A^3 B^1 + A^1 B^3 \right) e_3 e_1 \; , \end{aligned} \tag{2.141}$$

$$\begin{aligned} A \times B = {} & \left(A^2 B^3 - A^3 B^2 \right) e_2 \times e_3 + \left(A^3 B^1 - A^1 B^3 \right) e_3 \times e_1 \\ & + \left(A^1 B^2 - A^2 B^1 \right) e_1 \times e_2 \end{aligned} \tag{2.142}$$

notieren.

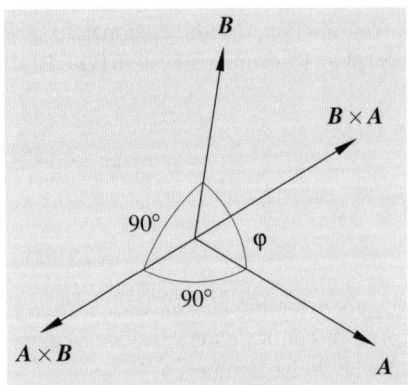

Bild 2.12 Zur Definition eines rechtshändigen Systems. A, B und $A \times B$ bilden ein rechtshändiges System. Es gilt die Relation $A \times B = -B \times A$

Liegen paarweise senkrecht aufeinander stehende Einheitsvektoren e_i eines rechtshändigen Systems vor, d. h. die Einheitsvektoren bilden ein kartesisches Koordinatensystem, sodaß das dazu korrespondierende reziproke System aus Einheitsvektoren e^i diesem rechtshändigen Systems gleich ist und

$$e^i = e_i \ , \quad e^i e_j = \begin{cases} 1 & i = j \\ 0 & i \neq j \end{cases} \tag{2.143}$$

gilt (man vergleiche mit dem Bild 2.13), dann läßt sich das oben definierte Skalarprodukt bzw. das oben definierte Vektorprodukt in der Form

$$AB = \sum_{i=1}^{3} A^i B^i \quad \text{bzw.} \quad A \times B = \sum_{i=1}^{3} (A \times B)^i e_i \tag{2.144}$$

notieren, wobei folgender Zusammenhang gilt:

$$(A \times B)^1 = \left(A^2 B^3 - A^3 B^2\right) \ ,$$
$$(A \times B)^2 = \left(A^3 B^1 - A^1 B^3\right) \ , \tag{2.145}$$
$$(A \times B)^3 = \left(A^1 B^2 - A^2 B^1\right) \ .$$

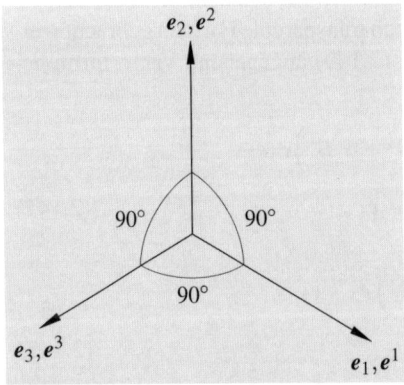

Bild 2.13 Einheitsvektoren und dazu reziproke Einheitsvektoren eines kartesischen Koordinatensystems

2.3.1.4 Kovariante Ableitungen

Betrachtet man partielle Ableitungen von Vektorkomponenten A_μ bzw. A^μ, d. h. beispielsweise die Ableitung $\partial A^\mu/\partial q^\nu$, oder Differentiale derartiger Vektorkomponenten, d. h. beispielsweise das Differential dA^μ, und untersucht man ihr Transformationsverhalten, so stellt man fest, daß derartige Größen im allgemeinen Fall keine Tensoren sind: Gemäß der Transformationsbeziehungen (2.115) und (2.117) transformieren sich Vektoren an verschiedenen Raum-Zeit-Punkten im allgemeinen verschieden, sodaß auch mit infinitesimalen Abständen verbundene partielle Ableitungen dem Tensorbegriff nicht untergeordnet werden können. Durch eine Ergänzung derartiger partieller Ableitungen lassen sich jedoch wieder Tensoren gewinnen, sodaß physikalische Gesetzmäßigkeiten vollständig auf der Grundlage von Tensoren ausformuliert werden können. Die wichtigsten Beziehungen werden im folgenden kurz betrachtet[28].

I. Kovariante Ableitungen und partielle Ableitungen

Einer Ableitung $\partial A^\mu/\partial q^\nu$ bzw. $\partial A_\mu/\partial q^\nu$ läßt sich durch die Ergänzung

$$A^\mu_{;\nu} = \frac{\partial A^\mu}{\partial q^\nu} + \sum_\kappa \Gamma^\mu_{\kappa\nu} A^\kappa \tag{2.146}$$

bzw.

$$A_{\mu;\nu} = \frac{\partial A_\mu}{\partial q^\nu} - \sum_\kappa \Gamma^\kappa_{\mu\nu} A_\kappa \tag{2.147}$$

ein Tensor $A^\mu_{;\nu}$ bzw. $A_{\mu;\nu}$ zuordnen. Diese beiden Beziehungen beschreiben dann Tensoren, wenn sich die Größen $\Gamma^\kappa_{\mu\nu}$ gemäß

$$\Gamma^\kappa_{\mu\nu} = \sum_{\alpha,\beta,\varepsilon} \Gamma^\varepsilon_{\alpha\beta}{}' \frac{\partial q^\kappa}{\partial q^{\varepsilon'}} \frac{\partial q^{\alpha'}}{\partial q^\mu} \frac{\partial q^{\beta'}}{\partial q^\nu} + \sum_\varepsilon \frac{\partial^2 q^{\varepsilon'}}{\partial q^\mu \partial q^\nu} \frac{\partial q^\kappa}{\partial q^\varepsilon} \tag{2.148}$$

beim Übergang zwischen zwei Koordinatensystemen transformieren. Eine Ableitung der Art $A^\mu_{;\nu}$ bzw. $A_{\mu;\nu}$ wird als *kovariante Ableitung* oder *absolute Differentiation* bezeichnet. Es gilt

$$\left(\sum_\mu A^\mu A_\mu \right)_{;\nu} = 0 \, . \tag{2.149}$$

Diese Beziehungen lassen sich verallgemeinern. Insbesondere gilt für eine kovariante Ableitung eines beliebigen Tensors der Zusammenhang

$$A^{\mu...\nu}_{\alpha...\beta;\tau} = \frac{\partial A^{\mu...\nu}_{\alpha...\beta}}{\partial q^\tau} - \sum_\kappa \Gamma^\kappa_{\alpha\tau} A^{\mu...\nu}_{\kappa...\beta} - \cdots - \sum_\kappa \Gamma^\kappa_{\beta\tau} A^{\mu...\nu}_{\alpha...\kappa}$$
$$+ \sum_\kappa \Gamma^\mu_{\kappa\tau} A^{\kappa...\nu}_{\alpha...\beta} + \cdots + \sum_\kappa \Gamma^\nu_{\kappa\tau} A^{\mu...\kappa}_{\alpha...\beta} \, . \tag{2.150}$$

---

[28]Bezüglich einer ausführlichen Darstellung des Sachverhalts und seiner mathematisch-theoretischen Begründung sei beispielsweise auf [6] hingewiesen.

II. Christoffel-Symbole

Die oben auftretenden Größen $\Gamma^{\kappa}_{\mu\nu}$ werden als *Christoffel-Symbole zweiter Art* bezeichnet. Diese Christoffel-Symbole sind reine Dreiindexsymbole, d. h. sie bilden keinen Tensor. Über die Beziehung

$$\Gamma^{\kappa}_{\mu\nu} = \sum_{\varepsilon} g^{\kappa\varepsilon} \Gamma_{\varepsilon\mu\nu} \tag{2.151}$$

sind sie mit den *Christoffel-Symbolen erster Art* korreliert. Diese Christoffel-Symbole lassen sich durch

$$\Gamma_{\mu\nu\kappa} = \frac{1}{2} \left(\frac{\partial g_{\mu\nu}}{\partial q^{\kappa}} - \frac{\partial g_{\nu\kappa}}{\partial q^{\mu}} + \frac{\partial g_{\kappa\mu}}{\partial q^{\nu}} \right) \tag{2.152}$$

definieren. Gemäß dieser Relation sind Christoffel-Symbole Linearkombinationen von partiellen Ableitungen von Metriktensorkomponenten. Derartige Christoffel-Symbole treten in allen wesentlichen Beziehungen auf, wenn krummlinige Koordinatensysteme in einem gekrümmten Raum zugrunde gelegt werden.

III. Parallelverschiebung von Vektoren

Ein wichtiger Begriff in der mathematischen Physik ist der Begriff *Parallelverschiebung* (oder auch: *Parallelübertragung*). In einem ungekrümmten Raum ist anschaulich klar, was unter der Parallelverschiebung eines Vektors zu verstehen ist: Ein Vektor A wird entlang einer Kurve verschoben; der Vektor A und der dazu verschobene Vektor A' bilden ein Parallelogramm; A' hat die gleichen Komponenten, d. h. es gilt $A = A'$, wenn ein geradliniges Koordinatensystem betrachtet wird. Nicht unmittelbar anschaulich klar ist, was *Parallelverschiebung eines Vektors* in einem gekrümmten Raum bedeutet. Es ist deshalb sinnvoll, diesen Begriff für beliebige Räume oder besser gleich für beliebige Koordinatensysteme exakt zu definieren:

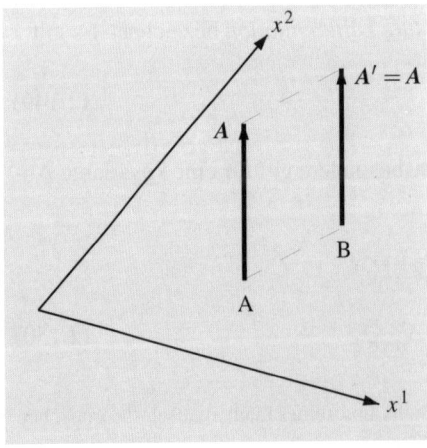

Bild 2.14 Parallelverschiebung eines Vektors A in einem ungekrümmten Raum vom Punkt A zum Punkt B. Es wird beispielhaft ein zweidimensionales geradliniges Koordinatensystem mit Koordinaten x^1, x^2 zugrunde gelegt

1. Geradlinige Koordinatensysteme (vgl. Bild 2.14): Die Parallelverschiebung eines Vektors A in einem geradlinigen Koordinatensystem wird durch

$$\frac{\mathrm{d}A^\mu}{\mathrm{d}\varsigma} = 0 \quad \text{bzw.} \quad \frac{\mathrm{d}A_\mu}{\mathrm{d}\varsigma} = 0 \tag{2.153}$$

beschrieben, wenn $\mathrm{d}A^\mu$ und $\mathrm{d}A_\mu$ die totalen Differentiale

$$\mathrm{d}A^\mu = \sum_\nu \frac{\partial A^\mu}{\partial q^\nu}\mathrm{d}q^\nu \quad \text{bzw.} \quad \mathrm{d}A_\mu = \sum_\nu \frac{\partial A_\mu}{\partial q^\nu}\mathrm{d}q^\nu \tag{2.154}$$

sind. ς steht hier für den Parameter der „beliebig langen" Kurve $q^\mu(\varsigma)$ längs der die Verschiebung durchgeführt wird.

2. Beliebige Koordinatensysteme (vgl. Bild 2.15): Zur Definition, was in einem beliebigen Koordinatensystem unter einer Parallelverschiebung verstanden werden soll, kann stattdessen die Definition

$$\frac{\mathrm{D}A^\mu}{\mathrm{D}\varsigma} = 0 \quad \text{bzw.} \quad \frac{\mathrm{D}A_\mu}{\mathrm{D}\varsigma} = 0 \tag{2.155}$$

herangezogen werden, wobei $\mathrm{D}A^\mu$ und $\mathrm{D}A_\mu$ für die Differentialformen

$$\mathrm{D}A^\mu = \sum_\nu A^\mu_{;\nu}\mathrm{d}q^\nu = \sum_\nu \left(\frac{\partial A^\mu}{\partial q^\nu} + \sum_\kappa \Gamma^\mu_{\kappa\nu} A^\kappa \right) \mathrm{d}q^\nu \tag{2.156}$$

und

$$\mathrm{D}A_\mu = \sum_\nu A_{\mu;\nu}\mathrm{d}q^\nu = \sum_\nu \left(\frac{\partial A_\mu}{\partial q^\nu} - \sum_\kappa \Gamma^\kappa_{\mu\nu} A_\kappa \right) \mathrm{d}q^\nu \tag{2.157}$$

stehen. Auch hier steht ς für den Parameter der „beliebig weiten" Kurve $q^\mu(\varsigma)$ längs der die Verschiebung durchgeführt wird. Auf Grund des Auftretens der Symbole $\Gamma^\kappa_{\mu\nu}$ in diesem Zusammenhang werden diese auch als *Übertragungkoeffizienten* bezeichnet. Entsprechend der Relation (2.152) verschwinden die Übertragungskoeffizienten im Grenzfall eines geradlinigen Koordinatensystems, sodaß die *kovarianten Differentiale* (2.156), (2.157) in die gewöhnlichen totalen Differentiale übergehen.

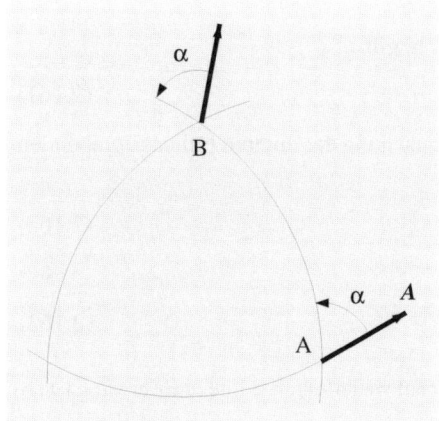

Bild 2.15 Parallelverschiebung eines Vektors A in einem gekrümmten Raum vom Punkt A zum Punkt B. Es wird beispielhaft ein räumliches sphärisches Dreieck auf einer Kugeloberfläche betrachtet. Würde man ein krummliniges Koordinatensystem in einem ungekrümmten Raum (beispielsweise einer Ebene) betrachten, dann würde man wieder die im Bild 2.14 skizzierte Parallelverschiebung vorfinden

2.3.1.5 Krümmung

Gekrümmte Räume sind gemäß der obigen Ausführungen mit krummlinigen Koordinatensystemen verbunden. Bild 2.16 illustriert diesen Sachverhalt. Betrachten wir im folgenden eine zentrale Größe zur Beschreibung der Krümmung eines Raums etwas genauer[29].

I. Der Riemannsche Krümmungstensor

Ein Maß für die Krümmung eines Raums ist durch den *Riemannschen Krümmungstensor* gegeben. Seine Komponenten lassen sich durch

$$R^{\kappa}_{\mu\nu\varepsilon} = \frac{\partial \Gamma^{\kappa}_{\mu\nu}}{\partial q^{\varepsilon}} - \frac{\partial \Gamma^{\kappa}_{\mu\varepsilon}}{\partial q^{\nu}} + \sum_{\sigma} \Gamma^{\sigma}_{\mu\nu} \Gamma^{\kappa}_{\sigma\varepsilon} - \sum_{\sigma} \Gamma^{\sigma}_{\mu\varepsilon} \Gamma^{\kappa}_{\sigma\nu} \tag{2.158}$$

definieren. Er läßt sich ausgehend von der Betrachtung der Parallelverschiebung eines Vektors entlang einer geschlossenen infinitesimalen Kurve herleiten. In der üblichen Art und Weise läßt sich dem Riemannschen Krümmungstensor über die Beziehung

$$R_{\kappa\mu\nu\varepsilon} = \sum_{\sigma} g_{\kappa\sigma} R^{\sigma}_{\mu\nu\varepsilon} \tag{2.159}$$

ein Tensor mit nur unteren Indices zuordnen. Das vom Riemannschen Krümmungstensor beschriebene Tensorfeld ist unabhängig vom speziellen Koordinatensystem. Beispielsweise wird ein ungekrümmter Raum immer durch $R^{\kappa}_{\mu\nu\varepsilon} = 0$ charakterisiert. Dieser Spezialfall ist unmittelbar einsichtig, läßt sich in einem ungekrümmten Raum ein Koordinatensystem doch derartig wählen, daß $g_{ij} =$ konstant gilt, woraus gemäß (2.151) und (2.152) das Verschwinden sämtlicher Christoffel-Symbole folgt.

Einige wichtige Eigenschaften des Riemannschen Krümmungstensors lassen sich durch folgende Relationen beschreiben:

1. Der Riemannsche Krümmungstensor ist bezüglich der Vertauschung der letzten beiden Indices antisymmetrisch, d. h. es gilt

$$R^{\kappa}_{\mu\nu\varepsilon} = -R^{\kappa}_{\mu\varepsilon\nu} . \tag{2.160}$$

2. Liegen symmetrische Christoffel-Symbole vor, d. h. gilt

$$\Gamma^{\kappa}_{\mu\nu} = \Gamma^{\kappa}_{\nu\mu} , \tag{2.161}$$

dann ist die Summe der sich durch zyklische Vertauschung der unteren Indices ergebenden Summanden gleich 0:

$$R^{\kappa}_{\mu\nu\varepsilon} + R^{\kappa}_{\nu\varepsilon\mu} + R^{\kappa}_{\varepsilon\mu\nu} = 0 . \tag{2.162}$$

3. Weiterhin gelten die Relationen

$$R_{\kappa\mu\nu\varepsilon} = -R_{\mu\kappa\nu\varepsilon} , \quad R_{\mu\kappa\nu\varepsilon} = R_{\nu\varepsilon\mu\kappa} . \tag{2.163}$$

---

[29]Bezüglich einer ausführlichen Darstellung soll auch hier auf weiterführende Literatur verwiesen werden: siehe beispielsweise [6].

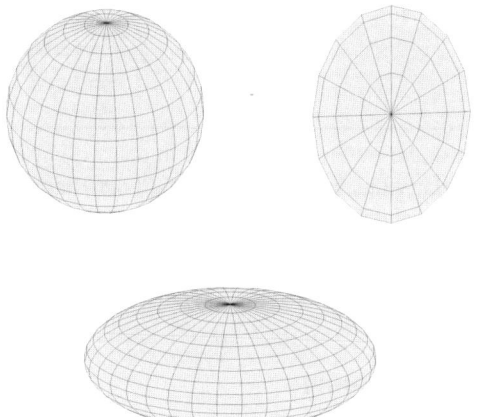

Bild 2.16 Gekrümmte Räume und krummlinige Koordinatensysteme: drei einfache
Beispiele

II. Ricci-Tensor und Krümmungsskalar

Der Riemannsche Krümmungstensor ist ein Tensor vierter Ordnung. Durch die Operation

$$R_{\mu\nu} = \sum_{\varepsilon,\kappa} g^{\kappa\varepsilon} R_{\kappa\mu\nu\varepsilon} \tag{2.164}$$

kann einem Riemannschen Krümmungstensor ein Tensor zweiter Ordnung zugeordnet werden.
Dieser Tensor wird *Ricci-Tensor* genannt.

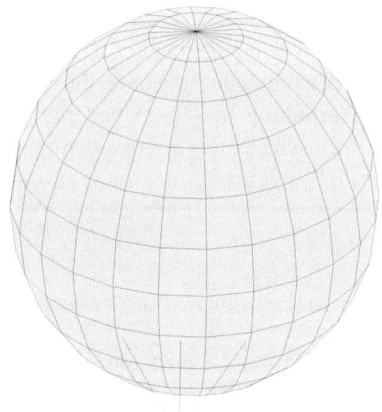

Spezielle geodätische Linien

Bild 2.17 Ein Beispiel zur Verdeutlichung
des Begiffs *geodätische Linie*

Die gleiche Operation angewandt auf den Ricci-Tensor führt auf den *Krümmungsskalar*

$$R = \sum_{\mu,\nu} g^{\mu\nu} R_{\mu\nu} \;.\tag{2.165}$$

> Der Ricci-Tensor und der Krümmungsskalar treten insbesondere in den wesentlichen Gleichungen der allgemeinen Relativitätstheorie auf. So erfaßt der Ricci-Tensor in den Einsteinschen Feldgleichungen die Eigenschaften des Raum-Zeit-Kontinuums.[30]

2.3.1.6 Geodätische Linien und Geodätengleichung

Aus der Extremalforderung

$$\delta s = \delta \int \mathrm{d}s = \delta \int \sqrt{\sum_{\mu,\nu} g_{\mu\nu}\mathrm{d}x^{\mu}\mathrm{d}x^{\nu}} = 0\tag{2.166}$$

läßt sich eine Differentialgleichung gewinnen, welche die kürzeste Verbindung zweier Punkte in einem beliebigen Koordinatensystem, eine sogenannte *geodätische Linie* (auch: Geodäte) definiert (man vergleiche mit dem Bild 2.17): (2.166) repräsentiert eine typische Problemstellung der Variationsrechnung. Diese Problemstellung kann nach den Regeln der Variationsrechnung aufgelöst werden, indem die der Problemstellung gemäße Euler-Lagrangesche Differentialgleichung hergeleitet wird, welche nach einer einfachen Umformung in die *Geodätengleichung* übergeht:[31]

$$\frac{\mathrm{d}^2 q^{\kappa}}{\mathrm{d}s^2} + \sum_{\mu,\nu} \Gamma^{\kappa}_{\mu\nu} \frac{\mathrm{d}q^{\mu}}{\mathrm{d}s} \frac{\mathrm{d}q^{\nu}}{\mathrm{d}s} = 0 \;.\tag{2.167}$$

> Eine solche Geodätengleichung beschreibt innerhalb der allgemeinen Relativitätstheorie die Bewegung eines Massenpunktes, der sich innerhalb einer durch die Christoffel-Symbole beschriebenen Massenverteilung bewegt. Über eine wohldefinierte Näherung läßt sich daraus die Newtonsche Bewegungsgleichung eines Massenpunktes in einem Gravitationspotential gewinnen.[32]

---

[30]Man vergleiche mit dem Kapitel 12. Im Abschnitt 12.1.1.1 werden die Einsteinschen Feldgleichungen eingeführt und weitergehend diskutiert.

[31]Wesentliche Grundzüge und Anwendungen dieser mathematischen Methode werden im Abschnitt 3.1.1 diskutiert. Der Zusammenhang zwischen einem Variationsproblem der hier betrachteten Art und einer zugeordneten Euler-Lagrangeschen Differentialgleichung wird dabei ausführlich untersucht.

[32]Man vergleiche mit dem Kapitel 12. Im Abschnitt 12.1.1.3 wird diese Form der Begründung der Newtonschen Bewegungsgleichung ausführlich diskutiert.

2.3.1.7 Koordinatensystem-Transformationen

Die oben eingeführten allgemeinen Transformationsgleichungen enthalten Beziehungen, die den Übergang zwischen Koordinaten unterschiedlicher raumzeitlicher Koordinatensysteme beschreiben. Gemäß (2.119) wird ein solcher Zusammenhang durch

$$\mathrm{d}q^{\mu\prime} = \sum_{\nu} a^{\mu}_{\nu}(q^{\kappa})\,\mathrm{d}q^{\nu} \ , \quad a^{\mu}_{\nu}(q^{\kappa}) = \frac{\partial q^{\mu\prime}}{\partial q^{\nu}} \tag{2.168}$$

erfaßt. Im *nichtlinearen Fall* repräsentieren die Koeffizienten $a^{\mu}_{\nu}(q^{\kappa})$ von den Koordinaten q^{κ} abhängige Größen; im *linearen Fall* stehen die Koeffizienten $a^{\mu}_{\nu}(q^{\kappa})$ für Faktoren. Ist die Transformationsbeziehung (2.168) integrabel, so kann daraus die endlichen Differenzen Δq^{μ} zugeordnete Transformationsbeziehung gewonnen werden (bzw., wenn der Ursprung des betrachteten Koordinatensystems gleich dem Nullpunkt gesetzt wird, die Koordinaten q^{μ} zugeordnete Transformationsbeziehung).

Beispiel 2.12 Der Übergang zwischen einem kartesischen Koordinatensystem mit Koordinaten $x^1 = x, x^2 = y, x^3 = z$ und einem Kugelkoordinatensystem (auch: Polarkoordinatensystem) mit Koordinaten r, θ, φ wird durch die Transformationsbeziehungen

$$
\begin{aligned}
x &= r\cos\varphi\sin\theta \ , & r &= \sqrt{x^2+y^2+z^2} \ , \\
y &= r\sin\varphi\sin\theta \ , \quad \text{bzw.} & \theta &= \arctan\left(\sqrt{x^2+y^2}/z\right) \ , \\
z &= r\cos\theta & \varphi &= \arctan(y/x)
\end{aligned}
\tag{2.169}
$$

vermittelt, wenn die integrierte Form der Transformationsbeziehungen betrachtet wird.

Beispiel 2.13 Der Übergang zwischen einem kartesischen Koordinatensystem und einem Zylinderkoordinatensystem mit Koordinaten ρ, φ, z wird durch die Transformationsbeziehungen

$$
\begin{aligned}
x &= \rho\cos\varphi \ , & \rho &= \sqrt{x^2+y^2} \ , \\
y &= \rho\sin\varphi \ , \quad \text{bzw.} & \varphi &= \arctan(y/x) \ , \\
z &= z & z &= z
\end{aligned}
\tag{2.170}
$$

vermittelt, wenn die integrierte Form der Transformationsbeziehungen betrachtet wird.

Integrable genauso wie nichtintegrable Koordinatensystem-Transformationen verschiedenster (d. h. auch hier nicht berücksichtigter) Arten spielen in der mathematischen Physik eine bedeutende Rolle. So ermöglichen Koordinatensystem-Transformationen in vielen Fällen die Zurückführung eines schwer zu handhabenden mathematischen Problems auf ein einfacher zu handhabendes Problem. Dies wird auch in der Quantenphysik ausgenützt.

2.3.2 Ein Beispiel: Inertialsysteme

Grundlegende Bezugssysteme zur Beschreibung bzw. Charakterisierung von physikalischen Systemen innerhalb nichtkosmischer Dimensionen bzw. zur lokalen Beschreibung von physikalischen Systemen innerhalb kosmischer Dimensionen sind durch *Inertialsysteme* gegeben. Entsprechend der Einführung zum Abschnitt 2.3 sind das gleichförmig sich bewegende, nichtrotierende Bezugssysteme. Gemäß dieser Einführung wird im Zusammenhang mit Inertialsystemen üblicherweise ein kartesisches räumliches Bezugssystem mit zusätzlicher Zeitkoordinate zugrunde gelegt, d. h. es ist entweder der auf der Zeitkoordinate $x^4 = \mathrm{i}ct$ basierende euklidische Riemannsche Raum mit Metriktensorelementen $g_{\mu\nu} = \delta_{\mu\nu}$ oder der auf der Zeitkoordinate $x^0 = ct$ basierende pseudoeuklidische Riemannsche Raum mit Metriktensorelementen $g_{\mu\nu} = \eta_{\mu\nu}$ zu berücksichtigen. Im folgenden wird der pseudoeuklidische Raum zugrunde gelegt, d. h. es werden kartesische räumliche Koordinaten $x^1 = x$, $x^2 = y$, $x^3 = z$ sowie die Zeitkoordinate $x^0 = ct$ vorausgesetzt.

2.3.2.1 Die Spezielle Lorentz-Transformation

Der Übergang zwischen zwei relativ sich bewegenden *Inertialsystemen I* und *I'* wird durch die *spezielle Lorentz-Transformation* beschrieben. Diese Transformation geht einerseits auf H. A. Lorentz und andererseits auf A. Einstein zurück. Sie folgt direkt aus der Unabhängigkeit der Vakuum-Lichtgeschwindigkeit vom Inertialsystem.[33] Sie gibt eine grundlegende Symmetrieeigenschaft von Raum und Zeit wieder.

I. Transformationsbeziehungen

Legt man ein räumliches kartesisches Bezugssystem mit den Koordinaten $x^1 = x$, $x^2 = y$, $x^3 = z$ sowie die Zeitkoordinate $x^0 = ct$ zugrunde, setzt man voraus, daß die Relativbewegung entlang der x^1-Achse stattfindet, und setzt man die Anfangsbedingung

$$\left(x^1 = 0, x^2 = 0, x^3 = 0, x^0 = 0\right) = \left(x^{1'} = 0, x^{2'} = 0, x^{3'} = 0, x^{0'} = 0\right) \qquad (2.171)$$

voraus, so ist die integrierte Form der speziellen Lorentz-Transformation bzw. die zugeordnete integrierte inverse Form durch

$$x^{\mu'} = \sum_\nu L^\mu_\nu x^\nu \quad \text{bzw.} \quad x^\mu = \sum_\nu L^{\mu-1}_\nu x^{\nu'} \quad \text{mit} \quad \mu, \nu = 1, 2, 3, 0 \qquad (2.172)$$

oder durch folgenden Ausdruck gegeben:

$$x^{4'} = \mathsf{L}^4 x^4 \quad \text{bzw.} \quad x^4 = \mathsf{L}^{4^{-1}} x^{4'}. \qquad (2.173)$$

Sämtliche Raum-Zeit-Koordinaten $x^1 = x$, $x^2 = y$, $x^3 = z$, $x^0 = ct$ werden geschlossen durch

---

[33]Man vergleiche beispielsweise mit [8, 11]. Sowohl im Buch von A. P. French als auch in demjenigen von H. und M. Ruder erfolgt eine sehr anschauliche Präsentation der Lorentz-Transformation, ihrer Herleitung und ihrer Einbettung in die spezielle Relativitätstheorie. In diesem Zusammenhang sei auch auf das Buch von A. Einstein hingewiesen (siehe [7]), das die wohl intuitivste Darstellung der speziellen Relativitätstheorie und ihrer Grundgleichungen bietet.

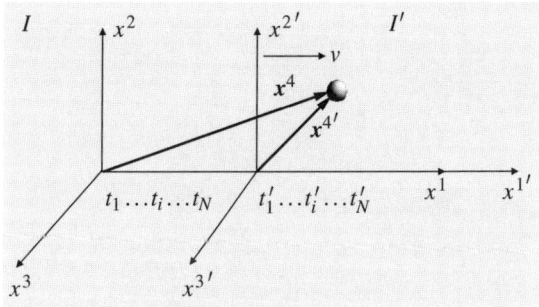

Bild 2.18 Relativbewegung zweier Inertialsysteme entlang der x^1-Achse. Die Zeitmessung erfolgt mittels zweier Sätze von synchronisierten Zeitmeßsystemen. Der Vektor x^4 repräsentiert die vier Koordinaten x^μ ($\mu = 1,2,3,0$)

$$x^4 = \begin{pmatrix} x^1 \\ x^2 \\ x^3 \\ x^0 \end{pmatrix} = \begin{pmatrix} x \\ y \\ z \\ ct \end{pmatrix} \tag{2.174}$$

dargestellt. Die Matrixelemente L^μ_ν bzw. $L^{\mu-1}_\nu$ bilden eine Matrix L^4 bzw. L^{4-1}, die im folgenden als *Lorentz-Matrix* bzw. als *inverse Lorentz-Matrix* bezeichnet wird und die Form

$$\mathsf{L}^4 = \begin{pmatrix} L^1_1 & L^1_2 & L^1_3 & L^1_0 \\ L^2_1 & L^2_2 & L^2_3 & L^2_0 \\ L^3_1 & L^3_2 & L^3_3 & L^3_0 \\ L^0_1 & L^0_2 & L^0_3 & L^0_0 \end{pmatrix} = \gamma \begin{pmatrix} 1 & 0 & 0 & -v/c \\ 0 & 1/\gamma & 0 & 0 \\ 0 & 0 & 1/\gamma & 0 \\ -v/c & 0 & 0 & 1 \end{pmatrix} \tag{2.175}$$

bzw.

$$\mathsf{L}^{4-1} = \begin{pmatrix} L^{1-1}_1 & L^{1-1}_2 & L^{1-1}_3 & L^{1-1}_0 \\ L^{2-1}_1 & L^{2-1}_2 & L^{2-1}_3 & L^{2-1}_0 \\ L^{3-1}_1 & L^{3-1}_2 & L^{3-1}_3 & L^{3-1}_0 \\ L^{0-1}_1 & L^{0-1}_2 & L^{0-1}_3 & L^{0-1}_0 \end{pmatrix} = \gamma \begin{pmatrix} 1 & 0 & 0 & v/c \\ 0 & 1/\gamma & 0 & 0 \\ 0 & 0 & 1/\gamma & 0 \\ v/c & 0 & 0 & 1 \end{pmatrix} \tag{2.176}$$

aufweist. v steht für die Geschwindigkeit des sich relativ bewegenden Inertialsystems, c repräsentiert die Lichtgeschwindigkeit und γ ist durch folgenden Ausdruck gegeben:

$$\gamma = \frac{1}{\sqrt{1 - \left(\dfrac{v}{c}\right)^2}} \, . \tag{2.177}$$

Bild 2.18 zeigt die bei einer speziellen Lorentz-Transformation vorliegende geometrische Situation. Bild 2.19 zeigt numerische Abhängigkeiten, die diese spezielle Lorentz-Transformation illustrieren. Die spezielle Lorentz-Transformation kann als eine spezielle Drehung, eine sogenannte Pseudodrehung, veranschaulicht werden, was im folgenden jedoch nicht mehr ausgeführt wird.

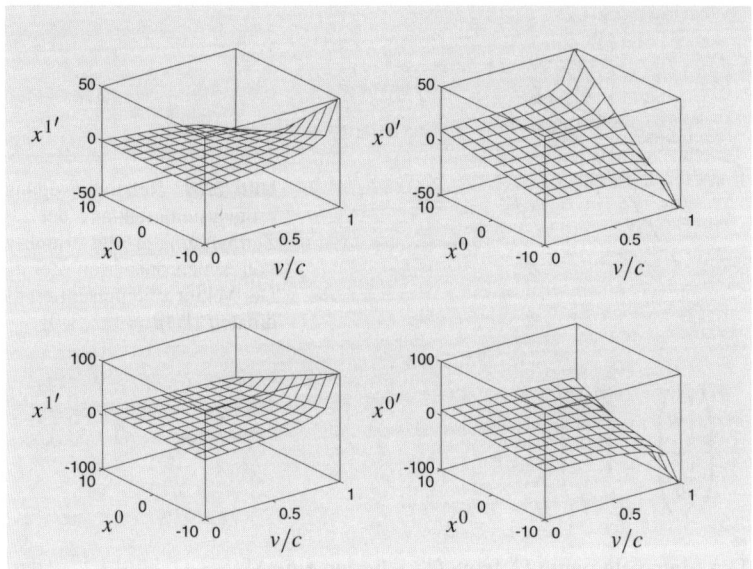

Bild 2.19 Die Transformationsbeziehungen $x^{1\prime} = \gamma\left(x^1 - \frac{v}{c}x^0\right)$ und $x^{0\prime} = \gamma\left(x^0 - \frac{v}{c}x^1\right)$. Oben: $x^1 = 0$. Unten: $x^1 = 10$. Die zu berücksichtigenden physikalischen Dimensionen lassen sich durch $\mathrm{Dim}\,[x^\mu] = $ Länge charakterisieren

II. Vierertensoren

Jede vierkomponentige Größe, die sich entsprechend der durch eine spezielle Lorentz-Trans-formation vorgegebenen Vorschrift transformiert, wird als *Vierervektor* bezeichnet. Vierervek-toren sind Sonderfälle der in 2.3.1 definierten Tensoren. Der Vektor (2.174) mit Koordinaten x^μ ist der Vierervektor der kartesischen Raum-Zeit-Koordinaten. Matrizen wie z. B. die Ma-trix (2.175) werden im folgenden als *Vierermatrizen* bezeichnet. Allgemein wird im folgenden von *Vierertensoren* gesprochen. Die an die grundlegende raumzeitliche Symmetrie bestange-paßte Ausformulierung ist die Ausformulierung auf der Grundlage von Vierertensoren. Auf der Grundlage derartiger Vierertensoren ausformulierte Gleichungen weisen eine äußerst kompak-te Form auf.[34]

III. Ein wichtiger Grenzfall

Im Grenzfall $v \ll c$ gilt $v/c \approx 0$, sodaß die Zeitkoordinate x^0 als unabhängige Größe behandelt werden kann. Die spezielle Lorentz-Transformation geht dann in die *Galilei-Transformation*

$$x^{1\prime} = x^1 - \frac{v}{c}x^0 \, , \ x^{2\prime} = x^2 \, , \ x^{3\prime} = x^3 \, , \ x^{0\prime} = x^0 \tag{2.178}$$

über. Die Galilei-Transformation ist die historisch gesehen ältere Transformationsbeziehung. Die dadurch vorgegebene Raum-Zeit-Symmetrie stellt einen Grenzfall der durch die spezielle Lorentz-Transformation vorgegebenen Raum-Zeit-Symmetrie dar.

---

[34]Es sei hier erwähnt, daß der Begriff *Vierertensor* manchmal auch im Zusammenhang mit beliebigen (vierdimensionalen) Raum-Zeit-Transformationen gesehen wird. Das hier geforderte Lorentz-spezifische Transformationsverhalten stellt dann zwar eine notwendige, jedoch keine hinreichende Bedingung dar.

2.3.2.2 Die Poincaré-Gruppe

Mit der durch die spezielle Lorentz-Transformation vorgegebenen Raum-Zeit-Struktur verträgliche Gesetzmäßigkeiten sind solche, die forminvariant bezüglich der Anwendung einer speziellen Lorentz-Transformation sind. Man spricht in diesem Zusammenhang von *Lorentz-Kovarianz*. Mit der durch die Galilei-Transformation vorgegebenen Raum-Zeit-Struktur verträgliche Gesetzmäßigkeiten sind solche, die forminvariant bezüglich der Anwendung einer Galilei-Transformation sind. Man spricht in diesem Zusammenhang von *Galilei-Kovarianz*. Lorentz-Kovarianz ist eine notwendige Forderung, die an im nichtkosmischen Rahmen allgemeingültige physikalische Gestzmäßikeiten gestellt werden muß; sie ist jedoch nicht hinreichend. Um eine vollständige Übereinstimmung mit dem Experiment vorliegen zu haben, muß zusätzlich Kovarianz bezüglich beliebigen *Translationen* des Koordinatensystemursprungs sowie bezüglich sämtlichen *Drehungen* des dreidimensionalen Ortsraums gefordert werden. Dies garantiert dann die Übereinstimmung mit der Beobachtung, daß Gesetzmäßigkeiten unabhängig vom Raum-Zeit-Punkt sowie von der Beobachtungsrichtung sind („Homogenität und Isotropie von Raum und Zeit"). Gesetzmäßigkeiten, welche diese Eigenschaften implizit enthalten, werden üblicherweise als *relativistische Gesetzmäßigkeiten* bezeichnet. Ansonsten spricht man von *nichtrelativistischen Gesetzmäßigkeiten*.

Alle diese Symmetrieeigenschaften werden durch die sogenannte *Poincaré-Gruppe* (die auch *inhomogene Lorentz-Gruppe* genannt wird) erfaßt, d. h. sie setzt sich zusammen aus den Translationen des Koordinatensystemursprungs, aus den Drehungen des dreidimensionalen Ortsraums und aus den Transformationen in ein gleichförmig bewegtes, nichtrotierendes Bezugssystem. Eine solche Poincaré-Gruppe berücksichtigt die vollständige raumzeitliche Symmetrie, weshalb auch im Rahmen der Betrachtung von Translation und Drehung eine Zeitkoordinate mit einbezogen werden muß. Die alleine durch die Lorentz-Transformation gegebenen Transformationen bilden die *spezielle Lorentz-Gruppe*. Betrachtet man die Poincaré-Gruppe ohne Translationen, so wird die resultierende Gruppe des öfteren als *homogene Lorentz-Gruppe* bezeichnet. Berücksichtigt man (bezogen auf die inhomogene Lorentz-Gruppe) zusätzliche Spiegelungsoperationen der Raum-Zeit-Koordinaten, so erhält man die *volle Lorentz-Gruppe*. Die spezielle Lorentz-Gruppe ist eine Liesche Gruppe, d. h. die Gruppenelemente der speziellen Lorentz-Gruppe sind allesamt analytische Funktionen der Geschwindigkeitskoordinate, welche den (in der hier benützten, speziellen Formulierung einzigen) Gruppenparameter repräsentiert.

Alle Transformationen der Poincaré-Gruppe lassen sich geschlossen durch folgenden Ausdruck erfassen:

$$x^{\mu\prime} = \sum_{\nu} \Lambda^{\mu}_{\nu} x^{\nu} + x^{\mu}_{T} \; (\mu, \nu = 1,2,3,0) \,. \tag{2.179}$$

Die Elemente x^{μ}_{T} formen den *Viererverschiebungsvektor*, der beliebige raumzeitliche Translationen repräsentiert. Die Matrixelemente Λ^{μ}_{ν} formen die *Poincaré-Matrix* $\{\Lambda^{\mu}_{\nu}\}$. Diese Matrix repräsentiert räumliche Drehungen sowie spezielle Lorentz-Transformationen. Im Fall einer reinen speziellen Lorentz-Transformation steht die Poincaré-Matrix für die Lorentz-Matrix und im Fall einer reinen räumlichen Drehung für die im Abschnitt 2.2.3 eingeführte Drehmatrix.

2.3.2.3 Weiterführende Beziehungen

Betrachten wir nun noch einige weiterführende Beziehungen, die für die folgenden Ausführungen von Bedeutung sind[35].

I. Transformation von Geschwindigkeits- und Kraftvektor

Ein in einem relativ gesehen ruhenden Inertialsystem I beobachteter Geschwindigkeitsvektor v transformiert sich beim Übergang in ein relativ gesehen bewegtes Inertialsystem I' gemäß

$$v'_x = \frac{v_x - v}{1 - vv_x/c^2} \,, \quad v'_y = \frac{1}{\gamma}\frac{v_y}{1 - vv_x/c^2} \,, \quad v'_z = \frac{1}{\gamma}\frac{v_z}{1 - vv_x/c^2} \,, \tag{2.180}$$

und ein in einem relativ gesehen bewegten Inertialsystem I' beobachteter Geschwindigkeitsvektor v' wird durch die dazu inverse Transformation

$$v_x = \frac{v'_x + v}{1 + vv'_x/c^2} \,, \quad v_y = \frac{1}{\gamma}\frac{v'_y}{1 + vv'_x/c^2} \,, \quad v_z = \frac{1}{\gamma}\frac{v'_z}{1 + vv'_x/c^2} \tag{2.181}$$

in den im Inertialsystem I beobachteten Geschwindigkeitsvektor überführt, wobei v für die Relativgeschwindigkeit der beiden betrachteten Inertialsysteme steht. Hierbei gilt

$$v = \begin{pmatrix} v_x \\ v_y \\ v_z \end{pmatrix} \,, \quad v' = \begin{pmatrix} v'_x \\ v'_y \\ v'_z \end{pmatrix} \,. \tag{2.182}$$

Bild 2.20 veranschaulicht die durch (2.180) vorgegebene Transformation.

Die Transformationsbeziehungen zur Beschreibung der Verbindung eines im Inertialsystem I beoachteten Kraftvektors F (mit Komponenten F_i, $i = x, y, z$) mit dem im Inertialsystem I' beobachteten Kraftvektor F' (mit Komponenten F'_i, $i = x, y, z$) sind von einer ganz ähnlichen Form:

$$F'_x = \frac{F_x - \frac{v}{c^2}Fv}{1 - vv_x/c^2} \,, \quad F'_y = \frac{1}{\gamma}\frac{F_y}{1 - vv_x/c^2} \,, \quad F'_z = \frac{1}{\gamma}\frac{F_z}{1 - vv_x/c^2} \,, \tag{2.183}$$

$$F_x = \frac{F'_x + \frac{v}{c^2}F'v'}{1 + vv'_x/c^2} \,, \quad F_y = \frac{1}{\gamma}\frac{F'_y}{1 + vv'_x/c^2} \,, \quad F_z = \frac{1}{\gamma}\frac{F'_z}{1 + vv'_x/c^2} \,. \tag{2.184}$$

Hierbei beschreiben der Geschwindigkeitsvektor v bzw. dessen Komponenten v_x, v_y, v_z die Geschwindigkeit des Körpers auf den die Kraft wirkt. Fv ist in der Newtonschen Mechanik[36] die pro Zeiteinheit von der Kraft F am betrachteten Körper verrichtete Arbeit. v bezeichnet auch hier die Relativgeschwindigkeit der beiden Inertialsysteme.

---

[35]Sämtliche im folgenden auftretenden relativistischen Beziehungen werden im Rahmen der speziellen Relativitätstheorie ausführlich begründet. Diese Begründungen sollen hier nicht angegeben werden. Es sei jedoch darauf hingewiesen, daß zu ihrer Begründung entweder von elementaren Experimenten ausgegangen werden kann oder/und das Transformationsverhalten bei Inertialsystem-Transformationen untersucht werden kann, d. h. sie können als Folge der speziellen Lorentz-Transformation gewonnen werden. Bezüglich einer ausführlichen Herleitung sei beispielsweise auf die anschauliche Darstellung in [8, 11] verwiesen.

[36]Man vergleiche mit den Ausführungen des Kapitels 3. Dort werden Elemente der Newtonschen Mechanik berücksichtigt.

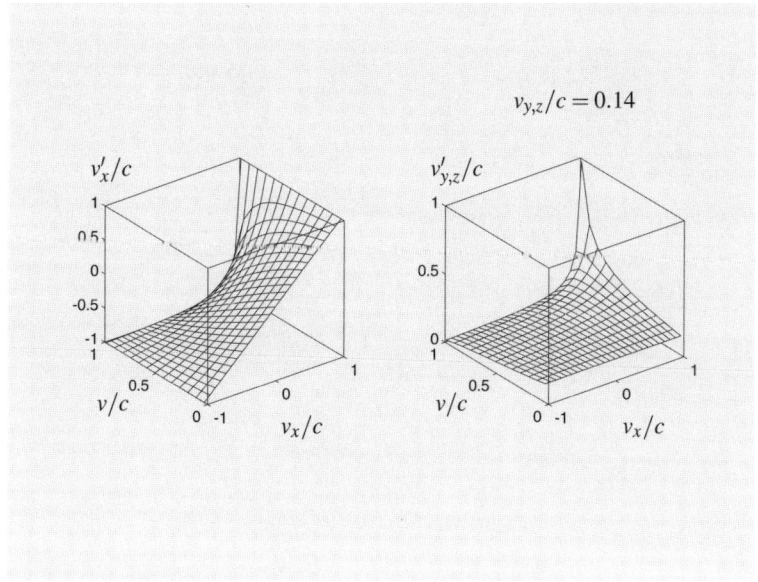

Bild 2.20 Zur relativistischen Transformation eines Geschwindigkeitsvektors. Die Transformation der Komponente v_x (linke Seite) und der Komponenten v_y und v_z (rechte Seite)

II. Äquivalenz von Masse und Energie

Die mit einer *Masse m* verknüpfte *Energie E* ist durch die bekannte *Einsteinsche Energie-Masse-Relation*

$$E = mc^2 = \sqrt{m_0^2 c^4 + \boldsymbol{p}^2 c^2} \tag{2.185}$$

gegeben (vgl. Bild 2.21), wobei Masse *m* und *Ruhemasse* m_0 durch die Relation

$$m = \gamma m_0 = \frac{m_0}{\sqrt{1 - \frac{v^2}{c^2}}} \tag{2.186}$$

direkt miteinander verbindbar sind, und wobei *p* der *relativistische Impulsvektor*

$$\boldsymbol{p} = \begin{pmatrix} p_x \\ p_y \\ p_z \end{pmatrix} = m\boldsymbol{v} = m \begin{pmatrix} v_x \\ v_y \\ v_z \end{pmatrix} \tag{2.187}$$

mit dem Geschwindigkeitsvektor *v* mit Betrag $|\boldsymbol{v}| = v$ ist. *E* beschreibt hier genaugenommen die Energie einer Masse *m* bei Abwesenheit von Kraftfeldern irgendeiner Art. Berücksichtigt man derartige Kraftfelder, und beschränkt man sich auf Kraftfelder, die durch eine skalare Funktion *W* erfaßt werden können, dann ergibt sich stattdessen

$$H = E + W. \tag{2.188}$$

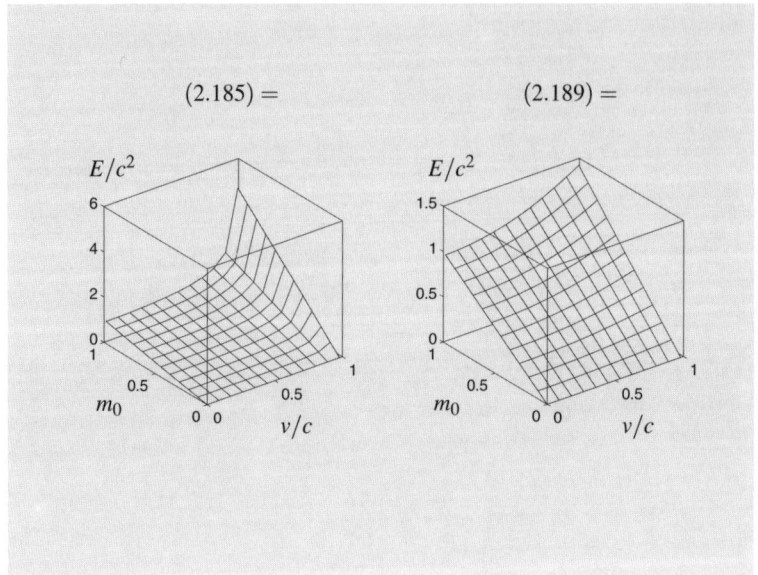

Bild 2.21 Masse und Energie. Der relativistisch exakte Zusammenhang (links) und die nichtrelativistische Näherung (rechts). Die zu berücksichtigende physikalische Dimension läßt sich durch Dim $[E/c^2]$ = Dim $[m_0]$ = Masse charakterisieren

Durch Entwicklung des Wurzelausdrucks in (2.185) läßt sich die Energie E in Form einer Potenzreihe schreiben. Legt man diese Potenzreihe zugrunde und betrachtet einen nichtrelativistischen Grenzfall, dann läßt sich (2.185) durch

$$E = m_0 c^2 + \frac{p^2}{2m_0} \tag{2.189}$$

ersetzen (vgl. Bild 2.21), worin p jetzt den nichtrelativistischen Impulsvektor

$$p = \begin{pmatrix} p_x \\ p_y \\ p_z \end{pmatrix} = m_0 v = m_0 \begin{pmatrix} v_x \\ v_y \\ v_z \end{pmatrix} \tag{2.190}$$

darstellt. Bezieht man auch hier eine kraftbeschreibende Funktion W ein, dann erhält man für diesen nichtrelativistischen Grenzfall die Energiebeziehung

$$H = m_0 c^2 + \frac{p^2}{2m_0} + W , \tag{2.191}$$

die unter Vernachlässigung der mit der Ruhemasse m_0 verknüpften Massenenergie in

$$H = \frac{p^2}{2m_0} + W \tag{2.192}$$

übergeht, d. h. es ergibt sich die für nichtrelativistische Massen übliche Energiebeziehung, wobei der erste Term der rechten Seite die kinetische Energie und der zweite Term beispielsweise die mit einem elektrischen Kraftfeld verbundene potentielle Energie darstellt.

Führt man den Energie-Impuls-Vierervektor

$$\boldsymbol{p}^4 = \begin{pmatrix} p^1 \\ p^2 \\ p^3 \\ p^0 \end{pmatrix} = \begin{pmatrix} p_x \\ p_y \\ p_z \\ E/c \end{pmatrix} \tag{2.193}$$

bzw.

$$\boldsymbol{p}^4 = \begin{pmatrix} p^1 \\ p^2 \\ p^3 \\ p^0 \end{pmatrix} = \begin{pmatrix} p_x \\ p_y \\ p_z \\ \frac{H-W}{c} \end{pmatrix} \tag{2.194}$$

ein und berücksichtigt das durch

$$p^{\nu'} = \sum_\mu L_\mu^\nu p^\mu \quad (\mu, \nu = 1, 2, 3, 0) \tag{2.195}$$

vorgegebene Transformationsverhalten sowie den Zusammenhang

$$p^\mu = \sum_\nu \eta^{\mu\nu} p_\nu \quad (\mu, \nu = 1, 2, 3, 0) \,, \tag{2.196}$$

dann kann der von (2.185) bzw. (2.188) beschriebene Energiesatz durch

$$\sum_\mu p_\mu p^\mu + m_0^2 c^2 = \sum_{\mu,\nu} \eta^{\mu\nu} p_\mu p_\nu + m_0^2 c^2 = 0 \tag{2.197}$$

ersetzt werden. Setzt man nämlich in (2.197) die durch (2.193) bzw. (2.194) mit (2.196) gegebenen Energie-Impuls-Koordinaten ein, so erhält man

$$\sum_{\mu,\nu} \eta^{\mu\nu} p_\mu p_\nu + m_0^2 c^2 \;=\; \boldsymbol{p}^2 - \frac{E^2}{c^2} + m_0^2 c^2 = 0 \tag{2.198}$$

bzw.

$$\;=\; \boldsymbol{p}^2 - \frac{(H-W)^2}{c^2} + m_0^2 c^2 = 0 \,. \tag{2.199}$$

$\eta^{\mu\nu}$ tritt auf, weil hier Inertialsysteme auf der Grundlage pseudoeuklidischer Raum-Zeit-Koordinaten zugrunde gelegt werden.

Inertialsysteme, die damit verknüpfte spezielle Lorentz-Transformation, daraus folgende Transformationsbeziehungen und insbesondere auch die Einsteinsche Energie-Masse-Relation bilden die Grundlage für die Beschreibung vieler Klassen physikalischer Systeme. Insbesondere die relativistische Beschreibung mikroskopischer Teilchen basiert auf diesen Beziehungen.

Damit soll die Betrachtung von Grundlagen der mathematisch-theoretischen Physik und insbesondere der Quantenphysik abgeschlossen sein. Betrachten wir im folgenden den „klassischen Überbau" der Quantenphysik, der einen direkten Übergang zu gundlegenden quantenmechanischen Gesetzmäßigkeiten erlaubt.

Buch 2: Der klassische Überbau der Quantenphysik

Das Hamiltonsche Prinzip: Bewegungsgleichungen für Massenpunkte (Euler-Lagrangesche Differentialgleichungen, Hamiltonsche kanonische Gleichungen), Feldgleichungen (Euler-Lagrangesche und Hamiltonsche Feldgleichungen), Noethersches Theorem und Energie-Impuls-Tensor, die Maxwellschen Gleichungen als Beispiel

3 Das Hamiltonsche Prinzip

Die theoretische Beschreibung beliebiger natürlicher oder künstlicher Systeme geschieht auf der Grundlage geeigneter mathematischer Rechenschemata. Jedes solche Rechenschema enthält systemspezifische Grundgleichungen sowie Vorschriften zum Umgang mit diesen Beziehungen. Zusätzlich enthält es geeignete Interpretationsvorschriften zur physikalischen Interpretation der einzelnen mathematischen Komponenten. Ein solches mehr oder weniger kompliziertes abstraktes System von Zuordungsvorschriften läßt sich vereinfachend mit dem Begriff *physikalischer Algorithmus* umschreiben. Analysiert man physikalische Algorithmen unterschiedlicher Systeme, so ergibt sich eine Fülle von inneren Verbindungen: Unterschiedliche Gleichungen erweisen sich als über *Transformationen* miteinander verbunden; Systeme scheinbar unterschiedlicher Bereiche lassen sich unter *universelle Prinzipien* unterordnen.

Ein „first principle", das die Gewinnung der Grundgleichungen der Systeme der klassischen Mechanik, der klassischen Feldtheorie als auch der Quantenmechanik erlaubt, ist das *Hamiltonsche Prinzip*.[1] Grundlegend für dieses *Extremalprinzip* ist eine physikalische Größe, die die Dimension Energie · Zeit aufweist, die sogenannte *Wirkung*. Fordert man, daß ein tatsächlich beobachtbarer Systemprozeß durch einen Extremwert dieser Wirkung ausgezeichnet ist, so lassen sich Bewegungsgleichungen zur Beschreibung der Dynamik derartiger Systeme gewinnen. Die Gültigkeit derartig hergeleiteter Bewegungsgleichungen und damit die Gültigkeit des Hamiltonschen Prinzips läßt sich in letzter Konsequenz experimentell verifizieren.

Das Hamiltonsche Prinzip wird im folgenden näher studiert. Es werden nichtkosmische Raum-Zeit-Dimensionen vorausgesetzt, sodaß die Krümmung des physikalischen Raum-Zeit-Kontinuums nicht berücksichtigt werden muß. Es werden zwei grundsätzliche Klassen physikalischer Systeme betrachtet: *klassische Massenpunktsysteme* und *klassische Felder*.[2] Ein Übergang zu *quantenmechanischen Systemen* wird, ausgehend von im Rahmen dieser Betrachtung auftretenden Größen und Bewegungsgleichungen, leicht möglich sein.

---

[1]Ein weiteres solches Prinzip ist durch das Maximum-Information-Entropie-Prinzip gegeben, das als Grundlage zur Gewinnung statistischer Verteilungsfunktionen der klassischen Statistik und auch der Quantenstatistik genommen werden kann. Man vergleiche hierzu beispielsweise mit [23, 24, 27, 45].

[2]Es sei hier angemerkt, daß in diesem Buch der Begriff *klassisch* benützt wird, wenn makroskopische Systeme betrachtet werden, d. h. Systeme, die weitgehend durch historisch gesehen *klassische Methoden* behandelt werden können. *Nichtklassische Methoden* sind im Sinne dieses Buches alle Methoden der Quantenphysik. Methoden der Relativitätstheorie werden als klassische Methoden betrachtet. Insofern wird der Begriff *klassisch* sowohl für relativistische als auch für nichtrelativistische Systeme benützt.

3.1 Mathematische Grundlagen

Die Lösung von *Extremwertproblemen* der klassischen Massenpunktmechanik und klassischen Feldtheorie ist mittels der *Methoden der Variationsrechnung* möglich. Ein zentraler Bestandteil dieser Methoden sind *Funktionalableitungen*. Diese werden im folgenden eingeführt, wobei in diesem Zusammenhang einige wichtige Elemente der Variationsrechnung näher betrachtet werden. Anschließend werden *Greensche Funktionen* und die damit verbundene *Methode der Greenschen Funktion* kurz eingeführt. Diese Methode erlaubt eine Integraldarstellung von über Randwerte festgelegten Differentialgleichungslösungen.

3.1.1 Funktionalableitungen

3.1.1.1 Funktionen und Funktionale

Eine *Funktion* ist eine Zuordnungsvorschrift, die einem oder mehreren unabhängigen Variablen einen Zahlenwert, den *Funktionswert*, zuordnet.

Bei einem *Funktional* treten an die Stelle der unabhängigen Variablen Funktionsverläufe, wobei für gewöhnlich die gesamten Funktionsverläufe zu berücksichtigen sind, sodaß eine explizite Ausformulierung eines Funktionals für gewöhnlich durch ein Integral gegeben ist.

Betrachtet man beispielsweise Funktionen der räumlichen Variablen $x^1 = x$, $x^2 = y$, $x^3 = z$ sowie der Zeitvariable $x^0 = ct$, die Funktionen

$$f_i = f_i\left(x^1, x^2, x^3, x^0\right) = f_i(\{x^\nu\}) , \tag{3.1}$$

so repräsentiert das Integral

$$I = \frac{1}{c} \int_{V^4} F\left(\{x^\nu\}, \{f_i\}, \{\nabla_\nu f_i\}\right) \mathrm{d}x^\nu \tag{3.2}$$

ein spezielles Funktional der Funktionen f_i.[3] Die Klammern { } stellen Mengenklammern dar, sodaß innerhalb dieses Funktionals alle Variablen x^ν ($\nu = 1, 2, 3, 0$) sowie alle Funktionen f_i ($i = 1, 2, 3, \ldots, N$) auftreten können.

$$F\left(\{x^\nu\}, \{f_i\}, \{\nabla_\nu f_i\}\right) = F \tag{3.3}$$

ist eine „Funktion" der Funktionen f_i. Zusätzlich kann F in diesem Beispiel von den Variablen x^ν sowie von den Ableitungen $\nabla_\nu = \partial/\partial x^\nu$ der Funktionen f_i abhängen. $\mathrm{d}x^\nu$ deutet eine Integration nach allen Variablen x^ν an. V^4 steht für das Integrationsvolumen, für das hier $V^4 = [0, \{\tilde{x}^\nu\}]$ vorausgesetzt werden soll.

---

[3]Es wird hier ein Funktional mit dem Faktor $1/c$ betrachtet, um eine optimale Anpassung an spätere Bedürfnisse zu gewährleisten: Später werden Funktionale betrachtet, die eine reine Zeit-Integration aufweisen, d. h. es wird nach t und nicht nach $x^0 = ct$ integriert. Da dann jedoch die Koordinate x^0 benützt wird, muß der Faktor $1/c$ eingeführt werden, der die reine Zeitintegration erzeugt.

3.1.1.2 Funktionalableitungen und Variation

Genauso wie für gewöhnliche Funktionen läßt sich auch für Funktionale eine Ableitung, die *Funktionalableitung*, definieren.

 Während eine gewöhnliche (das soll hier heißen: totale oder partielle) Ableitung den Zusammenhang zwischen der Änderung der Variablenwerte und der Änderung des Funktionswertes vermittelt, gibt eine Funktionalableitung den Zusammenhang zwischen einer infinitesimalen Funktionsänderung an einer festen Variablenstelle und der Änderung des Funktionals an.

Man schreibt eine Funktionalableitung I_{f_i} in der Form

$$\frac{\delta I}{\delta f_i} = I_{f_i} . \tag{3.4}$$

Betrachtet man Funktionen f_i der vier Raum-Zeit-Koordinaten x^ν, dann können Funktionalableitungen I_{f_i} durch

$$\frac{1}{c} \int_{V^4} \sum_i I_{f_i} \delta f_i \, \mathrm{d}x^\nu = \delta I \tag{3.5}$$

definiert werden. Man bezeichnet δI als die *Variation* von I. In dieser Sprechweise beschreibt δf_i Variationen der Funktionen f_i.

Δ $\Sigma \delta$ Die Variation δI repräsentiert die infinitesimale Integraländerung, die sich durch die Änderung der Funktionen f_i ergibt.

3.1.1.3 Elemente der Variationsrechnung

Das Auffinden der expliziten Form von Funktionalableitungen ist die Aufgabe der *Variationsrechnung*. Studieren wir einige Elemente der Variationsrechnung im folgenden etwas genauer: Betrachtet man die Änderung δI eines Funktionals I der Form (3.2) bezüglich einer Funktionenschar $f_i + \delta f_i$, d. h. betrachtet man

$$\delta I = \delta \frac{1}{c} \int_{V^4} F \, \mathrm{d}x^\nu \tag{3.6}$$

bezüglich der Funktionenschar $f_i + \delta f_i$, und setzt man voraus, daß sämtliche Funktionen $f_i + \delta f_i$ an den Integrationsgrenzen den gleichen Wert annehmen, d. h. δf_i soll an diesen Grenzen verschwinden, so lassen sich zugeordnete Funktionalableitungen I_{f_i} leicht bestimmen. Hierzu bringt man (3.6) auf die Form (3.5), sodaß sich

$$\delta I = \delta \frac{1}{c} \int_{V^4} F \, \mathrm{d}x^\nu = \frac{1}{c} \int_{V^4} \sum_i I_{f_i} \delta f_i \, \mathrm{d}x^\nu \tag{3.7}$$

ergibt. Aus dieser Beziehung kann die explizite Form der Funktionalableitungen I_{f_i} dann abgelesen werden. Es ergibt sich

$$I_{f_i} = \frac{\partial F}{\partial f_i} - \sum_{\nu} \nabla_{\nu} \frac{\partial F}{\partial (\nabla_{\nu} f_i)} \cdot \tag{3.8}$$

Im Grenzfall nur einer zeitlichen Variablen $x^0 = ct$ geht diese Beziehung dann in die Funktionalableitung

$$F(f_i^{(i)}, t)$$

$$I_{f_i} = \frac{\partial F}{\partial f_i} - \frac{\mathrm{d}}{\mathrm{d}t} \frac{\partial F}{\partial \dot{f}_i} \tag{3.9}$$

über. Der Punkt über der Funktion f_i symbolisiert die zeitliche Ableitung.

Beweis 3.1 Das Integral (3.6) läßt sich weitergehend umformen:

$$\delta I = \delta \frac{1}{c} \int_{V^4} F \, \mathrm{d}x^{\nu} = \frac{1}{c} \int_{V^4} \delta F \, \mathrm{d}x^{\nu} = \frac{1}{c} \int_{V^4} \left(F' - F \right) \mathrm{d}x^{\nu} \tag{3.10}$$

mit

$$F = F \left(\{x^{\nu}\}, \{f_i\}, \{\nabla_{\nu} f_i\} \right) , \quad F' = F' \left(\{x^{\nu}\}, \{f_i + \delta f_i\}, \{\nabla_{\nu} f_i + \delta (\nabla_{\nu} f_i)\} \right) . \tag{3.11}$$

Setzt man in diesen Ausdruck die Taylorentwicklung von F' an der Stelle f_i, $\nabla_{\nu} f_i$ ein (die stetige Differenzierbarkeit der Funktionen f_i wird dabei vorausgesetzt), d. h. benützt man die Potenzreihen-Entwicklung

$$F' = F + \sum_{i} \frac{\partial F}{\partial f_i} \delta f_i + \frac{1}{2} \sum_{i} \frac{\partial^2 F}{\partial f_i^2} \left(\delta f_i \right)^2 + \dots$$

$$+ \sum_{\nu} \sum_{i} \frac{\partial F}{\partial (\nabla_{\nu} f_i)} \delta (\nabla_{\nu} f_i) + \frac{1}{2} \sum_{\nu} \sum_{i} \frac{\partial^2 F}{\partial (\nabla_{\nu} f_i)^2} \left[\delta (\nabla_{\nu} f_i) \right]^2 + \dots , \tag{3.12}$$

so ergibt sich der Zusammenhang

$$\delta I = \frac{1}{c} \int_{V^4} \sum_{i} \left(\frac{\partial F}{\partial f_i} \delta f_i + \sum_{\nu} \frac{\partial F}{\partial (\nabla_{\nu} f_i)} \delta (\nabla_{\nu} f_i) \right.$$

$$\left. + \text{Terme mit } (\delta f_i)^{k \geq 2}, [\delta (\nabla_{\nu} f_i)]^{k \geq 2} \right) \mathrm{d}x^{\nu} . \tag{3.13}$$

Berücksichtigt man, daß die Größen δf_i, $\delta (\nabla_{\nu} f_i)$ infinitesimal kleine Differenzterme repräsentieren, dann ergibt sich die Integraldifferenz

$$\delta I = \frac{1}{c} \int_{V^4} \sum_{i} \left[\frac{\partial F}{\partial f_i} \delta f_i + \sum_{\nu} \frac{\partial F}{\partial (\nabla_{\nu} f_i)} \delta (\nabla_{\nu} f_i) \right] \mathrm{d}x^{\nu} , \tag{3.14}$$

was entsprechend (3.10) insbesondere den Zusammenhang

$$\delta F = \sum_{i} \left[\frac{\partial F}{\partial f_i} \delta f_i + \sum_{\nu} \frac{\partial F}{\partial (\nabla_{\nu} f_i)} \delta (\nabla_{\nu} f_i) \right] \tag{3.15}$$

bedingt, d. h. Variationsausdrücke können ähnlich wie totale Ableitungen dargestellt werden. Berücksichtigt man dann noch den sich nach der Produktregel ergebenden Ausdruck

$$\frac{\partial F}{\partial (\nabla_\nu f_i)} \delta(\nabla_\nu f_i) = \nabla_\nu \left[\frac{\partial F}{\partial (\nabla_\nu f_i)} \delta f_i \right] - \delta f_i \nabla_\nu \frac{\partial F}{\partial (\nabla_\nu f_i)} , \tag{3.16}$$

so kann (3.14) weiter umgeformt werden, sodaß sich

$$\delta I = \frac{1}{c} \int_{V^4} \sum_i \left(\frac{\partial F}{\partial f_i} + \sum_\nu \nabla_\nu \frac{\partial F}{\partial (\nabla_\nu f_i)} \right) \delta f_i \, dx^\nu + \frac{1}{c} \sum_\nu \sum_i \frac{\partial F}{\partial (\nabla_\nu f_i)} \delta f_i \Big|_0^{\{\tilde{x}^\nu\}} \tag{3.17}$$

ergibt. Da nach den angegebenen Voraussetzungen Funktionen f_i mit an den Integrationsgrenzen verschwindenden Abweichungen δf_i vorliegen, erhält man die Beziehung

$$\delta I = \frac{1}{c} \int_{V^4} \sum_i \left(\frac{\partial F}{\partial f_i} + \sum_\nu \nabla_\nu \frac{\partial F}{\partial (\nabla_\nu f_i)} \right) \delta f_i \, dx^\nu . \tag{3.18}$$

Setzt man diesen Ausdruck dann in die linke Seite von (3.7) ein, so ergibt sich

$$\delta I = \frac{1}{c} \int_{V^4} \sum_i \left(\frac{\partial F}{\partial f_i} + \sum_\nu \nabla_\nu \frac{\partial F}{\partial (\nabla_\nu f_i)} \right) \delta f_i \, dx^\nu = \frac{1}{c} \int_{V^4} \sum_i I_{f_i} \delta f_i \, dx^\nu , \tag{3.19}$$

woraus sich die explizite Form der Funktionalableitungen I_{f_i} ablesen läßt: man erhält (3.8).

3.1.2 Greensche Funktionen

Eine *Greensche Funktion* (auch: Einflußfunktion, Propagator oder Kern) ist eine Hilfsfunktion zur Lösung von Randwertproblemen der Differentialgleichungstheorie. Mit Hilfe einer solchen Greenschen Funktion läßt sich die Lösung einer Differentialgleichung bzw. eines Differentialgleichungssystems in eine Integralform überführen. Greensche Funktionen werden im folgenden eingeführt. Dabei erfolgt eine Beschränkung auf eine einzelne Differentialgleichung. Eine Ausdehnung auf Differentialgleichungssysteme ist ausgehend von den folgenden Ausführungen leicht möglich. Eine elegante Methode zur Einführung der Greenschen Funktion ist eine auf der sogenannten *Diracschen Deltafunktion* basierende Methode. Diese Diracsche Deltafunktion wird zuerst kurz betrachtet.

3.1.2.1 Die Diracsche Deltafunktion

Die Diracsche Deltafunktion ist mathematisch gesprochen eine „Distribution", also ein stetiges lineares Funktional. Wird im folgenden ein durch einen Metriktensor mit Elementen $g_{\mu\nu}$ definierter Riemannscher Raum betrachtet, und wird die Menge der dazugehörigen Raum-Zeit-Koordinaten in der Form $\{q^\nu\}$ notiert, dann wird für die Diracsche Deltafunktion symbolisch $\delta(\{q^\nu\} - \{q^{\nu'}\})$ geschrieben. Im Grenzfall des pseudoeuklidischen Koordinatenvektors x der Raumkoordinaten $x^1 = x, x^2 = y, x^3 = z$ wird die Notation $\delta(x - x')$ bevorzugt. Legt man die erste Notation zugrunde, dann läßt sich die Diracsche Deltafunktion als ein Integralkern mit der Eigenschaft

$$f\left(\{q^{\nu'}\}\right) = \int_{\{q^{\nu'}\}-\{a^{\nu'}\}}^{\{q^{\nu'}\}\,+\,\{a^{\nu'}\}} f\left(\{q^{\nu}\}\right)\delta\left(\{q^{\nu}\}-\{q^{\nu'}\}\right)\mathrm{d}q^{\nu}$$

$$= \int_{-\infty}^{+\infty} f\left(\{q^{\nu}\}\right)\delta\left(\{q^{\nu}\}-\{q^{\nu'}\}\right)\mathrm{d}q^{\nu} \qquad (3.20)$$

definieren. Im Fall der zweiten Notation läßt sich stattdessen

$$f(x') = \int_{x'-a}^{x'+a} f(x)\delta(x-x')\,\mathrm{d}^3x = \int_{-\infty}^{+\infty} f(x)\delta(x-x')\,\mathrm{d}^3x \qquad (3.21)$$

schreiben. Die durch $\{q^{\nu'}\}$ bzw. x' gegebenen Elemente können beliebige Werte annehmen, d. h. es können auch die Werte 0 vorliegen.

Δ $\Sigma\,\delta$	Für die Deltafunktion gibt es verschiedenartige Darstellungen. Die wohl bekannteste Darstellung der Diracschen Deltafunktion ist die Darstellung im Fourierraum.

Betrachtet man einen pseudoeuklidischen Koordinatenvektor x, dann ist die Darstellung im Fourierraum durch

$$\delta(x-x') = \lim_{a\to\infty} \int_{-a}^{+a} \exp\left[\mathrm{i}\left(x-x'\right)k\right]\mathrm{d}^3k \qquad (3.22)$$

gegeben. Eine weitere solche Darstellung ist durch die Formel

$$\lim_{t\to\infty} \frac{\sin^2\left[(\omega-\omega')t/2\right]}{(\omega-\omega')^2} = \frac{\pi t}{2}\delta\left(\omega-\omega'\right) \qquad (3.23)$$

gegeben, wobei die Kreisfrequenzen („Winkelgeschwindigkeiten") $\omega = 2\pi/T$, $\omega' = 2\pi/T'$ Frequenzen $\nu = 1/T$, $\nu' = 1/T'$ eines zeitlich periodischen Systems mit Periodendauern T, T' beschreiben. Die Bilder 3.1 und 3.2 veranschaulichen diese Funktion und geben auf diese Weise ein anschauliches Bild der Diracschen Deltafunktion vor.

Zwei wichtige Eigenschaften einer Diracschen Deltafunktion lassen sich in der Form

$$\delta\left(x-x'\right) = \delta\left(x'-x\right)\,, \quad \delta(\alpha x) = \frac{1}{|\alpha|}\delta(x) \qquad (3.24)$$

niederschreiben, wenn wiederum ein pseudoeuklidischer Koordinatenvektor x betrachtet wird. α steht hier für eine reelle Konstante. Diese beiden Beziehungen lassen sich ausgehend von den obigen Integralformeln begründen, was jedoch nicht mehr explizit gezeigt werden soll.

Δ $\Sigma\,\delta$	Entsprechend dieser Definitionen ist die Diracsche Deltafunktion ein operatives mathematisches Objekt. Sie steht immer bei Größen, die innerhalb eines Integraloperators auftreten.

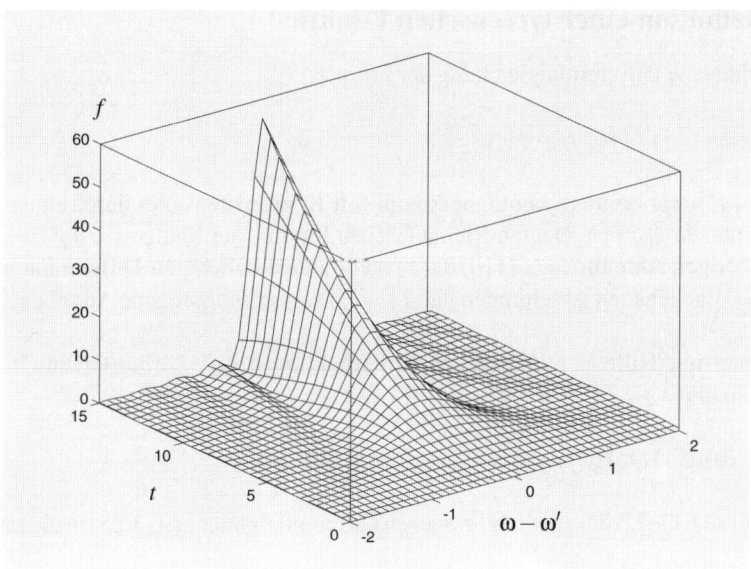

Bild 3.1 Die numerische Struktur der Funktion $f = \sin^2\left[(\omega - \omega')t/2\right]/(\omega - \omega')^2$. Es sind die physikalischen Dimensionen Dim $[\omega] = 1/\text{Zeit}$, Dim $[t] = \text{Zeit}$, Dim $[f] = \text{Zeit}^2$ zu berücksichtigen

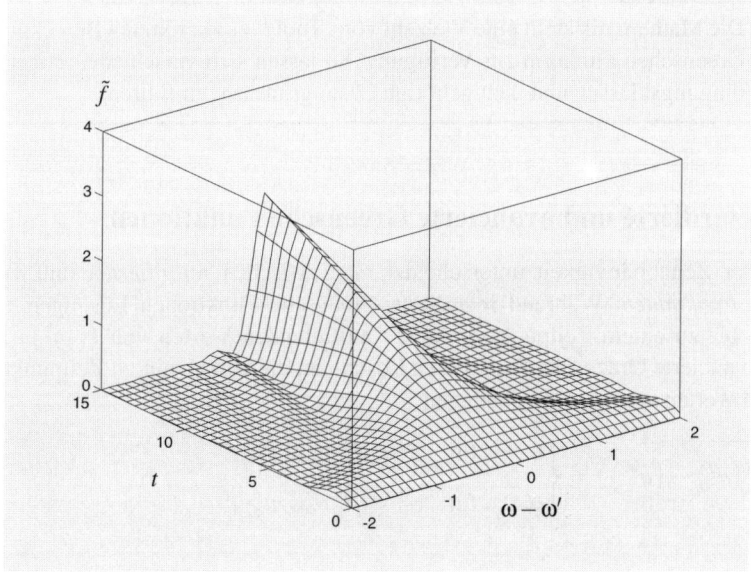

Bild 3.2 Die numerische Struktur der Funktion $\tilde{f} = 2f/\pi t = 2\sin^2\left[(\omega - \omega')t/2\right]/\pi t(\omega - \omega')^2$. $\tilde{f}$ weist die physikalische Dimension Dim $[\tilde{f}] = \text{Zeit}$ auf. Sonst wie Bild 3.1

3.1.2.2 Definition einer Greenschen Funktion

Man betrachte eine Differentialgleichung der Form

$$\hat{g}\left(\{\partial/\partial q^{\nu}\}\right) f\left(\{q^{\nu}\}\right) = I\left(\{q^{\nu}\}\right) \, . \tag{3.25}$$

Die Menge $\{q^{\nu}\}$ repräsentiere sämtliche Raum-Zeit-Koordinaten eines durch einen Metriktensor mit Elementen $g_{\mu\nu}$ festgelegten Riemannschen Raums, die Menge $\{\partial/\partial q^{\nu}\}$ repräsentiere die dazugehörigen Ableitungen. $\hat{g}\left(\{\partial/\partial q^{\nu}\}\right)$ stelle einen beliebigen Differentialoperator der durch $\{\partial/\partial q^{\nu}\}$ gegebenen Ableitungen dar. $I\left(\{q^{\nu}\}\right)$ sei der inhomogene Anteil der Differentialgleichung.

Führt man mit Hilfe der Diracschen Deltafunktion $\delta\left(\{q^{\nu}\}\right)$ eine Greensche Funktion $G\left(\{q^{\nu}\}\right)$ gemäß

$$\hat{g}\left(\{\partial/\partial q^{\nu}\}\right) G\left(\{q^{\nu}\}\right) = \delta\left(\{q^{\nu}\}\right) \tag{3.26}$$

ein, dann läßt sich die Lösung der inhomogenen Differentialgleichung (3.25) in die Integralform

$$f\left(\{q^{\nu}\}\right) = f_0 + \int_{-\infty}^{+\infty} G\left(\{q^{\nu}\} - \{q^{\nu'}\}\right) I\left(\{q^{\nu'}\}\right) \mathrm{d}q^{\nu'} \tag{3.27}$$

überführen, was durch Einsetzen von (3.27) in (3.25), durch Verwendung von (3.26) und Berücksichtigung der Eigenschaften der Diracschen Deltafunktion sofort nachgeprüft werden kann. f_0 steht für eine geeignete Lösung der zugeordneten homogenen Differentialgleichung.

 Die Mathematik stellt eine Vielzahl von „Tools" zur konkreten Berechnung einer Greenschen Funktion zur Verfügung. So lassen sich verschiedenartige Randbedingungsklassen und dazugehörige Lösungsansätze einführen.

3.1.2.3 Retardierte und avancierte Greensche Funktionen

Bezüglich der Zeitabhängigkeit unterscheidet man zwischen *retardierten* und *avancierten Greenschen Funktionen.* Während retardierte Greensche Funktionen Lösungen vermitteln, die nur von bis zu einem Zeitpunkt q^0 bzw. t auftretenden Werten von $I\left(\{q^{\nu}\}\right)$ abhängen, vermitteln avancierte Greensche Funktionen Lösungen, die von ab einem Zeitpunkt q^0 bzw. t auftretenden Werten von $I\left(\{q^{\nu}\}\right)$ abhängen:

$$G_{\text{ret}}\left(\{q^{\nu}\} - \{q^{\nu'}\}\right) = \begin{cases} 0 & \text{für} \quad q^0 < q^{0'} \text{ bzw. } t < t' \\ \neq 0 & \text{für} \quad q^0 \geq q^{0'} \text{ bzw. } t \geq t' \end{cases} \tag{3.28}$$

bzw.

$$G_{\text{av}}\left(\{q^{\nu}\} - \{q^{\nu'}\}\right) = \begin{cases} 0 & \text{für} \quad q^0 > q^{0'} \text{ bzw. } t > t' \\ \neq 0 & \text{für} \quad q^0 \leq q^{0'} \text{ bzw. } t \leq t' \end{cases} \, . \tag{3.29}$$

Nur retardierte Greensche Funktionen sind kompatibel mit dem *Kausalitätsprinzip*, dessen wesentliche Aussage darin besteht, daß „an einem Raum-Zeit-Punkt beobachtbare Ereignisse entweder auf am gleichen Ort früher oder zur betrachteten Zeit stattfindende ursächliche Ereignisse zurückführbar sind, oder auf an anderen Orten stattfindende ursächliche Ereignisse, deren Auswirkungen am betrachteten Ort zur betrachteten Zeit beobachtbar sind".

Die Möglichkeit der Integraldarstellung einer Differentialgleichungslösung auf der Grundlage einer Greenschen Funktion spielt beispielsweise im Zusammenhang mit Feynmanschen Pfadintegralen eine Rolle. Darauf wird später noch eingegangen.

Mit diesen mathematischen Grundlagen wird es schnell möglich sein, wesentliche Beziehungen der Massenpunktmechanik und klassischen Feldtheorie herzuleiten.

3.2 Massenpunktmechanik

Der direkten Wahrnehmung zugänglich sind Bewegungen von makroskopischen Körpern oder makroskopische Bewegungen mikroskopischer Körper. Eine Bewegung solcher Körper (eine nichtgeschlossene Bahnbewegung genauso wie eine mit einem Bahndrehimpuls verbundene geschlossene Bewegung oder eine Rotation um eine Körperachse) läßt sich beschreiben als die Bewegung (eines einzelnen oder einer Menge) von Massenpunkten, d. h. einer Menge von massebehafteten Körpern, die eine infinitesimale Ausdehnung aufweisen, sodaß kein Eigendrehimpuls zu berücksichtigen ist. Die Bewegung eines einzelnen Massenpunktes kann mit der Schwerpunktbewegung eines ausgedehnten Objekts identifiziert werden. Die Beschreibung der Dynamik von Massenpunkten ist somit von einer grundlegenden Bedeutung für makroskopische mechanische Vorgänge.

Die folgenden Betrachtungen werden zur Einführung einer grundlegenden Energiefunktion, der Hamiltonfunktion, hinführen. Diese Hamiltonfunktion wird später als Ausgangspunkt zur Einführung des quantenmechanischen Hamiltonoperators dienen.

Beginnen wir mit der Betrachtung einiger Grundprinzipien der Massenpunktmechanik.

3.2.1 Koordinaten und Koordinatenvektoren

Die Beschreibung einer Massenbewegung geschieht auf der Grundlage *generalisierter Raum-* und *Geschwindigkeitskoordinaten* (man könnte auch sagen: *verallgemeinerter* Raum- und Geschwindigkeitskoordinaten). Ein Satz von generalisierten Raumkoordinaten repräsentiert eine minimale Menge von Parametern, die die Position eines physikalischen Systems vollständig bestimmen. Die Verwendung generalisierter Koordinaten verhindert, daß zusätzliche, die Unabhängigkeit der Koordinaten einschränkende *holonome Bindungen* – das sind z. B. Bindungen an vorgegebene Raumkurven – in Form von zusätzlichen *Nebenbedingungen* explizit berücksichtigt werden müssen. Die Anzahl der generalisierten Koordinaten ist gleich der Zahl f der *Freiheitsgrade* des Massenpunktsystems. f setzt sich zusammen aus der Anzahl $3N$ der kartesischen Massenpunktkoordinaten reduziert um die Anzahl M der holonomen Bindungen. N steht hier für die Anzahl der Massenpunkte. Generalisierte Koordinaten sind also *bestangepaßte Koordinaten*. Nur wenn zusätzlich *nichtholonome Bindungen* berücksichtigt werden müssen, weist ein Satz generalisierter Koordinaten Abhängigkeiten auf. Im Gegensatz zu holonomen Bindungen können nichtholonome Bindungen nicht durch Wahl der Koordinaten eliminiert werden. Solche Bindungen treten bei Reibungskräften auf; derartige Bindungen sind in Form von Bedingungsgleichungen für die generalisierten Geschwindigkeiten ausformulierbar. Derartige nichtholonome Bindungen und ihre Konsequenzen für den Formalismus werden in diesem Buch jedoch nicht betrachtet.

Findet die bestangepaßte Systembeschreibung innerhalb eines kartesischen Koordinatensystems statt, und wird nur ein einziger Massenpunkt betrachtet, dann sind die verallgemeinerten Koordinaten q_i mit kartesischen Koordinaten x, y, z gleichzusetzen, und die verallgemeinerten Geschwindigkeitskoordinaten $\dot{q}_i$ entsprechen den kartesischen Geschwindigkeitskoordinaten $\dot{x} = v_x$, $\dot{y} = v_y$, $\dot{z} = v_z$; im Fall mehrerer Massenpunkte entsprechen die Koordinaten q_i den kartesischen Koordinaten $x(l)$, $y(l)$, $z(l)$, wobei l auf einen einzelnen Massenpunkt hinweist. Ist jedoch ein Kugelkoordinatensystem das am besten angepaßte Bezugssystem, dann repräsentiert q_i beispielsweise eine Winkelkoordinate φ_i, und $\dot{q}_i$ steht für die zugeordnete Winkelgeschwindigkeit $\dot{\varphi}_i$. Über alle Zeiten t betrachtet repräsentieren die Größen q_i, $\dot{q}_i$ bzw. x, y, z, $\dot{x}$, $\dot{y}$, $\dot{z}$ *Bewegungstrajektorien*. Soll die Zeitabhängigkeit der Koordinaten und der Koordinatenvektoren hervorgehoben werden, so werden sie in der Form $q_i(t)$, $\dot{q}_i(t)$ bzw. $x(t)$, $y(t)$, $z(t)$, $\dot{x}(t)$, $\dot{y}(t)$, $\dot{z}(t)$ notiert.

Derartige Raum- und Geschwindigkeitskoordinaten können in einer geschlossenen Art und Weise durch Vektoren der Art

$$\boldsymbol{q} = \begin{pmatrix} q_1 \\ \cdot \\ q_i \\ \cdot \\ q_f \end{pmatrix} , \; \dot{\boldsymbol{q}} = \begin{pmatrix} \dot{q}_1 \\ \cdot \\ \dot{q}_i \\ \cdot \\ \dot{q}_f \end{pmatrix} \tag{3.30}$$

bzw.

$$\boldsymbol{x} = \begin{pmatrix} x \\ y \\ z \end{pmatrix} , \; \dot{\boldsymbol{x}} = \begin{pmatrix} \dot{x} \\ \dot{y} \\ \dot{z} \end{pmatrix} \tag{3.31}$$

erfaßt werden. Werden N Massenpunkte betrachtet und werden kartesische Koordinaten zugrunde gelegt, dann lassen sich Raumkoordinatenvektoren der Form $\boldsymbol{x}(l)$ einführen, wobei der Index l den Koordinatenvektor des Massenpunktes l andeutet. Derartige Raumkoordinatenvektoren lassen sich innerhalb eines Vektors X zusammenfassen. Später werden derartigen Vektoren zugeordnete, *kanonisch konjugierte Vektoren* auftreten, dies sei hier bereits angemerkt. Ein Beispiel dafür repräsentiert der Vektor $\bar{\boldsymbol{q}}$, der sämtliche kanonisch konjugierten Impulse $\bar{q}_i$ geschlossen repräsentiert. Im Fall von kartesischen Koordinaten sind diese kanonisch konjugierten Impulse gleich den gewöhnlichen Impulsen p_i der Mechanik gleichsetzbar.

3.2.2 Der Euler-Lagrangesche Formalismus

Grundlegend für die Beschreibung von Massenpunktbewegungen sind die *Euler-Lagrangeschen Differentialgleichungen*. Für *konservative Massenpunktsysteme* mit *holonomen Bindungen* ist der zentrale Bestandteil dieser Bewegungsgleichungen durch die *Lagrangefunktion* gegeben.

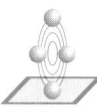

> Im Fall eines nichtkonservativen Massenpunktsystems muß die Lagrangefunktion durch die Summe aus der *kinetischen Energie* des Massenpunktsystems und der durch die systemimmanenten Kräfte geleisteten *Arbeit* ersetzt werden.

Nichtholonome Bindungen können – mittels der *Methode der Lagrangeschen Multiplikatoren* – durch Hinzuaddition zusätzlicher Terme in die Euler-Lagrangeschen Differentialgleichungen integriert werden. In diesem Buch werden jedoch nur Massenpunktsysteme betrachtet, die alleine durch eine Lagrangefunktion beschrieben werden können.

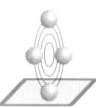

> Durch Konkretisierung der Lagrangefunktion wird dann das zu betrachtende System in den Formalismus implementiert.

Betrachten wird diese Funktion erst einmal etwas näher.

3.2.2.1 Die Lagrangefunktion

Die *Lagrangefunktion* eines Massenpunktsystems ist eine Funktion der Form

$$L = L[t, \boldsymbol{q}(t), \dot{\boldsymbol{q}}(t)] = T[\dot{\boldsymbol{q}}(t)] - V[t, \boldsymbol{q}(t)] \ , \tag{3.32}$$

wobei $T[\dot{\boldsymbol{q}}(t)]$ die kinetische Energie und $V[t, \boldsymbol{q}(t)]$ die potentielle Energie des betrachteten physikalischen Systems repräsentiert.

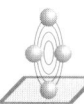

> Entsprechend dieser Relation stellt die Lagrangefunktion die Differenz aus der kinetischen und der potentiellen Energie des Massenpunktsystems dar.

Dies bedeutet insbesondere, daß eine Lagrangefunktion die Dimension einer Energie hat:

$$\mathrm{Dim}[L] = \mathrm{J} = \mathrm{N\,m} = \mathrm{kg\,m^2/s^2} \ . \tag{3.33}$$

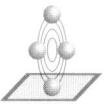

> Werden relativistische Massenpunktsysteme betrachtet, so muß eine bezüglich der Elemente der Poincaré-Gruppe kovariante Lagrangefunktion vorausgesetzt werden.

Beispiel 3.1 Setzt man ein kartesisches Koordinatensystem mit Koordinaten $x^1 = x$, $x^2 = y$, $x^3 = z$ (zusammengefaßt im Koordinatenvektor x) voraus, dann ist die Lagrangefunktion eines sich nichtrelativistisch in einem konservativen Kraftfeld bewegenden Massenpunktes durch

$$L(x,\dot{x}) = T(\dot{x}) - V(x) \tag{3.34}$$

gegeben, wobei

$$T(\dot{x}) = \frac{m_0}{2}\dot{x}^2 \tag{3.35}$$

für die kinetische Energie und $V(x)$ für die potentielle Energie steht. In den obigen Formeln tritt die Ruhemasse m_0 auf, da ein nichtrelativistisches Szenario vorausgesetzt wird, sodaß die Masse des Massenpunktes gleich seiner Ruhemasse m_0 gesetzt werden kann.

Für die potentielle Energie $V(x)$ wird im folgenden auch die etwas allgemeinere Bezeichnung *Potentialfunktion* benützt. Aus der Potentialfunktion $V(x)$ läßt sich das den Massenpunkt beeinflussende Kraftfeld gemäß

$$F_x = -\frac{\partial}{\partial x}V(x), \quad F_y = -\frac{\partial}{\partial y}V(x), \quad F_z = -\frac{\partial}{\partial z}V(x) \tag{3.36}$$

gewinnen. Die Potentialfunktion $V(x)$ und das zugeordnete Kraftfeld sind Größen, die mindestens mit zwei Massenpunkten verbunden sind.

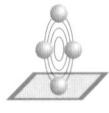

> Für gewöhnlich wird (3.36) als eine Beziehung betrachtet, die ein konservatives Kraftfeld definiert. Insofern ist die gemachte Annahme eines konservativen Kraftfeldes gleichbedeutend mit der Gültigkeit der Beziehung (3.36) und der Einführbarkeit einer Potentialfunktion $V(x)$.

Einer Potentialfunktion $V(x)$ zugeordnet werden kann eine Funktion $\phi(x)$, welche nur mit einem Massenpunkt verbunden ist. Diese Funktion wird im folgenden als *Potential* bezeichnet.[4] Aus dem Potential $\phi(x)$ läßt sich gemäß

$$\Theta_x = -\frac{\partial}{\partial x}\phi(x), \quad \Theta_y = -\frac{\partial}{\partial y}\phi(x), \quad \Theta_z = -\frac{\partial}{\partial z}\phi(x) \tag{3.37}$$

die mit dem Massenpunkt verbundene Feldstärke gewinnen. Über ein durch eine solche Feldstärke beschriebenes Feld übt dann der Massenpunkt eine Kraft auf einen weiteren Massenpunkt aus.

---

[4]Im weitesten Sinne versteht man unter einem *Potential* von physikalischen Größen (wie es z.B. Raum-Koordinaten oder Volumina darstellen) abhängige Funktionen, aus denen sich durch Gradientenbildung andere physikalische Größen (wie z.B. Kraft oder Druck) gewinnen lassen. Im Gegensatz zu dieser sehr unspezifischen Definition wird in dem vorliegenden Buch die Größe *Potential* der Größe *Feld* zugeordnet und die Größe *potentielle Energie* der Größe *Kraft* zugeordnet. Eine potentielle Energie enthält ein Potential und ist somit eine spezielle Potentialfunktion, weshalb auch die oben angegebene Begriffszuordnung *potentielle Energie→Potentialfunktion* sinnvoll ist.

Für die Belange des Buches bedeutende Lagrangefunktionen sind diejenigen, welche Auswirkungen der Eigenschaften *Masse* und *Ladung* erfassen.

Beispiel 3.2 Betrachtet man beispielsweise eine einzelne fixierte Masse $m_0(2)$, dann übt diese Masse auf eine weitere (nicht fixierte) Masse $m_0(1)$ eine Gravitationskraft aus, welche sich gemäß des Newtonschen Gravitationsgesetzes in der Form

$$F_G = -Gm_0(1)m_0(2)\frac{r}{r^3} \tag{3.38}$$

schreiben läßt, wobei G für die Newtonsche Gravitationskonstante steht und r den Abstandsvektor mit Koordinaten x, y, z und Betrag $r = \sqrt{x^2 + y^2 + z^2}$ zwischen den beiden Massen repräsentiert. Berücksichtigt man die Beziehung (3.36), dann erhält man die der Gravitationskraft F_G zugeordnete potentielle Energie V_G.

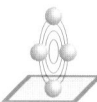

> Gravitationskraft und zugeordnete potentielle Energie sind jeweils beiden betrachteten Massen zugeordnet.

Führt man eine Gravitationsfeldstärke gemäß

$$\Theta_G = -Gm_0(2)\frac{r}{r^3} \tag{3.39}$$

ein, dann läßt sich über (3.37) ein im obigen Sinne definiertes Potential ϕ_G einführen, d. h. eine Funktion, die nur mit einer Masse verbunden ist. Benützt man (3.36) und (3.37), dann ergeben sich diese Größen zu

$$V_G = -Gm_0(1)m_0(2)\frac{1}{r}, \tag{3.40}$$

$$\phi_G = -Gm_0(2)\frac{1}{r}. \tag{3.41}$$

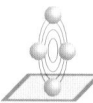

> $m_0(2)$ läßt sich als „felderzeugende Masse" und $m_0(1)$ als eine sich in einem vorgegebenen Feld bewegende „Probemasse" klassifizieren.

Bild 3.3 veranschaulicht die numerische Struktur der potentiellen Energie V_G und des Potentials ϕ_G sowie das über die Beziehung (3.36) zugeordnete Kraftfeld F_G.

Setzt man die Potentialfunktion V_G in die Lagrangefunktion (3.34) ein, dann erhält man die Lagrangefunktion des betrachteten Gravitationsszenarios, die Lagrangefunktion

$$L_G = \frac{m_0(1)}{2}\dot{x}(1)^2 + Gm_0(1)m_0(2)\frac{1}{r}, \tag{3.42}$$

wobei $\dot{x}(1)$ für den Betrag der Ableitung des Ortsvektors $x(1)$ steht. Bild 3.4 veranschaulicht die Lagrangefunktion L_G.

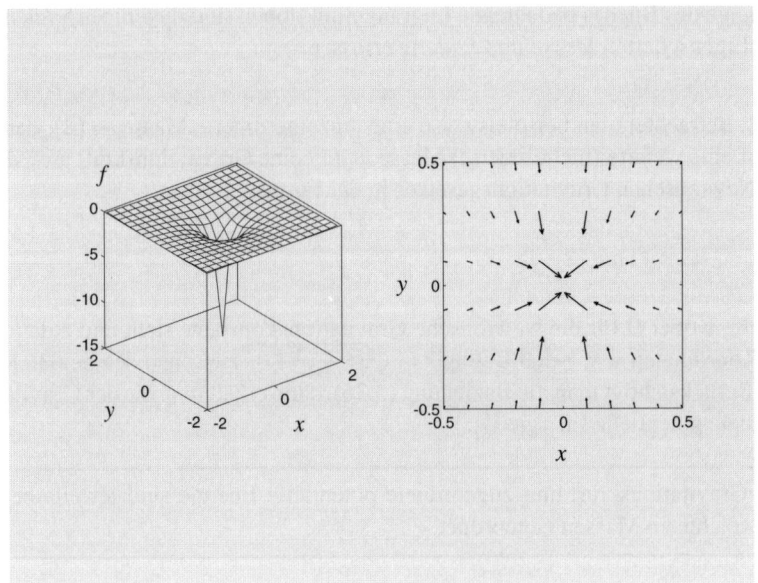

Bild 3.3 Die Funktion $f = V_G/Gm_0(1)m_0(2) = \phi_G/Gm_0(2)$ in der x-y-Ebene. Links: die numerische Struktur der Funktion f. Rechts: das über eine Gradientenbildung mit der potentiellen Energie verbundene Kraftfeld als Pfeildiagramm. Dimensionen: Dim $[x, y] =$ Länge, Dim $[f] = 1/$Länge

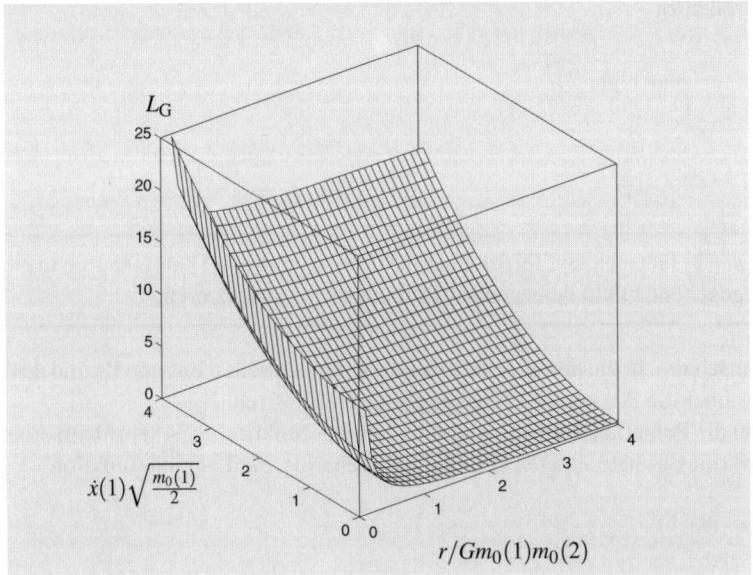

Bild 3.4 Die Lagrangefunktion L_G des betrachteten Gravitationsszenarios. Dimensionen: Dim $[L_G] =$ Energie, Dim $\left[\dot{x}(1)\sqrt{\frac{m_0(1)}{2}}\right] = \sqrt{\text{Energie}}$, Dim $[r/Gm_0(1)m_0(2)] = 1/$Energie

3.2.2.2 Das Wirkungsintegral

Integriert man die obige Lagrangefunktion nach der Zeit t, dann erhält man das Integral

$$S = \int_0^{\tilde{t}} L[t, \boldsymbol{q}(t), \dot{\boldsymbol{q}}(t)]\, dt \,. \tag{3.43}$$

Die Größe $S = S[\boldsymbol{q}(\tilde{t})]$ ist ein Funktional der Trajektorien $\boldsymbol{q}(t)$ und $\dot{\boldsymbol{q}}(t)$. Die Vektoren $\boldsymbol{q}(t)$ und $\dot{\boldsymbol{q}}(t)$ enthalten jeweils f generalisierte Koordinaten, wobei f für die Anzahl der Freiheitsgrade des Systems steht. f ist im allgemeinen Fall kleiner als die Anzahl derjenigen Koordinaten, die notwendig wären, wenn ein kartesisches Koordinatensystem zugrunde gelegt werden würde: $f = 3N - M$, wobei N die Anzahl der Massenpunkte und M die Anzahl der holonomen Bindungen vorgibt. S hat die Dimension einer *Wirkung*:

$$\mathrm{Dim}[\text{Wirkung}] = \mathrm{Dim}[\text{Energie}] \cdot \mathrm{Dim}[\text{Zeit}] \,. \tag{3.44}$$

Das Integral (3.43) wird deshalb als *Wirkungsintegral* oder kürzer als *Wirkung* bezeichnet. Ausgehend von der Variation des obigen Wirkungsintegrals lassen sich die zugeordneten Euler-Lagrangeschen Differentialgleichungen herleiten.

3.2.2.3 Die Variation des Wirkungsintegrals

Man betrachte zwei durch $\boldsymbol{q}(t_1)$, $\dot{\boldsymbol{q}}(t_1)$ und $\boldsymbol{q}(t_2)$, $\dot{\boldsymbol{q}}(t_2)$ beschriebene Zustände eines Massenpunktes zu den Zeiten $t_1 = 0$ und $t_2 = \tilde{t}$. Die tatsächliche Bewegung des Massenpunktes im Zeitintervall $[t_1, t_2] = [0, \tilde{t}]$ finde statt auf einem Pfad $\boldsymbol{q}(t)$. Weiterhin betrachte man davon abweichende Pfade $\boldsymbol{q}(t) + \delta\boldsymbol{q}(t)$ mit gleichem Anfangspunkt $\boldsymbol{q}(t_1)$, $\dot{\boldsymbol{q}}(t_1)$ und Endpunkt $\boldsymbol{q}(t_2)$, $\dot{\boldsymbol{q}}(t_2)$. Für den Fall einer einzelnen Komponente $q_i(t)$ vergleiche man mit Bild 3.5. Die mit dieser Massenpunktbewegung verbundene Wirkung ist durch das Wirkungsintegral (3.43) gegeben. Die Differenz der Wirkung bezüglich eines davon abweichenden Pfades $\boldsymbol{q}(t) + \delta\boldsymbol{q}(t)$, die Wirkungsdifferenz $\delta S = S[\boldsymbol{q}(\tilde{t}) + \delta\boldsymbol{q}(\tilde{t})] - S[\boldsymbol{q}(\tilde{t})]$, kann dann in der Form

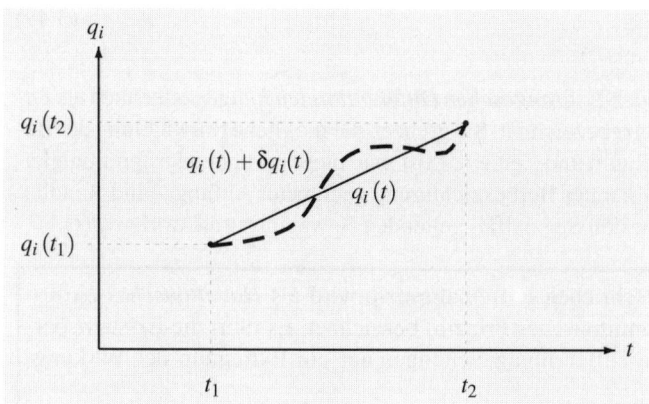

Bild 3.5 Ein Beispiel einer Massenpunktbewegung zwischen zwei gegebenen Zuständen

$$\delta S = \delta \int_0^{\tilde{t}} L\left[t, \boldsymbol{q}(t), \dot{\boldsymbol{q}}(t)\right] \mathrm{d}t = \int_0^{\tilde{t}} \delta L\left[t, \boldsymbol{q}(t), \dot{\boldsymbol{q}}(t)\right] \mathrm{d}t \tag{3.45}$$

notiert werden. Vergleicht man diesen Variationsausdruck mit der in der mathematischen Einführung 3.1.1 angegebenen Variationsbeziehung (3.10), so ist offensichtlich daß (3.45) einen Sonderfall der dortigen Variationsbeziehung darstellt: Identifiziert man die dort auftretende Funktion F mit der jetzt auftretenden Lagrangefunktion L, setzt man die Funktionen f_i gleich den Funktionen q_i und berücksichtigt man als einzige Koordinate die Zeitkoordinate $x^0 = ct$, so ist der dortige Variationsausdruck dem jetzigen gleich zu setzen. Unter Berücksichtigung dieser Abänderungen können die in 3.1.1 erhaltenen Ergebnisse übertragen werden: Durch Anpassung von (3.19) ergibt sich

$$\delta S = \int_0^{\tilde{t}} \sum_i S_{q_i} \delta q_i(t)\, \mathrm{d}t \tag{3.46}$$

mit der Funktionalableitung

$$S_{q_i} = \frac{\partial L}{\partial q_i(t)} - \frac{\mathrm{d}}{\mathrm{d}t}\frac{\partial L}{\partial \dot{q}_i(t)}\,. \tag{3.47}$$

3.2.2.4 Die Euler-Lagrangeschen Differentialgleichungen

Setzt man voraus, daß die tatsächlich beobachtbare Bewegung durch ein *Extremum der Wirkung* charakterisiert ist, d. h. setzt man voraus, daß eine Massenpunktbewegung durch

$$\delta S = 0 \tag{3.48}$$

charakterisiert wird, dann folgt aus (3.46) eine Differentialgleichung: Da die Differenzterme $\delta q_i(t)$ beliebig gewählt werden dürfen, bedingt die Forderung (3.48) das separate Verschwinden aller Integranden von (3.46), sodaß sich folgende Beziehungen ergeben:

$$\frac{\partial L}{\partial q_i(t)} - \frac{\mathrm{d}}{\mathrm{d}t}\frac{\partial L}{\partial \dot{q}_i(t)} = 0\,. \tag{3.49}$$

Diese Beziehungen werden als *Euler-Lagrangeschen Differentialgleichungen* oder auch als *Lagrangesche Gleichungen zweiter Art* bezeichnet. Sie grenzen die mögliche Entwicklung der Bewegung eines Massenpunktes in Raum und Zeit ein. Löst man diese partiellen Differentialgleichungen für einen speziellen Fall – unter Berücksichtigung geeigneter Anfangs- und Randbedingungen –, so erhält man die für den Spezialfall geltenden Bewegungstrajektorien $q_i(t)$.

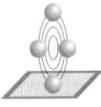

Das durch (3.48) beschrieben Extremalprinzip wird als *Hamiltonsches Extremalprinzip* (kurz: Hamiltonsches Prinzip) bezeichnet. Es führt die Existenz der Euler-Lagrangeschen Differentialgleichungen auf ein Extremum der Wirkung zurück.

Das konkrete physikalische System wird durch Vorgabe einer konkreten Lagrangefunktion *L* festgelegt. Durch Einschränkung der möglichen Form einer Lagrangefunktion können weitere Beziehungen zur Beschreibung von Massenpunktbewegungen abgeleitet werden.

Beispiel 3.3 Setzt man entsprechend (3.34) Lagrangefunktionen der Form

$$L(\boldsymbol{x},\dot{\boldsymbol{x}}) = \frac{m_0}{2}\dot{\boldsymbol{x}}^2 - V(\boldsymbol{x}) \tag{3.50}$$

voraus, so nehmen die obigen Euler-Lagrangeschen Differentialgleichungen die Form

$$m_0\ddot{x} = -\frac{\partial}{\partial x}V(\boldsymbol{x}) \ , \ \ m_0\ddot{y} = -\frac{\partial}{\partial y}V(\boldsymbol{x}) \ , \ \ m_0\ddot{z} = -\frac{\partial}{\partial z}V(\boldsymbol{x}) \tag{3.51}$$

an, wobei die Ausdrücke der rechten Seiten nach (3.36) systemimmanente Kräfte beschreiben. (3.51) repräsentiert die *Newtonschen Bewegungsgleichungen* (bzw. die *Newtonsche Bewegungsgleichung*, wenn die angegebenen Gleichungen in einer vektoriellen Gleichung zusammengefaßt werden). Sie stellen einen natürlichen Ausgangspunkt zur Behandlung vieler Probleme der klassischen Mechanik dar.

3.2.3 Der Hamiltonsche Formalismus

Durch eine spezielle Transformation kann von einer Lagrangefunktion zu einer zugeordneten Hamiltonfunktion übergegangen werden. Da eine Hamiltonfunktion direkt die Systemenergie beschreibt, bedeutet diese Transformation einen Übergang zu einem direkt auf der Energieebene angesiedelten Formalismus. Da ausgehend von systemspezifischen Hamiltonfunktionen der Übergang zu quantentheoretischen bzw. quantenfeldtheoretischen Grundbeziehungen leicht möglich ist, lohnt sich eine eingehendere Diskussion dieser Energiefunktion.

3.2.3.1 Die Hamiltonfunktion

Mittels der sogenannten *Legendretransformation* läßt sich die von den generalisierten Koordinaten q_i und $\dot{q}_i$ abhängige Lagrangefunktion $L = L[t,\boldsymbol{q}(t),\dot{\boldsymbol{q}}(t)]$ in die von den generalisierten Koordinaten q_i und $\bar{q}_i$ abhängige Hamiltonfunktion $H = H[t,\boldsymbol{q}(t),\bar{\boldsymbol{q}}(t)]$ überführen. Diese Legendretransformation ist durch

$$H = \sum_i \bar{q}_i(t)\dot{q}_i(t) - L \tag{3.52}$$

gegeben, wobei $\bar{q}_i$ für *kanonisch konjugierte generalisierte Impulse*

$$\bar{q}_i(t) = \frac{\partial L}{\partial \dot{q}_i(t)} \tag{3.53}$$

steht. Die physikalische Dimension eines solchen kanonisch konjugierten generalisierten Impulses ist normalerweise nicht identisch mit der Dimension kg · m/s der in der Mechanik üblichen Impulsgröße.

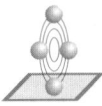

> Im Gegensatz zu einer Lagrangefunktion, die die Differenz aus der kinetischen und der potentiellen Systemenergie beschreibt, repräsentiert die Hamiltonfunktion H die Gesamtenergie des physikalischen Systems.

Beispiel 3.4 Nach (3.53) sind die mit der Lagrangefunktion (3.34) bzw. (3.50) verbundenen kanonisch konjugierten generalisierten Impulse durch

$$\frac{\partial L(x,\dot{x})}{\partial \dot{x}} = m_0 \dot{x} = p_x \,,$$

$$\frac{\partial L(x,\dot{x})}{\partial \dot{y}} = m_0 \dot{y} = p_y \,,$$ (3.54)

$$\frac{\partial L(x,\dot{x})}{\partial \dot{z}} = m_0 \dot{z} = p_z$$

gegeben.

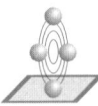

> D. h. werden kartesische Koordinaten zugrunde gelegt, dann sind die generalisierten Impulse identisch mit den gewöhnlichen Impulsgrößen der Mechanik.

Die der nichtrelativistischen Lagrangefunktion (3.50) zugeordnete Hamiltonfunktion ist nach (3.52) dann durch

$$H(x,p) = p\,\dot{x} - L(x,\dot{x})$$

$$= \frac{p^2}{2m_0} + V(x)$$ (3.55)

gegeben, d. h. H_0 repräsentiert die nichtrelativistische Gesamtenergie einer sich mit der kinetischen Energie T in einem durch V beschriebenen Potential bewegenden Masse m_0.

Identifiziert man die Potentialfunktion $V(x)$ mit der im Rahmen des Beispiels 3.2 behandelten Potentialfunktion V_G eines einfachen Gravitationsszenarios, dann erhält man die diesem Gravitationsszenario zugeordnete Hamiltonfunktion. Sie läßt sich in der Form

$$H_G = \frac{p(1)^2}{2m_0(1)} - Gm_0(1)m_0(2)\frac{1}{r}$$ (3.56)

notieren, wobei $p(1)$ für den Betrag des Impulsvektors $p(1)$ der Masse $m_0(1)$ steht. Bild 3.6 veranschaulicht diese Hamiltonfunktion.

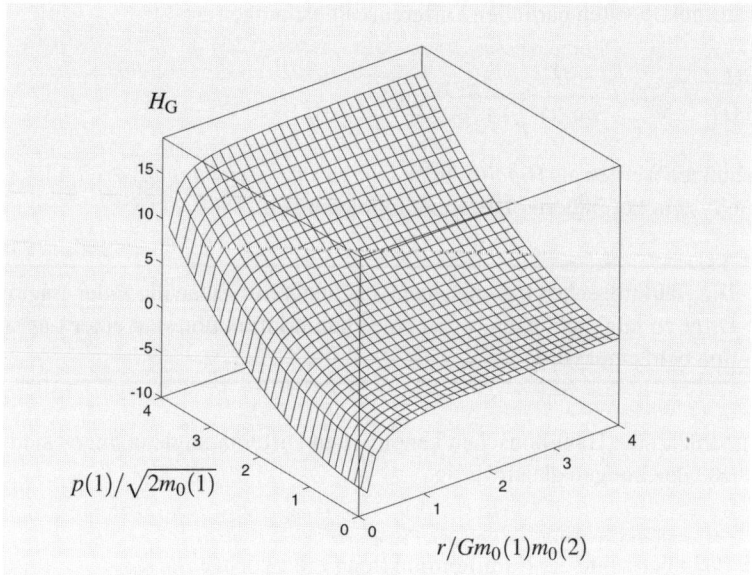

Bild 3.6 Die Hamiltonfunktion H_G des betrachteten Gravitationsszenarios. Dimensionen: Dim $[H_G] =$ Energie, Dim $\left[p(1)/\sqrt{2m_0(1)} \right] = \sqrt{\text{Energie}}$, Dim $[r/Gm_0(1)m_0(2)] = 1/$Energie. Man vergleiche mit Bild 3.4

3.2.3.2 Die Hamiltonschen kanonischen Gleichungen

Durch Variation der obigen Hamiltonfunktion lassen sich Bewegungsgleichungen herleiten, die die Zeitentwicklung der Trajektorien $q_i(t)$, $\bar{q}_i(t)$ beschreiben: Variiert man (3.52), so erhält man zuerst

$$\delta H = \sum_i \dot{q}_i(t)\delta\bar{q}_i(t) + \sum_i \bar{q}_i(t)\delta\dot{q}_i(t) - \delta L \tag{3.57}$$

sodaß sich mit (vgl. (3.15)) $\delta L = \sum_i \frac{\partial L}{\partial \dot{q}_i(t)}\delta\dot{q}_i(t) + \sum_i \frac{\partial L}{\partial q_i(t)}\delta q_i(t)$ der Zusammenhang

$$\delta H = \sum_i \dot{q}_i(t)\delta\bar{q}_i(t) + \sum_i \bar{q}_i(t)\delta\dot{q}_i(t) - \sum_i \frac{\partial L}{\partial \dot{q}_i(t)}\delta\dot{q}_i(t) - \sum_i \frac{\partial L}{\partial q_i(t)}\delta q_i(t) \tag{3.58}$$

ergibt. Mit (3.53) sowie den Euler-Lagrangeschen Differentialgleichungen (3.49) erhält man dann den Ausdruck

$$\delta H = \sum_i \dot{q}_i(t)\delta\bar{q}_i(t) + \sum_i \bar{q}_i(t)\delta\dot{q}_i(t) - \sum_i \bar{q}_i(t)\delta\dot{q}_i(t) - \sum_i \dot{\bar{q}}_i(t)\delta q_i(t)$$

$$= \sum_i \dot{q}_i(t)\delta\bar{q}_i(t) - \sum_i \dot{\bar{q}}_i(t)\delta q_i(t) \,, \tag{3.59}$$

sodaß ein Vergleich mit dem allgemeinen Variationsausdruck der Hamiltonfunktion, dem Ausdruck

$$\delta H = \sum_i \frac{\partial H}{\partial \bar{q}_i(t)}\delta\bar{q}_i(t) + \sum_i \frac{\partial H}{\partial q_i(t)}\delta q_i(t) \,, \tag{3.60}$$

ein System aus gekoppelten partiellen Differentialgleichungen ergibt:

$$\frac{\partial H}{\partial \bar{q}_i(t)} = \dot{q}_i(t) \,, \quad \frac{\partial H}{\partial q_i(t)} = -\dot{\bar{q}}_i(t) \,. \tag{3.61}$$

Diese Beziehungen werden als *Hamiltonsche kanonische Gleichungen* bezeichnet. Das System (3.61) ist ein System konjugierter Differentialgleichungen.

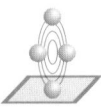

> Die Hamiltonschen kanonischen Gleichungen ersetzen die Euler-Lagrangeschen Differentialgleichungen, wenn eine Hamiltonfunktion statt einer Lagrangefunktion betrachtet wird.

Anders ausgedrückt: die Hamiltonschen kanonischen Differentialgleichungen sind den Euler-Lagrangeschen Gleichungen gleichwertig.

Beispiel 3.5 Man betrachte die Hamiltonfunktion (vgl. (3.55))

$$H(\boldsymbol{x},\boldsymbol{p}) \;=\; \frac{\boldsymbol{p}^2}{2m_0} + V(\boldsymbol{x}) \,. \tag{3.62}$$

Setzt man diese Beziehung in (3.61) ein und identifiziert q_i bzw. $\bar{q}_i$ mit x, y, z bzw. p_x, p_y, p_z, so ergibt der erste Teil der Hamiltonschen Gleichungen eine Identität und der zweite Teil führt auf die Newtonschen Bewegungsgleichungen, wenn ein Kraftfeld durch eine Potentialfunktion $V(\boldsymbol{x})$ beschrieben werden kann, nämlich die Beziehungen

$$\dot{p}_x = -\frac{\partial}{\partial x} V(\boldsymbol{x}) \,,$$

$$\dot{p}_y = -\frac{\partial}{\partial y} V(\boldsymbol{x}) \,, \tag{3.63}$$

$$\dot{p}_z = -\frac{\partial}{\partial z} V(\boldsymbol{x}) \,,$$

die bereits aus den Euler-Lagrangeschen Gleichungen abgeleitet werden konnten: man setze $p_x = m_0\dot{x}$, $p_y = m_0\dot{y}$, $p_z = m_0\dot{z}$ und vergleiche mit dem Beispiel 3.3.

> Ersetzt man die in einer Hamiltonfunktion auftretenden Variablen durch geeignete Operatoren, dann erhält man den zugeordneten quantenmechanischen Energieoperator, den Hamiltonoperator. Diese Jordansche Regel wird später noch genauer betrachtet.[5]

---

[5]Man vergleiche beispielsweise mit dem Abschnitt 4.3.2. Dort wird auf die hier angegebene Weise der grundlegende Einteilchen-Hamiltonoperator eingeführt.

3.3 Felddynamik

Auf Grund der endlichen Ausbreitungsgeschwindigkeit jeglicher physikalischer Wechselwirkung beeinflußt ein an einem Raum-Zeit-Punkt stattfindendes Ereignis ein an einem anderen Raum-Zeit-Punkt sich befindendes physikalisches System erst nach einer gewissen Zeit. Vermittelt wird eine Wechselwirkung durch ein geeignetes *Wechselwirkungsfeld*, d. h. insbesondere durch eine raumzeitlich ausgedehnte physikalische Größe. Beispiele dafür bilden elektromagnetische Felder oder Gravitationsfelder, die elektromagnetische Kräfte oder Gravitationskräfte in Raum und Zeit vermitteln. Ein solches Feld wird durch geeignete *Feldfunktionen* beschrieben, die jedem Raum-Zeit-Punkt des Bereichs eine mehr oder weniger große Menge von Feldgrößen zuordnen. Solche Feldfunktionen durch Vorgabe der Feldfunktionen zu einem festen Zeitpunkt t_A sowie ihrer ersten zeitlichen Ableitungen zu dem Zeitpunkt t_A bezüglich ihrer früheren und späteren Entwicklung eindeutig festgelegt. Man spricht in diesem Zusammenhang von *Makrokausalität*. Beliebige solche Feldfunktionen ergeben sich als Lösungen von *Feldgleichungen*. Im allgemeinen Fall sind derartige Feldgleichungen partielle Differentialgleichungen. Fordert man, daß eine Feldgleichung die durch die spezielle Relativitätstheorie vorgegebene Raum-Zeit-Struktur richtig wiedergibt, dann muß sie kovariant bezüglich der Anwendung aller Elemente der Poincaré-Gruppe sein, d. h. insbesondere kovariant hinsichtlich einer speziellen Lorentz-Transformation.

Wechselwirkungsfelder sind häufig durch Feldteilchen mit einer Ruhemasse $m_0 = 0$ ausgezeichnet. Beispiele dafür bilden elektromagnetische Felder mit ruhemasselosen Feldteilchen, den Photonen. Wechselwirkungsfelder mit ruhemasselosen Feldteilchen sind jedoch nur eine Art von Feldern, die im Rahmen der Beschreibung physikalischer Phänomene auftreten. Zusätzlich sind Wechselwirkungsfelder relevant, deren Feldteilchen eine Ruhemasse $m_0 \neq 0$ aufweisen. Derartige Felder werden in diesem Buch auch als *Teilchenfelder* bezeichnet[6]. Derartige Teilchenfelder sind über den Wechselwirkungsbereich hinaus relevant. So treten Teilchenfelder einerseits auf, wenn große Mengen von Teilchen betrachtet werden, sodaß relativ große Raum-Zeit-Bereiche betrachtet werden müssen, und andererseits, wenn mikroskopische Teilchen betrachtet werden, deren dynamisches Verhalten durch quantenmechanische Feldfunktionen beschrieben werden kann, die quantenmechanischen Feldgleichungen genügen[7]. Auch für Teilchenfelder gelten die obigen Aussagen, d. h. insbesondere, ihr dynamisches Verhalten läßt sich durch geeignete Feldgleichungen beschreiben.

Sehr allgemeine Felder sind *Spinorfelder*. Aus derartigen Spinorfeldern lassen sich *Tensorfelder* aufbauen, was umgekehrt jedoch nicht der Fall ist. In der im folgenden zu behandelnden *klassischen Feldtheorie* sind vor allem Spezialfälle derartiger Tensorfelder, nämlich *skalare Felder* und *Vektorfelder*, von Bedeutung.

> Die Betrachtung derartiger Felder wird zur Einführung grundlegender klassischer Feldgleichungen führen, die als Ausgangspunkt zur Einführung quantenmechanischer Feldgleichungen genommen werden können.

---

[6]Dies ist auf Grund des immer gegebenen Wellen-Teilchen-Dualismus eine etwas ungenaue Bezeichnung. Jedoch entspricht dieser Wortgebrauch der intuitiven Vorstellung, unter *Teilchen* einen Körper zu verstehen, der ruhen kann.

[7]Derartige quantenmechanische Teilchenfelder werden später auch als *Materiefelder* bezeichnet.

3.3.1 Feldfunktionen und Feldfunktionsvektoren

Im folgenden werden N-dimensionale Vektorfelder betrachtet, die als Grenzfälle (eindimensionale) skalare Felder enthalten. Sämtliche auftretenden *Feldfunktionen* $\Psi_i = \Psi_i\left(x^4\right)$ ($i = 1, 2, \ldots, N$) und die diesen Feldfunktionen zugeordneten *kanonisch konjugierten Feldfunktionen* $\bar{\Psi}_i = \bar{\Psi}_i\left(x^4\right)$ ($i = 1, 2, 3 \ldots, N$) werden durch die Feldvektoren

$$\Psi\left(x^4\right) = \begin{pmatrix} \Psi_1 \\ \cdot \\ \Psi_i \\ \cdot \\ \Psi_N \end{pmatrix} \tag{3.64}$$

und

$$\bar{\Psi}\left(x^4\right) = \begin{pmatrix} \bar{\Psi}_1 \\ \cdot \\ \bar{\Psi}_i \\ \cdot \\ \bar{\Psi}_N \end{pmatrix} \tag{3.65}$$

geschlossen dargestellt. x^4 steht für den *raumzeitlichen Vierervektor* mit raumzeitlichen Koordinaten x^μ ($\mu = 1, 2, 3, 0$).

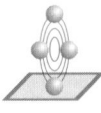 Da die Raumkoordinaten x^j ($j = 1, 2, 3$) dieses Vierervektors einen Raumpunkt und keine Bahnbewegung beschreiben, sind sie hier nicht bezüglich der Zeit parametrisiert.

Die Zuordnungsvorschrift der Feldfunktionen $\bar{\Psi}_i$ zu den Feldfunktionen Ψ_i wird später angegeben. Häufig benützt wird im folgenden der bereits eingeführte Nablaoperator[8] ∇ sowie der Laplace-Operator $\triangle = \nabla^2$.

3.3.2 Der Euler-Lagrangesche Feldformalismus

Ein grundlegendes System von Differentialgleichungen zur Beschreibung der raumzeitlichen Entwicklung von Feldern ist durch die *Euler-Lagrangeschen Feldgleichungen* gegeben.

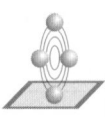 Auch die Euler-Lagrangeschen Feldgleichungen lassen sich ausgehend von dem Hamiltonschen Prinzip gewinnen. Ausgangspunkt ist auch hier ein Wirkungsintegral.

Während die Beschreibung einer Massenpunktbewegung auf der Grundlage eines Satzes von Ortstrajektorien $q_i(t)$ durchgeführt werden kann, benötigt man zur Beschreibung der raumzeitlichen Entwicklung von Feldern statt Ortstrajektorien $q_i(t)$ Feldfunktionen $\Psi_i\left(x^4\right)$.

---

[8]Rechnet man auf der Grundlage eines solchen Nablaoperators, dann spricht man vom *Nablakalkül*. Dies sei an dieser Stelle erwähnt.

3.3.2.1 Die Lagrangedichte

Im Falle von Feldern tritt statt der vorher eingeführten Lagrangefunktion L eine Funktion der Form

$$\mathcal{L} = \mathcal{L}\left[x^4, \Psi\left(x^4\right), \nabla_\nu\right] \qquad (3.66)$$

auf. Eine solche Funktion ersetzt für den Fall örtlich ausgedehnter Materie die für Punktmassen benützbare Lagrangefunktion L. $\mathcal{L}$ ist eine Dichtefunktion bezüglich eines Volumenelements $d^3x = dx^1 dx^2 dx^3$. Auf Grund ihrer Dichteeigenschaft wird sie als *Lagrangedichte* bezeichnet. Durch Integration über der Ortsraum erhält man die Lagrangefunktion des Feldes. Werden relativistische Felder betrachtet, so muß eine Lorentz-kovariante Lagrangedichte vorausgesetzt werden. Da eine Lagrangedichte die Erweiterung einer Lagrangefunktion darstellt, hat sie die Dimension einer Energiedichte[9]:

$$\mathrm{Dim}[\mathcal{L}] = \mathrm{J/m^3} = \mathrm{N/m^2} = \mathrm{kg/m\,s^2}\,. \qquad (3.67)$$

3.3.2.2 Das Wirkungsintegral

Im jetzt betrachteten Fall tritt ein Wirkungsintegral der Form

$$S = \frac{1}{c}\int_{V^4} \mathcal{L}\, d^4x \qquad (3.68)$$

mit $S = S\left[\Psi\left(\tilde{x}^4\right)\right]$ auf. Das Volumenelement $d^4x = dx^1 dx^2 dx^3 dx^0$ steht für ein raumzeitliches Volumenelement. Das Integrationsvolumen ist durch V^4 gegeben. Es wird hier der Integrationsbereich $V^4 = \left[0, \tilde{x}^4\right]$ vorausgesetzt. $\tilde{x}^4$ gibt die Grenze des Volumens an. Formmäßig stellt $\tilde{x}^4$ einen Vektor der Form (2.174) dar. Der Faktor $1/c$ tritt auf, weil jetzt eine Zeitkoordinate der Form $x^0 = ct$ berücksichtigt wird, ein Wirkungsintegral jedoch üblicherweise mittels einer Integration über eine reine Zeitkoordinate t ausformuliert wird. Der Faktor $1/c$ korrigiert den dann in (3.68) zuviel auftretenden Faktor c.

3.3.2.3 Die Variation des Wirkungsintegrals

Variiert man das obige Wirkungsintegral – d. h. betrachtet man die Änderung δS des Wirkungsintegrals bezüglich einer Feldvektoränderung $\Psi\left(\tilde{x}^4\right)$, wobei dieser Differenzterm auf den Rändern des Integrationsbereichs verschwinden soll – dann erhält man analog zu (3.45) den Variationsausdruck

$$\delta S = \delta \frac{1}{c}\int_{V^4} \mathcal{L}\, d^4x = \frac{1}{c}\int_{V^4} \delta\mathcal{L}\, d^4x\,. \qquad (3.69)$$

---

[9]Die Forderung nach dem Vorliegen einer Energiedimension wird nicht immer erhoben. Im vorliegenden Buch soll diese Forderung jedoch zugrunde gelegt werden, um eine Lagrangedichte vorliegen zu haben, die als eine direkte Erweiterung der Lagrangefunktion aufgefaßt werden kann, welche – historisch gesehen – als die Differenz aus kinetischer und potentieller Energie definiert wird und somit die Dimension einer Energie hat.

Vergleicht man auch diesen Variationsausdruck mit der in der mathematischen Einführung 3.1.1 angegebenen Variationsbeziehung (3.10), so ist klar, daß auch (3.69) ein Sonderfall der Beziehung (3.10) darstellt, wenn eine geeignete Identifikation der physikalischen Größen durchgeführt wird. Nützt man diese Möglichkeit aus, dann kann die in 3.1.1 angegebene, zu (3.10) äquivalente Variationsbeziehung (3.19) auf die hier vorliegende Problematik abgestimmt werden. Es ergibt sich dann

$$\delta S = \frac{1}{c} \int_{V^4} \sum_i S_{\Psi_i} \, \delta \Psi_i \, \mathrm{d}^4 x \tag{3.70}$$

mit den Funktionalableitungen

$$S_{\Psi_i} = \frac{\partial \mathcal{L}}{\partial \Psi_i} - \sum_{\nu} \nabla_{\nu} \frac{\partial \mathcal{L}}{\partial (\nabla_{\nu} \Psi_i)} \ . \tag{3.71}$$

3.3.2.4 Die Euler-Lagrangeschen Feldgleichungen

Fordert man auch hier, daß die tatsächlich beobachtbare Materieentwicklung durch ein Extremum der Wirkung charakterisiert ist, dann lassen sich Bewegungsgleichung zur Beschreibung der Felddynamik herleiten: Auf mathematischer Ebene wird diese Extremwertforderung auch hier durch

$$\delta S = 0 \tag{3.72}$$

erfaßt, was – auf Grund der beliebigen Wählbarkeit der Differenzterme $\delta \Psi_i$ – das Verschwinden der einzelnen Funktionalableitungen von (3.70) bedeutet, sodaß sich

$$\frac{\partial \mathcal{L}}{\partial \Psi_i} - \sum_{\nu} \nabla_{\nu} \frac{\partial \mathcal{L}}{\partial (\nabla_{\nu} \Psi_i)} = 0 \tag{3.73}$$

ergibt. Diese *Euler-Lagrangeschen Feldgleichungen* beschreiben die ortszeitliche Entwicklung einer durch die Feldfunktionen Ψ_i beschriebenen Materieverteilung.

Benützt man die *Einsteinsche Summationskonvention* (d. h. über gleiche Indices muß summiert werden), so lassen sich diese Gleichungen in folgender kompakten Form schreiben:

$$\frac{\partial \mathcal{L}}{\partial \Psi_i} - \nabla_{\nu} \frac{\partial \mathcal{L}}{\partial (\nabla_{\nu} \Psi_i)} = 0 \ . \tag{3.74}$$

Die Euler-Lagrangeschen Feldgleichungen enthalten auch die grundsätzliche Struktur quantenmechanischer Bewegungsgleichungen: Setzt man eine geeignete Lagrangedichte voraus, dann lassen sich sämtliche grundlegenden quantenmechanischen Bewegungsgleichungen ableiten. Dies wird später noch ausgeführt werden.[10]

---

[10]Man vergleiche beispielsweise mit dem Abschnitt 4.3.3. Dort wird der Zusammenhang der Schrödinger-Gleichung mit den hier diskutierten Euler-Lagrangeschen Feldgleichungen hergestellt.

Das spezielle (relativistische bzw. nichtrelativistische) physikalische System wird durch Konkretisierung der Lagrangedichte $\mathcal{L}$ implementiert.

Beispiel 3.6 Man betrachte die Lagrangedichte

$$\mathcal{L} = \mathcal{L}(\Psi^*, \nabla_\nu) = \mathcal{L}(\Psi^*, \partial/\partial x^\nu) \sim \sum_{\mu,\nu=0}^{3} \eta^{\mu\nu} \frac{\partial}{\partial x^\nu} \Psi^* \frac{\partial}{\partial x^\mu} \Psi \, , \tag{3.75}$$

wobei $\eta^{\mu\nu}$ die Elemente des bereits eingeführten pseudoeuklidischen Metriktensors repräsentiert, und wobei Ψ^* die zu Ψ konjugiert komplexe Funktion darstellt.

Setzt man diese Lagrangedichte in die Euler-Lagrangeschen Feldgleichungen (3.73) ein und identifiziert man die dort auftretenden Funktionen Ψ_i mit Ψ^*, dann ergibt sich eine Evolutionsgleichung für die betrachtete Feldfunktion, wobei ihre Repräsentation Ψ explizit auftritt, die Beziehung

$$\Box \Psi = \left(\frac{\partial^2}{\partial x^{1^2}} + \frac{\partial^2}{\partial x^{2^2}} + \frac{\partial^2}{\partial x^{3^2}} - \frac{\partial^2}{\partial x^{0^2}} \right) \Psi = 0 \tag{3.76}$$

mit dem d'Alembertschen Operator[11]

$$\Box = \frac{\partial^2}{\partial x^{1^2}} + \frac{\partial^2}{\partial x^{2^2}} + \frac{\partial^2}{\partial x^{3^2}} - \frac{\partial^2}{\partial x^{0^2}} = \triangle - \frac{1}{c^2} \frac{\partial^2}{\partial t^2} \, . \tag{3.77}$$

Die Evolutionsgleichung (3.76) bezeichnet man auch als *d'Alembertsche Wellengleichung*.

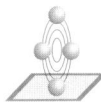
Die d'Alembertsche Wellengleichung beschreibt die Ausbreitung von mit Lichtgeschwindigkeit sich bewegenden freien Feldern.

Da sie kovariant bezüglich durch die Poincaré-Gruppe vermittelten Transformationen ist, liegt eine relativistische Gleichung vor.

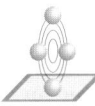
Die d'Alembertsche Wellengleichung ist linear, sodaß Linearkombinationen beliebiger Lösungen wieder Lösungen der Wellengleichung ergeben, wobei die einzelnen Teillösungen unabhängig voneinander sind. Auf einer physikalischen Betrachtungsebene bedeutet dies, daß unabhängig voneinander sich ausbreitende Wellen vorliegen.

Im mathematischen Sinne ist diese Wellengleichung eine total-hyperbolische Differentialgleichung.

---

[11]Bemerkt werden sollte hier, daß häufig auch das Negative des angegebenen Ausdrucks als d'Alembertscher Operator bezeichnet wird.

3.3.3 Der Hamiltonsche Feldformalismus

Auch hier kann mittels der Legendretransformation eine Funktion eingeführt werden, welche die nach der Zeit abgeleiteten Variablen nicht mehr explizit enthält.

3.3.3.1 Die Hamiltondichte

Mittels der Legendretransformation

$$\mathcal{H} = \sum_i \bar{\Psi}_i\left(x^4\right)\dot{\Psi}_i\left(x^4\right) - \mathcal{L} \tag{3.78}$$

mit

$$\bar{\Psi}_i = \frac{\partial \mathcal{L}}{\partial \dot{\Psi}_i} \tag{3.79}$$

erhält man die der Lagrangedichte

$$\mathcal{L} = \mathcal{L}\left[x^4, \Psi\left(x^4\right), \nabla_\nu\right] \tag{3.80}$$

zugeordnete *Hamiltondichte*

$$\mathcal{H} = \mathcal{H}\left[x^4, \Psi\left(x^4\right), \bar{\Psi}\left(x^4\right), \nabla_j, \bar{\nabla}_j\right] . \tag{3.81}$$

Die Beziehung (3.79) definiert die zu den Feldfunktionen $\Psi_i = \Psi_i\left(x^4\right)$ *kanonisch konjugierten Feldfunktionen* $\bar{\Psi}_i = \bar{\Psi}_i\left(x^4\right)$. Entsprechend dieser Schreibweise deutet ∇_j räumliche Ableitungen nach Funktionen Ψ_i und $\bar{\nabla}_j$ räumliche Ableitungen nach Funktionen $\bar{\Psi}_i$ an. Auf Grund des Zusammenhangs mit der Lagrangedichte hat die Hamiltondichte die Dimension einer Energiedichte:

$$\mathrm{Dim}[\mathcal{L}] = \mathrm{J/m^3} = \mathrm{N/m^2} = \mathrm{kg/m\,s^2} . \tag{3.82}$$

3.3.3.2 Die Hamiltonschen Feldgleichungen

Variiert man die oben angegebene Hamiltondichte und nimmt an, daß nur räumliche Ableitungen nach Funktionen Ψ_i zu berücksichtigen sind, dann erhält man eine grundlegende Menge von Bewegungsgleichungen zur Beschreibung der Zeitentwicklung der Feldfunktionen Ψ_i, $\bar{\Psi}_i$: Man betrachte die Variation der obigen Hamiltondichte (3.78), den Ausdruck

$$\delta\mathcal{H} = \sum_i \dot{\Psi}_i \delta\bar{\Psi}_i + \sum_i \bar{\Psi}_i \delta\dot{\Psi}_i - \delta\mathcal{L} . \tag{3.83}$$

Ersetzt man dann $\delta\mathcal{L}$ mittels

$$\delta\mathcal{L} = \sum_i \left[\frac{\partial \mathcal{L}}{\partial \Psi_i}\delta\Psi_i + \sum_\nu \frac{\partial \mathcal{L}}{\partial\left(\nabla_\nu\Psi_i\right)}\delta\left(\nabla_\nu\Psi_i\right) \right] \tag{3.84}$$

(vgl. (3.15)), berücksichtigt man die Euler-Lagrangeschen Feldgleichungen (3.73) sowie die Definitionen (3.78) und (3.79), dann läßt sich dieser Variationsausdruck durch

$$\delta\mathcal{H} = \sum_i \dot{\Psi}_i \delta\bar{\Psi}_i - \sum_i \dot{\bar{\Psi}}_i \delta\Psi_i + \sum_{i,j} \nabla_j \frac{\partial\mathcal{H}}{\partial\left(\nabla_j\Psi_i\right)} \delta\Psi_i + \sum_{i,j} \frac{\partial\mathcal{H}}{\partial\left(\nabla_j\Psi_i\right)} \delta\left(\nabla_j\Psi_i\right) \tag{3.85}$$

ersetzen. Vergleicht man diesen Ausdruck schließlich mit der allgemeinen Beziehung

$$\delta\mathcal{H} = \sum_i \frac{\partial\mathcal{H}}{\partial\bar{\Psi}_i}\delta\bar{\Psi}_i + \sum_i \frac{\partial\mathcal{H}}{\partial\Psi_i}\delta\Psi_i + \sum_{i,j} \frac{\partial\mathcal{H}}{\partial\left(\nabla_j\Psi_i\right)} \delta\left(\nabla_j\Psi_i\right) \ , \tag{3.86}$$

so erhält man das Differentialgleichungssystem

$$\frac{\partial\mathcal{H}}{\partial\bar{\Psi}_i} = \dot{\Psi}_i \ , \quad \frac{\partial\mathcal{H}}{\partial\Psi_i} = -\dot{\bar{\Psi}}_i + \sum_j \nabla_j \frac{\partial\mathcal{H}}{\partial\left(\nabla_j\Psi_i\right)} \ . \tag{3.87}$$

Diese Beziehungen sind die *Hamiltonschen Feldgleichungen*. Sie legen die mögliche raumzeitliche Entwicklung der Feldfunktionen Ψ_i fest.

Die Hamiltonschen Feldgleichungen weisen *dann* die Form (3.87) auf, wenn die vorausgesetzte Hamiltondichte keine Ableitungen nach Funktionen $\bar{\Psi}_i$ enthält. Weist die vorausgesetzte Hamiltondichte Ableitungen nach den Funktionen $\bar{\Psi}_i$ auf, dann muß dieses Gleichungssystem durch

$$\frac{\partial\mathcal{H}}{\partial\bar{\Psi}_i} = \dot{\Psi}_i + \sum_j \nabla_j \frac{\partial\mathcal{H}}{\partial\left(\nabla_j\bar{\Psi}_i\right)} \ , \quad \frac{\partial\mathcal{H}}{\partial\Psi_i} = -\dot{\bar{\Psi}}_i + \sum_j \nabla_j \frac{\partial\mathcal{H}}{\partial\left(\nabla_j\Psi_i\right)} \tag{3.88}$$

ersetzt werden. Dies sei hier ohne Beweis noch angegeben.

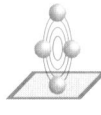

Die Hamiltonschen Feldgleichungen treten an die Stelle der Euler-Lagrangeschen Feldgleichungen, wenn eine Hamiltondichte statt einer Lagrangedichte vorausgesetzt wird.

Als Ergänzung sei bemerkt, daß unter Verwendung der Einsteinschen Summationskonvention sich diese Beziehungen in der kompakteren Form

$$\frac{\partial\mathcal{H}}{\partial\bar{\Psi}_i} = \dot{\Psi}_i + \nabla_j \frac{\partial\mathcal{H}}{\partial\left(\nabla_j\bar{\Psi}_i\right)} \ , \quad \frac{\partial\mathcal{H}}{\partial\Psi_i} = -\dot{\bar{\Psi}}_i + \nabla_j \frac{\partial\mathcal{H}}{\partial\left(\nabla_j\Psi_i\right)} \tag{3.89}$$

notieren lassen.

Auch die Hamiltonschen Feldgleichungen enthalten die grundsätzliche Struktur quantenmechanischer Bewegungsgleichungen. Durch Vorgabe einer geeigneten Hamiltondichte kann zu quantenmechanischen Bewegungsgleichungen übergegangen werden.

Diese Hamiltonschen Feldgleichungen sind den Euler-Lagrangeschen Feldgleichungen gleichwertig.

Beispiel 3.7 Die der Lagrangedichte (3.75) zugeordnete Hamiltondichte ergibt sich nach (3.78) zu

$$\mathcal{H} = \mathcal{H}\left[\Psi^*, \nabla_j\right] = \mathcal{H}\left[\Psi^*, \partial/\partial x^j\right] \sim \sum_{i,j=1}^{3} \eta^{ij} \frac{\partial}{\partial x^j} \Psi^* \frac{\partial}{\partial x^i} \Psi. \tag{3.90}$$

Setzt man diesen Ausdruck in die obigen Hamiltonschen Feldgleichungen ein und identifiziert man Ψ_i mit Ψ^*, so erhält man wieder die im Beispiel 3.6 eingeführte d'Alembertsche Wellengleichung

$$\triangle\Psi - \ddot{\Psi} = \left(\triangle - \frac{1}{c^2} \frac{\partial^2}{\partial t^2}\right)\Psi = 0. \tag{3.91}$$

3.3.4 Ein Beispiel: mechanische Wellen und Felder

Ersetzt man in (3.91) die Größe c durch eine beliebige Phasengeschwindigkeit v_{Ph}, dann erhält man weitere Wellengleichungen. Beispielsweise liefert die Identifikation

$$v_{\text{Ph}} = \sqrt{E/\rho} \tag{3.92}$$

eine Wellengleichung zur Beschreibung des Dehnungsverhaltens eines Stabes, wenn E der stabspezifische Elastizitätsmodul und ρ die Massendichte ist. Die Identifikation

$$v_{\text{Ph}} = \sqrt{G/\rho} \tag{3.93}$$

liefert eine Wellengleichung zur Beschreibung von transversalen (d. h. senkrecht zur Bewegungsrichtung ausgelenkten) Wellen eines ausgedehnten Festkörpers, wenn G den Schubmodul repräsentiert. Eine Wellengleichung zur Beschreibung von longitudinalen (d. h. entlang der Bewegungsrichtung ausgelenkten) Festkörperwellen erhält man über die Identifikation

$$v_{\text{Ph}} = \sqrt{(K + 4G/3)/\rho}, \tag{3.94}$$

wobei K für den Kompressionsmodul steht[12]. Ersetzt man entsprechend dieses Sachverhaltes in (3.91) die Lichtgeschwindigkeit c durch eine spezifische Phasengeschwindigkeit und beschränkt sich auf nur eine Raumkoordinate $x^1 = x$, dann erhält man die einfache Wellengleichung

$$\frac{\partial^2}{\partial x^2}\Psi - \frac{1}{v_{\text{Ph}}^2} \frac{\partial^2}{\partial t^2}\Psi = 0. \tag{3.95}$$

---

[12]Module sind Verhältniszahlen, die Aussagen über relativ gesehen makroskopische Materialeigenschaften machen. Beispielsweise gibt der Elastizitätsmodul das materialspezifische Verhältnis von Spannung zu Dehnung an. Um keine Verwirrung zu stiften, sei zusätzlich angemerkt, daß der Begiff *Modul* auch im Zusammenhang mit technischen Baueinheiten benützt wird. Auf sprachlicher Ebene wird dann jedoch ein sächlicher Artikel vorausgesetzt: *das Modul*.

3.3.4.1 Elementarwellen

Die Wellengleichung (3.95) läßt beispielsweise eine Lösung der Form

$$\Psi = A \sin(k_x x - \omega t - \varphi) \ , \tag{3.96}$$

$$\omega^2 = v_{Ph}^2 k_x^2 \quad \text{bzw.} \quad \omega = v_{Ph}|k_x| \tag{3.97}$$

zu, was sich durch Einsetzen von (3.96) in (3.95) sofort zeigen läßt. Während ω für eine das zeitliche Schwingungsverhalten charakterisierende Kreisfrequenz steht, steht k_x für einen die räumliche Periodizität wiedergebenden (hier eindimensionalen) Wellenvektor. Die Beziehungen (3.97) stellen eine spezielle *Dispersionsrelation* dar, d. h. eine Beziehung der Form $\omega = \omega(k)$, welche den Zusammenhang zwischen einer durch eine Beziehung der Form $\omega = 2\pi\nu$ vorgegebenen systemspezifischen Frequenz $\nu = 1/T$ (Periodendauer T) und einer durch eine Beziehung der Form $|k| = k = 2\pi/\lambda$ vorgegebenen systemspezifischen Wellenlänge λ wiedergibt.

    Über Anfangs- und Randbedingungen kann die Lösung (3.96) spezifiziert werden. Fordert man beispielsweise, daß zum Zeitpunkt $t = 0$ am Ort $x = 0$ die Welle verschwinden soll, d. h. verlangt man $\Psi(t=0,x=0)=0$, dann folgt daraus das Verschwinden der Phasenverschiebung φ, d. h. es folgt daraus $\varphi = 0$. Fordert man weiterhin eine für alle Zeiten über eine Vorgabelänge L periodische Funktion, d. h. verlangt man $\Psi(x) = \Psi(x+L)$, dann folgt daraus $k_x = 2\pi n'/L$ mit $n' = \pm 0, \pm 1, \pm 2, \dots$. Beschränkt man sich auf Lösungen $k_x = |k_x| \geq 0$, dann reduziert sich die Lösung (3.96) schließlich auf

$$\Psi = A \sin[|k_x|(x - v_{Ph}t)] \ , \quad |k_x| = 2\pi n/L \ , \quad n = 0, 1, 2, \dots \ , \tag{3.98}$$

wobei A für eine noch freie Amplitude steht. Bild 3.7 veranschaulicht diese Wellenfunktion zum Zeitpunkt $t = 0$.

3.3.4.2 Elementarwellen-Superposition: stehende Wellen

Die beiden gegenläufigen Wellen

$$\Psi = A \sin(k_x x - \omega t) \quad \text{und} \quad \Psi = A \sin(k_x x + \omega t) \tag{3.99}$$

lösen jede für sich die Wellengleichung (3.95). Da (3.95) linear ist, bildet auch die Superposition

$$\Psi_S = A \left[\sin(k_x x - \omega t) + \sin(k_x x + \omega t)\right] \tag{3.100}$$

eine Lösung der obigen Wellengleichung, was durch Einsetzen in diese Wellengleichung formal überprüft werden kann. Verwendet man das trigonometrische Additionstheorem $\sin(\alpha \pm \beta) = \sin(\alpha)\cos(\beta) \pm \cos(\alpha)\sin(\beta)$, dann läßt sich die obige Superposition in

$$\Psi_S = 2A \sin(k_x x) \cos(\omega t) \tag{3.101}$$

überführen. Auch dieser Superposition ist die Dispersionsrelation (3.97) zugeordnet.

    Verwendet man auch hier die oben angegebenen zusätzlichen Bedingungen, so geht die Superposition (3.101) in

$$\Psi_S = 2A \sin(|k_x|x) \cos(v_{Ph}|k_x|t) \ , \quad |k_x| = 2\pi n/L \ , \quad n = 0, 1, 2, 3, \dots \tag{3.102}$$

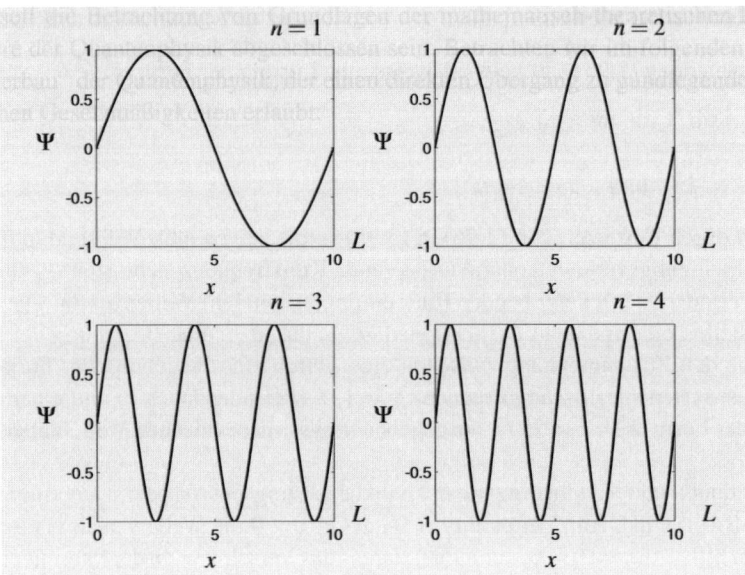

Bild 3.7 Einfache eindimensionale Maxima und Minima der ersten vier Wellenmoden $n = 1, 2, 3, 4$ zum Zeitpunkt $t = 0$. Es gilt Dim $[x] = $ Länge. $L = 10$ [Länge] steht für die Vorgabelänge. Es wird $A = 1$, $v_{Ph} = 1$ [Länge/Zeit] vorausgesetzt

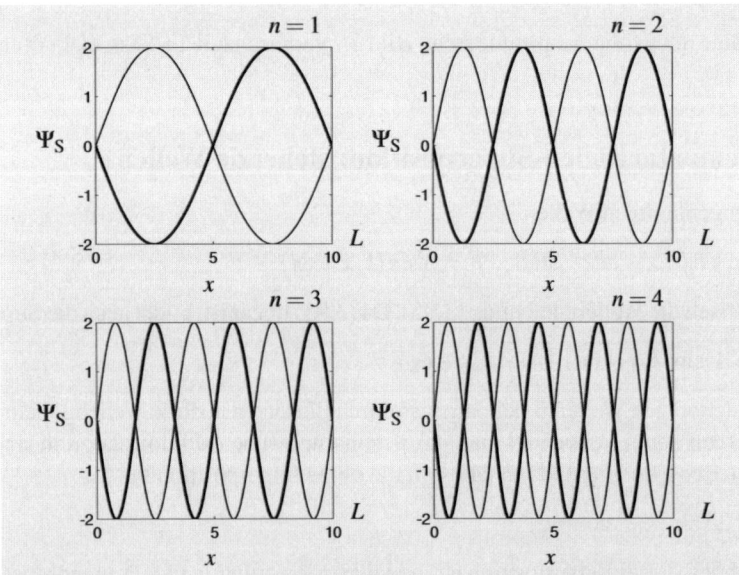

Bild 3.8 Einfache stehende Wellen. Maxima, Minima und Knoten der ersten vier Wellenmoden $n = 1, 2, 3, 4$ zu den Zeitpunkten $t = 0$ (dünne Kurven) und $t = T/2 = \pi/v_{Ph} |k_x|$ (dicke Kurven). Es gilt Dim $[x] = $ Länge. $L = 10$ [Länge] steht für die Vorgabelänge. Es wird $A = 1$, $v_{Ph} = 1$ [Länge/Zeit] vorausgesetzt

über. Bild 3.8 veranschaulicht, daß diese Superposition eine einfache stehende Welle darstellt. Insbesondere sei auf die in diesem Bild erkennbaren Knoten hingewiesen, welche Punkte markieren, die im Rahmen der zeitlichen Schwingung keine räumlichen Veränderungen durchmachen. Würden höherdimensionale Systeme betrachtet werden, dann würden beispielsweise Knotenflächen auftreten.

Die Ausführungen dieses Beispiels zeigen einen wesentlichen Sachverhalt: Die Verwendung systemspezifischer Randbedingungen bei der Konstruktion von systemspezifischen Wellenfunktionen führt auf eine diskrete Struktur der möglichen Lösungen. Dieser Sachverhalt ist insbesondere bedeutend hinsichtlich der im nächsten Kapitel darzustellenden quantenmechanischen Systeme: Auch quantenmechanische Systeme werden durch Wellenfunktionen beschrieben; die Verwendung von geeigneten Randbedingungen führt dann auf eine Diskretisierung der Lösungen, was letztendlich die diskrete Struktur quantenmechanischer Systemzustände beschreibt. Umgekehrt betrachtet, ist es plausibel, daß zur Beschreibung von diskrete Systemzustände aufweisenden quantenmechanischen Systemen Wellenfunktionen eingeführt werden: nach den Ausführungen des hier betrachteten Beispiels erlauben gerade Wellenfunktionen die Konstruktion von Lösungsmengen mit einer diskreten Menge von Elementen.

3.4 Symmetrieeigenschaften der Wirkung

Die in den vorherigen Abschnitten behandelten Wirkungsintegrale weisen – abhängig von der speziellen Lagrangefunktion bzw. Lagrangedichte – spezifische Symmetrien auf. Auf einer mathematischen Betrachtungsebene drückt sich das Vorhandensein einer Symmetrieeigenschaft dadurch aus, daß die Anwendung einer der Symmetrieeigenschaft zugeordneten Operationsvorschrift auf das Wirkungsintegral wieder auf das gleiche Wirkungsintegral führt. D. h. insbesondere, daß eine einer Symmetrieeigenschaft zugeordnete infinitesimale Operationsvorschrift auf eine verschwindende infinitesimale Wirkungsdifferenz δS führt.

Entsprechend der Äquivalenz von Koordinatensystem-Transformation und Systempräparation kann der Übergang zu einem neuen Wirkungsintegral einerseits durch den Übergang zu einer neuen Feldfunktion erreicht werden und andererseits kann zu einem geeigneten neuen Koordinatensystem übergegangen werden. Im folgenden werden Symmetrieeigenschaften des Wirkungsintegrals

$$S = \frac{1}{c} \int_{V^4} \mathcal{L} \, \mathrm{d}^4 x \quad \text{mit} \quad \mathcal{L} = \mathcal{L}\left[\boldsymbol{\Psi}\left(\boldsymbol{x}^4\right)\right] = \mathcal{L}\left[\boldsymbol{x}^4, \boldsymbol{\Psi}\left(\boldsymbol{x}^4\right), \nabla_v\right] \tag{3.103}$$

und ihre Konsequenzen untersucht. Die Lagrangedichte wird dabei in der Form $\mathcal{L}\left[\boldsymbol{\Psi}\left(\boldsymbol{x}^4\right)\right]$ geschrieben, wenn Auswirkungen einer mathematischen Operation auf die Feldfunktionen $\Psi_i\left(\boldsymbol{x}^4\right)$ explizit deutlich gemacht werden sollen. Entsprechend der obigen Relation bedeutet diese Schreibweise jedoch nicht, daß keine Ableitungen innerhalb der Lagrangedichte auftreten können.

3.4.1 Die Wirkungsvariation

Geht man gemäß

$$x^{\mu\prime} = x^\mu + \delta x^\mu \qquad (3.104)$$

zu einem neuen Koordinatensystem über, dann sind damit Feldfunktionsänderungen

$$\Psi_i\left(x^4\right) \to \Psi_i'\left(x^{4\prime}\right) = \Psi_i\left(x^4\right) + \delta\Psi_i\left(x^4\right) \qquad (3.105)$$

und Lagrangedichteänderungen

$$L\left[\Psi\left(x^4\right)\right] \to L'\left[\Psi'\left(x^{4\prime}\right)\right] = L\left[\Psi\left(x^4\right)\right] + \delta L\left[\Psi\left(x^4\right)\right] \qquad (3.106)$$

verbunden. δx^μ soll beliebige infinitesimale Änderungen (wie beispielsweise hervorgerufen durch eine Drehung oder eine Translation) repräsentieren. Daß nicht nur die neuen Koordinaten durch einen oberen Strich ausgezeichnet wurden, sondern auch die damit verbundenen Feldfunktionen sowie die dadurch gegebenen Lagrangedichten ist sinnvoll: Betrachtet man beispielsweise eine Sinus-Funktion und führt man eine Koordinatensystem-Translation um $\pi/2$ aus, so geht die Sinus-Funktion in eine Cosinus-Funktion über, d. h. die im neuen Koordinatensystem auftretende Funktion hat für einen sich in diesem Koordinatensystem befindenden Beobachter ein abgeändertes Aussehen. Das in (3.105) und (3.106) auftretende Gleichheitszeichen drückt die Äquivalenz von Koordinatensystem-Transformation und zugeordneter Funktionsänderung aus.

3.4.1.1 Die Variation der Feldfunktionen

Die Variation $\delta\Psi_i\left(x^4\right)$ läßt sich weitergehend umformen[13]: aus (3.105) folgt

$$\delta\Psi_i\left(x^4\right) = \Psi_i'\left(x^{4\prime}\right) - \Psi_i\left(x^4\right) = \Psi_i'\left(x^{4\prime}\right) - \Psi_i'\left(x^4\right) + \Psi_i'\left(x^4\right) - \Psi_i\left(x^4\right) . \qquad (3.107)$$

Für infinitesimale Änderungen ist die erste Differenz gleich einer eine Koordinatensystem-Änderung beschreibenden Variation:

$$\Psi_i'\left(x^{4\prime}\right) - \Psi_i'\left(x^4\right) = \delta\Psi_i'\left(x^4\right) = \sum_\mu \left[\nabla_\mu \Psi_i'\left(x^4\right)\right]\delta x^\mu . \qquad (3.108)$$

Die zweite Differenz repräsentiert eine Funktionsvariation im gleichen Koordinatensystem, die in der Form $\Psi_i'\left(x^4\right) - \Psi_i\left(x^4\right) = \delta_K \Psi_i\left(x^4\right)$ notiert werden soll. Benützt man den Zusammenhang $\Psi_i'\left(x^4\right) = \Psi_i\left(x^4\right) + \delta\Psi_i\left(x^4\right)$, dann kann die erste Differenz in (3.107) auch durch

$$\Psi_i'\left(x^{4\prime}\right) - \Psi_i'\left(x^4\right) = \delta\Psi_i\left(x^4\right) + \text{T. h. O.} = \sum_\mu \left[\nabla_\mu \Psi_i\left(x^4\right)\right]\delta x^\mu + \text{T. h. O.} \qquad (3.109)$$

ersetzt werden, sodaß (3.107) in die Form

$$\delta\Psi_i\left(x^4\right) = \sum_\mu \left[\nabla_\mu \Psi_i\left(x^4\right)\right]\delta x^\mu + \delta_K \Psi_i\left(x^4\right) + \text{T. h. O.} \qquad (3.110)$$

gebracht werden kann. Das Kürzel T. h. O. steht für „Terme höherer Ordnung". Während eine partielle Ableitung $\partial/\partial x^\nu$ und eine Variation δ nicht vertauscht werden dürfen, kann δ_K mit beliebigen partiellen Ableitungen $\partial/\partial x^\nu$ vertauscht werden.

---

[13]Man vergleiche diesbezüglich mit [30].

3.4.1.2 Die Variation der Lagrangedichte

Auf eine analoge Weise läßt sich die der Variation $\delta\Psi_i(x^4)$ zugeordnete Variation $\delta L[\Psi(x^4)]$ umformen: aus (3.106) ergibt sich für die Variation der Lagrangedichte der Zusammenhang

$$
\begin{aligned}
\delta L[\Psi(x^4)] &= L'\left[\Psi'\left(x^{4'}\right)\right] - L[\Psi(x^4)] \\
&= L'\left[\Psi'\left(x^{4'}\right)\right] - L'[\Psi(x^4)] + L'[\Psi(x^4)] - L[\Psi(x^4)] \\
&= \sum_\mu \left(\nabla_\mu L'[\Psi(x^4)]\right)\delta x^\mu + \delta_K L[\Psi(x^4)] \\
&= \sum_\mu \left(\nabla_\mu L[\Psi(x^4)]\right)\delta x^\mu + \delta_K L[\Psi(x^4)] + \text{T.h.O.} \ .
\end{aligned}
\tag{3.111}
$$

Da auch δ_K ein den üblichen Rechenregeln der Variationsrechnung gehorchender Operator ist, gilt $\left(\text{mit } \Psi_i = \Psi_i(x^4)\right)$

$$
\delta_K L[\Psi(x^4)] = \sum_i \left[\frac{\partial L}{\partial \Psi_i}\delta_K\Psi_i + \sum_\mu \frac{\partial L}{\partial(\nabla_\mu\Psi_i)}\delta_K(\nabla_\mu\Psi_i)\right] .
\tag{3.112}
$$

Ergänzt man diesen Ausdruck formal, indem man den Term

$$
\alpha = \sum_i\sum_\mu \nabla_\mu \left[\frac{\partial L}{\partial(\nabla_\mu\Psi_i)}\delta_K\Psi_i\right]
\tag{3.113}
$$

addiert und gleichzeitig subtrahiert, und berücksichtigt man die Vertauschbarkeit von δ_K und $\partial/\partial x^\mu$, dann läßt sich dieser Ausdruck weiter umformen:

$$
\begin{aligned}
\delta_K L[\Psi(x^4)] = \sum_i \Bigg(&\left[\frac{\partial L}{\partial \Psi_i} - \sum_\mu \nabla_\mu\frac{\partial L}{\partial(\nabla_\mu\Psi_i)}\right]\delta_K\Psi_i \\
&+ \sum_\mu \nabla_\mu\left[\frac{\partial L}{\partial(\nabla_\mu\Psi_i)}\delta_K\Psi_i\right]\Bigg)
\end{aligned}
\tag{3.114}
$$

Setzt man (3.114) in (3.111) ein, dann erhält man

$$
\begin{aligned}
\delta L[\Psi(x^4)] = &\sum_\mu (\nabla_\mu L)\,\delta x^\mu \\
&+ \sum_i \left(S_{\Psi_i}\delta_K\Psi_i + \sum_\mu \nabla_\mu\left[\frac{\partial L}{\partial(\nabla_\mu\Psi_i)}\delta_K\Psi_i\right]\right) + \text{T.h.O.} \ .
\end{aligned}
\tag{3.115}
$$

Während S_{Ψ_i} für die Funktionalableitung

$$
S_{\Psi_i} = \frac{\partial L}{\partial \Psi_i} - \sum_\nu \nabla_\nu\frac{\partial L}{\partial(\nabla_\nu\Psi_i)}
\tag{3.116}
$$

steht, ist $\delta_K\Psi_i$ durch

$$
\delta_K\Psi_i = \delta\Psi_i - \sum_\mu (\nabla_\mu\Psi_i)\,\delta x^\mu
\tag{3.117}
$$

gegeben.

3.4.1.3 Die Variation der Wirkung

Der Transformation (3.104)–(3.106) zugeordnet ist die Wirkungsintegraldifferenz

$$\delta S = \underbrace{\frac{1}{c} \int_{V^{4'}} \mathcal{L}' \left[\Psi' \left(x^{4'} \right) \right] \mathrm{d}^4 x'}_{S'\left[\Psi'\left(\tilde{x}^{4'} \right) \right]} - \underbrace{\frac{1}{c} \int_{V^4} \mathcal{L}\left[\Psi\left(x^4 \right) \right] \mathrm{d}^4 x}_{S\left[\Psi\left(\tilde{x}^4 \right) \right]} \tag{3.118}$$

und damit

$$\delta S = \frac{1}{c} \int_{V^{4'}} \left(\mathcal{L}\left[\Psi\left(x^4 \right) \right] + \delta \mathcal{L}\left[\Psi\left(x^4 \right) \right] \right) \mathrm{d}^4 x' - \frac{1}{c} \int_{V^4} \mathcal{L}\left[\Psi\left(x^4 \right) \right] \mathrm{d}^4 x . \tag{3.119}$$

Durch Berechnung des Zusammenhangs des Volumenelements $\mathrm{d}^4 x'$ mit dem Volumenelement $\mathrm{d}^4 x$ im ursprünglichen Koordinatensystem läßt sich dieser Ausdruck weiter umformen: Dieser Zusammenhang ist durch

$$\mathrm{d}^4 x' = \det \left(\partial x^{4'} / \partial x^4 \right) \mathrm{d}^4 x \tag{3.120}$$

gegeben, wobei die Matrix $\left(\partial x^{4'} / \partial x^4 \right)$ der darin auftretenden *Funktionaldeterminante (Jacobische Determinante)* in der Form

$$\left(\partial x^{4'} / \partial x^4 \right) = \begin{pmatrix} \partial x^{1'}/\partial x^1 & \partial x^{1'}/\partial x^2 & \partial x^{1'}/\partial x^3 & \partial x^{1'}/\partial x^0 \\ \partial x^{2'}/\partial x^1 & \partial x^{2'}/\partial x^2 & \partial x^{2'}/\partial x^3 & \partial x^{2'}/\partial x^0 \\ \partial x^{3'}/\partial x^1 & \partial x^{3'}/\partial x^2 & \partial x^{3'}/\partial x^3 & \partial x^{3'}/\partial x^0 \\ \partial x^{0'}/\partial x^1 & \partial x^{0'}/\partial x^2 & \partial x^{0'}/\partial x^3 & \partial x^{0'}/\partial x^0 \end{pmatrix} \tag{3.121}$$

schreibbar ist. Berücksichtigt man die Transformationsbeziehung (3.104), so ergibt sich diese Funktionaldeterminante zu

$$\det \left(\partial x^{4'} / \partial x^4 \right) = 1 + \sum_\nu \nabla_\nu \left(\delta x^\nu \right) + \text{T.h.O.} , \tag{3.122}$$

sodaß die Volumenelemente über

$$\mathrm{d}^4 x' = \left[1 + \sum_\nu \nabla_\nu \left(\delta x^\nu \right) \right] \mathrm{d}^4 x + \text{T.h.O.} \tag{3.123}$$

ineinander abgebildet werden. Setzt man diesen Zusammenhang in das erste Integral der obigen Wirkungsintegraldifferenz ein, so ergibt sich

$$\delta S = \frac{1}{c} \int_{V^4} \left(\mathcal{L}\left[\Psi\left(x^4 \right) \right] \sum_\nu \nabla_\nu \left(\delta x^\nu \right) + \delta \mathcal{L}\left[\Psi\left(x^4 \right) \right] \right) \mathrm{d}^4 x + \text{T.h.O.} \tag{3.124}$$

Da infinitesimale Transformationen betrachtet werden, können Terme höherer Ordnung vernachlässigt werden. Faßt man noch einige Terme geschickt zusammen, dann ergibt sich letztendlich

$$\delta S = \frac{1}{c} \int_{V^4} \left(\frac{1}{c} \sum_\mu \nabla_\mu j^\mu \delta x^0 + \sum_i S_{\Psi_i} \delta_K \Psi_i \right) \mathrm{d}^4 x , \tag{3.125}$$

wobei sich sämtliche Funktionalableitungen S_{Ψ_i} geschlossen durch den *Funktionalableitungsvektor* $S_\Psi = \left(S_{\Psi_1}, \ldots, S_{\Psi_N} \right)$ darstellen lassen.

3.4.1.4 Viererstromdichtevektor und Energie-Impuls-Tensor

Die Elemente j^μ ($\mu = 1, 2, 3, 0$) beschreiben einen *Viererstromdichtevektor*

$$j^4 = \left(j^1, j^2, j^3, j^0 \right) , \tag{3.126}$$

dessen Komponenten sich in der Form

$$j^\mu = c \sum_i \frac{\partial \mathcal{L}}{\partial \left(\nabla_\mu \Psi_i \right)} \frac{\delta \Psi_i}{\delta x^0} + c \sum_\nu T_\nu^\mu \frac{\delta x^\nu}{\delta x^0} \tag{3.127}$$

mit den Tensorkomponenten

$$T_\nu^\mu = - \sum_i \frac{\partial \mathcal{L}}{\partial \left(\nabla_\mu \Psi_i \right)} \nabla_\nu \Psi_i + \delta_\nu^\mu \mathcal{L} \tag{3.128}$$

schreiben lassen. Eine alternative Formulierung ist durch den Ausdruck

$$j^\mu = c \sum_i \frac{\partial \mathcal{L}}{\partial \left(\nabla_\mu \Psi_i \right)} \frac{\delta \Psi_i}{\delta x^0} - c \sum_\nu \bar{T}_\nu^\mu \frac{\delta x^\nu}{\delta x^0} \tag{3.129}$$

mit den Tensorkomponenten

$$\bar{T}_\nu^\mu = + \sum_i \frac{\partial \mathcal{L}}{\partial \left(\nabla_\mu \Psi_i \right)} \nabla_\nu \Psi_i - \delta_\nu^\mu \mathcal{L} \tag{3.130}$$

gegeben. Während δ_ν^μ für das Kronecker-Delta steht, repräsentiert T_ν^μ bzw. $\bar{T}_\nu^\mu$ die Komponenten des *kanonischen Energie-Impuls-Tensors*. Die beiden Definitionen der Komponenten des Energie-Impuls-Tensors sind bis auf das Vorzeichen einander gleich.

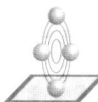

> Wie später noch genauer ausgeführt wird, enthält dieser Tensor die Energie- und die Impulsdichten eines betrachteten Systems.

Untersucht man die Eigenschaften der Wirkung S, so stellt man fest, daß auftretende Symmetrieeigenschaften dieses Funktionals lokale Erhaltungssätze bedingen. Formal ausformuliert wurde dieser Zusammenhang in einem von Emmi Noether aufgestellten Theorem. Betrachten wir den diesem *Noetherschen Theorem* zugeordneten Sachverhalt etwas genauer:

3.4.2 Das Noethersche Theorem

Fordert man $\delta S := 0$, d. h. fordert man, daß nur Koordinatensystem-Transformationen betrachtet werden, die eine dem Wirkungsintegral zugrundeliegende Symmetriegruppe repräsentieren, dann folgt daraus das separate Verschwinden der Funktionalableitungen sowie der Summe der Ableitungen der Komponenten des Viererstromdichtevektors, d. h.

$$\delta S := 0 \rightarrow \begin{cases} S_{\Psi_i} = 0 \\ \sum_\mu \nabla_\mu j^\mu = 0 \end{cases} . \tag{3.131}$$

Die dadurch vorgegebenen beiden Beziehungen lassen sich leicht interpretieren:

3.4.2.1 Beziehung I: die Euler-Lagrangeschen Feldgleichungen

Ersetzt man die Funktionalableitung der oberen Beziehung der rechten Seite von (3.131) entsprechend (3.116), dann erhält man die bereits eingeführten Euler-Lagrangeschen Feldgleichungen:

$$\frac{\partial \mathcal{L}}{\partial \Psi_i} - \sum_\nu \nabla_\nu \frac{\partial \mathcal{L}}{\partial (\nabla_\nu \Psi_i)} = 0 \,. \tag{3.132}$$

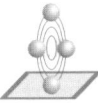
Im Lichte dieser Herleitung präsentieren sich die Euler-Lagrangeschen Feldgleichungen als eine Konsequenz der Symmetrieeigenschaften der Wirkung.

3.4.2.2 Beziehung II: die Kontinuitätsgleichung

Die untere Beziehung der rechten Seite von (3.131), die Beziehung

$$\sum_\mu \nabla_\mu j^\mu = \frac{\partial j^1}{\partial x^1} + \frac{\partial j^2}{\partial x^2} + \frac{\partial j^3}{\partial x^3} + \frac{\partial j^0}{\partial x^0} = \nabla j + \frac{1}{c}\frac{\partial}{\partial t} j^0 = 0 \,, \tag{3.133}$$

läßt sich ebenfalls leicht interpretieren: Die zeitliche Abnahme (Zunahme) einer, in einem Volumenelement vorliegenden Größe j^0 ist gleich dem Strom dieser Größe durch die Oberfläche hinaus (herein), wobei j^0 über $j^0 = c\rho$ die Dichte ρ der Größe beschreibt, j mit Komponenten j^1, j^2, j^3 den dreidimensionalen Stromdichtevektor darstellt, $\partial j^0 / \partial t$ die zeitliche Änderung der Dichte vermittelt und folgender Ausdruck die Quelldichte („Divergenz") erfaßt:

$$\nabla j = \frac{\partial j^1}{\partial x^1} + \frac{\partial j^2}{\partial x^2} + \frac{\partial j^3}{\partial x^3} = \operatorname{div} j \,. \tag{3.134}$$

Entsprechend dieser Interpretationen stellt (3.133) einen *differentiellen Erhaltungssatz* dar. Die dadurch vorgegebene Gleichung wird auch als *Kontinuitätsgleichung* bezeichnet. Da die Komponenten j^μ gemäß (3.127) Funktionen der zugrundeliegenden Symmetrietransformationen δx^μ sind, repräsentiert (3.133) genaugenommen eine Menge von differentiellen Erhaltungssätzen, wobei die Anzahl der Symmetrietransformationen gleich der Anzahl der differentiellen Erhaltungssätze ist.

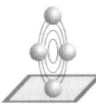
Aus der Existenz einer Symmetrien repräsentierenden M-parametrigen Transformationsgruppe folgt also die Existenz von M lokalen Erhaltungssätzen.

Integriert man einen solchen lokalen Erhaltungssatz über den gesamten Ortsraum, so erhält man die globale zeitliche Erhaltungsgröße

$$J^0 = \int_{-\infty}^{+\infty} j^0 \mathrm{d}^3 x = \text{konstant} \,. \tag{3.135}$$

Dabei wurde berücksichtigt, daß das Integral über den Divergenz-Term im Unendlichen verschwindet.

In der Quantenmechanik beschreibt eine derartige Kontinuitätsgleichung die Erhaltung von Wahrscheinlichkeits- oder Ladungsströmungen. Die hier durchgeführten (klassische Systeme betreffenden) Überlegungen lassen sich also auf quantenmechanische Feldfunktionen ausdehnen.[14]

3.4.2.3 Noethersches Theorem und Erhaltungsgrößen

Im Fall raumzeitlicher Translationen, d. h. ($\mu = 1,2,3,0$)

$$x^{\mu\prime} = x^\mu + \delta x^\mu := x^\mu + \delta x^\mu_{\mathrm{T}} \tag{3.136}$$

bzw.

$$\delta x^\mu = \delta x^\mu_{\mathrm{T}} \,, \tag{3.137}$$

sowie sich nicht ändernder Felder, d. h.

$$\delta \Psi_i = 0 \,, \tag{3.138}$$

nimmt die Kontinuitätsgleichung (3.133) mit (3.127) die Form

$$\sum_\mu \nabla_\mu T^\mu_\nu = 0 \tag{3.139}$$

an, wobei T^μ_ν für die Elemente des durch (3.128) vorgegebenen kanonischen Energie-Impuls-Tensors steht.

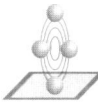

Berücksichtigt man, daß diese Elemente die Energie- und Impulsdichten eines betrachteten Systems repräsentieren, dann ist klar, daß die Kontinuitätsgleichung (3.133) in diesem Fall die Erhaltung der Energie und des Impulses eines Feldes beschreibt.

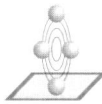

Auf die gleiche Weise lassen sich weitere Erhaltungssätze gewinnen: Aus der Invarianz des Wirkungsintegrals bezüglich vierdimensionalen (raumzeitlichen) Rotationen (räumliche Drehungen + spezielle Lorentz-Transformation) folgen insbesondere die Drehimpuls-Erhaltungssätze. Als Folge des Noetherschen Theorems ergeben sich auf diese Weise alle 10 fundamentalen Erhaltungssätze (4 Erhaltungssätze, die die Erhaltung von Energie und Impuls beschreiben; 3 Drehimpuls-Erhaltungssätze; 3 Erhaltungssätze, die die Erhaltung der Schwerpunktsbewegung beschreiben).

Betrachten wir im folgenden die Komponenten des kanonischen Energie-Impuls-Tensors etwas genauer.

---

[14]In diesem Zusammenhang sei insbesondere auf den Abschnitt 4.3.4 verwiesen. Dort wird auf die Erhaltung der durch eine Schrödinger-Gleichung vorgegebenen Wahrscheinlichkeit eingegangen. Im Abschnitt 5.2.5 wird die auf der Dirac-Gleichung basierende relativistische Erweiterung betrachtet.

3.4.3 Der Energie-Impuls-Tensor

3.4.3.1 Der kanonische Energie-Impuls-Tensor

Während die einer Zeitkoordinate zuordenbare („zeitliche") Komponente T_0^0 des Energie-Impuls-Tensors die Energiedichte des Feldes erfaßt, repräsentieren die räumlichen Koordinaten zuordenbaren („räumlichen") Komponenten T_k^j $(j,k = 1,2,3)$ die Feldimpulsströmung. Analysiert man die Komponenten des Energie-Impuls-Tensors genauer, dann sieht man, daß

$$
\mathsf{T} =
\begin{pmatrix}
T_1^1 & T_2^1 & T_3^1 & T_0^1 \\
T_1^2 & T_2^2 & T_3^2 & T_0^2 \\
T_1^3 & T_2^3 & T_3^3 & T_0^3 \\
T_1^0 & T_2^0 & T_3^0 & T_0^0
\end{pmatrix}
=
\begin{pmatrix}
\sigma_1^1 & \sigma_2^1 & \sigma_3^1 & -\frac{1}{c}s_E^1 \\
\sigma_1^2 & \sigma_2^2 & \sigma_3^2 & -\frac{1}{c}s_E^2 \\
\sigma_1^3 & \sigma_2^3 & \sigma_3^3 & -\frac{1}{c}s_E^3 \\
c\rho_1 & c\rho_2 & c\rho_3 & -\rho_E
\end{pmatrix}
\tag{3.140}
$$

mit

$$
T_\nu^\mu =
\begin{cases}
\mu,\nu = j,k = 1,2,3: & T_k^j = -\sum_i \dfrac{\partial \mathcal{L}}{\partial(\nabla_j \Psi_i)}\nabla_k \Psi_i + \delta_k^j \mathcal{L} \\[3mm]
\mu = 0;\nu = k = 1,2,3: & T_k^0 = -\sum_i \dfrac{\partial \mathcal{L}}{\partial(\nabla_0 \Psi_i)}\nabla_k \Psi_i \\[3mm]
\mu = j = 1,2,3;\nu = 0: & T_0^j = -\sum_i \dfrac{\partial \mathcal{L}}{\partial(\nabla_j \Psi_i)}\nabla_0 \Psi_i \\[3mm]
\mu,\nu = 0: & T_0^0 = -\sum_i \dfrac{\partial \mathcal{L}}{\partial(\nabla_0 \Psi_i)}\nabla_0 \Psi_i + \mathcal{L}
\end{cases}
\tag{3.141}
$$

und

$$
T_k^j = \sigma_k^j, \quad T_k^0 = c\rho_k, \quad T_0^j = -s_E^j/c, \quad T_0^0 = -\rho_E
\tag{3.142}
$$

gilt, wobei

$\sigma_k^j =$ Komponente des Feldimpulsströmungstensors σ_I ,

$\rho_k =$ Komponente des Feldimpulsdichtevektors ρ_I ,

$s_E^j =$ Komponente des Feldenergieströmungsvektors s_E ,

$\rho_E =$ Feldenergiedichte .

$$
\tag{3.143}
$$

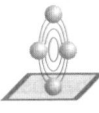

> Der kanonische Energie-Impuls-Tensor ist im allgemeinen Fall unsymmetrisch, wobei diese Unsymmetrie auf die Feldeigenschaft *Polarisation* zurückführbar ist. Dieser makroskopischen Eigenschaft zugeordnet ist eine mikroskopische Eigenschaft: der *Eigendrehimpuls* der Feldteilchen.

Legt man die durch (3.140) vorgegebene Interpretation zugrunde, dann läßt sich die Kontinuitätsgleichung (3.139) durch

$$
\operatorname{div}\sigma_I + \dot{\rho}_I = 0 , \quad \operatorname{div}s_E + \dot{\rho}_E = 0
\tag{3.144}
$$

ersetzen, wobei div eine „Tensordivergenz" der Form

$$\operatorname{div}\sigma_I = \begin{pmatrix} \sum_{j=1}^{3} \nabla_j \sigma_1^j \\ \sum_{j=1}^{3} \nabla_j \sigma_2^j \\ \sum_{j=1}^{3} \nabla_j \sigma_3^j \end{pmatrix} \tag{3.145}$$

darstellt. Während die erste Beziehung von (3.144) die lokale Erhaltung des Feldimpulses erfaßt, beschreibt die zweite Beziehung die lokale Erhaltung der Feldenergie. Integriert man beide Kontinuitätsgleichungen über den gesamten Ortsraum, dann erhält man die globalen Erhaltungsgrößen

$$I = \int_{-\infty}^{+\infty} \rho_I \, d^3x = \text{konstant} , \quad E = \int_{-\infty}^{+\infty} \rho_E \, d^3x = \text{konstant} , \tag{3.146}$$

wobei I den globalen Feldimpuls und E die globale Feldenergie darstellt. Es sei hier betont, daß bei den obigen Überlegungen isolierte Felder betrachtet werden. Ist dies nicht der Fall, dann treten auf den rechten Seiten der Beziehungen von (3.144) bzw. bereits auf der rechten Seite von (3.133) Zusatzterme auf.

Der kanonische Energie-Impuls-Tensor läßt sich für quantenmechanische Systeme spezifizieren.[15]

3.4.3.2 Der metrische Energie-Impuls-Tensor

Die *Viererdivergenz* des kanonischen Energie-Impuls-Tensors ist durch die Beziehung (3.139) gegeben. Ersichtlicherweise verschwindet seine Viererdivergenz. Durch Hinzufügung eines geeigneten Tensors kann ein unsymmetrischer kanonischer Energie-Impuls-Tensor symmetrisiert werden. Verschwindet die Viererdivergenz des hinzuaddierten Tensors ebenfalls, dann weist der sich ergebende, symmetrische Tensor immer noch eine verschwindende Divergenz auf, d. h. der neue Tensor genügt wieder der Beziehung (3.139). Dieser symmetrisierte Tensor wird als *metrischer Energie-Impuls-Tensor* bezeichnet. Formal kann man zu einem derartigen symmetrischen Tensor übergehen, indem auf beiden Seiten von (3.139) die (verschwindende) Divergenz des Korrekturtensors hinzuaddiert wird. Die Hinzuaddition eines Tensors mit verschwindender Divergenz kann auch direkt innerhalb der Beziehung $\delta S := 0$ erfolgen: Addiert man zur linken Seite eine derartige Divergenz hinzu, so ändert sich der Ausdruck nicht. Insofern hat man die Möglichkeit, die sich im Rahmen des Noetherschen Theorems ergebenden Erhaltungssätze zu manipulieren. Da diese Manipulationen konsistent mit dem Noetherschen Theorem sind, legt dieses Theorem Erhaltungssätze nicht eindeutig fest.

Der metrische Energie-Impuls-Tensor ist derjenige Tensor, der in die Einsteinschen Feldgleichungen eingeht. Innerhalb dieser Feldgleichungen gibt er die mit einer Massenverteilung verbundene Energiedichte bzw. Energiedichteströmung wieder.

---

[15]Man vergleiche mit dem Abschnitt 4.3.5. Dort erfolgt eine Spezifizierung für Schrödingersche Einteilchenfelder.

3.5 Komplexe Feldfunktionen

Im Rahmen der Einführung des Euler-Lagrangeschen Formalismus wurde zu keiner Zeit vorausgesetzt, daß reelle Funktionen zugrunde gelegt werden müssen. In der Tat gilt dieser Formalismus (genauso wie der Hamiltonsche Formalismus) auch, wenn komplexe Feldfunktionen vorausgesetzt werden. Im Rahmen der Beispiele 3.6, 3.7 wurden auch bereits komplexe Feldfunktionen benützt. Der Einbezug komplexer Feldfunktionen ist insbesondere für eine Ausdehnung des Formalismus auf quantenmechanische Systeme wesentlich: Während man die Behandlung von klassischen Feldern sowohl auf der Grundlage von *komplexen Feldfunktionen* als auch auf der Grundlage von *reellen Feldfunktionen* durchführen kann, müssen quantenmechanische Felder normalerweise durch komplexe Feldfunktionen erfaßt werden. Betrachten wir diesen Sachverhalt im folgenden etwas genauer.

3.5.1 Komplexe klassische Felder

Klassische Felder können mittels reellen Feldfunktionen beschrieben werden. In aller Regel führt die Verwendung von komplexen Feldfunktionen jedoch auf sehr viel einfacher zu handhabende Formalismen, sodaß klassische Feldprobleme üblicherweise ausgehend von komplexen Feldfunktionen behandelt werden. Ein Übergang von reellen zu komplexen Feldfunktionen ist dabei auf eine systematische Weise möglich:

- Man betrachte zwei reelle Feldfunktionen Ψ_1 und Ψ_2. Diesen beiden reellen Feldfunktionen können mittels des Schemas

$$
\begin{aligned}
\Psi &= \Psi_1 + i\Psi_2 \\
\Psi^* &= \Psi_1 - i\Psi_2
\end{aligned}
\quad \leftrightarrow \quad
\begin{aligned}
\Psi_1 &= \tfrac{1}{2}\left(\Psi + \Psi^*\right) \\
\Psi_2 &= \tfrac{1}{2i}\left(\Psi - \Psi^*\right)
\end{aligned}
\tag{3.147}
$$

zwei komplexe Feldfunktionen Ψ, Ψ^* zugeordnet werden, wobei Ψ^* die zu Ψ konjugiert komplexe Feldfunktion ist. Entsprechend diesem Schema ist der durch die reellen Feldfunktionen gegebene physikalische Gehalt auch in den komplexen Feldfunktionen enthalten, sodaß jeder beliebige, auf den Funktionen Ψ_1, Ψ_2 basierender Formalismus in einen physikalisch gleichwertigen, auf den Funktionen Ψ, Ψ^* basierende Formalismus überführt werden kann.

Betrachtet man beispielsweise als reelle Feldfunktionen die zwei *reellen harmonischen Wellenfunktionen* (man vergleiche mit dem Abschnitt 3.3.4)

$$
\Psi_1 = A\cos\left(kx - \omega t - \varphi\right) \ , \quad \Psi_2 = A\sin\left(kx - \omega t - \varphi\right) \ ,
\tag{3.148}
$$

dann sind diesen reellen harmonischen Wellenfunktionen die *komplexen harmonischen Wellenfunktionen*

$$
\begin{aligned}
\Psi &= A\left[\cos\left(kx - \omega t - \varphi\right) + i\sin\left(kx - \omega t - \varphi\right)\right] \\
&= A\exp\left[i\left(kx - \omega t - \varphi\right)\right] \ ,
\end{aligned}
\tag{3.149}
$$

$$
\begin{aligned}
\Psi^* &= A\left[\cos\left(kx - \omega t - \varphi\right) - i\sin\left(kx - \omega t - \varphi\right)\right] \\
&= A\exp\left[-i\left(kx - \omega t - \varphi\right)\right]
\end{aligned}
\tag{3.150}
$$

zugeordnet, wobei $k = (k_x, k_y, k_z)$ der *Wellenvektor* ist (der Richtung und *Wellenlänge* $\lambda = 2\pi/k$ der Welle festlegt), und wobei ω die *Kreisfrequenz* „Winkelgeschwindigkeit" der Welle darstellt (welche die zeitliche *Schwingungsdauer* $T = 2\pi/\omega$ vermittelt). A ist die *Amplitude*, welche die Stärke der Welle (d. h. die Höhe des Feldmaximums) erfaßt. φ gibt die *Phasenverschiebung* an. Wählt man diese Phasenverschiebung in einer geeigneten Weise, dann kann die obige Cosinus-Funktion beispielsweise durch eine Sinus-Funktion ersetzt werden, und *vice versa*. Die neuen, komplexen harmonischen Wellenfunktionen enthalten die gleiche physikalische Information wie die ursprünglichen, reellen harmonischen Wellenfunktionen.

- Betrachtet man eine einzelne, durch (3.148) beschriebene reelle harmonische Wellenfunktion Ψ_1 bzw. Ψ_2, dann kann dieser einzelnen reellen harmonischen Wellenfunktion entsprechend

$$\Psi_1, \Psi_2 \rightarrow \Psi = A \exp\left[\pm i\left(kx - \omega t - \varphi\right)\right] \tag{3.151}$$

eine komplexe harmonische Wellenfunktion der Form (3.149) oder auch der Form (3.150) zugeordnet werden, da sämtliche physikalischen Detailgrößen (Wellenvektor, Schwingungsfrequenz, etc.) in beiden Funktionstypen enthalten sind und beide Funktionstypen den gleichen Feldgleichungen (insbesondere der d'Alembertschen Wellengleichung (3.76)) genügen. Die reelle Funktion Ψ_1 bzw. Ψ_2 ist dann als Realteil bzw. Imaginärteil in der komplexen bzw. konjugiert komplexen Exponentialfunktion enthalten:

$$\text{Re}\Psi = \Psi_1 \quad \text{bzw.} \quad \text{Im}\Psi = \Psi_2 \,. \tag{3.152}$$

- Das Betragsquadrat

$$|\Psi|^2 = \Psi^*\Psi \quad \text{bzw. der Betrag} \quad |\Psi| = \sqrt{\Psi^*\Psi} \tag{3.153}$$

ist Träger von Systeminformation. Betrachtet man beispielsweise die komplexe harmonische Wellenfunktion (3.149), dann liegt das Betragsquadrat

$$|\Psi|^2 = \cos^2\left(kx - \omega t - \varphi\right) + \sin^2\left(kx - \omega t - \varphi\right) = 1 \tag{3.154}$$

bzw. der Betrag

$$|\Psi| = 1 \tag{3.155}$$

vor. Das Betragsquadrat bzw. der Betrag einer solchen komplexen harmonischen Wellenfunktion kann somit zur Beschreibung einer physikalischen Größe herangezogen werden, welche in Raum und Zeit konstant ist. Gemäß der obigen Relationen basiert ein derartiger Dekodierungsmechanismus sowohl auf der komplexen als auch der zugeordneten konjugiert komplexen Funktion.

Bei der Behandlung von Potentialproblemen wird häufig die durch (3.147) gegebene Methode angewandt. Im Zusammenhang mit klassischen Wellenproblemen wird in aller Regel die durch (3.151) vorgegebene Methode benützt. Geht man auf diese Weise zu einer komplexen Beschreibungsebene über, dann muß der zugeordnete physikalische Algorithmus den komplexen Gegebenheiten angepaßt werden. Dies ist in aller Regel jedoch mit wenig Aufwand möglich: wie oben beispielsweise erwähnt wurde, genügen sowohl reelle als auch komplexe harmonische Wellenfunktionen der d'Alembertschen Wellengleichung, d. h. die zugrundeliegende Feldgleichung ist für beide Beschreibungsebenen (d. h. die reelle und die komplexe Beschreibungsebene) gültig. Die Bilder 3.9, 3.10 vermitteln ein anschauliches Bild der komplexen harmonischen Wellenfunktionen (3.149) und (3.150).

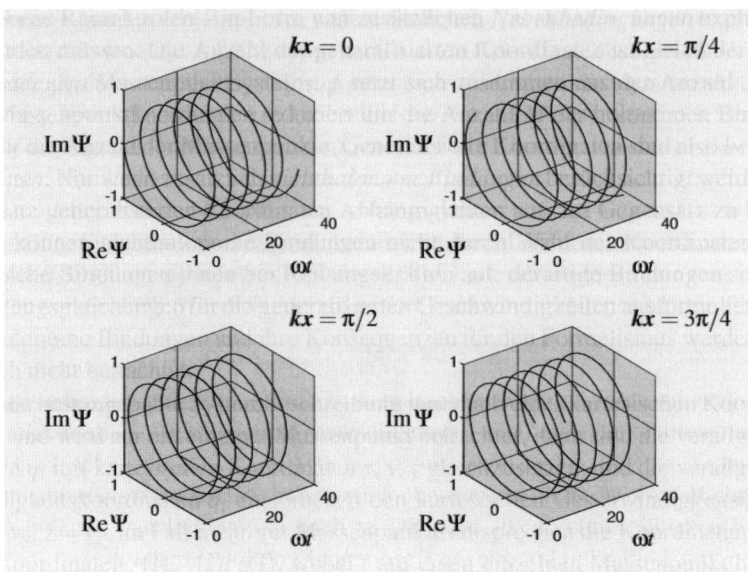

Bild 3.9 Zur Veranschaulichung der komplexen harmonischen Wellenfunktion (3.149): Realteil $\operatorname{Re}\Psi = \cos(kx - \omega t - \varphi)$, Imaginärteil $\operatorname{Im}\Psi = \sin(kx - \omega t - \varphi)$ und ihre zeitliche Entwicklung. Es wird $A = 1$ und $\varphi = 0$ gesetzt

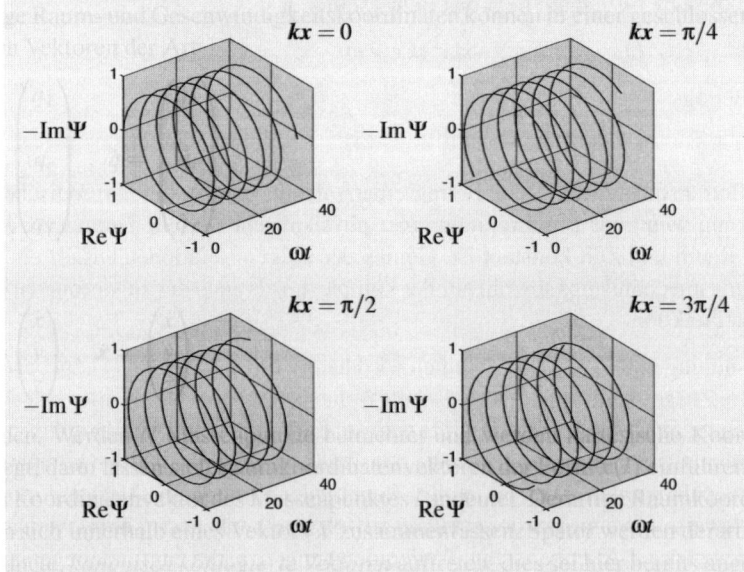

Bild 3.10 Zur Veranschaulichung der komplexen harmonischen Wellenfunktion (3.150): Realteil $\operatorname{Re}\Psi^* = \cos(kx - \omega t - \varphi)$, negativer Imaginärteil $-\operatorname{Im}\Psi^* = -\sin(kx - \omega t - \varphi)$ und ihre zeitliche Entwicklung. Es wird $A = 1$ und $\varphi = 0$ gesetzt

3.5.2 Komplexe quantenmechanische Felder

Wie die obigen Ausführungen deutlich machen, können klassische Felder sowohl durch reelle als auch durch komplexe Feldfunktionen und zugeordnete Formalismen beschrieben werden. Diese Auswahl hat man im allgemeinen nicht mehr, wenn zu quantenmechanischen Feldern übergegangen wird:

- Dic diskrete Struktur stationärer Zustände eines Teilchensystems läßt sich ausgehend von einer grundlegenden quantenmechanischen Feldgleichung, der zeitunabhängigen Schrödinger-Gleichung, berechnen. Betrachtet man eine Schrödinger-Gleichung in Ortsdarstellung, dann erhält man als Lösung dieser Feldgleichung eine Menge von im allgemeinen komplexen Feldfunktionen, die nur an ganz bestimmten Zustandspunkten konvergente (d. h. im Unendlichen gegen Null gehende) Feldfunktionen enthält. Vergleicht man mit dem Experiment, dann stellt man fest, daß diese konvergenten Feldfunktionen genau die stationären Energiezustände des Teilchensystems repräsentieren.
- Betrachtet man eine Menge von Teilchensystemen, so kann diese Menge durch eine Feldfunktion beschrieben werden, die sich als Lösung einer zeitabhängigen Schrödinger-Gleichung ergibt, und die durch Superposition von elementaren, im allgemeinen komplexen Feldfunktionen gewonnen wird. Ein Beispiel liefert das eine kontinuierliche Superposition darstellende komplexe Fourier-Integral

$$\Psi = \int_{-\infty}^{+\infty} A(\boldsymbol{k}) \exp\left(\mathrm{i}\left[\boldsymbol{k}\boldsymbol{x} - \omega(\boldsymbol{k})t - \varphi(\boldsymbol{k})\right]\right) \mathrm{d}^3 k \,. \tag{3.156}$$

Eine solche quantenmechanische Feldfunktion erhält man als allgemeine Lösung einer speziellen quantenmechanischen Feldgleichung, der zeitabhängigen Schrödinger-Gleichung für ein freies Teilchen, wobei jede exponentielle Teilfunktion des obigen Integrals eine Lösung dieser zeitabhängigen Schrödinger-Gleichung ist und aus der Linearität dieser Differentialgleichung die Möglichkeit der Superposition folgt.

Ein gleich konsistenter und gleich leistungsfähiger reeller Algorithmus ist nicht bekannt. Zwar läßt sich beispielsweise einem Fourier-Integral der Form (3.156) für eine geeignete Amplitude $A(\boldsymbol{k})$ ein auf Cosinus- und Sinus-Funktionen basierendes Fourier-Integral zuordnen – die einzelnen reellen Teilfunktionen sind jedoch nur bei klassischen Feldern physikalisch den komplexen Teilfunktionen gleichwertig: Cosinus- und Sinus-Funktionen genügen nicht der zugrundeliegenden zeitabhängigen Schrödinger-Gleichung. (Auf mathematischer Ebene läßt sich dies auf die in der zeitabhängigen Schrödinger-Gleichung auftretende einfache zeitliche Ableitung – bei gleichzeitig vorhandenen zweifachen räumlichen Ableitungen – zurückführen, die verhindert, daß reelle harmonische Wellenfunktionen – d. h. einzelne Cosinus- bzw. Sinus-Funktionen – die Feldgleichung erfüllen. Komplexe harmonische Wellenfunktionen, d. h. komplexe Exponentialfunktionen, genügen demgegenüber einer derartigen Differentialgleichung. Dies ist anders, wenn klassische Feldgleichungen betrachtet werden: Eine Feldgleichung wie die d'Alembertsche Wellengleichung (3.76) ist sowohl in den räumlichen Ableitungen als auch in der zeitlichen Ableitung von zweiter Ordnung, sodaß sowohl reelle Cosinus- und Sinus-Funktionen als auch komplexe Exponentialfunktionen Lösungen darstellen.)

Entsprechend der obigen Ausführungen liefern grundlegende quantenmechanische Bewegungsgleichungen wie die Schrödinger-, die Klein-Gordon- oder die Dirac-Gleichung im Normalfall komplexe Feldfunktionen zur Beschreibung spezieller physikalischer Szenarien. Ein Beispiel dafür stellt das Wasserstoff-Szenario dar, für das die zugeordnete zeitunabhängige Schrödinger-Gleichung komplexe Feldfunktionen zur Beschreibung stationärer Elektron-Kern-Zustände liefert. Jedoch sind auch rein reelle Feldfunktionen findbar, wie das Beispiel des harmonischen Oszillators zeigt. Beide Beispiele werden im Kapitel über Quantenmechanik eingehend diskutiert.[16]

Diese Bemerkungen dürften genügen, um im folgenden mit komplexen Feldfunktionen arbeiten zu können.

3.6 Ein Beispiel: Die Maxwellschen Gleichungen

Die Ausbreitung freier elektromagnetischer Felder genauso wie ihre Kopplung an unbewegte Ladungen und Ströme (d. h. an bewegte Ladungen) kann auf der Grundlage eines Satzes von partiellen Differentialgleichungen bzw. einem diesem Differentialgleichungssystem zugeordneten System von Integralgleichungen beschrieben werden. Diese Differentialgleichungen bzw. diese Integralgleichungen lassen sich direkt aus elementaren Experimenten der klassischen Elektrostatik und klassischen Elektrodynamik herleiten: man vergleiche mit Bild 3.11. Sie werden, nach ihrem Entdecker, als *Maxwellsche Gleichungen* bezeichnet. Sie können als Ausgangspunkt zur Behandlung vieler Probleme der klassischen Elektrodynamik herangezogen werden.

Ausgehend von Lösungen dieser Maxwellschen Gleichungen lassen sich – beispielsweise durch das Verfahren der zweiten Quantisierung – mathematische Beziehungen gewinnen, die direkt in die Formalismen der Quantenphysik integriert werden können, und die zur Beschreibung des Einflusses von elektromagnetischen Feldern auf mikroskopische Systeme herangezogen werden können[17]

Diese Maxwellschen Gleichungen werden im folgenden eingeführt. Sie sind konsistent mit den Euler-Lagrangeschen oder Hamiltonschen Feldgleichungen, d. h. sie lassen sich durch Vorgabe einer geeigneten Lagrange- oder Hamiltondichte aus diesen Feldgleichungen herleiten. Da diese Dichtefunktionen im Rahmen des vorliegenden Buches keine Rolle spielen, wird auf ihre Angabe verzichtet. Weitere Zusammenhänge mit den oben dargestellten Sachverhalten werden jedoch herausgearbeitet.

---

[16]Man vergleiche mit den Abschnitten 4.8.1 und 4.9.2. Dort werden die beiden Szenarien näher betrachtet.

[17]In diesem Zusammenhang vergleiche man beispielsweise mit dem Abschnitt 6.5.2. Dort wird die Implementation elektromagnetischer Felder in den Formalismus der zweiten Quantisierung studiert.

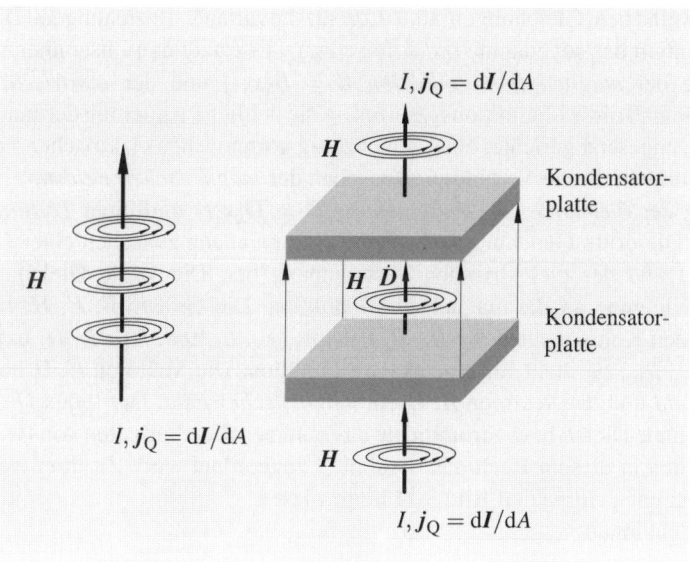

Bild 3.11 Linkes Teilbild: ein stromführender Leiter ist von einem kreisförmigen Magnetfeld H umgeben ($\rightarrow$ Durchflutungsgesetz: $\mathrm{rot}\,H = j_Q$). Rechtes Teilbild: einem Kondensator, der über einen Strom I aufgeladen oder entladen wird, ist ein „Verschiebungsstrom" $\dot{D}$ zuordenbar, der ebenfalls von einem Magnetfeld umgeben ist ($\rightarrow$ 1. Maxwellsche Gleichung: $\mathrm{rot}\,H = j_Q + \dot{D}$). Während I für die Stromstärke steht, repräsentiert j_Q den gerichteten Strom I durch ein Flächenelement dA. Die 2. Maxwellsche Gleichung sowie die übrigen beiden Gleichungen lassen sich auf eine ähnliche Weise experimentell begründen

3.6.1 Die Maxwellschen Gleichungen und ihre Komponenten

In differentieller Form haben diese Maxwellschen Gleichungen das Aussehen

$$\mathrm{rot}\,E = -\frac{\partial B}{\partial t}\,,\;\; \mathrm{rot}\,H = j_Q + \frac{\partial D}{\partial t}\,,\;\; \mathrm{div}\,D = \rho_Q\,,\;\; \mathrm{div}\,B = 0\,, \tag{3.157}$$

wenn das MKSA-Maßsystem (auch: metrisches Maßsystem, praktisches Maßsystem) zugrunde gelegt wird, und das Aussehen

$$\mathrm{rot}\,E = -\frac{1}{c}\frac{\partial B}{\partial t}\,,\;\; \mathrm{rot}\,H = \frac{4\pi}{c}j_Q + \frac{1}{c}\frac{\partial D}{\partial t}\,,\;\; \mathrm{div}\,D = 4\pi\rho_Q\,,\;\; \mathrm{div}\,B = 0\,, \tag{3.158}$$

wenn das CGS-Maßsystem (auch: Gaußsches Maßsystem) benützt wird. Im folgenden werden die im MKSA-System ausformulierten Maxwellschen Gleichungen benützt und im MKSA-System geltende weitere Beziehungen hergeleitet. Da in späteren Kapiteln im CGS-System ausformulierte Maxwellsche Gleichungen und andere im CGS-System geltende Beziehungen verwendet werden, wird bei allen Beziehungen, die später im CGS-System benützt werden, der Übergang in dieses Maßsystem zusätzlich angegeben.

Die Maxwellschen Gleichungen sind Lorentz-kovariante Beziehungen. Die erste Gleichung repräsentiert das sogenannte *Induktionsgesetz*. Es erfaßt den Zusammenhang zwischen der Änderung der *magnetischen Induktion* $B = B(x,t)$ und der *elektrischen Feldstärke* $E = E(x,t)$. Gemäß dieses Induktionsgesetzes ist die zeitliche Änderung der magnetischen Induktion entgegengesetzt gerichtet einer gleichzeitig vorhandenen elektrischen Feldstärke. Die zweite Gleichung erfaßt die Verbindung zwischen der *magnetischen Feldstärke* $H = H(x,t)$, der Änderung der *dielektrischen Verschiebung* $D = D(x,t)$ und einer *Ladungsstromdichte* $j_Q = j_Q(x,t)$. Die dritte Gleichung stellt den Zusammenhang zwischen einer *Ladungsdichte* $\rho_Q = \rho_Q(x,t)$ und der dielektrischen Verschiebung her. Die vierte Gleichung stellt eine zusätzliche Bedingung an die magnetische Induktion. Die Größen B, E, H, D und j_Q sind Vektoren mit den Komponenten B_x, B_y, B_z bzw. E_x, E_y, E_z bzw. H_x, H_y, H_z bzw. D_x, D_y, D_z bzw. $j_{Q,x}$, $j_{Q,y}$, $j_{Q,z}$. ρ_Q steht für eine skalare Funktion. Die Vektoren E, D beschreiben ein *elektrisches Feld* und die Vektoren B, H ein *magnetisches Feld*. Der Index Q deutet an, daß die hier betrachtete Dichte bzw. Stromdichte das raumzeitliche Verhalten von Gesamtladungen beschreibt, denen in diesem Buch das Symbol Q zugeordnet wird. Zu ihrer experimentellen Begründung sei noch einmal auf Bild 3.11 hingewiesen.

Über die Relationen

$$B = \mu H , \quad D = \varepsilon E \tag{3.159}$$

ist die magnetische Feldstärke und die elektrische Feldstärke mit der magnetischen Induktion und der dielektrischen Verschiebung verbunden. Die Tensoren zweiter Ordnung μ und ε definieren den Einfluß *anisotroper Materialien* (das sind richtungsabhängige Materialien). Für *isotrope Materialien* (das sind richtungsunabhängige Materialien) gehen diese Tensoren zweiter Ordnung in gewöhnliche Zahlen μ und ε über. Im MKSA-System (CGS-System) lassen sich diese Zahlen in jeweils zwei Anteile zerlegen:

$$
\begin{aligned}
\mu = \mu_0 \mu_r , \quad \varepsilon = \varepsilon_0 \varepsilon_r \quad &\text{(MKSA-System)} , \\
\mu = \mu_r , \quad \varepsilon = \varepsilon_r \quad &\text{(CGS-System)} .
\end{aligned}
\tag{3.160}
$$

Die Zahlen μ_0, ε_0 sind Konstanten und die Zahlen μ_r, ε_r sind Zahlen ungleich 1, wenn vom Vakuum abgewichen wird, d. h. wenn ein materieerfüllter Raum betrachtet wird. Diese Zahlen sind mit der Lichtgeschwindigkeit c über die Relation

$$c = 1/\sqrt{\mu\varepsilon} \tag{3.161}$$

verbunden. Während $\mu_0 = 1.256637 \cdot 10^{-6}\,\text{Vs/Am}$ als *absolute Permeabilität* (auch: Induktionskonstante) bezeichnet wird, nennt man $\varepsilon_0 = 8.854187 \cdot 10^{-12}\,\text{As/Vm}$ *absolute Dielektrizitätskonstante* (auch: Influenzkonstante). In diesem Sinne steht die Zahl μ_r bzw. ε_r für die relative Permeabilität bzw. die relative Dielektrizitätskonstante. μ bzw. ε wird in diesem Buch als *Permeabilität* bzw. als *Dielektrizitätskonstante* bezeichnet. Beispielsweise sind diamagnetische Stoffe durch $\mu_r < 1$, paramagnetische Stoffe durch $\mu_r > 1$ und ferromagnetische Stoffe durch $\mu_r \gg 1$ ausgezeichnet. Die Beziehungen (3.159) gelten in dieser Form, wenn sich nicht bewegende Medien betrachtet werden, was im folgenden vorausgesetzt wird. Weiterhin werden Zahlen μ und ε betrachtet.

Das Auftreten des *Rotationsoperators* rot mit

$$\text{rot}\,\Xi = \nabla \times \Xi$$

$$= \left(\frac{\partial}{\partial y}\Xi_z - \frac{\partial}{\partial z}\Xi_y\right)e_x + \left(\frac{\partial}{\partial z}\Xi_x - \frac{\partial}{\partial x}\Xi_z\right)e_y + \left(\frac{\partial}{\partial x}\Xi_y - \frac{\partial}{\partial y}\Xi_x\right)e_z \qquad (3.162)$$

zeigt, daß eine Änderung des magnetischen Feldes mit einem geschlossenen elektrischen Feld korreliert ist, bzw. daß mit einer Stromdichte und mit einer zeitlichen Änderung eines elektrischen Feldes immer ein geschlossenes magnetisches Feld verbunden ist (vgl. Bild 3.11). Das Auftreten des *Divergenzoperators* div mit

$$\text{div}\,\Xi = \nabla\Xi = \frac{\partial \Xi_x}{\partial x} + \frac{\partial \Xi_y}{\partial y} + \frac{\partial \Xi_z}{\partial z} \qquad (3.163)$$

zeigt, daß eine raumzeitliche Ladungsdichte eine *Quelle* für ein elektrisches Feld bildet, bzw. daß einem magnetischen Feld keine Quellen zuordnerbar sind. Ξ steht in beiden Fällen für einen beliebigen Vektor mit Komponenten Ξ_x, Ξ_y, Ξ_z.

3.6.1.1 Skalares Potential und Vektorpotential

Einem magnetischen Feld läßt sich ein Potential $A = A(x,t)$ mit Komponenten A_x, A_y, A_z dergestalt zuordnen, daß

$$B = \text{rot}\,A \overset{\text{CGS-System}}{=} \text{rot}\,A \qquad (3.164)$$

gilt. Führt man man zusätzlich eine skalare Funktion ϕ_C ein, dann kann ein elektrisches Feld durch die Beziehung

$$E = -\text{grad}\,\phi_C - \frac{\partial A}{\partial t} \overset{\text{CGS-System}}{=} -\text{grad}\,\phi_C - \frac{1}{c}\frac{\partial A}{\partial t} \qquad (3.165)$$

mit dem *Gradientenoperator*

$$\text{grad}\,\Xi = \nabla\Xi = \left(\frac{\partial}{\partial x}\Xi\right)e_x + \left(\frac{\partial}{\partial y}\Xi\right)e_y + \left(\frac{\partial}{\partial z}\Xi\right)e_z \qquad (3.166)$$

beschrieben werden. A wird üblicherweise als *Vektorpotential* bezeichnet. ϕ_C wird üblicherweise als *skalares Potential* bezeichnet. Ξ steht für einen beliebigen Skalar.

Die Erfassung des Einflussses elektromagnetischer Felder auf quantenmechanische Systeme geschieht durch Einbezug systemspezifischer Vektorpotentiale und systemspezifischer skalarer Potentiale in grundlegende quantenmechanische Feldgleichungen. Dies wird später noch genauer herausgearbeitet.[18]

---

[18]Man vergleiche beispielsweise mit dem Abschnitt 5.2.6.3. Dort wird das Problem der Vektorpotentialintegration näher erörtert.

3.6.1.2 Eichung, Umeichung und Eichinvarianz

Gibt man H und E vor, dann können die beiden Beziehungen (3.164) und (3.165) als Bestimmungsgleichungen für A und ϕ_C aufgefaßt werden. Diese beiden Beziehungen legen A und ϕ_C jedoch nicht eindeutig fest; dem skalaren Potential ϕ_C und dem Vektorpotential A können noch zusätzliche Bedingungen auferlegt werden. Man spricht in diesem Zusammenhang von einer *Eichung*. Beispielsweise definiert die zusätzliche Bedingung

$$\frac{1}{c^2}\frac{\partial \phi_C}{\partial t} + \text{div}\,A = 0 \tag{3.167}$$

die *Lorentzeichung*, die zusätzliche Bedingung

$$\text{div}\,A = 0 \tag{3.168}$$

definiert die *Coulombeichung*. Während die Lorentzeichung forminvariant bezüglich einer Lorentz-Transformation ist, ist dies die Coulombeichung nicht, sodaß eine Coulombeichung in jedem neuen, über eine Lorentz-Transformation erhaltenen Bezugssystem neu „eingestellt" werden muß. Die Coulombeichung führt in letzter Konsequenz auf Wellenfelder bestehend aus transversalen Wellen.

Derartige Eichverfahren werden auch im Zusammenhang mit quantenmechanischen und quantenfeldtheoretischen Beziehungen benützt, um der Problemstellung gemäße Ausgangsbeziehungen zu erhalten.

Löst ein Paar A, ϕ_C die Beziehungen (3.164) und (3.165), dann beschreibt auch

$$A' = A - \text{grad}\,\chi\,, \quad \phi_C' = \phi_C + \frac{\partial \chi}{\partial t} \tag{3.169}$$

Lösungen der obigen beiden Beziehungen, wenn $\chi = \chi(x,t)$ eine beliebige skalare Funktion ist. Man spricht in diesem Zusammenhang von einer *Umeichung*. Formuliert man Gleichungen auf der Grundlage der Größen A, ϕ_C aus, dann müssen diese Gleichungen invariant bezüglich der obigen beiden Beziehungen sein, was in letzter Konsequenz ausdrückt, daß die physikalisch relevanten Größen die Feldstärken H, E sind. Man spricht dann von *Eichinvarianz*.

Die hier angedeuteten eichtheoretischen Sachverhalte lassen sich weit verallgemeinern und gipfeln in einer speziellen Eichfeldtheorie, die ein sehr tiefgehendes Verständnis von elektromagnetischen Wechselwirkungen ermöglicht.[19]

---

[19]Der Problemkreis der Eichfeldtheorien wird im Kapitel 9 näher betrachtet, worauf hier bereits hingewiesen werden soll.

3.6.1.3 Der Übergang zu d'Alembertschen Wellengleichungen

Setzt man (3.164) und (3.165) in die obigen Maxwellschen Gleichungen (3.157) ein, dann ergeben sich Bewegungsgleichungen zur Beschreibung der raumzeitlichen Entwicklung von A und ϕ_C: Aus der zweiten Gleichung von (3.157) folgt der Zusammenhang

$$\Box A - \text{grad}\left(\frac{1}{c^2}\frac{\partial\phi}{\partial t} + \text{div}A\right) = -\mu j_Q \tag{3.170}$$

und aus der dritten Gleichung von (3.157) der Zusammenhang

$$\Box\phi_C + \frac{\partial}{\partial t}\left(\frac{1}{c^2}\frac{\partial\phi}{\partial t} + \text{div}A\right) = -\frac{1}{\varepsilon}\rho_Q\,, \tag{3.171}$$

wenn (3.161) sowie die Operatorrelationen $\text{rot}\,\text{rot} = \text{grad}\,\text{div} - \triangle$, $\text{div}\,\text{grad} = \triangle$ berücksichtigt werden, wobei $\Box$ der durch (3.77) definierte d'Alembertsche Operator ist. Die restlichen beiden Gleichungen von (3.157) liefern Identitäten. Das aus (3.170) und (3.171) bestehende gekoppelte Differentialgleichungssystem grenzt die mögliche raumzeitliche Entwicklung von A und ϕ_C ab.

Unter Verwendung der Lorentzeichung reduziert sich dieses gekoppelte Differentialgleichungssystem auf die zwei entkoppelten Differentialgleichungen

$$\Box A = -\mu j_Q\,, \quad \Box\phi_C = -\frac{1}{\varepsilon}\rho_Q\,. \tag{3.172}$$

Im Fall eines verschwindenden Ladungsstromdichtevektors und einer verschwindenden Ladungsdichte gehen diese Beziehungen in Wellengleichungen der d'Alembertschen Form[20] über.

3.6.1.4 Die Wellengleichungen der elektromagnetischen Felder

Auf eine ähnliche Weise wie eben dargestellt lassen sich auch Wellengleichungen für die elektromagnetischen Feldfunktionen herleiten: Wendet man die Operation rot auf die ersten beiden Beziehungen der durch (3.157) gegebenen Maxwellschen Gleichungen an, multipliziert anschließend mit ε bzw. μ durch und verwendet die Relation (3.161), dann erhält man

$$\text{rot}\,\text{rot}D = -\frac{1}{c^2}\frac{\partial}{\partial t}\text{rot}H\,, \quad \text{rot}\,\text{rot}B = \mu\,\text{rot}j_Q + \frac{1}{c^2}\frac{\partial}{\partial t}\text{rot}E\,, \tag{3.173}$$

sodaß man unter nochmaliger Berücksichtigung der ersten beiden Beziehungen von (3.157) die Ausdrücke

$$\text{rot}\,\text{rot}D = -\frac{1}{c^2}\frac{\partial}{\partial t}j_Q - \frac{1}{c^2}\frac{\partial^2}{\partial t^2}D\,, \quad \text{rot}\,\text{rot}B = \mu\,\text{rot}j_Q - \frac{1}{c^2}\frac{\partial^2}{\partial t^2}B \tag{3.174}$$

erhält. Benützt man schließlich die oben angegebenen Operatorenrelationen und benützt die letzten beiden Beziehungen von (3.157), dann erhält man die inhomogenen Wellengleichungen

---

[20]Dieser Typus von Bewegungsgleichungen wurde bereits kurz betrachtet. Man vergleiche mit der Beziehung (3.76).

$$\Box D = \frac{1}{c^2}\frac{\partial}{\partial t}j_Q + \operatorname{grad}\rho_Q \ , \quad \Box B = -\mu \operatorname{rot}j_Q \ , \tag{3.175}$$

welche die raumzeitliche Entwicklung der dielektrischen Verschiebung D sowie der magnetischen Induktion B beschreiben. Dividiert man durch ε bzw. μ, dann erhält man die Bewegungsgleichungen für die Feldstärken E und H. Im Grenzfall verschwindender Ladungen und Ströme ergeben sich auch hier d'Alembertsche Wellengleichungen.

3.6.2 Der Energie-Impuls-Tensor: elektromagnetische Felder

Verbunden mit einem eine elektrische und eine magnetische Feldkomponente aufweisenden *elektromagnetischen Feld* ist sowohl eine *Feldenergie* als auch ein *Feldimpuls*. Geschlossen darstellen lassen sich sämtliche Feldimpulskomponenten, die Feldenergie sowie alle damit verbundenen Strömungskomponenten durch einen Energie-Impuls-Tensor. Dieser wird im folgenden hergeleitet. Es wird von den eingeführten Kraftbeziehungen und nicht von dem im Abschnitt 3.4.3.1 vorgegebenen allgemeinen Schema ausgegangen, da in diesem Buch keine für elektromagnetische Probleme spezifische Lagrangedichte betrachtet wird.

3.6.2.1 Elektromagnetische Vierervektoren

Faßt man die Komponenten A_x, A_y, A_z des Vektorpotentials A sowie das skalare Potential ϕ_C in dem Vierervektor

$$A^4 = \begin{pmatrix} A^1 \\ A^2 \\ A^3 \\ A^0 \end{pmatrix} = \begin{pmatrix} A_x \\ A_y \\ A_z \\ \phi_C/c \end{pmatrix} \tag{3.176}$$

zusammen, und faßt man die Komponenten $j_{Q,x}, j_{Q,y}, j_{Q,z}$ des Ladungsstromdichtevektors j_Q sowie die Ladungsdichte ρ_Q in dem Vierervektor

$$j_Q^4 = \begin{pmatrix} j_Q^1 \\ j_Q^2 \\ j_Q^3 \\ j_Q^0 \end{pmatrix} = \begin{pmatrix} j_{Q,x} \\ j_{Q,y} \\ j_{Q,z} \\ c\rho_Q \end{pmatrix} \tag{3.177}$$

zusammen, dann können die durch (3.172) gegebenen inhomogenen Wellengleichungen in der kompakten Form

$$\sum_{\nu,\kappa} \eta^{\nu\kappa} \frac{\partial}{\partial x^\kappa}\frac{\partial}{\partial x^\nu} A^\sigma = -\mu j_Q^\sigma \quad (\nu,\kappa,\sigma = 1,2,3,0) \tag{3.178}$$

notiert werden, was sich durch Einsetzen der Vierervektorkomponenten in diese kompakten Beziehungen und einen anschließenden Vergleich mit den ursprünglichen Beziehungen explizit nachrechnen läßt.

3.6.2.2 Der Maxwellsche Feldstärketensor

Eine kompakte Darstellung des magnetischen und elektrischen Feldes ist durch einen kovarianten antisymmetrischen Tensor zweiter Ordnung möglich, der für gewöhnlich als *Maxwellscher Feldstärketensor* bezeichnet wird:

$$\{F_{\nu\kappa}\} = \begin{pmatrix} F_{11} & F_{12} & F_{13} & F_{10} \\ F_{21} & F_{22} & F_{23} & F_{20} \\ F_{31} & F_{32} & F_{33} & F_{30} \\ F_{01} & F_{02} & F_{03} & F_{00} \end{pmatrix} = \begin{pmatrix} 0 & B_z & -B_y & \frac{1}{c}E_x \\ -B_z & 0 & B_x & \frac{1}{c}E_y \\ B_y & -B_x & 0 & \frac{1}{c}E_z \\ -\frac{1}{c}E_x & -\frac{1}{c}E_y & -\frac{1}{c}E_z & 0 \end{pmatrix}. \tag{3.179}$$

Über die Beziehungen

$$F^{\nu\kappa} = \sum_\sigma \eta^{\nu\sigma} F_\sigma^\kappa, \quad F_\kappa^\sigma = \sum_\nu \eta^{\sigma\nu} F_{\kappa\nu} \tag{3.180}$$

ist diesem Tensor eine kontravariante Form zuordenbar:

$$\{F^{\nu\kappa}\} = \begin{pmatrix} F^{11} & F^{12} & F^{13} & F^{10} \\ F^{21} & F^{22} & F^{23} & F^{20} \\ F^{31} & F^{32} & F^{33} & F^{30} \\ F^{01} & F^{02} & F^{03} & F^{00} \end{pmatrix} = \begin{pmatrix} 0 & B_z & -B_y & -\frac{1}{c}E_x \\ -B_z & 0 & B_x & -\frac{1}{c}E_y \\ B_y & -B_x & 0 & -\frac{1}{c}E_z \\ \frac{1}{c}E_x & \frac{1}{c}E_y & \frac{1}{c}E_z & 0 \end{pmatrix}. \tag{3.181}$$

Der Tensor (3.179) gibt *eine* mögliche Formulierung des Maxwellschen Feldstärketensors vor, die einerseits an die in diesem Buch in aller Regel zugrundegelegten raumzeitlichen Koordinaten ($x^1 = x$, $x^2 = y$, $x^3 = z$ und $x^0 = ct$) und andererseits an die in diesem Buch immer vorausgesetzte Positionierungsstruktur (die nullten Komponenten von Vierertensoren beliebiger Ordnung werden an vierter Stelle geführt) angepaßt ist.

Die Verwendung von (über den hier angegebenen Feldstärketensor hinausgehenden) Feldstärketensoren erlaubt eine höchst kompakte und häufig sehr einfache, übersichtliche Darstellung von Feldgleichungen verschiedenen Typs. Der Einbezug beliebiger Koordinatensysteme ist schnell möglich, wenn von Beziehungen auf der Grundlage derartiger Feldstärketensoren ausgegangen wird. Auch die einfache Zusammenfassung unterschiedlicher Feldtypen ist auf diese Weise möglich. Diese Aussagen schließen Felder der Quantenphysik mit ein.[21]

Der angegebene Maxwellsche Feldtensor stellt *eine* Formulierung unter vielen (gleichwertigen oder verwandten) dar. Betrachten wir im folgenden einige wichtige weitere Formulierungen.

---

[21]Man vergleiche beispielsweise mit den verallgemeinerten Maxwellschen Gleichungen, die im Abschnitt 9.2.2.2 eingeführt werden, oder mit den Einstein-Maxwellschen Gleichungen, die im Abschnitt 12.1.2.1 behandelt werden. Grundlegende Beziehungen dieser Art, die Maxwellschen Gleichungen in kompakter Form, werden gleich anschließend behandelt.

I. Der Induktionstensor

Statt den Größen $\boldsymbol{B}$ und $\boldsymbol{E}$ werden häufig auch die Größen $\boldsymbol{H}$ und $\boldsymbol{D}$ benützt. Man bezeichnet den dadurch vorgegebenen kontravarianten antisymmetrischen Tensor zweiter Ordnung auch als *Induktionstensor*:

$$\{G^{\nu\kappa}\} = \begin{pmatrix} G^{11} & G^{12} & G^{13} & G^{10} \\ G^{21} & G^{22} & G^{23} & G^{20} \\ G^{31} & G^{32} & G^{33} & G^{30} \\ G^{01} & G^{02} & G^{03} & G^{00} \end{pmatrix} = \begin{pmatrix} 0 & H_z & -H_y & -cD_x \\ -H_z & 0 & H_x & -cD_y \\ H_y & -H_x & 0 & -cD_z \\ cD_x & cD_y & cD_z & 0 \end{pmatrix}. \tag{3.182}$$

II. Eine alternative Formulierung

Berücksichtigt man statt den oben angegebenen raumzeitlichen Koordinaten die euklidischen Koordinaten $x^1 = x$, $x^2 = y$, $x^3 = z$ und $x^4 = \mathrm{i}ct$, dann ist (3.179) durch folgenden Ausdruck zu ersetzen:

$$\{F'_{\nu\kappa}\} = \begin{pmatrix} F'_{11} & F'_{12} & F'_{13} & F'_{14} \\ F'_{21} & F'_{22} & F'_{23} & F'_{24} \\ F'_{31} & F'_{32} & F'_{33} & F'_{34} \\ F'_{41} & F'_{42} & F'_{43} & F'_{44} \end{pmatrix} = \begin{pmatrix} 0 & B_z & -B_y & -\frac{\mathrm{i}}{c}E_x \\ -B_z & 0 & B_x & -\frac{\mathrm{i}}{c}E_y \\ B_y & -B_x & 0 & -\frac{\mathrm{i}}{c}E_z \\ \frac{\mathrm{i}}{c}E_x & \frac{\mathrm{i}}{c}E_y & \frac{\mathrm{i}}{c}E_z & 0 \end{pmatrix}. \tag{3.183}$$

> Vergleicht man (3.183) mit (3.179), dann wird deutlich, daß der Übergang von einer Koordinate $x^0 = ct$ zu einer Koordinate $x^4 = \mathrm{i}ct$ nur die Multiplikation der vierten Komponenten mit $-\mathrm{i}$ bedeutet, wenn die durch (3.179) vorgegebene Positionierungsstruktur zugrunde gelegt wird: eine Umordnung der Matrixelemente ist nicht notwendig. Auf Grund dieser einfachen Übergangsmöglichkeit, das sei an dieser Stelle ausgeführt, werden in diesem Buch nullte Komponenten von Vierertensoren einer beliebigen Ordnung immer an vierter Stelle geführt. Die gleiche einfache Übergangsmöglichkeit würde man erhalten, wenn man auch der Koordinate ct das Symbol x^4 zuweisen würde. Dann jedoch wäre keine formale Trennung zwischen den Koordinaten ct und $\mathrm{i}ct$ mehr möglich, weshalb in diesem Buch dieser Weg nicht beschritten wird.

III. Eine Formulierung im CGS-System

Die obigen Tensoren werden im Zusammenhang mit Beziehungen im MKSA-System benützt. Geht man zum CGS-System über, dann sind die Tensorformulierungen (3.179) und (3.182) durch folgende Tensorformulierungen zu ersetzen:

$$\{F''_{\nu\kappa}\} = \begin{pmatrix} 0 & B_z & -B_y & E_x \\ -B_z & 0 & B_x & E_y \\ B_y & -B_x & 0 & E_z \\ -E_x & -E_y & -E_z & 0 \end{pmatrix}, \quad \{G^{\nu\kappa''}\} = \begin{pmatrix} 0 & H_z & -H_y & -D_x \\ -H_z & 0 & H_x & -D_y \\ H_y & -H_x & 0 & -D_z \\ D_x & D_y & D_z & 0 \end{pmatrix}. \tag{3.184}$$

IV. Umordnungen

Umordnungen innerhalb der obigen Matrizen sind ebenfalls möglich. In der Literatur sind verschiedene Formen derartiger Umordnungen zu finden. Derartige Umordnungen sollen jedoch nicht mehr betrachtet werden. Zeigen wir stattdessen, daß unter Verwendung des Maxwellschen Feldstärketensors bzw. des Induktionstensors eine kompakte Formulierung der Maxwellschen Gleichungen möglich ist.

3.6.2.3 Die Maxwellschen Gleichungen in kompakter Form

Unter Verwendung des Maxwellschen Feldstärketensors (3.179) können die Maxwellschen Gleichungen (3.157) in der kompakten Form

$$\sum_\nu \frac{\partial F^{\kappa\nu}}{\partial x^\nu} = \mu j_Q^\kappa \tag{3.185}$$

mit $\nu, \kappa = 1, 2, 3, 0$ und

$$\frac{\partial F_{\kappa\sigma}}{\partial x^\nu} + \frac{\partial F_{\sigma\nu}}{\partial x^\kappa} + \frac{\partial F_{\nu\kappa}}{\partial x^\sigma} = 0 \tag{3.186}$$

mit $\{(\nu, \kappa, \sigma)\} = \{(2, 3, 0), (3, 1, 0), (1, 2, 0)\}$ sowie $\{(1, 2, 3)\}$ geschrieben werden, wobei die folgenden Zuordnungen gelten:

$$(3.185) \rightarrow \begin{cases} \mathrm{rot}\, \boldsymbol{H} = j_Q + \dfrac{\partial \boldsymbol{D}}{\partial t} \\ \mathrm{div}\, \boldsymbol{D} = \rho_Q \end{cases} , \quad (3.186) \rightarrow \begin{cases} \mathrm{rot}\, \boldsymbol{E} = -\dfrac{\partial \boldsymbol{B}}{\partial t} \\ \mathrm{div}\, \boldsymbol{B} = 0 \end{cases} . \tag{3.187}$$

I. Eine weitere Formulierung: die Induktionstensor-Formulierung

Verwendet man den Induktionstensor (3.182) statt dem Maxwellschen Feldstärketensor (3.179), dann können die Maxwellschen Gleichungen (3.157) in der kompakten Form

$$\sum_\nu \frac{\partial G^{\kappa\nu}}{\partial x^\nu} = j_Q^\kappa \,, \quad \frac{\partial F_{\kappa\sigma}}{\partial x^\nu} + \frac{\partial F_{\sigma\nu}}{\partial x^\kappa} + \frac{\partial F_{\nu\kappa}}{\partial x^\sigma} = 0 \tag{3.188}$$

geschrieben werden.

II. Eine weitere Formulierung: die CGS-Formulierung

Die oben angegebenen Formulierungen der Maxwellschen Gleichungen gelten im MKSA-System. Geht man zum CGS-System über, dann ist das Gleichungssystem (3.188) durch

$$\sum_\nu \frac{\partial G^{\kappa\nu\prime\prime}}{\partial x^\nu} = \frac{4\pi}{c} j_Q^\kappa \,, \quad \frac{\partial F_{\kappa\sigma}^{\prime\prime}}{\partial x^\nu} + \frac{\partial F_{\sigma\nu}^{\prime\prime}}{\partial x^\kappa} + \frac{\partial F_{\nu\kappa}^{\prime\prime}}{\partial x^\sigma} = 0 \tag{3.189}$$

zu ersetzen.

III. Zur Begründung

Durch Einsetzen der Feldtensoren und einen anschließenden Vergleich mit den ursprünglichen Maxwellschen Gleichungen können die verschiedenen Formulierungen direkt nachgeprüft werden. Alle diese Formulierungen repräsentieren Darstellungen der Maxwellschen Gleichungen auf der Grundlage von Vierertensoren.

3.6.2.4 Die elektromagnetische Viererkraftdichte

Die auf einen geladenen Massenpunkt 1 mit Ladung $Q(1) = n(1)e(1)$ wirkende, von einem geladenen Massenpunkt 2 hervorgerufene elektromagnetische Kraft wird durch die Formel

$$F = n(1)e(1)E + n(1)e(1)v(1) \times B \tag{3.190}$$

beschrieben, die später noch begründet wird: man vergleiche mit (3.238). Bezieht man (3.190) auf ein Raumelement $\Delta x^1 \Delta x^2 \Delta x^3$ und führt man anschließend entsprechend

$$\lim_{\Delta x^i \to 0} \left[\frac{F}{\Delta x^1 \Delta x^2 \Delta x^3} = \frac{n(1)e(1)}{\Delta x^1 \Delta x^2 \Delta x^3} E + \frac{n(1)e(1)v(1)}{\Delta x^1 \Delta x^2 \Delta x^3} \times B \right] \tag{3.191}$$

den Grenzübergang durch, dann erhält man

$$f = \rho_Q E + j_Q \times B \,, \tag{3.192}$$

$$f = \lim_{\Delta x^i \to 0} \frac{F}{\Delta x^1 \Delta x^2 \Delta x^3} \,, \quad \rho_Q = \lim_{\Delta x^i \to 0} \frac{n(1)e(1)}{\Delta x^1 \Delta x^2 \Delta x^3} \,, \quad j_Q = \lim_{\Delta x^i \to 0} \frac{n(1)e(1)v(1)}{\Delta x^1 \Delta x^2 \Delta x^3} \,, \tag{3.193}$$

wobei f die zugeordnete *elektromagnetische Kraftdichte* mit Komponenten f_i ($i = 1, 2, 3$), ρ_Q die zugeordnete (bereits eingeführte) *Ladungsdichte* und die Größe j_Q die zugeordnete (bereits eingeführte) *Ladungsstromdichte* repräsentiert. Diese Formel kann zur Beschreibung von Kräften auf Systeme genommen werden, deren Ladungen und Ladungsströme in einer approximativen Weise durch Ladungsdichten bzw. Ladungsstromdichten beschrieben werden können.

I. Viererkraftdichte und Maxwellscher Feldstärketensor

Berücksichtigt man den durch (3.179) gegebenen Maxwellschen Feldstärketensor, dann läßt sich die elektromagnetische Kraftdichte (3.192) in die *elektromagnetische Viererkraftdichte*

$$f_\nu = \sum_\kappa F_{\nu\kappa} j_Q^\kappa \quad (\nu, \kappa = 1, 2, 3, 0) \tag{3.194}$$

überführen[22]. Eliminiert man die Elemente j_Q^κ mittels der Maxwellschen Gleichungen (3.185), dann erhält man stattdessen die Formulierung

$$f_\nu = \frac{1}{\mu} \sum_{\kappa, \sigma} F_{\nu\kappa} \frac{\partial F^{\kappa\sigma}}{\partial x^\sigma} \quad (\nu, \kappa, \sigma = 1, 2, 3, 0) \,. \tag{3.195}$$

---

[22]Es sei hier erwähnt, daß diese kompakte Formulierung noch eine zusätzliche nullte Komponente f_0 enthält, auf die hier nicht näher eingegangen werden soll.

II. Viererkraftdichte und Energie-Impuls-Tensor

Die elektromagnetische Viererkraftdichte (3.195) kann weiter umgeformt werden, sodaß direkt der (der elektromagnetischen Problematik zugeordnete) Energie-Impuls-Tensor auftritt.

Beweis 3.2 Aus (3.195) folgt nach einer elementaren Umformung der Ausdruck

$$f_\nu = \frac{1}{\mu} \sum_{\kappa,\sigma} \left[\frac{\partial}{\partial x^\sigma} (F_{\nu\kappa} F^{\kappa\sigma}) - F^{\kappa\sigma} \frac{\partial F_{\nu\kappa}}{\partial x^\sigma} \right] . \tag{3.196}$$

Da über alle κ und σ summiert wird, kann die letzte Ableitung derartig ersetzt werden, daß man

$$f_\nu = \frac{1}{\mu} \sum_{\kappa,\sigma} \left[\frac{\partial}{\partial x^\sigma} (F_{\nu\kappa} F^{\kappa\sigma}) - \frac{F^{\kappa\sigma}}{2} \left(\frac{\partial F_{\nu\kappa}}{\partial x^\sigma} + \frac{\partial F_{\sigma\nu}}{\partial x^\kappa} \right) \right] \tag{3.197}$$

erhält, sodaß – unter Verwendung der Maxwellschen Gleichungen (3.186) – der letzte Summenterm sich durch eine einfache partielle Ableitung ersetzen läßt:

$$f_\nu = \frac{1}{\mu} \sum_{\kappa,\sigma} \left[\frac{\partial}{\partial x^\sigma} (F_{\nu\kappa} F^{\kappa\sigma}) + \frac{F^{\kappa\sigma}}{2} \frac{\partial F_{\kappa\sigma}}{\partial x^\nu} \right] . \tag{3.198}$$

Auf Grund der Symmetrieeigenschaften der Feldtensorkomponenten läßt sich die letzte partielle Ableitung vor den Summanden ziehen, sodaß sich

$$f_\nu = \frac{1}{\mu} \sum_{\kappa,\sigma} \left[\frac{\partial}{\partial x^\sigma} (F_{\nu\kappa} F^{\kappa\sigma}) - \frac{1}{4} \frac{\partial}{\partial x^\nu} (F^{\sigma\kappa} F_{\kappa\sigma}) \right] \tag{3.199}$$

und aufgrund der Symmetrie der Feldtensorkomponenten gleichwertig

$$f_\nu = \frac{1}{\mu} \sum_{\kappa,\sigma} \left[\frac{\partial}{\partial x^\sigma} (F_{\nu\kappa} F^{\kappa\sigma}) - \frac{1}{4} \frac{\partial}{\partial x^\nu} (F_{\sigma\kappa} F^{\kappa\sigma}) \right] \tag{3.200}$$

ergibt. Ersetzt man in dem letzten Summanden den Index σ durch den Index λ und stellt die korrekte Struktur durch eine zusätzliche Addition bezüglich λ wieder her, sodaß sich

$$f_\nu = \frac{1}{\mu} \sum_{\kappa,\lambda,\sigma} \left[\frac{\partial}{\partial x^\sigma} (F_{\nu\kappa} F^{\kappa\sigma}) - \frac{1}{4} \frac{\partial}{\partial x^\nu} \left(F_{\lambda\kappa} F^{\kappa\lambda} \right) \right] \tag{3.201}$$

schreiben läßt, dann kann ein Ausdruck gebildet werden, der nur noch eine Ableitungsoperation enthält, die auf einen geschlossenen Summenterm wirkt:

$$f_\nu = \frac{1}{\mu} \sum_{\kappa,\lambda,\sigma} \frac{\partial}{\partial x^\sigma} \left(F_{\nu\kappa} F^{\kappa\sigma} - \frac{1}{4} \delta_\nu^\sigma F_{\lambda\kappa} F^{\kappa\lambda} \right) . \tag{3.202}$$

Vertauscht man die jeweiligen oberen Indices, dann erhält man letztendlich

$$f_\nu = -\frac{1}{\mu} \sum_{\kappa,\lambda,\sigma} \frac{\partial}{\partial x^\sigma} \left(F_{\nu\kappa} F^{\sigma\kappa} - \frac{1}{4} \delta_\nu^\sigma F_{\lambda\kappa} F^{\lambda\kappa} \right) , \tag{3.203}$$

wobei der folgende Anteil den Energie-Impuls-Tensor repräsentiert:

$$T_\nu^\sigma = \frac{1}{\mu} \sum_{\kappa,\lambda} \left(F_{\nu\kappa} F^{\sigma\kappa} - \frac{1}{4} \delta_\nu^\sigma F_{\lambda\kappa} F^{\lambda\kappa} \right) . \tag{3.204}$$

Paßt man das erhaltene Ergebnis an die obige Indizierungsweise an, dann läßt es sich in der Form

$$f_\nu = -\sum_\kappa \frac{\partial T_\nu^\kappa}{\partial x^\kappa} \quad (\nu, \kappa = 1,2,3,0) \tag{3.205}$$

mit

$$T_\nu^\kappa = \frac{1}{\mu} \sum_{\lambda,\sigma} \left(F_{\nu\sigma} F^{\kappa\sigma} - \frac{1}{4} \delta_\nu^\kappa F_{\lambda\sigma} F^{\lambda\sigma} \right) \quad (\lambda, \sigma = 1,2,3,0) \tag{3.206}$$

notieren. Die Tensorkomponenten T_ν^κ repräsentieren die Komponenten des *elektromagnetischen Energie-Impuls-Tensors* (auch: *Maxwellscher Energie-Impuls-Tensor*). Sie repräsentieren eine spezielle Konkretisierung des eingeführten allgemeinen Energie-Impuls-Tensors.

Eine weitere Formulierung des Energie-Impuls-Tensors: Teil I

(3.206) ist der Formulierung (3.128) zugeordnet. Vertauscht man die Indices der Tensorkomponenten $F^{\kappa\sigma}$ und $F^{\lambda\sigma}$, dann erhält man die (3.130) zugeordnete Formulierung

$$\bar{T}_\nu^\kappa = \frac{1}{\mu} \sum_{\lambda,\sigma} \left(F_{\nu\sigma} F^{\sigma\kappa} - \frac{1}{4} \delta_\nu^\kappa F_{\lambda\sigma} F^{\sigma\lambda} \right) \quad (\lambda, \sigma = 1,2,3,0) \,, \tag{3.207}$$

die einen Tensor definiert, der bis auf ein Minuszeichen dem durch (3.206) definierten Tensor entspricht.

Eine weitere Formulierung des Energie-Impuls-Tensors: Teil II

Ensprechend der obigen Diskussion hängt das konkrete Aussehen einer Beziehung vom Maßsystem ab. Auch von der speziellen Formulierung der benützten Feldtensoren ist dieses Aussehen abhängig. Eine für spätere Zwecke günstige Darstellung des elektromagnetischen Energie-Impuls-Tensors ist durch folgenden Ausdruck gegeben:

$$T_\nu^\kappa = \sum_{\lambda,\sigma} \left(F_{\nu\sigma} F^{\kappa\sigma} - \frac{1}{4} \delta_\nu^\kappa F_{\lambda\sigma} F^{\lambda\sigma} \right) \quad (\lambda, \sigma = 1,2,3,0) \,. \tag{3.208}$$

Hier sollen die Komponenten $F_{\mu\nu}$ für entsprechend zu definierende Feldtensorkomponenten stehen.

3.6.2.5 Der elektromagnetische Energie-Impuls-Tensor

Rechnet man die einzelnen Komponenten T_κ^ν des elektromagnetischen Energie-Impuls-Tensors entsprechend (3.206) aus, faßt die entstehenden Terme geeignet zusammen und interpretiert die sich ergebenden Ausdrücke, dann findet man für den (im Rahmen der Elektrodynamik auch als *Maxwellscher Spannungstensor* bezeichneten) Feldimpulsströmungstensor σ_I den Zusammenhang

$$\sigma_{\mathrm{I}} = - \begin{pmatrix} D_x E_x + H_x B_x - \rho_{\mathrm{E}} & D_x E_y + H_x B_y & D_x E_z + H_x B_z \\ D_y E_x + H_y B_x & D_y E_y + H_y B_y - \rho_{\mathrm{E}} & D_y E_z + H_y B_z \\ D_z E_x + H_z B_x & D_z E_y + H_z B_y & D_z E_z + H_z B_z - \rho_{\mathrm{E}} \end{pmatrix}, \tag{3.209}$$

für die Energiedichte ρ_{E} des elektromagnetischen Feldes findet man

$$T_0^0 - \frac{1}{2}(\boldsymbol{DE} + \boldsymbol{BH}) = -\rho_{\mathrm{E}}, \tag{3.210}$$

für die Komponenten s_{E}^i ($i = 1, 2, 3$) des Feldenergieströmungsvektors s_{E} findet man

$$T_0^i = -\frac{1}{c}(\boldsymbol{E} \times \boldsymbol{H})^i = -\frac{1}{c}s_{\mathrm{E}}^i \tag{3.211}$$

und für die Komponenten ρ_i ($i = 1, 2, 3$) des Feldimpulsdichtevektors ρ_{I} findet man

$$T_i^0 = \frac{1}{c}(\boldsymbol{E} \times \boldsymbol{H})_i = c\rho_{\mathrm{I},i}. \tag{3.212}$$

3.6.2.6 Der Poynting-Vektor

Es sei hier noch angemerkt, daß der Energieströmungsdichtevektor (auch: Energieflußdichtevektor)

$$s_{\mathrm{E}} = \boldsymbol{E} \times \boldsymbol{H} \tag{3.213}$$

auch als *Poynting-Vektor* bezeichnet wird. Er beschreibt die Ausbreitung der elektromagnetischen Energiedichte im Raum.

3.6.2.7 Die Erhaltung von Feldenergie und Feldimpuls

Setzt man die Komponenten T_κ^ν des elektromagnetischen Energie-Impuls-Tensors in die Kontinuitätsgleichung $\sum_\nu \partial T_\kappa^\nu / \partial x^\nu = 0$ ein, dann erhält man einerseits die Beziehungen

$$\sum_i \frac{\partial \sigma_j^i}{\partial x^i} + c \frac{\partial \rho_j}{\partial x^0} = \sum_i \frac{\partial \sigma_j^i}{\partial x^i} + \frac{\partial \rho_j}{\partial t} = 0 \quad (i, j = 1, 2, 3), \tag{3.214}$$

welche die *Erhaltung des Feldimpulses* beschreiben, und man erhält andererseits die Beziehung

$$\sum_i \frac{\partial s_{\mathrm{E}}^i}{\partial x^i} + c \frac{\partial \rho_{\mathrm{E}}}{\partial x^0} = \sum_i \frac{\partial s_{\mathrm{E}}^i}{\partial x^i} + \frac{\partial \rho_{\mathrm{E}}}{\partial t} = 0 \quad (i, j = 1, 2, 3), \tag{3.215}$$

welche die *Erhaltung der Feldenergie* erfaßt, wobei die Komponenten σ_j^i, ρ_i, s_{E}^i, ρ_{E} durch die obigen Tensorkomponenten gegeben sind[23].

---

[23]Man vergleiche mit den allgemeinen Beziehungen (3.144). Abgesehen davon, daß jetzt systemspezifische Tensorkomponenten betrachtet werden, liegen genau die gleichen Beziehungen vor, wobei in (3.144) in einer zusammenfassenden Weise der Divergenzoperator div bzw. der Tensordivergenz-Operators div benützt wird.

3.6.3 Spezielle Lösungen I: Potentiale und Kräfte

Zwei grundlegende Eigenschaften materieller Systeme sind die Eigenschaften *Masse* und *Ladung*. Betrachtet man ein makroskopisches *Masse-Ladung-System*, so kann dessen raumzeitliche Entwicklung durch zugeordnete Euler-Lagrange Differentialgleichungen bzw. durch Hamiltonsche Gleichungen beschrieben werden. Jeder Zustand eines solchen Masse-Ladung-Systems kann als ein *selbstkonsistenter Zustand* bezeichnet werden. *Selbstkonsistenz* umschreibt dabei begrifflich den Sachverhalt, daß das Systemverhalten durch eine geschlossene „Kette" von physikalischen Aussagen beschrieben werden kann. Innerhalb dieser „Aussagenkette" bedingt ein Element das andere. Beispielsweise läßt sich die gleichförmig geradlinige Bewegung eines geladenen Massenpunktes innerhalb nichtkosmischer Dimensionen als ein selbstkonsistenter Zustand bezeichnen. Auch ein ruhendes ausgedehntes Masse-Ladung-System kann derartig begrifflich umschrieben werden. Ein Lasersystem, dem von außen „Pumpenergie" zugeführt werden muß, kann beispielsweise nicht mit diesem Begriff belegt werden, es sei denn, die Pumpenergie-Zuführung wird mit in das Lasersystem einbezogen: der Zustand jedes abgeschlossenen Systems kann im Rahmen der obigen Begriffscharakterisierung zu jedem Zeitpunkt als ein selbstkonsistenter Zustand bezeichnet werden.[24] Betrachtet man ein selbstkonsistentes Masse-Ladung-System und bringt man ein weiteres, sich in einem selbstkonsistenten Zustand befindendes Masse-Ladung-System in die Nähe des ersten Systems, dann entsteht ein Gesamtsystem, mit einem neuen selbstkonsistenten Zustand. Vermittelt wird die Selbstkonsistenzänderung durch Wechselwirkungen, was beispielsweise mittels des bereits eingeführten Kraftbegriffs beschrieben werden kann: Massen und Ladungen üben wechselseitige Kräfte aufeinander aus, die zu einer wechselseitigen Beschleunigung und damit zur Entwicklung einer spezifischen Dynamik bzw. zur Änderung der bereits stattfindenden Bewegung führen.

Mit elektromagnetischen Kräften verbunden sind Potentiale, welche die Kräfte hervorrufen. Diese mit Ladungen und Ladungsstromdichten verknüpften Potentiale sind durch die Maxwellschen Gleichungen bzw. die daraus abgeleiteten Bewegungsgleichungen (3.172) vorgegeben. Im folgenden wird dieser Zusammenhang näher betrachtet. Die mit diesen Potentialen verbundenen Kräfte werden studiert.

3.6.3.1 Retardierte Potentiale

Mittels der Methode der Greenschen Funktion lassen sich die Lösungen der inhomogenen Differentialgleichungen (3.172) in integraler Form anschreiben. Betrachtet man nur Lösungen, die dem Kausalitätsprinzip genügen, und setzt man

$$t' = t - \frac{|\boldsymbol{x} - \boldsymbol{x}'|}{c} , \qquad (3.216)$$

dann sind diese Lösungen in letzter Konsequenz durch

---

[24]Unter einem *abgeschlossenen System* wird ein physikalisches System verstanden, das keinen Energieaustausch mit seiner Umgebung aufweist. Sinngemäß ist ein *offenes System* durch einen Energieaustausch mit seiner Umgebung charakterisierbar. Dies sei hier nur erwähnt, wird dieser Sachverhalt doch später noch ausgeführt.

$$\phi_C^{\text{ret}}(\boldsymbol{x},t) = \frac{1}{4\pi\varepsilon} \int_{-\infty}^{+\infty} \rho_Q(\boldsymbol{x}',t') \frac{1}{|\boldsymbol{x}-\boldsymbol{x}'|} \, d^3x' \, ,$$

$$\boldsymbol{A}^{\text{ret}}(\boldsymbol{x},t) = \frac{\mu}{4\pi} \int_{-\infty}^{+\infty} \boldsymbol{j}_Q(\boldsymbol{x}',t') \frac{1}{|\boldsymbol{x}-\boldsymbol{x}'|} \, d^3x' \quad (3.217)$$

beschreibbar. Diese Lösungen werden als *retardierte Potentiale*[25] bezeichnet. t' steht für retardierte Zeiten, die relativ zum betrachteten Zeitpunkt t in der Vergangenheit liegen.

3.6.3.2 Coulomb-Potential, -Kraft und -Energie

Setzt man $\rho_Q(\boldsymbol{x}',t') := n(2)e(2)\delta[\boldsymbol{x}(2)-\boldsymbol{x}']$ und $\boldsymbol{x} := \boldsymbol{x}(1)$, dann geht das retardierte skalare Potential von (3.217) in den Ausdruck

$$\phi_C[\boldsymbol{x}(1)] = \frac{n(2)e(2)}{4\pi\varepsilon} \frac{1}{|\boldsymbol{x}(1)-\boldsymbol{x}(2)|} \quad (3.218)$$

über. Dies ist das sogenannte *Coulomb-Potential*. Es beschreibt das elektrische Potential am Ort $\boldsymbol{x}(1)$, das durch einen Massenpunkt 2 mit Masse $m(2)$ und Ladung $Q(2) = n(2)e(2)$, der sich am Ort $\boldsymbol{x}(2)$ befindet, hervorgerufen wird. Gemäß (3.165) ist damit ein elektrisches Feld mit der elektrischen Feldstärke

$$\boldsymbol{E}_C[\boldsymbol{x}(1)] = -\text{grad}\,\phi_C[\boldsymbol{x}(1)] = \frac{n(2)e(2)}{4\pi\varepsilon} \frac{\boldsymbol{x}(1)-\boldsymbol{x}(2)}{|\boldsymbol{x}(1)-\boldsymbol{x}(2)|^3} \quad (3.219)$$

am Ort $\boldsymbol{x}(1)$ verbunden. Betrachtet man einen zusätzlichen Massenpunkt 1 am Ort $\boldsymbol{x}(1)$, der eine Masse $m(1)$ und eine Ladung $Q(1) = n(1)e(1)$ aufweist, dann ist die vom Massenpunkt 2 auf den Massenpunkt 1 ausgeübte elektrische Kraft durch

$$\boldsymbol{F}_C[\boldsymbol{x}(1)] = n(1)e(1)\boldsymbol{E}_C[\boldsymbol{x}(1)] = \Gamma_C \frac{\boldsymbol{x}(1)-\boldsymbol{x}(2)}{|\boldsymbol{x}(1)-\boldsymbol{x}(2)|^3} \quad (3.220)$$

mit dem Ladungsparameter $\Gamma_C = n(1)n(2)e(1)e(2)/4\pi\varepsilon$ gegeben. Über die Gradientenbildung $\boldsymbol{F}_C[\boldsymbol{x}(1)] = -\text{grad}\,V_C[\boldsymbol{x}(1)]$ läßt sich dieser elektrischen Kraft eine potentielle Energie zuordnen:

$$V_C[\boldsymbol{x}(1)] = \Gamma_C \frac{1}{|\boldsymbol{x}(1)-\boldsymbol{x}(2)|} \, . \quad (3.221)$$

Für das folgende wichtig ist die Anmerkung, daß in den obigen Beziehungen $|\boldsymbol{x}(1)-\boldsymbol{x}(2)| = |\boldsymbol{r}| = r$ und $\boldsymbol{r} = \boldsymbol{x}(1)-\boldsymbol{x}(2)$ gesetzt werden kann.[26]

---

[25]Der Problemkreis *retardierte Potentiale*, *Kausalitätsprinzip* und *Greensche Funktionen* wurde im Abschnitt 3.1.2 einführend behandelt. Man vergleiche mit den Ausführungen dieses Abschnitts.

[26]Während die Kraft $\boldsymbol{F}_C$ durch Gradientenbildung aus der zwei Ladungen zugeordneten Potentialfunktion V_C gewonnen werden kann, läßt sich die Feldstärke $\boldsymbol{E}_C$ aus dem einer Ladung zugeordneten Potential ϕ_C gewinnen. Dieser Sachverhalt entspricht den Ausführungen des Beispiels 3.1, was hier noch erwähnt werden soll. Es sei an dieser Stelle zusätzlich angemerkt, daß unter *einer* Ladung nicht eine Ladungseinheit e gemeint ist, sondern diejenige Ladung, welche einem einzelnen „punktförmigen" Körper zuordenbar ist, d. h. beispielsweise steht $n(1)e(1)$ in diesem Sinne für *eine* Ladung.

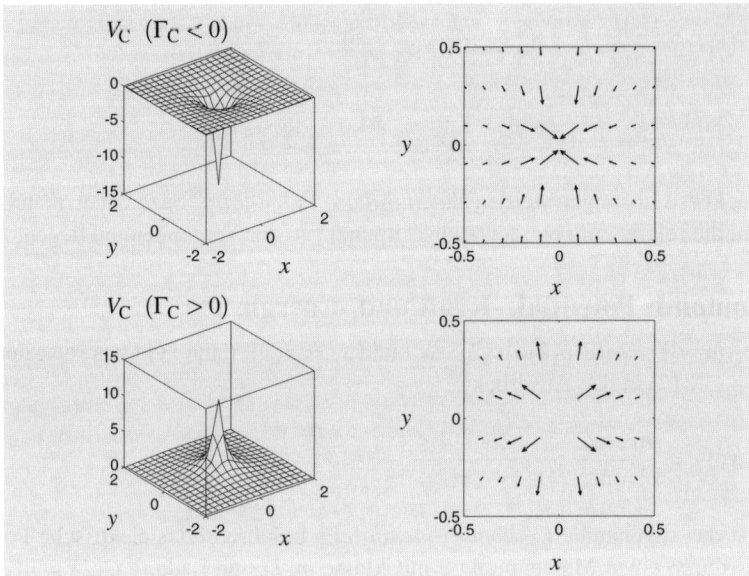

Bild 3.12 Die Funktion $V_C = \Gamma_C/r$ in der x-y-Ebene. Links oben: der Fall $\Gamma_C < 0$. Links unten: der Fall $\Gamma_C > 0$. Die rechtsseitigen Teilbilder zeigen das über eine Gradientenbildung mit der potentiellen Energie verbundene jeweilige Kraftfeld als Pfeildiagramm. Dimensionen: Dim $[x,y] =$ Länge, Dim $[V_C] =$ Energie. Man vergleiche mit dem ein Gravitationspotential veranschaulichenden Bild 3.3

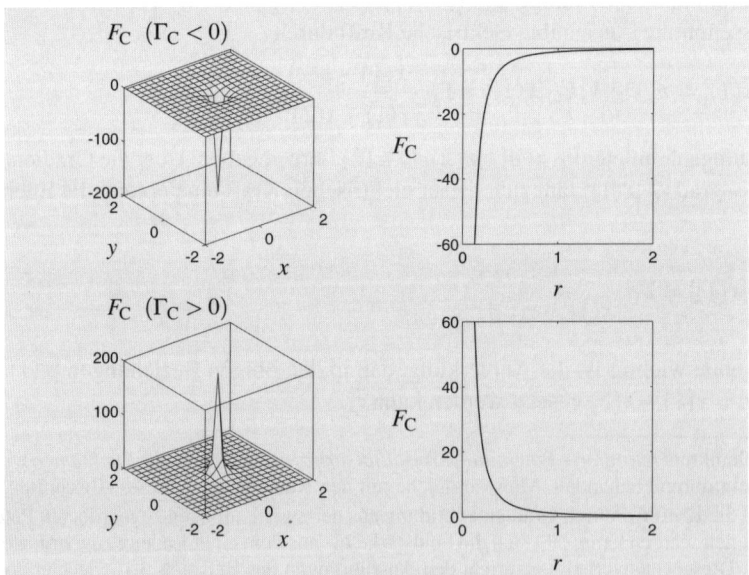

Bild 3.13 Die Betragsfunktion $F_C = \Gamma_C/r^2$ in der x-y-Ebene. Oben: der Fall $\Gamma_C < 0$. Unten: der Fall $\Gamma_C > 0$. Dim $[x,y] =$ Dim $[r] =$ Länge, Dim $[F_C] =$ Kraft

Die Bilder 3.12 und 3.13 veranschaulichen die obigen Beziehungen. Konsistent mit der obigen Bezeichnungsweise wird die elektrische Kraft (3.220) als *Coulomb-Kraft* und die potentielle Energie (3.221) als *Coulomb-Energie* bezeichnet. Der hier und im folgenden benützte Index C kennzeichnet Coulomb-Kräfte, -Felder, -Potentiale und -Energien.

> Die Bedeutung Coulombscher Potentialfunktionen für die Quantenphysik liegt vor allem darin, daß sie die Implementation von Wechselwirkungen von Elektronen und Kernen in die quantenmechanischen Bewegungsgleichungen erlauben.[27]

3.6.3.3 Das Biot-Savartsche Gesetz

Setzt man $j_Q(x', t') = \delta[x(2) - x'] \, dI = d j_Q$, $dI = I ds$ und $x = x(1)$, dann geht das retardierte Vektorpotential von (3.217) in

$$dA[x(1)] = \frac{\mu I}{4\pi} \frac{ds}{|x(1) - x(2)|} \tag{3.222}$$

über. ds stellt ein infinitesimales Linienelement dar, das die Richtung des Stromes I am Ort $x(2)$ beschreibt. Entsprechend der obigen Beziehungen ist dem dadurch beschriebenen infinitesimalen Stromelement ein Ladungsstromdichtevektor $d j_Q$ zugeordnet. Am Ort $x(1)$ liegt dann ein mit dem infinitesimalen Stromelement verknüpftes Vektorpotential $dA[x(1)]$ vor. Gemäß (3.164) ist diesem Vektorpotential die magnetische Induktion

$$dB[x(1)] = \operatorname{rot} dA[x(1)] = \nabla \times dA[x(1)] = \frac{\mu I}{4\pi} \nabla \times \frac{ds}{|x(1) - x(2)|} \tag{3.223}$$

zugeordnet. Wendet man den Nabla-Operator entsprechend dieser Beziehung auf den Quotienten gebildet aus ds und $|x(1) - x(2)|$ an, dann erhält man das Gesetz

$$dB[x(1)] = \frac{\mu I}{4\pi} \frac{ds \times [x(1) - x(2)]}{|x(1) - x(2)|^3}, \tag{3.224}$$

das als *Biot-Savartsches Gesetz in differentieller Form* bekannt ist. Es beschreibt den Zusammenhang zwischen einem infinitesimalen Stromelement und einem davon hervorgerufenen Magnetfeld in einem durch $|x(1) - x(2)| = |r| = r$, $r = x(1) - x(2)$ gegebenen Abstand.

> In der Quantenphysik spielt das Biot-Savartsche Gesetz eine Rolle im Zusammenhang mit der Berechnung von mit geladenen mikroskopischen Teilchen verbundenen Strömen.[28]

---

[27]Man vergleiche hierzu mit dem Abschnitt 4.9. Dort werden Coulombsche Potentialfunktionen im Zusammenhang mit speziellen quantenmechanischen Szenarien genauer studiert.

[28]Man vergleiche hierzu mit dem Beweis 5.1, in dem die Berechnung eines mit einem derartigen Strom verbundenen Magnetfeldes durchgeführt wird.

Das durch den gesamten betrachteten Strom hervorgerufene Magnetfeld erhält man durch Integration:

$$B\left[x(1)\right] = \int \mathrm{d}B\left(x\right) = \frac{\mu}{4\pi} \int I \frac{\mathrm{d}s \times \left[x(1) - x(2)\right]}{\left|x(1) - x(2)\right|^{3}}\,.$$ (3.225)

Dieser Ausdruck ist auch als *Biot-Savartsches Gesetz in integraler Form* bekannt. Unter Verwendung der Notation r erhält man die Form

$$B\left(r\right) = \frac{\mu}{4\pi} \int I \frac{\mathrm{d}s \times r}{r^{3}}\,,$$ (3.226)

die unter Verwendung der Stromstärkedefinition $I = \mathrm{d}Q/\mathrm{d}t$ in

$$B\left(r\right) = \frac{\mu}{4\pi} \int \mathrm{d}Q \frac{v \times r}{r^{3}}\,,$$ (3.227)

übergeht. Bild 3.14 vermittelt einen anschaulichen Eindruck über den Inhalt dieses Gesetzes.

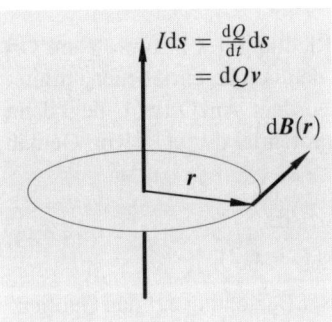

Bild 3.14 Zur Veranschaulichung des Biot-Savartschen Gesetzes: Ein Stromfluß beschrieben durch die Stromstärke I entlang eines infinitesimalen Linienelements $\mathrm{d}s$ erzeugt im Abstand r ein magnetisches Feld, das durch die magnetische Induktion $\mathrm{d}B(r)$ beschrieben werden kann. v steht für den Geschwindigkeitsvektor der „fließenden" Ladung $\mathrm{d}Q$. Man vergleiche auch mit Bild 3.11

3.6.3.4 Die Lorentz-Kraft

Das durch (3.220) gegebene Coulombsche Gesetz gilt, wenn die kraftfelderzeugende „Feldladung" ruht, wobei die das erzeugte Kraftfeld „abtastende" „Probeladung" beliebige Bewegungen ausführen kann. Dann stellt sich die Frage, wie dieses Coulombsche Gesetz abgeändert werden muß, damit auch bewegte „Feldladungen" beschrieben werden können. Dies wird im folgenden untersucht. Ausgegangen wird dabei von einem sich relativ mit der Geschwindigkeit v bewegenden Inertialsystem I', in dem eine „Feldladung" mit Ladung $Q(2) = n(2)e(2)$ im Nullpunkt des räumlichen Koordinatensystems ruht, und in dem eine „Probeladung" vorhanden ist, die sich mit einer beliebigen Geschwindigkeit $v'(1)$ bewegen kann und eine Ladung $Q(1) = n(1)e(1)$ aufweist: man vergleiche mit dem Bild 3.15. Durch Transformation in ein relativ gesehen ruhendes Inertialsystem I kann dann eine Beziehung gewonnen werden, die auch bewegte „Feldladungen" erfaßt. In diesem Zusammenhang wird sich automatisch eine Kraft ergeben, die den Sachverhalt wiedergibt, daß eine sich in einem magnetischen Feld bewegende Ladung eine zusätzliche Kraftwirkung erfährt: die *Lorentz-Kraft*.

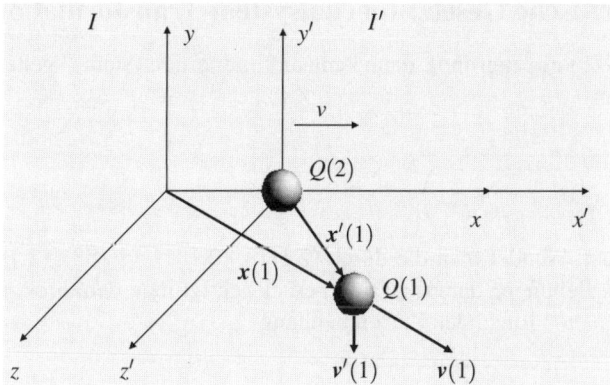

Bild 3.15 Ein spezielles Ladungsszenario: die geometrische Situation. Eine „Feldladung" $Q(2) = n(2)e(2)$ befindet sich ruhend im räumlichen Ursprung eines Inertialsystems I'. Weiterhin ist eine „Probeladung" $Q(1) = n(1)e(1)$ vorhanden, die sich an einem beliebigen Ort befinden und (relativ zum Inertialsystem I' gesehen) mit einer beliebigen Geschwindigkeit $v'(1)$ bewegen kann. Zusätzlich wird ein relativ gesehen ruhendes Inertialsystem I betrachtet. I' bewegt sich relativ zu I entlang der x-Achse mit der Geschwindigkeit v

I. Die Raum-Zeit-Situation

Die Raum-Zeit-Situation sei durch die Raum-Zeit-Vektoren

$$x^{4'}(2) = \begin{pmatrix} 0 \\ 0 \\ 0 \\ 0 \end{pmatrix} , \quad x^{4'}(1) = \begin{pmatrix} x' \\ y' \\ z' \\ ct' \end{pmatrix} , \quad x^4(2) = \begin{pmatrix} 0 \\ 0 \\ 0 \\ 0 \end{pmatrix} , \quad x^4(1) = \begin{pmatrix} x \\ y \\ z \\ 0 \end{pmatrix} \tag{3.228}$$

vorgegeben. Diese Raum-Zeit-Vektoren legen eine konkrete Raum-Zeit-Situation fest, die kompatibel mit den obigen Voraussetzungen ist. Entsprechend dieser Raum-Zeit-Situation wird die räumliche geometrische Situation des Szenarios durch

$$x(1) - x(2) = x(1) = \begin{pmatrix} x \\ y \\ z \end{pmatrix} ,$$

$$x'(1) - x'(2) = x'(1) = \begin{pmatrix} x' \\ y' \\ z' \end{pmatrix} \tag{3.229}$$

sowie

$$|x(1) - x(2)| = |x(1)| = \sqrt{x^2 + y^2 + z^2} ,$$

$$|x'(1) - x'(2)| = |x'(1)| = \sqrt{x'^2 + y'^2 + z'^2} \tag{3.230}$$

festgelegt: man vergleiche mit Bild 3.15.

II. Das Coulombsche Gesetz: Inertialsystem-Transformation

Legt man dieses Szenario zugrunde, dann kann das im Inertialsystem I' geltende Coulombsche Gesetz in der Form

$$F'_C = \Gamma_C \frac{x'(1)}{\left(\sqrt{x'^2 + y'^2 + z'^2}\right)^3} \tag{3.231}$$

geschrieben werden. Wendet man die durch (2.180), (2.181), (2.183), (2.184) vorgegebenen Transformationsbeziehungen darauf an und berücksichtigt man den direkt aus der speziellen Lorentz-Transformation folgenden Zusammenhang

$$\sqrt{x'^2 + y'^2 + z'^2} = \sqrt{\gamma^2 x^2 + y^2 + z^2}, \tag{3.232}$$

dann erhält man die im Inertialsystem I geltende Gesetzmäßigkeit. In Komponentenschreibweise läßt sie sich in der Form

$$F_x = \gamma \Gamma_C \frac{1}{\left(\sqrt{\gamma^2 x^2 + y^2 + z^2}\right)^3} \left[x + v_y(1)\frac{v}{c^2}y + v_z(1)\frac{v}{c^2}z \right],$$

$$F_y = \gamma \Gamma_C \frac{1}{\left(\sqrt{\gamma^2 x^2 + y^2 + z^2}\right)^3} \left[y - v_x(1)\frac{v}{c^2}y \right], \tag{3.233}$$

$$F_z = \gamma \Gamma_C \frac{1}{\left(\sqrt{\gamma^2 x^2 + y^2 + z^2}\right)^3} \left[z - v_x(1)\frac{v}{c^2}z \right]$$

notieren. Die Komponenten F_x, F_y, F_z bilden den Kraftvektor F. Während die Größen $v_x(1)$, $v_y(1)$, $v_z(1)$ die Komponenten des Geschwindigkeitsvektors $v(1)$ des geladenen Massenpunktes 1 im Inertialsystem I sind, repräsentiert v einerseits die Relativgeschwindigkeit der beiden Inertialsysteme und nach den gemachten Voraussetzungen andererseits die Geschwindigkeit des geladenen Massenpunktes 2 im Inertialsystem I. Die Auszeichnung der ersten Kraftkomponente folgt aus der Auszeichnung der Bewegungsrichtung des Inertialsystemes I' und des geladenen Massenpunktes 2 (vgl. Bild 3.15).

III. Das Coulombsche Gesetz: Aufspaltung

Die Gesetzmäßigkeit (3.233) gilt auch für bewegte „Feldladungen". Sie läßt sich gemäß $F = F_C + F_L$ in zwei Anteile aufspalten:

$$F_C = \gamma \Gamma_C \frac{x(1)}{\left(\sqrt{\gamma^2 x^2 + y^2 + z^2}\right)^3}, \quad F_L = n(1)e(1)v(1) \times B(2). \tag{3.234}$$

Während F_C einen auf die Ladungseigenschaft der Ladung $Q(2) = n(2)e(2)$ zurückführbaren Kraftanteil repräsentiert, stellt F_L einen zusätzlichen, mit der Ladungsgeschwindigkeit v verbundenen Kraftanteil dar, der über die Feldfunktion

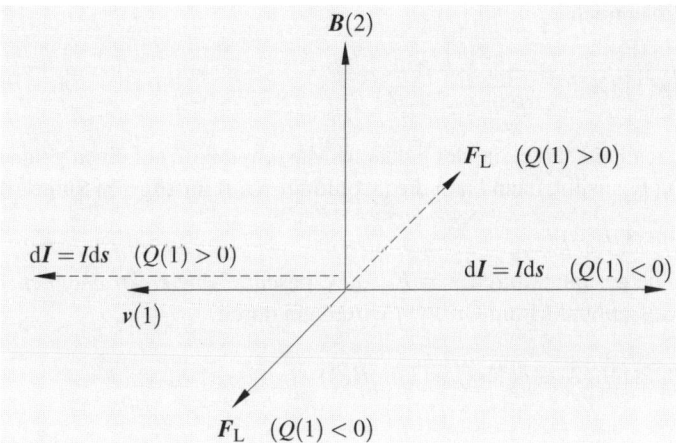

Bild 3.16 Zur Veranschaulichung der Lorentz-Kraft. Die Lorentz-Kraft F_L wirkt immer senkrecht zu der aus der Ladungsgeschwindigkeit $v(1)$ und dem Magnetfeld $B(2)$ gebildeten Ebene. Die Richtung der Kraftwirkung hängt von der Ladung $Q(1)$ ab. Zusätzlich eingetragen worden ist ein mit bewegten Ladungen verbundenes gerichtetes Stromelement dI, das gemäß der Skizze parallel zur Ladungsgeschwindigkeit (im Fall $Q(1) > 0$) oder antiparallel zur Ladungsgeschwindigkeit (im Fall $Q(1) < 0$) ausgerichtet ist

$$
B(2) = \begin{pmatrix} 0 \\ -\gamma \dfrac{\Gamma_C/n(1)e(1)}{\left(\sqrt{\gamma^2 x^2 + y^2 + z^2}\right)^3} \dfrac{v}{c^2} z \\ \gamma \dfrac{\Gamma_C/n(1)e(1)}{\left(\sqrt{\gamma^2 x^2 + y^2 + z^2}\right)^3} \dfrac{v}{c^2} y \end{pmatrix}
\tag{3.235}
$$

eine zusätzliche Kraftwirkung auf die sich mit der Geschwindigkeit $v(1)$ bewegende Ladung $Q(1) = n(1)e(1)$ ausübt, wobei $B(2)$ ein kreisförmig um die Bewegungsrichtung der sich bewegenden Ladung $Q(2)$ herum formiertes Vektorfelderfaßt erfaßt und sich als die mit der speziellen Situation verbundene magnetische Induktion erweist.

Gemäß der Ausführungen zur Coulomb-Kraft läßt sich F_C als die für eine bewegte „Feldladung" geltende „Coulomb-Kraft im engeren Sinne" bezeichnen. Die in (3.234) angegebene Kraft F_L wird *Lorentz-Kraft* genannt.

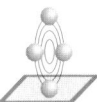 Entsprechend der dazugehörigen Formel wirkt die Lorentz-Kraft stets senkrecht zu der von $v(1)$ und $B(2)$ aufgespannten Fläche, was im Bild 3.16 gezeigt wird.

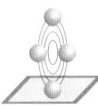 Diese über elementare Experimente begründbare Lorentz-Kraft präsentiert sich im Rahmen dieser Herleitung als eine Konsequenz der über die Lorentz-Transformation vorgegebenen Raum-Zeit-Struktur.

Identifiziert man noch

$$E(2) = \gamma \frac{\Gamma_C}{n(1)e(1)} \frac{x(1)}{\left(\sqrt{\gamma^2 x^2 + y^2 + z^2}\right)^3} \tag{3.236}$$

mit der elektrischen Feldstärke, die der geladene Massenpunkt 2 auf einen geladenen Massenpunkt 1 am Ort $x(1)$ ausübt, dann kann die „Coulomb-Kraft im engeren Sinne" durch

$$F_C = n(1)e(1)E(2) \tag{3.237}$$

ersetzt werden. Die gesamte, durch $F = F_C + F_L$ beschriebene *elektromagnetische Kraft* auf den geladenen Massenpunkt 1 am Ort $x(1)$ wird dann durch

$$F = n(1)e(1)E(2) + n(1)e(1)v(1) \times B(2) \tag{3.238}$$

erfaßt.

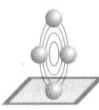

> Die Formel (3.238) gilt auch, wenn das magnetische und das elektrische Feld nicht durch Beziehungen der Art (3.235) und (3.236) dargestellt werden können, was beispielsweise der Fall ist, wenn in einer approximativen Weise von kontinuierlich verteilten „Feldladungen" ausgegangen wird.

3.6.3.5 Zur Einordnung in den Hamiltonschen Formalismus

Innerhalb des Euler-Lagrangeschen- bzw. des Hamiltonschen Formalismus werden die oben eingeführten Kräfte durch Einbezug der ebenfalls oben eingeführten Potentiale erfaßt: Die makroskopische Lagrangefunktion

$$L(x,\dot{x}) = \frac{m_0}{2}\dot{x}^2 - Q\phi_C + Q\dot{x}A \tag{3.239}$$

bzw. die makroskopische Hamiltonfunktion

$$H(x,\bar{x}) = \frac{1}{2m_0}(\bar{x} - QA)^2 + Q\phi_C \tag{3.240}$$

erfaßt die Bewegung eines Massenpunktes, wenn durch die Potentiale ϕ_C („skalares Potential") und A („Vektorpotential") vorgegebene Kräfte vorliegen, wobei $\bar{x}$ die folgenden kanonisch generalisierten Impulse geschlossen darstellt:

$$\begin{aligned}
\frac{\partial L(x,\dot{x})}{\partial \dot{x}} &= m_0\dot{x} + QA_x = \bar{x}\,, \\
\frac{\partial L(x,\dot{x})}{\partial \dot{y}} &= m_0\dot{y} + QA_y = \bar{y}\,, \\
\frac{\partial L(x,\dot{x})}{\partial \dot{z}} &= m_0\dot{z} + QA_z = \bar{z}\,.
\end{aligned} \tag{3.241}$$

I. Zur Hamiltonfunktion: Teil I

Die kanonisch konjugierten Impulse (3.241) enthalten einen auf eine Massenbewegung zurückführbaren „gewöhnlichen Impulsanteil" sowie einen „elektrodynamischen Impulsanteil". Setzt man für die kanonisch konjugierten Impulse (3.241) wiederum das Symbol p_i eines gewöhnlichen Impulses an, dann erhält man die Hamiltonfunktion

$$H = \frac{1}{2m_0}(\boldsymbol{p} - Q\boldsymbol{A})^2 + Q\phi_{\mathrm{C}}\,, \tag{3.242}$$

die im Fall verschwindender elektromagnetischer Felder in den Grenzfall

$$H = \frac{\boldsymbol{p}^2}{2m_0} + Q\phi_{\mathrm{C}} \tag{3.243}$$

übergeht. Läßt man nicht nur das skalare Potential ϕ_{C} sondern beliebige skalare Potentiale W zu, dann erhält man stattdessen den Ausdruck

$$H = \frac{1}{2m_0}(\boldsymbol{p} - Q\boldsymbol{A})^2 + W \tag{3.244}$$

mit dem Grenzfall

$$H = \frac{\boldsymbol{p}^2}{2m_0} + W\,. \tag{3.245}$$

Ersetzt man die Variablen derartiger Hamiltonfunktionen durch geeignete Operatoren, dann erhält man (abhängig von den benützten Operatoren) Hamiltonoperatoren in erster oder zweiter Quantisierung, welche auch die Wirkung elektromagnetischer Felder erfassen.[29]

II. Zur Hamiltonfunktion: Teil II

Berücksichtigt man die elektromagnetische Kraft (3.238) innerhalb der durch (3.51) gegebenen Newtonschen Bewegungsgleichung, dann erhält man eine Differentialgleichung zur Bestimmung der Bewegung eines geladenen Massenpunktes 1 mit Ruhemasse m_0 und Ladung $Q = n(1)e(1)$:

$$m_0\ddot{\boldsymbol{x}}(1) = n(1)e(1)\boldsymbol{E}(2) + n(1)e(1)\boldsymbol{v}(1) \times \boldsymbol{B}(2)\,. \tag{3.246}$$

Die spezielle Newtonsche Bewegungsgleichung (3.246) läßt sich mit Hilfe der makroskopischen Hamiltonfunktion (3.240) aus den Hamiltonschen kanonischen Gleichungen (3.61) gewinnen.

---

[29]Man vergleiche mit dem Abschnitt 6.5. Dort wird dieser Sachverhalt im Zusammenhang mit der Quantenelektrodynamik diskutiert.

Beweis 3.3 Identifiziert man die generalisierten Koordinaten q_i mit den Ortskoordinaten x, y, z und die kanonisch konjugierten generalisierten Impule $\bar{q}_i$ mit den Impulskoordinaten $\bar{x}$ $\bar{y}$, $\bar{z}$ dann nehmen die Hamiltonschen kanonischen Gleichungen (3.61) die Form

$$\frac{\partial H}{\partial \bar{x}(t)} = \dot{x}(t) , \quad \frac{\partial H}{\partial x(t)} = -\dot{\bar{x}}(t) , \quad \dots \tag{3.247}$$

an. Setzt man die makroskopische Hamiltonfunktion (3.240) in diese Gleichungen ein, dann ergibt sich

$$\dot{x} = \frac{1}{m_0} (\bar{x} - QA_x) , \quad \dots , \tag{3.248}$$

$$\dot{\bar{x}} = -Q \frac{\partial}{\partial x} \phi_C + \frac{Q}{m_0} \left[(\bar{x} - QA_x) \frac{\partial A_x}{\partial x} + (\bar{y} - QA_y) \frac{\partial A_y}{\partial x} + (\bar{z} - QA_z) \frac{\partial A_z}{\partial x} \right] , \quad \dots . \tag{3.249}$$

Eliminiert man in (3.249) mit Hilfe von (3.248) sämtliche Terme, die Komponenten $\bar{x}$, $\bar{y}$, $\bar{z}$ enthalten, dann ergeben sich die Ausdrücke

$$m_0 \ddot{x} = -Q \frac{\partial}{\partial x} \phi_C - Q \dot{A}_x + Q \left[\dot{x} \frac{\partial A_x}{\partial x} + \dot{y} \frac{\partial A_y}{\partial x} + \dot{z} \frac{\partial A_z}{\partial x} \right] , \quad \dots , \tag{3.250}$$

die unter Verwendung der Beziehungen

$$\dot{A}_x = \frac{\mathrm{d} A_x}{\mathrm{d} t} = \frac{\partial A_x}{\partial t} + \frac{\partial A_x}{\partial x} \dot{x} + \frac{\partial A_x}{\partial y} \dot{y} + \frac{\partial A_x}{\partial z} \dot{z} , \quad \dots \tag{3.251}$$

in

$$m_0 \ddot{x} = -Q \frac{\partial}{\partial x} \phi_C - Q \frac{\partial A_x}{\partial t} + Q (\dot{x} \times \mathrm{rot} A)_x , \quad \dots \tag{3.252}$$

überführt werden können, wenn die Größen $(\dot{x} \times \mathrm{rot} A)_x$, etc. für einzelne Komponenten des aus $\dot{x}$ und A gebildeten Vektorprodukts stehen. Berücksichtigt man noch die Beziehungen (3.164) und (3.165), dann erhält man die Gleichungen

$$m_0 \ddot{x} = QE_x + Q (\dot{x} \times \boldsymbol{B})_x , \quad \dots . \tag{3.253}$$

Faßt man diese Gleichungen zu einer vektoriellen Gleichung zusammen, so erhält man

$$m_0 \ddot{x} = Q\boldsymbol{E} + Q (\dot{x} \times \boldsymbol{B}) . \tag{3.254}$$

Setzt man dann

$$Q = n(1)e(1) \tag{3.255}$$

sowie

$$\dot{x} = \boldsymbol{v}(1) , \quad \boldsymbol{B} = \boldsymbol{B}(2) , \quad \boldsymbol{E} = \boldsymbol{E}(2) , \tag{3.256}$$

dann ergibt sich genau die Newtonsche Bewegungsgleichung (3.246).

Auf die gleiche Weise läßt sich diese Bewegungsgleichung auch ausgehend von der makroskopischen Lagrangefunktion (3.239) herleiten, wenn die Euler-Lagrangeschen Differentialgleichungen (3.49) zugrunde gelegt werden. Dies soll jedoch nicht mehr gezeigt werden.

3.6.4 Spezielle Lösungen II: Vektorpotentialwellen

Die in diesem Abschnitt eingeführten Bewegungsgleichungen erlauben insbesondere die Behandlung des gesamten Spektrums von Erscheinungen, das im Zusammenhang mit freien elektromagnetischen Wellen steht. Eine ausführliche Behandlung der verschiedenartigen Phänomene kann aus Platzgründen in diesem Buch nicht angeboten werden. Zur späteren Verwendung sollen jedoch im folgenden spezielle Lösungen etwas näher betrachtet werden: Liegen Bewegungsgleichungen der d'Alembertschen Form vor, dann erhält man Lösungen, die freie Wellen repräsentieren. Beispielsweise sind Lösungen der aus (3.172) für verschwindende Ladungsströme folgenden d'Alembertschen Wellengleichung $\Box A = 0$ durch

$$A = \sum_{k,\sigma} [A(k,\sigma)\psi(k,\sigma,t)\psi(k,x) + A^*(k,\sigma)\psi^*(k,\sigma,t)\psi^*(k,x)] \tag{3.257}$$

mit

$$
\begin{aligned}
&A(k,\sigma) = c(k,\sigma)e(k,\sigma) \,, \ A^*(k,\sigma) = c^*(k,\sigma)e(k,\sigma) \,,\\[4pt]
&\psi(k,\sigma,t) = \exp\left[-iE_\gamma(k)t/\hbar\right] = \exp\left[-i\omega_\gamma(k)t\right] \,,\\[4pt]
&\psi^*(k,\sigma,t) = \exp\left[iE_\gamma(k)t/\hbar\right] = \exp\left[i\omega_\gamma(k)t\right] \,,\\[4pt]
&\psi(k,x) = \exp(ikx) \,, \ \psi^*(k,x) = \exp(-ikx)
\end{aligned}
\tag{3.258}
$$

gegeben, wie sich durch Einsetzen in die obige homogene Wellengleichung sofort nachrechnen läßt. Die Größen $A(k,\sigma)$, $A^*(k,\sigma)$ repräsentieren die komplexen Amplituden der einzelnen Wellenmoden $\psi(k,\sigma,t)\psi(k,x)$, wenn der Index k für die Ausbreitungsrichtung beschreibende Wellenvektoren mit dem Betrag k steht und der Index σ Polarisationsrichtungen der komplexen Teilwellen abzählt, wobei eine Polarisationsrichtung durch einen Einheitsvektor $e(k,\sigma)$ erfaßt wird. $E_\gamma(k) = \hbar\omega_\gamma(k)$ steht für die mit einer Wellenmode verbundene Energie. Der Index γ deutet, wie immer in diesem Buch, auf mit elektromagnetischen Wellen und deren Feldteilchen, den Photonen, verbundene Größen hin.

 In Verbindung mit Hamiltonfunktionen der Form (3.242) oder (3.244) dienen Vektorpotentialausdrücke der hier betrachteten Art als Ausgangspunkt zur Implementation von elektromagnetischen Feldern in die Quantenfeldtheorie.[30]

Diese Ausführungen sollen genügen. Im folgenden wird der Übergang zu typischen quantenmechanischen Systemen durchgeführt.

---

[30]Man vergleiche auch hier mit dem Abschnitt 6.5. Dort wird dieser Sachverhalt im Zusammenhang mit der Quantenelektrodynamik betrachtet.

Buch 3: Quantenmechanik

Materiefelder, nichtrelativistisch: mathematische Strukturen (Hilbert-Raum, Erwartungswert-Darstellungen, Vertauschungsrelationen, Leiteroperatoren), erste Quantisierung (Hamilton-funktion, Hamiltonoperator, Jordansche Regeln), Schrödingerbild, Heisenbergbild, Wechselwirkungsbild, Dichtematrix-Formalismus, Feynmansche Pfadintegrale, Störungstheorie, Darstellungen (Ortsdarstellung), Feld- bzw. Bewegungsgleichungen (zeitabhängige und zeitunabhängige Schrödinger-Gleichung, Mastergleichungen, Heisenbergsche Bewegungsgleichung, quantenmechanische Liouville-Gleichung), Observable und Operatoren, der Zusammenhang mit dem Euler-Lagrangeschen Formalismus (Euler-Lagrangesche Feldgleichungen, Kontinuitätsgleichung, Energie-Impuls-Tensor), abgeschlossene und offene Systeme, reine und gemischte Gesamtheiten, Ein- und Vielteilchensysteme, Beispiele (Spaltbeugung, harmonischer Oszillator, Wasserstoff-Atom, Periodensystem der Elemente)

4 Materiefelder, nichtrelativistisch

Die Beobachtung, daß Zustandsverteilungen und Zustandsübergänge mikroskopischer (d. h. molekularer, atomarer, subatomarer, elementarer) Systeme in der Regel eine diskrete („gequantelte") Struktur aufweisen, bedeutete eine einschneidende Veränderung im Verständnis der Materie und führte zu der Entwicklung der *Quantentheorie* mit der (Zustände und Bewegungen mikroskopischer Systeme auf eine grundlegende Weise analysierenden) *Quantenmechanik* als zentralem Bestandteil. Mikroskopische Systeme, in diesem Sinne charakterisiert, werden insofern als *Quantensysteme* bzw. als *quantenmechanische Systeme* bezeichnet.

Die Beschreibung der Bildung von molekularen Strukturen (Moleküle, Gase, Flüssigkeiten, Festkörper) ausgehend von Atomen genauso wie die Herausbildung von Atomen ausgehend von subatomaren Komponenten (Elektronen, Protonen, Neutronen) ist Gegenstand der Quantenmechanik. Die Quantenmechanik ermöglicht darüber hinausgehend die Zurückführung relativ gesehen makroskopischer Materieeigenschaften, wie z. B. Absorption, Emission und Streuung elektromagnetischer Strahlung aller Frequenzbereiche (Röntgenstrahlung, UV-Licht, sichtbares Licht, Infrarotstrahlung) auf mikroskopische Materieeigenschaften. Selbst die Herausbildung von monochromatisch-kohärentem Licht (Laserlicht) innerhalb von Gasen, Flüssigkeiten oder Festkörpern kann mit quantenmechanischen Methoden direkt auf atomare und molekulare Eigenschaften zurückgeführt werden. Spezielle, direkt auf das Wesen von Mikrosystemen zurückführbare Effekte, wie spontaner Kernzerfall und spontane Lichtemission, können durch quantenmechanische Formalismen direkt beschrieben werden. Insofern ermöglicht die Quantenmechanik sowohl die Beschreibung der Eigenschaften mikroskopischer Systeme als auch die Zurückführung von relativ gesehen makroskopischen Eigenschaften auf grundsätzliche Verhaltensweisen mikroskopischer Systeme.

Spricht man von Quantenmechanik, so denkt man für gewöhnlich, daß sie nur Systeme beschreibt, die der direkten menschlichen Beobachtung schwer zugänglich sind und für das menschliche Dasein keinen direkten Nutzen bringen. Dies ist jedoch in zunehmendem Maße ein überholtes Bild der Quantenmechanik. Ob in der Medizin, in der Materialforschung oder der Mikroelektronik, immer mehr technische Anwendungen basieren direkt auf Effekten mikroskopischer Systeme. Die Computer- oder Kernspintomographie, die die plastische optische Abbildung von z. B. inneren Organen ermöglicht, ist ein inzwischen bekanntes Beispiel aus der Medizin. Sie stellt eine spezielle Form der Strukturanalyse dar, welche auf Kernspinresonanz (NMR = Nuclear Magnetic Resonance) basiert. Mittels der Methoden der Quantenmechanik ist diese Kernspinresonanz versteh- und behandelbar.

Im Bereich atomarer Größenordnungen verlieren die Vorstellungen der klassischen Mechanik ihre Gültigkeit. Insbesondere muß die Vorstellung aufgegeben werden, daß ein mikroskopisches Teilchen als ein punktförmiges Gebilde betrachtet werden kann, das eine klassische Bahn der Form

$$x = x(t, x(0), \dot{x}(0)) \tag{4.1}$$

durchläuft. (x steht hier für den Vektor der Raumkoordinaten, die Größe t symbolisiert den Zeitpunkt, $x(0)$ stellt den Vektor der Anfangskoordinaten dar und $\dot{x}(0)$ bezeichnet den Vektor der Anfangsgeschwindigkeit.) Eine derartige Beschreibung mikroskopischer Bewegungen ist nur innerhalb makroskopischer Dimensionen möglich, d. h. beispielsweise wenn ein Teilchen oder ein Teilchenstrahl durch ein elektrisches Feld eines Kondensators abgelenkt wird. Für Bewegungen in mikroskopischen Raumbereichen haben sich ganz andere Vorstellungen bewährt: Zur Beschreibung von mikroskopischen Teilchen innerhalb mikroskopischer Raumbereiche werden raumzeitliche Feldgrößen herangezogen, die sich als Lösung geeigneter Feldgleichungen ergeben. Derartige Feldgrößen beschreiben mikroskopische Teilchen als Wellen-Teilchen-Objekte, d. h. als Gebilde mit Wellen- als auch Teilcheneigenschaften, die des öfteren als *Materiefelder* bezeichnet werden.

Ein schneller Zugang zu Formalismen der Quantentheorie liefert der Euler-Lagrangesche sowie der Hamiltonsche Formalismus. Insbesondere können sämtliche Grundgleichungen der nichtrelativistischen und relativistischen Quantenmechanik (wie die *Schrödinger-Gleichung*, die *Klein-Gordon-Gleichung* und die *Dirac-Gleichung*) durch Einführung einer geeigneten Lagrangedichte bzw. Hamiltondichte aus den Euler-Lagrangeschen bzw. Hamiltonschen Feldgleichungen gewonnen werden. Die in einer quantenmechanischen Feldgleichung auftretenden Operatoren lassen sich – wie im folgenden gezeigt wird – auch direkt ausgehend von einer, ein zugeordnetes makroskopisches System beschreibenden Hamiltonfunktion gewinnen, indem die auftretenden makroskopischen Variablen durch geeignete Operatoren ersetzt werden. Hier seien insbesondere die *Jordanschen Regeln* genannt, die eine Vorschrift darstellen, wie die Impulsvariablen sowie die Ortsvariablen einer solchen makroskopischen Hamiltonfunktion durch geeignete Operatoren ersetzt werden müssen. Ein sich dann ergebender Operator wird *Hamiltonoperator* genannt. Ein über die Jordanschen Regeln gewonnener Hamiltonoperator ist der zentrale Operator einer Schrödinger-Gleichung in Ortsdarstellung. Dieser Prozeß der Ersetzung makroskopischer Variablen wird als *erste Quantisierung* bezeichnet.

Grob einteilen läßt sich die Quantenmechanik in die *relativistische* und die *nichtrelativistische Quantenmechanik*. Während der relativistischen Quantenmechanik Lorentz-kovariante Formalismen zugrundeliegen, repräsentiert die nichtrelativistische Quantenmechanik eine nur Galilei-kovariante Näherung, d. h. relativistische quantenmechanische Gleichungen sind forminvariant bezüglich der Anwendung der Transformationen der Poincaré-Gruppe und damit insbesondere bezüglich der speziellen Lorentz-Transformation, während nichtrelativistische quantenmechanische Gleichungen ihre Form nur bei Galilei-Transformationen beibehalten. Während die nichtrelativistische Quantenmechanik die Beschreibung von Quantenphänomenen ermöglicht, die relativ zur Lichtgeschwindigkeit niedrige Massengeschwindigkeiten aufweisen, ermöglicht die relativistische Quantenmechanik zusätzlich die Beschreibung von Systemen mit relativ hohen Massengeschwindigkeiten. Beispiele für den letzteren Fall liefern Teilchensysteme, die in Teilchenbeschleunigern auf Geschwindigkeiten nahe der Lichtgeschwindigkeit beschleunigt werden.

Bei der theoretischen Beschreibung von quantenmechanischen Systemen ist es methodisch sinnvoll, *Einteilchensysteme* und *Vielteilchensysteme* getrennt zu behandeln. Andererseits ist es methodisch sinnvoll, *abgeschlossene* und *offene Systeme* separat zu betrachten. Diese Trennungen werden in diesem Kapitel durchgeführt. Wesentliche quantenmechanische Konzepte werden in diesem Kapitel betrachtet. Dabei wird weder der historisch korrekte Weg gegangen noch eine direkt aus einer Folge von Experimenten heraus begründbare („induktive“, d. h. eine „vom Speziellen zum Allgemeinen führende“) Einführung angestrebt. Stattdessen wird eine („deduktive“, d. h. eine „vom Allgemeinen zum Speziellen führende“) Präsentation bevorzugt, die die grundsätzliche Struktur der Quantenmechanik besonders transparent macht. Der Leser sollte sich bewußt sein, daß die dabei auftretenden Beziehungen und Aussagen das Produkt einer langwierigen Entwicklung sind, deren einzelne Schritte ständig durch Experimente überprüft wurden, die aber im Rahmen der deduktiven Präsentation nicht einzeln angegeben werden. Am Schluß des Kapitels werden jedoch Beispiele betrachtet, welche die Tauglichkeit der Formalismen anschaulich illustrieren. Es werden in diesem Kapitel nur nichtrelativistische Gleichungen betrachtet. Relativistische Beziehungen werden im folgenden Kapitel ausführlich berücksichtigt.

4.1 Mathematische Grundlagen

Die Beschreibung quantenmechanischer Systeme geschieht auf der Grundlage von *Zustandsvektoren* $|\varphi_i\rangle$. Spezielle Darstellungen derartiger Zustandsvektoren sind beispielsweise durch Funktionen $\psi(x, t)$ des Ortes und der Zeit gegeben. Liegen derartige Funktionen vor, dann kann auch von *Zustandsfunktionen* gesprochen werden, was in diesem Buch getan wird. Der Begriff *Zustandsvektor* wird nur benützt, wenn abstrakte zustandsbeschreibende Größen betrachtet werden.

4.1.1 Dirac-Vektoren

Werden Zustandsvektoren in der Schreibweise $|\varphi_i\rangle$ benützt, so werden sie „Diracsche ket-Vektoren“ genannt. Diesen Dirac-Vektoren zugeordnet sind die adjungierten „Diracschen bra-Vektoren“ $\langle\varphi_i|$. Dirac-Vektoren und adjungierte Dirac-Vektoren sind Elemente dualer Räume („Zweierräume“). Ist ein Zustandsvektor $|\varphi_i\rangle$ eine komplexe Funktion, dann ist der Zustandsvektor $\langle\varphi_i|$ die dazu konjugiert komplexe Funktion. Angelehnt an den anglo-amerikanischen Begriff *bracket* (im Amerikanischen im Sinne von *eckiger Klammer* gebraucht) wird diese Schreibweise, die zu einer übersichtlichen Darstellung des Skalarprodukts führt, als *Diracsche bra- und ket-Schreibweise* bezeichnet.

4.1.2 Dirac-Vektoren und Hilbert-Räume

Zustandsvektoren $|\varphi_i\rangle$ sind Elemente eines *Hilbert-Raums* $\mathbb{H}$. Der Hilbert-Raum wurde bereits im Abschnitt 2.1 eingeführt. Den dortigen Ausführungen entsprechend ist er ein vollständiger unitärer Raum. Die wichtigsten Aussagen werden im folgenden – unter Verwendung der Diracschen Schreibweise und angepaßt auf den folgenden Bedarf – noch einmal zusammengefaßt:

- $\mathbb{H}$ ist ein n-dimensionaler Vektorraum gemäß 2.1.2, d. h. insbesondere, es gibt Elemente $|\varphi_{B,i}\rangle$, die eine Teilmenge von $\mathbb{H}$ mit Elementen $|\varphi_i\rangle$ bilden und eine n-dimensionale Basis des Vektorraums aufspannen. Linearkombinationen dieser Basisvektoren erlauben die Darstellung beliebiger Zustandsvektoren des Vektorraums.

- Es ist ein Skalarprodukt $\langle\varphi_i|\varphi_k\rangle$ definiert, das jedem Zustandsvektorpaar $|\varphi_k\rangle$, $\langle\varphi_i|$ eine komplexe Zahl zuordnet. Dieses Skalarprodukt hat folgende Eigenschaften:

  - $\langle\varphi_i|\alpha\varphi_k\rangle = \alpha\langle\varphi_i|\varphi_k\rangle$ (α = komplexe Zahl) ,

  - $\left(\langle\varphi_i| + \langle\varphi_j|\right)|\varphi_k\rangle = \langle\varphi_i|\varphi_k\rangle + \langle\varphi_j|\varphi_k\rangle$,

  - $\langle\varphi_i|\varphi_k\rangle = \langle\varphi_k|\varphi_i\rangle^*$, wobei $*$ das konjugiert komplexe Skalarprodukt ist,

  - $\langle\varphi_i|\varphi_i\rangle \geq 0$, wobei das Gleichheitszeichen gilt, wenn $|\varphi_i\rangle = 0$.

- Zwei Elemente $|\varphi_i\rangle$, $|\varphi_k\rangle$ eines Hilbert-Raums heißen orthogonal zueinander, falls $\langle\varphi_i|\varphi_k\rangle = 0$ ($i \neq k$) gilt. Ein *Orthonormalsystem* von Zustandsvektoren $|\varphi_k\rangle$ liegt vor, wenn

$$\langle\varphi_i|\varphi_k\rangle = \delta_{ik} \qquad (4.2)$$

  mit $|\varphi_i\rangle$, $|\varphi_k\rangle$ aus $\mathbb{H}$.

- Der Hilbert-Raum ist vollständig. Diese Vollständigkeit wird durch die *Vollständigkeitsrelation*

$$\sum_i |\varphi_{B,i}\rangle\langle\varphi_{B,i}| = 1 \qquad (4.3)$$

ausgedrückt. Sie besagt, daß jeder Zustandsvektor $|\varphi_k\rangle$ des Hilbertraums $\mathbb{H}$ eindeutig durch Linearkombinationen von Basisvektoren $|\varphi_{B,i}\rangle$ ausdrückbar ist. Man kann diese Aussage folgendermaßen einsehen: Ist $|\varphi_k\rangle$ ein Zustandsvektor im Hilbertraum $\mathbb{H}$, dann kann man ihn durch die Basisvektoren $|\varphi_{B,i}\rangle$ ausdrücken, d. h. es gilt

$$|\varphi_k\rangle = \sum_i |\varphi_{B,i}\rangle c_{ik} . \qquad (4.4)$$

Die Elemente c_{ik} sind die zugehörigen Reihenkoeffizienten. Setzt man gemäß (4.2) die Orthonormalitätsrelation

$$\langle\varphi_{B,i}|\varphi_{B,k}\rangle = \delta_{ik} \qquad (4.5)$$

voraus, dann gilt

$$c_{ik} = \langle\varphi_{B,i}|\varphi_k\rangle . \qquad (4.6)$$

Setzt man diesen Ausdruck in die obige Reihe ein, dann ergibt sich

$$|\varphi_k\rangle = \sum_i |\varphi_{B,i}\rangle\langle\varphi_{B,i}|\varphi_k\rangle . \qquad (4.7)$$

Die rechte Seite reproduziert den vollständigen Zustandsvektor $|\varphi_k\rangle$ der linken Seite falls gerade die Vollständigkeitsrelation (4.3) erfüllt ist. Diese Vollständigkeitsrelation wird in der Quantenmechanik an Stelle der doch relativ abstrakten Konvergenzforderung des Abschnitts 2.1.4 benützt.

- In den obigen Überlegungen wird eine diskrete Menge von Zustandsvektoren vorausgesetzt. Betrachtet man eine kontinuierliche Menge von Zustandsvektoren, dann sind die Indices i, j, k durch „Laufparameter" und die Summen durch Integrale zu ersetzen. Statt einem Kronecker-Delta ist eine Diracsche Deltafunktion zu benützen. Eine derartige „integrale Formulierung" kann als Verallgemeinerung der obigen „diskreten Formulierung" verstanden werden, d. h. man kann sich auf den Standpunkt stellen, daß eine derartige „integrale Formulierung" die „diskrete Formulierung" als Grenzfall enthält. Dies wird im folgenden so gehandhabt.

4.2 Grundlegende Formalismen

Zur Beschreibung nichtrelativistischer quantenmechanischer Systeme sind verschiedenartige gleichwertige Formalismen möglich, von denen man drei als "quantenmechanische Bilder" unterscheidet[1]. Alle diese Formalismen sind insofern äquivalent, als der Übergang von einem zum anderen Bild Meßwerte invariant läßt. Die praktische Bedeutung besteht darin, daß man die Freiheit gewinnt, den einem vorgegebenen Problem am besten angepaßten Formalismus auszuwählen.

Vier äquivalente Formalismen sind von besonderer Bedeutung: die drei quantenmechanischen Bilder – das *Schrödingerbild*, das *Heisenbergbild* und das *Wechselwirkungsbild* – sowie die *Feynmansche Formulierung* der Quantenmechanik, die auf *Pfadintegralmethoden* beruht. Die nichtrelativistische Formulierung der drei Bilder und die damit verknüpften Feldgleichungen werden im folgenden zusammenfassend diskutiert. Die Feynmansche Formulierung wird später behandelt. Ursache für diese Trennung ist, daß die drei quantenmechanischen Bilder durch unitäre Transformationen miteinander verbunden sind, sodaß für sie eine geschlossene Betrachtung möglich ist. Für die Feynmansche Formulierung gilt diese Aussage nicht, sodaß diese Formulierung getrennt eingeführt wird.

4.2.1 Das Schrödingerbild

In der allgemeinen Formulierung läßt das Schrödingerbild sowohl die Behandlung von *Einteilchensystemen* als auch die Behandlung von *Vielteilchensystemen* zu.

4.2.1.1 Die zeitabhängige Schrödinger-Gleichung

Ein quantenmechanisches System wird im Schrödingerbild durch einen *Zustandsvektor* $|\psi\rangle$ beschrieben. Ein Zustandsvektor $|\psi\rangle$ enthält die gesamte quantenmechanische Information über das zugrundeliegende quantenmechanische System. $|\psi\rangle$ ist Element eines zugehörigen Hilbert-Raums $\mathbb{H}$. Der zeitlichen Entwicklung des Zustandsvektors wird durch eine Parametrisierung nach der Zeit t Rechnung getragen:

$$|\psi\rangle \rightarrow |\psi_t\rangle \ . \tag{4.8}$$

---

[1]Alle diese Formalismen lassen sich in den relativistischen Bereich hinein ausdehnen. Relativistische Beziehungen werden jedoch erst im Kapitel 5 genauer studiert.

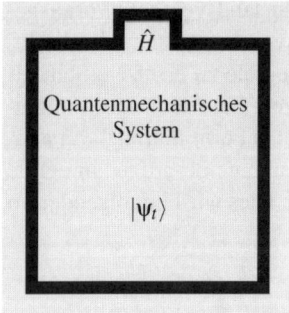

Bild 4.1 Die grundsätzliche Struktur quantenmechanischer Systeme. Der Hamiltonoperator $\hat{H}$ definiert das System in mathematischer Form. Beschrieben wird die Systemdynamik durch einen zeitabhängigen Zustandsvektor $|\psi_t\rangle$. Der im Bild auftretende Rahmen grenzt das durch den Hamiltonoperator definierte System ab. Es sei hier bereits erwähnt, daß ein solcher Rahmen – je nach Festlegung des Hamiltonoperators – ein offenes oder abgeschlossenes System abgrenzt. Im Abschnitt 4.2.4 werden diesbezügliche Definitionen eingeführt

Die zeitliche Entwicklung eines vorgegebenen Zustandsvektors wird durch die *zeitabhängige Schrödinger-Gleichung* beschrieben:

$$i\hbar|\dot{\psi}_t\rangle = \hat{H}|\psi_t\rangle \ . \tag{4.9}$$

$\hbar$ ist die *Plancksche Konstante* (d. h. das *Plancksche Wirkungsquantum h* dividiert durch 2π: $\hbar = h/2\pi$). Der Punkt über dem Zustandsvektor deutet die zeitliche Ableitung an. Diese Gleichung ist eine nichtrelativistische Gleichung. In dieser abstrakten Form ist eine Vielzahl von verschiedenartigen Konkretisierungen enthalten[2]. Die Grundform der hier angegebenen zeitabhängigen Schrödinger-Gleichung, die im Abschnitt 4.3 noch einzuführende zeitabhängige Einteilchen-Schrödinger-Gleichung in Ortsdarstellung, wurde historisch gesehen auf eine intuitive Weise, ausgehend von bei Spaltbeugungsexperimenten erhaltenen Ergebnissen, eingeführt. Im Abschnitt 4.7 wird auf diesen historischen Zusammenhang eingegangen.

Die zeitabhängige Schrödinger-Gleichung ist eine lineare Differentialgleichung. Entsprechend der Ausführungen des Kapitels 2 bedeutet dies, daß Linearkombinationen von Lösungen dieser Differentialgleichung wiederum Lösungen der Differentialgleichung ergeben (Superpositionsprinzip).

Der Operator $\hat{H}$, der *Hamiltonoperator*, ist ein hermitescher ($=$ selbstadjungierter) Operator, d. h. der durch das Skalarprodukt

$$\langle \hat{H}^\dagger \psi_t | \psi_t \rangle = \langle \psi_t | \hat{H} \psi_t \rangle = \langle \psi_t | \hat{H} | \psi_t \rangle \tag{4.10}$$

definierbare adjungierte Operator $\hat{H}^\dagger$ ist mit dem ursprünglichen Operator $\hat{H}$ identisch:

$$\hat{H} = \hat{H}^\dagger \ . \tag{4.11}$$

---

[2]Man vergleiche mit (4.139), (4.207) und (6.158). (6.158) stellt beispielsweise eine für den Fall eines Vielteilchensystems geltende quantenfeldtheoretische Spezifizierung der hier betrachteten zeitabhängigen Schrödinger-Gleichung dar.

Der Hamiltonoperator $\hat{H}$ definiert das zugrundeliegende System in mathematischer Form und legt so die zeitliche Entwicklung des Systems fest.

Im Bild 4.1 wird die hervorgehobene Stellung des Hamiltonoperators formal verdeutlicht.

4.2.1.2 Observable und Operatoren

Observablen sind in der Quantenmechanik *Operatoren* zugeordnet. Im Schrödingerbild sind diese Operatoren zeitunabhängig, wenn das vorliegende System nicht zeitabhängigen Einflüssen unterliegt. Seine zeitliche Entwicklung wird ausschließlich durch den Zustandsvektor $|\psi_t\rangle$ beschrieben. Bezeichnet M eine solche Observable und $\hat{M}$ den dazugehörigen, im Schrödingerbild auftretenden Operator, so läßt sich das $\hat{M}$ zugeordnete Eigenwertproblem in der Form

$$\hat{M}|M\rangle = M|M\rangle \tag{4.12}$$

ausformulieren, wobei $|M\rangle$ einen dem *Eigenwert M* zugeordneten *Eigenzustand* repräsentiert. Mögliche Eigenwerte werden durch spezifische *Quantenzahlen* eingegrenzt.

Observablenoperatoren sind hermitesche Operatoren, woraus nach den Ausführungen des Kapitels 2 folgt, daß Observablenoperatoren reelle, als meßbare Werte interpretierbare Eigenwerte garantieren.

Die zu Eigenzuständen $|M\rangle$ gehörige Orthonormalitätsrelation und die Vollständigkeitsrelation lassen sich durch

$$\langle M|M'\rangle = \delta\left(M - M'\right) \, , \quad \int |M\rangle\langle M| \, \mathrm{d}M = 1 \tag{4.13}$$

darstellen.

Führt man eine Messung durch, so erhält man für gewöhnlich als Meßresultat den einer Observablen M zugeordneten *Mittelwert* (auch: *Erwartungswert*) $\langle M\rangle$. Betrachtet man das Schrödingerbild, sodaß der Zustand eines physikalischen Systems durch den Zustandsvektor $|\psi_t\rangle$ beschrieben wird, so läßt sich ein Mittelwert $\langle M\rangle$ in der Form

$$\langle M\rangle = \left\langle \psi_t \left| \hat{M} \right| \psi_t \right\rangle \tag{4.14}$$

notieren.[3]

Insofern sind Observable durch mögliche Eigenwerte und zugeordnete Mittelwerte charakterisierbar.

---

[3]Es sei hier betont, daß Meßwertrelationen der Art (4.14) auch in anderen Bildern – auf der Grundlage der dann gültigen Operatoren – auftreten. Man vergleiche beispielsweise mit (4.24) und (4.34). An dieser Stelle sollen jedoch nur für das Schrödingerbild typische Größen berücksichtigt werden.

4.2.1.3 Gleichzeitige Meßbarkeit und Unschärfe

Gegenüber der klassischen Mechanik ist die quantenmechanische Beschreibung reduziert. Dies findet insbesondere darin seinen Ausdruck, daß verschiedene Observable nicht gleichzeitig scharf gemessen werden können. In der mathematischen Formulierung ist diese *Unschärfe* eine Folge der *Nichtvertauschbarkeit* der Operatoren, die den Observablen zugeordnet sind. Zwei Observable M, M' sind gleichzeitig scharf meßbar, wenn die diesen Observablen zugeordneten, im Schrödingerbild auftretenden Operatoren $\hat{M}$, $\hat{M}'$ vertauschen („kommutieren"), d. h. der *Kommutator*

$$\left[\hat{M},\hat{M}'\right]_{-} = \hat{M}\hat{M}' - \hat{M}'\hat{M} \tag{4.15}$$

der beiden Operatoren gleich Null ist. Vertauschen die beiden Operatoren nicht, so ist die gleichzeitige Messung beider Observablen mit den Unschärfen ΔM, $\Delta M'$ verbunden.

Spezielle Unschärfen genügen speziellen Unschärferelationen. So genügen eine Impulsunschärfe Δp und eine Ortsunschärfe Δx der Heisenbergschen Unschärferelation.

Im Abschnitt 4.3.7 wird der Sachverhalt, daß nichtverschwindende Vertauschungsrelationen Unschärfen zur Folge haben, anhand des Beispiels der Heisenbergschen Unschärferelation explizit nachgerechnet. Hier sollen diese Ausführungen genügen.[4]

4.2.1.4 Eigenvektoren kommutierender Operatoren

Eine wichtige Eigenschaft von miteinander vertauschbaren Operatoren ist, daß sie gemeinsame Eigenvektoren haben. Betrachtet man zwei Observable M und M' mit dazugehörigen Operatoren $\hat{M}$ und $\hat{M}'$, für die

$$\left[\hat{M},\hat{M}'\right]_{-} = 0 \tag{4.16}$$

gilt, dann existieren gemeinsame Eigenvektoren $|M,M'\rangle$:

$$\hat{M}|M,M'\rangle = M|M,M'\rangle$$
und
$$\hat{M}'|M,M'\rangle = M'|M,M'\rangle . \tag{4.17}$$

Die Beschreibung eines quantenmechanischen Systems wird als *vollständig* bezeichnet, wenn sämtliche miteinander kommutierende Operatoren bekannt sind.

---

[4]Derartige Vertauschungsrelationen – das sei hier betont – können auch für Operatoren anderer Bilder angegeben werden können. Auch hier gilt, daß jetzt nur das Schrödingerbild betrachtet wird.

4.2.2 Das Heisenbergbild

Die formale Lösung der Schrödinger-Gleichung (4.9) ist durch

$$|\psi_t\rangle = \hat{U}_t |\psi_{t_A}\rangle \tag{4.18}$$

gegeben, wobei $|\psi_{t_A}\rangle$ den Anfangszustand zur Zeit $t = t_A$ bezeichnet. Enthält $\hat{H}$ keinen zeitabhängigen Anteil, dann gilt

$$\hat{U}_t = \exp\left[-\frac{\mathrm{i}}{\hbar}\hat{H}\,(t - t_A)\right] = 1 - \frac{\mathrm{i}}{\hbar}\hat{H}\,(t - t_A) + \dots \ . \tag{4.19}$$

Dieser Operator ist ein unitärer Operator, d. h. es gilt

$$\hat{U}_t^{-1} = \hat{U}_t^{\dagger} \quad \text{mit} \quad \hat{U}_t^{\dagger} = \exp\left[\frac{\mathrm{i}}{\hbar}\hat{H}\,(t - t_A)\right] \ . \tag{4.20}$$

Die Gesamtheit aller durch $\hat{U}_t$ beschriebenen *zeitlichen Translationen* bildet eine einparametrige Gruppe, deren Parameter durch t gegeben ist. Vergleicht man (4.19) mit (2.53), dann ist klar, daß der Hamiltonoperator $\hat{H}$ der infinitesimale Generator der zeitlichen Translationen ist. Es gilt

$$\hat{H} = \mathrm{i}\hbar \lim_{t \to t_A} \frac{\hat{U}_t - \hat{U}_{t_A}}{t - t_A} \ . \tag{4.21}$$

Setzt man (4.18) in die Mittelwertgleichung (4.14) ein, dann erhält man

$$\langle M \rangle = \left\langle \psi_{t_A} \left| \exp\left[\frac{\mathrm{i}}{\hbar}\hat{H}\,(t - t_A)\right] \hat{M} \exp\left[-\frac{\mathrm{i}}{\hbar}\hat{H}\,(t - t_A)\right] \right| \psi_{t_A} \right\rangle \ . \tag{4.22}$$

Nach dieser Beziehung ist das Ergebnis für den Mittelwert $\langle M \rangle$ invariant, wenn jetzt ein *zeitunabhängiger Zustandsvektor* $|\psi_{t_A}\rangle$ betrachtet und dafür ein *zeitabhängiger Operator*

$$\hat{M}_{\mathrm{H}} = \exp\left[\frac{\mathrm{i}}{\hbar}\hat{H}\,(t - t_A)\right] \hat{M} \exp\left[-\frac{\mathrm{i}}{\hbar}\hat{H}\,(t - t_A)\right] \tag{4.23}$$

eingeführt wird, d. h. es gilt

$$\langle M \rangle = \langle \psi_{t_A} | \hat{M}_{\mathrm{H}} | \psi_{t_A} \rangle \ . \tag{4.24}$$

Die Bewegungsgleichung für einen Operator $\hat{M}_{\mathrm{H}}$ ergibt sich durch Differenzieren des Ausdrucks (4.23) nach der Zeit:

$$\frac{\mathrm{d}}{\mathrm{d}t}\hat{M}_{\mathrm{H}} = \frac{\mathrm{i}}{\hbar}\left[\hat{H}, \hat{M}_{\mathrm{H}}\right]_- \ . \tag{4.25}$$

Diese Gleichung wird *Heisenbergsche Bewegungsgleichung* des Operators $\hat{M}_{\mathrm{H}}$ genannt. Sie ist die Grundgleichung des *Heisenbergbildes* und tritt an die Stelle der im Schrödingerbild benützten Schrödinger-Gleichung. Formal betrachtet wird der Zusammenhang zwischen Schrödinger- und Heisenbergbild durch die unitäre Transformation (4.19) vermittelt. Im

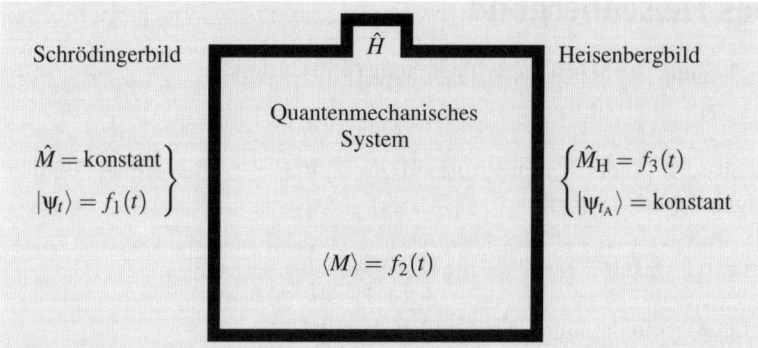

Bild 4.2 Schrödinger- und Heisenbergbild im Vergleich

Gegensatz zum Schrödingerbild, in dem die Zeitentwicklung eines quantenmechanischen Systems durch zeitabhängige Zustandsvektoren beschrieben wird, wird im Heisenbergbild die zeitliche Systementwicklung von zeitabhängigen Operatoren erfaßt, die in diesem Buch als *Heisenberg-Operatoren*[5] bezeichnet werden. Bild 4.2 illustriert diesen Sachverhalt.

Beschreibt ein Heisenberg-Operator $\hat{M}_H$ eine *Erhaltungsgröße*, dann gilt

$$\frac{\mathrm{d}}{\mathrm{d}t}\hat{M}_H = 0 \,, \tag{4.26}$$

d. h. insbesondere, der Kommutator gebildet aus dem der Erhaltungsgröße zugeordneten Operator und dem grundlegenden Hamiltonoperator verschwindet. Typische Erhaltungsgrößen sind beispielsweise der Drehimpuls und die Gesamtenergie eines quantenmechanischen Systems.

Nach (4.15) und (4.23) ist der Zusammenhang eines Kommutators im Schrödinger- und Heisenbergbild durch

$$\left[\hat{M}_H, \hat{M}'_H\right]_- = \exp\left[\frac{\mathrm{i}}{\hbar}\hat{H}\left(t - t_A\right)\right]\left[\hat{M}, \hat{M}'\right]_- \exp\left[-\frac{\mathrm{i}}{\hbar}\hat{H}\left(t - t_A\right)\right] \tag{4.27}$$

gegeben, wenn $\hat{M}$, $\hat{M}'$ für zwei Operatoren im Schrödingerbild und $\hat{M}_H$, $\hat{M}'_H$ für zwei Operatoren im Heisenbergbild stehen. Führt die Vertauschung im Schrödingerbild zu einer komplexen Zahl, so stimmen die Vertauschungsrelationen im Schrödinger- und Heisenbergbild überein. Das bedeutet insbesondere, daß *kommutierbare* Schrödingersche Operatoren kommutierbare Heisenberg-Operatoren bedingen. Kommutieren zwei Heisenberg-Operatoren, so gilt genauso wie im Schrödingerbild, daß die zugeordneten Observablen gleichzeitig meßbar sind.

Heisenberg- und Schrödingerbild sind über eine unitäre Transformation miteinander verbunden. Während die zeitliche Entwicklung eines Systems im Schrödingerbild durch zeitabhängige Zustandsvektoren beschrieben wird, wird die Systemdynamik im Heisenbergbild durch zeitabhängige Operatoren erfaßt.

---

[5]Es sei hier erwähnt, daß der Begriff *Heisenberg-Operator* eigentlich nur im Zusammenhang mit einem Operator benützt wird, der die Kopplung von molekularen Spins erfaßt. Dies soll in dem hier vorliegenden Buch nicht so gehalten werden, um begrifflich sinnvoll zwischen für das Heisenbergbild typischen und für das Schrödingerbild typischen Operatoren trennen zu können.

4.2.3 Das Wechselwirkungsbild

Betrachtet man einen, ein quantenmechanisches System definierenden Hamiltonoperator $\hat{H}$, so findet man häufig, daß dieser sich entsprechend

$$\hat{H} = \hat{H}_0 + \lambda \hat{H}_S \tag{4.28}$$

in zwei additive Anteile $\hat{H}_0$ und $\hat{H}_S$ zerlegen läßt, wobei $\hat{H}_0$ ein bekanntes System mit bekannten Zustandsvektoren definiert, und wobei $\hat{H}_S$ eine zusätzlich auftretende, mehr oder weniger starke *Störung* definiert, welche die exakte mathematische Behandelbarkeit des Systems erschwert und in machen Fällen sogar verhindert. Die Stärke dieser Störung wird durch den „Größenordnungsparameter" (oder auch: „Buchhaltungsparameter") λ gemessen. Liegt eine durch (4.28) vorgegebene Situation vor, dann ist es sinnvoll, einen Formalismus einzuführen, in dem die entscheidenden Lösungsschritte auf Gleichungen basieren, die einen günstigen Ausgangspunkt zur Anwendung eines systematischen Näherungsverfahrens ermöglichen. Ein solcher Formalismus ist das von Tomonaga und Schwinger entwickelte *Wechselwirkungsbild*.

Zur Lösung des durch (4.28) vorgegebenen Problems kann die formale Lösung (4.18) in der Form

$$|\psi_t\rangle = \exp\left[-\frac{i}{\hbar}\hat{H}_0(t-t_A)\right]\exp\left[\frac{i}{\hbar}\hat{H}_0(t-t_A)\right]\exp\left[-\frac{i}{\hbar}\hat{H}(t-t_A)\right]|\psi_{t_A}\rangle \tag{4.29}$$

benützt werden. Setzt man diesen Ansatz in den Mittelwertausdruck (4.14) ein und definiert man

$$|\psi_{t,W}\rangle = \hat{U}_t\left(\hat{H}_0,\hat{H}\right)|\psi_{t_A}\rangle \tag{4.30}$$

mit

$$\hat{U}_t\left(\hat{H}_0,\hat{H}\right) = \exp\left[\frac{i}{\hbar}\hat{H}_0(t-t_A)\right]\exp\left[-\frac{i}{\hbar}\hat{H}(t-t_A)\right], \tag{4.31}$$

so erhält man

$$\langle M\rangle = \left\langle \psi_{t,W}\left|\exp\left[\frac{i}{\hbar}\hat{H}_0(t-t_A)\right]\hat{M}\exp\left[-\frac{i}{\hbar}\hat{H}_0(t-t_A)\right]\right|\psi_{t,W}\right\rangle . \tag{4.32}$$

Führt man

$$\hat{M}_W = \exp\left[\frac{i}{\hbar}\hat{H}_0(t-t_A)\right]\hat{M}\exp\left[-\frac{i}{\hbar}\hat{H}_0(t-t_A)\right] \tag{4.33}$$

ein, so liegt wieder eine Mittelwertbeziehung vor, die formmäßig gleich der Beziehung im Schrödingerschen Bild ist, wobei jetzt ein zeitabhängiger Zustandsvektor im Wechselwirkungsbild, der Zustandsvektor $|\psi_{t,W}\rangle$, berücksichtigt wird:

$$\langle M\rangle = \langle\psi_{t,W}|\hat{M}_W|\psi_{t,W}\rangle . \tag{4.34}$$

Die dem zeitabhängigen Operator $\hat{M}_W$ zugeordnete Bewegungsgleichung ergibt sich durch Differenzieren nach der Zeit t:

$$\frac{\mathrm{d}}{\mathrm{d}t}\hat{M}_W = \frac{\mathrm{i}}{\hbar}\left[\hat{H}_0,\hat{M}_W\right]_- .$$
(4.35)

Sie hat die gleiche Form wie die Heisenbergsche Bewegungsgleichung (4.25). Auch hier werden Erhaltungsgrößen durch einen verschwindenden Kommutator beschrieben:

$$\frac{\mathrm{d}}{\mathrm{d}t}\hat{M}_W = 0 .$$
(4.36)

Vollständig festgelegt ist die Dynamik, wenn zusätzlich die Bewegungsgleichung der Zustandsvektoren $\left|\psi_{t,W}\right\rangle$ vorgegeben wird. Dazu kann folgendermaßen vorgegangen werden: Differenziert man die Definition (4.30) nach der Zeit und berücksichtigt man, daß $\hat{H}_0$ mit dem Exponentialoperator

$$\exp\left[\frac{\mathrm{i}}{\hbar}\hat{H}_0\left(t-t_A\right)\right] = 1 + \frac{\mathrm{i}}{\hbar}\hat{H}_0\left(t-t_A\right) + \dots$$
(4.37)

vertauscht, dann ergibt sich

$$\begin{aligned}
\mathrm{i}\hbar\left|\dot{\psi}_{t,W}\right\rangle =\ & -\exp\left[\frac{\mathrm{i}}{\hbar}\hat{H}_0\left(t-t_A\right)\right]\hat{H}_0\exp\left[-\frac{\mathrm{i}}{\hbar}\hat{H}\left(t-t_A\right)\right]\left|\psi_{t_A,W}\right\rangle \\
& +\exp\left[\frac{\mathrm{i}}{\hbar}\hat{H}_0\left(t-t_A\right)\right]\hat{H}\exp\left[-\frac{\mathrm{i}}{\hbar}\hat{H}\left(t-t_A\right)\right]\left|\psi_{t_A,W}\right\rangle \\
=\ & -\hat{H}_0\left|\psi_{t,W}\right\rangle \\
& +\exp\left[\frac{\mathrm{i}}{\hbar}\hat{H}_0\left(t-t_A\right)\right]\hat{H}\exp\left[-\frac{\mathrm{i}}{\hbar}\hat{H}_0\left(t-t_A\right)\right]\left|\psi_{t,W}\right\rangle .
\end{aligned}$$
(4.38)

Berücksichtigt man dann die Zerlegung (4.28) und noch einmal die oben erwähnte Vertauschbarkeit des Operators $\hat{H}_0$ mit dem durch (4.37) gegebenen Exponentialoperator, so erhält man endgültig

$$\mathrm{i}\hbar\left|\dot{\psi}_{t,W}\right\rangle = \lambda\hat{H}_{W,S}\left|\psi_{t,W}\right\rangle$$
(4.39)

mit

$$\lambda\hat{H}_{W,S} = \exp\left[\frac{\mathrm{i}}{\hbar}\hat{H}_0\left(t-t_A\right)\right]\lambda\hat{H}_S\exp\left[-\frac{\mathrm{i}}{\hbar}\hat{H}_0\left(t-t_A\right)\right] .$$
(4.40)

Diese Beziehung ist formmäßig gleichwertig der grundlegenden Schrödinger-Gleichung. Die Lösung dieser Beziehung ist der entscheidende Berechnungsschritt des Formalismus. Der Index W kennzeichnet in diesem Buch das Wechselwirkungsbild: (4.30) ist der Zustandsvektor im Wechselwirkungsbild, (4.39) ist die Bewegungsgleichung der Zustandsvektoren im Wechselwirkungsbild, (4.33) repräsentiert die Wechselwirkungsdarstellung $\hat{M}_W$ eines Operators $\hat{M}$ und (4.35) ist die den Operatoren $\hat{M}_W$ zugeordnete Bewegungsgleichung. Daß dieser Formalismus tatsächlich einen günstigen Ausgangspunkt zur näherungsweisen Behandlung des durch (4.28) vorgegebenen Problems darstellt, wird im Abschnitt 4.2.5 deutlich gemacht.

Auch das Wechselwirkungsbild ist mit dem Schrödingerbild über eine unitäre Transformation verbunden. Zustandsvektoren und Operatoren sind im Wechselwirkungsbild zeitabhängige Größen.

4.2.4 Abgeschlossene Systeme, offene Systeme, Umgebungen

Betrachtet man beliebige physikalische Systeme, so läßt sich stets eine gedankliche Trennung in ein *eigentliches System* und eine *Systemumgebung* durchführen. Auf einer mathematisch-theoretischen Betrachtungsebene läßt sich ein „eigentliches System" als ein durch einen mathematischen Algorithmus vollständig beschreibbares Teilsystem definieren. Eine „Systemumgebung" läßt sich demgegenüber als ein Teilsystem definieren, das mit dem „eigentlichen System" in Wechselwirkung treten kann, sodaß zusätzliche, das „eigentliche System" modulierende Einflußgrößen auftreten, wobei diese Einflußgrößen durch eine Ergänzung des zur Beschreibung des „eigentlichen Systems" herangezogenen Algorithmus mit einbezogen werden können. Definiert man „eigentliches System" und „Systemumgebung" auf diese Weise, dann ist eine Wahlfreiheit vorgegeben, d. h. welcher Teil des betrachteten physikalischen Systems als „eigentliches System" und welcher Teil als „Systemumgebung" betrachtet wird, hängt vom beschreibungsmäßigen Nutzen ab. Bezüglich einer theoretischen Beschreibung ist es beispielsweise sinnvoll, sämtliche Teile eines physikalischen Systems, die *de facto* unkontrollierbare stochastische Kraftwirkungen auf ein Restsystem ausüben, der „Systemumgebung" zuzuordnen. Man spricht in diesem Zusammenhang von einem „Bad". Ein Beispiel dafür bildet ein Wärmebad, das jeden Festkörper umgibt. Jedoch ist es auch häufig sinnvoll, Systemteile, die kontrollierbare Kraftwirkungen erzeugen, der „Systemumgebung" zuzuordnen. Ein Beispiel bildet ein Lasersystem, das ein monochromatisch-kohärentes Lichtfeld (Laserlicht) erzeugt, über das Kräfte auf einen Festkörper ausgeübt werden. In vielen Fällen werden „eigentliches System" und „Systemumgebung" entsprechend ihrer räumlichen Trennung abgegrenzt: In realen Experimenten liegen in aller Regel Proben vor, die sich in irgendwelchen Behältern (Reagenzglas, etc.) befinden. Ein solcher Behälter sowie der diesen Behälter umgebende Raum repräsentieren dann die „Systemumgebung".

Trennt man gedanklich so, daß sämtliche Kraftwirkungen und die Kraftwirkungen erzeugenden Systemteile innerhalb des „eigentlichen Systems" auftreten, dann ist das „eigentliche System" ein *abgeschlossenes System*, d. h. es findet keine Übertragung von Energie aus dem „eigentlichen System" heraus statt. Da sämtliche Systemteile innerhalb des „eigentlichen Systems" erfaßt werden, ist eine – im obigen Sinne definierte – „Systemumgebung" nicht mehr angebbar. Trennt man jedoch gedanklich so, daß nicht alle Kraftwirkungen und diese Kraftwirkungen erzeugenden Systemteile innerhalb des „eigentlichen Systems" berücksichtigt werden, so ist das „eigentliche System" ein *offenes System*, d. h. ein Energieaustausch mit der „Systemumgebung" findet statt. Faßt man ein offenes System und eine dazugehörige Systemumgebung zusammen, dann hat man insgesamt wieder ein geschlossenes System vorliegen. Man vergleiche mit Bild 4.3. Es sei hier betont, daß ein abgeschlossenes System in der Praxis jedoch allenfalls näherungsweise – beispielsweise durch Verwendung isolierender Behälter – realisiert werden kann.

Betrachtet man ein beliebiges quantenmechanisches System, bestehend aus einer Menge von verschiedenartigen oder auch gleichartigen wechselwirkenden Teilchen, das zusätzlichen,

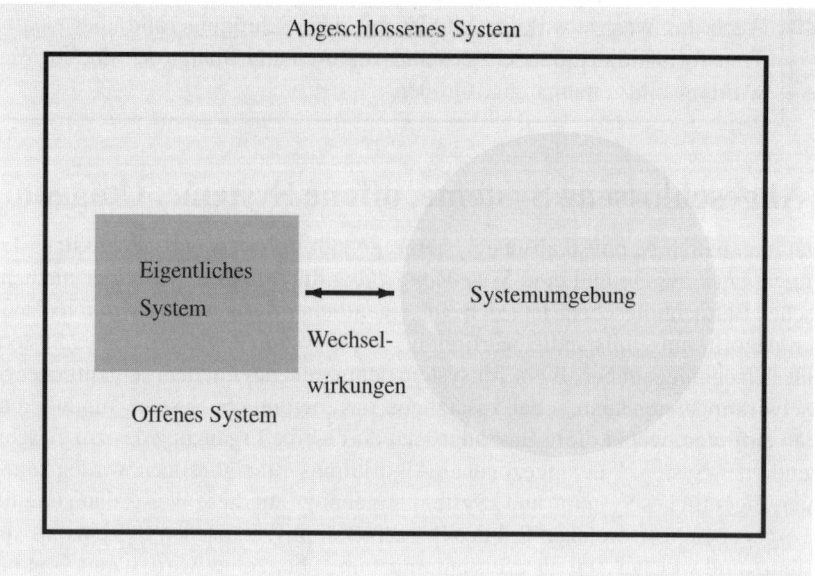

Bild 4.3 Offene und abgeschlossene Systeme: die entsprechende Schemaskizze

nicht von den betrachteten Teilchen hervorgerufenen zustandsübergangserzeugenden Wechselwirkungen ausgesetzt ist, dann ist es sinnvoll, das wechselwirkende Teilchensystem als das „eigentliche System" zu betrachten und die zusätzlichen Wechselwirkungen der „Systemumgebung" zuzuordnen. Das „eigentliche System" ist dann ein offenes System. Insgesamt liegt ein abgeschlossenes System vor. Im Bild 4.4 ist dieser Sachverhalt schematisch dargestellt. Liegen keine derartigen zustandsübergangserzeugenden Wechselwirkungen vor, dann bildet das wechselwirkende Teilchensystem selbst ein im obigen Sinne abgeschlossenes System. (Andere Festlegungen zur Definition eines abgeschlossenen quantenmechanischen Systems sind ebenfalls üblich. In diesem Buch wird jedoch die angegebene Definition zugrunde gelegt.)

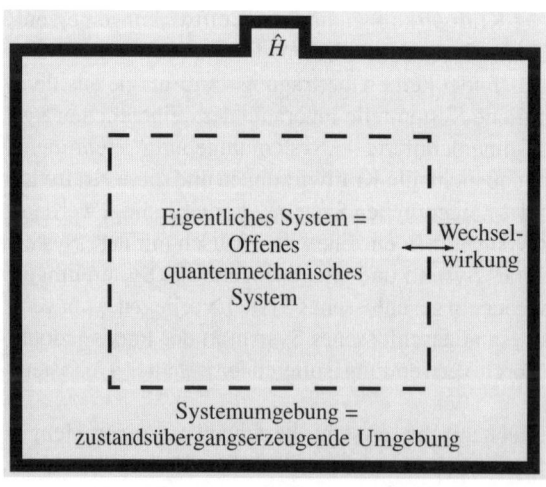

Bild 4.4 Ein offenes quantenmechanisches System und seine Systemumgebung als Teile eines abgeschlossenen Systems

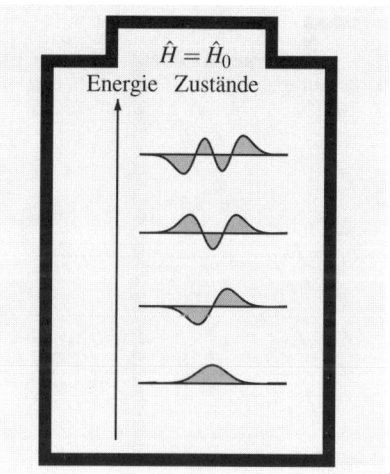

Bild 4.5 In einem typischen abgeschlossenen System bilden sich stationäre insbesondere gebundene Zustände heraus. Verbunden mit den einzelnen Zuständen sind spezifische Zustandsenergien. Das abgeschlossene System wird durch einen Hamiltonoperator der Art $\hat{H}_0$ definiert. Die eingetragenen Zustandsfunktionen entsprechen den Lösungen des noch zu behandelnden quantenmechanischen harmonischen (Einteilchen-)Oszillators

Bei einem typischen abgeschlossenen quantenmechanischen System bilden sich eine diskrete Menge von gebundenen stationären Zuständen sowie kontinuierliche Mengen von nichtgebundenen stationären Zwischenzuständen heraus. Setzt man voraus, daß ein solches abgeschlossenes System mathematisch exakt behandelt werden kann, dann ist – nach der im Abschnitt 4.2.3 eingeführten Notation – der spezifische Hamiltonoperator in der Form

$$\hat{H} = \hat{H}_0 \tag{4.41}$$

notierbar. Im Bild 4.5 ist diese Situation schematisch dargestellt. Werden jedoch zusätzliche zustandsübergangserzeugenden Wechselwirkungen berücksichtigt, dann liegt ein im obigen Sinne offenes quantenmechanisches System vor. In einem solchen offenen quantenmechanischen System sind Zustandsübergänge – beispielsweise hervorgerufen durch Absorption oder Emission

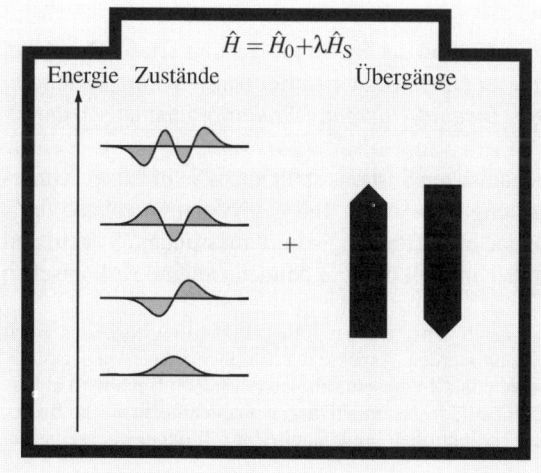

Bild 4.6 Die Zerlegung des Hamiltonoperators $\hat{H}$ in einen Anteil $\hat{H}_0$, der stationäre – insbesondere gebundene Zustände – definiert, sowie in einen Anteil $\lambda\hat{H}_S$, der Zustandsübergänge definiert. $\hat{H} = \hat{H}_0 + \lambda\hat{H}_S$ definiert ein offenes System

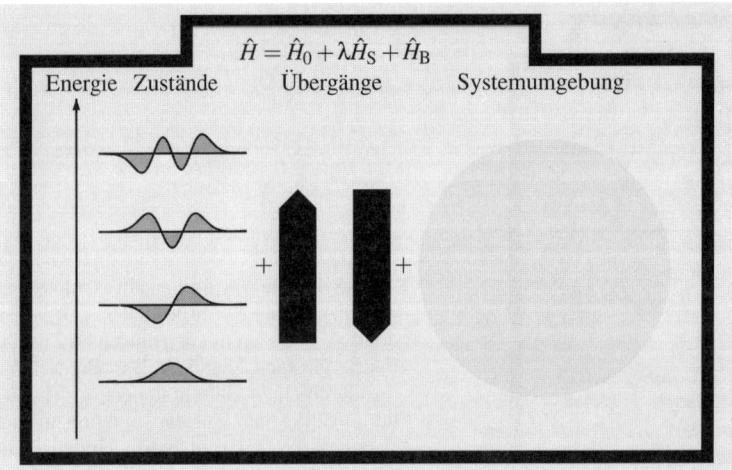

Bild 4.7 Ein typisches Zustand-Übergang-Szenario definiert durch einen Hamiltonoperator $\hat{H}$: Es bilden sich gebundene (stationäre) Zustände mit (häufig) verschiedenen Zustandsenergien heraus. Zwischen den einzelnen Zuständen sind – abhängig von den Symmetrieeigenschaften der einzelnen Zustände – Übergänge möglich bzw. ausgeschlossen. Wird zusätzlich die Systemumgebung berücksichtigt, dann beschreibt $\hat{H}$ ein abgeschlossenes System

von Lichtenergie in Form von diskreten Quanten, den Photonen – möglich. Ein solches offenes System kann – entsprechend der im Abschnitt 4.2.3 eingeführten Notation – durch einen Hamiltonoperator der Form

$$\hat{H} = \hat{H}_0 + \lambda \hat{H}_S \tag{4.42}$$

definiert werden. Diese Situation ist im Bild 4.6 skizziert. Berücksichtigt man zusätzlich die für die Zustandsübergänge verantwortliche Systemumgebung, dann liegt wieder ein abgeschlossenes System vor. Der dazugehörige Hamiltonoperator ist durch

$$\hat{H} = \hat{H}_0 + \lambda \hat{H}_S + \hat{H}_B \tag{4.43}$$

gegeben, wenn der Hamiltonoperator $\hat{H}_B$ den Einfluß der Systemumgebung erfaßt. Das dabei angegebene Symbol B soll andeuten, daß dieser Operator in vielerlei Hinsicht ein „Badoperator" ist. Im Bild 4.7 ist ein solches typisches *Zustand-Übergang-Szenario* schematisch dargestellt.

Bezüglich des betrachteten quantenmechanischen Systems stellt auch die in letzter Konsequenz relativ gesehen makroskopische *Meßumgebung* einen Teil der Systemumgebung dar[6]. Während im Bereich makroskopischer Systeme eine Trennung von zu messendem System und Meßumgebung problemlos möglich ist, ist dies im Fall der hier betrachteten mikroskopischen

---

[6]Über quantenmechanische Meßtheorie lassen sich ganze Bücher füllen. In dem vorliegenden Buch soll dieser Aspekt jedoch nicht ausführlich behandelt werden. Aspekte der Meßtheorie werden beispielsweise in dem Buch von G. Mahler (siehe [49]) behandelt. In diesem sehr ausführlichen Buch wird außerdem ausführlich auf „Quantenkorrelationen" (damit sind insbesondere durch quantenmechanische Beziehungen festgelegte und nicht über Wechselwirkungsfunktionen implementierbare Teilchenwechselbeziehungen gemeint) eingegangen.

Systeme im allgemeinen nicht möglich: das *Meßsystem* beeinflußt das zu messende mikroskopische System im allgemeinen nachhaltig, sodaß es mit in die mathematische Modellierung mit aufgenommen werden muß. Ein solcher Meßeinfluß kann beispielsweise in den Hamiltonoperator $\hat{H}_B$ mit aufgenommen werden.

4.2.5 Störungstheorie

In der Quantenphysik findet man des öfteren physikalische Systeme, die sich nur näherungsweise mathematisch behandeln lassen. Man ist deshalb auf Näherungsverfahren angewiesen, die unter der Rubrik *Störungstheorie* zusammengefaßt werden. Man unterscheidet zwischen der *zeitunabhängigen Störungstheorie*, die auch *Schrödingersche Störungstheorie* genannt wird, und der *zeitabhängigen Störungstheorie*, die auch als *Diracsche Störungstheorie* bezeichnet wird. Während die zeitunabhängige Störungstheorie zur Behandlung von stationären Systemen angewandt wird, findet die zeitabhängige Störungstheorie im Rahmen von zeitabhängigen Systemen Verwendung. Im folgenden wird die zeitabhängige Störungstheorie näher betrachtet.

4.2.5.1 Zeitabhängige Störungstheorie im Wechselwirkungsbild

Die wohl am weitesten entwickelte Form der zeitabhängigen Störungstheorie geht auf Tomonaga und Schwinger zurück. Sie schließt sich direkt an das oben behandelte Wechselwirkungsbild an und läßt sich ausgehend von der Integraldarstellung

$$\left| \psi_{t,\mathrm{W}} \right\rangle = \left| \psi_{t_\mathrm{A},\mathrm{W}} \right\rangle - \lambda \frac{\mathrm{i}}{\hbar} \int_{t_\mathrm{A}}^{t} \hat{H}_{\mathrm{W},\mathrm{S}}(\tau) \left| \psi_{\tau,\mathrm{W}} \right\rangle \mathrm{d}\tau \tag{4.44}$$

der Zustandsvektoren im Wechselwirkungsbild einführen, die sich durch Integration der Beziehung (4.39) nach der Zeit ergibt.

I. Zeitentwicklungsoperator: Integralreihen-Darstellung

Entsprechend der durch (4.30) gegebenen expliziten Struktur eines Zustandsvektors $\left| \psi_{t,\mathrm{W}} \right\rangle$ kann dieser Integraldarstellung eines Zustandsvektors eine Integraldarstellung des *Zeitentwicklungsoperators* $\hat{U}_t \left(\hat{H}_0, \hat{H} \right)$ zugeordnet werden, d. h es gilt

$$\hat{U}_t \left(\hat{H}_0, \hat{H} \right) = \hat{1} - \lambda \frac{\mathrm{i}}{\hbar} \int_{t_\mathrm{A}}^{t} \hat{H}_{\mathrm{W},\mathrm{S}}(\tau) \hat{U}_\tau \left(\hat{H}_0, \hat{H} \right) \mathrm{d}\tau . \tag{4.45}$$

Setzt man den Ausdruck

$$\hat{U}_t \left(\hat{H}_0, \hat{H} \right) = \hat{1} + \lambda \hat{U}^{(1)}(t) + \lambda^2 \hat{U}^{(2)}(t) + \ldots \tag{4.46}$$

in (4.45) ein, dann erhält man – nach Ordnung nach Potenzen des „Größenordnungsparameters" λ – die Potenzreihe

$$\lambda \left[\hat{U}^{(1)}(t) + \frac{\mathrm{i}}{\hbar} \int_{t_\mathrm{A}}^{t} \hat{H}_{\mathrm{W},\mathrm{S}}(\tau) \mathrm{d}\tau \right]$$
$$+ \lambda^2 \left[\hat{U}^{(2)}(t) + \frac{\mathrm{i}}{\hbar} \int_{t_\mathrm{A}}^{t} \hat{H}_{\mathrm{W},\mathrm{S}}(\tau) \hat{U}^{(1)}(\tau) \mathrm{d}\tau \right] + \ldots = 0 , \tag{4.47}$$

die gemäß

$$\hat{U}^{(1)}(t) = -\frac{i}{\hbar} \int_{t_A}^{t} \hat{H}_{W,S}(\tau)\,d\tau,$$

$$\hat{U}^{(2)}(t) = -\frac{i}{\hbar} \int_{t_A}^{t} \hat{H}_{W,S}(\tau)\,\hat{U}^{(1)}(\tau)\,d\tau$$

$$= \left(-\frac{i}{\hbar}\right)^2 \int_{t_A}^{t} \hat{H}_{W,S}(\tau) \int_{t_A}^{\tau} \hat{H}_{W,S}(\tau')\,d\tau'd\tau,$$

(4.48)

usw.

eine sukzessive Bestimmung aller Operatoren $\hat{U}^{(i)}(t)$ von (4.46) erlaubt. Auf diese Weise erhält man eine Integralreihe zur Darstellung des Zeitentwicklungsoperators $\hat{U}_t\left(\hat{H}_0,\hat{H}\right)$.

II. Zeitentwicklungsoperator: Exponentialoperator-Darstellung

Es sei hier noch angegeben, daß die Integralreihe (4.46) häufig in der Form

$$\hat{U}_t\left(\hat{H}_0,\hat{H}\right) = \hat{T}\left(\exp\left[-\lambda\frac{i}{\hbar}\int_{t_A}^{t}\hat{H}_{W,S}(\tau)\,d\tau\right]\right)$$

(4.49)

dargestellt wird. Der Operator $\hat{T}$ ist ein *Zeitordnungsoperator* (auch: Wick-Dyson-Zeitordnungsoperator), der die Übereinstimmung mit der durch (4.46) vorgegeben Potenzreihe schafft, was insbesondere bedeutet, daß er die gemäß des Schemas (4.48) vorgegebene Zeitordnung $\tau > \tau' \ldots$ innerhalb der Produktterme $\hat{H}_{W,S}(\tau)\hat{H}_{W,S}(\tau')\ldots$ vermittelt.

Setzt man einen zeitunabhängigen Störoperator $\hat{H}_{W,S}$ voraus, dann kann das Integral im Exponenten ausgerechnet werden und man erhält den Grenzfall

$$\hat{U}_t\left(\hat{H}_0,\hat{H}\right) = \exp\left[-\lambda\frac{i}{\hbar}(t-t_A)\hat{H}_{W,S}\right].$$

(4.50)

Da Ausdrücke dieser Form häufig vorkommen, sei dies zusätzlich angegeben.

III. Störungstheoretische Näherung

Mit (4.46) bzw. (4.49) ist dann wegen (4.30) auch der Zustandsvektor im Wechselwirkungsbild, der Zustandsvektor $|\psi_{t,W}\rangle$, bestimmt. Auf Grund der Reihenform von (4.46) bzw. (4.49) weist auch der Zustandsvektor $|\psi_{t,W}\rangle$ eine Reihenform auf, sodaß auch im Schrödingerbild ein Zustandsvektor in Reihenform vorliegt.

Durch Abbrechen des Zeitentwicklungsoperators $\hat{U}_t\left(\hat{H}_0,\hat{H}\right)$ und damit des Zustandsvektors $|\psi_{t,W}\rangle$ bzw. des zugeordneten Zustandsvektors im Schrödingerbild nach einer bestimmten Anzahl von Termen lassen sich – abhängig von der Anzahl der noch berücksichtigten Terme – Approximationsstufen einführen, die *störungstheoretische Näherungen* verschiedener Ordnung definieren.

Entsprechend des obigen Vorgehens ist jedoch nur dann eine günstige Approximation zu erwarten, wenn λ eine relativ geringe Abweichung vom hauptsächlichen Hamiltonoperator vermittelt, d. h. wenn der Störoperator $\lambda\hat{H}_{W,S}$ und damit auch der ursprüngliche Störoperator im Schrödingerbild, $\lambda\hat{H}_S$, eine Störung im hauptsächlichen Sinne des Wortes beschreiben.

Man beachte jedoch, daß das Abbrechen der den Zeitentwicklungsoperator darstellenden Reihe die Unitarität des Operators stört. Alternative Reihendarstellungen des Zeitentwicklungsoperators, die abgebrochen werden können, ohne daß die Unitarität gestört wird, sind durch Reihenentwicklungen wie die *Magnus-Entwicklung* gegeben, auf die hier jedoch nicht eingegangen werden soll.

4.2.5.2 Zeitabhängige Störungstheorie im Schrödingerbild

Betrachtet man ein offenes System, das entsprechend (4.42) durch den Hamiltonoperator

$$\hat{H} = \hat{H}_0 + \lambda\hat{H}_S \tag{4.51}$$

definiert wird, dann läßt sich ein auf P. Dirac zurückgehendes störungstheoretisches Verfahren der eben beschriebenen Art direkt ausgehend von der dem Hamiltonoperator (4.51) zugeordneten zeitabhängigen Schrödinger-Gleichung

$$i\hbar|\dot{\psi}_t\rangle = \hat{H}|\psi_t\rangle = \left(\hat{H}_0 + \lambda\hat{H}_S\right)|\psi_t\rangle \tag{4.52}$$

durchführen.

I. Die zeitunabhängige Schrödinger-Gleichung

Setzt man den Ansatz

$$|\psi_t\rangle = \sum_i \psi_i(t)\,|\psi_i\rangle\ ,\ \ \langle\psi_t| = \sum_i \psi_i^*(t)\,\langle\psi_i|\ ,\ \ \langle\psi_i| = |\psi_i\rangle^* \tag{4.53}$$

in den exakt behandelbaren Teil

$$i\hbar|\dot{\psi}_t\rangle = \hat{H}_0|\psi_t\rangle \tag{4.54}$$

der zeitabhängigen Schrödinger-Gleichung (4.52) ein, und wählt man die rein zeitabhängigen Koeffizienten $\psi_i(t)$ dieser Linearkombination entsprechend

$$\psi_i(t) = c_i\exp\left(-iE_i t/\hbar\right)\ ,\ \ \psi_i^*(t) = c_i^*\exp\left(iE_i t/\hbar\right)\ ,\ \ c_i = \text{konstant}\ , \tag{4.55}$$

dann geht (4.54) in die *zeitunabhängige Schrödinger-Gleichung*

$$E_i|\psi_i\rangle = \hat{H}_0|\psi_i\rangle \tag{4.56}$$

über, welche stationäre Zustandsvektoren $|\psi_i\rangle$ und Eigenwerte E_i festlegt. Da $\hat{H}_0$ ein hermitescher Operator ist und solche Operatoren reelle Eigenwerte aufweisen, legt die zeitunabhängige Schrödinger-Gleichung reelle Eigenwerte E_i fest.

> Die Eigenwerte E_i lassen sich als die *Energieeigenwerte* stationärer Energie-zustände eines durch den Hamiltonoperator $\hat{H}_0$ definierten Teilchensystems interpretieren[7], wobei die Quantenzahl i die Energieeigenwerte des Zustandsspektrums abzählt. i kann für einen ganzen Satz von Quantenzahlen stehen.

In bestimmten Fällen ist ein kontinuierliches Energieeigenwertspektrum zu berücksichtigen, sodaß die Summe in (4.53) durch ein Integral zu ersetzen ist. Sind die Zustandsvektoren berechnet, dann lassen sich – wie bereits diskutiert wurde – im Rahmen einer Messung erhaltene Mittelwerte berechnen. Die zeitunabhängige Schrödinger-Gleichung stellt einen Spezialfall der durch (4.12) gegebenen Meßwertrelation dar.

II. Die zugeordnete Mastergleichung

Benützt man die derartig festgelegten stationären Zustandsvektoren $|\psi_i\rangle$ innerhalb des Ansatzes (4.53), läßt beliebige zeitabhängige Koeffizienten $c_i(t)$ zu, sodaß

$$\psi_i(t) = c_i(t)\exp\left(-iE_i t/\hbar\right) , \quad \psi_i^*(t) = c_i^*(t)\exp\left(iE_i t/\hbar\right) \tag{4.57}$$

gilt, und setzt den dergestalt vorstrukturierten Ansatz in die zeitabhängige Schrödinger-Gleichung (4.52) ein, dann ergibt sich die zeitliche Differentialgleichung

$$i\hbar\dot{c}_j(t) = \sum_i c_i(t)\exp\left[-i\left(E_i - E_j\right)t/\hbar\right] W_{ji} \tag{4.58}$$

mit den Matrixelementen

$$W_{ji} = \left\langle \psi_j \left| \lambda\hat{H}_S \right| \psi_i \right\rangle , \tag{4.59}$$

indem man die entstehende Beziehung von links mit $\left\langle \psi_j \right|$ multipliziert[8], die zeitunabhängige Schrödinger-Gleichung (4.56) benützt und die Orthonormalitätsforderung

$$\left\langle \psi_j \middle| \psi_i \right\rangle = \delta_{ji} \tag{4.60}$$

zugrunde legt. Die *Mastergleichung* (4.58) legt die noch unbestimmten Entwicklungskoeffizienten $c_i(t)$ fest, wobei man durch Integration nach der Zeit die Integraldarstellung

---

[7]Definiert der Hamiltonoperator $\hat{H}_0$ – entgegen der obigen Annahmen – ein nicht exakt lösbares System, dann ist das hier dargestellte Verfahren trotzdem anwendbar, wenn sich die zeitunabhängigen Zustandsvektoren $|\psi_i\rangle$ zumindest näherungsweise berechnen lassen. Zu einer näherungsweisen Berechnung kann das Verfahren der zeitabhängigen Störungstheorie benützt werden, das hier jedoch nicht betrachtet wird. Es soll nur folgendes bemerkt werden: Häufig ist es möglich, eine Lösung auf der Basis *nichtentarteter* (d. h. nicht zu einer bestimmten Energie gehöriger) Zustandsvektoren zu konstruieren. Man kann dann die Potenzreihen $|\psi_i\rangle = \sum_{k=0}^{\infty} \lambda^k |\psi_i\rangle^{(k)}$, $E_i = \sum_{k=0}^{\infty} \lambda^k E_i^{(k)}$ in die zeitunabhängige Schrödinger-Gleichung einsetzen und die unbekannten Linearkombinationsgrößen sukzessive entsprechend dem eingeführten Schema bestimmen. Auch häufig möglich ist es, eine Lösung auf der Basis *entarteter* (d. h. zu einer bestimmten Energie gehöriger) Zustandsvektoren zu konstruieren. Unter Ausnutzung von Symmetrieeigenschaften können normalerweise auch in diesem Fall Lösungen gefunden werden.

[8]Was im Rahmen des eingeführten Formalismus der Bildung einer Summe von Skalarprodukten gleichzusetzen ist!

$$c_j(t) = c_j(t_\mathrm{A}) - \frac{\mathrm{i}}{\hbar} \sum_i \int_{t_\mathrm{A}}^t c_i(\tau) \exp\left[-\mathrm{i}\left(E_i - E_j\right)\tau/\hbar\right] W_{ji}\,\mathrm{d}\tau \tag{4.61}$$

dieser Entwicklungskoeffizienten erhält. Entsprechend der Darstellung (4.61) sind die durch die Mastergleichung (4.58) festgelegten Linearkombinationskoeffizienten im allgemeinen komplexe Größen.

III. Durchführung der Störungstheorie

Setzt man den Ansatz

$$c_i(t) = c_i^{(0)}(t) + \lambda c_i^{(1)}(t) + \lambda^2 c_i^{(2)}(t) + \dots \tag{4.62}$$

in die Darstellung (4.61) ein, dann erhält man auch hier eine Potenzreihe, welche die sukzessive Berechnung der noch unbestimmten Linearkombinationsgrößen $c_i^{(k)}(t)$ ermöglicht: Aus der Potenzreihe

$$\left[c_j^{(0)}(t) - c_j(t_\mathrm{A})\right]$$
$$+ \lambda \left[c_j^{(1)}(t) + \frac{\mathrm{i}}{\hbar} \sum_i \int_{t_\mathrm{A}}^t c_i^{(0)}(\tau) \exp\left[-\mathrm{i}\left(E_i - E_j\right)\tau/\hbar\right] \tilde{W}_{ji}\,\mathrm{d}\tau\right]$$
$$+ \lambda^2 \left[c_j^{(2)}(t) + \frac{\mathrm{i}}{\hbar} \sum_i \int_{t_\mathrm{A}}^t c_i^{(1)}(\tau) \exp\left[-\mathrm{i}\left(E_i - E_j\right)\tau/\hbar\right] \tilde{W}_{ji}\,\mathrm{d}\tau\right] + \dots = 0 \tag{4.63}$$

mit den um den Größenordnungsparameter λ reduzierten Matrixelementen

$$\tilde{W}_{ji} = \frac{W_{ji}}{\lambda} = \left\langle \psi_j \left| \hat{H}_\mathrm{S} \right| \psi_i \right\rangle , \tag{4.64}$$

folgt ein Schema, das sämtliche Linearkombinationsgrößen $c_i^{(k)}(t)$ festlegt, wenn ihre Werte $c_i^{(k)}(t_\mathrm{A})$ – die Werte zum Anfangszeitpunkt t_A – bekannt sind:

$$
\begin{aligned}
c_j^{(0)}(t) &= c_j(t_\mathrm{A}) , \\
c_j^{(1)}(t) &= -\frac{\mathrm{i}}{\hbar} \sum_i \int_{t_\mathrm{A}}^t c_i^{(0)}(\tau) \exp\left[-\mathrm{i}\left(E_i - E_j\right)\tau/\hbar\right] \tilde{W}_{ji}\,\mathrm{d}\tau \\
&= -\frac{\mathrm{i}}{\hbar} \sum_i c_i(t_\mathrm{A}) \int_{t_\mathrm{A}}^t \exp\left[-\mathrm{i}\left(E_i - E_j\right)\tau/\hbar\right] \tilde{W}_{ji}\,\mathrm{d}\tau , \\
c_j^{(2)}(t) &= -\frac{\mathrm{i}}{\hbar} \sum_i \int_{t_\mathrm{A}}^t c_i^{(1)}(\tau) \exp\left[-\mathrm{i}\left(E_i - E_j\right)\tau/\hbar\right] \tilde{W}_{ji}\,\mathrm{d}\tau \\
&= \left(-\frac{\mathrm{i}}{\hbar}\right)^2 \sum_{i,k} c_k(t_\mathrm{A}) \int_{t_\mathrm{A}}^t \exp\left[-\mathrm{i}\left(E_i - E_j\right)\tau/\hbar\right] \tilde{W}_{ji} \\
&\qquad \cdot \int_{t_\mathrm{A}}^\tau \exp\left[-\mathrm{i}\left(E_k - E_i\right)\tau'/\hbar\right] \tilde{W}_{ik}\,\mathrm{d}\tau'\mathrm{d}\tau , \quad \text{usw.} .
\end{aligned}
\tag{4.65}
$$

Der Abbruch der Potenzreihe (4.61) definiert verschiedene störungstheoretische Ordnungen zur näherungsweisen Lösung der Mastergleichung (4.58).

4.2.5.3 Die Fermische Goldene Regel

Setzt man voraus, daß nur der Koeffizient $c_l(t_A)$ ungleich 0 ist und dieser Koeffizient den Wert 1 hat, d. h. setzt man

$$c_i(t_A) = \delta_{il} \tag{4.66}$$

voraus, und nimmt man an, daß die Matrixelemente $\tilde{W}_{ji}$ zeitunabhängige Größen repräsentieren, dann geht das ursprüngliche Schema (4.65) in das Schema

$$c_j^{(0)}(t) = \delta_{jl} \,,$$

$$c_j^{(1)}(t) = -\frac{i}{\hbar}\tilde{W}_{jl} \int_{t_A}^t \exp\left[-i\left(E_l - E_j\right)\tau/\hbar\right] d\tau$$

$$c_j^{(2)}(t) = \left(-\frac{i}{\hbar}\right)^2 \sum_i \tilde{W}_{ji}\tilde{W}_{il} \int_{t_A}^t \exp\left[-i\left(E_i - E_j\right)\tau/\hbar\right] \tag{4.67}$$

$$\cdot \int_{t_A}^\tau \exp\left[-i(E_l - E_i)\tau'/\hbar\right] d\tau'd\tau \,,$$

usw.

über, das nur noch elementar berechenbare Integrale enthält.

Setzt man $t_A = 0$, so erhält man für die Linearkombinationsgröße $c_j^{(1)}(t)$ den Zusammenhang

$$c_j^{(1)}(t) = \frac{1}{\hbar}\tilde{W}_{jl}\left(\frac{1 - \exp\left[i\left(E_j - E_l\right)t/\hbar\right]}{\left(E_j - E_l\right)/\hbar}\right) \tag{4.68}$$

und für $c_j^{(2)}(t)$ ergibt sich den Zusammenhang

$$c_j^{(2)}(t) = \frac{1}{\hbar}\sum_i \frac{\tilde{W}_{ji}\tilde{W}_{il}}{E_l - E_i} R_{ijl}(t)\left(\frac{1 - \exp\left[i\left(E_j - E_l\right)t/\hbar\right]}{\left(E_j - E_l\right)/\hbar}\right) \tag{4.69}$$

mit

$$R_{ijl}(t) = 1 - \frac{\left(1 - \exp\left[i\left(E_j - E_i\right)t/\hbar\right]\right)\left(E_j - E_l\right)}{\left(1 - \exp\left[i\left(E_j - E_l\right)t/\hbar\right]\right)\left(E_j - E_i\right)} \tag{4.70}$$

Die restlichen Linearkombinationsgrößen lassen sich analog berechnen.

Durch Einsetzen der somit berechneten Linearkombinationsgrößen in den Ansatz (4.62) erhält man dann einen geschlossenen Ausdruck zur Darstellung der Koeffizienten $c_j(t)$. Beschränkt man sich auf Koeffizienten

$$j \neq l \,, \tag{4.71}$$

dann stellt sich dieser Ausdruck in der Form

$$c_j(t) = \frac{1}{\hbar} M_{jl} \left(\frac{1 - \exp\left[i\left(E_j - E_l\right)t/\hbar\right]}{\left(E_j - E_l\right)/\hbar} \right) \tag{4.72}$$

dar, wobei die Matrixelemente

$$M_{jl} = W_{jl} + \sum_i \frac{W_{ji}W_{il}}{E_l - E_i} R_{ijl} + \dots \tag{4.73}$$

zu berücksichtigen sind.

Beschränkt man sich auf Terme erster Ordnung in λ, d. h.

$$M_{jl} = W_{jl} , \tag{4.74}$$

dann erhält man den Spezialfall

$$c_j(t) = \frac{1}{\hbar} W_{jl} \left(\frac{1 - \exp\left[i\left(E_j - E_l\right)t/\hbar\right]}{\left(E_j - E_l\right)/\hbar} \right) . \tag{4.75}$$

Quadriert man diesen Ausdruck und verwendet

$$\begin{aligned}
\left|1 - \exp\left[i\left(E_j - E_l\right)t/\hbar\right]\right|^2 &= 2\left(1 - \cos\left[\left(E_j - E_l\right)t/\hbar\right]\right) \\
&= 4\sin^2\left[\left(E_j - E_l\right)t/2\hbar\right] ,
\end{aligned} \tag{4.76}$$

sodaß sich (man vergleiche mit Bild 3.1 und Bild 3.2)

$$\begin{aligned}
\left|c_j(t)\right|^2 &= c_j^*(t)c_j(t) \\
&= \frac{4}{\hbar^2}\left|W_{jl}\right|^2 \frac{\sin^2\left[\left(E_j - E_l\right)t/2\hbar\right]}{\left[\left(E_j - E_l\right)/\hbar\right]^2} .
\end{aligned} \tag{4.77}$$

ergibt, dann ist für große Zeiten $t \to \infty$ eine prägnante Darstellung möglich: Berücksichtigt man $\omega_i = E_i/\hbar$, dann kann gemäß (3.23) die Sinusfunktion durch eine Diracsche Deltafunktion derartig ersetzt werden, sodaß

$$\frac{\left|c_j(t)\right|^2}{t} = \frac{2\pi}{\hbar^2}\left|W_{jl}\right|^2 \delta\left[\left(E_j - E_l\right)/\hbar\right] \tag{4.78}$$

gilt. Verwendet man noch die explizite Form der Matrixelemente W_{jl}, dann geht dieser Ausdruck in

$$\frac{\left|c_j(t)\right|^2}{t} = \frac{2\pi}{\hbar^2}\left|\langle\psi_j|\lambda\hat{H}_S|\psi_l\rangle\right|^2 \delta\left[\left(E_j - E_l\right)/\hbar\right] \tag{4.79}$$

über. Der Ausdruck (4.78) bzw. (4.79) stellt den Zusammenhang zwischen Matrixelementen W_{jl} und Koeffizienten $c_j(t)$ her, sofern man sich auf Terme *erster störungstheoretischer Ordnung* beschränkt und man voraussetzt, daß zum Anfangszeitpunkt nur ein einziger Koeffizient $c_j(t_A) = \delta_{jl}$ ungleich 0 ist. (4.78) bzw. (4.79) stellt eine mathematische Formulierung der *Fermischen Goldenen Regel* dar.

Berücksichtigt man außer (4.74) noch Terme *höherer störungstheoretischer Ordnung*, dann erhält man – auf die eben geschilderte Weise – den allgemeinen Zusammenhang

$$\frac{|c_j(t)|^2}{t} = \frac{2\pi}{\hbar^2} |M_{jl}|^2 \delta\left[(E_j - E_l)/\hbar\right],$$
(4.80)

wobei die Matrixelemente M_{jl} durch (4.73) definiert sind. Berücksichtigt man auch hier die explizite Form der Teilkomponenten W_{jl}, dann lassen sich diese Matrixelemente in der Form

$$M_{jl} = \langle \psi_j | \lambda \hat{H}_S | \psi_l \rangle + \sum_i \frac{\langle \psi_j | \lambda \hat{H}_S | \psi_i \rangle \langle \psi_i | \lambda \hat{H}_S | \psi_l \rangle}{E_l - E_i} R_{ijl} + \dots$$
(4.81)

notieren. Diese Formulierung gilt für beliebige störungstheoretische Ordnungen.

4.2.5.4 Wahrscheinlichkeitsinterpretation

Die obigen Beziehungen legen die Interpretation der Größe

$$|\psi_j(t)|^2 = \psi_j^*(t)\psi_j(t) = c_j^*(t)c_j(t) = |c_j(t)|^2$$
(4.82)

als die zur Zeit t beobachtbare Wahrscheinlichkeit für das Vorliegen eines Zustands $|\psi_j\rangle$ eines durch die zeitunabhängige Schrödinger-Gleichung definierten *Einzelsystems* nahe. Dem entsprechend liegt es nahe, das Matrixelement

$$W_{jl} = \langle \psi_j | \lambda \hat{H}_S | \psi_l \rangle$$
(4.83)

als ein *Übergangsmatrixelement* zu interpretieren, das die Stärke für einen direkten Übergang vom Zustand $|\psi_l\rangle$ in den Zustand $|\psi_j\rangle$ vorgibt, und die Matrixelement-Kombination

$$W_{jil} = \langle \psi_j | \lambda \hat{H}_S | \psi_i \rangle \langle \psi_i | \lambda \hat{H}_S | \psi_l \rangle$$
(4.84)

bzw. höherwertigere Kombinationen als Übergangsmatrixelement-Kombinationen, welche die Stärke für über Zwischenzustände $|\psi_i\rangle$ ablaufende Übergänge erfassen. In diesem Sinne interpretiert gibt die Anfangsbedingung (4.66) den Anfangszustand vor: zur Anfangszeit t_A ist nur der Zustand $|\psi_l\rangle$ besetzt.

Legt man diese Interpretation zugrunde, dann gibt die Fermische Goldene Regel eine Vorschrift vor, wie *Zustandswahrscheinlichkeiten* berechnet werden können. Ihre Ableitung nach der Zeit erfaßt dann zugeordnete *Übergangswahrscheinlichkeiten*.

Mittels Methoden der Störungstheorie lassen sich Zustandsvektoren berechnen, wenn relativ geringe Störungen, beschrieben durch einen Störoperator, vorliegen. Der Formalismus der zeitabhängigen Störungstheorie führt zu einem Schema zur Berechnung von Zustandsübergängen mit der Fermischen Goldenen Regel als zentralem Bestandteil. Im Rahmen dieses Schemas erweisen sich über Zwischenzustände ablaufende Übergänge höherer Ordnung als untergeordnete Störungen.

I. Statistische Interpretation

Der obigen Einzelsystem-Interpretation gleichwertig ist folgende *statistische Interpretation*:[9] Die Größe (4.82) gibt die zur Zeit t beobachtbare Wahrscheinlichkeit für das Vorliegen eines Zustands $|\psi_j\rangle$ innerhalb einer systemspezifischen *statistischen Gesamtheit* vor. Da eine statistische Gesamtheit eine Menge von vergleichbaren (identischen) Systemen repräsentiert, führt diese Interpretation zu einer anschaulichen Vorstellung über das Systemverhalten: innerhalb einer Menge von N vergleichbaren (identischen) Systemen befinden sich n_j im Zustand $|\psi_j\rangle$.

Insofern macht die zeitabhängige Schrödinger-Gleichung bzw. der Zustandsvektor

$$|\psi_t\rangle = \sum_i \psi_i(t)\,|\psi_i\rangle \qquad (4.85)$$

das zeitabhängige Verhalten eines über die zeitunabhängige Schrödinger-Gleichung definierten Einzelsystems über eine statistisch gleichwertige statistische Gesamtheit erfaßbar.[10] Genaugenommen basiert diese Beschreibung auf stationären Einzelsystem-Zustandsvektoren: die beide Gleichungstypen direkt verbindende Beziehung $|\psi_t\rangle = \exp(-iEt/\hbar)\,|\psi\rangle$ verdeutlicht diesen Sachverhalt direkt.

II. Meßspezifische Interpretation

Den obigen beiden Interpretionsweisen zuordnen läßt sich folgende *meßspezifische Interpretation*: Repräsentiert der Zustandsvektor $|\psi_t\rangle$ den Zustand eines mikroskopischen Systems, dann erhält man nach einer (mit den *Energieeigenvektoren* $|\psi_i\rangle$ kompatiblen) Messung, mit einer durch (4.82) vorgegebenen Wahrscheinlichkeit, ein spezielles Meßergebnis $|\psi_j\rangle$, das dann auch den Zustand nach der Messung beschreibt.

III. Funktionstheoretische Interpretation

Das oben betrachtete störungstheoretische Verfahren läßt sich einer allgemeinen mathematischen Methode unterordnen, die man als *Funktionsentwicklung*, d. h. als Entwicklung einer Funktion nach einem orthonormalen Größensystem, charakterisieren kann: Auf einer rein mathematischen Ebene betrachtet repräsentiert

$$|\psi_t\rangle = \sum_i \alpha_i\,|\beta_i\rangle \quad \text{mit} \quad \alpha_i = \psi_i(t)\,,\ \ |\beta_i\rangle = |\psi_i\rangle \qquad (4.86)$$

eine Entwicklung nach einem orthonormalen Zustandsvektorsystem, das durch die Energieeigenvektoren $|\psi_i\rangle$ vorgegeben ist, welche sich als Lösung einer zeitunabhängigen Schrödinger-Gleichung ergeben. Nicht auf Energieeigenfunktionen basierende Entwicklungen

---

[9]Da eine zeitunabhängige Schrödinger-Gleichung sowohl Einteilchen- als auch Vielteilchensysteme erfassen kann (dies wird später noch genauer herausgearbeitet), umfaßt der Begriff *Einzelsystem* sowohl Einteilchen- als auch Vielteilchensysteme. Die hier hergestellte Verbindung zu einer statistischen Gesamtheit begründet auch die Verwendung des Begriffs *Einzelsystem*: ein solches System ist ein Element eines durch die statistische Gesamtheit vorgegebenen übergeordneten Systems.

[10]Eine experimentelle Rechtfertigung dieser statistischen Interpretation (und auch der Einzelsystem-Interpretation) wird im Abschnitt 4.7.2 nachgereicht: Im Zusammenhang mit Beugungsversuchen wird die statistische Struktur der zeitabhängigen Schrödinger-Gleichung und ihrer Lösungen tiefergehend analysiert.

$$|\psi_t\rangle = \sum_i \alpha_i' |\beta_i'\rangle \qquad (4.87)$$

sind ebenfalls möglich. Allgemein gilt: Zustandsvektoren lassen sich nach vollständigen Vektorsystemen entwickeln, die sich als Lösung hermitescher Operatoren ergeben.

IV. Nebenbedingungen

Im Rahmen dieser Interpretationen ist die Nebenbedingung

$$\sum_j |\psi_j(t)|^2 = \sum_j \psi_j^*(t)\psi_j(t) = \sum_j |c_j(t)|^2 = \sum_j c_j^*(t)c_j(t) = 1 \qquad (4.88)$$

zu fordern, welche gewährleistet, daß eine auf 1 normierte Gesamtwahrscheinlichkeit vorliegt. Auf Grund der Nebenbedingungen (4.88) sowie der Nebenbedingung (4.60) gilt

$$\langle \psi_t | \psi_t \rangle = \sum_{i,j} \psi_j^*(t)\psi_i(t) \langle \psi_j | \psi_i \rangle = 1 \,. \qquad (4.89)$$

4.2.5.5 Zeitabhängigkeit und Zeitunabhängigkeit

Der Übergang von einer zeitabhängige Systeme beschreibenden Differentialgleichung zu einer Differentialgleichung, die zugeordnete zeitunabhängige Systeme beschreibt, geschieht dadurch, daß alle diejenigen Terme, die zeitliche Ableitungen der systembeschreibenden Funktionen Ψ enthalten, gleich 0 gesetzt werden. Ein Beispiel bildet die in der makroskopischen statistischen Physik häufig benützte *Fokker-Planck-Gleichung*, welche die raumzeitliche Entwicklung einer statistischen Verteilungsfunktion beschreibt, wenn das physikalische System durch eine spezifische Funktion sowie durch vorgegebene systemspezifische Parameter spezifiziert worden ist. Eine solche Fokker-Planck-Gleichung kann beispielsweise zur mathematischen Modellierung der *stochastischen* (man sagt üblicherweise: *Brownschen*) *Bewegung* von Partikeln in einer Flüssigkeit herangezogen werden[11].

Vergleicht man dieses Vorgehen mit demjenigen des oben eingeführten quantenmechanischen Formalismus, so sieht man, daß die der zeitabhängigen Schrödinger-Gleichung zugeordnete zeitunabhängige Form nicht durch eine entsprechende Forderung, d. h. hier der Forderung „$\partial |\psi_t\rangle / \partial t := 0$", gewonnen wird, sondern es wird ein zeitabhängiger Ansatz mit komplexe Exponentialfunktionen aufweisenden Koeffizienten benützt.

 Die obigen Ausführungen lassen diese Abweichung jedoch plausibel erscheinen: Die auf der Grundlage der zeitabhängigen Schrödinger-Gleichung durchgeführte Beschreibung zeitabhängigen Verhaltens basiert direkt auf durch die zeitunabhängige Schrödinger-Gleichung vorgegebenen Einzelsystem-Zustandsvektoren, was (beispielsweise im Vergleich zu der Fokker-Planck-Gleichung) eine andere Form der Beschreibung zeitabhängigen Verhaltens darstellt.

---

[11]Eine ausführliche Diskussion der Fokker-Planck-Gleichung erfolgt beispielsweise in dem sehr ausführlichen Buch von H. Risken: siehe [26]. Ein formaler Vergleich mit quantenmechanischen Beziehungen wird in [27] durchgeführt.

4.2.6 Reine und gemischten Gesamtheiten

Im Rahmen der theoretischen Beschreibung von offenen quantenmechanischen Systemen müssen zwei grundsätzlich verschiedene Fälle unterschieden werden:

1. Fälle, die vollständig im Rahmen eines quantenmechanischen Formalismus – durch Konkretisierung des spezifischen Hamiltonoperators – berücksichtigt werden können. Legt man das Schrödingerbild und die damit verbundene zeitabhängige Schrödinger-Gleichung zugrunde, dann wird das offene quantenmechanische System durch einen Zustandsvektor $|\psi_t\rangle$ und damit verbundene Meßgrößen $\langle M \rangle$ beschrieben.
2. Fälle, die nicht vollständig durch einen quantenmechanischen Formalismus erfaßt werden können. Legt man auch hier das Schrödingerbild zugrunde, dann kann das offene System durch eine Menge von Zustandsvektoren $|\psi_t\rangle$ und damit verbundene Mengen von Meßgrößen $\langle M \rangle$ beschrieben werden, wobei sich die in letzter Konsequenz beobachtbaren Meßgrößen durch Mittelwertbildung über die Elemente der einzelnen Mengen ergeben. Eine derartige Mittelung ist eine Mittelung im klassischen Sinne.

Ein System der ersten Art kann durch eine Menge von Elementen statistisch beschrieben werden, die man mit dem Begriff *reine Gesamtheit* umschreibt. Eine die zweite Art von System statistisch beschreibende Menge von Elementen wird demgegenüber als *gemischte Gesamtheit* bezeichnet.

Da eine im Prinzip klassische Mittelwertbildung bisher nicht in die betrachteten quantenmechanischen Formalismen implementiert wurde, gelten die bisherigen Beziehungen für durch reine Gesamtheiten statistisch beschreibbare Systeme. Als ein günstiger Ausgangspunkt zur Erfassung von Systemen, die durch gemischte Gesamtheiten statistisch beschrieben werden können, eignet sich insbesondere der *Dichtematrix-Formalismus*. Da die Dichtematrix und der damit verbunde Formalismus bisher noch nicht eingeführt wurden, wird dies im folgenden kurz nachgeholt[12].

4.2.6.1 Dichtematrix und Dichteoperator

Die Darstellung eines Meßwertes $\langle M \rangle$ einer Observablen M mit zugeordnetem Observablen-Operator $\hat{M}$ ist nach (4.14) in der Form

$$\langle M \rangle = \langle \psi_t | \hat{M} | \psi_t \rangle \tag{4.90}$$

möglich, wenn ein System betrachtet wird, das durch eine reine Gesamtheit beschrieben werden kann. Der abstrakte Zustandsvektor $|\psi_t\rangle$ repräsentiert den Zustand der reinen Gesamtheit. Berücksichtigt man die Zustandsvektor-Darstellung (4.53), d. h.

$$|\psi_t\rangle = \sum_i \psi_i(t) |\psi_i\rangle , \tag{4.91}$$

---

[12]Eine ausführliche Darstellung des Dichtematrix-Formalismus, seiner mathematisch-theoretischen Konsequenzen sowie Anwendungen in der Festkörperphysik findet der interessierte Leser in dem bereits angegebenen Buch [49]. Dort werden u. a. Nanostrukturen untersucht und analytische bzw. numerische Modellierungen durchgeführt.

dann kann ein solcher Erwartungswert in die Form

$$\langle M \rangle = \sum_{i,j} \psi_i(t) \psi_j^*(t) \left\langle \psi_j \left| \hat{M} \right| \psi_i \right\rangle \tag{4.92}$$

überführt werden.

Die Beschreibung von durch gemischte Gesamtheiten beschreibbaren Systemen kann ausgehend von einer Erweiterung der obigen Meßwertrelation durchgeführt werden: Erweitert man (4.90) derartig, daß sich

$$\langle M \rangle = \sum_{l} w^{(l)} \left\langle \psi_t^{(l)} \left| \hat{M} \right| \psi_t^{(l)} \right\rangle \tag{4.93}$$

ergibt, dann liegt eine Beziehung zur Beschreibung von durch gemischte Gesamtheiten beschreibbaren Systemen vor, wenn $w^{(l)}$ die Wahrscheinlichkeit vorgibt, einen quantenmechanischen Zustand l vorzufinden. $w^{(l)}$ vermittelt eine im Prinzip klassische Mittelwertbildung. Setzt man alle betrachteten Zustände in der durch (4.91) gegebenen Form an, d. h. setzt man den Ausdruck

$$\left| \psi_t^{(l)} \right\rangle = \sum_{i} \psi_i^{(l)}(t) \left| \psi_i \right\rangle \tag{4.94}$$

voraus, dann ergibt sich der Erwartungswert

$$\langle M \rangle = \sum_{i,j,l} w^{(l)} \psi_i^{(l)}(t) {\psi_j^{(l)}}^*(t) \left\langle \psi_j \left| \hat{M} \right| \psi_i \right\rangle \ . \tag{4.95}$$

Führt man anschließend Matrixelemente gemäß

$$M_{ji} = \left\langle \psi_j \left| \hat{M} \right| \psi_i \right\rangle \tag{4.96}$$

ein, dann lassen sich die Erwartungswerte (4.92) und (4.95) durch

$$\langle M \rangle = \begin{cases} \displaystyle\sum_{i,j} \psi_i(t) \psi_j^*(t) M_{ji} & \text{reine Gesamtheit} \\[2ex] \displaystyle\sum_{i,j,l} w^{(l)} \psi_i^{(l)}(t) {\psi_j^{(l)}}^*(t) M_{ji} & \text{gemischte Gesamtheit} \end{cases} \tag{4.97}$$

erfassen. Diese Meßwertrelation läßt sich in der kompakten Form

$$\langle M \rangle = \sum_{i,j} \rho_{ij} M_{ji} \tag{4.98}$$

notieren, wenn man eine *Dichtematrix* mit Matrixelementen

$$\rho_{ij} = \begin{cases} \psi_i(t) \psi_j^*(t) & \text{reine Gesamtheit} \\[2ex] \displaystyle\sum_{l} w^{(l)} \psi_i^{(l)}(t) {\psi_j^{(l)}}^*(t) & \text{gemischte Gesamtheit} \end{cases} \tag{4.99}$$

einführt.

Führt man einen *Dichteoperator* entsprechend

$$\hat{\rho} = \left\{ \begin{array}{ll} |\psi_t\rangle \langle \psi_t| & \text{r. G.} \\ \sum_l w^{(l)} \left| \psi_t^{(l)} \right\rangle \left\langle \psi_t^{(l)} \right| & \text{g. G.} \end{array} \right\} = \sum_{i,j} \rho_{ij} |\psi_i\rangle \langle \psi_j| = \sum_{i,j} \rho_{ij} \hat{P}_{ij} \tag{4.100}$$

mit

$$\hat{P}_{ij} = |\psi_i\rangle \langle \psi_j| \tag{4.101}$$

ein, dann können die Erwartungswerte $\langle M \rangle$ mittels einer *Spurbildungsvorschrift* Sp in der Form

$$\langle M \rangle = \text{Sp} \left(\hat{M}\hat{\rho} \right) = \text{Sp} \left(\hat{\rho}\hat{M} \right) \tag{4.102}$$

geschrieben werden, wobei diese Spurbildungsvorschrift durch

$$\text{Sp} \left(\hat{\rho}\hat{M} \right) = \sum_k \langle \psi_k | \hat{\rho}\hat{M} | \psi_k \rangle \tag{4.103}$$

vorgegeben ist.

Beweis 4.1 Setzt man (4.100) in die rechte Seite von (4.103) ein, dann ergibt sich der Ausdruck

$$\text{Sp} \left(\hat{\rho}\hat{M} \right) = \sum_{i,j,k} \rho_{ij} \langle \psi_k | \psi_i \rangle \langle \psi_j | \hat{M} | \psi_k \rangle \,, \tag{4.104}$$

der mit der Definition (4.96) sowie unter Berücksichtigung der Orthonormalitätsrelation $\langle \psi_j | \psi_i \rangle = \delta_{ji}$ in

$$\text{Sp} \left(\hat{\rho}\hat{M} \right) = \sum_{i,j,k} \rho_{ij} \delta_{ki} M_{jk}$$

$$= \sum_{i,j} \rho_{ij} M_{ji} \tag{4.105}$$

übergeht. Vergleicht man diesen Zusammenhang mit (4.98), dann ist die Gültigkeit von (4.102) evident.

Die Operatoren $\hat{P}_{ij}$ sind *Projektionsoperatoren*, d. h. sie projizieren Zustandsvektoren $|\psi_t\rangle$ einer zeitabhängigen Schrödinger-Gleichung gemäß der Beziehung

$$\hat{P}_{ij} |\psi_t\rangle = |\psi_i\rangle \langle \psi_j | \psi_t \rangle = |\psi_i\rangle \psi_j(t) \tag{4.106}$$

mit

$$\psi_j(t) = \langle \psi_j | \psi_t \rangle \tag{4.107}$$

auf Eigenvektoren $|\psi_i\rangle$ einer zugeordneten zeitunabhängigen Schrödinger-Gleichung. Bild 4.8 illustriert diesen Sachverhalt.

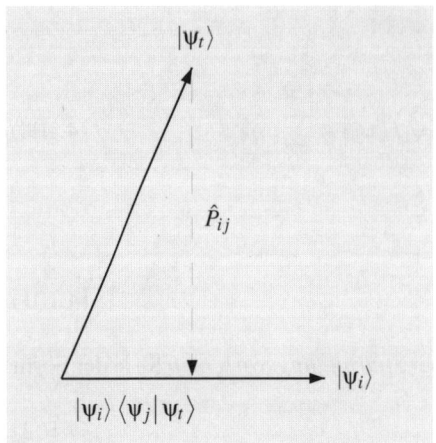

$|\psi_i\rangle \langle \psi_j | \psi_t \rangle$

Bild 4.8 Zur Veranschaulichung der Wirkungsweise eines Projektionsoperators $\hat{P}_{ij}$

4.2.6.2 Die Bewegungsgleichung des Dichteoperators

Setzt man in den im Grenzfall auch reine Gesamtheiten enthaltenden Dichteoperator

$$\hat{\rho} = \sum_l w^{(l)} \left| \psi_t^{(l)} \right\rangle \left\langle \psi_t^{(l)} \right| \tag{4.108}$$

die formale Lösung der Schrödinger-Gleichung (4.9) ein, die gemäß (4.18) durch

$$\left| \psi_t^l \right\rangle = \hat{U}_t \left| \psi_{t_A}^{(l)} \right\rangle \tag{4.109}$$

gegeben ist, dann erhält man

$$\hat{\rho} = \hat{U}_t \, \hat{\rho}\,(t_A)\, \hat{U}_t^\dagger \tag{4.110}$$

mit dem zur Zeit $t = t_A$ vorliegenden Dichteoperator

$$\hat{\rho}\,(t_A) = \sum_l w^{(l)} \left| \psi_{t_A}^{(l)} \right\rangle \left\langle \psi_{t_A}^{(l)} \right| . \tag{4.111}$$

Leitet man (4.110) nach der Zeit t partiell ab und berücksichtigt den unitären Transformationsoperator $\hat{U}_t$ gemäß (4.19), dann ergibt sich eine Bewegungsgleichung zur Beschreibung der zeitlichen Entwicklung des Dichteoperators $\hat{\rho}$, die *quantenmechanische Liouville-Gleichung*

$$i\hbar \frac{\partial \hat{\rho}}{\partial t} + \left[\hat{\rho}, \hat{H} \right]_- = 0 , \tag{4.112}$$

die auch als *v. Neumann-Gleichung* bezeichnet wird.

Beweis 4.2 Setzt man den Zeitentwicklungsoperator $\hat{U}_t$ gemäß (4.19) in der Form

$$\hat{U}_t = \exp \left[-\frac{i}{\hbar} \hat{H}\,(t - t_A) \right] \tag{4.113}$$

an, dann ergibt die partielle Ableitung des Dichteoperators $\hat{\rho}$ den Ausdruck

$$\frac{\partial \hat{\rho}}{\partial t} = -\frac{i}{\hbar} \left[\hat{H} \hat{U}_t \, \hat{\rho} \, (t_A) \, \hat{U}_t^\dagger - \hat{U}_t \, \hat{\rho} \, (t_A) \, \hat{H} \hat{U}_t^\dagger \right] . \tag{4.114}$$

Da der Hamiltonoperator $\hat{H}$ mit sich selbst vertauscht und da $\hat{U}_t$ entsprechend (4.19) für eine Potenzreihe dieses Hamiltonoperators steht, kann dieser Ausdruck durch

$$\begin{aligned} \frac{\partial \hat{\rho}}{\partial t} &= -\frac{i}{\hbar} \left[\hat{H} \hat{U}_t \, \hat{\rho} \, (t_A) \, \hat{U}_t^\dagger - \hat{U}_t \, \hat{\rho} \, (t_A) \, \hat{U}_t^\dagger \hat{H} \right] \\ &= -\frac{i}{\hbar} \left[\hat{H} \hat{\rho} - \hat{\rho} \hat{H} \right] \end{aligned} \tag{4.115}$$

ersetzt werden, sodaß man unter Verwendung der Kommutatorklammer

$$\left[\hat{H}, \hat{\rho} \right]_- = \hat{H} \hat{\rho} - \hat{\rho} \hat{H} = - \left[\hat{\rho}, \hat{H} \right]_- \tag{4.116}$$

die obige quantenmechanische Liouville-Gleichung erhält.

4.2.6.3 Die klassische Liouville-Gleichung

Das klassische Analogon zur quantenmechanischen Liouville-Gleichung ist durch die *klassische Liouville-Gleichung*

$$\frac{\partial \rho}{\partial t} + \sum_i \left(\frac{\partial \rho}{\partial q_i} \frac{\mathrm{d} q_i}{\mathrm{d} t} + \frac{\partial \rho}{\partial \bar{q}_i} \frac{\mathrm{d} \bar{q}_i}{\mathrm{d} t} \right) = \frac{\mathrm{d} \rho}{\mathrm{d} t} = 0 \tag{4.117}$$

gegeben, die unter Verwendung der eingeführten Hamiltonschen kanonischen Gleichungen in die bekanntere Form

$$\frac{\partial \rho}{\partial t} + \{ \rho, H \} = 0 \tag{4.118}$$

überführt werden kann, wobei $\{ \rho, H \}$ für die *Poisson-Klammer*

$$\{ \rho, H \} = \sum_i \left(\frac{\partial \rho}{\partial q_i} \frac{\partial H}{\partial \bar{q}_i} + \frac{\partial \rho}{\partial \bar{q}_i} \frac{\partial H}{\partial q_i} \right) \tag{4.119}$$

steht, die als klassisches Analogon zur quantenmechanischen Kommutatorklammer auffaßbar ist. Die lineare partielle Differentialgleichung (4.117) legt die Verteilungsfunktion $\rho = \rho(\{q_i\}, \{\bar{q}_i\}, t)$ eines durch die Hamiltonfunktion $H = H(\{q_i\}, \{\bar{q}_i\}, t)$ auf mathematischer Ebene definierten klassischen Systems fest. ρ ist eine Dichtefunktion bezüglich der Raumelemente $\mathrm{d} q_i$, $\mathrm{d} \bar{q}_i$, welche eine statistische Verteilung in einem durch die Koordinaten $\{q_i\}$, $\{\bar{q}_i\}$ aufgespannten *Phasenraum* beschreibt. Entsprechend der verschwindenden totalen zeitlichen Ableitung $\mathrm{d} / \mathrm{d} t$ besagt die klassische Liouville-Gleichung, daß die durch die Verteilungsfunktion ρ beschriebene Phasenraumdichte eine zeitliche Konstante ist, d. h. das Volumen einzelner Phasenraumelemente wird erhalten. Diese Aussage wird auch als *Liouvillesches Theorem* bezeichnet. Es ist gültig, wenn *konservative Systeme* betrachtet werden. Im Fall *dissipativer Systeme* wird das Volumen einzelner Phasenraumelemente nicht erhalten, wobei unter *Dissipation* eine Energieübertragung auf unkontrollierbare Freiheitsgrade des betrachteten Systems verstanden wird.

4.2.6.4 Die Bewegungsgleichung der Erwartungswerte

Leitet man die Erwartungswertbeziehung (4.102) partiell nach der Zeit ab, dann erhält man eine Bewegungsgleichung zur Beschreibung der zeitlichen Evolution der Erwartungswerte $\langle M \rangle$, die Beziehung

$$i\hbar \frac{\partial}{\partial t} \langle M \rangle = i\hbar \left\langle \frac{\partial M}{\partial t} \right\rangle + \mathrm{Sp}\left(\hat{M} \left[\hat{H}, \hat{\rho} \right]_{-} \right) \tag{4.120}$$

mit

$$\left\langle \frac{\partial M}{\partial t} \right\rangle = \mathrm{Sp}\left[\left(\frac{\partial}{\partial t} \hat{M} \right) \hat{\rho} \right] . \tag{4.121}$$

Beweis 4.3 Die partielle Ableitung von (4.102) führt zu dem Ausdruck

$$\frac{\partial}{\partial t} \langle M \rangle = \frac{\partial}{\partial t} \mathrm{Sp}\left(\hat{M}\hat{\rho} \right) = \mathrm{Sp}\left[\left(\frac{\partial}{\partial t} \hat{M} \right) \hat{\rho} \right] + \mathrm{Sp}\left[\hat{M} \left(\frac{\partial}{\partial t} \hat{\rho} \right) \right] . \tag{4.122}$$

Ersetzt man im zweiten Summanden der rechten Seite die partielle Ableitung des Dichteoperators mittels der obigen quantenmechanischen Liouville-Gleichung und benützt man (4.121), dann ergibt sich die Bewegungsgleichung (4.120).

4.2.6.5 Die Bewegungsgleichung der Dichtematrix

Der Bewegungsgleichung für den Dichteoperator, der Beziehung (4.112), läßt sich eine Bewegungsgleichung zuordnen, welche die zeitliche Entwicklung der Dichtematrix beschreibt. Berücksichtigt man einen Hamiltonoperator $\hat{H}$ der Form

$$\hat{H} = \hat{H}_0 + \lambda \hat{H}_S , \tag{4.123}$$

wobei der Hamiltonoperator $\hat{H}_0$ über eine zeitunabhängige Schrödinger-Gleichung zeitunabhängige Systemzustände $|\psi_i\rangle$ mit Energien E_i festlegt und $\lambda \hat{H}_S$ eine Störung darstellt, die Zustandsübergänge erzwingt und deren Stärke durch den Parameter λ festgelegt wird, dann ist diese Bewegungsgleichung durch

$$i\hbar \frac{\partial \rho_{nm}}{\partial t} = \sum_{i,j} D_{nmji} \rho_{ij} \tag{4.124}$$

gegeben, wenn die Abkürzung

$$D_{nmji} = (E_n - E_m) \delta_{ni} \delta_{jm} + \left\langle \psi_n \left| \lambda \hat{H}_S \right| \psi_i \right\rangle \delta_{jm} - \left\langle \psi_j \left| \lambda \hat{H}_S \right| \psi_m \right\rangle \delta_{ni} \tag{4.125}$$

gesetzt wird.

Beweis 4.4 Setzt man den Hamiltonoperator $\hat{H}$ in der Form

$$\hat{H} = \hat{H}_0 + \lambda\hat{H}_S \tag{4.126}$$

an, wobei vorausgesetzt wird, daß $\hat{H}_0$ entsprechend

$$\hat{H}_0 |\psi_i\rangle = E_i |\psi_i\rangle \tag{4.127}$$

zeitunabhängige Zustände $|\psi_i\rangle$ des betrachteten physikalischen Systems festlegt, dann kann die quantenmechanische Liouville-Gleichung weiter umgeformt werden: Multipliziert man von links mit $\langle\psi_n|$ und von rechts mit $|\psi_m\rangle$[13], dann ergibt sich für die rechte Seite von (4.112) der Ausdruck

$$\mathrm{i}\hbar\frac{\partial}{\partial t}\langle\psi_n|\hat{\rho}|\psi_m\rangle = \mathrm{i}\hbar\frac{\partial}{\partial t}\sum_{i,j}\rho_{ij}\underbrace{\langle\psi_n|\psi_i\rangle}_{\delta_{ni}}\underbrace{\langle\psi_j|\psi_m\rangle}_{\delta_{jm}} = \mathrm{i}\hbar\frac{\partial}{\partial t}\rho_{nm} \, , \tag{4.128}$$

und für die linke Seite von (4.112) ergibt sich der Zusammenhang

$$\begin{aligned}
\left\langle\psi_n\left|[\hat{H},\hat{\rho}]_-\right|\psi_m\right\rangle &= \left\langle\psi_n\left|[\hat{H}_0,\hat{\rho}]_-\right|\psi_m\right\rangle + \left\langle\psi_n\left|[\lambda\hat{H}_S,\hat{\rho}]_-\right|\psi_m\right\rangle \\
&= (E_n - E_m)\rho_{nm} + \sum_i\langle\psi_n|\lambda\hat{H}_S|\psi_i\rangle\rho_{im} \\
&\quad - \sum_j\rho_{nj}\langle\psi_j|\lambda\hat{H}_S|\psi_m\rangle \, .
\end{aligned} \tag{4.129}$$

Führt man dann die Abkürzung (4.125) ein, dann ergibt sich die oben angegebene partielle Differentialgleichung (4.124).

Der Dichtematrix- und Dichteoperator-Formalismus erlaubt eine kompakte Behandlung von reinen und gemischten Gesamtheiten. Der Einbezug gemischter Gesamtheiten, welche die Implementation makroskopischer Einflußgrößen erlauben, ermöglicht insbesondere, daß durch makroskopische Größen zu erfassende Meßumgebungen und Signalerzeugungsumgebungen in den quantenmechanischen Formalismus eingebaut werden können.

4.3 Einteilchensysteme in Ortsdarstellung

Für den Hamiltonoperator $\hat{H}$ und für die zugeordnete zeitabhängige Schrödinger-Gleichung sind verschiedene Formulierungen möglich. Auch in diesem Zusammenhang spricht man von einer *Darstellung*. Mit einer speziellen Darstellung verbunden sind entsprechende Formen des Zustandsvektors, wobei eine spezielle Form von Zustandsvektor eine spezielle Form von physikalischer Information bedingt. Eine auf die besondere Fragestellung bezogene Darstellung der

---

[13]Es sei auch an dieser Stelle erwähnt, daß diese formale Multiplikation der Bildung eines Skalarproduktes gleichzusetzen ist.

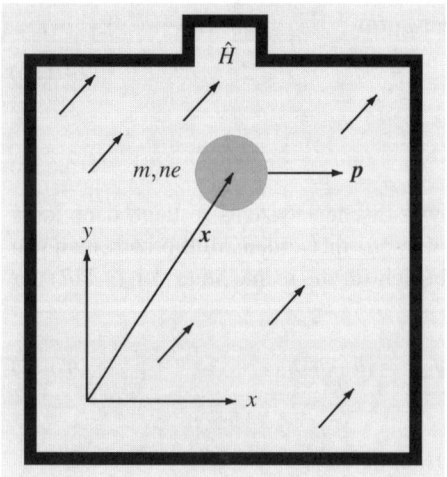

Bild 4.9 Die grundsätzliche Struktur von Einteilchensystemen auf einer klassischen Betrachtungsebene. m steht für die Teilchenmasse, n für die Anzahl der resultierenden positiven oder negativen Elementarladungen e, p für einen beobachtbaren Teilchenimpuls. Im nichtrelativistischen Fall kann m gleich der Ruhemasse m_0 gesetzt werden. x deutet den Ortsvektor an. In diesem Bild werden beispielhaft die zwei Raumkoordinaten x und y betrachtet. Die Pfeile deuten systemspezifische Wechselwirkungen an, die beispielsweise durch die Potentiale (relativ unbeweglicher) Kerne hervorgerufen werden

zeitabhängigen Schrödinger-Gleichung läßt sich auf systematische Weise direkt aus der allgemeinen Form (4.9) gewinnen. Insbesondere kann dabei durch die Entwicklung der Zustandsvektoren $|\psi_t\rangle$ nach einem geeigneten Orthonormalsystem zu speziellen Darstellungen übergegangen werden. Solche Orthonormalsysteme können als Lösungen von Eigenwertgleichungen hermitescher Operatoren erhalten werden. Sind die sich ergebenden Zustandsvektorsysteme nicht orthogonal, so können sie mit dem bereits erwähnten Schmidtschen Orthogonalisierungsverfahren orthogonalisiert werden.

Die wohl bekannteste Darstellung ist die *Ortsdarstellung*, welche Information über das räumliche Verhalten eines Systems vorgibt. In diesem Fall ergibt sich die Schrödinger-Gleichung als eine partielle Differentialgleichung in der Zeitkoordinate und in den Ortskoordinaten. Diese partielle Differentialgleichung wird im folgenden eingeführt, wobei der Spezialfall eines Einteilchensystems betrachtet wird. Bild 4.9 illustriert die grundsätzliche Struktur eines derartigen Einteilchensystems auf einer klassischen Betrachtungsebene.

4.3.1 Zeitabhängige Einteilchen-Schrödinger-Gleichung

Die Eigenwertgleichung

$$\hat{x}\,|x\rangle = x\,|x\rangle \tag{4.130}$$

definiert *Eigenvektoren* $|x\rangle$ zum Koordinatenoperator $\hat{x}$, wobei der Koordinatenvektor x die Eigenwerte des Operators $\hat{x}$ repräsentiert. Selbstkonsistent mit den vorliegenden reellen Eigenwerten ist $\hat{x}$ ist ein hermitescher Operator, d. h.

$$\hat{x} = \hat{x}^{\dagger}\;. \tag{4.131}$$

Diese Eigenvektoren liefern eine Basis, nach der der abstrakte Zustandsvektor $|\psi_t\rangle$ entwickelt werden kann. Da in diesem Beispiel eine kontinuierliche Menge von Eigenvektoren vorliegt, ist die Entwicklung

$$|\psi_t\rangle = \int |x\rangle \, \psi(x,t) \, d^3x \qquad (4.132)$$

zu berücksichtigen, wobei gemäß

$$\langle x'|x\rangle = \delta(x'-x) \qquad (4.133)$$

auch hier ein orthonomales Basissystem $|x\rangle$ zugrunde gelegt werden kann. Multipliziert man (4.132) von links her mit $\langle x'|$ und verwendet die Orthonormalitätsrelation (4.133), dann ergibt sich

$$\langle x'|\psi_t\rangle = \int \langle x'|x\rangle \, \psi(x,t) \, d^3x = \psi(x',t) \ . \qquad (4.134)$$

Man sagt, $\psi(x',t)$ ist die Ortsdarstellung des Zustandsvektors $|\psi_t\rangle$. Da die Menge der möglichen Werte von x' gleich der Menge der möglichen Werte von x ist, können die Variablen x' und x vertauscht werden.

Die Schrödinger-Gleichung (4.9) läßt sich in diese Ortsdarstellung überführen: Multipliziert man (4.9) von links her mit $\langle x|$ und berücksichtigt (4.134), dann erhält man für die linke Seite den Ausdruck

$$\text{Linke Seite} = i\hbar \langle x|\dot{\psi}_t\rangle = i\hbar\dot{\psi}(x,t) \qquad (4.135)$$

und für die rechte Seite erhält man den Ausdruck

$$\text{Rechte Seite} = \langle x|\hat{H}|\psi_t\rangle \ , \qquad (4.136)$$

der sich mittels der Vollständigkeitsrelation $\int |x\rangle\langle x| \, d^3x = 1$ in den Zusammenhang

$$\text{Rechte Seite} = \int \langle x|\hat{H}|x'\rangle \, \langle x'|\psi_t\rangle \, d^3x' \qquad (4.137)$$

und mit $\langle x|\hat{H}|x'\rangle \, \langle x'|\psi_t\rangle = \hat{H}\delta(x-x') \, \langle x'|\psi_t\rangle$ schließlich in den Zusammenhang

$$\text{Rechte Seite} = \hat{H}\psi(x,t) \qquad (4.138)$$

überführen läßt. Setzt man dann (4.135) gleich (4.138), dann ergibt sich die partielle Differentialgleichung

$$i\hbar\dot{\psi}(x,t) = \hat{H}\psi(x,t) \ , \qquad (4.139)$$

die *zeitabhängige Einteilchen-Schrödinger-Gleichung* in Ortsdarstellung. Ihrer Struktur gemäß ist diese zeitabhängige Schrödinger-Gleichung eine lineare Differentialgleichung, was insbesondere bedeutet, daß das bereits eingeführte Superpositionsprinzip gilt: Linearkombinationen beliebiger Lösungen sind wieder Lösungen dieser Schrödinger-Gleichung, wobei die raumzeitliche Entwicklung der Komponenten einer solchen Linearkombination unabhängig voneinander geschieht. Die Zustandsfunktion $\psi(x,t)$ wird als *Schrödingersche Wellenfunktion* bezeichnet. Sie ist eine Funktion der raumzeitlichen Koordinaten $x,\, t$.

Entsprechend der obigen Beziehungen beschreiben Lösungen der zeitabhängigen Schrödinger-Gleichung in der Ortsdarstellung sowohl das räumliche als auch das zeitliche Verhalten eines quantenmechanischen Systems.

4.3.2 Der grundlegende Einteilchen-Hamiltonoperator

Es ist eine Erfahrungstatsache, daß sich der Hamiltonoperator einer speziellen Darstellung aus einer zugrundeliegenden Hamiltonfunktion durch Ersetzung von klassischen Größen durch zugeordnete Operatoren gewinnen läßt. Im folgenden wird der grundlegende Einteilchen-Hamiltonoperator in Ortsdarstellung eingeführt.

Ersetzt man die klassischen Raumkoordinaten x, y, z und die klassischen Impulskoordinaten p_x, p_y, p_z mittels der Regeln

$$x \to \hat{x} = x, \quad y \to \hat{y} = y, \quad z \to \hat{z} = z,$$

$$p_x \to \hat{p}_x = \frac{\hbar}{i}\frac{\partial}{\partial x} = -i\hbar\frac{\partial}{\partial x}, \quad p_y \to \hat{p}_y = \frac{\hbar}{i}\frac{\partial}{\partial y} = -i\hbar\frac{\partial}{\partial y}, \tag{4.140}$$

$$p_z \to \hat{p}_z = \frac{\hbar}{i}\frac{\partial}{\partial z} = -i\hbar\frac{\partial}{\partial z},$$

so erhält man aus der *makroskopischen Hamiltonfunktion*[14]

$$H = H(\boldsymbol{p},\boldsymbol{x}) = \frac{\boldsymbol{p}^2}{2m_0} + V(\boldsymbol{x}), \tag{4.141}$$

welche ein nichtrelativistisch sich in einem durch die potentielle Energie $V(\boldsymbol{x})$ beschriebenen Potential bewegendes makroskopisches Teilchen mit Masse m_0 beschreibt und mit $W = V(\boldsymbol{x})$ aus (3.245) folgt, den Hamiltonoperator

$$\hat{H} = \hat{H}(\hat{\boldsymbol{p}},\hat{\boldsymbol{x}}) = \frac{\hat{\boldsymbol{p}}^2}{2m_0} + V(\boldsymbol{x}) = -\frac{\hbar^2}{2m_0}\triangle + V(\boldsymbol{x}). \tag{4.142}$$

Die darin auftretenden Operatoren

$$\hat{\boldsymbol{p}} = -i\hbar\nabla \quad \text{und} \quad \hat{\boldsymbol{x}} = \boldsymbol{x} \tag{4.143}$$

mit Komponenten

$$\hat{p}_x = -i\hbar\partial/\partial x, \hat{p}_y = -i\hbar\partial/\partial y, \hat{p}_z = -i\hbar\partial/\partial z \quad \text{und} \quad \hat{x} = x, \hat{y} = y, \hat{z} = z \tag{4.144}$$

stehen für den bereits eingeführten Impuls- bzw. für den ebenfalls bereits eingeführten Orts-operator. Zusätzlich ist hier der Laplace-Operator

$$\triangle = \nabla^2 = \frac{\partial^2}{\partial x^2} + \frac{\partial^2}{\partial y^2} + \frac{\partial^2}{\partial z^2} \tag{4.145}$$

zu berücksichtigen.

---

[14]Das Attribut *makroskopisch* im Zusammenhang mit einer Hamiltonfunktion zu benützen hat vielleicht einen etwas bildhaften Charakter. Es soll jedoch auch im folgenden benützt werden, um deutlich zu machen, daß eine Hamiltonfunktion vorliegt, die eine makroskopische Teilchenbewegung beschreibt.

(4.142) ist der für ein Einteilchensystem grundlegende Hamiltonoperator. Dies ist der Hamiltonoperator der von Schrödinger begründeten Gleichung. Die Regeln (4.140) werden *Jordansche Regeln* genannt. Sie sind nur dann zuverlässig richtig, wenn eine Schrödinger-Gleichung in der Ortsdarstellung betrachtet wird.

Entsprechend der obigen Beziehungen ist der grundlegende Hamiltonoperator eines quantenmechanischen Einteilchensystems in der Ortsdarstellung ein einfacher partieller Differentialoperator, der aus einem die kinetische Energie vermittelnden Term $\hat{T} = -\hbar^2 \Delta / 2m_0$ und einem die potentielle Energie vermittelnden Term $V(x)$ besteht.

4.3.3 Die zugeordnete Lagrange- und Hamiltondichte

Setzt man die Lagrangedichte

$$\mathcal{L} = \mathrm{i}\frac{\hbar}{2}\left(\psi^*\dot{\psi} - \psi\dot{\psi}^*\right) - \frac{\hbar^2}{2m_0}\nabla\psi^*\nabla\psi - \psi^*V\psi \tag{4.146}$$

voraus, dann läßt sich die oben begründete zeitabhängige Schrödinger-Gleichung in Ortsdarstellung ausgehend von den Euler-Lagrangeschen Feldgleichungen (3.73) herleiten, wenn die Identifikation

$$\Psi_i \rightarrow \psi^*, \psi \tag{4.147}$$

zugrunde gelegt wird: Unter Berücksichtigung der Identifikation (4.147) gehen die Euler-Lagrangeschen Feldgleichungen (3.73) in

$$\frac{\partial\mathcal{L}}{\partial\psi^*} - \sum_{\nu=0}^{3}\nabla_\nu\frac{\partial\mathcal{L}}{\partial\left(\nabla_\nu\psi^*\right)} = \frac{\partial\mathcal{L}}{\partial\psi^*} - \sum_{i=1}^{3}\nabla_i\frac{\partial\mathcal{L}}{\partial\left(\nabla_i\psi^*\right)} - \dot{\bar{\psi}}^* = 0 \tag{4.148}$$

sowie

$$\frac{\partial\mathcal{L}}{\partial\psi} - \sum_{\nu=0}^{3}\nabla_\nu\frac{\partial\mathcal{L}}{\partial\left(\nabla_\nu\psi\right)} = \frac{\partial\mathcal{L}}{\partial\psi} - \sum_{i=1}^{3}\nabla_i\frac{\partial\mathcal{L}}{\partial\left(\nabla_i\psi\right)} - \dot{\bar{\psi}} = 0 \tag{4.149}$$

über, woraus nach Einsetzen von $\mathcal{L}$ sich einerseits die zeitabhängige Schrödinger-Gleichung

$$\mathrm{i}\hbar\dot{\psi} = \hat{H}\psi \tag{4.150}$$

und sich andererseits die dazu konjugiert komplexe zeitabhängige Schrödinger-Gleichung

$$-\mathrm{i}\hbar\dot{\psi}^* = \hat{H}\psi^* \tag{4.151}$$

ergibt. In beiden Fällen ist der Hamiltonoperator

$$\hat{H} = -\frac{\hbar^2}{2m_0}\triangle + V \tag{4.152}$$

zu berücksichtigen. Ein durch ein Feldfunktionenpaar ψ, ψ^* beschriebenes Feld wird im folgenden als *Schrödingersches Einteilchenfeld* oder als *Schrödingersches Materiefeld* bezeichnet.

Über die Legendretransformation

$$\mathcal{H} = \bar{\psi}^* \dot{\psi}^* + \bar{\psi} \dot{\psi} - \mathcal{L} \tag{4.153}$$

mit

$$\bar{\psi}^* = \frac{\partial \mathcal{L}}{\partial \dot{\psi}^*} = -i \frac{\hbar}{2} \psi \, , \quad \bar{\psi} = \frac{\partial \mathcal{L}}{\partial \dot{\psi}} = i \frac{\hbar}{2} \psi^* \tag{4.154}$$

erhält man die Hamiltondichte

$$\mathcal{H} = \frac{\hbar^2}{2m_0} \nabla \psi^* \nabla \psi + \psi^* V \psi \, . \tag{4.155}$$

Führt man eine partielle Integration über den gesamten Ortsraum aus, dann erhält man die der Hamiltondichte zugeordente Hamiltonfunktion

$$H = \int \psi^* \hat{H} \psi \, \mathrm{d}^3 x \, , \tag{4.156}$$

wobei $\hat{H}$ ebenfalls durch (4.152) gegeben ist. Die Hamiltonfunktion (4.156) und die zugeordnete Hamiltondichte (4.155) beschreiben im Gegensatz zu einer makroskopischen Hamiltonfunktion der Art (4.141) ein durch ein Feldfunktionenpaar ψ, ψ^* erfaßtes mikroskopisches System, wobei bezüglich der Teilchendynamik eine durch ψ, ψ^* vorgegebene mittlere, relativ zur Teilchendynamik gesehen wieder makroskopische Ebene betrachtet wird. Zur begrifflichen Unterscheidung von direkt eine makroskopische Teilchenbewegung angebenden makroskopischen Hamiltonfunktionen der Art (4.141) werden Hamiltonfunktionen der Art (4.156) im folgenden auch als *feldspezifische makroskopische Hamiltonfunktionen* bezeichnet. Zugeordnete Hamiltondichten werden ebenso begrifflich umschrieben.

4.3.4 Die zugeordnete Kontinuitätsgleichung

Multipliziert man die Gleichung (4.150) von links mit ψ^*, die Gleichung (4.151) mit ψ und subtrahiert man anschließend die sich ergebenden Gleichungen voneinander, dann erhält man die Beziehung

$$\frac{\hbar^2}{2m_0} \left(\psi^* \nabla^2 \psi - \psi \nabla^2 \psi^* \right) + i\hbar \left(\psi^* \dot{\psi} + \dot{\psi}^* \psi \right) = 0 \, , \tag{4.157}$$

die nach Überführung in die Form

$$-i \frac{\hbar}{2m_0} \nabla \left(\psi^* \nabla \psi - \psi \nabla \psi^* \right) + \frac{1}{c} \frac{\partial}{\partial t} \left(c \psi^* \psi \right) = 0 \tag{4.158}$$

direkt mit der Kontinuitätsgleichung (3.133) verglichen werden kann.

4.3.4.1 Die Stromdichte

Führt man diesen Vergleich aus, dann ist klar, daß die Identifikation

$$j^0 = c\psi^*\psi = c\,|\psi|^2 \,, \quad j^i = -\mathrm{i}\frac{\hbar}{2m_0}\left(\psi^*\nabla_i\psi - \psi\nabla_i\psi^*\right) \quad (i=1,2,3) \tag{4.159}$$

die obige Beziehung in eine der Kontinuitätsgleichung (3.133) formmäßig gleichwertige Relation überführt,

$$\nabla j + \frac{1}{c}\frac{\partial}{\partial t}j^0 = \sum_\mu \nabla_\mu j^\mu = 0 \quad (\mu = 1,2,3,0)\,, \tag{4.160}$$

sodaß j^μ den Vektor einer Stromdichte repräsentiert. Vergleicht man mit der Lagrangedichte (4.146), dann ist offensichtlich, daß die Komponenten j^μ durch

$$j^\mu = \frac{\mathrm{i}}{\hbar}\left(\psi^*\frac{\partial \mathcal{L}}{\partial\left(\nabla_\mu\psi^*\right)} - \psi\frac{\partial \mathcal{L}}{\partial\left(\nabla_\mu\psi\right)}\right) \tag{4.161}$$

geschlossen dargestellt werden können.

4.3.4.2 Die Wahrscheinlichkeitsdichte

Interpretiert man $j^0/c = \psi^*\psi$ als eine, mit einer Teilchenbewegung verbundene Wahrscheinlichkeitsdichte, welche die Wahrscheinlichkeit für die Messung eines Teilchens in einem Volumenelement $\mathrm{d}^3x = \mathrm{d}x\,\mathrm{d}y\,\mathrm{d}z$ an einem Ort x zur Zeit t vorgibt, dann stellen die Komponenten j^i $(i=1,2,3)$ die Wahrscheinlichkeitsdichteströmung aus dem betrachteten Volumenelement heraus (in das betrachtete Volumenelement hinein) dar[15]. Diese Interpretation ist konsistent mit der Tatsache, daß die „zeitliche Komponente" j^0 eine überall positive Größe ist. Damit diese Interpretation möglich ist, muß die Nebenbedingung

$$\int \psi^*\psi\,\mathrm{d}^3x = \int |\psi|^2\,\mathrm{d}^3x = 1 \tag{4.162}$$

mit einbezogen werden. Diese Nebenbedingung steht im Einklang mit dem übrigen Konzept. Sie garantiert einerseits, daß $j^0/c = \psi^*\psi$ tatsächlich eine Dichte bezüglich der Volumenelemente d^3x ist, und andererseits, daß eine „globale" Wahrscheinlichkeit immer den im Rahmen der Wahrscheinlichkeitsrechung üblichen „globalen" Wert 1 aufweist. Vorausgesetzt werden Funktionen ψ, die integrierbar sind, d. h. auf konvergente Integrale führen. Die Integration läuft über den gesamten Raumbereich bzw. – damit gleichwertig – über denjenigen Raumbereich, in dem die Funktionen ψ nicht verschwinden. Liegen nichtintegrable Funktionen ψ vor, dann kann die obige Nebenbedingung nicht vorausgesetzt werden, d. h. eine Normierung auf den Wert 1 ist nicht möglich. Dies ist physikalisch jedoch durchaus sinnvoll: im Abschnitt 4.7 wird ein Beispiel diskutiert.

---

[15] Diese Interpretation geht auf M. Born und andere zurück und läßt sich beispielsweise mit Spaltbeugungsexperimenten experimentell rechtfertigen. Derartige Spaltbeugungsexperimente werden im Abschnitt 4.7 noch genauer untersucht.

4.3.5 Der zugeordnete Energie-Impuls-Tensor

Legt man die Identifikation (4.147) zugrunde, dann nimmt der durch (3.128) gegebene Energie-Impuls-Tensor die Form

$$T_\nu^\mu = -\frac{\partial \mathcal{L}}{\partial\left(\nabla_\mu\psi^*\right)}\nabla_\nu\psi^* - \frac{\partial \mathcal{L}}{\partial\left(\nabla_\mu\psi\right)}\nabla_\nu\psi + \delta_\nu^\mu\mathcal{L} \qquad (4.163)$$

an. Analysiert man die darin enthaltenen Matrixelemente analog der in 3.4.3.1 durchgeführten Analyse, dann stellt man fest, daß im Fall der jetzt betrachteten Schrödingerschen Felder die Energiedichte ρ_E, die Energieströmung s_E und die Impulsdichte ρ_I sich durch

$$\rho_E = \frac{\hbar^2}{2m_0}\nabla\psi^*\nabla\psi + \psi^*V\psi = -T_0^0 \qquad \text{(Energiedichte)}$$

$$s_E = -\frac{\hbar^2}{2m_0}\left(\dot\psi^*\nabla\psi + \dot\psi\nabla\psi^*\right) = -c\begin{pmatrix}T_0^1\\T_0^2\\T_0^3\end{pmatrix} \qquad \text{(Energieströmung)} \qquad (4.164)$$

$$\rho_I = \mathrm{i}\frac{\hbar}{2}\left(\psi\nabla\psi^* - \psi^*\nabla\psi\right) = \frac{1}{c}\left(T_1^0, T_2^0, T_3^0\right) \qquad \text{(Impulsdichte)}$$

beschreiben lassen. Die Matrixelemente $\sigma_k^j = T_k^j \ (j,k = 1,2,3)$ des Impulsströmungstensors σ_I nehmen die Form

$$\sigma_k^j = \frac{\hbar^2}{2m_0}\left(\nabla_k\psi^*\nabla_j\psi + \nabla_k\psi\nabla_j\psi^*\right) + \delta_k^j\mathcal{L} \qquad (4.165)$$

an. Alle diese Größen sind auf einer durch ein Feldfunktionenpaar ψ^*, ψ definierten makroskopischen Ebene beobachtbare feldspezifische Meßgrößen. Die Energiedichte ρ_E ist gleich der zugeordneten, durch (4.155) gegebenen feldspezifischen makroskopischen Hamiltondichte $\mathcal{H}$. Vergleicht man mit dem Energie-Impuls-Tensor der Elektrodynamik, dem Tensor (3.206), dann ist offensichtlich, daß eine gleichwertige Struktur vorliegt, d. h. beispielsweise enthalten die Diagonalelemente des Impulsströmungstensors, genauso wie der im Zusammenhang mit elektromagnetischen Feldern auftretende Maxwellsche Spannungstensor (3.209), als Summand die negative Energiedichte.

4.3.6 Zeitunabhängige Einteilchen-Schrödinger- Gleichung

Der zeitabhängigen Schrödinger-Gleichung (4.139) läßt sich nach dem im Abschnitt 4.2.5 dargestellten Verfahren eine zeitunabhängige Schrödinger-Gleichung zuordnen. Dies wird im folgenden für den Einteilchenfall der Ortsdarstellung kurz betrachtet.

4.3.6.1 Der vorausgesetzte Hamiltonoperator

Setzt man ein offenes System voraus, das entsprechend (4.51) durch einen Hamiltonoperator der Form

$$\hat{H} = \hat{H}_0 + \lambda \hat{H}_S \tag{4.166}$$

beschrieben wird, setzt man $\hat{H}_0$ entsprechend (4.142) gleich

$$\hat{H}_0 = -\frac{\hbar^2}{2m_0}\triangle + V(\boldsymbol{x}) \tag{4.167}$$

und berücksichtigt eine skalare Wechselwirkungsfunktion entsprechend

$$\lambda \hat{H}_S = W(t) \,, \tag{4.168}$$

dann kann der zeitabhängigen Schrödinger-Gleichung (4.139) eine zeitunabhängige Form zugeordnet werden.

4.3.6.2 Zeitunabhängige Schrödinger-Gleichung und Mastergleichung

Setzt man den einen Spezialfall des darstellungsfreien Ansatzes (4.53) repräsentierenden Ansatz

$$\psi(\boldsymbol{x},t) = \sum_i \psi_i(t)\psi_i(\boldsymbol{x}) \tag{4.169}$$

mit

$$\psi_i(t) = c_i(t)\exp\left(-\mathrm{i}E_i t/\hbar\right) \tag{4.170}$$

und den Nebenbedingungen

$$\int |\psi(\boldsymbol{x},t)|^2 \, \mathrm{d}^3 x = 1 \,, \quad \int \psi_j^*(\boldsymbol{x})\psi_i(\boldsymbol{x}) \, \mathrm{d}^3 x = \delta_{ji} \,, \quad \sum_i |\psi_i(t)|^2 = 1 \tag{4.171}$$

in die zeitabhängige Schrödinger-Gleichung (4.139) ein, dann führt dieses Vorgehen einerseits zu der *zeitunabhängigen Schrödinger-Gleichung in Ortsdarstellung*, der Beziehung

$$E_i\psi_i(\boldsymbol{x}) = \hat{H}_0\psi_i(\boldsymbol{x}) \,, \tag{4.172}$$

und andererseits auf die zugeordnete *Mastergleichung in Ortsdarstellung*, die Beziehung

$$\mathrm{i}\hbar\dot{c}_j(t) = \sum_i c_i(t)\exp\left[-\mathrm{i}\left(E_i - E_j\right)t/\hbar\right] W_{ji} \tag{4.173}$$

mit Übergangsmatrixelementen

$$W_{ji} = \int \psi_j^*(\boldsymbol{x})W(t)\psi_i(\boldsymbol{x}) \, \mathrm{d}^3 x \,. \tag{4.174}$$

Ist kein übergangserzeugender Anteil $W(t)$ vorhanden, dann ist der in (4.172) auftretende Hamiltonoperator $\hat{H}_0$ gleich dem Gesamtoperator $\hat{H}$. In einem solchen Fall ist die rechte Seite von (4.173) gleich 0, d. h. die Koeffizienten $c_i(t)$ sind konstante, allenfalls von Parametern abhängige Faktoren. Ein allgemeines störungstheoretisches Verfahren zur Lösung einer Mastergleichung der Form (4.173) und eine damit verknüpfte Darstellung störungstheoretischer Lösungen wurde im Abschnitt 4.2.5 herausgearbeitet. Die dort vorgegebenen Lösungen können übernommen werden, sodaß an dieser Stelle keine weitere Diskussion bezüglich geeigneter Lösungsverfahren durchgeführt wird.

4.3.7 Observable und Operatoren

Die allgemeinen, im Abschnitt 4.2.1 eingeführten Meßwertrelationen sind darstellungsfrei. Sie lassen sich beispielsweise für den hier vorliegenden Fall spezifizieren. Dieser Sachverhalt wird im folgenden etwas genauer studiert.

4.3.7.1 Operatoren in Ortsdarstellung

Wählt man die Ortsdarstellung und berücksichtigt einen Koordinatenvektor x, so gilt die Vollständigkeitsrelation

$$\int |x\rangle \langle x| \, d^3x = 1 \,, \tag{4.175}$$

woraus die für einen Operator $\hat{M}$ gültige Ortsdarstellung

$$\hat{M} = \int |x\rangle \langle x|\hat{M}|x'\rangle \langle x'| \, d^3x \, d^3x' \tag{4.176}$$

folgt. Die Matrixelemente

$$M(x,x') = \langle x|\hat{M}|x'\rangle \tag{4.177}$$

repräsentieren den Operator $\hat{M}$ in Ortsdarstellung als Matrix.

4.3.7.2 Mittelwerte in Ortsdarstellung

Um einen Mittelwert $\langle M \rangle$ in Ortsdarstellung zu gewinnen, multipliziert man (4.176) von rechts mit $|\psi_t\rangle$ und von links mit $\langle \psi_t|$. Berücksichtigt man dann (4.134), so ergibt sich der Zusammenhang

$$\langle M \rangle = \int \langle \psi_t|x\rangle \langle x|\hat{M}|x'\rangle \langle x'|\psi_t\rangle \, d^3x \, d^3x'$$

$$= \int \psi^*(x,t)M(x,x')\psi(x',t) \, d^3x \, d^3x' \,. \tag{4.178}$$

Im Fall

$$M(\boldsymbol{x},\boldsymbol{x}')\psi(\boldsymbol{x}',t) = \hat{M}(\boldsymbol{x},\boldsymbol{x}',\nabla)\delta(\boldsymbol{x}-\boldsymbol{x}')\psi(\boldsymbol{x}',t) \qquad (4.179)$$

reduziert sich dieser Mittelwertausdruck auf

$$\langle M \rangle = \int \psi^*(\boldsymbol{x},t)\hat{M}(\boldsymbol{x},\nabla)\psi(\boldsymbol{x},t)\,\mathrm{d}^3x \,. \qquad (4.180)$$

(4.180) ist eine übliche, in Ortsdarstellung vorgegebene Erwartungswertformel. Ein Beispiel ist durch die Formel (4.156) gegeben: Die durch H beschriebene Systemenergie steht in diesem Fall für den Erwartungswert $\langle M \rangle$ und der Hamiltonoperator $\hat{H}$ für den Operator $\hat{M}(\boldsymbol{x},\nabla)$.

4.3.7.3 Die Vertauschungsrelationen des Impuls- und Ortsoperators

Die durch (4.143) bzw. (2.79) und (2.80) definierten Operatoren $\hat{\boldsymbol{p}}$ und $\hat{\boldsymbol{x}}$ sind in der Ortsdarstellung auftretende, mit den Observablen $\boldsymbol{p}$ und $\boldsymbol{x}$ verbundene Operatoren. Spezifiziert man die im Abschnitt 4.2.1 angegebene allgemeine Vertauschungsrelation (4.15) mittels der durch (4.140) definierten Komponenten dieser Operatoren, dann erhält man

$$[\hat{x},\hat{p}_x]_- = \hat{x}\hat{p}_x - \hat{p}_x\hat{x} = \mathrm{i}\hbar \,, \quad [\hat{y},\hat{p}_y]_- = \hat{y}\hat{p}_y - \hat{p}_y\hat{y} = \mathrm{i}\hbar \,,$$

$$[\hat{z},\hat{p}_z]_- = \hat{z}\hat{p}_z - \hat{p}_z\hat{z} = \mathrm{i}\hbar \,, \qquad (4.181)$$

d. h. Ortskoordinaten und konjugierte Impulskoordinaten eines Teilchens sind nicht gleichzeitig scharf meßbar. Darüber hinaus gilt, daß Orts- und Impulskoordinaten unterschiedlicher Raumrichtungen gleichzeitig scharf meßbar sind, d. h.

$$[\hat{x},\hat{p}_y]_- = 0 \,, \quad [\hat{x},\hat{p}_z]_- = 0 \,, \quad [\hat{y},\hat{p}_x]_- = 0 \,, \quad [\hat{y},\hat{p}_z]_- = 0 \,,$$

$$[\hat{z},\hat{p}_x]_- = 0 \,, \quad [\hat{z},\hat{p}_y]_- = 0 \,, \qquad (4.182)$$

und daß Ortskoordinaten oder Impulskoordinaten gleichzeitig scharf meßbar sind, d. h.

$$[\hat{x},\hat{y}]_- = 0 \,, \quad [\hat{y},\hat{z}]_- = 0 \,, \quad [\hat{z},\hat{x}]_- = 0 \qquad (4.183)$$

und

$$[\hat{p}_x,\hat{p}_y]_- = 0 \,, \quad [\hat{p}_y,\hat{p}_z]_- = 0 \,, \quad [\hat{p}_z,\hat{p}_x]_- = 0 \,. \qquad (4.184)$$

4.3.7.4 Drehimpulsoperator-Vertauschungsrelationen

Ähnliche Vertauschungsrelationen lassen sich auch für die Drehimpulsoperator-Komponenten herleiten. Spezifiziert man die allgemeine Vertauschungsrelation (4.15) mittels der durch (2.92) vorgegebenen Komponenten $\hat{l}_x$, $\hat{l}_y$, $\hat{l}_z$ des Drehimpulsoperators $\hat{\boldsymbol{l}}$, dann erhält man diese Vertauschungsrelationen, gemäß derer einzelne Drehimpulskomponenten nicht gleichzeitig scharf meßbar sind, sich das Betragsquadrat bzw. der Drehimpulsbetrag selbst und einzelne Drehimpulskomponenten jedoch gleichzeitig scharf messen lassen. Da diese Vertauschnungsrelationen bereits im Abschnitt 2.2.3 angegebenen wurden, man vergleiche mit (2.100) und (2.101), soll auf ihre Angabe hier verzichtet werden.

4.3.7.5 Die Heisenbergsche Unschärferelation

Nach den Ausführungen des Abschnitts 4.2.1 ist eine Folge der Nichtvertauschbarkeit von Operatoren das Auftreten von Unschärfen. Im eben betrachteten Fall zweier nichtvertauschender Orts- und Impulsoperatoren tritt eine mit einer Ortsmessung verbundene Ortsunschärfe Δx sowie eine mit einer gleichzeitigen Impulsmessung verbundene Impulsunschärfe Δp auf. Diese Unschärfen sind durch die Relation

$$\Delta p_x \Delta x \geq \frac{\hbar}{2} \, , \quad \Delta p_y \Delta y \geq \frac{\hbar}{2} \, , \quad \Delta p_z \Delta z \geq \frac{\hbar}{2} \tag{4.185}$$

miteinander verbunden, wobei Δp_x, Δp_y, Δp_z und Δx, Δy, Δz die Komponenten der Unschärfen Δp und Δx sind. Bestimmt man also beispielsweise den Impuls eines Teilchens genau, dann kann man über seinen Ort nichts mehr aussagen. Diese Relation ist die *Heisenbergsche Unschärferelation*. Diese Unschärfen genauso wie die Heisenbergsche Unschärferelation selbst folgen direkt aus der durch (4.181) beschriebenen Nichtvertauschbarkeit der Operatoren $\hat{p}$ und $\hat{x}$.

Beweis 4.5 Man betrachte die Meßwertrelation

$$\int \psi^*(\boldsymbol{x},t)\,\hat{M}^\dagger \hat{M}\psi(\boldsymbol{x},t)\,\mathrm{d}^3x \geq 0 \tag{4.186}$$

sowie die (nichthermiteschen) Operatoren

$$\hat{M} = \alpha\Delta\hat{\boldsymbol{x}}_A + \frac{\mathrm{i}}{\hbar}\Delta\hat{\boldsymbol{p}}_A \, , \quad \hat{M}^\dagger = \alpha\Delta\hat{\boldsymbol{x}}_A^\dagger + \frac{\mathrm{i}}{\hbar}\Delta\hat{\boldsymbol{p}}_A^\dagger = \alpha\Delta\hat{\boldsymbol{x}}_A - \frac{\mathrm{i}}{\hbar}\Delta\hat{\boldsymbol{p}}_A \tag{4.187}$$

mit $\alpha = $ reell und[16]

$$\Delta\hat{\boldsymbol{p}}_A = \hat{\boldsymbol{p}} - \langle\boldsymbol{p}\rangle \, , \quad \Delta\hat{\boldsymbol{x}}_A = \hat{\boldsymbol{x}} - \langle\boldsymbol{x}\rangle \, . \tag{4.188}$$

Die Operatoren $\hat{p}$ und $\hat{x}$ sind durch (4.143) definiert und die Größen

$$\langle\boldsymbol{p}\rangle = \int \psi^*(\boldsymbol{x},t)\,\hat{\boldsymbol{p}}\psi(\boldsymbol{x},t)\,\mathrm{d}^3x \, ,$$

$$\langle\boldsymbol{x}\rangle = \int \psi^*(\boldsymbol{x},t)\,\hat{\boldsymbol{x}}\psi(\boldsymbol{x},t)\,\mathrm{d}^3x \tag{4.189}$$

stehen für den bei einer Orts-Impuls-Messung erhaltbaren Impuls- und Ortserwartungswert. Insofern vermitteln die Operatoren $\Delta\hat{\boldsymbol{p}}_A$, $\Delta\hat{\boldsymbol{x}}_A$ die Abweichungen von diesen Mittelwerten.

Setzt man die Operatoren (4.187) in die obige Meßwertrelation ein, dann ergibt sich der Zusammenhang

$$\int \psi^*(\boldsymbol{x},t)\left(\alpha\Delta\hat{\boldsymbol{x}}_A - \frac{\mathrm{i}}{\hbar}\Delta\hat{\boldsymbol{p}}_A\right)\left(\alpha\Delta\hat{\boldsymbol{x}}_A + \frac{\mathrm{i}}{\hbar}\Delta\hat{\boldsymbol{p}}_A\right)\psi(\boldsymbol{x},t)\,\mathrm{d}^3x$$

$$= \alpha^2\left\langle(\Delta\boldsymbol{x}_A)^2\right\rangle + \alpha\frac{\mathrm{i}}{\hbar}\left\langle[\Delta\boldsymbol{x}_A,\Delta\boldsymbol{p}_A]_-\right\rangle + \frac{1}{\hbar^2}\left\langle(\Delta\boldsymbol{p}_A)^2\right\rangle$$

$$\geq 0 \tag{4.190}$$

---

[16]Es sei darauf hingewiesen, daß hier der untere Index A einen *Abweichungsoperator* andeutet, während der Index A am Zeitparameter t_A einen *Anfangszeitpunkt* kennzeichnet.

mit

$$\left\langle (\Delta x_A)^2 \right\rangle = \int \psi^* (x,t) (\Delta \hat{x}_A)^2 \psi(x,t) \, \mathrm{d}^3 x \,,$$
$$\left\langle (\Delta p_A)^2 \right\rangle = \int \psi^* (x,t) (\Delta \hat{p}_A)^2 \psi(x,t) \, \mathrm{d}^3 x$$

(4.191)

und

$$\left\langle [\Delta x_A, \Delta p_A]_- \right\rangle = \int \psi^* (x,t) [\Delta \hat{x}_A, \Delta \hat{p}_A]_- \psi(x,t) \, \mathrm{d}^3 x \,.$$

(4.192)

Während der erste Ausdruck von (4.191) die mittlere quadratische Abweichung eines Ortsmittelwerts $\langle x \rangle$ darstellt, steht der zweite Ausdruck von (4.191) für die mit einem Impulsmittelwert $\langle p \rangle$ verbundene mittlere quadratische Abweichung.

Setzt man in die Vertauschungsrelation $[\Delta \hat{x}_A, \Delta \hat{p}_A]_- = \Delta \hat{x}_A \Delta \hat{p}_A - \Delta \hat{p}_A \Delta \hat{x}_A$ die durch (4.188) gegebenen Operatoren explizit ein und berücksichtigt (4.181), dann ergibt sich die Relation $[\Delta \hat{x}_A, \Delta \hat{p}_A]_- = [\hat{x}, \hat{p}]_- = 3\mathrm{i}\hbar$, sodaß (4.192) durch

$$\left\langle [\Delta x_A, \Delta p_A]_- \right\rangle = 3\mathrm{i}\hbar \int \psi^* (x,t) \psi(x,t) \, \mathrm{d}^3 x = 3\mathrm{i}\hbar$$

(4.193)

ersetzt werden kann, wobei der Faktor 3 auftritt, weil die Vertauschungsrelation (4.181) für einzelne Operatorenkomponenten gilt und hier die vollständigen Vektoroperatoren betrachtet werden. Berücksichtigt man diese Ersetzung, dann läßt sich statt (4.190) der Ausdruck

$$\alpha^2 \left\langle (\Delta x_A)^2 \right\rangle - \alpha 3 + \frac{1}{\hbar^2} \left\langle (\Delta p_A)^2 \right\rangle \geq 0$$

(4.194)

verwenden.

Da die allgemeine Lösung einer quadratischen Gleichung

$$\alpha^2 a + \alpha b + c = 0$$

(4.195)

durch die Mitternachtsformel

$$\alpha = -\frac{b}{2a} \pm \sqrt{D}$$

(4.196)

mit der Diskriminante

$$D = \frac{b^2 - 4ac}{4a^2}$$

(4.197)

gegeben ist, folgt aus (4.194) der Zusammenhang

$$\alpha \geq \frac{3}{2 \left\langle (\Delta x_A)^2 \right\rangle} \pm \sqrt{D}$$

(4.198)

mit der Diskriminante

$$D = \frac{9 - \frac{4}{\hbar^2} \left\langle (\Delta x_A)^2 \right\rangle \left\langle (\Delta p_A)^2 \right\rangle}{4 \left\langle (\Delta x_A)^2 \right\rangle^2} \,.$$

(4.199)

Da eingangs dieser Betrachtungen und auch während der gerade durchgeführten Rechnung ein reeller Faktor α vorausgesetzt wurde, muß die Diskriminante D größer oder gleich 0 sein, sodaß sich

$$9 - \frac{4}{\hbar^2}\left\langle (\Delta x_A)^2 \right\rangle \left\langle (\Delta p_A)^2 \right\rangle \geq 0 \tag{4.200}$$

und damit

$$\left\langle (\Delta x_A)^2 \right\rangle \left\langle (\Delta p_A)^2 \right\rangle \geq \frac{9}{4}\hbar^2 \tag{4.201}$$

ergibt.

Unter Einbezug der Relationen

$$\left\langle (\Delta p_A)^2 \right\rangle = \left\langle |\Delta p_A|^2 \right\rangle = (\Delta p)^2 \tag{4.202}$$

und

$$\left\langle (\Delta x_A)^2 \right\rangle = \left\langle |\Delta x_A|^2 \right\rangle = (\Delta x)^2 \tag{4.203}$$

läßt sich (4.201) durch

$$(\Delta p)^2 (\Delta x)^2 \geq \frac{9}{4}\hbar^2 \tag{4.204}$$

ersetzen, sodaß sich

$$\Delta p \Delta x \geq \frac{3}{2}\hbar \tag{4.205}$$

und – wenn Unabhängigkeit von der Raumrichtung vorausgesetzt wird – letztendlich sich die eingeführte Heisenbergsche Unschärferelation

$$\Delta p_x \Delta x \geq \frac{\hbar}{2} , \quad \Delta p_y \Delta y \geq \frac{\hbar}{2} , \quad \Delta p_z \Delta z \geq \frac{\hbar}{2} \tag{4.206}$$

ergibt, welche die Unschärfen Δp und Δx miteinander verbindet.

Entscheidend für das Auftreten dieser Unschärfen sowie der Relation (4.206) ist, daß die Operatoren $\hat{p}$, $\hat{x}$ nicht miteinander vertauschen. Würden diese beiden Operatoren miteinander vertauschen, dann würde die obige Rechnung verschwindende Unschärfen bedingen. Für Unschärfen anderer physikalischer Größen lassen sich die obigen Beziehungen verallgemeinern.

In der Ortsdarstellung enthält das Schrödingerbild (genauso wie alle anderen quantenmechanischen Bilder, die oben nicht berücksichtigt werden) sowohl Information über das räumliche als auch über das zeitliche Verhalten mikroskopischer Teilchen. Entsprechend des obigen Formalismus ist die Beschreibung eines Teilchenzustands nur bis auf Unschärfen möglich. In der Ortsdarstellung sind insbesondere die Orts- und Impulsunschärfen von Bedeutung, die über die Heisenbergsche Unschärferelation eine Grenze für die mögliche Zustandskonkretisierung vorgeben.

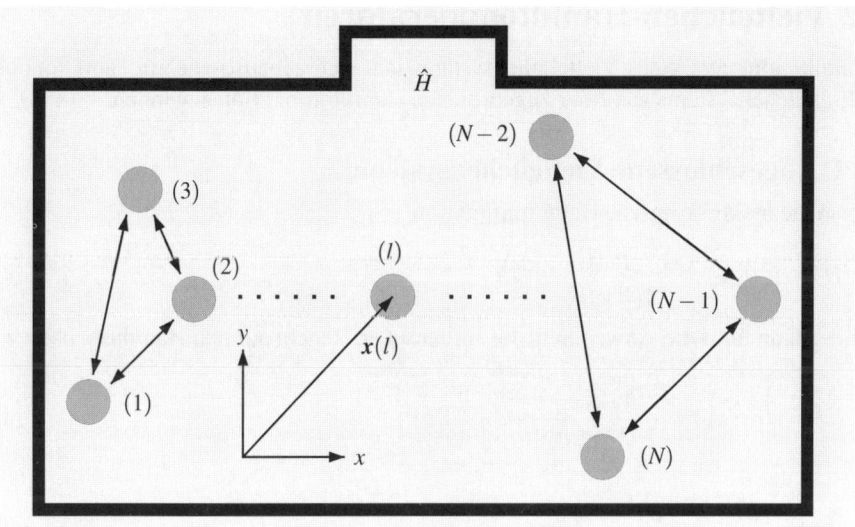

Bild 4.10 *N*-komponentige Vielteilchensysteme. Die Pfeile deuten Wechselwirkungen zwischen den einzelnen Teilchen an

4.4 Vielteilchensysteme in Ortsdarstellung

Während für ein nichtrelativistisches Einteilchensystem eine einzelne Masse m_0, eine Ladung ne sowie ein einzelner Ortsvektor x zugrunde zu legen ist, benötigt man zur Beschreibung eines aus N Teilchen bestehenden Vielteilchensystems Massen $m_0(l)$, Ladungen $n(l)e(l)$ sowie Ortsvektoren $x(l)$, wobei l sämtliche N Teilchen abzählt, d. h. es gilt $l = 1 \ldots N$. Zusätzlich zu den bei Einteilchensystemen auftretenden Wechselwirkungen sind bei Vielteilchensystemen Wechselwirkungen untereinander zu berücksichtigen. Im Bild 4.10 wird dieser Sachverhalt veranschaulicht.

Im folgenden werden Vielteilchensysteme kurz betrachtet. Dabei wird wieder das Schrödingerbild in der Ortsdarstellung vorausgesetzt. Es werden sowohl offene als auch abgeschlossene Vielteilchensysteme berücksichtigt. Wir wollen uns jedoch auf durch reine Gesamtheiten beschreibbare Systeme beschränken.

4.4.1 Zeitabhängige Vielteilchen-Schrödinger-Gleichung

Die einem Vielteilchensystem zugeordnete zeitabhängige Schrödinger-Gleichung in Ortsdarstellung ist durch

$$i\hbar\dot{\psi}(X,t) = \hat{H}\psi(X,t) \tag{4.207}$$

gegeben. $\psi(X,t)$ ist die jetzt auftretende *Vielteilchen-Zustandsfunktion*. Der Koordinatenvektor X repräsentiert die Koordinatenvektoren $x(l)$ aller N Teilchen. Auch diese Gleichung läßt sich – analog zu den Ausführungen des Abschnitts 4.3.1 – ausgehend von der allgemeinen Gleichung (4.9) herleiten.

4.4.2 Vielteilchen-Hamiltonoperatoren

Ein Hamiltonoperator eines Vielteilchensystems läßt sich genauso wie ein Hamiltonoperator eines Einteilchensystems aus einer zugeordneten Hamiltonfunktion gewinnen.

4.4.2.1 Abgeschlossene Vielteilchensysteme

Legt man die makroskopische Hamiltonfunktion

$$H = H(\boldsymbol{P}, \boldsymbol{X}) = \sum_{l=1}^{N} \frac{\boldsymbol{p}^2(l)}{2m_0(l)} + V(\boldsymbol{X}) \tag{4.208}$$

zugrunde, dann führt die Anwendung der Jordanschen Regeln auf den Hamiltonoperator

$$\hat{H} = \hat{H}(\hat{\boldsymbol{P}}, \hat{\boldsymbol{X}}) = -\frac{\hbar^2}{2} \sum_{l=1}^{N} \frac{1}{m_0(l)} \triangle_l + V(\boldsymbol{X}) \,, \tag{4.209}$$

$$\triangle_l = \frac{\partial^2}{\partial x(l)^2} + \frac{\partial^2}{\partial y(l)^2} + \frac{\partial^2}{\partial z(l)^2} \,, \tag{4.210}$$

wobei die Potentialfunktion $V(\boldsymbol{X})$ häufig gemäß

$$V(\boldsymbol{X}) = V_{\mathrm{U}}(\boldsymbol{X}) + V_{\mathrm{P}}(\boldsymbol{X}) \tag{4.211}$$

zerlegt werden kann. Während die Potentialfunktion $V_{\mathrm{U}}(\boldsymbol{X})$ eine relativ zum betrachteten Vielteilchensystem externe, jedoch relativ zum gesamten quantenmechanischen System interne Wechselwirkung beschreibt (beispielsweise hervorgerufen durch ein Kraftfeld von Atomkernen eines Kristalls, die sozusagen einen „Untergrund" bilden, weshalb der Index U benützt wird), erfaßt die interne Wechselwirkungsfunktion $V_{\mathrm{P}}(\boldsymbol{X})$ spezielle interne Kraftwirkungen, nämlich die Wechselwirkungskräfte aller Teilchenpaare, weshalb der Teilchenpaarindex P benützt wird. $\boldsymbol{P}$ steht für den alle nichtrelativistischen Teilchenimpulsvektoren $\boldsymbol{p}(l)$ erfassenden Vektor. Im Sinne des Abschnitts 4.2.4 definiert der Ausdruck (4.209) ein abgeschlossenes Vielteilchensystem.

4.4.2.2 Offene Vielteilchensysteme

Tritt eine zusätzliche übergangserzeugende externe Wechselwirkungsfunktion $W(t)$ auf, die relativ zum gesamten quantenmechanisches System externe Kräfte (hervorgerufen durch beispielsweise ein ankoppelndes elektrisches Feld) repräsentiert, dann muß der betrachtete Hamiltonoperator additiv ergänzt werden, sodaß sich

$$\hat{H} = -\frac{\hbar^2}{2} \sum_{l=1}^{N} \frac{1}{m_0(l)} \triangle_l + V(\boldsymbol{X}) + W(t) \tag{4.212}$$

ergibt, wobei die dazugehörige makroskopische Hamiltonfunktionen durch

$$H = \sum_{l=1}^{N} \frac{\boldsymbol{p}^2(l)}{2m_0(l)} + V(\boldsymbol{X}) + W(t) \tag{4.213}$$

gegeben ist. Im Sinne des Abschnitts 4.2.4 beschreibt (4.212) ein offenes Vielteilchensystem.

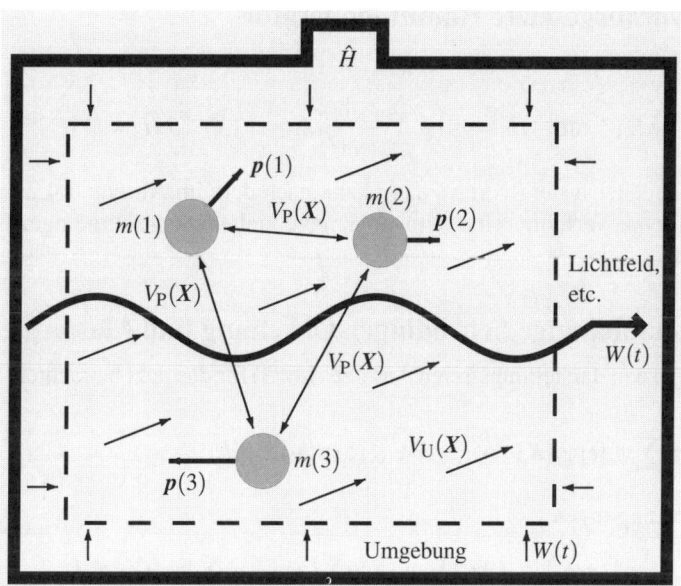

Bild 4.11 Interne und externe Wechselwirkungen typischer Teilchensysteme. Jede der Wechselwirkungsfunktionen $V_U(X)$, $V_P(X)$, $W(t)$ steht für eine spezielle Wechselwirkungsenergie. $\hat{H}$ definiert das abgeschlossene System bestehend aus einem offenen System (charakterisiert durch $V_P(X)$ und $V_U(X)$ sowie durch die für die Offenheit des Systems maßgebliche Wechselwirkung $W(t)$) und einer Systemumgebung

4.4.2.3 Der Übergang zum abgeschlossenen Vielteilchensystem

Addiert man noch einen die Systemumgebung beschreibenden „Badoperator" $\hat{H}_B$ hinzu, sodaß sich

$$\hat{H} = -\frac{\hbar^2}{2}\sum_{l=1}^{N}\frac{1}{m_0(l)}\triangle_l + V(X) + W(t) + \hat{H}_B \tag{4.214}$$

ergibt, dann erhält man das im Bild 4.11 gezeigte Teilchen-Wechselwirkung-Szenario. Im Sinne des Abschnitts 4.2.4 beschreibt (4.214) wieder ein abgeschlossenes Vielteilchensystem.

4.4.3 Zeitunabhängige Vielteilchen-Schrödinger-Gleichung

Nach dem im Abschnitt 4.2.5 dargestellten Schema läßt sich auch der hier betrachteten zeitabhängigen Vielteilchen-Schrödinger-Gleichung in Ortsdarstellung eine zeitunabhängige Vielteilchen-Schrödinger-Gleichung in Ortsdarstellung zuordnen, wobei der Zuordnungsprozeß gleichbedeutend mit der Lösung einer derartigen zeitabhängigen Schrödinger-Gleichung ist. Dieses Verfahren ist völlig analog dem für eine Einteilchen-Schrödinger-Gleichung eingeführten Verfahren des Abschnitts 4.3.6 durchzuführen:

4.4.3.1 Der vorausgesetzte Hamiltonoperator

Setzt man entsprechend

$$\hat{H} = \hat{H}_0 + \lambda \hat{H}_S \quad \text{mit} \quad \hat{H}_0 = -\frac{\hbar^2}{2} \sum_{l=1}^{N} \frac{1}{m_0(l)} \triangle_l + V(X) , \quad \lambda \hat{H}_S = W(t) \tag{4.215}$$

ein offenes Vielteilchensystem voraus, dann kann nach dem im Abschnitt 4.2.5 eingeführten störungstheoretischen Verfahren eine zeitunabhängige Vielteilchen-Schrödinger-Gleichung gewonnen werden:

4.4.3.2 Zeitunabhängige Schrödinger-Gleichung und Mastergleichung

Konkretisiert man den darstellungsfreien Ansatzes (4.53) für das jetzt betrachtete Szenario, sodaß sich

$$\psi(X,t) = \sum_i \psi_i(t)\psi_i(X) , \quad \psi_i(t) = c_i(t)\exp\left(-iE_i t/\hbar\right) \tag{4.216}$$

mit den Nebenbedingungen

$$\int |\psi(X,t)|^2 \, d^{3N}x = 1 , \quad \int \psi_j^*(X)\psi_i(X)d^{3N}x = \delta_{ji} , \quad \sum_i |\psi_i(t)|^2 = 1 \tag{4.217}$$

ergibt, und setzt man diesen Ansatz in die zeitabhängige Vielteilchen-Schrödinger-Gleichung (4.207) ein, dann ergibt sich einerseits die zeitunabhängige Vielteilchen-Schrödinger-Gleichung in Ortsdarstellung

$$E_i\psi_i(X) = \hat{H}_0\psi_i(X) \tag{4.218}$$

und andererseits die zugeordnete Vielteilchen-Mastergleichung in Ortsdarstellung

$$i\hbar\dot{c}_j(t) = \sum_i c_i(t)\exp\left[-i\left(E_i - E_j\right)t/\hbar\right] W_{ji} \tag{4.219}$$

mit den Übergangsmatrixelementen

$$W_{ji} = \int \psi_j^*(X)W(t)\psi_i(X)d^{3N}x . \tag{4.220}$$

4.4.3.3 Einteilchen-Szenarien im Vergleich

Dieses Beziehungen können direkt mit den Beziehungen der Einteilchen-Szenarien des Abschnitts 4.3.6 verglichen werden. Im Unterschied zu den dortigen Beziehungen treten hier jedoch stationäre Vielteilchen-Zustandsfunktionen $\psi_i(X)$ statt Einteilchen-Zustandsfunktionen $\psi_i(x)$ auf, und die Werte E_i stehen hier für Energieeigenwerte stationärer Vielteilchensysteme und nicht für Energieeigenwerte stationärer Einteilchensysteme.

Man beachte, daß das Schema zur Beschreibung von Vielteilchensystemen die gleiche Struktur wie das Schema zur Beschreibung von Einteilchensystemen aufweist. Im Vergleich zu Einteilchen-Hamiltonoperatoren weisen Vielteilchen-Hamiltonoperatoren jedoch zusätzliche Terme auf, welche die Wechselwirkung der Teilchen des Vielteilchensystems untereinander beschreiben.

4.4.4 Die Feynmansche Pfadintegralmethode

Den Ausführungen des Abschnitts 3.1.2 entsprechend lassen sich Lösungen einer Differentialgleichung mittels der Methode der Greenschen Funktion geschlossen über eine Integraldarstellung angeben. Dieser Sachverhalt gilt auch für die hier betrachteten verschiedenen Typen
von Schrödinger-Gleichungen. Die dabei auftretenden Integrale sind spezielle Pfadintegale, die
von R. P. Feynman eingeführt wurden. Da diese Pfadintegralmethode in den vergangenen Jahren immer intensiver angewandt worden ist, ist es nützlich, einige Grundkenntnisse zu haben.
Einige grundsätzliche Sachverhalte werden deshalb im folgenden betrachtet.[17]

4.4.4.1 Feynmansche Pfadintegrale: kontinuierliche Darstellung

Legt man ein pseudoeuklidisches Ortskoordinatensystem zugrunde, dann stellt das Pfadintegral

$$\psi(X,t) = \int_{-\infty}^{+\infty} G(X,X',t)\,\psi(X',0)\,\mathrm{d}^{3N}x' \tag{4.221}$$

mit

$$
G(X,X',t)
$$
$$
= N_G \int_\Gamma \exp\left[\frac{\mathrm{i}}{\hbar} \int_0^t \left(\frac{m_0}{2} \left[\frac{\mathrm{d}X(\tau)}{\mathrm{d}\tau} \right]^2 - V[X(\tau),\tau] \right) \mathrm{d}\tau \right] \prod_{0 \le \tau \le t} \mathrm{d}X(\tau) \tag{4.222}
$$

eine geschlossene Formulierung der Lösungen einer in diesem Koordinatensystem ausformulierten zeitabhängigen Vielteilchen-Schrödinger-Gleichung in Ortsdarstellung dar, wobei
gemäß der auftretenden Masse m_0 Teilchen mit einer identischen Masse betrachtet werden. N_G
steht hier für einen Normierungsfaktor und Γ repräsentiert die Menge aller Integrationspfade
gemäß $\Gamma = \{X(\tau) \in \mathbb{R}^{3N}\}$ mit zeitlichen Randpunkten $X(0) = X'$, $X(t) = X$, wobei $\mathbb{R}^{3N}$ für
den $3N$-dimensionalen linearen Raum aller $3N$ pseudoeuklidischen Ortskoordinaten aller N
Teilchen steht. Ein Integral der Art (4.221) wird *Feynmansches Pfadintegral* genannt. Feynmansche Pfadintegrale für Einteilchenszenarien sind als Grenzfälle in dem Ausdruck (4.221)
enthalten. Ein Übergang zu Feynmanschen Pfadintegralen auf der Grundlage andersartiger
Koordinatensysteme ist möglich.

4.4.4.2 Feynmansche Pfadintegrale: Gitterdarstellung

Für explizite Berechnungen ist es häufig günstig, in eine Gitterdarstellung überzugehen. Eine
solche Gitterdarstellung kann insbesondere als Ausgangspunkt für numerische Berechnungen
genommen werden. Eine solche Gitterdarstellung läßt sich über den Integralausdruck

---

[17]In den noch folgenden Beispielteilen dieses Kapitels werden einige Anwendungen der Methode dis-
kutiert. Eine sehr ausführliche Diskussion der Feynmanschen Pfadintegralmethode findet der interessierte
Leser beispielsweise in [16]. Dieses von H. Kleinert geschriebene Buch ist sehr detailreich und bietet eine
Fülle verschiedenartiger Anwendungen.

$$\psi(X,t) = \int_{-\infty}^{+\infty} \lim_{\substack{\Delta t \to 0 \\ P \to \infty}} G(X,X',\Delta t)\,\psi(X',0)\,d^{3N}x' \tag{4.223}$$

mit der Funktion

$$G(X,X',\Delta t)$$
$$= N_G \int_{-\infty}^{+\infty} \exp\left(\frac{i}{\hbar}\sum_{\zeta=1}^{P+1}\left[\frac{m_0}{2}\left(\frac{X_\zeta - X_{\zeta-1}}{\Delta t}\right)^2 - V(X_\zeta,t_\zeta)\right]\Delta t\right)\prod_{\zeta=1}^{P} dX_\zeta \tag{4.224}$$

einführen. Hierbei sind die zeitlichen Randpunkte $X_0 = X'$, $X_{P+1} = X$ zu berücksichtigen. P markiert die Obergrenze der zu betrachtenden, durch den Index ζ symbolisierten Zeitpunkte.

4.4.4.3 Wirkungsintegral und Lagrangefunktion

Vergleicht man die Funktionen $G(X,X',t)$, $G(X,X',\Delta t)$ mit den Beziehungen des Kapitels 3, dann ist offensichtlich, daß der zentrale Anteil einer solchen Funktion ein Wirkungsintegral mit zugeordneter Lagrangefunktion ist, d. h. es liegen Wirkungsfunktionen der Form

$$S = \begin{cases} \int_0^t L\,d\tau & \text{kontinuierliche Darstellung} \\ \sum_{\zeta=1}^{P+1} L\Delta t & \text{Gitterdarstellung} \end{cases} \tag{4.225}$$

mit Lagrangefunktionen

$$L = \begin{cases} \dfrac{m_0}{2}\left[\dfrac{dX(\tau)}{d\tau}\right]^2 - V[X(\tau),\tau] & \text{kontinuierliche Darstellung} \\ \dfrac{m_0}{2}\left(\dfrac{X_\zeta - X_{\zeta-1}}{\Delta t}\right)^2 - V(X_\zeta,t_\zeta) & \text{Gitterdarstellung} \end{cases} \tag{4.226}$$

vor. Die dabei auftretenden Lagrangefunktionen sind auf einer makroskopischen Betrachtungs-ebene auftretende Lagrangefunktionen eines sich deterministisch bewegenden Teilchens. Insofern enthält ein Integral der Art (4.221) bzw. (4.223) eine spezielle Art von Mittelwert, gebildet über alle möglichen deterministischen Wirkungsfunktionen. Ein Übergang zu physikalisch gleichwertigen Funktionen ermöglicht die Einführung andersgearteter Formulierungen eines Feynmanschen Pfadintegrals. Im Beweis 4.6 wird eine solche Formulierung auftreten.

4.4.4.4 Begründung

Die Möglichkeit der Darstellung der Lösung einer zeitabhängigen Schrödinger-Gleichung als ein Pfadintegral der Form (4.221) bzw. (4.223) folgt direkt aus der bereits eingeführten Formulierung (4.132) eines abstrakten Zustandsvektors $|\psi_t\rangle$.

Beweis 4.6 Beschränkt man sich der Einfachheit halber auf eine einzige Ortsvariable x, dann nimmt (4.132) die Form

$$|\psi_t\rangle = \int |x\rangle\,\psi(x,t)\,\mathrm{d}x\,. \tag{4.227}$$

an. Berücksichtigt man, daß entsprechend (4.18) der Zusammenhang zwischen einem Zustandsvektor $|\psi_t\rangle$ zu einem Zeitpunkt t und einem Zustandsvektor $|\psi_{t_A}\rangle$ zu einem Zeitpunkt t_A gemäß

$$|\psi_t\rangle = \hat{U}_t\,|\psi_{t_A}\rangle \tag{4.228}$$

über einen zeitlichen Translationsoperator $\hat{U}_t$ vermittelt wird, dann kann die obige Beziehung in

$$|\psi_t\rangle = \int \hat{U}_t\,|x\rangle\,\psi(x,t_A)\,\mathrm{d}x \tag{4.229}$$

überführt werden. Bildet man auf der Grundlage dieses Ausdrucks das Skalarprodukt $\langle x'|\psi_t\rangle$ und berücksichtigt, daß ein solches Skalarprodukt gemäß (4.134) gleich einer Schrödingerschen Wellenfunktion $\psi(x',t)$ ist, dann erhält man den Zusammenhang

$$\psi(x',t) = \langle x'|\psi_t\rangle = \int \langle x'|\hat{U}_t|x\rangle\,\psi(x,t_A)\,\mathrm{d}x\,. \tag{4.230}$$

Vergleicht man diesen Zusammenhang mit der Beziehung (4.221), dann ist offensichtlich, daß er der Beziehung (4.221) (im eindimensionalen Fall) gleichwertig ist, wenn die Anfangszeit t_A gleich 0 gesetzt und x und x' vertauscht wird. Um auch noch die explizite Form der Funktion (4.222) (in der hier vorliegenden Spezifizierung) zu erhalten, muß (4.230) in eine vollständig explizite Form überführt werden. Dies wird im folgenden getan.

Zuerst ist es sinnvoll, den Zusammenhang (4.230) in die Gitterdarstellung

$$\psi(x_B,t) = \langle x_B|\psi_{t_B}\rangle = \int_{-\infty}^{+\infty}\lim_{\substack{\Delta t\to 0\\P\to\infty}}\langle x_B|\hat{U}_{t_B,t_A}|x_A\rangle\,\psi(x_A,t_A)\,\mathrm{d}x \tag{4.231}$$

mit

$$\langle x_B|\hat{U}_{t_B,t_A}|x_A\rangle = \left\langle x_B\left|\hat{U}_{t_B,t_P}\ldots\hat{U}_{t_\zeta,t_{\zeta-1}}\ldots\hat{U}_{t_1,t_A}\right|x_A\right\rangle \tag{4.232}$$

zu überführen, wobei in diesem Zusammenhang $\zeta = 1,2,\ldots,P$ sowie $\Delta t = t_\zeta - t_{\zeta-1}$ und $x_B = x_{P+1}, x_A = x_0, t_B = t_{P+1}, t_A = t_0$ zu beachten ist. Der innere Anteil (4.232) muß nun berechnet werden.

Der innere Anteil (4.232) läßt sich entsprechend

$$\langle x_B|\hat{U}_{t_B,t_A}|x_A\rangle = \int_{-\infty}^{+\infty}\left[\prod_{\zeta=1}^{P+1}\langle x_\zeta|\exp\left(-\mathrm{i}\Delta t\hat{H}/\hbar\right)|x_{\zeta-1}\rangle\right]\prod_{\zeta=1}^{P}\mathrm{d}x_\zeta \tag{4.233}$$

in ein Integralprodukt überführen, wenn die Vollständigkeit vorgebenden Relationen

$$\int_{-\infty}^{+\infty}|x_\zeta\rangle\langle x_\zeta|\,\mathrm{d}x_\zeta = 1 \tag{4.234}$$

sowie die zeitlichen Translationsoperatoren

$$\hat{U}_{t_\zeta, t_{\zeta-1}} = \exp\left(-\mathrm{i}\Delta t \hat{H}\hbar\right) \tag{4.235}$$

berücksichtigt werden. Benützt man anschließend die Operatorenrelation[18]

$$
\begin{aligned}
\exp\left(-\mathrm{i}\Delta t \hat{H}/\hbar\right) &= \exp\left[-\mathrm{i}\Delta t\left(\hat{T}+\hat{V}\right)/\hbar\right] \\
&= \exp\left(-\mathrm{i}\Delta t \hat{T}/\hbar\right)\exp\left(-\mathrm{i}\Delta t \hat{V}/\hbar\right)\cdot \\
&\quad \exp\left(-\mathrm{i}\Delta t \hat{K}/\hbar\right) \\
&\overset{\text{1. Ordnung in }\Delta t}{\approx} \exp\left(-\mathrm{i}\Delta t \hat{T}/\hbar\right)\exp\left(-\mathrm{i}\Delta t \hat{V}/\hbar\right)
\end{aligned}
\tag{4.236}
$$

in 1. Ordnung in Δt (wobei $\hat{V}$ bzw. $\hat{T}$ für den Operator der potentiellen bzw. kinetischen Energie steht und $\hat{K}$ ein Korrekturoperator der Form

$$\hat{K} = \frac{\Delta t}{2\hbar}\left[\hat{V},\hat{T}\right]_- + \mathrm{i}\frac{(\Delta t)^2}{\hbar^2}\left(\frac{1}{6}\left[\hat{V},\left[\hat{V},\hat{T}\right]_-\right]_- - \frac{1}{3}\left[\left[\hat{V},\hat{T}\right]_-,\hat{T}\right]_-\right) + \ldots \tag{4.237}$$

ist) und berücksichtigt die Vollständigkeitsrelation

$$\int_{-\infty}^{+\infty} |x\rangle\langle x|\,\mathrm{d}x = 1\,, \tag{4.238}$$

dann können die in diesem Integralprodukt auftretenden zeitlich lokalen Matrixelemente gemäß

$$
\begin{aligned}
&\left\langle x_\zeta \left| \exp\left(-\mathrm{i}\Delta t \hat{H}/\hbar\right)\right| x_{\zeta-1}\right\rangle \\
&\approx \int_{-\infty}^{+\infty} \left\langle x_\zeta \left| \exp\left(-\mathrm{i}\Delta t V/\hbar\right)\right| x\right\rangle \left\langle x \left| \exp\left(-\mathrm{i}\Delta t T/\hbar\right)\right| x_{\zeta-1}\right\rangle \,\mathrm{d}x
\end{aligned}
\tag{4.239}
$$

in eine integrale Form überführt werden. Benützt man anschließend

$$
\begin{aligned}
|x_\zeta\rangle &= \exp\left(-\mathrm{i}k_\zeta x_\zeta\right) = \exp\left(-\mathrm{i}p_\zeta x_\zeta/\hbar\right)\,, \\
|x\rangle &= \exp\left(-\mathrm{i}k_\zeta x\right) = \exp\left(-\mathrm{i}p_\zeta x/\hbar\right)
\end{aligned}
\tag{4.240}
$$

sowie die dazu adjungierten Ausdrücke und berücksichtigt die Fourierdarstellung (3.22) der Diracschen Deltafunktion, dann können diese zeitlich lokalen Matrixelemente gemäß

$$
\begin{aligned}
&\left\langle x_\zeta \left| \exp\left(-\mathrm{i}\Delta t \hat{H}/\hbar\right)\right| x_{\zeta-1}\right\rangle \\
&\approx \int_{-\infty}^{+\infty} \exp\left[\mathrm{i}p_\zeta\left(x_\zeta - x_{\zeta-1}\right)/\hbar - \mathrm{i}\Delta t\left(T+V\right)/\hbar\right]\frac{\mathrm{d}p_\zeta}{2\pi\hbar} \\
&= \int_{-\infty}^{+\infty} \exp\left(\frac{\mathrm{i}}{\hbar}\left[p_\zeta\left(x_\zeta - x_{\zeta-1}\right) - \Delta t H\right]\right)\frac{\mathrm{d}p_\zeta}{2\pi\hbar}
\end{aligned}
\tag{4.241}
$$

umgeschrieben werden, wobei $H = H\left(p_\zeta, x_\zeta, t_\zeta\right)$ für die der kinetischen Energie $T = T\left(p_\zeta, t_\zeta\right)$ und der potentiellen Energie $V = V\left(x_\zeta, t_\zeta\right)$ zugeordnete Hamiltonfunktion steht. Berücksichtigt man die zeitlich lokalen Matrixelemente in der Form (4.241) innerhalb des inneren Anteils (4.233), dann erhält man schließlich für diesen inneren Anteil

---

[18]Diese Operatorenrelation läßt sich über die sogenannte Baker-Hausdorff-Formel begründen. In diesem Buch soll darauf verzichtet werden. Zu dieser Formel vergleiche man beispielsweise mit [16].

$$\langle x_{\mathrm{B}} | \hat{U}_{t_{\mathrm{B}},t_{\mathrm{A}}} | x_{\mathrm{A}} \rangle$$

$$\approx \int_{-\infty}^{+\infty} \left[\prod_{\zeta=1}^{P+1} \int_{-\infty}^{+\infty} \exp\left(\frac{\mathrm{i}}{\hbar} \left[p_\zeta \left(x_\zeta - x_{\zeta-1} \right) - \Delta t H \right] \right) \frac{\mathrm{d}p_\zeta}{2\pi\hbar} \right] \prod_{\zeta=1}^{P} \mathrm{d}x_\zeta$$

$$= \int_{-\infty}^{+\infty} \left[\int_{-\infty}^{+\infty} \exp\left(\frac{\mathrm{i}}{\hbar} \sum_{\zeta=1}^{P+1} \left[p_\zeta \left(x_\zeta - x_{\zeta-1} \right) - \Delta t H \right] \right) \prod_{\zeta=1}^{P+1} \frac{\mathrm{d}p_\zeta}{2\pi\hbar} \right] \prod_{\zeta=1}^{P} \mathrm{d}x_\zeta .$$

$$(4.242)$$

Setzt man in (4.242) die Hamitlonfunktion H entsprechend

$$H = H\left(p_\zeta, x_\zeta, t_\zeta \right) = \frac{p_\zeta^2}{2m_0} + V\left(x_\zeta, t_\zeta \right) \tag{4.243}$$

an und überführt die in (4.242) auftretenden Impulsintegrale mit Hilfe der eine analytische Fortsetzung der Gaußschen Integralformel repräsentierenden Fresnelschen Integralformel

$$\int_{-\infty}^{+\infty} \exp\left(\mathrm{i}\frac{\alpha}{2} y^2 \right) \frac{\mathrm{d}y}{\sqrt{2\pi\mathrm{i}}} = \begin{cases} \dfrac{\sqrt{\mathrm{i}}}{\sqrt{|\alpha|}} & \alpha > 0 \\[2mm] \dfrac{1}{\sqrt{\mathrm{i}|\alpha|}} & \alpha < 0 \end{cases} \tag{4.244}$$

in eine explizite Form, dann erhält man eine zu (4.242) alternative Form, die Form

$$\langle x_{\mathrm{B}} | \hat{U}_{t_{\mathrm{B}},t_{\mathrm{A}}} | x_{\mathrm{A}} \rangle$$

$$= N_{G_1} \int_{-\infty}^{+\infty} \exp\left(\frac{\mathrm{i}}{\hbar} \sum_{\zeta=1}^{P+1} \left[\frac{m_0}{2} \left(\frac{x_\zeta - x_{\zeta-1}}{\Delta t} \right)^2 - V\left(x_\zeta, t_\zeta \right) \right] \Delta t \right) \prod_{\zeta=1}^{P} \mathrm{d}x_\zeta$$

$$(4.245)$$

mit dem Vorfaktor

$$N_{G_1} = \left(\sqrt{\frac{m_0}{\mathrm{i}2\pi\hbar\Delta t}} \right)^{P+1} . \tag{4.246}$$

Setzt man (4.242) bzw. (4.245) in die Wellenfunktionsdarstellung (4.231) ein, dann erhält man spezielle Formulierungen eines Feynmanschen Pfadintegrals, wenn nur eine einzige Koordinate berücksichtigt und die Gitterdarstellung zugrunde gelegt wird. Der Grenzübergang ins Kontinuum liefert dann die gesuchte vollständig explizite Form von (4.230). Geht man zu mehreren Variablen über und setzt die Form (4.245) voraus, dann erhält man genau das Pfadintegral (4.223), wenn $t_{\mathrm{A}} = t_0 = 0$ gesetzt wird. Ein anschließender Grenzübergang ins Kontinuum liefert schließlich (4.221).

4.4.4.5 Greensche Funktion und Feynmansches Pfadintegral

Die Funktionen (4.222) lassen sich als spezielle Greensche Funktionen interpretieren. Verdeutlicht werden kann dies beispielsweise über einen formalen Vergleich mit den im Zusammenhang mit der Betrachtung von Greenschen Funktionen eingeführten Beziehungen (3.25)–(3.27).

Beweis 4.7 Eine spezielle Formulierung der betrachteten zeitabhängigen Vielteilchen-Schrödinger-Gleichung in Ortsdarstellung (4.207) ist durch

$$\hat{g}\psi(X,t) = I(X,t) \tag{4.247}$$

mit dem Differentialoperator

$$\hat{g} = \exp\left[\frac{i}{\hbar}\hat{H}(X)t\right]\hat{H}^{-1}(X)\,i\hbar\frac{\partial}{\partial t} \tag{4.248}$$

und dem inhomogenen Anteil

$$I(X,t) = \psi(X,0) \tag{4.249}$$

gegeben, wobei $\hat{H}^{-1}$ der zu dem in (4.207) auftretenden Hamiltonoperator $\hat{H}$ inverse Operator
ist. Dies kann sofort nachgerechnet werden: Konkretisiert man die allgemeine Zustandsvektor-
Repräsentation (4.18) für den hier vorliegenden Fall eines Vielteilchensystems in Ortsdarstellung und setzt für den Anfangszeitpunkt $t_A = 0$, dann erhält man eine formale Repräsentation
einer Vielteilchen-Zustandsfunktion, die den Zusammenhang mit einer zum Anfangszeitpunkt
$t_A = 0$ vorgegebenen Vielteilchen-Zustandsfunktion angibt, die Repräsentation

$$\psi(X',t) = \exp\left[-\frac{i}{\hbar}\hat{H}(X')t\right]\psi(X',0)\ . \tag{4.250}$$

Setzt man den Differentialoperator (4.248) sowie den inhomogenen Anteil (4.249) in die Differentialgleichung (4.247) ein und verwendet die Repräsentation (4.250), dann erhält man die
betrachtete Vielteilchen-Schrödinger-Gleichung.

    Vergleicht man mit den Beziehungen (3.25)–(3.27), dann ist klar, daß sich Lösungen einer
Differentialgleichung der Form (4.247) durch

$$\psi(X,t) = \int_{-\infty}^{+\infty} G(X,X',t)\,\psi(X',0)\,d^{3N}x' \tag{4.251}$$

erfassen lassen, wobei $G(X,X',t)$ für spezielle Greensche Funktionen steht. Vergleicht man mit
der Pfadintegralformulierung (4.221), dann ist klar, daß die dort angegebene Funktion (4.222)
spezielle Greensche Funktionen repräsentiert.

Beachte   Den obigen Ausführungen entsprechend kann zur Lösung einer Schrödinger-
Gleichung auch von einem geeigneten Feynmanschen Pfadintegral ausgegangen
werden. Die moderne theoretische Forschung macht häufig von dieser Möglichkeit Gebrauch. Ein Grund dafür ist, daß für spezielle mikroskopische Systeme
spezifizierte Pfadintegrale, unter Ausnutzung spezifischer Symmetrien, häufig
schnell berechnet werden können. Ein weiterer Grund besteht darin, daß die spezielle Struktur des Feynmanschen Pfadintegrals eine systematische Behandlung
auch verschiedenartiger Systeme erlaubt[19].

---

[19]Hierzu vergleiche man beispielsweise mit [27]. Dort wird dieser Sachverhalt anhand eines einfachen
Beispiels verdeutlicht.

4.5 Das Schema der ersten Quantisierung

Die bisherigen Ausführungen dieses Kapitels verdeutlichen eine allgemeine Erfahrungstatsache: Systemspezifische makroskopische Hamiltonfunktionen lassen sich additiv aus Teilkomponenten zusammensetzen, die jeweils einen systemspezifischen Anteil wie z. B. eine Wechselwirkungsenergie repräsentieren. Da nach den Ausführungen des Kapitels 3 einer derartigen Hamiltonfunktion eine systemspezifische makroskopische Lagrangefunktion zugeordnet ist, aus der sich über eine Legendretransformation die zugeordnete makroskopische Hamiltonfunktion gewinnen läßt, gilt dieses *Additivitätsprinzip* auch auf der Lagrangeschen Beschreibungsebene. Die über eine über den Ortsraum gehende Integration mit diesen Energiefunktionen verbundenen Dichten, d. h. die makroskopische Hamiltondichte bzw. die makroskopische Lagrangedichte, müssen dann ebenfalls diesem Additivitätsprinzip unterliegen. Mathematisch ausgedrückt heißt das, daß gleichwertig die Relationen

$$\mathcal{L} = \sum_i \mathcal{L}_i \ , \quad \mathcal{H} = \sum_i \mathcal{H}_i \ , \quad L = \sum_i L_i \ , \quad H = \sum_i H_i \tag{4.252}$$

gelten, wobei $\mathcal{L}_i$ für teilsystemspezifische Lagrangedichten, $\mathcal{H}_i$ für teilsystemspezifische Hamiltondichten, L_i für teilsystemspezifische Lagrangefunktionen und H_i für teilsystemspezifische Hamiltonfunktionen steht. Legt man eine der auf diese Weise vorgegebenen Beschreibungsebenen zugrunde, dann läßt sich entsprechend der obigen Bemerkungen die systemspezifische makroskopische Hamiltonfunktion gewinnen.

Ein anschließender Übergang zu geeigneten Operatoren ergibt dann den zugrundeliegenden Hamiltonoperator. Der Übergang von einer Hamiltonfunktion zu einem Hamiltonoperator bzw. zu einer vollständigen Schrödinger-Gleichung wird in aller Regel als *erste Quantisierung* bezeichnet. Berücksichtigt man die Ergebnisse des Abschnitts 4.2.1, d. h. berücksichtigt man die Jordanschen Regeln und dabei insbesondere, daß sämtliche Raumkoordinaten im Rahmen des Quantisierungsprozesses unverändert bleiben, dann kann für ein Einteilchensystem der Übergang zu einem der vollständigen Schrödinger-Gleichung in Ortsdarstellung zugeordneten Operator in letzter Konsequenz durch die Ersetzungsvorschrift

$$\begin{pmatrix} p_x \\ p_y \\ p_z \\ \frac{H-W}{c} \end{pmatrix} \rightarrow -\mathrm{i}\hbar \begin{pmatrix} \partial/\partial x \\ \partial/\partial y \\ \partial/\partial z \\ -\partial/\partial ct \end{pmatrix} + \begin{pmatrix} 0 \\ 0 \\ 0 \\ -W/c \end{pmatrix} \tag{4.253}$$

mit

$$W = V(\boldsymbol{x}) + W(t) \tag{4.254}$$

beschrieben werden[20]: Wendet man diese Quantisierungsvorschrift auf eine für ein einzelnes Teilchen geltende nichtrelativistische makroskopische Hamiltonfunktion

$$H = \frac{\boldsymbol{p}^2}{2m_0} + W \tag{4.255}$$

---

[20]Es sei hier bemerkt, daß die in der obigen Form angegebene Ersetzungsvorschrift eine direkte Ausdehnung für relativistische quantenmechanische Systeme ermöglicht: man vergleiche mit dem Abschnitt 5.2.1.

an, dann ergibt sich der Operator der zugeordneten zeitabhängigen Schrödinger-Gleichung, der Operator

$$i\hbar\frac{\partial}{\partial t} = -\frac{\hbar^2}{2m_0}\triangle + V(\boldsymbol{x}) + W(t)\,.\tag{4.256}$$

Die zugeordnete Schrödinger-Gleichung selbst ergibt sich dann durch Anwendung dieses Operators auf eine Zustandsfunktion. Es sei hier darauf hingewiesen, daß in Ergänzung zu der im Abschnitt 4.3.2 durchgeführten Ersetzung jetzt auch der Funktionsteil H durch einen Operator, nämlich den Operator der Zeitableitung, ersetzt wird. Anschaulich interpretiert bedeutet diese vollständige Ersetzung, daß der von der Hamiltonfunktion H repräsentierte Energiesatz in eine zugeordnete Operatorenverknüpfung überführt wird. Für Vielteilchensysteme lassen sich diese Beziehungen entsprechend verallgemeinern.

4.6 Das Korrespondenzprinzip und mehr

Es ist eine Erfahrungstatsache, daß Beziehungen zur Beschreibung von mikroskopischen Systemen aus für makroskopische Systeme geltenden Beziehungen gewonnen werden können, indem zusätzlich geeignete Quantisierungsregeln berücksichtigt werden. Die oben diskutierte Möglichkeit, eine quantenmechanische Feldgleichung ausgehend von einer makroskopischen Hamiltonfunktion durch Übergang zu eine Quantisierung vermittelnden Operatoren zu gewinnen, repräsentiert ein Beispiel. Erfahrungsgemäß führt diese Zuordnung auf Beziehungen zur Beschreibung mikroskopischer Systeme, die im Grenzfall hoher Energien die Aussagen von Beziehungen makroskopischer Systeme reproduzieren. Beispiele sind durch bestimmte, im Rahmen der Lösungen spezieller quantenmechanischer Feldgleichungen bestimmbare Energieeigenwert-Beziehungen gegeben, die im Grenzfall hoher Energien ein Kontinuum von Energieeigenwerten beschreiben, was den klassischen Sachverhalt wiedergibt, daß klassische Systeme keine diskreten Energiezustände aufweisen. Beispiele dafür sind durch die das Energieniveauschema des Wasserstoff-Atoms und die das Energieniveauschema des zweiatomigen Wasserstoff-Moleküls beschreibenden Energieeigenwert-Beziehungen gegeben. Im Abschnitt 4.9 wird darauf noch genauer eingegangen. Die Erfahrungstatsache, daß sich mikroskopischen Beziehungen makroskopische Beziehungen dergestalt zuordnen lassen, daß im Grenzfall hoher Energien die Aussagen von auf einer makroskopischen Beschreibungsebene geltenden Beziehungen reproduziert werden, ist Inhalt eines Erfahrungsprinzips, das als *Korrespondenzprinzip* bezeichnet wird[21].

Die Zuordnungsmöglichkeit einer makroskopischen zu einer mikroskopischen Beschreibungsebene läßt sich auch in einer weniger vollständigen Weise durchführen. So läßt sich unter Berücksichtigung spezifischer quantenmechanischer Eigenarten einer mikroskopischen Dynamik eine durch die angesprochenen spezifischen quantenmechanischen Eigenarten eingeschränkte makroskopische Modellebene zuordnen. Ein Beispiel repräsentiert das Verhalten von

---

[21]In seiner grundlegenden Form geht dieses Erfahrungsprinzip auf N. Bohr zurück. In dieser grundlegenden Form besagt es, daß im Grenzfall hoher Quantenzahlen die quantenmechanische Beschreibung in die klassische übergehen muß.

mit Elektronen verbundenen Drehimpulsen, deren mikroskopischer Dynamik eine makrosko-pische Modellebene zugeordnet werden kann und auf diese Weise der makroskopischen Vor-stellungswelt untergeordnet werden kann, wenn Richtungsquantelungseigenschaften berück-sichtigt werden. Eine solche Zuordnung veranschaulicht und vereinfacht die häufig recht kom-plizierten Vorstellungen der Quantenmechanik, indem sie quantenmechanische Vorstellungen mit einer vertrauten Anschauungswelt verbindet. Normalerweise bedeutet eine solche Zuord-nung den eingeschränkten Übergang zu einer Erwartungswertebene. Im vorliegenden Buch wird in diesem Zusammenhang von einer *quasimakroskopischen Modellebene* gesprochen. Im Abschnitt 5.3 wird eine solche quasimakroskopische Modellebene im Zusammenhang mit der oben erwähnten Drehimpulsproblematik eingeführt.[22]

Um die in diesem Kapitel dargestellten Formalismen zu vertiefen und anschaulich zu ver-deutlichen, werden im folgenden einige grundlegende Beispiele näher betrachtet.

4.7 Beispiele I: Verschwindende Potentiale

Ein für alle Bereiche der Physik grundlegendes System ist ein System bestehend aus einem oder mehreren freien Körpern, d. h. weder zwischen den Körpern noch zwischen den Körpern und der Systemumgebung finden Wechselwirkungen statt, sodaß eine Potentialfunktion

$$V(X) = 0 \qquad (4.257)$$

zu berücksichtigen ist. Beobachtet man die Bewegung eines Systems aus mikroskopischen *frei-en Teilchen*, dann erhält man – bezüglich der gewohnten klassischen Vorstellungen – nicht er-wartete Ergebnisse. Im später noch folgenden Bild 4.13 ist ein Beispiel skizziert: Ein Strahl mikroskopischer Teilchen wird beim Durchgang durch einen Spalt gebeugt, sodaß sich ein Er-gebnis analog dem in der klassischen Feldtheorie, beispielsweise im Rahmen der Lichtbeugung, ergibt. Die eingetragene *Beugungsfunktion* ρ gibt das experimentelle Ergebnis schematisch wieder, d. h. insbesondere, es bilden sich Zonen hoher Teilchen-Auftreffwahrscheinlichkeiten (die eingezeichneten Maxima) und Zonen geringer solcher Auftreffwahrscheinlichkeiten (die eingezeichneten Minima) heraus. Dieses Ergebnis ist unabhängig von der Teilchendichte des Teilchenstroms, d. h. insbesondere, die eingetragene Beugungsfunktion gibt die Auftreffwahr-scheinlichkeit für ein einzelnes freies Teilchen wieder. Ein einzelnes mikroskopisches Teilchen erscheint dabei als Punkt in der Meßebene, d. h. insbesondere, daß sich ein einzelnes mikrosko-pisches Teilchen bezüglich einer Ortsmessung nicht als wellenförmiges, ausgedehntes Gebilde manifestiert, sodern nur einen Wellencharakter aufweist. Die Gesamtheit aller Auftreffprozes-se gibt schließlich das Verteilungsbild. Die oben eingeführten quantenmechanischen Algorith-men erlauben die Behandlung dieses speziellen Bewegungsphänomens. Da dieses Experiment einen grundsätzlichen Einblick in das Verhalten mikroskopischer Teilchen gibt und die in die-sem Kapitel durchgeführten Interpretationen anschaulich verdeutlicht, wird seine theoretische Beschreibung im folgenden kurz untersucht.

---

[22]Diese Zuordnungsmöglichkeiten makroskopischer Beschreibungsebenen zu mikroskopischen Be-schreibungsebenen legt es nahe, im Rahmen der Beschreibung mikroskopischer Systeme sowohl in der Sprechweise als auch in graphischen Darstellungen auf Vorstellungen und Begriffe der makroskopischen Anschauungswelt zurückzugreifen, was in dem vorliegenden Buch bisher auch so gehandhabt wurde und im folgenden weiterhin so gehandhabt wird.

4.7.1 De Broglie-Wellen

Im Fall eines freien Teilchens, d. h. $V(x) = 0$, nimmt die Schrödinger-Gleichung (4.139) die Form einer einfachen Wellengleichung an,

$$i\hbar\dot{\psi}(x,t) = -\frac{\hbar^2}{2m_0}\triangle\psi(x,t)\,, \tag{4.258}$$

die sich durch die komplexen harmonischen Wellenfunktionen

$$\begin{aligned}
\psi(x,t) &= A\psi(x)\psi(t)\psi(\varphi) \\
&= A\exp(ikx)\exp(-i\omega t)\exp(-i\varphi) \\
&= A\exp[i(kx - \omega t - \varphi)]
\end{aligned} \tag{4.259}$$

lösen läßt.

Setzt man die Wellenfunktion (4.259) in die Wellengleichung (4.258) ein, so ist eine Separation von ortsabhängigem Anteil, zeitabhängigem Anteil und „Phase" $\exp(-i\varphi)$ möglich. Dividiert man anschließend durch $A\exp(-i\varphi)$ und berücksichtigt man noch $E = \hbar\omega$, dann erhält man die zugeordnete zeitunabhängige Wellengleichung

$$E\psi(x) = -\frac{\hbar^2}{2m_0}\triangle\psi(x)\,. \tag{4.260}$$

Setzt man $\psi(x)$ entsprechend (4.259) ein, so ergeben sich die möglichen Eigenwerte E zu

$$E = \frac{\hbar^2 k^2}{2m_0}\,, \tag{4.261}$$

die genau die experimentell bestimmbaren Energieeigenwerte eines sich mit dem Impuls $p = \hbar k$ bewegenden Teilchens darstellen, wobei – der Problemstellung gemäß sinnvoll – die Energieeigenwerte E identisch mit den zugeordneten Eigenwerten T der kinetischen Energie sind: $E = T$. Bild 4.12 veranschaulicht diese Energieeigenwerte.

4.7.1.1 De Broglie-Welle und Schrödinger-Gleichung

Die Idee, ein mikroskopisches Teilchen mittels einer Wellenfunktion zu beschreiben, geht insbesondere auf de Broglie zurück, weshalb eine Wellenfunktion der Form (4.259) häufig als *de Broglie-Welle* bezeichnet wird. Es sei hier erwähnt, daß eine derartige de Broglie-Welle historisch gesehen den Ausgangspunkt zur Gewinnung der Schrödinger-Gleichung bildet: Setzt man voraus, daß ein mikroskopisches Teilchen durch eine de Broglie-Welle beschrieben werden kann, was durch Spaltbeugungsexperimente intuitiv nahegelegt wird, und fordert man, daß trotzdem ein einteilchenspezifischer Energiesatz reproduziert wird, was ebenfalls durch Spaltbeugungsexperimente nahegelegt wird, dann folgt nach den obigen Ausführungen direkt die Schrödinger-Gleichung (4.258).

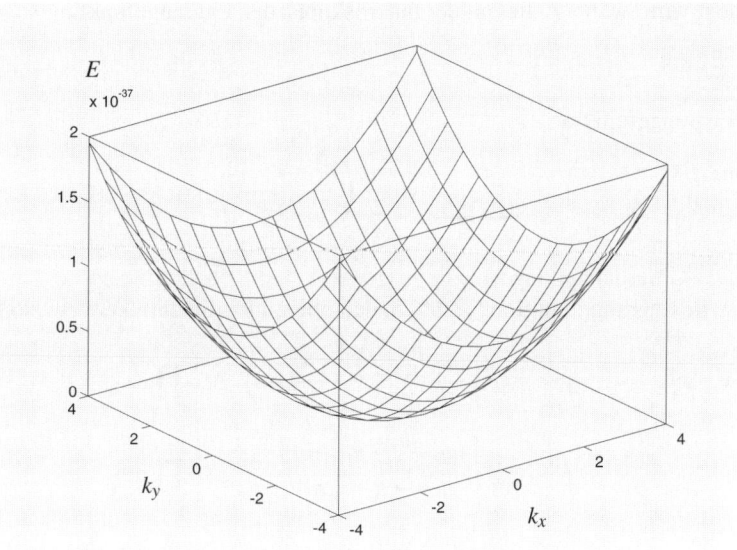

Bild 4.12 Die numerische Struktur der Energieeigenwerte $E = E(\boldsymbol{k})$ in der k_x-k_y-Ebene. Zur Berechnung wurde m_0 gleich der Elektronen-Ruhemasse $m_{0,\mathrm{e}}$ gesetzt. $m_{0,\mathrm{e}}$ sowie $\hbar$ wurden der am Beginn des Buches angegebenen Liste *Physikalische Konstanten und Definitionen* entnommen. Es sind die physikalischen Dimensionen Dim $[E] = \mathrm{J}$, Dim $[k_x] = $ Dim $[k_y] = 1/\mathrm{m}$ zu berücksichtigen.

4.7.1.2 De Broglie-Welle und Energie-Impuls-Tensor

Betrachtet man ein freies mikroskopisches Teilchen, das durch die de Broglie-Welle (4.259) beschrieben wird, dann erfassen die Relationen

$$\rho_\mathrm{E} = |A|^2 \frac{\hbar^2 \boldsymbol{k}^2}{2m_0} \ , \ \ \rho_\mathrm{I} = |A|^2 \hbar \boldsymbol{k} \tag{4.262}$$

entsprechend (4.164) die feldspezifische Energiedichte ρ_E bzw. die feldspezifische Impulsdichte ρ_I, wobei $|A|^2 = A^* A$ die Dichteeigenschaft vermittelt.

4.7.1.3 Pfadintegralformulierung einer de Broglie-Welle

Entsprechend (4.223) und (4.224) ist für ein einzelnes freies Teilchen in der Gitterdarstellung die Pfadintegralformulierung

$$\psi(\boldsymbol{x},t) = \int_{-\infty}^{+\infty} \lim_{\substack{\Delta t \to 0 \\ P \to \infty}} G\left(\boldsymbol{x},\boldsymbol{x}',\Delta t\right) \psi\left(\boldsymbol{x}',0\right) \mathrm{d}^3 x' \tag{4.263}$$

möglich, wenn der Pfadintegralkern

$$G\left(\boldsymbol{x},\boldsymbol{x}',\Delta t\right) \sim \int_{-\infty}^{+\infty} \exp\left(\frac{\mathrm{i}}{\hbar} \sum_{\zeta=1}^{P+1} L\Delta t\right) \prod_{\zeta=1}^{P} \mathrm{d}\boldsymbol{x}_\zeta \tag{4.264}$$

zugrunde gelegt wird, wobei L die mit der makroskopischen Lagrangefunktion

$$L = \frac{m_0}{2}\dot{x}^2 \tag{4.265}$$

verbundene Lagrangefunktion

$$L = \frac{m_0}{2}\left(\frac{x_\zeta - x_{\zeta-1}}{\Delta t}\right)^2 - \underbrace{V(x_\zeta, t_\zeta)}_{=0} = \frac{m_0}{2}\left(\frac{x_\zeta - x_{\zeta-1}}{\Delta t}\right)^2 \tag{4.266}$$

der Pfadintegral-Gitterdarstellung ist.

Setzt man die Lagrangefunktion (4.266) in den obigen Pfadintegralkern ein, so läßt sich

$$\begin{aligned}
G(x,x',\Delta t) \quad &\sim \quad \int_{-\infty}^{+\infty} \exp\left[\frac{im_0}{2\hbar}\sum_{\zeta=1}^{P+1}\left(\frac{x_\zeta - x_{\zeta-1}}{\Delta t}\right)^2 \Delta t\right]\prod_{\zeta=1}^{P}dx_\zeta \\
&\stackrel{P+1=N}{\sim} \int_{-\infty}^{+\infty} \exp\left[\frac{im_0}{2\hbar}\sum_{\zeta=1}^{N}\left(\frac{x_\zeta - x_{\zeta-1}}{\Delta t}\right)^2 \Delta t\right]\prod_{\zeta=1}^{N-1}dx_\zeta \\
&\sim \quad \int_{-\infty}^{+\infty} \exp\left(\frac{i}{\hbar}S\right)\prod_{\zeta=1}^{N-1}dx_\zeta
\end{aligned} \tag{4.267}$$

mit der Wirkungsfunktion

$$S = \frac{m_0}{2}\sum_{\zeta=1}^{N}\left(\frac{x_\zeta - x_{\zeta-1}}{\Delta t}\right)^2 \Delta t = \frac{m_0}{2\Delta t}\sum_{\zeta=1}^{N}\left(x_\zeta - x_{\zeta-1}\right)^2 \tag{4.268}$$

notieren. Faßt man alle Faktoren in einer Funktion χ zusammen, dann erhält man stattdessen die kompaktere Formulierung

$$G(x,x',\Delta t) \sim \int_{-\infty}^{+\infty}\exp(\chi)\prod_{\zeta=1}^{N-1}dx_\zeta \tag{4.269}$$

mit

$$\begin{aligned}
\chi &= \frac{im_0}{2\hbar\Delta t}\sum_{\zeta=1}^{N}\left(x_\zeta - x_{\zeta-1}\right)^2 = \frac{im_0}{2\hbar\Delta t}\left(x_0^2 + x_N^2\right) + \kappa_1 + \kappa_2 \\
&= \sum_{\zeta_1,\zeta_2=0}^{N}\lambda(\zeta_1,\zeta_2)x_{\zeta_1}x_{\zeta_1}
\end{aligned} \tag{4.270}$$

und

$$\kappa_1 = \sum_{\zeta=1}^{N-1}\lambda(\zeta)x_\zeta^2 \tag{4.271}$$

bzw.

$$\kappa_2 = \sum_{\substack{\zeta_1,\zeta_2=1 \\ \zeta_1 \neq \zeta_2}}^{N}\lambda(\zeta_1,\zeta_2)x_{\zeta_1}x_{\zeta_1} \, . \tag{4.272}$$

Sämtliche hier auftretenden Koeffizienten $\lambda(\zeta_1, \zeta_2)$, $\lambda(\zeta_1, \zeta_2 = \zeta_1) = \lambda(\zeta)$ können über die folgende Matrix definiert werden:

$$\lambda(\zeta_1, \zeta_2) = \frac{im_0}{2\hbar\Delta t}\begin{pmatrix} 1 & -1 & 0 & 0 & 0 & \cdots & 0 & 0 & 0 & 0 & 0 \\ -1 & 2 & -1 & 0 & 0 & \cdots & 0 & 0 & 0 & 0 & 0 \\ 0 & -1 & 2 & -1 & 0 & \cdots & 0 & 0 & 0 & 0 & 0 \\ & & & & & & & & & & \\ & & & & & & & & & & \\ & & & & & & & & & & \\ 0 & 0 & 0 & 0 & 0 & \cdots & 0 & -1 & 2 & -1 & 0 \\ 0 & 0 & 0 & 0 & 0 & \cdots & 0 & 0 & -1 & 2 & -1 \\ 0 & 0 & 0 & 0 & 0 & \cdots & 0 & 0 & 0 & -1 & 1 \end{pmatrix} \begin{matrix} 0 \\ \\ \\ \\ \zeta_1 \\ \\ \\ \\ N \end{matrix} \qquad (4.273)$$

$$\begin{matrix} 0 & \zeta_2 & N \end{matrix}$$

(4.269) mit dem letzten Ausdruck von (4.270) stellt eine Formulierung dar, die leicht hinsichtlich verschiedenartiger Potentialfunktionen verallgemeinert werden kann, worauf im folgenden jedoch nicht genauer eingegangen werden soll[23]. Benützt man stattdessen den zweiten Ausdruck von (4.270), dann erhält man den Pfadintegralkern

$$G(x, x', \Delta t) \sim \exp\left[\frac{im_0}{2\hbar\Delta t}\left(x_0^2 + x_N^2\right)\right] \int_{-\infty}^{+\infty} \exp(\kappa_1)\exp(\kappa_2) \prod_{\zeta=1}^{N-1} dx_\zeta, \qquad (4.274)$$

der sich relativ leicht ausrechnen läßt: Entsprechend der Funktionen κ_1, κ_2 läßt sich dieser Integralkern in verschiedenartiger Weise auf Ausdrücke zurückführen, die über analytisch fortgesetzte Gaußsche Integralformeln (vgl. (4.244)) berechnet werden können. Ein hinsichtlich der oben angesprochenen weitergehenden Verallgemeinerung günstiges Vorgehen ist die Darstellung der in $\exp(\kappa_2)$ enthaltenen einzelnen Exponentialfunktionsanteile in Potenzreihenform. Dies führt dann auf eine Potenzreihe in $x_0 x_N$ mit Vorfaktoren, die aus analytisch fortgesetzte Gaußsche Integrale enthaltenden erwartungswertähnlichen Ausdrücken bestehen und entsprechend der obigen Bemerkung berechnet werden können. Eine eingehende Analyse der dann erhaltenen Potenzreihe zeigt, daß diese eine Exponentialfunktion bezüglich $x_0 x_N$ repräsentiert, d. h. man erhält das Ergebnis

$$\int_{-\infty}^{+\infty} \exp(\kappa_1)\exp(\kappa_2) \prod_{\zeta=1}^{N-1} dx_\zeta \sim \exp\left(-\frac{im_0}{2\hbar\Delta t} 2x_0 x_N\right), \qquad (4.275)$$

sodaß der obige Integralkern sich auf folgenden Ausdruck reduziert:

$$G(x, x', \Delta t) \sim \exp\left[\frac{im_0}{2\hbar\Delta t}(x_0 - x_N)^2\right] \sim \exp\left[\frac{im_0}{2\hbar\Delta t}(x' - x)^2\right]. \qquad (4.276)$$

---

[23]Diese Verallgemeinerungsmöglichkeit wird in [27] diskutiert. Wie dort ausgeführt wird, können durch Hinzufügung weiterer Terme mit Koeffizienten $\lambda(\zeta_1, \ldots, \zeta_M)$ verschiedenartige Potentialfunktionen in den Formalismus implementiert werden. Auch eine Ausdehnung auf Mehrteilchensysteme ist auf diese Weise leicht möglich. Der einzige Unterschied besteht darin, daß dann weitere Ortsvariablen auftreten.

Der Ausdruck (4.276) läßt sich in der Form

$$G\left(x,x',\Delta t\right) \sim \int_{-\infty}^{+\infty} \exp\left[-\mathrm{i}k\left(x'-x\right) - \frac{\mathrm{i}}{\hbar}\frac{\hbar^2 k^2}{2m_0}\Delta t\right] \mathrm{d}^3 k \qquad (4.277)$$

schreiben, was über eine quadratische Ergänzung im Exponenten von (4.277) und eine sich anschließende Integration gezeigt werden kann. Berücksichtigt man, daß entsprechend der vorherigen Ausführungen die Energieeigenwerte und Eigenfunktionen eines sich mit dem Impuls $p = \hbar k$ bewegenden Teilchens durch $E = \hbar^2 k^2 / 2m_0$ bzw. $\psi(x) \sim \exp(\mathrm{i}kx)$ gegeben sind, so kann (4.277) in die Form

$$G\left(x,x',\Delta t\right) = \int_{-\infty}^{+\infty} \exp\left(-\frac{\mathrm{i}}{\hbar}E\Delta t\right) \psi^*(x')\psi(x)\,\mathrm{d}^3 k \qquad (4.278)$$

überführt werden. (4.277) und (4.278) stellen spezielle Formen des Pfadintegralkerns des Feynmanschen Pfadintegrals eines freien Teilchens dar. Die aus Eigenfunktionen und Energieeigenwerten aufgebaute Form gilt über das hier betrachtete Szenario hinaus. So können Eigenfunktionen und Energieeigenwerte weiterführender Szenarien durch einen Vergleich mit (4.278) identifiziert werden, wenn zuvor die systemspezifischen Pfadintegralkerne berechnet worden sind.

Der Wellen-Teilchen-Charakter eines mikroskopischen Teilchens offenbart sich in experimenteller Hinsicht in verschiedenartiger Weise, wie beispielweise im Rahmen der bereits erwähnten und im folgenden noch genauer zu behandelnden Spaltbeugungsexperimente. Die obigen quantenmechanischen Rechnungen verdeutlichen, daß sowohl der Wellencharakter als auch der Teilchencharakter eines mikroskopischen Teilchens in einer selbstkonsistenten Weise durch den eingeführten quantenmechanischen Formalismus erfaßt werden kann.

4.7.2 Beugungswellen

De Broglie-Wellen stellen einfache Formen freier Teilchenwellen dar. Eine höher strukturierte Form derartiger freier Teilchenwellen sind Beugungswellen.

4.7.2.1 Spaltbeugung und Heisenbergsche Unschärferelation

Soll das Betragsquadrat

$$j^0/c = \psi^*(x,t)\psi(x,t) = |\psi(x,t)|^2 \qquad (4.279)$$

einer Feldfunktion ψ als die Wahrscheinlichkeit innerhalb eines Raumelements ein Teilchen mit der Masse m_0 vorzufinden interpretiert werden, dann muß zusätzlich die Nebenbedingung

$$\frac{1}{c}\int_{-\infty}^{+\infty} j^0\,\mathrm{d}^3 x = \int_{-\infty}^{+\infty} \psi^*(x,t)\psi(x,t)\,\mathrm{d}^3 x = \int_{-\infty}^{+\infty} |\psi(x,t)|^2\,\mathrm{d}^3 x = 1 \qquad (4.280)$$

berücksichtigt werden. Da definitionsgemäß eine „globale" Wahrscheinlichkeit den Wert 1 auf-weisen muß, stellt diese Normierungsbedingung eine notwendige Bedingung für eine derartige Interpretation dar. Dann stellt sich jedoch das Problem, daß sich eine Feldfunktion der Form (4.259) nicht normieren läßt, sodaß – unter Voraussetzung der Gültigkeit der Wahrscheinlich-keitsinterpretation – zwei Fragen nahe liegen:

1. Läßt sich auch eine normierbare Feldfunktion als Lösung der zeitabhängigen Schrödinger-Gleichung (4.258) gewinnen?
2. Ist die komplexe harmonische Wellenfunktion (4.259) überhaupt eine physikalisch sinn-volle Lösung?

Beide Fragen lassen sich schnell beantworten:

1. Die allgemeine Lösung der Schrödinger-Gleichung (4.258) ist eine Superposition aus Feld-funktionen der Form (4.259):

$$\psi(\boldsymbol{x},t) = \int_{-\infty}^{+\infty} A(\boldsymbol{k}) \exp\left(\mathrm{i}\left[\boldsymbol{k}\boldsymbol{x} - \omega(\boldsymbol{k})t - \varphi(\boldsymbol{k})\right]\right) \mathrm{d}^3 k \,. \tag{4.281}$$

   Eine solche Feldfunktion – dies sei ohne Beweis angegeben – läßt sich in der Tat normieren, indem $A(\boldsymbol{k})$ geeignet gewählt wird. Man erhält dann beispielsweise eine innerhalb eines mehr oder weniger engen Raumbereichs lokalisierte Wahrscheinlichkeitsdichte, die sich im zeitlichen Verlauf verbreitert. Man sagt, die „Feldfunktion zerfließt"[24].

2. Um die zweite Frage beantworten zu können, betrachtet man am besten noch einmal das obige Spaltbeugungsexperiment für verschiedene Spaltbreiten d: Verringert man die Spalt-breite d, dann verbreitert sich die im Experiment beobachtbare Spaltbeugungsfunktion ρ, d.h. die beobachtbare Teilchenimpuls-Bandbreite $\Delta p = \hbar \Delta k$ nimmt zu. Dieses Verhalten wird auch von der Formel (4.281) wiedergegeben. Analysiert man weitere Experimente dieser Art, so zeigt sich, daß dieses Verhalten durch die bereits eingeführte Heisenbergsche Unschärferelation

$$\Delta p_x \Delta x \geq \frac{\hbar}{2} \,, \quad \Delta p_y \Delta y \geq \frac{\hbar}{2} \,, \quad \Delta p_z \Delta z \geq \frac{\hbar}{2} \tag{4.282}$$

   wiedergegeben wird, wobei Δx, Δy, Δz den Ortsmeßbereich abgrenzt und Δp_x, Δp_y, Δp_z die zugeordnete Impuls-Bandbreite darstellt. Betrachtet man diese Heisenbergsche Unschärferelation als eine grundlegende, den Zustand eines beliebigen physikalischen Systems (und damit auch die Meßbarkeit eines beliebigen physikalischen Systems) beschränkende Relation, dann kann eine Feldfunktion der Form (4.259) wie folgt interpre-tiert werden: Ein Fourier-Integral der Form (4.281) beschreibt freie Einteilchenzustände, welche – gemäß der Heisenbergschen Unschärferelation – bezüglich des Ortes und des Impulses nicht gleichzeitig scharf lokalisiert sind und damit auch nicht gleichzeitig scharf gemessen werden können. Führt man eine Impulsmessung mit beliebiger Schärfe durch, dann ist der Ort des Teilchens völlig unbestimmt. Genau dieser Sachverhalt (d.h. ein genau festgelegter Impuls sowie ein völlig unbestimmter Ort) wird durch die Feldfunktion (4.259) beschrieben.

---

[24]Dieses „Zerfließen", das sei hier zusätzlich erwähnt, macht insbesondere deutlich, daß die Identifi-kation eines Betragsquadrates beispielsweise als eine Energie- oder Massendichte nicht sinnvoll ist: freie mikroskopische Teilchen wie beispielsweise ein freies Elektron bleiben bezüglich der Eigenschaften *Mas-se* oder *Energie* lokalisiert, was das oben beschriebene Spaltbeugungsexperiment verdeutlicht.

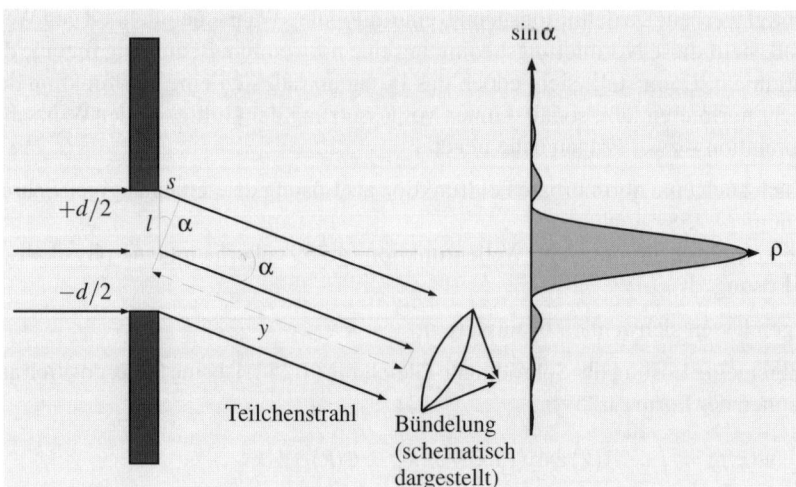

Bild 4.13 Teilchenbeugung an einem einfachen Spalt: geometrische Situation und Beugungsfunktion ρ

4.7.2.2 Spaltbeugungsfunktion

Die im Bild 4.13 skizzierte Beugungsfunktion ρ läßt sich ausgehend von der allgemeinen Lösung (4.281) gewinnen: Man betrachte das Integral (4.281) in der parametrisierten Form

$$\psi = \int_{-\infty}^{+\infty} A(r) \exp\left(\mathrm{i}\,[\boldsymbol{k}(r)\boldsymbol{x}(r) - \omega(k)t]\right)\,\mathrm{d}r\;. \tag{4.283}$$

$\boldsymbol{k}(r)$ bzw. $\boldsymbol{x}(r)$ zeigen in eine spezielle Raumrichtung, die durch r festgelegt wird. In (4.283) wird bereits berücksichtigt, daß Teilwellen-Frequenzen $\omega[\boldsymbol{k}(r)]$ betrachtet werden, die unabhängig von der Ausbreitungsrichtung der jeweiligen Teilwelle sind, sodaß $\omega[\boldsymbol{k}(r)] = \omega(k)$ gesetzt werden kann, wobei k der richtungsunabhängige Betrag des Wellenvektors $\boldsymbol{k}$ ist. Paßt man dann den Integranden dieses Fourier-Integrals an die im Bild 4.13 gegebene geometrische Situation an, d. h. setzt man

$$
\begin{aligned}
\exp\left(\mathrm{i}\,[\boldsymbol{k}(r)\boldsymbol{x}(r) - \omega(k)t]\right) &= \exp\left(\mathrm{i}\,[\boldsymbol{k}(r)\,[\boldsymbol{y} + \boldsymbol{s}(r)] - \omega(k)t]\right) \\
&= \exp\left(\mathrm{i}\,[ky + ks(r) - \omega(k)t]\right) \\
&= \exp\left(\mathrm{i}\,[ky - \omega(k)t]\right)\exp\left[\mathrm{i}kl(r)\sin\alpha\right]\;,
\end{aligned} \tag{4.284}
$$

dann erhält man das leicht zu integrierende Integral

$$
\begin{aligned}
\psi &= \exp\left(\mathrm{i}\,[ky - \omega(k)t]\right) \int_{r_1}^{r_2} A(r)\exp\left[\mathrm{i}kl(r)\sin\alpha\right]\,\mathrm{d}r \\
&= \exp\left(\mathrm{i}\,[ky - \omega(k)t]\right) \int_{-d/2}^{+d/2} A(l)\exp\left(\mathrm{i}kl\sin\alpha\right)\,\mathrm{d}l\;.
\end{aligned} \tag{4.285}
$$

Setzt man für $A(l)$ eine Konstante C, dann erhält man

$$\psi = \psi_t \frac{\sin\left(k\frac{d}{2}\sin\alpha\right)}{k\frac{d}{2}\sin\alpha} \quad \text{mit} \quad \psi_t = C\exp\left(\mathrm{i}\,[ky - \omega(k)t]\right)d\;, \tag{4.286}$$

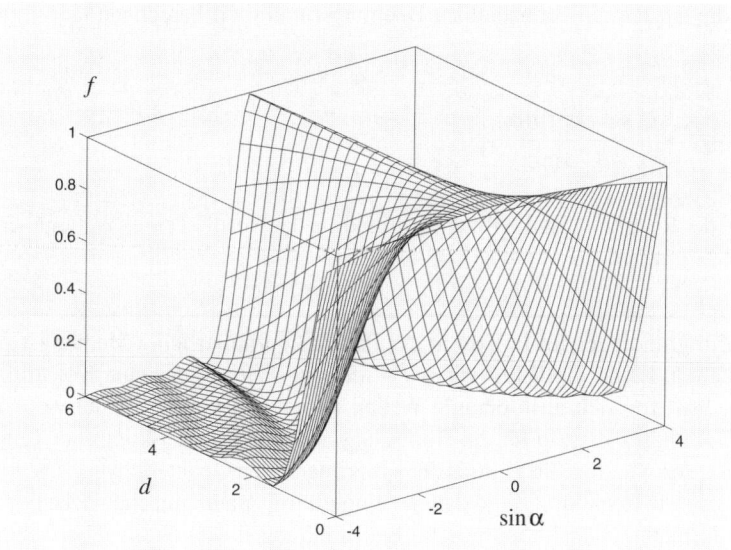

Bild 4.14 Zur Teilchenbeugung am Spalt. Die Spaltbreitenabhängigkeit der Funktion f als Funktion der Winkelfunktion $\sin\alpha$. Es gilt $f = \left[\sin\left(k\frac{d}{2}\sin\alpha\right)/k\frac{d}{2}\sin\alpha\right]^2$. Zur Berechnung wurde $k = 1 \cdot \text{Länge}^{-1}$ gesetzt. Es ist die physikalische Dimension Dim $[d] = $ Länge zu berücksichtigen

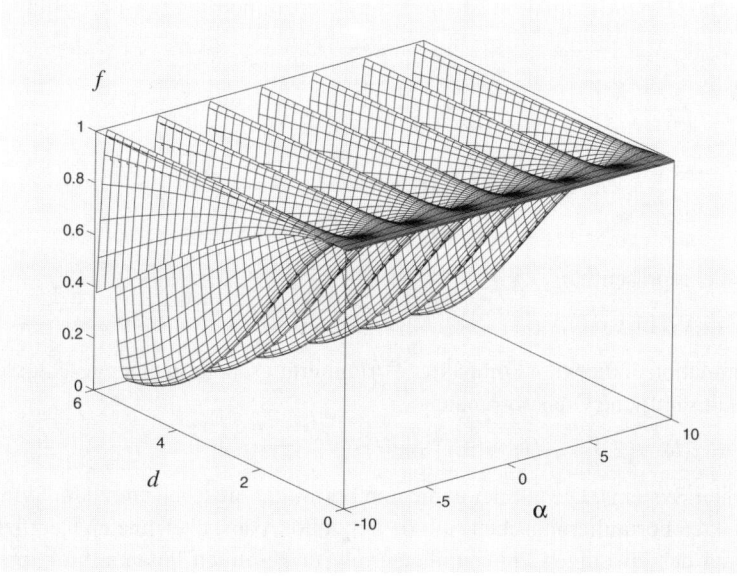

Bild 4.15 Die Spaltbreitenabhängigkeit der Funktion $f = \left[\sin\left(k\frac{d}{2}\sin\alpha\right)/k\frac{d}{2}\sin\alpha\right]^2$ als Funktion des Beugungswinkels α. Sonst wie Bild 4.14

woraus sich die tatsächlich beobachtbare Beugungsfunktion ρ berechnen läßt (vgl. Bild 4.14 und Bild 4.15):

$$\rho = |\psi|^2 \sim \left[\frac{\sin\left(k\frac{d}{2}\sin\alpha\right)}{k\frac{d}{2}\sin\alpha} \right]^2 . \tag{4.287}$$

Entsprechend der Rechnung ist die Beugungsfunktion das Resultat eines Wellenüberlagerungsprozesses.

Ein grundlegendes Prinzip in der Physik kontinuierlicher Medien (wie Flüssigkeiten, Licht) ist das *Huygens-Fresnelsche Prinzip*, das eine Konstruktionsvorschrift für sich ausbreitende Wellen ausgehend von Elementarwellen vorgibt. Daß dieses Prinzip für die Bewegung beliebiger mikroskopischer Teilchen gilt, ist eine wichtige Erkenntnis der experimentellen Quantenphysik. Die hier durchgeführte Rechnung zeigt, daß der eingeführte quantenmechanische Formalismus die mathematisch-theoretische Beschreibung dieses Wellenüberlagerungsprinzips tatsächlich enthält.

4.8 Beispiele II: Oszillator-Potentiale

Eine grundlegende Potentialfunktion ist durch die Potenzreihenfunktion (vgl. Bild 4.16)

$$
\begin{aligned}
V(X) &= \sum_{l=1}^{N}\sum_{i=1}^{3}\lambda(i,l)x(i,l) + \sum_{l,l'=1}^{N}\sum_{i,j=1}^{3}\lambda(i,j,l,l')x(i,l)x(j,l') + \ldots \\
&= \sum_{\{v_i(l)\}=0}^{\infty} \Lambda\{v_i(l)\} \prod_{l=1}^{N}\prod_{i=1}^{3}[x(i,l)]^{v_i(l)}
\end{aligned}
\tag{4.288}
$$

gegeben. Hierbei repräsentiert

$$\{v_i(l)\} = v_1(1), v_2(1), v_3(1)\ldots v_1(N), v_2(N), v_3(N) \tag{4.289}$$

sämtliche Summationsindices der kompakten Formulierungsebene in einer geschlossenen Weise und X enthält sämtliche Ortskoordinaten

$$x(1,l) = x(l), x(2,l) = y(l), x(3,l) = z(l) \tag{4.290}$$

eines N-Teilchen-Systems. Die auf der expliziten Formulierungsebene mit dem Symbol λ und auf der kompakten Formulierungsebene mit dem Symbol Λ ausgezeichneten Koeffizienten geben den Beitrag des jeweiligen Potenzreihenterms zur gesamten Potentialfunktion $V(X)$ an. Die Potentialfunktion $V(X)$ definiert *Oszillationen* einzelner und über verschiedenartige Kopplungsterme gekoppelter Teilchen. Ein derartiger Spezialfall wird im folgenden näher untersucht.

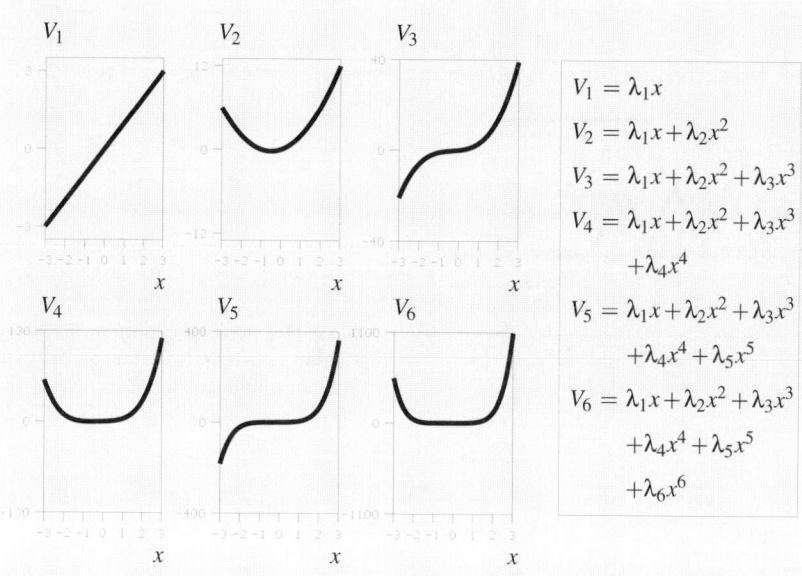

Bild 4.16 Zur Veranschaulichung der Potenzreihenfunktion $V(X)$: eindimensionale Spezialfälle $V_j = V_j(x)$. Es sind die physikalischen Dimensionen $\text{Dim}\,x = \text{Länge}$, $\text{Dim}\,V_j = \text{Energie}$ ($j = 1, 2, 3, 4, 5, 6$) zu berücksichtigen. Für die Parameter λ_j wurden Zahlenwerte gleich 1 angesetzt

4.8.1 Harmonischer Oszillator I: Potenzreihenansatz

Der nichtrelativistische *klassische harmonische Oszillator* ist eines der einfachsten Systeme der klassischen Mechanik: Eine Masse m_0 ist an einer ideal elastischen Feder aufgehängt. Beschreibt man seine Auslenkung aus der Ruhelage durch die Koordinate x, dann ist die mit einer Auslenkung verbundene potentielle Energie durch

$$V(x) = \frac{1}{2}m_0\Omega^2 x^2 \qquad (4.291)$$

gegeben, sodaß die zur Ruhelage hin rücktreibende Kraft durch

$$F(x) = -\frac{\partial}{\partial x}V(x) = -m_0\Omega^2 x \qquad (4.292)$$

beschrieben wird. Die Kreisfrequenz Ω erfaßt hier die Stärke der rücktreibenden Kraft. Die Hamiltonfunktion (4.141) nimmt in diesem Fall die Form

$$H = \frac{p^2}{2m_0} + \frac{1}{2}m_0\Omega^2 x^2 \qquad (4.293)$$

an. Lenkt man die Masse relativ zur Ruhelage aus, dann führt sie eine harmonische Schwingung um die Ruhelage herum aus, d. h. die Bewegung der Masse kann durch harmonische Schwingungsfunktionen der Art

$$x = A\cos(\Omega t + \varphi) \qquad (4.294)$$

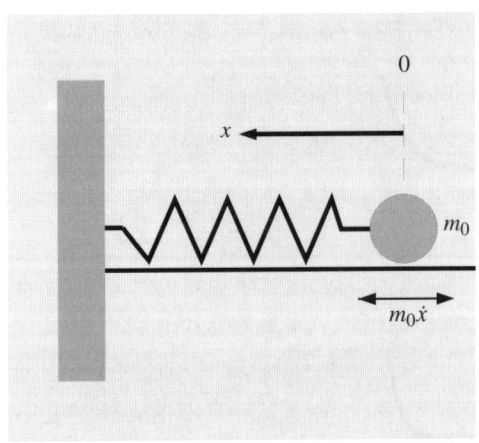

Bild 4.17 Der makroskopische harmonische Oszillator. Schwerkräfte brauchen im Rahmen der Problemstellung nicht berücksichtigt zu werden, was die waagerecht liegende Feder andeutet

beschrieben werden, welche sich als Lösung der aus (4.292) folgenden Newtonschen Bewegungsgleichung

$$m_0\ddot{x} = -m_0\Omega^2 x \tag{4.295}$$

ergeben und als zeitliche Grenzfälle der in den Abschnitten 3.3, 3.5 behandelten raumzeitlichen harmonischen Wellenfunktionen betrachtet werden können. Die diese Bewegung beschreibenden Koordinaten sind hier die kartesische Koordinate x sowie die kanonisch konjugierte Impulskoordinate $p = m_0\dot{x}$.

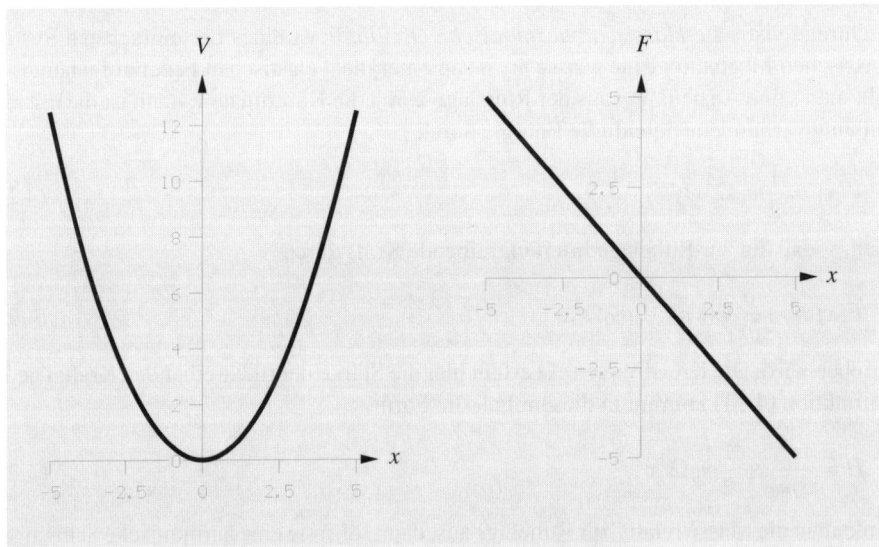

Bild 4.18 Makroskopische potentielle Energie $V = V(x)$ und makroskopisches Kraftfeld $F = F(x)$. Parameterwerte: $m_0 = \Omega = 1$. Die auftretenden physikalischen Dimensionen sind durch Dim$[m_0] =$ Masse, Dim$[\Omega] =$ Zeit^{-1}, Dim$[x] =$ Länge, Dim$[V] =$ Energie, Dim$[F] =$ Kraft charakterisierbar

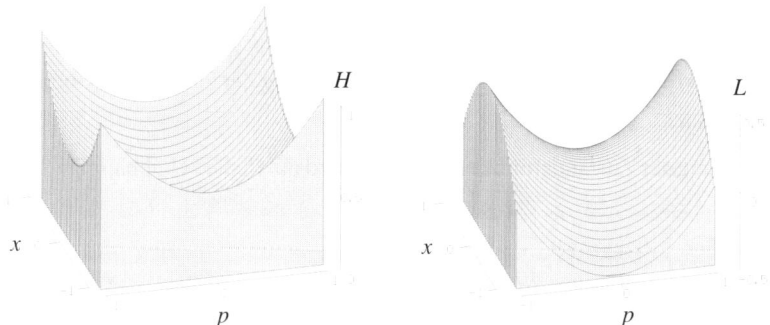

Bild 4.19 Hamilton- und Lagrangefunktion des makroskopischen harmonischen Oszillators. Parameterwerte: $m_0 = \Omega = 1$. Die auftretenden physikalischen Dimensionen sind durch Dim$[m_0]$ = Masse, Dim$[\Omega]$ = Zeit^{-1}, Dim$[x]$ = Länge, Dim$[p]$ = Länge · Masse /Zeit, Dim$[H]$ = Dim$[L]$ = Energie charakterisierbar

Im Bild 4.17 ist das betrachtete System skizziert; im Bild 4.18 sind die zugrunde gelegte Potentialfunktion V sowie das dazugehörige Kraftfeld F skizziert. Gemäß der dort veranschaulichten Beziehungen wird ein relativ zum Raumpunkt $x = 0$ ausgelenktes makroskopisches Teilchen wieder zum Raumpunkt $x = 0$ hin zurückgetrieben, d. h. dieser Punkt ist der Ruhepunkt des makroskopischen Teilchens. Die nichtrelativistische Hamiltonfunktion

$$H = \frac{p^2}{2m_0} + \frac{1}{2}m_0\Omega^2 x^2 \qquad (4.296)$$

sowie die dieser Hamiltonfunktion zugeordnete nichtrelativistische Lagrangefunktion

$$L = \frac{p^2}{2m_0} - \frac{1}{2}m_0\Omega^2 x^2 \qquad (4.297)$$

sind im Bild 4.19 dargestellt. Der tiefste Punkt der Hamiltonfunktion (d. h. der energetisch am tiefsten liegende Zustandspunkt) und der Sattelpunkt der Lagrangefunktion repräsentieren den Ruhepunkt des makroskopischen Teilchens. Diese Zusammenhänge verdeutlichen insbesondere einen allgemeingültigen Sachverhalt: Ein physikalisches System, das keinen äußeren Kräften ausgesetzt ist, nimmt den energetisch günstigsten (d. h. am tiefsten liegenden) Zustand ein. Diese Aussage gilt auch für beliebige quantenmechanische Systeme.

4.8.1.1 Der Hamiltonoperator des QHM

Der Übergang von der Hamiltonfunktion zum Hamiltonoperator, also die erste Quantisierung, wird durch Ersetzung der Variablen durch geeignete Operatoren erreicht: Wendet man die Jordanschen Regeln (4.140) auf die obige Hamiltonfunktion an, dann erhält man den im Schrödingerbild auftretenden und für die Ortsdarstellung gültigen Hamiltonoperator des *quantenmechanischen harmonischen Oszillators* (QHM), den Operator

$$\hat{H} = -\frac{\hbar^2}{2m_0}\frac{d^2}{dx^2} + \frac{1}{2}m_0\Omega^2 x^2 \ . \qquad (4.298)$$

4.8.1.2 Die zeitabhängige Schrödinger-Gleichung des QHM

In dieser Ortsdarstellung treten statt Zustandsvektoren $|\psi\rangle_t$ die Zustandsfunktionen $\psi(x,t)$ auf. Diese Zustandsfunktionen repräsentieren die Ortsdarstellung der Zustandsvektoren:

$$\psi(x,t) = \langle x|\psi_t\rangle \ . \tag{4.299}$$

Die Zeitentwicklung der Zustandsfunktionen $\psi(x,t)$ wird durch die zeitabhängige Schrödinger-Gleichung

$$i\hbar\dot{\psi}(x,t) = \left(-\frac{\hbar^2}{2m_0}\frac{\mathrm{d}^2}{\mathrm{d}x^2} + \frac{1}{2}m_0\Omega^2x^2\right)\psi(x,t) \tag{4.300}$$

beschrieben. Benützt man den Separationsansatz

$$\psi(x,t) = \sum_i c_i \exp\left(-iE_i t/\hbar\right)\psi_i(x) \ , \tag{4.301}$$

dann erhält man die Eigenwertgleichung

$$E_i\psi_i(x) = \left(-\frac{\hbar^2}{2m_0}\frac{\mathrm{d}^2}{\mathrm{d}x^2} + \frac{1}{2}m_0\Omega^2x^2\right)\psi_i(x) \ . \tag{4.302}$$

Benützt man stattdessen den Separationsansatz[25]

$$\psi(x,t) = \int c_i \exp\left(-iE_i t/\hbar\right)\psi_i(x)\,\mathrm{d}i \ , \tag{4.303}$$

dann ergibt sich

$$E_i\psi_i(x) = \left(-\frac{\hbar^2}{2m_0}\frac{\mathrm{d}^2}{\mathrm{d}x^2} + \frac{1}{2}m_0\Omega^2x^2\right)\psi_i(x) \ . \tag{4.304}$$

Während die erste Beziehung ein diskretes Eigenwertspektrum als Ergebnis liefert, liefert die zweite Beziehung ein kontinuierliches Spektrum. Betrachtet man nur gebundene Zustände, dann genügt es, die erste Gleichung zu betrachten. Dies läßt sich mit der experimentellen Erfahrung rechtfertigen, daß gebundene Zustände von quantenmechanischen Schwingungsproblemen diskrete Energieeigenwerte aufweisen. Derartige Schrödinger-Gleichungen treten insbesondere im Rahmen der Diskussion von Schwingungsspektren zweidimensionaler Moleküle auf. In diesem molekularen Zusammenhang repräsentieren harmonische Potentiale der Form (4.291) jedoch nur Näherungen. Im allgemeinen Fall müssen zusätzliche anharmonische Terme, d. h. Terme höherer Ordnung berücksichtigt werden. Sollen auch ungebundene Zustände betrachtet werden, dann muß die zweite Beziehung berücksichtigt werden. Die Schrödinger-Gleichung (4.304) enthält die Schrödinger-Gleichung (4.302) als Grenzfall.

---

[25]Es sei hier darauf hingewiesen, daß im Gegensatz zu den darüber stehenden Beziehungen im folgenden kontinuierliche Funktionen und ein damit verbundenes Integral benützt werden. Dies wird durch Verwendung von Indices in einer anderen Schriftart angedeutet: Während in (4.301) der Index i auftritt, wird in (4.303) der Index i benützt, der die Stellung eines „kontinuierlichen Laufparameters" hat. Diese Vorgehensweise wird auch später beibehalten. Ursache für dieses Verfahren ist, daß auf diese Weise Beziehungen diskreter und kontinuierlicher Größen formal gleich dargestellt werden können, was später formale Vorteile bringt.

4.8.1.3 Rand- und Nebenbedingungen

Solche partielle Differentialgleichungen lassen sich, unter Berücksichtigung entsprechender *Randbedingungen*, lösen. Erfahrungsgemäß sind gebundene Zustände durch Zustandsfunktionen ausgezeichnet, die im Unendlichen gegen Null streben, d. h. löst man eine zeitunabhängige Schrödinger-Gleichung, dann sind nur für Energieeigenwerte gebundener Zustände konvergente Zustandsfunktionen findbar. Ob ein mit einem bestimmten Energieeigenwert verbundener Zustand gebunden ist, kann experimentell festgestellt werden. Diese mathematische Forderung steht auch im Einklang mit der Wahrscheinlichkeitsdichte-Interpretation der Betragsquadrate $|\psi(x,t)|^2$ bzw. $|\psi_i(x)|^2$. Diese Konvergenzforderung ist somit eine notwendige Randbedingung für das Auffinden von Zustandsfunktionen, die gebundenen Zuständen zugeordnet sind. Diese Forderung ist äquivalent der Forderung, daß Zustandsfunktionen Elemente aus dem Raum $\mathbb{L}^2$ quadratintegrabler Funktionen sein müssen[26].

Im Rahmen einer systematischen Lösung einer Schrödinger-Gleichung werden die erhaltenen Lösungsfunktionen im Normalfall nicht normiert sein. Deshalb ist eine geeignete Normierungsforderung als zusätzliche *Nebenbedingung* zu berücksichtigen. Zusätzlich kann es sein, daß die sich ergebenden Zustandsfunktionen nicht orthogonal sind. Durch Einbezug zusätzlicher Nebenbedingungen kann die Orthogonalitätsforderung in das mathematische System ebenfalls mit einbezogen werden. Im vorliegenden Fall sind diese Nebenbedingungen durch

$$\int \psi_j^*(x)\psi_i(x)\mathrm{d}x = \delta_{ji} \tag{4.305}$$

gegeben. Für $i = j$ stellt dieser Ausdruck die Normierungsforderung dar, für $i \neq j$ erfaßt dieses Integral die Orthogonalitätsforderung.

4.8.1.4 Grundsätzliches über mögliche Energieeigenwerte des QHM

Die zeitunabhängige Schrödinger-Gleichung des harmonischen Oszillators läßt sich durch einen Potenzreihenansatz lösen. Die dazugehörigen Energieeigenwerte ergeben sich im Rahmen dieses Lösungsprozesses automatisch, wenn die obigen Rand- und Nebenbedingungen berücksichtigt werden. Ohne die Rechnung durchgeführt zu haben, läßt sich jedoch bereits folgendes feststellen: Multipliziert man die zeitunabhängige Schrödinger-Gleichung (4.302) von links her mit $\psi_i^*(x)$ und integriert anschließend nach x, so erhält man – unter Berücksichtigung von (4.298) sowie der Orthonormalitätsforderung (4.305) – einen direkten Zusammenhang zwischen den stationären Zustandsfunktionen $\psi_i(x)$ und den zugehörigen Energieeigenwerten E_i:

$$E_i = \int \psi_i^*(x)\hat{H}\psi_i(x)\mathrm{d}x = \int \psi_i^*(x)\left(-\frac{\hbar^2}{2m_0}\frac{\mathrm{d}^2}{\mathrm{d}x^2} + \frac{1}{2}m_0\Omega^2 x^2\right)\psi_i(x)\mathrm{d}x\,. \tag{4.306}$$

E_i steht hier für die die möglichen Zustandsenergien der gebundenen Zustände des quantenmechanischen harmonischen Oszillators. Diese Energieeigenwerte sind größer oder allenfalls gleich Null, d. h. es gilt die *Abbruchbedingung*

---

[26]Man vergleiche mit dem Beispiel 2.4, im Rahmen dessen derartige quadratintegrable Funktionen diskutiert wurden.

$$E_i > 0 \,, \tag{4.307}$$

was sich leicht zeigen läßt: Eine partielle Integration im ersten Glied des Hamiltonoperators von (4.306) bezüglich x führt unter den angegebenen Randbedingungen zu dem Ausdruck

$$E_i = \int \left(\frac{\hbar^2}{2m_0} \frac{\mathrm{d}\psi_i^*(x)}{\mathrm{d}x} \frac{\mathrm{d}\psi_i(x)}{\mathrm{d}x} + \frac{1}{2} m_0 \Omega^2 x^2 \psi_i^*(x) x^2 \psi_i(x) \right) \mathrm{d}x \,. \tag{4.308}$$

Da

$$\psi_i^* \psi_i = |\psi_i|^2 \geq 0 \,, \quad \frac{\mathrm{d}\psi_i^*}{\mathrm{d}x} \frac{\mathrm{d}\psi_i}{\mathrm{d}x} = \left| \frac{\mathrm{d}\psi_i}{\mathrm{d}x} \right|^2 \geq 0 \tag{4.309}$$

gilt, ist der Integrand – unabhängig von x – größer oder gleich Null, woraus die Beziehung (4.307) folgt. Aus (4.307) schließt man, daß ein tiefster Eigenwert existiert.

4.8.1.5 Gebundene Zustände und Energieeigenwerte des QHM

Der Weg zur Berechnung sowohl der Zustandsfunktionen gebundener Zustände als auch der Zustandsfunktionen ungebundener Zustände wird im folgenden kurz skizziert: Zur Berechnung der gebundenen als auch der ungebundenen Zustandsfunktionen muß von der Schrödinger-Gleichung (4.304) ausgegangen werden. Um diese Berechnung zu vereinfachen, ist es sinnvoll, (4.304) durch die dimensionslose Gleichung

$$\left(-\frac{\partial^2}{\partial \xi^2} + \frac{1}{4} \xi^2 \right) \psi_i(\xi) = -a_i \psi_i(\xi) \quad \text{mit} \quad -a_i = \frac{E_i}{\hbar \Omega} \,, \quad \xi = x \sqrt{\frac{2m_0 \Omega}{\hbar}} \tag{4.310}$$

zu ersetzen. i erfaßt hier einen noch nicht näher festgelegte kontinuierliche Zahl. Macht man zur Lösung dieser Beziehung den Potenzreihenansatz

$$\psi_i(\xi) = \sum_{j=0}^{\infty} \alpha_{ij} \xi^j \,, \tag{4.311}$$

dann zeigt sich, daß die allgemeine Lösung eine Superposition aus einer „geraden Funktion" $\phi_{g,i}(\xi)$ und einer „ungeraden Funktion" $\phi_{u,i}(\xi)$ darstellt[27]:

$$\psi_i(\xi) = D_{1,i} \phi_{g,i}(\xi) + D_{2,i} \phi_{u,i}(\xi) \,. \tag{4.312}$$

Die darin auftretende Funktion $\phi_{g,i}(\xi)$ ist durch

$$\phi_{g,i}(\xi) = \sum_{j=0}^{\infty} \beta_{i,2j} \frac{1}{(2j)!} \xi^{2j} \tag{4.313}$$

und die Funktion $\phi_{u,i}(\xi)$ ist durch

$$\phi_{u,i}(\xi) = \sum_{j=0}^{\infty} \beta_{i,2j+1} \frac{1}{(2j+1)!} \xi^{2j+1} \tag{4.314}$$

---

[27]Dieses mathematische Schema wird im Abschnitt 10.2.1, in einem verallgemeinerten Rahmen, noch genauer betrachtet.

gegeben, d. h. eine „gerade Funktion" $\phi_{g,i}(\xi)$ ist durch gerade Exponenten und eine „ungerade Funktion" $\phi_{u,i}(\xi)$ durch ungerade Exponenten ausgezeichnet, was – wie noch folgende graphische Darstellungen verdeutlichen werden – bezüglich des Nullpunktes auf symmetrische bzw. antisymmetrische Funktionsverläufe führt. Sämtliche, in diesen beiden Potenzreihen auftretende Koeffizienten lassen sich durch die *rekursive Koeffizientenrelation*

$$\beta_{i,j+2} = a_i\beta_{i,j} + \frac{j(j-1)}{4}\beta_{i,j-2}, \quad \beta_{i,0} = 1, \quad \beta_{i,1} = 1 \qquad (4.315)$$

definieren. Die durch (4.312) definierten Funktionen werden als *parabolische Zylinderfunktionen* bezeichnet. Sie sind nicht nur in der Quantenmechanik sondern auch in der statistischen Lasertheorie von Bedeutung[28]. Diejenige Teilmenge der durch diesen Potenzreihenausdruck dargestellten Funktionen, die der Normierungsbedingung genügen, stellen gebundene als auch nichtgebundene Zustände dar. Jedoch nur diejenige Teilmenge von Funktionen, die zusätzlich der Konvergenzforderung genügt, stellt gebundene Zustände dar. Erfüllt wird diese Konvergenzforderung – dies sei ohne Beweis angegeben – für

$$D_{1,i=i} = N_i \cos\left[\pi\left(\tfrac{1}{4} + \tfrac{1}{2}a_i\right)\right] \frac{1}{2^{\frac{a_i}{2}+\frac{1}{4}}\sqrt{\pi}} \Gamma\left(\tfrac{1}{4} - \tfrac{1}{2}a_i\right),$$

$$D_{2,i=i} = -N_i \sin\left[\pi\left(\tfrac{1}{4} + \tfrac{1}{2}a_i\right)\right] \frac{1}{2^{\frac{a_i}{2}-\frac{1}{4}}\sqrt{\pi}} \Gamma\left(\tfrac{3}{4} - \tfrac{1}{2}a_i\right) \qquad (4.316)$$

mit

$$i = i = 0, 1, 2, 3, \dots , \qquad (4.317)$$

wobei N_i einen durch die Normierungsforderung noch festzulegenden Anteil repräsentiert und $\Gamma(Argument)$ für die *Eulersche Gammafunktion* steht. Unter Berücksichtigung dieser Festlegung erhält man die Funktionsteilmenge

$$\psi_{i=i}(\xi) = D_{1,i}\phi_{g,i}(\xi) + D_{2,i}\phi_{u,i}(\xi) \quad (i = 0, 1, 2, 3, \dots) . \qquad (4.318)$$

Diese Funktionen beschreiben sämtliche gebundenen Zustände des Schwingungsproblems. i ist eine Quantenzahl, die die gebundenen Zustände abzählt. Die Koeffizienten $D_{1,i}$ und $D_{2,i}$ erzeugen ein alternierendes Auftreten der *zentralen Funktionen* $\phi_{g,i}(\xi)$ und $\phi_{u,i}(\xi)$, d. h. es gilt

$$\psi_{i=i}(\xi) = \begin{cases} D_{1,0}\phi_{g,0} & i = 0 \\ D_{2,1}\phi_{u,1} & i = 1 \\ D_{1,2}\phi_{g,2} & i = 2 \\ \text{etc.} \end{cases} . \qquad (4.319)$$

Als „Abfallprodukt" der Rechnung erhält man einen Ausdruck zur Beschreibung der Zustandsenergien, den Ausdruck

---

[28]Man vergleiche mit [27]. Dort werden parabolische Zylinderfunktionen im Zusammenhang mit der statistischen Lasertheorie behandelt.

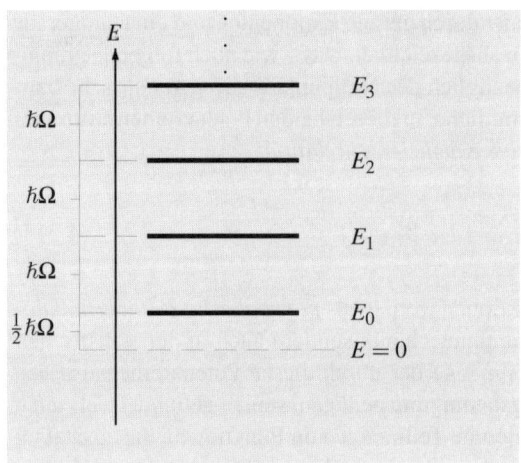

Bild 4.20 Das Energieniveauschema der gebundenen Zustände des quantenmechanischen harmonischen Oszillators. Dieses Energieniveauschema ist äquidistant. Der Grundzustand weist eine Grundzustandsenergie der Größe $E_0 = \frac{1}{2}\hbar\Omega$ auf

$$E_i = \left(i + \frac{1}{2}\right)\hbar\Omega\,. \tag{4.320}$$

E_0 bezeichnet den Eigenwert des am tiefsten liegenden Zustands. Der dazugehörige Grundzustand wird in der Form $\psi_0(x)$ notiert. Höhere (angeregte) gebundene Zustände werden dann durch die Indices $i = 1, 2, \ldots$ erfaßt. Im Bild 4.20 ist das Energieniveauschema der gebundenen Zustände skizziert. Dieses äquidistante Energieniveauschema gilt für Potentialfunktionen der Form (4.291).

 Ein zentrales experimentelles Charakteristikum von Quantensystemen ist die diskrete Energiestruktur gebundener Zustände. Das im Zusammenhang mit molekularen Schwingungen bei niedrigen Energien auftretende Energiespektrum des harmonischen Oszillators repräsentiert ein einfaches Beispiel dafür. Die obige Rechnung verdeutlicht, daß auch diese Zustandsquantelung in einer selbstkonsistenten Weise aus den quantenmechanischen Algorithmen folgt.

Damit sind die gebundenen Zustände berechnet. Es sei hier noch erwähnt, daß sich eine Zustandsfunktionen (4.318) in ein Produkte aus einer Exponentialfunktion und einem *Hermiteschen Polynom* zerlegen läßt:

$$\psi_{i=i}(\xi) = \left(\frac{m_0\Omega}{\hbar}\right)^{1/4} \exp\left(-\frac{1}{4}\xi^2\right) H_i(\xi)\,, \tag{4.321}$$

wobei die Hermiteschen Polynome sich in der Form

$$H_i(\xi) = (-1)^i \frac{1}{\sqrt{i!}\sqrt{\sqrt{\pi}}} \exp\left(\xi^2/2\right) \frac{\partial^i \exp\left(-\xi^2/2\right)}{\partial\xi^i} \tag{4.322}$$

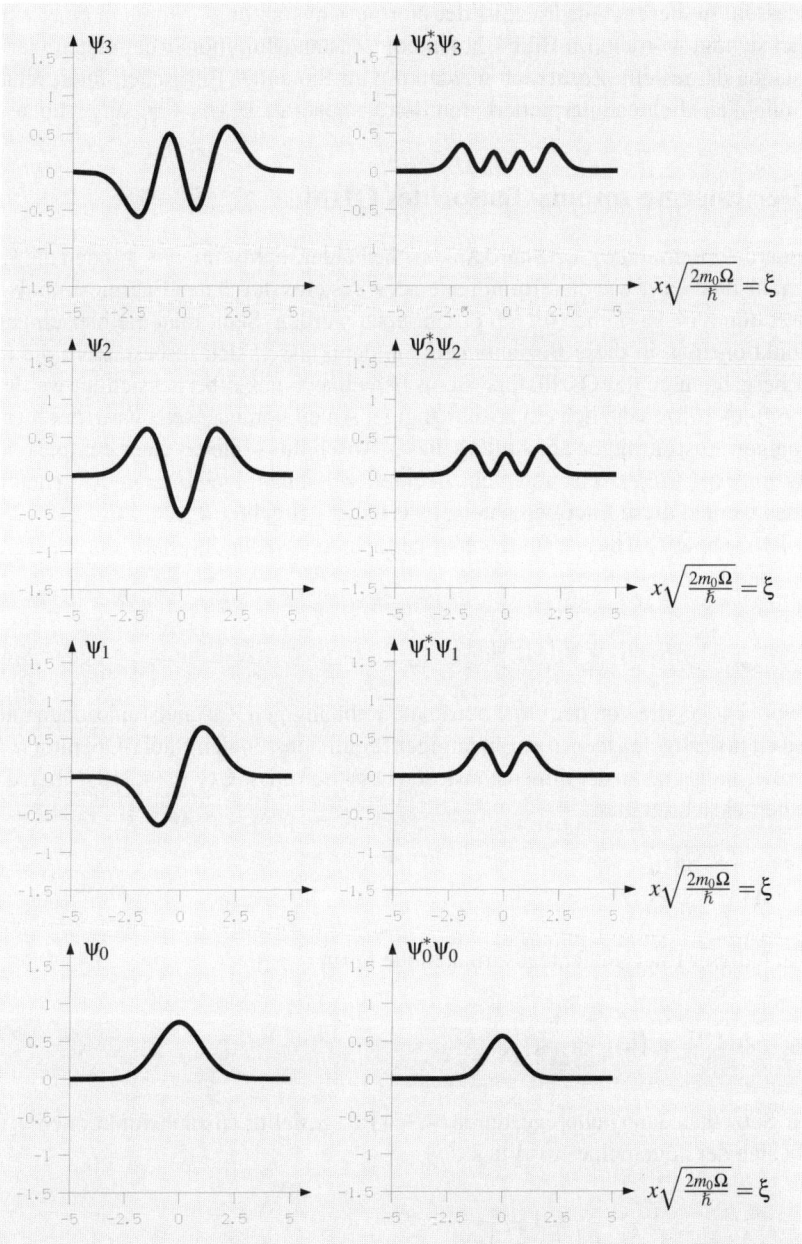

Bild 4.21 Zustandsfunktionen und Betragsquadrate der ersten vier gebundenen Zustände des quantenmechanischen harmonischen Oszillators

schreiben lassen. In diesem Ausdruck ist der Normierungsfaktor N_i bereits in einer expliziten Form berücksichtigt worden. Im Bild 4.21 sind die Zustandsfunktionen der ersten vier gebundenen Zustände dargestellt. Zusätzlich werden die im Sinne der Bornschen Interpretation als Wahrscheinlichkeitsdichten interpretierbaren Betragsquadrate $\psi_i^* \psi_i = |\psi_i|$ angegeben.

4.8.1.6 Der Energie-Impuls-Tensor des QHM

Da die Zustandsfunktionen ψ_i, ψ_i^* Schrödingersche Felder repräsentieren, können die Energie- bzw. die Impulsdichten sowie die Stromdichten des Systems durch den Energie-Impuls-Tensor (4.163) bzw. durch (4.164) und (4.165) beschrieben werden. Setzt man die hier eingeführten Zustandsfunktionen ψ_i in diese Beziehungen ein, dann lassen sich insbesondere die feldspezifischen Energiedichten des Oszillatorsystems berechnen, wobei berücksichtigt werden muß, daß in (4.163)–(4.165) zusätzlich ein zeitabhängiger Anteil vorausgesetzt wird, der hier – nach den allgemeinen Ausführungen am Anfang dieses Abschnitts – gleich einer komplexen Exponentialfunktion $\exp\left(-iE_i t/\hbar\right)$ ist und nicht zu einem zeitabhängigen Energiedichteanteil führt. Im folgenden werden diese Energiedichten etwas näher betrachtet.

Nach (4.163) bzw. (4.164) ist für das hier betrachtete Oszillatorsystem eine Energiedichte ρ_E durch

$$\rho_E = \frac{\hbar^2}{2m_0} \left[\nabla_x \psi_i(x)\right]^2 + \psi_i(x) V \psi_i(x) \tag{4.323}$$

gegeben, wobei $\psi_i(x)$ die von der Ortskoordinate x abhängigen Zustandsfunktionen und $\nabla_x = \partial/\partial x = \mathrm{d}/\mathrm{d}x$ den dazugehörigen, (ortsabhängigen) eindimensionalen Nabla-Operator repräsentiert. Geht man auch jetzt zu der dimensionslosen Ortskoordinate ξ (vgl. (4.310)) über, d. h. insbesondere berücksichtigt man

$$\nabla_\xi = \nabla_x \sqrt{\frac{\hbar}{2m_0\Omega}} \,, \tag{4.324}$$

dann läßt sich dieser Energiedichteausdruck in die Form

$$\rho_E = \hbar\Omega \left[\nabla_\xi \psi_i(\xi)\right]^2 + \frac{1}{4}\xi^2 \left[\psi_i(\xi)\right]^2 \tag{4.325}$$

überführen. Setzt man dann beliebige, durch (4.321) dargestellte Zustandsfunktionen $\psi_i(\xi)$ ein, dann ergibt sich der allgemeine Ausdruck

$$\rho_E(f_i) = \hbar\Omega A^2 f_i \exp\left(-\frac{1}{2}\xi^2\right) , \tag{4.326}$$

wobei der Faktor $A = (m_0\Omega/\hbar\pi)^{1/4}$ eine allen Zustandsfunktionen ψ_i gemeinsame Amplitude darstellt. Das Amplitudenquadrat A^2 garantiert die Dimension einer (eindimensionalen) Raumdichte, d. h. es gilt $\mathrm{Dim}\left[A^2\right] = 1/\mathrm{m}$. Die noch auftretenden Funktionen f^i sind Polynome der dimensionslosen Ortskoordinate ξ. Für diese Polynome gilt

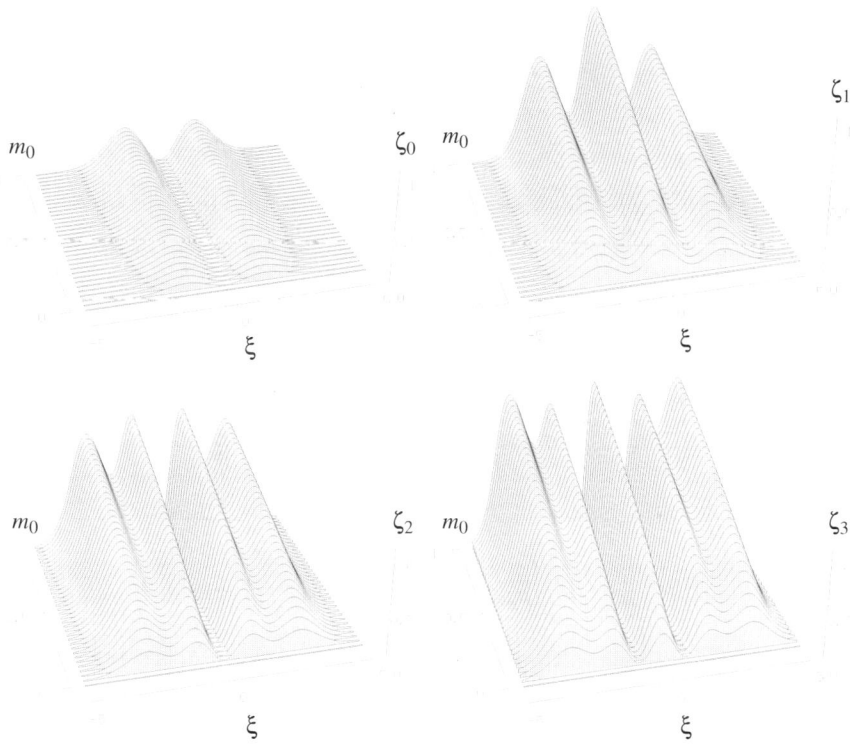

Bild 4.22 Die feldspezifischen Energiedichten der ersten vier gebundenen Oszillator-Zustände. Es gilt die Definition $\zeta_i = \rho_E\left(f_i\right)/\sqrt{\hbar\Omega^3/\pi}$. Man vergleiche die Lage der Maxima und Minima mit der Lage der Extrema der zugeordneten, im Bild 4.21 angeführten Betragsquadrate. Die zu berücksichtigenden physikalischen Dimensionen sind durch Dim$[m_0]$ = Masse und Dim$[\zeta_i]$ = Masse$^{1/2}$ charakterisierbar

$$
f_i = \begin{cases}
\frac{1}{2}\left(\xi^2\right) & i = 0 \\
\frac{1}{2}\left(2 - 2\xi^2 + \xi^4\right) & i = 1 \\
\frac{1}{4}\left(13\xi^2 - 16\xi^4 + \xi^6\right) & i = 2 \\
\frac{1}{12}\left(18 - 54\xi^2 + 51\xi^4 - 12\xi^6 + \xi^8\right) & i = 3 \\
\text{etc.}
\end{cases}
\tag{4.327}
$$

Trägt man die ersten vier Dichtefunktionen bezüglich ξ sowie m_0 graphisch auf, dann erhält man das im Bild 4.22 gezeigte Ergebnis. Die auftretenden wellenförmigen Strukturen sind typisch für quantenmechanische Systeme. Entsprechend der Zunahme der Gesamtenergie bei zunehmender Quantenzahl i wird das von der Oberflächenfunktion

$$
\rho_E = \rho_E\left(f_i\right) = \rho_E\left(m_0, \xi\right)
\tag{4.328}
$$

eingeschlossene Volumen größer.

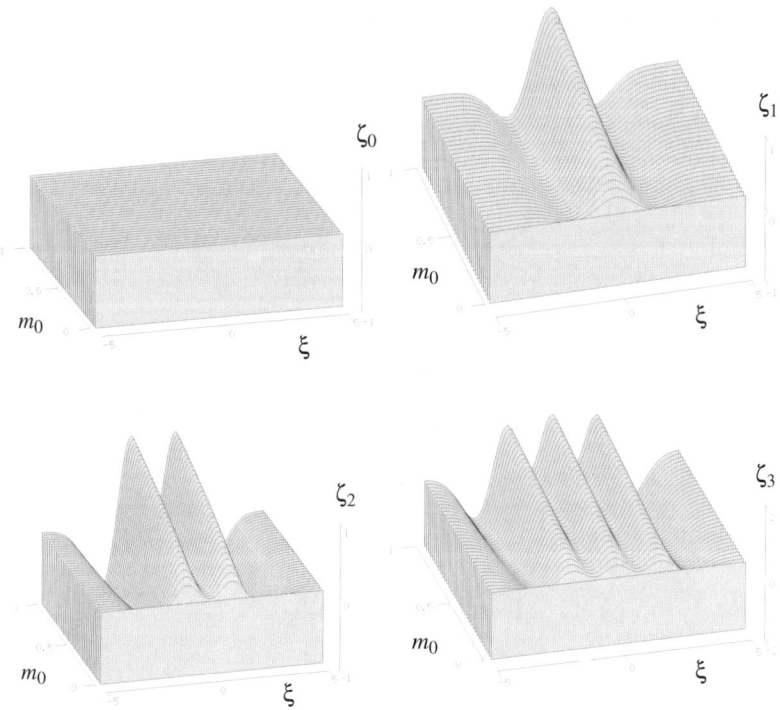

Bild 4.23 Die Impulsstromdichten $\sigma_x(g_i)$ der ersten vier gebundenen Oszillator-Zustände. Es gilt die Definition $\zeta_i = \sigma_x(g_i)/\sqrt{\hbar\Omega^3/\pi}$. Man vergleiche auch hier die Lage der Maxima und Minima mit der Lage der Extrema der zugeordneten, im Bild 4.21 angeführten Betragsquadrate

Genauso läßt sich auch der Tensor σ_I der Impulsstromdichte berechnen: In dem hier vorliegenden Fall weisen seine Tensorkomponenten σ_k^j nur eine einzige Komponente ungleich 0 auf, die nach (4.165) durch

$$\sigma_1^1 = \frac{\hbar^2}{2m_0}\left[\nabla_x\psi_i(x)\right]^2 - \psi_i(x)V\psi_i(x) := \sigma_x \qquad (4.329)$$

gegeben ist. Geht man auch jetzt zu der dimensionslosen Koordinate ξ über, dann nimmt dieser Ausdruck die Form

$$\sigma_x = \hbar\Omega\left[\nabla_\xi\psi_i(\xi)\right]^2 - \frac{1}{4}\xi^2\left[\psi_i(\xi)\right]^2 \qquad (4.330)$$

an. Setzt man auch hier die durch (4.321) gegebenen Zustandsfunktionen ein, dann ergibt sich die Impulsstromdichte zu

$$\sigma_x(g_i) = \hbar\Omega A^2 g_i \exp\left(-\frac{1}{2}\xi^2\right) \qquad (4.331)$$

mit den Polynomen

$$g_i = \begin{cases} 0 & i = 0 \\ 1 - \xi^2 & i = 1 \\ \frac{1}{8}\left(24\xi^2 - 8\xi^4\right) & i = 2 \\ \frac{1}{24}\left(36 - 108\xi^2 + 84\xi^4 - 12\xi^6\right) & i = 3 \\ \text{etc.} \end{cases} \qquad (4.332)$$

Bild 4.23 zeigt die ersten vier Komponenten dieser Impulsstromdichte. Auch hier treten die für quantenmechanische Systeme typischen wellenförmigen Strukturen auf.

4.8.2 Harmonischer Oszillator II: Leiteroperatoren

Zur Berechnung der Zustandsfunktionen und Zustandsenergien gebundener Zustände beim harmonischen Oszillator läßt sich ein Algorithmus einführen, der eine sukzessive Bestimmung aller Zustandsfunktionen und Zustandsenergien ausgehend von der Zustandsfunktion und der Zustandsenergie des Grundzustands erlaubt, wobei sich die Zustandsfunktion des Grundzustands als Lösung einer höchst einfachen Differentialgleichung ergibt. In seiner abstraktesten Ausformulierung wird dieser Algorithmus von einem System algebraischer Gleichungen repräsentiert, mit einer äußerst abstrakten Darstellung des Hamiltonoperators als zentralem Bestandteil. Auf dieser Betrachtungsebene läßt sich die Bestimmung von Zustandsvektoren und Zustandsenergien mittels eines algebraischen Mechanismus' durchführen, wobei sich die Zustandsvektoren entsprechend des zugrundeliegenden abstrakten Algorithmus als ebenso abstrakte Größen erweisen. Die Grundlage des Formalismus bilden sogenannte *Leiteroperatoren* und diesen Operatoren zugeordnete *Vertauschungsrelationen*. Im folgenden wird dieser Algorithmus näher betrachtet.

4.8.2.1 Leiteroperatoren beim QHM

Man betrachte die Operatoren

$$\hat{b}^- = \frac{1}{\sqrt{2\hbar m_0 \Omega}}\left(m_0 \Omega \hat{x} + i\hat{p}\right), \quad \hat{b}^+ = \frac{1}{\sqrt{2\hbar m_0 \Omega}}\left(m_0 \Omega \hat{x} - i\hat{p}\right) \qquad (4.333)$$

mit $\hat{x} = x$, $\hat{p} = -i\hbar\partial/\partial x$, für welche die Vertauschungsrelationen

$$\left[\hat{b}^-, \hat{b}^+\right]_- = 1, \quad \left[\hat{b}^-, \hat{b}^-\right]_- = \left[\hat{b}^+, \hat{b}^+\right]_- = 0 \qquad (4.334)$$

gelten, wie unter Verwendung der Vertauschungsrelationen (4.181)–(4.184) sofort nachgerechnet werden kann.

Ersetzt man das im Zusammenhang mit gebundenen Zuständen des harmonischen Oszillators auftretende Zustandsfunktionssymbol $\psi_i(x)$ durch das abstraktere Symbol $|i\rangle$, dann läßt sich die alleine gebundene Zustände beschreibende zeitunabhängige Schrödinger-Gleichung des harmonischen Oszillators in der Form

$$\hat{H}|i\rangle = E_i|i\rangle, \quad \hat{H} = \hbar\Omega\left(\hat{b}^+\hat{b}^- + \frac{1}{2}\right) \qquad (4.335)$$

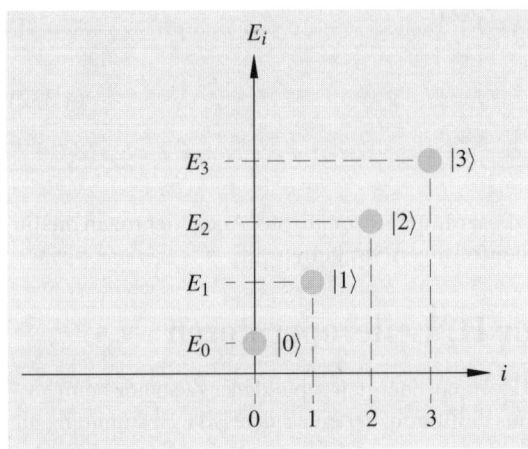

Bild 4.24 Zustandsvektoren und Zustandsenergien der gebundenen Zustände des harmonischen Oszillators. Berücksichtigt werden die ersten vier Zustände

mit $i = 0, 1, 2, 3, \ldots$ angeben, wenn die Operatoren (4.333) verwendet werden. Ignoriert man die explizite differentielle Struktur der Operatoren $\hat{b}^+$, $\hat{b}^-$, dann bildet die Schrödinger-Gleichung (4.335) zusammen mit den Vertauschungsrelationen (4.334) ein System von algebraischen Gleichungen. Die Vertauschungsrelationen (4.334) definieren eine spezielle Algebra, welche die sukzessive Bestimmung aller Energien und Zustandsvektoren auf einer abstrakten Ebene erlaubt. Im Detail betrachtet bedeutet dies, daß die Anwendung eines Operators $\hat{b}^+$ oder eines Operators $\hat{b}^-$ auf die Schrödinger-Gleichung (4.335) direkt auf abstrakte Darstellungen der Zustandsvektoren und auf die zugeordneten Zustandsenergien führt, wenn die durch die Vertauschungsrelationen (4.334) vorgegebene Algebra zugrundegelegt wird.

Wendet man die Operatoren $\hat{b}^+$, $\hat{b}^-$ auf die Schrödinger-Gleichung (4.335) an, so führt dies einerseits auf die abstrakte Darstellung

$$|i\rangle = \frac{1}{\sqrt{i!}} \left(\hat{b}^+\right)^i |0\rangle \tag{4.336}$$

für beliebige Zustandsvektoren $|i\rangle$ und andererseits auf die Definition

$$\hat{b}^- |0\rangle = 0 \,, \tag{4.337}$$

welche den Zustandsvektor des Grundzustands auf einer abstrakten Ebene definiert. Im Rahmen dieser Berechnung erhält man das zugeordnete Energiespektrum

$$E_i = \left(i + \frac{1}{2}\right) \hbar\Omega \tag{4.338}$$

mit

$$i = 0, 1, 2, 3, \ldots \,. \tag{4.339}$$

Im Bild 4.24 wird die Zuordnung der Zustandsenergien und der Zustandsvektoren zu der Quantenzahl i graphisch dargestellt.

Beweis 4.8 Berücksichtigt man die Vertauschungsrelationen (4.334) und wendet den Operator $\hat{b}^-$ auf die Schrödinger-Gleichung (4.335) an, so ergibt sich die Relation

$$\hat{H}\hat{b}^- \ket{i} = (E_i - \hbar\Omega)\,\hat{b}^- \ket{i}\;, \tag{4.340}$$

berücksichtigt man (4.334) und wendet diesen Operator k-fach auf die Schrödinger-Gleichung (4.335) an, so erhält man stattdessen die Relation

$$\hat{H}\left(\hat{b}^-\right)^k \ket{i} = (E_i - k\hbar\Omega)\left(\hat{b}^-\right)^k \ket{i}\;, \tag{4.341}$$

woraus die Ausdrücke

$$\left(\hat{b}^-\right)^k \ket{i} = \ket{i-k}\;,\quad E_i - k\hbar\Omega = E_{i-k} \tag{4.342}$$

zur abstrakten Beschreibung von Zustandsvektoren und zugehörigen Zustandsenergien folgen.

Wendet man stattdessen den Operator $\hat{b}^+$ auf die Schrödinger-Gleichung (4.335) an, so erhält man

$$\hat{H}\hat{b}^+ \ket{i} = (E_i + \hbar\Omega)\,\hat{b}^+ \ket{i} \tag{4.343}$$

und

$$\hat{H}\left(\hat{b}^+\right)^k \ket{i} = (E_i + k\hbar\Omega)\left(\hat{b}^+\right)^k \ket{i}\;, \tag{4.344}$$

woraus die Ausdrücke

$$\left(\hat{b}^+\right)^k \ket{i} = \ket{i+k}\;,\quad E_i + k\hbar\Omega = E_{i+k} \tag{4.345}$$

zur abstrakten Beschreibung von Zustandsvektoren und zugehörigen Zustandsenergien folgen.

Entsprechend der Ausführungen des vorherigen Abschnitts muß ein Grenzzustand, der Grundzustand mit zugehörigem Grundzustandsvektor, existieren. Für den eingeführten Formalismus bedeutet dies, daß zusätzlich zu (4.342) die Relation

$$\hat{b}^- \ket{0} = 0 \tag{4.346}$$

gefordert werden muß, welche den Grundzustandsvektor $\ket{0}$ auf einer abstrakten Ebene definiert. Berücksichtigt man $\ket{0}$ innerhalb (4.345) und berücksichtigt die Normierungsbedingung $\braket{k'|k} = \delta_{k'k}$, so erhält man den Ausdruck

$$\ket{k} = \frac{1}{\sqrt{k!}}\left(\hat{b}^+\right)^k \ket{0} \tag{4.347}$$

zur abstrakten Definition aller Zustandsvektoren.

Berücksichtigt man die dergestalt erhaltenen abstrakten Zustandsvektor-Darstellungen innerhalb der Schrödinger-Gleichung (4.335), so erhält man ausgehend vom Grundzustandsvektor $\ket{0}$ die Grundzustandsenergie

$$E_0 = \frac{1}{2}\hbar\Omega\;. \tag{4.348}$$

Mit (4.345) ergibt sich dann das Energiespektrum

$$E_i = \left(i + \frac{1}{2}\right)\hbar\Omega \quad (i = 0, 1, 2, 3, \ldots)\;. \tag{4.349}$$

Vergleicht man mit den Ausführungen des vorherigen Abschnitts, so ist klar, daß das eingeführte algebraische Schema die Bestimmung aller Zustandsenergien aller gebundener Zustände des harmonischen Oszillators erlaubt. Die Operatoren $\hat{b}^-$, $\hat{b}^+$ haben dabei die Funktion von *Leiteroperatoren*, d. h. $\hat{b}^-$ erzwingt einen „Abstieg" innerhalb des zugeordneten Energiespektrums und kann deshalb *Absteigeoperator* genannt werden und $\hat{b}^+$ erzwingt einen „Aufstieg" und kann deshalb *Aufsteigeoperator* genannt werden.

Der Übergang von der dergestalt definierten abstrakten Beschreibungsebene zu einer konkreteren Betrachtungsebene geschieht durch die Rückersetzung

$$|0\rangle \to \psi_0(x) \,, \ \hat{b}^- \to \frac{1}{\sqrt{2\hbar m_0 \Omega}} \left(m_0 \Omega \hat{x} + i\hat{p} \right) \,. \tag{4.350}$$

Mittels dieser Rückersetzung läßt sich aus (4.337) eine Differentialgleichung zur unmittelbaren Gewinnung der Grundzustandsfunktion gewinnen. Mittels (4.336) lassen sich dann sämtliche weiteren Zustandsfunktionen sukzessive berechnen.

4.8.2.2 Teilchenzahlinterpretation beim QHM

Die obige Interpretation erfaßt nur einen Aspekt: Beobachtet man ein atomares oder molekulares System, so stellt man fest, daß der beim Übergang von einem Zustand in den anderen auftretende Energieaustausch mit der Umgebung gequantelt ist, sodaß sich ein derartiger Energieaustausch als der Austausch von speziellen Teilchen oder Quasiteilchen beschreiben läßt. Beispiele für derartige Teilchen bilden Photonen (die bei Wechselwirkung mit elektromagnetischer Strahlung auftreten), Beispiele für derartige Quasiteilchen bilden Phononen (die bei der Wechselwirkung mit Gitterschwingungen auftreten) oder Exzitonen (die spezielle Festkörper-Anregungszustände transportieren). Somit bedeutet die Erhöhung (die Verringerung) der Energie eines quantenmechanischen Systems auch, daß die *Teilchenzahl* der am System beteiligten Teilchen erhöht (verringert) wird. In diesem Sinne beschreibt die Quantenzahl i die Anzahl der Teilchen, die den Energiezustand aufspannen. Setzt man diese Interpretation voraus, dann ist es sinnvoll $i = n$ zu setzen, da Teilchenzahlen üblicherweise das Symbol der natürlichen Zahlen, das Symbol n, zugeordnet wird. In dieser Notation folgt aus (4.335) und (4.338) die Beziehung $\hat{b}^+\hat{b}^- |n\rangle = n|n\rangle$, gemäß der $\hat{b}^+\hat{b}^- = \hat{n}$ einen *Teilchenzahloperator* darstellt, der die mit dem Energiezustand verknüpfte Teilchenzahl n vermittelt. Benützt man diese Interpretation, dann ist es sinnvoll, den „Oszillatorzustand ohne Teilchen", den Grundzustand, als *Vakuumzustand des harmonischen Oszillators* zu bezeichnen. In diesem Sinne ist die Grundzustandsenergie eine *Nullpunktsenergie*.

Beobachtet man Systeme mikroskopischer Teilchen, so findet man, daß zu jedem Zeitpunkt eine bestimmte, häufig veränderliche Menge von Teilchen vorliegt. Moleküle, welche Lichtquanten absorbieren und emittieren, repräsentieren Beispiele dafür. Die obigen Überlegungen verdeutlichen anhand eines höchst einfachen Beispiels, daß aus der herkömmlichen Quantenmechanik heraus ein algebraischer Formalismus auf der Grundlage von Vertauschungsrelationen entwickelt werden kann, der an diesen Teilchenaspekt besonders angepaßt ist. Dieser algebraische Formalismus läßt sich erweitern, sodaß verschiedenartige Vielteilchensysteme direkt behandelt werden können.

4.9 Beispiele III: Coulomb-Potentiale

Das für die Ordnung von Atomen, Molekülen und Festkörpern grundlegende Potential ist das im Abschnitt 3.6.3 eingeführte Coulomb-Potential. Für ein System von N wechselwirkenden Teilchen l, die zudem mit einem als ruhend angenommenen „Untergrund" von N' Teilchen k wechselwirken, ist die mit solchen Coulomb-Potentialen verbundene potentielle Energie durch die Potentialfunktion

$$V(X) = \sum_{l=1}^{N} \sum_{k=1}^{N'} \Gamma_C(l,k) \frac{1}{r(l,k)} + \sum_{\substack{l,l'=1 \\ l'>l}}^{N} \Gamma_C(l,l') \frac{1}{r(l,l')} \tag{4.351}$$

gegeben. Hierbei stellt

$$r(\alpha,\beta) = \sqrt{[x(\alpha)-x(\beta)]^2 + [y(\alpha)-y(\beta)]^2 + [z(\alpha)-z(\beta)]^2} \tag{4.352}$$

die diversen Abstände der Teilchen des betrachteten Teilchensystems dar und über die Gamma-Faktoren

$$\Gamma_C(\alpha,\beta) = \frac{n(\alpha)n(\beta)e(\alpha)e(\beta)}{4\pi\varepsilon} \tag{4.353}$$

kann die Ladung eines einzelnen Teilchenpaares vorgegeben werden. Die Elemente α, β stehen für Teilchenindices: $\{(\alpha,\beta)\} = \{(l,k),(l,l')\}$. Während der erste Anteil der rechten Seite von (4.351) die Coulombsche Wechselwirkung einzelner Teilchen mit dem ruhenden „Untergrund" vermittelt, repräsentiert der zweite Anteil die Coulombsche Wechselwirkung der Teilchen untereinander. Diese beiden Anteile repräsentieren spezielle Konkretisierungen der im Rahmen der allgemeinen Ausführungen eingeführten und durch (4.211) vorgegebenen Potentialfunktionen $V_U(X)$ bzw. $V_P(X)$. Spezielle Potentialfunktionen der Form (4.351) und damit verbundene Kraftfelder wurden bereits veranschaulicht (vgl. Bild 3.12 und Bild 3.13), sodaß hier auf eine Veranschaulichung verzichtet wird.

4.9.1 Atome, Moleküle, Gase, Flüssigkeiten und Festkörper

Grundlegende Coulomb-Systeme sind durch Atome oder daraus aufgebaute Moleküle gegeben. Während Bild 4.25 das strukturell einfachste Atom, das *Wasserstoff-Atom* zeigt, illustriert Bild 4.26 ein strukturell komplizierteres Atom, das *Lithium-Atom*. Entsprechend dieser Bilder setzt sich das Wasserstoff-Atom H aus einem einzelnen Elektron sowie einem Kern mit einem Proton zusammen, das Lithium-Atom Li weist demgegenüber drei Elektronen und einen Kern mit drei Protonen auf. Entsprechend der Gleichheit der Anzahl von Elektronen und Protonen sind Atome oder Moleküle im Mittel elektrisch neutrale Gebilde. Entfernt man durch Energiezufuhr einzelne Elektronen, dann erhält man mehr oder weniger positiv geladene Atom- oder Molekül-Ionen wie z. B. das Na^+-Anion (Natrium-Atom-Anion) oder das H_2^+-Anion (Wasserstoff-Molekül-Anion). Ist ein Atom oder Molekül in der Lage zusätzliche Elektronen anzuziehen, dann ergeben sich mehr oder weniger negativ geladene Ionen wie z. B. das Cl^--Kation (Chlor-Atom-Kation). Der Zusammenschluß von Atomen, Molekülen oder Ionen führt schließlich zu

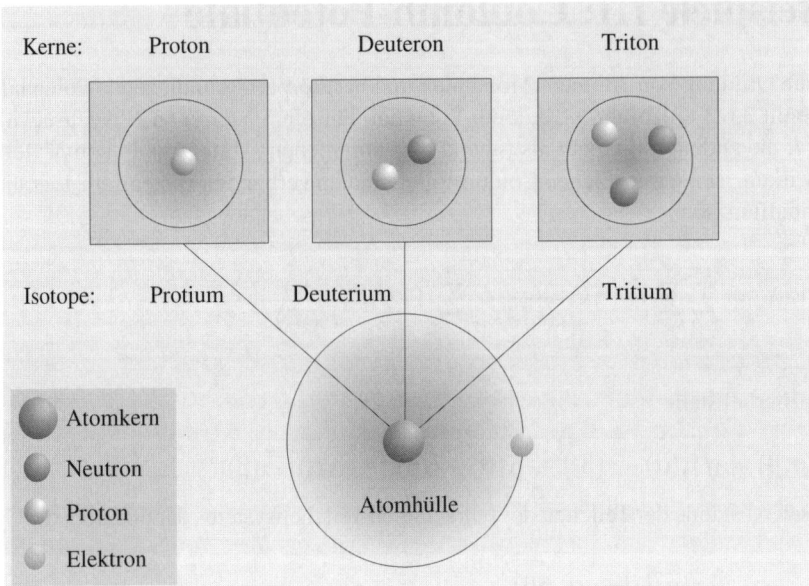

Bild 4.25 Das Wasserstoff-Atom und seine Isotope. Eine traurige Bekanntheit haben das Tritium (T) und das Deuterium (D) erlangt, da sie über die Kernreaktionen $^6_3\mathrm{Li} + ^1_0\mathrm{n} \rightarrow ^4_2\mathrm{He} + ^3_1\mathrm{T}$, $^3_1\mathrm{T} + ^2_1\mathrm{D} \rightarrow ^4_2\mathrm{He} + ^1_0\mathrm{n}$ an Kettenprozessen der Wasserstoff-Bombe teilnehmen, wobei $^1_0\mathrm{n}$ für ein Neutron, $^6_3\mathrm{Li}$ für ein Lithium-Isotop und $^4_2\mathrm{He}$ für Helium steht

hochkomplizierten Coulomb-Systemen, den Gasen, Flüssigkeiten und Festkörpern. Das Bild 4.27 zeigt als Beispiel einen aus Natrium-Anionen und Chlor-Kationen aufgebauten Ionenkristall, den Kochsalz-Ionenkristall.

Die in diesem Kapitel eingeführten quantenmechanischen Formalismen erlauben insbesondere die systematische mathematisch-theoretische Behandlung von Atomen, Molekülen, Ionen und Festkörpern. So können das ein einzelnes Elektron aufweisende Wasserstoff-Atom und ein einzelnes Elektron aufweisende Ionen ausgehend von der eingeführten Einteilchen-Schrödinger-Gleichung behandelt werden und Moleküle oder Festkörper können ausgehend von der eingeführten Vielteilchen-Schrödinger-Gleichung diskutiert werden. Zur Behandlung derartiger Coulomb-Systeme können sowohl numerische als auch analytische Methoden eingesetzt werden. Unter Zuhilfenahme geeigneter Näherungsmethoden können sogar relativ komplizierte molekulare Systeme oder Festkörper und deren *Bindungen* (wie z. B. die heteropolare (Ionen-)Bindung oder die kovalente (Atom-)Bindung) auf eine analytische Weise behandelt werden. Beispiele für solche Näherungsmethoden repräsentieren das *Hartree-Fock-Verfahren*, das durch Einführung eines Abschirmpotentials die Zurückführung eines *N*-Elektronen-1-Kern-Systems auf ein effektives 1-Elektron-1-Kern-System erlaubt, oder die *Atom-Orbital-Methode* (auch: LCAO-Methode, LCAO = Local Combination of Atomic Orbitals), welche die Konstruktion von Molekül-Orbitalen (wie z. B. π- und σ-Orbitale) ausgehend von Atom-Orbitalen ermöglicht. Eine Fülle von weiteren Näherungsmethoden zur Behandlung spezifischer Teilprobleme ist in der Literatur findbar.

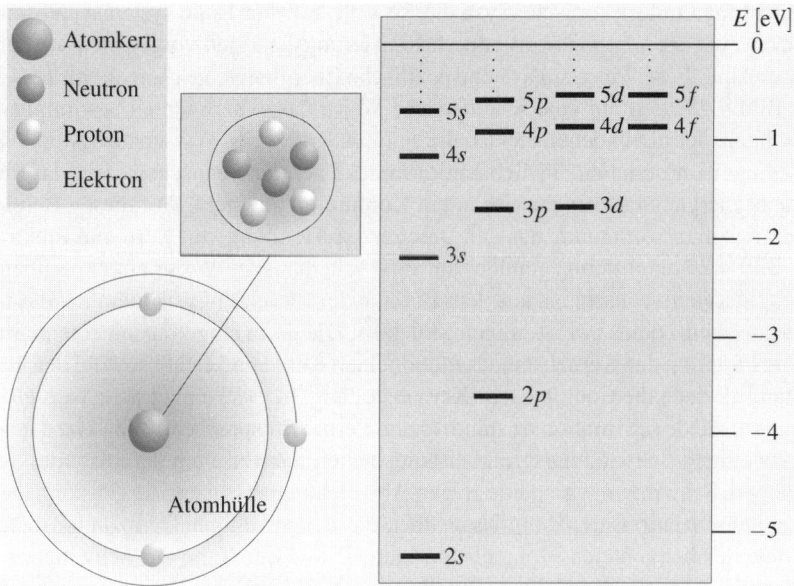

Bild 4.26 Das Lithium-Atom. Gemäß der linksseitigen Skizze läßt sich der Atomkern eines Lithium-Atoms auf drei Protonen und die Atomhülle auf drei Elektronen zurückführen. Zusätzlich eingezeichnet wurden drei Neutronen, was dem Isotop $^6_3$Li entspricht. Der aus den drei Elektronen gebildete Zustand läßt sich auf der Grundlage eines später noch genauer zu behandelnden Schalenmodells folgendermaßen charakterisieren: Zwei innere Elektronen bilden eine abgeschlossene Schale und ein weiteres Elektron befindet sich in einer nichtabgeschlossenen Schale. Die rechtsseitige Skizze vermittelt einen Eindruck über die experimentell findbaren Ionisierungsenergien beim Übergang vom Lithium-Atom zum Lithium-Ion Li$^+$. Daß dabei verschiedene Ionisierungsenergien auftreten, läßt sich im Rahmen des Schalenmodells verstehen. Darauf wird später noch eingegangen: siehe Abschnitt 4.9.3

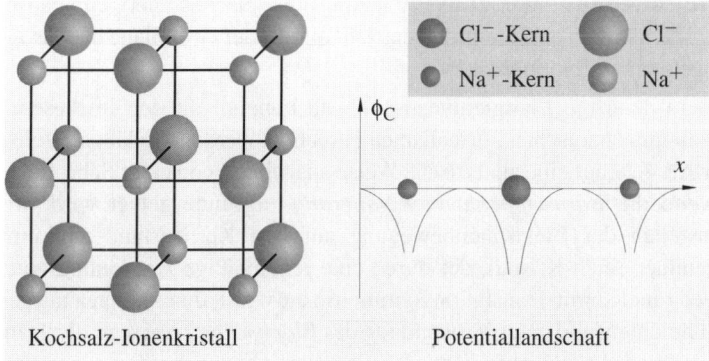

Bild 4.27 Ein aus Na$^+$-Anionen und Cl$^-$-Kationen bestehender Na$^+$Cl$^-$(Kochsalz)-Ionenkristall (links) und seine (eindimensionale) Potentiallandschaft (rechts). Die von den Atomkernen erzeugte Potentiallandschaft wirkt anziehend auf Kristallelektronen. Die Wechselwirkung zwischen Atomkernen und Kristallelektronen erzeugt letztendlich den kristallinen Festkörper, d. h. einen Festkörper, der durch eine hohe Regelmäßigkeit in der Anordnung seiner Komponenten (den Ionen) ausgezeichnet ist

Untersucht man mikroskopische Systeme, so sind in erster Linie systemspezifische Energiedifferenzen (wie sie beispielsweise durch Ionisierungsenergien vorgegeben werden) meßbar, sodaß man auf diese Weise auf systemspezifische Energieniveauschemata zurückschließen kann. Das Bild 4.28 zeigt auf eine schematische Weise das experimentell bestimmbare Energieniveauschema der gebundenen elektronischen Zustände eines Wasserstoff-Atoms. Ersichtlicherweise liegt in diesem Fall ein nichtäquidistantes Energieniveauschema vor, das für relativ hohe Zustandsenergien näherungsweise in ein Kontinuum übergeht. Auf diesen Bereich folgt das Ionisierungsgrenzkontinuum, das den Bereich der Trennung von Kern und Elektron markiert. Das Bild 4.29 zeigt demgegenüber auf eine schematische Weise ein experimentell verifizierbares Energieniveauschema aus dem Bereich der Molekülphysik, nämlich das typische Energieniveauschema eines zweiatomigen Moleküls. Die darin eingetragene Potentialfunktion $V(R)$ ist eine Funktion des Kernabstandes R der beiden Kerne und erfaßt sowohl den elektronischen Zustand als auch die Coulombsche Kernabstoßung. In $V(R)$ eingetragen worden sind die Schwingungszustände („Vibrationszustände") der Kerne. Entsprechend der Skizze liegt in der Nähe des jeweiligen Schwingungsgrundzustands näherungsweise ein äquidistantes Teilspektrum vor, höhere Schwingungszustände zeigen Abweichungen von der Äquidistanz und gehen jeweils in ein Dissoziationsgrenzkontinuum über, das den jeweiligen Dissoziationsbereich der beiden Atome des betrachteten Moleküls markiert. Die in der Nähe der Schwingungsgrundzustände liegenden Teilspektren können durch das vorher betrachtete Energiespektrum des harmonischen Oszillators approximativ beschrieben werden. Zusätzlich eingetragen worden ist im Bild 4.29 eine typische Kette von aufeinanderfolgenden speziellen Zustandsübergangsprozessen: Durch Absorption von Strahlung geht das Molekül vom elektronischen Grundzustand in den ersten angeregten elektronischen Zustand über (a). Es wird dabei angenommen, daß das Molekül vor der Absorption sich im vibronischen Grundzustand befindet. Wie im Bild 4.29 angedeutet wird, befindet das Molekül sich nach dem Übergang in einem angeregten vibronischen Zustand des ersten angeregten elektronischen Zustands, wobei es ohne Strahlungsemission in den vibronischen Grundzustand des ersten angeregten elektronischen Zustands zurückfällt (b) um anschließend – unter Emission von Strahlung – wieder in den elektronischen Grundzustand überzugehen (c). Das Bild 4.30 zeigt als Ergänzung ein typisches Energieniveauschema aus der Festkörperphysik, nämlich ein Energieniveauschema auf der Grundlage bandartiger Energieniveaus, den sogenannten *Energiebändern*.

Insbesondere derartige Energieniveauschemata können mit den in diesem Kapitel eingeführten quantenmechanischen Formalismen berechnet werden. So läßt sich ein Energieniveauschema der Art 4.29 auf eine analytische Weise ausgehend von einer Schrödinger-Gleichung berechnen, wenn die *Born-Oppenheimer-Näherung* zugrunde gelegt wird, welche ein instantanes Einstellen der Elektronenbewegung auf den Kernzustand annimmt. Betrachtet man demgegenüber einen Kristall, der durch eine regelmäßige Anordnung von Atomkernen ausgezeichnet ist und somit Translationssymmetrie aufweist, dann können ausgehend von der Schrödinger-Gleichung und unter Verwendung des *Blochschen Theorems* die Translationssymmetrie wiedergebende kristallperiodische Lösungen gewonnen werden, wenn näherungsweise angenommen wird, daß die Wechselwirkung der Kristallelektronen mit dem Kristallgitter durch Einführung einer *effektiven Masse* erfaßt werden kann, sodaß näherungsweise ein *freies Elektronengas* im Kristallgitter angenommen werden kann. Führt man eine solche Rechnung durch, dann erhält man Beziehungen zur Beschreibung der im Bild 4.30 skizzierten Energiebänder. Auch in den bandartigen Energieniveaus auftretende Lücken, welche als

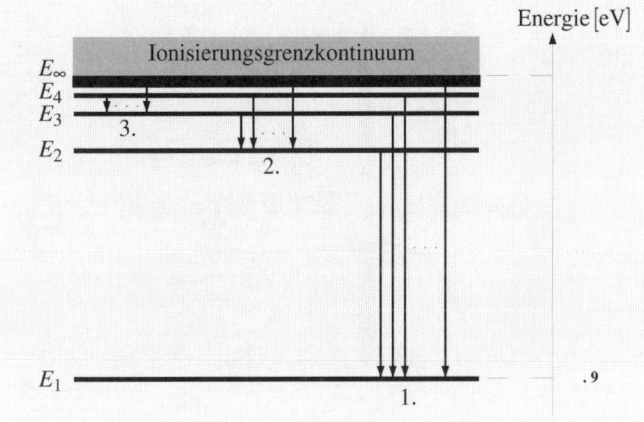

Bild 4.28 Das Energieniveauschema der gebundenen Zustände des Wasserstoff-Atoms. Angedeutet werden drei Serien von Emissionslinien: die Lyman-Serie (1.), deren Linien im Ultraviolettbereich liegen, die Balmer-Serie (2.), deren Linien im sichtbaren Lichtbereich liegen, sowie die Paschen-Serie (3.), deren Linien bereits im Infrarotbereich liegen. Die Linien der Lyman-Serie beginnen mit einer Wellenlänge von 1215.7 Å und enden mit einer Wellenlänge von 911.8 Å, diejenigen der Balmer-Serie beginnen mit einer Wellenlänge von 6562.8 Å und diejenigen der Paschen-Serie mit einer Wellenlänge von 18751 Å. Der Energienullpunkt wird gleich dem Übergangspunkt in das Ionisierungsgrenzkontinuum gesetzt. Entsprechend der Energieeigenwertnotation wird dem Energienullpunkt das Symbol E_∞ zugeordnet, d. h. es gilt $E_\infty = 0$.

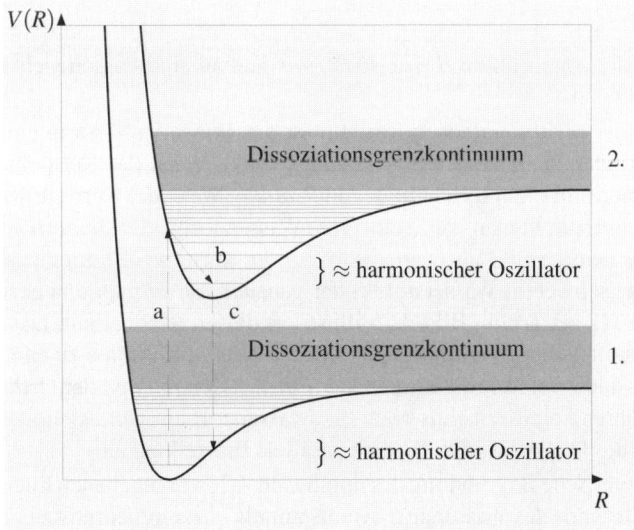

Bild 4.29 Das typische Energieniveauschema eines zweiatomigen Moleküls. Eingetragen wurde der Kerne-Elektronen-Grundzustand (1.) sowie der erste angeregte Zustand (2.). Innerhalb dieser Zustände mögliche Schwingungszustände der beiden Kerne sind schematisch dargestellt. a, b, c, repräsentieren Zustandsübergangsprozesse

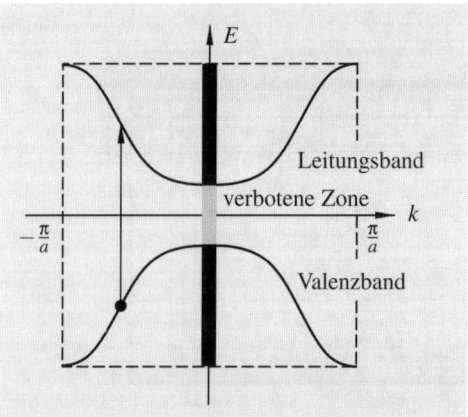

Bild 4.30 Zum Bändermodell des Festkörpers. Elektronenzustände in einem Festkörper können gebunden oder ungebunden sein, wobei *ungebunden* heißt, daß im Festkörper relativ frei bewegliche Elektronen vorliegen. Derartige Zustände sind Funktionen eines die Energie eines Elektrons beschreibenden Wellenvektors, d. h. es liegen Energiebänder vor. Die Skizze zeigt zwei Bänder einer typischen Bandstruktur: ein Valenzband (das gebundene Zustände markiert) und ein Leitungsband (das ungebundene Zustände markiert). Aufgetragen wird die Energie E als Funktion des Betrags k des Wellenvektors. Es wird eine Teilzone (Brillouin-Zone) des Bandes betrachtet. Gemäß der Skizze existiert ein energetisch gesehen am niedrigsten liegendes Leitungsband und ein am höchsten liegendes Valenzband, wobei diese Bänder durch eine Bandlücke („verbotene Zone") getrennt sind. Führt man Energie zu (beispielsweise durch Lichteinstrahlung), dann kann die vorhandene Bandlücke überwunden und ein Elektron kann von einem Valenzband in ein Leitungsband gehoben werden, sodaß ein nichtleitender Festkörper leitfähig werden kann

eine Konsequenz der sogenannten *Bragg-Reflexion* deutbar sind, lassen sich auf diese Weise systematisch berechnen.

Auf Grund seiner relativ einfachen Struktur ist das Wasserstoff-Atom ein für die theoretische Physik besonders dankbares Untersuchungsobjekt. Weist der Kern eines Wasserstoff-Atoms nur ein Proton auf, dann spricht man von *Protium*. Weist der Kern zusätzlich ein einzelnes Neutron auf, dann spricht man von „schwerem Wasserstoff" oder *Deuterium* und bezeichnet den damit verbundenen Kern $^2_1$H als *Deuteron*. Weist der Kern zwei Neutronen auf, dann spricht man ebenfalls von „schwerem Wasserstoff" oder genauer von *Tritium* und bezeichnet den dazugehörigen Kern $^3_1$H als *Triton*. Bild 4.25 illustriert diesen Sachverhalt. Das Tritium ist das schwerste Wasserstoff-Isotop. Verbinden sich zwei Wasserstoff-Atome zu einem Wasserstoff-Molekül H_2, dann sind zwei Modifikationen, der *Parawasserstoff* und der *Orthowasserstoff* zu unterscheiden. Während die Kernspins beim Parawasserstoff antiparallel eingestellt sind, weisen die Kernspins des Orthowasserstoffs eine parallele Einstellung auf.

Die exakte theoretische Begründung des durch Bild 4.28 vorgegebenen Energieniveauschemas gebundener Zustände des Wasserstoff-Atoms mittels quantentheoretischer Methoden stellt einen Markstein in der Entwicklung der Theorie mikroskopischer Teilchen dar. Ein grundlegender Weg zur Berechnung dieses Energieniveauschemas wird im folgenden skizziert. Die Überlegungen werden so allgemein gehalten, daß die Betrachtungen für beliebige 1-Elektron-1-Kern-Systeme gelten.

4.9.2 1-Elektron-1-Kern-Systeme

Im folgenden werden 1-Elektron-1-Kern-Systeme näher betrachtet. Darunter fällt insbesondere das Wasserstoff-Atom, jedoch auch sämtliche ionisierten Atome, die nur noch ein einzelnes Elektron aufweisen. Auf Grund der durch ein zentralsymmetrisches Potential eines Kerns vorgegebenen Zentralsymmetrie wird in diesem Zusammenhang im folgenden vereinfachend von einem Zentralproblem gesprochen. Berechnet wird im folgenden das in diesem Zusammenhang auftretende Energieniveauschema gebundener Zustände[29]. Von Elektronenspin- und Kernspin-Einflüssen sowie relativistischen Korrekturen wird abgesehen. Die Auswirkungen derartiger Einflüsse auf mikroskopische Systeme werden erst im Kapitel 5 näher betrachtet.

4.9.2.1 Das Zentralproblem: zeitunabhängige Schrödinger-Gleichung

Der Ausgangspunkt zur Berechnung des Energieniveauschemas gebundener Zustände des betrachteten Zentralproblems bildet die zeitunabhängige Schrödinger-Gleichung

$$E_i \psi_i(\boldsymbol{r}) = \left[-\frac{\hbar^2}{2m_0}\triangle + V(r) \right] \psi_i(\boldsymbol{r}) = \left(\hat{T} + \hat{V} \right) \psi_i(\boldsymbol{r}) = \hat{H} \psi_i(\boldsymbol{r}) \tag{4.354}$$

mit dem Operator der kinetischen Energie

$$\hat{T} = -\frac{\hbar^2}{2m_0}\triangle = -\frac{\hbar^2}{2m_0}\left(\frac{\partial^2}{\partial x^2} + \frac{\partial^2}{\partial y^2} + \frac{\partial^2}{\partial z^2} \right) \tag{4.355}$$

und mit dem das Zentralproblem spezifizierenden Operator der potentiellen Energie

$$\hat{V} = V(r) = -\frac{Z|e|^2}{4\pi\varepsilon_0 r} \,, \tag{4.356}$$

wobei E_i mögliche Energieeigenwerte gebundener Zustände, m_0 die Masse des einzigen betrachteten Elektrons, Z die Kernladungszahl, e eine Elementarladung, ε_0 die absolute Dielektrizitätskonstante und

$$|\boldsymbol{r}| = r = \sqrt{x^2 + y^2 + z^2} \tag{4.357}$$

den Abstand zwischen dem näherungsweise als ruhend angenommenen Kern und dem Elektron andeuten. Dieser Notation entsprechend wird ein kartesischer Elektron-Ortsvektor $\boldsymbol{r}$ mit Koordinaten x, y, z und Betrag r vorausgesetzt, dessen Ursprung gleich dem Kernschwerpunkt ist. Das Bild 4.31 illustriert die geometrische Situation.

Auf Grund der durch (4.356) vorgegebenen zentralen Symmetrie des Szenarios ist zu erwarten, daß Kugelkoordinaten r, θ und φ (vgl. Bild 4.31) die an das Szenario am besten angepaßten Koordinaten sind, d. h. insbesondere, daß der Übergang zu einem Kugelkoordinatensystem eine

---

[29]Anders als beim Problem des harmonischen Oszillators soll von der Betrachtung von Energien und Zustandsfunktionen nichtgebundener Zustände abgesehen werden. Es sei jedoch extra betont, daß auch in diesem Zusammenhang Zustandsfunktionen nichtgebundener Zustände existieren, die nichtgebundene Elektronenbewegungen an einem Kern vorbei beschreiben. Derartige Lösungen können zur theoretischen Beschreibung von Streuexperimenten herangezogen werden, welche hier jedoch nicht betrachtet werden sollen.

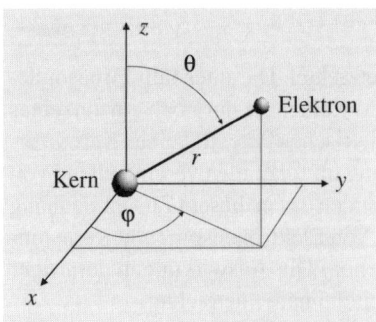

Bild 4.31 Die geometrische Situation des betrachteten Zentralproblems

relativ gesehen einfache Lösung zuläßt. Da der Operator der potentiellen Energie bereits in Kugelkoordinaten angegeben wurde, muß nur noch der Operator der kinetischen Energie in Kugelkoordinaten überführt werden. Ausgehend von der kartesische Koordinaten und Kugelkoordinaten verbindenden Abbildungsvorschrift (2.169) läßt sich diese Transformation durchführen. Ohne Beweis sei hier angegeben, daß man den Zusammenhang

$$
\begin{aligned}
\hat{T} &= -\frac{\hbar^2}{2m_0}\frac{1}{r^2}\frac{\partial}{\partial r}\left(r^2\frac{\partial}{\partial r}\right) - \frac{\hbar^2}{2m_0}\frac{1}{r^2}\left[\frac{1}{\sin\theta}\frac{\partial}{\partial\theta}\left(\sin\theta\frac{\partial}{\partial\theta}\right) + \frac{1}{\sin^2\theta}\frac{\partial^2}{\partial\varphi^2}\right] \\
&= -\frac{\hbar^2}{2m_0}\frac{1}{r^2}\frac{\partial}{\partial r}\left(r^2\frac{\partial}{\partial r}\right) + \frac{1}{2m_0}\frac{\hat{l}^2}{r^2}
\end{aligned}
\tag{4.358}
$$

erhält, wobei $\hat{l}$ der im Abschnitt 2.3 eingeführte Drehimpulsoperator in Kugelkoordinaten ist, dessen Quadrat durch (2.98) vorgegeben ist. Berücksichtigt man diesen Übergang und geht gemäß $\psi_i(r) = \psi_{n,l,m}(r,\theta,\varphi)$ zu einer die neuen Koordinaten enthaltenden Zustandsfunktionsformulierung über, dann kann der Schrödinger-Gleichung in kartesischen Koordinaten die in Kugelkoordinaten ausformulierte Schrödinger-Gleichung

$$
E_n\psi_{n,l,m}(r,\theta,\varphi) = \left[-\frac{\hbar^2}{2m_0}\frac{1}{r^2}\frac{\partial}{\partial r}\left(r^2\frac{\partial}{\partial r}\right) + \frac{1}{2m_0}\frac{\hat{l}^2}{r^2} + V(r)\right]\psi_{n,l,m}(r,\theta,\varphi)
\tag{4.359}
$$

zugeordnet werden. In dieser Formulierungsweise wird bereits berücksichtigt, daß sich der zustandscharakterisierende Index i aus den drei Quantenzahlen n, l, m zusammensetzt. Zusätzlich wird bereits berücksichtigt, daß die Zustandsenergie alleine von der Quantenzahl n abhängt, d. h. $E_i = E_n$. Die folgenden Rechnungen werden dies in einer selbstkonsistenten Weise verdeutlichen[30].

Da der hier auftretende Hamiltonoperator $\hat{H}$, das Quadrat des Drehimpulsoperators $\hat{l}$ sowie die z-Komponente $\hat{l}_z$ des Drehimpulsoperators miteinander vertauschen und entsprechend

---

[30]Hier und im folgenden wird bereits auf Ergebnisse vorgegriffen, die man eigentlich erst im Rahmen der expliziten Rechnung erhält. Dies soll dazu dienen, das Rechnungsschema möglichst einfach zu gestalten. Die Verwendung von vielen, noch unbestimmten Größen würde das Rechnungsschema unnötig verkomplizieren.

der Ausführungen des Abschnitts 4.2.1 miteinander vertauschende Operatoren gemeinsame Eigenvektoren aufweisen, ist klar, daß es Zustandsfunktionen $\psi_{n,l,m}(r,\theta,\varphi)$ gibt, die gleichzeitig Eigenfunktionen zu allen drei Operatoren sind, d. h. daß zusätzlich das Gleichungssystem

$$\hat{l}^2 \psi_{n,l,m}(r,\theta,\varphi) = \hbar^2 l(l+1)\,\psi_{n,l,m}(r,\theta,\varphi)\,,$$

$$\hat{l}_z \psi_{n,l,m}(r,\theta,\varphi) = \hbar m\,\psi_{n,l,m}(r,\theta,\varphi) \tag{4.360}$$

berücksichtigbar ist. Im Vorgriff auf spätere Resultate werden die zum Quadrat des Drehimpulsoperators und die zur z-Komponente des Drehimpulsoperators gehörigen Eigenwerte bereits in der Form $\hbar^2 l(l+1)$ bzw. $\hbar m$ notiert. Diese Notation wird sich im Laufe der folgenden Rechnungen in einer selbstkonsistenten Weise als sinnvoll erweisen. Eigenwertgleichungen der Drehimpulsoperator-Komponenten $\hat{l}_x$, $\hat{l}_y$ sind nicht zu berücksichtigen, da nach (2.100) diese Komponenten nicht mit der z-Komponente $\hat{l}_z$ des Drehimpulsoperators vertauschen. Das durch die Beziehungen (4.359) und (4.360) gebildete Gleichungssystem definiert beobachtbare Systemzustände, die jeweils durch einen bestimmten Energieeigenwert, durch einen bestimmten Eigenwert des Quadrats des Drehimpulsoperators bzw. durch einen bestimmten Eigenwert des Drehimpulsoperators selbst sowie einen Eigenwert der z-Komponente des Drehimpulsoperators charakterisierbar und in dieser Korrelation gleichzeitig meßbar sind.

Mittels des Produktansatzes $\psi_{n,l,m}(r,\theta,\varphi) = R_{n,l}(r)Y_{l,m}(\theta,\varphi)$ kann das aus den Beziehungen (4.359) und (4.360) bestehende Gleichungssystem in

$$E_n R_{n,l}(r) = \left[-\frac{\hbar^2}{2m_0}\frac{1}{r^2}\frac{\partial}{\partial r}\left(r^2\frac{\partial}{\partial r}\right) + V(r) + \frac{\hbar^2 l(l+1)}{2m_0}\frac{1}{r^2} \right] R_{n,l}(r) \tag{4.361}$$

sowie

$$\hat{l}^2 Y_{l,m}(\theta,\varphi) = \hbar^2 l(l+1)Y_{l,m}(\theta,\varphi)\,,$$

$$\hat{l}_z Y_{l,m}(\theta,\varphi) - \hbar m Y_{l,m}(\theta,\varphi) \tag{4.362}$$

überführt werden. Hier wird im Vorgriff auf spätere Ergebnisse berücksichtigt, daß die Quantenzahlen n und l die Radialanteile und die Quantenzahlen m und l die Winkelanteile festlegen. Auch diese Notation wird sich im Laufe der weiteren Rechnung als sinnvoll erweisen.

Auch hier ist die übliche Normierungsforderung zu berücksichtigen, die in Kugelkoordinaten die Form

$$\int_0^\infty \int_0^{2\pi} \int_0^\pi \left| R_{n,l}(r)Y_{l,m}(\theta,\varphi) \right|^2 r^2 \sin\theta\,\mathrm{d}\theta\,\mathrm{d}\varphi\,\mathrm{d}r = 1 \tag{4.363}$$

aufweist. Für den Winkelanteil $Y_{l,m}(\theta,\varphi)$ ist dann separat

$$\int_0^{2\pi} \int_0^\pi \left| Y_{l,m}(\theta,\varphi) \right|^2 \sin\theta\,\mathrm{d}\theta\,\mathrm{d}\varphi = 1 \tag{4.364}$$

zu fordern und der Radialanteil $R_{n,l}(r)$ ist folgender Forderung zu unterwerfen:

$$\int_0^\infty \left| R_{n,l}(r) \right|^2 r^2\,\mathrm{d}r = 1\,. \tag{4.365}$$

Das obige, aus drei Differentialgleichungen bestehende Gleichungssystem kann systematisch gelöst werden, wobei man dann einerseits einen Ausdruck zur Beschreibung des Energieniveauschemas der gebundenen Zustände des betrachteten Zentralproblems und andererseits Definitionen zur Beschreibung grundlegender zugeordneter Zustandsfunktionen erhält. Dieser Lösungsweg wird später vollständig angegeben. Betrachten wir jedoch vorab die auf diese Weise sich ergebende Lösung etwas genauer.

4.9.2.2 Das Zentralproblem: Zustandsfunktionen, Energieniveauschema

Die möglichen Werte der einzelnen Quantenzahlen werden durch die Relationen

$$n = 1,2,3,\dots \ , \quad 0 \le l \le n-1 \ , \quad -l \ge m \ge l \tag{4.366}$$

erfaßt. Auf Grund ihrer übergeordneten Bedeutung wird die Quantenzahl n für gewöhnlich als *Hauptquantenzahl* bezeichnet. Die Quantenzahl l wird *Drehimpulsquantenzahl* oder *Nebenquantenzahl* und die Quantenzahl m *magnetische Quantenzahl* genannt. Die Klassifizierung als *Drehimpulsquantenzahl* bzw. *magnetische Quantenzahl* läßt sich direkt aus dem Auftreten dieser Quantenzahlen innerhalb der Drehimpulsoperator-Eigenwertgleichungen (4.362) verstehen: Entsprechend dieser Beziehungen vermittelt l die möglichen Beträge eines Drehimpulseigenwertvektors und m vermittelt die möglichen Einstellungen dieses Drehimpulseigenwertvektors bezüglich eines vorgegebenen äußeren Magnetfeldes, wobei entsprechend des benützten $\hat{l}_z$-Operators ein Magnetfeld in z-Richtung vorausgesetzt wird.

I. Die Radialanteile des Zentralproblems

Die zu bestimmenden Radialanteile $R_{n,l}(r)$ lassen sich in der Form

$$R_{n,l}(r) = \tilde{R}_{n,l}(\tilde{r}) = N_{n,l}\exp(-\tilde{r}/2)\,\tilde{r}^l L_{n+l}^{2l+1}(\tilde{r}) \tag{4.367}$$

mit

$$
\begin{aligned}
L_{n+l}^{2l+1}(\tilde{r}) &= \frac{d^{2l+1}L_{n+l}(\tilde{r})}{d\tilde{r}^{2l+1}}, \\
L_{n+l}(\tilde{r}) &= e^{\tilde{r}}\frac{d^{n+l}\left(e^{-\tilde{r}}\tilde{r}^{n+l}\right)}{d\tilde{r}^{n+l}}
\end{aligned}
\tag{4.368}
$$

notieren, wobei die dimensionsbehaftete Abstandskoordinate r und die dimensionslose Abstandskoordinate $\tilde{r}$ über

$$\tilde{r} = 2k(E_n)\,r \ , \quad k(E_n) = \sqrt{-\frac{2m_0}{\hbar^2}E_n} \tag{4.369}$$

miteinander verbunden sind und sich die Normierungsfaktoren $N_{n,l}$ über die Normierungsbedingung (4.365) bestimmen lassen. Die Polynome $L_{n+l}(\tilde{r})$ werden üblicherweise als *Laguerresche Polynome* bezeichnet. Die Tabellen 4.1, 4.2 geben einen Überblick über die explizite Struktur der Radialanteile. Bild 4.32 veranschaulicht diese Funktionen.

II. Die Winkelanteile des Zentralproblems

Die ebenfalls zu bestimmenden Winkelanteile $Y_{l,m}(\theta,\varphi)$ lassen sich durch das rekursive Schema

$$Y_{l,m+1}(\theta,\varphi) = \frac{\exp(i\varphi)\left(\frac{\partial}{\partial\theta} + i\cot\theta\frac{\partial}{\partial\varphi}\right)}{\sqrt{(l-m)(l+m+1)}} Y_{l,m}(\theta,\varphi)\,,$$

(4.370)

$$Y_{l,-l}(\theta,\varphi) = \frac{1}{\sqrt{4\pi}} \frac{\sqrt{(2l+1)!}}{l!2^l} \exp(-il\varphi)\sin^l\theta$$

festlegen, wobei $Y_{l,-l}(\theta,\varphi)$ die Startfunktion des Rekursionsprozesses vorgibt. Die Funktionen $Y_{l,m}(\theta,\varphi)$ werden üblicherweise als *Kugelflächenfunktionen* bezeichnet. Über die Relation

$$Y_{l,m}(\theta,\varphi) = \exp(im\varphi)\,y_{l,m}(\theta)$$

(4.371)

lassen sich den Kugelflächenfunktionen Teilfunktionen $y_{l,m}(\theta)$ zuordnen, die als *zugeordnete Kugelfunktionen* bezeichnet werden und im Sonderfall $m = 0$ in die *Legendreschen Polynome* (auch: Kugelfunktionen) übergehen[31]. Entsprechend ihres Auftretens innerhalb der Drehimpulsoperator-Eigenwertgleichungen (4.362) stehen die Kugelflächenfunktionen für *Drehimpulsoperator-Eigenfunktionen*, welche Information über Drehimpulseigenschaften des betrachteten Zentralproblems vermitteln[32]. Die Tabellen 4.3, 4.4 geben einen Überblick über die explizite Struktur dieser Kugelflächenfunktionen. Die Bilder 4.33 und 4.34 veranschaulichen diese Funktionen.

III. Die Zustandsfunktionen des Zentralproblems

Die aus den Radialanteilen und den Winkelanteilen aufbaubaren grundlegenden Zustandsfunktionen lassen sich geschlossen durch

$$\psi_i(\mathbf{r}) = \psi_{n,l,m}(r,\theta,\varphi) = R_{n,l}(r)Y_{l,m}(\theta,\varphi)$$

(4.372)

beschreiben. Die Tabellen 4.5, 4.6 geben einen Überblick über die explizite Struktur dieser grundlegenden Zustandsfunktionen. Zusätzlich angegeben wird in diese Tabellen eine in diesem Zusammenhang übliche symbolische Bezeichnungsweise, die auf Buchstaben s, p, d, f, etc. basiert[33]. Es gilt die Zuordnung

$$l = 0 \to s\,,\ l = 1 \to p\,,\ l = 2 \to d\,,\ l = 3 \to f\,.$$

(4.373)

---

[31]Es sei hier bemerkt, daß diese zugeordneten Kugelfunktionen häufig als Funktionen des Arguments $\cos\theta$ aufgefaßt und mit dem Symbol $P_l^m(\cos\theta)$ versehen werden.

[32]Die hier auftretenden Kugelflächenfunktionen beschreiben genaugenommen Bahndrehimpulse. Eigendrehimpulse von mikroskopischen Teilchen, d. h. Spins, werden erst später berücksichtigt.

[33]Dies ist eine historische Bezeichnungsweise, wobei *s* für *scharf*, *p* für *principal*, *d* für *diffus* und *f* für *fundamental* steht. Die in den Tabellen auftretende Unterteilung durch in Klammern enthaltene Zahlen ist unüblich. Sie ist jedoch für die folgenden Ausführungen günstig und wird deshalb beibehalten.

Tabelle 4.1 Die Radialanteile $\tilde{R}_{n,l} = \tilde{R}_{n,l}(\tilde{r}) = R_{n,l}(r)$ für die Fälle $n = 1, n = 2, n = 3$

	$l = 0$	$l = 1$	$l = 2$
$n = 1$	$\tilde{R}_{1,0} = N'_{1,0} \exp(-\tilde{r}/2)$		
$n = 2$	$\tilde{R}_{2,0} = N'_{2,0} \exp(-\tilde{r}/2) \cdot$ $\left(1 - \frac{\tilde{r}}{2}\right)$	$\tilde{R}_{2,1} = N'_{2,1} \exp(-\tilde{r}/2) \cdot$ $\tilde{r}$	
$n = 3$	$\tilde{R}_{3,0} = N'_{3,0} \exp(-\tilde{r}/2) \cdot$ $\left(1 - \tilde{r} + \frac{\tilde{r}^2}{6}\right)$	$\tilde{R}_{3,1} = N'_{3,1} \exp(-\tilde{r}/2) \cdot$ $\tilde{r}\left(1 - \frac{\tilde{r}}{4}\right)$	$\tilde{R}_{3,2} = N'_{3,2} \exp(-\tilde{r}/2) \cdot$ $\tilde{r}^2$

Tabelle 4.2 Die Faktoren $N'_{n,l}$. Diese Faktoren setzen sich aus den Normierungsfaktoren $N_{n,l}$ und Anteilen zusammen, die auf die Laguerreschen Polynome zurückführbar sind

	$l = 0$	$l = 1$	$l = 2$
$n = 1$	$N'_{1,0} = \sqrt{\frac{[2k(E_1)]^3}{2}}$		
$n = 2$	$N'_{2,0} = \sqrt{\frac{[2k(E_2)]^3}{2}}$	$N'_{2,1} = \sqrt{\frac{[2k(E_2)]^3}{24}}$	
$n = 3$	$N'_{3,0} = \sqrt{\frac{[2k(E_3)]^3}{2}}$	$N'_{3,1} = \sqrt{\frac{[2k(E_3)]^3}{9}}$	$N'_{3,2} = \sqrt{\frac{[2k(E_3)]^3}{720}}$

Tabelle 4.3 Die Kugelflächenfunktionen $Y_{l,m} = Y_{l,m}(\theta, \varphi)$ für die Fälle $l = 0, l = 1, l = 2$

	$m = 0$	$m = \pm 1$	$m = \pm 2$
$l = 0$	$Y_{0,0} = \sqrt{\frac{1}{4\pi}}$		
$l = 1$	$Y_{1,0} = \sqrt{\frac{3}{4\pi}} \cos\theta$	$Y_{1,\pm 1} = \mp\sqrt{\frac{3}{8\pi}} \sin\theta \cdot$ $\exp(\pm i\varphi)$	
$l = 2$	$Y_{2,0} = \sqrt{\frac{5}{4\pi}} \left(\frac{3\cos^2\theta}{2} - \frac{1}{2}\right)$	$Y_{2,\pm 1} = \mp\sqrt{\frac{15}{8\pi}} \sin\theta\cos\theta \cdot$ $\exp(\pm i\varphi)$	$Y_{2,\pm 2} = \sqrt{\frac{15}{32\pi}} \sin^2\theta \cdot$ $\exp(\pm 2i\varphi)$

Tabelle 4.4 Die Kugelflächenfunktionen der Tabelle 4.3 in kartesischen Koordinaten. Die Umrechnung von Kugelkoordinaten in kartesische Koordinaten ist mittels (2.169) möglich. Es gilt der Zusammenhang $r = \sqrt{x^2 + y^2 + z^2}$

	$m = 0$	$m = \pm 1$	$m = \pm 2$
$l = 0$	$Y_{0,0} = \sqrt{\frac{1}{4\pi}}$		
$l = 1$	$Y_{1,0} = \sqrt{\frac{3}{4\pi}} \frac{z}{r}$	$Y_{1,\pm 1} = \mp\sqrt{\frac{3}{8\pi}} \frac{x \pm iy}{r}$	
$l = 2$	$Y_{2,0} = \sqrt{\frac{5}{4\pi}} \frac{2z^2 - x^2 - y^2}{2r^2}$	$Y_{2,\pm 1} = \mp\sqrt{\frac{15}{8\pi}} \frac{(x \pm iy)}{r^2} z$	$Y_{2,\pm 2} = \sqrt{\frac{15}{32\pi}} \frac{(x \pm iy)^2}{r^2}$

Tabelle 4.5 Die grundlegenden Zustandsfunktionen $\psi_{n,l,m} = \psi_{n,l,m}(r,\theta,\varphi)$ für die Fälle $n = 1$, $n = 2$, $n = 3$. Es gilt der Zusammenhang $\tilde{r} = 2k(E_n)r$

(n,l,m)	$\psi_{n,l,m}$	Symbol
$(1,0,0)$	$\psi_{1,0,0} = +N'_{1,0} \sqrt{\frac{1}{4\pi}} \exp(-\tilde{r}/2)$	$1s$
$(2,0,0)$	$\psi_{2,0,0} = +N'_{2,0} \sqrt{\frac{1}{4\pi}} \exp(-\tilde{r}/2) \left(1 - \frac{\tilde{r}}{2}\right)$	$2s$
$(2,1,-1)$	$\psi_{2,1,-1} = +N'_{2,1} \sqrt{\frac{3}{8\pi}} \sin\theta \exp(-i\varphi) \exp(-\tilde{r}/2) \tilde{r}$	$2p(1)$
$(2,1,0)$	$\psi_{2,1,0} = +N'_{2,1} \sqrt{\frac{3}{4\pi}} \cos\theta \exp(-\tilde{r}/2) \tilde{r}$	$2p(2)$
$(2,1,+1)$	$\psi_{2,1,+1} = -N'_{2,1} \sqrt{\frac{3}{8\pi}} \sin\theta \exp(i\varphi) \exp(-\tilde{r}/2) \tilde{r}$	$2p(3)$
$(3,0,0)$	$\psi_{3,0,0} = +N'_{3,0} \sqrt{\frac{1}{4\pi}} \exp(-\tilde{r}/2) \left(1 - \tilde{r} + \frac{\tilde{r}^2}{6}\right)$	$3s$
$(3,1,-1)$	$\psi_{3,1,-1} = +N'_{3,1} \sqrt{\frac{3}{8\pi}} \sin\theta \exp(-i\varphi) \exp(-\tilde{r}/2) \tilde{r} \left(1 - \frac{\tilde{r}}{4}\right)$	$3p(1)$
$(3,1,0)$	$\psi_{3,1,0} = +N'_{3,1} \sqrt{\frac{3}{4\pi}} \cos\theta \exp(-\tilde{r}/2) \tilde{r} \left(1 - \frac{\tilde{r}}{4}\right)$	$3p(2)$
$(3,1,+1)$	$\psi_{3,1,+1} = -N'_{3,1} \sqrt{\frac{3}{8\pi}} \sin\theta \exp(i\varphi) \exp(-\tilde{r}/2) \tilde{r} \left(1 - \frac{\tilde{r}}{4}\right)$	$3p(3)$
$(3,2,-2)$	$\psi_{3,2,-2} = +N'_{3,2} \sqrt{\frac{15}{32\pi}} \sin^2\theta \exp(-2i\varphi) \exp(-\tilde{r}/2) \tilde{r}^2$	$3d(1)$
$(3,2,-1)$	$\psi_{3,2,-1} = +N'_{3,2} \sqrt{\frac{15}{8\pi}} \sin\theta \cos\theta \exp(-i\varphi) \exp(-\tilde{r}/2) \tilde{r}^2$	$3d(2)$
$(3,2,0)$	$\psi_{3,2,0} = +N'_{3,2} \sqrt{\frac{5}{4\pi}} \left(\frac{3\cos^2\theta}{2} - \frac{1}{2}\right) \exp(-\tilde{r}/2) \tilde{r}^2$	$3d(3)$
$(3,2,+1)$	$\psi_{3,2,+1} = -N'_{3,2} \sqrt{\frac{15}{8\pi}} \sin\theta \cos\theta \exp(+i\varphi) \exp(-\tilde{r}/2) \tilde{r}^2$	$3d(4)$
$(3,2,+2)$	$\psi_{3,2,+2} = +N'_{3,2} \sqrt{\frac{15}{32\pi}} \sin^2\theta \exp(+2i\varphi) \exp(-\tilde{r}/2) \tilde{r}^2$	$3d(5)$

Tabelle 4.6 Die grundlegenden Zustandsfunktionen der Tabelle 4.5 in kartesischen Koordinaten. Es gilt der Zusammenhang $r = \sqrt{x^2 + y^2 + z^2}$

(n,l,m)	$\psi_{n,l,m}$	Symbol
$(1,0,0)$	$\psi_{1,0,0} = +N'_{1,0}\sqrt{\frac{1}{4\pi}}\exp[-k(E_1)r]$	$1s$
$(2,0,0)$	$\psi_{2,0,0} = +N'_{2,0}\sqrt{\frac{1}{4\pi}}\exp[-k(E_2)r][1-k(E_2)r]$	$2s$
$(2,1,-1)$	$\psi_{2,1,-1} = +N'_{2,1}\sqrt{\frac{3}{8\pi}}\frac{x-iy}{r}\exp[-k(E_2)r][2k(E_2)r]$	$2p(1)$
$(2,1,0)$	$\psi_{2,1,0} = +N'_{2,1}\sqrt{\frac{3}{4\pi}}\frac{z}{r}\exp[-k(E_2)r][2k(E_2)r]$	$2p(2)$
$(2,1,+1)$	$\psi_{2,1,+1} = -N'_{2,1}\sqrt{\frac{3}{8\pi}}\frac{x+iy}{r}\exp[-k(E_2)r][2k(E_2)r]$	$2p(3)$
$(3,0,0)$	$\psi_{3,0,0} = +N'_{3,0}\sqrt{\frac{1}{4\pi}}\exp[-k(E_3)r]$ $\cdot\left(1 - [2k(E_3)r] + \frac{[2k(E_3)r]^2}{6}\right)$	$3s$
$(3,1,-1)$	$\psi_{3,1,-1} = +N'_{3,1}\sqrt{\frac{3}{8\pi}}\frac{x-iy}{r}\exp[-k(E_3)r]$ $\cdot\left([2k(E_3)r] - \frac{[2k(E_3)r]^2}{4}\right)$	$3p(1)$
$(3,1,0)$	$\psi_{3,1,0} = +N'_{3,1}\sqrt{\frac{3}{4\pi}}\frac{z}{r}\exp[-k(E_3)r]$ $\cdot\left([2k(E_3)r] - \frac{[2k(E_3)r]^2}{4}\right)$	$3p(2)$
$(3,1,+1)$	$\psi_{3,1,+1} = -N'_{3,1}\sqrt{\frac{3}{8\pi}}\frac{x+iy}{r}\exp[-k(E_3)r]$ $\cdot\left([2k(E_3)r] - \frac{[2k(E_3)r]^2}{4}\right)$	$3p(3)$
$(3,2,-2)$	$\psi_{3,2,-2} = +N'_{3,2}\sqrt{\frac{15}{32\pi}}\frac{(x-iy)^2}{r^2}\exp[-k(E_3)r][2k(E_3)r]^2$	$3d(1)$
$(3,2,-1)$	$\psi_{3,2,-1} = +N'_{3,2}\sqrt{\frac{15}{8\pi}}\frac{(x-iy)}{r^2}z\exp[-k(E_3)r][2k(E_3)r]^2$	$3d(2)$
$(3,2,0)$	$\psi_{3,2,0} = +N'_{3,2}\sqrt{\frac{5}{4\pi}}\frac{2z^2-x^2-y^2}{2r^2}\exp[-k(E_3)r][2k(E_3)r]^2$	$3d(3)$
$(3,2,+1)$	$\psi_{3,2,+1} = -N'_{3,2}\sqrt{\frac{15}{8\pi}}\frac{(x+iy)}{r^2}z\exp[-k(E_3)r][2k(E_3)r]^2$	$3d(4)$
$(3,2,+2)$	$\psi_{3,2,+2} = +N'_{3,2}\sqrt{\frac{15}{32\pi}}\frac{(x+iy)^2}{r^2}\exp[-k(E_3)r][2k(E_3)r]^2$	$3d(5)$

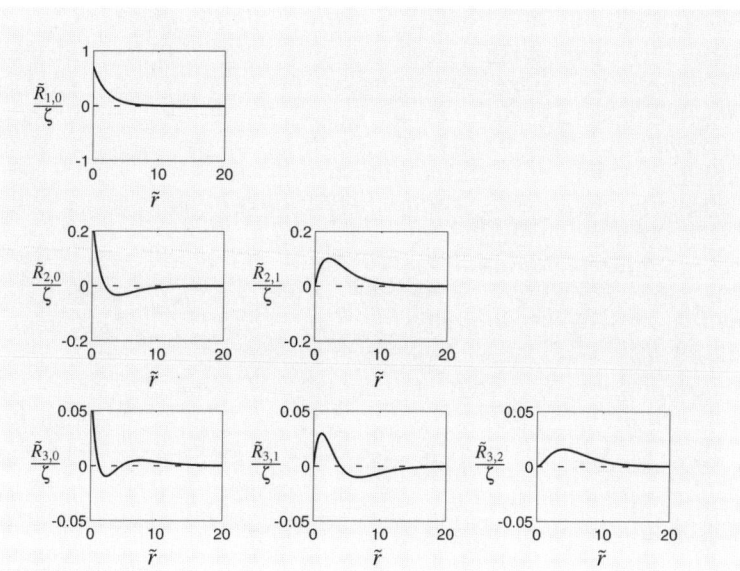

Bild 4.32 Die Radialanteile $\tilde{R}_{n,l} = \tilde{R}_{n,l}(\tilde{r}) = R_{n,l}(r)$ der Tabelle 4.1 bezogen auf den Systemparameter $\zeta = \sqrt{Z^3 |e|^6 m_0^3 / 8\pi^3 \hbar^6 \varepsilon_0^3}$

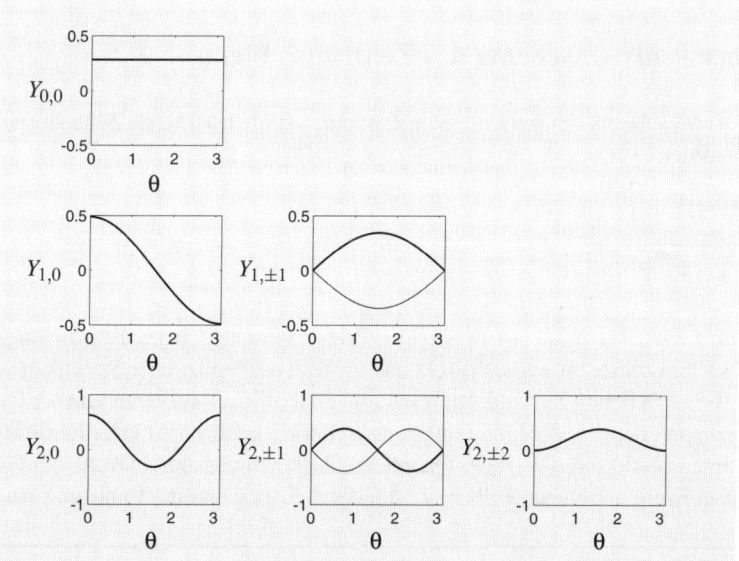

Bild 4.33 Die Winkelanteile $Y_{l,m} = Y_{l,m}(\theta, \varphi)$ der Tabelle 4.3 für den Fall $\varphi = 0$. Negativen Quanten-zahlwerten der magnetischen Quantenzahl m zugeordnete Funktionsverläufe sind durch relativ gesehen dünnere Linien ausgezeichnet, positiven Quantenzahlwerten zugeordnete Funktionsverläufe durch relativ gesehen dicke Linien (Teilbild 2, Mitte; Teilbild 2, unten). Bei Übereinstimmung der Funktionsverläufe überdeckt eine dicke Linie eine dünne (Teilbild 3, unten). Der Wertebereich des Winkels θ läuft nach den gemachten Voraussetzungen von 0 bis π.

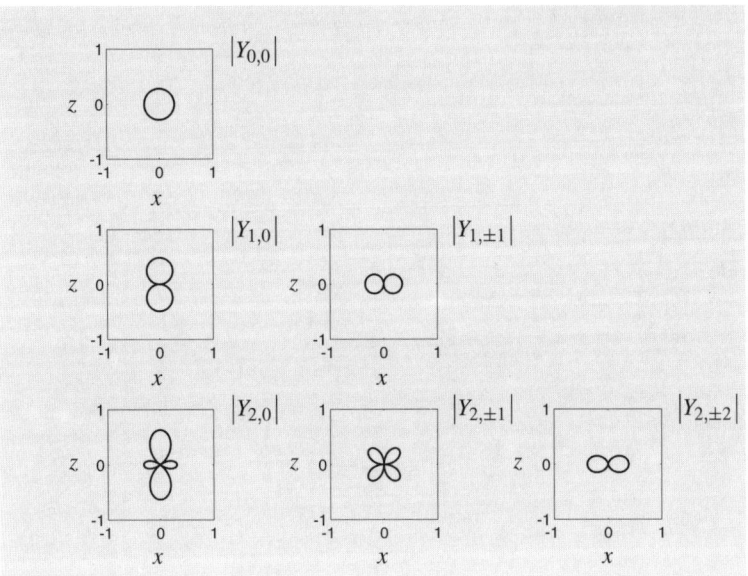

Bild 4.34 Die Beträge $|Y_{l,m}|$ der Winkelanteile $Y_{l,m} = Y_{l,m}(\theta, \varphi)$ in Radiusdarstellung. Es wird $\varphi = 0, \pi$ bzw. gleichwertig die x-z-Ebene betrachtet. Rotationen um die z-Achse würden die Figuren in sich selbst überführen. Dim $[x] = $ Dim $[y] = $ Länge

IV. Das Energieniveauschema des Zentralproblems

Das Energieniveauschema der gebundenen Zustände des betrachteten Zentralproblems wird durch den Ausdruck

$$E_n = -\frac{Z^2 \, |e|^4 \, m_0}{2\hbar^2 \, (4\pi\varepsilon_0)^2} \frac{1}{n^2} \qquad (4.374)$$

erfaßt. Setzt man einen Kern mit einem einzigen Proton voraus (d. h. die Kernladungszahl Z hat den Wert 1), so gibt dieser Ausdruck direkt das im Bild 4.28 skizzierte Spektrum wieder. Die durch (4.374) beschriebenen Zustandsenergien sind ersichtlicherweise nur von der Quantenzahl n abhängig. Entsprechend des obigen Funktionenschemas gehören zu jeder Energie (charakterisiert durch einen bestimmten Wert der Quantenzahl n) mehrere, durch Werte der Quantenzahl l und der Quantenzahl m unterscheidbare Zustände, d. h. es liegt eine Entartung vor.

Entsprechend des Bildes 4.28 weist das Wasserstoff-Atom ein diskretes Energieniveauschema mit zum Energiekontinuum (dem Dissoziationsbereich) hin abnehmenden Energiedifferenzen auf. Daß der quantenmechanische Formalismus entsprechend der obigen Angaben die exakte Berechnung dieses Energieniveauschemas erlaubt, verdeutlicht in einer einschneidenden Weise die Möglichkeiten dieses Formalismus'.

V. Linearkombinationen

Linearkombinationen aus zu einer vorgegebenen Zustandsenergie gehörigen grundlegenden Zustandsfunktionen ergeben wiederum Lösungen zu der vorausgesetzten Schrödinger-Gleichung bezüglich der vorgegebenen Zustandsenergie, sodaß auf diese Weise weitere Zustandsfunktionen konstruiert werden können. Im Sinne der Ausführungen des Abschnitts 4.1 bilden die grundlegenden Zustandsfunktionen $\psi_{n,l,m}$ eine spezielle Menge von Basisfunktionen, welche einen speziellen Hilbert-Raum aufspannt[34]. Linearkombinationen, die aus zu unterschiedlichen Werten der magnetischen Quantenzahl m gehörigen grundlegenden Zustandsfunktionen aufgebaut sind, können durch den Ausdruck

$$
\begin{aligned}
\psi_{n,l,S}(r,\theta,\varphi) &= \sum_i S_{n,l,m_i}\,\psi_{n,l,m_i}(r,\theta,\varphi) \\
&= \sum_i S_{n,l,m_i}\,\psi_{n,l,m_i}(x,y,z) \\
&= \psi_{n,l,S}(x,y,z)
\end{aligned}
\tag{4.375}
$$

formal erfaßt werden, wobei S die spezielle Superposition charakterisieren soll. Dieser Ausdruck enthält auch die grundlegenden Zustandsfunktionen selbst. Kompatibel mit der Tatsache, daß Linearkombinationen grundlegender Zustandsfunktionen keine magnetische Quantenzahl mehr zuordnenbar ist, sind in (4.375) enthaltene Linearkombinationen keine Eigenfunktionen mehr zum Operator $\hat{l}_z$.

Tabelle 4.7 Linearkombinationen grundlegender Orbitale. Es werden kartesische Koordinaten zugrunde gelegt. Es gilt $r = \sqrt{x^2 + y^2 + z^2}$

$n,l;m_1\text{-}m_2$-Kombination	$\psi_{n,l,S}$	
$n=2, l=1; m_1=-1, m_2=+1$	$\psi_{2,1,x}$	$= \frac{1}{\sqrt{2}}\left(\psi_{2,1,-1} - \psi_{2,1,+1}\right) = R_{2,1}\sqrt{\frac{3}{4\pi}}\frac{x}{r}$
	$\psi_{2,1,y}$	$= \frac{i}{\sqrt{2}}\left(\psi_{2,1,-1} + \psi_{2,1,+1}\right) = R_{2,1}\sqrt{\frac{3}{4\pi}}\frac{y}{r}$
$n=3, l=1; m_1=-1, m_2=+1$	$\psi_{3,1,x}$	$= \frac{1}{\sqrt{2}}\left(\psi_{3,1,-1} - \psi_{3,1,+1}\right) = R_{3,1}\sqrt{\frac{3}{4\pi}}\frac{x}{r}$
	$\psi_{3,1,y}$	$= \frac{i}{\sqrt{2}}\left(\psi_{3,1,-1} + \psi_{3,1,+1}\right) = R_{3,1}\sqrt{\frac{3}{4\pi}}\frac{y}{r}$
$n=3, l=2; m_1=-1, m_2=+1$	$\psi_{3,2,xz}$	$= \frac{1}{\sqrt{2}}\left(\psi_{3,2,-1} - \psi_{3,2,+1}\right) = R_{3,2}\sqrt{\frac{15}{4\pi}}\frac{xz}{r^2}$
	$\psi_{3,2,yz}$	$= \frac{i}{\sqrt{2}}\left(\psi_{3,2,-1} + \psi_{3,2,+1}\right) = R_{3,2}\sqrt{\frac{15}{4\pi}}\frac{yz}{r^2}$
$n=3, l=2; m_1=-2, m_2=+2$	$\psi_{3,2,xy}$	$= \frac{i}{\sqrt{2}}\left(\psi_{3,2,-2} - \psi_{3,2,+2}\right) = R_{3,2}\sqrt{\frac{15}{4\pi}}\frac{xy}{r^2}$
	$\psi_{3,2,x^2-y^2}$	$= \frac{1}{\sqrt{2}}\left(\psi_{3,2,-2} + \psi_{3,2,+2}\right) = R_{3,2}\sqrt{\frac{15}{16\pi}}\frac{x^2-y^2}{r^2}$

---

[34] Dies ist der Grund, weshalb die bisher betrachteten Zustandsfunktionen mit dem Attribut „grundlegend" versehen werden.

Tabelle 4.8 Wichtige Atom-Orbitale. Es gilt $r = \sqrt{x^2 + y^2 + z^2}$

$\psi_{n,l,\text{S}}$		Symbol
$\psi^{1,0,s} = \psi_{1,0,0} = +N'_{1,0}\sqrt{\frac{1}{4\pi}}\exp\left[-k(E_1)r\right]$		$1s$
$\psi_{2,0,s} = \psi_{2,0,0} = +N'_{2,0}\sqrt{\frac{1}{4\pi}}\exp\left[-k(E_2)r\right]\left[1-k(E_2)r\right]$		$2s$
$\psi_{2,1,x} \quad = +N'_{2,1}\sqrt{\frac{3}{4\pi}}\frac{x}{r}\exp\left[-k(E_2)r\right]\left[2k(E_2)r\right]$		$2p^x$
$\psi_{2,1,y} \quad = +N'_{2,1}\sqrt{\frac{3}{4\pi}}\frac{y}{r}\exp\left[-k(E_2)r\right]\left[2k(E_2)r\right]$		$2p^y$
$\psi_{2,1,z} = \psi_{2,1,0} = +N'_{2,1}\sqrt{\frac{3}{4\pi}}\frac{z}{r}\exp\left[-k(E_2)r\right]\left[2k(E_2)r\right]$		$2p^z$
$\psi_{3,0,s} = \psi_{3,0,0} = +N'_{3,0}\sqrt{\frac{1}{4\pi}}\exp\left[-k(E_3)r\right]$ $\cdot\left(1-\left[2k(E_3)r\right]+\frac{[2k(E_3)r]^2}{6}\right)$		$3s$
$\psi_{3,1,x} \quad = +N'_{3,1}\sqrt{\frac{3}{4\pi}}\frac{x}{r}\exp\left[-k(E_3)r\right]$ $\cdot\left(\left[2k(E_3)r\right]-\frac{[2k(E_3)r]^2}{4}\right)$		$3p^x$
$\psi_{3,1,y} \quad = +N'_{3,1}\sqrt{\frac{3}{4\pi}}\frac{y}{r}\exp\left[-k(E_3)r\right]$ $\cdot\left(\left[2k(E_3)r\right]-\frac{[2k(E_3)r]^2}{4}\right)$		$3p^y$
$\psi_{3,1,z} = \psi_{3,1,0} = +N'_{3,1}\sqrt{\frac{3}{4\pi}}\frac{z}{r}\exp\left[-k(E_3)r\right]$ $\cdot\left(\left[2k(E_3)r\right]-\frac{[2k(E_3)r]^2}{4}\right)$		$3p^z$
$\psi_{3,2,x^2-y^2} \quad = +N'_{3,2}\sqrt{\frac{15}{16\pi}}\frac{x^2-y^2}{r^2}\exp\left[-k(E_3)r\right]\left[2k(E_3)r\right]^2$		$3d^{x^2-y^2}$
$\psi_{3,2,z^2} = \psi_{3,2,0} = +N'_{3,2}\sqrt{\frac{5}{4\pi}}\frac{2z^2-x^2-y^2}{2r^2}\exp\left[-k(E_3)r\right]\left[2k(E_3)r\right]^2$		$3d^{z^2}$
$\psi_{3,2,xy} \quad = +N'_{3,2}\sqrt{\frac{15}{4\pi}}\frac{xy}{r^2}\exp\left[-k(E_3)r\right]\left[2k(E_3)r\right]^2$		$3d^{xy}$
$\psi_{3,2,yz} \quad = +N'_{3,2}\sqrt{\frac{15}{4\pi}}\frac{yz}{r^2}\exp\left[-k(E_3)r\right]\left[2k(E_3)r\right]^2$		$3d^{yz}$
$\psi_{3,2,xz} \quad = +N'_{3,2}\sqrt{\frac{15}{4\pi}}\frac{xz}{r^2}\exp\left[-k(E_3)r\right]\left[2k(E_3)r\right]^2$		$3d^{xz}$

In der Tabelle 4.7 werden Beispiele von durch den Ausdruck (4.375) definierbaren Linearkombinationen grundlegender Orbitale angegeben. Die in der Tabelle 4.8 angegebenen Orbitale enthalten die in Tabelle 4.7 angegebenen Linearkombinationen sowie unveränderte grundlegende Orbitale. Die dort angegebene Menge von Atom-Orbitalen ist bedeutend hinsichtlich der im Rahmen der LCAO-Methode (LCAO = Local Combination of Atomic Orbitals) durchgeführten mathematischen Konstruktion von Orbitalen von Elektronen in zwei- und mehratomigen Molekülen ausgehend von Atom-Orbitalen[35].

VI. Symmetrieeigenschaften

Analysiert man die numerische Struktur der in Tabelle 4.8 angegebenen Atom-Orbitale und ihrer zugeordneten Betragsfunktionen, dann stellt man fest, daß genauso wie beim harmonischen Oszillator sich auch hier die für Quantensysteme typische Struktur von Zustandsfunktionen und ihren Beträgen ergibt, d. h. man findet wellentypische Charakteristika wie Maxima, Minima und Punkte mit verschwindender Elongation, d. h. Knoten (in dem hier vorliegenden Fall: Knotenflächen). Dieses Verhalten kann direkt mit klassischen Schwingungsszenarien (schwingende Saite, Chladnische Klangfiguren einer schwingenden Platte) verglichen werden.

In der Tabelle 4.8 wird wieder die auf den Symbolen s, p, d, f basierende symbolische Bezeichnungsweise angegeben. In diesem Zusammenhang wird diese symbolische Bezeichnungsweise jedoch auf die Symmetrie der Betragsfunktionen der jetzt vorliegenden Atom-Orbitale angepaßt. So weisen die den s-Orbitalen zugeordneten Betragsfunktionen Kugelsymmetrie auf; die Betragsfunktionen der p-Orbitale zeigen eine Rotationssymmetrie bezüglich jeweils einer speziellen Raumachse; die Betragsfunktionen der d-Orbitale weisen verschiedene Formen von Rotationssymmetrie bezüglich verschiedenen Winkelhalbierenden oder Achsen auf. Auf diese verschiedenartigen Symmetrieformen weist die symbolische Bezeichnungsweise der Tabelle 4.8 hin. Beispielsweise werden die Symbole p mit den Indices x, y, z ausgezeichnet, um Rotationssymmetrie der Betragsfunktionen und Betragsquadratfunktionen der Atom-Orbitale bezüglich der x, y oder z-Achse anzudeuten. Die Tabelle 4.9 gibt einen Überblick über wesentliche Symmetrieeigenschaften der Betragsfunktionen der einzelnen Atom-Orbitale. Die Bilder 4.35–4.40 veranschaulichen diese Betragsfunktionen. Während die den s-Orbitalen $\psi_{n,0,s}$ ($n = 1, 2, 3$) zugeordneten Betragsfunktionen in Bild 4.35 aufgeführt werden, zeigen die Bilder 4.39 und 4.40 die Betragsfunktionen der p-Orbitale $\psi_{n,1,x}$ ($n = 2, 3$). Die Betragsfunktionen der d-Orbitale $\psi_{3,2,x^2-y^2}$, $\psi_{3,2,z^2}$, $\psi_{3,2,xy}$ werden in den Bildern 4.36–4.38 veranschaulicht. In den Bildern nicht angegebenen Betragsfunktionen lassen sich durch Drehungen aus den angegebenen Betragsfunktionen gewinnen. Die mit diesen Betragsfunktionen verknüpften Atom-Orbitale unterscheiden sich von den Betragsfunktionen durch Bereiche mit negativem Vorzeichen, was die jeweiligen Symmetrieeigenschaften jedoch nicht wesentlich ändert.

---

[35] Vor allem in der theoretischen Chemie ersetzt der Begriff *Orbital* den Begriff *Zustandsfunktion*, *Zustandsvektor* oder *Wellenfunktion*. Man spricht dann von *Atom-* oder *Molekül-Orbitalen*. Verwendet man die Bezeichnung s, p, d, f, etc. zur Charakterisierung eines elektronischen Zustands, dann kann beispielsweise von s-, p-, d-, f-Orbitalen gesprochen werden. Der Begriff *Orbital* wird im folgenden häufig benützt. Es sei darauf hingewiesen, daß im folgenden auch mit Zustandsfunktionen verbundene Wahrscheinlichkeitsdichten mit dem Begriff *Orbital* belegt werden, d. h. Zustandsfunktionen und zugeordnete Wahrscheinlichkeitsdichten werden gleichberechtigt als *Orbital* bezeichnet.

Tabelle 4.9 Wichtige Atom-Orbitale. Die Symmetrieeigenschaften ihrer Betragsfunktionen. WH = Winkelhalbierende

$\left|\psi_{n,l,S}\right|$	Symmetrie	Knotenebenen	Anzahl	Symbol
$\left|\psi_{1,0,s}\right| = \left|\psi_{1,0,0}\right|$	Kugelsymmetrie	keine	0	$1s$
$\left|\psi_{2,0,s}\right| = \left|\psi_{2,0,0}\right|$	Kugelsymmetrie	Kugelfläche	1	$2s$
$\left|\psi_{2,1,x}\right|$	Rotationssymmetrie bzgl. x-Achse	y-z-Ebene	1	$2p^x$
$\left|\psi_{2,1,y}\right|$	Rotationssymmetrie bzgl. y-Achse	x-z-Ebene	1	$2p^y$
$\left|\psi_{2,1,z}\right| = \left|\psi_{2,1,0}\right|$	Rotationssymmetrie bzgl. z-Achse	x-y-Ebene	1	$2p^z$
$\left|\psi_{3,0,s}\right| = \left|\psi_{3,0,0}\right|$	Kugelsymmetrie	Kugelflächen	2	$3s$
$\left|\psi_{3,1,x}\right|$	Rotationssymmetrie bzgl. x-Achse	Kugelfläche + y-z-Ebene	$1+1$	$3p^x$
$\left|\psi_{3,1,y}\right|$	Rotationssymmetrie bzgl. y-Achse	Kugelfläche + x-z-Ebene	$1+1$	$3p^y$
$\left|\psi_{3,1,z}\right| = \left|\psi_{3,1,0}\right|$	Rotationssymmetrie bzgl. z-Achse	Kugelfläche + x-y-Ebene	$1+1$	$3p^z$
$\left|\psi_{3,2,x^2-y^2}\right|$	Rotationssymmetrie bzgl. x- und y-Achse	Kegelmäntel	2	$3d^{x^2-y^2}$
$\left|\psi_{3,2,z^2}\right| = \left|\psi_{3,2,0}\right|$	Rotationssymmetrie bzgl. z-Achse	Kegelmäntel	2	$3d^{z^2}$
$\left|\psi_{3,2,xy}\right|$	Rotationssymmetrie bzgl. 1., 2. WH	Kegelmäntel	2	$3d^{xy}$
$\left|\psi_{3,2,yz}\right|$	Rotationssymmetrie bzgl. 3., 4. WH	Kegelmäntel	2	$3d^{yz}$
$\left|\psi_{3,2,xz}\right|$	Rotationssymmetrie bzgl. 5., 6. WH	Kegelmäntel	2	$3d^{xz}$

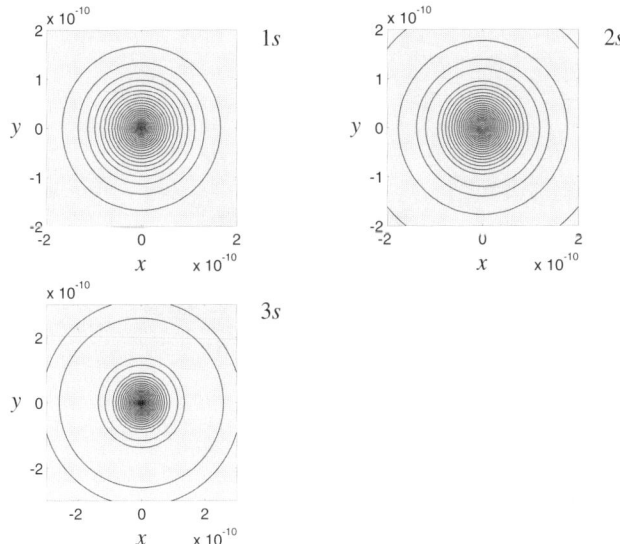

Bild 4.35 Die Höhenschnittlinien der Funktionen $\left|\psi_{n,l,s}\right|/N'_{n,l}$ in der x-y-$(z=0)$-Ebene: die Fälle $1s$, $2s$, $3s$. Zur Berechnung wurde $Z=1$, $m_0 = m_{0,\mathrm{e}}$ zugrunde gelegt. $m_{0,\mathrm{e}}$, e, $\hbar$, ε_0 wurde gemäß der Liste *Physikalische Konstanten und Definitionen* konkretisiert, sodaß sich $k = k_0/n$ mit $k_0 = Z|e|^2 m_0/\hbar^2 4\pi\varepsilon_0 \approx 1.89 \cdot 10^{10}\,\mathrm{m}^{-1}$ ergibt. Weiterhin ist $\mathrm{Dim}\,[x,y,z] = \mathrm{m}$ zu berücksichtigen. Es gilt $10^{-10}\,\mathrm{m} = 1\mathrm{Å}$

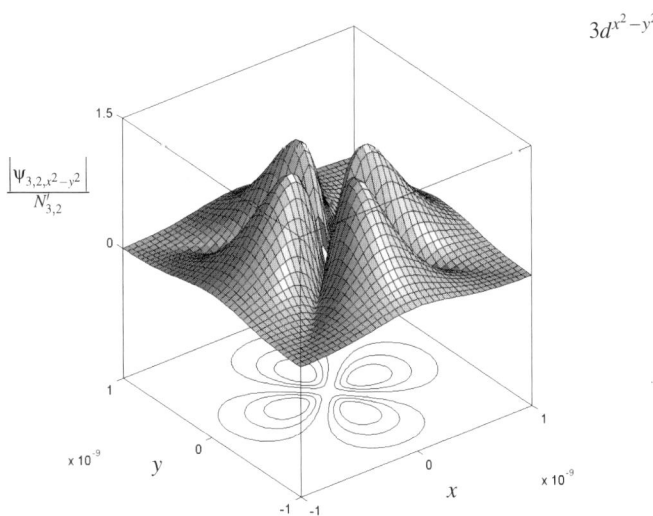

Bild 4.36 Die Funktion $\left|\psi_{3,2,x^2-y^2}\right|/N'_{3,2}$ in der x-y-$(z=0)$-Ebene und deren Höhenschnittlinien. Sonst wie Bild 4.35

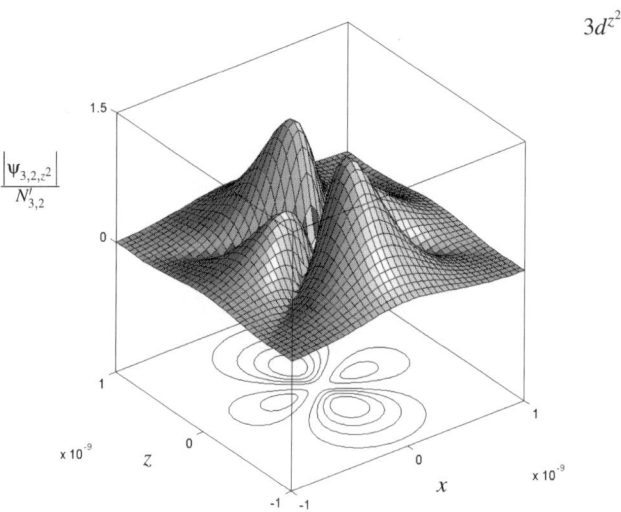

Bild 4.37 Die Funktion $\left|\psi_{3,2,z^2}\right|/N'_{3,2}$ in der x-$(y=0)$-z-Ebene und deren Höhenschnittlinien. Sonst wie Bild 4.35

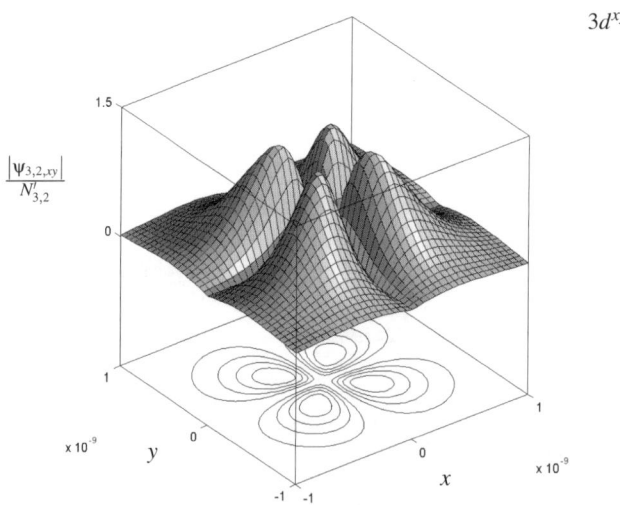

Bild 4.38 Die Funktion $\left|\psi_{3,2,xy}\right|/N'_{3,2}$ in der x-y-$(z=0)$-Ebene und deren Höhenschnittlinien. Sonst wie Bild 4.35

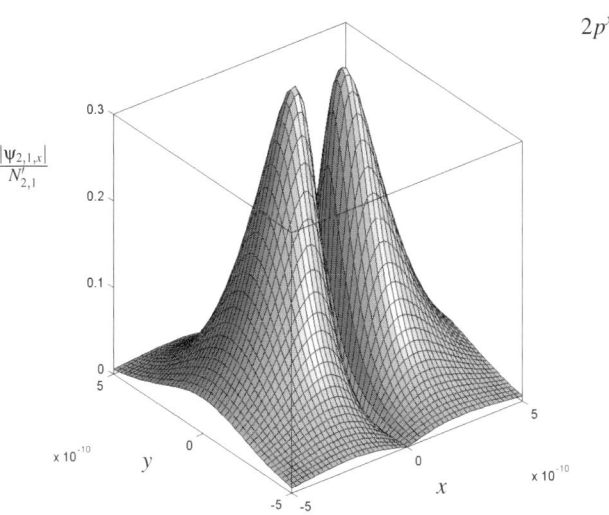

Bild 4.39 Die Funktion $\left|\psi_{2,1,x}\right|/N'_{2,1}$ in der x-y-$(z=0)$-Ebene. Sonst wie Bild 4.35. Der Zustand p^y in der x-y-$(z=0)$-Ebene bzw. der Zustand p^z in der x-$(y=0)$-z-Ebene ergibt sich durch die Vertauschung $x \leftrightarrow y$ bzw. durch die Vertauschung $x \leftrightarrow y$ und anschließender Ersetzung $y \to z$, d. h. durch eine geeignete Drehung aus dem betrachteten Zustand p^x

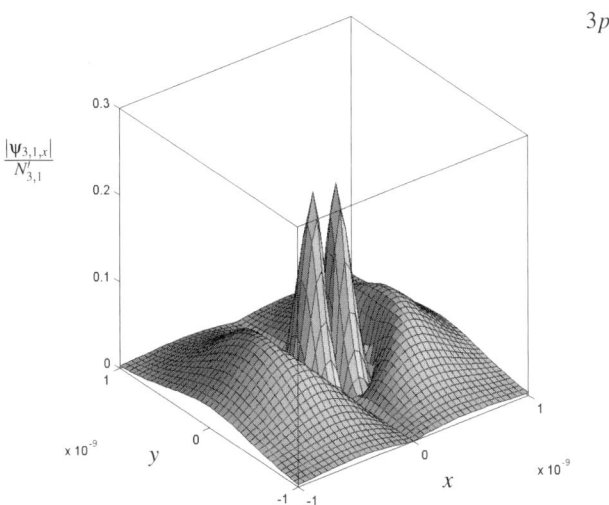

Bild 4.40 Die Funktion $\left|\psi_{3,1,x}\right|/N'_{3,1}$ in der x-y-$(z=0)$-Ebene. Sonst wie Bild 4.35. Aus dem im hier vorliegenden Bild angegebenen $3p^x$-Zustand ergibt sich der $3p^y$- bzw. der $3p^z$-Zustand durch die Operation $x \leftrightarrow y$ bzw. durch die Operation $x \leftrightarrow y$, $y \to z$

VII. Wahrscheinlichkeitsdichten

Legt man die Bornsche Interpretation zugrunde, dann wird die Wahrscheinlichkeitsdichte für die Meßwahrscheinlichkeit eines Elektrons in einem speziellen Atom-Orbital durch das Betragsquadrat

$$\psi_{n,l,S}^{*}\psi_{n,l,S} = \left|\psi_{n,l,S}\right|^{2} = \rho_{n,l,S} \quad \text{bzw.} \quad \psi_{n,l,m}^{*}\psi_{n,l,m} = \left|\psi_{n,l,m}\right|^{2} = \rho_{n,l,m} \tag{4.376}$$

vorgegeben, für den Fall der in Tabelle 4.8 angegebenen Atom-Orbitale also im wesentlichen durch die in den Bildern 4.35–4.38 angegebenen Betragsfunktionen. Entsprechend dieser Bilder bedingt das vorausgesetzte Zentralpotential in bestimmten Raumrichtungen eine Verstärkung und in anderen Raumrichtungen eine Reduktion der Wahrscheinlichkeitsdichte, sodaß Bereiche mit hoher Wahrscheinlichkeitsdichte vorliegen, die durch Knotenflächen voneinander abgegrenzt sind.

Im Sinne der Interpretationen dieses Kapitels stellt der Ausdruck

$$\left|\tilde{N}_{n,l}\right|^{2}\left|\tilde{R}_{n,l}\right|^{2}\mathrm{d}V = \left|\tilde{N}_{n,l}\right|^{2}\left|\tilde{R}_{n,l}\right|^{2}\tilde{r}^{2}\sin\theta\,\mathrm{d}\theta\,\mathrm{d}\varphi\,\mathrm{d}\tilde{r} \tag{4.377}$$

bezüglich der Winkelabhängigkeit Wahrscheinlichkeiten für das Vorfinden eines Teilchens im Volumenelement

$$\mathrm{d}V = \tilde{r}^{2}\sin\theta\,\mathrm{d}\theta\,\mathrm{d}\varphi\,\mathrm{d}\tilde{r} \tag{4.378}$$

dar. Integriert man über den gesamten Winkelbereich, dann erhält man die zugeordneten *Radialwahrscheinlichkeiten*

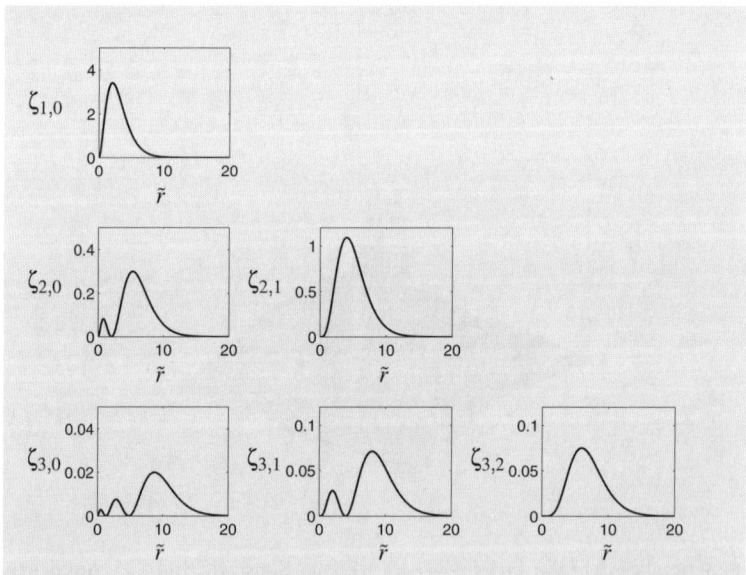

Bild 4.41 Die Dichtefunktion $4\pi\tilde{r}^{2}\left|\tilde{R}_{n,l}\right|^{2}$ bezogen auf $\zeta^{2} = Z^{3}\left|e\right|^{6}m_{0}^{3}/8\pi^{3}\hbar^{6}\varepsilon_{0}^{3}$ für verschiedene Fälle. Es gilt $\zeta_{n,l} = 4\pi\tilde{r}^{2}\left|\tilde{R}_{n,l}\right|^{2}/\zeta^{2}$

$$\int_0^{2\pi}\int_0^{\pi}\left|\tilde{N}_{n,l}\right|^2\left|\tilde{R}_{n,l}\right|^2\tilde{r}^2\sin\theta\,\mathrm{d}\theta\,\mathrm{d}\varphi\,\mathrm{d}\tilde{r}=4\pi\left|\tilde{N}_{n,l}\right|^2\left|\tilde{R}_{n,l}\right|^2\tilde{r}^2\,\mathrm{d}\tilde{r}\ . \tag{4.379}$$

Dieser Ausdruck beschreibt Wahrscheinlichkeiten für das Vorfinden eines Teilchens innerhalb einer Kugelschale, d. h. unabhängig von der Raumrichtung. Der hier zusätzlich auftretende Normierungsfaktor $\tilde{N}_{n,l}$ kann über die Normierungsbedingung

$$\int_0^{\infty}4\pi\left|\tilde{N}_{n,l}\right|^2\left|\tilde{R}_{n,l}\right|^2\tilde{r}^2\,\mathrm{d}\tilde{r}=1 \tag{4.380}$$

definiert werden. Die Dichtefunktion $4\pi\tilde{r}^2\left|\tilde{R}_{n,l}\right|^2$ wird im Bild 4.41 für verschiedene Fälle veranschaulicht. Diesem Bild entsprechend liegen schalenförmige Bereiche hoher Wahrscheinlichkeitsdichte um den Kern herum vor, wenn von der Winkelabhängigkeit abgesehen wird.

Die aus dem Zentralproblem folgenden Lösungen sind damit angegeben und diskutiert worden. Betrachten wir im folgenden ein grundlegendes Berechnungschema zur Berechnung dieser Lösungen etwas genauer.

4.9.2.3 Das Zentralproblem: ein Berechnungsschema

Entsprechend der obigen Ausführungen läßt sich das mathematische Ausgangsproblem durch die Schrödinger-Gleichung (vgl. (4.361))

$$E_nR_{n,l}(r)=\left[-\frac{\hbar^2}{2m_0}\frac{1}{r^2}\frac{\partial}{\partial r}\left(r^2\frac{\partial}{\partial r}\right)+V(r)+\frac{\hbar^2\omega}{2m_0}\frac{1}{r^2}\right]R_{n,l}(r) \tag{4.381}$$

sowie die Drehimpulsoperator-Eigenwertgleichungen (vgl. (4.362))

$$\hat{l}^2Y_{l,m}(\theta,\varphi)=\hbar^2\omega Y_{l,m}(\theta,\varphi)\ ,\quad \hat{l}_zY_{l,m}(\theta,\varphi)=\hbar mY_{l,m}(\theta,\varphi) \tag{4.382}$$

vorgeben, wobei hier im Unterschied zu den obigen Ausführungen statt $l(l+1)$ die strukturell unbestimmte Größe ω benützt wird. Die weiteren Rechnungen werden zeigen, daß diese tatsächlich gleich $l(l+1)$ sein muß.

Während sich die den Drehimpulsoperator-Eigenwertgleichungen zugeordneten Drehimpulsoperator-Eigenfunktionen durch Einführung von Leiteroperatoren ähnlich den im Zusammenhang mit dem harmonischen Oszillator auftretenden Leiteroperatoren schnell bestimmen lassen, kann zur Berechnung der Radialanteile die obige Schrödinger-Gleichung eine Reihenansatz gemacht werden. Berechnen wir zuerst die Drehimpulsoperator-Eigenfunktionen und anschließend die Radialanteile. Da die erste Rechnung den in die obige Schrödinger-Gleichung einzusetzenden Anteil $l(l+1)$ erst liefert, ist dieses Vorgehen angezeigt.

I. Drehimpulsoperator-Eigenfunktionen

Man betrachte die Operatoren

$$\hat{l}^+=\hat{l}_x+\mathrm{i}\hat{l}_y\ ,\quad \hat{l}^-=\hat{l}_x-\mathrm{i}\hat{l}_y\ , \tag{4.383}$$

welche den Vertauschungsrelationen

$$\left[\hat{l}_z,\hat{l}^{\pm}\right]_-=\pm\hbar\hat{l}^{\pm}\ ,\quad \left[\hat{l}^{\pm},\hat{l}_z\right]_-=\mp\hbar\hat{l}^{\pm}\ ,\quad \left[\hat{l}^2,\hat{l}^{\pm}\right]_-=0 \tag{4.384}$$

genügen, wie sich unter Berücksichtigung der Vertauschungsrelationen (2.100) und (2.101) sofort nachrechnen läßt.

Wendet man die Operatoren (4.383) auf die Beziehungen (4.382) an und berücksichtigt die Vertauschungsrelationen (4.384), dann erhält man

$$\hat{l}^2 \left[\hat{l}^{\pm} Y_{l,m}(\theta, \varphi) \right] = \hbar^2 \omega \left[\hat{l}^{\pm} Y_{l,m}(\theta, \varphi) \right] \;,$$

$$\hat{l}_z \left[\hat{l}^{\pm} Y_{l,m}(\theta, \varphi) \right] = \hbar (m \pm 1) \left[\hat{l}^{\pm} Y_{l,m}(\theta, \varphi) \right] \;, \tag{4.385}$$

was die Identifikation von $N_{l,m} \hat{l}^{\pm} Y_{l,m}(\theta, \varphi)$ als eine Eigenfunktion zu einem Eigenwert $\hbar(m \pm 1)$ rechtfertigt, d. h.

$$Y_{l,m\pm 1}(\theta, \varphi) = N_{l,m} \hat{l}^{\pm} Y_{l,m}(\theta, \varphi) \;, \tag{4.386}$$

wobei $N_{l,m}$ eine zunächst nicht näher bestimmte Normierungsgröße sein soll, die über die bereits angegebenen Normierungsbedingungen festgelegt werden kann. Entsprechend der Relation (4.386) bilden die Operatoren (4.383) spezielle Leiteroperatoren, welche den Übergang zwischen zwei Winkelfunktionen unterschiedlicher Quantenzahlen m vermitteln.[36]

Wendet man auf die zweite Gleichung von (4.382) den Operator $\hat{l}_z$ an, berücksichtigt auf der rechten Seite der entstehenden Gleichung, daß der Operator $\hat{l}_z$ angewandt auf eine Winkelfunktion $Y_{l,m}(\theta, \varphi)$ gemäß der zweiten Gleichung von (4.382) einen Eigenwert $\hbar m$ multipliziert mit $Y_{l,m}(\theta, \varphi)$ liefert, und verwendet (2.94), dann erhält man das Gleichungssystem

$$\left(\hat{l}_x^2 + \hat{l}_y^2 + \hat{l}_z^2 \right) Y_{l,m}(\theta, \varphi) = \hbar^2 \omega Y_{l,m}(\theta, \varphi) \;, \quad \hat{l}_z^2 Y_{l,m}(\theta, \varphi) = \hbar^2 m^2 Y_{l,m}(\theta, \varphi) \;, \tag{4.387}$$

dessen Gleichungen nach einer Subtraktion voneinander den Zusammenhang

$$\left(\hat{l}_x^2 + \hat{l}_y^2 \right) Y_{l,m}(\theta, \varphi) = \hbar^2 \left(\omega - m \right) Y_{l,m}(\theta, \varphi) \tag{4.388}$$

ergeben. Multipliziert man diesen Ausdruck von links mit einer konjugiert komplexen Winkelfunktion $Y_{l,m}^*(\theta, \varphi)$ und integriert anschließend über den gesamten Ortsraum, dann erhält man die Integralbeziehung

$$\int Y_{l,m}^*(\theta, \varphi) \left(\hat{l}_x^2 + \hat{l}_y^2 \right) Y_{l,m}(\theta, \varphi) \, d^3 x = \int \hbar^2 \left(\omega - m \right) Y_{l,m}^*(\theta, \varphi) Y_{l,m}(\theta, \varphi) \, d^3 x \;. \tag{4.389}$$

Berücksichtigt man, daß die linke Seite einen Erwartungswertausdruck darstellt, der den Erwartungswert des Drehimpulsquadrats in der x-y-Ebene vermittelt, welcher Werte größer oder allenfalls gleich Null aufweisen kann, so kann dieser Integralausdruck durch

$$\int \hbar^2 \left(\omega - m \right) Y_{l,m}^*(\theta, \varphi) Y_{l,m}(\theta, \varphi) \, d^3 x \geq 0 \tag{4.390}$$

ersetzt werden. Da $Y_{l,m}^*(\theta, \varphi) Y_{l,m}(\theta, \varphi) = \left| Y_{l,m}(\theta, \varphi) \right|^2$ selbst nur Werte größer oder gleich Null annehmen kann, ergibt sich die Relation

---

[36]Es sei an dieser Stelle bemerkt, daß nicht angenommen werden kann, daß die Anwendung eines Leiteroperators $\hat{l}^+$ bzw. $\hat{l}^-$ auf eine normierte Funktion $Y_{l,m}(\theta, \varphi)$ wieder zu einer normierten Funktion führt, sodaß das explizite Hinschreiben einer Normierungsgröße im Rahmen dieses Zusammenhangs sehr sinnvoll ist. Zieht man diese Möglichkeit in Betracht, dann ist auf Grund der Gleichungsstruktur anzunehmen, daß diese Normierungsgröße von den Quantenzahlen l und m abhängt, d. h. es ist eine Normierungsgröße der Form $N_{l,m}$ anzunehmen.

$$\omega - m^2 \geq 0 \,, \tag{4.391}$$

als deren Konsequenz gefordert werden muß, daß es einen maximalen Wert $m = m_{max}$ bzw. einen negativen minimalen Wert $m = m_{min}$ mit dazwischen liegenden Werten gibt, was letztendlich zu der Beziehung

$$m_{min} \geq m \geq m_{max} \tag{4.392}$$

führt.

Da die oben eingeführten Leiteroperatoren Winkelanteile zu höheren oder niedrigeren Werten der Quantenzahl m erzeugen, folgen aus (4.392) die Abbruchbedingungen

$$\hat{l}^- Y_{l,m_{min}} = 0 \tag{4.393}$$

und

$$\hat{l}^+ Y_{l,m_{max}} = 0 \,. \tag{4.394}$$

Wendet man auf (4.393) bzw. (4.394) den Operator $\hat{l}^+$ bzw. $\hat{l}^-$ an, berücksichtigt die explizite Struktur dieser Operatoren sowie die Eigenwertgleichungen (4.382), dann erhält man

$$\begin{aligned} \hat{l}^+\hat{l}^- Y_{l,m_{min}} &= \hbar^2 \left(\omega - m_{min}^2 + m_{min} \right) Y_{l,m_{min}} = 0 \,, \\ \hat{l}^-\hat{l}^+ Y_{l,m_{max}} &= \hbar^2 \left(\omega - m_{max}^2 - m_{max} \right) Y_{l,m_{max}} = 0 \,. \end{aligned} \tag{4.395}$$

Da die Winkelfunktionen $Y_{l,m_{max}}(\theta,\varphi)$, $Y_{l,m_{min}}(\theta,\varphi)$ den obigen Überlegungen gemäß nicht im gesamten Variablenbereich gleich Null sind, folgt aus diesen Beziehungen der Zusammenhang

$$\omega - m_{min}^2 + m_{min} = \omega - m_{max}^2 - m_{max} = 0 \,, \tag{4.396}$$

der etwas umgeformt die Form

$$m_{min}^2 - m_{min} = m_{max}^2 + m_{max} = \omega \tag{4.397}$$

annimmt, woraus insbesondere die Beziehung

$$(m_{max} + m_{min})(m_{max} - m_{min} + 1) - 0 \tag{4.398}$$

folgt. Berücksichtigt man, daß m_{max} größer oder allenfalls gleich m_{min} ist, sodaß der zweite Faktor von (4.398) ungleich Null ist, woraus das Verschwinden des ersten Faktors folgt, dann ergibt sich der Zusammenhang $m_{max} = -m_{min}$. Da nach (4.385) der Unterschied zweier Werte der Quantenzahl m gerade durch den Wert 1 gegeben ist, muß für die Differenz $m_{max} - m_{min}$ der Zusammenhang $m_{max} - m_{min} =$ ganze Zahl gelten, sodaß mit $m_{max} = -m_{min}$ der Zusammenhang $m_{max} =$ ganze Zahl/2 folgt, wobei nach den obigen Ausführungen obendrein $m_{max} \geq 0$ gilt, d. h. $m_{max} =$ ganze Zahl/2 ≥ 0. Für m_{max} muß eine ganze Zahl gefordert werden[37], sodaß dieser Ausdruck entsprechend $m_{max} =$ ganze Zahl ≥ 0 zusätzlich eingeschränkt werden muß. Setzt man dann noch $m_{max} = l$, dann folgt mit $m_{max} = -m_{min}$ sowie $m_{min} \geq m \geq m_{max}$ die Ungleichung

$$-l \geq m \geq l \,, \quad l = \text{ganze Zahl} \geq 0 \,. \tag{4.399}$$

---

[37]Diese Forderung folgt direkt aus der noch folgenden Beziehung (4.403): Da die durch diese Beziehung vorgegebenen Lösungsfunktionen bezüglich einer Drehung um Vielfache von 2π eindeutig sein müssen, muß die darin auftretende Quantenzahl m ganzzahlige Werte aufweisen.

Setzt man in der Beziehung (4.386) den Operator $\hat{l}^+$ voraus und setzt die in $\hat{l}^+$ enthaltenen Teiloperatoren $\hat{l}_x$, $\hat{l}_y$ in der Form (2.93) ein, dann erhält man für diese Beziehung den Ausdruck

$$Y_{l,m+1}(\theta,\varphi) = N_{l,m}\hbar \exp(i\varphi) \left(\frac{\partial}{\partial\theta} + i\cot\theta\frac{\partial}{\partial\varphi} \right) Y_{l,m}(\theta,\varphi) \,. \tag{4.400}$$

Dieser rekursive Ausdruck erlaubt die sukzessive Berechnung von Winkelfunktionen ausgehend von der durch (4.393) vorgegebenen Winkelfunktion

$$Y_{l,m_{\min}=-l}(\theta,\varphi) = Y_{l,-l}(\theta,\varphi) \,, \tag{4.401}$$

deren explizite Form schnell bestimmt werden kann. Setzt man nämlich in die zweite Beziehung von (4.382) den durch (2.93) definierten Operator $\hat{l}_z$ ein, dann erhält man den Zusammenhang

$$\frac{\hbar}{i}\frac{\partial}{\partial\varphi}Y_{l,m}(\theta,\varphi) = \hbar m Y_{l,m}(\theta,\varphi) \,, \tag{4.402}$$

der Lösungen der Form

$$Y_{l,m}(\theta,\varphi) = \exp(im\varphi)\, y_{l,m}(\theta) \tag{4.403}$$

zuläßt, sodaß sich sofort

$$Y_{l,-l}(\theta,\varphi) = \exp(-il\varphi)\, y_{l,-l}(\theta) \tag{4.404}$$

ergibt. Setzt man diesen Ausdruck in (4.393) ein und berücksichtigt die in $\hat{l}^-$ auftretenden Teiloperatoren $\hat{l}_x$, $\hat{l}_y$ gemäß (2.93), so erhält man eine Differentialgleichung zur Bestimmung der noch unbestimmten Teilfunktion $y_{l,-l}(\theta)$, die Beziehung

$$\frac{\partial y_{l,-l}(\theta)}{\partial\theta} = l\cot\theta\, y_{l,-l}(\theta), \tag{4.405}$$

deren Lösungen durch

$$y_{l,-l}(\theta) = A\sin^l\theta \tag{4.406}$$

gegeben sind, wobei A für einen noch unbestimmten Koeffizienten steht. Berücksichtigt man die derartig konkretisierte Teilfunktion in (4.404), dann erhält man entsprechend

$$Y_{l,-l}(\theta,\varphi) = A\exp(-il\varphi)\sin^l\theta \tag{4.407}$$

die gesuchte explizite Form der betrachteten Winkelfunktion.

Berücksichtigt man die Normierungsbedingung (4.364), dann lassen sich der in (4.407) auftretende Koeffizient A sowie der in (4.400) auftretende Normierungsfaktor $N_{l,m}$ zu

$$A = \frac{1}{\sqrt{4\pi}}\frac{\sqrt{(2l+1)!}}{l!2^l} \tag{4.408}$$

und

$$N_{l,m} = \frac{1}{\hbar}\frac{1}{\sqrt{(l-m)(l+m+1)}} \tag{4.409}$$

bestimmen.

Faßt man die zentralen obigen Ergebnisse zusammen, so erhält man schließlich den Zusammenhang

$$Y_{l,m+1}(\theta,\varphi) = \frac{\exp{(i\varphi)}\left(\frac{\partial}{\partial\theta} + i\cot\theta\frac{\partial}{\partial\varphi}\right)}{\sqrt{(l-m)(l+m+1)}}Y_{l,m}(\theta,\varphi) \tag{4.410}$$

zur rekursiven Definition aller Winkelfunktionen, wobei

$$Y_{l,-l}(\theta,\varphi) = \frac{1}{\sqrt{4\pi}}\frac{\sqrt{(2l+1)!}}{l!2^l}\exp{(-il\varphi)}\sin^l\theta \tag{4.411}$$

die Startfunktion für den Rekursionsprozeß vorgibt. In diesem Zusammenhang gilt die Quantenzahlrelation

$$-l \geq m \geq l\,. \tag{4.412}$$

II. Radialanteile

Verwendet man die explizite Form der betrachteten Potentialfunktion (4.356) und berücksichtigt den aus (4.397) folgenden Zusammenhang $\omega = l(l+1)$, dann nimmt die Schrödinger-Gleichung (4.381) die Form

$$E_n R_{n,l}(r) = \left[-\frac{\hbar^2}{2m_0}\frac{1}{r^2}\frac{\partial}{\partial r}\left(r^2\frac{\partial}{\partial r}\right) - \frac{Z|e|^2}{4\pi\varepsilon_0 r} + \frac{\hbar^2 l(l+1)}{2m_0}\frac{1}{r^2}\right]R_{n,l}(r) \tag{4.413}$$

an. Geht man gemäß

$$\tilde{r} = 2k(E_n)r\,, \quad k(E_n) = \sqrt{-\frac{2m_0}{\hbar^2}E_n} \tag{4.414}$$

zu der dimensionslosen Koordinate $\tilde{r}$ über und führt die Abkürzung

$$\kappa(E_n) = \sqrt{-\frac{Z^2|e|^4 m_0}{2\hbar^2(4\pi\varepsilon_0)^2}\frac{1}{E_n}} \tag{4.415}$$

ein, dann läßt sich die obige Schrödinger-Gleichung durch

$$\frac{\partial^2\tilde{R}_{n,l}(\tilde{r})}{\partial\tilde{r}^2} + \frac{2}{\tilde{r}}\frac{\partial\tilde{R}_{n,l}(\tilde{r})}{\partial\tilde{r}} + \left[-\frac{1}{4} + \frac{\kappa(E_n)}{\tilde{r}} - \frac{l(l+1)}{\tilde{r}^2}\right]\tilde{R}_{n,l}(\tilde{r}) = 0 \tag{4.416}$$

ersetzen. Diese Beziehung soll als Ausgangspunkt zur Berechnung der Radialanteile

$$R_{n,l}(r) = \tilde{R}_{n,l}(\tilde{r}) \tag{4.417}$$

dienen.

Macht man zur Berechnung der gebundenen Zustände einen Potenzreihenansatz bezüglich der dimensionslosen Koordinate, dann zeigt sich, daß ein Anteil dieses Potenzreihenansatzes eine Exponentialfunktion repräsentiert, welche im Unendlichen abklingt. Dieser Funktionsanteil repräsentiert die für gebundene Zustände notwendige Eigenschaft des Abklingens von Zustandsfunktionen im Unendlichen. Um eine diesbezügliche Analyse eines allgemeinen Potenzreihenansatzes nicht explizit durchführen zu müssen, kann die im Rahmen einer Durchrechnung sich automatisch ergebende Struktur von Anfang an vorausgesetzt werden, d. h. es kann der Ansatz

$$\tilde{R}_{n,l}(\tilde{r}) = \exp(-\tilde{r}/2)\,\tilde{\phi}_{n,l}(\tilde{r}) \tag{4.418}$$

benützt werden. Setzt man eine Potenzreihe an, die mit den Termen $\tilde{r}^i$, $i = 0,1,2,3,\dots$ beginnt, dann sieht man, daß erst ab einem bestimmten Exponenten i auftretende Terme zu berücksichtigen sind. Um auch diese Analyse nicht explizit durchführen zu müssen, kann

$$\tilde{\phi}_{n,l}(\tilde{r}) = \sum_{i=0}^{\infty} \alpha_{n,l,i}\,\tilde{r}^{i+j} \tag{4.419}$$

angesetzt werden, d. h. von Anfang an kann ein durch den Exponenten j vorgegebener Term zugelassen werden, wobei j im Rahmen des Bestimmungsprozesses festgelegt werden kann. In diesem Potenzreihenansatz wird zudem bereits berücksichtigt, daß sich die Potenzreihenkoeffizienten als von n und l abhängig erweisen werden, sodaß zusätzlich zu dem Symbol α_i bereits das Indexpaar n,l benützt wird.

Setzt man den Ansatz (4.418) in (4.416) ein, dann ergibt sich eine Beziehung zur Festlegung der Potenzreihe $\tilde{\phi}_{n,l}(\tilde{r})$, die Beziehung

$$\frac{\partial^2 \tilde{\phi}_{n,l}(\tilde{r})}{\partial \tilde{r}^2} + \left(\frac{2}{\tilde{r}} - 1\right)\frac{\partial \tilde{\phi}_{n,l}(\tilde{r})}{\partial \tilde{r}} + \left[\frac{\kappa(E_n)-1}{\tilde{r}} - \frac{l(l+1)}{\tilde{r}^2}\right]\tilde{\phi}_{n,l}(\tilde{r}) = 0\,. \tag{4.420}$$

Setzt man in diese Beziehung den Potenzreihenansatz (4.419) ein, dann erhält man einen Potenzreihenausdruck, der geordnet nach Potenzen von $\tilde{r}$ die Form

$$\sum_{i=0}^{\infty} \beta_i\,\tilde{r}^{i+j-2} = 0 \tag{4.421}$$

aufweist, wobei die nun auftretenden Koeffizienten durch

$$\beta_0 = \alpha_{n,l,0}\left[j(j-1) + 2j - l(l+1)\right] \tag{4.422}$$

sowie

$$\beta_{i\geq 1} = \alpha_{n,l,i}\left[(i+j)(i+j-1) + 2(i+j) - l(l+1)\right] + \alpha_{n,l,i-1}\left[\kappa(E_n) - i - j\right] \tag{4.423}$$

gegeben sind[38].

Der Potenzreihenausdruck (4.421) verschwindet für beliebige Werte von $\tilde{r}$, wenn

$$\beta_i = 0 \tag{4.424}$$

gefordert wird. Betrachtet man $\alpha_{n,l,0}$ als einen noch unbestimmten Faktor ungleich Null, dann folgt aus dieser Forderung ein rekursives Schema zur Festlegung aller Potenzreihenkoeffizienten der Potenzreihe (4.419): Aus (4.422) folgt der Zusammenhang

$$j(j+1) = l(l+1)\,, \quad \text{d. h.} \quad j = l \quad \text{oder} \quad j = -l-1\,. \tag{4.425}$$

Aus (4.423) folgt die Rekursionsformel

$$\alpha_{n,l,i\geq 1} = \frac{i+j-\kappa(E_n)}{i(i+2j+1)}\alpha_{n,l,i-1} \quad \text{oder} \quad \alpha_{n,l,i\geq 1} = \frac{i+l-n}{i(i+2l+1)}\alpha_{n,l,i-1}\,, \tag{4.426}$$

---

[38]Es sei hier bemerkt, daß in (4.423) auch (4.422) enthalten ist, wenn berücksichtigt wird, daß die Potenzreihenkoeffizienten $\alpha_{n,l,i}$ ab dem Koeffizienten $\alpha_{n,l,0}$ zu berücksichtigen sind, d. h. wenn $\alpha_{n,l,-1} = 0$ berücksichtigt wird.

wobei sich die zweite Form ergibt, wenn berücksichtigt wird, daß sich nur dann im ganzen betrachteten Gebiet konvergente Funktionen ergeben, wenn kompatibel mit (4.425) die Identifikation $j = l$ zugrunde gelegt und gefordert wird, daß die durch (4.426) vorgegebenen Folgen der Potenzreihenkoeffizienten $\alpha_{n,l,i\geq 1}$ abbrechen, sodaß die Koeffizienten $\alpha_{n,l,i}$ spezielle Polynome definieren. Da das Abbrechen der Potenzreihenkoeffizienten $\alpha_{n,l,i\geq 1}$ gewährleistet ist, wenn $\kappa(E_n)$ eine ganze Zahl n größer Null repräsentiert, d. h. wenn

$$\kappa(E_n) = n, \quad n = 1, 2, 3, \ldots \tag{4.427}$$

gilt, weil der dann sich ergebende Zähler $i + l - n$ der Rekursionsformel (4.426) ab einem i-Wert $i = n - l$ auf verschwindende Potenzreihenkoeffizienten führt, erhält man (4.426). Da für i gemäß (4.426) die Werte $i \geq 1$ möglich sind und gemäß der obigen Ausführungen $l \geq 0$ zu beachten ist, ergibt sich zusätzlich aus $i = n - l$ die Ungleichung

$$0 \leq l \leq n - 1. \tag{4.428}$$

Setzt man (4.426) in (4.419) ein, dann erhält man für die Radialanteile die Potenzreihe

$$\tilde{R}_{n,l}(\tilde{r}) = \exp\left(-\tilde{r}/2\right) \sum_{i=0}^{\infty} \alpha_{n,l,i} \tilde{r}^{i+l}, \tag{4.429}$$

wobei die Koeffizienten $\alpha_{n,l,i}$ mittels der Rekursionsformel

$$\alpha_{i\geq 1}^{n,l} = \frac{i + l - n}{i(i + 2l + 1)} \alpha_{i-1}^{n,l} \tag{4.430}$$

ausgehend von einem vorzugebenden Startkoeffizienten $\alpha_{n,l,0}$ festgelegt werden können. Dieser Startkoeffizient hat die Bedeutung einer Normierungsgröße, was die zu (4.429) und (4.430) gleichwertige Formulierung

$$\tilde{R}_{n,l}(\tilde{r}) = \alpha_{n,l,0} \exp\left(-\tilde{r}/2\right) \tilde{r}^l \sum_{i=0}^{\infty} \tilde{a}_{n,l,i} \tilde{r}^i \tag{4.431}$$

mit dem Koeffizientenschema

$$\alpha_{n,l,i} = \alpha_{n,l,0} \tilde{a}_{n,l,i}, \quad \tilde{a}_{n,l,0} = 1, \quad \tilde{a}_{n,l,i\geq 1} = \frac{i + l - n}{i(i + 2l + 1)} \cdots \frac{1 + l - n}{1(1 + 2l + 1)} \tag{4.432}$$

formal verdeutlicht. Führt man gemäß

$$L_{n+l}(\tilde{r}) = e^{\tilde{r}} \frac{d^{n+l}\left(e^{-\tilde{r}} \tilde{r}^{n+l}\right)}{d\tilde{r}^{n+l}} \quad \text{mit} \quad L_{n+l}^{2l+1}(\tilde{r}) = \frac{d^{2l+1} L_{n+l}(\tilde{r})}{d\tilde{r}^{2l+1}} \tag{4.433}$$

Laguerresche Polynome ein, dann lassen sich die Radialanteile schließlich in der Form

$$\tilde{R}_{n,l}(\tilde{r}) = N_{n,l} \exp\left(-\tilde{r}/2\right) \tilde{r}^l L_{n+l}^{2l+1}(\tilde{r}) \tag{4.434}$$

notieren, wobei $N_{n,l}$ die obige Normierungsgröße $\alpha_{n,l,0}$ ersetzt. Die Angabe der oben hergeleiteten Quantenzahlrelationen

$$n = 1, 2, 3, \ldots, \quad 0 \leq l \leq n - 1 \tag{4.435}$$

rundet die Betrachtung der Radialanteile ab.

4.9.3 N-Elektronen-1-Kern-Systeme

Der Übergang zu Mehr-Elektronen-Atomen wie dem im Bild 4.26 schematisch dargestellten Lithium-Atom bedarf als Voraussetzung einer Mehr-Teilchen-Gleichung wie z. B.
der Vielteilchen-Schrödinger-Gleichung des Abschnitts 4.4.1 oder eines Mehr-Teilchen-
Pfadintegrals der im Abschnitt 4.4.4 eingeführten Art. Die Lösung einer Mehr-Teilchen-
Gleichung für ein spezielles Mehr-Elektronen-Atom oder eines Mehr-Elektronen-Pfadintegrals
ist ein aufwendiges Unterfangen, sodaß für gewöhnlich auf Näherungsverfahren oder numerische Methoden zurückgegriffen wird. Das bereits erwähnte Hartree-Fock-Verfahren stellt ein
Beispiel dafür dar, das darauf basiert, daß beispielsweise ein N-Elektronen-1-Kern-System
gedanklich durch ein System ersetzt wird, das aus einem einzelnen Elektron mit Abzählnum-
mer i sowie einem $(N-1)$-Elektronen-1-Kern-System besteht, wobei die $(N-1)$ Elektronen
ein „Abschirmpotential" bilden, sodaß das Elektron i sich in einem „effektiven Potential"
bewegt, das sich aus dem ursprünglichen Kern-Potential sowie aus dem Potential der restlichen
Elektronen zusammensetzt. Auf diese Weise wird quasi ein „Ein-Teilchen-System" eingeführt.

Löst man eine Mehr-Teilchen-Gleichung eines speziellen Mehr-Elektronen-Systems, dann
erhält man als Lösung Mehr-Elektronen-Orbitale und zugeordnete Mehr-Elektronen-Ener-
gieeigenwerte, welche die möglichen Zustände des elektronischen Mehr-Teilchen-Systems
charakterisieren. Eine ausführliche Darstellung entsprechender Rechenwege soll in diesem
Buch nicht erfolgen. Was im folgenden jedoch getan werden soll ist, das grundlegende Ordnungsschema von Atomen, das Periodensystem der Elemente, etwas genauer zu betrachten,
und kurz herauszuarbeiten, daß das in den vorherigen Abschnitten eingeführte Ein-Elektron-
Orbital-Schema im Rahmen einer Näherung zu einer Charakterisierung der Detailstruktur von
Mehr-Elektronen-Zuständen in Atomen herangezogen werden kann.

4.9.3.1 Das Periodensystem der Elemente

Der Jahrhunderte alte Umgang mit *chemischen Elementen* (kurz: „Elementen"), d. h. mit
verschiedenen Atomarten (welche jeweils bestimmte chemische Eigenschaften aufweisen,
was den Begriff *chemisches Element* rechtfertigt), hat auf verschiedene Ordnungsschemata zur
Klassifizierung der chemischen Elemente geführt. Bild 4.42 zeigt ein solches weit verbreitetes
Ordnungsschema, das *Periodensystem der Elemente* in einer speziellen Darstellung.[39]

Das zentrale Ordnungskriterium dieses Periodensystems ist die Ordnungszahl, welche die
Kernladungszahl und (da Atome nach außen hin elektrisch neutrale Gebilde darstellen) gleichzeitig die Elektronenzahl angibt[40]. Explizit angegeben werden im Bild 4.42 nur die Elemente
der sogenannten *Hauptgruppen*. Die Elemente der sogenannten *Nebengruppen* sowie diejenigen der *Lanthanide* und *Actinide* werden nur angedeutet. Die Vervollständigung der im Bild
4.42 angegebenen Tabelle um diese chemischen Elemente hebt die Unterbrechung der explizit
angegebenen Ordnungszahlen auf. Als zusätzliches wichtiges Ordnungskriterium sind die *relativen Atommassen* angegeben, die weitgehend das gleiche Ordnungsschema widerspiegeln.

---

[39]In seinen Grundzügen geht es auf D. J. Mendelejew und L. Meyer zurück.

[40]Atome und sich daraus bildenden Moleküle zeigen relativ gesehen kleine, zeitlich begrenzte Abweichungen von der elektrischen Neutralität. Man spricht dann von *van-der-Waalsschen Kräften*. Derartige Fluktuationen führen insbesondere zur Herausbildung von relativ gesehen kleinen, zeitlich begrenzten
elektrischen Dipol- oder Quadrupolmomenten, die miteinander wechselwirken und so beispielsweise zur
Herausbildung von Molekülkristallen führen.

Periodensystem der Hauptgruppen Elemente

Periode	I (s¹)	II (s²)	(Elemente der Nebengruppen + Lanthanide und Actinide, Auftreten von d- und f-Orbitalen)	III (p¹)	IV (p²)	V (p³)	VI (p⁴)	VII (p⁵)	VIII (p⁶)	Schale	Hauptquantenzahl n
1	$^{1.0}_{1}$ H								$^{4.0}_{2}$ He (1s)	K	n=1
2	$^{6.9}_{3}$ Li	$^{9.0}_{4}$ Be		$^{10.8}_{5}$ B	$^{12.0}_{6}$ C	$^{14.0}_{7}$ N	$^{16.0}_{8}$ O	$^{19.0}_{9}$ F	$^{20.2}_{10}$ Ne	L	n=2
3	$^{23.0}_{11}$ Na	$^{24.3}_{12}$ Mg		$^{27.0}_{13}$ Al	$^{28.1}_{14}$ Si	$^{31.0}_{15}$ P	$^{32.1}_{16}$ S	$^{35.5}_{17}$ Cl	$^{39.9}_{18}$ Ar	M	n=3
4	$^{39.1}_{19}$ K	$^{40.1}_{20}$ Ca		$^{69.7}_{31}$ Ga	$^{72.6}_{32}$ Ge	$^{74.9}_{33}$ As	$^{79.0}_{34}$ Se	$^{79.9}_{35}$ Br	$^{83.8}_{36}$ Kr	N	n=4
5	$^{85.5}_{37}$ Rb	$^{87.6}_{38}$ Sr		$^{114.8}_{49}$ In	$^{118.7}_{50}$ Sn	$^{121.8}_{51}$ Sb	$^{127.6}_{52}$ Te	$^{126.9}_{53}$ J	$^{131.3}_{54}$ Xe	O	n=5
6	$^{132.9}_{55}$ Cs	$^{137.3}_{56}$ Ba		$^{204.4}_{81}$ Ti	$^{207.2}_{82}$ Pb	$^{209.0^*}_{83}$ Bi	$^{(209)^*}_{84}$ Po	$^{(210)^*}_{85}$ At	$^{(222)^*}_{86}$ Rn	P	n=6
7	$^{(223)^*}_{87}$ Fr	$^{(226)^*}_{88}$ Ra								Q	n=7
Orbitalcharakterisierung	s^1	s^2		p^1	p^2	p^3	p^4	p^5	p^6		
Drehimpulsquantenzahl l	0	0		↑	↑	↑	↑	↑	↑		
Magnetische Quantenzahl m	0	0		-1	0	+1	-1	0	+1		
Spinquantenzahl $J_{3,s}$	↑	↑↓		↑	↑	↑	↑↓	↑↓	↑↓		

Bild 4.42 Das Periodensystem der Elemente. Die an den Elementsymbolen auftretende jeweils obere Zahl gibt die relative Atommasse – bezogen auf 1/12 des Kohlenstoffisotops ^{12}C – an, wobei der Mittelwert der natürlichen Isotopenmischung angegeben wird. Ist eine solche Zahl eingeklammert, dann bedeutet dies, daß die relative Atommasse des relativ gesehen langlebigsten Isotops angegeben wird. Tritt ein zusätzlicher Stern auf, dann heißt das, daß alle Isotope der Atomart radioaktiv sind. Die jeweils untere Zahl gibt die Ordnungszahl an. Sie ist gleich der Kernladungszahl der Elemente im Periodensystem. Ausnahmen in der Elektronenauffüllung werden durch ein zusätzliches oberes Orbitalsymbol gekennzeichnet, das die tatsächliche Elektronenauffüllung angibt. Der schraffierte Bereich deutet die Existenz weiterer chemischer Elemente, der Elemente der Nebengruppen sowie der Lanthanide und Actinide, an. Es gilt $J_{3,s} = \uparrow = +1/2$ sowie $J_{3,s} = \downarrow = -1/2$.

Die einzelnen Hauptgruppen (I–VIII) enthalten Elemente mit ähnlichen chemischen Eigenschaften: Die Hauptgruppe I enthält insbesondere die *Alkalimetalle* Lithium (Li), Natrium (Na), Kalium (K), Rubidium (Rb), Cäsium (Cs) und Francium (Fr). Derartige Alkalimetalle bilden Substanzen mit relativ hoher elektrischer Leitfähigkeit. Die Hauptgruppe II enthält insbesondere die *Erdalkalimetalle* Calcium (Ca), Strontium (Sr), Barium (Ba) und Radium (Ra). Gegenüber den Alkalimetallen sind sie weniger „reaktionsfähig". Die Hauptgruppen III bis VI enthalten insbesondere die Elemente Bor (B), Kohlenstoff (C), Silizium (Si), Germanium (Ge), Zinn (Sn), Phosphor (P), Arsen (As), Antimon (Sb), Wismut (Bi), Selen (Se), Tellur (Te), Polonium (Po), welche *Halbmetalle* sind, d. h. es existieren sowohl Substanzmodifikationen mit metallischen als auch mit nichtmetallischen Eigenschaften. Die Hauptgruppe VII enthält die

Halogene Fluor (F), Chlor (Cl), Brom (Br), Jod (J) und Astat (At). Sie sind *Nichtmetalle* mit starker Reaktivität und Salzbildner (worauf der Begriff *Halogene* hindeutet). Die Hauptgruppe VIII enthält die Elemente Helium (He), Neon (Ne), Argon (Ar), Krypton (Kr), Xenon (Xe), Radon (Rn), welche Edelgase sind, d. h. sie bilden einatomige, bei Zimmertemperatur gasförmige Substanzen mit einer außerordentlich hohen Stabilität gegenüber chemischen Reaktionen. Sie sind also außerordentlich „reaktionsträge", ihre Ionisierungsenergien sind relativ hoch anzusetzen.

Zusätzlich treten in diesem Periodensystem weitere Ordnungsmerkmale auf, nämlich Orbitalsymbole s und p (und, wenn Nebengruppen betrachtet werden, das Orbitalsymbol d, sowie das Orbitalsymbol f, wenn zusätzlich Lanthanide und Actinide angegeben werden), die Hauptquantenzahl n, die Drehimpulsquantenzahl l, die magnetische Quantenzahl m sowie die – im Vorgriff auf spätere Ausführungen bereits jetzt angegebene – Spinquantenzahl $J_{3,s}$.[41] Damit stellt sich die Frage, inwieweit die Verwendung von Orbitalsymbolen, welche im Zusammenhang mit wasserstoffähnlichen Ein-Elektron-Systemen[42] eingeführt wurden, in diesem Zusammenhang sinnvoll sind. Dies sollen die folgenden Ausführungen klären:

4.9.3.2 Die atomare Elektronen-Konfiguration

Berechnet man Mehr-Elektronen-Zustandsfunktionen eines Mehr-Elektronen-Atoms mit N Elektronen und bildet daraus Mehr-Elektronen-Wahrscheinlichkeitsdichten, dann stellt man fest, daß sich gemäß

$$\rho(N) \approx \sum_i A_i \rho_i(N) \qquad (4.436)$$

mit einiger Näherung eine Mehr-Elektronen-Wahrscheinlichkeitsdichte $\rho(N)$ aus Teilwahrscheinlichkeitsdichten $\rho_i(N) = \rho_{n,l,m}(N)$ oder $\rho_i(N) = \rho_{n,l,S}(N)$ zusammensetzen läßt, wobei die Koeffizienten A_i den Beitrag der jeweiligen Teilwahrscheinlichkeitsdichte zur betrachteten Mehr-Elektronen-Wahrscheinlichkeitsdichte angeben. Diese Teilwahrscheinlichkeitsdichten sind ähnlich den wasserstoffähnlichen Ein-Elektron-Wahrscheinlichkeitsdichten ansetzbar, d. h. $\rho_{n,l,m}(N) \approx \rho_{n,l,m}$ oder $\rho_{n,l,S}(N) \approx \rho_{n,l,S}$, wobei die exakte Analyse zeigt, daß die im Zusammenhang mit den wasserstoffähnlichen Ein-Elektron-Wahrscheinlichkeitsdichten eingeführten Quantenzahlen n, l, m bzw. n, l auch im Rahmen der Teilwahrscheinlichkeitsdichten verwendbar sind. Insofern ist es sinnvoll, wiederum die Orbitalsymbole s, p, etc. zu benützen und somit beispielsweise $\rho_{n,l,m}(N) = \rho_{2p(1)}$ oder beispielsweise $\rho_{n,l,S}(N) = \rho_{2p^x}$ zu setzen.

Tabelle 4.10 gibt einen Überblick über die Ergebnisse einer derartigen Näherung. Es wird eine Näherung auf der Grundlage von Teilwahrscheinlichkeitsdichten durchgeführt, die den wasserstoffähnlichen Ein-Elektron-Wahrscheinlichkeitsdichten $\rho_{n,l,S}$ mit Quantenzahlen n, l angesetzt ähnlich sind. Es werden die oben eingeführten Bezeichungen zugrunde gelegt und es

---

[41] Sehr häufig wird der Spinquantenzahl das Symbol s zugeordnet. Darauf soll hier verzichtet werden, um eine Verwechslung mit dem Orbitalsymbol s zu vermeiden.

[42] Die Ausführungen des Abschnitts 4.9.2 betreffen Zentralprobleme mit einem Elektron, wobei das Wasserstoff-Atom einen Spezialfall darstellt. Das heißt, daß sämtliche dort angegebenen Lösungen „wasserstoffähnliche Ein-Elektron-Systeme" beschreiben, worauf die hier gewählte Bezeichnung hindeutet. Diese Bezeichnung ist eine in der theoretischen Physik und Chemie gebräuchliche Bezeichnung.

Tabelle 4.10 Beispiele für atomare Elektronen-Konfigurationen (angelehnt an eine von H. Preuß angege-bene Tabelle, Vorlesung in theoretischer Chemie, Universität Stuttgart, 1974). Es gilt der Zusammenhang $\rho_{2p} = \rho_{2p^x} + \rho_{2p^y} + \rho_{2p^z}$

Element	$\rho(N) \approx$	A_i	Elektronenzahlen	Konfiguration
H	$1\rho_{1s}$	1	1	$1s^1$
He	$2\rho_{1s}$	2	2	$1s^2$
Li	$2\rho_{1s} + 1\rho_{2s}$	$2,1$	$2,1$	$1s^2 2s^1$
Be	$2\rho_{1s} + 2\rho_{2s}$	$2,2$	$2,2$	$1s^2 2s^2$
B	$2\rho_{1s} + 2\rho_{2s} + \frac{1}{3}\rho_{2p}$	$2,2,\frac{1}{3},\frac{1}{3},\frac{1}{3}$	$2,2,1$	$1s^2 2s^2 2p^1$
C	$2\rho_{1s} + 2\rho_{2s} + \frac{2}{3}\rho_{2p}$	$2,2,\frac{2}{3},\frac{2}{3},\frac{2}{3}$	$2,2,2$	$1s^2 2s^2 2p^2$
N	$2\rho_{1s} + 2\rho_{2s} + \frac{3}{3}\rho_{2p}$	$2,2,\frac{3}{3},\frac{3}{3},\frac{3}{3}$	$2,2,3$	$1s^2 2s^2 2p^3$
O	$2\rho_{1s} + 2\rho_{2s} + \frac{4}{3}\rho_{2p}$	$2,2,\frac{4}{3},\frac{4}{3},\frac{4}{3}$	$2,2,4$	$1s^2 2s^2 2p^4$
F	$2\rho_{1s} + 2\rho_{2s} + \frac{5}{3}\rho_{2p}$	$2,2,\frac{5}{3},\frac{5}{3},\frac{5}{3}$	$2,2,5$	$1s^2 2s^2 2p^5$
Ne	$2\rho_{1s} + 2\rho_{2s} + \frac{6}{3}\rho_{2p}$	$2,2,\frac{6}{3},\frac{6}{3},\frac{6}{3}$	$2,2,6$	$1s^2 2s^2 2p^6$

werden die ordnungszahlmäßig niedrigsten Hauptgruppenelemente berücksichtigt. Eine Aus-dehnung auf Hauptgruppenelemente höherer Ordnung sowie auf Nebengruppenelemente, Lan-thanide und Actinide ist möglich, soll jedoch hier nicht studiert werden.[43]

Die einzelnen Näherungsergebnisse legen ein prägnantes Bezeichnungsschema zur Charak-terisierung der Elektronenverteilung eines Atoms nahe: Das räumliche Integral über die Mehr-Elektronen-Wahrscheinlichkeitsdichte $\rho(N)$ ist eine auf die atomare Elektronenzahl N normier-te Größe, sodaß ein Koeffizient A_i direkt die Anzahl der Elektronen angibt, welche mit einer be-stimmten Teilwahrscheinlichkeitsdichte verknüpfbar sind (siehe die Anteile ρ_{1s}, ρ_{2s} in Tabelle 4.10) oder daß A_i die Anzahl der mit mehreren Teilwahrscheinlichkeitsdichten verknüpfbaren Elektronen vermittelt (siehe die Anteile ρ_{2p} in Tabelle 4.10). Fügt man eine dadurch definierte Elektronenzahl als oberen Index an ein Orbitalsymbol s, p (bzw. an ein Orbitalsymbol d, f, etc., wenn noch Nebengruppen, Lanthanide und Actinide betrachtet werden) einer Teilwahrschein-lichkeitsdichte an und berücksichtigt zusätzlich die mit einer Teilwahrscheinlichkeitsdichte ver-knüpfte Hauptquantenzahl n ($n = 1, 2, 3, \ldots$) als Vorfaktor, dann erhält man das in Tabelle 4.10 angegebenen Bezeichnungsschema. Entsprechend seiner Begründung charakterisiert es nähe-rungsweise die Detailstruktur des gesamten elektronischen Systems eines Atoms, weshalb es auch als *atomare Elektronen-Konfiguration* bezeichnet wird.

---

[43] Berücksichtigt werden in der obigen Tabelle nur die Grundzustände. Angeregte Zustände müßte man durch andere Näherungen beschreiben. Eine Beschränkung auf derartige Grundzustandsfunktionen ist hier sinnvoll, soll doch ein Zusammenhang mit dem Periodensystem hergestellt werden, das im wesent-lichen Aussagen über Charakteristika von Atomen im Grundzustand macht.

I. Das Paulische Ausschließungsprinzip

Betrachtet man die einzelnen Mehr-Elektronen-Wahrscheinlichkeitsdichten $\rho(N)$ gemäß der Tabelle 4.10, dann fällt auf, daß die Elektronenzahlwerte, die mit einem speziellen s-Orbital (beschrieben durch die Teilwahrscheinlichkeitsdichten ρ_{1s}, ρ_{2s}) verknüpfbar sind, nur die Werte $0, 1, 2$ annehmen können. Diese Eigenschaft spiegelt ein Naturprinzip wider, das als *Paulisches Ausschließungsprinzip* (kurz: Pauli-Prinzip) bezeichnet wird. Betrachtet man Systeme gebildet aus Fermionen, wie z. B. Elektronen, dann läßt sich der wesentliche Inhalt des von W. Pauli erkannten Naturprinzips folgendermaßen wiedergeben: Ein durch eine wohldefinierte Zustandsfunktion beschreibbarer Quantenzustand kann höchstens durch ein einzelnes Teilchen besetzt werden[44]. Berücksichtigt man – im Vorgriff auf spätere Ausführungen –, daß die Teilwahrscheinlichkeitsdichten ρ_{1s}, ρ_{2s} der Tabelle 4.10 genaugenommen jeweils 2 verschiedene Teilwahrscheinlichkeitsdichten repräsentieren, welche unterschiedlichen Spinstellungen zuordenbar sind, die durch Spinquantenzahlen $J_{3,s}$ mit Werten $J_{3,s} = +1/2 = \uparrow$, $J_{3,s} = -1/2 = \downarrow$ charakterisierbar sind, d. h. beispielsweise gilt genaugenommen $2\rho_{1s} = \rho_{\uparrow,1s} + \rho_{\downarrow,1s}$, dann ist klar, daß das Auftreten der Elektronenzahlwerte $0, 1, 2$ dieses Pauli-Prinzip widerspiegelt.

II. Entartungsaufhebung

Eine für wasserstoffähnliche Ein-Elektron-Orbitale typische Eigenschaft ist die Zugehörigkeit aller mit einem bestimmten Wert der Hauptquantenzahl n verbundenen Ein-Elektron-Orbitale zu einer bestimmten Energie, d. h. Entartung bezüglich der Drehimpulsquantenzahl l und – wenn die eingeführten grundlegenden Zustandsfunktionen zugrunde gelegt werden, sodaß eine magnetische Quantenzahl m definierbar ist – bezüglich der Quantenzahl m. Im Rahmen der Zuordnung von Teilwahrscheinlichkeitsdichten, welche spezielle Ein-Elektron-Orbitale repräsentieren, zu Mehr-Elektronen-Atomen kann diese vollständige Entartung nicht mehr aufrecht erhalten werden, d. h. unterschiedlichen Werten der Drehimpulsquantenzahl l zugeordnete Orbitale, wie die p-Orbitale (oder d- bzw. f-Orbitale, wenn Nebengruppen, Lanthanide und Actinide betrachtet werden), sind mit unterschiedlichen Energieeigenwerten zu verbinden, weshalb die direkte Verwendung von wasserstoffähnlichen Ein-Elektron-Orbitalen im jetzigen Zusammenhang auch zu ungenau wäre.

Die theoretische Notwendigkeit für die Annahme einer derartigen *Entartungsaufhebung* ergibt sich beispielsweise aus theoretischen Untersuchungen von Bewegungen eines einzelnen Elektrons mit einem durch die Quantenzahl l festgelegten Bahndrehimpuls im Abschirmpotential der restlichen $(N-1)$ Elektronen. Führt man diese Untersuchung aus, dann stellt man fest, daß ein bestimmter Bahndrehimpuls eine bestimmte Eindringtiefe („Tauchbahn") in den „Atomrumpf" bedingt, sodaß damit eine bestimmte „Abschirmung" verbunden ist, weshalb mit unterschiedlichen Werten der Drehimpulsquantenzahl l unterschiedliche Energieeigenwerte verbunden sind.

Diese Entartungsaufhebung wird von der Tabelle 4.10 widergespiegelt: Entsprechend dieser Tabelle werden erst die s-Orbitale und dann erst die p-Orbitale besetzt. Berücksichtigt man,

---

[44]Das Pauli-Prinzip wurde bereits vor der Entwicklung der Formalismen der Quantenmechanik von W. Pauli erkannt und ausformuliert. Die hier gegebene Formulierung ist eine bereits Begriffe der Quantenmechanik benützende Formulierung, die für den jetzt betrachteten Problemkreis günstig ist.

das allgemeine Naturprinzip, daß Zustände, wenn von Anregungen abgesehen wird, der energetischen Reihenfolge gemäß von niedrigen Energien an aufwärts besetzt werden, dann ist offensichtlich, daß den *p*-Orbitalen eine höhere Energie zuzuweisen ist als den *s*-Orbitalen. Diese Entartungsaufhebung läßt sich mittels der Relation

$$E\left(\rho_{1s}\right) < E\left(\rho_{2s}\right) < E\left(\rho_{2p^x}\right) = E\left(\rho_{2p^y}\right) = E\left(\rho_{2p^z}\right) < \dots \tag{4.437}$$

auf abstrakter Ebene ausformulieren.[45]

III. Das Prinzip der Ununterscheidbarkeit

Berücksichtigt man das Pauli-Prinzip auch im Zusammenhang mit *p*-Orbitalen, dann ist klar, daß die in Tabelle 4.10 berücksichtigten Teilwahrscheinlichkeitsdichten $\rho_{N,2p^x}$, ρ_{2p^y}, ρ_{2p^z} nicht mehr als 6 Elektronen aufweisen dürfen. Dies ist auch tatsächlich der Fall, wobei jedoch jedes Elektron mit einer aus den Teilwahrscheinlichkeitsdichten ρ_{2p^x}, ρ_{2p^y}, ρ_{2p^z} gebildeten Gesamtwahrscheinlichkeitsdichte ρ_{2p} verknüpft ist, d. h. die Zuordnung eines einzelnen Elektrons zu einer einzelnen Teilwahrscheinlichkeitsdichte ρ_{2p^x} oder ρ_{2p^y} oder ρ_{2p^z} ist nicht möglich. Dies ist Ausdruck des *Prinzips der Ununterscheidbarkeit*, das sich folgendermaßen ausformulieren läßt: Die Teilchen eines aus identischen Teilchen bestehenden Teilchensystems sind auf Grund des Nichtvorliegens von Bahnbewegungen – beschrieben durch die Heisenbergsche Unschärferelation – nicht voneinander unterscheidbar[46].

4.9.3.3 Das Schalenmodell

Entsprechend der obigen mathematisch-theoretischen Ausführungen kann man sich Mehr-Elektronen-Atome als Kerne mit einer zugeordneten Menge von Ein-Elektron-Orbitalen ähnlich den wasserstoffähnlichen Ein-Elektron-Orbitalen vorstellen, wobei die unterschiedlichen Atome sich durch Besetzung der Ein-Elektron-Orbitale entsprechend der energetischen Reihenfolge ergeben. Die dabei auftretenden Ordnungsmerkmale lassen sich wie folgt darstellen: Die Detailstruktur eines Mehr-Elektronen-Atoms läßt sich näherungsweise durch ein auf Ein-Elektron-Orbitalen basierendes Elektronen-Konfigurationsschema charakterisieren, das mittels Orbitalsymbolen *s*, *p*, *d*, *f*, etc. ausformuliert wird, die als obere Indices Elektronenzahlen aufweisen. Mit einem Ein-Elektron-Orbital verbunden sind Quantenzahlen *n*, *l* (und *m*, wenn – in Abweichung von der hier durchgeführten Näherung auf der Grundlage der

---

[45]Weitergehende Aussagen über die energetische Lage der zu einer Elektronen-Konfiguration gehörigen Ein-Elektron-Orbitale machen die *Hundschen Regeln*, die auch hier nicht berücksichtigte Drehimpulskopplungen mit einbeziehen. Diese sollen hier nicht explizit diskutiert werden. Es soll jedoch angegeben werden, daß sie bezüglich der energetischen Lage der einzelnen, insbesondere auch höheren Orbitale eine noch detailliertere Aussage liefern.

[46]Eine Konsequenz dieser Ununterscheidbarkeit ist, daß eine Schrödingersche Wellenfunktion, wenn sie diese Ununterscheidbarkeit implizit enthalten soll, bezüglich der Vertauschung der Koordinaten zweier identischer Teilchen bis auf das Vorzeichen in sich selbst übergehen muß, d. h. es muß $\psi(x(1),x(2)) = \pm\psi(x(2),x(1))$ gelten, wobei die unterschiedlichen Vorzeichen auf Symmetrieeigenschaften von Fermionen bzw. Bosonen zurückführbar sind. Dies wird später noch herausgearbeitet. Wie später auch noch herausgearbeitet wird, führt u. a. diese Ununterscheidbarkeit auf statistische Beschreibungen für Systeme von identischen Fermionen oder Bosonen, die Fermi-Dirac-Statistik und die Bose-Einstein-Statistik, welche von der klassischen (Boltzmannschen) Statistik abweichen.

Dichtefunktionen $\rho_{n,l,S}(N)$ – eine Näherung auf der Grundlage der Dichtefunktionen $\rho_{n,l,m}(N)$ durchgeführt wird) sowie die bisher nicht genauer betrachtete Spinquantenzahl $J_{3,s}$, welche mögliche Spinstellungen vermittelt. Die Berücksichtigung dieser Ordnungsmerkmale führt zu der formalen Umgebung des Periodensystems der Elemente, dessen Hauptgruppenanteil im Bild 4.42 explizit angegeben wird.

Im Bild 4.42 wird zusätzlich der Begriff *Schale* und der dem Ordnungsschema den Namen gebende Begriff *Periode* angegeben: Entsprechend Bild 4.42 wird eine spezielle Schale von Buchstaben repräsentiert, d. h.

$$\text{Schale} = \text{K, L, M, N, O, P, Q etc.} \; ; \tag{4.438}$$

solchen Schalen zugeordnet sind Perioden, die symbolisch von Zahlen repräsentiert werden, d. h.

$$\text{Periode} = 1, 2, 3, 4, 5, 6, 7 \text{ etc.} \; . \tag{4.439}$$

Während der Begriff *Schale* Elektronenbesetzungen mit gleicher Hauptquantenzahl n charakterisiert, kennzeichnet der Begriff *Periode* das bereits erwähnte periodische Auftreten chemischer Eigenschaften, d. h. das Auftreten ähnlicher chemischer Eigenschaften untereinander stehender Elemente. Unter Berücksichtigung der oben diskutierten Elektronen-Konfiguration lassen sich die periodisch wiederkehrenden Eigenschaften verstehen: Untereinander stehende Elemente weisen eine ähnliche elektronische Detailstruktur auf, was mit chemischer Ähnlichkeit verbunden ist. So weisen die Elemente der Hauptgruppe VIII abgeschlossene Schalen auf, d. h. alle Ein-Elektron-Orbitale, die einem bestimmten Wert der Hauptquantenzahl n zugeordnet sind, sind besetzt. Die Elemente der Hauptgruppe I weisen demgegenüber ein einzelnes Elektron in einer nicht weiter besetzten Schale auf. Während mit der Vollbesetzung einer Schale ein energetisch günstiger Zustand verbunden ist, weshalb Edelgase besonders „reaktionsträge" sind, kann ein einzelnes, einer bestimmten Schale zugeordnetes Elektron relativ leicht einer Substanz zur Verfügung gestellt werden, weshalb Alkalimetalle eine relativ hohe Leitfähigkeit aufweisen. Verstehen lassen sich auch Eigenschaften wie die hohe „Aggressivität" der Halogene der Hauptgruppe VII: Der Übergang zu einer vollbesetzten Schale bedeutet den Übergang in einen energetisch günstigen Zustand, sodaß auf Kraftebene betrachtet ein Halogen eine hohe elektronenanziehende Wirkung auf Elektronen anderer Atome ausübt. Damit ist die hohe Reaktivität von Fluor und Chlor erklärbar.

Entsprechend der Schalenstruktur des Periodensystems der Elemente und seiner damit verknüpften mathematisch-theoretischen Beschreibung spricht man im jetzigen Zusammenhang auch vom *Schalenmodell*. Aus diesem Schalenmodell heraus läßt sich das am Anfang unserer Überlegungen in Bild 4.26 angegebene Energieniveauschema des Lithium-Atoms leicht verstehen: Zwei innere Elektronen formieren eine abgeschlossene Schale. Zusätzlich befindet sich ein einzelnes Elektron in einer nichtabgeschlossenen Schale. In Abhängigkeit vom Zustand, in dem es sich befindet, sind verschiedene Ionisierungsenergien beobachtbar, wobei ein Zustand durch die Wechselwirkung des sich nicht in einer abgeschlossenen Schale befindenden Elektrons mit dem Kern und den Elektronen der abgeschlossenen Schale entsteht. Entsprechend des eingeführten mathematisch-theoretischen Schemas lassen sich die Ein-Elektron-Zustände mit Orbitalsymbolen s, p, d, f belegen. Die relativ zum Wasserstoff-Atom aufgehobene Entartung unterschiedlicher Orbitale folgt aus der Wechselwirkung des Elektrons mit den ein Abschirmpotential bildenden Restelektronen der abgeschlossenen Schale.

Die Schalen- bzw. Periodenstruktur des Periodensystems der Elemente folgt aus dem chemisch-physikalischen Verhalten der einzelnen Elemente, d. h. das Periodensystem der Elemente ist das Resultat experimenteller Analysen. Die obigen Überlegungen machen klar, daß der Formalismus der Quantenmechanik ein genaues Abbild der im Periodensystem auffindbaren Strukturen liefert, was in einer überzeugenden Art und Weise die Leistungsfähigkeit dieses Formalismus verdeutlicht.

Die Betrachtung nichtrelativistischer Formalismen der Quantenmechanik soll damit abgeschlossen sein, im folgenden werden einige Grundlagen der relativistischen Quantenmechanik näher studiert. In diesem Zusammenhang wird dann der bisher noch nicht ausführlich betrachtete Teilchenspin genauer studiert.

Buch 3: Quantenmechanik

Materiefelder, relativistisch: mathematische Strukturen (Spinorgleichungen, Spinoroperatoren, Spinoren), relativistische erste Quantisierung, relativistische Feldgleichungen (Klein-Gordon-Gleichung, Dirac-Gleichung), der Zusammenhang mit dem Euler-Lagrangeschen Formalismus (Lagrangedichten, Kontinuitätsgleichungen), Grenzfälle (Pauli-Gleichung, Schrödinger-Gleichung), Beispiele (Teilchenspin, Teilchen und Antiteilchen), das Antiwasserstoff-Experiment nach W. Oelert und Mitarbeitern

5 Materiefelder, relativistisch

Die präzise theoretische Modellierung eines mikroskopischen Systems wie beispielsweise des im vorherigen Kapitel betrachteten Wasserstoff-Atoms erfordert zusätzlich die Berücksichtigung relativistischer Korrekturen. Dazu müssen jedoch die für nichtrelativistische Bereiche geltenden Formalismen in den relativistischen Bereich hinein erweitert werden. Beispiele für derartige relativistische Formalismen sind durch den *Klein-Gordonschen* oder den *Diracschen Formalismus* und die damit verbundenen relativistischen quantenmechanischen Feldgleichungen, die *Klein-Gordon-* und die *Dirac-Gleichung*, gegeben. Damit verbunden sind *relativistische Materiefelder*. Diese relativistischen quantenmechanischen Feldgleichungen werden im folgenden eingeführt. Es wird herausgearbeitet, daß diese einen elementaren Zugang zur Teilcheneigenschaft *Teilchenspin* (kurz: *Spin*) erlauben und überdies einen direkten Zugang zur theoretischen Beschreibung von *Antiteilchen* ermöglichen. Folgerichtig werden abschließend spezielle Spin- und Antiteilchenszenarien diskutiert. Betrachten wir jedoch zuerst einige mathematisch interessante Grundlagen.

5.1 Mathematische Grundlagen: Spinoren

Die bisherige Ausformulierung relativistischer und nichtrelativistischer Gesetzmäßigkeiten geschah auf der Grundlage geeigneter Tensoren. Da sich beliebigen Tensoren geeignete *Spinoren* zuordnen lassen (was jedoch umgekehrt nur mit Einschränkungen möglich ist), können physikalische Gesetzmäßigkeiten auch auf der Grundlage von Spinoren ausformuliert werden. Betrachten wir zuerst einige grundsätzliche Eigenschaften solcher Spinoren etwas näher.

 Allgemeine Spinoren und (quadratische) Spinmatrizen sind vor allem in der Spinphysik von Bedeutung. Sowohl das Auftreten des Elektronenspins im Rahmen der nichtrelativistischen Pauli-Gleichung oder der übergeordneten relativistischen Dirac-Gleichung als auch die Beschreibung von Spinsystemen in beispielsweise der magnetischen Resonanz werden über allgemeine Spinoren oder Spinmatrizen durchgeführt. Im Verlauf der folgenden Ausführungen wird dies deutlich werden.

5.1.1 Grundsätzliche Definitionen und Eigenschaften

Spinoren können – analog zu Tensoren – durch ihr Transformationsverhalten definiert werden. Genauso ist eine Einteilung in *ko-* und *kontravariante Spinoren* möglich. Betrachten wir diese Sachverhalte etwas genauer:

5.1.1.1 Elementarspinoren

Eine 2-komponentige Größe

$$\mathfrak{S}_{(i)} = (\mathfrak{s}_1, \mathfrak{s}_2) \quad \text{bzw.} \quad \mathfrak{S}^{(j)} = \begin{pmatrix} \mathfrak{s}^1 \\ \mathfrak{s}^2 \end{pmatrix} , \tag{5.1}$$

die Element eines komplexen Raums ist, bezeichnet man als *Elementarspinor*, wenn sich ihre komplexen Komponenten $\mathfrak{s}_i$ $(i = 1, 2)$ bzw. $\mathfrak{s}^j$ $(j = 1, 2)$ gemäß

$$\mathfrak{s}'_j = \sum_{i=1}^{2} u^i_j(k) \mathfrak{s}_i \quad \text{bzw.} \quad \mathfrak{s}^{i\prime} = \sum_{j=1}^{2} \left[u^i_j(k) \right]^{-1} \mathfrak{s}^j \tag{5.2}$$

transformieren[1]. $u^i_j(k)$ stellt die Matrixelemente der Matrizen

$$u(k) = \begin{pmatrix} u^1_1(k) & u^1_2(k) \\ u^2_1(k) & u^2_2(k) \end{pmatrix} = \begin{pmatrix} \alpha & \gamma \\ \beta & \delta \end{pmatrix} ,$$
$$\det[u(k)] = \alpha\delta - \beta\gamma = 1 \tag{5.3}$$

dar. Die dazu adjungierten Matrizen $u^\dagger(k)$ sind von der Form

$$u^\dagger(k) = \begin{pmatrix} u^{1\dagger}_1(k) & u^{1\dagger}_2(k) \\ u^{2\dagger}_1(k) & u^{2\dagger}_2(k) \end{pmatrix} = \begin{pmatrix} u^1_1(k)^* & u^2_1(k)^* \\ u^1_2(k)^* & u^2_2(k)^* \end{pmatrix} = \begin{pmatrix} \alpha^* & \beta^* \\ \gamma^* & \delta^* \end{pmatrix} ,$$
$$\det\left[u^\dagger(k)\right] = \alpha^*\delta^* - \beta^*\gamma^* = 1 . \tag{5.4}$$

Die Matrixelemente der inversen Matrizen $[u(k)]^{-1}$ lassen sich über

$$\sum_{i=1}^{2} u^i_j(k) \left[u^j_l(k) \right]^{-1} = \delta^i_l \tag{5.5}$$

definieren, was zu

$$[u(k)]^{-1} = \begin{pmatrix} \left[u^1_1(k)\right]^{-1} & \left[u^1_2(k)\right]^{-1} \\ \left[u^2_1(k)\right]^{-1} & \left[u^2_2(k)\right]^{-1} \end{pmatrix} = \begin{pmatrix} \delta & -\gamma \\ -\beta & \alpha \end{pmatrix} \tag{5.6}$$

führt. $\alpha, \beta, \delta, \gamma$ sind komplexe Zahlen. Ein Elementarspinor der Form der ersten Beziehung von (5.1) wird als ein kovarianter und ein Elementarspinor der Form der zweiten Beziehung von (5.1) als ein kontravarianter Elementarspinor bezeichnet. Gemäß der Ausführungen von 2.2.1 vermittelt eine Matrix der Form (5.3) eine unimodulare Transformation. Sämtliche k Matrizen $u(k)$ bilden die unimodulare Gruppe C_2.

---

[1]Das Symbol -1 deutet in diesem Zusammenhang auf Elemente einer inversen Matrix hin. Es sei hier darauf hingewiesen, daß dieses Symbol – unabhängig von der Art der zugrundeliegenden Größe – zur Auszeichnung einer inversen Größe benützt wird, d. h. reziproke Zahlenwerte, inverse Matrizen und Matrixelemente oder Operatoren werden derartig gekennzeichnet.

5.1.1.2 Skalarprodukt zweier Elementarspinoren

Für zwei kovariante Elementarspinoren $\mathfrak{S}_{(i)a}$, $\mathfrak{S}_{(i)b}$ läßt sich ein *Skalarprodukt* durch

$$\mathfrak{S}_{(i)a}\mathfrak{S}_{(i)b} = \mathfrak{s}_{a1}\mathfrak{s}_{b2} - \mathfrak{s}_{a2}\mathfrak{s}_{b1} \tag{5.7}$$

einführen. Setzt man die Komponenten $\mathfrak{s}^1$, $\mathfrak{s}^2$ eines kontravarianten Elementarspinors – konsistent mit den Beziehungen (5.2) – gemäß

$$\mathfrak{s}^1 = \mathfrak{s}_2 \ , \quad \mathfrak{s}^2 = -\mathfrak{s}_1 \tag{5.8}$$

gleich Komponenten eines zugeordneten kovarianten Elementarspinors, dann kann das obige Skalarprodukt analog dem Skalarprodukt zweier Vektoren ausformuliert werden:

$$\mathfrak{S}_{(i)a}\mathfrak{S}_{(i)b} = \mathfrak{s}_{a1}\mathfrak{s}_b^1 + \mathfrak{s}_{a2}\mathfrak{s}_b^2 \ . \tag{5.9}$$

Es gilt insbesondere der Zusammenhang

$$\mathfrak{S}_{(i)a}\mathfrak{S}_{(i)b} = -\mathfrak{S}_{(i)b}\mathfrak{S}_{(i)a} \quad \text{und damit} \quad \mathfrak{S}_{(i)a}\mathfrak{S}_{(i)a} = 0 \ . \tag{5.10}$$

Ein solches Skalarprodukt ist invariant bezüglich beliebigen, von der unimodularen Gruppe C_2 repräsentierten Transformationen.

5.1.1.3 Konjugiert komplexe Elementarspinoren

Für *konjugiert komplexe Elementarspinoren* $\mathfrak{S}_{(i)}^*$ bzw. $\mathfrak{S}^{(i)*}$ wird in diesem Buch die Notation $\mathfrak{S}_{(i^\star)}$ bzw. $\mathfrak{S}^{(i^\star)}$ benützt:

$$\mathfrak{S}_{(i)}^* = (\mathfrak{s}_1^*, \mathfrak{s}_2^*) = (\mathfrak{s}_{1\star}, \mathfrak{s}_{2\star}) = \mathfrak{S}_{(i^\star)} \quad \text{bzw.} \quad \mathfrak{S}^{(j)*} = \begin{pmatrix} \mathfrak{s}^{1*} \\ \mathfrak{s}^{2*} \end{pmatrix} = \begin{pmatrix} \mathfrak{s}^{1\star} \\ \mathfrak{s}^{2\star} \end{pmatrix} = \mathfrak{S}^{(j^\star)} \ , \tag{5.11}$$

d. h. der Übergang von einem komplexen Elementarspinor zu einem konjugiert komplexen Elementarspinor geschieht formal durch die Ersetzung eines ungesternten durch einen gesternten Index. Es sei hier erwähnt, daß üblicherweise statt dem hier benützten (fünffach gezackten) Stern ein Punkt benützt wird. Um eine Verwechslung mit einer zeitlichen Ableitung zu vermeiden, wird diese Notation hier jedoch nicht verwendet.

In der hier benützten Notation lauten die dazugehörige Transformationsvorschriften

$$\mathfrak{s}_{j\star}' = \sum_{i=1}^{2} u_j^i(k)^* \mathfrak{s}_{i\star} \ , \quad \mathfrak{s}^{i\star'} = \sum_{j=1}^{2} \left[u_j^i(k)^* \right]^{-1} \mathfrak{s}^{j\star} \ . \tag{5.12}$$

$u_j^i(k)^*$ stellt die Matrixelemente der Matrizen

$$\mathsf{u}(k)^* = \begin{pmatrix} u_1^1(k)^* & u_2^1(k)^* \\ u_1^2(k)^* & u_2^2(k)^* \end{pmatrix} = \begin{pmatrix} \alpha^* & \gamma^* \\ \beta^* & \delta^* \end{pmatrix} \tag{5.13}$$

dar. Die dazu adjungierten Matrizen $\mathsf{u}^\dagger(k)^*$ sind von der Form

$$\mathsf{u}^\dagger(k)^* = \begin{pmatrix} u_1^{1\dagger}(k)^* & u_2^{1\dagger}(k)^* \\ u_1^{2\dagger}(k)^* & u_2^{2\dagger}(k)^* \end{pmatrix} = \begin{pmatrix} u_1^1(k) & u_1^2(k) \\ u_2^1(k) & u_2^2(k) \end{pmatrix} = \begin{pmatrix} \alpha & \beta \\ \gamma & \delta \end{pmatrix} \ . \tag{5.14}$$

Die Matrixelemente der inversen Matrizen $\left[\mathsf{u}(k)^*\right]^{-1}$ lassen sich über

$$\sum_{i=1}^{2} u_j^i(k)^* \left[u_l^j(k)^*\right]^{-1} = \delta_l^i \tag{5.15}$$

definieren, was zu

$$\left[\mathsf{u}(k)^*\right]^{-1} = \begin{pmatrix} \left[u_1^1(k)^*\right]^{-1} & \left[u_2^1(k)^*\right]^{-1} \\ \left[u_1^2(k)^*\right]^{-1} & \left[u_2^2(k)^*\right]^{-1} \end{pmatrix} = \begin{pmatrix} \delta^* & -\gamma^* \\ -\beta^* & \alpha^* \end{pmatrix} \tag{5.16}$$

führt.

Für derartige konjugiert komplexe Elementarspinoren gilt das Skalarprodukt

$$\mathfrak{S}_{(i^*)a}\mathfrak{S}_{(i^*)b} = \mathfrak{s}_{a1^*}\mathfrak{s}_{b2^*} - \mathfrak{s}_{a2^*}\mathfrak{s}_{b1^*} = \mathfrak{s}_{a1^*}\mathfrak{s}_b^{1^*} + \mathfrak{s}_{a2^*}\mathfrak{s}_b^{2^*} . \tag{5.17}$$

5.1.1.4 Der grundlegende antisymmetrische Tensor

Analog zum symmetrischen Metriktensor g mit Elementen $g_{\mu\nu}$ existiert für Spinoren ein grundlegender *antisymmetrischer Tensor* $G_{(ij)}$ mit Elementen G_{ij}, der das Herunterziehen von Indices ermöglicht. Die Matrixelemente G_{ij} sind durch die Relation

$$G_{ij} = G_{i^*j^*} = -G^{ij} = -G^{i^*j^*} \tag{5.18}$$

mit

$$G_{(ij)} = \begin{pmatrix} G_{11} & G_{12} \\ G_{21} & G_{22} \end{pmatrix} = \begin{pmatrix} 0 & -1 \\ 1 & 0 \end{pmatrix} \tag{5.19}$$

definierbar. Die Elemente G^{ij} bilden den Tensor

$$G^{(ij)} = \begin{pmatrix} G^{11} & G^{12} \\ G^{21} & G^{22} \end{pmatrix} = \begin{pmatrix} 0 & 1 \\ -1 & 0 \end{pmatrix} , \tag{5.20}$$

der das Heraufziehen von Indices ermöglicht. Wie sofort nachgerechnet werden kann, sind die Elemente zugeordneter inverser Tensoren durch

$$G_{ij}^{-1} = G_{i^*j^*}^{-1} = G^{ij} = G^{i^*j^*} , \quad G^{ij^{-1}} = G^{i^*j^*{}^{-1}} = G_{ij} = G_{i^*j^*} \tag{5.21}$$

einführbar. Wendet man die Matrixelemente G^{ij}, G_{ij} auf Elementarspinor-Komponenten $\mathfrak{s}_i$ bzw. $\mathfrak{s}^j$ an, dann ergibt sich

$$\mathfrak{s}^j = \sum_{i=1}^{2} G^{ji}\mathfrak{s}_i \quad \text{bzw.} \quad \mathfrak{s}_i = \sum_{j=1}^{2} G_{ij}\mathfrak{s}^j , \tag{5.22}$$

wendet man die Matrixelemente $G^{i^*j^*}$, $G_{i^*j^*}$ auf Elementarspinor-Komponenten $\mathfrak{s}_{i^*}$ bzw. $\mathfrak{s}^{j^*}$ an, dann ergibt sich

$$\mathfrak{s}^{j^*} = \sum_{i^*=1}^{2} G^{j^*i^*}\mathfrak{s}_{i^*} \quad \text{bzw.} \quad \mathfrak{s}_{i^*} = \sum_{j^*=1}^{2} G_{i^*j^*}\mathfrak{s}^{j^*} . \tag{5.23}$$

Insbesondere werden von diesen Beziehungen die Relationen (5.8) reproduziert.

5.1.1.5 Beliebige Spinoren höherer Ordnung

Beliebige *Spinoren höherer Ordnung* lassen sich definieren als $2^{M+M'}$-komponentige Größen

$$\mathfrak{S} = \mathfrak{S}_{(i_1 \ldots i_M^\star)}^{(j_1^\star \ldots j_{M'})} \,, \tag{5.24}$$

die Elemente eines $2^{M+M'}$-dimensionalen komplexen Raums sind, deren Komponenten in der Form

$$\mathfrak{s} = \mathfrak{s}_{i_1 \ldots i_M^\star}^{j_1^\star \ldots j_{M'}} \tag{5.25}$$

notiert werden können und die sich wie das direkte Produkt (vgl. (2.2.1)) von Elementarspinoren $\mathfrak{S}_{(i_1)a}, \ldots, \mathfrak{S}_{(i_M^\star)b}, \mathfrak{S}_c^{(j_1^\star)}, \ldots, \mathfrak{S}_d^{(j_{M'})}$ transformieren, d. h. es gilt

$$\mathfrak{s}_{m_1 \ldots m_M^\star}^{l_1^\star \ldots l_{M'}} {}' = \sum_{i_1, \ldots, i_M, j_1, \ldots, j_{M'}} u_{m_1}^{i_1}(k) \ldots u_{m_M}^{i_M}(k)^* \left[u_{j_1}^{l_1}(k)^* \right]^{-1} \ldots \left[u_{j_{M'}}^{l_{M'}}(k) \right]^{-1} \mathfrak{s}_{i_1 \ldots i_M^\star}^{j_1^\star \ldots j_{M'}} \,. \tag{5.26}$$

Einige wichtige Eigenschaften derartiger Spinoren lassen sich wie folgt zusammenfassend darstellen:

- Die Position eines gesternten und eines ungesternten Index kann getauscht werden, d. h. beispielsweise gilt

$$\mathfrak{s}_{i_1 \ldots i_M^\star}^{j_1^\star \ldots j_{M'}} = \mathfrak{s}_{i_1 \ldots i_M^\star}^{j_1 \ldots j_{M'}^\star} \,. \tag{5.27}$$

- Der Übergang von einem komplexen Spinor zu seiner konjugiert komplexen Form geschieht durch Ersetzung aller gesternten durch ungesternte bzw. aller ungesternten durch gesternte Indices, d. h. es gilt

$$\left(\mathfrak{s}_{i_1 \ldots i_M^\star}^{j_1^\star \ldots j_{M'}} \right)^* = \mathfrak{s}_{i_1^\star \ldots i_M}^{j_1 \ldots j_{M'}^\star} \,. \tag{5.28}$$

- Treten Elemente auf, die sowohl Indices mit dem Symbol $\star$ als auch Indices ohne diesen fünffach gezackten Stern haben, dann redet man von „gemischten Spinoren". Ansonsten spricht man von einem „reinen Spinor".

Dies sei ohne nähere Erörterung angegeben.

5.1.1.6 Indexkohärenz

Es sei hier abschließend bemerkt, daß Gleichungen, in denen nur Spinoren auf der Grundlage der hier eingeführten Spinor-Notation auftreten, aus Paaren von Termen bestehen, die exakt den gleichen Index an der gleichen Position aufweisen, d. h. beispielsweise, daß ein auf der rechten Gleichungsseite auftretender oberer, nicht durch eine Summation sich heraushebender Index auch auf der linken Gleichungsseite oben auftreten muß. Weiterhin ist zu beachten, daß Summationen immer über obere und zugeordnete untere Indices laufen. Dies wird in den noch folgenden Spinorgleichungen deutlich hervortreten. Dies ist anders bei üblichen Formulierungen von Tensorgleichungen, in denen diese Indexkohärenz nicht mehr notwendigerweise vorhanden ist. In üblichen, nicht zwischen ko- und kontravariantem Transformationsverhalten unterscheidenden Formulierungen von Tensorgleichungen treten beispielsweise Summationen über zwei untere Indices auf.

5.1.1.7 Bemerkungen zum Begriffsgebrauch

In diesem Buch werden sowohl mit einfachen komplexen Zahlenfunktionen verbundene Größen als auch mit Operatorenfunktionen verbundene Größen als *Spinoren* bezeichnet, sofern die obigen Spinorbedingungen erfüllt sind. Im Fall eines auf Operatorenfunktionen basierenden Spinors wird auch der Begriff *Spinoroperator* gebraucht. Im Zusammenhang mit algebraischen Gleichungen, Differentialgleichungen bzw. Differentialgleichungssystemen, die mittels Spinoren ausformuliert werden, wird der Begriff *Spinorgleichung* gebraucht.

Zur Vertiefung der obigen Ausführungen und zur weiteren Vorbereitung auf die hauptsächlichen Ausführungen dieses Kapitels werden im folgenden einige Beispiele betrachtet.

5.1.2 Beispiele für Spinoren

Eine zentrale Größe zur Beschreibung der grundsätzlichen Eigenschaften einer („geradlinigen") speziell relativistischen Raum-Zeit-Struktur ist durch die Größe

$$s^2 = \sum_{\mu,\nu=0}^{3} \eta_{\mu\nu} x^\nu x^\mu = \left(x^1\right)^2 + \left(x^2\right)^2 + \left(x^3\right)^2 - \left(x^0\right)^2 \tag{5.29}$$

gegeben, die invariant bezüglich einer Poincaré-Transformation

$$x^{\mu'} = \sum_\nu \Lambda^\mu_\nu x^\nu \quad (\mu,\nu = 1,2,3,0) \tag{5.30}$$

ist[2]. Gemäß (5.29) ist s ist ein dem Vierervektor x^4 zugeordneter Raum-Zeit-Abstand.

5.1.2.1 Ein Raum-Zeit-Koordinaten-Spinor

Dem Vierervektor x^4 läßt sich mittels der Abbildungsvorschrift

$$\mathfrak{X}_{(i^\star j)} = \sum_{\mu=0}^{3} x^\mu \sigma_\mu \quad (i,j=1,2) \tag{5.31}$$

der gemischte kovariante Spinor zweiter Ordnung

$$\mathfrak{X}_{(ij^\star)} = \begin{pmatrix} x^3 + x^0 & x^1 + ix^2 \\ x^1 - ix^2 & -x^3 + x^0 \end{pmatrix} \tag{5.32}$$

zuordnen. Man erhält diesen Spinor, indem man die *Pauli-Matrizen*

$$\hat{\sigma}^1 = \begin{pmatrix} 0 & 1 \\ 1 & 0 \end{pmatrix}, \hat{\sigma}^2 = \begin{pmatrix} 0 & -i \\ i & 0 \end{pmatrix}, \hat{\sigma}^3 = \begin{pmatrix} 1 & 0 \\ 0 & -1 \end{pmatrix} \text{ und } \hat{\sigma}^0 = 1 = \begin{pmatrix} 1 & 0 \\ 0 & 1 \end{pmatrix} \tag{5.33}$$

an der Hauptdiagonalen spiegelt und die dergestalt erhaltenen Matrizen den Größen σ_μ gleichsetzt. Dieser Spinor ist ein Repräsentant der pseudoeuklidischen Raum-Zeit-Koordinaten auf Spinorebene.

---

[2]Es sei hier darauf hingewiesen, daß diese Zusammenhänge im Abschnitt 2.3 eingeführt und diskutiert werden, sodaß hier nicht darauf eingegangen wird.

Zur späteren Verwendung sei hier noch angegeben, daß die obigen Pauli-Matrizen die Relationen

$$\left[\hat{\sigma}^i, \hat{\sigma}^j\right]_- = 2i\sigma^k \quad \text{mit} \quad \{(i,j,k)\} = \{(1,2,3),(2,3,1),(3,1,2)\},$$

$$\left[\hat{\sigma}^i, \hat{\sigma}^j\right]_+ = 2\delta^{ij}\mathbf{1} \quad \text{mit} \quad i,j = 1,2,3$$

$$(5.34)$$

sowie

$$\hat{\sigma}^i\hat{\sigma}^i = 1 \quad \text{mit} \quad i = 1,2,3 \tag{5.35}$$

erfüllen. Weiterhin gilt

$$\hat{\sigma}^0\hat{\sigma}^0 = 1 \tag{5.36}$$

sowie

$$\hat{\sigma}^i\hat{\sigma}^0 = \hat{\sigma}^0\hat{\sigma}^i = \hat{\sigma}^i. \tag{5.37}$$

Diese Relationen können direkt nachgerechnet werden. Zusammenfassend können die Pauli-Matrizen in der Form

$$\{\hat{\sigma}^i\} = \begin{pmatrix} \hat{\sigma}^1 \\ \hat{\sigma}^2 \\ \hat{\sigma}^3 \end{pmatrix} \tag{5.38}$$

dargestellt werden.

Die hier angegebenen Pauli-Matrizen haben eine überragende Bedeutung für die Spinphysik. Insbesondere bilden sie die zentralen Operatoren im Rahmen der Beschreibung von Zwei-Niveau-Systemen, wie es der Spin eines Elektrons, Positrons oder eines Protons bildet: In einem vorgegebenen konstanten homogenen Magnetfeld in x^3-Richtung sind zwei Spinzustände mit zwei Zustandsenergien möglich (Zeeman Aufspaltung). Die Eigenwerte der beiden möglichen Energiezustände sowie die beiden möglichen Spineigenwerte in Magnetfeldrichtung werden durch die Pauli-Matrix $\hat{\sigma}^3$ bzw. die damit verknüpfte Spinmatrix direkt erfaßt. Darauf wird später noch ausführlich eingegangen.

5.1.2.2 Der konjugiert komplexe Raum-Zeit-Koordinaten-Spinor

Der zu (5.32) konjugiert komplexe Spinor

$$\mathfrak{X}^*_{(ij^\star)} = \mathfrak{X}_{(i^\star j)} \tag{5.39}$$

ist von der Form

$$\mathfrak{X}_{(i^\star j)} = \begin{pmatrix} x^3 + x^0 & x^1 - ix^2 \\ x^1 + ix^2 & -x^3 + x^0 \end{pmatrix}. \tag{5.40}$$

Auch dieser Spinor stellt einen speziellen Repräsentanten der pseudoeuklidischen Raum-Zeit-Koordinaten auf Spinorebene dar.

5.1.2.3 Wichtige Eigenschaften

Der Spinor $\mathfrak{X}_{(i^\star j)}$ hat zwei bemerkenswerte Eigenschaften:

- Die Determinante dieses Spinors beschreibt wieder genau die Poincaré-Invariante s^2:

$$\det\left[\mathfrak{X}_{(i^\star j)}\right] = -\left(x^1\right)^2 - \left(x^2\right)^2 - \left(x^3\right)^2 + \left(x^0\right)^2 = -s^2 \ . \tag{5.41}$$

- Die Determinante $\det\left[\mathfrak{X}_{(i^\star j)}\right]$ ist eine Invariante bezüglich unimodularer Transformationen:

$$\det\left[\mathsf{u}^\dagger(k)\mathfrak{X}_{(i^\star j)}\mathsf{u}(k)\right] = \det\left[\mathfrak{X}_{(i^\star j)}\right] = -s^2 \ . \tag{5.42}$$

Einer solchen unimodularen Transformation läßt sich eine direkt auf die Koordinaten x^μ wirkende Poincaré-Transformation der Form (5.30) zuordnen, wobei

$$\left\{\Lambda^\mu_\nu\right\} \rightarrow \pm\mathsf{u}(k) \tag{5.43}$$

gilt. Entsprechend der im Abschnitt 2.2.1 eingeführten Sprechweise liegt also eine homomorphe Abbildung vor.

Dies zeigt beispielhaft, daß

- Vierertensoren geeignete Spinoren zugeordnet werden können (hier: dem raumzeitlichen Vierervektor x^4 kann der gemischte kovariante Spinor zweiter Ordnung $\mathfrak{X}_{(i^\star j)}$ zugeordnet werden),
- grundsätzliche Eigenschaften auf beiden Beschreibungsebenen erhalten bleiben (hier: der bezüglich einer Poincaré-Transformation bzw. einer unimodularen Transformation invariante Raum-Zeit-Abstand s bleibt erhalten).

5.1.3 Beispiele für Spinoroperatoren

Genauso wie dem Raum-Zeit-Vierervektor x^4 ein (2,2)-Spinor zugeordnet werden kann, läßt sich auch dem im pseudoeuklidischen Raum auftretenden Raum-Zeit-Operator

$$\left\{\frac{\partial}{\partial x^\mu}\right\} = \left(\frac{\partial}{\partial x^1}, \frac{\partial}{\partial x^2}, \frac{\partial}{\partial x^3}, \frac{\partial}{\partial x^0}\right) \tag{5.44}$$

ein (2,2)-Spinoroperator zuordnen. Dieser Spinoroperator wird hier kurz betrachtet.

5.1.3.1 Ein Spinoroperator der Raum-Zeit-Ableitungen

Die Abbildungsvorschrift

$$\left\{\partial_{ij^\star}\right\} = +\sum_{i=1}^{3}\sigma^i\frac{\partial}{\partial x^i} - \sigma^0\frac{\partial}{\partial x^0} \quad (i,j^\star = 1,2) \tag{5.45}$$

definiert einen gemischten (2,2)-Spinoroperator, wenn die Größen σ^μ geeignet gewählt werden. Identifiziert man diese Größen mit den durch (5.33) definierten Matrizen, dann erhält man den Spinoroperator

$$\{\partial_{ij^\star}\} = \begin{pmatrix} \partial_{11^\star} & \partial_{12^\star} \\ \partial_{21^\star} & \partial_{22^\star} \end{pmatrix} = \begin{pmatrix} \dfrac{\partial}{\partial x^3} - \dfrac{\partial}{\partial x^0} & \dfrac{\partial}{\partial x^1} - i\dfrac{\partial}{\partial x^2} \\ \dfrac{\partial}{\partial x^1} + i\dfrac{\partial}{\partial x^2} & \dfrac{\partial}{\partial x^3} - \dfrac{\partial}{\partial x^0} \end{pmatrix}. \tag{5.46}$$

Dieser Spinoroperator ist ein Repräsentant der pseudoeuklidischen Raum-Zeit-Koordinaten auf Spinorebene.

5.1.3.2 Ein weiterer Spinoroperator der Raum-Zeit-Ableitungen

Berücksichtigt man, daß mittels des Tensors $G^{(ij)}$ Indices heraufgezogen werden können, dann kann der zugeordnete, vollständig obere Indices aufweisende Spinoroperator berechnet werden:

$$\{\partial^{i^\star j}\} = \begin{pmatrix} \partial^{1^\star 1} & \partial^{1^\star 2} \\ \partial^{2^\star 1} & \partial^{2^\star 2} \end{pmatrix} = \begin{pmatrix} -\dfrac{\partial}{\partial x^3} - \dfrac{\partial}{\partial x^0} & -\dfrac{\partial}{\partial x^1} + i\dfrac{\partial}{\partial x^2} \\ -\dfrac{\partial}{\partial x^1} - i\dfrac{\partial}{\partial x^2} & \dfrac{\partial}{\partial x^3} - \dfrac{\partial}{\partial x^0} \end{pmatrix}. \tag{5.47}$$

Diesem Spinoroperator zugeordnet ist die Abbildungsvorschrift

$$\{\partial^{i^\star j}\} = -\sum_{i=1}^{3} \sigma^i \frac{\partial}{\partial x^i} - \sigma^0 \frac{\partial}{\partial x^0} \quad (i^\star, j = 1,2). \tag{5.48}$$

Die Berechnungsvorschrift zur Berechnung des obigen Spinoroperators ist nach den Ausführungen des Abschnitts 5.1.1 durch

$$\partial^j_{k^\star} = \sum_{i=1}^{2} G^{ji}\partial_{ik^\star} \quad \text{und} \quad \partial^{i^\star j} = \sum_{k^\star=1}^{2} G^{i^\star k^\star}\partial^j_{k^\star} \quad \text{mit} \quad i^\star, j, k^\star = 1,2 \tag{5.49}$$

gegeben.

5.1.3.3 Die zugeordneten konjugiert komplexen Spinoroperatoren

Den obigen Spinoroperatoren zugeordnet sind die konjugiert komplexen Spinoroperatoren

$$\{\partial_{i^\star j}\} = \begin{pmatrix} \partial_{1^\star 1} & \partial_{1^\star 2} \\ \partial_{2^\star 1} & \partial_{2^\star 2} \end{pmatrix} = \begin{pmatrix} \dfrac{\partial}{\partial x^3} - \dfrac{\partial}{\partial x^0} & \dfrac{\partial}{\partial x^1} + i\dfrac{\partial}{\partial x^2} \\ \dfrac{\partial}{\partial x^1} - i\dfrac{\partial}{\partial x^2} & \dfrac{\partial}{\partial x^3} - \dfrac{\partial}{\partial x^0} \end{pmatrix} \tag{5.50}$$

bzw.

$$\{\partial^{ij^\star}\} = \begin{pmatrix} \partial^{11^\star} & \partial^{12^\star} \\ \partial^{21^\star} & \partial^{22^\star} \end{pmatrix} = \begin{pmatrix} -\dfrac{\partial}{\partial x^3} - \dfrac{\partial}{\partial x^0} & -\dfrac{\partial}{\partial x^1} - i\dfrac{\partial}{\partial x^2} \\ -\dfrac{\partial}{\partial x^1} + i\dfrac{\partial}{\partial x^2} & \dfrac{\partial}{\partial x^3} - \dfrac{\partial}{\partial x^0} \end{pmatrix}. \tag{5.51}$$

5.1.3.4 Eine wichtige Spinoroperator-Relation

Wie später deutlich gemacht wird, können auf der Grundlage der eingeführten Spinoroperatoren allgemeine Spinorgleichungen ausformuliert werden, die grundlegend für die relativistische Quantenphysik sind. Dabei wird noch die Relation

$$\sum_{i=1}^{2} \partial_{ij^\star} \partial^{ik^\star} = \sum_{i=1}^{2} \partial_{j^\star i} \partial^{ik^\star} = -\left(\sum_{l=1}^{3} \frac{\partial^2}{\partial x^{l2}} - \frac{\partial^2}{\partial x^{02}} \right) \delta_{j^\star}^{k^\star} \quad (j^\star, k^\star = 1,2) \tag{5.52}$$

benötigt, die sich durch Einsetzten der obigen Matrixelemente sofort nachrechnen läßt. Das Kronecker-Delta ist im üblichen Sinne definiert, d. h. es gilt

$$\delta_{j^\star}^{k^\star} = \begin{cases} 1 & \text{für} \quad k^\star = j^\star \\ 0 & \text{für} \quad k^\star \neq j^\star \end{cases}. \tag{5.53}$$

5.1.4 Ein Beispiel für eine Spinorgleichung

Den im Abschnitt 3.6.1 eingeführten Maxwellschen Gleichungen läßt sich eine Spinorgleichung zuordnen. Diese Spinorgleichung wird im folgenden eingeführt. Dabei wird das CGS-System zugrunde gelegt, d. h. es werden die Maxwellschen Gleichungen in der Form (3.158) vorausgesetzt.

5.1.4.1 Die vierdimensionalen Maxwellschen Gleichungen

Multipliziert man die erste Gleichung von (3.158) mit einem noch unbestimmten Faktor α, die zweite Gleichung mit einem noch unbestimmten Faktor β, addiert man die sich ergebenden Ausdrücke auf und benützt man die Koordinaten x^1, x^2, x^3, x^0, dann ergibt sich – sofern die Komponentenschreibweise verwendet wird und die im CGS-System auftretenden Zahlen $\varepsilon = \varepsilon_r$, $\mu = \mu_r$ gleich für das Vakuum geltenden Zahlen $\varepsilon = 1$, $\mu = 1$ gesetzt werden – das Differentialgleichungssystem

$$\frac{\partial}{\partial x^j} (\beta H_k + \alpha E_k) - \frac{\partial}{\partial x^k} (\beta H_j + \alpha E_j) + \frac{\partial}{\partial x^0} (\alpha H_i - \beta E_i) = \beta \frac{4\pi}{c} j_{Q,i} \tag{5.54}$$

mit den Zahlenmengen $(i,j,k) = \{(1,2,3),(2,3,1),(3,1,2)\}$. Setzt man $\alpha = -\mathrm{i}$, $\beta = 1$, dann erhält man das Differentialgleichungssystem

$$\frac{\partial}{\partial x^j} (H_k - \mathrm{i}E_k) - \frac{\partial}{\partial x^k} (H_j - \mathrm{i}E_j) - \mathrm{i}\frac{\partial}{\partial x^0} (H_i - \mathrm{i}E_i) = \frac{4\pi}{c} j_{Q,i}, \tag{5.55}$$

das nur noch Differenzterme $H_i - \mathrm{i}E_i$ $(i = 1,2,3)$ enthält. Analog erhält man aus den beiden letzten Gleichungen von (3.158) die Differentialgleichung

$$\mathrm{i}\frac{\partial}{\partial x^1} (H_1 - \mathrm{i}E_1) + \mathrm{i}\frac{\partial}{\partial x^2} (H_2 - \mathrm{i}E_2) + \mathrm{i}\frac{\partial}{\partial x^3} (H_3 - \mathrm{i}E_3) = \frac{4\pi}{c} c\rho_Q. \tag{5.56}$$

Die Differentialgleichungen (5.55) und (5.56) bilden ein vierdimensionales Gleichungssystem. Diese vier Gleichungen repräsentieren eine Zusammenfassung der durch (3.158) gegebenen acht Maxwellschen Gleichungen.

5.1.4.2 Der Übergang zu einer Spionorgleichung

Führt man die Spaltenmatrizen

$$
j = \begin{pmatrix} H_1 - iE_1 \\ H_2 - iE_2 \\ H_3 - iE_3 \\ 0 \end{pmatrix}, \quad
j_Q^4 = \begin{pmatrix} j_Q^1 \\ j_Q^2 \\ j_Q^3 \\ j_Q^0 \end{pmatrix} = \begin{pmatrix} j_{Q,1} \\ j_{Q,2} \\ j_{Q,3} \\ c\rho_Q \end{pmatrix}
\tag{5.57}
$$

ein, dann ist offensichtlich, daß sich das aus den Gleichungen (5.55) und (5.56) bestehende Differentialgleichungssystem in der Form

$$
i \sum_{\mu=0}^{3} \mathfrak{J}^\mu \frac{\partial}{\partial x^\mu} j = \frac{4\pi}{c} j_Q^4
\tag{5.58}
$$

schreiben läßt, wenn die Größen $\mathfrak{J}^\mu$ geeignete (4,4)-Matrizen der Form

$$
\mathfrak{J}^\mu = \begin{pmatrix}
j_{11}^\mu & j_{12}^\mu & j_{13}^\mu & j_{10}^\mu \\
j_{21}^\mu & j_{22}^\mu & j_{23}^\mu & j_{20}^\mu \\
j_{31}^\mu & j_{32}^\mu & j_{33}^\mu & j_{30}^\mu \\
j_{01}^\mu & j_{02}^\mu & j_{03}^\mu & j_{00}^\mu
\end{pmatrix}
\tag{5.59}
$$

sind. Setzt man die Matrizen $\mathfrak{J}^\mu$ in ihrer expliziten Form (5.59) in die Matrizengleichung (5.58) ein, dann erhält man ein Gleichungssystem, das direkt mit den durch (5.55) und (5.56) gegebenen Gleichungen verglichen werden kann, sodaß die Matrixelemente j_{ij}^μ bis auf die Matrixelemente j_{i0}^μ eindeutig bestimmt werden können. Die Matrixelemente j_{i0}^μ sind bis jetzt noch frei wählbar, was auf die verschwindende nullte Komponente von (5.57) (die wie in diesem Buch immer an vierter Position notiert wird) zurückzuführen ist. Fordert man zusätzlich hermitesche Matrizen mit $(\mathfrak{J}^\mu)^2 = 1$, dann sind auch die Matrixelemente j_{i0}^μ eindeutig bestimmbar. Man erhält dann im einzelnen die (4,4)-Matrizen

$$
\mathfrak{J}^1 = \begin{pmatrix}
0 & 0 & 0 & 1 \\
0 & 0 & i & 0 \\
0 & -i & 0 & 0 \\
1 & 0 & 0 & 0
\end{pmatrix}, \quad
\mathfrak{J}^2 = \begin{pmatrix}
0 & 0 & -i & 0 \\
0 & 0 & 0 & 1 \\
i & 0 & 0 & 0 \\
0 & 1 & 0 & 0
\end{pmatrix}, \quad
\mathfrak{J}^3 = \begin{pmatrix}
0 & i & 0 & 0 \\
-i & 0 & 0 & 0 \\
0 & 0 & 0 & 1 \\
0 & 0 & 1 & 0
\end{pmatrix}
\tag{5.60}
$$

und

$$
\mathfrak{J}^0 = \begin{pmatrix}
1 & 0 & 0 & 0 \\
0 & 1 & 0 & 0 \\
0 & 0 & 1 & 0 \\
0 & 0 & 0 & 1
\end{pmatrix}.
\tag{5.61}
$$

Die Beziehung (5.58) stellt eine Spinorgleichung dar, die den Spaltenspinor (5.57) mit den (4,4)-Spinoren (5.60)–(5.61) verbindet. Gemäß der Herleitung dieser Spinorgleichung ersetzt sie die Maxwellschen Gleichungen (3.158).

Genauso wie die hier angegebenen Maxwellschen Gleichungen lassen sich auch relativistische quantenmechanische Gleichungen einschließlich ihrer Spineigenschaften auf der Grundlage von Spinoren und Spinoroperatoren kompakt ausformulieren. So führen die eingeführten Spinoroperatoren zu einer spinoriellen Gleichung, welche die Dirac-Gleichung als Sonderfall enthält. Dazu später mehr.

Diese Ausführungen sollten genügen, um relativistische Feldgleichungen der Quantenmechanik auf der Grundlage von Spinoren behandeln zu können.

5.2 Relativistische Feldgleichungen

Zur Beschreibung relativistischer quantenmechanischer Systeme benötigt man Lorentz-kovariante quantenmechanische Feldgleichungen. Im folgenden werden insbesondere die zwei wesentlichen Lorentz-kovarianten quantenmechanischen Feldgleichungen, die *Klein-Gordon-* und die *Dirac-Gleichung*, eingeführt. Es erfolgt eine Beschränkung auf Einteilchensysteme und die Ortsdarstellung. Wie sich zeigen wird, repräsentiert das dabei auftretende Quantisierungsschema eine Verallgemeinerung des für nichtrelativistische quantenmechanische Systeme benützten Schemas der ersten Quantisierung, sodaß im jetzigen Zusammenhang von einer *relativistischen ersten Quantisierung* gesprochen wird. Beide Feldgleichungen lassen sich zurückführen auf einen Satz von allgemeinen Spinorgleichungen (vgl. Bild 5.1), der durch Konkretisierung den jeweiligen Sonderfall ergibt, und der noch weitere relativistische Feldgleichungen enthält. Diese Zurückführungsmöglichkeit wird studiert. Der Zusammenhang mit wichtigen Grenzfällen wie der d'Alembertschen Wellengleichung, der Pauli- und der Schrödinger-Gleichung (vgl. Bild 5.1) wird hergestellt.

5.2.1 Die relativistische erste Quantisierung

Wie im Kapitel über nichtrelativistische Feldgleichungen, dem Kapitel 4, verdeutlicht wurde, läßt sich eine nichtrelativistische Feldgleichung wie die zeitabhängige Schrödinger-Gleichung durch Ersetzung der Variablen eines zugeordneten, durch die nichtrelativistische makroskopische Hamiltonfunktion (4.255) bzw. (2.192) vorgegebenen nichtrelativistischen Energiesatzes durch geeignete Operatoren gewinnen. Im Abschnitt 4.5 wurde dies am Beispiel der Ortsdarstellung der zeitabhängigen Einteilchen-Schrödinger-Gleichung geschlossen dargestellt. Zur Einführung einer relativistischen quantenmechanischen Feldgleichung für ein Einteilchensystem liegt es damit nahe, die relativistische Verallgemeinerung des Energiesatzes (2.192), die Energiebeziehung (2.188) bzw. die entsprechende Lorentz-kovariante Formulierung (2.197), zugrunde zu legen, und durch eine geeignete Ersetzung der Variablen durch Operatoren eine zugeordnete relativistische Feldgleichung zu gewinnen. Dieser Weg der relativistischen ersten Quantisierung wird im folgenden gegangen.

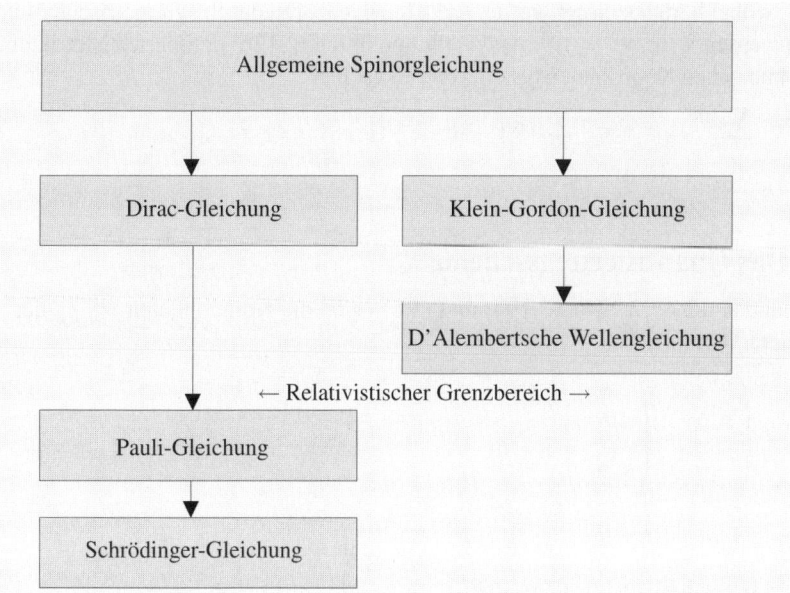

Bild 5.1 Zur Einordnung der Klein-Gordon- und Dirac-Gleichung in ein formales Gleichungsschema. Beide relativistischen quantenmechanischen Feldgleichungen ergeben sich als Grenzfälle einer allgemeinen Spinorgleichung. Als wichtiger relativistischer Grenzfall der Klein-Gordon-Gleichung ist die im Kapitel 3 eingeführte d'Alembertsche Wellengleichung zu nennen, in welche die Klein-Gordon-Gleichung übergeht, wenn Teilchen mit einer verschwindenden Ruhemasse betrachtet werden. Im nichtrelativistischen Grenzfall kann die Dirac-Gleichung in die Pauli-Gleichung überführt werden, welche unter Vernachlässigung insbesondere der Teilcheneigenschaft *Spin* in die im Kapitel 4 eingeführte Schrödinger-Gleichung übergeht

5.2.1.1 Der grundlegende Lorentz-kovariante Energiesatz

Gemäß (2.197) läßt sich die Bewegung eines relativistischen Massenpunktes durch den Lorentz-kovarianten Energiesatz

$$\sum_{\mu} p_{\mu} p^{\mu} + m_0^2 c^2 = \sum_{\mu,\nu} \eta^{\mu\nu} p_{\nu} p_{\mu} + m_0^2 c^2 = 0 \tag{5.62}$$

darstellen. Diese Beziehung läßt sich gemäß

$$\sum_{\mu,\nu} \eta^{\mu\nu} p_{\nu} p_{\mu} + m_0^2 c^2 = 0 \tag{5.63}$$

$$= -\sum_{\mu,\nu} \eta^{\mu\nu} p_{\nu} p_{\mu} - m_0^2 c^2 = 0 \tag{5.64}$$

$$= \left(\sum_{\mu} \gamma^{\mu} p_{\mu} - m_0 c \right) \left(\sum_{\nu} \gamma^{\nu} p_{\nu} + m_0 c \right) = 0 \tag{5.65}$$

mit

$$\gamma^{\mu}\gamma^{\nu} + \gamma^{\nu}\gamma^{\mu} = [\gamma^{\mu},\gamma^{\nu}]_{+} = -\eta^{\mu\nu} - \eta^{\nu\mu} = -2\eta^{\mu\nu} \tag{5.66}$$

zerlegen[3], wobei berücksichtigt wurde, daß Metriktensoren durch symmetrische Matrizen beschrieben werden, d. h. $\eta^{\mu\nu} = \eta^{\nu\mu}$. $\eta^{\mu\nu}$ stellt den durch (2.126) definierten Metriktensor eines pseudoeuklidischen Koordinatensystems dar. Es ist hier

$$p^\mu = \sum_\nu \eta^{\mu\nu} p_\nu \,, \quad p_\mu = \sum_\nu \eta_{\mu\nu} p^\nu \quad (\mu,\nu = 1,2,3,0) \tag{5.67}$$

zu berücksichtigen.

5.2.1.2 Das Quantisierungsschema

Entsprechend (2.126), (2.134), (2.194) und (5.67) sind die Komponenten p^μ, p_μ des Energie-Impuls-Vierervektors durch

$$\boldsymbol{p}^4 = \begin{pmatrix} p^1 \\ p^2 \\ p^3 \\ p^0 \end{pmatrix} = \begin{pmatrix} p_x \\ p_y \\ p_z \\ \frac{H-W}{c} \end{pmatrix} \tag{5.68}$$

bzw.

$$\boldsymbol{p}^4 = (p_1, p_2, p_3, p_0) = \left(p_x, p_y, p_z, -\frac{H-W}{c} \right) \tag{5.69}$$

gegeben. Dehnt man die im Abschnitt 4.5 eingeführte Ersetzungsvorschrift durch Einführung eines Viereroperators

$$\hat{\boldsymbol{p}}^4 = \begin{pmatrix} \hat{p}^1 \\ \hat{p}^2 \\ \hat{p}^3 \\ \hat{p}^0 \end{pmatrix} = -\mathrm{i}\hbar \begin{pmatrix} \partial/\partial x \\ \partial/\partial y \\ \partial/\partial z \\ -\partial/\partial ct \end{pmatrix} + \begin{pmatrix} 0 \\ 0 \\ 0 \\ -W/c \end{pmatrix} = -\mathrm{i}\hbar \begin{pmatrix} \partial/\partial x^1 \\ \partial/\partial x^2 \\ \partial/\partial x^3 \\ -\partial/\partial x^0 \end{pmatrix} + \begin{pmatrix} 0 \\ 0 \\ 0 \\ -W/c \end{pmatrix} \tag{5.70}$$

bzw.

$$\hat{\boldsymbol{p}}^4 = (\hat{p}_1, \hat{p}_2, \hat{p}_3, \hat{p}_0) = -\mathrm{i}\hbar \left(\frac{\partial}{\partial x^1}, \frac{\partial}{\partial x^2}, \frac{\partial}{\partial x^3}, \frac{\partial}{\partial x^0} \right) + \left(0, 0, 0, \frac{W}{c} \right) \tag{5.71}$$

auf die jetzt vorliegende relativistische Problematik aus, d. h. quantisiert man den Energiesatz (5.63) mittels der Vorschrift

$$\boldsymbol{p}^4 \to \hat{\boldsymbol{p}}^4 \tag{5.72}$$

und identifiziert die darin enthaltene Funktion W – im Gegensatz zum Abschnitt 4.5 – mit einer relativistischen Funktion, dann erhält man spezielle relativistische quantenmechanische Feldgleichungen, wenn man den derartig erhaltenen Operator auf eine geeignete zustandsbeschreibende Größe anwendet. Diese relativistischen quantenmechanischen Feldgleichungen sind in verschiedenartiger Weise als Erweiterungen der bereits eingeführten nichtrelativistischen quantenmechanischen Feldgleichungen auffaßbar.

---

[3]Es sei hier noch einmal darauf hingewiesen, daß häufig die Größen $-\eta_{\mu\nu}$ als Elemente des pseudoeuklidischen Metriktensors eingeführt werden. Würde man auch in diesem Fall die Elemente eines derartig definierten Metriktensors mit dem Symbol $\eta_{\mu\nu}$ versehen, dann würde auf den beiden rechten Gleichungsseiten von (5.66) ein positives Vorzeichen auftreten. Weiterführende Beziehungen wären dann ebenfalls dieser abgeänderten Definition anzupassen.

5.2.2 Die Klein-Gordon-Gleichung

Eine grundlegende Erweiterung nichtrelativistischer quantenmechanischer Feldgleichungen ist durch die Klein-Gordon-Gleichung gegeben.

5.2.2.1 Die Klein-Gordon-Gleichung und ihre Komponenten

Wendet man die Quantisierungsvorschrift (5.72) auf die Teilgleichung (5.64) an, dann ergibt sich

$$\left[\sum_{i=1}^{3} \frac{\partial^2}{\partial x^{i2}} + \left(\mathrm{i} \frac{\partial}{\partial x^0} - \frac{W}{\hbar c} \right)^2 - \frac{m_0^2 c^2}{\hbar^2} \right] \mathfrak{K} = 0 \,. \tag{5.73}$$

Diese homogene partielle Differentialgleichung wird als *Klein-Gordon-Gleichung* oder auch als *Fock-Gleichung* bezeichnet. Die Klein-Gordon-Gleichung (5.76) ist linear, sodaß das bereits eingeführte Superpositionsprinzip auch hier gilt. Sie ist forminvariant bezüglich einer Poincaré-Transformation (insbesondere bezüglich einer speziellen Lorentz-Transformation), d. h. es liegt eine relativistische Differentialgleichung vor. $\mathfrak{K}$ stellt einen einkomponentigen Spinor dar, der im folgenden als *Klein-Gordon-Spinor* bezeichnet wird.

5.2.2.2 Die Klein-Gordon-Gleichung im Fall eines freien Teilchens

Der Fall eines makroskopischen wechselwirkungsfreien Teilchens wird durch die Beziehungen

$$W = 0 \,, \ H = E = \sqrt{m_0^2 c^4 + \boldsymbol{p}^2 c^2} \,, \ \boldsymbol{p} = \begin{pmatrix} p_x \\ p_y \\ p_z \end{pmatrix} \tag{5.74}$$

oder den Energie-Impuls-Vierervektor

$$\boldsymbol{p}^4 = \begin{pmatrix} p^1 \\ p^2 \\ p^3 \\ p^0 \end{pmatrix} = \begin{pmatrix} p_x \\ p_y \\ p_z \\ E/c \end{pmatrix} \quad \text{bzw.} \quad \boldsymbol{p}^4 = (p_1, p_2, p_3, p_0) = (p_x, p_y, p_z, -E/c) \tag{5.75}$$

vorgegeben. Berücksichtigt man (5.74) innerhalb (5.73), dann geht diese Beziehung in

$$\left(\sum_{i=1}^{3} \frac{\partial^2}{\partial x^{i2}} - \frac{\partial^2}{\partial x^{02}} - \frac{m_0^2 c^2}{\hbar^2} \right) \mathfrak{K} = \left(\Box - \frac{m_0^2 c^2}{\hbar^2} \right) \mathfrak{K} = 0 \tag{5.76}$$

über, wobei $\Box$ für den d'Alembertschen Operator (3.77) steht. Unter Verwendung der Metriktensorelemente $\eta^{\mu\nu}$ läßt sich diese Beziehung in die Form

$$\left(\sum_{\mu,\nu=0}^{3} \eta^{\mu\nu} \frac{\partial}{\partial x^\nu} \frac{\partial}{\partial x^\mu} - \frac{m_0^2 c^2}{\hbar^2} \right) \mathfrak{K} = 0 \tag{5.77}$$

überführen. Der Spinor $\mathfrak{K}$ in diesen beiden partiellen Differentialgleichungen beschreibt freie Teilchenfelder, die als „freie Klein-Gordon-Felder" bezeichnet werden können.

Die Beziehung (5.76) unterscheidet sich von der d'Alembertschen Wellenglei-chung (3.76) um den die Ruheenergie $m_0 c^2$ eines Teilchens mit Ruhemasse m_0 beschreibenden Summanden $m_0^2 c^2 / \hbar^2$. Während die Klein-Gordon-Gleichung (5.76) damit grundlegend für freie Felder mit Feldteilchen einer nichtverschwin-denden Ruhemasse ist (wie z. B. Felder bestehend aus π^0-Mesonen), gilt die d'Alembertsche Wellengleichung für freie Felder, deren Feldteilchen eine ver-schwindende Ruhemasse haben (wie z. B. elektromagnetische Wellen mit Pho-tonen als Feldteilchen). Die Klein-Gordon-Gleichung (5.76) gilt – genauso wie die allgemeine Beziehung (5.73) – genaugenommen für Teilchen mit einer Ru-hemasse m_0, die keinen Spin aufweisen, weshalb oben auch spinlose Mesonen als Beispiel genannt werden.

5.2.2.3 Klein-Gordon-Gleichung und Lösungen

Lösungen der Beziehung (5.76) sind durch den Ausdruck

$$\mathfrak{K}^\pm = \int c^\pm(\boldsymbol{p}) \mathfrak{K}^\pm(\boldsymbol{p}) \mathrm{d}^3 p \,,$$

$$\mathfrak{K}^\pm(\boldsymbol{p}) = \exp\left[\pm \frac{\mathrm{i}}{\hbar}\left(\boldsymbol{p}\boldsymbol{x} - \frac{E}{c}x^0\right)\right] = \exp\left[\pm \frac{\mathrm{i}}{\hbar}\left(\sum_{i=1}^{3} p_i x^i - p_0 x^0\right)\right] \tag{5.78}$$

gegeben. $c^\pm(\boldsymbol{p})$ enthält eine noch über eine Nebenbedingung festzulegende Konstante. Der Ausdruck (5.78) repräsentiert die oben angesprochenen „freien Klein-Gordon-Felder". Durch Einsetzen in (5.76) kann die Gültigkeit von (5.78) formal überprüft werden.

5.2.2.4 Klein-Gordon-Gleichung und relativistischer Energiesatz

Setzt man den Ansatz

$$\mathfrak{K}^\pm = A \exp\left[\pm \frac{\mathrm{i}}{\hbar}\left(\sum_{i=1}^{3} p_i x^i - p_0 x^0\right)\right] = A \exp\left(\pm \frac{\mathrm{i}}{\hbar}\sum_{i,j=0}^{3} \eta_{ij} p^j x^i\right) \tag{5.79}$$

in (5.76) ein, so ergibt sich der Ausdruck

$$\left[-\frac{1}{\hbar^2}\left(\sum_{i=1}^{3} p^{i2} - p^{02}\right) - \frac{m_0^2 c^2}{\hbar^2}\right]\mathfrak{K}^\pm = 0 \,, \tag{5.80}$$

wobei A für die Amplitude der komplexen harmonischen Wellenfunktion (5.79) steht. Der An-satz (5.79) stellt einen Spezialfall des allgemeinen Ausdrucks (5.78) dar. Gemäß des hier gülti-gen Superpositionsprinzips führt eine allgemeine Linearkombiation von Ansatzfunktionen der Art (5.79) zu dem allgemeinen Ausdruck (5.78).

Da die komplexen Funktionen $\mathfrak{K}^{\pm}$ nicht im gesamten Raum-Zeit-Bereich gleich 0 sind, muß der Vorfaktor des Ausdrucks (5.80) verschwinden. Somit ergibt sich, nach einer Durchmultiplikation mit $-\hbar^2$, der Ausdruck

$$\left[\left(\sum_{i=1}^{3} p^{i2} - p^{02} \right) + m_0^2 c^2 \right] = 0 . \tag{5.81}$$

Verwendet man die Relationen (5.74), (5.75), dann folgt aus dem obigen Ausdruck der Zusammenhang

$$E^2 = m_0^2 c^4 + \mathbf{p}^2 c^2 . \tag{5.82}$$

(5.82) ist der grundlegende relativistische Energiesatz in quadrierter Form, der in einer speziellen Darstellung als Ausgangspunkt zur Herleitung der Klein-Gordon-Gleichung herangezogen wurde: man vergleiche mit (5.62). Somit bleibt festzuhalten, daß die Klein-Gordon-Gleichung (5.76) den grundlegenden relativistischen Energiesatz – sinnvollerweise – wiederum reproduziert.

5.2.3 Die Dirac-Gleichung

Eine weitere grundlegende Erweiterung nichtrelativistischer quantenmechanischer Feldgleichungen ist durch die von P. Dirac eingeführte Differentialgleichung gegeben. Wendet man die Quantisierungsvorschrift (5.72) auf die Teilgleichung (5.65) an und bezieht man die Faktoren γ^μ in den Quantisierungsprozeß mit ein (d. h. ersetzt man diese Faktoren durch zunächst noch unbestimmte Operatoren $\hat{\gamma}^\mu$), dann läßt sich die Teilgleichung (5.65) (nach einer geeigneten Wahl der Operatoren $\hat{\gamma}^\mu$) in diese Dirac-Gleichung überführen, die wiederum den grundlegenden relativistischen Energiesatz (5.62) enthält, jedoch – im Gegensatz zur Klein-Gordon-Gleichung – in der Zeitableitung von erster Ordnung ist.

5.2.3.1 Die Dirac-Gleichung und ihre Komponenten

Wendet man die Quantisierungsvorschrift (5.72) auf die Teilgleichung (5.65) an, dann erhält man die inhomogene partielle Differentialgleichung

$$\left[-i \sum_{i=1}^{3} \hat{\gamma}^i \frac{\partial}{\partial x^i} - \hat{\gamma}^0 \left(i \frac{\partial}{\partial x^0} - \frac{W}{\hbar c} \right) + \hat{1} \frac{m_0 c}{\hbar} \right] \mathfrak{D} = 0 , \tag{5.83}$$

die nach ihrem Begründer als *Dirac-Gleichung* bezeichnet wird. Die darin auftretenden Operatoren $\hat{\gamma}^\mu$ ($\mu = 1,2,3,0$) bzw. $\hat{\gamma}^i$ ($i = 1,2,3$), $\hat{\gamma}^0$ werden durch das algebraische Schema

$$\hat{\gamma}^i \hat{\gamma}^j + \hat{\gamma}^j \hat{\gamma}^i = \left[\hat{\gamma}^i, \hat{\gamma}^j \right]_+ = -2\delta^{ij} \hat{1} ,$$

$$\hat{\gamma}^i \hat{\gamma}^0 + \hat{\gamma}^0 \hat{\gamma}^i = \left[\hat{\gamma}^i, \hat{\gamma}^0 \right]_+ = \hat{0} , \tag{5.84}$$

$$\hat{\gamma}^0 \hat{\gamma}^0 = \hat{1}$$

festgelegt, das direkt mit der Relation (5.66) verglichen werden kann. Dieses Schema definiert eine Algebra im Sinne der Ausführungen des Abschnitts 2.2.2. Die hier auftretende Algebra wird üblicherweise als *Clifford-Algebra* bezeichnet. Auch die Dirac-Gleichung ist eine bezüglich beliebigen Poincaré-Transformationen forminvariante Differentialgleichung. Sie ist bezüglich der Zeitableitung von erster Ordnung und enthält implizit wiederum den relativistischen Energiesatz (5.62).

Wie bereits in der Einführung zu diesem Kapitel besprochen wurde und später folgende Ausführungen noch deutlich machen werden, ist die Dirac-Gleichung als eine relativistische Verallgemeinerung der bereits eingeführten nichtrelativistischen Schrödinger-Gleichung unter Einbezug der Eigenschaft *Spin* auffaßbar. Die Dirac-Gleichung gilt genaugenommen für Spin-$1/2$-Teilchen, d. h. insbesondere für ein Elektron bzw. dessen Antiteilchen, das Positron, sodaß durch die Dirac-Gleichung der Elektronenspin bzw. der Positronenspin erfaßbar ist.

Eine häufig verwendete Darstellung der Dirac-Gleichung ist durch

$$i\hbar\hat{\mathfrak{D}} = \left(c\sum_{i=1}^{3} \hat{\alpha}^i \hat{p}_i + W\hat{1} + m_0 c^2 \hat{\beta} \right) \mathfrak{D} \tag{5.85}$$

gegeben, wobei dieser Darstellung das algebraische Schema

$$\hat{\alpha}^i \hat{\alpha}^j + \hat{\alpha}^j \hat{\alpha}^i = \left[\hat{\alpha}^i, \hat{\alpha}^j \right]_+ = 2\delta^{ij}\hat{1} \,,$$

$$\hat{\alpha}^i \hat{\beta} + \hat{\beta}\hat{\alpha}^i = \left[\hat{\alpha}^i, \hat{\beta} \right]_+ = \hat{0} \,, \tag{5.86}$$

$$\hat{\beta}\hat{\beta} = \hat{1}$$

zugeordnet ist. Die Operatoren $\hat{p}_i$ stehen für die Komponenten $\hat{p}_i = -i\hbar\partial/\partial x^i$ des Impulsoperators und die Operatoren $\hat{\alpha}^i$, $\hat{\beta}$ sind über die Beziehungen $\hat{\alpha}^i = \hat{\gamma}^0\hat{\gamma}^i$ und $\hat{\beta} = \hat{\gamma}^0$ mit den Operatoren $\hat{\gamma}^i$, $\hat{\gamma}^0$ verbunden. Offensichtlich sind die beiden Darstellungen durch Anwendung des inversen Operators von $\hat{\gamma}^0$ ineinander überführbar, wenn die pseudoeuklidische Zeitkoordinate x^0 in ihrer expliziten Form ct berücksichtigt wird.

Die hier angegebenen Formen der Dirac-Gleichung können in vielerlei Weise erweitert werden. Beispielsweise läßt sich die Beschreibung von Quarkfeldern im Rahmen einer Eichfeldtheorie durch eine erweiterte Form der Dirac-Gleichung durchführen. Im Kapitel über Eichfeldtheorien, dem Kapitel 9, wird darauf eingegangen.

5.2.3.2 Begründung

Wendet man die Quantisierungsvorschrift (5.72) auf die Teilgleichung (5.65) an, ersetzt die Gamma-Faktoren γ^μ im Rahmen des Quantisierungsprozesses durch Operatoren $\hat{\gamma}^\mu$ und läßt den dadurch sich ergebenden Operator auf eine noch unbestimmte zustandsbeschreibende Größe $\mathfrak{D}$ wirken, dann ergibt sich

$$\hat{D}_- \left(\hat{\gamma}^\mu\right) \hat{D}_+ \left(\hat{\gamma}^\mu\right) \mathfrak{D} = 0 \,, \tag{5.87}$$

wobei die Operatoren $\hat{D}_- \left(\hat{\gamma}^\mu\right)$, $\hat{D}_+ \left(\hat{\gamma}^\mu\right)$ gleich

$$\hat{D}_- \left(\hat{\gamma}^\mu\right) = \left[-\mathrm{i} \sum_{i=1}^{3} \hat{\gamma}^i \frac{\partial}{\partial x^i} - \hat{\gamma}^0 \left(\mathrm{i} \frac{\partial}{\partial x^0} - \frac{W}{\hbar c} \right) - \hat{1} \frac{m_0 c}{\hbar} \right] \,, \tag{5.88}$$

$$\hat{D}_+ \left(\hat{\gamma}^\mu\right) = \left[-\mathrm{i} \sum_{i=1}^{3} \hat{\gamma}^i \frac{\partial}{\partial x^i} - \hat{\gamma}^0 \left(\mathrm{i} \frac{\partial}{\partial x^0} - \frac{W}{\hbar c} \right) + \hat{1} \frac{m_0 c}{\hbar} \right] \tag{5.89}$$

gesetzt werden können. Würde man die Gamma-Operatoren $\hat{\gamma}^\mu$ mit den Gamma-Faktoren γ^μ identifizieren, dann würde (5.87) in die oben angegebene Klein-Gordon-Gleichung übergehen.

Führt man entsprechend

$$\hat{\gamma}^{0\,-1} \hat{\gamma}^0 = \hat{1} \,, \ \hat{\alpha}^i = \hat{\gamma}^{0\,-1} \hat{\gamma}^i \,, \ \hat{\beta} = \hat{\gamma}^{0\,-1} \tag{5.90}$$

einen inversen Operator $\hat{\gamma}^{0\,-1}$ sowie Operatoren $\hat{\alpha}^i$, $\hat{\beta}$ ein, dann läßt sich (5.87) in die Form

$$\hat{D}_- \left(\hat{\alpha}^i, \hat{\beta}\right) \hat{D}_+ \left(\hat{\alpha}^i, \hat{\beta}\right) \mathfrak{D} = 0 \tag{5.91}$$

mit

$$\hat{D}_- \left(\hat{\alpha}^i, \hat{\beta}\right) = -\mathrm{i} \left[\sum_{i=1}^{3} \hat{\alpha}^i \frac{\partial}{\partial x^i} - \hat{1} \left(\mathrm{i} \frac{\partial}{\partial x^0} - \frac{W}{\hbar c} \right) - \hat{\beta} \frac{m_0 c}{\hbar} \right] \,, \tag{5.92}$$

$$\hat{D}_+ \left(\hat{\alpha}^i, \hat{\beta}\right) = -\mathrm{i} \left[\sum_{i=1}^{3} \hat{\alpha}^i \frac{\partial}{\partial x^i} - \hat{1} \left(\mathrm{i} \frac{\partial}{\partial x^0} - \frac{W}{\hbar c} \right) + \hat{\beta} \frac{m_0 c}{\hbar} \right] \tag{5.93}$$

überführen.

Wählt man die Operatoren $\hat{\alpha}^i$, β so, daß

$$\hat{D}_+ \left(\hat{\alpha}^i, \hat{\beta}\right) \mathfrak{D} = 0 \tag{5.94}$$

gilt, d. h. fordert man die Gültigkeit der aus (5.93) folgenden Operatorenrelation

$$\hat{1} \left(\mathrm{i} \frac{\partial}{\partial x^0} - \frac{W}{\hbar c} \right) = -\mathrm{i} \sum_{i=1}^{3} \hat{\alpha}^i \frac{\partial}{\partial x^i} + \frac{m_0 c}{\hbar} \hat{\beta} \,, \tag{5.95}$$

sodaß sich

$$\hat{1} \left(\mathrm{i} \frac{\partial}{\partial x^0} - \frac{W}{\hbar c} \right)^2 = -\frac{1}{2} \sum_{i,j=1}^{3} \left(\hat{\alpha}^i \hat{\alpha}^j + \hat{\alpha}^j \hat{\alpha}^i \right) \frac{\partial^2}{\partial x^i \partial x^j} -$$

$$\mathrm{i} \frac{m_0 c}{\hbar} \sum_{i=1}^{3} \left(\hat{\alpha}^i \hat{\beta} + \hat{\beta} \hat{\alpha}^i \right) \frac{\partial}{\partial x^i} + \frac{m_0^2 c^2}{\hbar^2} \hat{\beta} \hat{\beta} \tag{5.96}$$

ergibt, dann ist offensichtlich, daß eine gemäß

$$\hat{\alpha}^i\hat{\alpha}^j + \hat{\alpha}^j\hat{\alpha}^i = \left[\hat{\alpha}^i, \hat{\alpha}^j\right]_+ = 2\delta^{ij}\hat{1}\,,$$

$$\hat{\alpha}^i\hat{\beta} + \hat{\beta}\hat{\alpha}^i = \left[\hat{\alpha}^i, \hat{\beta}\right]_+ = \hat{0}\,, \tag{5.97}$$

$$\hat{\beta}\hat{\beta} = \hat{1}$$

durchgeführte Festlegung der Operatoren $\hat{\alpha}^i$, $\hat{\beta}$ die Operatorenrelation (5.96) in die Operatorenrelation

$$\hat{1}\left(\mathrm{i}\frac{\partial}{\partial x^0} - \frac{W}{\hbar c}\right)^2 = -\sum_{i=1}^{3}\hat{1}\frac{\partial^2}{\partial x^{i2}} + \hat{1}\frac{m_0^2 c^2}{\hbar^2} \tag{5.98}$$

überführt. Vergleicht man die Operatorenrelation (5.98) mit der Klein-Gordon-Gleichung (5.73), dann ist klar, daß (5.98), abgesehen von dem zusätzlich auftretenden „Einsoperator" $\hat{1}$, den „Klein-Gordon-Operator" repräsentiert. Die Operatorenrelation (5.98) ist identisch mit dem „Klein-Gordon-Operator", wenn $\hat{1}$ keine mehrkomponentige Matrix repräsentiert. Steht $\hat{1}$ für eine mehrkomponentige Matrix, dann steht (5.98) für ein System von Operatoren, die alle gleich dem „Klein-Gordon-Operator" sind.

Setzt man in (5.94) den Operator (5.93) ein und fordert man, daß die Operatoren $\hat{\alpha}^i$, $\hat{\beta}$ durch das algebraische Schema (5.97) festgelegt werden, dann ergibt sich die angegebene Dirac-Gleichung (5.85) mit dem algebraischen Schema (5.86). Ersetzt man dann $\hat{\alpha}^i$, $\hat{\beta}$ gemäß der Vorschrift (5.90) wieder durch Operatoren $\hat{\gamma}^\mu$, dann erhält man die angegebene Dirac-Gleichung (5.83) mit dem algebraischen Schema (5.84). Da, wie im Abschnitt 5.2.2 angegeben wurde, die Klein-Gordon-Gleichung einen relativistischen Energiesatz der Form (5.62) reproduziert, bedeutet die Verwendung des algebraischen Schemas (5.86), daß sichergestellt wird, daß die Dirac-Gleichung (5.85) implizit wiederum den relativistischen Energiesatz (5.62) enthält. Im Gegensatz zur Klein-Gordon-Gleichung ist die Dirac-Gleichung (5.85) jedoch in der Zeitableitung von erster Ordnung.

5.2.3.3 Die Dirac-Gleichung im Fall eines freien Teilchens

Der Fall eines makroskopischen wechselwirkungsfreien Teilchens wird auf einer mathematischen Betrachtungsebene durch die Relationen (5.74)–(5.75) festgelegt. Gemäß dieser Relationen ist die diesem Szenario zugeordnete Dirac-Gleichung, durch

$$\left(-\mathrm{i}\sum_{\mu=0}^{3}\hat{\gamma}^\mu\frac{\partial}{\partial x^\mu} + \hat{1}\frac{m_0 c}{\hbar}\right)\mathfrak{D} = 0 \tag{5.99}$$

bzw.

$$\mathrm{i}\hbar\dot{\mathfrak{D}} = \left(c\sum_{i=1}^{3}\hat{\alpha}^i\hat{p}_i + m_0 c^2\hat{\beta}\right)\mathfrak{D} \tag{5.100}$$

gegeben. Ein Spinor $\mathfrak{D}$ erfaßt in diesem Fall ein einfaches „Einteilchenfeld", das als ein „freies Dirac-Feld" bezeichnet werden kann.

5.2.3.4 Die Dirac-Matrizen

Entsprechend des Schemas (5.86) werden die Operatoren $\hat{\alpha}^i$, β jedoch nicht eindeutig festgelegt. Eine mögliche Wahl ist beispielsweise durch

$$\hat{\alpha}^i = \begin{pmatrix} 0 & \hat{\sigma}^i \\ \hat{\sigma}^i & 0 \end{pmatrix}, \quad \hat{\beta} = \begin{pmatrix} 1 & 0 \\ 0 & -1 \end{pmatrix} = \begin{pmatrix} \hat{\sigma}^0 & 0 \\ 0 & -\hat{\sigma}^0 \end{pmatrix} \tag{5.101}$$

gegeben, wobei $\hat{\sigma}^i$ ($i = 1, 2, 3$) für die bereits angegebenen Pauli Matrizen steht, 0 eine (2,2)-Nullmatrix und 1 eine (2,2)-Einheitsmatrix ist. Diese (4,4)-Matrizen genauso wie alle anderen möglichen derartigen Matrizen ($\mu = 1, 2, 3, 0$) werden im folgenden als *Dirac-Matrizen* bezeichnet. Sie repräsentieren spezielle (4,4)-Spinoren. Im Rahmen dieser Wahl ist

$$\hat{1} = \begin{pmatrix} 1 & 0 \\ 0 & 1 \end{pmatrix} = \begin{pmatrix} 1 & 0 & 0 & 0 \\ 0 & 1 & 0 & 0 \\ 0 & 0 & 1 & 0 \\ 0 & 0 & 0 & 1 \end{pmatrix} \tag{5.102}$$

zu setzen. Für die innerhalb der Dirac-Matrizen auftretenden Pauli-Matrizen gelten die Relationen (5.34)–(5.37).

In der Literatur findet man weitere Darstellungen der Dirac-Matrizen (wie z. B. die Dirac-Darstellung oder die Majorana-Darstellung). Im weiteren Verlauf der Überlegungen wird noch eine Darstellung angegeben, die in der Literatur sehr häufig zugrunde gelegt wird.

5.2.3.5 Der Dirac-Spinor

Die in der Dirac-Gleichung auftretende Größe $\mathfrak{D}$ steht für einen speziellen Spinor. Konsistent zu den im Rahmen der Dirac-Gleichung betrachteten (4,4)-Spinoren weist ein solcher Spinor die Form

$$\mathfrak{D} = \begin{pmatrix} \psi_1 \\ \psi_2 \\ \psi_3 \\ \psi_4 \end{pmatrix} \tag{5.103}$$

auf, d. h. ein solcher Spinor kann durch eine vierkomponentige Spaltenmatrix beschrieben werden. Ein derartiger Spinor wird im folgenden als *Dirac-Spinor* bezeichnet.

Legt man die Dirac-Gleichung zugrunde, dann findet die mathematisch-theoretische relativistische Behandlung von Spin-1/2-Teilchen auf der Ebene vierdimensionaler quadratischer Matrizen sowie vierdimensionaler Zeilen- bzw. Spalten-Matrizen statt.

5.2.4 Die Dirac-Pauli-Fierz Spinorgleichung

Durch das Gleichungssystem

$$\sum_{i=1}^{2} \partial_{ij^\star} \mathfrak{a}^{ii_1 \dots i_{N'}}_{j_1^\star \dots j_N^\star} = \mathrm{i} \frac{m_0 c}{\hbar} \mathfrak{b}^{i_1 \dots i_{N'}}_{j^\star j_1^\star \dots j_N^\star} ,$$

$$\sum_{j^\star=1}^{2} \partial^{ij^\star} \mathfrak{b}^{i_1 \dots i_{N'}}_{j^\star j_1^\star \dots j_N^\star} = \mathrm{i} \frac{m_0 c}{\hbar} \mathfrak{a}^{ii_1 \dots i_{N'}}_{j_1^\star \dots j_N^\star}$$

$$(5.104)$$

wird eine Beziehung definiert, die als Grenzfälle die oben eingeführten relativistischen Feldgleichungen im „freien", d. h. wechselwirkungsfreien Fall

$$W = 0 \tag{5.105}$$

enthält. Diese Beziehung ist eine auf Dirac, Pauli und Fierz zurückgehende Spinorgleichung. Die Größen $\partial_{ij^\star}$, $\partial^{ij^\star}$ stehen für die bereits im Abschnitt 5.1.3 eingeführten Spinoroperatoren.

> Wesentliche relativistische quantenmechanische Bewegungsgleichungen lassen sich aus einer übergeordneten Spinorgleichung gewinnen.

Im folgenden wird gezeigt, daß in diesen Spinorgleichungen tatsächlich die obigen relativistischen Feldgleichungen enthalten sind.

5.2.4.1 Die Klein-Gordon-Gleichung als Grenzfall

Eliminiert man mit Hilfe der zweiten obigen Gleichung den Spinor $\mathfrak{a}^{ii_1 \dots i_{N'}}_{j_1^\star \dots j_N^\star}$ aus der ersten obigen Gleichung, dann ergibt sich die Beziehung

$$- \sum_{i,k^\star=1}^{2} \partial_{ij^\star} \partial^{ik^\star} \mathfrak{b}^{i_1 \dots i_{N'}}_{k^\star j_1^\star \dots j_N^\star} - \frac{m_0^2 c^2}{\hbar^2} \mathfrak{b}^{i_1 \dots i_{N'}}_{j^\star j_1^\star \dots j_N^\star} = 0 , \tag{5.106}$$

die auf Grund der Relation (5.52) die Gleichung

$$\left(\sum_{l=1}^{3} \frac{\partial^2}{\partial x^{l2}} - \frac{\partial^2}{\partial x^{02}} - \frac{m_0^2 c^2}{\hbar^2} \right) \mathfrak{b}^{i_1 \dots i_{N'}}_{j^\star j_1^\star \dots j_N^\star} = 0 \tag{5.107}$$

repräsentiert. Vergleicht man diesen Ausdruck mit der Klein-Gordon-Gleichung eines freien Teilchens, der Beziehung (5.76), dann ist offensichtlich, daß er genau diese Beziehung darstellt, wobei

$$\mathfrak{K} = \mathfrak{b}^{i_1 \dots i_{N'}}_{j^\star j_1^\star \dots j_N^\star} \tag{5.108}$$

gilt.

5.2.4.2 Die Dirac-Gleichung als Grenzfall

Setzt man $N' = N = 0$, dann verschwinden die N und N' zugeordneten Indexreihen, sodaß das obige Gleichungssystem die Form

$$\sum_{j^\star=1}^{2} \partial^{ij^\star} \mathfrak{b}_{j^\star} = \mathrm{i} \frac{m_0 c}{\hbar} \mathfrak{a}^i , \quad \sum_{i=1}^{2} \partial_{ij^\star} \mathfrak{a}^i = \mathrm{i} \frac{m_0 c}{\hbar} \mathfrak{b}_{j^\star} , \tag{5.109}$$

annimmt. Gemäß der allgemeinen Spinor-Definitionen sind die Größen $\mathfrak{a}^i$ und $\mathfrak{b}_{j^\star}$ entsprechend

$$\mathfrak{A}^{(i)} = \begin{pmatrix} \mathfrak{a}^1 \\ \mathfrak{a}^2 \end{pmatrix} , \quad \mathfrak{B}_{(j^\star)} = (\mathfrak{b}_{1^\star}, \mathfrak{b}_{2^\star}) \tag{5.110}$$

die Elemente 2-komponentiger Spinoren $\mathfrak{A}^{(i)}$ und $\mathfrak{B}_{(j^\star)}$. Ersetzt man die erste Gleichung durch die dazu transponierte Gleichung, dann läßt sich (5.109) in das gleichwertige Gleichungssystem

$$\sum_{j^\star=1}^{2} \partial^{ij^\star \mathrm{T}} \mathfrak{b}_{j^\star}^{\mathrm{T}} = \mathrm{i} \frac{m_0 c}{\hbar} \mathfrak{a}^{i\mathrm{T}} , \quad \sum_{i=1}^{2} \partial_{ij^\star} \mathfrak{a}^i = \mathrm{i} \frac{m_0 c}{\hbar} \mathfrak{b}_{j^\star} , \tag{5.111}$$

$$\mathfrak{A}^{(i)\mathrm{T}} = \left(\mathfrak{a}^{1\mathrm{T}}, \mathfrak{a}^{2\mathrm{T}} \right) , \quad \mathfrak{B}_{(j^\star)}^{\mathrm{T}} = \begin{pmatrix} \mathfrak{b}_{1^\star}^{\mathrm{T}} \\ \mathfrak{b}_{2^\star}^{\mathrm{T}} \end{pmatrix} \tag{5.112}$$

überführen. Das Gleichungssystem (5.111) repräsentiert vier gekoppelte Gleichungen.

Vergleicht man die Definitionen (5.51) und (5.47), dann ist klar, daß die in der ersten Gleichung von (5.111) auftretenden Operatorelemente durch Elemente des Spinoroperators (5.47) ersetzt werden können, sodaß auf Matrixebene der Spinoroperator (5.47) selbst benützt werden kann. Berücksichtigt man dann noch (5.48) und benützt (5.45), dann kann das obige System aus Spinorgleichungen durch

$$\left[-\mathrm{i} \sum_{l=1}^{3} \left(\hat{\sigma}^l \right) \frac{\partial}{\partial x^l} - \mathrm{i} \left(\hat{\sigma}^0 \right) \frac{\partial}{\partial x^0} \right] \begin{pmatrix} \psi_3 \\ \psi_4 \end{pmatrix} + \frac{m_0 c}{\hbar} \begin{pmatrix} \psi_1 \\ \psi_2 \end{pmatrix} = 0 ,$$

$$\left[-\mathrm{i} \sum_{l=1}^{3} \left(-\hat{\sigma}^l \right) \frac{\partial}{\partial x^l} - \mathrm{i} \left(\hat{\sigma}^0 \right) \frac{\partial}{\partial x^0} \right] \begin{pmatrix} \psi_1 \\ \psi_2 \end{pmatrix} + \frac{m_0 c}{\hbar} \begin{pmatrix} \psi_3 \\ \psi_4 \end{pmatrix} = 0 \tag{5.113}$$

ersetzt werden, wobei die Funktionen ψ_i ($i = 1, 2, 3, 4$) die oben benützten Spinorkomponenten ersetzen.

Führt man $(4, 4)$-Matrizen gemäß

$$\hat{\gamma}^l = \begin{pmatrix} 0 & \hat{\sigma}^l \\ -\hat{\sigma}^l & 0 \end{pmatrix} , \quad \hat{\gamma}^0 = \begin{pmatrix} 0 & 1 \\ 1 & 0 \end{pmatrix} = \begin{pmatrix} 0 & \hat{\sigma}^0 \\ \hat{\sigma}^0 & 0 \end{pmatrix} \tag{5.114}$$

ein und benützt (5.103) und (5.102), dann erhält man die partielle Differentialgleichung

$$\left(-\mathrm{i} \sum_{\mu=0}^{3} \hat{\gamma}^\mu \frac{\partial}{\partial x^\mu} + \hat{1} \frac{m_0 c}{\hbar} \right) \mathfrak{D} = 0 , \tag{5.115}$$

welche (man vergleiche mit (5.99)) die Dirac-Gleichung eines freien Teilchens darstellt.

Selbstkonsistent zu der obigen Argumentation genügen die Matrizen (5.114) dem algebraischen Schema (5.84). Diese Matrizen bilden also eine spezielle Menge von im Rahmen des Diracschen Formalismus auftretenden Matrizen. Die hier angegebene Darstellung wird in der Literatur häufig zugrunde gelegt.

5.2.5 Lagrangedichten und Kontinuitätsgleichungen

Genauso wie die Schrödinger-Gleichung lassen sich auch die verschiedenen Formen der Klein-Gordon- bzw. der Dirac-Gleichung ausgehend von einer geeigneten Lagrangedichte herleiten, sodaß sich auch diese relativistischen Feldgleichungen dem Hamiltonschen Prinzip unterordnen lassen: Beispielsweise betrachte man die relativistische Lagrangedichte

$$\mathcal{L} = \hbar c \left[\frac{i}{2} \sum_{\mu=0}^{3} \left(\hat{\gamma}^{\mu} \mathfrak{D} \frac{\partial}{\partial x^{\mu}} \mathfrak{D}^{\dagger} + \mathfrak{D}^{\dagger} \frac{\partial}{\partial x^{\mu}} \mathfrak{D} \, \hat{\gamma}^{\mu \, \dagger} \right) + \hat{1} \frac{m_0 c}{\hbar} \mathfrak{D}^{\dagger} \mathfrak{D} \right] \quad (5.116)$$

mit dem Dirac-Spinor bzw. dem adjungierten Dirac-Spinor[4]

$$\mathfrak{D} = \begin{pmatrix} \psi_1 \\ \psi_2 \\ \psi_3 \\ \psi_4 \end{pmatrix} \quad \text{bzw.} \quad \mathfrak{D}^{\dagger} = (\psi_1^*, \psi_2^*, \psi_3^*, \psi_4^*) \,. \quad (5.117)$$

Berücksichtigt man die dieser Problemstellung gemäßen Euler-Lagrangeschen Feldgleichung bzw. die dazu adjungierte Feldgleichung

$$\frac{\partial \mathcal{L}}{\partial \mathfrak{D}^{\dagger}} - \sum_{\mu=0}^{3} \frac{\partial}{\partial x^{\mu}} \frac{\partial \mathcal{L}}{\partial (\partial \mathfrak{D}^{\dagger} / \partial x^{\mu})} = 0 \text{ bzw. } \frac{\partial \mathcal{L}}{\partial \mathfrak{D}} - \sum_{\mu=0}^{3} \frac{\partial}{\partial x^{\mu}} \frac{\partial \mathcal{L}}{\partial (\partial \mathfrak{D} / \partial x^{\mu})} = 0 \quad (5.118)$$

dann erhält man die Dirac-Gleichung eines freien Teilchens bzw. die dazu adjungierte Dirac-Gleichung, die Beziehung

$$-i \sum_{\mu=0}^{3} \hat{\gamma}^{\mu} \frac{\partial}{\partial x^{\mu}} \mathfrak{D} + \hat{1} \frac{m_0 c}{\hbar} \mathfrak{D} = 0 \text{ bzw. } +i \sum_{\mu=0}^{3} \frac{\partial}{\partial x^{\mu}} \mathfrak{D}^{\dagger} \hat{\gamma}^{\mu \, \dagger} + \mathfrak{D}^{\dagger} \hat{1} \frac{m_0 c}{\hbar} = 0 \,, \quad (5.119)$$

wenn die folgenden Relationen[5] berücksichtigt werden:

$$\frac{\partial}{\partial x^{\mu}} \mathfrak{D} \, \hat{\gamma}^{\mu \, \dagger} = \hat{\gamma}^{\mu} \frac{\partial}{\partial x^{\mu}} \mathfrak{D} \,, \quad \frac{\partial}{\partial x^{\mu}} \mathfrak{D}^{\dagger} \hat{\gamma}^{\mu \, \dagger} = \hat{\gamma}^{\mu} \frac{\partial}{\partial x^{\mu}} \mathfrak{D}^{\dagger} \,. \quad (5.120)$$

---

[4]Im Zusammenhang mit mehrkomponentigen Matrizen treten adjungierte Größen statt konjugiert komplexen Größen auf. Adjungierte Größen enthalten einfache konjugiert komplexe Größen als Grenzfälle. Man vergleiche mit den Ausführungen des Abschnitts 2.2.1, in dem der Begriff der *Adjungiertheit* eingeführt wird.

[5]Man vergleiche mit den jeweils linken Seiten der Hermitezitätsrelation (4.10). Die hier auftretenden Relationen stellen Erweiterungen für im Rahmen der Spinortheorie auftretende spezielle Operatoren dar.

Mit den eingeführten relativistischen Feldgleichungen verbunden sind Kontinuitätsgleichungen, die die Erhaltung spezifischer Dichtefunktionen beschreiben: Beispielsweise erhält man durch Anwendung des zu $\hat{\gamma}^0$ inversen Operators auf die Beziehung (5.119) und eine anschließende Multiplikation mit c eine spezielle Formulierung der Dirac-Gleichung eines freien Teilchens. Berücksichtigt man zusätzlich die dazu adjungierte Form, dann erhält man das Gleichungssystem

$$-\mathrm{i}c\sum_{i=1}^{3}\hat{\alpha}^i\frac{\partial}{\partial x^i}\mathfrak{D}-\mathrm{i}c\hat{1}\frac{\partial}{\partial x^0}\mathfrak{D}+\frac{m_0c^2}{\hbar}\hat{\beta}\mathfrak{D}=0\,,$$

$$+\mathrm{i}c\sum_{i=1}^{3}\frac{\partial}{\partial x^i}\mathfrak{D}^\dagger\hat{\alpha}^{i\,\dagger}+\mathrm{i}c\frac{\partial}{\partial x^0}\mathfrak{D}^\dagger\hat{1}+\mathfrak{D}^\dagger\frac{m_0c^2}{\hbar}\hat{\beta}^\dagger=0\,,$$

(5.121)

wobei die adjungierten Dirac-Spinoren $\mathfrak{D}^\dagger$ durch (5.117) gegeben sind, und wobei die Operatoren $\hat{\alpha}^i$ und $\hat{\beta}$ über $\hat{\alpha}^i=\hat{\gamma}^0\hat{\gamma}^i$ und $\hat{\beta}=\hat{\gamma}^0$ mit den Operatoren $\hat{\gamma}^\mu$ verbunden sind. Die erste dieser beiden Beziehungen entspricht (5.100), wenn die auftretenden Ortsableitungen multipliziert mit $-\mathrm{i}\hbar$ gleich den Impulsoperator-Komponenten $\hat{p}_i$ gesetzt werden. Multipliziert man diese erste Beziehung mit $\mathfrak{D}^\dagger$, die zweite mit $\mathfrak{D}$ und subtrahiert man anschließend beide Gleichungen voneinander, dann erhält man unter Verwendung der Relationen[6]

$$\hat{\alpha}^{i\,\dagger}\mathfrak{D}^\dagger=\mathfrak{D}^\dagger\hat{\alpha}^i\,,\ \ \hat{\beta}^\dagger=\hat{\beta}$$

(5.122)

die Kontinuitätsgleichung

$$c\frac{\partial}{\partial x^0}\mathfrak{D}^\dagger\mathfrak{D}+c\sum_{i=1}^{3}\frac{\partial}{\partial x^i}\mathfrak{D}^\dagger\hat{\alpha}^i\mathfrak{D}=0\,,$$

(5.123)

welche in die Form

$$\sum_{\mu=0}^{3}\nabla_\mu j^\mu=0$$

(5.124)

überführt werden kann, wobei folgende Definitionen gelten:

$$j^0=c\mathfrak{D}^\dagger\mathfrak{D}=c\,|\mathfrak{D}|^2=c\left(\psi_1^*\psi_1+\psi_2^*\psi_2+\psi_3^*\psi_3+\psi_4^*\psi_4\right)\,,$$

$$j^i=c\mathfrak{D}^\dagger\hat{\alpha}^i\mathfrak{D}\,.$$

(5.125)

Interpretiert man $j^0/c=\mathfrak{D}^\dagger\mathfrak{D}$ als die mit einer relativistischen Teilchenbewegung verbundene Wahrscheinlichkeitsdichte, welche die Wahrscheinlichkeit für die Messung eines Teilchens in einem Volumenelement $\mathrm{d}^3x=\mathrm{d}x^1\mathrm{d}x^2\mathrm{d}x^3$ an einem Ort x zur Zeit t vermittelt, dann stellen die Komponenten j^i $(i=1,2,3)$ die Wahrscheinlichkeitsdichteströmung aus dem betrachteten Volumenelement heraus (in das betrachtete Volumenelement hinein) dar.

---

[6]Man vergleiche auch hier mit den jeweils linken Seiten der Hermitezitätsrelation (4.10). Die hier auftretende erste Relation stellt ebenfalls eine Erweiterung für im Rahmen der Spinortheorie auftretende spezielle Operatoren dar.

Ausgehend von Kontinunitätsgleichungen der hier besprochenen Art läßt sich auch einer Menge von Dirac- oder Klein-Gordon-Spinoren ein *Lorentz-kovarianter Hilbert-Raum* zuordnen, indem ein geeignetes Lorentz-kovariantes Skalarprodukt eingeführt wird.

5.2.6 Ein nichtrelativistischer Grenzfall: die Pauli-Gleichung

Die oben eingeführten relativistischen Feldgleichungen enthalten nichtrelativistische Grenzfälle. Insbesondere enthält die Dirac-Gleichung die zeitabhängige Einteilchen-Schrödinger-Gleichung in Ortsdarstellung. Daß die eingeführte Dirac-Gleichung diese Schrödinger-Gleichung als Grenzfall enthält, läßt sich bereits an der Struktur der Dirac-Gleichung erkennen: die Dirac-Gleichung ist genau wie die Schrödinger-Gleichung bezüglich der Zeitableitung von erster Ordnung[7]. Die Dirac-Gleichung enthält genaugenommen eine erweiterte Form dieser Schrödinger-Gleichung, die sogenannte *Pauli-Gleichung*, welche als Grenzfall wiederum die Schrödinger-Gleichung enthält. Betrachten wird diesen Sachverhalt im folgenden etwas genauer.

5.2.6.1 Dirac-Gleichung: zeitunabhängig

Die zeitabhängige Dirac-Gleichung (5.100) läßt sich durch den Ansatz

$$\mathfrak{D} = \mathfrak{D}(x)\exp\left(-\frac{\mathrm{i}}{\hbar}Et\right) = \mathfrak{D}(x)\exp(-\mathrm{i}\omega t) = \mathfrak{D}(x)\exp\left(-\frac{\mathrm{i}}{\hbar}p_0 x^0\right) \qquad (5.126)$$

lösen. Setzt man diesen elementaren Ansatz in (5.100) ein, dann wird (5.100) in eine zugeordnete zeitunabhängige Form überführt. Es ergibt sich die zeitunabhängige Dirac-Gleichung

$$\left[c\sum_{i=1}^{3}\hat{\alpha}^i\hat{p}_i + m_0c^2\hat{\beta}\right]\mathfrak{D}(x) = E\mathfrak{D}(x). \qquad (5.127)$$

5.2.6.2 Dirac-Gleichung: zeitunabhängig, nichtrelativistisch

Berücksichtigt man die Matrizen $\hat{\alpha}^i$, $\hat{\beta}$ gemäß (5.101) und spaltet man den zeitunabhängigen vierkomponentigen Spinor $\mathfrak{D}(x)$ entsprechend

$$\mathfrak{D}(x) = \begin{pmatrix}\mathfrak{D}_1(x)\\\mathfrak{D}_2(x)\end{pmatrix} \qquad (5.128)$$

---

[7]Vergegenwärtigen wir uns noch einmal die in diesem Buch durchgeführte Herleitung der Dirac-Gleichung, dann ist klar, daß bezüglich der Zeitableitung gerade eine Differentialgleichung von erster Ordnung gefordert wurde. In historischer Hinsicht ist dies die tatsächlich zugrunde gelegte Forderung: P. Dirac gewann diese Differentialgleichung als Ergebnis seiner Suche nach einer direkten relativistischen Erweiterung der zeitabhängigen Schrödinger-Gleichung, wobei er insbesondere das für eine zeitabhängige Schrödinger-Gleichung typische Auftreten einer einfachen Zeitableitung forderte.

in zwei Teilkomponenten auf, dann zerfällt die obige zeitunabhängige Dirac-Gleichung in ein System von zwei gekoppelten, (2,2)-Matrizen zugeordneten zeitunabhängigen Gleichungen:

$$c \sum_{i=1}^{3} \hat{\sigma}^i \hat{p}_i \mathfrak{D}_2(\boldsymbol{x}) + m_0 c^2 \mathbb{1} \mathfrak{D}_1(\boldsymbol{x}) = E \mathfrak{D}_1(\boldsymbol{x}) \,,$$

$$c \sum_{i=1}^{3} \hat{\sigma}^i \hat{p}_i \mathfrak{D}_1(\boldsymbol{x}) - m_0 c^2 \mathbb{1} \mathfrak{D}_2(\boldsymbol{x}) = E \mathfrak{D}_2(\boldsymbol{x}) \,. \tag{5.129}$$

Löst man die zweite der beiden Gleichungen von (5.129) nach $\mathfrak{D}_2(\boldsymbol{x})$ auf, so ergibt sich der Ausdruck

$$\mathfrak{D}_2(\boldsymbol{x}) = \frac{c}{E + m_0 c^2} \sum_{i=1}^{3} \hat{\sigma}^i \hat{p}_i \mathfrak{D}_1(\boldsymbol{x}) \,, \tag{5.130}$$

der in die erste Gleichung eingesetzt auf

$$\frac{c^2}{E + m_0 c^2} \sum_{i,j=1}^{3} \hat{\sigma}^i \hat{p}_i \hat{\sigma}^j \hat{p}_j \mathfrak{D}_1(\boldsymbol{x}) + m_0 c^2 \mathbb{1} \mathfrak{D}_1(\boldsymbol{x}) = E \mathfrak{D}_1(\boldsymbol{x}) \tag{5.131}$$

führt. Die Beziehungen (5.130) und (5.131) ersetzen das Gleichungssystem (5.129).

Im nichtrelativsitischen Grenzfall ist die Beziehung (5.130) vernachlässigbar, da in diesem Grenzfall

$$E \approx m_0 c^2 \tag{5.132}$$

gesetzt werden kann und der Impulsoperator $\hat{p}_i$ angewandt auf einen Dirac-Spinor in diesem Grenzfall Impulseigenwerte

$$p_i \approx m_0 v_i \tag{5.133}$$

liefert[8], sodaß für (5.130)

$$\mathfrak{D}_2(\boldsymbol{x}) \approx \frac{1}{2c} \sum_{i=1}^{3} \hat{\sigma}^i v_i \mathfrak{D}_1(\boldsymbol{x}) \tag{5.134}$$

gesetzt werden kann und unter Berücksichtigung von $v_i \ll c$ somit

$$|\mathfrak{D}_2(\boldsymbol{x})| \ll |\mathfrak{D}_1(\boldsymbol{x})| \tag{5.135}$$

folgt. In diesem nichtrelativistischen Grenzfall kann das Gleichungssystem (5.129) also durch die einzelne Gleichung (5.131) ersetzt werden.

---

[8]Bisher wurde die Beschreibung von Impulseigenwerten mikroskopischer Teilchen mittels Ausdrücken der Form $p_i = \hbar k_i$ durchgeführt. Es sei deshalb darauf hingewiesen, daß ein Ausdruck der Form $p_i = \hbar k_i$ ein an die feldspezifische Beschreibungsebene angepaßter Ausdruck ist, während ein Ausdruck der Form $p_i = m_0 v_i$ ein an eine Einteilchen-Geschwindigkeitsmessung angepaßter Ausdruck zur Beschreibung eines Impulseigenwerts darstellt. Ein Übergang von einem Ausdruck der Form $p_i = \hbar k_i$ zu einem Ausdruck der Form $p_i = m_0 v_i$ bedeutet den Übergang von einer den Wellencharakter direkt wiedergebenden zu einer den korpuskularen Charakter direkt wiedergebenden Beschreibungsebene.

5.2.6.3 Dirac-Gleichung: Vektorpotentialintegration

Die Dirac-Gleichung (5.85) ermöglicht zwar den Einbezug von über eine skalare Wechsel-wirkungsfunktion W beschreibbaren Wechselwirkungen, jedoch nicht die Integration von mit einem Vektorpotential verbundenen elektromagnetischen Wechselwirkungen, wie sie im Abschnitt 3.6 eingeführt wurden. Sollen auch derartige Wechselwirkungen innerhalb des Dirac-schen Formalismus berücksichtigt werden, so muß innerhalb der Dirac-Gleichung (5.85) bzw. innerhalb der Dirac-Gleichung (5.100) der implizit enthaltene Impulsoperator $\hat{p}$ gemäß

$$\hat{p} = \frac{\hbar}{i}\nabla \rightarrow \hat{p} = \frac{\hbar}{i}\nabla - eA \overset{\text{CGS-System}}{=} \frac{\hbar}{i}\nabla - \frac{e}{c}A \tag{5.136}$$

ersetzt werden. Die Ersetzungsvorschrift (5.136) wird später noch genauer besprochen. Hier soll ihre einfache Angabe genügen.

Berücksichtigt man die Ersetzung (5.136) innerhalb der Beziehung (5.131), dann erhält man mit $\mathfrak{D}_1 = \mathfrak{D}_1(x)$ den Ausdruck

$$\left[\frac{1}{2m_0}\sum_{i,j=1}^{3}\hat{\sigma}^i\hat{\sigma}^j\left(\frac{\hbar}{i}\frac{\partial}{\partial x^i} - eA_i\right)\left(\frac{\hbar}{i}\frac{\partial}{\partial x^j} - eA_j\right) + m_0c^2\mathbf{1}\right]\mathfrak{D}_1 = E\mathfrak{D}_1, \tag{5.137}$$

der elektromagnetische Wechselwirkungen in Form eines zugeordneten Vektorpotentials A enthält. Rechnet man das Klammernprodukt aus, dann führt dies auf den Zusammenhang

$$\left[-\frac{\hbar^2}{2m_0}\sum_{i,j=1}^{3}\hat{\sigma}^i\hat{\sigma}^j\frac{\partial}{\partial x^i}\frac{\partial}{\partial x^j} + m_0c^2\mathbf{1} + \frac{e^2}{2m_0}\sum_{i,j=1}^{3}\hat{\sigma}^i\hat{\sigma}^jA_iA_j\right.$$

$$\left. +i\frac{e\hbar}{2m_0}\sum_{i,j=1}^{3}\hat{\sigma}^i\hat{\sigma}^j\left(\frac{\partial}{\partial x^i}A_j\right) + i\frac{e\hbar}{m_0}\sum_{i,j=1}^{3}\hat{\sigma}^i\hat{\sigma}^jA_i\frac{\partial}{\partial x^j}\right]\mathfrak{D}_1 = E\mathfrak{D}_1. \tag{5.138}$$

Setzt man noch[9]

$$A = A' + A'' = \left(A'_1, A'_2, A'_3\right) + \left(A''_1, A''_2, A''_3\right) = \left(A'_x, A'_y, A'_z\right) + \left(A''_x, A''_y, A''_z\right) \tag{5.139}$$

mit $(x = x^1, y = x^2, z = x^3)$

$$A''_x = \frac{1}{2}\left(B_yz - B_zy\right), \quad A''_y = \frac{1}{2}\left(B_zx - B_xz\right), \quad A''_z = \frac{1}{2}\left(B_xy - B_yx\right) \tag{5.140}$$

und

$$A'_x = i\frac{m_0}{2\hbar e}a(\mathbf{x})x, \quad A'_y = i\frac{m_0}{2\hbar e}a(\mathbf{x})y, \quad A'_z = i\frac{m_0}{2\hbar e}a(\mathbf{x})z, \tag{5.141}$$

und beschränkt man sich auf die wesentlichen Anteile, dann erhält man die Eigenwertgleichung

---

[9] Die folgende Identifikation bedeutet die Implementation eines durch A'' beschriebenen äußeren Magnetfeldes $B = \left(B_x, B_y, B_z\right)$ sowie eines durch A' beschriebenen inneren Magnetfeldes. Es sei hier angegeben, daß die Relation $B = \text{rot}A$ gelten muß, wobei A', kompatibel mit der Zuordnung zu einem inneren Magnetfeld, jedoch keinen Beitrag zu B liefern darf, was die mögliche Struktur von $a(\mathbf{x})$ einschränkt. Es sei noch angemerkt, daß A'' der Lorentz-Eichung $\text{div}A'' = 0$ genügt. Die Betrachtung spezieller Szenarien im Abschnitt 5.3 wird diese speziellen Zuordnungen verdeutlichen.

$$\left(-\frac{\hbar^2}{2m_0}\mathbf{1}\triangle - \frac{e\hbar}{2m_0}\sum_{i=x,y,z} B_i\hat{\sigma}_i - \frac{e}{2m_0}\mathbf{1}\sum_{i=x,y,z} B_i\hat{l}_i + \frac{a(\boldsymbol{x})}{2\hbar}\sum_{i=x,y,z}\hat{l}_i\hat{\sigma}_i \right)\mathfrak{D}_1 \tag{5.142}$$

$$= E\mathfrak{D}_1 \,,$$

wobei die Operatoren $\hat{\sigma}_x$, $\hat{\sigma}_y$, $\hat{\sigma}_z$ für die eingeführten Pauli-Matrizen stehen:

$$\hat{\sigma}_x = \begin{pmatrix} 0 & 1 \\ 1 & 0 \end{pmatrix}, \ \hat{\sigma}_y = \begin{pmatrix} 0 & -\mathrm{i} \\ 1 & 0 \end{pmatrix}, \ \hat{\sigma}_z = \begin{pmatrix} 1 & 0 \\ 0 & -1 \end{pmatrix}. \tag{5.143}$$

Die in dieser Eigenwertgleichung auftretenden Zusatzoperatoren lassen sich genauer verstehen, was noch folgende Ausführungen verdeutlichen werden[10]: Während

$$\hat{H}_{\mathrm{s}} = -\frac{e\hbar}{2m_0}\sum_{i=x,y,z} B_i\hat{\sigma}_i \tag{5.144}$$

die Wechselwirkung eines Teilchenspins mit einem Magnetfeld beschreibt, erfaßt

$$\hat{H}_{\mathrm{l}} = -\frac{e}{2m_0}\mathbf{1}\sum_{i=x,y,z} B_i\hat{l}_i \tag{5.145}$$

die Wechselwirkung der Bahnbewegung des Teilchens mit dem Magnetfeld. Die Wechselwirkung des Teilchenspins mit der Bahnbewegung des Teilchens wird demgegenüber durch folgenden Operator beschrieben:

$$\hat{H}_{\mathrm{s,l}} = \frac{a(\boldsymbol{x})}{2\hbar}\sum_{i=x,y,z}\hat{l}_i\hat{\sigma}_i \,. \tag{5.146}$$

5.2.6.4 Der Zusammenhang mit der Pauli-Gleichung

Entsprechend der obigen Voraussetzungen und Interpretationen erfaßt die Eigenwertgleichung (5.142) zeitunabhängige Spin-Bahndrehimpuls-Szenarien in nichtrelativistischer Näherung. Hätte man noch über eine skalare Wechselwirkungsfunktion W erfaßbare Wechselwirkungen berücksichtigt und hätte den Zeitoperator mit in die Rechnung einbezogen, dann hätte man statt der zeitunabhängigen Differentialgleichung (5.142) die zeitabhängige Differentialgleichung

$$\left(-\frac{\hbar^2}{2m_0}\mathbf{1}\triangle + W\mathbf{1} - \frac{e\hbar}{2m_0}\sum_{i=x,y,z} B_i\hat{\sigma}_i - \frac{e}{2m_0}\mathbf{1}\sum_{i=x,y,z} B_i\hat{l}_i + \frac{a(\boldsymbol{x})}{2\hbar}\sum_{i=x,y,z}\hat{l}_i\hat{\sigma}_i \right)\mathfrak{D}_1 \tag{5.147}$$

$$= \mathrm{i}\hbar\dot{\mathfrak{D}}_1$$

mit $\mathfrak{D}_1 = \mathfrak{D}_1(\boldsymbol{x},t)$ erhalten, die auch die Behandlung von zeitabhängigen Spin-Bahndrehimpuls-Szenarien sowie den Einbezug von zusätzlichen skalaren Wechselwirkungen erlaubt.

---

[10]Man vergleiche mit dem Abschnitt 5.3.1, in dem grundlegende Spin- und Bahndrehimpuls-Szenarien betrachtet werden.

Die zeitabhängige Differentialgleichung (5.147) läßt sich als *erweiterte* zeitabhängige *Pauli-Gleichung* charakterisieren: Vernachlässigt man die Wechselwirkung des Teilchenspins mit der Bahnbewegung des Teilchens (d. h. vernachlässigt man denjenigen Term, der den Operator $\hat{H}_{s,1}$ aufweist), und vernachlässigt man die Wechselwirkung des Magnetfeldes mit der Bahnbewegung (d. h. vernachlässigt man denjenigen Term, der den Operator $\hat{H}_1$ aufweist), dann erhält man die zeitabhängige Differentialgleichung

$$\left(-\frac{\hbar^2}{2m_0}\mathbf{1}\triangle + W\mathbf{1} - \frac{e\hbar}{2m_0}\sum_{i=x,y,z}B_i\hat{\sigma}_i \right)\mathfrak{D}_1 = i\hbar\dot{\mathfrak{D}}_1 \,, \tag{5.148}$$

die in der Literatur auch als zeitabhängige *Pauli-Gleichung* geführt wird und die zeitabhängige Schrödinger-Gleichung in Ortsdarstellung als Grenzfall enthält.

Die dergestalt eingeführte Pauli-Gleichung läßt sich als direkte Erweiterung der Schrödinger-Gleichung gewinnen, indem ein Term zur Schrödinger-Gleichung hinzuaddiert wird, der die Wechselwirkung eines Teilchenspins mit einem Magnetfeld **B** erfaßt.

Durch Verwendung der Ersetzungsvorschrift (5.136) kann der mit dem Operator $\hat{H}_1$ verbundene Wechselwirkungsanteil über das diesem Wechselwirkungsanteil zugeordnete Vektorpotential in die Pauli-Gleichung reimplementiert werden:

$$\left[\frac{1}{2m_0}\mathbf{1}\left(\frac{\hbar}{\mathrm{i}}\nabla - e\mathbf{A}\right)^2 + W\mathbf{1} - \frac{e\hbar}{2m_0}\sum_{i=x,y,z}B_i\hat{\sigma}_i \right]\mathfrak{D}_1 = i\hbar\dot{\mathfrak{D}}_1 \,, \tag{5.149}$$

wobei das Vektorpotential **A** den Einfluß eines mit $\hat{H}_1$ verbundenen Magnetfeldes **B** erfaßt. Hätte man im Rahmen der obigen Herleitung keine Terme vernachlässigt, dann hätte man die dergestalt abgeänderte Beziehung auch direkt erhalten können. Auch diese Beziehung wird in der Literatur als *Pauli-Gleichung* geführt. Da auf diese Beziehung später zurückgegriffen wird, sei sie hier noch angegeben.

Entsprechend der auftretenden Operatoren erlaubt die Pauli-Gleichung den Einbezug eines Teilchenspins im Rahmen einer nichtrelativistischen Betrachtung. Da die Pauli-Gleichung direkt aus der Dirac-Gleichung folgt, ist klar, daß die angegebenen Teilcheneigenschaften auch direkt von der Dirac-Gleichung erfaßt werden.

Diese Ausführungen zu relativistischen Feldgleichungen und speziellen Grenzfällen sollen genügen. Betrachten wir im folgenden einige Beispielkomplexe, die auch die obigen Interpretationen verdeutlichen.

5.3 Beispiele I: Spin und Spinsysteme

Mißt man atomare Energieniveauschemata aus und benützt eine Meßapparatur mit hoher Meßgenauigkeit, dann stellt man fest, daß jedes Energieniveau eine *Feinstruktur* (FS) aufweist. Verwendet man eine Meßapparatur mit hoher Meßgenauigkeit, dann stellt man beispielsweise fest, daß jedes Energieniveau des im Kapitel 4 durch Bild 4.28 vorgegebenen Energieniveauschemas des Wasserstoff-Atoms genaugenommen aus mehreren Unterniveaus besteht, sodaß mit Zustandsübergängen verbundene meßbare spektrale (Absorptions- oder Emissions-)Linien ebenfalls eine derartige Feinstruktur aufweisen. Das durch Bild 4.28 gegebene Energieniveauschema des Wasserstoff-Atoms repräsentiert also das im Rahmen einer weniger hohen Meßgenauigkeit erhaltbare Ergebnis. Die Bilder 5.2 und 5.3 veranschanschaulichen die experimentell erhaltbare Feinstruktur des Wasserstoff-Atoms. Eine theoretische Erklärung für diese Feinstruktur wird möglich, wenn die bisher noch nicht genauer betrachtete Teilcheneigenschaft *Spin* berücksichtigt wird. Konstruiert man ein mit Meßergebnissen kompatibles Modell des *Elektronenspins* und seiner Wechselwirkung mit der Bahnbewegung des Elektrons, dann stellt man fest, daß dies auf eine Aufspaltung der in Bild 4.28 angegebenen Energieniveaus führt, sodaß auf diese Weise eine Erklärung der Feinstruktur möglich wird. Die Bilder 5.2 und 5.3 geben bereits Ergebnisse einer derartigen theoretischen Modellierung wieder und setzen sie in Bezug zu den bisher schon erhaltenen Ergebnissen:

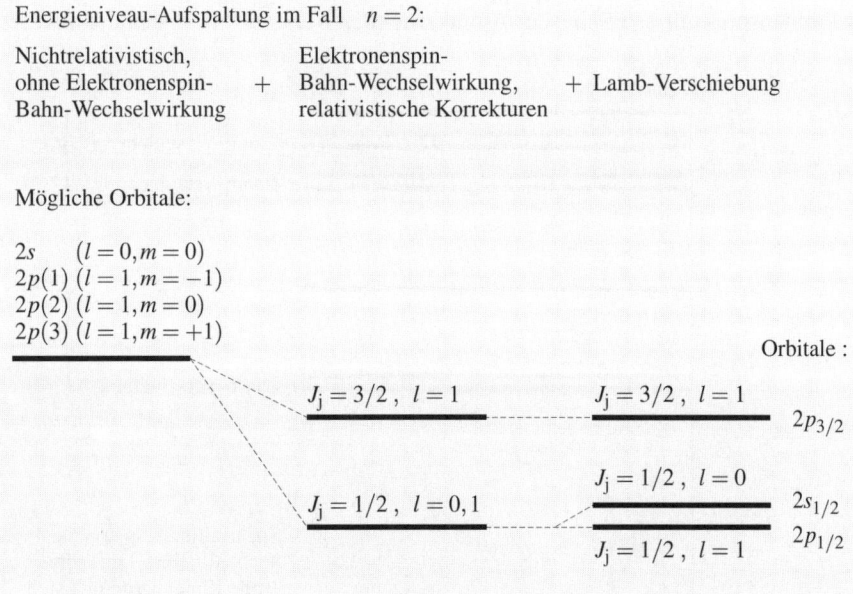

Energieniveau-Aufspaltung im Fall $n = 2$:

| Nichtrelativistisch, ohne Elektronenspin-Bahn-Wechselwirkung | + | Elektronenspin-Bahn-Wechselwirkung, relativistische Korrekturen | + Lamb-Verschiebung |

Mögliche Orbitale:

$2s$ $(l = 0, m = 0)$
$2p(1)$ $(l = 1, m = -1)$
$2p(2)$ $(l = 1, m = 0)$
$2p(3)$ $(l = 1, m = +1)$

Orbitale :

$J_j = 3/2$, $l = 1$ $J_j = 3/2$, $l = 1$ $2p_{3/2}$

$J_j = 1/2$, $l = 0, 1$ $J_j = 1/2$, $l = 0$ $2s_{1/2}$

$J_j = 1/2$, $l = 1$ $2p_{1/2}$

Bild 5.2 Feinstruktur beim Wasserstoff-Atom in einer schematischen Darstellung: Die Elektronenspin-Bahn-Wechselwirkung führt zu einer Aufspaltung der Energieniveaus des Wasserstoff-Termschemas. Als Beispiel angegeben wird die Aufspaltung des mit der Hauptquantenzahl $n = 2$ verbundenen Energieniveaus. Zusätzlich eingetragen wurde eine größenordnungsmäßig sehr viel kleinere zusätzliche Aufspaltung. Die damit verbundene Verschiebung wird als Lamb-Verschiebung bezeichnet. Sie läßt sich auf die Selbstwechselwirkung des Elektrons mit seinem eigenen Strahlungsfeld zurückführen

• Das im Rahmen einer Modellrechnung ohne Berücksichtigung des Elektronenspins erhaltbare Energieniveauschema läßt sich mittels einer Hauptquantenzahl n charakterisieren. Die Nebenquantenzahl (= Bahndrehimpulsquantenzahl) l sowie die magnetische Quantenzahl m gehen nicht in die Beschreibung der Lage der einzelnen Energieniveaus ein, sie dienen alleine zur Charakterisierung der Struktur der einzelnen Atom-Orbitale. Diese Struktur gibt vollständig die Ergebnisse der im Kapitel 4 durchgeführten Modellrechnung wieder.

• Berücksichtigt man den Elektronenspin, welcher durch Spinquantenzahlen J_s, $J_{3,s} = J_{z,s}$ charakterisierbar ist, sowie seine Wechselwirkung mit dem mit der Bahnbewegung des Elektrons verbundenen Bahndrehimpuls, welcher durch die Quantenzahlen $J_l = l$, $J_{3,l} = J_{z,l} = m$ charakterisierbar ist, dann findet man, daß der sich über die Wechselwirkung herausbildende Gesamtdrehimpuls in gleicher Weise wie der Elektronenspin und der Bahndrehimpuls gequantelt ist, wobei die damit verbundene diskrete Struktur des Bahndrehimpulses über Quantenzahlen J_j, $J_{3,j} = J_{z,j}$ beschrieben werden kann. Mit speziellen Gesamtdrehimpulsen verbunden sind spezielle zusätzliche Energien, welche jeweils zu einer Energieverschiebung führen, sodaß ein ursprünglich alleine durch die Hauptquantenzahl n beschreibbares Energieniveau nun eine Feinstruktur aufweist, welche durch die zusätzlich auftretende Quantenzahl J_j beschrieben werden kann.

Erhöht man die Meßgenauigkeit weiter, dann stellt man eine der Feinstruktur überlagerte nochmalige Energieniveau-Aufspaltung fest, die als *Hyperfeinstruktur* (HFS) bezeichnet wird. Im Gegensatz zur Feinstruktur ist die Hyperfeinstruktur auf die magnetische Wechselwirkung von Elektronenspins mit den Spins der Atomkerne (den *Kernspins* bzw. den damit verbunde-

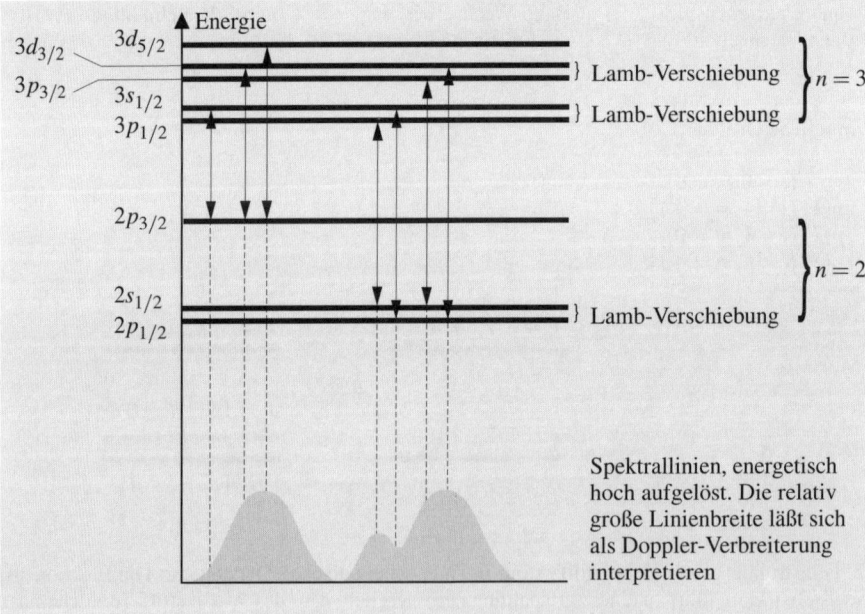

Bild 5.3 Feinstruktur beim Wasserstoff-Atom in einer schematischen Darstellung: Energieniveau-Aufspaltung und beoachtbare Spektrallinien. Es werden beispielhaft Übergänge zwischen Energieniveaus der Hauptquantenzahlen $n = 2$ und $n = 3$ betrachtet

nen magnetischen Kernmomenten), auf die auf Kernverformung zurückführbaren elektrischen Kernmomente oder auf das Vorliegen einer Mischung von Isotopen (Isotopieverschiebung) zurückführbar. In Bild 5.4 wird dieser Sachverhalt am Beispiel eines speziellen Energieniveaus des Wasserstoff-Atoms verdeutlicht, wobei eine auf Elektronenspin-Kernspin-Kopplung zurückführbare Hyperfeinstruktur betrachtet wird. In einem zusätzlichen äußeren Magnetfeld sind weitere Wechselwirkungen zwischen den Elektronen- bzw. Kernspins und dem äußeren Magnetfeld sowie Wechselwirkungen zwischen der Bahnbewegung der Elektronen und dem äußeren Magnetfeld zu berücksichtigen.

Mit den heute zur Verfügung stehenden experimentellen Verfahren sind Energieniveaus bzw. Energieniveaudifferenzen in hoher Genauigkeit ausmeßbar. Derartige experimentelle Verfahren werden unter dem Überbegriff *Festkörperspektroskopie* geführt. Wichtige Meßverfahren der Festkörperspektroskopie basieren auf der Wechselwirkung von mit Drehimpulsen gekoppelten magnetischen Momenten mit Magnetfeldern. Man spricht im Zusammenhang mit diesen Meßverfahren von *magnetischer Resonanz*. Beispiele für derartige Meßverfahren bilden die *Kernspinresonanz*, NMR (= Nuclear Magnetic Resonance), oder die *Elektronenspinresonanz*, ESR (= Electron Spin Resonance):

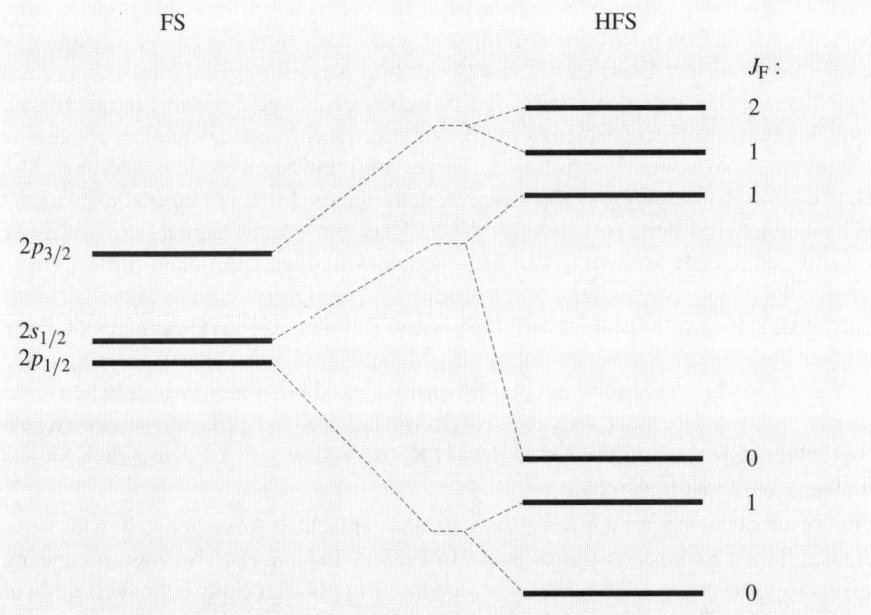

Bild 5.4 Hyperfeinstruktur beim Wasserstoff-Atom auf Grund von Elektronenspin-Kernspin-Kopplung in einer schematischen Darstellung. Als Ausgangspunkt dient das Energieniveau $n = 2$ einschließlich seiner Feinstruktur: vgl. Bild 5.2. Es ist zu berücksichtigen, daß der zur Darstellung der Hyperfeinstruktur-Aufspaltung (HFS) benützte Maßstab ein anderer als derjenige ist, der zur Darstellung der Feinstruktur-Aufspaltung (FS) benützt wird: die Hyperfeinstruktur-Aufspaltung ist größenordnungsmäßig sehr viel kleiner anzusetzen als die Feinstruktur-Aufspaltung. J_F repräsentiert eine die Elektronenspin-Kernspin-Kopplung charakterisierende Quantenzahl

- Grundsätzlich unterscheidet man zwischen zwei Typen von Kernspinresonanzverfahren, den *stationären* und den *Impuls-* oder *Spin-Echo-Verfahren*. Während stationäre Verfahren auf ständig vorliegenden hochfrequenten Magnetfeldern basieren, basieren Impuls- oder Spin-Echo-Verfahren auf kurzen Magnetfeldpulsen. Betrachten wir im folgenden ein stationäres Verfahren etwas genauer: Bild 5.5 zeigt ein einfaches Kernspinresonanzspektrometer zur Durchführung eines stationären Verfahrens. Im wesentlichen besteht es aus einem Magneten, einer Modulationsspule, der Spule eines Hochfrequenzschwingkreises, in die eine Probe eingebracht werden kann, sowie einer angeschlossenen Steuerungs- und Meßapparatur. Durch den Magneten wird ein zeitlich konstantes magnetisches Feld im Probenbereich aufgebaut, welches von einem niederfrequenten magnetischen Feld überlagert wird, das von einem Niederfrequenzgenerator (NF-Generator) und der Modulationsspule erzeugt wird. Die Hochfrequenzspule erzeugt ein zusätzliches magnetisches Anregungssignal, das relativ zum konstanten Magnetfeld senkrecht auf die Kernspins der Probe einwirkt. Die Frequenz des Magnetfeldes der Hochfrequenzspule liegt im MHz-Bereich und die Frequenz der Modulationsspule im kHz-Bereich. In dem vorgegebenen konstanten Magnetfeld können die einzelnen Kernspins des Kernspinsystems der Probe ganz bestimmte Orientierungen bezüglich der Richtung des vorgegebenen konstanten Magnetfelds und damit verbundene diskrete Energieniveaus (*Zeeman-Energieniveaus*) aufweisen. Auf einer quasimakroskopischen Modellebene betrachtet führen die einzelnen Kernspins und damit auch das Kernspinsystem eine Präzessionsbewegung (*Lamor-Präzession*) um die durch das konstante Magnetfeld vorgegebene Achse durch. Entspricht die vom magnetischen Anregungssignal zur Verfügung stellbare Energie gerade der Energiedifferenz zweier (mit Auswahlregeln kompatibler) Zeeman-Energieniveaus, dann werden Übergänge zwischen den zwei Zeeman-Energieniveaus erzeugt. Dies führt im Hochfrequenzschwingkreis der Hochfrequenzspule des magnetischen Anregungssignals zu einer Verstimmung (Dispersion) und zu einer Güteänderung (Absorption), d. h. zum Auftreten eines Kernspinresonanzsignals. Liegt ein zusätzliches niederfrequentes magnetische Feld vor, so kehrt dieses Kernspinresonanzsignal periodisch wieder. Die damit verbundene Änderung der Schwingkreisvariablen kann dann mittels Diskriminatoren in Spannungsänderungen umgewandelt und als Oszillographensignal sichtbar gemacht werden. Kernspinresonanzverfahren lassen sich derartig verfeinern, sodaß räumlich aufgelöste Resonanzmuster von räumlich ausgedehnten Proben erhalten werden können. Auf diese Weise kann beispielsweise ein dreidimensionales Abbild eines menschlichen Gehirnes erhalten werden. Als Resonatoren dienen in der medizinischen Kernspinresonanz (Kernspintomographie) insbesondere die Kerne der im Körperwasser und körpereigenen Molekülen enthaltenen Wasserstoff-Atome.

- Die im Zusammenhang mit der Kernspinresonanz gemachten Aussagen gelten im wesentlichen auch für die Elektronenspinresonanz. Insbesondere kann auch im Zusammenhang mit Elektronenspinresonanz zwischen stationären und Impuls oder Spin-Echo-Verfahren unterschieden werden. Betrachten wir auch hier ein stationäres Verfahren etwas genauer: Bild 5.6 zeigt ein einfaches Elektronenspinresonanzspektrometer zur Durchführung eines stationären Verfahrens. Sein zentraler Bestandteil bildet ein Klystron mit angeschlossenem Hohlleitersystem. Während das Klystron das zur Erzeugung eines Elektronenspinresonanzsignals notwendige Anregungssignal, dessen Frequenz im GHz-Bereich (Mikrowellenbereich) liegt, liefert, sorgt das Hohlleitersystem für die Weiterleitung des Anregungssignals hin zur Probe. Das Hohlleitersystem (Doppel-T-Mikrowellenbrücke) kann so eingestellt ("gestimmt") werden, daß in den Detektorarm des Hohlleitersystems keine Energie hineinfließt. Findet Resonanzabsorption in der Probe statt, dann wird das Hohlleitersystem „verstimmt", d.h. Energie fließ in den Detektorarm hinein, sodaß ein Elektronenspinresonanzsignal auf die im Zusammenhang mit der Kernspinresonanz dargestellte Weise nachgewiesen werden kann.

In der magnetischen Resonanz werden Übergänge zwischen mit unterschiedlichen Elektronenspin- oder Kernspin-Einstellungen verbundenen Energieniveaus erzeugt und ausgemessen:

- Bild 5.7 zeigt ein einfaches Beispiel eines Kernspin-Energieniveauschemas. Gemäß dieses Bildes lassen sich die möglichen Beträge $|j_\mathrm{I}|$ des Kernspinvektors j_I mit z-Komponente $j_{z,\mathrm{I}}$ durch eine Quantenzahl J_I charakterisieren. Mit den möglichen Einstellungen in der durch das Magnetfeld B_0 vorgegebenen z-Richtung sind wohldefinierte Energieniveaus E verbunden. Entsprechend der Skizze können die Einstellungen in z-Richtung durch eine Quantenzahl $J_{z,\mathrm{I}}$ erfaßt werden. Es ist die Relation

$$J_{z,\mathrm{I}} = -J_\mathrm{I}, -J_\mathrm{I}+1 \ldots +J_\mathrm{I} \tag{5.150}$$

zu beachten. Entsprechend dieser Relation gilt das Bild für $J_\mathrm{I} = 1$. Man beachte, daß in diesem Fall eine dem Magnetfeld B_0 entgegengerichtete Drehimpulseinstellung eine (im Vergleich zu einer dem Magnetfeld B_0 gleichgerichteten Drehimpulseinstellung) höhere Energie bedingt.
- Bild 5.8 zeigt ein einfaches Beispiel eines Elektronenspin-Energieniveauschemas. Während die Quantenzahl $J_\mathrm{S} = 3/2$ den Betrag des betrachteten Gesamt-Teilchenspinvektors vorgibt, zählt die Quantenzahl

$$J_{z,\mathrm{S}} = -J_\mathrm{S}, -J_\mathrm{S}+1 \ldots +J_\mathrm{S} = -3/2, -1/2, +1/2, +3/2 \tag{5.151}$$

die möglichen Einstellungen des betrachteten Gesamt-Teilchenspinvektors in der durch das Magnetfeld B_0 vorgegebenen z-Richtung und die damit verbundenen Zeeman-Energieniveaus ab. Die Abhängigkeit der *Zeeman-Aufspaltung* vom Magnetfeld wird angedeutet. Entsprechend der für magnetische Dipolübergänge gültigen Auswahlregel

$$\Delta J_z = \pm 1 \tag{5.152}$$

sind drei Übergänge hervorrufbar. Ist eine Nullfeldaufspaltung, beispielsweise hervorgerufen durch ein Kristallfeld oder die Spin-Bahn-Kopplung, zu berücksichtigen, dann sind die damit verbundenen Elektronenspinresonanzlinien experimentell trennbar. Ohne Nullfeldaufspaltung liegen sie übereinander.

Sieht man von Kernspineffekten ab, dann können die oben bespochenen Effekte einschließlich relativistischer Korrekturen mittels der eingeführten Dirac-Gleichung theoretisch erfaßt werden, was in Bild 5.2 zusätzlich angedeutet wird. Auf der Grundlage der daraus abgeleiteten erweiterten Pauli-Gleichung lassen sich diese Effekte ebenfalls erfassen, dann jedoch unter Vernachlässigung relativistischer Korrekturen. Durch geeignete Erweiterungen dieser Feldgleichungen um Kernspineffekte enthaltende Anteile können die übrigen angesprochenen Effekte ebenfalls theoretisch erfaßt werden. Im folgenden werden zwei mit diesen Feldgleichungen verknüpfte Beispielkomplexe genauer betrachtet, die spezielle statische und dynamische Aspekte einfacher Drehimpulssysteme zum Gegenstand haben.

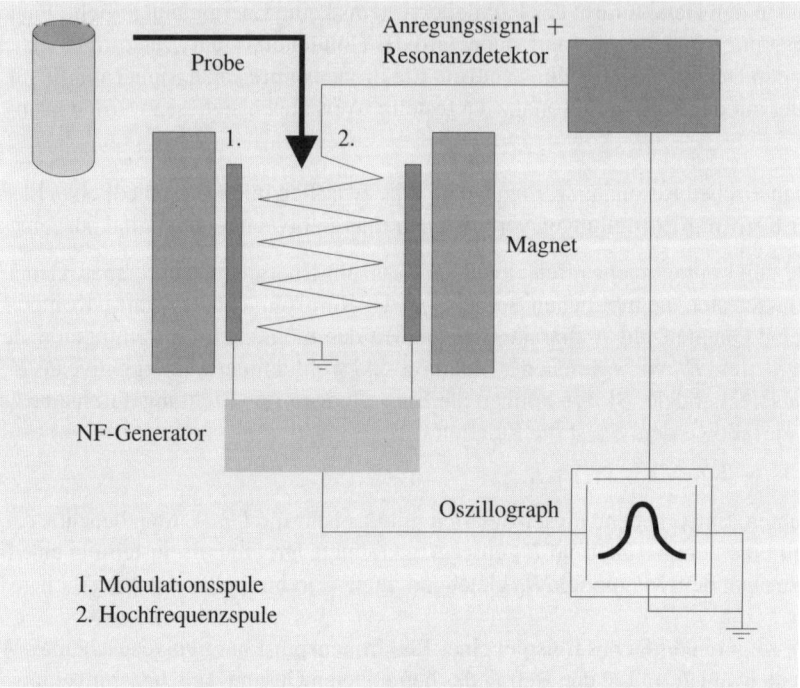

Bild 5.5 Ein einfaches Kernspinresonanzspektrometer. Erklärungen folgen im Text

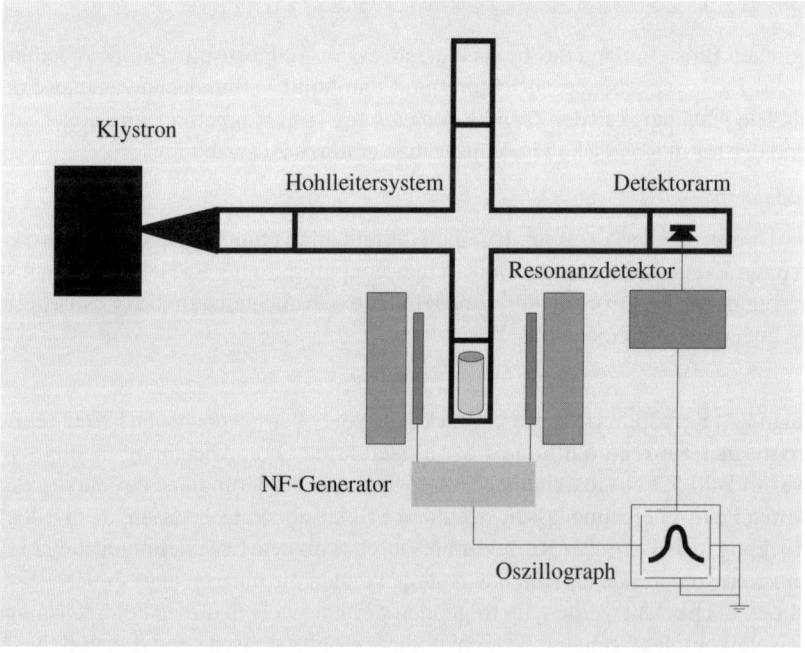

Bild 5.6 Ein einfaches Elektronenspinresonanzspektrometer. Erklärungen folgen im Text

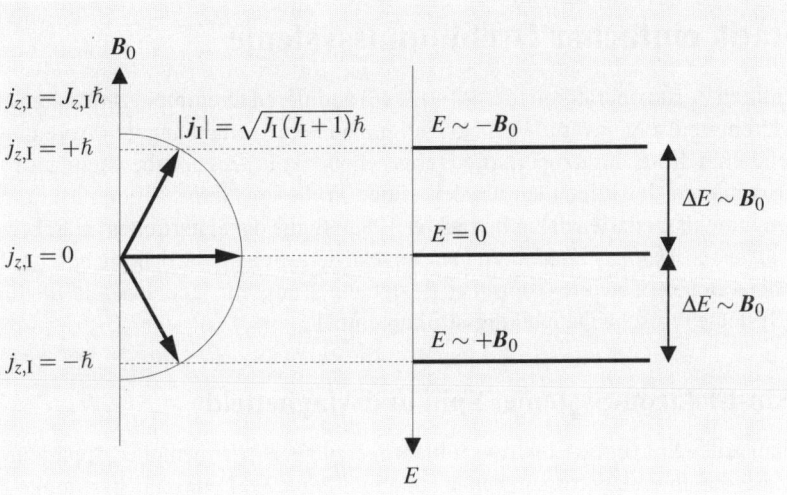

Bild 5.7 Ein einfaches Beispiel eines Kernspin-Energieniveauschemas. Erklärungen folgen im Text

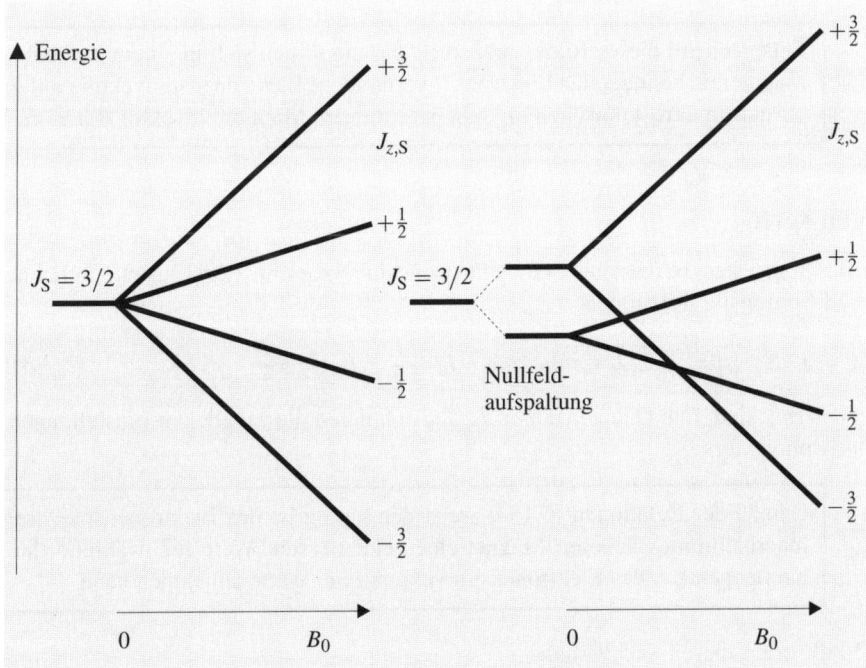

Bild 5.8 Ein einfaches Beispiel eines Elektronenspin-Energieniveauschemas mit und ohne Nullfeldaufspaltung. Erklärungen folgen im Text

5.3.1 Statik einfacher Drehimpulssysteme

Die eingeführten Zusatzoperatoren (5.144)–(5.146) definieren Drehimpulsstrukturen, d. h. insbesondere Drehimpulseigenwerte. Berücksichtigt man keine zeitabhängigen Anregungssignale, dann definieren diese Zusatzoperatoren (abgesehen von Präzessionsbewegungen) statische Drehimpulsszenarien. Im folgenden werden einige in diesem Sinne definierte grundlegende statische Drehimpulsszenarien näher betrachtet[11]. Sämtliche dabei auftretenden Schemata sind auf einer *quasimakroskopischen Modellebene* angesiedelte Schemata, d. h. sie beschreiben eine Modellebene, welche von makroskopischen Beziehungen ausgeht, jedoch bereits die für mikroskopische Systeme typische Quantelungsstruktur enthält.

5.3.1.1 Ein-Elektron-Systeme: Spin und Magnetfeld

Beobachtet man den Spin eines Elektrons mittels geeigneter experimenteller Apparaturen, dann stellt man fest, daß in einem vorgegebenen äußeren Magnetfeld nur ganz bestimmte Einstellmöglichkeiten dieses Elektronenspins relativ zum Magnetfeld möglich sind.

I. Der Elektronenspin

Bild 5.9 illustriert das Verhalten des Elektronenspins auf einer dem mikroskopischen System zuordenbaren quasimakroskopischen Modellebene. Entsprechend einer üblichen Konvention wird dem Magnetfeldvektor die z-Richtung zugeordnet.

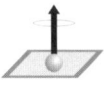

> Entsprechend dieses Bildes präzediert der mit einem sich in einem homogenen Magnetfeld befindenden Elektron e^- verbundene Elektronenspinvektor s auf dieser quasimakroskopischen Modellebene um den Magnetfeldvektor B herum.

II. Eigenwerte

Für den das Spinsystem beschreibenden Elektronenspinvektor sind zwei Einstellmöglichkeiten gegeben, die durch die Relationen

$$s_z = J_{z,s}\hbar \, , \quad |s| = \sqrt{J_s(J_s+1)}\hbar \quad \text{mit} \quad J_s = \frac{1}{2} \, , \quad J_{z,s} = \pm\frac{1}{2} \tag{5.153}$$

charakterisierbar sind. Die Quantenzahlen J_s, $J_{z,s}$ definieren die möglichen Einstellungen des Elektronenspinvektors.

> Gemäß der Relationen (5.153) weist der Betrag $|s|$ des Elektronenspinvektors innerhalb eines äußeren Magnetfeldes einen festen Wert auf, während die z-Komponente s_z des Elektronenspinvektors zwei Werte annehmen kann.

Bild 5.10 illustriert diesen Sachverhalt.

---

[11]Bezüglich einer weitergehenderen Diskussion und weiteren experimentellen Details vergleiche man mit [17].

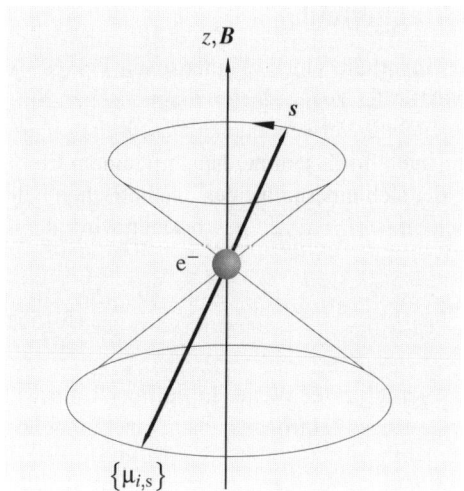

Bild 5.9 Auf einer quasimakroskopischen Modellebene vorliegende Präzession des Spinvektors s in einem vorgegebenen äußeren Magnetfeld, das durch den Magnetfeldvektor B beschrieben wird. Entsprechend einer üblichen Konvention definiert das homogene Magnetfeld die z-Richtung

III. Das zugeordnete magnetische Moment

Mit dem Elektronenspinvektor s gekoppelt ist der Vektor des magnetischen Spinmoments, der Vektor

$$\{\mu_{i,s}\} = -g_s \frac{|e|}{2m_0} s \,, \tag{5.154}$$

wobei der g_s-Faktor für den mit dem Elektronenspin verbundenen *gyromagnetischen Faktor* steht. Der Index i $(i = x, y, z)$ deutet an, daß der Vektor $\{\mu_{i,s}\}$ drei Komponenten aufweist. Bild 5.9 illustriert die Zuordnung dieses Vektors zum Elektronenspinvektor auf der zugeordneten quasimakroskopischen Modellebene.

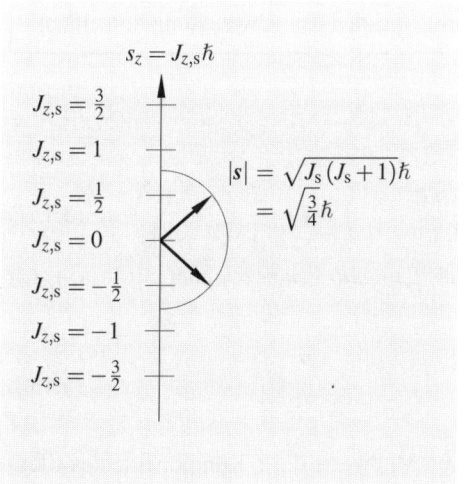

Bild 5.10 Mögliche Einstellungen des Spinvektors s eines Elektrons e^- in einem äußeren, durch B beschriebenen Magnetfeld. J_s steht für eine Quantenzahl, die den Betrag des Spinvektors vermittelt, und $J_{z,s}$ steht für eine Quantenzahl, welche die möglichen Beträge der dritten Komponente des Spinvektors bestimmt. Gemäß der Skizze sind die Werte $J_s = 1/2$ und $J_{z,s} = \pm 1/2$ möglich

IV. Die Energie des Elektronenspins im Magnetfeld

Die Energie eines makroskopischen Drehimpulses innerhalb eines magnetischen Feldes ist durch das negative Skalarprodukt zwischen dem Vektor des zugeordneten magnetischen Moments und dem Vektor der magnetischen Induktion gegeben. Verwendet man diese Relation, im Rahmen einer quasimakroskopischen Modellierung, auch im Zusammenhang mit einem Elektronenspinvektor s mit Komponenten s_i ($i = x, y, z$), der sich innerhalb eines magnetischen Feldes befindet, das durch den Vektor B mit Komponenten B_i ($i = x, y, z$) beschrieben wird, dann erhält man den Energieausdruck

$$W_s = -B\left\{\mu_{i,s}\right\} = g_s \frac{|e|}{2m_0} Bs = g_s \frac{|e|}{2m_0} \sum_{i=x,y,z} B_i s_i \,. \tag{5.155}$$

Entsprechend (5.153) repräsentiert dieser Energieausdruck zwei Werte. In völliger Übereinstimmung mit Experimenten beschreibt er die Energie eines Elektronenspins in einem magnetischen Feld.

V. Der Übergang zum Spin-Magnetfeld-Operator

Vergleicht man den Energieausdruck (5.155) mit dem Zusatzoperator (5.144) und berücksichtigt man, daß ein Elektron betrachtet wird, sodaß $e = -|e|$ gesetzt werden muß, dann ist offensichtlich, daß (5.144) den (5.155) zugeordneten Operator repräsentiert, wobei

$$s_i \rightarrow \frac{\hbar}{2} \hat{\sigma}_i \quad (i = x, y, z) \tag{5.156}$$

die Zuordnung beschreibt, wenn $g_s = 2$ gesetzt wird.

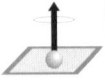

> Wie Experimente zeigen, ist dieser g_s-Faktor jedoch nur ungefähr gleich 2. Diese Abweichung läßt sich durch die (im Rahmen des hier vorliegenden Formalismus nicht enthaltene) Selbstwechselwirkung des Elektrons mit seinem eigenen Strahlungsfeld erklären. Sie führt auf die bereits erwähnte Lamb-Verschiebung. Mittels quantenfeldtheoretischer Methoden läßt sich diese Abweichung berechnen.

Spinoperatoren

Die Matrizen

$$\hat{s}_i = \frac{\hbar}{2} \hat{\sigma}_i \quad \text{bzw.} \quad \hat{s}_x = \frac{\hbar}{2}\begin{pmatrix} 0 & 1 \\ 1 & 0 \end{pmatrix}, \ \hat{s}_y = \frac{\hbar}{2}\begin{pmatrix} 0 & -i \\ i & 0 \end{pmatrix}, \ \hat{s}_z = \frac{\hbar}{2}\begin{pmatrix} 1 & 0 \\ 0 & -1 \end{pmatrix} \tag{5.157}$$

werden als *Spinoperatoren* oder ihrer Form gemäß als *Spinmatrizen* bezeichnet. Sie lassen sich entsprechend

$$\hat{s} = \begin{pmatrix} \hat{s}_x \\ \hat{s}_y \\ \hat{s}_z \end{pmatrix} \tag{5.158}$$

zusammenfassen. $\hat{s}_z$ enthält direkt die beobachtbaren Meßwerte der z-Komponente des Elektronenspinvektors.

Wie sofort nachgerechnet werden kann, gilt

$$\hat{\mathbf{s}}^2 = \sum_{i=x,y,z} (\hat{s}_i)^2 = |\mathbf{s}|^2 \, 1 = \frac{3}{4}\hbar^2 \, 1 \,, \tag{5.159}$$

d. h. die Summe der Quadrate aller Spinmatrizen ergibt eine Einheitsmatrix 1 multipliziert mit dem Quadrat des Betrags $|\mathbf{s}|$ des Elektronenspinvektors.

Den obigen Ausführungen entsprechend vermitteln die in der Pauli-Matrix $\hat{\sigma}_z$ bzw. der Spinmatrix $\hat{s}_z$ auftretenden zwei Zahlenwerte genau die Eigenwerte der z-Komponente des Elektronenspinvektors. In der Spinmatrix $\hat{s}_z$ sind diese Eigenwerte, die Werte $\pm\hbar/2$, direkt enthalten. Zusammen vermitteln diese Pauli-Matrizen bzw. diese Spinmatrizen den meßbaren Eigenwert des Elektronenspins, den Wert $\sqrt{3/4}\hbar$. Es sei hier erwähnt, daß statt der angegebenen Pauli- bzw. Spinmatrizen prinzipiell auch andere Matrizen hätten gewählt werden können. So können beispielsweise Matrizen $\hat{s}_i'$ vorausgesetzt werden, welche die Eigenwerte $\pm\hbar/2$ des Elektronenspinvektors innerhalb der Matrix $\hat{s}_x'$ enthalten. Eine derartige Menge von Matrizen gibt ein konstantes Magnetfeld in x-Richtung wieder.

Vertauschungsrelationen

Verbunden mit einem solchen Drehimpuls sind Vertauschungsrelationen, welche die gleichzeitige scharfe Meßbarkeit seiner Komponenten limitieren. Gemäß der Relationen (5.34)–(5.35) sind diese Vertauschungsrelationen durch

$$\left[\hat{s}_i, \hat{s}_j\right]_- = i\hbar\hat{s}_k \quad \text{mit} \quad \{(i,j,k)\} = \{(1,2,3),(2,3,1),(3,1,2)\} \tag{5.160}$$

gegeben. Wie sofort nachgerechnet werden kann, gilt weiterhin

$$\left[\hat{\mathbf{s}}^2, \hat{s}_i\right]_- = 0 \quad \text{mit} \quad i = 1,2,3 \,. \tag{5.161}$$

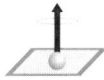

Ein Vergleich mit den Vertauschungsrelationen (2.100) und (2.101) der Drehimpulsoperatoren $\hat{l}_i$ zeigt, daß die Spinmatrizen den gleichen Vertauschungsrelationen genügen. In letzter Konsequenz läßt sich dies darauf zurückführen, daß Vertauschungsrelationen Aussagen über grundsätzliche Symmetrieeigenschaften machen, die in mannigfacher Konkretisierung vorliegen können.

VI. Der Spin-Magnetfeld-Operator

Im Lichte dieser Betrachtungen erscheint der durch (5.144) vorgegebene Zusatzoperator

$$\hat{H}_s = \frac{|e|\hbar}{2m_0} \sum_{i=x,y,z} B_i \hat{\sigma}_i = \frac{|e|}{m_0} \sum_{i=x,y,z} B_i \hat{s}_i = \frac{|e|}{m_0} \mathbf{B}\hat{\mathbf{s}} \tag{5.162}$$

als der *Spin-Magnetfeld-Operator*, der innerhalb des Schrödinger-Pauli-Formalismus die Energie eines Elektronenspins innerhalb eines äußeren Magnetfeldes vermittelt.

Es sei hier angemerkt, daß die Eigenschaftsparameter e, m_0 sowie die Plancksche Konstante $\hbar$ häufig im sogenannten *Bohrschen Magneton*

$$\mu_B = \frac{|e|\,\hbar}{2m_0} \qquad (5.163)$$

zusammengefaßt werden. Benützt man diese Definition, dann läßt sich der obige Operator in der Form

$$\hat{H}_s = \mu_B \sum_{i=x,y,z} B_i \hat{\sigma}_i \qquad (5.164)$$

notieren.

5.3.1.2 Ein-Elektron-Systeme: Bahndrehimpuls und Magnetfeld

Beobachtet man den Bahndrehimpuls von sich um einen Atomkern bewegenden Elektronen oder den Bahndrehimpuls eines Elektronensystems mittels geeigneter experimenteller Apparaturen, so stellt man fest, daß nur ganz bestimmte Einstellmöglichkeiten des Bahndrehimpulses relativ zum Magnetfeld möglich sind.

I. Der Bahndrehimpuls des Elektrons

Bild 5.11 illustriert den grundlegenden Fall der Bahnbewegung eines einzelnen Elektrons auf der bereits eingeführten quasimakroskopischen Modellebene: Der Bahndrehimpulsvektor l eines sich um einen Atomkern Q^+ herum bewegenden Elektrons e^- präzediert um den Magnetfeldvektor B eines äußeren Magnetfeldes herum. Auch hier wird entsprechend der üblichen Konvention dem Magnetfeldvektor die z-Richtung zugeordnet.

II. Eigenwerte

Die Einstellmöglichkeiten des Bahndrehimpulsvektors eines einzelnen Elektrons sind durch die Relationen[12]

$$l_z = J_{z,1}\hbar\,, \quad |l| = \sqrt{J_1(J_1+1)}\,\hbar \quad \text{mit} \quad J_{z,1} = 0,\pm 1,\dots \pm J_1 \qquad (5.165)$$

charakterisierbar. Gemäß dieser Relationen kann die z-Komponente l_z des Bahndrehimpulses eines einzelnen Elektrons innerhalb eines homogenen Magnetfeldes mehrere diskrete Werte, beschrieben durch die Quantenzahl $J_{z,1}$, annehmen, wobei die Obergrenze durch die Quantenzahl J_1 vorgegeben ist. Bild 5.12 veranschaulicht diesen Sachverhalt anhand eines Beispiels.

---

[12] Diese Situation wurde bereits im Abschnitt 4.9.2 theoretisch abgehandelt. Im Abschnitt 4.9.2 wird jedoch statt $J_{z,1}$ bzw. J_1 das Quantenzahlsymbol m bzw. l benützt, d. h. $J_{z,1} = m$, $J_1 = l$. Diese Bezeichnung ist insbesondere im Zusammenhang mit dem Wasserstoff-Atom üblich und wird deshalb im Abschnitt 4.9.2 zugrundegelegt. Im jetzt studierten Zusammenhang soll jedoch Wert darauf gelegt werden, übergeordnete Strukturen zu verdeutlichen, sodaß strukturell gleichwertige Quantenzahlen auch formal gleichwertig notiert werden, was insbesondere heißt, daß das Grundsymbol J zur Beschreibung von Drehimpulsquantenzahlen benützt wird.

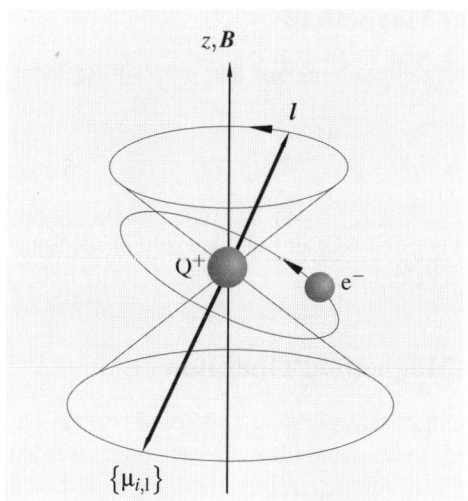

Bild 5.11 Auf einer quasimakroskopischen Modellebene vorliegende Präzession des Bahndrehimpulsvektors *l*. Entsprechend der üblichen Konvention definiert das homogene Magnetfeld die *z*-Richtung

III. Das zugeordnete magnetische Moment

Mit dem Bahndrehimpulsvektor *l* gekoppelt ist der Vektor des magnetischen Bahnmoments, der Vektor

$$\{\mu_{i,l}\} = -g_l \frac{|e|}{2m_0} l \,, \tag{5.166}$$

wobei der g_l-Faktor für den mit einem Elektronenbahndrehimpuls verbundenen gyromagnetischen Faktor steht. Der Index i ($i = x, y, z$) deutet an, daß der Vektor $\{\mu_{i,l}\}$ drei Komponenten aufweist.

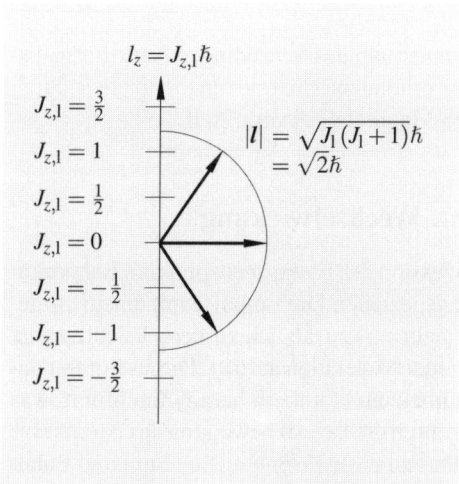

Bild 5.12 Mögliche Einstellungen des Bahndrehimpulsvektors *l* eines Elektrons e⁻ in einem äußeren, durch *B* beschriebenen Magnetfeld. J_l steht für eine Quantenzahl, die den Betrag des Bahndrehimpulsvektors vermittelt, und $J_{z,l}$ steht für eine Quantenzahl, welche die möglichen Beträge der dritten Komponente des Bahndrehimpulsvektors bestimmt. Entsprechend der Skizze wurde der Wert $J_l = 1$ und damit $J_{z,l} = 0, \pm 1$ zugrunde gelegt

IV. Die Energie des Bahndehimpulses im Magnetfeld

Überträgt man die durch (5.155) vorgegebene Energiebeziehung auf den jetzt vorliegenden Fall, dann erhält man den Energieausdruck

$$W_1 = -\boldsymbol{B}\{\mu_{i,1}\} = g_1 \frac{|e|}{2m_0} \boldsymbol{B}\boldsymbol{l} = g_1 \frac{|e|}{2m_0} \sum_{i=x,y,z} B_i l_i \,. \qquad (5.167)$$

In völliger Übereinstimmung mit dem Experiment beschreibt dieser Energieausdruck die Energie eines Bahndrehimpulses in einem magnetischen Feld.

V. Der Übergang zum Bahndrehimpuls-Magnetfeld-Operator

Vergleicht man den Energieausdruck (5.167) mit dem Zusatzoperator (5.145) und berücksichtigt man, daß auch hier ein Elektron betrachtet wird, sodaß ebenfalls $e = -|e|$ gesetzt werden muß, dann ist offensichtlich, daß (5.145) den (5.167) zugeordneten Operator repräsentiert, wobei die Ersetzungsvorschrift

$$l_i \to \hat{l}_i \qquad (5.168)$$

die Zuordnung beschreibt, wenn

$$g_1 = 1 \qquad (5.169)$$

gesetzt wird.

VI. Der Bahndrehimpuls-Magnetfeld-Operator

Im Lichte dieser Betrachtungen erscheint der durch (5.145) vorgegebene Zusatzoperator

$$\hat{H}_1 = \frac{|e|}{2m_0} 1 \sum_{i=x,y,z} B_i \hat{l}_i = \frac{|e|}{2m_0} 1 \boldsymbol{B} \hat{\boldsymbol{l}} \qquad (5.170)$$

als der *Bahndrehimpuls-Magnetfeld-Operator*, der innerhalb des Schrödinger-Pauli-Formalismus die mit dem Bahndrehimpuls *l* eines Elektrons verbundene Energie innerhalb eines durch die magnetische Induktion *B* beschriebenen äußeren Magnetfeldes vermittelt.

5.3.1.3 Ein-Elektron-Systeme: Spin-Bahn-Wechselwirkung

Die in den vergangenen Abschnitten behandelte Präzession des Elektronenspins und Bahndrehimpulses ist das Resultat der Wechselwirkung dieser speziellen Drehimpulse mit einem vorgegebenen äußeren Magnetfeld. Im Rahmen des Formalismus zusätzlich zu berücksichtigen ist ein inneres Magnetfeld, das innerhalb von Atomen oder Molekülen auftritt. Dieses kommt dadurch zustande, daß ein Elektron eine Bewegung um einen Atomkern herum durchführt, was am Ort des Elektrons ein Magnetfeld *B* bedingt, das durch die Relativbewegung des Atomkerns um das Elektron herum hervorgerufen wird. Dies führt zu einer Kopplung von Spin und Bahnbewegung, die eine zusätzliche Kopplungsenergie bedingt.

I. Das Kopplung erzeugende innere Magnetfeld

Das am Ort des Elektrons wirksame innere Magnetfeld ist durch

$$\boldsymbol{B}_1 = \frac{\mu n |e|}{8\pi m_0} \frac{\boldsymbol{l}}{r^3} \tag{5.171}$$

beschreibbar, wobei $\boldsymbol{l}$ für den Bahndrehimpuls des Elektrons steht, $n|e| = Z|e|$ die Ladung des Atomkerns repräsentiert und r den Abstand des Elektronenschwerpunktes vom Kernschwerpunkt symbolisiert. Gemäß der vorherigen Diskussion sind die möglichen Werte des Bahndrehimpulses gequantelt.

Beweis 5.1 Auf einer vollständig makroskopischen Betrachtungsebene läßt sich das betrachtete Elektron-Kern-Szenario auf die in Bild 5.13 skizzierte Weise veranschaulichen. Entsprechend dieses Bildes wird ein Elektron e$^-$ mit Ladung $Q_{e^-} = -|e|$ und Masse m_0 betrachtet, das sich um einen Kern Q$^+$ mit Ladung $Q_{Q^+} = n|e|$ und Masse m_K bewegt, wobei der Abstand durch den Abstandsvektor $\boldsymbol{r}$ vorgegeben ist. Der Bahndrehimpuls des Elektrons ist auf der zugrunde gelegten vollständig makroskopischen Betrachtungsebene durch

$$\boldsymbol{l} = \boldsymbol{r} \times m_0 \boldsymbol{v} \tag{5.172}$$

gegeben, wobei der Geschwindigkeitsvektor $\boldsymbol{v}$ die Elektronengeschwindigkeit repräsentiert.

Aus der „Sicht" des Elektrons bewegt sich der Kern Q$^+$ mit der gleichen Geschwindigkeit und mit dem Abstandsvektor $\boldsymbol{r}' = -\boldsymbol{r}$ um das Elektron herum, sodaß der relative Bahndrehimpuls des Kerns Q$^+$ durch

$$\boldsymbol{l}' = -\boldsymbol{r} \times m_0 \boldsymbol{v} \tag{5.173}$$

gegeben ist, was in Bild 5.14 veranschaulicht wird. Das damit am Ort des Elektrons vorhandene Magnetfeld wird durch einen Sonderfall des durch (3.227) gegebenen Biot-Savartschen Gesetzes beschrieben: Setzt man den vorliegenden Gegebenheiten gemäß

$$\mathrm{d}Q = n|e| \delta(\boldsymbol{x}) \mathrm{d}^3 x \tag{5.174}$$

in (3.227) ein, wobei $\boldsymbol{x}$ den Ort der „fließenden" Ladung $Q_{Q^+} = n|e|$ markiert, und berücksichtigt man, daß der im Biot-Savartschen Gesetz auftretende Abstandsvektor gleich $\boldsymbol{r}' = -\boldsymbol{r}$ gesetzt werden muß, so erhält man

$$\boldsymbol{B}(\boldsymbol{r}) = \frac{\mu n |e|}{4\pi} \frac{\boldsymbol{v} \times (-\boldsymbol{r})}{r^3} = \frac{\mu n |e|}{4\pi m_0} \frac{\boldsymbol{l}}{r^3} . \tag{5.175}$$

Geht man wieder zum Ruhesystem des Atomkerns Q$^+$ zurück, dann erhält man einen auf der betrachteten makroskopischen Ebene geltenden Ausdruck zur Beschreibung des am Ort des Elektrons e$^-$ vorliegenden Magnetfeldes. Rechnet man streng relativistisch, dann tritt – was hier nicht gezeigt werden soll – zusätzlich der Thomas-Faktor $1/2$ auf. Konsistenz mit Experimenten der Quantenphysik wird schließlich erreicht, wenn man zu der eingeführten quasi-makroskopischen Modellebene übergeht, d. h. wenn man eine zusätzliche Quantisierungsforderung erhebt. Auf diese Weise erhält man letztlich (5.171) einschließlich der angegebenen Bahndrehimpuls-Quantisierungsforderung.

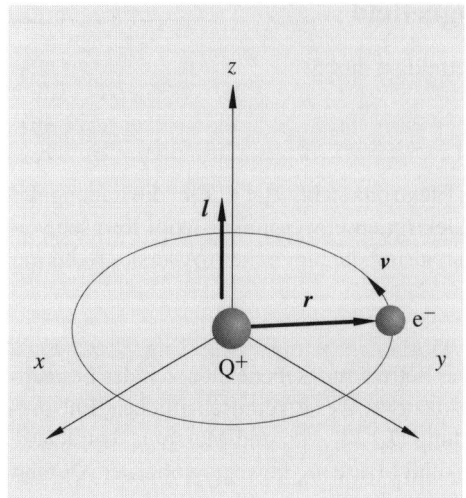

Bild 5.13 Das betrachtete Elektron-Kern-Sze-nario, beschrieben auf einer vollständig makro-skopischen Betrachtungsebene. Entsprechend der Skizze wird ein im Kernschwerpunkt ruhendes Koordinatensystem zugrunde gelegt

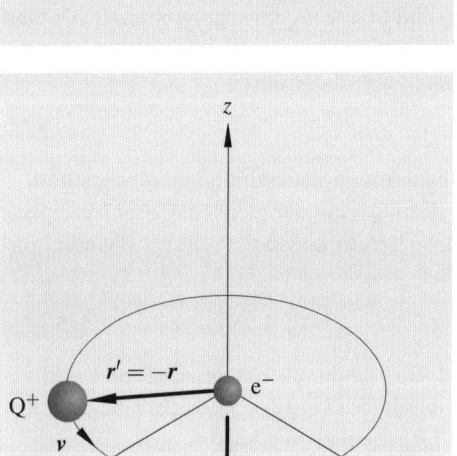

Bild 5.14 Die Relativbewegung des Kerns Q^+ um das Elektron e^- herum, beschrieben auf ei-ner vollständig makroskopischen Betrachtungs-ebene. Gemäß der Skizze wird jetzt ein im Elek-tronenschwerpunkt ruhendes Koordinatensystem zugrunde gelegt. l' ist dem Bahndrehimpuls l des Elektrons entgegen gerichtet

Als Resultat des inneren Magnetfeldes erfolgt eine Kopplung des Bahndrehimpulsvektors l und des Elektronenspinvektors s zu einem Gesamtdrehimpulsvektor j.

II. Der Gesamtdrehimpulsvektor der Spin-Bahn-Kopplung

Der mit der Spin-Bahn-Wechselwirkung verbundene Gesamtdrehimpulsvektor j ergibt sich durch vektorielle Addition der einzelnen Drehimpulsvektoren s und l unter Berücksichtigung der Quantisierungsbedingungen, wobei die Drehimpulsvektoren s, l auf der betrachteten quasimakroskopischen Modellebene um den derartig gebildeten Gesamtdrehimpulsvektor herum präzedieren. In einem zusätzlichen äußeren Magnetfeld führt der Gesamtdrehimpulsvektor j eine zusätzliche Präzessionsbewegung um den Magnetfeldvektor B des äußeren Magnetfeldes herum aus. In Bild 5.15 wird dieser Sachverhalt veranschaulicht.

Die Einstellmöglichkeiten des Gesamtdrehimpulses $\boldsymbol{j}$ sind durch die Relationen

$$j_z = J_{z,j} \, , \quad |\boldsymbol{j}| = \sqrt{J_j \left(J_j + 1 \right)} \tag{5.176}$$

mit

$$J_j = |J_l \pm J_s| \, , \quad J_{z,j} = J_j, J_j - 1, \ldots, -J_j + 1, -J_j \tag{5.177}$$

beschreibbar. In Bild 5.16 wird dieser Sachverhalt anhand eines Beispiels veranschaulicht.

III. Die Energie der Spin-Bahn-Wechselwirkung

Auf Grund dieses Magnetfeldes sind Elektronenspin und Bahnbewegung des Elektrons gekoppelt. Man spricht in diesem Zusammenhang von *Spin-Bahn-Wechselwirkung*. Spezifiziert man die durch (5.155) vorgegebene Formel für die jetzige Situation, dann erhält man den Ausdruck

$$W_{s,l} = -\boldsymbol{B}_l \left\{ \mu_{i,s} \right\} = \frac{a(\boldsymbol{x})}{\hbar^2} \boldsymbol{l} \boldsymbol{s} = \frac{a(\boldsymbol{x})}{\hbar^2} |\boldsymbol{l}| \, |\boldsymbol{s}| \cos \left(\sphericalangle \boldsymbol{l}, \boldsymbol{s} \right) = \frac{a(\boldsymbol{x})}{\hbar^2} \sum_{i=x,y,z} l_i s_i \, , \tag{5.178}$$

wobei $a(\boldsymbol{x})$ ein *Spin-Bahn-Kopplungsfaktor* ist, der durch

$$a(\boldsymbol{x}) = a(r) = g_s \frac{ne^2 \mu \hbar^2}{16\pi m_0^2 r^3} \tag{5.179}$$

gegeben ist. Während (5.155) und (5.167) unter Berücksichtigung der angegebenen Drehimpuls-Quantisierungsbedingungen direkt die entsprechenden Wechselwirkungsenergien des mikroskopischen Systems wiedergeben, muß in (5.178) der auftretende Radius r noch durch eine, einen mittleren Radius repräsentierende Größe ersetzt werden, wenn (5.178) als die mit der Spin-Bahn-Wechselwirkung verbundene Energie interpretiert werden können soll. Der Spin-Bahn-Kopplungsfaktor geht dann in die Spin-Bahn-Kopplungskonstante a über. Anschaulich begründen läßt sich diese Ersetzungsnotwendigkeit dadurch, daß die Vorstellung eines sich an einem bestimmten Ort mit einer bestimmten Wechselwirkungsenergie befindenden Teilchens die Eigenschaften eines mikroskopischen Systems nicht exakt widerspiegelt[13].

IV. Der Übergang zum Spin-Bahn-Wechselwirkungsoperator

Vergleicht man den Energieausdruck (5.178) mit dem Zusatzoperator (5.146), dann ist offensichtlich, daß (5.146) den (5.178) zugeordneten Operator repräsentiert, wobei die Ersetzungsvorschrift

$$l_i \to \hat{l}_i \, , \quad s_i \to \frac{\hbar}{2} \hat{\sigma}_i \tag{5.180}$$

die Zuordnung beschreibt, wenn $a(\boldsymbol{x})$ aus (5.146) mit dem Spin-Bahn-Kopplungsfaktor (5.179) identifiziert wird. Verwendet man diesen Operator innerhalb einer quantenmechanischen Feldgleichung, so liefert dieser im Rahmen des Rechenprozesses den r ersetzenden mittleren Radius „automatisch".

---

[13]Man vergleiche beispielsweise mit der Heisenbergschen Unschärferelation, die einen Spezialfall einer derartige Erkenntnismöglichkeitsreduktion beschreibt: siehe Abschnitt 4.3.7.

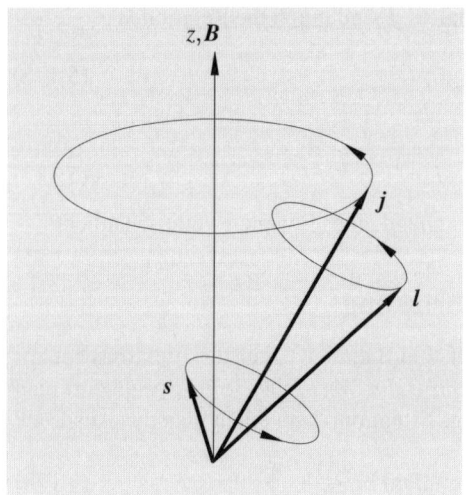

Bild 5.15 Beispiel einer auf einer quasimakroskopischen Modellebene vorliegenden Präzession der Drehimpulsvektoren *s* und *l* um den von ihnen aufgespannten Gesamtdrehimpulsvektor *j*. Der Gesamtdrehimpulsvektor führt innerhalb eines zusätzlichen äußeren Magnetfeldes *B* eine zusätzliche Präzessionsbewegung durch. Die Verhältnisse der Vektorlängen entsprechen der Wahl $J_j = 5/2$, $J_l = 2$, $J_s = 1/2$

V. Der Spin-Bahn-Wechselwirkungsoperator

Im Lichte dieser Betrachtungen erscheint der durch (5.146) vorgegebene Zusatzoperator

$$\hat{H}_{s,l} = \frac{a(\boldsymbol{x})}{2\hbar} \sum_{i=x,y,z} \hat{l}_i \hat{\sigma}_i = \frac{a(\boldsymbol{x})}{\hbar^2} \sum_{i=x,y,z} \hat{l}_i \hat{s}_i = \frac{a(\boldsymbol{x})}{\hbar^2} \hat{\boldsymbol{l}} \hat{\boldsymbol{s}} \tag{5.181}$$

als der *Spin-Bahn-Wechselwirkungsoperator*, der innerhalb des Schrödinger-Pauli-Formalismus die mit der Spin-Bahn-Wechselwirkung verbundene Energie vermittelt.

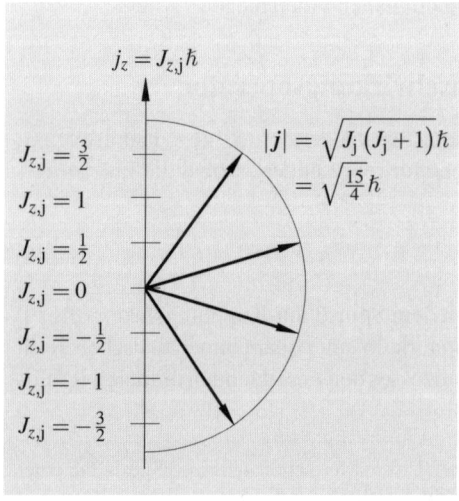

Bild 5.16 Mögliche Einstellungen des Gesamtdrehimpulsvektors *j* eines Elektrons e⁻ in einem äußeren Magnetfeld. Entsprechend der Skizze wird $J_j = 3/2$ und damit $J_{z,j} = \pm 1/2, \pm 3/2$ vorausgesetzt

Faßt man sämtliche obigen Ausführungen zusammen, dann wird ein wesentlicher Sachverhalt deutlich: die in der Feldgleichung (5.147) auftretenden Zusatzoperatoren vermitteln zusätzliche Energien grundlegender Drehimpuls-Magnetfeld-Szenarien. Da derartige Feldgleichungen Grenzfälle der Diracschen Gleichung darstellen, ist ebenfalls klar, daß auch diese Feldgleichung derartige Szenarien beschreiben kann, dann jedoch unter Berücksichtigung relativistischer Korrekturen. Eine Ausdehnung auf grundlegende Kernspinszenarien ist möglich, soll jedoch nicht weiter betrachtet werden.

5.3.1.4 Der Übergang zu Viel-Teilchen-Systemen

Die eben betrachteten grundlegenden Szenarien sind typische Ein-Teilchen-Szenarien. Betrachtet man ein ganzes System von mikroskopischen Teilchen, wie es beispielsweise durch ein Atom oder Molekül vorgegeben wird, dann sind unter Umständen sehr viele Drehimpulse zu berücksichtigen, die über innere magnetische Felder gekoppelt sind. Die Beschreibung der Bildung von Gesamtdrehimpulsen ausgehend von derartigen Drehimpulsen läßt sich auf der oben berücksichtigten quasimakroskopischen Modellierungsebene durchführen. Man spricht in diesem Zusammenhang auch von dem *Vektormodell*.

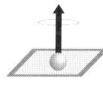

Dieses Vektormodell umfaßt zwei wesentliche Grenzfälle von Kopplungstypen zur Beschreibung von Gesamtdrehimpulsen von Elektronensystemen, die Russel-Saunders-Kopplung und die jj-Kopplung.

Berücksichtigt man über die Russel-Saunders-Kopplung oder die jj-Kopplung erhaltene Gesamtdrehimpulse innerhalb geeigneter Energieausdrücke und geht schließlich zu quantenmechanischen Operatoren über, dann ist eine Implementierung in grundlegende quantenmechanische Viel-Teilchen-Feldgleichungen möglich, sodaß zugeordnete Energieniveaus auf eine grundlegende Weise berechnet werden können. Betrachten wir diese beiden Kopplungstypen im folgenden etwas genauer.

I. Die Russel-Saunders-Kopplung

Ein im Rahmen der Untersuchung von Elektronensystemen häufig anzutreffender Kopplungstyp ist durch die *Russel-Saunders-Kopplung* (auch: LS-Kopplung) gegeben.

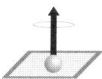

Russel-Saunders-Kopplung liegt vor, wenn einerseits die elektronischen Bahndrehimpulsvektoren vektoriell koppeln, andererseits die Elektronenspinvektoren vektoriell koppeln und sich der auf diese Weise gebildete Gesamt-Bahndrehimpulsvektor sowie der auf diese Weise gebildete Gesamt-Teilchenspinvektor zu einem Gesamt-Drehimpulsvektor zusammensetzen.

Bild 5.17 illustriert dieses Bildungsgesetz am Beispiel zweier Elektronen.

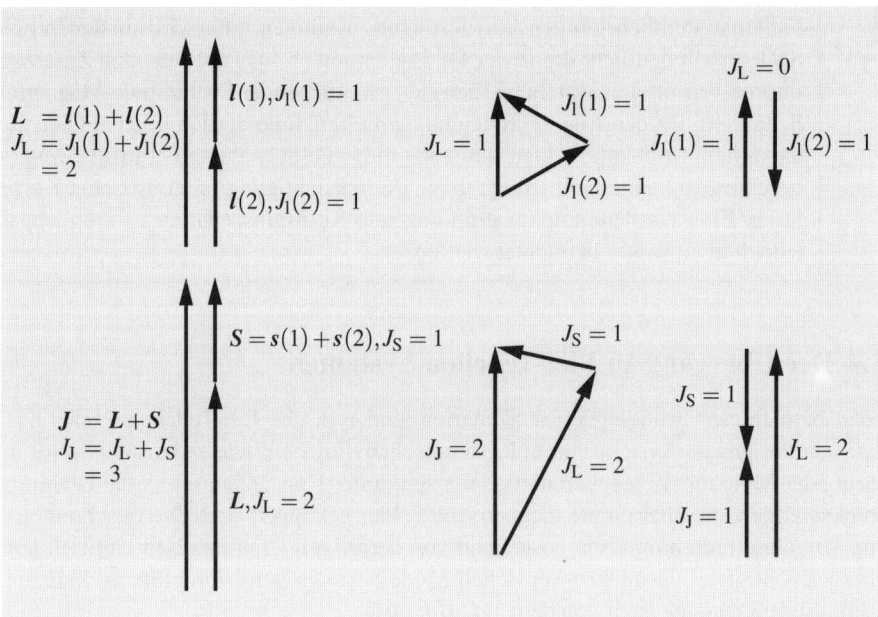

Bild 5.17   Russel-Saunders-Kopplung am Beispiel zweier Elektronen. Oben: Kopplung der Ein-Elektron-Bahndrehimpulsvektoren $l(1)$, $l(2)$ zu einem Gesamt-Bahndrehimpulsvektor L. Gemäß der Skizzen sind verschiedene resultierende Gesamt-Bahndrehimpulsvektoren möglich. Unten: Kopplung eines Gesamt-Bahndrehimpulsvektors L und eines Gesamt-Elektronenspinvektors S zu einem Gesamt-Drehimpulsvektor J. Gemäß der Skizzen sind für jeden vorgegebenen Gesamt-Bahndrehimpulsvektor verschiedene resultierende Gesamt-Drehimpulsvektoren möglich. Die Quantenzahlen $J_1(1)$, $J_1(2)$, J_L charakterisieren die Längen der Bahndrehimpulsvektoren. Die Quantenzahl J_S charakterisiert die Länge eines Gesamt-Elektronenspinvektors, J_J die Länge eines Gesamt-Drehimpulsvektors. In den jeweils rechten beiden Skizzen werden nur diese Quantenzahlen angegeben

Entsprechend Bild 5.17 setzt sich der Gesamt-Bahndrehimpulsvektor L zweier Elektronen gemäß

$$L = l(1) + l(2) \tag{5.182}$$

aus jeweils einem Elektron zugeordneten Bahndrehimpulsvektoren $l(1)$, $l(2)$ zusammen und der Gesamt-Teilchenspinvektor S zweier Elektronen setzt sich gemäß

$$S = s(1) + s(2) \tag{5.183}$$

aus jeweils einem Elektron zugeordneten Teilchenspinvektoren $s(1)$, $s(2)$ zusammen. Beide Drehimpulsvektoren koppeln dann gemäß

$$J = S + L \tag{5.184}$$

zu einem Gesamt-Drehimpulsvektor J. Die Werte der in Bild 5.17 auftretenden Quantenzahlen J_L und J_S lassen sich durch

$$J_L = J_1(1) + J_1(2) \ldots J_1(1) - J_1(2) \quad \text{mit} \quad J_1(1) \geq J_1(2) \ , \quad J_S = 1/2 \pm 1/2 \tag{5.185}$$

festlegen. Die Quantenzahlen J_J können die Werte

$$J_\mathrm{J} = \begin{cases} J_\mathrm{L} & \text{für} \quad J_\mathrm{S} = 0 \\ J_\mathrm{L}+1, J_\mathrm{L}, J_\mathrm{L}-1 & \text{für} \quad J_\mathrm{S} = 1 \end{cases} \tag{5.186}$$

annehmen. Unter Verwendung dieser Quantenzahlen können die Beträge der obigen Drehimpulse in der Form

$$|\boldsymbol{L}| = \sqrt{J_\mathrm{L}\left(J_\mathrm{L}+1\right)}\hbar\,, \quad |\boldsymbol{S}| = \sqrt{J_\mathrm{S}\left(J_\mathrm{S}+1\right)}\hbar\,, \quad |\boldsymbol{J}| = \sqrt{J_\mathrm{J}\left(J_\mathrm{J}+1\right)}\hbar \tag{5.187}$$

notiert werden. Eine Verallgemeinerung für mehrere Elektronen ist möglich.

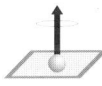

> Mit derartigen Drehimpulsstrukturen (bzw. mit den damit verknüpften Quantenzahlen) sind bestimmte Zustandsformen verbunden, die als *Singulett-*, *Dublett-*, *Triplett-Zustand*, etc. bezeichnet werden.

Betrachtet man beispielsweise das zwei Elektronen aufweisende Helium-Atom, und berücksichtigt man die Elektronenkonfiguration $1s^1 2s^1$, d. h. ein Elektron wird durch die Hauptquantenzahl $n(1) = 1$ und die Bahndrehimpulsquantenzahl $J_\mathrm{l}(1) = l(1) = 0 = s$ und das zweite Elektron durch die Quantenzahlen $n(2) = 2$, $J_\mathrm{l}(2) = l(2) = 0 = s$ beschrieben, dann sind entsprechend der obigen Relationen die Quantenzahlmengen $J_\mathrm{L} = 0$, $J_\mathrm{S} = 0$, $J_\mathrm{J} = 0$ oder $J_\mathrm{L} = 0$, $J_\mathrm{S} = 1$, $J_\mathrm{J} = 1$ möglich. Während die ersten Relationen einen Singulett-Zustand repräsentieren, der in der Form $^1S_0$ symbolisch notierbar ist, geben die zweiten Relationen einen Triplett-Zustand vor, der in der Form $^3S_1$ symbolisch notierbar ist.

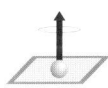

> Die eben eingeführten Drehimpulsstrukturen lassen sich durch den symbolischen Ausdruck $n\,^{2J_\mathrm{S}+1}\mathrm{L}_{J_\mathrm{J}}$ zusammenfassend darstellen, wenn n für die Hauptquantenzahl steht, die Größen J_S und J_J die obigen Drehimpulsquantenzahlen darstellen und L in der Form S, P, D, F, etc. notierte Quantenzahlen $J_\mathrm{L} = 0, 1, 2, 3,$ etc. repräsentiert. Dieser symbolische Ausdruck steht für mit Mehr-Elektronen-Systemen verbundene *Termsymbole*.

Diese Termsymbole können statt den im Abschnitt 4.9.3 eingeführten Konfigurationssymbolen benützt werden. Sie sind bezüglich ihres Informationsgehaltes ausgeprägter als die dort eingeführten Konfigurationssymbole. Beispielsweise ist die Elektronenkonfiguration des Heliums im Grundzustand gemäß der Tabelle 4.10 durch $1s^2$ gegeben, ein angeregter Zustand wird gemäß der vorherigen Ausführungen durch $1s^1 2s^1$ erfaßt. Beide Konfigurationssymbole machen eine Aussage über die jeweilige Anzahl der Elektronen (obere Zahlenwerte 1) in einem über Ein-Elektron-Orbitale näherungsweise beschreibbaren Mehr-Elektronen-Zustand, wobei die Ein-Elektron-Orbitale durch Hauptquantenzahlen (vorangestellte Zahlenwerte 1 und 2) und Bahndrehimpulsquantenzahlen ($J_\mathrm{l} = l = 0 = s$) charakterisiert werden. Sie enthalten jedoch, im Gegensatz zu einem Termsymbol, keine Information über Kopplungseigenschaften.[14]

---

[14]Es sei hier zusätzlich angemerkt, daß häufig Quantenzahlen S, L, J statt $J_\mathrm{S}, J_\mathrm{L}, J_\mathrm{J}$ benützt werden. Auf Grund der in diesem Buch angestrebten formalen Einheitlichkeit wird auf diese Notation verzichtet.

II. Die jj-Kopplung

Ein bei schweren Atomen anzutreffender Kopplungstyp ist durch die *jj-Kopplung* gegeben. Im Gegensatz zur Russel-Saunders-Kopplung koppelt hier der Bahndrehimpulsvektor eines Elektrons vektoriell an den Elektronenspinvektor des Elektrons. Auf diese Weise bilden sich – entsprechend der Anzahl der zu berücksichtigenden Elektronen – mit jeweils einem Elektron verbundene Drehimpulsvektoren heraus, welche schließlich zu einem Gesamt-Drehimpulsvektor koppeln.

5.3.2 Dynamik einfacher Drehimpulssysteme

Berücksichtigt man zeitabhängige Anregungssignale, dann definieren die Zusatzoperatoren (5.144)–(5.146) dynamische Drehimpulsszenarien. Im folgenden wird ein dynamisches Drehimpulsszenario näher betrachtet, das die im Zusammenhang mit der Elektronenspinresonanz auftretende Systematik modellhaft wiedergibt. Zugrunde gelegt wird die Pauli-Gleichung (5.149), die sich im Fall eines Elektrons in der Form

$$\left[\frac{1}{2m_0} 1 \left(\frac{\hbar}{\mathrm{i}} \nabla + |e| A \right)^2 + W 1 + \mu_B \sum_{i=x,y,z} B_i \hat{\sigma}_i \right] \mathfrak{D}_1(x) = \mathrm{i}\hbar \dot{\mathfrak{D}}_1(x) \tag{5.188}$$

schreiben läßt.

5.3.2.1 Homogene zeitunabhängige äußere Magnetfelder

Setzt man den Separationsansatz

$$\mathfrak{D}_1(x) = \mathfrak{d}_B(x,t)\mathfrak{d}_s(t) \tag{5.189}$$

in die obige Pauli-Gleichung ein, wobei $\mathfrak{d}_B(x,t)$ einen mit der elektronischen Bahnbewegung verbundenen Anteil und $\mathfrak{d}_s(t)$ einen die Spinbewegung wiedergebenden Anteil repräsentiert, dann zerfällt diese Pauli-Gleichung in die zwei Teilgleichungen

$$\hat{H}_B \mathfrak{d}_B(x,t) = \mathrm{i}\hbar \dot{\mathfrak{d}}_B(x,t) \tag{5.190}$$

mit

$$\hat{H}_B = \frac{1}{2m_0} 1 \left(\frac{\hbar}{\mathrm{i}} \nabla + |e| A \right)^2 + W 1 \tag{5.191}$$

und

$$\hat{H}_s \mathfrak{d}_s(t) = \mathrm{i}\hbar \dot{\mathfrak{d}}_s(t) \tag{5.192}$$

mit

$$\hat{H}_s = \mu_B \sum_{i=x,y,z} B_i \hat{\sigma}_i . \tag{5.193}$$

Setzt man ein homogenes und zeitunabhängiges Magnetfeld in z-Richtung voraus, d. h. legt man

$$\boldsymbol{B} = (0,0,B_0) \tag{5.194}$$

zugrunde, dann geht die Beziehung (5.192), unter Verwendung des Ansatzes

$$\mathfrak{d}_{\mathrm{s}}(t) = \begin{pmatrix} d_{\mathrm{s},0}^{(1)} \\ d_{\mathrm{s},0}^{(2)} \end{pmatrix} \begin{pmatrix} \exp\left(-\mathrm{i}E_{\mathrm{s},0}^{(1)}t/\hbar\right) \\ \exp\left(-\mathrm{i}F_{\mathrm{s},0}^{(2)}t/\hbar\right) \end{pmatrix} \tag{5.195}$$

sowie der durch (5.143) definierten Pauli-Matrizen, in die Beziehung

$$\begin{pmatrix} E_{\mathrm{s},0}^{(1)} d_{\mathrm{s},0}^{(1)} \\ E_{\mathrm{s},0}^{(2)} d_{\mathrm{s},0}^{(2)} \end{pmatrix} = \hat{H}_{\mathrm{s},0} \begin{pmatrix} d_{\mathrm{s},0}^{(1)} \\ d_{\mathrm{s},0}^{(2)} \end{pmatrix} \tag{5.196}$$

mit

$$\hat{H}_{\mathrm{s},0} = \mu_{\mathrm{B}} \begin{pmatrix} B_0 & 0 \\ 0 & -B_0 \end{pmatrix} \tag{5.197}$$

über, welche dem entkoppelten algebraischen Gleichungssystem

$$E_{\mathrm{s},0}^{(1)} d_{\mathrm{s},0}^{(1)} = +\mu_{\mathrm{B}} B_0 d_{\mathrm{s},0}^{(1)} \,,$$

$$E_{\mathrm{s},0}^{(2)} d_{\mathrm{s},0}^{(2)} = -\mu_{\mathrm{B}} B_0 d_{\mathrm{s},0}^{(2)} \tag{5.198}$$

gleichwertig ist.

I. Energien

Das algebraische Gleichungssystem (5.198) legt die möglichen Energieeigenwerte des Elektronenspins im homogenen Magnetfeld $\boldsymbol{B}$ fest. Berücksichtigt man, daß die erste dieser Beziehungen mit dem Spinmatrizenwert $+\hbar/2$ bzw. dem Pauli-Matrizen-Wert $+1$ verbunden ist, der bezüglich des äußeren Magnetfeldes eine entlang des Magnetfeldes gerichtete Einstellung der z-Komponente des Elektronenspinvektors beschreibt, berücksichtigt man weiterhin, daß die zweite Beziehung dieses algebraischen Gleichungssystems mit dem Spinmatrizenwert $-\hbar/2$ bzw. dem Pauli-Matrizen-Wert -1 verbunden ist, der eine dem äußeren Magnetfeld entgegengerichtete Spinvektorkomponenten-Einstellung beschreibt, dann ist es sinnvoll, zur Kennzeichnung dieser beiden Fälle die Symbole ↑ bzw. ↓ zu verwenden, sodaß sich die sich ergebenden Energieeigenwerte in der Form

$$E_\uparrow = E_{\mathrm{s},0}^{(1)} = +\mu_{\mathrm{B}} B_0 := +E_{\mathrm{s},0} \,,$$

$$E_\downarrow = E_{\mathrm{s},0}^{(2)} = -\mu_{\mathrm{B}} B_0 := -E_{\mathrm{s},0} \tag{5.199}$$

schreiben lassen. Während das Symbol ↑ die mit der „Spin-up-Einstellung" verbundene Energie charakterisiert, charakterisiert das Symbol ↓ die mit der „Spin-down-Einstellung" verbundene Energie.

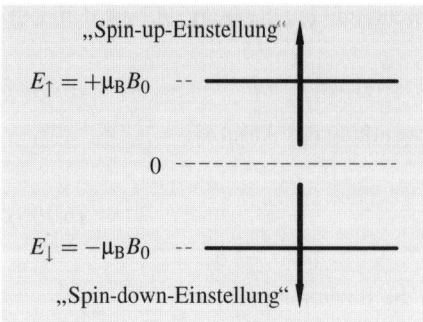

Bild 5.18 Das mit dem Elektronenspin in einem äußeren homogenen Magnetfeld verbundene Zwei-Niveau-System. Die Pfeilrichtungen deuten die einem Energiezustand zugeordnete „Spin-up-" bzw. „Spin-down-Einstellung" des Elektronenspins an

II. Lösungskomponenten

Dazu gehören die Lösungskomponenten

$$
\begin{pmatrix} d_{s,0}^{(1)} \\ d_{s,0}^{(2)} \end{pmatrix} = \begin{pmatrix} d \\ d' \end{pmatrix} ,
\tag{5.200}
$$

wobei die Größen d, d' zunächst beliebig wählbare Konstanten repräsentieren. Setzt man diese Lösungskomponenten in den Ansatz (5.195) ein, dann läßt sich dieser Ansatz in der Form

$$
\mathfrak{d}_s(t) = a(t) d_{s,\uparrow} + b(t) d_{s,\downarrow} = \begin{pmatrix} a(t) \\ b(t) \end{pmatrix}
\tag{5.201}
$$

mit

$$
\begin{pmatrix} a(t) \\ b(t) \end{pmatrix} = \begin{pmatrix} d \\ d' \end{pmatrix} \begin{pmatrix} \exp\left(-\mathrm{i}E_{s,0}^{(1)}t/\hbar\right) \\ \exp\left(-\mathrm{i}E_{s,0}^{(2)}t/\hbar\right) \end{pmatrix} = \begin{pmatrix} d \\ d' \end{pmatrix} \begin{pmatrix} \exp\left(-\mathrm{i}E_{s,0}t/\hbar\right) \\ \exp\left(+\mathrm{i}E_{s,0}t/\hbar\right) \end{pmatrix}
\tag{5.202}
$$

notieren. Führt man die Bedingung $\left(d_{s,\uparrow}^\dagger d_{s,\uparrow} = d_{s,\downarrow}^\dagger d_{s,\downarrow} = 1,\ d_{s,\uparrow}^\dagger d_{s,\downarrow} = d_{s,\downarrow}^\dagger d_{s,\uparrow} = 0\right)$

$$
\mathfrak{d}_s^\dagger(t)\mathfrak{d}_s(t) = a^*(t)a(t) + b^*(t)b(t) = 1
\tag{5.203}
$$

ein, dann wird diese Lösung dem üblichen quantenmechanischen Normierungsprozeß unterworfen und die Konstanten d, d' können festgelegt werden: $d = d' = \sqrt{1/2}$.

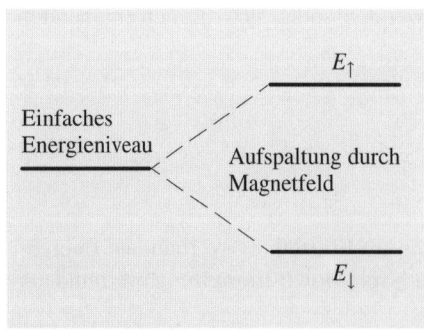

Bild 5.19 Energieniveau-Aufspaltung in einem homogenen, zeitunabhängigen Magnetfeld: eine einfache Schemaskizze

Bild 5.18 zeigt das zugeordnete Zwei-Niveau-System. Bild 5.19 veranschaulicht die mit der Herausbildung dieses Zwei-Niveau-Systems verknüpfte Aufspaltung eines einfachen Energieniveaus in zwei Zeeman-Energieniveaus.

5.3.2.2 Homogene zeitabhängige äußere Magnetfelder

Ergänzt man das durch (5.194) vorgegebene Magnetfeld um ein in der x-y-Ebene rotierendes Magnetfeld, d. h. legt man

$$\boldsymbol{B} = (0,0,B_0) + (B_x(t), B_y(t), 0) \tag{5.204}$$

mit

$$B_x(t) = B\cos(\omega_{\mathrm{m}}t) = B\cos\left(\tfrac{E_{\mathrm{m}}}{\hbar}t\right) ,$$
$$B_y(t) = B\sin(\omega_{\mathrm{m}}t) = B\sin\left(\tfrac{E_{\mathrm{m}}}{\hbar}t\right) \tag{5.205}$$

und

$$B_x(t) \pm \mathrm{i}B_y = B\exp(\pm\mathrm{i}\omega_{\mathrm{m}}t) = B\exp(\pm\mathrm{i}E_{\mathrm{m}}t/\hbar) \tag{5.206}$$

zugrunde, dann geht die Beziehung (5.192) in den Ausdruck

$$\left(\hat{H}_{\mathrm{s},0} + \hat{H}_{\mathrm{s},\mathrm{S}}\right) \eth_{\mathrm{s}}(t) = \mathrm{i}\hbar\dot{\eth}_{\mathrm{s}}(t) \tag{5.207}$$

über, wobei die Operatoren $\hat{H}_{\mathrm{s},0}$ und $\hat{H}_{\mathrm{s},\mathrm{S}}$ durch die Relationen

$$\hat{H}_{\mathrm{s},0} = \mu_{\mathrm{B}} \begin{pmatrix} B_0 & 0 \\ 0 & -B_0 \end{pmatrix} , \quad \hat{H}_{\mathrm{s},\mathrm{S}} = \mu_{\mathrm{B}} \begin{pmatrix} 0 & B_x(t) - \mathrm{i}B_y(t) \\ B_x(t) + \mathrm{i}B_y(t) & 0 \end{pmatrix} \tag{5.208}$$

definiert werden. E_{m} repräsentiert die mit dieser Rotationsfrequenz verknüpfte Energie einzelner Photonen und $\omega_{\mathrm{m}} = E_{\mathrm{m}}/\hbar$ gibt die Rotationsfrequenz des zeitabhängigen Magnetfeldanteiles vor.

Setzt man in diese Beziehung den Ansatz

$$\eth_{\mathrm{s}}(t) = \begin{pmatrix} d_{\mathrm{s},0}^{(1)}(t) \\ d_{\mathrm{s},0}^{(2)}(t) \end{pmatrix} \begin{pmatrix} \exp\left(-\mathrm{i}E_{\mathrm{s},0}t/\hbar\right) \\ \exp\left(+\mathrm{i}E_{\mathrm{s},0}t/\hbar\right) \end{pmatrix} \tag{5.209}$$

ein, wobei der Energiebetrag $E_{\mathrm{s},0}$ durch (5.199) definiert wird, und verwendet man (5.196), dann erhält man ein System aus gekoppelten Mastergleichungen, das Gleichungssystem

$$\mu_{\mathrm{B}}B\exp\left[-\mathrm{i}\left(E_{\mathrm{m}} - 2E_{\mathrm{s},0}\right)t/\hbar\right] d_{\mathrm{s},0}^{(2)}(t) = \mathrm{i}\hbar\dot{d}_{\mathrm{s},0}^{(1)}(t) ,$$
$$\mu_{\mathrm{B}}B\exp\left[\mathrm{i}\left(E_{\mathrm{m}} - 2E_{\mathrm{s},0}\right)t/\hbar\right] d_{\mathrm{s},0}^{(1)}(t) = \mathrm{i}\hbar\dot{d}_{\mathrm{s},0}^{(2)}(t) , \tag{5.210}$$

das sich im Resonanzfall $E_{\mathrm{m}} = 2E_{\mathrm{s},0}$ auf das folgende Gleichungssystem reduziert:

$$\mu_{\mathrm{B}}B\, d_{\mathrm{s},0}^{(2)}(t) = \mathrm{i}\hbar\dot{d}_{\mathrm{s},0}^{(1)}(t) ,$$
$$\mu_{\mathrm{B}}B\, d_{\mathrm{s},0}^{(1)}(t) = \mathrm{i}\hbar\dot{d}_{\mathrm{s},0}^{(2)}(t) . \tag{5.211}$$

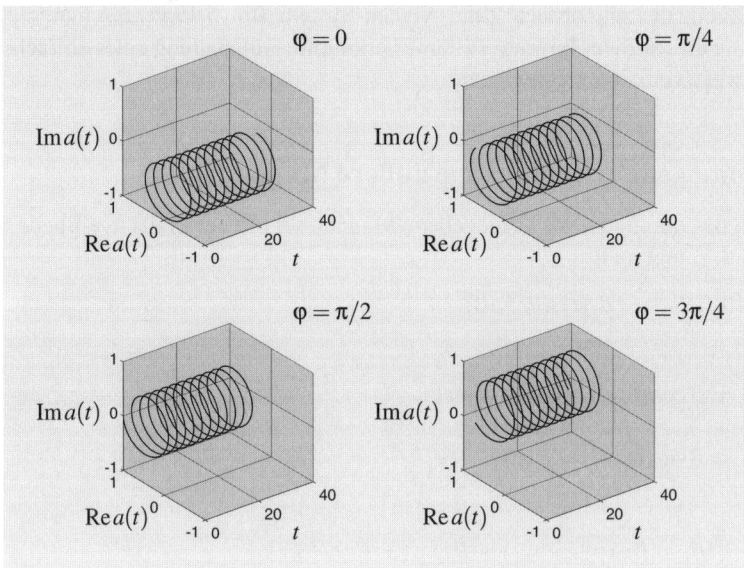

Bild 5.20 Zur Veranschaulichung der formalen Lösung des Bewegungsproblems. Realteil $\operatorname{Re} a(t) = \sin(E_s t/\hbar + \varphi)\cos(E_{s,0} t/\hbar)$, Imaginärteil $\operatorname{Im} a(t) = -\sin(E_s t/\hbar + \varphi)\sin(E_{s,0} t/\hbar)$. Es wird $E_s/\hbar = E_{s,0}/\hbar$ gesetzt. Es ist Dim $[t] = $ Zeit zu berücksichtigen

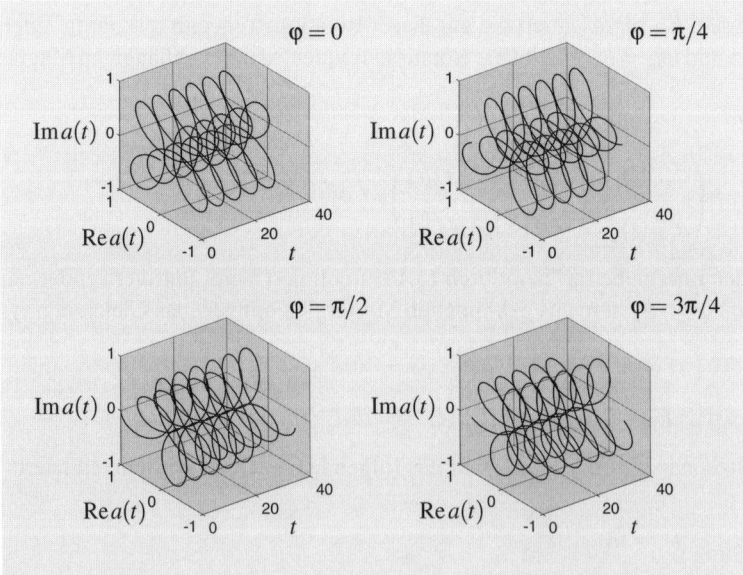

Bild 5.21 Zur Veranschaulichung der formalen Lösung des Bewegungsproblems. Es wird $E_s/\hbar > E_{s,0}/\hbar$ gesetzt. Sonst wie Bild 5.20

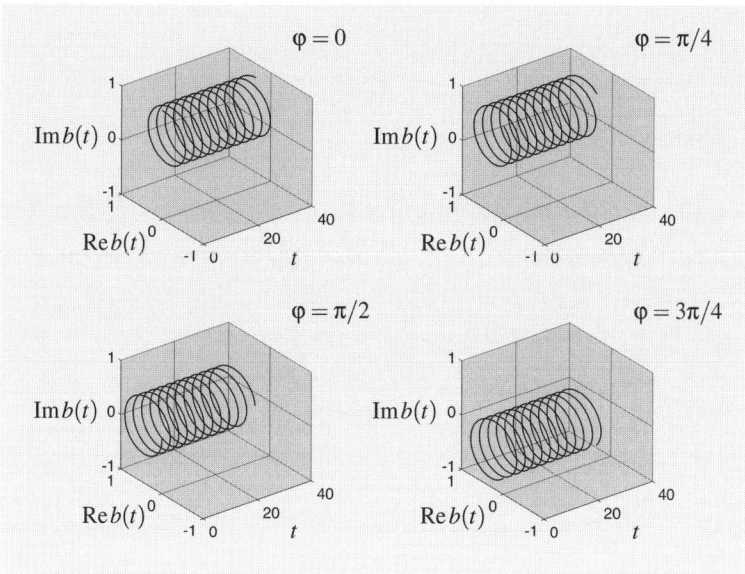

Bild 5.22 Zur Veranschaulichung der formalen Lösung des Bewegungsproblems. Realteil $\operatorname{Re} b(t) = -\cos\left(E_s t/\hbar + \varphi\right)\sin\left(E_{s,0} t/\hbar\right)$, Imaginärteil $\operatorname{Im} b(t) = \cos\left(E_s t/\hbar + \varphi\right)\cos\left(E_{s,0} t/\hbar\right)$. Es wird $E_s/\hbar = E_{s,0}/\hbar$ gesetzt. Es ist Dim $[t] =$ Zeit zu berücksichtigen

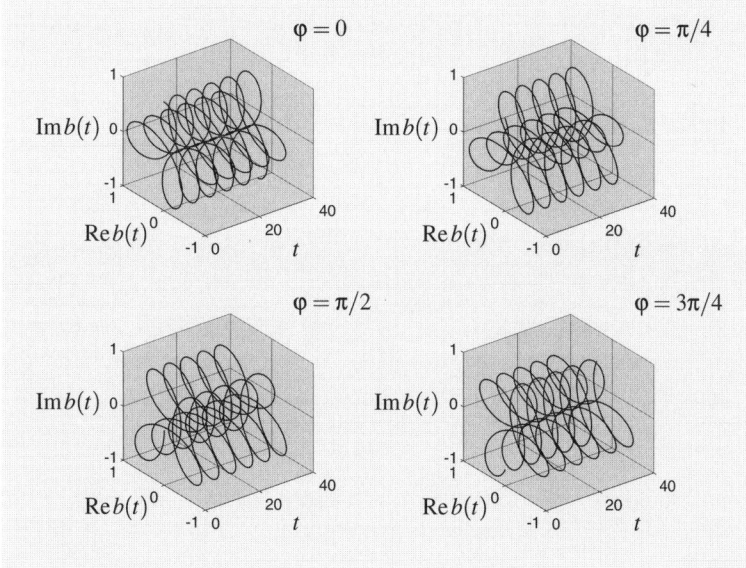

Bild 5.23 Zur Veranschaulichung der formalen Lösung des Bewegungsproblems. Es wird $E_s/\hbar > E_{s,0}/\hbar$ gesetzt. Sonst wie Bild 5.22

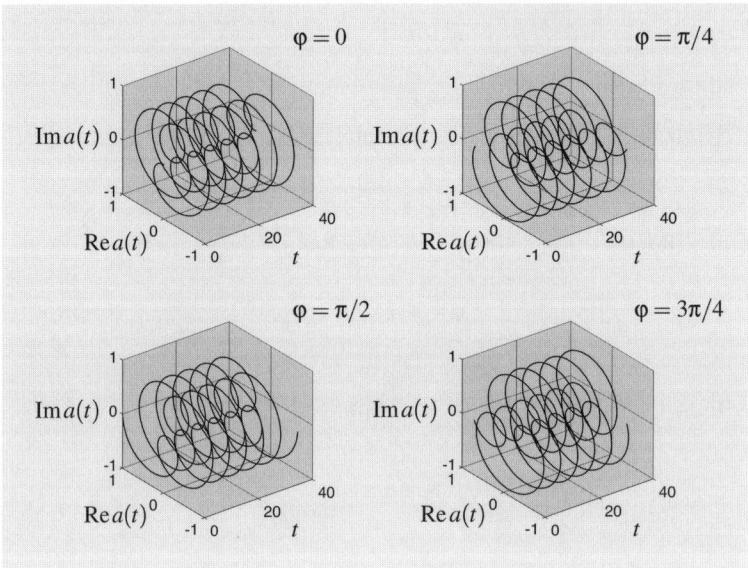

Bild 5.24 Zur Veranschaulichung der formalen Lösung des Bewegungsproblems. Es wird $E_s/\hbar < E_{s,0}/\hbar$ gesetzt. Sonst wie Bild 5.20

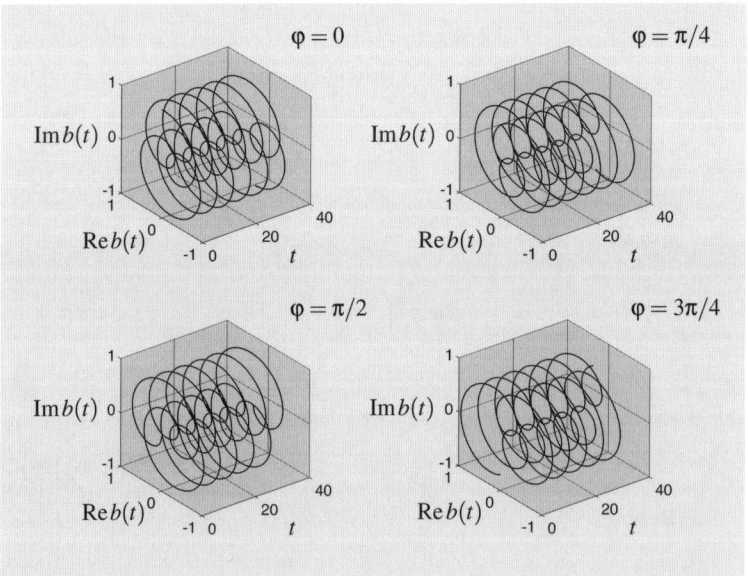

Bild 5.25 Zur Veranschaulichung der formalen Lösung des Bewegungsproblems. Es wird $E_s/\hbar < E_{s,0}/\hbar$ gesetzt. Sonst wie Bild 5.22

Wie sich durch Einsetzen sofort nachprüfen läßt, wird das reduzierte Gleichungssystem (5.211) von

$$\begin{pmatrix} d_{s,0}^{(1)}(t) \\ d_{s,0}^{(2)}(t) \end{pmatrix} = d \begin{pmatrix} \sin\left(\frac{E_s}{\hbar}t + \varphi\right) \\ i\cos\left(\frac{E_s}{\hbar}t + \varphi\right) \end{pmatrix} \tag{5.212}$$

gelöst, wenn E_s gemäß

$$E_s = \mu_B B \tag{5.213}$$

gewählt wird, wobei φ eine beliebige Phasenverschiebung und d eine beliebige Amplitude vorgibt. Berücksichtigt man (5.212) innerhalb des Ansatzes (5.209), dann erhält man letztendlich die Lösung

$$\mathfrak{d}_s(t) = a(t)d_{s,\uparrow} + b(t)d_{s,\downarrow} = \begin{pmatrix} a(t) \\ b(t) \end{pmatrix} \tag{5.214}$$

mit

$$\begin{pmatrix} a(t) \\ b(t) \end{pmatrix} = d \begin{pmatrix} \sin(E_s t/\hbar + \varphi) \\ i\cos(E_s t/\hbar + \varphi) \end{pmatrix} \begin{pmatrix} \exp(-iE_{s,0}t/\hbar) \\ \exp(+iE_{s,0}t/\hbar) \end{pmatrix} . \tag{5.215}$$

Unterwirft man diese Lösung ebenfalls der Normierungsbedingung (5.203), dann kann die noch unbestimmte Konstante d festgelegt werden: $d = 1$.

Der Ausdruck (5.214) repräsentiert die formale Lösung des Bewegungsproblems. Die Bilder 5.20 bis 5.25 illustrieren diese formale Lösung. Die in diesen Bildern auftretenden Figuren können als abstrakte Zustandsrepräsentationen aufgefaßt werden. (5.214) beschreibt auf eine implizite Weise das zeitliche Verhalten des Elektronenspins in dem vorgegebenen zeitabhängigen äußeren Magnetfeld:

5.3.2.3 Erwartungswertgleichungen

Bildet man analog dem im Abschnitt 4.2.1 eingeführten Schema Erwartungswerte gemäß

$$\langle s_i \rangle = \mathfrak{d}_s^\dagger(t)\hat{s}_i\mathfrak{d}_s(t) \quad (i = x, y, z) , \tag{5.216}$$

dann ergeben sich unter Verwendung der obigen Lösung die Beziehungen

$$\begin{aligned} \langle s_z \rangle &= +\frac{\hbar}{2}[a^*(t)a(t) - b^*(t)b(t)] \\ &= +\frac{\hbar}{2}\left[\sin^2(E_s t/\hbar + \varphi) - \cos^2(E_s t/\hbar + \varphi)\right] \\ &= -\frac{\hbar}{2}\cos(2E_s t/\hbar + 2\varphi) \end{aligned} \tag{5.217}$$

$$\langle s_x \rangle = -\frac{\hbar}{2}\sin(2E_s t/\hbar + 2\varphi)\sin(E_{s,0}t/\hbar) ,$$

$$\langle s_y \rangle = +\frac{\hbar}{2}\sin(2E_s t/\hbar + 2\varphi)\cos(E_{s,0}t/\hbar) ,$$

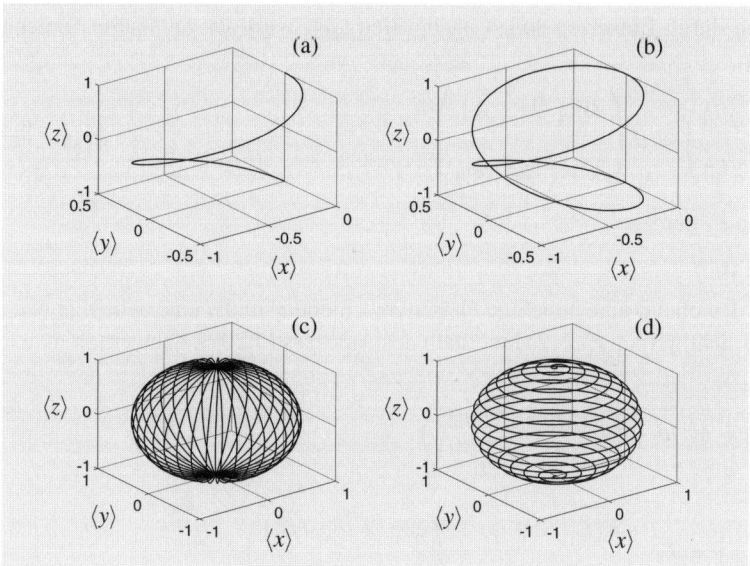

Bild 5.26 Die zeitliche Entwicklung der Erwartungswerte des Elektronenspins unter dem Einfluß eines zeitunabhängigen und senkrecht dazu wirkenden zeitabhängigen Magnetfeldes. Es gilt $\langle i \rangle = 2 \langle s_i \rangle / \hbar$ mit $i = x, y, z$. Es wird $\varphi = 0$ gesetzt. (a): $2E_\mathrm{s}/\hbar = E_{\mathrm{s},0}/\hbar = 1, t = [0, \pi]$. (b): $2E_\mathrm{s}/\hbar = E_{\mathrm{s},0}/\hbar = 1, t = [0, 2\pi]$. (c): $2E_\mathrm{s}/\hbar \gg E_{\mathrm{s},0}/\hbar$, $2E_\mathrm{s}/E_{\mathrm{s},0} = 35, t = [0, 2\pi]$. (c): $2E_\mathrm{s}/\hbar \ll E_{\mathrm{s},0}/\hbar$, $2E_\mathrm{s}/E_{\mathrm{s},0} = 1/35, t = [0, 2\pi]$

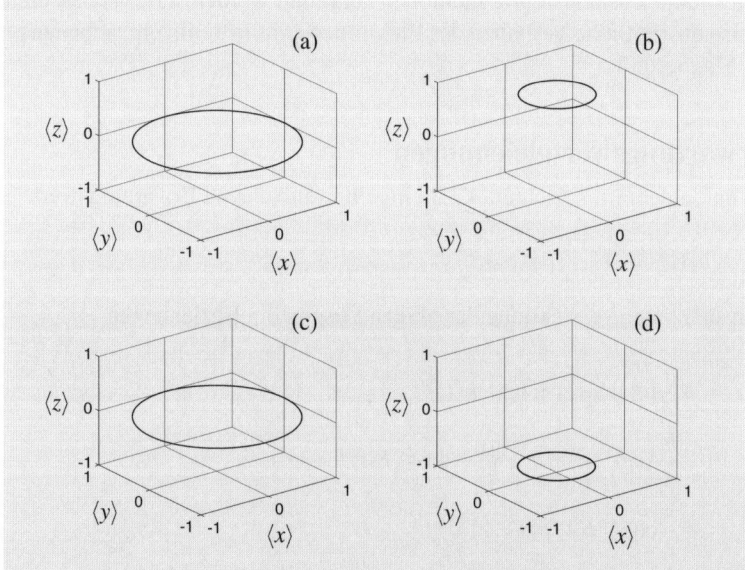

Bild 5.27 Die zeitliche Entwicklung der Erwartungswerte des Elektronenspins unter dem alleinigen Einfluß eines zeitunabhängigen Magnetfeldes: $E_\mathrm{s} = 0$. Es gilt auch hier $\langle i \rangle = 2 \langle s_i \rangle / \hbar$ mit $i = x, y, z$. (a): $\varphi = 2\pi/8$. (b): $\varphi = 4.6\pi/8$. (c): $\varphi = 6\pi/8$. (d): $\varphi = 8.6\pi/8$. Es findet jeweils eine Präzessionsbewegung des Erwartungswertvektors um die $\langle z \rangle$- bzw. z-Achse herum statt

welche genau das experimentell begründbare mittlere Verhalten eines Elektronenspins (oder gleichwertig: eines Ensembles von Elektronenspins) wiedergeben. Die Bilder 5.26 und 5.27 veranschaulichen die numerische Struktur von Spezialfällen. Betrachtet man beispielsweise den in Bild 5.26 dargestellten Fall (a), dann beschreibt das Erwartungswertsystem (5.217) das Umklappen des Elektronenspin-Erwartungswertes $\langle s_z \rangle$ vom Zustand $-\hbar/2$ in den Zustand $+\hbar/2$, wobei gleichzeitig eine einfache Präzessionsbewegung um die $\langle s_z \rangle$-Achse stattfindet. Der Fall (b) enthält zusätzlich den sich anschließenden Prozeß des Zurückklappens in den Ausgangszustand $-\hbar/2$. Während die Präzessionsbewegung um die $\langle s_z \rangle$-Achse durch das vorgegebene zeitunabhängige Magnetfeld hervorgerufen wird (man vergleiche mit Bild 5.27), wird der zusätzliche Umklappprozeß durch das senkrecht zum zeitunabhängigen Magnetfeld wirkende zeitabhängige Magnetfeld hervorgerufen.

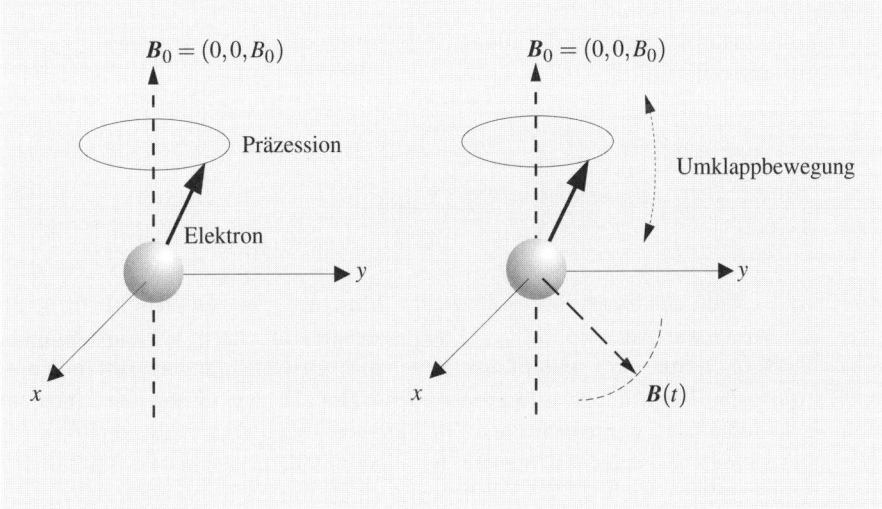

Bild 5.28 Der Elektronenspin im Magnetfeld: eine modellhafte Darstellung. Links: ein homogenes, zeitunabhängiges äußeres Magnetfeld erzwingt eine Präzessionsbewegung. Rechts: ein zusätzliches, senkrecht dazu wirkendes zeitabhängiges Magnetfeld erzwingt eine zusätzliche Umklappbewegung

Im Lichte dieser Betrachtung erscheint das in den Bildern 5.9, 5.11 und 5.15 dargestellte Verhalten als das auf einer Erwartungswertebene beobachtbare Verhalten von mikroskopischen Drehimpulsen, wenn zusätzliche Quantelungsbedingungen berücksichtigt werden. Insbesondere sind nach den jetzigen Ausführungen die in diesen Bildern angegebenen Präzessionsbewegungen mit Präzessionsbewegungen des Erwartungswertvektors des Elektronenspins identifizierbar. Bild 5.28 veranschaulicht das in den Bildern 5.26 und 5.27 dargestellte numerische Verhalten modellhaft und schafft somit eine Verbindung zu der modellhaften Darstellungsweise der Bilder 5.9, 5.11 und 5.15.

5.3.3 Die Blochschen Gleichungen

Differenziert man die einzelnen Gleichungen des Erwartungswertsystems (5.217) nach der Zeit, vergleicht die sich ergebenden Ableitungsausdrücke und führt die Erwartungswertvektoren

$$\langle s \rangle = \begin{pmatrix} \langle s_x \rangle \\ \langle s_y \rangle \\ \langle s_z \rangle \end{pmatrix}, \quad \langle \{ \mu_{i,s} \} \rangle = \begin{pmatrix} \langle \mu_{x,s} \rangle \\ \langle \mu_{y,s} \rangle \\ \langle \mu_{z,s} \rangle \end{pmatrix} = -g_s \frac{|e|}{2m_0} \langle s \rangle \tag{5.218}$$

ein, dann stellt man fest, daß

$$\frac{\mathrm{d}}{\mathrm{d}t} \langle s \rangle = -g_s \frac{|e|}{2m_0} \langle s \rangle \times \boldsymbol{B} \tag{5.219}$$

gilt. Diese Beziehung repräsentiert die Grundform der *Blochschen Gleichungen*. Sie geben nicht nur die durch (5.217) beschriebene physikalische Situation korrekt wieder, sondern gelten auch darüber hinaus.

Die Hauptform der Blochschen Gleichungen erhält man durch eine Ergänzung der Grundform, derartig, daß sich

$$\frac{\mathrm{d}}{\mathrm{d}t} \langle s \rangle = -g_s \frac{|e|}{2m_0} \langle s \rangle \times \boldsymbol{B} + \begin{pmatrix} -\frac{1}{T_2} \langle s_x \rangle \\ -\frac{1}{T_2} \langle s_y \rangle \\ \frac{1}{T_1} \left(s_0 - \langle s_z \rangle \right) \end{pmatrix} \tag{5.220}$$

ergibt. Hierbei erfaßt der zusätzlich auftretende Term auf eine empirische (d. h. erfahrungsgemäße) Weise die Ankopplung des Elektronenspins an die molekulare Umgebung. Diese zusätzlichen Terme sind Dämpfungsterme, d. h. sie erfassen das Abklingen eines durch Elektronenspin-Erwartungswerte beschriebenen Signals auf Grund der Umgebungsankopplung. Durch Lösen der Blochschen Gleichungen (5.220) kann dieser Effekt sofort nachgerechnet werden. T_1 und T_2 stehen für Relaxationszeiten, welche die Stärke des Abklingprozesses charakterisieren. T_1 wird üblicherweise als *longitudinale Relaxationszeit* und T_2 als *transversale Relaxationszeit* bezeichnet. s_0 steht für den Wert des Elektronenspin-Erwartungswertes $\langle s_z \rangle$ im *thermischen Gleichgewicht*, wobei der Begriff *Gleichgewicht* die Abwesenheit von Gradienten innerhalb der raumzeitlich verteilten Felder der spezifischen physikalischen Größen andeutet und das Attribut *thermisch* eine Spezifizierung auf die Abwesenheit von Temperaturgradienten bedingt. Anschaulich interpretieren läßt sich der zusätzlich auftretende Term als ein Ausdruck, der es erlaubt, zusätzlich zu den durch (5.219) beschriebenen *kohärenten Spinbewegungen* noch *inkohärente Spinbewegungen* in das Gleichungssystem zu implementieren. Während das Attribut *kohärent* dabei andeutet, daß in letzter Konsequenz Bewegungen eines Ensembles aus Spins betrachtet werden, die einer wohldefinierten Phasenbeziehung unterliegen, umschreibt das Attribut *inkohärent* Umgebungseinflüsse, welche diese wohldefinierte Phasenstruktur stören und zu einem „Zerfließen" des beobachtbaren Signals führen.[15]

---

[15]Die Blochschen Gleichungen lassen sich noch weit über das hier betrachtete Maß hinaus verallgemeinern. Dies soll hier jedoch nicht ausgeführt werden. Dazu siehe beispielsweise [49].

5.3.4 Der Elektronenspin, ein relativistischer Effekt?

Eines der erstaunlichsten Ergebnisse der relativistischen Quantenmechanik ist, daß die Eigenschaft *Spin* bereits implizit in der grundlegenden relativistischen Feldgleichung, der Dirac-Gleichung, enthalten ist. Dies könnte zur Ansicht verleiten, daß der Spin ein relativistischer Effekt ist. Da beispielsweise ein Elektronenspin unter nichtrelativistischen Bedingungen genauso beobachtbar ist, ist diese Annahme jedoch nicht korrekt.

> Berücksichtigt man, daß die Dirac-Gleichung ausgehend von spezifischen Forderungen mit implizit enthaltenen Symmetrieeigenschaften gewonnen wurde, dann ist vielmehr folgendes festzustellen: die im Rahmen der Begründung der Dirac-Gleichung implizit zugrunde gelegte Symmetrie läßt die Teilcheneigenschaft *Spin* als Möglichkeit zu.

Diese Teilcheneigenschaft wird deshalb in dem jetzigen, eigentlich relativistische Fragestellungen betreffenden Kapitel behandelt, weil ausgehend von der relativistischen Dirac-Gleichung eine elegante Einführung dieser Eigenschaft möglich ist. Genausogut hätte man die entsprechenden Operatoren empirisch begründen und anschließend in die Schrödinger-Gleichung integrieren können. Dies sei hier noch angemerkt.

5.4 Beispiele II: Teilchen und Antiteilchen

Gemäß der obigen Ausführungen, insbesondere der Abschnitte 5.2.3, 5.2.6 und 5.3, stellt die eingeführte Dirac-Gleichung eine Feldgleichung dar, die einerseits relativistische Effekte und andererseits die Möglichkeit einer „Spin-up-Einstellung" als auch einer „Spin-down-Einstellung" vermittelt, d. h. sie ermöglicht sowohl die Beschreibung der relativistischen Bewegung eines Teilchens als auch die Beschreibung der Spineigenschaften eines solchen Teilchens. Mit der Dirac-Gleichung kompatibel ist jedoch auch die Möglichkeit der Existenz von *Antiteilchen* bzw. von *Teilchen-Antiteilchen-Paaren*. Darauf wird im folgenden näher eingegangen. Zusätzlich werden die folgenden Ausführungen exemplarisch verdeutlichen, daß die Eigenschaft *Spin* von der Dirac-Gleichung bzw. deren Lösungen direkt erfaßt wird[16]. Betrachten wir zuerst ein einfaches Beispiel eines Teilchen-Antiteilchen-Paares.

5.4.1 Ein spezielles Teilchen-Antiteilchen-Szenario

Ein Beispiel für ein Paar bestehend aus einem mikroskopischen Teilchen und seinem Antiteilchen bildet das *Elektron-Positron-Paar*: das Positron ist das Antiteilchen des Elektrons.

---

[16]Dies bedeutet eine Ergänzung der bisherigen Ausführungen: die Eigenschaft *Spin* wurde bisher nur im Zusammenhang mit dem grundlegenden nichtrelativistischen Grenzfall der Dirac-Gleichung, der Pauli-Gleichung, erörtert!

5.4.1.1 β^+-Zerfall

Ein Positron entsteht beispielsweise im Rahmen eines speziellen *radioaktiven Zerfallsprozesses*, dem β^+-Zerfall. Beim β^+-Zerfall zerfällt ein Kern mit der Ordnungszahl Z und der Massenzahl A gemäß des Reaktionsschemas

$$(A,Z) \rightarrow (A,Z-1) + e^+ + \nu_e \,. \tag{5.221}$$

Das Symbol e^+ repräsentiert das Positron und ν_e ein im Rahmen des Zerfallsprozesses auftretendes Elektronenneutrino. In letzter Konsequenz kann ein derartiger Zerfallsprozeß in der Form

$$p \rightarrow n + e^+ + \nu_e \tag{5.222}$$

dargestellt werden, d. h. ein Proton p zerfällt unter Entstehung eines Neutrons n, eines Positrons e^+ sowie eines Elektron-Neutrinos ν_e. Ein Beispiel für einen β^+-Strahler ist durch das Palladiumnuklid $^{101}_{44}$Pd gegeben, das die Ordnungszahl 101 und die Massenzahl 45 aufweist.

5.4.1.2 β^--Zerfall

Das bezüglich der Ladung umgekehrte Schema, d. h.

$$n \rightarrow p + e^- + \bar{\nu}_e \quad \text{bzw.} \quad (A,Z) \rightarrow (A,Z+1) + e^- + \bar{\nu}_e \,, \tag{5.223}$$

beschreibt demgegenüber einen β^--Zerfall, d. h. die Entstehung eines Elektrons e^- aus einem Neutron n unter Freisetzung eines Protons p und eines Positron-Neutrinos $\bar{\nu}_e$. Ein solcher β^--Zerfall ist künstlich erzeugbar oder auch in der Natur beobachtbar. Ein Beispiel eines β^--Strahlers bildet das Indiumnuklid mit Ordnungszahl 49 und Massenzahl 115, das Nuklid $^{115}_{49}$In.

5.4.1.3 β^+- und β^--Zerfall

Ein Beispiel für Atomkerne, die sowohl β^+- als auch β^--Aktivität aufweisen, ist in Bild 5.29 skizziert. Dort sind mögliche $\beta^\pm$-Zerfallsprozesse des Kaliumnuklids $^{40}_{19}$K anhand eines Termschemas dargestellt. Entsprechend dieses Termschemas tritt vor allem β^--Aktivität auf. Diesen Prozessen überlagert findet man einen Konkurrenzprozeß, den *Elektroneneinfangprozeß*.

5.4.1.4 Paarvernichtung

Bringt man ein mikropskopisches Teilchen und sein Antiteilchen zusammen, dann führt dies zu einer *Paarvernichtung* (man sagt auch: *Annihilation*), d. h. zur Freisetzung der den beiden Teilchenmassen gleichen Energie in Form von Photonen oder *Pionen* unter Berücksichtigung des Impulserhaltungssatzes. Betrachtet man beispielsweise ein ruhendes Elektron e^- und ein hochenergetisches Positron e^+, dann führt dies gemäß des Reaktionsschemas

$$e^- + e^+ \rightarrow 2\gamma \tag{5.224}$$

zur Entstehung von zwei hochenergetischen Photonen γ. Natürliche *Paarerzeugung* und *-vernichtung* beobachtet man beispielsweise in der Höhenstrahlung.

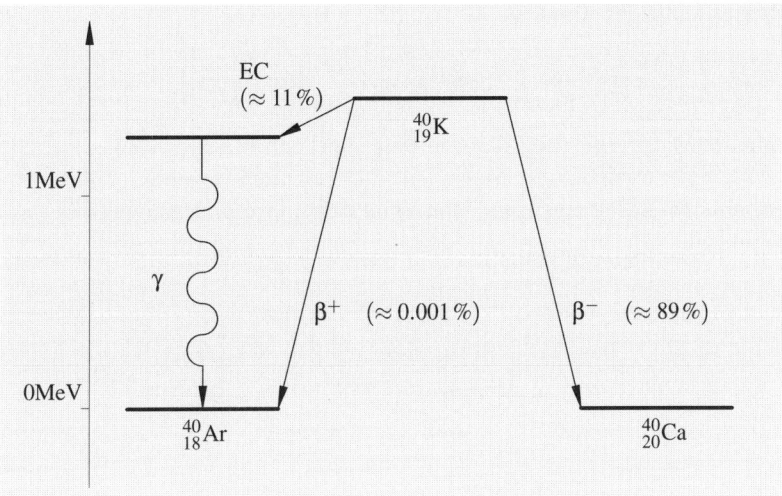

Bild 5.29 $\beta^{\pm}$-Aktivität und Elektroneneinfang (EC = electron capture) am Beispiel des Kaliumnuklids $^{40}_{19}$K. Im Rahmen eines $\beta^{\pm}$-Prozesses entsteht ein Argonnuklid $^{40}_{18}$Ar bzw. ein Calciumnuklid $^{40}_{20}$Ca. Der durch Elektroneneinfang entstehende angeregte Zustand des Argonnuklids zerfällt unter Aussendung eines Photons (dargestellt durch das Symbol γ). Nach B. Povh, K. Rith, C. Scholz, F. Zetsche: Teilchen und Kerne, Zweite Auflage (Springer, Berlin Heidelberg 1994)

5.4.2 Teilchen, Antiteilchen und Dirac-Gleichung

Löst man die Dirac-Gleichung, so erhält man Lösungen zu positiven als auch zu negativen Energien. Berücksichtigt man das experimentelle Faktum, daß jedem *Teilchen* ein *Antiteilchen* zuordenbar ist, dann ist es naheliegend, die zu positiven Energien gehörigen Lösungen mit einem Teilchen und die zu negativen Energien gehörigen Lösungen mit einem zugeordneten Antiteilchen zu verbinden. Diese Zuordnung ist um so mehr sinnvoll, als das sie völlig widerspruchsfrei zu theoretischen und experimentellen Fakten ist. Dieser Sachverhalt wird im folgenden explizit betrachtet. Zugrunde gelelegt wird die „freie" Dirac-Gleichung.

5.4.2.1 Lösungen der „freien" Dirac-Gleichung

Gemäß der Ausführungen des Abschnitts 5.2.6 läßt sich die zeitabhängige Dirac-Gleichung (5.100) durch den Ansatz

$$\mathfrak{D} = \begin{pmatrix} \mathfrak{D}_1(\boldsymbol{x}) \\ \mathfrak{D}_2(\boldsymbol{x}) \end{pmatrix} \exp\left(-\frac{\mathrm{i}}{\hbar c} E x^0 \right) \tag{5.225}$$

in das zeitunabhängige Gleichungssystem (5.129) überführen, das unter Verwendung der expliziten Form der Impulsoperator-Komponenten $\hat{p}_i$ die folgende Form annimmt:

$$-\mathrm{i}\hbar c \sum_{i=1}^{3} \hat{\sigma}^i \frac{\partial}{\partial x^i} \mathfrak{D}_2(\boldsymbol{x}) + 1 m_0 c^2 \mathfrak{D}_1(\boldsymbol{x}) = E \mathfrak{D}_1(\boldsymbol{x}) \,,$$

$$-\mathrm{i}\hbar c \sum_{i=1}^{3} \hat{\sigma}^i \frac{\partial}{\partial x^i} \mathfrak{D}_1(\boldsymbol{x}) - 1 m_0 c^2 \mathfrak{D}_2(\boldsymbol{x}) = E \mathfrak{D}_2(\boldsymbol{x}) \,. \tag{5.226}$$

Unter Verwendung des Ansatzes

$$\mathfrak{D}_1(\boldsymbol{x}) = \begin{pmatrix} A_1 \\ A_2 \end{pmatrix} \exp\left(\frac{\mathrm{i}}{\hbar}\boldsymbol{px}\right) \; , \quad \mathfrak{D}_2(\boldsymbol{x}) = \begin{pmatrix} A_3 \\ A_4 \end{pmatrix} \exp\left(\frac{\mathrm{i}}{\hbar}\boldsymbol{px}\right) \tag{5.227}$$

und der expliziten Matrizenform der darin auftretenden Pauli-Matrizen kann dieses Gleichungssystem in Form einer expliziten Matrizengleichung geschrieben werden. Führt man die darin enthaltenen partiellen Ableitungen aus, dann ergibt sich ein vierdimensionales System algebraischer Gleichungen:

$$\begin{pmatrix} E - m_0 c^2 & 0 & -cp_3 & -cp_1 + \mathrm{i}cp_2 \\ 0 & E - m_0 c^2 & -cp_1 - \mathrm{i}cp_2 & cp_3 \\ -cp_3 & -cp_1 + \mathrm{i}cp_2 & E + m_0 c^2 & 0 \\ -cp_1 - \mathrm{i}cp_2 & cp_3 & 0 & E + m_0 c^2 \end{pmatrix} \begin{pmatrix} A_1 \\ A_2 \\ A_3 \\ A_4 \end{pmatrix} = 0 \,. \tag{5.228}$$

Das lineare homogene quadratische Gleichungssystem (5.228) definiert die Amplituden möglicher Lösungen.

I. Zustandsenergien

Da die Determinante des in (5.228) auftretenden Koeffizientenschemas gleich 0 ist, existieren nichttriviale Lösungen: Vergleicht man das Koeffizientenschema von (5.228) mit dem grundlegenden relativistischen Energiesatz in quadrierter Form (5.82), dann ist klar, daß jede Zeile des Koeffizientenschemas durch Vorgabe geeigneter Elemente A_i ($i = 1, 2, 3, 4$) über das lineare Gleichungssystem (5.228) derartig komplettiert werden kann, daß sich dieser grundlegende relativistische Energiesatz in quadrierter Form ergibt, d. h. es wird wieder der Energiesatz

$$E^2 = m_0^2 c^4 + \boldsymbol{p}^2 c^2 \tag{5.229}$$

reproduziert. Komplettiert man eine spezielle Zeile auf diese Weise, dann heben sich die Elemente der auf ebenfalls diese Weise komplettierten restlichen drei Zeilen heraus, d. h. die restlichen drei Zeilen ergeben jeweils den Wert 0. Dabei sind sowohl Werte $E, m_0 > 0$ als auch Werte $E, m_0 < 0$ ansetzbar, denn sowohl positive als auch negative Energieeigenwerte sind gemäß (vgl. Bild 5.30)

$$E = \pm\sqrt{m_0^2 c^4 + \boldsymbol{p}^2 c^2} \tag{5.230}$$

kompatibel mit dem grundlegenden relativistischen Energiesatz (5.229), wobei über die Grenzfallbetrachtung

$$E \overset{p=0}{=} \pm\sqrt{m_0^2 c^4} = \pm m_0 c^2 \tag{5.231}$$

einem positiven Energieeigenwert eine positive Masse und einem negativen Energieeigenwert eine negative Masse zugeordnet werden muß.

II. Zustandsvektoren

Identifiziert man die im Gleichungssystem (5.228) auftretenden Größen E, m_0 mit Größen $E, m_0 > 0$, dann führt dies zu den Amplituden (K steht für eine noch freie Konstante)

$$A_+^\uparrow = K \begin{pmatrix} E + m_0 c^2 \\ 0 \\ cp_3 \\ cp_1 + \mathrm{i}cp_2 \end{pmatrix} \quad , \quad A_+^\downarrow = K \begin{pmatrix} 0 \\ E + m_0 c^2 \\ cp_1 - \mathrm{i}cp_2 \\ -cp_3 \end{pmatrix} , \tag{5.232}$$

$$A_+^\uparrow = K \begin{pmatrix} cp_3 \\ cp_1 + \mathrm{i}cp_2 \\ E - m_0 c^2 \\ 0 \end{pmatrix} \quad , \quad A_+^\downarrow = K \begin{pmatrix} cp_1 - \mathrm{i}cp_2 \\ -cp_3 \\ 0 \\ E - m_0 c^2 \end{pmatrix} . \tag{5.233}$$

Identifiziert man die im Gleichungssystem (5.228) auftretenden Größen E, m_0 mit Größen $E', m_0' < 0$ und benützt zur Darstellung der sich ergebenden Amplituden die oben benützten positiven Größen $E, m_0 > 0$, d. h. setzt man $E' = -E, m_0' = -m_0$, dann erhält man stattdessen

$$A_-^\uparrow = K \begin{pmatrix} -E - m_0 c^2 \\ 0 \\ cp_3 \\ cp_1 + \mathrm{i}cp_2 \end{pmatrix} \quad , \quad A_-^\downarrow = K \begin{pmatrix} 0 \\ -E - m_0 c^2 \\ cp_1 - \mathrm{i}cp_2 \\ -cp_3 \end{pmatrix} , \tag{5.234}$$

$$A_-^\uparrow = K \begin{pmatrix} cp_3 \\ cp_1 + \mathrm{i}cp_2 \\ -E + m_0 c^2 \\ 0 \end{pmatrix} \quad , \quad A_-^\downarrow = K \begin{pmatrix} cp_1 - \mathrm{i}cp_2 \\ -cp_3 \\ 0 \\ -E + m_0 c^2 \end{pmatrix} . \tag{5.235}$$

Während sich die Amplituden (5.232) bzw. (5.234) aus den ersten beiden Gleichungen von (5.228) ergeben, folgen die Amplituden (5.233) bzw. (5.235) aus den letzten beiden Gleichungen. Die im Rahmen dieser Amplituden benützte Symbolik deutet auf den physikalischen Gehalt hin: Die ersten beiden und die letzten beiden Gleichungen des die vierkomponentige Dirac-Gleichung repräsentierenden Gleichungssystems (5.228) bilden jeweils ein Untersystem. Jedes dieser Untersysteme vermittelt bezüglich eines vorgegebenen positiven Energieeigenwertes E (charakterisierbar durch das Symbol $+$) bzw. negativen Energieeigenwertes $E' = -E$ (charakterisierbar durch das Symbol $-$) sowohl eine „Spin-up-Lösung" (charakterisierbar durch $\uparrow$) als auch eine „Spin-down-Lösung" (charakterisierbar durch $\downarrow$) , d. h. berücksichtigt man die berechneten Amplituden innerhalb des Ansatzes (5.225), dann erhält man jeweils zwei Lösungspaare, von denen jedes zwei, durch unterschiedliche Spinstellungen charakterisierte Teilchenzustände beschreibt, welche jedoch alle mit einem spezifischen, positiven bzw. negativen Energieeigenwert verbunden sind. Während sich die Zuordnung zu einem positiven bzw. negativen Energieeigenwert aus der Berechnung selbst ergibt, ist die spinmäßige Zuordnung aus der Tatsache heraus verstehbar, daß jedes der vier Lösungspaare auf den die Spineinstellungen beschreibenden Pauli-Matrizen basiert, wobei die jeweils erste Beziehung der beiden Untersysteme einem „Spin-up-Zustand" beschreibenden Pauli-Matrizen-Wert und die jeweils zweite einem „Spin-down-Zustand" beschreibenden solchen Wert zugeordnet ist. Möglich ist auch eine formale Untersuchung der Symmetrie der Lösungen.

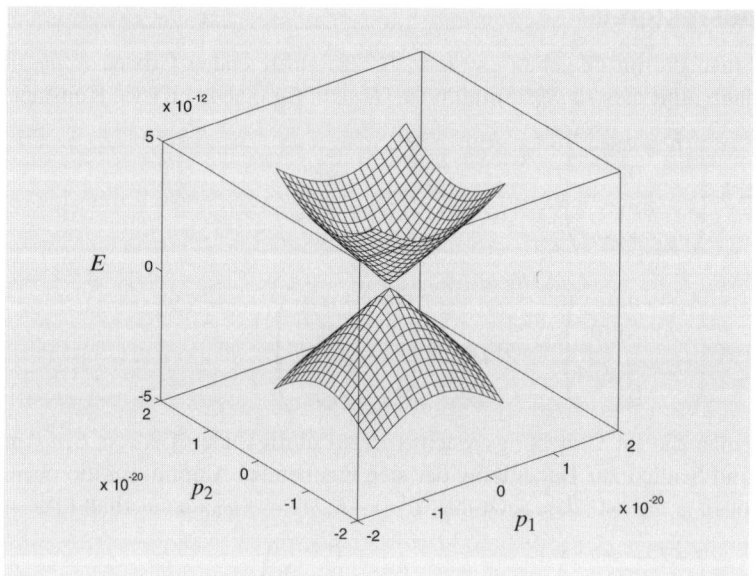

Bild 5.30 Positive und negative relativistische Energie. Betrachtet wird die Vakuumlichtgeschwindigkeit sowie die Ruhemasse eines Elektrons bzw. Positrons. Die physikalischen Dimensionen sind durch $\text{Dim}\,[E] = \text{J}$, $\text{Dim}\,[p_1] = \text{Dim}\,[p_2] = \text{kg}\cdot\text{m/s}$ gegeben

Faßt man die einzelnen Teilkomponenten der berechneten Lösungen zusammen und berücksichtigt man, daß die Amplituden (5.232) bzw. (5.234) bezüglich der Amplituden (5.233) bzw. (5.235) auf gleichwertige Lösungen führen, dann erhält man in letzter Konsequenz vier linear unabhängige elementare Lösungen, welche durch die zwei Lösungspaare

$$
\mathfrak{D}_{+}^{\uparrow} = K \begin{pmatrix} E + m_0 c^2 \\ 0 \\ cp_3 \\ cp_1 + \mathrm{i}cp_2 \end{pmatrix} \exp\left[\frac{\mathrm{i}}{\hbar}\left(\boldsymbol{p}\boldsymbol{x} - \frac{E}{c}x^0\right)\right],
$$

$$
\mathfrak{D}_{+}^{\downarrow} = K \begin{pmatrix} 0 \\ E + m_0 c^2 \\ cp_1 - \mathrm{i}cp_2 \\ -cp_3 \end{pmatrix} \exp\left[\frac{\mathrm{i}}{\hbar}\left(\boldsymbol{p}\boldsymbol{x} - \frac{E}{c}x^0\right)\right]
$$

(5.236)

und

$$
\mathfrak{D}_{-}^{\uparrow} = K \begin{pmatrix} cp_3 \\ cp_1 + \mathrm{i}cp_2 \\ -E + m_0 c^2 \\ 0 \end{pmatrix} \exp\left[\frac{\mathrm{i}}{\hbar}\left(\boldsymbol{p}\boldsymbol{x} + \frac{E}{c}x^0\right)\right],
$$

(5.237)

$$\mathfrak{D}_-^\downarrow = K \begin{pmatrix} cp_1 - \mathrm{i}cp_2 \\ -cp_3 \\ 0 \\ -E + m_0c^2 \end{pmatrix} \exp\left[\frac{\mathrm{i}}{\hbar}\left(\boldsymbol{p}\boldsymbol{x} + \frac{E}{c}x^0\right)\right] \tag{5.238}$$

beschrieben werden. Auch diese Lösungen sind im Zusammenhang mit der Heisenbergschen Unschärferelation zu sehen: ein wohldefinierter Impuls bedingt einen völlig unbestimmten Ort. Durch eine nicht global auf 1 normierbare komplexe Exponentialfunktion wird dieser Sachverhalt formal ausgedrückt.

5.4.2.2 Die Antiteilchen-Interpretation

Völlig widerspruchsfrei zu experimentellen und theoretischen Fakten können die zu einer positiven Energie gehörigen Lösungen (5.236) einem freien Teilchen und die zu einer negativen Energie gehörigen Lösungen (5.238) einem Antiteilchen zugeordnet werden. Die „freie" Dirac-Gleichung erlaubt die Beschreibung eines Teilchen-Antiteilchen-Paares. Da die zugrunde gelegte Dirac-Gleichung für Spin-1/2-Teilchen gilt, bedeutet dies insbesondere, daß eine Zuordnung zu einem freien Elektron-Positron-Paar möglich ist. Eine Ausdehnung der Überlegungen für nichtfreie Systeme ist möglich, soll jedoch nicht mehr durchgeführt werden.

5.4.2.3 Das Bild des „Dirac-Sees"

Eine bildhafte Vorstellung dessen, was man sich unter einem Elektron-Positron-Paar vorzustellen hat, gibt das Bild des „*Dirac-Sees*": Man stelle sich einen elektrisch neutralen „See" von möglichen Elektronenzuständen vor, die bis zur Energie $E \leq -m_0c^2$ alle besetzt sind. Durch Zufuhr der Energie $E \geq 2m_0c^2$ kann ein „See-Elektron" mit negativer Energie in einen Zustand mit positiver Energie $E \geq m_0c^2$ gehoben werden. Das dabei entstehende „Loch"[17] im „See" der energetisch negativen Zustände äußert sich gegenüber einen Beobachter als zugeordnetes Antiteilchen, d. h. als Positron. Da Elektronen eine negative Ladung aufweisen, ist die Entstehung des Positrons mit dem Fehlen einer negativen Ladung verbunden, d. h. das Positron äußert sich einem Beobachter gegenüber als ein positiv geladenes Teilchen. Es sei hier noch bemerkt, daß das Bild des „Dirac-Sees" kompatibel mit dem im vorherigen Kapitel eingeführten Pauli-Prinzip ist: Da gemäß dieses Prinzips Fermionen-Zustände nur von jeweils einem einzigen Teilchen besetzt werden können, ist das „Absinken" der „See-Elektronen" in die energetisch niedrigsten Zustände nicht möglich, sodaß die Vorstellung eines bis zur Energie $E = -m_0c^2$ besetzten „Sees" in keinerlei Widerspruch zu diesem Prinzip steht. Im Zusammenhang mit dieser bildhaften Vorstellung spricht man auch von der *Diracschen Löchertheorie*.

---

[17]Die Vorstellung eines „Loches", das durch die Anhebung eines Elektrons in einen energetisch höherwertigen Zustand entsteht, ist auch in der Festkörperphysik relevant, nämlich im Zusammenhang mit dem bereits mehrfach angesprochenen Bändermodell: Wird durch Energiezufuhr ein Elektron von einem (nichtleitende Zustände beschreibenden) Valenzband in ein (leitende Zustände beschreibendes) Leitungsband gehoben, dann bleibt ein (positives) „Loch" übrig, das für Löcherleitung verantwortlich ist.

5.4.3 Antiteilchensysteme: Antiwasserstoff

Komplizierte Antiteilchensysteme waren bisher mehr Elemente abstrakter Überlegungen denn physikalische Realität. Spätestens seit dem *Antiwasserstoff-Experiment* von W. Oelert und Mitarbeitern sind zumindest einfache Antiteilchensysteme physikalische Realität. Betrachten wir dieses Experiment im folgenden etwas genauer: In diesem Experiment werden in einem Speicherring sich befindende Antiprotonen $\bar{p}$ auf Xenon-Atome Xe geschossen, deren Kern – abgesehen von Neutronen – 54 Protonen p und deren Hülle 54 Elektronen e^- aufweist:

$$Xe = Xe\left(n_p = 54, n_{e^-} = 54\right) . \tag{5.239}$$

Als Folge von Zusammenstößen zwischen Antiprotonen und Xenon-Atomen gemäß des Reaktionsschemas

$$\bar{p} + Xe \rightarrow e^- + e^+ + \text{weitere Teilchen} \tag{5.240}$$

entstehen Elektron-Positron-Paare (e^-, e^+). Aus der Menge der am Stoßort dann vorliegenden Antiprotonen und Positronen können sich gemäß des Reaktionsschemas

$$\bar{p} + e^+ \rightarrow \bar{H} \tag{5.241}$$

Antiwasserstoff-Atome $\bar{H}$ bilden, welche aus einem Antiproton $\bar{p}$ und einem Positron e^+ zusammengesetzt sind:

$$\bar{H} = \bar{H}\left(n_{\bar{p}} = 1, n_{e^+} = 1\right) . \tag{5.242}$$

Während sich die geladenen Teilchen, abgelenkt von einem Ablenkmagneten, im Speicherring weiterbewegen, bleibt die „Flugbahn" der neutralen Antiwasserstoff-Atome vom Ablenkmagneten unbeeinflußt, sodaß ein sich an den Stoßort anschließendes Detektorensystem den Nachweis von Antiwasserstoff erlaubt. Während das Vorhandensein eines Positronenanteils durch Erzeugung von γ-Quanten im Rahmen eines Elektron-Positron-Annihilationsprozesses gemäß des Reaktionsschemas

$$\bar{H} + e^- \rightarrow \bar{p} + 2\gamma \tag{5.243}$$

mit dem Teilprozeß

$$e^+ + e^- \rightarrow 2\gamma \tag{5.244}$$

innerhalb eines Detektors nachgewiesen wird, zeigt ein sich anschließender weiterer Detektor das zusätzliche Vorhandensein von Antiprotonen an. Sämtliche Daten werden von einer Computeranlage erfaßt. Entsprechend der zeitlichen Abfolge der Nachweisprozesse kann dann auf Antiwasserstoff geschlossen werden.

Die Erzeugung noch komplizierterer Antiteilchensysteme dürfte eine wissenschaftlich reizvolle Aufgabe der kommenden Jahrzehnte sein. Theoretisch beschrieben werden können derartige Antiteilchensysteme beispielsweise auf der Grundlage der in diesem Kapitel eingeführten theoretischen Schemata beziehungsweise durch Erweiterungen dieser Schemata in den Vielteilchenbereich hinein. Auf eine genauerer Untersuchung dieses Sachverhalts soll jedoch verzichtet werden. Im folgenden werden stattdessen Ausführungen zu einer Methode folgen, welche die Behandlung von Teilchenerzeugungs- und Teilchenvernichtungsprozessen auf eine besonders angepaßte Weise erlaubt.

Buch 4: Quantenfeldtheorie, Quantenstatistik, Elementarteilchen

Einiges über Quantenfeldtheorie: Mathematische Strukturen (Hamiltonoperatoren und Zustandsvektoren im Formalismus der zweiten Quantisierung), Darstellungsweisen (Feynman-Graphen und -Diagramme), das Schrödingerbild im Formalismus der zweiten Quantisierung, Anwendung: Lasersysteme, Unendlichkeiten

6 Einiges über Quantenfeldtheorie

Auf Grund der bisherigen Ausführungen ist klar, daß zur Beschreibung mikroskopischer Systeme sowohl Wellen- als auch Teilcheneigenschaften berücksichtigt werden müssen. Abhängig von der durchgeführten Messung äußerst sich die Existenz eines mikroskopischen Systems entweder vor allem durch seine Teilchen- oder vor allem durch seine Welleneigenschaften. Ein an Teilcheneigenschaften wiedergebende Messungen besonders angepaßter Formalismus ist der Formalismus der *Quantenfeldtheorie*. Quantenfeldtheoretische Behandlungsschemata erlauben insbesondere die an typische Beobachtungsergebnisse „direkt" angepaßte Beschreibung von *Teilchenerzeugungs-* und *Teilchenvernichtungsprozessen*, wobei diese beiden Begriffe sowohl einschließen, daß ruhemasselose Energiequanten eines Wechselwirkungsfeldes absorbiert oder emittiert werden, als auch, daß ruhemassebehaftete Teilchen entstehen oder vergehen. Auf diese Weise sich ergebende variable Teilchenzahlen „einfach" zu formulieren, ist eine wesentliche Leistung der Quantenfeldtheorie. Behandelt man die Wechselwirkung von Photonen mit Elementarteilchen, insbesondere mit Elektronen und Positronen, auf eine quantenfeldtheoretische Art und Weise, so spricht man von *Quantenelektrodynamik*.

Der Übergang zu *quantenfeldtheoretischen Systemoperatoren*[1] spezieller quantenfeldtheoretischer Behandlungsschemata geschieht durch Ersetzung von *Feldfunktionen* mit über *Vertauschungsrelationen* festgelegten *Feldoperatoren*, in einer solchen Weise, daß – in der *Energiedarstellung* – die Anzahl vorhandener Teilchen, die Art der vorhandenen Teilchen, die Teilchensystemenergie und – in der *Ortsdarstellung* – auch der Teilchenort durch den entstehenden Formalismus auf eine direkte Weise beschrieben werden kann. Die hierbei als Ausgangspunkt zugrunde zu legenden Feldfunktionen können sowohl *Materiefelder* (beispielsweise beschrieben durch eine Schrödingersche Wellenfunktion oder einen Dirac-Spinor) als auch *klassische Felder* (beispielsweise beschrieben durch eine elektromagnetische Feldfunktion) erfassen. Die in einem solchen Rahmen auftretenden Feldoperatoren erfassen das Entstehen bzw. das Vergehen von Teilchen auf einer mathematischen Ebene und werden dementsprechend als *Erzeugungs-* oder *Vernichtungsoperatoren* bezeichnet. Der Übergang von Feldfunktionen zu Operatoren wird als *Feldquantisierung* oder auch als *zweite Quanti-*

---

[1]Im Zusammenhang mit dem Formalismus der zweiten Quantisierung wird in diesem Buch statt dem Begriff *Hamiltonoperator* häufig der Begriff *quantenfeldtheoretischer Systemoperator* benützt. Der Begiff *Hamiltonoperator* wird nur als Ergänzung berücksichtigt. Dies soll eine begiffliche Trennung zwischen Hamiltonoperatoren der ersten und der zweiten Quantisierung ermöglichen.

sierung bezeichnet, wobei diese begriffliche Umschreibung äußerst sinnvoll ist, betrachtet man doch vor allem Feldfunktionen, die Lösungen von im Rahmen der *ersten Quantisierung* sich ergebenden Feldgleichungen darstellen, sodaß ein Übergang zu Feldoperatoren sozusagen eine *zweite Quantisierung* darstellt. Bild 6.1 veranschaulicht den Prozeß der zweiten Quantisierung.[2]

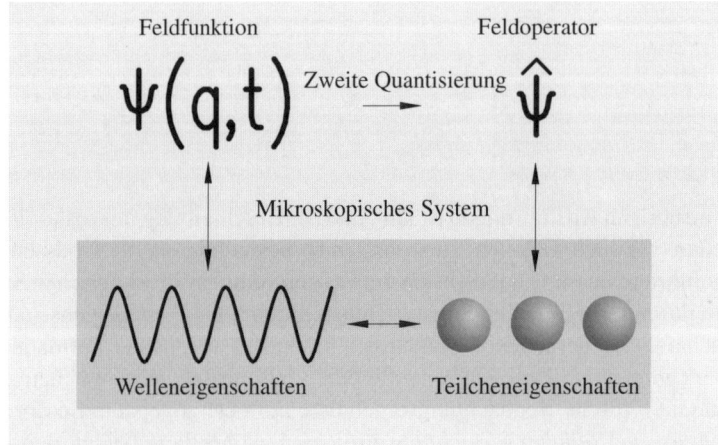

Bild 6.1 Zur Veranschaulichung des Prozesses der zweiten Quantisierung. Wellentypische Eigenschaften werden auf mathematischer Ebene durch Feldfunktionen beschrieben und teilchentypische Eigenschaften durch Feldoperatoren. Eine vollständige experimentelle Charakterisierung eines mikroskopisches Systems bedarf sowohl des Einbezugs von Wellen- als auch von Teilcheneigenschaften. Der Übergang von Feldfunktionen zu Feldoperatoren wird als zweite Quantisierung bezeichnet

Die im Rahmen eines zweiten Quantisierungsprozesses auftretenden Feldoperatoren lassen sich in zwei typische Klassen einteilen: Operatoren, die durch Vertauschungsrelationen auf der Grundlage von *Kommutatoren* festgelegt werden, und Operatoren, die durch Vertauschungsrelationen auf der Grundlage von *Antikommutatoren* festgelgt werden. Während die erste Klasse von Operatoren die Teilchenklasse der *Bosonen* beschreibt, erfaßt die zweite Art von Operatoren die Teilchenklasse der *Fermionen*. Solche Operatoren können sowohl über für einen Zeitpunkt als auch über für verschiedene Zeitpunkte ausformulierte Vertauschungsrelationen definiert werden. Nur für einen speziellen Zeitpunkt formulierte Vertauschungsrelationen werden als *kanonische Vertauschungsrelationen* bezeichnet; das dazugehörige Quantisierungsprin-

---

[2]Ein Beispiel für ein derartiges Operator-Vertauschungsrelation-Konzept ist bereits durch eine geeignete Zusammenfassung typischer Gleichungen bzw. Operatoren einführbar, die im Rahmen der ersten Quantisierung auftreten. Im Abschnitt 4.8.2 wird ein Beispiel behandelt: Zur Beschreibung der Verringerung bzw. Erhöhung der einen gebundenen Energiezustand eines harmonischen Oszillators beschreibenden Quantenzahl können Leiteroperatoren eingeführt werden, die sich alleine durch die Vorgabe derartiger Vertauschungsrelation definieren lassen. Quantenfeldtheoretische Behandlungsschemata der Energiedarstellungsebene lassen sich als eine Erweiterung eines derartigen Formalismus auffassen. Erzeugungs- bzw. Vernichtungsoperatoren lassen sich als Verallgemeinerungen von Leiteroperatoren verstehen.

zip wird als *kanonische Feldquantisierung* bezeichnet. Für allgemeine relativistische Systeme benötigt man jedoch für verschiedene Zeitpunkte ausformulierte Verallgemeinerungen.

Im folgenden werden einige grundlegende Elemente der Quantenfeldtheorie in einer komprimierten Form dargestellt. Es erfolgt eine Beschränkung auf nichtrelativistische Strukturen.

6.1 Feynman-Diagramme

Belicbige Wcchselwirkungsprozcssc lassen sich mittels Linicndiagrammcn vcranschaulichcn, die auf R. P. Feynman zurückgehen und dementsprechend als *Feynman-Diagramme* bezeichnet werden. Als Ausgangspunkt zur Einführung derartiger Feynman-Diagramme läßt sich die in der Streutheorie auftretende *Streumatrix* S heranziehen, welche Matrixelemente $S_{fi} = \langle f | \hat{S} | i \rangle$ aufweist, die mögliche Anfangszustände $|i\rangle$ (*i*: „initial") eines Streuprozesses in mögliche Endzustände $|f\rangle$ (*f*: „final") abbilden, wobei der Operator $\hat{S}$ sämtliche Wechselwirkungsprozesse erfaßt. Entwickelt man diese S-Matrix störungstheoretisch, dann erhält man eine Summe von Termen zunehmender störungstheoretischer Ordnung, die eine Aussage über die Wahrscheinlichkeit eines Streuprozesses einer bestimmten Ordnung machen: man vergleiche mit dem Abschnitt 4.2.5, in dem das Grundprinzip einer derartigen störungstheoretischen Entwicklung eingeführt wird. Liegt eine solche störungstheoretische Entwicklung vor, dann läßt sich jeder Term (und damit jeder spezielle Streuprozeß) durch ein spezielles Feynman-Diagram veranschaulichen, wobei die Konstruktionsprinzipien derartiger Feynman-Diagramme durch die *Feynmanschen Regeln* vorgegeben werden. Derartige Liniendiagramme wurden von R. P. Feynman für die Quantenelektrodynamik eingeführt, wurden aber schon bald nach ihrer Einführung in der gesamten Quantenfeldtheorie und Vielteilchenphysik benützt.

In einem weiten Rahmen betrachtet lassen sich die Konstruktionsprinzipien dieser Liniendiagramme wie folgt andeuten: Es wird zuerst eine Zeitachse definiert, welche die zeitliche Richtung des Prozeßablaufs festlegt. Eine dazu senkrechte Positionsachse ermöglicht die Angabe, daß Positionsänderungen von an einem Prozeß teilnehmenden Teilchen stattfinden. Ein spezielles, einen Teilchenerzeugungs- oder/und Vernichtungsprozeß hervorrufendes Wechselwirkungsereignis wird von einem Punkt innerhalb dieses Achsensystems repräsentiert. Ein solcher Punkt ist dem Raum-Zeit-Punkt zugeordnet, an dem das Wechselwirkungsereignis stattfindet. Die an einem solchen Wechselwirkungsereignis teilnehmenden Teilchen werden durch verschiedenartige Linientypen symbolisiert. So wird ein Elektron oder ein Positron von einer durchgezogenen Linie mit einem zusätzlichen Pfeil repräsentiert und ein Photon von einer Wellenlinie. Durch eine negative Energie ausgezeichnete (unbeobachtbare) Elektronen des im Abschnitt 5.4.2 eingeführten „Dirac-Sees" können durch gestrichelte Linien angedeutet werden. Während Elektronen von Linien mit Pfeilen in Richtung der Zeitachse repräsentiert werden, werden Positronen durch Linien mit Pfeilen entgegen der Zeitachse symbolisch dargestellt. Linien zwischen zwei Ereignispunkten werden als *innere Linien* und Linien mit einem freien Ende als *äußere Linien* bezeichnet. Die Gesamtheit derartiger linien läßt sich als *Feynman-Graphen* charakterisieren. Ein Punkt, der sich aus einem Ereignispunkt und sich treffenden Feynman-Graphen gebildet wird, wird auch als *Eckpunkt* bezeichnet. Die in einem Feynman-Diagramm auftretenden Feynman-Graphen können häufig zweidimensionalen Projektionen der Impulsvektoren der jeweiligen Teilchen gleichgesetzt werden. Entsprechend der in der Einführung zu diesem Kapitel getätigten Aussagen über Erzeugungs- und Vernichtungsoperatoren ist jedem Eckpunkt eine Menge von Erzeugungs- und Vernichtungsoperatoren zuordenbar.

Beispiel 6.1 Der im Abschnitt 5.4.1 angesprochene Elektron-Positron-Paarerzeugungsprozeß ist ein spezieller Teilchenerzeugungsprozeß und der dort ebenfalls angesprochene Elektron-Positron-Paarvernichtungsprozeß ein spezieller Teilchenvernichtungsprozeß. Die diese Prozesse veranschaulichenden Feynman-Diagramme zeigen die Bilder 6.2 und 6.3.

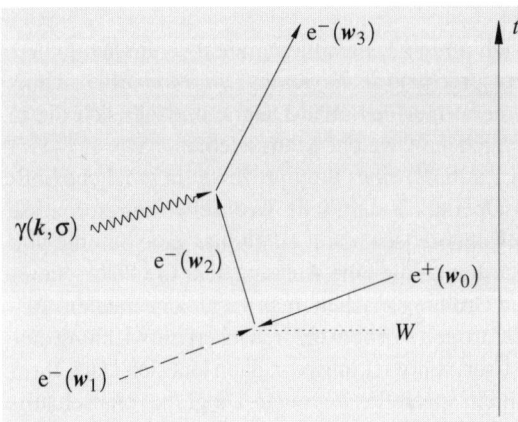

Bild 6.2 Feynman-Diagramm eines Elektron-Positron-Paarerzeugungsprozesses. Teilchen positiver Energie (wie Elektronen, Positronen oder Photonen) werden durch jeweils eine durchgezogene Linie (Elektronen, Positronen) oder durch eine Wellenlinie (Photonen) angedeutet, Teilchen negativer Energie (wie Elektronen des „Dirac-Sees") durch gestrichelte Linien

Entsprechend des Feynman-Diagramms 6.2 kann die Erzeugung eines Elektron-Positron-Paares folgendermaßen beschrieben werden:

• Ein durch eine negative Energie ausgezeichnetes (unbeobachtbares) Elektron e^- mit Impuls $\hbar w_1$ des (im Abschnitt 5.4.2 eingeführten) „Dirac-Sees" stößt beispielsweise mit einem schweren Kern mit Wechselwirkungspotential W zusammen. Durch diesen Stoßprozeß entsteht ein Elektron mit positiver Energie und dem Impuls $\hbar w_2$. Das übigbleibende Loch im „Dirac-See" wird als Positron mit Impuls $\hbar w_0$ beobachtet.

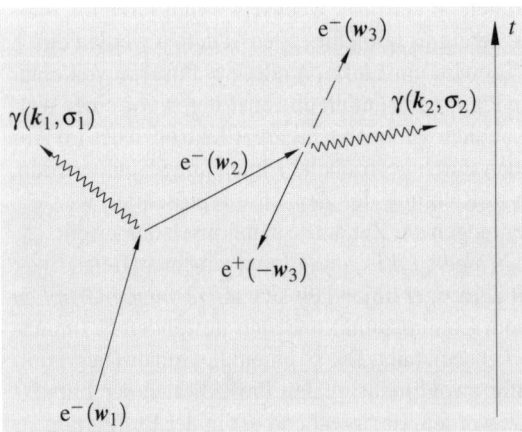

Bild 6.3 Feynman-Diagramm eines Elektron-Positron-Paarvernichtungsprozesses

- Das auf diese Weise entstandene Elektron absorbiert ein Photon mit Impuls $\hbar\boldsymbol{k}$ und Polarisation σ, sodaß ein Elektron mit Impuls $\hbar\boldsymbol{w}_3 = \hbar\boldsymbol{w}_2 + \hbar\boldsymbol{k}$ entsteht.
- Letztendlich wird ein Elektron-Positron-Paar erzeugt und ein Photon wird vernichtet. Da sowohl der Energieerhaltungssatz als auch der Impulserhaltungssatz erfüllt sein muß, läuft ein solcher Teilchenerzeugungsprozeß über einen zusätzlichen Stoßpartner (hier: ein schwerer Kern) ab.

Entsprechend des Feynman-Diagramms 6.3 kann die Vernichtung eines Elektron-Positron-Paares folgendermaßen beschrieben werden:

- Ein Elektron e^- mit Impuls $\hbar\boldsymbol{w}_1$ emittiert ein Photon mit Impuls $\hbar\boldsymbol{k}_1$ und Polarisation σ_1 und geht in einen Zustand mit Impuls $\hbar\boldsymbol{w}_2 = \hbar\boldsymbol{w}_1 - \hbar\boldsymbol{k}_1$ über.
- Das auf diese Weise entstandene Elektron geht in einen im „Dirac-See" vorliegenden freien (unbeobachtbaren) Elektronenzustand mit negativer Energie und Impuls $\hbar\boldsymbol{w}_3$ über. Dieser freie Elektronenzustand ist als Positon e^+ mit Impuls $-\hbar\boldsymbol{w}_3$ beobachtbar. Der Übergang findet unter Emission eines Photons mit Impuls $\hbar\boldsymbol{k}_2 = \hbar\boldsymbol{w}_2 - \hbar\boldsymbol{w}_3$ und Polarisation σ_2 statt.
- Letztendlich wird ein Elektron-Positron-Paar vernichtet und ein Photonenpaar wird erzeugt. Diese Aussage ist Inhalt beispielsweise der Relation (5.244).

Im folgenden werden Erzeugungs- und Vernichtungsoperatoren für verschiedene wichtige Systemklassen und Beschreibungsebenen eingeführt. Stationäre genauso wie nichtstationäre Systemzustände werden betrachtet, wobei berücksichtigt werden muß, daß nichtstationäre Systemzustände eine Folge von zustandsübergangserzeugenden Wechselwirkungen sind, was in einer vollständig korpuskular-orientierten Beschreibung bedeutet, daß Teilchen entstehen und vergehen.

6.2 Das Schrödingerbild (2. Quantisierung)

Die grundlegende zeitunabhängige Schrödinger-Gleichung ist eine nichtrelativistische zeitunabhängige Einteilchengleichung, sodaß es sinnvoll ist, in diesem Zusammenhang von einer *Einteilchen-Schrödinger-Gleichung* zu sprechen: Ein Teilchen ist den raumzeitlichen Gegebenheiten ausgesetzt, die durch die Galileische Raum-Zeit-Struktur festgelegt werden, wobei die zeitunabhängige Einteilchen-Schrödinger-Gleichung die stationären Teilchenzustände beschreibt. Das Teilchen der Masse m_0 und der Ladung $\pm ne$ kann Kräften ausgesetzt sein, die beispielsweise durch eine Potentialfunktion beschrieben werden. Über die zeitabhängige Einteilchen-Schrödinger-Gleichung kann diesem Teilchen eine Zustandsfunktion zugeordnet werden, welche zeitabhängiges Verhalten über eine statistisch gleichwertige statistische Gesamtheit erfaßbar macht.

Bei der Verallgemeinerung der Einteilchen-Schrödinger-Gleichung auf viele Teilchen, die *Vielteilchen-Schrödinger-Gleichung*, erweist sich, daß die Schrödingersche Theorie für die zwei fundamental verschiedenen Teilchenklassen der Bosonen und Fermionen erweiterbar ist. Während die Bosonen eines Bosonensystems unter bestimmten Voraussetzung alle den energetisch am tiefsten liegenden Zustand einnehmen – man spricht in diesem Zusammenhang von

Bose-Einstein-Kondensation –, unterliegen Fermionen dem bereits eingeführten *Paulischen Ausschließungsprinzip*, d. h. jeder – durch einen Satz von wohldefinierten Quantenzahlen beschriebene – Einteilchenzustand kann nur von einem einzelnen Teilchen besetzt werden. Die im Kapitel 4 eingeführte Einteilchen- bzw. Vielteilchen-Schrödinger-Gleichung gilt für beide Arten von Teilchen. Auf einer mathematisch-theoretischen Ebene unterscheiden sich die beiden Teilchensorten durch *Symmetrieeigenschaften*, welche beispielsweise die grundsätzliche Struktur zugehöriger Zustandsvektoren bedingen. Dies äußert sich insbesondere im Zusammenhang mit dem *Prinzip der Ununterscheidbarkeit*: Betrachtet man ein Bosonensystem, dann sind Mehrteilchen-Zustandsfunktionen, welche das Prinzip der Ununterscheidbarkeit sowie die für Bosonen geltenden Symmetrieeigenschaften implizit enthalten, einander gleich, wenn sie durch Vertauschung zweier Teilchen auseinander hervorgehen; im Fall eines Fermionensystems unterscheiden sich derartige Zustandsfunktionen bezüglich ihres Vorzeichens. Betrachtet man beispielsweise den einfachen Fall zweier Teilchen, bezeichnet ihren Zustandsvektor mit $|1,2\rangle$ und formuliert man das quantenmechanische Prinzip der Ununterscheidbarkeit mittels eines für ein Bosonensystem geltenden Zustandsvektors aus, dann gilt

$$|1,2\rangle_B = |2,1\rangle_B \,, \tag{6.1}$$

im Fall eines Fermionensystems gilt

$$|1,2\rangle_F = -|2,1\rangle_F \,. \tag{6.2}$$

In der Ortsdarstellung gelten analoge Relationen:

$$\psi_B[\boldsymbol{x}(1),\boldsymbol{x}(2),t] = \psi_B[\boldsymbol{x}(2),\boldsymbol{x}(1),t] \tag{6.3}$$

bzw.

$$\psi_F[\boldsymbol{x}(1),\boldsymbol{x}(2),t] = -\psi_F[\boldsymbol{x}(2),\boldsymbol{x}(1),t] \,. \tag{6.4}$$

Diese Symmetrierelationen und die damit verbundenen Bosonen- bzw. Fermionen-Symmetrieeigenschaften sind mit der Schrödingerschen Theorie verträglich, sie folgen jedoch nicht aus ihr, was insbesondere bedeutet, daß sich Zustandsvektoren mit derartigen Eigenschaften normalerweise nicht automatisch als Lösung einer Schrödinger-Gleichung ergeben, sondern über Linearkombinationen grundlegender Mehrteilchen-Zustandsfunktionen konstruiert werden müssen.

Eine Schrödinger-Gleichung hat den Nachteil, daß bei ihrer Formulierung die Teilchenzahl festgelegt werden muß. Dies geschieht durch die Anzahl der Teilchenmassen sowie durch die Anzahl der Koordinaten im Hamiltonoperator und in der zugehörigen Zustandsfunktion. Teilchenerzeugungsprozesse und -vernichtungsprozesse können auf der Grundlage einer Schrödinger-Gleichung nur als Übergang eines Mehrteilchenzustands in mehrere Einteilchenzustände erfaßt werden. Ein mittels des Schrödingerschen Formalismus auf eine elegante Art und Weise beschreibbares Beispiel liefert der α-Zerfall, d. h. der Zerfall eines radioaktiven Kerns unter Ausstrahlung eines α-Teilchens. Ein solches α-Teilchen ist ein $^{4}_{2}$H-Kern, d. h. es besteht aus zwei Protonen und zwei Neutronen. Das System vor dem Zerfall wird dabei als ein Zweiteilchensystem aufgefaßt, wobei ein Teilchen, das α-Teilchen, gegen eine vom Restkern aufgebaute Potentialbarriere anläuft und mit einer bestimmten Wahrscheinlichkeit diese Potentialbarriere überwinden kann. Dieses Vorgehen ermöglicht die Beschreibung des

Teilchenentstehungsprozesses. Jedoch ist diese Art der Beschreibung nicht „direkt" an typische Beobachtungsergebnisse angepaßt: Während typische Beobachtungen als Ergebnis die Entstehung zweier Teilchen aus einem Teilchen liefern (d. h. insbesondere, die Teilchenzahl bleibt nicht konstant), muß der Schrödingersche Formalismus auf das „Hilfsbild" zweier wechselwirkender Teilchen zurückgreifen (wobei – das sei hier bemerkt – der Restkern als fixiert angenommen werden kann, sodaß eine Einteilchen-Schrödinger-Gleichung benützt werden kann).

Um den korpuskularen Aspekt von Teilchen bzw. Teilchensystemen besser zum Ausdruck bringen zu können, muß der ursprüngliche Schrödingersche Formalismus modifiziert werden. Um Teilchenerzeugungs- und Teilchenvernichtungsprozesse auf eine an typische Beobachtungsergebnisse „direkt" angepaßte Weise beschreiben zu können, muß der ursprüngliche Schrödingersche Formalismus erweitert werden. Diese Ausdehnung des Schrödingerschen Formalismus wird im folgenden Schritt für Schritt durchgeführt.

6.2.1 Die grundlegende Hamiltonfunktion

Als Ausgangspunkt zur Erweiterung des Schrödingerschen Formalismus kann die feldspezifische makroskopische Hamiltonfunktion

$$H = H_0 = \int \psi^*(\boldsymbol{x},t)\hat{H}\psi(\boldsymbol{x},t)\,\mathrm{d}^3x \tag{6.5}$$

eines durch die Feldfunktionen $\psi(\boldsymbol{x},t)$ und $\psi^*(\boldsymbol{x},t)$ beschriebenen Schrödingerschen Einteilchenfeldes genommen werden, wobei entsprechend der Ausführungen des Kapitels 4 die Feldfunktionen $\psi(\boldsymbol{x},t)$, $\psi^*(\boldsymbol{x},t)$ Lösungen des durch

$$+\mathrm{i}\hbar\dot{\psi}(\boldsymbol{x},t) = \hat{H}\psi(\boldsymbol{x},t) \,, \quad -\mathrm{i}\hbar\dot{\psi}^*(\boldsymbol{x},t) = \hat{H}\psi^*(\boldsymbol{x},t) \tag{6.6}$$

gegebenen Paares aus zeitabhängigen Schrödinger-Gleichungen der ersten Quantisierung in Ortsdarstellung sind, und wobei der Hamiltonoperator $\hat{H}$ durch

$$\hat{H} = \hat{H}_0 = -\frac{\hbar^2}{2m_0}\triangle + V_{\mathrm{U}}(\boldsymbol{x}) \tag{6.7}$$

gegeben ist. Im Sinne der Definitionen des Abschnitts 4.2.4 beschreibt $\hat{H}$ ein abgeschlossenes System, d. h. zustandsübergangserzeugende Wechselwirkungen sind ausgeschlossen, weshalb $\hat{H}$ gleich $\hat{H}_0$ gesetzt werden kann. Entsprechend (4.211) enthält $V_{\mathrm{U}}(\boldsymbol{x})$ alleine Wechselwirkungen mit einem (beispielsweise molekularen) Untergrund.

Da sich die Feldfunktionen $\psi(\boldsymbol{x},t)$, $\psi^*(\boldsymbol{x},t)$ nach den Ausführungen des Kapitels 4 im diskreten Fall (auf den wir uns hier beschränken wollen) in der Form

$$\psi(\boldsymbol{x},t) = \sum_{i=1}^{M} \psi_i(t)\psi_i(\boldsymbol{x}) \,, \quad \psi^*(\boldsymbol{x},t) = \sum_{i=1}^{M} \psi_i^*(t)\psi_i^*(\boldsymbol{x}) \tag{6.8}$$

mit den zeitabhängigen Koeffizienten

$$\psi_i(t) = c_i \exp\left(-\mathrm{i}E_i t/\hbar\right) \,, \quad \psi_i^*(t) = c_i^* \exp\left(\mathrm{i}E_i t/\hbar\right) \tag{6.9}$$

notieren lassen, kann die obige feldspezifische makroskopische Hamiltonfunktion in die Form

$$H = H_0 = \sum_{i,j=1}^{M} \psi_j^*(t)\psi_i(t) \int \psi_j^*(x)\hat{H}_0\psi_i(x)\,\mathrm{d}^3x \qquad (6.10)$$

überführt werden. Da ein abgeschlossenes System betrachtet wird, sind die Teilkoeffizienten c_i, c_i^* zeitunabhängige Größen. Berücksichtigt man noch die den obigen zeitabhängigen Schrödinger-Gleichungen und den obigen Feldfunktionen zugeordneten zeitunabhängigen Schrödinger-Gleichungen

$$E_i\psi_i(x) = \hat{H}_0\psi_i(x)\,, \ \ E_i\psi_i^*(x) = \hat{H}_0\psi_i^*(x) \qquad (6.11)$$

und fordert man orthonormale Feldfunktionen $\psi_i(x)$, $\psi_i^*(x)$, dann ergibt sich die feldspezifische makroskopische Hamiltonfunktion

$$H = H_0 = \sum_{i=1}^{M} E_i\psi_i^*(t)\psi_i(t)\,. \qquad (6.12)$$

Entsprechend der Ausführungen des Abschnitts 4.2.5 läßt sich ein zeitunabhängiger Koeffizient

$$\psi_i^*(t)\psi_i(t) = |\psi_i(t)|^2 = c_i^*c_i = |c_i|^2 \qquad (6.13)$$

als die Wahrscheinlichkeit für das Vorliegen eines durch eine Energie E_i und eine Feldfunktion $\psi_i(x)$ charakterisierbaren Einteilchenzustands innerhalb einer statistischen Gesamtheit identischer Teilchen interpretieren, wobei die statistische Gesamtheit durch eine Feldfunktion $\psi(x,t)$ geschlossen beschrieben wird. Insofern steht die obige feldspezifische makroskopische Hamiltonfunktion für die mittlere Einteilchenenergie der Teilchen der betrachteten statistischen Gesamtheit.

6.2.2 Stationäre Systeme I: Bosonen, Fermionen

Ausgehend von der einer statistischen Gesamtheit zuordenbaren feldspezifischen makroskopischen Hamiltonfunktion (6.12) läßt sich ein Formalismus einführen, der ein konkretes stationäres Vielteilchensystem beschreibt, das aus identischen und nicht wechselwirkenden Teilchen besteht. Dieser Formalismus ist bestens an den korpuskularen Aspekt angepaßt. Bild 6.4 vermittelt ein anschauliches Bild der betrachteten Systemklasse.

6.2.2.1 Einiges über Grundgrößen der Energiedarstellung

Der Übergang zu einem konkreten Vielteilchensystem ist gegeben, wenn sich die Größen c_i^*, c_i der Hamiltonfunktion (6.12) gemäß

$$c_i^* \to \hat{\eta}_i^+\,, \ \ c_i \to \hat{\eta}_i^- \qquad (6.14)$$

derartig durch Operatoren $\hat{\eta}_i^+$, $\hat{\eta}_i^-$ ersetzen lassen, daß die Anwendung des sich ergebenden Operators

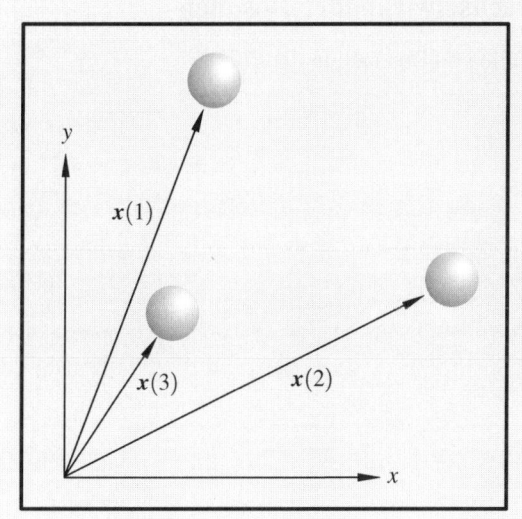

Bild 6.4 Zur Veranschaulichung der hier betrachteten Systemklasse: Betrachtet wird hier ein Vielteilchensystem bestehend aus identischen und nicht wechselwirkenden Teilchen. Es sei hier angegeben, daß eine Wechselwirkung der einzelnen Teilchen mit einem (molekularen) Untergrund konsistent mit den Betrachtungen dieses Abschnitts ist

$$\hat{H}_0^{(2)} = \sum_{i=1}^{M} E_i \hat{\eta}_i^+ \hat{\eta}_i^- \tag{6.15}$$

auf geeignet einzuführende Zustandsvektoren $|N\rangle$ gemäß

$$\hat{H}_0^{(2)} |N\rangle = E(N) |N\rangle \tag{6.16}$$

die Energieeigenwerte

$$E(N) = \sum_{i=1}^{M} n_i E_i \tag{6.17}$$

liefert, welche mit konkreten Messungen kompatible Vielteilchen-Energieeigenwerte $E(N)$ eines aus N identischen und nicht wechselwirkenden Teilchen bestehenden stationären Vielteilchensystems beschreiben, wobei n_i für die Anzahl der Teilchen in M möglichen Einteilchen-Energiezuständen E_i steht. Dies ist in der Tat möglich und wird im folgenden ausgeführt[3]. Auf Grund der unterschiedlichen grundsätzlichen Eigenschaften von Bosonen und Fermionen werden beide Teilchenklassen zuerst einmal getrennt behandelt.

---

[3]Diese Vorgehensweise läßt sich direkt mit dem im Rahmen der ersten Quantisierung durchgeführten Vorgehen vergleichen. Während dort die in einer makroskopischen Hamiltonfunktion auftretenden, für eine makroskopische Teilchenbewegung typischen Variablen über die Jordanschen Regeln durch Operatoren ersetzt werden, werden jetzt innerhalb einer feldspezifischen makroskopischen Hamiltonfunktion auftretende typische feldspezifische Größen durch Operatoren ersetzt. Es sei hier zusätzlich darauf hingewiesen, daß das alleinige Auftreten des Parameters N innerhalb $|N\rangle$ bzw. $E(N)$ nicht dergestalt interpretiert werden darf, daß N der einzige mögliche Parameter ist. So wird ein konkretes N-Teilchen-System im Normalfall eine Vielzahl von möglichen Zuständen aufweisen, sodaß beispielsweise abstrakte Zustandsvektoren $|N\rangle_1$, $|N\rangle_2$, etc. oder Vielteilchen-Energieeigenwerte $E_1(N)$, $E_2(N)$, etc. zu berücksichtigen sind. Die hier gewählte Kurzschreibweise $|N\rangle$, $E(N)$ wird benützt, um kurze Formeln vorliegen zu haben und gleichzeitig zwischen Einteilchen- und Vielteilchen-Zuständen formal trennen zu können. Durch die Verwendung einer ausführlichen Schreibweise wie beispielsweise der Schreibweise $|n_1 \ldots n_i \ldots n_M\rangle$, $\sum_{i=1}^{M} n_i E_i$ kann dieses Informationsdefizit umgangen werden.

I. Systeme identischer und nicht wechselwirkender Bosonen

Das obige Gleichungsschema läßt sich im Falle von Bosonen in der Form

$$\hat{H}_0^{(2,\mathrm{B})} |N\rangle_\mathrm{B} = E^{(\mathrm{B})}(N) |N\rangle_\mathrm{B} \tag{6.18}$$

mit dem Operator

$$\hat{H}_0^{(2,\mathrm{B})} = \sum_{i=1}^{M} E_i^{(\mathrm{B})} \hat{b}_i^+ \hat{b}_i^- = \sum_{i=1}^{M} \hbar\omega_i^{(\mathrm{B})} \hat{b}_i^+ \hat{b}_i^- \tag{6.19}$$

und den Vielteilchen-Energieeigenwerten

$$E^{(\mathrm{B})}(N) = \sum_{i=1}^{M} n_i E_i^{(\mathrm{B})} = \sum_{i=1}^{M} n_i \hbar\omega_i^{(\mathrm{B})} \ , \ n_i = 0,1,2,\dots,N \tag{6.20}$$

notieren, wenn die Operatoren $\hat{\eta}_i^+$, $\hat{\eta}_i^-$ im Falle von Bosonen in der Form $\hat{b}_i^-$, $\hat{b}_i^+$ notiert werden und allen wesentlichen Größen das Symbol B angefügt wird.

Führt man entsprechend

$$\begin{aligned}
|N\rangle_\mathrm{B} &= |n_1 \dots n_i \dots n_M\rangle_\mathrm{B} \\
&= \frac{1}{\sqrt{n_1! \dots n_i! \dots n_M!}} \left(\hat{b}_1^+\right)^{n_1} \dots \left(\hat{b}_i^+\right)^{n_i} \dots \left(\hat{b}_M^+\right)^{n_M} |0\rangle
\end{aligned} \tag{6.21}$$

abstrakte Zustandsvektoren $|N\rangle_\mathrm{B}$ ein, welche der Normierungsbedingung

$$_\mathrm{B}\langle N|N\rangle_\mathrm{B} = 1 \tag{6.22}$$

unterliegen und deren Kernbestandteil $|0\rangle$ durch

$$\hat{b}_i^- |0\rangle = 0 \tag{6.23}$$

festgelegt ist, dann führt die Anwendung des Operators (6.19) auf diese abstrakten Zustandsvektoren tatsächlich auf die Vielteilchen-Energieeigenwerte (6.20), wenn die Operatoren $\hat{b}_i^-$, $\hat{b}_i^+$ über die Vertauschungsrelationen

$$\left[\hat{b}_i^-,\hat{b}_j^-\right]_- = \left[\hat{b}_i^+,\hat{b}_j^+\right]_- = 0 \ , \ \left[\hat{b}_i^-,\hat{b}_j^+\right]_- = \delta_{ij} \tag{6.24}$$

definiert werden. Entsprechend des auftretenden unteren Minus-Zeichens stehen die eckigen Klammern für Kommutatoren-Klammern.

Durch Einsetzen der einzelnen Komponenten in die Beziehung (6.18) und Verwendung der Vertauschungsrelationen (6.24) läßt sich dies sofort nachrechnen, was das Konzept letztendlich rechtfertigt.

II. Systeme identischer und nicht wechselwirkender Fermionen

Im Falle von Fermionen läßt sich das obige Gleichungsschema in der Form

$$\hat{H}_0^{(2,F)} |N\rangle_F = E^{(F)}(N) |N\rangle_F \tag{6.25}$$

mit dem Operator

$$\hat{H}_0^{(2,F)} = \sum_{i=1}^{M} E_i^{(F)} \hat{a}_i^+ \hat{a}_i^- = \sum_{i=1}^{M} \hbar\omega_i^{(F)} \hat{a}_i^+ \hat{a}_i^- \tag{6.26}$$

und den Vielteilchen-Energieeigenwerten

$$E^{(F)}(N) = \sum_{i=1}^{M} n_i E_i^{(F)} = \sum_{i=1}^{M} n_i \hbar\omega_i^{(F)} \ , \ \ n_i = 0,1 \tag{6.27}$$

notieren, wenn die Operatoren $\hat{\eta}_i^+$, $\hat{\eta}_i^-$ im Falle von Fermionen in der Form $\hat{a}_i^-$, $\hat{a}_i^+$ notiert werden und allen wesentlichen Größen das Symbol F angefügt wird.

Führt man entsprechend

$$\begin{aligned}
|N\rangle_F &= |n_1 \ldots n_i \ldots n_M\rangle_F \\
&= \frac{1}{\sqrt{n_1! \ldots n_i! \ldots n_M!}} \left(\hat{a}_1^+\right)^{n_1} \ldots \left(\hat{a}_i^+\right)^{n_i} \ldots \left(\hat{a}_M^+\right)^{n_M} |0\rangle
\end{aligned} \tag{6.28}$$

abstrakte Zustandsvektoren $|N\rangle_F$ ein, welche der Normierungsbedingung

$$_F\langle N|N\rangle_F = 1 \tag{6.29}$$

sowie der Relation

$$\hat{a}_i^+ \hat{a}_i^+ |N\rangle_F = 0 \tag{6.30}$$

genügen und deren Kernbestandteil $|0\rangle$ durch

$$\hat{a}_i^- |0\rangle = 0 \tag{6.31}$$

festgelegt ist, dann führt die Anwendung des Operators (6.26) auf diese abstrakten Zustandsvektoren tatsächlich auf die Vielteilchen-Energieeigenwerte (6.27), wenn die Operatoren $\hat{a}_i^-$, $\hat{a}_i^+$ über die Vertauschungsrelationen

$$\left[\hat{a}_i^-, \hat{a}_j^-\right]_+ = \left[\hat{a}_i^+, \hat{a}_j^+\right]_+ = 0 \ , \ \ \left[\hat{a}_i^-, \hat{a}_j^+\right]_+ = \delta_{ij} \tag{6.32}$$

definiert werden. Die Klammern symbolisieren Antikommutatoren-Klammern.

Durch Einsetzen der einzelnen Komponenten in die Beziehung (6.25) und Verwendung der Vertauschungsrelationen (6.32) läßt sich dies sofort nachrechnen, was das Konzept letztendlich rechtfertigt.

III. Bosonen- und Fermionen-Feldoperatoren

Entsprechend der obigen Beziehungen werden die Teilchenzahlen n_i von den Operatorenprodukten $\hat{b}_i^+ \hat{b}_i^-$ bzw. $\hat{a}_i^+ \hat{a}_i^-$ der *Feldoperatoren* $\hat{b}_i^-$, $\hat{b}_i^+$ bzw. $\hat{a}_i^-$, $\hat{a}_i^+$ vermittelt. Gemäß der obigen Relationen beschreiben die Feldoperatoren $\hat{b}_i^+$ und $\hat{a}_i^+$ auf mathematischer Ebene die Erhöhung der Anzahl der Teilchen eines Vielteilchensystems. Ein solcher Operator „erzeugt" sozusagen ein Teilchen und wird deshalb auch als *Erzeugungsoperator* bezeichnet. In gleicher Weise verringern die Feldoperatoren $\hat{b}_i^-$, $\hat{a}_i^-$ die Anzahl der Teilchen des Vielteilchensystems. Ein solcher Operator „vernichtet" sozusagen ein einzelnes Teilchen, weshalb ein solcher Operator auch als *Vernichtungsoperator* bezeichnet wird. Bild 6.5 veranschaulicht diese Sachverhalte. Auf Grund der Vernichtungsoperator-Eigenschaft der Operatoren $\hat{b}_i^-$ bzw. $\hat{a}_i^-$ ist klar, daß der durch (6.31) bzw. (6.23) dargestellte Zustand $|0\rangle$ den Zustand ohne Teilchen repräsentiert, der auch als *Vakuumzustand* bezeichnet wird.

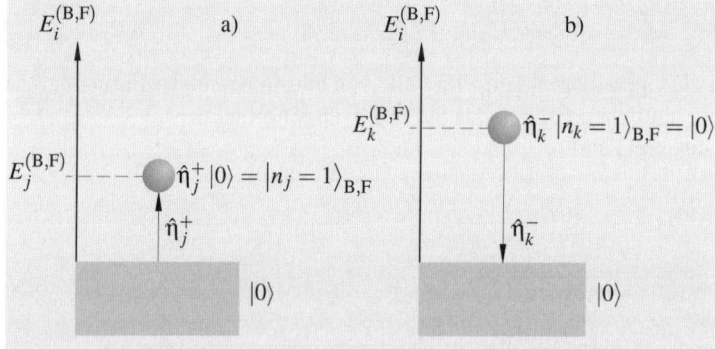

Bild 6.5 Zur Veranschaulichung der Wirkung von Erzeugungs- und Vernichtungsoperatoren. Erzeugung (a) bzw. Vernichtung (b) eines Teilchens durch einen Operator η_j^+ bzw. η_k^-

Aus den Bosonen- und Fermionen-Feldoperatoren lassen sich *Gesamtteilchenzahloperatoren* konstruieren: Durch Einführung der Operatoren

$$\sum_{i=1}^{M} \hat{b}_i^+ \hat{b}_i^- = \hat{N}_{\mathrm{B}} \ , \quad \sum_{i=1}^{M} \hat{a}_i^+ \hat{a}_i^- = \hat{N}_{\mathrm{F}} \tag{6.33}$$

läßt sich die Gesamtteilchenzahl

$$N = \sum_{i=1}^{M} n_i \tag{6.34}$$

des N-Bosonen- bzw. N-Fermionen-Systems über die zugeordneten Eigenwertgleichungen

$$\hat{N}_{\mathrm{B}} |N\rangle_{\mathrm{B}} = N |N\rangle_{\mathrm{B}} \ , \quad \hat{N}_{\mathrm{F}} |N\rangle_{\mathrm{F}} = N |N\rangle_{\mathrm{F}} \tag{6.35}$$

direkt bestimmen. Dies kann durch Einsetzen der abstrakten Zustandsvektoren $|N\rangle_{\mathrm{B}}$ bzw. $|N\rangle_{\mathrm{F}}$ in die durch (6.35) vorgegebenen Beziehungen und unter Verwendung der oben angegebenen Vertauschungsrelationen sofort nachgerechnet werden.

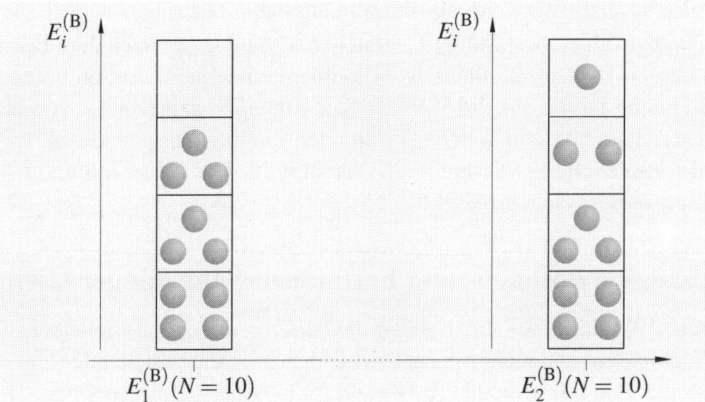

Bild 6.6 Einteilchen-Energieeigenwerte $E_i^{(B)}$ und Vielteilchenergie-Eigenwerte $E^{(B)}(N)$ im Fall eines Bosonensystems. Berücksichtigt werden $N = 10$ Bosonen sowie zwei verschiedene 10-Teilchen-Zustände

Diese Relationen verdeutlichen anschaulich, daß der Übergang von Entwicklungskoeffizienten zu Operatoren den Übergang von einer statistischen Gesamtheit zu einem konkreten Vielteilchensystem bedeutet.

IV. Bosonen- und Fermionen-Vielteilchen-Energieeigenwerte

Vergleicht man die Vielteilchen-Energieeigenwerte (6.20) und (6.27), dann stellt man Unterschiede bezüglich der möglichen Besetzungszahlen n_i fest. Diese Unterschiede sind jedoch leicht verstehbar: Wird ein Bosonensystem betrachtet, dann können im Extremfall alle N Teilchen einen durch eine Zustandsfunktion $\psi_i(x)$ sowie eine zugeordnete Energie beschriebenen Einteilchenzustand einnehmen, weshalb die Besetzungszahlen n_i beliebige Werte anneh-

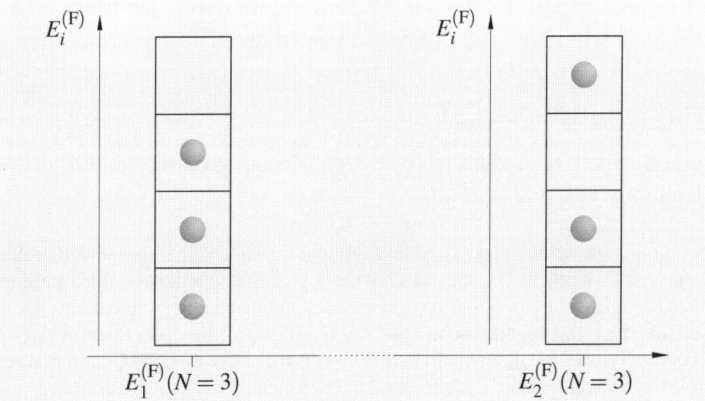

Bild 6.7 Einteilchen-Energieeigenwerte $E_i^{(F)}$ und Vielteilchenergie-Eigenwerte $E^{(F)}(N)$ im Fall eines Fermionensystems. Berücksichtigt werden $N = 3$ Fermionen sowie zwei verschiedene 3-Teilchen-Zustände

men können. Dies ist nicht so, wenn ein Fermionensystem betrachtet wird. Da ein durch alle möglichen Quantenzahlen bestimmter Einteilchenzustand $\psi_i(x)$ nach dem Paulischen Ausschließungsprinzip im Extremfall allenfalls von einem einzelnen Fermion besetzt sein kann, können die Besetzungszahlen nur die Werte 1 (der Einteilchenzustand ist von einem einzelnen Teilchen besetzt) oder 0 (kein Teilchen nimmt den Einteilchenzustand ein) annehmen, was formal durch die zusätzliche Forderung (6.30) erfaßt wird. Die Bilder 6.6 und 6.7 dienen zur Veranschaulichung dieses Sachverhaltes.

V. Zeitunabhängige Bosonen- und Fermionen-Schrödinger-Gleichung

Die Operatoren (6.19) und (6.26) sind die *quantenfeldtheoretischen Systemoperatoren* der betrachteten, aus identischen und nicht wechselwirkenden Teilchen bestehenden abgeschlossenen Vielteilchensysteme. Die Beziehungen (6.18) und (6.25) sind die diesen Operatoren zugeordneten *quantenfeldtheoretischen zeitunabhängigen Vielteilchen-Schrödinger-Gleichungen*. Die darin auftretenden *quantenfeldtheoretischen Zustandsvektoren* sind durch (6.21) und (6.28) gegeben.

Entsprechend der beiden angegebenen Schrödinger-Gleichungen führt die Anwendung der quantenfeldtheoretischen Systemoperatoren auf die quantenfeldtheoretischen Zustandsvektoren zu den systemspezifischen Vielteilchen-Energieeigenwerten (6.20) und (6.27), welche den experimentellen Sachverhalt genau wiedergeben, was das angegebene Rechenschema letztendlich rechtfertigt.

Da das dadurch vorgegebene Rechenschema alleine Aussagen über Energien und damit verbundene Teilchenzahlen macht, spricht man in diesem Zusammenhang von der *Energiedarstellung*.[4]

Beispiel 6.2 Man betrachte ein aus zwei Elektronen bestehendes Zweiteilchensystem mit einem Teilchen im durch den Index j und einem Teilchen im durch den Index k charakterisierbaren Zustand. Gemäß der obigen Ausführungen kann dieses Fermionensystem durch den abstrakten Zustandsvektor (vgl. (6.28))

$$|2\rangle_{\mathrm{F}} = \hat{a}_j^+ \hat{a}_k^+ |0\rangle := \left| \mathrm{e}^-(j)\mathrm{e}^-(k) \right\rangle \qquad (6.36)$$

beschrieben werden. Setzt man diesen abstrakten Zustandsvektor in die jetzt auftretende Schrödinger-Gleichung (vgl. (6.25), (6.26))

---

[4]Die angegebenen quantenfeldtheoretischen Systemoperatoren können als spezielle Formen von Hamiltonoperatoren aufgefaßt werden. Da der zur Gewinnung dieser Operatoren durchgeführte Übergang von feldspezifischen Größen zu Feldoperatoren als zweite Quantisierung bezeichnet wird, werden diese quantenfeldtheoretischen Systemoperatoren in aller Regel als „Hamiltonoperatoren in zweiter Quantisierung" notiert. Das obere Symbol (2) deutet auf Hamiltonoperatoren der zweiten Quantisierung hin. Da hier ihre Energiedarstellung betrachtet wird, liegen genaugenommen „Hamiltonoperatoren in zweiter Quantisierung in der Energiedarstellung" vor. Diese Hamiltonoperatoren lassen sich als Verallgemeinerungen der im Zusammenhang mit dem Problem des harmonischen Oszillators auftretenden Beziehungen des Abschnitts 4.8.2 auffassen.

$$\hat{H}_0^{(2,\mathrm{F})} \left| e^-(j)e^-(k) \right\rangle = \sum_{i=1}^{M} E_i^{(\mathrm{F})} \hat{a}_i^+ \hat{a}_i^- \left| e^-(j)e^-(k) \right\rangle = E^{(\mathrm{F})}(2) \left| e^-(j)e^-(k) \right\rangle \tag{6.37}$$

ein, dann ergibt sich der Ausdruck

$$\sum_{i=1}^{M} E_i^{(\mathrm{F})} \hat{a}_i^+ \hat{a}_i^- \hat{a}_j^+ \hat{a}_k^+ \left| 0 \right\rangle = E^{(\mathrm{F})}(2) \hat{a}_j^+ \hat{a}_k^+ \left| 0 \right\rangle , \tag{6.38}$$

der unter Verwendung der Vertauschungsrelationen (6.32) sowie der Bedingungen (6.31) in

$$\left(E_j^{(\mathrm{F})} + E_k^{(\mathrm{F})} \right) \underbrace{\hat{a}_j^+ \hat{a}_k^+ \left| 0 \right\rangle}_{\left| e^-(j)e^-(k) \right\rangle} = E^{(\mathrm{F})}(2) \underbrace{\hat{a}_j^+ \hat{a}_k^+ \left| 0 \right\rangle}_{\left| e^-(j)e^-(k) \right\rangle} \tag{6.39}$$

übergeht, d. h. insbesondere, die Systemenergie der Zweiteilchensystems ist – in Übereinstimmung mit den Voraussetzungen – durch

$$E^{(\mathrm{F})}(2) = E_j^{(\mathrm{F})} + E_k^{(\mathrm{F})} \tag{6.40}$$

gegeben.

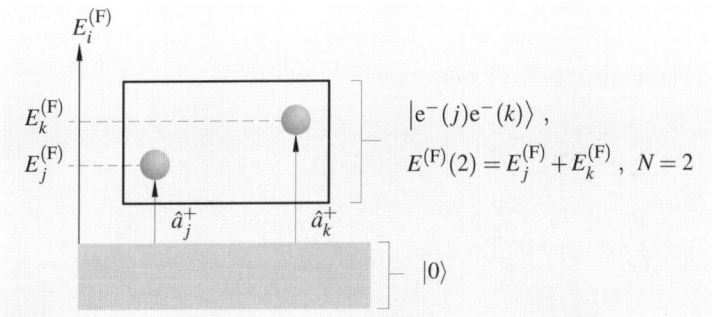

Bild 6.8 Zur Veranschaulichung des betrachteten Zweiteilchenszenarios

Setzt man (6.36) in (vgl. (6.35), (6.33))

$$\hat{N}_{\mathrm{F}} \left| e^-(j)e^-(k) \right\rangle = \sum_{i=1}^{M} \hat{a}_i^+ \hat{a}_i^- \left| e^-(j)e^-(k) \right\rangle = N \left| e^-(j)e^-(k) \right\rangle \tag{6.41}$$

ein, dann ergibt sich – unter Berücksichtigung von (6.32), (6.31) – der Zusammenhang

$$2 \left| e^-(j)e^-(k) \right\rangle = N \left| e^-(j)e^-(k) \right\rangle , \tag{6.42}$$

d. h.

$$N = 2 . \tag{6.43}$$

Bild 6.8 zeigt das hier betrachtete Fermionen-Zweiteilchenszenario.

Die quantenfeldtheoretische Energiedarstellung liefert Information über die energetische Struktur von Vielteilchensystemen. Diese Aussage gilt auch über die hier betrachtete Systemklasse hinaus.

6.2.2.2 Einiges über Grundgrößen der Ortsdarstellung

Durch Übergang von Feldoperatoren $\hat{b}_i^-$, $\hat{b}_i^+$ bzw. $\hat{a}_i^-$, $\hat{a}_i^+$ der Energiedarstellung zu Ortsinformation enthaltenden Feldoperatoren kann der obige Formalismus erweitert werden. Genauso wie im Zusammenhang mit der grundlegenden (Ortsinformation enthaltenden) Schrödinger-Gleichung spricht man auch hier von der *Ortsdarstellung*. Betrachten wir diesen Sachverhalt im folgenden etwas genauer.

I. Feldoperatoren mit Ortsinformation

Berücksichtigt man die Feldoperatoren $\hat{b}_i^-$, $\hat{b}_i^+$ bzw. $\hat{a}_i^-$, $\hat{a}_i^+$ innerhalb der durch (6.9) gegebenen Koeffizienten, dann gehen die durch (6.8) gegebenen Feldfunktionen $\psi(\boldsymbol{x},t)$, $\psi^*(\boldsymbol{x},t)$ im Fall von Bosonen in die Feldoperatoren

$$\hat{\psi}_B^-(\boldsymbol{x},t) = \sum_{i=1}^{M} \hat{b}_i^- \exp\left(-\mathrm{i}E_i^{(B)}t/\hbar\right)\psi_i(\boldsymbol{x})\,,$$

$$\hat{\psi}_B^+(\boldsymbol{x},t) = \sum_{i=1}^{M} \hat{b}_i^+ \exp\left(\mathrm{i}E_i^{(B)}t/\hbar\right)\psi_i^*(\boldsymbol{x})$$

(6.44)

und im Fall von Fermionen in die Feldoperatoren

$$\hat{\psi}_F^-(\boldsymbol{x},t) = \sum_{i=1}^{M} \hat{a}_i^- \exp\left(-\mathrm{i}E_i^{(F)}t/\hbar\right)\psi_i(\boldsymbol{x})\,,$$

$$\hat{\psi}_F^+(\boldsymbol{x},t) = \sum_{i=1}^{M} \hat{a}_i^+ \exp\left(\mathrm{i}E_i^{(F)}t/\hbar\right)\psi_i^*(\boldsymbol{x})$$

(6.45)

über. Ersichtlicherweise enthalten diese Operatoren zusätzliche Ortsinformation.

II. Vertauschungsrelationen mit Ortsinformation

Für die oben eingeführten Operatoren $\hat{\psi}_B^-(\boldsymbol{x},t)$, $\hat{\psi}_B^+(\boldsymbol{x},t)$ bzw. $\hat{\psi}_B^-(\boldsymbol{x},t)$, $\hat{\psi}_F^+(\boldsymbol{x},t)$ gelten die Vertauschungsrelationen

$$\left[\hat{\psi}_B^-(\boldsymbol{x},t),\hat{\psi}_B^-(\boldsymbol{x}',t)\right]_- = \left[\hat{\psi}_B^+(\boldsymbol{x},t),\hat{\psi}_B^+(\boldsymbol{x}',t)\right]_- = 0\,,$$

$$\left[\hat{\psi}_B^-(\boldsymbol{x},t),\hat{\psi}_B^+(\boldsymbol{x}',t)\right]_- = \delta(\boldsymbol{x}-\boldsymbol{x}')\,,$$

(6.46)

$$\left[\hat{\psi}_F^-(\boldsymbol{x},t),\hat{\psi}_F^-(\boldsymbol{x}',t)\right]_+ = \left[\hat{\psi}_F^+(\boldsymbol{x},t),\hat{\psi}_F^+(\boldsymbol{x}',t)\right]_+ = 0\,,$$

$$\left[\hat{\psi}_F^-(\boldsymbol{x},t),\hat{\psi}_F^+(\boldsymbol{x}',t)\right]_+ = \delta(\boldsymbol{x}-\boldsymbol{x}')\,.$$

(6.47)

Entsprechend der Ausführungen des Abschnitts 2.2.2 definieren die Klammern $[\,]_-$ bzw. $[\,]_+$ den Operatoren $\hat{\psi}^-(\boldsymbol{x},t)$, $\hat{\psi}^+(\boldsymbol{x},t)$ zugeordnete Kommutatoren bzw. Antikommutatoren. Mit Hilfe der Vertauschungsrelationen (6.24) bzw. (6.32) läßt sich die Gültigkeit der obigen Relationen zeigen.

III. Systemoperatoren mit Ortsinformation

Ersetzt man die Feldfunktionen $\psi(x,t)$, $\psi^*(x,t)$ in der Hamiltonfunktion (6.5) durch die Feldoperatoren (6.44) und (6.45), dann erhält man den quantenfeldtheoretischen Systemoperatoren (6.19), (6.26) zugeordnete quantenfeldtheoretischen Systemoperatoren, welche zusätzliche Ortsinformation enthalten, die Operatoren

$$\hat{H}_0^{(2,\text{B})} = \int \hat{\psi}_{\text{B}}^+(x,t) \left[-\frac{\hbar^2}{2m_0}\triangle + V_{\text{U}}(x) \right] \hat{\psi}_{\text{B}}^-(x,t)\mathrm{d}^3x \,, \tag{6.48}$$

$$\hat{H}_0^{(2,\text{F})} = \int \hat{\psi}_{\text{F}}^+(x,t) \left[-\frac{\hbar^2}{2m_0}\triangle + V_{\text{U}}(x) \right] \hat{\psi}_{\text{F}}^-(x,t)\mathrm{d}^3x \,. \tag{6.49}$$

Durch Einsetzen der obigen Feldoperatoren in (6.48) und (6.49), unter Berücksichtigung der zugeordneten zeitunabhängigen Schrödinger-Gleichungen sowie einer Orthonomalitätsforderung an die stationären Einteilchenzustände $\psi_i(x)$, kann dies sofort gezeigt werden.[5]

IV. Abstrakte Zustandsvektoren mit Ortsinformation

Die den hier eingeführten Erzeugungs- bzw. Vernichtungsoperatoren zugeordneten Zustandsvektoren lassen sich ähnlich dem obigen Schema einführen: Benützt man die aus (6.44), (6.45) folgende Relation

$$\hat{\eta}_i^+ = \begin{cases} \hat{b}_i^+ = \exp\left(-\mathrm{i}E_i^{(\text{B})}t/\hbar\right) \int \psi_i(x)\hat{\psi}_{\text{B}}^+(x,t)\,\mathrm{d}^3x & \text{für Bosonen} \\[2ex] \hat{a}_i^+ = \exp\left(-\mathrm{i}E_i^{(\text{F})}t/\hbar\right) \int \psi_i(x)\hat{\psi}_{\text{F}}^+(x,t)\,\mathrm{d}^3x & \text{für Fermionen} \end{cases}, \tag{6.50}$$

dann erhält man aus (6.21) bzw. (6.28) den Zusammenhang

$$|N\rangle_{\text{B}} - |n_1\ldots n_i\ldots n_M\rangle_{\text{B}}$$
$$= N_{\text{B}}(t) \int \mathrm{d}^3x(1,1)\ldots\mathrm{d}^3x(M,n_M)$$
$$\cdot \psi_1[x(1,1)]\ldots\psi_M[x(M,n_M)]$$
$$\cdot \hat{\psi}_{\text{B}}^+[x(1,1),t]\ldots\hat{\psi}_{\text{B}}^+[x(M,n_M),t]\,|0\rangle \,, \tag{6.51}$$

$$|N\rangle_{\text{F}} = |n_1\ldots n_i\ldots n_M\rangle_{\text{F}}$$
$$= N_{\text{F}}(t) \int \mathrm{d}^3x(1,1)\ldots\mathrm{d}^3x(M,n_M)$$
$$\cdot \psi_1[x(1,1)]\ldots\psi_M[x(M,n_M)]$$
$$\cdot \hat{\psi}_{\text{F}}^+[x(1,1),t]\ldots\hat{\psi}_{\text{F}}^+[x(M,n_M),t]\,|0\rangle \tag{6.52}$$

---

[5]In der üblichen Sprechweise lassen sich diese quantenfeldtheoretischen Systemoperatoren als „Hamiltonoperatoren in zweiter Quantisierung in der Ortsdarstellung" charakterisieren.

mit

$$N_{\mathrm{B}}(t) = N_{\mathrm{B}} \exp\left(-\mathrm{i}E_{1,1}^{(\mathrm{B})}t/\hbar\right) \ldots \exp\left(-\mathrm{i}E_{M,n_M}^{(\mathrm{B})}t/\hbar\right),$$

$$N_{\mathrm{F}}(t) = N_{\mathrm{F}} \exp\left(-\mathrm{i}E_{1,1}^{(\mathrm{F})}t/\hbar\right) \ldots \exp\left(-\mathrm{i}E_{M,n_M}^{(\mathrm{F})}t/\hbar\right),$$

(6.53)

wobei die Größen N_{B}, N_{F} sämtliche über die Normierungsbedingungen (6.22) und (6.29) festgelegte Normierungsanteile repräsentieren sollen.[6] Gemäß dieser Zustandsvektor-Repräsentationen treten jetzt alle Teilchenorte markierenden Ortsvektoren auf, wobei diese in der Form $x(l,l')$ mit $l = 1 \ldots M$, $l' = 1 \ldots n_l$ notiert werden. Die Notation l, l' wird auch zur Indizierung der Energieeigenwerte benützt. Es sei hier festgehalten, daß im Zusammenhang mit niederdimensionalen Fällen die Unterscheidung zwischen zwei Orten stattdessen durch zusätzliche obere Striche durchgeführt wird, was auch der bisherigen Praxis entspricht.

Auf die gleiche Weise lassen sich die in diesem Zusammenhang zusätzlich zu berücksichtigenden Beziehungen (6.23) und (6.31) sowie die für Fermionensysteme notwendige Beziehung (6.30) auf die jetzt vorliegende Situation anpassen: Berücksichtigt man (6.50) innerhalb dieser Beziehungen, dann erhält man

$$\int \mathrm{d}^3x\, \psi_i^*(x)\hat{\psi}_{\mathrm{B}}^-(x,t)\,|0\rangle = 0, \quad \int \mathrm{d}^3x\, \psi_i^*(x)\hat{\psi}_{\mathrm{F}}^-(x,t)\,|0\rangle = 0$$

(6.54)

sowie

$$\int \mathrm{d}^3x\, \mathrm{d}^3x'\, \psi_i(x)\psi_i(x')\hat{\psi}_{\mathrm{F}}^+(x,t)\hat{\psi}_{\mathrm{F}}^+(x',t)\,|N\rangle_{\mathrm{F}} = 0.$$

(6.55)

Da die Feldoperatoren $\hat{\psi}_{\mathrm{B}}^-(x,t)$ und $\hat{\psi}_{\mathrm{F}}^-(x,t)$ entsprechend (6.44) und (6.45) Summen von Feldoperatoren $\hat{b}_i^-$ und $\hat{a}_i^-$ repräsentieren, welche gemäß (6.23) und (6.31) einen Vakuum-Zustandsvektor $|0\rangle$ in den Wert 0 überführen, können statt (6.54) auch direkt die Zusammenhänge

$$\hat{\psi}_{\mathrm{B}}^-(x,t)\,|0\rangle = 0, \quad \hat{\psi}_{\mathrm{F}}^-(x,t)\,|0\rangle = 0$$

(6.56)

benützt werden. Auf diese Beziehungen wird im folgenden des öfteren zurückgegriffen.

---

[6]Die Zustandsvektor-Repräsentationen (6.51) und (6.52) stellen zeitunabhängige Größen dar, da die in $N_{\mathrm{B}}(t)$ und $N_{\mathrm{F}}(t)$ enthaltenen Zeitanteile gerade die in $\hat{\psi}_{\mathrm{B}}^+(x,t)$ und $\hat{\psi}_{\mathrm{F}}^+(x,t)$ enthaltenen Zeitanteile korrigieren. Dies ist hier und im folgenden zu berücksichtigen. Die Annahme von zeitabhängigen Zustandsvektoren würde auch den hier betrachteten Systemklassen nicht gerecht werden: Da keinerlei zustandsübergangserzeugende Wechselwirkungen betrachtet werden, liegen stationäre Systemzustände vor, welche durch zeitunabhängige Zustandsvektoren beschrieben werden. Das Auftreten von komplexen zeitabhängigen Exponentialfunktionen innerhalb der Operatoren $\hat{\psi}_{\mathrm{B}}^+(x,t)$, $\hat{\psi}_{\mathrm{F}}^+(x,t)$ bedingt also nicht das Vorliegen zeitabhängiger Systeme. Entsprechend der Ausführungen des Kapitels 4 ist das Auftreten dieser zeitabhängigen exponentiellen Anteile vielmehr eine Folge des Zusammenhangs zwischen der zeitabhängigen und zeitunabhängigen Schrödinger-Gleichung. Es sei hier zusätzlich darauf hingewiesen, daß im Zusammenhang mit stationären Systemen auch eine quantenfeldtheoretische Formulierung eingeführt hätte werden können, die keinerlei Zeitanteile aufweist. In der Literatur wird dies häufig so gehandhabt. Der hier beschrittene Weg hat jedoch den Vorteil einer schnelleren Ausdehnbarkeit auf nichtstationäre Systeme.

V. Zeitunabhängige Schrödinger-Gleichung mit Ortsinformation

Berücksichtigt man den Operator (6.48) bzw. (6.49) innerhalb der quantenfeldtheoretischen zeitunabhängigen Vielteilchen-Schrödinger-Gleichung (6.18) bzw. (6.25) und setzt man abstrakte Zustandsvektoren der Form (6.51) bzw. (6.52) voraus, dann erhält man wiederum Energieeigenwerte der Form (6.20) bzw. (6.27).

> Das Auftreten dieser Energieeigenwerte zeigt, daß die Relationen der Ortsdarstellung – genauso wie die Relationen der Energiedarstellung – die mathematisch-theoretische Erfassung von mit Messungen kompatiblen Vielteilchen-Energieeigenwerten ermöglichen und somit zur Beschreibung von Teilchenaspekten eines Vielteilchensystems geeignet sind.

Beispiel 6.3 Das im Beispiel 6.2 betrachtete Fermionen-Zweiteilchenszenario wird in der Ortsdarstellung gemäß (6.52) durch den abstrakten Zustandsvektor

$$
\begin{aligned}
|2\rangle_{\mathrm{F}} &= N_{\mathrm{F}}(2,t) \int \mathrm{d}^3x(j,1)\, \mathrm{d}^3x(k,1)\; \psi_j[\boldsymbol{x}(j,1)]\psi_k[\boldsymbol{x}(k,1)] \\
&\quad \cdot \hat{\psi}_{\mathrm{F}}^{+}[\boldsymbol{x}(j,1),t]\hat{\psi}_{\mathrm{F}}^{+}[\boldsymbol{x}(k,1),t]|0\rangle \\
&= N_{\mathrm{F}}(2,t) \int \mathrm{d}^3x'\, \mathrm{d}^3x''\; \psi_j(\boldsymbol{x}')\psi_k(\boldsymbol{x}'')\hat{\psi}_{\mathrm{F}}^{+}(\boldsymbol{x}',t)\hat{\psi}_{\mathrm{F}}^{+}(\boldsymbol{x}'',t)|0\rangle
\end{aligned}
\tag{6.57}
$$

mit

$$
N_{\mathrm{F}}(2,t) = N_{\mathrm{F}}(2)\exp\left(-\mathrm{i}E_j^{(\mathrm{F})}t/\hbar\right)\exp\left(-\mathrm{i}E_k^{(\mathrm{F})}t/\hbar\right)
\tag{6.58}
$$

beschrieben.

Setzt man den Zustandsvektor (6.57) in die für ein Zweiteilchensystem aus (6.25) folgende quantenfeldtheoretische Zweiteilchen-Schrödinger-Gleichung

$$
\hat{H}_0^{(2,\mathrm{F})}|2\rangle_{\mathrm{F}} = E^{(\mathrm{F})}(2)|2\rangle_{\mathrm{F}}
\tag{6.59}
$$

ein und berücksichtigt entsprechend (6.49) den quantenfeldtheoretischen Systemoperator

$$
\hat{H}_0^{(2,\mathrm{F})} = \int \hat{\psi}_{\mathrm{F}}^{+}(\boldsymbol{x},t)\hat{H}_0\hat{\psi}_{\mathrm{F}}^{-}(\boldsymbol{x},t)\mathrm{d}^3x
\tag{6.60}
$$

mit

$$
\hat{H}_0 = \hat{H}_0(\boldsymbol{x}) = -\frac{\hbar^2}{2m_0}\triangle + V_{\mathrm{U}}(\boldsymbol{x})\,,
\tag{6.61}
$$

dann erhält man eine Beziehung, die – wenn sämtliche Terme auf eine Seite gebracht werden und durch $N_{\mathrm{F}}(2,t)$ dividiert wird – die folgende Form aufweist:

$$
\int \mathrm{d}^3x\, \mathrm{d}^3x'\, \mathrm{d}^3x''\; K\left(\boldsymbol{x},\boldsymbol{x}',\boldsymbol{x}'',t\right)|0\rangle = 0
\tag{6.62}
$$

mit

$$
\begin{aligned}
K\left(\boldsymbol{x},\boldsymbol{x}',\boldsymbol{x}'',t\right) &= E_{\mathrm{F}}(2)\psi_j(\boldsymbol{x}')\psi_k(\boldsymbol{x}'')\hat{\psi}_{\mathrm{F}}^{+}(\boldsymbol{x}',t)\hat{\psi}_{\mathrm{F}}^{+}(\boldsymbol{x}'',t) \\
&\quad - \hat{\psi}_{\mathrm{F}}^{+}(\boldsymbol{x},t)\hat{H}_0(\boldsymbol{x})\hat{\psi}_{\mathrm{F}}^{-}(\boldsymbol{x},t)\psi_j(\boldsymbol{x}')\psi_k(\boldsymbol{x}'')\hat{\psi}_{\mathrm{F}}^{+}(\boldsymbol{x}',t)\hat{\psi}_{\mathrm{F}}^{+}(\boldsymbol{x}'',t)\,.
\end{aligned}
\tag{6.63}
$$

Verwendet man die Vertauschungsrelationen (6.47) sowie (6.56), so läßt sich der zweite Summand von (6.63) derartig umformen, daß sich

$$
\begin{aligned}
K\left(x,x',x'',t\right) &= E_{\mathrm{F}}(2)\psi_j(x')\psi_k(x'')\hat{\psi}_{\mathrm{F}}^+(x',t)\hat{\psi}_{\mathrm{F}}^+(x'',t) \\
&\quad - \hat{\psi}_{\mathrm{F}}^+(x,t)\hat{H}_0(x)\psi_j(x')\psi_k(x'') \\
&\quad \cdot \left[\delta\left(x-x'\right)\hat{\psi}_{\mathrm{F}}^+(x'',t) - \delta\left(x-x''\right)\hat{\psi}_{\mathrm{F}}^+(x',t)\right]
\end{aligned}
\tag{6.64}
$$

ergibt. Berücksichtigt man (6.64) in (6.62), integriert partiell nach x und verwendet (6.47), dann erhält man den Ausdruck

$$
\int \mathrm{d}^3x'\, \mathrm{d}^3x''\, K\left(x',x'',t\right)|0\rangle = 0
\tag{6.65}
$$

mit

$$
K\left(x',x'',t\right) = \left[E_{\mathrm{F}}(2) - \hat{H}_0(x') - \hat{H}_0(x'')\right]\psi_j(x')\psi_k(x'')\hat{\psi}_{\mathrm{F}}^+(x',t)\hat{\psi}_{\mathrm{F}}^+(x'',t) \,,
\tag{6.66}
$$

der auf Grund der linearen Unabhängigkeit aller durch

$$
\hat{\psi}_{\mathrm{F}}^+(x',t)\hat{\psi}_{\mathrm{F}}^+(x'',t)|0\rangle = |++\rangle_{\mathrm{F}}
\tag{6.67}
$$

gegebenen Ausdrücke durch die Beziehung

$$
\left[E_{\mathrm{F}}(2) - \hat{H}_0(x',x'')\right]\psi_j(x')\psi_k(x'') = 0 \,, \quad \hat{H}_0(x',x'') = \hat{H}_0(x') + \hat{H}_0(x'')
\tag{6.68}
$$

ersetzt werden kann.

Vergleicht man die Beziehung (6.68) mit der im Kapitel 4 eingeführten Vielteilchen-Schrödinger-Gleichung in Ortsdarstellung, dann ist klar, daß diese Beziehung den zeitunabhängigen Zweiteilchen-Grenzfall mit dem Zweiteilchen-Hamiltonoperator $\hat{H}_0(x',x'')$ darstellt, wobei (konsistent mit der hier betrachteten Systemklasse) identische und nicht wechselwirkende Teilchen betrachtet werden, sodaß eine Schrödingersche Zweiteilchen-Wellenfunktion der Art $\psi(X) = \psi(x',x'')$ gemäß $\psi(x',x'') = \psi_j(x')\psi_k(x'')$ durch die hier angegebene Produktfunktion $\psi_j(x')\psi_k(x'')$ erfaßt werden kann. Berücksichtigt man, daß entsprechend der Ausführungen des Kapitels 4 der Zusammenhang

$$
\begin{aligned}
\hat{H}_0(x',x'')\psi_j(x')\psi_k(x'') &= \psi_k(x'')\hat{H}_0(x')\psi_j(x') + \psi_j(x')\hat{H}_0(x'')\psi_k(x'') \\
&= \psi_k(x'')E_j^{(\mathrm{F})}\psi_j(x') + \psi_j(x')E_k^{(\mathrm{F})}\psi_k(x'') \\
&= \left(E_j^{(\mathrm{F})} + E_k^{(\mathrm{F})}\right)\psi_j(x')\psi_k(x'')
\end{aligned}
\tag{6.69}
$$

gilt, dann erhält man letztendlich

$$
E^{(\mathrm{F})}(2) = E_j^{(\mathrm{F})} + E_k^{(\mathrm{F})} \,,
\tag{6.70}
$$

d. h. man erhält wiederum die im Beispiel 6.2 (im Rahmen der Betrachtung der Energiedarstellung) erhaltene Systemenergie (man vergleiche mit (6.40)).

Die quantenfeldtheoretische Ortsdarstellung liefert ebenfalls Information über die energetische Struktur von Vielteilchensystemen. Auch diese Aussage gilt über die hier betrachtete Systemklasse hinaus.

Der eingeführte quantenfeldtheoretische Formalismus in der Ortsdarstellung macht nicht nur Aussagen über mögliche systemspezifische Energieeigenwerte, zusätzlich sind Aussagen über Teilchenorte möglich. Im Rahmen der nun folgenden Betrachtung spezieller Erwartungswerte wird dies verdeutlicht.

6.2.2.3 Einiges über Erwartungswerte der Energie- und Ortsdarstellung

Genauso wie im Zusammenhang mit Formalismen der ersten Quantisierung können auch im Zusammenhang mit Formalismen der zweiten Quantisierung Erwartungswert-Ausdrücke (Mittelwert-Ausdrücke) eingeführt werden, welche mit einer mittleren Beobachtungsebene verbundene Erwartungswerte spezifischer Observablen beschreiben. Dies ist in der Energiedarstellung genauso wie in der Ortsdarstellung möglich. Betrachten wir diesen Sachverhalt im Zusammenhang mit der Ortsdarstellung etwas genauer.

I. Erwartungswerte im Bild der ersten und zweiten Quantisierung

Die Grundlage zur Konstruktion von Erwartungswerten bilden einfache *Skalarprodukte*:

- Die Grundlage zur Konstruktion von mit einem einzelnen Teilchen verbundenen Erwartungswerten der Ortdarstellung des Schrödingerschen Formalismus bildet in der ersten Quantisierung das Skalarprodukt

$$S = \int d^3x \, \psi^*(\boldsymbol{x},t)\psi(\boldsymbol{x},t) \,, \tag{6.71}$$

das die globale Wahrscheinlichkeit für das Vorliegen eines durch die Wahrscheinlichkeitsdichte

$$\rho = \psi^*(\boldsymbol{x},t)\psi(\boldsymbol{x},t) \tag{6.72}$$

beschriebenen Teilchens repräsentiert. Da entsprechend der üblichen mathematischen Definitionen diese globale Wahrscheinlichkeit gleich 1 zu setzen ist, wird in der Ortsdarstellung der ersten Quantisierung die Normierungsbedingung

$$S = \int d^3x \, \psi^*(\boldsymbol{x},t)\psi(\boldsymbol{x},t) = 1 \tag{6.73}$$

gefordert.

- Berücksichtigt man die obigen Ausführungen, dann ist klar, daß in der Ortsdarstellung des Schrödingerschen Formalismus der zweiten Quantisierung an die Stelle der oben angegebenen Normierungsbedingung die Bedingung

$$S(N) = {}_{B,F}\langle N|N\rangle_{B,F} = 1 \tag{6.74}$$

tritt, wobei die Zustandsvektoren durch (6.51) bzw. (6.52) gegeben sind. Analog zur Ortsdarstellung der ersten Quantisierung bildet in der Ortsdarstellung der zweiten Quantisierung das Skalarprodukt

$$S(N) = {}_{B,F}\langle N|N\rangle_{B,F} \tag{6.75}$$

die Grundlage zur Konstruktion von Erwartungswerten. Entsprechend der obigen Ausführungen gelten diese Beziehungen direkt für Vielteilchensysteme, wobei hier Systeme identischer und nicht wechselwirkender Teilchen berücksichtigt werden.

Beispiel 6.4 Betrachtet man ein Einteilchenszenario, dann bildet das aus dem Einteilchen-Zustandsvektor

$$|1\rangle_{\text{B,F}} = N_{\text{B,F}}(1,t) \int d^3x \, \psi_i(\boldsymbol{x}) \hat{\psi}_{\text{B,F}}^+(\boldsymbol{x},t) |0\rangle \tag{6.76}$$

und dem dazu adjungierten Einteilchen-Zustandsvektor

$$\langle 1|_{\text{B,F}} = N_{\text{B,F}}^*(1,t) \int d^3x \, \psi_i^*(\boldsymbol{x}) \langle 0| \, \hat{\psi}_{\text{B,F}}^-(\boldsymbol{x},t) \tag{6.77}$$

mit

$$N_{\text{B,F}}(1,t) = N_{\text{B,F}} \exp\left(-\text{i}E_i^{(\text{B,F})} t/\hbar\right) \tag{6.78}$$

entsprechend

$$S(1) = \, _{\text{B,F}}\langle 1|1\rangle_{\text{B,F}} \tag{6.79}$$

gebildete Skalarprodukt

$$S(1) = \left|N_{\text{B,F}}\right|^2 \int d^3x \, d^3x' \, \psi_i^*(\boldsymbol{x}) \psi_i(\boldsymbol{x'}) \left\langle 0 \left| \hat{\psi}_{\text{B,F}}^-(\boldsymbol{x},t) \hat{\psi}_{\text{B,F}}^+(\boldsymbol{x'},t) \right| 0 \right\rangle \tag{6.80}$$

mit

$$\left|N_{\text{B,F}}\right|^2 = N_{\text{B,F}}^* N_{\text{B,F}} = \left|N_{\text{B,F}}(1,t)\right|^2 = N_{\text{B,F}}^*(1,t) N_{\text{B,F}}(1,t) \tag{6.81}$$

die Grundlage zur Konstruktion von Erwartungswerten.

Daß (6.80) den Wert 1 aufweist und somit (6.77) der zu (6.76) adjungierte Zustandsvektor ist, läßt sich unmittelbar einsehen: Verwendet man die Vertauschungsrelation (6.46) bzw. (6.47) und berücksichtigt, daß gemäß (6.56) die Anwendung eines Operators $\hat{\psi}_{\text{B}}^-(\boldsymbol{x},t)$ bzw. $\hat{\psi}_{\text{F}}^-(\boldsymbol{x},t)$ auf den Vakuumzustand $|0\rangle$ zu einem verschwindenden Gleichungsanteil führt, dann geht das Skalarprodukt (6.80) in den Ausdruck

$$S(1) = \left|N_{\text{B,F}}\right|^2 \int d^3x \, d^3x' \, \psi_i^*(\boldsymbol{x}) \psi_i(\boldsymbol{x'}) \langle 0| \delta\left(\boldsymbol{x}-\boldsymbol{x'}\right)|0\rangle$$

$$= \left|N_{\text{B,F}}\right|^2 \int d^3x \, d^3x' \, \psi_i^*(\boldsymbol{x}) \psi_i(\boldsymbol{x'}) \delta\left(\boldsymbol{x}-\boldsymbol{x'}\right) \langle 0|0\rangle \tag{6.82}$$

über. Berücksichtigt man die quantenfeldtheoretische Normierungsbedingung eines Vakuum-Zustandsvektors, die Relation

$$\langle 0|0\rangle = 1 \,, \tag{6.83}$$

und integriert partiell bezüglich $\boldsymbol{x}$, dann erhält man der Ausdruck

$$S(1) = \left|N_{\text{B,F}}\right|^2 \int d^3x' \, \psi_i^*(\boldsymbol{x'}) \psi_i(\boldsymbol{x'}) \,. \tag{6.84}$$

Unter Verwendung der im Kapitel 4 eingeführten quantenmechanischen Normierungsbedingung $\int d^3x' \, \psi_i^*(\boldsymbol{x'}) \psi_i(\boldsymbol{x'}) = 1$ erhält man schließlich den Zusammenhang

$$S(1) = \left|N_{\text{B,F}}\right|^2 \,, \tag{6.85}$$

der gleich 1 ist, wenn $\left|N_{\text{B,F}}\right|^2 = 1$ gesetzt wird.

II. Der Ortsmittelwert

Ein elementarer Erwartungswert ist derjenige, welcher den Ort beschreibt, an dem eine Ortsmessung im Mittel den Wert „Teilchen" liefert, der *Ortsmittelwert*:

- In erster Quantisierung ist der mit einem Einteilchensystem verbundene Ortsmittelwert im Schrödingerschen Formalismus durch folgenden Ausdruck gegeben (Ortsoperator $\hat{x} = x$):

$$\langle x \rangle = \int d^3x\, \psi^*(x,t)\hat{x}\psi(x,t)\,. \tag{6.86}$$

- In zweiter Quantisierung ist der mit einem Vielteilchensystem verbundene Ortsmittelwert im Schrödingerschen Formalismus durch

$$\langle x \rangle(N) = {}_{B,F}\langle N|\hat{x}_{B,F}|N\rangle_{B,F} \tag{6.87}$$

mit dem *quantenfeldtheoretischen Ortsoperator*

$$\hat{x}_{B,F} = \int d^3x\, \hat{\psi}_{B,F}^+(x,t)x\hat{\psi}_{B,F}^-(x,t) \tag{6.88}$$

gegeben, wobei der quantenfeldtheoretische Ortsoperator (6.88) durch Ersetzung der in (6.86) auftretenden Feldfunktionen durch Feldoperatoren gewinnbar ist.

> Verwendet man wieder die Vertauschungsrelationen (6.46) bzw. (6.47) sowie (6.56), dann erhält man den systemspezifischen N-Teilchen-Ortsmittelwert der ersten Quantisierung, was die Gültigkeit von (6.87) zeigt.

Beispiel 6.5 Im Fall des durch (6.76) und (6.77) vorgegebene Einteilchenszenarios nimmt der Erwartungswert (6.87) die Form

$$\langle x \rangle(1) = {}_{B,F}\langle 1|\hat{x}_{B,F}|1\rangle_{B,F} = |N_{B,F}|^2 \int d^3x\, d^3x'\, d^3x''\, \psi_i^*(x')\psi_i(x'') \cdot$$
$$\left\langle 0 \left| \hat{\psi}_{B,F}^-(x',t)\hat{\psi}_{B,F}^+(x,t)x\hat{\psi}_{B,F}^-(x,t)\hat{\psi}_{B,F}^+(x'',t) \right| 0 \right\rangle \tag{6.89}$$

an. Unter Verwendung der Relationen (6.46), (6.47) sowie (6.56) kann das Operatorenprodukt $\hat{\psi}_{B,F}^-(x,t)\hat{\psi}_{B,F}^+(x'',t)$ durch die Diracsche Deltafunktion $\delta(x-x'')$ und das Operatorenprodukt $\hat{\psi}_{B,F}^-(x',t)\hat{\psi}_{B,F}^+(x,t)$ durch die Diracsche Deltafunktion $\delta(x'-x)$ ersetzt werden, sodaß sich

$$\langle x \rangle(1) = |N_{B,F}|^2 \int d^3x\, d^3x'\, d^3x''\, \psi_i^*(x')\psi_i(x'')\langle 0|\delta(x'-x)x\delta(x-x'')|0\rangle$$
$$= |N_{B,F}|^2 \int d^3x\, d^3x'\, d^3x''\, \psi_i^*(x')\psi_i(x'')\delta(x'-x)x\delta(x-x'')\langle 0|0\rangle \tag{6.90}$$

ergibt. Integriert man anschließend partiell bezüglich x und x' und berücksichtigt (6.83) und $|N_{B,F}|^2 = 1$, dann erhält man den Ausdruck

$$\langle x \rangle(1) = \int d^3x''\, \psi_i^*(x'')x''\psi_i(x'')\,, \tag{6.91}$$

der den einteilchenspezifischen Ortsmittelwert eines Teilchens im Zustand $\psi_i(x'')$ beschreibt.

III. Der Teilchendichtemittelwert

Auf die gleiche Weise lassen sich weitere Erwartungswerte in quantenfeldtheoretischer Formulierung einführen. Ein wichtiger Erwartungswert ist der *Teilchendichtemittelwert*:

- In erster Quantisierung ist der mit einem Einteilchensystem verbundene Teilchendichtemittelwert im Schrödingerschen Formalismus gleich der durch (6.72) vorgegebenen Wahrscheinlichkeitsdichte

$$\rho = \psi^*(x,t)\psi(x,t) \,. \tag{6.92}$$

- In zweiter Quantisierung ist der mit einem Vielteilchensystem verbundene Teilchendichtemittelwert im Schrödingerschen Formalismus durch

$$\langle \rho \rangle (N) = {}_{\mathrm{B,F}}\langle N | \hat{\rho}_{\mathrm{B,F}} | N \rangle_{\mathrm{B,F}} \tag{6.93}$$

mit dem *quantenfeldtheoretischen Teilchendichteoperator*

$$\hat{\rho}_{\mathrm{B,F}} = \psi_{\mathrm{B,F}}^{+}(x,t)\psi_{\mathrm{B,F}}^{-}(x,t) \tag{6.94}$$

gegeben. Der quantenfeldtheoretische Teilchendichteoperator läßt sich sich aus der Wahrscheinlichkeitsdichte (6.92) gewinnen, indem die dort auftretenden Feldfunktionen durch Feldoperatoren ersetzt werden.

> Auch die Gültigkeit dieses Erwartungswerts läßt sich sofort zeigen: Verwendet man wiederum die Relationen (6.46), (6.47) und (6.56), dann erhält man den systemspezifischen N-Teilchen-Teilchendichtemittelwert der ersten Quantisierung.

Beispiel 6.6 Im Fall des durch (6.76) und (6.77) vorgegebene Einteilchenszenarios nimmt der Erwartungswert (6.93) die Form

$$\langle \rho \rangle (1) = {}_{\mathrm{B,F}}\langle 1 | \hat{\rho}_{\mathrm{B,F}} | 1 \rangle_{\mathrm{B,F}} = \left| N_{\mathrm{B,F}} \right|^2 \int \mathrm{d}^3 x' \, \mathrm{d}^3 x'' \, \psi_i^*(x')\psi_i(x'') \cdot$$

$$\left\langle 0 \left| \hat{\psi}_{\mathrm{B,F}}^{-}(x',t)\hat{\psi}_{\mathrm{B,F}}^{+}(x,t)\hat{\psi}_{\mathrm{B,F}}^{-}(x,t)\hat{\psi}_{\mathrm{B,F}}^{+}(x'',t) \right| 0 \right\rangle \tag{6.95}$$

an. Die weitere Umformung geht völlig analog zu den vorherigen Beispielen: Unter Verwendung der Relationen (6.46), (6.47), (6.56) erhält man

$$\langle \rho \rangle (1) = \left| N_{\mathrm{B,F}} \right|^2 \int \mathrm{d}^3 x' \, \mathrm{d}^3 x'' \, \psi_i^*(x')\psi_i(x'') \delta\left(x'-x\right) x \delta\left(x-x''\right) \langle 0 | 0 \rangle \,, \tag{6.96}$$

sodaß die Verwendung von $\left| N_{\mathrm{B,F}} \right|^2 = 1$ und (6.83) auf den Ausdruck

$$\langle \rho \rangle (1) = \psi_i^*(x)\psi_i(x) \tag{6.97}$$

führt, der für den einteilchenspezifische Teilchendichtemittelwert (d. h. die einteilchenspezifische Wahrscheinlichkeitsdichte) eines Teilchens im Zustand $\psi_i(x)$ steht.

Mit Hilfe des Teilchendichteoperators (6.94) läßt sich begründen, daß die Operatoren $\hat{\psi}_B^+(x,t)$, $\hat{\psi}_B^-(x,t)$ bzw. die Operatoren $\hat{\psi}_F^+(x,t)$, $\hat{\psi}_F^-(x,t)$ am Ort x ein Teilchen „erzeugen" oder „vernichten".

Beispiel 6.7 Wendet man den durch (6.94) gegebenen Teilchendichteoperator auf den Ausdruck

$$|+\rangle_{B,F} - \hat{\psi}_{B,F}^+(x',t)|0\rangle \tag{6.98}$$

an, so erhält man unter Verwendung von wiederum den Relationen (6.46), (6.47) und (6.56) den Zusammenhang

$$\hat{\psi}_{B,F}^+(x,t)\hat{\psi}_{B,F}^-(x,t)\hat{\psi}_{B,F}^+(x',t)|0\rangle = \hat{\psi}_{B,F}^+(x,t)\delta\left(x-x'\right)|0\rangle \ . \tag{6.99}$$

Berücksichtigt man

$$\hat{\psi}_{B,F}^+(x,t)\delta\left(x-x'\right) = \delta\left(x-x'\right)\hat{\psi}_{B,F}^+(x',t) \ , \tag{6.100}$$

dann erhält man letztendlich den Ausdruck

$$\hat{\psi}_{B,F}^+(x,t)\hat{\psi}_{B,F}^-(x,t)\underbrace{\hat{\psi}_{B,F}^+(x',t)|0\rangle}_{|+\rangle_{B,F}} = \delta\left(x-x'\right)\underbrace{\hat{\psi}_{B,F}^+(x',t)|0\rangle}_{|+\rangle_{B,F}} \ . \tag{6.101}$$

Entsprechend dieses Zusammenhangs steht der Ausdruck (6.98) für spezielle Eigenfunktionen des Teilchendichteoperators, die Diracsche Deltafunktion steht für Teilchendichte-Eigenwerte. Gemäß der Eigenschaften einer Diracschen Deltafunktion bedeutet dies, daß nur der Umgebung des Ortes x' eine Teilchendichte zuordenbar ist.

Wendet man den durch (6.94) gegebenen Teilchendichteoperator auf den Ausdruck (vgl. (6.67))

$$|++\rangle_{B,F} = \hat{\psi}_{B,F}^+(x',t)\hat{\psi}_{B,F}^+(x'',t)|0\rangle \tag{6.102}$$

an, so erhält man unter Verwendung der oben angegebenen Relationen den Zusammenhang

$$\hat{\psi}_{B,F}^+(x,t)\hat{\psi}_{B,F}^-(x,t)\hat{\psi}_{B,F}^+(x',t)\hat{\psi}_{B,F}^+(x'',t)|0\rangle$$
$$= \hat{\psi}_{B,F}^+(x,t)\left[\delta\left(x-x'\right)\hat{\psi}_{B,F}^+(x'',t) \pm \delta\left(x-x''\right)\hat{\psi}_{B,F}^+(x',t)\right]|0\rangle \ , \tag{6.103}$$

wobei das +-Zeichen für Bosonen und das −-Zeichen für Fermionen gilt. Berücksichtigt man die durch die Relation (6.100) vorgegebenen Vertauschungseigenschaften sowie die Relationen (6.46) und (6.47), dann ergibt sich letztendlich

$$\hat{\psi}_{B,F}^+(x,t)\hat{\psi}_{B,F}^-(x,t)\underbrace{\hat{\psi}_{B,F}^+(x',t)\hat{\psi}_{B,F}^+(x'',t)|0\rangle}_{|++\rangle_{B,F}}$$
$$= \left[\delta\left(x-x'\right) + \delta\left(x-x''\right)\right]\underbrace{\hat{\psi}_{B,F}^+(x',t)\hat{\psi}_{B,F}^+(x'',t)|0\rangle}_{|++\rangle_{B,F}} \ . \tag{6.104}$$

Gemäß der Eigenschaften einer Diracschen Deltafunktion bedeutet dies, daß nur der Umgebung des Ortes x' sowie der Umgebung des Ortes x'' eine Teilchendichte zuordenbar ist.

Berücksichtigt man zusätzlich, daß die direkte Anwendung des Teilchendichteoperators auf den Vakuumzustand gemäß (vgl. (6.56))

$$\hat{\psi}_{B,F}^{+}(x,t)\hat{\psi}_{B,F}^{-}(x,t)|0\rangle = 0 \tag{6.105}$$

zu einer nicht vorhandenen Teilchendichte führt, dann ist klar, daß der Operator

$$\hat{O}^{+} = \hat{\psi}_{B,F}^{+}(x',t) \tag{6.106}$$

auf mathematischer Betrachtungebene ein Teilchen am Ort x' und das Operatorenprodukt

$$\hat{O}^{++} = \hat{\psi}_{B,F}^{+}(x',t)\hat{\psi}_{B,F}^{+}(x'',t) \tag{6.107}$$

ein Teilchen am Ort x' und ein weiteres Teilchen am Ort x'' erzeugt. Bild 6.9 veranschaulicht diesen Sachverhalt.

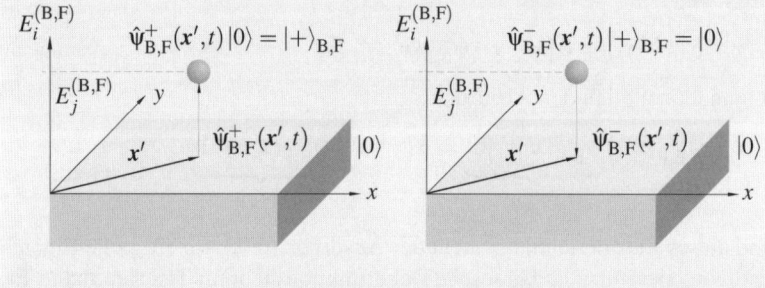

Bild 6.9 Zur Veranschaulichung der Wirkung von Erzeugungs- und Vernichtungsoperatoren mit Ortsinformation

Entsprechend der eben betrachteten Beziehungen stehen die Größen $|+\rangle_{B,F}$ und $|++\rangle_{B,F}$ für quantenfeldtheoretische Vektoren, die Information über den Teilchenort enthalten. Die zusätzliche Energieinformation des Teilchenzustands wird von Feldfunktionen $\psi_i(x')$ vermittelt, die im Zusammenhang mit den diesen quantenfeldtheoretische Vektoren zugeordneten Zustandsvektoren auftreten. Auch hierzu vergleiche man mit Bild 6.9.

Die quantenfeldtheoretische Ortsdarstellung enthält zusätzliche Information über Teilchenenerzeugungs- und Teilchenvernichtungsorte. Diese Aussage gilt ebenfalls über die hier betrachtete Systemklasse hinaus.

6.2.2.4 Einiges über den Übergang zu Fock-Raum-Vektoren

Aus den bisher betrachteten, stationäre Vielteilchensysteme beschreibenden quantenfeldtheoretischen Zustandsvektoren können durch Linearkombinationen weitere, stationäre Vielteilchensysteme beschreibende Zustandsvektoren aufgebaut werden, d. h. die betrachteten quantenfeldtheoretischen Zustandsvektoren bilden *Basisvektoren* für die Konstruktion einer vollständigen

Menge quantenfeldtheoretischer Zustandsvektoren.[7] Eine vollständige Menge derartig konstruierter quantenfeldtheoretischer Zustandsvektoren bildet einen *Fock-Raum*, d. h. einen Hilbert-Raum für den ein Vakuumzustand definiert ist. Um von den bisher betrachteten Basisvektoren begrifflich zu trennen, sollen diese quantenfeldtheoretischen Zustandsvektoren im folgenden als *Fock-Raum-Vektoren* bezeichnet werden. In dieser Sprechweise stellen die bisher betrachteten Basisvektoren spezielle Fock-Raum-Vektoren dar. Derartige Fock-Raum-Vektoren werden im folgenden etwas genauer studiert. Entsprechend der in diesem Abschnitt berücksichtigten Systemklassen werden wieder stationäre Vielteilchensysteme betrachtet, welche aus identischen und nicht wechselwirkenden Teilchen bestehen. Um damit selbstkonsistent zu sein müssen Fock-Raum-Vektoren mit zeitunabhängigen Entwicklungskoeffizienten berücksichtigt werden.

I. Grundlegende Konstruktionsvorschriften

Stationäre Fock-Raum-Vektoren lassen sich durch den Ausdruck

$$|N\rangle = \sum_{n_1 \ldots n_M} L(n_M \ldots n_1) |n_1 \ldots n_i \ldots n_M\rangle \ , \quad N = \sum_{i=1}^{M} n_i \tag{6.108}$$

auf eine geschlossene Weise einführen, wenn die abstrakten Zustandsvektoren $|n_1 \ldots n_i \ldots n_M\rangle$ den abstrakten Zustandsvektoren (6.21) bzw. (6.28) gleich gesetzt werden, sofern die Energiedarstellung betrachtet wird, und den abstrakten Zustandsvektoren (6.51) bzw. (6.52) gleichgesetzt werden, sofern die Ortsdarstellung betrachtet wird. Entsprechend der obigen Notation kann ein allgemeiner quantenfeldtheoretischer Zustandsvektor $|N\rangle$ entweder ein Bosonen- oder ein Fermionensystem erfassen. Die Größen $L(n_M \ldots n_1)$ sind die zeitunabhängigen Entwicklungskoeffizienten. Der zweite Ausdruck in (6.108) steht für eine Nebenbedingung, die garantiert, daß Superpositionen mit teilchenzahlmäßig gleichwertigen Systemzuständen vorliegen, d. h. beispielsweise eine Superposition von $N = 2$-Teilchen-Systemzuständen. Diese Nebenbedingung schafft eine Anbindung an die hier betrachteten stationären Systemklassen.

Beispiel 6.8 Der Ausdruck

$$|2\rangle = \sum_{i,j=1}^{M} L_{ij} N_{ji} \hat{\eta}_j^+ \hat{\eta}_i^+ |0\rangle = \sum_{i,j=1}^{M} F_{ij} \hat{\eta}_j^+ \hat{\eta}_i^+ |0\rangle \tag{6.109}$$

mit

$$F_{ij} = L_{ij} N_{ji} \tag{6.110}$$

---

[7]Dieses Konstruktionsprinzip spiegelt die im Zusammenhang mit der ersten Quantisierung gegebene Möglichkeit wider, eine vollständige Menge stationärer Zustandsvektoren aus Linearkombinationen grundlegender stationärer Zustandsvektoren zu gewinnen. Beispiele für derartige Linearkombinationen werden im Kapitel 4, im Zusammenhang mit der Betrachtung des Wasserstoff-Atom-Problems, angegeben. So ermöglicht die Konstruktion von Linearkombinationen die Einführung von Wasserstoff-Atom-Zustandsfunktionen, die insbesondere im Zusammenhang mit der Konstruktion von Molekül-Orbitalen ausgehend von Atom-Orbitalen benützt werden können. Man vergleiche mit den Ausführungen zur LCAO-Methode im Abschnitt 4.9.2.

und

$$\{\hat{\eta}_i^+, \hat{\eta}_i^-\} = \begin{cases} \{\hat{b}_i^+, \hat{b}_i^-\} & \text{für Bosonen} \\ \{\hat{a}_i^+, \hat{a}_i^-\} & \text{für Fermionen} \end{cases} \tag{6.111}$$

definiert einen Zweiteilchen-Fock-Raum-Vektor, wenn die Energiedarstellung zugrunde gelegt wird.

Der Ausdruck

$$|2\rangle = \sum_{i,j=1}^{M} L_{ij} \int d^3x\, d^3x'\, N_{ji}(t) \psi_j(\mathbf{x}) \psi_i(\mathbf{x}') \hat{\psi}^+(\mathbf{x},t) \hat{\psi}^+(\mathbf{x}',t) |0\rangle$$

$$= \int d^3x\, d^3x'\, F(\mathbf{x},\mathbf{x}',t) \hat{\psi}^+(\mathbf{x},t) \hat{\psi}^+(\mathbf{x}',t) |0\rangle \tag{6.112}$$

mit

$$F(\mathbf{x},\mathbf{x}',t) = \sum_{i,j=1}^{M} L_{ij} N_{ji}(t) \psi_j(\mathbf{x}) \psi_i(\mathbf{x}') \tag{6.113}$$

und

$$\{\hat{\psi}^+(\mathbf{x},t), \hat{\psi}^-(\mathbf{x},t)\} = \begin{cases} \{\hat{\psi}_B^+(\mathbf{x},t), \hat{\psi}_B^-(\mathbf{x},t)\} & \text{für Bosonen} \\ \{\hat{\psi}_F^+(\mathbf{x},t), \hat{\psi}_F^-(\mathbf{x},t)\} & \text{für Fermionen} \end{cases} \tag{6.114}$$

definiert einen Zweiteilchen-Fock-Raum-Vektor, wenn die Ortsdarstellung zugrunde gelegt wird.

Man erhält diese Beziehungen, indem sämtliche in (6.21) bzw. (6.28) bzw. (6.51) bzw. (6.52) enthaltene Zweiteilchen-Zustandsvektoren entsprechend (6.108) linear kombiniert werden. Diese Beziehungen berücksichtigen bereits die in (6.108) angegebene Nebenbedingung. N_{ji} bzw. $N_{ji}(t)$ steht für die Normierungsanteile. Der Zusammenhang beider Darstellungen ist durch die Relation (6.50) vorgegeben.

Das Beispiel 6.8 legt die zu (6.108) gleichwertige Formulierung

$$|N\rangle = \sum_{\alpha_1 \ldots \alpha_N=1}^{M} F_{\alpha_N \ldots \alpha_1} \hat{\eta}_{\alpha_1}^+ \ldots \hat{\eta}_{\alpha_N}^+ |0\rangle \tag{6.115}$$

bzw.

$$|N\rangle = \int d^3x(1) \ldots d^3x(N) F[\mathbf{x}(1) \ldots \mathbf{x}(N), t] \cdot$$

$$\hat{\psi}^+[\mathbf{x}(1),t] \ldots \hat{\psi}^+[\mathbf{x}(N),t] |0\rangle \tag{6.116}$$

nahe, wobei N die Anzahl der Teilchen des Vielteilchensystems notiert. Auf diese Darstellungsweise wird im folgenden häufig zurückgegriffen, wobei in niederdimensionalen Fällen der Ortsdarstellung wiederum obere Striche zur Unterscheidung einzelner Orte benützt werden.

Über die eingangs angegebene quantenfeldtheoretische Schrödinger-Gleichung (6.16) vermitteln die abstrakten Zustandsvektoren (6.108) bzw. (6.115) bzw. (6.116) systemspezifische Energieeigenwerte. Dies kann durch Einsetzen von Spezialfällen von diesen Zustandsvektor-Darstellungen in (6.16) direkt nachgerechnet werden. Eine derartige Rechnung soll hier jedoch nicht mehr duchgeführt werden[8].

Quantenfeldtheoretische Zustandsvektoren sind Größen eines Fock-Raums. Derartige Fock-Raum-Vektoren lassen sich als Linearkombinationen quantenfeldtheoretischer Basisvektoren konstruieren. Diese Aussage gilt ebenfalls über die hier betrachtete Systemklasse hinaus.

II. Grundlegende Symmetrierelationen

Entsprechend der eingangs dieses Kapitels gemachten Bemerkungen müssen im Formalismus der ersten Quantisierung auftretende Bosonen-Zustandsvektoren symmetrisch und Fermionen-Zustandsvektoren antisymmetrisch bezüglich einer Teilchenvertauschung (in der Ortsdarstellung ausgedrückt durch eine Koordinatenvektoren-Vertauschung) sein, wenn derartige Zustandsvektoren das Prinzip der Ununterscheidbarkeit einschließlich für Bosonen bzw. Fermionen geltenden Symmetrieeigenschaften implizit enthalten sollen. Diese Eigenschaft enthalten die hier eingeführten Fock-Raum-Vektoren direkt.

---

[8]Eine solche Rechnung wird im später noch folgenden Beispiel 6.10 (in einem noch weitergehenden Zusammenhang) explizit durchgeführt. Im Prinzip wurde diese Rechnung bereits im Beispiel 6.3 ausgeführt: Ersetzt man den in dem abstrakten Zustandsvektor (6.57) auftretenden Funktionsanteil $N_F(2,t)\psi_j(x')\psi_k(x'')$ durch $F(x',x'',t)$ und ersetzt die alleine für Fermionen geltenden Operatoren $\hat{\psi}_F^+(x,t)$ durch die sowohl für Bosonen als auch für Fermionen geltenden Operatoren $\hat{\psi}^+(x,t)$, dann geht der abstrakte Zustandsvektor (6.57) in den durch (6.112) beschriebenen abstrakten Zustandsvektor über. Rechnet man dann auf die im Beispiel 6.3 beschriebene Weise weiter, dann erhält man wiederum die im Beispiel 6.3 erhaltene und für zwei identische und nicht wechselwirkende Teilchen geltende zeitunabhängige Zweiteilchen-Schrödinger-Gleichung der ersten Quantisierung, welche die möglichen Zweiteilchenenergien festlegt, wobei die Größe $F(x',x'',t)$ die Stelle der im Beispiel 6.3 auftretenden Größe $N_F(2,t)\psi_j(x')\psi_k(x'')$ einnimmt (durch den Faktor $N_F(2,t)$ wurde im Beispiel 6.3 dividiert, sodaß dieser nicht mehr explizit auftritt). Es sei an dieser Stelle noch einmal darauf hingewiesen, daß die in den Normierungsanteilen auftretenden zeitabhängigen Anteile gerade die in den Erzeugungsoperatoren auftretenden zeitabhängigen Anteile korrigieren, sodaß in letzter Konsequenz zeitunabhängige Größen vorliegen. Beispielsweise korrigiert der in $N_F(2,t)$ auftretende zeitabhängige Anteil gerade den zeitabhängigen Anteil von $\hat{\psi}_F^+(x,t)\hat{\psi}_F^+(x',t)$. Der zeitabhängige Anteil in einer Größe $F[x(1)\dots x(N),t]$ leistet das gleiche, d. h. beispielsweise korrigiert der zeitabhängige Anteil von $F(x',x'',t)$ den zeitabhängigen Anteil von $\hat{\psi}_F^+(x,t)\hat{\psi}_F^+(x',t)$. Weiterhin sei hier darauf hingewiesen, daß der in einer Größe $F[x(1)\dots x(N),t]$ auftretende zeitabhängige Anteil geschlossen vor den zeitunabhängigen Anteil gezogen werden können muß. Nur in diesem Fall erhält man die eben erwähnte zeitunabhängige Schrödinger-Gleichung, was – selbstkonsistent mit den hier betrachteten stationären Vielteilchensystemen – der Fall sein muß. Diese geschlossene Vorziehbarkeit ist gegeben, wenn jeder Basisvektor der gleichen Systemenergie zugeordnet ist, sodaß die in den damit verbundenen zeitabhängigen (exponentiellen) Anteilen auftretenden Systemenergien allesamt gleich sind. Diese Eigenschaft reproduziert ein in der ersten Quantisierung auftretendes Zustandsvektor-Konstruktionsprinzip: allgemeine stationäre Zustandsvektoren können als Superposition von zur gleichen Systemenergie gehörigen Basisvektoren geschrieben werden. Der übrigbleibende zeitunabhängige Anteil $F[x(1)\dots x(N)]$ einer Größe $F[x(1)\dots x(N),t]$ erweist sich somit als identisch mit einer stationären Mehrteilchen-Zustandsfunktion des Schrödingerschen Bildes.

Beispiel 6.9 Vertauscht man die Koordinatenvektoren des im (6.112) enthaltenen und hinsichtlich der jetzigen Überlegungen in der Form

$$\left| x'x'' \right\rangle_F = \int d^3x \, d^3x' \, F(\boldsymbol{x}, \boldsymbol{x}', t) \hat{\psi}_F^+(\boldsymbol{x}, t) \hat{\psi}_F^+(\boldsymbol{x}', t) \left| 0 \right\rangle \tag{6.117}$$

notierten Fermionen-Zweiteilchen-Fock-Raum-Vektors, dann erhält man den Fock-Raum-Vektor

$$\left| x''x' \right\rangle_F = \int d^3x \, d^3x' \, F(\boldsymbol{x}', \boldsymbol{x}, t) \hat{\psi}_F^+(\boldsymbol{x}', t) \hat{\psi}_F^+(\boldsymbol{x}, t) \left| 0 \right\rangle \, , \tag{6.118}$$

der mittels der Fermionen-Vertauschungsrelation (6.47) in

$$\left| x''x' \right\rangle_F = - \int d^3x \, d^3x' \, F(\boldsymbol{x}', \boldsymbol{x}, t) \hat{\psi}_F^+(\boldsymbol{x}, t) \hat{\psi}_F^+(\boldsymbol{x}', t) \left| 0 \right\rangle \tag{6.119}$$

überführt werden kann. Vergleicht man die beiden Fock-Raum-Vektoren (6.117) und (6.119), dann ist klar, daß die Vertauschung der auftretenden Koordinatenvektoren zu keinem neuen Fock-Raum-Vektor führt, sodaß diese einander gleich sein müssen,

$$\left| x'x'' \right\rangle_F = \left| x''x' \right\rangle_F \, , \tag{6.120}$$

was die Symmetrierelation

$$F(\boldsymbol{x}, \boldsymbol{x}', t) = -F(\boldsymbol{x}', \boldsymbol{x}, t) \tag{6.121}$$

bedingt.

Vertauscht man die Koordinatenvektoren des im (6.112) enthaltenen und hinsichtlich der jetzigen Überlegungen in der Form

$$\left| x'x'' \right\rangle_B = \int d^3x \, d^3x' \, F(\boldsymbol{x}, \boldsymbol{x}', t) \hat{\psi}_B^+(\boldsymbol{x}, t) \hat{\psi}_B^+(\boldsymbol{x}', t) \left| 0 \right\rangle \tag{6.122}$$

notierten Bosonen-Zweiteilchen-Fock-Raum-Vektors, dann erhält man den Fock-Raum-Vektor

$$\left| x''x' \right\rangle_B = \int d^3x \, d^3x' \, F(\boldsymbol{x}', \boldsymbol{x}, t) \hat{\psi}_B^+(\boldsymbol{x}', t) \hat{\psi}_B^+(\boldsymbol{x}, t) \left| 0 \right\rangle \, , \tag{6.123}$$

der mittels der Bosonen-Vertauschungsrelation (6.46) in

$$\left| x''x' \right\rangle_B = \int d^3x \, d^3x' \, F(\boldsymbol{x}', \boldsymbol{x}, t) \hat{\psi}_B^+(\boldsymbol{x}, t) \hat{\psi}_B^+(\boldsymbol{x}', t) \left| 0 \right\rangle \tag{6.124}$$

überführt werden kann. Vergleicht man entspreched der obigen Ausführungen die beiden Fock-Raum-Vektoren (6.122) und (6.124), dann ist klar, daß die Vertauschung der auftretenden Koordinatenvektoren ebenfalls zu keinem neuen Fock-Raum-Vektor führt, sodaß jetzt

$$\left| x'x'' \right\rangle_B = \left| x''x' \right\rangle_B \tag{6.125}$$

gelten muß, was die Symmetrierelation

$$F(\boldsymbol{x}, \boldsymbol{x}', t) = F(\boldsymbol{x}', \boldsymbol{x}, t) \tag{6.126}$$

bedingt.

Zusammengefaßt lassen sich die in diesem Beispiel erhaltenen Symmetrierelationen durch die Relation

$$F(\boldsymbol{x},\boldsymbol{x}',t) = \begin{cases} F(\boldsymbol{x}',\boldsymbol{x},t) & \text{für Bosonen} \\ -F(\boldsymbol{x}',\boldsymbol{x},t) & \text{für Fermionen} \end{cases} \tag{6.127}$$

darstellen. Führt man die gleiche Analyse ausgehend von in (6.109) enthaltenen Bosonen- bzw. Fermionen-Zweiteilchen-Fock-Raum-Vektoren der Energiedarstellung durch, dann erhält man das dazu gleichwertige Resultat

$$F_{ij} = \begin{cases} F_{ji} & \text{für Bosonen} \\ -F_{ji} & \text{für Fermionen} \end{cases} . \tag{6.128}$$

Die für Bosonen bzw. Fermionen im Zusammenhang mit dem Prinzip der Ununterscheidbarkeit zu fordernde Teilchenvertauschungssymmetrie wird also durch den Formalismus der zweiten Quantisierung direkt erfaßt. In letzter Konsequenz bedingt die jeweilige Struktur der eingeführten Vertauschungsrelationen die jeweilige Teilchenvertauschungssymmetrie.

Die im obigen Beispiel auftretenden Symmetrierelationen beschreiben grundlegende mathematisch-theoretische Eigenschaften von Bosonen- bzw. Fermionen-Vielteilchensystemen. Sie legen folgende allgemeine Formulierungen nahe:

$$
\begin{aligned}
&F\left[\dots\boldsymbol{x}(i)\dots\boldsymbol{x}(j)\dots,t\right] \\
&= \begin{cases} F\left[\dots\boldsymbol{x}(j)\dots\boldsymbol{x}(i)\dots,t\right] & \text{für Bosonen} \\ -F\left[\dots\boldsymbol{x}(j)\dots\boldsymbol{x}(i)\dots,t\right] & \text{für Fermionen} \end{cases}
\end{aligned}
\tag{6.129}
$$

und

$$F_{\alpha_N\dots\alpha_i\dots\alpha_j\dots\alpha_1} = \begin{cases} F_{\alpha_N\dots\alpha_j\dots\alpha_i\dots\alpha_1} & \text{für Bosonen} \\ -F_{\alpha_N\dots\alpha_j\dots\alpha_i\dots\alpha_1} & \text{für Fermionen} \end{cases} . \tag{6.130}$$

Die Eigenschaften von Bosonen- und Fermionensystemen äußern sich innerhalb von Zustandsvektoren durch spezifische Symmetrierelationen. Diese Aussage gilt nicht nur für den Bereich der zweiten sondern auch für den Bereich der ersten Quantisierung.

6.2.3 Stationäre Systeme II: wechselwirkend

Im Abschnitt 6.2.2 werden stationäre Vielteilchensysteme identischer und nicht wechselwirkender Teilchen berücksichtigt. Die Vorstellung eines nicht wechselwirkenden Vielteilchensystems ist jedoch allenfalls näherungsweise gültig. Normalerweise müssen Vielteilchensysteme mit untereinander wechselwirkenden Teilchen berücksichtigt werden. Bild 6.10 gibt eine anschauliche Vorstellung einer derartigen Teilchenmenge vor.

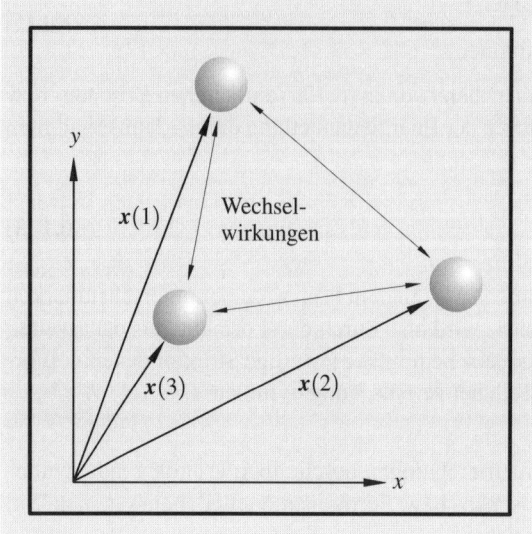

Bild 6.10 Zur Veranschaulichung der betrachteten Systemklasse: Betrachtet wird ein Vielteilchensystem bestehend aus identischen und wechselwirkenden Teilchen. Es sei hier angegeben, daß eine Wechselwirkung der einzelnen Teilchen mit einem (beispielsweise molekularen) Untergrund ebenfalls konsistent mit den Betrachtungen dieses Abschnitts ist

Diesbezügliche Betrachtungen werden in diesem Abschnitt durchgeführt. Von zustandsübergangserzeugende Wechselwirkugen wird vorerst abgesehen. Es wird von nun an die durch (6.111) und (6.114) gegebene übergeordnete Schreibweise benützt.

6.2.3.1 Die Hamiltonfunktion

Der Einbezug von Wechselwirkungen der Teilchen untereinander läßt sich schnell durchführen, indem man die durch (6.5) gegebene feldspezifische makroskopische Hamiltonfunktion derartig erweitert, daß sich

$$
\begin{aligned}
H_0 = &\int \psi^*(\boldsymbol{x},t)\left[-\frac{\hbar^2}{2m_0}\triangle_{\boldsymbol{x}} + V_{\mathrm{U}}(\boldsymbol{x})\right]\psi(\boldsymbol{x},t)\,\mathrm{d}^3x \\
&+ \int \psi^*[\boldsymbol{x}(l),t]V_{\mathrm{P}}[\boldsymbol{x}(l)]\psi[\boldsymbol{x}(l),t]\,\mathrm{d}^3x(l)
\end{aligned}
\tag{6.131}
$$

mit

$$
\psi[\boldsymbol{x}(l),t] = \psi[\boldsymbol{x}(N),t]\ldots\psi[\boldsymbol{x}(1),t]\ ,\ \ \psi^*[\boldsymbol{x}(l),t] = \psi^*[\boldsymbol{x}(1),t]\ldots\psi^*[\boldsymbol{x}(N),t]
\tag{6.132}
$$

sowie

$$
V_{\mathrm{P}}[\boldsymbol{x}(l)] = V_{\mathrm{P}}[\boldsymbol{x}(1),\ldots,\boldsymbol{x}(N)]
\tag{6.133}
$$

und

$$
\boldsymbol{x}(l) = \boldsymbol{x}(1)\ldots\boldsymbol{x}(N)\ ,\ \ \mathrm{d}^3x(l) = \mathrm{d}^3x(1)\ldots\mathrm{d}^3x(N)
\tag{6.134}
$$

ergibt. Gemäß (4.211) beschreibt die Potentialfunktion $V_{\mathrm{U}}(\boldsymbol{x})$ die Wechselwirkungen mit einem (beispielsweise molekularen) Untergrund und $V_{\mathrm{P}}[\boldsymbol{x}(l)]$ erfaßt die Wechselwirkungen zwischen den Teilchen des betrachteten Vielteilchensystems.

6.2.3.2 Der Systemoperator

Führt man analog zu den Ausführungen des Abschnitts 6.2.2 die Ersetzung der in der obigen Hamiltonfunktion auftretenden Feldfunktionen durch Feldoperatoren durch, so führt dies zu dem Systemoperator

$$\hat{H}_0^{(2)} = \int \hat{\psi}^+(\boldsymbol{x},t) \left[-\frac{\hbar^2}{2m_0} \triangle_x + V_U(\boldsymbol{x}) \right] \hat{\psi}^-(\boldsymbol{x},t)\, \mathrm{d}^3 x$$
$$+ \int \hat{\psi}^+[\boldsymbol{x}(l),t] V_P[\boldsymbol{x}(l)] \hat{\psi}^-[\boldsymbol{x}(l),t]\, \mathrm{d}^3 x(l) \tag{6.135}$$

mit

$$\hat{\psi}^-[\boldsymbol{x}(l),t] = \hat{\psi}^-[\boldsymbol{x}(N),t] \dots \hat{\psi}^-[\boldsymbol{x}(1),t]\,,$$
$$\hat{\psi}^+[\boldsymbol{x}(l),t] = \hat{\psi}^+[\boldsymbol{x}(1),t] \dots \hat{\psi}^+[\boldsymbol{x}(N),t]\,, \tag{6.136}$$

der die für wechselwirkungsfreie Vielteilchensysteme geltenden Systemoperatoren (6.48) und (6.49) als Grenzfälle enthält.

Der angegebene Systemoperator gilt in der Ortsdarstellung. Setzt man die Operatoren $\hat{\psi}^+(\boldsymbol{x},t)$, $\hat{\psi}^-(\boldsymbol{x},t)$ entsprechend (6.44), (6.45) ein und berücksichtigt (6.111), (6.114), so läßt sich der Systemoperator der Energiedarstellung herleiten.

6.2.3.3 Die Fock-Raum-Vektoren

Diesem Systemoperator lassen sich die im vorherigen Abschnitt eingeführten Fock-Raum-Vektoren zuordnen:

$$|N\rangle = \int \mathrm{d}^3 x(1) \dots \mathrm{d}^3 x(N) F[\boldsymbol{x}(1) \dots \boldsymbol{x}(N),t]$$
$$\cdot \hat{\psi}^+[\boldsymbol{x}(1),t] \dots \hat{\psi}^+[\boldsymbol{x}(N),t] |0\rangle \tag{6.137}$$

bzw.

$$|N\rangle = \sum_{\alpha_1 \dots \alpha_N = 1}^{M} F_{\alpha_N \dots \alpha_1} \hat{\eta}_{\alpha_1}^+ \dots \hat{\eta}_{\alpha_N}^+ |0\rangle\,. \tag{6.138}$$

6.2.3.4 Die zeitunabhängige Schrödinger-Gleichung

Diese Fock-Raum-Vektoren bilden zusammen mit dem obigen Systemoperator die zeitunabhängige Schrödinger-Gleichung

$$\hat{H}_0^{(2)} |N\rangle = E(N) |N\rangle\,. \tag{6.139}$$

In dem jetzt vorliegenden Fall definiert sie die Energien $E(N)$ eines aus identischen und wechselwirkenden Teilchen bestehenden stationären Vielteilchensystems.

6.2.3.5 Zur Begründung des erweiterten Formalismus

Die Gültigkeit dieses erweiterten Formalismus kann schnell verdeutlicht werden: Setzt man einen Fock-Raum-Vektor der Form (6.137) oder (6.138) in eine Schrödinger-Gleichung der Form (6.139) ein, dann erhält man wieder die zugeordnete Vielteilchen-Schrödinger-Gleichung der ersten Quantisierung. Dabei erweist sich, daß $F[\boldsymbol{x}(1)\dots\boldsymbol{x}(N),t]$ in einen rein ortsabhängigen und einen zeitabhängigen Anteil zerlegbar ist, wobei der ortsabhängige Anteil $F[\boldsymbol{x}(1)\dots\boldsymbol{x}(N)]$ von $F[\boldsymbol{x}(1)\dots\boldsymbol{x}(N),t]$ sich als identisch mit einer zeitunabhängigen Schrödingerschen Wellenfunktion erweist.

> Die Zurückführbarkeit einer quantenfeldtheoretischen Systemgleichung auf eine in der ersten Quantisierung auftretende Systemgleichung verdeutlicht die Gültigkeit eines quantenfeldtheoretischen Formalismus. Dieser Verdeutlichungsweg, der auch in zurückliegenden Abschnitten bereits gegangen wurde, wird im folgenden des öfteren eingeschlagen. Ein solcher Rechenprozeß liefert „automatisch" den Zusammenhang zwischen den (mehr korpuskular-orientierten) Größen der zweiten Quantisierung und den (mehr welleneigenschaftsorientierten) Größen der ersten Quantisierung.

Beispiel 6.10 Setzt man den Zweiteilchen-Fock-Raum-Vektor

$$|2\rangle = \int \mathrm{d}^3x'' \, \mathrm{d}^3x''' \, F(\boldsymbol{x}'',\boldsymbol{x}''',t)\hat{\psi}^+(\boldsymbol{x}'',t)\hat{\psi}^+(\boldsymbol{x}''',t)\,|0\rangle \tag{6.140}$$

in die aus (6.139) für ein Zweiteilchenszenario folgende Schrödinger-Gleichung

$$\hat{H}_0^{(2)}\,|2\rangle = E(2)\,|2\rangle \tag{6.141}$$

mit dem in zweiter Quantisierung vorliegenden Systemoperator

$$\begin{aligned}
\hat{H}_0^{(2)} &= \int \hat{\psi}^+(\boldsymbol{x},t)\left[-\frac{\hbar^2}{2m_0}\triangle_x + V_{\mathrm{U}}(\boldsymbol{x})\right]\hat{\psi}^-(\boldsymbol{x},t)\,\mathrm{d}^3x \\
&\quad + \int \hat{\psi}^+(\boldsymbol{x},t)\hat{\psi}^+(\boldsymbol{x}',t)V_{\mathrm{P}}(\boldsymbol{x},\boldsymbol{x}')\hat{\psi}^-(\boldsymbol{x}',t)\hat{\psi}^-(\boldsymbol{x},t)\,\mathrm{d}^3x\,\mathrm{d}^3x'
\end{aligned} \tag{6.142}$$

ein, dann ergibt sich der Zusammenhang

$$\int \mathrm{d}^3x\,\mathrm{d}^3x'\,\mathrm{d}^3x''\,\mathrm{d}^3x'''\,K\left(\boldsymbol{x},\boldsymbol{x}',\boldsymbol{x}'',\boldsymbol{x}''',t\right)|0\rangle = 0 \tag{6.143}$$

mit

$$\begin{aligned}
K\left(\boldsymbol{x},\boldsymbol{x}',\boldsymbol{x}'',\boldsymbol{x}''',t\right) &= E(2)F(\boldsymbol{x}'',\boldsymbol{x}''',t)\hat{\psi}^+(\boldsymbol{x}'',t)\hat{\psi}^+(\boldsymbol{x}''',t) \\
&\quad - \hat{\psi}^+(\boldsymbol{x},t)\left[-\frac{\hbar^2}{2m_0}\triangle_x + V_{\mathrm{U}}(\boldsymbol{x})\right]\hat{\psi}^-(\boldsymbol{x},t) \\
&\quad \cdot F(\boldsymbol{x}'',\boldsymbol{x}''',t)\hat{\psi}^+(\boldsymbol{x}'',t)\hat{\psi}^+(\boldsymbol{x}''',t) \\
&\quad - \hat{\psi}^+(\boldsymbol{x},t)\hat{\psi}^+(\boldsymbol{x}',t)V_{\mathrm{P}}(\boldsymbol{x},\boldsymbol{x}')\hat{\psi}^-(\boldsymbol{x}',t)\hat{\psi}^-(\boldsymbol{x},t) \\
&\quad \cdot F(\boldsymbol{x}'',\boldsymbol{x}''',t)\hat{\psi}^+(\boldsymbol{x}'',t)\hat{\psi}^+(\boldsymbol{x}''',t).
\end{aligned} \tag{6.144}$$

Der Zusammenhang (6.143) kann weiter umgeformt werden: Verwendet man die Vertauschungsrelationen (6.46) bzw. (6.47) sowie (6.56), integriert partiell bezüglich $\boldsymbol{x}$, $\boldsymbol{x}'$ und verwendet (6.46) bzw. (6.47), dann erhält man schließlich den Zusammenhang

$$\int \mathrm{d}^3 x'' \, \mathrm{d}^3 x''' \, K\left(\boldsymbol{x}'', \boldsymbol{x}''', t\right) |0\rangle = 0 \tag{6.145}$$

mit

$$K\left(\boldsymbol{x}'', \boldsymbol{x}''', t\right) = \left[E(2) - \hat{H}_0\right] F(\boldsymbol{x}'', \boldsymbol{x}''', t)\hat{\psi}^+(\boldsymbol{x}'', t)\hat{\psi}^+(\boldsymbol{x}''', t) \tag{6.146}$$

und dem in erster Quantisierung auftretenden Hamiltonoperator

$$\hat{H}_0 = -\frac{\hbar^2}{2m_0}\triangle_{\boldsymbol{x}''} - \frac{\hbar^2}{2m_0}\triangle_{\boldsymbol{x}'''} + V_{\mathrm{U}}(\boldsymbol{x}'') + V_{\mathrm{U}}(\boldsymbol{x}''') + V_{\mathrm{P}}(\boldsymbol{x}'', \boldsymbol{x}''') \, . \tag{6.147}$$

Berücksichtigt man die lineare Unabhängigkeit aller durch

$$\hat{\psi}^+(\boldsymbol{x}'')\hat{\psi}^+(\boldsymbol{x}''') |0\rangle = |++\rangle \tag{6.148}$$

gegebenen Ausdrücke, dann kann der obige Zusammenhang durch den Ausdruck

$$\left[E(2) - \hat{H}_0\right] F(\boldsymbol{x}'', \boldsymbol{x}''', t) = 0 \tag{6.149}$$

ersetzt werden.

Setzt man die Zerlegbarkeit

$$F(\boldsymbol{x}'', \boldsymbol{x}''', t) = F(\boldsymbol{x}'', \boldsymbol{x}''')F(t) \tag{6.150}$$

voraus, dann erhält man – nach Division durch $F(t)$ – die Zweiteilchen-Schrödinger-Gleichung der ersten Quantisierung, die Beziehung

$$\left[E(2) - \hat{H}_0\right] F(\boldsymbol{x}'', \boldsymbol{x}''') = 0 \, , \tag{6.151}$$

wobei identische und über die Potentialfunktion $V_{\mathrm{P}}(\boldsymbol{x}'', \boldsymbol{x}''')$ wechselwirkende Teilchen betrachtet werden und $F(\boldsymbol{x}'', \boldsymbol{x}''')$ für die Schrödingersche Zweiteilchen-Wellenfunktion steht.[9]

Als direkte Fortsetzung klassischer Strukturen werden Wechselwirkungen zwischen den Teilchen durch additive Systemoperatoranteile erfaßt.

6.2.4 Stationäre Systeme III: zusammengesetzt

Die bisherigen quantenfeldtheoretischen Beziehungen trennen streng zwischen Bosonen- und Fermionensystemen. Ausgehend von den angegebenen Beziehungen lassen sich jedoch leicht Beziehungen zur Beschreibung zusammengesetzter Systeme gewinnen. Betrachten wir diesen Sachverhalt für aus zwei Teilsystemen zusammengesetzte Systeme etwas genauer (vgl. Bild 6.11).

---

[9]Es sei hier noch darauf hingewiesen, daß die hier durchgeführte Rechnung eine Erweiterung der Rechnung des Beispiels 6.3 darstellt. Entsprechend der nun zusätzlich berücksichtigten Wechselwirkung zwischen den Teilchen tritt ein zusätzlicher wechselwirkungsbeschreibender Term innerhalb der Zweiteilchen-Schrödinger-Gleichung auf.

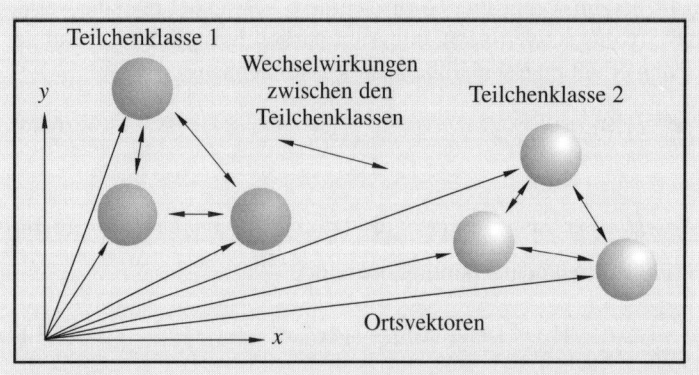

Bild 6.11 Zur Veranschaulichung der betrachteten Systemklasse: Betrachtet wird ein Vielteilchensystem bestehend aus zwei Teilchenklassen (Bosonen und Fermionen) zwischen denen Wechselwirkungen möglich sind

6.2.4.1 Zusammengesetzte Systemoperatoren

Quantenfeldtheoretische Systemoperatoren zusammengesetzter Vielteilchensysteme lassen sich durch Addition der ursprünglichen (Fermionen oder Bosonen beschreibenden) Systemoperatoren gewinnen. Wechselwirkungen zwischen Bosonen und Fermionen können durch (ebenfalls additive) wechselwirkungsbeschreibende Systemoperatoren erfaßt werden. Für die betrachtete Systemklasse läßt sich dieser Sachverhalt durch den Ausdruck

$$\hat{H}_0^{(2)} = \hat{H}_0^{(2,\text{B})} + \hat{H}_0^{(2,\text{F})} + \hat{H}_0^{(2,\text{BF})} \tag{6.152}$$

erfassen, wobei der erste Hamiltonoperator der rechten Seite beispielsweise für den Hamiltonoperator (6.19) und der zweite Hamiltonoperator der rechten Seite beispielsweise für den Hamiltonoperator (6.26) steht. Der dritte Hamiltonoperator der rechten Seite deutet einen eventuell zu berücksichtigenden Wechselwirkungsanteil an. Die bisher betrachteten Hamiltonoperatoren

$$\hat{H}_0^{(2)} = \hat{H}_0^{(2,\text{B})} \tag{6.153}$$

oder

$$\hat{H}_0^{(2)} = \hat{H}_0^{(2,\text{F})} \tag{6.154}$$

sind als Grenzfälle in dieser verallgemeinerten Form enthalten.

Beispiel 6.11 In der Energiedarstellung wird ein aus Fermionen und Bosonen zusammengesetztes Vielteilchensystem ohne Wechselwirkungsanteile durch den zusammengesetzten Systemoperator

$$\hat{H}_0^{(2)} = \sum_{i=1}^{M_1} E_i^{(\text{B})} \hat{b}_i^+ \hat{b}_i^- + \sum_{i=1}^{M_2} E_i^{(\text{F})} \hat{a}_i^+ \hat{a}_i^- \tag{6.155}$$

erfaßt, wenn M_1 bzw. M_2 die Anzahl der möglichen Bosonen- bzw. Fermionenzustände angibt.

6.2.4.2 Zusammengesetzte Fock-Raum-Vektoren

Auch zusammengesetzte Vielteilchensysteme können durch Fock-Raum-Vektoren der Art
(6.137) bzw. (6.138) erfaßt werden, wenn die in (6.137) bzw. (6.138) auftretenden Feldoperatoren $\hat{\psi}^{\pm}$ bzw. $\hat{\eta}^{\pm}$ sowohl Bosonen-Feldoperatoren als auch Fermionen-Feldoperatoren gleichgesetzt werden.

Beispiel 6.12 In der Energiedarstellung wird ein aus Fermionen und Bosonen zusammengesetztes Vielteilchensystem durch den zusammengesetzten Fock-Raum-Vektor

$$|N_1, N_2\rangle = \sum_{\alpha_1 \ldots \alpha_{N_1}=1}^{M_1} \sum_{\beta_1 \ldots \beta_{N_2}=1}^{M_2} F_{\beta_{N_2} \ldots \beta_1, \alpha_{N_1} \ldots \alpha_1} \hat{b}_{\alpha_1}^+ \ldots \hat{b}_{\alpha_{N_1}}^+ \hat{a}_{\beta_1}^+ \ldots \hat{a}_{\beta_{N_2}}^+ |0\rangle \qquad (6.156)$$

erfaßt, wenn N_1 bzw. N_2 für die Anzahl der Bosonen bzw. der Fermionen des Vielteilchensystems steht.

6.2.4.3 Zeitunabhängige Schrödinger-Gleichung

Auch hier ist die zeitunabhängige Schrödinger-Gleichung durch (6.139) gegeben, wenn der
in (6.139) auftretende quantenfeldtheoretische Systemoperator mit einem Operator der Form
(6.152) identifiziert wird. Die zeitunabhängige Schrödinger-Gleichung definiert dann die Energien $E(N)$ eines zusammengesetzten stationären Vielteilchensystems.

Beispiel 6.13 Dem durch den Hamiltonoperator (6.155) festgelegten zusammengesetzten Vielteilchensystem zugeordnet ist die zeitunabhängige Schrödinger-Gleichung

$$\left(\sum_{i=1}^{M_1} E_i^{(\mathrm{B})} \hat{b}_i^+ \hat{b}_i^- + \sum_{i=1}^{M_2} E_i^{(\mathrm{F})} \hat{a}_i^+ \hat{a}_i^- \right) |N_1, N_2\rangle = E(N_1, N_2) |N_1, N_2\rangle \; . \qquad (6.157)$$

6.2.4.4 Zur Begründung des zusammengesetzten Formalismus

Die Gültigkeit des zusammengesetzten Formalismus kann analog den Ausführungen des vorherigen Abschnitts verdeutlicht werden: Setzt man einen zusammengesetzten Fock-Raum-Vektor
in eine Schrödinger-Gleichung der Form (6.139) ein, dann läßt sich die entsprechende zusammengesetzte Schrödinger-Gleichung der ersten Quantisierung herleiten. Eine derartige Rechnung soll hier jedoch nicht mehr durchgeführt werden.[10]

Als direkte Fortsetzung klassischer Strukturen werden zusammengesetzte stationäre Vielteilchensysteme durch additive Überlagerung aller spezifischen Systemoperatoren erfaßt.

---

[10]Es sei hier nur noch angemerkt, daß sich diese Rechnung als Erweiterung der in den Beispielen 6.3
und 6.10 durchgeführten Rechnungen formulieren läßt.

6.2.5 Nichtstationäre Systeme I: teilchenzahlkonstant

Der im Abschnitt 6.2.2 eingeführte quantenfeldtheoretische Formalismus beschreibt stationäre Vielteilchensysteme bestehend aus identischen und nicht wechselwirkenden Fermionen oder Bosonen auf eine an den korpuskularen Materieaspekt besonders angepaßte Art und Weise. Entsprechend der Ausführungen des Abschnitts 6.2.3 können Wechselwirkungen zwischen den Teilchen in den Formalismus implementiert werden. Die quantenfeldtheoretische Behandlung von aus Bosonen und Fermionen zusammengesetzten stationären Vielteilchensystemen ist nach den Angaben des Abschnitts 6.2.4 ebenfalls möglich. Diese Erweiterungen erlauben jedoch nicht den Einbezug von Wechselwirkungen, die Zustandsübergänge hervorrufen. Treten zustandsübergangserzeugende Wechselwirkungen auf, sodaß sich die Zustände der einzelnen Teilchen des Vielteilchensystems mit der Zeit ändern, dann muß der eingeführte quantenfeldtheoretische Formalismus erweitert werden.

Tabelle 6.1 Die grundlegende mathematisch-theoretische Struktur des Schrödingerbildes der ersten Quantisierung

Gleichungen	Bedeutung
$i\hbar\vert\dot{\psi}_t\rangle = \hat{H}\vert\psi_t\rangle$	*Zeitabhängige Schrödinger-Gleichung:*
	Festlegung der zeitlichen Dynamik von Zustandsübergängen
$E_i\vert\psi_i\rangle = \hat{H}_0\vert\psi_i\rangle$	*Zeitunabhängige Schrödinger-Gleichung:*
	Festlegung stationärer Systemzustände
$\hat{H} = \hat{H}_0 + \lambda\hat{H}_S$	*Hamiltonoperator in erster Quantisierung:*
	Definition von stationären Energiezuständen $\left(\hat{H}_0\right)$
	und Zustandsübergängen $\left(\lambda\hat{H}_S\right)$
$\vert\psi_t\rangle = \sum_i \psi_i(t)\vert\psi_i\rangle$	*Lösungsvektoren:*
	Beschreibung des Systems. Es gilt:
	$\psi_i(t) = c_i(t)\exp\left(-iE_i t/\hbar\right)$
$i\hbar\dot{c}_j(t) = \sum_i \psi_{ji} W_{ji}$	*Mastergleichung:*
	Festlegung der zeitabhängigen Koeffizienten $c_i(t)$. Es gilt:
	$\psi_{ji} = c_i(t)\exp\left[-i\left(E_i - E_j\right)t/\hbar\right]\,,\ W_{ji} = \langle\psi_j\vert\lambda\hat{H}_S\vert\psi_i\rangle$

Die Tabelle 6.1 zeigt in einer zusammenfassenden Weise die grundlegende mathematisch-theoretische Struktur des Schrödingerbildes der ersten Quantisierung. Diesem Schema untergeordnet sind auch zustandsübergangserzeugende Wechselwirkungen. Da bei der Begründung dieses Schemas keine allzusehr einschränkenden Forderungen an die Art des Hamiltonoperators und der Zustandsvektoren gestellt wurden, ist plausibel, daß dieses Schema auch im Zusammenhang mit der zweiten Quantisierung (angepaßt auf die jetzige Notation) verwendet werden kann, sodaß sich auf diese Weise zustandsübergangserzeugende Wechselwirkungen in den quantenfeldtheoretischen Formalismus implementieren lassen. Im folgenden wird das auf diese Weise erhaltbare quantenfeldtheoretische Schema angegeben. Anschließend erfolgt eine tiefergehende Begründung.

6.2.5.1 Die zeitabhängige Schrödinger-Gleichung

Die quantenfeldtheoretische zeitabhängige Vielteilchen-Schrödinger-Gleichung läßt sich in der Form

$$i\hbar|\dot{\psi}_t\rangle = \hat{H}^{(2)}|\psi_t\rangle \qquad (6.158)$$

angeben. Die zugeordnete quantenfeldtheoretische zeitunabhängige Vielteilchen-Schrödinger-Gleichung läßt sich dann in der Form

$$\hat{H}_0^{(2)}|N\rangle_i = E_i(N)|N\rangle_i \qquad (6.159)$$

notieren. [11]

6.2.5.2 Der Systemoperator

Der nun auftretende quantenfeldtheoretischen Systemoperator kann in der Form

$$\hat{H}^{(2)} = \hat{H}_0^{(2)} + \lambda\hat{H}_S^{(2)} \qquad (6.160)$$

geschrieben werden. In der Energiedarstellung ist der stationäre Systemzustände definierende erste Hamiltonoperator der rechten Gleichungsseite beispielsweise durch (6.19) bzw. (6.26) und in der Ortsdarstellung beispielsweise durch (6.48) bzw. (6.49) gegeben. Wird ein Vielteilchensystem mit Wechselwirkungen zwischen den Teilchen betrachtet, dann ist dieser Hamiltonoperator beispielsweise gleich (6.135) zu setzen. Der zweite Hamiltonoperator der rechten Gleichungsseite erfaßt den zustandsübergangserzeugenden Systemteil.

---

[11] Im Gegensatz zu der Notation der vorherigen Abschnitte wird jetzt der zusätzliche Index *i* eingeführt. Dieser Index soll andeuten, daß verschiedene *N*-Teilchen-Energien $E_i(N)$ und dazugehörige quantenfeldtheoretische Zustandsvektoren $|N\rangle_i$ auftreten können. Es sei hier ausdrücklich darauf hingewiesen, daß dies nur eine Notationsergänzung bedeutet, d. h. genau diese quantenfeldtheoretische Zustandsvektoren und *N*-Teilchen-Energien waren Gegenstand der Diskussion der vorherigen Abschnitte. $|N\rangle_i$ kann also beispielsweise für durch (6.21) oder (6.28) vorgegebene Basisvektoren oder für durch (6.115) oder (6.116) vorgegebene Fock-Raum-Vektoren stehen.

6.2.5.3 Die abstrakten Zustandsvektoren

Die jetzt vorliegenden Zustandsvektoren können in der Form

$$|\psi_t\rangle = \sum_i \psi_i(t)\,|N\rangle_i \tag{6.161}$$

mit

$$\psi_i(t) = c_i(t)\exp\left[-iE_i(N)t/\hbar\right] \tag{6.162}$$

geschrieben werden, wobei die Teilkoeffizienten $c_i(t)$ die Zeitabhängigkeit des speziellen Lösungsvektors spezifizieren.

Beispiel 6.14 Betrachtet man zwei identische Teilchen, die beliebige Zweiteilchenzustände einnehmen können, dann sind zur Beschreibung des diesem Szenario zugeordneten Zustandsvektors zwei grundsätzliche Darstellungsweisen möglich.

Betrachtet man die Energiedarstellung, dann ist nach (6.161) die grundsätzliche Darstellungsweise

$$|\psi_t\rangle = \sum_i \psi_i(t)\,|2\rangle_i \quad \text{mit} \quad |2\rangle_i = \sum_{j,k=1}^{M} F_{ikj}\hat{\eta}_j^+\hat{\eta}_k^+\,|0\rangle \tag{6.163}$$

möglich. Führt man die Abkürzung

$$G_{kj}(t) = \sum_i \psi_i(t)F_{ikj} \tag{6.164}$$

ein, dann kann stattdessen auch die Darstellungsweise

$$|\psi_t\rangle = \sum_{j,k=1}^{M} G_{kj}(t)\hat{\eta}_j^+\hat{\eta}_k^+\,|0\rangle \tag{6.165}$$

benützt werden.

Betrachtet man stattdessen die Ortsdarstellung, dann ist nach (6.161) die grundsätzliche Darstellungsweise

$$|\psi_t\rangle = \sum_i \psi_i(t)\,|2\rangle_i \quad \text{mit} \quad |2\rangle_i = \int d^3x\,d^3x'\,F_i(\boldsymbol{x},\boldsymbol{x}',t)\hat{\psi}^+(\boldsymbol{x},t)\hat{\psi}^+(\boldsymbol{x}',t)\,|0\rangle \tag{6.166}$$

möglich. Führt man die Abkürzung

$$G(\boldsymbol{x},\boldsymbol{x}',t) = \sum_i \psi_i(t)F_i(\boldsymbol{x},\boldsymbol{x}',t) \tag{6.167}$$

ein, dann kann stattdessen auch die Darstellungsweise

$$|\psi_t\rangle = \int d^3x\,d^3x'\,G(\boldsymbol{x},\boldsymbol{x}',t)\hat{\psi}^+(\boldsymbol{x},t)\hat{\psi}^+(\boldsymbol{x}',t)\,|0\rangle \tag{6.168}$$

benützt werden. In beiden grundsätzlichen Darstellungsweisen sind die Koeffizienten

$$\psi_i(t) = c_i(t)\exp\left[-iE_i(2)t/\hbar\right] \tag{6.169}$$

zu berücksichtigen.

6.2.5.4 Die Mastergleichung

Die zu verwendende Mastergleichung läßt sich dann folgendermaßen notieren:

$$i\hbar\dot{c}_j(t) = \sum_i c_i(t) \exp\left(-i\left[E_i(N) - E_j(N)\right] t/\hbar\right) W_{ji} \,. \tag{6.170}$$

Angepaßt an diese Notation sind Matrixelemente der Form

$$W_{ji} = {}_j\left\langle N \left| \lambda\hat{H}_S^{(2)} \right| N \right\rangle_i \tag{6.171}$$

zu berücksichtigen.

Beispiel 6.15 Die zeitliche Entwicklung der im Beispiel 6.14 angegebenen Teilkoeffizienten $c_i(t)$ wird durch die Mastergleichung

$$i\hbar\dot{c}_j(t) = \sum_i c_i(t) \exp\left(-i\left[E_i(2) - E_j(2)\right] t/\hbar\right) W_{ji} \tag{6.172}$$

mit den Matrixelementen

$$W_{ji} = {}_j\left\langle 2 \left| \lambda\hat{H}_S^{(2)} \right| 2 \right\rangle_i \tag{6.173}$$

festgelegt.

Die Mastergleichung (6.170) kann nach dem im Abschnitt 4.2.5 eingeführten Schema gelöst werden. Insbesondere kann die dort angegebene Fermische Goldene Regel auf den jetzt vorliegenden Fall der zweiten Quantisierung übertragen werden. Auch die dort angegebene physikalische Interpretation kann zugrunde gelegt werden. Insbesondere können die Größen W_{ji} als Übergangsmatrixelemente interpretiert werden, welche die Stärke eines Übergangs von einem Zustand i in einen Zustand j vorgeben; die Größe $\left|c_j\right|^2$ kann als Wahrscheinlichkeit für das Vorliegen eines Zustands j zur Zeit t interpretiert werden.

Beispiel 6.16 Nach der Fermischen Goldenen Regel (4.79) sind die durch (6.172) vorgegebenen Koeffizienten $c_j(t)$ in der Form

$$\frac{\left|c_j(t)\right|^2}{t} = \frac{2\pi}{\hbar^2} \left|W_{jl}\right|^2 \delta\left(\left[E_j(2) - E_l(2)\right]/\hbar\right) \,, \quad W_{jl} = {}_j\left\langle 2 \left| \lambda\hat{H}_S^{(2)} \right| 2 \right\rangle_l \tag{6.174}$$

schreibbar, wenn vorausgesetzt wird, daß zum Anfangszeitpunkt $t_A = 0$ der Zustand $i = l$ besetzt ist, d. h. es gilt

$$c_i(t_A) = \delta_{il} \,. \tag{6.175}$$

Die Stärke eines Übergangs vom Anfangszustand l in einen Zustand j wird durch das Matrixelement W_{jl} vorgegeben. Die Diracsche Deltafunktion garantiert die Energieerhaltung, d. h. die Systemenergie $E_j(2)$ muß gleich der Systemenergie $E_l(2)$ sein.

6.2.5.5 Zur Begründung des zeitabhängigen Formalismus

Ausgehend von der hier betrachteten zeitabhängigen Vielteilchen-Schrödinger-Gleichung der zweiten Quantisierung läßt sich leicht die zugeordnete zeitabhängige Vielteilchen-Schrödinger-Gleichung der ersten Quantisierung gewinnen, was die Gültigkeit des jetzt betrachteten Formalismus verdeutlicht.

Beispiel 6.17 Berücksichtigt man die durch (6.168) gegebenen Zustandsvektoren innerhalb der quantenfeldtheoretischen zeitabhängigen Vielteilchen-Schrödinger-Gleichung (6.158) und identifiziert $\hat{H}^{(2)}$ mit dem quantenfeldtheoretischen Systemoperator (6.48) bzw. (6.49) (d. h. insbesondere, setzt man ein Zweiteilchensystem ohne zustandsübergangserzeugende Wechselwirkungen und ohne Wechselwirkungen zwischen den Teilchen voraus), dann erhält man den Zusammenhang

$$\int d^3x\, d^3x'\, d^3x''\, Z\left(x, x', x'', t\right)|0\rangle = 0 \tag{6.176}$$

mit

$$\begin{aligned}
Z\left(x, x', x'', t\right) &= i\hbar \dot{G}(x, x', t)\hat{\psi}^+(x, t)\hat{\psi}^+(x', t) \\
&\quad - \hat{\psi}^+(x)\left[-\frac{\hbar^2}{2m_0}\triangle_x + V_{\mathrm{U}}(x)\right]\hat{\psi}^-(x, t) \\
&\quad \cdot G(x', x'', t)\hat{\psi}^+(x', t)\hat{\psi}^+(x'', t)\,,
\end{aligned} \tag{6.177}$$

wobei das Symbol x am Laplace-Operator $\triangle_x$ andeutet, auf welchen Koordinatenvektor dieser Operator wirkt.

Unter Berücksichtigung der Relationen (6.46) bzw. (6.47) läßt sich der Integralkern $Z(x, x', x'', t)$ in

$$\begin{aligned}
Z\left(x, x', x'', t\right) &= i\hbar \dot{G}(x, x', t)\hat{\psi}^+(x, t)\hat{\psi}^+(x', t) \\
&\quad - \hat{\psi}^+(x, t)\left[-\frac{\hbar^2}{2m_0}\triangle_x + V_{\mathrm{U}}(x)\right]G(x', x'', t) \\
&\quad \cdot \left[\delta\left(x - x'\right)\hat{\psi}^+\left(x'', t\right) \pm \delta\left(x - x''\right)\hat{\psi}^+(x', t)\right]
\end{aligned} \tag{6.178}$$

überführen, wobei das $-$-Zeichen für Fermionen und das $+$-Zeichen für Bosonen gilt. Verwendet man (6.46) bzw. (6.47) und berücksichtigt die Eigenschaften der Diracschen Deltafunktionen $\delta(x - x')$, $\delta(x - x'')$, dann führt eine partielle Integration zu dem Zusammenhang

$$\int d^3x'\, dx''\, Z\left(x', x'', t\right)|0\rangle = 0 \tag{6.179}$$

mit

$$\begin{aligned}
Z\left(x', x'', t\right) &= \left(i\hbar \dot{G}(x', x'', t) - \left[-\frac{\hbar^2}{2m_0}\triangle_{x'} + V_{\mathrm{U}}(x') - \frac{\hbar^2}{2m_0}\triangle_{x''} + V_{\mathrm{U}}(x'')\right]\right. \\
&\quad \left. \cdot G(x', x'', t)\right)\hat{\psi}^+(x', t)\hat{\psi}^+(x'', t)\,.
\end{aligned} \tag{6.180}$$

Auf Grund der linearen Unabhängigkeit aller durch

$$\hat{\psi}^+(\boldsymbol{x}',t)\hat{\psi}^+(\boldsymbol{x}'',t)\,|0\rangle = |++\rangle \tag{6.181}$$

gegebenen Ausdrücke folgt dann das Verschwinden aller diesen Ausdrücken zugeordneten Koeffizienten, d. h. es gilt

$$\mathrm{i}\hbar\dot{G}(\boldsymbol{x}',\boldsymbol{x}'',t) = \left[-\frac{\hbar^2}{2m_0}\triangle_{\boldsymbol{x}'} + V_{\mathrm{U}}(\boldsymbol{x}') - \frac{\hbar^2}{2m_0}\triangle_{\boldsymbol{x}''} + V_{\mathrm{U}}(\boldsymbol{x}'')\right] G(\boldsymbol{x}',\boldsymbol{x}'',t)\,. \tag{6.182}$$

Vergleicht man mit der Vielteilchen-Schrödinger-Gleichung der ersten Quantisierung in Ortsdarstellung, der Beziehung (4.207), dann ist klar, daß (6.182) den für ein aus zwei identischen und nicht wechselwirkenden Teilchen bestehendes System geltenden Sonderfall darstellt, wobei $G(\boldsymbol{x}',\boldsymbol{x}'',t)$ für die zeitabhängige Schrödingersche Zweiteilchen-Wellenfunktion steht.[12]

 | Im Formalismus der zweiten Quantisierung lassen sich Zustandsübergänge durch eine korpuskular-orientierte Spezifizierung des in der ersten Quantisierung auftretenden mathematisch-theoretischen Schemas erfassen.

Beachte

6.2.6 Nichtstationäre Systeme II: teilchenzahlvariabel

Der obige quantenfeldtheoretische Formalismus beschreibt teilchenzahlkonstante Schrödingersche (d. h. durch eine Schrödinger-Gleichung erfaßbare) Systeme auf eine korpuskular-orientierte Weise. Dieser Formalismus läßt sich jedoch derartig erweitern, daß auch teilchenzahlvariable Schrödingersche Systeme in den Formalismus mit einbezogen werden können.

Beispiel 6.18 Entsprechend der Fermischen Goldenen Regel (4.79) wird die Wahrscheinlichkeit für den Zustandsübergang $|N\rangle_l \rightarrow |N\rangle_j$ durch

$$\frac{\left|c_j(t)\right|^2}{t} = \frac{2\pi}{\hbar^2}\left|W_{jl}\right|^2\delta\left(\left[E_j(N) - E_l(N)\right]/\hbar\right)\,, \ \ W_{jl} = {}_j\!\left\langle N\left|\lambda\hat{H}_{\mathrm{S}}^{(2)}\right|N\right\rangle_l \tag{6.183}$$

beschrieben. Entsprechend der alleine auftretenden Teilchenzahlgröße N erfaßt der Ausdruck (6.183) ein teilchenzahlkonstantes Schrödingersches System.

Erweitert man (6.183) entsprechend

$$\frac{\left|c_j(t)\right|^2}{t} = \frac{2\pi}{\hbar^2}\left|W_j\right|^2\delta\left(\left[E_j(N_j) - E_l(N_l)\right]/\hbar\right)\,, \ \ W_{jl} = {}_j\!\left\langle N_j\left|\lambda\hat{H}_{\mathrm{S}}^{(2)}\right|N_l\right\rangle_l\,, \tag{6.184}$$

dann können auch Teilchenzahländerungen $N_l \rightarrow N_j$ in den Formalismus mit einbezogen werden.

---

[12]Es sei hier noch angemerkt, daß die eben durchgeführte Rechnung eine Verallgemeinerung der im Beispiel 6.3 durchgeführten Rechnung darstellt. Würde man noch zusätzliche Wechselwirkungen zwischen den beiden Teilchen berücksichtigen, dann würde man eine Verallgemeinerung der Rechnung des Beispiels 6.10 erhalten.

Der dadurch erweiterte Formalismus erlaubt auch den Einbezug teilchenzahlvariabler Schrödingerscher Systeme.

6.2.7 Nichtstationäre Systeme III: gemischt

Berücksichtigt man die obige Erweiterung, dann lassen sich sowohl teilchenzahlkonstante als auch teilchenzahlvariable Schrödingersche Systeme quantenfeldtheoretisch behandeln. Auf der eingeführten abstrakten Beschreibungsebene lassen sich jedoch auch nicht-Schrödingersche Systemanteile mit einbeziehen, sodaß man einen quantenfeldtheoretischen Formalismus zur Beschreibung von gemischten Systemen erhält.

Beispiel 6.19 Erweitert man (6.184) entsprechend

$$\frac{\left|c_j(t)\right|^2}{t} = \frac{2\pi}{\hbar^2}\left|W_{jl}\right|^2 \delta\left(\left[E_j\left(N_j^{(\alpha_1)},N_j^{(\alpha_2)},\dots\right) - E_l\left(N_l^{(\alpha_1)},N_l^{(\alpha_2)},\dots\right)\right]/\hbar\right) \quad (6.185)$$

mit

$$W_{jl} = {}_j\left\langle N_j^{(\alpha_1)},N_j^{(\alpha_2)},\dots\left|\lambda\hat{H}_{\mathrm{S}}^{(2)}\right|N_l^{(\alpha_1)},N_l^{(\alpha_2)},\dots\right\rangle_l, \quad (6.186)$$

dann können auch nicht-Schrödingersche Systemanteile in den Formalismus mit einbezogen werden, wenn $\left|N_l^{(\alpha_1)},N_l^{(\alpha_2)},\dots\right\rangle_i$ das gemische System beschreibt. $N_i^{(\alpha_k)}$ erfaßt hier die Teilchenzahlen der verschiedenen (auch nicht-Schrödingerschen) Systemanteile.

Die dadurch erhaltene Erweiterung erlaubt auch die Behandlung von gemischten Systemen, d. h. insbesondere den Einbezug von Photonen oder Phononen.

6.3 Das Heisenbergbild (2. Quantisierung)

Der Übergang von der Schrödingerschen Beschreibungsebene zur Heisenbergschen Beschreibungsebene kann auch im Zusammenhang mit der zweiten Quantisierung entsprechend der im Abschnitt 4.2.2 beschriebenen Vorgehensweise durchgeführt werden.

Genauso wie im Zusammenhang mit der ersten Quantisierung überführt eine unitäre Transformation die Größen des Schrödingerbildes in Größen des Heisenbergbildes.

Dieser Sachverhalt soll nicht mehr ausführlich diskutiert werden. Da das Heisenbergbild der zweiten Quantisierung in der mathematisch-theoretischen Praxis eine wichtige Rolle spielt, im folgenden jedoch noch einige Bemerkungen dazu.

6.3.1 Heisenberg-Operatoren

Geht man zum Heisenbergbild über, dann gehen zeitunabhängige Operatoren des Schrödingerbildes in zeitabhängige Operatoren (in der Terminologie des Buches: in Heisenberg-Operatoren) über. Dieser Sachverhalt gilt auch für den Formalismus der zweiten Quantisierung.

Beispiel 6.20 Die Transformationsbeziehungen

$$\hat{b}_{\mathrm{H},i}^{+} = \hat{b}_{\mathrm{H},i}^{+}(t) = \exp\left(\frac{\mathrm{i}}{\hbar}\hat{H}t\right)\hat{b}_{i}^{+}\exp\left(-\frac{\mathrm{i}}{\hbar}\hat{H}t\right)$$

$$\hat{b}_{\mathrm{H},i}^{-} = \hat{b}_{\mathrm{H},i}^{-}(t) = \exp\left(\frac{\mathrm{i}}{\hbar}\hat{H}t\right)\hat{b}_{i}^{-}\exp\left(-\frac{\mathrm{i}}{\hbar}\hat{H}t\right)$$

(6.187)

bzw.

$$\hat{a}_{\mathrm{H},i}^{+} = \hat{a}_{\mathrm{H},i}^{+}(t) = \exp\left(\frac{\mathrm{i}}{\hbar}\hat{H}t\right)\hat{a}_{i}^{+}\exp\left(-\frac{\mathrm{i}}{\hbar}\hat{H}t\right)$$

$$\hat{a}_{\mathrm{H},i}^{-} = \hat{a}_{\mathrm{H},i}^{-}(t) = \exp\left(\frac{\mathrm{i}}{\hbar}\hat{H}t\right)\hat{a}_{i}^{-}\exp\left(-\frac{\mathrm{i}}{\hbar}\hat{H}t\right)$$

(6.188)

überführen die zeitunabhängigen Erzeugungs- und Vernichtungsoperatoren $\hat{b}^{\pm}$, $\hat{a}^{\pm}$ in Heisenberg-Operatoren, wobei (entsprechend des quantenfeldtheoretischen Hintergrunds) der Hamiltonoperator $\hat{H}$ einem quantenfeldtheoretischen Systemoperator gleichzusetzen ist:

$$\hat{H} = \hat{H}^{(2)} \,.$$

(6.189)

Die derartig definierten Erzeugungs- oder Vernichtungsoperatoren genügen den Vertauschungsrelationen

$$\left[\hat{b}_{\mathrm{H},i}^{-},\hat{b}_{\mathrm{H},j}^{-}\right]_{-} = \left[\hat{b}_{\mathrm{H},i}^{+},\hat{b}_{\mathrm{H},j}^{+}\right]_{-} = 0 \,,$$

$$\left[\hat{b}_{\mathrm{H},i}^{-},\hat{b}_{\mathrm{H},j}^{+}\right]_{-} = \delta_{ij}$$

(6.190)

bzw.

$$\left[\hat{a}_{\mathrm{H},i}^{-},\hat{a}_{\mathrm{H},j}^{-}\right]_{+} = \left[\hat{a}_{\mathrm{H},i}^{+},\hat{a}_{\mathrm{H},j}^{+}\right]_{+} = 0 \,,$$

$$\left[\hat{a}_{\mathrm{H},i}^{-},\hat{a}_{\mathrm{H},j}^{+}\right]_{+} = \delta_{ij} \,,$$

(6.191)

wie sich unter Verwendung der im Schrödingerbild geltenden Vertauschungsrelationen sofort herleiten läßt.

Mit Hilfe derartiger Heisenberg-Operatoren lassen sich Erwartungswerte berechnen.

6.3.2 Heisenbergsche Bewegungsgleichungen

Im Heisenbergbild wird die zeitliche Systementwicklung durch die Heisenbergschen Bewegungsgleichungen beschrieben. Die Heisenbergschen Bewegungsgleichungen definieren das Zeitverhalten zeitabhängiger Heisenberg-Operatoren. Diese Aussagen sind im Formalismus der zweiten Quantisierung ebenfalls richtig.

Beispiel 6.21 Die zeitliche Entwicklung der im Beispiel 6.20 angegebenen zeitabhängigen Erzeugungs- und Vernichtungsoperatoren wird durch die Heisenbergschen Bewegungsgleichungen

$$\frac{\mathrm{d}}{\mathrm{d}t}\eta_{\mathrm{H},i}^{+} = \frac{\mathrm{i}}{\hbar}\left[\hat{H}^{(2)},\eta_{\mathrm{H},i}^{+}\right]_{-} \tag{6.192}$$

bzw.

$$\frac{\mathrm{d}}{\mathrm{d}t}\eta_{\mathrm{H},i}^{-} = \frac{\mathrm{i}}{\hbar}\left[\hat{H}^{(2)},\eta_{\mathrm{H},i}^{-}\right]_{-} \tag{6.193}$$

erfaßt. Die Symbole $\eta_{\mathrm{H},i}^{\pm}$ stehen für die Bosonen- oder Fermionen-Operatoren $\hat{b}_{\mathrm{H},i}^{\pm}$, $\hat{a}_{\mathrm{H},i}^{\pm}$ des Heisenbergbildes.

Ist das Zeitverhalten von Heisenberg-Operatoren festgelegt, dann läßt sich das Zeitverhalten von Erwartungswerten berechnen.

6.4 Das Wechselwirkungsbild (2. Quantisierung)

Der Übergang vom Schrödingerbild der zweiten Quantisierung zum Wechselwirkungsbild der zweiten Quantisierung kann entsprechend der im Abschnitt 4.2.3 beschriebenen Vorgehensweise durchgeführt werden.

> Genauso wie im Zusammenhang mit der ersten Quantisierung überführt eine unitäre Transformation die Größen des Schrödingerbildes in Größen des Wechselwirkungsbildes.

Auch hierzu noch einige kurze Bemerkungen.

6.4.1 Wechselwirkungsbild-Operatoren

Entsprechend der Transformationsbeziehungen der ersten Quantisierung wird der Übergang vom Schrödingerbild zum Wechselwirkungsbild von einer komplexen Exponentialfunktion mit dem zentralem Hamiltonoperator $\hat{H}_0$ als Kernbestandteil erzeugt. Geht man zu Operatoren der zweiten Quantisierung über, dann erfassen diese Transformationsbeziehungen auch den Zusammenhang der beiden Bilder im Formalismus der zweiten Quantisierung.

Beispiel 6.22 Ersetzt man einen Hamiltonoperator im Schrödingerbild der ersten Quantisierung entsprechend[13]

$$\hat{H} = \hat{H}_0 + \lambda\hat{H}_S \rightarrow \hat{H}^{(2)} = \hat{H}_0^{(2)} + \lambda\hat{H}_S^{(2)} \tag{6.194}$$

durch einen Hamiltonoperator im Schrödingerbild in zweiter Quantisierung, so wird die Transformationsbeziehung (4.40) in

$$\lambda\hat{H}_{W,S}^{(2)} = \lambda\hat{H}_{W,S}^{(2)}(t) = \exp\left(\frac{i}{\hbar}\hat{H}_0^{(2)}t\right)\lambda\hat{H}_S^{(2)}\exp\left(-\frac{i}{\hbar}\hat{H}_0^{(2)}t\right) \tag{6.195}$$

überführt. Dieser Ausdruck beschreibt den Zusammenhang zwischen einem „Störoperator" des Schrödingerbildes der zweiten Quantisierung und einem „Störoperator" des Wechselwirkungsbildes der zweiten Quantisierung.

Beispiel 6.23 Ersetzt man einen Observablen-Operator $\hat{M}$ im Schrödingerbild der ersten Quantisierung entsprechend

$$\hat{M} \rightarrow \hat{M}^{(2)} \tag{6.196}$$

durch einen Observablen-Operator $\hat{M}^{(2)}$ des Schrödingerbildes der zweiten Quantisierung, so wird die Transformationsbeziehung (4.33) in

$$\hat{M}_W^{(2)} = \exp\left[\frac{i}{\hbar}\hat{H}_0^{(2)}(t - t_A)\right]\hat{M}^{(2)}\exp\left[-\frac{i}{\hbar}\hat{H}_0^{(2)}(t - t_A)\right] \tag{6.197}$$

überführt. Dieser Ausdruck erfaßt den Zusammenhang der Observablen-Operatoren der beiden quantenmechanischen Bilder im Formalismus der zweiten Quantisierung.

6.4.2 Wechselwirkungsbild-Bewegungsgleichungen

Die im Abschnitt 4.2.3 angegebenen Bewegungsgleichungen lassen sich spezifizieren, sodaß sie auch in der zweiten Quantisierung benützt werden können.

Beispiel 6.24 Führt man den Übergang (6.196) durch, dann erhält man entsprechend (4.35) die Bewegungsgleichung

$$\frac{d}{dt}\hat{M}_W^{(2)} = \frac{i}{\hbar}\left[\hat{H}_0^{(2)}, \hat{M}_W^{(2)}\right]_- . \tag{6.198}$$

---

[13]Das obere Symbol (2) deutet (wie immer in diesem Buch) an, daß nun eine Konkretisierung für den Formalismus der zweiten Quantisierung vorliegt.

Beispiel 6.25 Führt man den Übergang (6.194) durch, dann erhält man entsprechend (4.39) für die Zeitentwicklung von im Wechselwirkungsbild auftretenden Zustandsvektoren $|\psi_{t,\mathrm{w}}\rangle$ die Bewegungsgleichung

$$\mathrm{i}\hbar|\dot\psi_{t,\mathrm{w}}\rangle = \lambda\hat H^{(2)}_{\mathrm{W,S}}(t)\,|\psi_{t,\mathrm{w}}\rangle \ . \tag{6.199}$$

Integriert man (6.199) nach der Zeit, dann erhält man den Ausdruck

$$
\begin{aligned}
|\psi_{t,\mathrm{w}}\rangle &= |\psi_{0,\mathrm{w}}\rangle - \frac{\mathrm{i}}{\hbar}\int_0^t \lambda\hat H^{(2)}_{\mathrm{W,S}}(\tau)\,|\psi_{\tau,\mathrm{w}}\rangle\,\mathrm{d}\tau \\
&\approx |\psi_{0,\mathrm{w}}\rangle - \frac{\mathrm{i}}{\hbar}\int_0^t \lambda\hat H^{(2)}_{\mathrm{W,S}}(\tau)\,|\psi_{0,\mathrm{w}}\rangle\,\mathrm{d}\tau \ .
\end{aligned}
\tag{6.200}
$$

Diese Zustandsvektorformulierung stellt einen günstigen Ausgangspunkt für viele quantenfeldtheoretische Berechnungen dar.

Betrachten wir im folgenden ein Beispiel, das die oben dargestellten quantenfeldtheoretischen Sachverhalte relativ umfassend illustriert.

6.5 Ein Beispiel: Lasersysteme

Durch den in diesem Kapitel eingeführten Formalismus kann das Verhalten vieler Systeme auf eine anschauliche Weise beschrieben werden. Ein Beispiel dafür bilden *Lasersysteme*. Derartige Lasersysteme sind für die heutige industrielle Technik genauso wie für die experimentelle Physik wichtige pysikalische Systeme. Lasersysteme sind Lichtquellen, die in der Lage sind, (abgesehen von relativ kleinen *Fluktuationen*) ein *monochromatisch-kohärentes Lichtfeld* zu erzeugen, wobei das Attbribut *kohärent* darauf hindeutet, daß ein Lichtfeld vorliegt, das durch eine wohldefinierte Phase beschreibbar ist, und das Attribut *monochromatisch* andeutet, daß das erzeugte Lichtfeld durch eine wohldefinierte Frequenz charakterisierbar ist. Lasersysteme gibt es in verschiedenartiger Ausführung: Festkörperlaser genauso wie Flüssigkeitslaser oder Gaslaser sind konstruierbar. In Abhängigkeit von der molekularen Struktur kann ein Lasersystem eine oder mehrere *Lichtfeldmoden* mit jeweils einer speziellen Frequenz erzeugen.

Das grundsätzliche Arbeitsschema eines derartigen Lasersystems läßt sich folgendermaßen umschreiben: Laseraktive Moleküle sind in einer Trägersubstanz (z. B. eine Festkörpermatrix oder eine Flüssigkeit) eingebettet. Durch Zufuhr von „Pumpenergie" (z. B. in Form von Anregungslicht oder durch Ioneninjektion) wird eine *Inversion* der Besetzungszahlen der für die Lasertätigkeit verantwortlichen Energieniveaus erreicht, d. h. ursprünglich nur in geringer Zahl besetzte, energetisch höher liegende Energieniveaus der laseraktiven Moleküle werden angeregt. Durch Zurückfallen der angeregten elektronischen Zustände in den Grundzustand bildet sich ein erstes stärkeres Lichtfeld heraus. Durch das Reflexionsvermögen der einen Resonatorraum abgrenzenden Resonatorspiegel wird der Aufbau eines intensiven Lichtfeldes ermöglicht, das auf die laseraktiven Moleküle zurückwirkt, sodaß sich – nach Überschreitung eines kritischen Wertes der zugeführten „Pumpenergie" bzw. nach Überschreitung einer kritischen Inversion – in letzter Konsequenz ein *synergetisch* schwingendes Molekülsystem herausbildet, an das ein kohärentes, im idealen Fall monochromatisches Lichtfeld gekoppelt ist, das über den teilweise durchlässigen Resonatorspiegel den Resonatorraum zu einem bestimmten Prozentsatz verlassen kann, sodaß man das typische Laserlicht beobachtet.[14] Man vergleiche mit Bild 6.12.

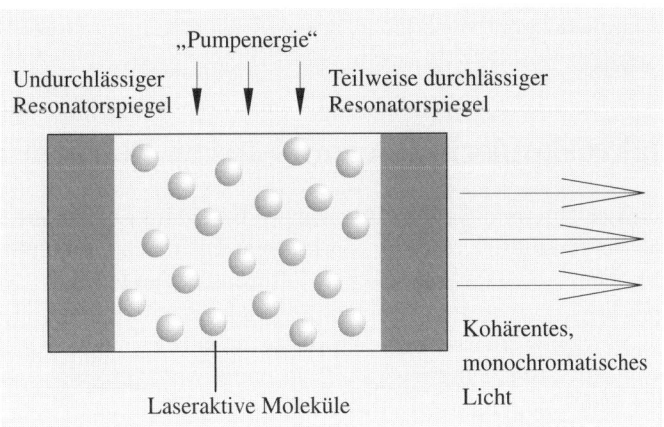

Bild 6.12 Das Grundschema eines Lasersystems

Bei Lasersystemen sind hauptsächlich drei Betrachtungsebenen relevant: die makroskopisch-deterministische, die makroskopisch-statistische und die mikroskopische Ebene. Während die Herausbildung des „globalen" Lichtfeldes auf eine einfache Weise auf der makroskopisch-deterministischen Ebene beschrieben werden kann, ist das Auftreten von beispielsweise Phasen- oder Amplituden-Fluktuationen auf der makroskopisch-statistischen Ebene günstig erfaßbar. Die mikroskopische Ebene erlaubt einen schnellen Zugang zu den zugrundeliegenden mikroskopischen Teilprozessen. Die makroskopisch-deterministische Ebene kann durch geeignete deterministische Differentialgleichungen (d. h. *Lasergleichungen*) beschrieben werden, die die raumzeitliche Verknüpfung des jeweiligen elektromagnetischen Feldes mit relativ zu den stattfindenden mikroskopischen Prozessen gesehenen makroskopischen Materieeigenschaften (wie die makroskopische Polarisation und die makroskopische Inversion) auf eine deterministische Weise erfassen. Die makroskopisch-statistische Ebene kann durch Integration von Fluktuationstermen in derartige Lasergleichungen implementiert werden[15]. Daraus lassen sich dann statistische Differentialgleichungen ableiten, die als Lösungen statistische Verteilungsfunktionen ergeben, welche das statistische Verhalten des jeweiligen Lasersystems erfassen. Die mikroskopische Ebene kann mittels quantentheoretischer oder quantenfeldtheoretischer Methoden abgedeckt werden.

---

[14]Im üblichen Sprachgebrauch deutet der Begriff *Synergie* an, daß die am System beteiligten Komponenten ein kooperatives Verhalten zeigen. Die Lehre vom kooperativen Verhalten belebter und unbelebter Systeme, die *Synergetik*, ist inzwischen ein sehr weit entwickeltes Spezialgebiet der modernen Naturwissenschaften geworden. Einen grundsätzlichen Einblick in dieses Spezialgebiet geben insbesondere die Bücher von H. Haken (siehe [74, 75]). Im Kapitel 11 wird auf diese Disziplin noch genauer eingegangen.

[15]Bezüglich der statistischen Ebene sei beispielsweise auf [27] hingewiesen. Dort werden Methoden der statistischen Beschreibung von Lasersystemen dargestellt. Bezüglich der deterministischen Ebene sei beispielsweise auf [69] hingewiesen.

In einer einfachen Realisierung eines Lasersystems hat man es mit laseraktiven Molekülen zu tun, die sich als Kerne mit einer sie umgebenden „Elektronenwolke" darstellen, wobei die Laseraktivität an ein einzelnes äußeres, sogenanntes „Leuchtelektron" gekoppelt ist, dessen Zustände durch ein einfaches Zweiniveau-Modell beschrieben werden können, d. h. man hat es mit einem Zweiniveaulaser zu tun. Ist die Dichte der laseraktiven Moleküle relativ gering, dann können die einzelnen laseraktiven Moleküle bezüglich ihrer Lasertätigkeit wie freie Moleküle behandelt werden.

6.5.1 Die makroskopisch-deterministische Betrachtungsbene

Auf der makroskopisch-deterministischen Betrachtungsbene wird das dynamische Verhalten eines Lasersystems durch *Lasergleichungen* beschrieben, d. h. durch Differentialgleichungen, welche das raumzeitliche Verhalten von makroskopischen Größen wie z. B. der elektrischen Feldstärke eingrenzen.

Setzt man ein einfach polarisiertes Lichtfeld voraus, sodaß es genügt, eine einzelne Komponente $E(x,t)$ der elektrischen Feldstärke zu berücksichtigen, und setzt man voraus, daß diese Komponente sich mittels einer komplexen Fourier-Reihe in der Form

$$E(x,t) = i\sum_k [N_k E_k(t)\exp(i k_k x) - N_k^* E_k^*(t)\exp(-i k_k x)] \tag{6.201}$$

schreiben läßt, wobei N_k dimensionslose komplexe Amplituden garantiert, E_k für eine zeitabhängige Amplitudenfunktion steht und k_k Wellenvektoren einzelner Lasermoden repräsentiert, deren Betrag gleich k ist, welcher auch als Summationsindex benützt wird, dann sind grundlegende Lasergleichungen durch

$$\frac{\mathrm{d}}{\mathrm{d}t}E_k(t) = (-i\omega_k - \kappa_k)E_k(t) - i\sum_{l=1}^N g_k^*\alpha_l(t) + F_k^{(1)}(t)\,,$$

$$\frac{\mathrm{d}}{\mathrm{d}t}\alpha_l(t) = (-i\nu - \gamma)\alpha_l(t) + i\sum_k g_k E_k(t)\sigma_l(t) + F_l^{(2)}(t)\,, \tag{6.202}$$

$$\frac{\mathrm{d}}{\mathrm{d}t}\sigma_l(t) = \gamma_{\mathrm{inv}}[d_0 - \sigma_l] + 2i\sum_k [g_k^*\alpha_l(t)E_k^* - g_k\alpha_l^*(t)E_k] + F_l^{(3)}(t)$$

gegeben. Sie lassen sich empirisch begründen: Während die erste Beziehung eine *Feldgleichung* ist, welche die Änderung der komplexen elektrischen Feldamplituden auf Grund von freien Feldoszillationen (erfaßt durch die Kreisfrequenzen ω_i), auf Grund von Dämpfung (erfaßt durch den Abklingfaktor κ_k) und auf Grund von angekoppelten oszillierenden molekularen Dipolmomenten $\alpha_l(t)$ beschreibt, stellen die restlichen beiden Beziehungen *Materialgleichungen* dar, welche den Einfluß des laseraktiven Mediums beschreiben. Die erste dieser Materialgleichungen gibt die Änderung der molekularen Dipolmomente $\alpha_l(t)$ auf Grund von freien Oszillationen (erfaßt durch die zentrale Frequenz ν einer kollektiven Emissionslinie), auf Grund von Dämpfungseffekten (erfaßt durch die Abklingkonstante γ) sowie auf Grund der Wechselwirkung mit der elektrischen Feldstärkegröße $E_k(t)$ an. Zusätzlich tritt in dieser ersten Materialgleichung noch die Größe $\sigma_l(t)$ auf. Während $S(t) = \sum_l \alpha_l(t)$ die kollektive, das ganze aktive Medium betreffende Polarisation beschreibt, gibt $D(t) = \sum_l \sigma_l(t) = N_2(t) - N_1(t)$ die Differenz der Besetzungszahlen $N_1(t)$, $N_2(t)$ der betrachteten zwei Energieniveaus an, d. h. $D(t)$ gibt die kollektive Inversion wieder. In diesem Sinne beschreibt $\sigma_l(t)$ die molekulare Inversion. Liegt eine Besetzungsinversion vor, d. h. es gilt $D(t) > 0$, dann ist Lasertätigkeit möglich. Damit verbunden sind Werte $\sigma_l(t) < 0$ (Absorption von Feldenergie) und Werte $\sigma_l(t) > 0$ (Emission von Feldenergie). Die zweite der obigen Materialgleichungen legt ihr zeitliches Verhalten fest. Während d_0 für die molekulare Gleichgewichtsinversion steht, sodaß $D_0 = N d_0$ die Gleichgewichtsinversion des gesamten laseraktiven Mediums angibt, gibt γ_{inv} die Abklingkonstante einer vorgegebenen Inversion in den Gleichgewichtszustand an. Derartige Abklingkonstanten stehen für reziproke Relaxationszeiten. So steht γ_{inv} für $1/T_{\text{inv}}$, wobei T_{inv} die Relaxationszeit in den Gleichgewichtszustand angibt. Die Komponenten $\sigma_l(t)$ garantieren die richtige Phasenrelation zwischen dem elektrischen Feld und den molekularen Dipolmomenten. Die Fluktuationsterme $F_k^{(1)}(t)$, $F_l^{(2)}(t)$, $F_l^{(3)}(t)$ erfassen unkontrollierbare stochastische Effekte wie beispielsweise hervorgerufen durch spontane Emission.

Die Lasergleichungen (6.202) sind in letzter Konsequenz auf einer makroskopischen Betrachtungsebene geltende Bewegungsgleichungen, da sie das Verhalten eines einzelnen Moleküls auf eine für makroskopische Systeme gültige Weise modellieren, sodaß erst der Übergang zu $\alpha_l(t)$, $\sigma_l(t)$ zugeordneten kollektiven Variablen $S(t)$, $D(t)$ tatsächlich beobachtbare Meßergebnisse wiedergibt. Dieses hier im Spezialfall auftretende Prinzip ist nach aller bisherigen Erfahrung ein universelles Prinzip: Makroskopische Systeme lassen sich in mikroskopische Teilsysteme wie beispielsweise Atome oder Moleküle zerlegen, wobei diese mikroskopischen Teilsysteme mittels auf einer makroskopischen Betrachtungsebene geltenden Methoden behandelt werden können, wenn dadurch erhaltene Ergebnisse im Zusammenhang mit makroskopischen Signalen interpretiert werden.

6.5.2 Die mikroskopische Betrachtungsbene

Die obigen Ausführungen über Lasersysteme sind auf einer makroskopischen Betrachtungsebene angesiedelt. Gehen wir nun zu einer mikroskopischen Betrachtungsebene, der quantenfeldtheoretischen Ebene, über. Um eine gedankliche Einordnung der folgenden Überlegungen zu erleichtern, sei hier noch angegeben, daß sich die folgenden Überlegungen der Kategorie „Wechselwirkung zwischen Licht und Materie" oder auch der Kategorie „Quantenelektrodynamik" (QED) unterordnen lassen.

6.5.2.1 Hamiltonfunktionen und Hamiltonoperatoren

Soll ein Lasersystem auf einer mikroskopischen Betrachtungsebene mathematisch modelliert werden, und soll diese Modellierung auf der Grundlage des oben eingeführten quantenfeldtheoretischen Formalismus geschehen, dann muß zuerst der systemspezifische Hamiltonoperator hergeleitet werden. Diese Herleitung wird im folgenden ausgehend von der systemspezifischen klassischen Hamiltonfunktion durchgeführt.

I. Die grundlegende Hamiltonfunktion

Die Grundlage eines einfachen Laser-Szenarios wird von einem Elektron gebildet, das sich innerhalb einer materiellen Umgebung bewegt und zusätzlichen Kräften hervorgerufen durch ein elektromagnetischen Feld ausgesetzt ist. Ein solches Szenario wird durch die Hamiltonfunktion

$$H_{\mathrm{QED}} = H_{\mathrm{e}^-} + H_\gamma + \lambda H_{\mathrm{S}} \tag{6.203}$$

beschrieben. Während H_{e^-} das freie elektronische System beschreibt, erfaßt H_γ das freie photonische System und λH_{S} die Wechselwirkung zwischen beiden Teilsystemen. Entsprechend der Unterordenbarkeit dieser Überlegungen unter die Quantenelektrodynamik wird diese systemspezifische Hamiltonfunktion mit dem unteren Symbol QED versehen.

H_{e^-} steht für die durch (6.5) gegebene feldspezifische makroskopische Hamiltonfunktion, d. h. es gilt

$$\begin{aligned}
H_{\mathrm{e}^-} &= \int \psi^*(\boldsymbol{x},t)\hat{H}\psi(\boldsymbol{x},t)\,\mathrm{d}^3x \\
&= \int \psi^*(\boldsymbol{x},t)\left[-\frac{\hbar^2}{2m_0}\triangle + V(\boldsymbol{x})\right]\psi(\boldsymbol{x},t)\,\mathrm{d}^3x \\
&= \int \psi^*(\boldsymbol{x},t)\left[\frac{1}{2m_0}\left(\frac{\hbar}{\mathrm{i}}\nabla\right)^2 + V(\boldsymbol{x})\right]\psi(\boldsymbol{x},t)\,\mathrm{d}^3x \,.
\end{aligned} \tag{6.204}$$

Diese Hamiltonfunktion erfaßt die Elektronenbewegung unter dem Einfluß einer die materielle Umgebung beschreibenden Potentialfunktion $V(\boldsymbol{x})$.

H_γ steht für die feldspezifische makroskopische Hamiltonfunktion des elektromagnetischen Feldes. Sie entspricht der aus der nullten Komponente (3.210) des elektromagnetischen Energie-Impuls-Tensors bildbaren globalen Energiedichte, d. h. es gilt

$$\begin{aligned}
H_\gamma &= \frac{1}{2}\int(\boldsymbol{D}\boldsymbol{E}+\boldsymbol{B}\boldsymbol{H})\,\mathrm{d}^3x \\
&= \frac{1}{2}\int\left(\varepsilon\boldsymbol{E}^2 + \frac{1}{\mu}\boldsymbol{B}^2\right)\mathrm{d}^3x \\
&\overset{\mathrm{CGS\text{-}System}}{=} \frac{1}{8\pi}\int\left(\varepsilon\boldsymbol{E}^2 + \frac{1}{\mu}\boldsymbol{B}^2\right)\mathrm{d}^3x \\
&\overset{\mathrm{CGS\text{-}System}}{=} \frac{1}{8\pi}\int\left(\boldsymbol{E}^2 + \boldsymbol{B}^2\right)\mathrm{d}^3x \,,
\end{aligned} \tag{6.205}$$

wobei zu berücksichtigen ist, daß der Problemstellung gemäß eine feldspezifische makroskopische Hamiltonfunktion eines elektromagnetischen Feldes im Vakuum zu betrachten ist, sodaß die im MKSA-System auftretenden Zahlen $\varepsilon = \varepsilon_0\varepsilon_{\mathrm{r}}$, $\mu = \mu_0\mu_{\mathrm{r}}$ gleich ε_0, μ_0 zu setzen sind und die im CGS-System auftretenden Zahlen $\varepsilon = \varepsilon_{\mathrm{r}}$, $\mu = \mu_{\mathrm{r}}$ gleich 1 gesetzt werden können, weshalb im CGS-System diese Zahlen nicht mehr explizit auftreten. Berücksichtigt man noch die Beziehungen (3.164), (3.165) und setzt innerhalb dieser Beziehungen voraus, daß das elektromagnetische Feld alleine von einem spezifischem Vektorpotential $\boldsymbol{A}$ repräsentiert wird, dann erhält man letztendlich eine Hamiltonfunktion H_γ, die alleine durch das spezifische Vektorpotential bestimmt wird, nämlich die Hamiltonfunktion

$$H_\gamma \overset{\text{CGS-System}}{=} \frac{1}{8\pi} \int \left[\frac{1}{c^2} \left(\frac{\partial A}{\partial t} \right)^2 + (\text{rot} A)^2 \right] \mathrm{d}^3 x \,. \tag{6.206}$$

Ersetzt man den in der Hamiltonfunktion (6.204) auftretenden reinen Impulsoperator entsprechend

$$\hat{p} = \frac{\hbar}{\mathrm{i}} \nabla \to \hat{p} \quad = \quad \frac{\hbar}{\mathrm{i}} \nabla - e A$$
$$\overset{\text{CGS-System}}{=} \frac{\hbar}{\mathrm{i}} \nabla - \frac{e}{c} A \tag{6.207}$$

durch einen um einen Vektorpotentialterm erweiterten Operatorausdruck, so erhält man die Hamiltonfunktion

$$H'_{e^-} \quad = \quad \int \psi^*(x,t) \left[\frac{1}{2m_0} \left(\frac{\hbar}{\mathrm{i}} \nabla - e A \right)^2 + V(x) \right] \psi(x,t) \, \mathrm{d}^3 x$$
$$\overset{\text{CGS-System}}{=} \int \psi^*(x,t) \left[\frac{1}{2m_0} \left(\frac{\hbar}{\mathrm{i}} \nabla - \frac{e}{c} A \right)^2 + V(x) \right] \psi(x,t) \, \mathrm{d}^3 x \,, \tag{6.208}$$

die einerseits die Elektronenbewegung unter dem Einfluß einer Potentialfunktion und andererseits die Kopplung dieser Elektronenbewegung an das elektromagnetische Feld enthält[16]. Durch Vergleich der Hamiltonfunktionen (6.208) und (6.204) ergibt sich die Hamiltonfunktion der Wechselwirkung zu

$$\lambda H_S \quad = \quad \int \psi^*(x,t) \left(-\frac{e}{m_0} A \frac{\hbar}{\mathrm{i}} \nabla + \frac{e^2}{2m_0} A^2 \right) \psi(x,t) \, \mathrm{d}^3 x$$
$$\overset{\text{CGS-System}}{=} \int \psi^*(x,t) \left(-\frac{e}{m_0 c} A \frac{\hbar}{\mathrm{i}} \nabla + \frac{e^2}{2m_0 c^2} A^2 \right) \psi(x,t) \, \mathrm{d}^3 x \,. \tag{6.209}$$

Von diesen Hamiltonfunktionen ausgehend lassen sich schnell die systemspezifischen Hamiltonoperatoren gewinnen.

II. Der grundlegende Hamiltonoperator

Der systemspezifischen Hamiltonfunktion (6.203) zugeordnet ist der systemspezifische Hamiltonoperator

---

[16]Daß über die Ersetzung (6.207) die durch ein Vektorpotential beschriebene elektromagnetische Wechselwirkung in den Formalismus integriert werden kann, verdeutlicht folgende Überlegung: Man betrachte die beiden makroskopischen Hamiltonfunktionen (3.244) und (3.245) für den Fall $W = V(x)$, $Q = e$. Während (3.245) die Bewegung eines makroskopischen Teilchens bzw. die makroskopische Bewegung eines mikroskopischen Teilchens beschreibt, wenn keine nichtskalaren Wechselwirkungen mit der Systemumgebung vorhanden sind, erfaßt (3.244) ein zusätzliches, über ein nichtskalares Vektorpotential festgelegtes elektromagnetisches Feld. Da nach den Ausführungen des Abschnitts 4.3.2 der Hamiltonoperator eines mikroskopischen Teilchens ohne nichtskalare Wechselwirkungen in erster Quantisierung mittels der Jordanschen Regeln (4.140) aus einer makroskopischen Hamiltonfunktion der Form (3.245) gewonnen werden kann, ist die Annahme naheliegend, daß die Anwendung der Jordanschen Regeln auf die makroskopische Hamiltonfunktion (3.244) zu demjenigen Hamiltonoperator in erster Quantisierung führt, der zusätzliche, durch ein Vektorpotential erfaßbare elektromagnetische Wechselwirkungen beschreibt. Genau diesen Sachverhalt gibt die Ersetzung (6.207) wieder.

$$\hat{H}_{\text{QED}}^{(2)} = \hat{H}_0^{(2)} + \lambda \hat{H}_S^{(2)} \quad \text{mit} \quad \hat{H}_0^{(2)} = \hat{H}_{e^-}^{(2)} + \hat{H}_\gamma^{(2)} , \tag{6.210}$$

wobei $\hat{H}_{e^-}^{(2)}$, $H_\gamma^{(2)}$, $\lambda H_S^{(2)}$ der Hamiltonoperator des freien elektronischen Systems, der Hamiltonoperator des freien photonischen System bzw. der Hamiltonoperator der Wechselwirkung ist. Im Sinne der Begriffsbildung des Buches repräsentieren diese Hamiltonoperatoren spezielle quantenfeldtheoretische Systemoperatoren.

Die einzelnen quantenfeldtheoretischen Systemoperatoren lassen sich auf die im allgemeinen theoretisch-mathematischen Teil eingeführte Weise, aus den oben angegebenen Hamiltonfunktionen, gewinnen. Diese Gewinnung wird im folgenden skizziert. Die Gültigkeit der einzelnen Berechnungen läßt sich über das im allgemeinen theoretisch-mathematischen Teil eingeführte Denkschema begründen, worauf im folgenden jedoch nicht näher eingegangen werden soll.

Das Elektronensystem

Setzt man die durch (6.8) gegebene Feldfunktionsdarstellungen in (6.204) ein und führt den Übergang zu Feldoperatoren der Form (6.45) aus, dann erhält man den quantenfeldtheoretischen Systemoperator

$$\hat{H}_{e^-}^{(2)} = \sum_{i=1}^{M} E_{i,e^-} \hat{a}_i^+ \hat{a}_i^- . \tag{6.211}$$

Da ein Elektron der Teilchenklasse der Fermionen zuzuordnen ist, treten Fermionen-Erzeugungsoperatoren bzw. -Vernichtungsoperatoren auf.

Das Photonensystem

Setzt man die Vektorpotentialdarstellung (3.257) in (6.206) ein, berücksichtigt, daß die in (3.257) auftretenden Ortsanteile gemäß $\delta(\boldsymbol{k} - \boldsymbol{k}') = \int \exp[i(\boldsymbol{k} - \boldsymbol{k}')\boldsymbol{x}] d^3x$ innerhalb des durch (6.206) vorgegebenen Integrals eine Diracsche Deltafunktion reproduzieren, und berücksichtigt ferner, daß für die in (3.257) auftretenden Einheitsvektoren verschiedener Polarisationsrichtungen die Relation $\boldsymbol{e}(\boldsymbol{k},\sigma)\boldsymbol{e}(\boldsymbol{k},\sigma') = \delta_{\sigma\sigma'}$ gilt, dann geht (6.206) in einen Ausdruck der Form $H_\gamma = \sum_{k,\sigma} E_\gamma(\boldsymbol{k})\psi'^*(\boldsymbol{k},\sigma,t)\psi'(\boldsymbol{k},\sigma,t)$ über. Die Feldgrößen $\psi'^*(\boldsymbol{k},\sigma,t)$, $\psi'(\boldsymbol{k},\sigma,t)$ enthalten sämtliche zeitabhängigen Anteile und Faktoren. Ersetzt man diese Feldgrößen durch Feldoperatoren $\hat{b}_{k,\sigma}^+$, $\hat{b}_{k,\sigma}^-$, dann erhält man den quantenfeldtheoretischen Systemoperator

$$\hat{H}_\gamma^{(2)} = \sum_{k,\sigma} E_\gamma(\boldsymbol{k}) \hat{b}_{k,\sigma}^+ \hat{b}_{k,\sigma}^- . \tag{6.212}$$

Da die Feldteilchen elektromagnetischer Wellen, die Photonen, der Teilchenklasse der Bosonen zuzuordnen sind, treten hier Bosonen-Erzeugungsoperatoren und -Vernichtungsoperatoren auf.

Die Elektron-Photon-Wechselwirkung

Setzt man sowohl die Feldfunktionsdarstellungen (6.8) als auch die Vektorpotentialdarstellung (3.257) in die Hamiltonfunktion (6.209) ein, geht anschließend zu Feldoperatoren über und faßt man sämtliche auftretenden Ortsintegrale und Faktoren in mit dem Symbol g zu versehenden Größen zusammen, dann erhält man den quantenfeldtheoretischen Systemoperator

$$\lambda \hat{H}_S^{(2)} = \hat{H}_{S,1}^{(2)} + \hat{H}_{S,2}^{(2)} \tag{6.213}$$

mit den 1-Photon- und 2-Photonen-Wechselwirkungsprozesse beschreibenden Anteilen

$$\hat{H}_{S,1}^{(2)} = \sum_{i,j} \sum_{k,\sigma} \left(g_{i,j,k,\sigma}^{(+--)} \hat{a}_j^+ \hat{a}_i^- \hat{b}_{k,\sigma}^- + g_{i,j,k,\sigma}^{(+-+)} \hat{a}_j^+ \hat{a}_i^- \hat{b}_{k,\sigma}^+ \right),$$

$$\begin{aligned}
\hat{H}_{S,2}^{(2)} = \sum_{i,j} \sum_{k,k',\sigma,\sigma'} \Big(&g_{i,j,k,k',\sigma,\sigma'}^{(+---)} \hat{a}_j^+ \hat{a}_i^- \hat{b}_{k,\sigma}^- \hat{b}_{k',\sigma'}^- \\
&+ g_{i,j,k,k',\sigma,\sigma'}^{(+--+)} \hat{a}_j^+ \hat{a}_i^- \hat{b}_{k,\sigma}^- \hat{b}_{k',\sigma'}^+ \\
&+ g_{i,j,k,k',\sigma,\sigma'}^{(+-+-)} \hat{a}_j^+ \hat{a}_i^- \hat{b}_{k,\sigma}^+ \hat{b}_{k',\sigma'}^- \\
&+ g_{i,j,k,k',\sigma,\sigma'}^{(+-++)} \hat{a}_j^+ \hat{a}_i^- \hat{b}_{k,\sigma}^+ \hat{b}_{k',\sigma'}^+ \Big).
\end{aligned} \tag{6.214}$$

Da dieser Operator Wechselwirkungen zwischen Fermionen und Bosonen erfaßt, treten sowohl Fermionen- als auch Bosonen-Operatoren auf.

6.5.2.2 Laserspezifische Zweiniveau-Spezifizierung

Betrachtet man ein Zweiniveau-Modell zur Beschreibung des Lasersystems, dann müssen die obigen quantenfeldtheoretischen Systemoperatoren weitergehend spezifiziert werden.

I. Das Elektronensystem

Gemäß (6.211) läßt sich ein aus den zwei möglichen elektronischen Zuständen E_{1,e^-}, E_{2,e^-} bestehendes System (vgl. Bild 6.13) mit Hilfe von Erzeugungs- und Vernichtungsoperatoren durch den quantenfeldtheoretischen Systemoperator

$$\hat{H}_{e^-}^{(2)} = \sum_{i=1}^{2} E_{i,e^-} \hat{a}_i^+ \hat{a}_i^- \tag{6.215}$$

erfassen. Dieser quantenfeldtheoretische Systemoperator gilt für ein einzelnes Molekül. Werden N Moleküle betrachtet, dann muß über alle Moleküle l summiert werden, sodaß sich der Ausdruck

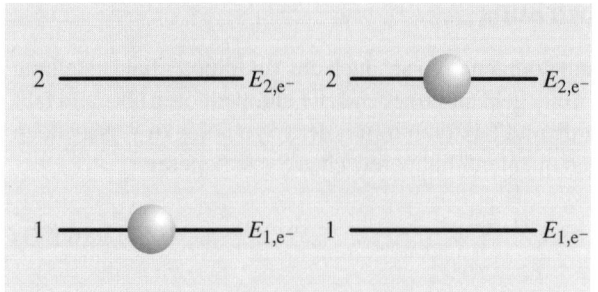

Bild 6.13 Das Zweiniveau-Modell: Zustände des Leuchtelektrons

$$\hat{H}_{e^-}^{(2)} = \sum_{l=1}^{N} \left(\sum_{i=1}^{2} E_{i,e^-}\hat{a}_i^+ \hat{a}_i^- \right)_l \tag{6.216}$$

ergibt, der das laseraktive Elektronensystem erfaßt.

II. Das Photonensystem

Das parallel dazu vorliegende Photonensystem läßt sich nach (6.212) durch den quantenfeldtheoretischen Systemoperator

$$\hat{H}_\gamma^{(2)} = \sum_k E_\gamma(k)\hat{b}_k^+ \hat{b}_k^- \tag{6.217}$$

beschreiben. Wiederum steht k für den Betrag eines eine Lichtfeldmode charakterisierenden Wellenvektors $\boldsymbol{k}$, wobei von der Ausstrahlungsrichtung der Photonen abgesehen wird, sodaß k als Index benützt werden kann. Dieser Hamiltonoperator enthält sämtliche möglichen Energiezustände. Da die möglichen Energien alleine durch k festgelegt werden, wird k auch in den Abhängigkeitsklammern der Energien angegeben. Da Photonen der Klasse der Bosonen zuordenbar sind, können spezielle Energieniveaus mit beliebig vielen Teilchen besetzt sein (vgl. Bild 6.14).

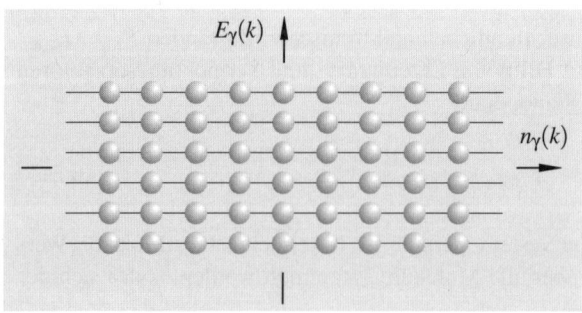

Bild 6.14 Photonenzustände in einem nicht-monochromatischen Lichtfeld. Da Photonen der Klasse der Bosonen zuordenbar sind, können spezielle Energiezustände $E_\gamma(k)$ von einer beliebigen Anzahl $n_\gamma(k)$ von Photonen besetzt werden

III. Die Elektron-Photon-Wechselwirkung

Koppelt ein elektronisches Zweiniveausystem an ein Lichtfeld an, dann sind zwei grundsätzliche Wechselwirkungsprozesse zu unterscheiden: Absorption und Emission.

Absorption

Ein Photon der Energie $\hbar\omega(k)$ wird absorbiert und dabei das Elektron vom Grundzustand in den angeregten Zustand angehoben. Räumt man die Möglichkeit der Entstehung von Photonen mit unterschiedlicher Energie (beschrieben durch den Wellenvektorbetrag k) ein, dann werden (unter Verwendung von Erzeugungs- und Vernichtungsoperatoren) nach (6.213) sämtliche Wechselwirkungsprozesse durch den quantenfeldtheoretischen Systemoperator

$$\hat{H}_{\mathrm{A}}^{(2)} = \sum_k g_k \hat{a}_2^+ \hat{a}_1^- \hat{b}_k^- \qquad (6.218)$$

beschrieben. g_k stellt ein Maß für die Stärke der jeweiligen Wechselwirkung dar, die im folgenden als Kopplungsstärke bezeichnet wird.

Die Struktur dieses Wechselwirkungsoperators läßt sich auf eine intuitive Weise verstehen: $\hat{b}_k^-$ definiert die Vernichtung eines Photons, $\hat{a}_1^-$ die Vernichtung des Elektronenzustands 1 und $\hat{a}_2^+$ die Erzeugung des Elektronenzustands 2. Auf die gleiche intuitive Weise sind alle Wechselwirkungsoperatoren im Formalismus der zweiten Quantisierung erfaßbar.

Emission

Der umgekehrte Wechselwirkungsprozeß, d. h. die Emission eines Photons unter gleichzeitigem Übergang des Elektrons in den Grundzustand des Zweiniveausystems, kann nach (6.213) demgegenüber durch

$$\hat{H}_{\mathrm{E}}^{(2)} = \sum_k g_k^* \hat{a}_1^+ \hat{a}_2^- \hat{b}_k^+ \qquad (6.219)$$

erfaßt werden.

Auch hier liegt eine intuitiv erfaßbare Operatorstruktur vor: $\hat{a}_1^+$ definiert die Erzeugung eines Elektronenzustands 1 bei einer gleichzeitigen, durch $\hat{a}_2^-$ beschriebenen Vernichtung des Elektronenzustands 2 sowie einer gleichzeitigen, durch $\hat{b}_k^+$ beschriebenen Erzeugung eines Photons.

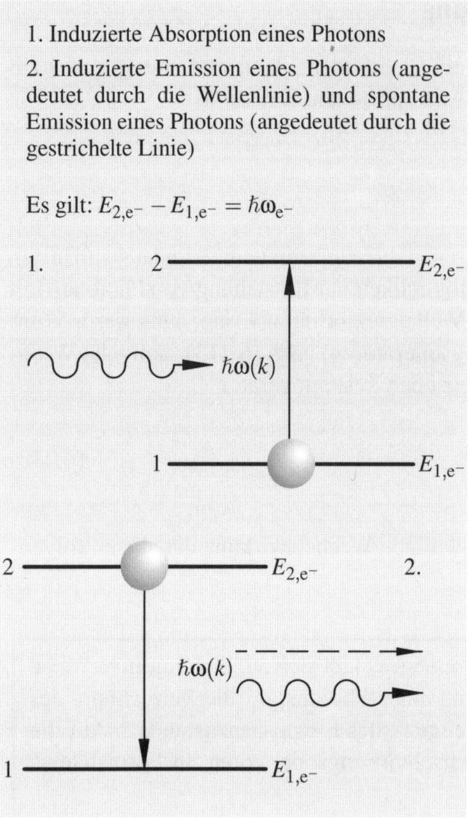

1. Induzierte Absorption eines Photons

2. Induzierte Emission eines Photons (angedeutet durch die Wellenlinie) und spontane
Emission eines Photons (angedeutet durch die
gestrichelte Linie)

Es gilt: $E_{2,e^-} - E_{1,e^-} = \hbar\omega_{e^-}$

Bild 6.15 Absorptions- und Emissionsprozesse eines Zweiniveausystems. Ein sich in einem Lichtfeld befindendes Zweiniveausystem kann sowohl Photonen absorbieren als auch wieder emittieren. Existiert eine Lichtfeldmode, deren Photonenenergie $\hbar\omega(k)$ gleich der Energiedifferenz $\hbar\omega_{e^-}$ des Zweiniveausystems ist, dann kommt es zu einer resonanten Ankopplung des Lichtfeldes an das Zweiniveausystem. Absorption: Durch Absorption eines Photons aus dem Lichtfeld wird das Elektron des Zweiniveausystems in den angeregten Zustand gehoben (induzierte Absorption). Emission: Durch das Lichtfeld angeregt werden auch Photonen emittiert, wobei das Elektron in den Grundzustand zurückfällt (induzierte Emission); diesem Emissionsprozeß überlagert findet man statistisch verteilte, nicht durch das Lichtfeld angeregte Emissionsprozesse (spontane Emission). In der Sprache der Quantenfeldtheorie kann man diese Prozesse folgendermaßen charakterisieren: Ein Photon wird vernichtet unter gleichzeitiger Erzeugung eines energetisch höherwertigeren Elektronenzustands bzw. ein Photon wird erzeugt unter gleichzeitiger Vernichtung des angeregten Elektronenzustands

Zusammenfassung

Faßt man die obigen beiden quantenfeldtheoretischen Systemoperatoren zusammen, dann erhält man den quantenfeldtheoretischen Systemoperator der Wechselwirkungen, den Hamiltonoperator

$$\hat{H}_{A+E}^{(2)} = \hat{H}_A^{(2)} + \hat{H}_E^{(2)} = \sum_k \left[g_k \hat{a}_2^+ \hat{a}_1^- \hat{b}_k^- + g_k^* \hat{a}_1^+ \hat{a}_2^- \hat{b}_k^+ \right] \,, \tag{6.220}$$

sodaß sich für das gesamte N-Molekül-System

$$\hat{H}_{A+E}^{(2)} = \sum_{l=1}^N \sum_k \left[g_k \left(\hat{a}_2^+ \hat{a}_1^- \right)_l \hat{b}_k^- + g_k^* \left(\hat{a}_1^+ \hat{a}_2^- \right)_l \hat{b}_k^+ \right] \tag{6.221}$$

schreiben läßt. Im Termschema lassen sich diese Wechselwirkungsprozesse entsprechend Bild 6.15 schematisch beschreiben.

IV. Der Hamiltonoperator des Zweiniveau-Modells

Addiert man die einzelnen quantenfeldtheoretischen Systemoperatoren auf, dann erhält man den quantenfeldtheoretischen Systemoperator aller Teilprozesse, den Hamiltonoperator

$$\hat{H}^{(2)} = \hat{H}_{\mathrm{e}^-}^{(2)} + \hat{H}_{\gamma}^{(2)} + \hat{H}_{\mathrm{A+E}}^{(2)} = \sum_{l=1}^{N} \left(\sum_{i=1}^{2} E_{i,\mathrm{e}^-} \hat{a}_i^+ \hat{a}_i^- \right)_l + \sum_k E_{\gamma}(k) \hat{b}_k^+ \hat{b}_k^-$$
$$+ \sum_{l=1}^{N} \sum_k \left[g_k \left(\hat{a}_2^+ \hat{a}_1^- \right)_l \hat{b}_k^- + g_k^* \left(\hat{a}_1^+ \hat{a}_2^- \right)_l \hat{b}_k^+ \right].$$

(6.222)

Dieser beschreibt das betrachtete quantenelektrodynamische Szenario vollständig.

> Dieser Hamiltonoperator repräsentiert ein grundlegendes quantenelektrodynamisches Szenario in der Energiedarstellung. Der Übergang zur Ortsdarstellung ist *Beachte* möglich, soll jedoch nicht mehr betrachtet werden.

6.5.2.3 Laserspezifische Wechselwirkungsprozesse

Grundsätzlich lassen sich Wechselwirkungsprozesse in *kohärente* und *inkohärente Wechselwirkungsprozesse* auftrennen. Während kohärente Wechselwirkungsprozesse auf ein synergetisch schwingendes (beispielsweise molekulares) System zurückführbar sind, lassen sich sich inkohärente Wechselwirkungsprozesse auf „Ausreißer" im System zurückführen.

Im Zusammenhang mit Lasertätigkeit sind zwei Prozesse von herausragender Bedeutung: die induzierte und die spontane Emission. Die induzierte Emission repräsentiert einen kohärenten Wechselwirkungsprozeß und die spontane Emission einen inkohärenten Wechselwirkungsprozeß. Während induzierte Emissionsprozesse für die eigentliche Lasertätigkeit verantwortlich sind, sind spontane Emissionsprozesse störend und führen zu Leistungsverlusten.

I. Wechselwirkungsprozesse im Schrödingerbild

Die wohl grundlegendste Art und Weise der Beschreibung von Wechselwirkungsprozessen ist diejenige im Schrödingerbild. Betrachten wir die spontane und induzierte Emission auf dieser Beschreibungsebene etwas genauer.

Spontane Emission

Unter *spontaner Emission* versteht man die nicht von einem externen Wechselwirkungsfeld (wie z. B. ein Lichtfeld oder ein eine Gitterschwingung beschreibendes Phononenfeld) hervorgerufene Emission eines Photons unter gleichzeitigem Übergang des elektronischen Systems in einen energetisch tiefer liegenden Zustand. Berücksichtigt man, daß hier ein einfaches Zweiniveausystem betrachtet wird, dann wird dieser Wechselwirkungsprozeß, wenn (der Einfachheit halber) nur ein einzelnes Molekül zugrunde gelegt wird und nur ein Wellenvektorbetrag betrachtet wird, durch den Hamiltonoperator

$$\hat{H}_{\mathrm{E}}^{(2)} = g_{k,\mathrm{s}}^* \hat{a}_1^+ \hat{a}_2^- \hat{b}_k^+ \tag{6.223}$$

definiert, der einen Spezialfall des Hamiltonoperators (6.219) darstellt. $g_{k,\mathrm{s}}^*$ repräsentiert die mit der spontanen Emission verbundene Kopplungsstärke. Addiert man noch den durch (6.215) sowie den durch (6.217) gegebenen elektronischen bzw. photonischen Hamiltonoperator hinzu, d. h. den Ausdruck

$$\hat{H}_{\mathrm{e}^-+\gamma}^{(2)} = \hat{H}_{\mathrm{e}^-}^{(2)} + \hat{H}_{\gamma}^{(2)} = \sum_{i=1}^{2} E_{i,\mathrm{e}^-} \hat{a}_i^+ \hat{a}_i^- + \sum_k E_\gamma(k) \hat{b}_k^+ \hat{b}_k^- \,, \tag{6.224}$$

dann erhält man den Hamiltonoperator des Gesamtsystems, den Hamiltonoperator

$$\hat{H}^{(2)} = \hat{H}_{\mathrm{e}^-+\gamma}^{(2)} + \hat{H}_{\mathrm{E}}^{(2)} = \sum_{i=1}^{2} E_{i,\mathrm{e}^-} \hat{a}_i^+ \hat{a}_i^- + \sum_k E_\gamma(k) \hat{b}_k^+ \hat{b}_k^- + g_{k,\mathrm{s}}^* \hat{a}_1^+ \hat{a}_2^- \hat{b}_k^+ \,. \tag{6.225}$$

Während der erste Anteil mögliche Elektron-Photon-Zustände definiert, definiert der zweite Anteil mögliche Zustandsübergänge. Somit sind, legt man die buchtypische Notation zugrunde, die Relationen

$$\hat{H}_0^{(2)} = \hat{H}_{\mathrm{e}^-+\gamma}^{(2)} \,, \quad \lambda \hat{H}_{\mathrm{S}}^{(2)} = \hat{H}_{\mathrm{E}}^{(2)} \tag{6.226}$$

vorgegeben.

Interpretiert man die durch die Fermische Goldene Regel

$$\frac{|c_j(t)|^2}{t} = \frac{2\pi}{\hbar^2} \left| \left\langle \psi_j \left| \lambda \hat{H}_{\mathrm{S}}^{(2)} \right| \psi_l \right\rangle \right|^2 \delta\left[(E_j - E_l)/\hbar \right] \tag{6.227}$$

vorgegebene Größe $|c_j(t)|^2$ im Sinne des Abschnitts 4.2.5 als die Wahrscheinlichkeit für das Vorliegen eines Zustands $|\psi_j\rangle$ zur Zeit t, wenn von einem alleine vorliegenden Anfangszustand $|\psi_l\rangle$ ausgegangen wird, dann kann die mit der hier betrachteten spontanen Emission verbundene Wahrscheinlichkeit für das Vorliegen eines Zustands

$$|\psi_j\rangle = \hat{a}_1^+ \hat{b}_k^+ |0\rangle \quad \begin{cases} \text{ein Elektron im Zustand 1} \\ \text{ein Photon im Zustand } k \end{cases} \tag{6.228}$$

mit Zustandsenergie $E_j = E_{1,\mathrm{e}^-} + \hbar\omega(k)$ berechnet werden: Geht man vom Anfangszustand

$$|\psi_l\rangle = \hat{a}_2^+ |0\rangle \quad \{\text{ein Elektron im Zustand 2} \tag{6.229}$$

mit Zustandsenergie $E_l = E_{2,\mathrm{e}^-}$ aus, dann erhält man

$$\frac{|c_\mathrm{s}(t)|^2}{t} = \frac{2\pi}{\hbar^2} |g_{k,\mathrm{s}}^*|^2 \left| \left\langle 0 \left| \hat{a}_1^- \hat{b}_k^- \right| \hat{a}_1^+ \hat{a}_2^- \hat{b}_k^+ \left| \hat{a}_2^+ \right| 0 \right\rangle \right|^2$$
$$\cdot \delta\left(\left[E_{1,\mathrm{e}^-} - E_{2,\mathrm{e}^-} + \hbar\omega(k) \right]/\hbar \right) \,. \tag{6.230}$$

Das Symbol s deutet auf den hier betrachteten spontanen Emissionsprozeß hin.

Berücksichtigt man die im Abschnitt 6.2.2 angegebenen Vertauschungsrelationen, dann läßt sich dieser Ausdruck in

$$\frac{|c_s(t)|^2}{t} = \frac{2\pi}{\hbar^2}|g_{k,s}^*|^2 \left|\left\langle 0\left|\hat{a}_1^-\hat{b}_k^-\right|\hat{a}_1^+\hat{b}_k^+\right|0\right\rangle\right|^2 \delta\left(\left[E_{1,e^-} - E_{2,e^-} + \hbar\omega(k)\right]/\hbar\right) \tag{6.231}$$

überführen, sodaß die Normierungsbedingung

$$\left\langle 0\left|\hat{a}_1^-\hat{b}_k^-\right|\hat{a}_1^+\hat{b}_k^+\right|0\right\rangle = \left\langle 0|0\right\rangle = 1 \tag{6.232}$$

letztendlich den folgenden Zusammenhang ergibt:

$$\frac{|c_s(t)|^2}{t} = \frac{2\pi}{\hbar^2}|g_{k,s}^*|^2 \delta\left(\left[E_{1,e^-} - E_{2,e^-} + \hbar\omega(k)\right]/\hbar\right) . \tag{6.233}$$

Dieser Zusammenhang beschreibt die Wahrscheinlichkeit für das Vorliegen eines Zustands $|\psi_j\rangle$ zur Zeit t, wenn nur spontane Emissionsprozesse betrachtete werden. Die Diracsche Deltafunktion $\delta\left(\left[E_{1,e^-} - E_{2,e^-} + \hbar\omega(k)\right]/\hbar\right)$ garantiert, daß der hier gültige Energiesatz

$$\hbar\omega(k) = E_{2,e^-} - E_{1,e^-} \tag{6.234}$$

erfüllt ist, d. h. sie beschreibt, daß nur diejenigen Photonen spontan emittiert werden können, deren Energie $\hbar\omega(k)$ gleich der Energiedifferenz $E_{2,e^-} - E_{1,e^-}$ der elektronischen Niveaus ist. Entsprechend der Beziehung (6.233) ist das Betragsquadrat der Kopplungskonstanten $g_{k,s}^*$ die entscheidende Größe für die Wahrscheinlichkeit des spontanen Emissionsprozesses.

Induzierte Emission

Im Gegensatz zur spontanen Emission ist der Anfangszustand $|\psi_l\rangle$ bei der *induzierten Emission* durch das Vorhandensein eines Photonenfeldes gekennzeichnet, d. h. es läßt sich

$$|\psi^l\rangle = \frac{1}{\sqrt{n!}}\hat{a}_?^+ \left(\hat{b}_k^+\right)^n |0\rangle \tag{6.235}$$

benützen, wobei $\left(\hat{b}_k^+\right)^n$ das Vorhandensein von n Photonen mit Wellenvektorbetrag k beschreibt und $\hat{a}_2^+$ das Vorliegen eines Elektrons im Zustand 2 vorgibt. Induziert das Photonenfeld die Emission eines Photons, dann ist ein Endzustand der Form

$$|\psi_j\rangle = \frac{1}{\sqrt{(n+1)!}}\hat{a}_1^+ \left(\hat{b}_k^+\right)^{n+1} |0\rangle \tag{6.236}$$

benützbar, wobei $\left(\hat{b}_k^+\right)^{n+1}$ ein um ein Photon erhöhtes Photonenfeld und $\hat{a}_1^+$ ein Elektron im Zustand 1 erfaßt. Den beiden Zustandsvektoren zugeordnet sind die beiden Zustandsenergien $E_l = E_{2,e^-} + n\hbar\omega(k)$ und $E_j = E_{1,e^-} + (n+1)\hbar\omega(k)$.

Erfaßt man die Wechselwirkung über den Hamiltonoperator

$$\lambda\hat{H}_S^{(2)} = g_{k,i}^*\hat{a}_1^+\hat{a}_2^-\hat{b}_k^+ , \tag{6.237}$$

wobei der feste Index i auf die jetzt betrachtete induzierte Emission hinweist, dann erhält man folgenden Zusammenhang:

$$\frac{|c_i(t)|^2}{t} = \frac{2\pi}{\hbar^2} |g_{k,i}^*|^2 \delta \left(\left[E_{1,e^-} - E_{2,e^-} + (n+1)\hbar\omega(k) - n\hbar\omega(k) \right] / \hbar \right) . \qquad (6.238)$$

Dieser Zusammenhang beschreibt die Wahrscheinlichkeit für das Vorliegen eines Zustands $|\psi_j\rangle$ zur Zeit t, wenn nur induzierte Emissionsprozesse betrachtete werden. Die Diracsche Deltafunktion garantiert, daß der hier gültige Energiesatz

$$(n+1)\hbar\omega(k) = E_{2,e^-} - E_{1,e^-} + n\hbar\omega(k) \qquad (6.239)$$

erfüllt ist.

II. Wechselwirkungsprozesse im Wechselwirkungsbild

Die obigen, spontane und induzierte Emission betreffenden Beziehungen treten im Schrödingerbild auf. Derartige Wechselwirkungsprozesse lassen sich genauso im Wechselwirkungsbild beschreiben. Betrachten wir diesen Sachverhalt am Beispiel der spontanen Emission etwas genauer.

Zugrunde gelegt werden sollen hier die in (6.222) angegebenen und ein einzelnes Molekül beschreibenden Hamiltonoperatoren

$$\hat{H}_0^{(2)} = \sum_{i=1}^{2} E_{i,e^-} \hat{a}_i^+ \hat{a}_i^- + \sum_k E_\gamma(k) \hat{b}_k^+ \hat{b}_k^- \qquad (6.240)$$

und

$$\lambda \hat{H}_S^{(2)} = \sum_k \left(g_k \hat{a}_2^+ \hat{a}_1^- \hat{b}_k^- + g_k^* \hat{a}_1^+ \hat{a}_2^- \hat{b}_k^+ \right) . \qquad (6.241)$$

Als kleine Variation zur vorherigen Rechnung werden im Wechselwirkungsanteil beliebige Wellenvektorbeträge zugelassen.

Der Übergang ins Wechselwirkungsbild

Setzt man den Wechselwirkungsoperator (6.241) des Schrödingerbildes der zweiten Quantisierung in die Transformationsbeziehung (6.195) ein und verwendet die in diesem Kapitel herausgearbeiteten Vertauschungsrelationen, dann erhält man den Ausdruck

$$\lambda \hat{H}_{W,S}^{(2)}(t) = \sum_k \Bigg[g_k \hat{a}_2^+ \hat{a}_1^- \hat{b}_k^- \exp\left(i \left[E_{2,e^-} - E_{1,e^-} - E_\gamma(k) \right] t / \hbar \right) \\ + g_k^* \hat{a}_1^+ \hat{a}_2^- \hat{b}_k^+ \exp\left(-i \left[E_{2,e^-} - E_{1,e^-} - E_\gamma(k) \right] t / \hbar \right) \Bigg] , \qquad (6.242)$$

wenn für den Anfangszeitpunkt $t_A = 0$ gesetzt wird. Dieser Ausdruck steht für den Wechselwirkungsoperator im Wechselwirkungsbild der zweiten Quantisierung.

Zugeordnete Zustandsvektoren

Setzt man den Anfangszustand $|\psi_{0,\mathrm{w}}\rangle = \hat{a}_2^+ |0\rangle$ in den durch (6.200) gegebenen Zustandsvektor $|\psi_{t,\mathrm{w}}\rangle$ ein und verwendet noch einmal die früher herausgearbeiteten Regeln für Erzeugungs- und Vernichtungsoperatoren, so erhält man

$$|\psi_{t,\mathrm{w}}\rangle \approx \hat{a}_2^+ |0\rangle$$
$$-\frac{\mathrm{i}}{\hbar}\sum_k \int_0^t g_k^* \exp\left(-\mathrm{i}\left[E_{2,\mathrm{e}^-} - E_{1,\mathrm{e}^-} - E_\gamma(k)\right]\tau/\hbar\right)\hat{a}_1^+\hat{b}_k^+|0\rangle\,\mathrm{d}\tau. \tag{6.243}$$

Integriert man das darin auftretende Integral aus, dann erhält man letztendlich für die zugeordneten Zustandsvektoren im Wechselwirkungsbild den näherungsweise gültigen Zusammenhang

$$|\psi_{t,\mathrm{w}}\rangle \approx \hat{a}_2^+ |0\rangle$$
$$+\frac{1}{\hbar}\sum_k g_k^* \frac{\left[\exp\left(-\mathrm{i}\left[E_{2,\mathrm{e}^-} - E_{1,\mathrm{e}^-} - E_\gamma(k)\right]t/\hbar\right) - 1\right]}{\left[E_{2,\mathrm{e}^-} - E_{1,\mathrm{e}^-} - E_\gamma(k)\right]/\hbar}\hat{a}_1^+\hat{b}_k^+|0\rangle \tag{6.244}$$

und damit

$$|\psi_{t,\mathrm{w}}\rangle \approx \hat{a}_2^+ |0\rangle + \sum_k C_k(t)\hat{a}_1^+\hat{b}_k^+|0\rangle \tag{6.245}$$

mit

$$C_k(t) = \frac{1}{\hbar}g_k^* \frac{\left[\exp\left(-\mathrm{i}\left[E_{2,\mathrm{e}^-} - E_{1,\mathrm{e}^-} - E_\gamma(k)\right]t/\hbar\right) - 1\right]}{\left[E_{2,\mathrm{e}^-} - E_{1,\mathrm{e}^-} - E_\gamma(k)\right]/\hbar}. \tag{6.246}$$

Zugeordnete Zustandswahrscheinlichkeiten

Ein Vergleich mit den Zustandsvektoren des Abschnitts 4.2.5 verdeutlicht, daß (6.245) eine Superposition aus Zweiteilchen-Zustandsvektoren $|W,2\rangle = \hat{a}_1^+\hat{b}_k^+|0\rangle$ darstellt, wobei

$$|C_k(t)|^2 = \frac{1}{\hbar^2}|g_k^*|^2 \left|\frac{\left[\exp\left(-\mathrm{i}\left[E_{2,\mathrm{e}^-} - E_{1,\mathrm{e}^-} - E_\gamma(k)\right]t/\hbar\right) - 1\right]}{\left[E_{2,\mathrm{e}^-} - E_{1,\mathrm{e}^-} - E_\gamma(k)\right]/\hbar}\right|^2 \tag{6.247}$$

im Sinne des Abschnitts 4.2.5 als die Wahrscheinlichkeit für das Vorliegen eines speziellen Zustands interpretiert werden kann. Den Ausführungen des Abschnitts 4.2.5 folgend läßt sich dieser Wahrscheinlichkeitsausdruck durch den Zusammenhang

$$|C_k(t)|^2 = \frac{2\pi}{\hbar^2}|g_k^*|^2 t\,\delta\left(\left[E_{2,\mathrm{e}^-} - E_{1,\mathrm{e}^-} - E_\gamma(k)\right]/\hbar\right) \tag{6.248}$$

vereinfachen, sodaß man die Beziehung

$$\frac{|C_k(t)|^2}{t} = \frac{2\pi}{\hbar^2}|g_k^*|^2\,\delta\left(\left[E_{2,\mathrm{e}^-} - E_{1,\mathrm{e}^-} - \hbar\omega(k)\right]/\hbar\right) \tag{6.249}$$

und damit die Beziehung

$$\frac{|C_k(t)|^2}{t} = \frac{2\pi}{\hbar^2}|g_k^*|^2\,\delta\left(\left[E_{1,e^-} - E_{2,e^-} + \hbar\omega(k)\right]/\hbar\right) \tag{6.250}$$

erhält. Diese Beziehung ist (6.233) gleichwertig, d. h. isbesondere es gilt auch hier, daß nur derjenige Anteil eine Rolle spielt, der den Energiesatz

$$\hbar\omega(k) = E_{2,e^-} - E_{1,e^-} \tag{6.251}$$

reproduziert.

6.5.2.4 Laserspezifische Heisenbergsche Bewegungsgleichungen

Entsprechend den obigen Ausführungen wird die zeitliche Entwicklung von zeitabhängigen Erzeugungs- und Vernichtungsoperatoren eines durch den Hamiltonoperator (6.222) definierten quantenelektronamischen Systems durch Heisenbergsche Bewegungsgleichungen der Form (6.192)–(6.193) beschrieben. Überführt man den Hamiltonoperator (6.222) in das Heisenbergbild, sodaß sich

$$\begin{aligned}
\hat{H}_{\mathrm{H}}^{(2)} = {} & \sum_{l=1}^{N}\left(\sum_{i=1}^{2}E_{i,e^-}\,\hat{a}_{\mathrm{H},i}^+\hat{a}_{\mathrm{H},i}^-\right)_l + \sum_k E_\gamma(k)\hat{b}_{\mathrm{H},k}^+\hat{b}_{\mathrm{H},k}^- \\
& + \sum_{l=1}^{N}\sum_k\left[g_k\left(\hat{a}_{\mathrm{H},2}^+\hat{a}_{\mathrm{H},1}^-\right)_l\hat{b}_{\mathrm{H},k}^- + g_k^*\left(\hat{a}_{\mathrm{H},1}^+\hat{a}_{\mathrm{H},2}^-\right)_l\hat{b}_{\mathrm{H},k}^+\right]
\end{aligned} \tag{6.252}$$

ergibt, setzt man diesen Hamiltonoperator in die obigen Heisenbergschen Bewegungsgleichungen ein, berücksichtigt $E_\gamma(k) = \hbar\omega_\gamma(k)$ und verwendet die Vertauschungsrelationen (6.190)–(6.191), dann erhält man die laserspezifischen Heisenbergschen Bewegungsgleichungen

$$\begin{aligned}
\frac{\mathrm{d}}{\mathrm{d}t}\hat{b}_{\mathrm{H},k}^- &= -\mathrm{i}\omega_\gamma(k)\hat{b}_{\mathrm{H},k}^- - \mathrm{i}\sum_{l=1}^{N}g_k^*\left(\hat{a}_{\mathrm{H},1}^+\hat{a}_{\mathrm{H},2}^-\right)_l\,, \\
\frac{\mathrm{d}}{\mathrm{d}t}\hat{b}_{\mathrm{H},k}^+ &= +\mathrm{i}\omega_\gamma(k)\hat{b}_{\mathrm{H},k}^+ + \mathrm{i}\sum_{l=1}^{N}g_k\left(\hat{a}_{\mathrm{H},2}^+\hat{a}_{\mathrm{H},1}^-\right)_l\,.
\end{aligned} \tag{6.253}$$

Dieses operative Differentialgleichungssystem legt die Zeitentwicklung der das Lichtfeld beschreibenden Bosonen-Operatoren fest. Mit derartigen Bosonen-Operatoren verbundene Erwartungswerte können gemäß der Ausführungen des Abschnitts 4.2.2 bestimmt werden.

Vergleicht man die Feldgleichung der Lasergleichungen (6.202) und die zu dieser Feldgleichung konjugiert komplexe Feldgleichung mit der ersten Beziehung der laserspezifischen Heisenbergschen Bewegungsgleichungen (6.253) bzw. mit der zweiten Beziehung von (6.253), dann ist offensichtlich, daß die auf einer mikroskopischen Betrachtungsebene geltenden Lasergleichungen des Heisenbergschen Typus direkt die auf einer makroskopischen Betrachtungsebene geltenden Lasergleichungen abbilden, wenn von Dämpfungseinflüssen abgesehen wird, wobei die auf der makroskopischen Betrachtungsebene auftretenden Feldgrößen $E_k(t)$ und $E_k^*(t)$ den Operatoren $\hat{b}_{\mathrm{H},k}^-$ und $\hat{b}_{\mathrm{H},k}^+$ zugeordnet sind.

6.6 Unendlichkeiten

Vom analytischen Standpunkt her betrachtet stellen die oben besprochenen Wechselwirkungen höchst einfache Wechselwirkungsarten dar. Insbesondere im Zusammenhang mit Elektronen und Photonen sind sehr viel kompliziertere Wechselwirkungsarten wie z. B. die *Selbstwechselwirkung* eines Elektrons mit seinem eigenen Strahlungsfeld, d. h. die kurzzeitige Emission und Reabsorption eines Photons, zu beachten. Modelliert man derartige weiterführende Wechselwirkungsarten, dann stellt man immer wieder fest, daß der eingeführte quantenfeldtheoretische Formalismus auf *Unendlichkeiten* führt, d. h. es ergeben sich mathematische Terme, welche unendliche Größen repräsentieren. Da dies in der Theorie mikroskopischer Teilchen relativ häufig der Fall ist, sei hier angegeben, daß sich derartige Unendlichkeiten durch Implementation zusätzlicher mathematischer Korrekturterme in den Formalismus korrigieren lassen, wobei sich diese Korrekturterme in aller Regel direkt physikalisch interpretieren lassen. Die angesprochene Selbstwechselwirkung eines Elektrons mit seinem eigenen Strahlungsfeld repräsentiert ein konkretes Beispiel dafür. Die dabei auftretende Unendlichkeit läßt sich durch ein *Renormierungsverfahren* korrigieren. Diese Korrektur geschieht dadurch, daß ein die ursprüngliche Elektronenmasse korrigierender Zusatzterm in den Formalismus implementiert wird. Entsprechend dieser Korrekturmöglichkeit kann das Auftreten einer Unendlichkeit in diesem Fall auf die ursprüngliche Vernachlässigung der Änderung der Elektronenmasse bei Emission eines Photons zurückgeführt werden. Obwohl höchst interessant, soll die diesbezügliche Rechnung hier nicht mehr durchgeführt werden.

> Sollte es möglich sein, die Quantentheorie in eine übergeordnete nichtlineare Theorie einzuordnen, dann ist anzunehmen, daß sich derartige Unendlichkeiten als im quantentheoretischen Grenzbereich auftretende Konsequenzen nichtlinearer Eigenschaften erweisen. In den Kapiteln 11 und 12 wird auf diesen Problemkreis noch eingegangen.

Die obigen Ausführungen dürften einen Eindruck über die Wirkungsweise grundsätzlicher quantenfeldtheoretischer Formalismen vermittelt haben. Betrachten wir im folgenden einige zusätzliche statistische Aspekte etwas genauer.

Buch 4: Quantenfeldtheorie, Quantenstatistik, Elementarteilchen

Einiges über Quantenstatistik: Grundlagen der Statistik (Gleichgewicht und Nichtgleichgewicht, μ-Raum und Γ-Raum), klassische Statistik (Gibbsche Statistik, Maxwell-Boltzmann-Statistik, mikrokanonische, kanonische und großkanonische Gesamtheit, Zustandssummen-Formalismus), Quantenstatistik (Zustandssummen-Formalismus, Bose-Einstein- und Fermi-Dirac-Statistik, Fermische Grenzenergie, Bose-Einstein-Kondensation), Erzeugung von Bose-Einstein-Kondensaten nach C. E. Wieman, E. A. Cornell und anderen

7 Einiges über Quantenstatistik

Physikalische Systeme, die aus einer derartig großen Menge von als autonom betrachtbaren Teilsystemen (wie z. B. mikroskopischen Teilchen) zusammengesetzt sind, daß eine separate mathematisch-theoretische Behandlung jedes Teilsystems nicht mehr möglich oder zumindest nicht mehr sinnvoll ist, können auf zweierlei Weise behandelt werden: einerseits durch Einführung von auf einer relativ gesehen makroskopischen Ebene geltenden physikalischen Größen (wie z. B. Druck, Temperatur oder Volumen) und andererseits durch Methoden der *Statistik*. Im Gegensatz zu nichtstatistischen Beschreibungsmethoden geht die Statistik von *statistischen Gesamtheiten* aus, welche die statistische Erfassung von Zuständen ermöglichen, d. h. es wird jeweils eine Menge von vergleichbaren Systemen betrachtet und über deren Eigenschaften auf das wahrscheinliche Verhalten eines speziellen Systems geschlossen. Der Begriff *Statistik* deutet damit insbesondere auf die Verwendung von statistische Verteilungen beschreibenden Verteilungsfunktionen oder statistischen Operatoren sowie Evolutionsgleichungen derartiger verteilungsbeschreibender Größen hin.

Statistische Verteilungsfunktionen lassen sich nicht nur für klassische Systeme angeben. Unter Berücksichtigung spezifischer quantenphysikalischer Eigenheiten lassen sich beispielsweise auch Bosonen- oder Fermionensysteme beschreibende Verteilungsfunktionen bestimmen. In diesem Kapitel werden einige spezielle Sachverhalte dieser *Quantenstatistik* näher betrachtet. Selbstkonsistent mit der Intention des Buches, quantenphysikalische Sachverhalte im Zusammenhang mit Sachverhalten anderer Physikdisziplinen zu sehen, wird jedoch mit grundsätzlichen Ausführungen zur Statistik sowie der Darstellung einiger spezieller Sachverhalte der *klassischen Statistik* begonnen.

7.1 Grundsätzliches zur Statistik

Entsprechend zugrundegelegter zentraler Gliederungskriterien läßt sich die Statistik in verschiedene Teilgebiete einteilen:

- Einerseits kann als zentrales Gliederungskriterium die Abwesenheit von Gradienten physikalischer Größen genommen werden. Ein damit verbundener Systemzustand wird üblicherweise mit dem Begriff *Gleichgewicht* umschrieben (wie z. B. das thermische Gleichgewicht, das insbesondere durch einen im ganzen betrachteten Volumen gleichen Druck und

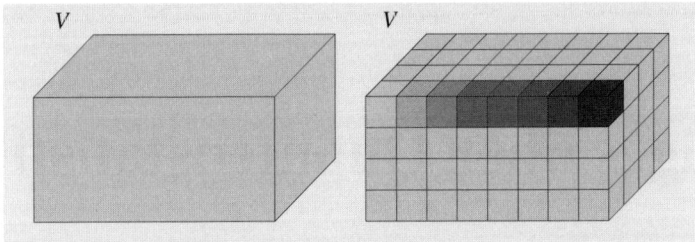

Bild 7.1 Zur Definition von Gleichgewicht und Nichtgleichgewicht: Gleichgewichtssysteme sind im gesamten Volumen V frei von Gradienten physikalischer Größen (links, angedeutet durch einen homogenen Grauwert); Nichtgleichgewichtssysteme lassen sich häufig lokal in Gleichgewichtssysteme zerlegen, wobei jedes lokale Gleichgewichtssystem relativ zu seinen nächsten lokalen Nachbarn einen unterschiedlichen Zustand aufweist (rechts, angedeutet durch ein Raster und unterschiedliche Grauwerte)

eine im ganzen betrachteten Volumen gleiche Temperatur ausgezeichnet ist). Systeme, die davon abweichen, befinden sich dementsprechend im *Nichtgleichgewicht*, wobei es häufig möglich ist, einem Nichtgleichgewichtssystem lokale Gleichgewichtssysteme zuzuordnen, d. h. das Nichtgleichgewichtssystem kann gedanklich in eine Menge von aufeinanderfolgenden Gleichgewichtssystemen zerlegt werden, man vergleiche mit Bild 7.1. Legt man dieses zentrale Gleichgewichtskriterium zugrunde, dann läßt sich die Statistik in die *Gleichgewichtsstatistik* und die *Nichtgleichgewichtsstatistik* einteilen. Die *statistische Thermodynamik* repräsentiert eine typische Gleichgewichtsstatistik; die *Statistik fluktuierender Lasermoden* repräsentiert eine typische Nichtgleichgewichtsstatistik.

- Andererseits kann getrennt werden in μ-*Raum*- und Γ-*Raum-Statistik*. Während die *Gibbsche Statistik* eine typische Γ-Raum-Statistik ist, stellt die *Maxwell-Boltzmann-Statistik* eine typische μ-Raum-Statistik dar. Während die Methoden der μ-Raum-Statistik nichtwechselwirkende Teilsysteme (wie z. B. nichtwechselwirkende Moleküle) voraussetzen, wobei die Teilsysteme selbst die Elemente der Statistik bilden, können die Methoden der Γ-Raum-Statistik auf physikalische Systeme angewandt werden, deren Teilsysteme miteinander in Wechselwirkung stehen, wobei die statistische Beschreibung des physikalischen Systems derartig geschieht, daß das Gesamtsystem als ein Element innerhalb eines Ensembles aus

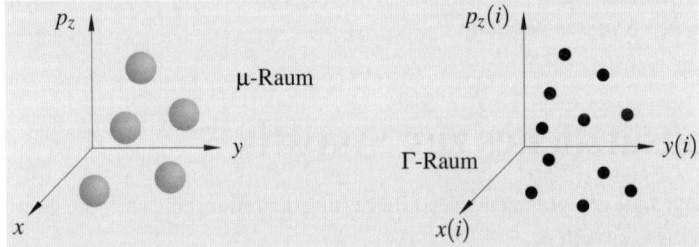

Bild 7.2 Zur Definition von μ- und Γ-Raum: Während die Elemente eines μ-Raums beispielsweise einzelne Moleküle sind, repräsentieren die Elemente eines Γ-Raums beispielsweise jeweils ein ganzes Molekülsystem. In den obigen Skizzen wird dies angedeutet, wobei jeweils drei Koordinaten eines zugeordneten Phasenraums betrachtet werden (zwei Ortskoordinaten x, y bzw. $x(i)$, $y(i)$ und eine Impulskoordinate p_z bzw. $p_z(i)$, wobei i die einzelnen Moleküle abzählt)

gleichartigen Gesamtsystemen betrachtet wird. Der Begriff *Raum* deutet in diesem Zusammenhang auf spezielle *Phasenräume* hin, mit Hilfe derer das Verhalten statistischer Gesamtheiten anschaulich beschrieben werden kann. Während innerhalb der μ-Raum-Statistik ein einzelner Phasenraumpunkt den Zustand eines einzelnen Teilsystems (wie z. B. eines einzelnen Moleküls) beschreibt und eine Phasenbahn die raumzeitliche Bewegung eines Teilsystems repräsentiert, steht innerhalb der Γ-Raum-Statistik ein einzelner Phasenraumpunkt für einen Zustand eines Gesamtsystems bzw. eine Phasenbahn steht für die raumzeitliche Bewegung des Gesamtsystems. Insofern repräsentiert die Dimension eines Phasenraums in der μ-Raum-Statistik die Anzahl der generalisierten Raumkoordinaten sowie der konjugiert generalisierten Impulskoordinaten eines Teilsystems (d. h. beispielsweise die Anzahl der Orts- und Impulskoordinaten eines Moleküls) und die Dimension eines Phasenraums in der Γ-Raum-Statistik repräsentiert die Gesamtzahl aller Raumkoordinaten bzw. aller konjugiert generalisierter Impulskoordinaten aller Teilsysteme (d. h. beispielsweise die $6N$ Orts- und Impulskoordinaten eines N-komponentigen Molekülsystems), man vergleiche mit Bild 7.2.[1]

- Die für das vorliegende Buch wesentliche Einteilung ist durch die Trennung in die *klassische Statistik* und die *Quantenstatistik* gegeben. Während die klassische Statistik Methoden der makroskopischen Physik voraussetzt und damit insbesondere auf derartige Vielteilchensysteme angewandt werden kann, die auf statistischer Beschreibungsebene makroskopische Gesetzmäßigkeiten reproduzieren, liegen der Quantenstatistik typische quantenmechanische Behandlungsmethoden zugrunde, sodaß diese Form der Statistik direkt auf Vielteilchensysteme angewandt werden kann, welche typische quantenmechanische Eigenschaften aufweisen. Beipiele dafür bilden Bose-Gase oder Fermi-Gase, d. h. Systeme identischer Bosonen bzw. Fermionen. Im Sinne der zweiten angegebenen Einteilung bilden die damit verknüpfte Bose-Einstein- und Fermi-Dirac-Statistik μ-Raum-Statistiken. Im Sinne der ersten Einteilung liegen Gleichgewichtsstatistiken vor. Diese, mikroskopischen Systemen zuordenbaren Statistiken werden später noch genauer betrachtet. Es sei jedoch an dieser Stelle bereits angeführt, daß die Quantenstatistik im Unterschied zur klassischen Statistik Zustandsunbestimmtheiten, wie sie beispielsweise durch die behandelte Heisenbergsche Unschärferelation beschrieben werden, berücksichtigen muß, und daß spezielle Eigenschaften quantenmechanischer Systeme, wie beispielsweise ausformuliert durch das Paulische Ausschließungsprinzip und das Ununterscheidbarkeitsprinzip, von quantenstatistischen Formalismen wiedergegeben werden müssen. Auswirkungen auf das statistische Verhalten haben derartige Quanteneigenschaften insbesondere bei tiefen Temperaturen, d. h. wenn Temperaturen in der Nähe des absoluten Nullpunktes betrachtet werden. Jedoch auch schon bei höheren Temperaturen führen Quanteneigenschaften zu vom Standpunkt klassischer Theorien her gesehen abweichenden Materieeigenschaften. Ein Beispiel stellt die Verletzung des *Gleichverteilungssatzes* der Thermodynamik dar, dessen Kernaussage darin besteht, daß im thermischen Gleichgewicht mit jedem Translations- oder Rotationsfreiheitsgrad eines Moleküls die mittlere Energie $k_B T/2$ und mit jedem Schwingungsfreiheitsgrad die mittlere Energie $k_B T/2$ (bzw. – wenn Abstandsschwingungen zwischen den Atomen des Moleküls und kinetische Energien zusam-

---

[1] Historisch gesehen ist die Γ-Raum-Statistik eigentlich mit der (thermodynamische Systeme betreffenden) Gibbschen Statistik und die μ-Raum-Statistik eigentlich mit der (thermodynamische Systeme betreffenden) Maxwell-Boltzmann-Statistik zu identifizieren. Dies wird in diesem Buch jedoch nicht so gehandhabt, d. h. in diesem Buch wird die Gibbsche Statistik bzw. die Maxwell-Boltzmann-Statistik als jeweils *ein* Beispiel für die Γ- bzw. μ-Raum-Statistik angeführt.

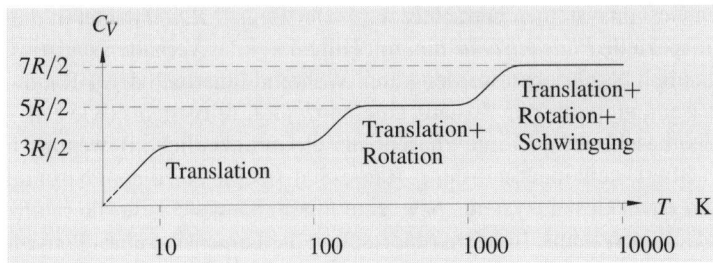

Bild 7.3 Die Molwärme $C_V = (\Delta Q / \nu \Delta T)_V$ von Wasserstoff als Funktion der absoluten Temperatur T in einer schematischen Darstellung. Gemäß der angegebenen Beziehung repräsentiert die Molwärme die Zunahme ΔT der absoluten Temperatur bei Zuführung der Wärmemenge ΔQ, wobei bei der hier betrachteten Molwärme das Volumen V konstant gehalten wird. Der Ausdruck *Molwärme* beinhaltet den Bezug auf ein mol, was durch Division durch die Anzahl ν der betrachteten mole ereicht wird. Entsprechend der Skizze ist die Anregbarkeit von Freiheitsgraden von der Temperatur abhängig. Bei tiefen Temperaturen sind Freiheitsgrade teilweise „eingefroren". Entsprechend der Sprünge in der Molwärmekurve sind mit zunehmender absoluter Temperatur neue Freiheitsgrade anregbar. Damit verbunden ist eine mittlere Energie U, welche bei Anregung aller Freiheitsgrade durch $U = 7RT/2$ bzw. $U = N_A f k_B T/2$ beschrieben werden kann, wenn eine kontinuierliche, makroskopische Beschreibungsebene bzw. eine statistische, quasimakroskopische Beschreibungsebene zugrunde gelegt wird, wobei R für die ideale Gaskonstante, N_A für die Avogadro-Konstante (auch: Loschmidtsche Zahl) und k_B für die Boltzmannsche Konstante steht. Diese Energieausdrücke spiegeln wider, daß die mittlere Energie pro Freiheitsgrad durch $k_B T/2$ gegeben ist, wobei sich die $f = 7$ Freiheitsgrade eines Wasserstoff-Moleküls H_2 aus 3 Translationsfreiheitsgraden (entsprechend der Bewegungsmöglichkeit in 3 Raumrichtugen), 2 Rotationsfreiheitsgraden (entsprechend zweier möglicher Drehwinkel, die Rotation um die Molekülachse ist nicht zu berücksichtigen) und 2 Schwingungsfreiheitsgraden (entsprechend einer Abstandsschwingung zwischen den beiden Wasserstoff-Atomen H und der Geschwindigkeiten relativ zum Schwerpunkt = kinetische Energie) zusammensetzen

mengefaßt werden – die mittlere Energie $k_B T$) verbunden ist, wobei k_B für die *Boltzmannsche Konstante* und T für die *absolute Temperatur* steht. Im Rahmen einer experimentellen Analyse erweist sich dieser Gleichverteilungssatz nur bei relativ hohen Temperaturen als gültig, bei tiefen Temperaturen sind Freiheitsgrade teilweise „eingefroren", man vergleiche mit Bild 7.3. Berücksichtigt man derartige Eigenschaften quantenmechanischer Systeme, dann lassen sich die wesentlichen formalen Arbeitsmethoden der klassischen Statistik weitgehend übernehmen. Insbesondere kann das Konzept der statistischen Gesamtheiten übernommen werden und es können Zustandssummen eingeführt werden, aus denen wesentliche Grundgrößen durch Anwendung geeigneter Operatoren gewonnen werden können.

 Für vollständig klassische statistische Systeme hergeleitete statistische Gesetzmäßigkeiten haben eine nur beschränkte Gültigkeit. Dramatische Abweichungen findet man in bestimmten Grenzbereichen wie beispielsweise bei relativ gesehen niedrigen Temperaturen.

 Für den Bereich der klassischen Physik gültige Formalismen lassen sich in den Bereich der Quantenphysik hinein ausdehnen, wenn spezifische quantenphysikalische Eigenarten in den Formalismus implementiert werden.

7.2 Klassische Statistik: spezielle Sachverhalte

Der methodische Ausgangspunkt zur Beschreibung eines physikalischen Systems bildet in der klassischen Statistik eine Verteilungsfunktion der Form

$$\rho = \rho(\boldsymbol{q},\bar{\boldsymbol{q}},t)\,, \tag{7.1}$$

wobei – entsprechend der Ausführungen des Kapitels 3 – der Vektor $\boldsymbol{q}$ sämtliche zu betrachtenden generalisierten Raumkoordinaten und $\bar{\boldsymbol{q}}$ sämtliche konjugiert generalisierten Impulskoordinaten geschlossen darstellt, und wobei t den betrachteten Zeitpunkt markiert. Verbunden mit einer statistischen Verteilungsfunktion ρ ist die Größe

$$\mathrm{d}w = \rho\,\mathrm{d}\Omega\,, \tag{7.2}$$

welche die Wahrscheinlichkeit $\mathrm{d}w$ angibt, zum Zeitpunkt t das physikalische System im Phasenraumelement

$$\mathrm{d}\Omega = \mathrm{d}q_1(1)\ldots\mathrm{d}q_f(N)\mathrm{d}\bar{q}_1(1)\ldots\mathrm{d}\bar{q}_f(N) \tag{7.3}$$

zu finden, wobei f die Anzahl der Freiheitsgrade symbolisiert und N die Anzahl der Teilsysteme markiert.

Gemäß der obigen Beziehungen steht ρ für spezielle Dichtefunktionen. Auf der Grundlage einer derartigen Dichtefunktion lassen sich spezifische Mittelwerte entsprechend

$$\langle M\rangle = \int M(\boldsymbol{q},\bar{\boldsymbol{q}})\rho(\boldsymbol{q},\bar{\boldsymbol{q}},t)\,\mathrm{d}\Omega \tag{7.4}$$

darstellen. Ist die spezifische Verteilungsfunktion ρ bekannt, dann können auf einer relativ gesehen makroskopischen Betrachtungsebene meßbare Mittelwerte berechnet werden. Eine solche Mittelwertformel ersetzt in der statistischen Beschreibung die im Rahmen einer nichtstatistischen, deterministischen Beschreibung auftretende Mittelwertformel

$$\langle M\rangle = \lim_{\Delta t\to\infty}\frac{1}{\Delta t}\int M[\boldsymbol{q}(t),\bar{\boldsymbol{q}}(t)]\,\mathrm{d}t\,, \tag{7.5}$$

zu deren Berechnung das zeitliche Verhalten der durch $\boldsymbol{q}(t)$, $\bar{\boldsymbol{q}}(t)$ beschriebenen Trajektorien bekannt sein muß.

Während man im Zusammenhang mit (7.4) von einem *Scharmittel* spricht, redet man im Zusammenhang mit (7.5) von einem *Zeitmittel*. Die Gleichheit von Zeitmittel und Scharmittel wird in der Ehrenfestschen *Quasiergodenhypothese* bzw. in deren hisorischem Vorläufer, der Boltzmannschen *Ergodenhypothese*, ausformuliert. Auch in der Quantenstatistik lassen sich derartige Vergleiche durchführen.

Ein Ausgangspunkt zur Berechnung einer derartigen Verteilungsfunktion bildet beispielsweise die im Abschnitt 4.2.6 eingeführte klassische Liouville-Gleichung. Andere wichtige Beispiele bilden die klassische Boltzmann-Gleichung und die Fokker-Planck-Gleichung.

7.2.1 Statistische Gesamtheiten

Spezielle physikalische Systeme können durch spezielle statistische Gesamtheiten und damit verbundene Verteilungsfunktionen beschrieben werden. Betrachten wir einige wesentliche, im Zusammenhang mit der Gibbschen Statistik auftretende statistische Gesamtheiten und dazugehörige, der klassischen Liouville-Gleichung genügende Verteilungsfunktionen etwas genauer. Entsprechend der Zuordnung der Gibbschen Statistik zur Γ-Raum-Statistik sind die folgenden Beziehungen im Γ-Raum zu betrachten. Entsprechend der Zuordnung der Gibbschen Statistik zur Thermodynamik werden im folgenden statistische Systeme rund um die physikalische Größe *Wärme* herum betrachtet, sodaß beispielsweise die absolute Temperatur T auftritt.

7.2.1.1 Die mikrokanonische Gesamtheit

Die Beschreibung eines, durch ein konstantes Volumen, eine konstante Teilchenzahl und eine bestimmte Energie gekennzeichneten abgeschlossenen Systems kann durch eine statistische Gesamtheit durchgeführt werden, die man für gewöhnlich als *mikrokanonische Gesamtheit* bezeichnet. Diese mikrokanonische Gesamtheit wird im thermischen Gleichgewicht durch die Verteilungsfunktion (vgl. Bild 7.4)

$$\rho = \begin{cases} 1 & \text{für} \quad E \leq H \leq E + \mathrm{d}E \\ 0 & \text{sonst} \end{cases} \tag{7.6}$$

charakterisiert, wobei

$$H = H(\boldsymbol{q}, \bar{\boldsymbol{q}}) \tag{7.7}$$

für die Hamiltonfunktion des betrachteten Systems steht. Diese Verteilungsfunktion gibt genau die für das betrachtete abgeschlossene System typischen statistischen Eigenschaften wieder: Die möglichen Zustände des abgeschlossenen Systems sind innerhalb eines engen Phasenraumbereichs lokalisiert. Dieser Phasenraumbereich wird durch eine Energieschale der Dicke $\mathrm{d}E$ um den Energiewert E herum definiert. Statt der angegebenen Formulierung kann auch eine Formulierung auf der Grundlage der Diracschen Deltafunktion benützt werden.

7.2.1.2 Die kanonische Gesamtheit

Die Beschreibung eines Systems, das ein bestimmtes Volumen und eine bestimmte Teilchenzahl aufweist und zusätzlich einem Wärmebad ausgesetzt ist, kann durch die *kanonische Gesamtheit* durchgeführt werden. Sie wird im thermischen Gleichgewicht durch die statistische Verteilungsfunktion (vgl. Bild 7.5)

$$\rho = \frac{\exp\left(-H/k_\mathrm{B}T\right)}{\displaystyle\int \exp\left(-H/k_\mathrm{B}T\right)\mathrm{d}\Omega} \tag{7.8}$$

mit der Boltzmannschen Konstanten k_B und der absoluten Temperatur T charakterisiert. Gemäß dieser Verteilungsfunktion ist die Wahrscheinlichkeit, das System in einem niedrigen, durch die Hamiltonfunktion beschriebenen Energiezustand zu finden, höher als die Wahrscheinlichkeit, daß das System einen relativ gesehen höheren Energiezustand aufweist; je höher die absolute Temperatur, desto wahrscheinlicher ist das Vorliegen energetisch höherliegender Zustände.

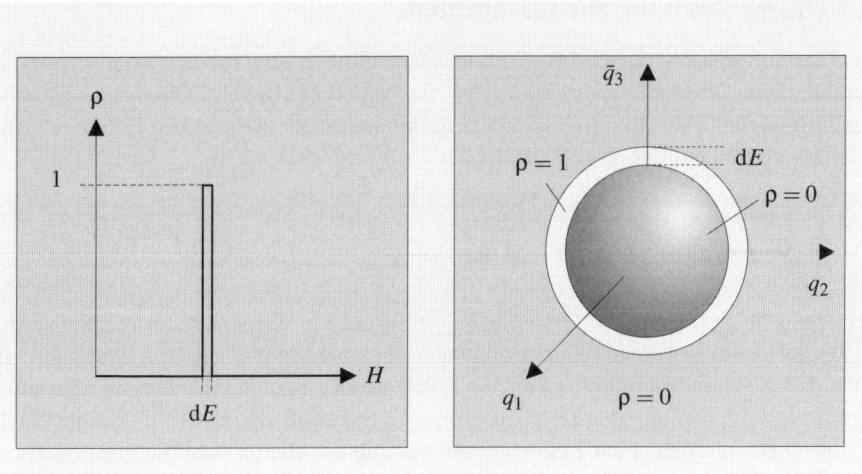

Bild 7.4 Zur Veranschaulichung der Verteilungsfunktion ρ einer mikrokanonischen Gesamtheit. Links: ρ als Funktion von H. Rechts: ρ im Phasenraum. Es werden exemplarisch 3 Phasenraumkoordinaten q_1, q_2, $\bar{q}_3$ und es wird eine kugelförmige Energieschale betrachtet

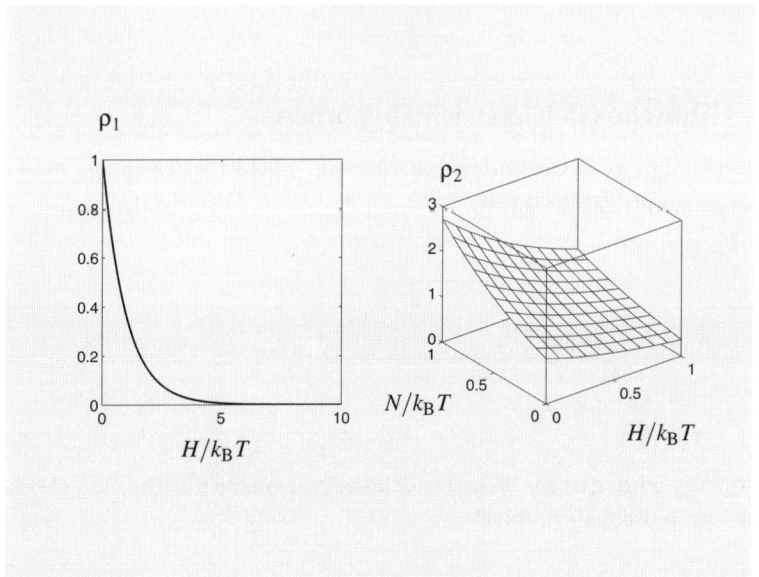

Bild 7.5 Zur Veranschaulichung der Verteilungsfunktionen ρ einer kanonischen Gesamtheit (links) und großkanonischen Gesamtheit (rechts). Im Zusammenhang mit einer kanonischen Gesamtheit ist $\rho_1 = \rho \int \exp\left(-H/k_B T\right) d\Omega$ zu berücksichtigen. Im Zusammenhang mit einer großkanonischen Gesamtheit wurde $\rho_2 = \rho \sum_{N=0}^{\infty} \int \exp\left[-\left(H - \mu N\right)/k_B T\right] d\Omega$ gesetzt. Weiterhin wurde ein Wert $\mu > 0$ vorausgesetzt

7.2.1.3 Die großkanonische Gesamtheit

Die Beschreibung eines Systems, das ein konstantes Volumen, eine konstante Temperatur sowie eine veränderliche Gesamtteilchenzahl N aufweist, kann durch die *großkanonische Gesamtheit* durchgeführt werden. Mit dieser Gesamtheit verbunden ist im thermischen Gleichgewicht die statistische Verteilungsfunktion (vgl. Bild 7.5)

$$\rho = \frac{\exp\left[-(H - \mu N)/k_B T\right]}{\sum\limits_{N=0}^{\infty} \int \exp\left[-(H - \mu N)/k_B T\right] d\Omega} \ . \tag{7.9}$$

Hierbei steht μ für das *chemische Potential*. Diese Zustandsgröße ist vorzugeben. Sie vermittelt die Stärke des Einflusses einer Teilchenzahländerung auf ein physikalisches System. Es ist zu beachten, daß die Hamiltonfunktion von der Teilchenzahl abhängt. Gemäß dieser Verteilungsfunktion führt die Erhöhung der Teilchenzahl zu einer Erhöhung der Wahrscheinlichkeit des Vorliegens relativ gesehen hoher Systemenergien, wenn das chemische Potential positive Werte aufweist. Im Fall negativer Werte des chemischen Potentials wird demgegenüber die Wahrscheinlichkeit für das Vorliegen relativ gesehen hoher Systemenergien verringert.

7.2.2 Gibbsche Statistik und statistische Gesamtheiten

Die oben angegebenen statistischen Gesamtheiten lassen sich von grundsätzlichen Überlegungen ausgehend herleiten. Insbesondere sind die Methoden der Gibbschen Statistik zu ihrer Begründung heranziehbar. Im folgenden wird dies für den Fall der kanonischen Gesamtheit skizziert.

7.2.2.1 Die Gibbsche Gleichgewichtshypothese

Der Vergleich eines durch (7.2) beschriebenen Wahrscheinlichkeitselements zu zwei Zeitpunkten t und $t + dt$, d. h. der Vergleich von

$$dw = \rho(q, \bar{q}, t) \, d\Omega \tag{7.10}$$

und

$$dw' = \rho\left(q', \bar{q}', t + dt\right) d\Omega' , \tag{7.11}$$

führt zu der Zuordnung

$$\rho(q, \bar{q}) = \rho\left(q', \bar{q}'\right) , \tag{7.12}$$

wenn berücksichtigt wird, daß die Wahrscheinlichkeitselemente dw, dw' den gleichen Wahrscheinlichkeitswert umschließen, sodaß

$$dw = dw' \tag{7.13}$$

gilt,[2] und wenn der (zeitunabhängige) Gleichgewichtsfall berücksichtigt wird.

---

[2]Hierbei werden konservative Systeme vorausgesetzt, sodaß nach dem im Abschnitt 4.2.6 eingeführten Liouvilleschen Theorem die Phasenraumelemente $d\Omega$, $d\Omega'$ einander gleich sind.

Unter den gemachten Voraussetzungen, entsprechend der Zuordnung (7.12), ist eine Wahrscheinlichkeitsdichte eine Erhaltungsgröße, d. h. – mathematisch ausgedrückt – ein *Integral der Bewegung*. Da für konservative Systeme zumindest ein Integral der Bewegung existiert, nämlich die durch eine Hamiltonfunktion $H(\boldsymbol{q}, \bar{\boldsymbol{q}})$ beschriebene Systemenergie, und da eine beliebige Funktion dieser Systemenergie wiederum ein Integral der Bewegung ist, führt (7.12) auf den Zusammenhang

$$\rho(\boldsymbol{q}, \bar{\boldsymbol{q}}) = \rho \left[H(\boldsymbol{q}, \bar{\boldsymbol{q}}) \right] . \tag{7.14}$$

Entsprechend der *Gibbschen Gleichgewichtshypothese*, nach der zwei Systeme im statistischen Gleichgewicht im Fall verschwindender Kopplung auch nach ihrer Trennung sich im Gleichgewicht befinden, gilt

$$\rho(H_1 + H_2) = \rho_1(H_1) \rho_2(H_2) , \tag{7.15}$$

wobei H_1, H_2 die Hamiltonfunktionen zweier Teilsysteme darstellen und $H_1 + H_2$ die Hamiltonfunktion des Gesamtsystems repräsentiert. Konsistent mit der Gibbschen Gleichgewichtshypothese tritt keine Hamiltonfunktion auf, die eine Wechselwirkungsenergie erfaßt.

7.2.2.2 Die Verteilungsfunktion der kanonischen Gesamtheit

Die Änderung der Verteilungsfunktion $\rho(H_1 + H_2)$ bei Änderung der systemspezifischen Hamiltonfunktion $H_1 + H_2$ wird auf mathematischer Ebene durch die Ableitung nach $H_1 + H_2$ bzw. nach H_1 oder H_2 beschrieben. Da für die Verteilungsfunktion $\rho(H_1 + H_2)$ die Hamiltonfunktion des Gesamtsystems entscheidend ist, darf es keine Rolle spielen, ob eine Änderung bezüglich H_1 oder bezüglich H_2 betrachtet wird. Mit (7.15) folgt damit der Zusammenhang

$$\frac{\partial \rho_1(H_1)}{\partial H_1} \rho_2(H_2) = \rho_1(H_1) \frac{\partial \rho_2(H_2)}{\partial H_2} , \tag{7.16}$$

welchem die Beziehung

$$\frac{\partial \rho_1(H_1)}{\partial H_1} \rho_1^{-1}(H_1) = \frac{\partial \rho_2(H_2)}{\partial H_2} \rho_1^{-1}(H_2) \tag{7.17}$$

gleichwertig ist. Da zwei unterschiedliche Argumente (d. h. H_1 und H_2) auftreten, muß diese Beziehung eine Konstante repräsentieren, die ohne Beschränkung der Allgemeinheit gleich $-\beta$ gesetzt werden kann. Berücksichtigt man dies, dann folgt aus dieser Beziehung

$$\rho(H) = \frac{\exp(-\beta H)}{Z} , \tag{7.18}$$

wobei Z durch die Normierungsbedingung

$$\int \rho(H) \, d\Omega = \int dw = 1 \tag{7.19}$$

festgelegt werden kann. Identifiziert man β gemäß

$$\beta = \frac{1}{k_B T} \tag{7.20}$$

mit dem reziproken Produkt aus der Boltzmannschen Konstante und der absoluten Temperatur, dann erhält man genau die angegebene Verteilungsfunktion (7.8) der kanonischen Gesamtheit.

Statistische Verteilungsfunktionen der klassischen Physik lassen sich über die Betrachtung der Eigenschaften eines zugeordneten Phasenraums begründen. Derartige Verfahren sind auch im Zusammenhang mit Verteilungsfunktionen der Quantenstatistik einführbar.

7.2.3 Gibbsche Statistik und Zustandssummen-Formalismus

Der aus der Normierungsbedingung (7.19) folgende Ausdruck

$$Z = \int \exp(-\beta H)\, d\Omega \qquad (7.21)$$

wird als *Zustandssumme* bezeichnet. Entsprechend der Zuordnung zur Gibbschen Statistik ist (7.21) eine Zustandssumme im Γ-Raum. Zustandssummen, wie beispielsweise die hier betrachtete Zustandssumme, sind zentrale Größen zur Behandlung statistischer Systeme, da sich durch Anwendung geeigneter Operatoren auf eine derartige Zustandssumme sämtliche systemspezifischen Größen gewinnen lassen. In diesem Zusammenhang wird auch der Begriff *Zustandssummen-Formalismus* gebraucht.

Beispiel 7.1 Der Ausdruck

$$\rho(H) = -\frac{1}{\beta}\frac{\delta \ln Z'}{\delta H} \qquad (7.22)$$

beschreibt genau die oben eingeführte Verteilungsfunktion (7.18), wenn

$$Z' = \Upsilon Z \qquad (7.23)$$

berücksichtigt und Z gleich (7.21) gesetzt wird. Dies kann durch Einsetzen von (7.21) in (7.22) gezeigt werden. Der Faktor Υ ist ein Dimensionslosigkeit erzeugender Faktor.[3] Es sei hier bemerkt, daß die Beziehung (7.22) über die Zustandssumme (7.21) hinaus Gültigkeit hat.

Beispiel 7.2 Der Ausdruck

$$U = -\frac{\partial \ln Z'}{\partial \beta} \qquad (7.24)$$

---

[3]Der hier eingeführte Faktor Υ überführt die dimensionsbehaftete Zustandssumme Z in eine dimensionslose Zustandssumme Z'. Dieser Faktor wird hier eingeführt, um Konsistenz zu üblichen mathematischen Definitionen zu erreichen: ein natürlicher Logarithmus wird im Zusammenhang mit dimensionslosen Argumenten eingeführt. Da sich dieser Faktor in allen Ausdrücken, welche meßbare Größen beschreiben, heraushebt – dies zeigt auch das hier betrachtete Beispiel – kann er willkürlich gewählt werden. Dieses Problem taucht nicht auf, wenn man statt einem Phasenraumelement $d\Omega$ in allen Formeln konsequent $d\Omega\,(\hbar/2)^{-Nf}$ verwendet und damit ein dimensionsloses Phasenraumelement schafft. Interpretiert werden kann diese Wahl als Einbezug einer über die Heisenbergsche Unschärferelation vorgegebenen „Elementarzelle" $(\hbar/2)^{Nf}$.

beschreibt die mittlere Systemenergie eines durch die Verteilungsfunktion (7.18) beschriebenen statistischen Systems, wenn Z gleich (7.21) gesetzt wird. Setzt man nämlich (7.21) in (7.24) ein, dann ergibt sich der Ausdruck

$$U = \frac{\int H \exp(-\beta H)\, \mathrm{d}\Omega}{Z} \, , \tag{7.25}$$

der einen typischen Mittelwertausdruck zur Beschreibung der mittleren Systemenergie U des betrachteten statistischen Systems repräsentiert. Auch hier gilt, daß die Ausgangsgleichung, hier (7.24), über die vorausgesetzte spezielle Zustandssumme hinaus gilt.

Beispiel 7.3 Der Ausdruck

$$S = k_\mathrm{B} \left(\ln Z' + \beta U \right) \tag{7.26}$$

beschreibt die *statistische Entropie* des durch (7.18) beschriebenen statistischen Systems. Bildet man die Variation des Ausdrucks (7.26), so daß sich

$$T\delta S = \frac{1}{\beta} \delta \left(\ln Z' + \beta U \right) = \frac{1}{\beta} \delta \ln Z' + U \delta\beta + \delta U \tag{7.27}$$

ergibt, berücksichtigt man anschließend (7.24), so daß man

$$T\delta S = \frac{1}{\beta} \delta \ln Z' - \frac{1}{\beta} \frac{\partial \ln Z'}{\partial \beta} \delta\beta + \delta U = \frac{1}{\beta} \int \delta H \frac{\delta \ln Z'}{\delta H} \, \mathrm{d}\Omega + \delta U \tag{7.28}$$

erhält, und berücksichtigt man noch (7.22), so daß sich

$$T\delta S = - \int \delta H \rho \, \mathrm{d}\Omega + \delta U \tag{7.29}$$

ergibt, dann ist die Gültigkeit der Beziehung (7.26) evident. Setzt man nämlich

$$\delta S = \frac{\delta Q}{T} \, , \quad \int \delta H \rho \, \mathrm{d}\Omega = \delta A \, , \tag{7.30}$$

dann folgt daraus der Zusammenhang

$$\delta U = \delta Q + \delta A \, , \tag{7.31}$$

der eine spezielle Formulierung des *ersten Hauptsatzes der Thermodynamik* darstellt. Gemäß dieses ersten Hauptsatzes nimmt die *innere Energie* U zu, wenn eine bestimmte *Wärmemenge* δQ dem System zugeführt und *Arbeit* δA geleistet wird. Entsprechend der hier durchgeführten Verifikation gilt die Entropiedefinition (7.26) über das hier betrachtete statistische System hinaus.

Der Vollständigkeit halber sei hier noch ergänzt, daß das Auftreten von (7.30) an *reversible Systemabläufe* gebunden ist. Das Auftreten *irreversibler Systemabläufe* führt demgegenüber zu der Relation $\delta S \geq \delta Q/T$, welche als eine spezielle Fassung des *zweiten Hauptsatzes der Thermodynamik* aufgefaßt werden kann. Betrachtet man ein abgeschlossenes System ($\delta A = 0$, $\delta Q = 0$), dann ergibt sich die (für abgeschlossene Systeme geltende) bekanntere Relation

$$\delta S \geq 0 \, . \tag{7.32}$$

Derartige Relationen werden in der statistischen Thermodynamik weit angewandt. Insbesondere die hier eingeführte statistische Entropie bildet eine zentrale Größe zur Beschreibung von thermodynamischen Prozessen auf statistischer Ebene.[4]

 Der hier eingeführte Zustandssummen-Formalismus läßt sich in den Bereich der Quantenstatistik hinein erweitern.

7.2.4 Der Übergang zur Maxwell-Boltzmann-Statistik

Der Übergang von einem N-komponentigen, durch Koordinatenvektoren $\boldsymbol{q}$, $\bar{\boldsymbol{q}}$ beschreibbaren System zu einem aus N gleichartigen, unabhängigen Teilsystemen bestehenden System geschieht auf der Betrachtungsebene einer Hamiltonfunktion durch

$$H = H(\boldsymbol{q},\bar{\boldsymbol{q}}) \to H = H^{(1)}\left[q_1(1)\ldots\bar{q}_f(1)\right] + \ldots + H^{(N)}\left[q_1(N)\ldots\bar{q}_f(N)\right] , \qquad (7.33)$$

wenn $H^{(i)}$ für gleichartige, unabhängige Hamiltonfunktionen der N Teilsysteme steht:

$$H^{(1)} = \ldots = H^{(N)} := H_0 . \qquad (7.34)$$

Damit verbunden zerfällt die Zustandssumme (7.21) gemäß

$$Z \to Z = \int \exp\left(-\beta H_0\right) \mathrm{d}\Omega(1) \ldots \int \exp\left(-\beta H_0\right) \mathrm{d}\Omega(N) \qquad (7.35)$$

mit $\mathrm{d}\Omega(i) = \mathrm{d}q_1(i)\ldots\mathrm{d}\bar{q}_f(i)$ in ein Produkt aus gleichartigen, unabhängigen Zustandssummen:

$$Z = Z_0^N . \qquad (7.36)$$

Es gilt

$$Z_0 = \int \exp\left[-\beta H_0\left(q_1\ldots\bar{q}_f\right)\right] \mathrm{d}\Omega_0 \qquad (7.37)$$

mit $\mathrm{d}\Omega_0 = \mathrm{d}q_1\ldots\mathrm{d}\bar{q}_f$. Während die anfänglich betrachtete Zustandssumme (7.21) sowie die im wechselwirkungsfreien Fall sich ergebende Zustandssumme (7.36) im Γ-Raum gelten, steht (7.37) für die zugeordnete, im μ-Raum gültige Zustandssumme. Auf der Grundlage dieser μ-Raum-Zustandssumme lassen sich den obigen Zustandssummen-Ausdrücken analoge Beziehungen einführen, die jedoch hier nicht mehr betrachtet werden sollen.

---

[4]Es sei hier erwähnt, daß heutzutage sehr viele Formen von Entropiedefinitionen existieren. Die hier betrachtete statistische Entropie ist eine historisch gesehen grundlegende Entropie, die in aller Regel einfach als *Entropie* notiert wird. Eine Diskussion möglicher Entropiedefinitionen soll hier nicht durchgeführt werden. Es soll jedoch erwähnt werden, daß auf Grund der vielen existierenden Entropiedefinitionen in diesem Buch nicht einfach der Begriff *Entropie* benützt wird, sondern zusätzlich das Attribut *statistisch* berücksichtigt wird, um den benützten Entropiebegriff von anderen sprachlich abzutrennen. Eine andere Möglichkeit zur begrifflichen Trennung besteht darin, in Abhängigkeit von der Definition, einen speziellen Begriff einzuführen. Ein in diesem Zusammenhang oft zu findender Begriff ist der Begriff *Information*. Dieser Begriff deutet eine Eigenschaft an, die allen Entropiedefinitionen gemeinsam ist: alle Formen von Entropien machen Aussagen über – abstrakt gesprochen – *Systeminformation*. Entropie als ein Maß für die Unordnung eines thermodynamischen Systems stellt einen Sonderfall einer Größe dar, welche Aussagen über Systeminformation macht.

Der Übergang zu (7.37) markiert den Übergang zur Maxwell-Boltzmann-Statistik. Berücksichtigt man (7.33) und (7.35) innerhalb der Verteilungsfunktion (7.18), dann kommt man auf die der Zustandssumme (7.37) zugeordnete Verteilungsfunktion

$$\rho(H_0) = \frac{\exp(-\beta H_0)}{\int \exp(-\beta H_0)\, d\Omega_0} \; . \tag{7.38}$$

Diese Verteilungsfunktion repräsentiert die Grundform der *Maxwell-Boltzmann Verteilungsfunktion*. Gemäß dieser Verteilungsfunktion nimmt die Wahrscheinlichkeit eine durch H_0 vorgegebene Teilsystemenergie zu finden exponentiell ab. Entsprechend ihrer Begründung gilt sie für Systeme der statistischen Thermodynamik.

7.3 Quantenstatistik: Spezielle Sachverhalte

Spricht man von *Quantenstatistik*, dann meint man – wie in der klassischen Statistik –, daß statistische Gesamtheiten und sie repräsentierende Verteilungsfunktionen bzw. statistische Operatoren als Ausgangspunkt der mathematisch-theoretischen Behandlung des betrachteten Systems genommen werden. Im Unterschied zur klassischen Statistik werden in der Quantenstatistik jedoch quantentheoretische Behandlungsmethoden und Aussagen zugrunde gelegt. Dabei auftretende Größen werden im folgenden mit dem Attribut *quantenstatistisch* versehen. So wird im folgenden beispielsweise der Begriff *quantenstatistische Verteilungsfunktion* benützt. Berücksichtigt man, daß bereits im Rahmen der Behandlung des Dichtematrix-Formalismus, im Abschnitt 4.2.6, statistische Gesamtheiten als Ausgangspunkt genommen wurden[5], dann ist klar, daß der Dichtematrix-Formalismus direkt ein der Quantenstatistik zuordenbarer Formalismus ist. In aller Regel wird der Dichtematrix-Formalismus sogar als Ausgangspunkt der Quantenstatistik betrachtet. Setzt man dies voraus, dann bildet der methodische Ausgangspunkt zur Beschreibung eines physikalischen Systems in der Quantenstatistik der Dichteoperator $\hat{\rho}$ bzw. die zugeordnete Dichtematrix: Mit Hilfe derartiger Größen lassen sich Zustandswahrscheinlichkeiten beschreiben und unter Einbeziehung einer Spurbildungsvorschrift spezifische Mittelwerte gewinnen.[6] Betrachten wir im folgenden einige spezielle Aspekte etwas näher.

7.3.1 Der Zustandssummen-Formalismus

Genauso wie in der klassischen Statistik lassen sich auch in der Quantenstatistik Zustandssummen angeben, auf der Grundlage derer sich systemspezifische Größen berechnen lassen. Betrachten wir diesen Sachverhalt anhand einiger Beispiele etwas genauer.

---

[5]Bereits im Abschnitt 4.2.6 wurde der Begriff der *statistischen Gesamtheit* eingeführt. Dort im Zusammenhang mit reinen und gemischten quantenmechanischen Systemen.

[6]Es sei hier zusätzlich bemerkt, daß schon die im Abschnitt 4.2.5 behandelte Wahrscheinlichkeitsinterpretation eine Interpretation im Sinne der Quantenstatistik ist. Vergegenwärtigt man sich noch einmal die Ausführungen dieses Abschnitts, dann dürfte offensichtlich sein, daß die statistische Interpretation einen sehr anschaulichen Zugang zu Quantensystemen liefert.

Beispiel 7.4 Man betrachte ein mikroskopisches N-Teilchen-System, das durch eine quanten-statistische kanonische Gesamtheit im thermischen Gleichgewicht beschrieben werden kann. Dieses System läßt sich durch einen Dichteoperator

$$\hat{\rho} = \frac{\exp\left(-\hat{H}/k_{\mathrm B}T\right)}{Z} \tag{7.39}$$

mit einer Zustandssumme

$$Z = \mathrm{Sp}\left[\exp\left(-\hat{H}/k_{\mathrm B}T\right)\right] \tag{7.40}$$

erfassen. (7.39) repräsentiert eine spezielle Lösung der quantenmechanischen Liouville-Gleichung (4.112). Da diskrete Energiezustände vorausgesetzt werden gilt

$$\begin{aligned}
Z &= \sum_m \exp\left(-E_m/k_{\mathrm B}T\right) \\
&= \sum_m \exp\left(-\beta E_m\right) .
\end{aligned} \tag{7.41}$$

E_m steht für Energiezustände des betrachteten mikroskopischen N-Teilchen-Systems.

Beispiel 7.5 Setzt man die Zustandssumme (7.41) in (vgl. (7.24))

$$U = -\frac{\partial \ln Z}{\partial \beta} \tag{7.42}$$

ein[7], dann erhält man (vgl. (7.25))

$$U = \frac{\displaystyle\sum_m E_m \exp\left(-\beta E_m\right)}{\displaystyle\sum_m \exp\left(-\beta E_m\right)} , \tag{7.43}$$

d. h. einen Ausdruck zur Beschreibung der mittleren Systemenergie des betrachteten Systems.

Beispiel 7.6 Der Ausdruck (vgl. (7.26))

$$S = k_{\mathrm B}\left(\ln Z + \beta U\right) \tag{7.44}$$

beschreibt die statistische Entropie des betrachteten Systems[8].

---

[7]Hier soll auf die Einführung einer Zustandssumme $Z' = \Upsilon Z$ verzichtet werden, da Z bereits eine dimensionslose Größe darstellt.

[8]Eine sehr ausführliche Darstellung der Entropie von mittels quantenstatistischer Methoden beschreibbarer Systeme findet der interessierte Leser beispielsweise in [49]. Hier soll dieser Zusammenhang nur angegeben werden.

Die Größen E_m stehen für Systemenergiewerte des betrachteten mikroskopischen N-Teilchen-Systems, sodaß die obigen Relationen der Γ-Raum-Statistik zuzuordnen sind. Insbesondere ist die Zustandssumme (7.41) eine Γ-Raum-Zustandssumme. Betrachtet man N wechselwirkungs-freie Teilchen, dann läßt sich dieser Γ-Raum-Zustandssumme eine μ-Raum-Zustandssumme zuordnen.

Beweis 7.1 Betrachtet man ein zugeordnetes wechselwirkungsfreies N-Teilchen-System, dann läßt sich E_m gemäß

$$E_m = \sum_i n_m(i)E(i) \tag{7.45}$$

und

$$N = \sum_i n_m(i) \tag{7.46}$$

auf Energieeigenwerte $E(i)$ von Einteilchensystemen zurückführen. $n(i)$ steht für die Beset-zungszahlen der durch $E(i)$ beschriebenen Energiezustände. Berücksichtigt man diese Zerle-gung innerhalb (7.41), dann erhält man

$$
\begin{aligned}
Z &= \sum_m \exp\left[-\beta \sum_i n_m(i)E(i)\right] \\
&= \sum_m (\exp[-\beta E(1)])^{n_m(1)} \ldots (\exp[-\beta E(N)])^{n_m(N)} \\
&\approx (\exp[-\beta E(1)] + \ldots + \exp[-\beta E(N)])^N \\
&= Z_0^N
\end{aligned}
\tag{7.47}
$$

mit

$$Z_0 = \sum_i \exp[-\beta E(i)] \ . \tag{7.48}$$

Während Z in (7.47) die Zustandssumme des wechselwirkungsfreien mikroskopischen N-Teilchensystems im Γ-Raum darstellt, steht Z_0 in (7.47) für eine – gemäß des Approximati-onszeichens näherungsweise – zuordenbare μ-Raum-Zustandssumme[9].

Mit der μ-Raum-Zustandssumme Z_0 verbunden ist die quantenstatistische Verteilungsfunktion

$$\frac{n(i)}{N} = \frac{\exp[-\beta E(i)]}{\sum_i \exp[-\beta E(i)]} \ . \tag{7.49}$$

---

[9]Vernachlässigt man das Ununterscheidbarkeitsprinzip, d. h. behandelt man das betrachtete N-Teilchen-System „quasiklassisch", dann stellt Z_0 die exakte Lösung dar: In diesem Fall ist in den er-sten beiden Zeilen von (7.47) die Permutabilität $W = N!/n(1)! \ldots n(N)!$ als Faktor in der jeweiligen Summe zu berücksichtigen. Diese Permutabilität gibt die Anzahl aller durch Teilchenvertauschung ent-stehenden Zuständen wieder. In diesem Fall geht das Approximationszeichen der dritten Zeile in ein Gleichheitszeichen über. Die μ-Raum-Zustandssumme Z_0 ist also genaugenommen eine „quasiklassi-sche" Zustandssumme.

Sie beschreibt die Anzahl $n(i)$ der mikroskopischen Teilchen im Energiezustand $E(i)$, wenn N wechselwirkungsfreie mikroskopische Teilchen betrachtet werden. Vergleicht man mit der im Zusammenhang mit einer klassischen Betrachtung eingeführten Grundform der Maxwell-Boltzmannschen Verteilungsfunktion, der Beziehung (7.38), dann ist offensichtlich, daß sich im Rahmen der durchgeführten Näherung im wesentlichen wieder diese Grundform ergibt. Der Unterschied zu der durch (7.38) gegebenen Grundform der Maxwell-Boltzmannschen Verteilungsfunktion besteht einerseits darin, daß statt einer im Zusammenhang mit klassischen Systemen verwendbaren Hamiltonfunktion H_0 im Zusammenhang mit Quantensystemen zu berücksichtigende Energieeigenwerte $E(i)$ auftreten, und andererseits darin, daß eine Summe statt einem Integral auftritt, was die vorausgesetzten diskreten Energieeigenwerte widerspiegelt. Die quantenstatistische Verteilungsfunktion (7.49) soll im folgenden als *quantenstatistische Maxwell-Boltzmannsche Verteilungsfunktion* bezeichnet werden. Die dazugehörige Statistik als *Maxwell-Boltzmann-Quantenstatistik*[10].

Die quantenstatistische Maxwell-Boltzmannsche Verteilungsfunktion (7.49) läßt sich als Grenzfall der noch zu behandelnden Bose-Einstein- bzw. Fermi-Dirac-Verteilungsfunktion auffassen. Die Grenzfallbedingung, die von diesen Verteilungsfunktionen zu der hier vorliegenden Verteilungsfunktion (7.49) führt, grenzt die Gültigkeit von (7.49) ab und charakterisiert die Grenzen der Gültigkeit der in den obigen Beispielen angegebenen Exponentialrelationen.

7.3.2 Die Fermi-Dirac- und Bose-Einstein-Statistik

Eine sehr direkte Beschreibung von mittels quantenstatistischen Methoden beschreibbaren Systemen liefern spezifische Verteilungsfunktionen, wie beispielsweise die quantenstatistische Verteilungsfunktion (7.49). Für mikroskopische Vielteilchensystemen wichtigere quantenstatistische Verteilungsfunktionen sind durch die Verteilungsfunktionen der *Fermi-Dirac-Statistik* sowie der *Bose-Einstein-Statistik* gegeben. Diese Verteilungsfunktionen können als Verallgemeinerungen von (7.49) aufgefaßt werden. Sie repräsentieren dementsprechend μ-Raum-Statistiken. Während die Fermi-Dirac-Verteilungsfunktion das Verhalten von Systemen beschreibt, die aus identischen Fermionen bestehen, erfaßt die Bose-Einstein-Verteilungsfunktion solche Systeme, die aus identischen Bosonen bestehen. Durch die Bose-Einstein-Verteilungsfunktion wird insbesondere die bereits erwähnte Bose-Einstein-Kondensation auf statistischer Ebene beschrieben. Diese quantenstatistischen Verteilungsfunktionen werden im folgenden eingeführt. Da diese im Gleichgewicht vorliegende statistische Funktionen sind, welche gleichgewichtsspezifische Teilchenzahlbilanzen repräsentieren, ist es sinnvoll, zuerst grundsätzliche *Teilchenzahlbilanzen* und damit verbundene *Bilanzgleichungen* zu betrachten.

---

[10]Es sei hier darauf hingewiesen, daß in der Literatur häufig nicht zwischen der klassischen und quantentheoretischen Ebene sprachlich getrennt wird. Dann kann vereinfachend von der Maxwell-Boltzmannschen Verteilungsfunktion, der Maxwell-Boltzmann-Statistik und – wenn Gibbsche Betrachtungsweisen zugrunde gelegt werden – auch von der Gibbschen Statistik gesprochen werden. Diese Sprechweise soll in dem vorliegenden Buch jedoch nicht zugrunde gelegt werden, was auch dem bisherigen Sprachgebrauch entspricht.

7.3.2.1 Teilchenzahlbilanzen

Man betrachte ein System aus mikroskopischen Teilchen, in dem jedes Teilchen einen bestimmten Impuls $\hbar k$ aufweist. Die Anzahlen der Teilchen mit Impuls $\hbar k$ seien durch $n(k)$ gegeben. Es seien Stoßprozesse möglich, sodaß sich die Teilchenzahlen $n(k)$ ändern können.

Eine formale Beschreibung einer Teilchenzahländerung auf der Grundlage der eingeführten Feynman-Diagramme ist durch den formalen Ausdruck

$$\dot{n}(k) = \sum_{k'} \sum_{w} \left[\begin{array}{c} k \quad\quad k' \quad\quad\quad k'-w \quad\quad k+w \\ \\ - \\ \\ k+w \quad k'-w \quad\quad\quad k' \quad\quad\quad k \end{array} \right] \Bigg\uparrow t \tag{7.50}$$

gegeben, wobei t die Zeitachse eines Prozeßablaufs andeutet und die Größen k, k', w für impulsbeschreibende Wellenvektoren stehen. Dieser formale Ausdruck gibt den Sachverhalt wieder, daß Prozesse, welche ein Teilchen mit Impuls $\hbar k$ erzeugen, zu einer Zunahme der Teilchenzahlen $n(k)$ führen und somit addiert werden müssen, und daß Prozesse, welche ein Teilchen mit Impuls $\hbar k$ vernichten, zu einer Abnahme der Teilchenzahlen $n(k)$ führen und somit subtrahiert werden müssen[11].

Dem formalen Ausdruck (7.50) läßt sich eine Bilanzgleichung (auch: Ratengleichung) zuordnen, indem jedem formalen „Feynman-Term" die spezifische Übergangswahrscheinlichkeit pro Zeiteinheit zugeordnet wird. Benützt man die im Abschnitt 4.2.5 hergeleitete Beziehungen (4.80) und (4.81) zur Beschreibung dieser zeitbezogenen Übergangswahrscheinlichkeiten und beschränkt sich auf die erste störungstheoretische Ordnung, dann erhält man in einer auf die jetzt vorliegende Problematik angepaßten Schreibweise

$$\dot{n}(k) = \sum_{k'} \sum_{w} \frac{2\pi}{\hbar^2} \left(\left| M_1\left(k', w\right) \right|^2 - \left| M_2\left(k', w\right) \right|^2 \right) \cdot$$
$$\delta\left(\frac{\hbar}{2m_0} \left[k^2 + k'^2 - (k+w)^2 - (k'-w)^2 \right] \right) \tag{7.51}$$

mit den Matrixelement-Betragsquadraten

$$\left| M_1\left(k', w\right) \right|^2 = \left| g\left(k', w\right) \right|^2 \left[n(k) \pm 1 \right] \left[n(k') \pm 1 \right] n(k+w) n(k'-w) , \tag{7.52}$$

$$\left| M_2\left(k', w\right) \right|^2 = \left| g\left(k', w\right) \right|^2 \left[n(k+w) \pm 1 \right] \left[n(k'-w) \pm 1 \right] n(k) n(k') . \tag{7.53}$$

Diese Bilanzgleichung erfaßt die zeitliche Entwicklung der Teichenzahlen in Abhängigkeit von der Größe $g(k', w)$, welche die Wahrscheinlichkeit für einen speziellen Übergangsprozeß vermittelt und vorzugeben ist. Diese Bilanzgleichung läßt sich als quantenmechanisches Analogon der klassischen Boltzmann-Gleichung auffassen. Das positive Vorzeichen gilt für Bosonen und das negative Vorzeichen für Fermionen. Die in (7.51) auftretende Diracsche Deltafunktion erzwingt die Gültigkeit des Energieerhaltungssatzes, d. h. hier $w = k' - k$.

---

[11]Zur Verdeutlichung dieses Sachverhalts betrachte man die einfache Differentialgleichung $\dot{x} = \pm |a| x$ mit Lösungen $x = \exp(\pm |a| t)$: ein positiver Parameter $+|a|$ führt auf eine Zunahme des x-Wertes, hier beschrieben durch eine positive Exponentialfunktion $x = \exp(+|a| t)$; ein negativer Parameter $-|a|$ führt auf eine Abnahme des x-Wertes, hier beschrieben durch eine negative Exponentialfunktion $x = \exp(-|a| t)$.

Beweis 7.2 Identifiziert man die in (4.80), (4.81) auftretende Anfangszustandsenergie E_l bzw. die Endzustandsenergie E_j mit der hier vorliegenden Problemstellung gemäßen kinetischen Energien, d. h. identifiziert man E_l (wenn der erste „Feynman-Term" von (7.50) betrachtet wird) mit $\hbar^2 (k+w)^2 / 2m_0 + \hbar^2 (k'-w)^2 / 2m_0$ und (wenn der zweite „Feynman-Term" von (7.50) betrachtet wird) mit $\hbar^2 k^2 / 2m_0 + \hbar^2 k'^2 / 2m_0$ bzw. identifiziert man E_j mit $\hbar^2 k^2 / 2m_0 + \hbar^2 k'^2 / 2m_0$ (erster „Feynman-Term") und $\hbar^2 (k+w)^2 / 2m_0 + \hbar^2 (k'-w)^2 / 2m_0$ (zweiter „Feynman-Term"), setzt man die derartig spezifizierte Beziehung (4.80) in den formalen Ausdruck (7.50) ein und paßt die Schreibweise an den jetzigen Bedarf an, dann erhält man den Zusammenhang

$$\dot{n}(k) = \sum_{k'} \sum_{w} \frac{2\pi}{\hbar^2} \left[\left| M_1 \left(k', w \right) \right|^2 \delta \left(\frac{\hbar}{2m_0} \left[k^2 + k'^2 - (k+w)^2 - \left(k' - w \right)^2 \right] \right) - \right.$$
$$\left. \left| M_2 \left(k', w \right) \right|^2 \delta \left(\frac{\hbar}{2m_0} \left[(k+w)^2 + \left(k' - w \right)^2 - k^2 - k'^2 \right] \right) \right], \quad (7.54)$$

der sich in

$$\dot{n}(k) = \sum_{k'} \sum_{w} \frac{2\pi}{\hbar^2} \left(\left| M_1 \left(k', w \right) \right|^2 - \left| M_2 \left(k', w \right) \right|^2 \right) \cdot$$
$$\delta \left(\frac{\hbar}{2m_0} \left[k^2 + k'^2 - (k+w)^2 - \left(k' - w \right)^2 \right] \right) \quad (7.55)$$

überführen läßt, da sich die Argumente der zwei Deltafunktionen nur bis auf ein Minuszeichen unterscheiden, sodaß unter Verwendung von (3.24) sich der Ausdruck (7.55) ergibt.

Nach (4.81) sind die Matrixelemente $M_1 \left(k', w \right)$, $M_2 \left(k', w \right)$ durch

$$M_1 \left(k', w \right) = \left\langle \psi_1(E) \left| \lambda \hat{H}_{S,1} \right| \psi(A) \right\rangle , \quad M_2 \left(k', w \right) = \left\langle \psi_2(E) \left| \lambda \hat{H}_{S,2} \right| \psi(A) \right\rangle \quad (7.56)$$

mit

$$\left| \psi(A) \right\rangle = \left| n(k), n\left(k' \right), n(k+w), n\left(k' - w \right) \right\rangle , \quad (7.57)$$

$$\left\langle \psi_1(E) \right| = \begin{cases} \left\langle n(k)+1, n\left(k' \right)+1, n(k+w)-1, n\left(k' - w \right)-1 \right| \\ \text{für Bosonen} \\ \left\langle 1-n(k), 1-n\left(k' \right), 1-n(k+w), 1-n\left(k' - w \right) \right| \\ \text{für Fermionen} \end{cases} , \quad (7.58)$$

$$\left\langle \psi_2(E) \right| = \begin{cases} \left\langle n(k)-1, n\left(k' \right)-1, n(k+w)+1, n\left(k' - w \right)+1 \right| \\ \text{für Bosonen} \\ \left\langle 1-n(k), 1-n\left(k' \right), 1-n(k+w), 1-n\left(k' - w \right) \right| \\ \text{für Fermionen} \end{cases} \quad (7.59)$$

gegeben, wenn nur die erste störungstheoretische Ordnung berücksichtigt wird und eine Anpassung an die der jetzigen Problemstellung gemäße Notation erfolgt, d. h. insbesondere, ein in (4.81) auftretender Anfangszustand $\left| \psi_l \right\rangle$ wird gleich $\left| \psi(A) \right\rangle$ und ein Endzustand $\left\langle \psi_j \right|$ wird einerseits gleich $\langle \psi_1(E) |$ und andererseits gleich $\langle \psi_2(E) |$ gesetzt. Die Auftrennung der Endzustände ergibt sich einerseits aus der Unterschiedlichkeit der zugrundegelegten „Feynman-Terme" (bzw. aus der Unterschiedlichkeit der Wechselwirkungsoperatoren $\lambda \hat{H}_{S,1}$ und $\lambda \hat{H}_{S,2}$) und andererseits aus den speziellen Eigenschaften der Fermionen, welchen nur Besetzungszahlen $0, 1$ zuordenbar sind.

Berücksichtigt man die Wechselwirkungsoperatoren $\lambda \hat{H}_{S,1}$, $\lambda \hat{H}_{S,2}$ in quantenfeldtheoretischer Formulierung, d. h. berücksichtigt man

$$\lambda \hat{H}_{S,1} - g_1 \left(k', w \right) \hat{\eta}^+ (k) \hat{\eta}^+ \left(k' \right) \hat{\eta}^- (k+w) \hat{\eta}^- \left(k' - w \right) , \tag{7.60}$$

$$\lambda \hat{H}_{S,2} = g_2 \left(k', w \right) \hat{\eta}^+ (k+w) \hat{\eta}^+ \left(k' - w \right) \hat{\eta}^- (k) \hat{\eta}^- \left(k' \right) , \tag{7.61}$$

wobei $\hat{\eta}^{\pm}$ sowohl Bosonenoperatoren $\hat{b}^{\pm}$ als auch Fermionenoperatoren $\hat{a}^{\pm}$ repräsentiert, und berücksichtigt[12]

$$\hat{b}^+ (K) | \ldots n(K) \ldots \rangle = \sqrt{n(K)+1} | \ldots n(K)+1 \ldots \rangle , \tag{7.62}$$

$$\hat{b}^- (K) | \ldots n(K) \ldots \rangle = \sqrt{n(K)} | \ldots n(K)-1 \ldots \rangle , \tag{7.63}$$

$$\hat{a}^+ (K) | \ldots n(K) \ldots \rangle = \sqrt{1-n(K)} | \ldots 1-n(K) \ldots \rangle , \tag{7.64}$$

$$\hat{a}^- (K) | \ldots n(K) \ldots \rangle = \sqrt{n(K)} | \ldots 1-n(K) \ldots \rangle , \tag{7.65}$$

wobei K für beliebige Wellenvektoren steht, dann lassen sich die Matrixelemente (7.56) in eine explizite Form überführen: man erhält

$$M_1 \left(k', w \right) = \begin{cases} g_1 \sqrt{n(k)+1} \sqrt{n(k')+1} \sqrt{n(k+w)} \sqrt{n(k'-w)} \\ \text{für Bosonen} \\ g_1 \sqrt{1-n(k)} \sqrt{1-n(k')} \sqrt{n(k+w)} \sqrt{n(k'-w)} \\ \text{für Fermionen} \end{cases} , \tag{7.66}$$

$$M_2 \left(k', w \right) = \begin{cases} g_2 \sqrt{n(k+w)+1} \sqrt{n(k'-w)+1} \sqrt{n(k)} \sqrt{n(k')} \\ \text{für Bosonen} \\ g_2 \sqrt{1-n(k+w)} \sqrt{1-n(k'-w)} \sqrt{n(k)} \sqrt{n(k')} \\ \text{für Fermionen} \end{cases} \tag{7.67}$$

mit $g_1 = g_1 \left(k', w \right)$, $g_2 = g_2 \left(k', w \right)$, wenn orthonormale Zustandsvektoren vorausgesetzt werden, sodaß auftretende Skalarprodukte $\langle \psi(E) | \psi(E) \rangle$ gleich 1 gesetzt werden können.

---

[12]Die folgenden Beziehungen sind eine Konsequenz von im Abschnitt 6.2.2 auf allgemeiner Ebene behandelten Sachverhalten. Insbesondere repräsentieren die mit Fermionen verbundenen Eigenwertgleichungen die Tatsache, daß nur Besetzungszahlen $0, 1$ möglich sind: $\hat{a}^+ (K) | \ldots n(K) = 1 \ldots \rangle = 0$, $\hat{a}^- (K) | \ldots n(K) = 0 \ldots \rangle = 0$; man vergleiche mit den Beziehungen (6.31) und (6.30). Genaugenommen sind in (7.62)–(7.65) noch zusätzliche Phasenfaktoren zu berücksichtigen, d. h. statt den Gleichheitszeichen müßte man eigentlich Proportionalitätszeichen angeben. Da zum Schluß der Überlegungen eine Betragsquadratbildung durchgeführt wird, und Betragsquadrate solcher Phasenfaktoren den Wert 1 aufweisen, sind derartige Phasenfaktoren für die hier durchzuführenden Überlegungen ohne Bedeutung, sodaß sie bereits an dieser Stelle gleich 1 gesetzt werden.

Setzt man in (7.66) und (7.67) $g_1 = g_2 = g$ und bildet anschließend die zugeordneten Betragsquadrate, dann erhält man die Beziehungen (7.52)–(7.53). (7.51) wurde bereits angegeben: man vergleiche mit (7.55).

7.3.2.2 Bose-Einstein- und Fermi-Dirac-Verteilungsfunktion

Gleichgewichtszustände identischer Bosonen bzw. Fermionen werden durch die quantenstatistischen Verteilungsfunktionen

$$n(i) = g(i) \frac{1}{\exp\left(\left[E(i) - \mu\right] / k_{\mathrm{B}} T\right) \pm 1} \tag{7.68}$$

beschrieben, wobei μ für eine Normierungsgröße steht, die sich aus der Normierungsbedingung

$$N = \sum_i n(i) \tag{7.69}$$

bestimmen läßt, wenn N für eine feste Gesamtteilchenzahl steht. Während das positive Vorzeichen die angesprochene *Fermi-Dirac-Verteilungsfunktion* kennzeichnet, ist das negative Vorzeichen mit der *Bose-Einstein-Verteilungsfunktion* zu verbinden.[13] Diese quantenstatistischen Verteilungsfunktionen gelten für ideale, d. h. wechselwirkungsfreie Bosonen- bzw. Fermionensysteme. $g(i)$ steht für ein *statistisches Gewicht*. Das hier auftretende statistische Gewicht gibt die Anzahl der Zustände mit Energie $E(i)$ wieder. Um beispielsweise zwei mögliche Spinzustände zu erfassen, welche beide der Energie $E(i)$ zugeordnet sind, ist $g(i) = 2$ zu setzen. μ ist dem chemischen Potential gleichsetzbar, weshalb hier auch das im Zusammenhang mit einem chemischen Potential benützte Symbol μ verwendet wird. Gemäß (7.69) ist μ eine von der absoluten Temperatur T abhängige Größe. Während μ für *Fermi-Gase* positive Werte annehmen kann, ist μ für *Bose-Gase* eine negative Größe. Ist der Summand ± 1 im Nenner von (7.68) vernachlässigbar, d. h. gilt $E(i) - \mu \gg k_{\mathrm{B}} T$, dann folgt aus (7.68) eine spezielle Form der quantenstatistischen Maxwell-Boltzmann-Verteilungsfunktion, die im Grenzfall $g(i) = 1$ in die Form (7.49) übergeht. Unter diesen Voraussetzungen geht also die Fermi-Dirac- und Bose-Einstein-Statistik in die Maxwell-Boltzmann-Quantenstatistik über. Eine Ausnahme bilden spezielle Bose-Gase repräsentierende Photonengase. Derartige Photonengase können ebenfalls durch eine Bose-Einstein-Verteilung erfaßt werden, jedoch ist für ein derartiges Bose-Gas eine verschwindende Normierungsgröße μ anzusetzen. Die Bose-Einstein-Verteilung geht in diesem Fall in das Plancksche Strahlungsgesetz für Hohlraumstrahler über.[14]

---

[13]Liegen die in den Beziehungen (7.68), (7.69) auftretenden Energiezustände $E(i)$ sehr dicht, dann kann die Summe $\sum$ durch ein Integral und $n(i)$ kann durch eine Dichtefunktion ersetzt werden.

[14]Dieses berühmte, von M. Planck aufgestellte Gesetz gibt den Zusammenhang der Strahlungsdichte eines strahlenden Hohlraums und der Temperatur über den gesamten Temperaturbereich in bester Übereinstimmung mit dem Experiment wieder. Der entscheidende Schritt zur Herleitung dieser Formel war die Annahme von gequantelten Energiezuständen im Rahmen des zugrunde gelegten harmonischen Oszillator-Modells. Die Herleitung dieser Formel war ein entscheidender Schritt hin zur Entwicklung der Quantentheorie.

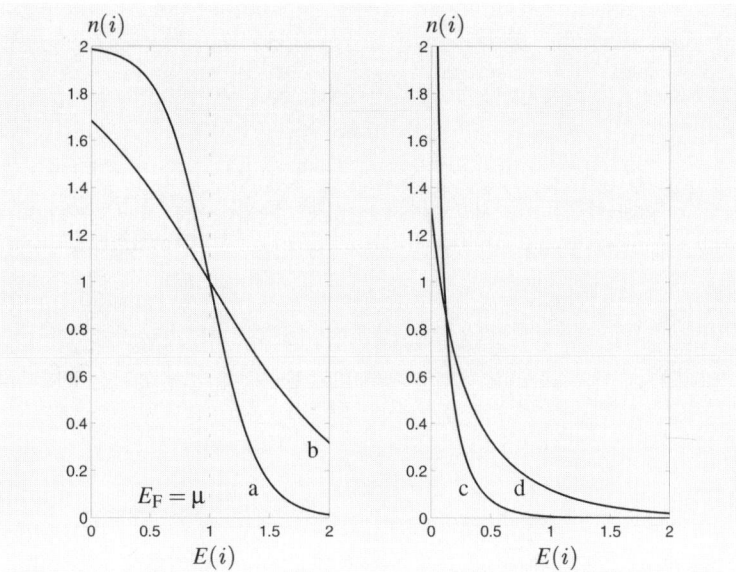

Bild 7.6 Fermi-Dirac-Verteilung (links) und Bose-Einstein-Verteilung (rechts). Es gilt a $= k_B T_1 \to 0$, b $= k_B T_2 > k_B T_1$ sowie c $= k_B T_3 \to 0$, d $= k_B T_4 > k_B T_3$. Im Rahmen der Betrachtung der Fermi-Dirac-Verteilung wird $g(i) = 2$ gesetzt, im Fall der Bose-Einstein-Verteilung wird $g(i) = 1$ benützt. Im Fall der Fermi-Dirac-Verteilung wird μ fest gehalten und im Fall der Bose-Einstein-Verteilung die Gesamtteilchenzahl N. E_F steht für die Fermische Grenzenergie. Im Grenzfall $T = 0$ läuft eine Fermi-Gase beschreibende Kurve gegen der Wert $n(i) = 2$, was das für Fermionen geltende Paulische Ausschließungsprinzip reproduziert, d. h. quantenzahlmäßig vollständig definierte Zustände können jeweils nur von einem einzelnen Teilchen besetzt werden, sodaß einer speziellen Energie zwei Teilchen mit unterschiedlichen Spinstellungen zuordnenbar sind, was durch den Wert $n(i) = 2$ ausgedrückt wird. Durch Vorgabe des statistischen Gewichtes $g(i) = 2$ wird dies in den Formalismus implementiert. Demgegenüber sind für Bose-Gase bei allen Temperaturen beliebig hohe Besetzungszahlen möglich, was dem Sachverhalt entspricht, daß das Paulische Ausschließungsprinzip nur für Fermionen gilt. Insofern können Bose-Gase beschreibende Kurven Werte größer als 2 annehmen

Die obigen quantenstatistischen Verteilungsfunktionen lassen sich auf der Grundlage von Abzählmethoden unter Berücksichtigung des Ununterscheidbarkeitsprinzips sowie des Paulischen Ausschließungsprinzips auf eine elementare Weise herleiten, was hier jedoch nicht ausgeführt werden soll. Ausgeführt werden soll jedoch noch, daß die Verteilungsfunktionen (7.68) kompatibel mit den oben durchgeführten Überlegungen sind, insbesondere kompatibel mit der Bilanzgleichung (7.51). Sie lassen sich auffassen als Lösungen der Bilanzgleichung (7.51) im stationären (d. h. gleichgewichtsbeschreibenden) Fall $\dot{n}(\mathbf{k}) = 0$, $E(i) = E(\mathbf{k}) = \hbar^2 \mathbf{k}^2 / 2m_0$.

Die Bose-Einstein- und die Fermi-Dirac-Verteilungsfunktion repräsentieren μ-Raum-Statistiken. Sie gelten für Teilchengase bestehend aus ruhemasselosen Teilchen (Photonengase) genauso wie für Teilchengase bestehend aus ruhemassebehafteten Teilchen.

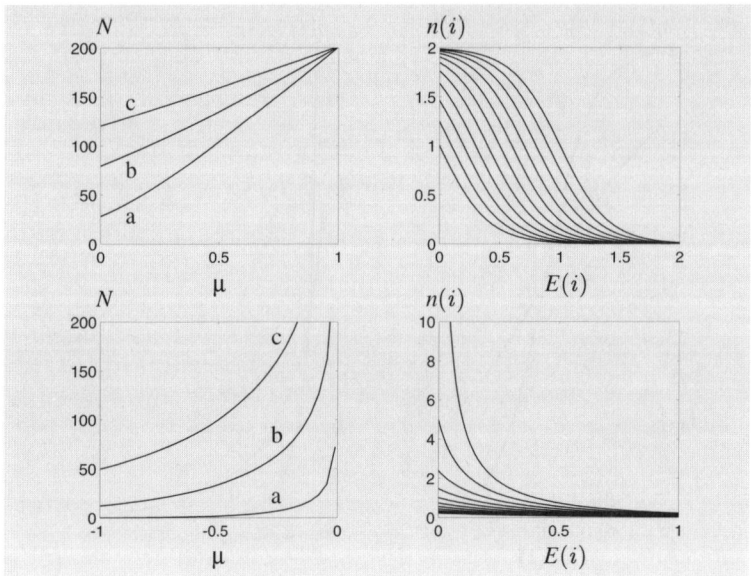

Bild 7.7 Fermi-Dirac-Verteilung (oben) und Bose-Einstein-Verteilung (unten) als Funktionen von μ. Die Teilbilder der linken Seite zeigen Abhängigkeiten $N = N(\mu)$ für verschieden Temperaturen. Es gilt $a = k_B T_1 < b = k_B T_2 < c = k_B T_3$. Die rechten Seiten zeigen die Abhängigkeit der Fermi-Dirac- bzw. Bose-Einstein-Verteilungsfunktion von μ. Es wird jeweils eine bestimmte Temperatur zugrunde gelegt. Diese Temperaturen sind derartig gewählt, daß das Auftreten einer Grenzenergie bzw. das Auftreten eines Kondensationsvorgangs bereits deutlich erkennbar ist. Die jeweils rechts außen liegenden Kurven der rechten Teilbilder sind dem jeweils größten μ-Wert zugeordnet

7.3.2.3 Fermische Grenzenergie und Bose-Einstein-Kondensation

Analysiert man die durch (7.68) vorgegebenen quantenstatistischen Verteilungsfunktionen, dann stellt man einen grundsätzlichen Unterschied zwischen den durch die Fermi-Dirac-Verteilung und den durch die Bose-Einstein-Verteilung beschriebenen Eigenschaften fest: Während die ein Fermi-Gas charakterisierende quantenstatistische Verteilungsfunktion ein Teilchensystem beschreibt, das bei der Annäherung an den absoluten Nullpunkt $T = 0$ im wesentlichen nur noch Teilchenenergien innerhalb einer Grenzenergie aufweist, ist der wesentliche Inhalt der mit einem Bose-Gas verbundenen Verteilungsfunktion derjenige, daß bei der Annäherung an den absoluten Nullpunkt alle Teilchen das Bestreben haben, den niedrigsten Energiezustand einzunehmen, d. h. es findet ein Kondensationsprozeß statt. Während die für Fermi-Gase findbare Grenzenergie als *Fermische Grenzenergie* E_F bezeichnet wird, wird der für Bose-Gase findbare Kondensationsprozeß als *Bose-Einstein-Kondensation*[15] bezeichnet. Dieses Verteilungsfunktionsverhalten gibt experimentelle Gegebenheiten präzise wieder. Die

---

[15]Grundsätzliche Ausführungen über das Verhalten von Bose-Einstein-Kondensaten, technische Details und historische Randbemerkungen findet der interessierte Leser beispielsweise in dem sehr detailreichen Artikel von W. Petrich: Bose-Einstein-Kondensation eines nahezu idealen Teilchengases: siehe [41].

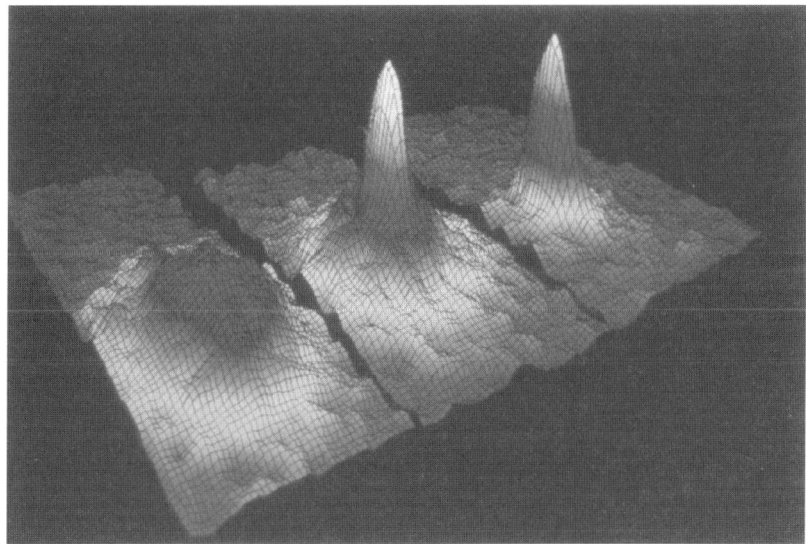

Bild 7.8 Erzeugung eines Bose-Einstein-Kondensats nach C. E. Wieman, E. A. Cornell und anderen: Schafft man ein Bosonensystem durch Einschluß von magnetische Momente aufweisenden Bosonen in einer magnetischen Falle und kühlt man das entstehende Bosonensystem hinreichend stark, dann entsteht ein Bose-Einstein-Kondensat. Die einzelnen Teilbilder zeigen die ortsaufgelöste Lichtabsorption eines durch Anwendung einer Kombination von Verdampfungskühlung und Laserkühlung präparierten Systems aus Rubidiumatomen kurze Zeit nach Abschaltung der magnetischen Falle. Gemäß der drei Teilbilder werden drei unterschiedliche Systempräparationen betrachtet. Die starke Lichtabsorption der rechten Teilbilder kann mit dem Auftreten eines Bose-Einstein-Kondensats identifiziert werden. Freundlicherweise zur Verfügung gestellt von E. A. Cornell (Joint Institute of Laboratory Astrophysics, Boulder, Colorado)

Bilder 7.6 und 7.7 veranschaulichen die in (7.68) enthaltenen quantenstatistischen Verteilungs-funktionen. Bild 7.8 zeigt auf welche Weise sich das Auftreten eines Bose-Einstein-Kondensats experimentell äußert.

Das typische Verhalten von Fermionen- bzw. Bosonensystemen in der Nähe des absoluten Nullpunktes wird durch die Fermi-Dirac- bzw. die Bose-Einstein-Verteilungsfunktion präzise erfaßt.

Diese Ausführungen sollen genügen. Betrachten wir als Ergänzung zu diesen Ausführungen im folgenden einige spezielle Teilchenklassen etwas genauer.

Buch 4: Quantenfeldtheorie, Quantenstatistik, Elementarteilchen

Einiges über Mikroteilchen: Feynman-Diagramme spezieller Teilchenprozesse, spezielle Teilchenklassen (Hadronen, Leptonen, Quarks), spezielle Teilcheneigenschaften (Hyperladung, Isospin, Aroma, Farbe, etc.) und Quantenzahlen (Baryonenzahl, Leptonenzahl, Hyperladungsquantenzahl, Isospinquantenzahlen, etc.), Erhaltungssätze und Invarianzforderungen (CPT-Theorem, etc.), Multipletts (Isospinmultipletts, Supermultipletts), Quarksmodelle, Standard-Modell

8 Einiges über Mikroteilchen

Schon im Rahmen der bisherigen Ausführungen wurden wesentliche mikroskopische Teilchen und Antiteilchen wie Elektron e^- und Positron e^+ und einige ihrer Eigenschaften wie Masse, Ladung und Spin eingeführt. Die bisher eingehender betrachteten mikroskopischen Teilchen und Antiteilchen machen jedoch nur einen sehr kleinen Teil des heute bekannten „Teilchen-zoos" aus und die bisher betrachteten Eigenschaften stellen nur einen kleinen Ausschnitt aus dem Spektrum der heute bekannten Eigenschaften dar. Um einen noch tieferen Einblick in die Welt der mikroskopischen Teilchen zu gewinnen, werden im folgenden einige weitere mikroskopische Teilchen, ihre Klassifikationsschemata und weiterführenden Eigenschaften etwas genauer betrachtet.

8.1 Teilchenklassen

In den vergangenen Jahrzehnten konnte eine Fülle von mikroskopischen Teilchen und Antiteilchen nachgewiesen werden, die über ihre *Teilcheneigenschaften* (wie z. B. Masse, Ladung, Spin, etc.) und daraus folgende Konsequenzen (wie z. B. Wechselwirkungsart, gültige Statistik[1], etc.) klassifiziert werden können, sodaß eine Einteilung in verschiedene *Teilchenklassen* und weitergehende Unterklassen möglich ist[2]. In der Tabelle 8.1 sind einige wesentliche mikroskopische Teilchen und ihre zugeordneten Antiteilchen aufgeführt und es wird ihre Einordnung in spezielle Teilchenklassen (nämlich *Hadronen*, *Leptonen* und *Quarks*) angegeben. Entsprechend der Tabelle 8.1 sind weitere Untergliederungen der Hadronen in Unterklassen (nämlich *Baryonen* und *Mesonen* und im Rahmen einer noch feineren Untergliederung in *Nukleonen* und *Hyperonen*) möglich.[3]

---

[1] Auf diese Statistiken, die für Teilchen mit ganzzahligem Spin (Bosonen) geltende Bose-Einstein-Statistik und die für Teilchen mit halbzahligem Spin (Fermionen) geltende Fermi-Dirac-Statistik, wird im Kapitel 7 eingegangen.

[2] Es sei hier erwähnt, daß in diesem Zusammenhang des öfteren auch von „Teilchenfamilien" gesprochen wird.

[3] Es sei hier betont, daß im Zusammenhang mit Antiteilchen auch von Antihadronen, Antileptonen, Antiquarks, etc. gesprochen werden kann. Im folgenden wird dies des öfteren getan.

Tabelle 8.1 Teilchenklassen, spezielle mikroskopische Teilchen und Antiteilchen. Die oberen Indices $+$ und $-$ deuten die Eigenschaft elektrische Ladung an ($+, -$ = Ladungsvorzeichen), und der obere Index 0 weist auf elektrische Neutralität hin. Antiteilchen werden durch einen oberen Querbalken gekennzeichnet, wobei auftretende obere Balken die Umkehrung eines zu berücksichtigenden Ladungsvorzeichens bewirken

Teilchenklasse	Mikroskopische Teilchen	Antiteilchen
Hadronen		
1. Baryonen		
a) Nukleonen	Neutron (n), Proton $(p = p^+)$	Antineutron $(\bar{n})$, Antiproton $(\bar{p} = p^-)$
b) Hyperonen	Lambda-Hyperon (Λ^0)	Anti-Lambda-Hyperon $(\bar{\Lambda}^0)$
	Omega-Hyperon (Ω^-)	Anti-Omega-Hyperon $(\bar{\Omega}^- = \Omega^+)$
	Sigma-Hyperonen $(\Sigma^{0,\pm})$	Anti-Sigma-Hyperonen $(\bar{\Sigma}^{0,\pm})$
	Xi-Hyperonen (Ξ^0, Ξ^-)	Anti-Xi-Hyperonen $(\bar{\Xi}^0, \bar{\Xi}^- = \Xi^+)$
2. Mesonen	Eta-Meson (η)	Anti-Eta-Meson $(\bar{\eta})$
	K-Mesonen	
	(„Kaonen", K^0, K^+)	Anti-K-Mesonen $(\bar{K}^0, \bar{K}^+ = K^-)$
	Phi-Meson (Φ)	Anti-Phi-Meson $(\bar{\Phi})$
	Pi-Mesonen	
	(„Pionen", $\pi^{0,\pm}$)	Anti-Pi-Mesonen $(\bar{\pi}^{0,\pm})$
3. Baryonen-resonanzen	Delta-Resonanzen $\left(\Delta_R^{0,\pm,++}\right)$	Anti-Delta-Resonanzen $\left(\bar{\Delta}_R^{0,\pm,++}\right)$
	Sigma-Resonanzen $\left(\Sigma_R^{0,\pm}\right)$	Anti-Sigma-Resonanzen $\left(\bar{\Sigma}_R^{0,\pm}\right)$
	Xi-Resonanzen (Ξ_R^0, Ξ_R^-)	Anti-Xi-Resonanzen $(\bar{\Xi}_R^0, \bar{\Xi}_R^-)$
4. Mesonen-resonanzen	Phi-Resonanz (ϕ_R)	Anti-Phi-Resonanz $(\bar{\phi}_R)$
Leptonen	Elektron (e^-)	Positron $(\bar{e}^- = e^+)$
	Elektron-Neutrino (ν_e)	Positron-Neutrino $(\bar{\nu}_e)$
	Müon (μ^-)	Antimüon $(\bar{\mu}^- = \mu^+)$
	Müon-Neutrino (ν_μ)	Antimüon-Neutrino $(\bar{\nu}_\mu)$
Quarks	b-(„bottom"-)Quark (b)	Anti-b-Quark $(\bar{b})$
	c-(„charm"-)Quark (c)	Anti-c-Quark $(\bar{c})$
	d-(„down"-)Quark (d)	Anti-d-Quark $(\bar{d})$
	s-(„strange"-)Quark (s)	Anti-s-Quark $(\bar{s})$
	t-(„top"-)Quark (t)	Anti-t-Quark $(\bar{t})$
	u- („up"-) Quark (u)	Anti-u-Quark $(\bar{u})$

Tabelle 8.2 Die vier fundamentalen Wechselwirkungen, ihre Austauschteilchen und wichtige, an einer Wechselwirkungsart teilnehmende mikroskopische Teilchen (der Begriff *mikroskopisches Teilchen* soll hier Austauschteilchen ausschließen). GWW = Gravitationswechselwirkung, ESWW = elektroschwache Wechselwirkung, EWW = elektromagnetische Wechselwirkung, StWW = starke Wechselwirkung

Wechselwirkungen erster Art	Austauschteilchen	Mikroskopische Teilchen
GWW	Gravitonen (g)	Alle Teilchen
EWW	Photonen (γ)	Alle elektrisch geladenen Teilchen
StWW, 1. Teil	Gluonen (G)	Quarks
StWW, 2. Teil	van-der-Waals-Anteil	Hadronen

Wechselwirkungen zweiter/erster Art	Austauschteilchen	Mikroskopische Teilchen
ESWW	Vektorbosonen ($W^-, Z^0, W^+; \gamma$)	Alle Teilchen

Ein wichtiges Gliederungskriterium ist die Wechselwirkungsart. In diesem Buch soll zwischen *Wechselwirkungen erster* und *zweiter Art* unterschieden werden. Während Wechselwirkungen erster Art alle diejenigen Wechselwirkungsarten untergeordnet sein sollen, welchen *Austauschteilchen* mit verschwindender Ruhemasse zugeordnet sind, sollen Wechselwirkungen zweiter Art solche Wechselwirkungsarten untergeordnet sein, welchen Austauschteilchen mit nichtverschwindender Ruhemasse zugeordnet sind. Wechselwirkungen, die mit dem Austausch nur eines einzigen Austauschteilchens verbunden sind, sollen im folgenden als *Wechselwirkungen erster Ordnung* bezeichnet werden, und solche Wechselwirkungen, bei denen mehrere Teilchen ausgetauscht werden, sollen *Wechselwirkungen höherer Ordnung* genannt werden. Auch im Rahmen eines solchen Wechselwirkungsprozesses kurzzeitig emittierte und anschließend wieder reabsorbierte Teilchen sollen in diesem Zusammenhang gezählt werden. Derartige *Selbstwechselwirkungsprozesse*, welche beispielsweise die im Abschnitt 5.3 eingeführte *Lamb-Verschiebung* in atomaren Energieniveauschemata bewirken, führen somit zu Wechselwirkungsprozessen höherer Ordnung. In diesem Sinne definiert lassen sich die zwischen allen elektrisch geladenen Teilchen stattfindende elektromagnetische Wechselwirkung und die zwischen Quarks und Hadronen stattfindende starke Wechselwirkung als Wechselwirkungen erster Art charakterisieren. Die diesen Wechselwirkungen zugeordneten ruhemasselosen Austauschteilchen, nämlich die *Photonen* als Austauschteilchen der elektromagnetischen Wechselwirkung sowie die *Gluonen* als Austauschteilchen der zwischen Quarks stattfindenden starken Wechselwirkung, sind nicht in Tabelle 8.1 aufgeführt. Sie werden in Tabelle 8.2 im Zusammenhang mit der jeweiligen Wechselwirkung und daran teilnehmenden mikroskopischen Teilchen separat aufgeführt (der Begriff *mikroskopisches Teilchen* soll hier Austauschteilchen ausschließen). Setzt man voraus, daß auch die Gravitationswechselwirkung mit Austauschteilchen verbunden ist, dann benötigt man zusätzliche Feldquanten, die *Gravitonen*. Davon wird in der Tabelle ausgegangen. Im obigen Sinne definiert ist die zwischen mikroskopischen Teilchen stattfindende elektroschwache Wechselwirkung im wesentlichen eine Wechselwirkung zweiter Art.

Damit verbunden sind ruhemassebehaftete Austauschteilchen, die *(intermediären) Vektorbosonen*. Die Photonen repräsentieren einen Wechselwirkungsanteil erster Art. Auch die (intermediären) Vektorbosonen sind in Tabelle 8.2 aufgeführt. Die Gravitonen, Photonen, Gluonen und die (intermediären) Vektorbosonen können einer separaten Teilchenklasse, der Teilchenklasse *Eichbosonen*, zugeordnet werden. Während sich die elektroschwache Wechselwirkung (die sich in bestimmten Grenzfällen als schwache Wechselwirkung äußert[4]) auf die Teilcheneigenschaft *Aroma* zurückführen läßt, kann die starke Wechselwirkung auf die Teilcheneigenschaft *Farbe* zurückgeführt werden. Die starke Wechselwirkung zwischen Hadronen kann als nach außen hin wirkendes effektives Resultat der zwischen Quarks stattfindenden *Farbwechselwirkung* gedeutet werden (vergleichbar mit der van-der-Waals-Wechselwirkung zwischen Molekülen).

Beispiel 8.1 Folgende Beispiele für Wechselwirkungsprozesse höherer Ordnung seien angegeben:

- Streuung eines Protons p und eines Elektrons e$^-$ durch Austausch eines Photons γ, wobei ein Selbstwechselwirkungsprozeß des Elektrons mit einem Photon γ (d. h. mit seinem eigenen Strahlungsfeld) stattfindet.
- Streuung eines Protons p und eines Elektrons e$^-$ durch Austausch eines Photons γ, wobei eine kurzzeitige Erzeugung eines Elektron-Positron-Paares stattfindet.

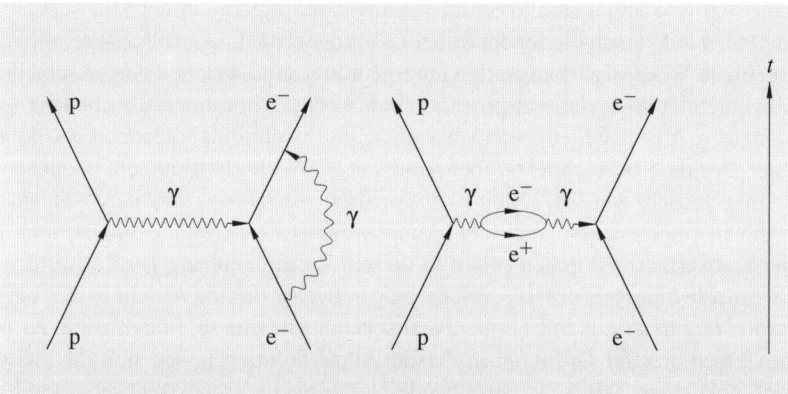

Bild 8.1 Zur Veranschaulichung der fundamentalen Wechselwirkungen: Feynman-Diagramme höherer Ordnung spezieller Wechselwirkungsprozesse höherer Ordnung

Bild 8.1 veranschaulicht diese Wechselwirkungsprozesse unter Zuhilfenahme von Feynman-Diagrammen. Entsprechend der betrachteten Wechselwirkungsprozesse höherer Ordnung sollen diese Diagramme als *Feynman-Diagramme höherer Ordnung* bezeichnet werden.

---

[4]Die schwache Wechselwirkung läßt sich als eine Komponente der elektroschwachen Wechselwirkung charakterisieren. Sie wurde historisch gesehen früher entdeckt. Da sich die schwache Wechselwirkung unter die elektroschwache Wechselwirkung unterordnen läßt, wird im folgenden nur noch der Begriff *elektroschwache Wechselwirkung* benützt.

Wechselwirkungsprozesse laufen relativ häufig über eine ganze Kette von Zwischenprozessen ab. Die hier betrachteten beiden Szenarien stellen zwei relativ einfache Beispiele aus einer großen Menge bekannter solcher verknüpfter Teilchenprozesse dar.

Beispiel 8.2 Folgende Beispiele für Wechselwirkungsprozesse erster Ordnung seien angegeben:

1. Übergangsprozesse ohne grundlegenden Eigenschaftsänderungen:
   - Streuung zweier Protonen p durch Austausch eines Gravitons g.
   - Streuung zweier Elektronen e^- durch Austausch eines Photons γ.
   - Streuung zweier Quarks q durch Austausch eines Gluons G.
   - Streuung eines Elektrons e^- und eines Neutrinos ν_μ durch Austausch eines (intermediären) Vektorbosons Z^0.

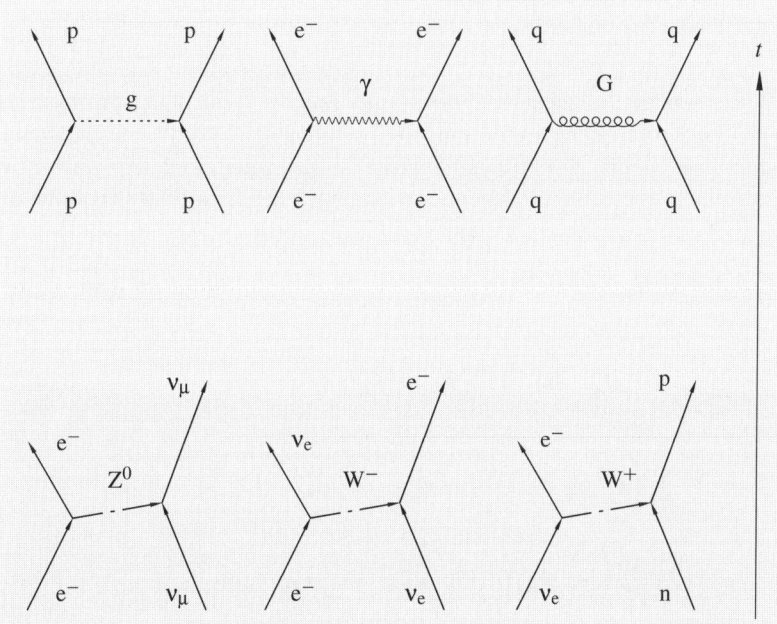

Bild 8.2 Zur Veranschaulichung der fundamentalen Wechselwirkungen: Feynman-Diagramme erster Ordnung spezieller Wechselwirkungsprozesse erster Ordnung. Oben: Wechselwirkungen erster Art. Unten: Wechselwirkungen zweiter Art. Man vergleiche mit Tabelle 8.2. Da die mit ruhemasselosen Austauschteilchen verbundenen Wechselwirkungen erster Art vergleichsweise schnelle Prozesse darstellen, wurden in diesem Zusammenhang waagerechte Feynman-Graphen eingetragen

2. Übergangsprozesse mit grundlegenden Eigenschaftsänderungen:

- Der Übergang eines Elektrons e^- und eines Neutrinos ν_e in ein Neutrino ν_e und ein Elektron e^- durch Austausch eines (intermediären) Vektorbosons W^-.
- Der Übergang eines Neutrinos ν_e und eines Neutrons n in ein Elektron e^- und ein Proton p durch Austausch eines (intermediären) Vektorbosons W^+.

Bild 8.2 veranschaulicht diese Wechselwirkungsprozesse unter Zuhilfenahme von Feynman-Diagrammen. Entsprechend der betrachteten Wechselwirkungsprozesse erster Ordnung sollen diese Diagramme als *Feynman-Diagramme erster Ordnung* bezeichnet werden.

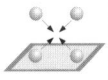

> Vernachlässigt man im Rahmen der theoretischen Modellierung eines Streuprozesses das Auftreten eines Austauschteilchens, dann führt dies normalerweise zu Unendlichkeiten. Dies ist beispielsweise der Fall, wenn bei Neutron-Neutrino-Streuprozessen das Z-Teilchen vernachlässigt wird. Auf diese Weise läßt sich die Notwendigkeit des Auftretens eines Austauschteilchens theoretisch begründen.

   Teilchenerzeugungs- und Teilchenvernichtungsprozesse verschiedenster Art, wie beispielsweise die oben berücksichtigten, fundamentale Wechselwirkungen beschreibenden Prozesse, lassen sich durch die im quantenfeldtheoretischen Kapitel 6 eingeführten Formalismen auf eine recht anschauliche Art und Weise beschreiben.

Beispiel 8.3 Elementare Teilchenerzeugungs- und Teilchenvernichtungsprozesse sind durch das im quantenfeldtheoretischen Kapitel eingeführte quantenelektrodynamische Szenario gegeben: Betrachtet man ein einzelnes freies Elektron, das mit einem Lichtfeld wechselwirkt, und sieht man von unterschiedlichen Polarisationsrichtungen des Lichtfeldes ab, dann nimmt der quantenelektrodynamische Systemoperator (6.210) die Form

$$\hat{H}^{(2)}_{e^-,\gamma} = \hat{H}^{(2)}_{e^-} + \hat{H}^{(2)}_{\gamma} + \lambda \hat{H}^{(2)}_{S} \tag{8.1}$$

mit

$$\hat{H}^{(2)}_{e^-} = \sum_w E_{w,e^-} \hat{a}^+_w \hat{a}^-_w \ , \quad \hat{H}^{(2)}_{\gamma} = \sum_k E_{k,\gamma} \hat{b}^+_k \hat{b}^-_k \ , \tag{8.2}$$

$$\lambda \hat{H}^{(2)}_{S} = \sum_{w,w'} \sum_k \left(g^{(+--)}_{w,w',k} \hat{a}^+_{w'} \hat{a}^-_w \hat{b}^-_k + g^{(+-+)}_{w,w',k} \hat{a}^+_{w'} \hat{a}^-_w \hat{b}^+_k \right)$$

$$+ \sum_{w,w'} \sum_{k,k'} \left(g^{(+---)}_{w,w',k,k'} \hat{a}^+_{w'} \hat{a}^-_w \hat{b}^-_k \hat{b}^-_{k'} + g^{(+--+)}_{w,w',k,k'} \hat{a}^+_{w'} \hat{a}^-_w \hat{b}^-_k \hat{b}^+_{k'} \right. \tag{8.3}$$

$$\left. + g^{(+-+-)}_{w,w',k,k'} \hat{a}^+_{w'} \hat{a}^-_w \hat{b}^+_k \hat{b}^-_{k'} + g^{(+-++)}_{w,w',k,k'} \hat{a}^+_{w'} \hat{a}^-_w \hat{b}^+_k \hat{b}^+_{k'} \right)$$

an. Während $\hat{H}^{(2)}_{e^-}$, $\hat{H}^{(2)}_{\gamma}$ die freien Teilsysteme erfaßt, beschreibt $\lambda \hat{H}^{(2)}_{S}$ die Elektron-Photonen-Wechselwirkung. Während k für einen Photon-Wellenvektor steht, repräsentiert w einen

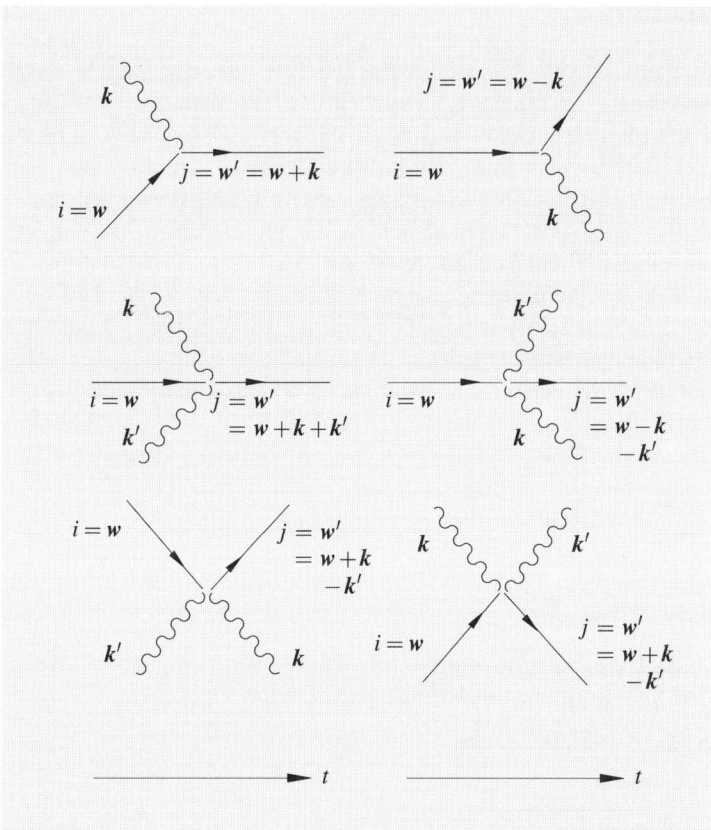

Bild 8.3 Feynman-Diagramme elementarer Elektron-Photonen-Wechselwirkungsprozesse. Oben: 1-Photon-Wechselwirkungsprozesse. Unten: 2-Photonen-Wechselwirkungsprozesse. Die einzelnen Teilbilder illustrieren die Terme des angegebenen Hamiltonoperators. Beispielsweise veranschaulicht das linke obere Teilbild den Term $\hat{a}_{w'}^{+}\hat{a}_{w}^{-}\hat{b}_{k}^{-}$

Elektron-Wellenvektor. Im Vergleich zum ursprünglichen Hamiltonoperator (6.210) wird also ein Zustandsindex i mit einem Wellenvektor w identifiziert, was für den jetzt betrachteten Spezialfall eines freien Teilchens sinnvoll ist. Die Energien E_{w,e^-}, $E_{k,\gamma}$ repräsentieren die möglichen Energiezustände der einzelnen Teilchen. Während der erste Summenterm von (8.3) 1-Photon-Wechselwirkungspozesse beschreibt, erfaßt der zweite Summenterm 2-Photonen-Wechselwirkungsprozesse (vgl. Bild 8.3).

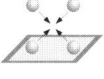

Die Wahrscheinlichkeit für einen Übergangsprozeß (wie beispielsweise einer der hier betrachteten) kann mittels der im Abschnitt 4.2.5 eingeführten und im Abschnitt 6.5.2.3 exemplarisch studierten Fermischen Goldenen Regel beschrieben werden. Über Zwischenprozesse ablaufende Übergänge werden über störungstheoretische Terme höherer Ordnung erfaßt.

8.1.1 Hadronen

Hadronen sind relativ schwere mikroskopische Teilchen, die der starken Wechselwirkung unterliegen. Entsprechend der Tabelle 8.1 bestehen die Hadronen aus zwei Unterklassen, den Baryonen und den Mesonen. Weiterhin sind dazugehörige Resonanzen zu beobachten, die – entsprechend der Tabelle 8.1 – in separaten Unterklassen zusammengefaßt werden können. Während die Baryonen einen halbzahligen Spin aufweisen, also Fermionen sind und somit der Fermi-Dirac-Statistik genügen, weisen Mesonen einen ganzzahligen Spin auf, sodaß sie Bosonen sind und der Bose-Einstein-Statistik genügen.

Die wohl wichtigsten Vertreter der Baryonen sind durch die beiden Nukleonen, das elektrisch neutrale und im freien Zustand instabile *Neutron* n und das einfach positiv geladene und im freien Zustand stabile *Proton* p, gegeben. Diese Nukleonen bilden die Bausteine der Atomkerne und damit die Basis der für das menschliche Dasein grundlegenden stabilen Materie. Weitere Vertreter der Hadronen sind durch verschiedene Hyperonen wie das *Lambda-Hyperon*, das *Omega-Hyperon*, die *Sigma-Hyperonen* oder die *Xi-Hyperonen* gegeben. Eine eigenständige Unterklasse innerhalb der Teilchenklasse der Hadronen bilden die Mesonen mit dem *Eta-Meson*, den *K-Mesonen* („Kaonen") und den *Pi-Mesonen* („Pionen").

Wie oben bereits erwähnt stellt das Proton ein Beispiel für ein stabiles freies Hadron dar. Die meisten Hadronen sind jedoch im freien Zustand instabil und zerfallen über verschiedenartige Wechselwirkungsmechanismen.

Beispiel 8.4 Folgende Beispiele für Zerfallsprozesse seien angegeben:

- Ein freies Neutron n zerfällt gemäß

$$n \rightarrow p + e^- + \bar{\nu}_e \tag{8.4}$$

in ein Proton p, ein Elektron e^- und ein Positron-Neutrino $\bar{\nu}_e$; ein Antineutron $\bar{n}$ zerfällt gemäß

$$\bar{n} \rightarrow \bar{p} + e^+ + \nu_e \tag{8.5}$$

in ein Antiproton $\bar{p}$, ein Positron e^+ und in ein Elektron-Neutrino ν_e.

- Ein Lambda-Hyperon Λ^0 zerfällt gemäß

$$\Lambda^0 \rightarrow p + \pi^- \tag{8.6}$$

in ein Proton p und ein negativ geladenes Pi-Meson π^-; ein Anti-Lambda-Hyperon $\bar{\Lambda}^0$ zerfällt gemäß

$$\bar{\Lambda}^0 \rightarrow \bar{p} + \pi^+ \tag{8.7}$$

in ein Antiproton $\bar{p}$ und ein positiv geladenes Pi-Meson π^+.

- Ein elektrisch geladenes Pi-Meson $\pi^\pm$ zerfällt gemäß

$$\pi^- \rightarrow \mu^- + \bar{\nu}_\mu \,,$$
$$\pi^+ \rightarrow \mu^+ + \nu_\mu \tag{8.8}$$

in ein Müon μ^- und ein Anti-Müonen-Neutrino $\bar{\nu}_\mu$ bzw. in ein Antimüon μ^+ und ein Müonen-Neutrino ν_μ. Ein *neutrales Pi-Mesonen* π^0 zerfällt gemäß

$$\pi^0 \to \gamma + \gamma \tag{8.9}$$

in zwei Photonen γ. Während der Zerfall von geladenen Pi-Mesonen über die elektroschwache Wechselwirkung abläuft, läuft der Zerfall von ungeladenen Pi-Mesonen über die elektromagnetische Wechselwirkung ab. Konkurrenzprozesse zu den hier angegebenen Zerfallsprozessen sind ebenfalls bekannt. Sie sind jedoch bezüglich ihres prozentualen Anteils ohne größere Bedeutung.

Die Beobachtung, daß Hadronen mit nahezu gleicher Masse sowie übereinstimmenden weiteren Eigenschaften jedoch unterschiedlicher Ladung existieren, kann durch Einteilung in Teilchenmengen mit nur wenigen Vertretern, sogenannte *Ladungsmultipletts*, hervorgehoben werden. Die Teilchen eines solchen Ladungsmultipletts können als Erscheinungsformen eines einzelnen Teilchens aufgefaßt werden.

Beispiel 8.5 Folgende Beispiele für Ladungsmultipletts seien angegeben:

- Das Lambda-Hyperon Λ^0 der Tabelle 8.1 bildet ein Ladungssingulett.
- Die zwei Nukleonen n und p der Tabelle 8.1 bilden ein Nukleonen-Ladungsduplett. Diese beiden Teilchen können als Erscheinungsformen eines einzelnen Teilchens aufgefaßt werden.
- Die drei Σ-Hyperonen Σ^-, Σ^0, Σ^+ der Tabelle 8.1 bilden ein Hyperonen-Ladungstriplett. Sie können als Erscheinungsformen eines einzelnen Teilchens aufgefaßt werden.
- Die drei Pi-Mesonen π^-, π^0, π^+ der Tabelle 8.1 bilden ein Mesonen-Ladungstriplett. Auch diese Teilchen können als Erscheinungsformen eines einzelnen Teilchens aufgefaßt werden.

8.1.2 Leptonen

Leptonen sind relativ leichte mikroskopische Teilchen, die nicht der starken Wechselwirkung unterliegen. Sie haben einen halbzahligen Spin. Dementsprechend sind sie Fermionen und genügen der Fermi-Dirac-Statistik.

Die neben dem Elektron e^- und dem Positron e^+ wichtigsten Vertreter der Leptonen sind durch das einfach negativ geladene *Müon* (auch: Myon) μ^- und das zugeordnete einfach positiv geladene *Antimüon* (auch: Antimyon) μ^+ sowie durch verschiedene Arten von *Neutrinos* und *Antineutrinos* gegeben. Über die elektroschwache Wechselwirkung sind Müonen bzw. Antimüonen mit Elektronen bzw. Positronen und verschienden Formen von Neutrinos und Antineutrinos verbunden.

Beispiel 8.6 Über die über die elektroschwache Wechselwirkung ablaufenden Zerfallsprozesse

$$\mu^- \to e^- + \bar{\nu}_e + \nu_\mu \quad \text{und} \quad \mu^+ \to e^+ + \nu_e + \bar{\nu}_\mu \tag{8.10}$$

sind die Leptonen μ^-, μ^+ mit den Leptonen e^-, e^+ sowie den Leptonen ν_e (Elektron-Neutrino), ν_μ (Müon-Neutrino), $\bar{\nu}_e$ (Positron-Neutrino), $\bar{\nu}_\mu$ (Antimüon-Neutrino) verbunden.

Auf der Grundlage derartiger Leptonen lassen sich spezielle Materiezustände konstruieren. Beispiele dafür sind durch „müonische Materiezustände" wie *Müonenatome* (das sind Atome, deren Elektronen teilweise durch Müonen ersetzt worden sind) oder das *Müonium* (das ist ein von einem Müon μ^- und einem Positron e^+ gebildeter gebundener Zweiteilchenzustand) gegeben.

8.1.3 Quarks

Eine für den Aufbau der beobachtbaren Materieformen grundlegende Teilchenklasse bilden die *Quarks* und ihre Antiteilchen, die *Antiquarks*. Die Quarks und ihre Antiteilchen unterliegen der starken Wechselwirkung. Sie bilden insofern eine grundlegende Teilchenklasse, als daß die innere Struktur sämtlicher Hadronen und damit auch sämtlicher Atomkernbausteine und Atomkerne auf diese Teilchenklasse zurückgeführt werden kann, d. h. Hadronen können als gebundene Zustände verschiedener Quarks- und Antiquarkstypen beschrieben werden. Während ein historisch gesehen weiter zurückliegendes Quarksmodell, das im folgenden als das *6-Quarksmodell* bezeichnet werden soll, von drei Quarkstypen und ihren Antiteilchen – dem u-, d- und s-Quark bzw. dem ū-, d̄- und s̄-Antiquark – ausgeht, werden in moderneren Quarksmodellen bis zu sechs Quarkstypen und ihre Antiteilchen – das u-, d-, s, c-, b- und t-Quark bzw. das ū-, d̄-, s̄, c̄-, b̄- und t̄-Antiquark – zugrundegelegt. Während die für die Materieformen der direkt beobachtbaren Umwelt wichtigen Nukleonen auf gebundene Zustände des u- und des d-Quarks zurückführbar sind, benötigt man zur Beschreibung der inneren Struktur von insbesondere in Beschleunigern erzeugten mikroskopischen Teilchen weitere Quarks- bzw. Antiquarkstypen.

Zur Beschreibung der Quarks und Antiquarks hat sich eine bildhafte, vom Amerikanischen geprägte Sprache herausgebildet. So ist u eine Abkürzung für „up", d eine Abkürzung für „down", s eine Abkürzung für „strange"[5] oder „sideways", c eine Abkürzung für „charm", b eine Abkürzung für „bottom" oder „beauty" und t eine Abkürzung für „top" oder „truth". Mit jedem Quarkstyp verbunden ist eine spezifische Eigenschaft, ein bestimmter Quarkstyp gibt sozusagen ein bestimmtes *Aroma* (im Amerikanischen: *flavor*, deshalb auch *Flavor-Ladung*) vor. Auch der eine spezielle Eigenschaft charakterisierende Begriff *Farbe* (im Amerikanischen: *color*, deshalb auch *Color-Ladung*) bildet ein Element dieser bildhaften Sprache.

8.2 Teilcheneigenschaften

Neben den grundlegenden Teilcheneigenschaften *Ruhemasse* m_0, *Ladung* Q, *Lebensdauer* τ und *Spin* J_s weisen mikroskopische Teilchen und ihre Antiteilchen eine große Menge weiterführender (teilweise bereits erwähnter) Teilcheneigenschaften auf. Beispiele dafür sind durch die *Hyperladung*, den *Isospin*, die *Seltsamkeit*, das *Aroma* oder die *Farbe* gegeben. Derartige Eigenschaften werden, abhängig von der Art des Wechselwirkungsprozesses, erhalten oder auch nicht. Sie sind teilweise nur für bestimmte Teilchenklassen sinnvoll definierbar.

---

[5]Die Alternativbezeichnung „strange" deutet an, daß derartige Quarks bzw. Antiquarks zur Beschreibung der inneren Struktur von „strange particles" benötigt werden. Auf diese „strange particles" wird später noch genauer eingegangen.

Tabelle 8.3 Beispiele für Quantenzahlen spezieller mikroskopischer Teilchen. $Q\,[|e|]$ = auf eine Elementarladung $|e|$ bezogene Ladung Q, A = Baryonenzahl, L = Leptonenzahl, L_e = elektronische Leptonenzahl, L_μ = müonische Leptonenzahl, Y = Hyperladungsquantenzahl, I_z = Isospin-z-Richtungsquantenzahl, I = Isospin-Betragsquantenzahl, S = Seltsamkeitsquantenzahl, J_s = Spinquantenzahl. Das Symbol - bedeutet, daß die Angabe einer entsprechenden Quantenzahl für das zugeordnete Teilchen nicht sinnvoll ist

Teilchen	Quantenzahlen								
	$Q\,[|e|]$	A	L	L_e	L_μ	Y	I_z	I	S	J_s
n	0	+1	0	0	0	+1	−1/2	1/2	0	1/2
p	+1	+1	0	0	0	+1	+1/2	1/2	0	1/2
Λ^0	0	+1	0	0	0	0	0	0	−1	1/2
Ω^-	−1	+1	0	0	0	−2	0	0	−3	3/2
Σ^0	0	+1	0	0	0	0	0	1	−1	1/2
$\Sigma^\pm$	±1	+1	0	0	0	0	±1	1	−1	1/2
Ξ^0	0	+1	0	0	0	−1	1/2	1/2	−2	1/2
Ξ^-	−1	+1	0	0	0	−1	−1/2	1/2	−2	1/2
η	0	0	0	0	0	0	0	0	0	0
K^0	0	0	0	0	0	+1	−1/2	1/2	+1	0
K^+	+1	0	0	0	0	+1	1/2	1/2	+1	0
Φ	0	0	0	0	0	0	0	0	0	1
π^0	0	0	0	0	0	0	0	1	0	0
$\pi^\pm$	±1	0	0	0	0	0	±1	1	0	0
Δ_R^0	0	+1	0	0	0	+1	−1/2	3/2	0	3/2
Δ_R^+	+1	+1	0	0	0	+1	+1/2	3/2	0	3/2
Δ_R^-	−1	+1	0	0	0	+1	−3/2	3/2	0	3/2
Δ_R^{++}	+2	+1	0	0	0	+1	+3/2	3/2	0	3/2
Σ_R^0	0	+1	0	0	0	0	0	1	−1	3/2
$\Sigma_R^\pm$	±1	+1	0	0	0	0	±1	1	−1	3/2
Ξ_R^0	0	+1	0	0	0	−1	1/2	1/2	−2	3/2
Ξ_R^-	−1	+1	0	0	0	−1	−1/2	1/2	−2	3/2
e^-	−1	0	+1	+1	0	-	-	-	-	1/2
ν_e	0	0	+1	+1	0	-	-	-	-	1/2
μ^-	−1	0	+1	0	+1	-	-	-	-	1/2
ν_μ	0	0	+1	0	+1	-	-	-	-	1/2

Tabelle 8.4 Beispiele für Quantenzahlen spezieller Anti- und Austauschteilchen. $Q\,[|e|]$ = auf eine Elementarladung $|e|$ bezogene Ladung Q, A = Baryonenzahl, L = Leptonenzahl, L_e = elektronische Leptonenzahl, L_μ = müonische Leptonenzahl

Anti-teilchen	Quantenzahlen					Austausch-teilchen	Quantenzahlen				
	$Q\,[|e|]$	A	L	L_e	L_μ		$Q\,[|e|]$	A	L	L_e	L_μ
$\bar{n}$	0	−1	0	0	0	g	0	0	0	0	0
$\bar{p}$	−1	−1	0	0	0	γ	0	0	0	0	0
e^+	+1	0	−1	−1	0	G	0	0	0	0	0
$\bar{\nu}_e$	0	0	−1	−1	0	W^+	+1	0	0	0	0
μ^+	+1	0	−1	0	−1	W^-	−1	0	0	0	0
$\bar{\nu}_\mu$	0	0	−1	0	−1	Z^0	0	0	0	0	0

Tabelle 8.5 Quarks, Antiquarks und ausgesuchte Quantenzahlen. $Q\,[|e|]$ = auf eine Elementarladung $|e|$ bezogene Ladung Q; A = Baryonenzahl; Y = Hyperladungsquantenzahl; I_z = Isospin-z-Richtungsquantenzahl; I = Isospin-Betragsquantenzahl; S = Seltsamkeitsquantenzahl; J_s = Spinquantenzahl; C, B, T = Charm-, Beauty-, Truth-Quantenzahl; F = Color-Ladungsquantenzahl mit den Farbwerten b = blau, g = gelb und r = rot

Quarks	Quantenzahlen										
	$Q\,[|e|]$	A	Y	I_z	I	S	C	B	T	J_s	F
b	−1/3	+1/3	0	0	0	0	0	−1	0	1/2	b,g,r
c	+2/3	+1/3	0	0	0	0	+1	0	0	1/2	b,g,r
d	−1/3	+1/3	+1/3	−1/2	1/2	0	0	0	0	1/2	b,g,r
s	−1/3	+1/3	−2/3	0	0	−1	0	0	0	1/2	b,g,r
t	+2/3	+1/3	0	0	0	0	0	0	+1	1/2	b,g,r
u	+2/3	+1/3	+1/3	+1/2	1/2	0	0	0	0	1/2	b,g,r

Antiquarks	Quantenzahlen										
	$Q\,[|e|]$	A	Y	I_z	I	S	C	B	T	J_s	F
$\bar{b}$	+1/3	−1/3	0	0	0	0	0	+1	0	1/2	b,g,r
$\bar{c}$	−2/3	−1/3	0	0	0	0	−1	0	0	1/2	b,g,r
$\bar{d}$	+1/3	−1/3	−1/3	+1/2	1/2	0	0	0	0	1/2	b,g,r
$\bar{s}$	+1/3	−1/3	+2/3	0	0	+1	0	0	0	1/2	b,g,r
$\bar{t}$	−2/3	−1/3	0	0	0	0	0	0	−1	1/2	b,g,r
$\bar{u}$	−2/3	−1/3	−1/3	−1/2	1/2	0	0	0	0	1/2	b,g,r

Tabelle 8.6 Spezielle Quantenzahlen und ihre Erhaltung bei Wechselwirkungsprozessen

Wechselwirkung			Erhaltung			
	Q [$|e|$]	A	L	Y	I_z	I
Gravitationswechselwirkung	ja	ja	ja	nein	nein	nein
Elektroschwache Wechselwirkung	ja	ja	ja	nein	nein	nein
Elektromagnetische Wechselwirkung	ja	ja	ja	ja	ja	nein
Starke Wechselwirkung	ja	ja	ja	ja	ja	ja

Die möglichen Werte derartiger Teilcheneigenschaften sowie im Rahmen von Wechselwirkungsprozessen auftretende strukturelle Verknüpfungen (die in letzter Konsequenz ebenfalls Teilcheneigenschaften wiedergeben) können über geeignete *Quantenzahlen* erfaßt werden. Wichtige Beispiele dafür bilden die *Baryonenzahl A*, die *Leptonenzahl L* mit Unterelementen L_e (elektronische Leptonenzahl) und L_μ (müonische Leptonenzahl), die die Hyperladung beschreibende *Hyperladungsquantenzahl Y*, die *Isospinquantenzahlen* mit der den Betrag des Isospins beschreibenden Isospin-Betragsquantenzahl I und der die z-Komponente des Isospins beschreibenden Isospin-z-Richtungsquantenzahl $I_z = I_3$ und die *Seltsamkeitsquantenzahl S*. Die Flavor-Ladung der Quarks wird einerseits durch I, I_z, S und andererseits durch die zusätzlichen Quantenzahlen C (*Charm*), B (*Beauty*), T (*Truth*) erfaßt, die Color-Ladung durch die *Color-Ladungsquantenzahl F*. Die Tabellen 8.3, 8.4 und 8.5 zeigen Werte dieser Quantenzahlen einschließlich Werten der auf eine Elementarladung $|e|$ bezogenen Ladung Q, die in dieser Darstellung ebenfalls eine Quantenzahl repräsentiert, sowie Werten der Spinquantenzahl J_s. Die Tabelle 8.6 gibt einen Überblick über die Erhaltung einiger dieser Quantenzahlen im Rahmen verschiedener Wechselwirkungen. Die dort aufgeführten Quantenzahlen repräsentieren jedoch nur einen Ausschnitt aller bekannten Quantenzahlen. Bisher nicht näher betrachtete, jedoch im folgenden benötigte weitere Quantenzahlen sind die *Paritätsquantenzahlen*. Betrachten wir alle diese speziellen Quantenzahlen im folgenden etwas genauer.

8.2.1 Die Baryonenzahl

Die Beobachtung, daß Baryonen und Antibaryonen nur in Paaren von Baryonen und Antibaryonen erzeugt oder vernichtet werden können, kann durch Einführung einer Quantenzahl, der *Baryonenzahl A*, formal erfaßt werden. Setzt man fest, daß für Baryonen $A = +1$, für Antibaryonen $A = -1$ und für sonstige Teilchen $A = 0$ gilt, dann läßt sich diese Beobachtung in Form eines Erhaltungssatzes ausformulieren. In Tabelle 8.7 ist dieser Erhaltungssatz aufgeführt. Entsprechend dieses Erhaltungssatzes bleibt die Summe der Baryonenzahlwerte erhalten. Der Baryonenzahlwert eines auf Baryonen aufbauenden Systems läßt sich damit additiv aus den Werten $-1, 0, +1$ zusammensetzen. Für Atomkerne und auch für Atome selbst gilt deshalb, daß die Baryonenzahl gleich der Anzahl der Protonen und Neutronen des Atomkerns ist, d. h. gleich der Atommassenzahl A, wenn keine Isotopenmischungen betrachtet werden. In diesem Sinne definiert ist die Baryonenzahl eine Art „Buchhaltungszahl". Auf Grund ihrer Additivität wird die Baryonenzahl als eine „ladungsartige Quantenzahl" bezeichnet. Die Baryonenzahl A ist für beliebige Teilchenklassen definierbar.

Beispiel 8.7 In den durch (8.4) bis (8.10) beschriebenen Wechselwirkungsprozessen bleibt die Summe der Baryonenzahlwerte erhalten:

$$
\begin{aligned}
(8.4): &\quad +1 \rightarrow +1+0+0\,,\\
(8.5): &\quad -1 \rightarrow -1+0+0\,,\\
(8.6): &\quad +1 \rightarrow +1+0\,,\\
(8.7): &\quad -1 \rightarrow -1+0\,,\\
(8.8): &\quad 0 \rightarrow 0+0\,,\\
(8.9): &\quad 0 \rightarrow 0+0\,,\\
(8.10): &\quad 0 \rightarrow 0+0+0\,.
\end{aligned}
\tag{8.11}
$$

Die einzelnen Baryonenzahlwerte können den Tabellen 8.3, 8.4 entnommen werden.

8.2.2 Die Leptonenzahl

Die Beobachtung, daß die Anzahl der Leptonen im Rahmen von Wechselwirkungsprozessen stets erhalten bleibt kann durch Einführung einer weiteren Quantenzahl, der *Leptonenzahl L*, formal erfaßt werden. Setzt man fest, daß für Leptonen $L = +1$, für Antileptonen $L = -1$ und sonst $L = 0$ gilt, dann läßt sich diese weitere Beobachtung durch einen weiteren Erhaltungssatz ausformulieren. In Tabelle 8.7 ist auch dieser Erhaltungssatz aufgeführt. Entsprechend dieses Erhaltungssatzes bleibt die Summe der Leptonenzahlwerte erhalten. Auch der Leptonenzahlwert eines darauf aufbauenden Systems kann damit additiv aus den Werten $-1, 0, +1$ zusammengesetzt werden. Die Leptonenzahl ist somit ebenfalls eine „ladungsartige Quantenzahl". Zusätzlich ist zu berücksichtigen, daß die Leptonenzahl L sich gemäß

$$
L = L_e + L_\mu
\tag{8.12}
$$

in die elektronische Leptonenzahl L_e und die müonische Leptonenzahl L_μ zerlegen läßt. Auch die Leptonenzahl L ist für beliebige Teilchenklassen definierbar.

Beispiel 8.8 In den durch (8.4) bis (8.10) beschriebenen Wechselwirkungsprozessen bleibt die Summe der Leptonenzahlwerte erhalten:

$$
\begin{aligned}
(8.4): &\quad 0 \rightarrow 0+1-1\,,\\
(8.5): &\quad 0 \rightarrow 0-1+1\,,\\
(8.6): &\quad 0 \rightarrow 0+0\,,\\
(8.7): &\quad 0 \rightarrow 0+0\,,\\
(8.8): &\quad 0 \rightarrow \pm1+\mp1\,,\\
(8.9): &\quad 0 \rightarrow 0+0\,,\\
(8.10): &\quad \pm1 \rightarrow \pm1+\mp1+\pm1\,.
\end{aligned}
\tag{8.13}
$$

Die einzelnen Leptonenzahlwerte können den Tabellen 8.3, 8.4 entnommen werden.

Tabelle 8.7 Wichtige Erhaltungssätze im Zusammenhang mit Wechselwirkungsprozessen mikroskopischer Teilchen und Antiteilchen

> *Baryonenzahl* :
> Bei beliebigen Wechselwirkungsprozessen bleibt die Summe aller Baryonenzahlwerte erhalten.
>
> *Leptonenzahl* :
> Bei beliebigen Wechselwirkungsprozessen bleibt die Summe aller Leptonenzahlwerte erhalten.
>
> *Hyperladungsquantenzahl* :
> Bei Wechselwirkungsprozessen, die über die elektromagnetische oder starke Wechselwirkung ablaufen, bleibt die Summe aller Hyperladungsquantenzahlwerte erhalten.
>
> *Isospin-z-Richtungsquantenzahl* :
> Bei Wechselwirkungsprozessen, die über die elektromagnetische oder starke Wechselwirkung ablaufen, bleibt die Summe aller Isospin-z-Richtungsquantenzahlwerte erhalten.
>
> *Isospin-Betragsquantenzahl* :
> Bei Wechselwirkungsprozessen, die über die starke Wechselwirkung ablaufen, bleibt die Summe aller Isospin-Betragsquantenzahlwerte erhalten.

8.2.3 Die Hyperladungsquantenzahl

Eine im Zusammenhang mit Hadronen und Quarks zu berücksichtigende Eigenschaft ist die *Hyperladung*. Die diese Hyperladung beschreibende *Hyperladungsquantenzahl* ist durch die doppelte mittlere (auf eine Elementarladung $|e|$ bezogene) Ladung eines Ladungsmultipletts gegeben, d. h. es gilt

$$Y = 2 \langle Q \rangle \ , \tag{8.14}$$

wobei $\langle Q \rangle$ den Mittelwert der (auf eine Elementarladung $|e|$ bezogenen) Ladung des Ladungsmultipletts andeutet. Die Hyperladungsquantenzahl (d. h. die die Werte der Teilcheneigenschaft beschreibende Quantenzahl) und die Hyperladung (d. h. die Teilcheneigenschaft selbst) werden für gewöhnlich einander gleich gesetzt. Es gilt der Erhaltungssatz, daß bei Wechselwirkungsprozessen, die über die elektromagnetische oder starke Wechselwirkung ablaufen, die Summe aller Hyperladungsquantenzahlen erhalten bleibt. In Tabelle 8.7 ist dieser Erhaltungssatz ebenfalls aufgeführt. Auch die Hyperladungszahl ist additiv und somit eine „ladungsartige Quantenzahl".

Beispiel 8.9 Gemäß der Tabelle 8.3 ist die Hyperladung eines Protons p und eines Neutrons n jeweils gleich $+1$. Diese setzt sich zusammen aus der (auf eine Elementarladung $|e|$ bezogenen) Ladung $Q = +1$ des Protons und der entsprechenden Ladung $Q = 0$ des Neutrons, sodaß $\langle Q \rangle = 1/2$ ist und sich $Y = +1$ für jedes Teilchen des aus einem Neutron und einem Proton bestehenden Ladungsdupletts ergibt.

8.2.4 Die Isospinquantenzahlen

Die im Abschnitt 8.1.1 eingeführten Ladungsmultipletts lassen sich durch Einführung der vektoriellen Eigenschaft *Isospin* (auch: Isotopenspin) auf eine formale Weise gegeneinander abgrenzen. Gleichzeitig erlaubt der Isospin die formale Trennung der mit unterschiedlichen Ladungen verknüpften Vertreter eines speziellen Ladungsmultipletts. Diese Charakterisierung geschieht durch Einführung eines *Isospinvektors* I, der verschiedene Beträge aufweisen kann, wobei ein bestimmter Betrag ein Maß für die Teilchenzahl N eines bestimmten Ladungsmultipletts ist, und dessen z-Komponente in Abhängigkeit von einem vorgegebenen Betrag ebenfalls verschiedene Werte annehmen kann, wobei ein bestimmter Wert der z-Komponente ein Maß für die Ladung eines bestimmten Vertreters eines betrachteten Ladungsmultipletts ist und damit einen speziellen Vertreter charakterisiert. Ein spezieller Wert des Isospinvektors steht also für ein spezielles Teilchen innerhalb eines bestimmten Ladungsmultipletts. Vermittelt werden die Einstellungsmöglichkeiten des Isospinvektors durch die *Isospinquantenzahlen* I (Isospin-Betragsquantenzahl, die den Betrag des Isospinvektors vermittelnde Quantenzahl, normalerweise einfach: Isospinquantenzahl) und $I_z = I_3$ (Isospin-z-Richtungsquantenzahl, die die z-Komponente des Isospinvektors vermittelnde Quantenzahl). Während die Isospin-Betragsquantenzahl I gemäß

$$N = 2I + 1 \tag{8.15}$$

für die Abgrenzung unterschiedlicher Ladungsmultipletts gegeneinander sorgt, sorgt die Isospin-z-Richtungsquantenzahl I_z gemäß der Formel

$$I_z = Q - \frac{1}{2}Y - \frac{2}{3}C - \frac{1}{3}B - \frac{2}{3}T \tag{8.16}$$

für die Trennung der unterschiedlichen Vertreter eines speziellen Ladungsmultipletts. Insofern werden Ladungsmultipletts auch als *Isospinmultipletts* (manchmal auch als Isomultipletts oder als Isobarenmultipletts) bezeichnet. Die obige Formel stellt eine Erweiterung der nur I_z, Q, Y berücksichtigenden Gell-Mann-Nishijima-Formel dar. Es gilt einerseits der Erhaltungssatz, daß bei Wechselwirkungsprozessen, die über die starke Wechselwirkung ablaufen, die Summe aller Quantenzahlwerte I erhalten bleibt, und andererseits gilt der Erhaltungssatz, daß bei Wechselwirkungsprozessen, die über die elektromagnetische oder starke Wechselwirkung ablaufen, die Summe aller Quantenzahlwerte $I_z = I_3$ erhalten bleibt. In Tabelle 8.7 sind diese Erhaltungssätze aufgeführt.

Beispiel 8.10 Folgende Beispiele für Isospinquantenzahlwerte seien angegeben:

1. Beispiele für Isospin-Betragsquantenzahlwerte:
   - Konsistent mit der Beziehung (8.15) weist das einzige Hyperon des Hyperonen-Isospinsinguletts Λ^0 entsprechend der Tabelle 8.3 den Isospin-Betragsquantenzahlwert $I = 0$ auf.
   - Konsistent mit der Beziehung (8.15) weisen die $N = 2$ Nukleonen des Nukleonen-Isospindupletts n, p entsprechend der Tabelle 8.3 den Isospinquantenzahlwert $I = 1/2$ auf.

- Konsistent mit der Beziehung (8.15) weisen die $N = 3$ Sigma-Hyperonen des Hyperonen-Isospintripletts Σ^-, Σ^0, Σ^+ entsprechend der Tabelle 8.3 den Isospin-Betragsquantenzahlwert $I = 1$ auf.
- Konsistent mit der Beziehung (8.15) weisen die $N = 3$ Pi-Mesonen des Mesonen-Isospintripletts π^-, π^0, π^+ entsprechend der Tabelle 8.3 den Isospin-Betragsquantenzahlwert $I = 1$ auf.

2. Beispiele für Isospin-z-Richtungsquantenzahlwerte:
   - Konsistent mit der Beziehung (8.16) weist das Lambda-Hyperon Λ^0 entsprechend der Tabelle 8.3 den Isospin-z-Richtungsquantenzahlwert $I_z = 0$ auf.
   - Konsistent mit der Beziehung (8.16) weisen die Nukleonen n und p entsprechend der Tabelle 8.3 den Isospin-z-Richtungsquantenzahlwert $I_z = -1/2$ bzw. $I_z = +1/2$ auf.

8.2.5 Die Seltsamkeitsquantenzahl

Über die Formel

$$S = Y - A + C/3 \tag{8.17}$$

kann eine weitere Quantenzahl zur Klassifizierung von Hadronen und Quarks, die *Seltsamkeitsquantenzahl S*, eingeführt werden. Entsprechend dieser Formel entspricht sie im wesentlichen der Differenz aus der doppelten mittleren (auf eine Elementarladung $|e|$ bezogenen) Ladung $Y = 2\langle Q \rangle$ und der Baryonenzahl A. Durch Abzug der Baryonenzahl A wird erreicht, daß S nur für derartige Teilchen einen Wert ungleich 0 annimmt, die sich „seltsam" verhalten, d. h. die relativ zu den restlichen Teilchen eine relativ große Lebensdauer aufweisen. Diese Teilchen werden als „seltsame Teilchen" (im Amerikanischen: „strange particles") bezeichnet. Da die mittlere Ladung $\langle Q \rangle$ eines Isospinmultipletts nichts anderes als die Summe der Ladungen aller Teilchen des Isospinmultipletts dividiert durch die Anzahl der Teilchen ist, ist die Seltsamkeitsquantenzahl S zudem ein charakteristische Größe zur Beschreibung der Ladungsverteilung eines Isospinmultipletts bestehend aus „seltsamen Teilchen". Die Seltsamkeitsquantenzahl und die *Seltsamkeit* (im Amerikanischen: strangeness) werden für gewöhnlich einander gleich gesetzt.

Beispiel 8.11 Gemäß der Tabelle 8.3 gehören das Lambda-Hyperon, das Omega-Hyperon-, die Sigma- und Xi-Hyperonen sowie die Kaonen zur Klasse der „seltsamen Teilchen".

8.2.6 Die Paritätsquantenzahlen

Das Verhalten eines physikalischen Systems bei Spiegelungen läßt sich durch eine physikalische Größe charakterisieren, die für gewöhnlich als *Parität* bezeichnet wird. Dieser Begriff steht genaugenommen für verschiedene *Paritätsformen* und zugeordnete *Paritätsquantenzahlen*, die bei verschiedenen Spiegelungsformen auftreten. Formal beschrieben werden kann eine solche Spiegelungsoperation insbesondere durch den Paritätsoperator $\hat{P}$ (raumbezogene Spiegelung) oder den Ladungskonjugationsoperator $\hat{C}$ („Ladungsspiegelung"). Die Bedeutung der Parität geht weit über den Bereich der „kleinsten Teilchen" hinaus. Folgende Beispiele verdeutlichen auch diesen Sachverhalt.

Beispiel 8.12 Eine grundlegende Paritätsform ist durch diejenige gegeben, welche das Verhalten eines quantenmechanischen Systems bei Spiegelungen beschreibt und sich als *äußere Parität* charakterisieren läßt. Setzt man eine ortsabhängige Wellenfunktion der Form $\psi(x)$ zur Beschreibung des Systems voraus, dann heißt dies, daß eine Spiegelung der Form $x \rightarrow -x$ betrachtet wird; setzt man eine ortsabhängige Wellenfunktion der Form $\psi[x(1),\ldots,x(N)]$ voraus, dann heißt dies, daß eine Spiegelung aller $i = 1 \ldots N$ Koordinatenvektoren entsprechend $x(i) \rightarrow -x(i)$ betrachtet wird: Der Zusammenhang

$$\hat{P}\psi(x) = P\psi(x) \tag{8.18}$$

beschreibt das Resultat der einfachen Spiegelungsoperation $x \rightarrow -x$, wobei $\hat{P}$ für den Paritätsoperator und P für die Paritätsquantenzahl steht. Geht die Wellenfunktion $\psi(x)$ bei dieser Spiegelungsoperation in sich selbst über, dann weist P den Wert $P = +1$ auf, geht die Wellenfunktion $\psi(x)$ in ihr Inverses über, den Wert $P = -1$. Die im Abschnitt 4.9.2 eingeführten Wasserstoff-Zustandsfunktionen $\psi_{n,l,m}$ weisen beispielsweise die Werte $P = (-1)^l$ auf.

Beispiel 8.13 Für quantenfeldtheoretische Systeme läßt sich eine Paritätsform definieren, die sich als *innere Parität* charakterisieren läßt. Der Quantenzahl dieser Parität wird häufig das Symbol η_P zugeordnet. Diese Paritätsquantenzahl läßt sich über die Wirkung des Paritätsoperators $\hat{P}$ auf Fock-Raum-Vektoren $|E,p\rangle$ einführen, d. h. η_P läßt sich über

$$\hat{P}|0\rangle = |0\rangle \quad \text{und} \quad \hat{P}|E,p\rangle = \eta_P |E,-p\rangle \tag{8.19}$$

einführen, wobei E bzw. p die Teilchenenergie bzw. den Teilchenimpuls repräsentiert. Während für Bosonen $\eta_P = \pm 1$ gilt, ist bei Fermionen $\eta_P = \pm 1, \pm i$ zu berücksichtigen.

Weiterführende (innere) Paritätsformen sind durch die C_n- und die G-Parität gegeben. Die C_n-Parität erfaßt das Verhalten von Photonen und Mesonen der Hyperladung $Y = 0$ bei einer *Ladungskonjugationsoperation* (d. h. Ladungstauschoperation: Übergang vom Teilchen zum Antiteilchen oder *vice versa*); die G-Parität charakterisiert eine innere Struktur von Mesonen mit $Y = 0$.

Beispiel 8.14 Für ein Phononenfeld $|N\rangle_\gamma$ bestehend aus N Photonen gilt

$$\hat{C}|N\rangle_\gamma = C_n |N\rangle_\gamma \quad \text{mit} \quad C_n = (-1)^N, \tag{8.20}$$

wobei $\hat{C}$ den Ladungskonjugationsoperator und C_n die hier auftretende Paritätsquantenzahl repräsentiert. Entsprechend der zweiten Relation weist ein einzelenes Photon den Paritätsquantenzahlwert $C_n = -1$ auf.[6]

---

[6]Entsprechend der Beziehung (8.20) werden Zustandsvektoren betrachtet, die Eigenzustände des Ladungskonjugationsoperators $\hat{C}$ sind. Dieser Sachverhalt steht in einem selbstkonsistenten Zusammenhang mit der gemachten Voraussetzung: nur neutrale Teilchen können mit ihren Antiteilchen identisch sein, sodaß eine Ladungskonjugationsoperation im wesentlichen wiederum auf den gleichen Zustandsvektor führt. Daß hier neutrale Teilchen betrachtet werden, wird durch das zusätzliche Symbol n angedeutet.

Die Parität eines zusammengesetzten Systems ist gleich dem Produkt der Paritäten der Einzelsysteme.

Beispiel 8.15 Ein aus $i = 1 \ldots N$ Elektronen aufgebautes Atom weist die Parität

$$P = \prod_{i=1}^{N}(-1)^{l_i} \tag{8.21}$$

auf, d. h. sie setzt sich aus im Beispiel 8.12 angegebenen Ein-Elektron-Paritäten zusammen.

Die Paritätsoperation und die Ladungskonjugationsoperation sind wesentliche Elemente des *CPT-Theorems*, das sich folgendermaßen ausformulieren läßt:

> Ein Naturgesetz muß bezüglich der kombinierten Anwendung der Ladungskonjugationsoperation („C"), der Paritätsoperation („P") und der Zeitumkehroperation („T") forminvariant sein.

Wohlgemerkt ist die *kombinierte* Anwendung der Operationen zu fordern, die Forderung nach der Forminvarianz bezüglich jeder Einzeloperation spiegelt nicht die experimentelle Erfahrung wider.

Beispiel 8.16 Die Parität ist bei über die elektroschwache Wechselwirkung ablaufenden Teilchenprozessen keine Erhaltungsgröße. Ursache hierfür sind die bei Prozessen der elektroschwachen Wechselwirkung auftretenden Neutrions, deren Parität nicht erhalten wird.

8.2.7 Quantenzahlen des Aromas und der Farbe

Im Zusammenhang mit Quarks zu berücksichtigende Eigenschaften sind durch die Eigenschaften *Aroma* (Flavor-Ladung) und *Farbe* (Color-Ladung) gegeben. Die Flavor-Ladung wird durch die sechs Quantenzahlen I, I_z, S, C, B, T beschrieben. Insbesondere gilt $C = 1$ für das Charm-Teilchen c, $B = -1$ für das Beauty-Teilchen b, $T = 1$ für das Truth-Teilchen t. Der Color-Ladung wird in diesem Buch die Color-Ladungsquantenzahl F zugeordnet. Gemäß der Tabelle 8.5 können die „Farbwerte" von F gleich b („blau"), g („grün") oder r („rot") sein. Die Einführung der Color-Ladung ermöglicht die Unterteilung von Quarks eines bestimmten Aromas in drei Unterklassen mit unterschiedlichen Farbeigenschaften, was die Beibehaltung des Pauli-Prinzips im Rahmen der noch genauer zu betrachtenden Quarkmodelle erlaubt: Um sämtliche Hadronen und ihre Eigenschaften auf Quarks und ihre Eigenschaften zurückführen zu können, müssen die Quarks insbesondere die Spinquantenzahl $J_s = 1/2$ aufweisen, d. h. sie müssen Fermionen sein. Da sich Hadronen im Zusammenhang mit diesen Quarkmodellen als aus Quarks mit teilweise gleichem Aroma zusammengesetzt erweisen, garantiert die Einführung der Color-Ladung die Gültigkeit des Pauli-Prinzips, welches das Vorliegen von Fermionen in unterschiedlichen Zuständen fordert. Während sich die Flavor-Ladung als Quelle der elektroschwachen Wechselwirkung verstehen läßt, kann die Color-Ladung als Quelle der starken Wechselwirkung betrachtet werden.

8.3 Teilchenmultipletts

Entsprechend der obigen Ausführungen lassen sich mikroskopische Teilchen zu *Isospinmultipletts* zusammenfassen. Ein über das dadurch vorgegebene Gliederungsschema hinausgehendes Schema führt auf sogenannte *Supermultipletts*. Diese verschiedenen Formen von Teilchenmultipletts werden im folgenden näher betrachtet.

8.3.1 Isospinmultipletts

Grundlegende Teilchenmultipletts sind durch die oben eingeführten Isopspinmultipletts gegeben. Entsprechend der bisherigen Ausführungen besteht ein solches Isospinmultiplett aus Teilchen mit nahezu gleicher Masse, verschiedener Ladung und übereinstimmenden weiteren Eigenschaften. Gemäß dieser Ausführungen können die Teilchen eines Isospinmultipletts als Erscheinungsformen eines einzelnen Teilchens aufgefaßt werden.

8.3.1.1 Der Isospinvektor

Beschrieben werden kann ein Isospinmultiplett durch einen gemäß der Ausführungen des Abschnitts 8.2 eingeführten *Isospinvektor* I, dessen Betrag ein spezielles Isospinmultiplett und dessen Stellung ein spezielles Teilchen des betrachteten Isospinmultipletts beschreibt. Der damit verbundene (abstrakte) Vektorraum wird für gewöhnlich als *Isospinraum* bezeichnet.

8.3.1.2 Der Isospinoperator

Führt man den *Isospinoperator* $\hat{\boldsymbol{I}}$ mit Komponenten $\hat{I}_i$ ($i = x, y, z = 1, 2, 3$) ein, sodaß der zugeordnete Quadratoperator die Form

$$\hat{\boldsymbol{I}}^2 = \hat{I}_x^2 + \hat{I}_y^2 + \hat{I}_z^2 = \hat{I}_1^2 + \hat{I}_2^2 + \hat{I}_3^2 \tag{8.22}$$

aufweist, und fordert man die Gültigkeit der Vertauschungsrelationen

$$\left[\hat{I}_x, \hat{I}_y\right]_- = \mathrm{i}\hat{I}_z \,, \quad \left[\hat{I}_y, \hat{I}_z\right]_- = \mathrm{i}\hat{I}_x \,, \quad \left[\hat{I}_z, \hat{I}_x\right]_- = \mathrm{i}\hat{I}_y \tag{8.23}$$

und

$$\left[\hat{\boldsymbol{I}}^2, \hat{I}_i\right]_- = 0 \,, \tag{8.24}$$

dann können sämtliche Isospinmultipletts über die Eigenwertgleichungen

$$\hat{\boldsymbol{I}}^2 \mathfrak{P}(I, I_z) = I(I+1)\mathfrak{P}(I, I_z) \,, \quad \hat{I}_z \mathfrak{P}(I, I_z) = I_z \mathfrak{P}(I, I_z) \tag{8.25}$$

mit

$$I = 0, \frac{1}{2}, 1, \frac{3}{2}, \cdots \quad \text{und} \quad I_z = -I, -I+1, \ldots, +I-1, +I \tag{8.26}$$

formal beschrieben werden, wobei $\mathfrak{P}(I, I_z)$ für von den Quantenzahlen I (Isospin-Betragsquantenzahl) und I_z (Isospin-z-Richtungsquantenzahl) abhängige Eigenvektoren steht und $I(I+1)$, I_z dazugehörige Eigenwerte darstellen. Im Fall $I = 0$ werden die Eigenvektoren

Isoskalare, im Fall $I = 1$ *Isovektoren* und im Fall $I = 1/2, 3/2, \cdots$ *Isospinoren* genannt. Diese Beschreibung beinhaltet, daß Isospinmultipletts mit $N = 2I + 1 = 1, 2, 3, 4, \ldots$ Teilchen möglich sind, wobei ein spezielles Teilchen eines bestimmten Isospinmultipletts durch einen speziellen Wert der Quantenzahl $I_z = I_3$ charakterisiert wird. Eine solche Beschreibung ist konsistent mit der Interpretation der Teilchen eines Isospinmultipletts als Erscheinungsformen eines einzelnen Teilchens.

Beispiel 8.17 Mit den obigen Forderungen, insbesondere den Vertauschungsrelationen (8.23), kompatibel ist die Spezifizierung

$$\hat{\boldsymbol{I}} \to \hat{\boldsymbol{I}} = \begin{pmatrix} \hat{I}_x \\ \hat{I}_y \\ \hat{I}_z \end{pmatrix} = \begin{pmatrix} \hat{I}_1 \\ \hat{I}_2 \\ \hat{I}_3 \end{pmatrix} = \frac{1}{2} \begin{pmatrix} \hat{\sigma}_x \\ \hat{\sigma}_y \\ \hat{\sigma}_z \end{pmatrix} = \frac{1}{2} \begin{pmatrix} \hat{\sigma}_1 \\ \hat{\sigma}_2 \\ \hat{\sigma}_3 \end{pmatrix} , \tag{8.27}$$

sodaß der zugeordnete Quadratoperator die Form

$$\hat{\boldsymbol{I}}^2 \to \hat{\boldsymbol{I}}^2 = \frac{1}{4} \left(\hat{\sigma}_x^2 + \hat{\sigma}_y^2 + \hat{\sigma}_z^2 \right) = \frac{1}{4} \left(\hat{\sigma}_1^2 + \hat{\sigma}_2^2 + \hat{\sigma}_3^2 \right) = \frac{3}{4} \hat{\sigma}_0 \tag{8.28}$$

aufweist, wobei $\hat{\sigma}_i$ ($i = x, y, z = 1, 2, 3$) für die durch (5.33) gegeben Pauli-Matrizen[7] steht und $\hat{\sigma}_0$ die durch (5.33) vorgegebene Einheitsmatrix ist. Spezifiziert man weiterhin die Eigenvektoren $\mathfrak{P}(I, I_z)$ gemäß

$$\mathfrak{P}(I, I_z) \to \mathfrak{N}_p = \begin{pmatrix} \psi_p \\ 0 \end{pmatrix} , \quad \mathfrak{N}_n = \begin{pmatrix} 0 \\ \psi_n \end{pmatrix} , \tag{8.29}$$

dann beschreiben die Eigenwertgleichungen

$$\hat{\boldsymbol{I}}^2 \begin{pmatrix} \psi_p \\ 0 \end{pmatrix} = I(I+1) \begin{pmatrix} \psi_p \\ 0 \end{pmatrix} = \frac{3}{4} \begin{pmatrix} \psi_p \\ 0 \end{pmatrix} , \hat{\boldsymbol{I}}^2 \begin{pmatrix} 0 \\ \psi_n \end{pmatrix} = I(I+1) \begin{pmatrix} 0 \\ \psi_n \end{pmatrix} = \frac{3}{4} \begin{pmatrix} 0 \\ \psi_n \end{pmatrix} \tag{8.30}$$

und

$$\hat{I}_z \begin{pmatrix} \psi_p \\ 0 \end{pmatrix} = I_z \begin{pmatrix} \psi_p \\ 0 \end{pmatrix} = +\frac{1}{2} \begin{pmatrix} \psi_p \\ 0 \end{pmatrix} , \hat{I}_z \begin{pmatrix} 0 \\ \psi_n \end{pmatrix} = I_z \begin{pmatrix} 0 \\ \psi_n \end{pmatrix} = -\frac{1}{2} \begin{pmatrix} 0 \\ \psi_n \end{pmatrix} \tag{8.31}$$

das aus den zwei Nukleonen n und p bestehende Nukleonen-Isospinduplett: Der Eigenwert $I(I+1) = 3/4$ und damit $I = 1/2$ erfaßt die Nukleonenanzahl $N = 2I + 1 = 2$, die Eigenwerte $I_z = I_3 = \pm 1/2$ charakterisieren die beiden Nukleonen, wobei die Nukleonen durch die Isospinoren $\mathfrak{N}_n$ und $\mathfrak{N}_p$ beschrieben werden.

Im Sinne der Interpretation der Teilchen eines Isospinmultipletts als Erscheinungsformen eines einzelnen Teilchens erfassen diese beiden Isospinoren zwei unterschiedliche Zustände eines einzigen Teilchens (das häufig einfach als „Nukleon" bezeichnet wird).

---

[7](die im jetzigen Zusammenhang häufig nicht als Pauli-Matrizen bezeichnet und häufig mit einem anderen Symbol versehen werden, was in diesem Buch jedoch nicht so gehandhabt wird)

8.3.1.3 Isospin und Drehimpulse

Vergleicht man die hier auftretenden Vertauschungsrelationen, Eigenwertgleichungen und Eigenwerte mit den im Zusammenhang mit der Spin- und Bahndrehimpuls-Problematik auftretenden Vertauschungsrelationen, Eigenwertgleichungen und Eigenwerten, dann ist offensichtlich, daß zwischen Isospin und Drehimpulsen eine enge Analogie besteht: Drehimpulsvektoren genauso wie spezielle Isospinvektoren sind Vektoren in einem dreidimensionalen Raum, wobei die gleichzeitig meßbaren Komponenten durch den Betrag und eine Komponente (die in der Regel gleich der z- bzw. der 3-Komponente gesetzt wird) gegeben sind. Eine graphische Veranschaulichung der jeweils gleichzeitig meßbaren Größen ist im jeweiligen Vektorraum leicht möglich.

Beispiel 8.18 Das Bild 8.4 veranschaulicht zwei verschiedene Teilchenmultipletts im Isospinraum. Das Bild kann direkt mit den im Zusammenhang mit der Spin- und Bahndrehimpuls-Problematik auftretenden Bildern (5.10) und (5.12) verglichen werden.

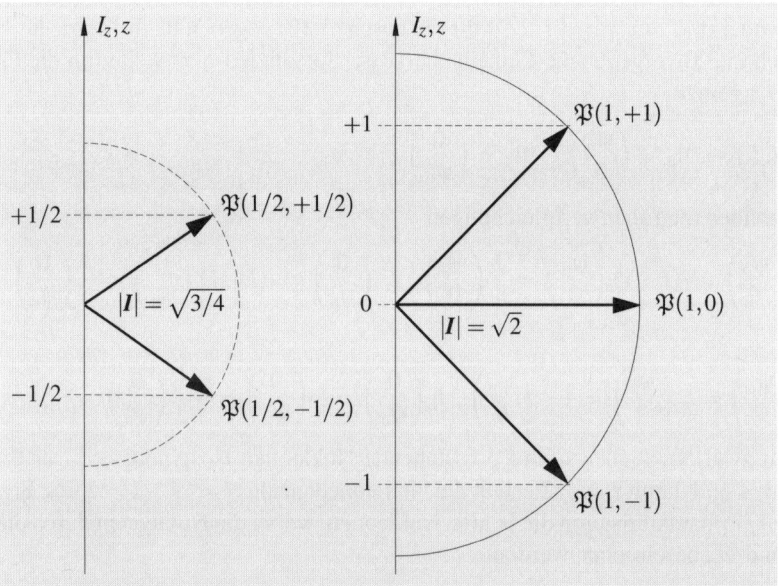

Bild 8.4 Ein Isospinmultiplett mit $N = 2$ Teilchen (links) und eines mit $N = 3$ Teilchen (rechts) im Isospinraum. In den obigen Skizzen ist $|\boldsymbol{I}| = \sqrt{I(I+1)}$ zu berücksichtigen. Dementsprechend gibt die linksseitige Skizze den Fall $I = 1/2$ und die rechsseitige den Fall $I = 1$ wieder

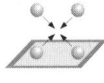

Das linksseitige Isospinmultiplett des Bildes 8.4 beschreibt das Nukleonen-Isospinduplett des Beispiels 8.17, d.h. es kann $\mathfrak{P}(1/2,+1/2) = \mathfrak{N}_{\mathrm{p}}$ und $\mathfrak{P}(1/2,-1/2) = \mathfrak{N}_{\mathrm{n}}$ gesetzt werden.

8.3.1.4 Isospin und gruppentheoretischer Hintergrund

Entsprechend der Einführung zu diesem Abschnitt definieren die Vertauschungsrelationen (8.23) spezielle (infinitesimale) Erzeugende. Die durch diese Erzeugenden bestimmte Symmetrie wird für gewöhnlich als *Isospinsymmetrie*, die dazugehörige Symmetriegruppe als *Isospingruppe* bezeichnet.

Die Isospingruppe stellt eine spezielle Konkretisierung der im Abschnitt 2.2 eingeführten *speziellen unitären Gruppe $SU(2)$* dar. Gemäß der Ausführungen des Abschnitts 2.2 ist die Gruppe $SU(2)$ isomorph zur Gruppe der Drehungen im zweidimensionalen Raum bzw. isomorph zu einer Gruppe von Drehungen im dreidimensionalen Raum um eine festgehaltene Achse. Insofern erfaßt die Isospingruppe Drehungen im Isospinraum.

8.3.1.5 Isospin und Wechselwirkungen

Da der Übergang zwischen zwei Teilchen eines Isospinmultipletts den Übergang von einer Ladung zu einer anderen bedeutet und da die starke Wechselwirkung von der Ladung unabhängig ist, bleibt die starke Wechselwirkung forminvariant bei durch die Gruppenelemente der Isospingruppe beschriebenen Drehungen. Da die Ladung Q und die Hyperladung Y bezüglich der elektromagnetischen Wechselwirkung Erhaltungsgrößen sind, bleibt die elektromagnetische Wechselwirkung unverändert bei Drehungen um die Achse $I_z = Q - \frac{1}{2}Y - \frac{2}{3}C - \frac{1}{3}B - \frac{2}{3}T$. Da die Hyperladung und damit auch I_z bezüglich der elektroschwachen Wechselwirkung keine Erhaltungsgrößen sind und da Leptonen der elektroschwachen Wechselwirkung unterliegen, ist es nicht sinnvoll für Leptonen einen Isospin einzuführen.

8.3.2 Supermultipletts

Isospinmultipletts mit ähnlichen Eigenschaften lassen sich zu übergeordneten Teilchenmultipletts zusammenfassen, die als *Supermultipletts* bezeichnet werden. Im Gegensatz zu Isospinmultipletts unterscheiden sich die Vertreter eines Supermultipletts nicht nur bezüglich ihrer Ladung sondern auch bezüglich weiterer Eigenschaften. Die Vertreter eines solchen Supermultipletts bilden bezüglich ihrer Eigenschaften bzw. den die Eigenschaften beschreibenden Quantenzahlen hochsymmetrische Strukturen.

8.3.2.1 Der „achtfache Weg"

Das Grundprinzip zur Ordnung von Teilchen in Supermultipletts basiert auf acht Quantenzahlen und wird dementsprechend auch als „achtfacher Weg" (im Amerikanischen: „eightfold way") bezeichnet. Die dem „achtfachen Weg" zugrunde liegende Symmetriegruppe ist die spezielle unitäre Gruppe $SU(3)$, was insbesondere bedeutet, daß das gesamte, im Zusammenhang mit der Gruppe $SU(3)$ von der Gruppentheorie zur Verfügung gestellte gruppentheoretische Handwerkszeug in die Beschreibung von Supermultipletts eingeht.

Beispiel 8.19 Die von den Baryonenresonanzen-Isospinmultipletts $\Delta_R^{0,\pm,++}$, $\Sigma_R^{0,\pm}$, $\Xi_R^{0,-}$ sowie dem Hyperonen-Isospinsingulett Ω^- gebildeten Isospinmultipletts weisen ähnliche Eigenschaften auf, d. h. insbesondere, alle Teilchen sind durch die Spinquantenzahl $J_s = 3/2$ ausgezeichnet und haben den gleichen Paritätswert $+1$. Diese Isospinmultipletts lassen sich im Rahmen des „achtfachen Weges" zu einem Baryonendekuplett, vgl. Bild 8.5, zusammenfassen, das entsprechend der gleichen Quantenzahlen in der Form $(B3/2^+)$ notiert werden kann.

Die von den Nukleonen n, p, dem Lambda-Hyperon Λ^0, den Sigma-Hyperonen $\Sigma^{0,\pm}$ und den Xi-Hyperonen $\Xi^{0,-}$ gebildeten Isospinmultipletts weisen ebenfalls ähnliche Eigenschaften auf, d. h. insbesondere, alle Teilchen sind durch die Spinquantenzahl $J_s = 1/2$ ausgezeichnet und haben den gleichen Paritätswert $+1$. Im Rahmen des „achtfachen Weges" lassen sich diese Isospinmultipletts zu einem Baryonenoktett $(B1/2^+)$, vgl. Bild 8.6, zusammenfassen.

Ein anderes derartiges Supermultiplett ist das durch das Mesonenoktett $(M0^-)$ gegebene Teilchenmultiplett. Es setzt sich aus von den Kaonen K^0, K^+, den Pionen π^-, π^0, π^+, dem Eta-Teilchen η und den Antikaonen $\bar{K}^0$, $\bar{K}^+$ gebildeten Isospinmultipletts zusammen. Sämtliche darin auftretenden Teilchen sind durch die Spinquantenzahl $J_s = 0$ ausgezeichnet und haben den gleichen Paritätswert -1. Bild 8.7 zeigt das Mesonenoktett.

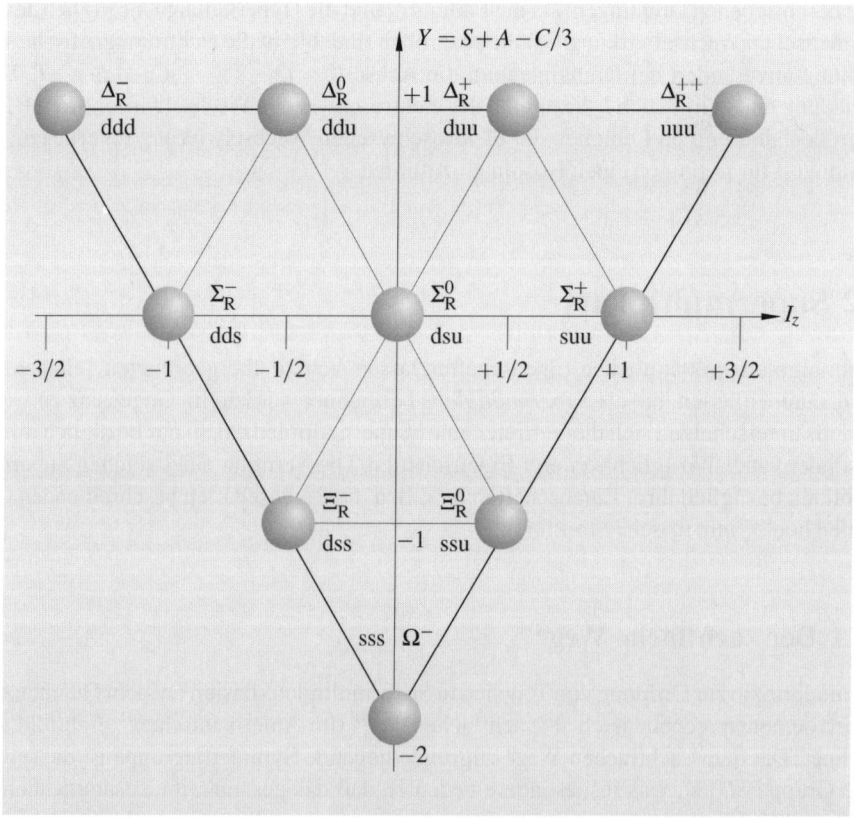

Bild 8.5 Das Baryonendekuplett $(B3/2^+)$ und seine Quarksstruktur. Zugrunde gelegt wird die I_z-Y-Ebene

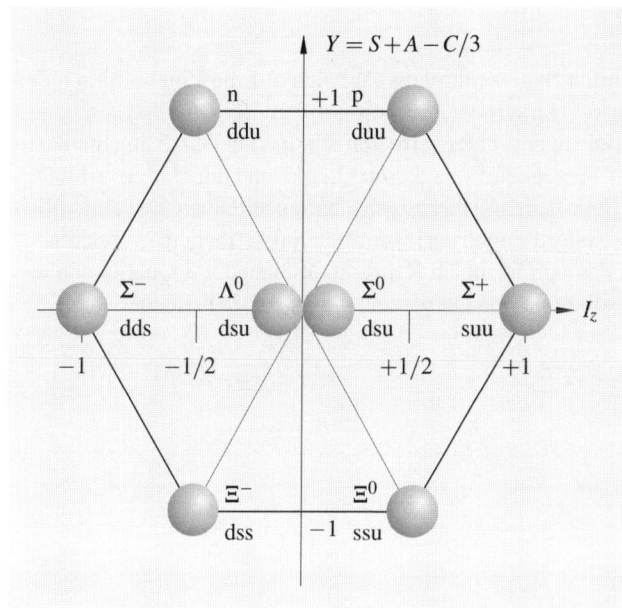

Bild 8.6 Das Baryonenoktett und seine Quarksstruktur

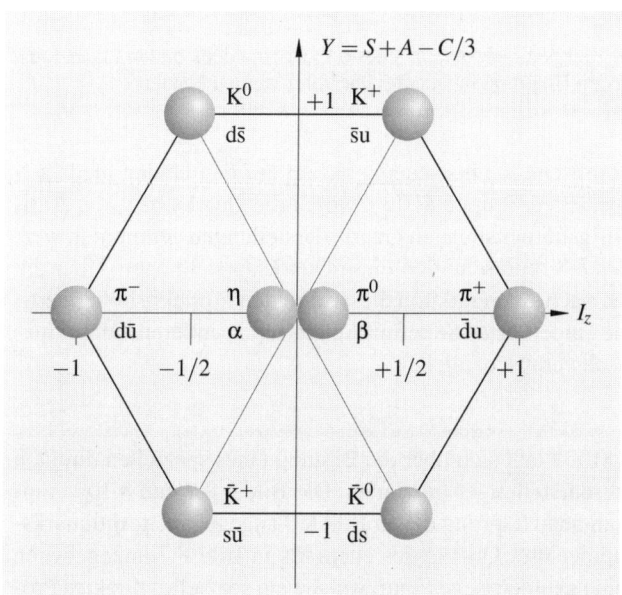

Bild 8.7 Das Mesonenoktett $(M0^-)$ und seine Quarksstruktur. Es gilt hier $\alpha = \left(2s\bar{s} - d\bar{d} - u\bar{u}\right)/\sqrt{6}$ und $\beta = \left(d\bar{d} - u\bar{u}\right)/\sqrt{2}$

8.3.2.2 Das 6-Quarksmodell

Die Struktur eines derartig eingeführten Supermultipletts läßt sich auf die Eigenschaften des *6-Quarksmodells* zurückführen. Das 6-Quarksmodell basiert auf den drei Quarkstypen u, d, s und den Antiquarkstypen ū, d̄, s̄, deren Eigenschaftswerte von den in Tabelle 8.5 angegebenen Quantenzahlwerten definiert werden. Ausgehend von diesen Quarks und den damit verbundenen Quantenzahlwerten lassen sich Hadronen und ihre Eigenschaften aufbauen. Die eingeführten Supermultipletts und ihre Eigenschaftssymmetrien lassen sich direkt über ein gruppentheoretisches Rechenschema gewinnen, das von formalen Repräsentationen der 3 Quarks und der 3 Antiquarks ausgeht. Bild 8.8 zeigt diese beiden Quarksmengen in der I_z-Y-Ebene.

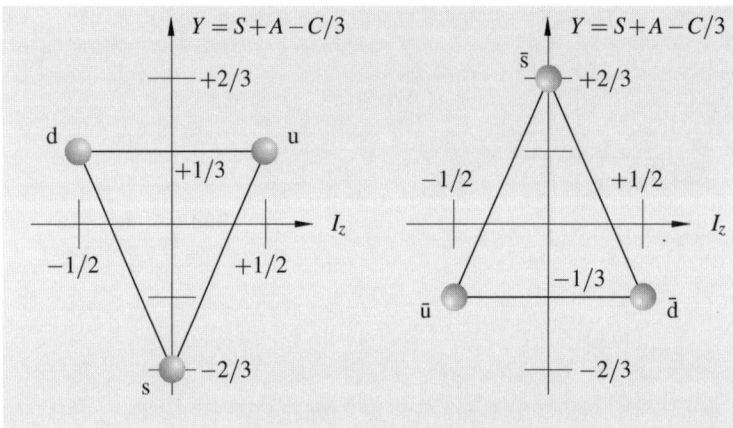

Bild 8.8 Die drei Quarks u, d, s und die drei Antiquarks ū, d̄, s̄ des 6-Quarksmodells bilden in der I_z-Y-Ebene Dreiecke, die durch Drehung um den Ursprung ineinander überführt werden können

Das angesprochene gruppentheoretische Rechenschema basiert auf den beiden niedrigstdimensionalen Darstellungen der speziellen Gruppe $SU(3)$, wobei die Quarks bzw. die Antiquarks als Basiszustände dieser niedrigstdimensionalen Quarksdarstellungen genommen werden. Die beiden Teilbilder des Bildes 8.8 repräsentieren diese Quarksdarstellungen. Über die Bildung direkter Produkte erhält man nach Ausreduktion dieser direkten Produkte höherwertigere Darstellungen, welche genau die eingeführten Supermultipletts repräsentieren. Dieser mathematische Prozeß läßt sich graphisch veranschaulichen.

Beispiel 8.20 Das Mesonenoktett $(M0^-)$ läßt sich über die Bildung eines speziellen direkten Produktes ausgehend von den Quarksdarstellungen gewinnen. Die Bilder 8.9 und 8.10 veranschaulichen dies graphisch: Setzt man den Ursprung des in Bild 8.8 angegebenen Antiquarks-Dreiecks in die drei Zustandspunkte der drei Quarks des ebenfalls in Bild 8.7 angegebenen Quarks-Dreiecks, dann erhält man eine geometrische Figur, welche ein spezielles direktes Produkt repräsentiert. Dies ist in Bild 8.9 dargestellt. Verknüpft man einen einfachen Zustandspunkt (d. h. ein Quark) des Quarks-Dreiecks mit allen einfachen Zustandspunkten des ihn umgebenden Antiquarks-Dreiecks (d. h. mit allen ihn umgebenden Antiquarks), dann erhält man

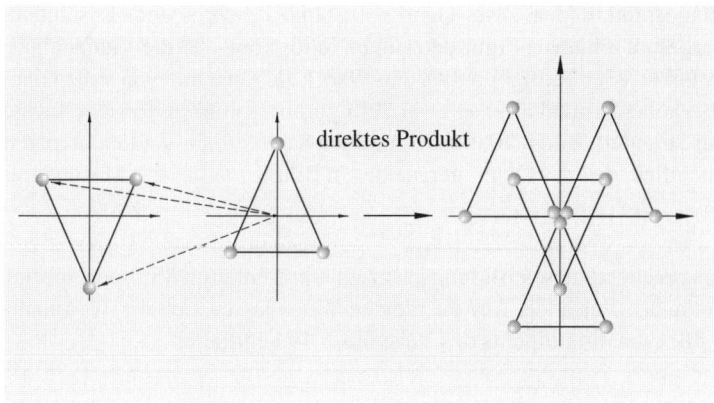

Bild 8.9 Die Bildung eines direkten Produktes ausgehend von Quarksdarstellungen läßt sich als Kopplungsprozeß zweier geometrischer Figuren verstehen, welche die beiden Quarksdarstellungen repräsentieren

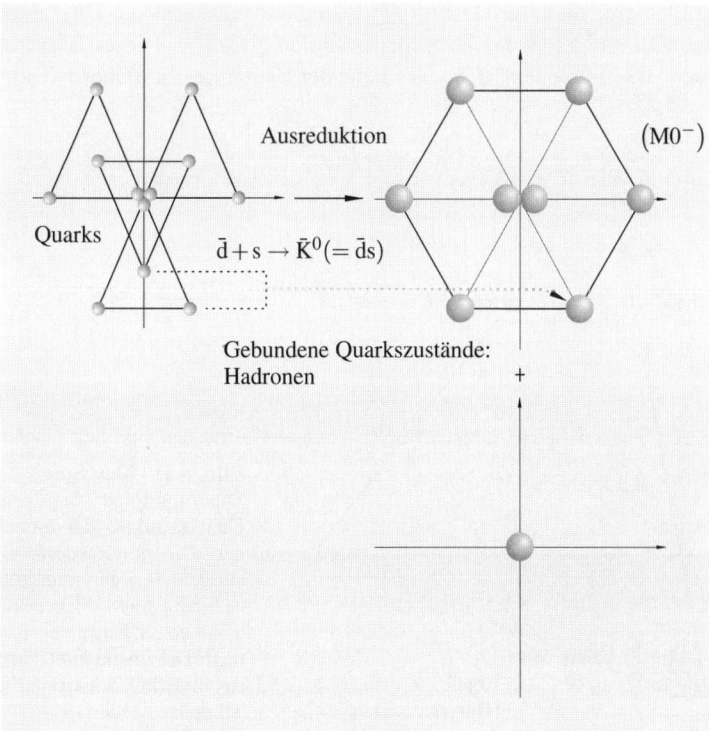

Bild 8.10 Die Ausreduktion eines direkten Produktes läßt sich als Zerlegung in Teilfiguren mit zunehmender Vielfachheit auffassen

zweifache Zustandspunkte (d. h. Zwei-Quarks-Zustände beschreibende Zustandspunkte). Zerlegt man die dergestalt erhaltene Figur derartig in Teilfiguren, daß die Vielfachheit der zweifachen Zustandspunkte jeder Teilfigur außen den Wert 1 aufweist und von außen nach innen sich um den Wert 1 erhöht, dann erhält man zwei Teilfiguren, ein Oktett von zweifachen Zustandspunkten und ein Singulett. Bild 8.10 illustriert diesen Sachverhalt. Vergleicht man mit Bild 8.7, dann ist offensichtlich, daß das Oktett gerade das in Bild 8.7 skizzierte Mesonenoktett wiedergibt.

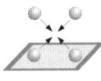

> Entsprechend dieses Bildungsprinzips repräsentieren Mesonen spezielle Quark-Antiquark-Zustände. Auf die gleiche Weise lassen sich die Tri-Quark-Zustände der Baryonenmultipletts des Beispiels 8.19 begründen.

8.3.2.3 Über den achtfachen Weg hinaus

Durch Einbezug weiterer Quarkstypen lassen sich höherwertigere Supermultipletts einführen, welche die bis jetzt berücksichtigten Supermultipletts als Grenzfälle enthalten.

Beispiel 8.21 Bild 8.11 zeigt ein Supermultiplett, dessen Elemente im I_z-Y-C-Raum ein Tetraeder bilden. Die Elemente dieses Supermultipletts sind teilweise auch aus Charm-Teilchen aufgebaut. Als Grenzfall enthält es das Baryonendekuplett $(B3/2^+)$. Dieses Baryonendekuplett bildet den „Boden" des Tetraeders, d. h. die Ebene der Elemente ohne Charm-Teilchen.

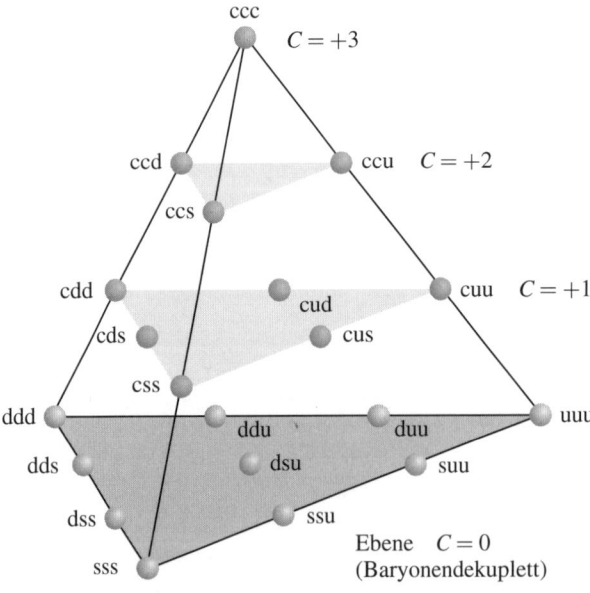

Bild 8.11 Das Spin-3/2 Baryonen-Supermultiplett. Angegeben wird die Quarksstruktur der einzelnen Baryonen. Dieses tetraederförmige Gebilde ergibt sich, wenn man in die Blattebene hinein die I_z-Y-Ebene und senkrecht dazu den Charm der Baryonen aufträgt. Die Ebene mit Charm $C = 0$ gibt das im Bild 8.5 dargestellte Baryonendekuplett wieder

8.3.2.4 Über das 6-Quarksmodell hinaus

Durch eine Erweiterung der Quarksbasis um das Charm-Teilchen c erhält man zwei erweiterte Quarksdarstellungen. Im I_z-Y-C-Raum bilden diese beiden Quarksdarstellungen elementare Tetraeder. Bild 8.12 illustriert diesen Sachverhalt.

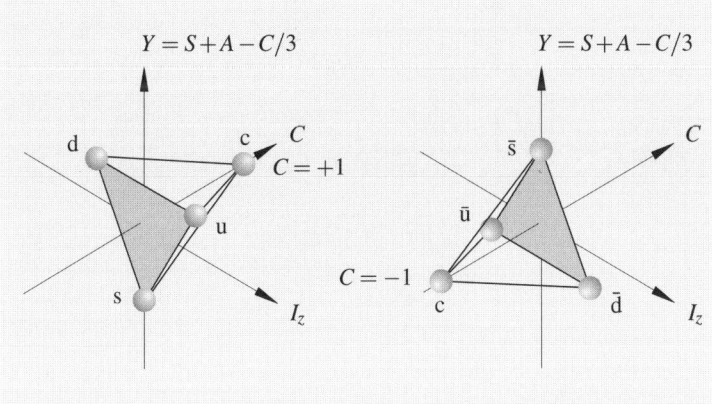

Bild 8.12 Die zusätzliche Berücksichtigung des c-Quarks führt auf die Erweiterung der durch 8.8 veranschaulichten beiden Quarksdarstellungen (hier durch dunkelgraue Dreiecke abgegrenzt). Die skizzierten beiden Tetraeder veranschaulichen diese erweiterten Quarksdarstellungen

Auf der Grundlage dieser Darstellungen lassen sich durch Bildung direkter Produkte und die anschließende Ausreduktion dieser direkten Produkte Darstellungen höherwertigerer Supermultipletts gewinnen. Auch dieses Verfahren läßt sich graphisch veranschaulichen. Beispielsweise kann auf diese Weise auf graphischem Weg das im Bild 8.11 skizzierte, ein spezielles Supermultiplett beschreibende Tetraeder gewonnen werden. Im allgemeinen Fall erhält man komplizierte Polyeder.

8.4 Das Standard-Modell

Geht man davon aus, daß die Quarks und ihre Antiteilchen sowie die Leptonen und ihre Antiteilchen eine für den restlichen „Teilchenzoo" fundamentale Menge unteilbarer Teilchen bilden, und geht man davon aus, daß im Rahmen von zwischen diesen fundamentalen Teilchen stattfindenden Wechselwirkungsprozessen auftretende Eigenschaftsänderungen als Zustandsänderungen dieser fundamentalen Teilchen interpretiert werden können, dann spricht man auch vom *Standard-Modell* der Elementarteilchen. Bild 8.13 zeigt die im Zusammenhang mit dem Standard-Modell zu berücksichtigenden fundamentalen Teilchen und ihre Wechselwirkungen. Entsprechend dieses Bildes sind die Quarks aller Flavor-Ladungen (d. h. die Quarks b, c, d, s, t, u) und aller Color-Ladungen (d. h. rot, grün, blau) sowie alle Leptonen (die sich aus den Teilchen e^-, ν_e, μ^- und ν_μ sowie dem bisher nicht näher betrachteten Tau-Teilchen τ und dem dazugehörigen Tau-Neutrino ν_τ zusammensetzen) zu berücksichtigen. Zusätzlich eingetragen

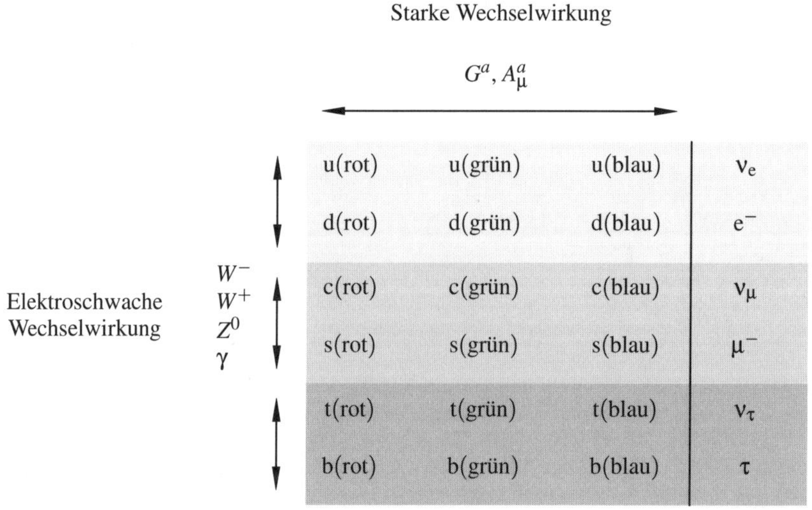

Starke Wechselwirkung

$$G^a, A^a_\mu$$

	u(rot)	u(grün)	u(blau)	ν_e
	d(rot)	d(grün)	d(blau)	e^-
	c(rot)	c(grün)	c(blau)	ν_μ
	s(rot)	s(grün)	s(blau)	μ^-
	t(rot)	t(grün)	t(blau)	ν_τ
	b(rot)	b(grün)	b(blau)	τ

Elektroschwache Wechselwirkung W^- W^+ Z^0 γ

Bild 8.13 Zum Standard-Modell: Fundamentale Teilchen und ihre Wechselwirkungen. G^a bzw. A^a_μ symbolisiert Gluonen bzw. Gluonenfelder ($a = 1\ldots8$, $\mu = 0, 1, 2, 3$)

wurde die Wirkungsrichtung der (die Color-Wechselwirkung wiedergebenden) starken Wechselwirkung und der (die Flavor-Wechselwirkung wiedergebenden) elektroschwachen Wechselwirkung: Während die starke Wechselwirkung (bezüglich der bildhaften Anordnung) horizontal zwischen Quarks unterschiedlicher Farbe wirkt, wirkt die elektroschwache Wechselwirkung (bezüglich der bildhaften Anordnung) vertikal innerhalb jeder (durch einen schattierten Bereich abgegrenzten) „Generation". Zusätzlich eingetragen wurden die mit diesen Wechselwirkungen verbindbaren (Eigenschaftsänderungen übertragenden) Austauschteilchen: die Gluonen G^a ($a = 1, 2, 3, 4, 5, 6, 7, 8$) als Feldquanten der starken Wechselwirkung und die Eichbosonen W^+, Z^0, W^- und γ als Feldquanten der elektroschwachen Wechselwirkung.

Legt man dieses Standard-Modell zugrunde, dann läßt sich ein für den „Teilchenzoo" grundlegendes mathematisch-theoretisches Konzept zur Beschreibung mikroskopischer Teilchen auf der Basis von Quarks, Leptonen und ihren Wechselwirkungen entwickeln, das sich als *Eichfeldtheorie* charakterisieren läßt. Um einen Einblick in das Konzept der Eichfeldtheorien zu gewinnen, werden im folgenden einige grundlegende Sachverhalte näher betrachtet und für den Fall der Color-Wechselwirkung spezifiziert.

Buch 4: Quantenfeldtheorie, Quantenstatistik, Elementarteilchen

Einiges über Eichfeldtheorien: Eichgruppen (abelsche und nichtabelsche), Eichfelder (Yang-Mills-Felder), der Übergang zur Quantenchromodynamik (Quark- und Gluonenfelder)

9 Einiges über Eichfeldtheorien

Ein Formalismus zur Beschreibung der mit der *Color-Ladung* verbundenen *Color-Wechsel-wirkung* kann ausgehend von einer speziellen Eichfeldtheorie gewonnen werden: Geht man zu Feldoperatoren über, d. h. „quantisiert" man diese Eichfeldtheorie, dann wird der Formalismus erhalten. Die dadurch geschaffene „quantisierte" Eichfeldtheorie wird mit dem Begriff *Quantenchromodynamik* umschrieben.[1] Einige grundlegenden Merkmale dieses Sachverhalts werden im folgenden besprochen. Um diese grundlegenden Merkmale besprechen zu können, muß jedoch erst geklärt werden, was man unter einer *Eichfeldtheorie* versteht:

9.1 Zur Theorie der Eichfelder

Die im Abschnitt 8.3 eingeführten (Isospin- und Supermultipletts beschreibenden) geometrischen Objekte erfassen hochsymmetrische Teilcheneigenschaftsstrukturen, die *innere Symmetrien* mikroskopischer Teilchen repräsentieren. Da (entsprechend der Ausführungen des Abschnitts 2.2) beliebige Symmetrien durch Symmetrie- bzw. Transformationsgruppen formal erfaßt werden können, muß dies auch für die hier betrachteten inneren Symmetrien gelten: Innere Symmetrien werden durch Liesche Symmetrie- bzw. Transformationsgruppen erfaßt.

Von (inneren Symmetrien erfassenden) Lieschen Transformationsgruppen Gebrauch machen sogenannte *Eichfeldtheorien*, die Wechselwirkungen mikroskopischer Teilchen auf einer feldspezifischen Betrachtungsebene beschreiben, wobei das Attribut *feldspezifisch* einerseits *klassische Felder* (wie z. B. elektromagnetische Felder) und andererseits *Materiefelder* (wie beispielsweise durch die Dirac- oder die Klein-Gordon-Gleichung vorgegebene Teilchenfelder) einschließt[2].

---

[1] Über Eichfeldtheorien gibt es inzwischen eine ganze Reihe von höchst interessanten Büchern. An dieser Stelle sei auf die Veröffentlichungen [28, 31] hingewiesen, die Eichfeldtheorien der starken und der schwachen Wechselwirkungen diskutieren. Für Studienzwecke sei insbesondere das Buch von W. Greiner und B. Müller empfohlen. Bezüglich der Quantenchromodynamik sei auf das ebenfalls von den genannten Autoren stammende Buch [32] hingewiesen.

[2] Häufig werden in der Literatur beide Feldtypen unter das Attribut *klassisch* untergeordnet, d. h. Wellengleichungen der makroskopischen Physik (wie die Maxwellschen Gleichungen) genauso wie Wellengleichungen der mikroskopischen Physik (wie die Schrödinger-, die Klein-Gordon- und die Dirac-Gleichung) werden als klassische Wellengleichungen betrachtet. Konsistent mit der bisherigen Begriffsbildung soll dies im vorliegenden Buch nicht so gehalten werden.

9.1.1 Eichfeldtheorien: Eichgruppen und Eichfelder

In Eichfeldtheorien spielen spezifische Liesche Transformationsgruppen, die sogenannten *Eichgruppen*, und spezielle Darstellungen dieser Eichgruppen repräsentierende Vektorfelder, die sogenannten *Eichfelder*, eine zentrale Rolle:

9.1.1.1 Eichgruppen

Die Elemente g einer M-dimensionalen Lieschen Transformationsgruppe G werden (entsprechend der Ausführungen des Abschnitts 2.2.2) durch M Parameter $\alpha(i)$ mit $i = 1 \ldots M$ spezifiziert, wobei ein Element der Gruppe in der Form (2.53) geschrieben werden kann, und wobei die Struktur der Gruppe durch über (2.55) vorgegebene Strukturkonstanten definiert werden kann. Dieser Sachverhalt läßt sich für Eichgruppen spezifizieren: Die Elemente g einer Eichgruppe G lassen sich (wenn man über den durch (2.53) vorgegebenen engen Grenzbereich hinausgeht) durch

$$g\left(\alpha^1 \ldots \alpha^M\right) = 1 + i \sum_{a=1}^{M} \alpha^a Q^a + \text{Terme höherer Ordnung} \tag{9.1}$$

oder gleichwertig durch

$$g\left(\alpha^1 \ldots \alpha^M\right) = \exp\left(i \sum_{a=1}^{M} \alpha^a Q^a\right) \tag{9.2}$$

beschreiben und die Struktur einer Eichgruppe läßt sich durch über eine Beziehung der Form

$$\left[Q^a, Q^b\right]_- = i \sum_{c=1}^{M} C^{abc} Q^c \tag{9.3}$$

vorgegebene Strukturkonstanten C^{abc} definieren. Hierbei steht Q^a ($a = 1 \ldots M$) für die Erzeugenden der Eichgruppe, die gleich verallgemeinerten Ladungen zu setzen sind.

9.1.1.2 Eichfelder

Für Eichgruppen können vom Raum-Zeit-Punkt x^4 (mit $x^1 = x, x^2 = y, x^3 = z, x^0 = ct$) abhängige Darstellungen eingeführt werden, die in verschiedenster Weise gewählt werden können. Erfaßbar ist eine derartige Eichung durch ein spezielles Vektorfeld, das Eichfeld („Eichpotential"), mit Komponenten

$$A_\mu^a = A_\mu^a\left(x^4\right) . \tag{9.4}$$

In diesem Zusammenhang werden Größen der vierdimensionalen Raum-Zeit-Welt betrachtet, sodaß $\mu = 0, 1, 2, 3$ zu setzen ist.

9.1.2 Eichfeldtheorien: abelsche und nichtabelsche

Ausgangspunkte für die Konstruktion von Eichfeldtheorien bilden für gewöhnlich materiefeld-spezifische Lagrangedichten, wobei das Attribut *materiefeldspezifisch* andeuten soll, daß eine solche Lagrangedichte im obigen Sinne definierte Materiefelder erfaßt, d. h. insbesondere, sie enthält keine (Wechselwirkungsfelder beschreibenden) klassischen Felder. Vorausgesetzt werden materiefeldspezifische Lagrangedichten, die invariant gegenüber *globalen Eichtransformationen* einer durch Strukturkonstanten vorgegebenen Eichgruppe sind, wobei (entsprechend des im Abschnitt 3.4.2 eingeführten Noetherschen Theorems) diese Invarianz das Auftreten von Erhaltungsgrößen bedingt, die hier gleich materiefeldspezifischen Strömungsgrößen sind. Derartige materiefeldspezifische Lagrangedichten lassen sich durch Einbezug von Eichfeldern derartig abändern, daß die sich ergebenden Lagrangedichten invariant bezüglich *lokalen Eichtransformationen* sind, wobei derartige Eichfelder direkt mit den angesprochenen materiefeldspezifischen Strömungsgrößen verknüpft sind. Als Konsequenz einer solchen Abänderung tritt ein Abweichungsterm auf, der die Kopplung des betrachteten Materiefeldes mit dem Eichfeld erfaßt. Dieser Abweichungsterm läßt sich als ein die systemspezifische Wechselwirkung beschreibender Zusatzterm interpretieren, wobei das Eichfeld dieses Wechselwirkungsfeld erfaßt.

> Eine durch die obigen Vorgehensweisen eingeführte Feldtheorie zur Beschreibung von Wechselwirkungen bezeichnet man auch als *Eichfeldtheorie*. Entsprechend der obigen Ausführungen macht eine Eichfeldtheorie wesentlichen Gebrauch von Symmetrien, genaugenommen von inneren Symmetrien. Im Lichte einer solchen Eichfeldtheorie bedingen sich dem Begriff *Wechselwirkung* unterordenbare Raum-Zeit-Eigenschaften und *innere Symmetrien* wechselseitig.

Eichgruppen treten in zwei grundsätzlichen Varianten auf: in einer abelschen und in einer nichtabelschen Variante. Die abelsche Variante ist durch vertauschbare die nichtabelsche Variante durch nichtvertauschbare Eichgruppenelemente ausgezeichnet.

> Entsprechend dieser beiden Varianten trennt man in *abelsche* und *nichtabelsche Eichfeldtheorien*. Während die der Quantenchromodynamik zugrunde liegende Eichfeldtheorie eine nichtabelsche ist, ist die Elektrodynamik eine abelsche Eichfeldtheorie.[3]

Im nichtabelschen Fall auftretende Eichfelder werden für gewöhnlich als *Yang-Mills-Felder* bezeichnet. Diesen Yang-Mills-Feldern sind die bereits eingeführten *Eichbosonen* als Feldteilchen zuordenbar. Betrachten wir im folgenden ein für nichtabelsche Eichfeldtheorien grundlegendes mathematisch-theoretisches Schema etwas genauer[4]:

---

[3]Insofern lassen sich die im Abschnitt 3.6.1 eingeführten Eichverfahren den Ausführungen dieses Kapitels unterordnen. Beispielsweise läßt sich das im Abschnitt 3.6.1 eingeführte Vektorpotential als ein spezielles Eichfeld („Eichpotential") charakterisieren.

[4]Das folgende Schema repräsentiert die Zusammenfassung etlicher Einzelanalysen verschiedener Wechselwirkungsszenarien, die in dieser Überblicksvorlesung nicht einzeln aufgeführt werden sollen.

9.1.2.1 Lagrangedichten: Materiefelder

Ein Materiefeld läßt sich durch eine Lagrangedichte der Form

$$\mathcal{L}_M = \mathcal{L}_M\left(\psi^i, \partial_\mu \psi^i\right) \tag{9.5}$$

erfassen, wobei ψ^i das betrachtete Materiefeld spezifiziert, d. h. ψ^i kann beispielsweise für Dirac-Spinoren stehen, und wobei

$$\partial_\mu = \partial/\partial x^\mu \tag{9.6}$$

gewöhnliche partielle Ableitungen symbolisiert.

I. Globale Eichtransformationen

Die materiefeldspezifische Lagrangedichte (9.5) muß invariant gegenüber globalen Eichtransformationen g (d. h. gegenüber den gesamten Raum-Zeit-Bereich betreffenden Eichtransformationen g) einer durch Strukturkonstanten C^{abc} vorgegebenen Eichgruppe G sein, was das Auftreten einer materiefeldspezifischen Strömungsgröße mit Komponenten

$$j_\mu^a = j_\mu^a\left(\{Q^a\}^{ij}, \psi^j\right) \tag{9.7}$$

bedingt, wobei $\{Q^a\}^{ij}$ für Komponenten der Darstellungsmatrizen der verallgemeinerten Ladungen Q^a steht.

II. Lokale Eichtransformationen

Die materiefeldspezifische Lagrangedichte (9.5) läßt sich durch Einbezug eines Eichfeldes derartig abändern, daß die sich ergebende Lagrangedichte invariant bezüglich lokalen Eichtransformationen (d. h. bezüglich bestimmten Raum-Zeit-Punkte betreffenden Eichtransformationen) ist, wobei sich diese Abänderung derartig gestalten läßt, daß die sich ergebende Lagrangedichte bis auf einen Abweichungsterm der ursprünglichen materiefeldspezifischen Lagrangedichte entspricht (wobei dieser Abweichungsterm die Verknüpfung des betrachteten Materiefeldes mit einem mit j_μ^a verbundenen Vektorfeld A_μ^a erfaßt): Ersetzt man in (9.5) entsprechend[5]

$$\partial_\mu \psi^i \to D_\mu^{ij}\psi^j = \partial_\mu \psi^i + i\{\Theta_\mu\}^{ij}\psi^j \tag{9.8}$$

die gewöhnlichen partiellen Ableitungen $\partial_\mu \psi^i$ durch eichkovariante Ableitungen $D_\mu^{ij}\psi^j$, wobei

$$\{\Theta_\mu\}^{ij} = \{\Theta_\mu\}^{ij}\left(A_\mu^a, \{Q^a\}^{ij}\right) \tag{9.9}$$

für eine geeignete Funktion der Komponenten A_μ^a des Eichfeldes und der Komponenten $\{Q^a\}^{ij}$ der Darstellungsmatrizen der verallgemeinerten Ladungen Q^a steht, dann ist die sich ergebende Lagrangedichte

---

[5]Gemäß der folgenden Indizierungsweise ist die Einsteinsche Summationskonvention zu berücksichtigen!

$$\mathcal{L}_{\mathrm{MW}} = \mathcal{L}_{\mathrm{MW}}\left(\psi^i, D_\mu^{ij}\psi^j\right) = \mathcal{L}_{\mathrm{M}}\left(\psi^i, \partial_\mu\psi^i\right) + \mathcal{L}_{\mathrm{W}}\left(A_\mu^a, \{Q^a\}^{ij}, \psi^i\right) \tag{9.10}$$

invariant gegenüber lokalen Eichtransformationen:

$$\psi^i \rightarrow \psi^{i'} = \exp\left(i\alpha^a Q^a\right)\psi^i \tag{9.11}$$

und

$$\psi^{i\dagger} \rightarrow \psi^{i\dagger\,'} = \psi^{i\dagger}\exp\left(-i\alpha^a Q^a\right). \tag{9.12}$$

Die Komponenten A_μ^a transformieren sich in einer ähnlichen Art und Weise.

9.1.2.2 Lagrangedichten: Yang-Mills-Felder

Entsprechend der obigen Ausführungen wird ein hier auftretendes Eichfeld auch als Yang-Mills-Feld bezeichnet.

Innerhalb des obigen Formalismus wird der Einfluß eines Yang-Mills-Feldes auf ein Materiefeld durch die Lagrangedichte

$$\mathcal{L}_{\mathrm{W}} = \mathcal{L}_{\mathrm{W}}\left(A_\mu^a, \{Q^a\}^{ij}, \psi^i\right) \tag{9.13}$$

erfaßt.

Ein Yang-Mills-Feld selbst kann durch Einbezug einer ebenfalls lokal eichinvarianten Lagrangedichte der Form

$$\mathcal{L}_{\mathrm{YM}}\left(A_\mu^a, Q^a\right) = f F_{\mu\nu}^a F^{a\mu\nu} \tag{9.14}$$

in den Formalismus implementiert werden, wenn der Parameter f geeignet gewählt wird und

$$F_{\mu\nu}^a = F_{\mu\nu}^a\left(A_\mu^a\right) \tag{9.15}$$

die Komponenten einer mit dem betrachteten Yang-Mills-Feld verbundenen Feldstärke

$$F_{\mu\nu} = F_{\mu\nu}^a Q^a \tag{9.16}$$

sind.

9.1.2.3 Lagrangedichten: Materiefelder und Yang-Mills-Felder

Addiert man (9.14) zu (9.10) hinzu, dann erhält man die Lagrangedichte des gesamten Systems,

$$\mathcal{L} = \mathcal{L}_{\mathrm{M}}\left(\psi^i, \partial_\mu\psi^i\right) + \mathcal{L}_{\mathrm{W}}\left(A_\mu^a, \{Q^a\}^{ij}, \psi^i\right) + \mathcal{L}_{\mathrm{YM}}\left(A_\mu^a, Q^a\right), \tag{9.17}$$

bestehend aus einem Materiefeld und einem mit diesem Materiefeld wechselwirkenden Yang-Mills-Feld. Diese Lagrangedichte ist eine insgesamt lokal eichinvariante Größe.

9.2 Zur Quantenchromodynamik

Das obige mathematisch-theoretische Schema läßt sich hinsichtlich der die Color-Wechselwirkung wiedergebenden starken Wechselwirkung weitergehend spezifizieren:

9.2.1 Quarks und Gluonen: Felder

Entsprechend der Ausführungen des Kapitels 8 findet die starke Wechselwirkung zwischen Quarks statt, wobei Gluonen als Austauschteilchen auftreten:

9.2.1.1 Quarkfelder

Die materiefeldspezifische Lagrangedichte (vgl. (9.10))

$$\mathcal{L}_{MW} = i\psi^{i\dagger}\left(i\gamma^\mu D_\mu^{ij} - m\delta^{ij}\right)\psi^j \tag{9.18}$$

mit der eichkovarianten Ableitung

$$D_\mu^{ij} = \delta^{ij}\partial_\mu - ikA_\mu^a\{Q^a\}^{ij} \tag{9.19}$$

beschreibt Quarkfelder ψ^j ($j = 1,2,3$), die Quarks mit der Masse m zugeordnet sind, wobei γ^μ Dirac-Matrizen symbolisiert. A_μ^a ($a = 1,2,3,4,5,6,7,8$) erfaßt den Einfluß von Wechselwirkungen beschreibenden Gluonenfeldern.

9.2.1.2 Gluonenfelder

Die Lagrangedichte (vgl. (9.14)–(9.16))

$$\mathcal{L}_{YM}\left(A_\mu^a, Q^a\right) = -\frac{1}{4}F_{\mu\nu}^a F^{a\mu\nu} \tag{9.20}$$

mit den Komponenten

$$F_{\mu\nu}^a = \partial_\mu A_\nu^a - \partial_\nu A_\mu^a + ikC^{abc}A_\mu^b A_\nu^c \tag{9.21}$$

der Feldstärke

$$F_{\mu\nu} = F_{\mu\nu}^a Q^a = \partial_\mu A_\nu^a Q^a - \partial_\nu A_\mu^a Q^a + k\left[A_\mu^a Q^a, A_\nu^a Q^a\right]_- \tag{9.22}$$

erfaßt die Gluonenfelder A_μ^a ($a = 1,2,3,4,5,6,7,8$).

9.2.1.3 Feldsymmetrien

Im gruppentheoretischen Sinne spannen die Quarkfelder ψ^j die fundamentale Darstellung der Guppe $SU(3)$ auf, die Gluonenfelder A_μ^a spannen die adjungierte Darstellung der Gruppe $SU_C(3)$, der „Colorgruppe", auf. Die folglich zu berücksichtigende Symmetrie ist die $SU(3)$-Symmetrie. Entsprechend dieser gruppentheoretischen Zuordnung sind Strukturkonstanten

C^{abc} der Gruppe $SU_C(3)$ zu berücksichtigen, was in den (die Strukturkonstanten nicht mehr explizit aufweisenden) letzten Term von (9.22) eingeht.

Die Konstante k repräsentiert die Stärke der Wechselwirkung (man kann auch sagen: die Stärke der „Kopplung") der beiden Feldtypen. Diese Kopplungskonstante tritt auch im letzten Term von (9.21) auf, der entsprechend der Verknüpfung A_μ^b mit A_μ^c Selbstwechselwirkungseffekte erfaßt. Das in diesem Zusammenhang nochmalige Auftreten der Kopplungskonstante k entspricht einer Selbstwechselwirkung gleicher Stärke.

9.2.2 Quarks und Gluonen: Feldgleichungen

Die raumzeitliche Dynamik der Quarkfelder und der Gluonenfelder kann durch feldspezifische Bewegungsgleichungen beschrieben werden, die sich als Verallgemeinerungen von in den vorherigen Kapiteln eingeführten feldspezifischen Bewegungsgleichungen auffassen lassen:

9.2.2.1 Die verallgemeinerte Dirac-Gleichung

Die Dynamik der Quarkfelder ψ^i wird durch die Differentialgleichung

$$\left(i\gamma^\mu D_\mu^{ij} - m\delta^{ij}\right)\psi^j = 0 \tag{9.23}$$

beschrieben. Diese Differentialgleichung läßt sich als *verallgemeinerte Dirac-Gleichung* charakterisieren[6]. Sie grenzt das Raum-Zeit-Verhalten der Quarkfelder unter dem Einfluß von Gluonenfeldern ein. Insbesondere über den Sachverhalt, daß Quarks Spin-1/2 Teilchen sind, läßt sich diese verallgemeinerte Dirac-Gleichung weitergehend begründen.

9.2.2.2 Die verallgemeinerten Maxwellschen Gleichungen

Die Dynamik der Gluonenfelder A_μ^a wird durch die Differentialgleichungen

$$D_\mu^{ab} F_{\mu\nu}^b = j_\nu^a \, ,$$
$$D_\mu^{ab} F_{\kappa\varepsilon}^b + D_\lambda^{ab} F_{\varepsilon\mu}^b + D_\varepsilon^{ab} F_{\mu\kappa}^b = 0 \tag{9.24}$$

mit

$$D_\mu^{ab} = \delta^{ab}\partial_\mu - ikA_\mu^c\{Q^c\}^{ab} \tag{9.25}$$

beschrieben, welche als *verallgemeinerte Maxwellsche Gleichungen* charakterisierbar sind[7]. Sie grenzen die mögliche raumzeitliche Entwicklung der Gluonenfelder ein.

---

[6]Man vergleiche beispielsweise mit der Dirac-Gleichung eines freien Teilchen, der Beziehung (5.99), oder der Wechselwirkungsfunktionen einschließenden Dirac-Gleichung (5.83).

[7]Man vergleiche mit den Maxwellschen Gleichungen in der Form (3.185) und (3.186).

9.2.2.3 Zur Einordnung in das Euler-Lagrangesche Schema

Entsprechend der bisherigen Ausführungen des Buches sind feldspezifische Bewegungsgleichungen und feldspezifische Lagrangedichten über die Euler-Lagrangeschen Feldgleichungen, die sich (unter Verwendung der Notation Ψ_i für Feldgrößen, wie z. B. vorgegebene Tensor- oder Spinorkomponenten) in der Form

$$\frac{\partial \mathcal{L}}{\partial \Psi_i} - \partial_\mu \frac{\partial \mathcal{L}}{\partial \left(\partial_\mu \Psi_i \right)} = 0 \tag{9.26}$$

notieren lassen, miteinander verknüpft. Führt eine Lagrangedichte auf eine begründbare Feldgleichung, dann rechtfertigt dies die Verwendung der Lagrangedichte. Insofern läßt sich die Verwendung der obigen Lagrangedichten rechtfertigen: Beispielsweise führt die Lagrangedichte (9.18) auf die verallgemeinerte Dirac-Gleichung (9.23), wenn in (9.26) die Feldgrößen Ψ_i gleich den zu ψ^i adjungierten Feldgrößen gesetzt werden:[8]

$$\Psi_i := {\psi^i}^\dagger . \tag{9.27}$$

9.2.3 Zur Feldquantisierung

Die obigen Beziehungen repräsentieren die eichfeldtheoretische Vorstufe der grundlegenden Ausformulierung der Quantenchromodynamik.

Durch einen weitergehenden Quantisierungsprozeß läßt sich aus dieser eichfeldtheoretischen Vorstufe der eigentliche Formalismus der Quantenchromdynamik heraus entwickeln und in den übrigen Formalismus der zweiten Quantisierung integrieren.

Da die Betrachtung dieses Quantisierungsprozesses den Rahmen dieser Überblicksvorlesung sprengen würde, muß darauf verzichtet werden. Studieren wir stattdessen im folgenden einige grundlegende numerische Aspekte der Quantenphysik.

---

[8]Man vergleiche mit der Beziehung (3.74). Berücksichtigt man $\nabla_\mu = \partial_\mu$, dann erhält man die jetzt angegebene Beziehung (9.26). Spezialfälle dieser Euler-Lagrangeschen Feldgleichungen werden auch im Zusammenhang mit nichtrelativistischen quantenmechanischen Systemen (vgl. (4.148)–(4.149)) sowie mit relativistischen quantenmechanischen Systemen (vgl. (5.117)) betrachtet. Es sei hier darauf hingewiesen, daß in den beiden Fällen (4.148)–(4.149) und (5.117) bezüglich der Feldgrößen und der zugeordneten adjungierten Feldgrößen symmetrische Lagrangedichten benützt werden (vgl. (4.146) und (5.116)), um die Gleichberechtigung beider Feldgrößentypen formal zu betonen. Damit verbundene Feldgleichungen (die Schrödinger- bzw. die Dirac-Gleichung) hätte man auch ausgehend von bezüglich dieser beiden Feldgrößentypen nichtsymmetrischen Lagrangedichten erhalten können. Die hier benützte nichtsymmetrische Lagrangedichte (9.18) verdeutlicht diesen Sachverhalt.

Buch 5: Numerische Aspekte der Quantenphysik

Analytik und Numerik: einführende Programmierbeispiele (klassische Oszillatoren: Lorenz-, Rössler- und van-der-Pol-Gleichungen), Progammierbeispiele aus dem Bereich der Quantenphysik (quantenmechanische Oszillatoren), Analogien

10 Analytik und Numerik

In den modernen Naturwissenschaften spielen analytische Methoden zur Behandlung system-spezifischer Evolutionsgleichungen oder systembeschreibender Funktionen eine bedeutende Rolle, läßt sich über ein derartiges Vorgehen doch ein präzises Verständnis über das zugrunde-liegende physikalische System gewinnen. Sehr häufig jedoch ist dieses Vorgehen ein außerordentlich aufwendiges Unterfangen; in vielen Fällen scheint ein derartiges Vorgehen unmöglich zu sein. In einer solchen Situation bieten *numerische Verfahren* einen (zumindest begrenzten, in vielen Fällen erstaunlich aufschlußreichen, häufig sehr reizvollen) Ausweg an. Während die Numerik in der wissenschaftlichen Praxis schon längst ihren festen Platz erobert hat, auf vielen privaten Computern alltäglich „Freud und Leid" produziert, fristet sie im Vorlesungsalltag doch noch recht häufig ein Schattendasein. Damit das vorliegende Buch diesen Mangel nicht aufweist, habe ich dieses Kapitel hinzugefügt, das in die „Welt der Numerik" einführt. Es ist für Einsteiger mit relativ wenig Erfahrung in der Technik der numerischen Analyse gedacht. Kenner dieses Bereichs seien auf den zusätzlichen, die bisherigen Ausführungen zur Quantenmechanik ergänzenden Gehalt hingewiesen.

Das Kapitel besteht aus drei Teilen: einem einführenden Teil (im dem numerische Lösungsverfahren zur Behandlung einfacher Evolutionsgleichungen besprochen werden), einem Hauptteil (in dem numerische Verfahren zur Auswertung systembeschreibender Funktionen betrachtet werden) und einem Schlußteil (in dem eine vergleichende Analyse der erhaltenen numerischen Ergebnisse durchgeführt wird). Während im einführenden Teil spezielle klassische Oszillatoren betrachtet werden, berücksichtigt der Hauptteil quantenmechanische Oszillatoren, die Erweiterungen des im Kapitel über Quantenmechanik eingeführten harmonischen Oszillators repräsentieren. Ein (die Intention des Buches widerspiegelnder) Vergleich zwischen den betrachteten klassischen und den betrachteten quantenmechanischen Oszillatoren wird die Diskussion abrunden.

10.1 Klassische Oszillatoren

Insbesondere in der Physik nichtlinearer makroskopischer Systeme, der nichtlinearen Physik, ist die numerische Analyse systemspezifischer Evolutionsgleichungen gängige Praxis. Zwar lassen sich über Näherungsverfahren analytische Lösungen derartiger Evolutionsgleichungen gewinnen, zwar lassen sich über mathematisch-physikalische Prinzipien (wie beispielsweise das „Versklavungsprinzip", das im Abschnitt 11.2 noch genauer behandelt wird) an kritischen Zustandspunkten vereinfachte Evolutionsgleichungen gewinnen (die dann häufig sogar sehr genau gelöst werden können), die volle Komplexität einer durch eine nichtlineare Evolutionsgleichung oder durch ein nichtlineares Evolutionsgleichungssystem vorgegebenen Lösung läßt sich jedoch im allgemeinen erst nach einer numerischen Analyse erkennen. Im folgenden werden drei einfache Systeme aus dem Bereich der nichtlinearen Physik betrachtet: spezielle klassische Oszillatoren beschrieben durch die Lorenz-, die Rössler- und die van-der-Pol-Gleichungen.

10.1.1 Die Lorenz-Gleichungen

Ein Beispiel für ein Evolutionsgleichungssystem, das oszillatorisches Verhalten definiert, ist durch das Differentialgleichungssystem

$$\frac{dX(t)}{dt} = -a_1X(t) + a_2Y(t)\,,$$

$$\frac{dY(t)}{dt} = -a_3Y(t) + a_4X(t) + a_5X(t)Z(t)\,,$$

$$\frac{dZ(t)}{dt} = -a_6Z(t) + a_7X(t)Y(t)$$

(10.1)

gegeben. Diese Bewegungsgleichungen werden in der Literatur für gewöhnlich als *Lorenz-Gleichungen* geführt. Sie erlauben die Berechnung komplizierter Strömungsmuster in Flüssigkeiten. Die Lorenz-Gleichungen enthalten als Sonderfall die im Kapitel über Quantenfeldtheorie angegebenen makroskopischen Lasergleichungen (6.202). Berücksichtigt man nämlich nur eine Amplitude $E_k(t) = E(t)$ und geht gemäß

$$E(t), \alpha_l(t), \sigma_l(t) \to E(t), S(t), D(t)$$

(10.2)

zu reellen kollektiven Variablen über, dann werden diese Lasergleichungen in das Gleichungssystem

$$\frac{dE(t)}{dt} = -c_1E(t) + c_2S(t)\,,$$

$$\frac{dS(t)}{dt} = -c_3S(t) + c_4E(t)D(t)\,,$$

$$\frac{dD(t)}{dt} = -c_5D(t) + c_6E(t)S(t)$$

(10.3)

überführt, welches mittels einer geeigneten Transformation in das durch die Lorenz-Gleichungen gegebene Gleichungssystem abgebildet werden kann.

Das doch relativ einfache Differentialgleichungssystem (10.1) enthält eine Fülle komplizierter dynamischer Bewegungsmuster, die über die Kontrollparameter a_i bzw. b_i grundsätzlich eingestellt und durch Vorgabe von Anfangsbedingungen $X(0)$, $Y(0)$, $Z(0)$ spezifiziert werden können. Dies läßt sich mittels numerischer Methoden leicht verdeutlichen:

10.1.1.1 Numerische Aufbereitung

Das Differentialgleichungssystem (10.1) kann entsprechend

$$\frac{\mathrm{d}A(t)}{\mathrm{d}t} = \lim_{\Delta t \to 0} \frac{A(t+\Delta t) - A(t)}{\Delta t} \to \frac{A[(n+1)\Delta t] - A[n\Delta t]}{\Delta t} := \frac{A(n+1) - A(n)}{\Delta t} \tag{10.4}$$

in das Differenzengleichungssystem

$$X(n+1) = X(n) - a_1 X(n)\Delta t + a_2 Y(n)\Delta t \,,$$

$$Y(n+1) = Y(n) - a_3 Y(n)\Delta t + a_4 X(n)\Delta t + a_5 X(n)Z(n)\Delta t \,, \tag{10.5}$$

$$Z(n+1) = Z(n) - a_6 Z(n)\Delta t + a_7 X(n)Y(n)\Delta t$$

überführt werden, das sofort in ein Computerprogramm umgewandelt werden kann, wenn $n = 0, 1, 2, \dots$ mit diskreten Zeitpunkten und Δt mit vorzugebenden Zeitdifferenzen identifiziert wird.

 Beachte Die Überführung eines Differentialgleichungssystems in ein Differenzengleichungssystem stellt den ersten Schritt zur Aufstellung eines (auf diskreten Rechenprozessen basierenden) Computerprogramms dar.

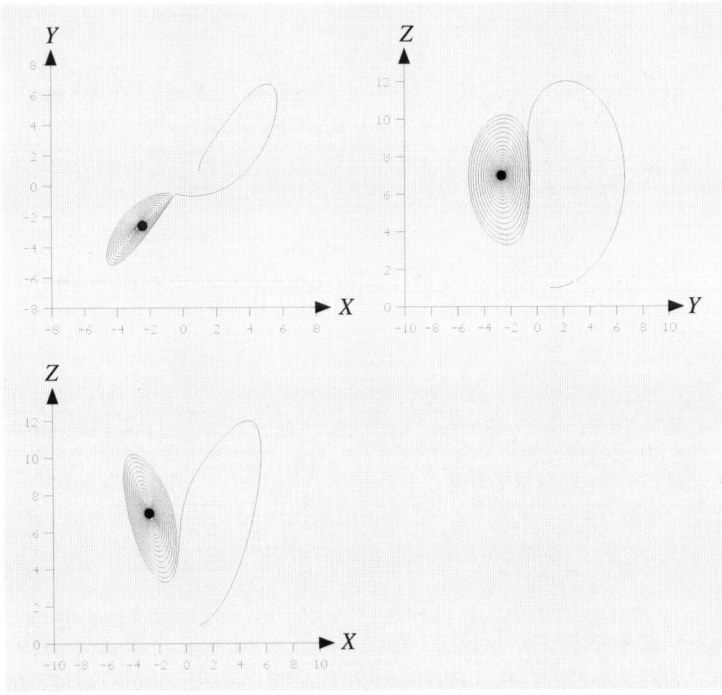

Bild 10.1 Eine spezielle Lösung der Lorenz-Gleichungen: Eine spiralförmig auf einen stabilen Fokus im Zentrum der Spirale zulaufende Trajektorie. Kontrollparameter: $a_1 = a_2 = 1.7, a_3 = a_6 = a_7 = 1, a_4 = 15, a_5 = -1$. Anfangsbedingungen: $X(0) = Y(0) = Z(0) = 1$

10.1.1.2 Numerische Analyse

Die Bilder 10.1–10.2 zeigen auf der Grundlage eines dergestalt eingeführten Computerprogamms berechnete spezielle dynamische Bewegungsmuster. Während die in Bild 10.1 dargestellte Trajektorie einem Kontrollparameterbereich zugeordnet ist, der Bewegungen hin zu einem stabilen Punkt definiert, illustriert das Bild 10.2 eine Trajektorie, welche einem Kontrollparameterbereich zugeordnet ist, der Bewegungen um zwei Zentren herum definiert. Punkte, in die derartige Trajektorien hineinlaufen, oder Punkte, um die ein Trajektorienverlauf herum stattfindet, werden üblicherweise als *Attraktoren* bezeichnet; Punkte, aus denen Trajektorien herauslaufen, werden *Repelloren* genannt. Je nach Art der um sie herum verlaufenden Trajektorien unterscheidet man zwischen unterschiedlichen Arten von Attraktoren. Insbesondere seinen hier *Knotenpunkte, Fokusse, Grenzzyklen* und *chaotische Attraktoren* genannt. Die Bilder 10.1 und 10.2 enthalten zwei unterschiedliche Arten von Attraktoren. Während Bild 10.1 einen *stabilen Fokus* aufweist, zeigt Bild 10.2 einen speziellen *chaotischen Attraktor*, der auch als *Lorenz-Attraktor* bezeichnet wird. Chaotischen Attraktoren wie der hier angegebene Lorenz-Attraktor sind durch eine äußerst hohe *Sensitivität* auf das Setzen von Anfangsbedingungen ausgezeichnet. Insofern sind vielen, auf Anfangsbedingungen sensitiv reagierenden physikalischen Systemen chaotische Attraktoren zuordenbar. Spezielle Wetterprozesse sowie viele soziale und wirtschaftliche Prozesse repräsentieren weiterführende Beispiele.

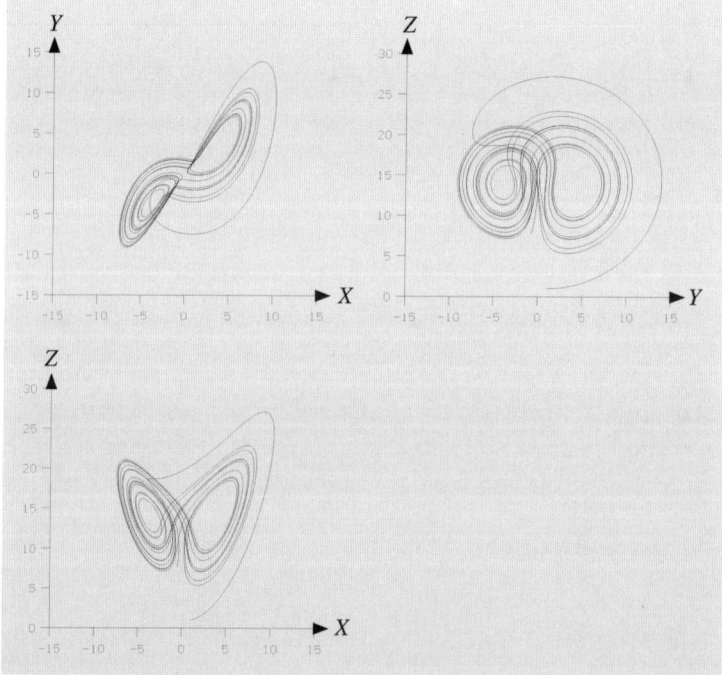

Bild 10.2 Eine weitere Lösung der Lorenz-Gleichungen: Eine Trajektorie, die um zwei Zentren herum oszilliert. Das vorliegende dynamische Bewegungsmuster charakterisiert einen speziellen chaotischen Attraktor, den Lorenz-Attraktor. Kontrollparameter: $a_1 = a_2 = 5$, $a_3 = a_6 = a_7 = 1$, $a_4 = 15$, $a_5 = -1$. Anfangsbedingungen: $X(0) = Y(0) = Z(0) = 1$

10.1.2 Die Rössler-Gleichungen

Ein den Lorenz-Gleichungen ähnliches, oszillierendes Verhalten definierendes Differentialgleichungssystem ist durch die *Rössler-Gleichungen*

$$\frac{dX(t)}{dt} = -b_1 Y(t) + b_2 Z(t) \,,$$

$$\frac{dY(t)}{dt} = -b_3 Y(t) + b_4 X(t) \,,$$

$$\frac{dZ(t)}{dt} = -b_5 Z(t) + b_6 X(t) Z(t) + b_7 \,,$$

(10.6)

gegeben. Die Rössler-Gleichungen repräsentieren Bilanzgleichungen spezieller chemischer Reaktionen. In diesem Sinne können die linksseitigen Terme als Konzentrationsänderungen beschreibende mathematische Ausdrücke interpretiert werden. Die rechtsseitigen Terme geben Konzentrationen zu dem Zeitpunkt vor, an dem die Änderungsprozesse ablaufen. Entsprechend der Gleichungsstruktur sind auch Konzentrationsrelationen (ausgedrückt durch rechtsseitige Produktterme) für die Änderungsprozesse maßgeblich.

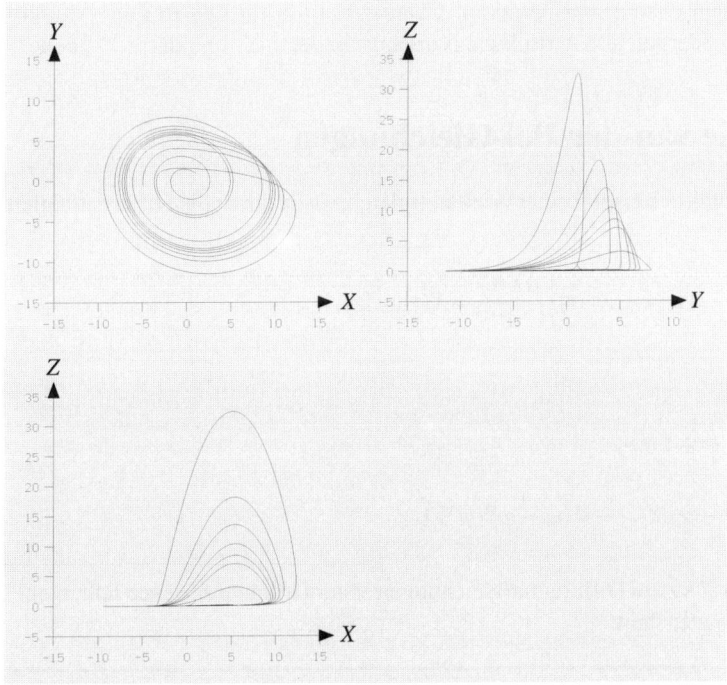

Bild 10.3 Eine spezielle Lösung der Rössler-Gleichungen: Das mit dem Rössler-Attraktor verbundene dynamische Bewegungsmuster. Kontrollparameter: $b_1 = 1$, $b_2 = -1$, $b_3 = -0.2$, $b_4 = b_6 = 1$, $b_5 = 5.7$, $b_7 = 0.2$. Anfangsbedingungen: $X(0) = Y(0) = Z(0) = 1$

10.1.2.1 Numerische Aufbereitung

Dem Differentialgleichungssystem (10.6) ist das Differenzengleichungssystem

$$X(n+1) = X(n) - b_1 Y(n)\Delta t + b_2 Z(n)\Delta t \ ,$$

$$Y(n+1) = Y(n) - b_3 Y(n)\Delta t + b_4 X(n)\Delta t \ , \tag{10.7}$$

$$Z(n+1) = Z(n) - b_5 Z(n)\Delta t + b_6 X(n)Z(n)\Delta t + b_7 \Delta t$$

zuordenbar, das genauso wie die oben besprochene Differenzengleichungssystem (10.5) in ein Computerprogramm überführt werden kann.

Manche moderne Numerikprogramme nehmen einem Programmierer die Arbeit des Aufstellens eines Differenzengleichungssystems ab. In einem solchen Fall können Differential- und auch Integraloperatoren direkt eingegeben werden.

10.1.2.2 Numerische Analyse

Das Bild 10.3 zeigt ein auf der Grundlage eines dergestalt eingeführten Computerprogamms berechnetes spezielles dynamische Bewegungsmuster, den *Rössler-Attraktor*. Auch der Rössler-Attraktor ist ein chaotischer Attraktor. Charakteristisch für den Rössler-Attraktor sind periodisch sich wiederholende Ausschwingvorgänge in der Z-X- und der Z-Y-Ebene.

10.1.3 Die van-der-Pol-Gleichungen

Ein recht reizvolles Beispiel einer Oszillatorgleichung ist durch die Differentialgleichung zweiter Ordnung

$$\frac{\mathrm{d}^2 X(t)}{\mathrm{d}t^2} - d\left[1 - X^2(t)\right]\frac{\mathrm{d}X(t)}{\mathrm{d}t} + X(t) = 0 \tag{10.8}$$

gegeben, die sich gemäß

$$\frac{\mathrm{d}X(t)}{\mathrm{d}t} = Y(t) \ ,$$

$$\frac{\mathrm{d}Y(t)}{\mathrm{d}t} = dY(t) - X(t) - dX^2(t)Y(t) \tag{10.9}$$

in ein System aus zwei Differentialgleichungen erster Ordnung zerlegen läßt, wobei d für einen Kontrollparameter steht.

Eine solche Aufspaltung stellt eine Standardprozedur dar und wird häufig eingesetzt um Gleichungsschemata vorliegen zu haben, die relativ einfach in Computerprogramme umgesetzt werden können.

Die Gleichungen (10.9) können zur Beschreibung des Verhaltens bestimmter elektrischer Schwingkreise herangezogen werden. Sie beschreiben ihr dynamisches Verhalten in der durch $X(t)$ und $Y(t)$ aufgespannten Phasenebene. Man spricht in diesem Zusammenhang von dem *van-der-Pol-Oszillator*; die obigen Differentialgleichungen werden auch *van-der-Pol-Gleichungen* genannt.

Tabelle 10.1 Ein spezieller MATLAB-Scriptfile: Ein einfaches Programm zur Lösung eines Differentialgleichungssystems mit einer unabhängigen Variablen bei Verwendung des Numerikprogrammpakets MATLAB, Version 4

```
clear all                                  %Loeschen vorhandener Speicherdaten


%Rechenparameterfestlegung :
m = 1020                                   %Anzahl der Zeitpunkte n
Dt = 0.05                                  %Groesse der Zeitdifferenz Δt := Dt
d = 0.1                                    %Kontrollparameter
X(1) = 0.1                                 %Anfangsbedingung X(t = 0) := X(n = 1)
Y(1) = 0.1                                 %Anfangsbedingung Y(t = 0) := Y(n = 1)


%Rechenprogramm :
for n = 1 : m + 1                          %Beginn Berechnung t − Werte
                                           %mit t(t = 0) := t(n = 1)

   t(n) = n ∗ Dt − Dt
end                                        %Ende Berechnung t − Werte
for n = 1 : m                              %Beginn Berechnung X(t) − Y(t) − Werte
                                           %mit X(t) := X(n), Y(t) := Y(n)

   X(n + 1) = X(n) + Y(n) ∗ Dt
   Y(n + 1) = Y(n) + d ∗ Y(n) ∗ Dt − X(n) ∗ Dt − d ∗ (X(n) ∧ 2) ∗ Y(n) ∗ Dt
end                                        %Ende Berechnung X(t) − Y(t) − Werte


%Ausgabeparameterfestlegung :
set(gcf,′DefaultAxesLineWidth′, 1)         %Spezielle Achsendicke


%Bildschirmausgabe :
subplot(1, 3, 1)                           %Teilbild 1 : Y(t) ueber X(t)
plot(X, Y)                                 %Teilbild 1 : 2D − Graph
subplot(1, 3, 2)                           %Teilbild 2 : X(t)
plot(t, X)                                 %Teilbild 2 : 2D − Graph
subplot(1, 3, 3)                           %Teilbild 3 : Y(t)
plot(t, Y)                                 %Teilbild 3 : 2D − Graph
```

10.1.3.1 Numerische Aufbereitung

Dem entsprechend (10.4) aus dem obigen Differentialgleichungssystem folgenden Differenzengleichungssystem

$$X(n+1) = X(n) + Y(n)\Delta t ,$$

$$Y(n+1) = Y(n) + dY(n)\Delta t - X(n)\Delta t - dX^2(n)Y(n)\Delta t$$

(10.10)

läßt sich sofort ein Computerprogamm zuordnen. Im Rahmen der Betrachtung der Lorenz- und der Rössler-Gleichungen wurde eine konkrete computerprogammtechnische Umsetzung nicht angegeben. Dies soll hier getan werden: Tabelle 10.1 zeigt eine spezielle Umsetzung des durch (10.10) vorgegebenen Schemas.

10.1.3.2 Numerische Analyse

Bild 10.4 zeigt auf der Grundlage des obigen Computerprogamms berechnete numerische Ergebnisse. Gemäß dieser Ergebnisse steht der van-der-Pol-Oszillator für ein schwingendes System, das ausgehend von vorgegebenen Anfangsbedingungen sich aufschwingt und in einem Akt der Selbstorganisation gegen einen Grenzzyklus läuft, d. h. der van-der-Pol-Oszillator stellt ein Beispiel für ein System mit der speziellen Selbstorganisationseigenschaft *Selbsterregung* dar. Für relativ geringe positive Werte des Kontrollparameters d bildet sich näherungsweise eine harmonische Schwingung heraus, die für relativ große positive Werte des Kontrollparameters in eine Kippschwingung übergeht.

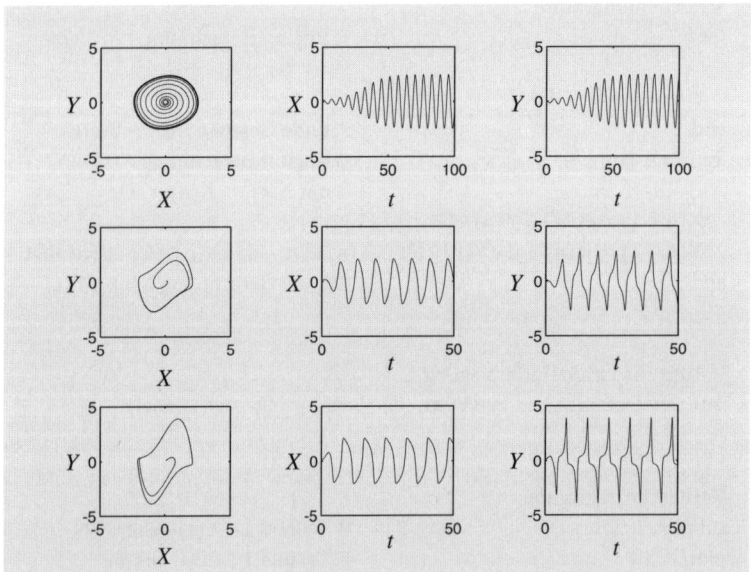

Bild 10.4 Der van-der-Pol-Oszillator: Trajektorien im X-Y-Phasenraum und zeitliche aufgelöste Schwingungen. Kontrollparameter: $d = 0.1$ (obere Reihe), $d = 1$ (mittlere Reihe), $d = 2$ (untere Reihe). Anfangsbedingung: $X(0) = Y(0) = 0.1$. Das angegebene Computerprogramm gilt für die obere Reihe. Durch Anpassung des Parameters d können die in den unteren beiden Reihen gezeigten Ergebnisse erhalten werden

10.2 Quantenmechanische Oszillatoren

Wie im Abschnitt 4.8 diskutiert wurde, definiert die Potentialfunktion (4.288) grundlegende Potentiale der Quantenphysik, wie beispielsweise durch die Potentialfunktion

$$V(X) = \sum_{l=1}^{N} \sum_{i=1}^{3} \lambda(i,l) \, [x(i,l)]^2 \tag{10.11}$$

beschreibbare harmonische Potentiale. Derartige harmonische Potentiale lassen sich als Grenzfälle von anharmonischen Potentialen betrachten, welche durch den allgemeinen Ausdruck (4.288) definiert werden. Während harmonische Potentialfunktionen lineare Kräfte repräsentieren, sind anharmonische Potentialfunktionen mit nichtlinearen Kräften verbunden. Derartige anharmonische Potentialfunktionen bilden sozusagen anharmonische Schalen um die harmonischen Potentialfunktionen herum[1]. Von Bedeutung für die Quantenphysik sind derartige anharmonischer Potentialfunktionsanteile beispielsweise im Zusammenhang mit der theoretischen Beschreibung höherenergetischer Schwingungszustände zweiatomiger (und auch mehratomiger) Moleküle, d. h. im Zusammenhang mit quantenmechanischen Oszillatoren[2].

10.2.1 Lagrange- und Hamiltonfunktionen

Die Potentialfunktion (4.288) enthält eine Fülle von Spezialfällen. Betrachten wir zwei dieser Spezialfälle und ihre zugeordneten Lagrange- und Hamiltonfunktionen im folgenden etwas genauer.

10.2.1.1 Ein eindimensionales Bifurkationspotential

Ein einfacher eindimensionaler Spezialfall von (4.288) ist durch

$$V(x) = \lambda_{11} x^2 + \lambda_{1111} x^4 \tag{10.12}$$

gegeben. Bild 10.5 veranschaulicht sowohl diese Potentialfunktion als auch die zugeordnete Kraftfunktion

$$F(x) = -\frac{\partial}{\partial x} V(x) = -2\lambda_{11} x - 4\lambda_{1111} x^3 \, . \tag{10.13}$$

---

[1]Im Zusammenhang mit Computer-Betriebssystemen ist der Begriff der *Schale* ein häufig benützter Begriff. Er charakterisiert Betriebssystemanteile, die sozusagen um den wesentlichen, inneren „Kern" des Betriebssystems herum gruppiert sind. Dieser Begriff charakterisiert jedoch auch in einer treffenden Weise die hier vorliegende Situation: die hier betrachteten mathematischen Funktionen lassen sich immer auf einen inneren Kern reduzieren, wobei zusätzliche Anteile Abweichungen von den Inhalten des inneren Kerns vermitteln.

[2]Angemerkt werden muß hier, daß derartige anharmonische Potentiale nicht Gegenstand der folgenden Untersuchungen sind. Im folgenden werden anharmonische Potentiale betrachtet, die für den Bereich der nichtlinearen Physik typisch sind. Die Angabe des Zusammenhangs mit der Molekülphysik soll jedoch eine grundsätzliche Einordnung dieser Potentiale in einen größeren quantenmechanischen Rahmen ermöglichen.

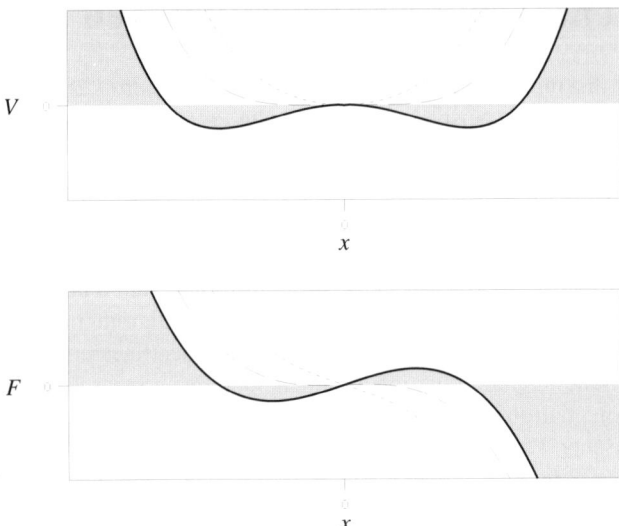

Bild 10.5 Potentialfunktion $V = V(x)$ und Kraftfunktion $F = F(x)$. Es wird $\lambda_{1111} = 0.5$ gesetzt. Es gilt $\lambda_{11} = 5$ (punktierte Linien), $\lambda_{11} = -0.5$ (gestrichelte Linien), $\lambda_{11} = -5$ (durchgezogene Linien). Die grauen Hinterlegungen verdeutlichen die Lagen der Bifurkationskurven relativ zu den Nullpunkten

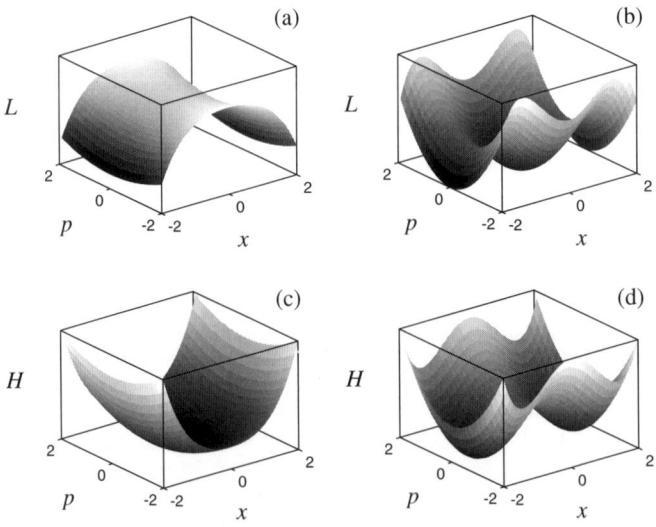

Bild 10.6 Lagrangefunktion $L = L(x)$ und Hamiltonfunktion $H = H(x)$. (a): $\lambda_{11} = 2$; (b): $\lambda_{11} = -2$, (c): $\lambda_{11} = 2$; (d): $\lambda_{11} = -2$. Es wird $\lambda_{1111} = 0.5$ gesetzt

Die entsprechende Lagrangefunktion bzw. die entsprechende Hamiltonfunktion

$$L(x) = \frac{p^2}{2m_0} - \lambda_{11}x^2 - \lambda_{1111}x^4 \quad \text{bzw.} \quad H(x) = \frac{p^2}{2m_0} + \lambda_{11}x^2 + \lambda_{1111}x^4 \tag{10.14}$$

werden in Bild 10.6 gezeigt. Eine solche Potentialfunktion beschreibt ein Potential, das sich als *Bifurkationspotential* bezeichnen läßt, wobei *Bifurkation* das Entstehen von zwei Minima ausgehend von einem Minimum beim Vorzeichenwechsel des Parameters λ_{11} begrifflich umschreibt.[3]

10.2.1.2 Ein zweidimensionales Bifurkationspotential

Ein einfacher zweidimensionaler Spezialfall von (4.288) ist durch

$$V(x,y) = \lambda_{11}x^2 + \lambda_{22}y^2 + \lambda_{1111}x^4 + \lambda_{2222}y^4 + K \tag{10.15}$$

mit dem Kopplungsterm

$$K = \lambda_{1122}x^2y^2 \tag{10.16}$$

gegeben. Damit verknüpft ist die Lagrangefunktion

$$L(x,y) = \frac{p_1^2}{2m_0} + \frac{p_2^2}{2m_0} - V(x,y) = \frac{p^2}{2m_0} - V(x,y) \tag{10.17}$$

sowie die Hamiltonfunktion

$$H(x,y) = \frac{p_1^2}{2m_0} + \frac{p_2^2}{2m_0} + V(x,y) = \frac{p^2}{2m_0} + V(x,y)\,, \tag{10.18}$$

wobei

$$p^2 = p_1^2 + p_2^2 \tag{10.19}$$

zu berücksichtigen ist. Bild 10.7 illustriert diese Potentialfunktion. Bild 10.8 zeigt Flächen konstanter Hamiltonfunktions- und Lagrangefunktionswerte im durch die Variablen x, y, p aufgespannten Phasenraum.

---

[3]Solche Bifurkationspotentiale treten in der nichtlinearen Physik relativ häufig auf. Beispielsweise tritt (10.12) als zentraler Bestandteil einer in der statistischen Lasertheorie benötigten Amplitudengleichung auf. Die Variable x ist in diesem Zusammenhang einer einzelnen Amplitude einer Lasermode gleichzusetzen; der Parameter λ_{11} erfaßt die zugeführte „Pumpenergie". Der in Bild 10.5 dargestellte Übergang beschreibt dann auf einer statistischen Betrachtungsebene das Entstehen von zwei möglichen laseraktiven Zuständen aus einem nicht laseraktiven Zustand heraus. Eine solche (nach Überschreitung eines kritischen Wertes des Kontrollparameters auftretende) dramatische Zustandsänderung wird auch als *Phasenübergang* bezeichnet (wobei der Kontrollparameter hier von λ_{11} repräsentiert wird); der Punkt an dem der Phasenübergang einsetzt, wird *kritischer Punkt* genannt. Der hier betrachtete Phasenübergang ist ein Nichtgleichgewichtsphasenübergang, d. h. ein Lasersystem zeigt Lasertätigkeit fern vom thermischen Gleichgewicht. Solche Bifurkationspotentiale treten beispielsweise auch im Zusammenhang mit thermodynamischen Systemen auf. So können derartige Funktionen im Rahmen einer phänomenologischen Theorie, der Landauschen Theorie der Phasenübergänge, als Grundlage zur Beschreibung der Entstehung von ferromagnetischen Zuständen und ihrer statistischen Schwankungen ausgehend von paramagnetischen Zuständen herangezogen werden. Im Gegensatz zu Lasersystemen liegen allerdings in diesem Zusammenhang Systeme im thermischen Gleichgewicht vor.

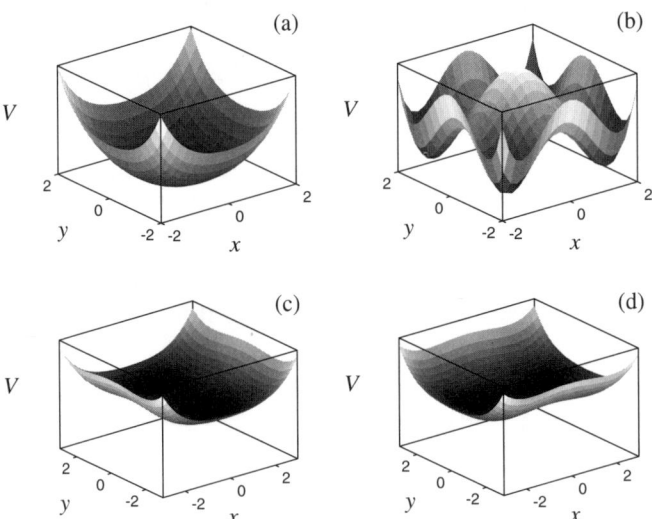

Bild 10.7 Potentialfunktion $V = V(x,y)$ mit Variablen x und y. Es sind drei verschiedene Bifurkationsfälle angegeben. Zwei einfache Bifurkationen (c) und (d) mit jeweils zwei Minima sowie eine vier Minima aufweisende Doppelbifurkation (b). (a): $\lambda_{11} = 2.5$, $\lambda_{22} = 2.5$; (b): $\lambda_{11} = -2.5$, $\lambda_{22} = -2.5$; (c): $\lambda_{11} = 2.5$, $\lambda_{22} = -3.7$; (d): $\lambda_{11} = -3.7$, $\lambda_{22} = 2.5$. Es wird $\lambda_{1111} = \lambda_{2222} = 0.6$ gesetzt. Ferner wird der entkoppelte Fall betrachtet, d. h. es wird $\lambda_{1122} = 0$ vorausgesetzt

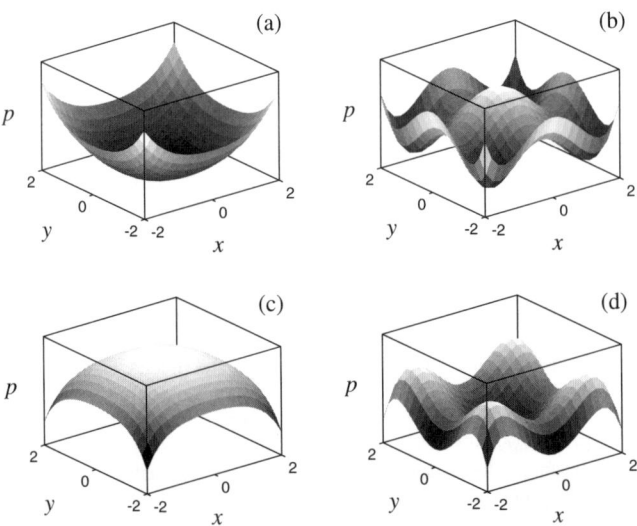

Bild 10.8 Flächen konstanter Hamiltonfunktions- und Lagrangefunktionswerte. (a): $\lambda_{11} = 2.5$, $\lambda_{22} = 2.5$, $L = $ konstant; (b): $\lambda_{11} = -2.5$, $\lambda_{22} = -2.5$, $L = $ konstant; (c): $\lambda_{11} = 2.5$, $\lambda_{22} = 2.5$, $H = $ konstant; (d): $\lambda_{11} = -2.5$, $\lambda_{22} = -2.5$, $H = $ konstant. Es wird $\lambda_{1111} = \lambda_{2222} = 0.6$, $\lambda_{1122} = 0$ vorausgesetzt

10.2.2 Oszillator-Schrödinger-Gleichungen

Die oben eingeführten Potentialfunktionen $V(x)$ oder $V(x,y)$ definieren spezielle Potentialsituationen. Durch Übernahme in die im Kapitel 4 eingeführte Schrödinger-Gleichung werden spezielle quantenmechanische Szenarien definiert, die durch Lösung der sich jeweils ergebenden Schrödinger-Gleichung untersucht werden können. Über numerische Auswertungsverfahren können diese Lösungen veranschaulicht werden. Im folgenden wird dieser Sachverhalt eingehend studiert.

10.2.2.1 Hamiltonoperatoren

Über die Jordanschen Regeln läßt sich die in (10.14) angegebene Hamiltonfunktion in den Hamiltonoperator

$$\hat{H} = -\frac{\hbar^2}{2m_0}\frac{\partial^2}{\partial x^2} + \lambda_{11}x^2 + \lambda_{1111}x^4 \tag{10.20}$$

überführen; ausgehend von (10.18) erhält man den Hamiltonoperator

$$\hat{H} = -\frac{\hbar^2}{2m_0}\frac{\partial^2}{\partial x^2} - \frac{\hbar^2}{2m_0}\frac{\partial^2}{\partial y^2} + \lambda_{11}x^2 + \lambda_{22}y^2 + \lambda_{1111}x^4 + \lambda_{2222}y^4 + \lambda_{1122}x^2y^2 \;. \tag{10.21}$$

10.2.2.2 Zeitunabhängige Schrödinger-Gleichungen

Den obigen Hamiltonoperatoren zugeordnet sind die zeitunabhängigen Schrödinger-Gleichungen

$$E_i\psi_i(x) = \left(-\frac{\hbar^2}{2m_0}\frac{\partial^2}{\partial x^2} + \lambda_{11}x^2 + \lambda_{1111}x^4\right)\psi_i(x) \tag{10.22}$$

und

$$E_i\psi_i(x,y) = \left(-\frac{\hbar^2}{2m_0}\frac{\partial^2}{\partial x^2} - \frac{\hbar^2}{2m_0}\frac{\partial^2}{\partial y^2} + \lambda_{11}x^2 + \lambda_{22}y^2\right.$$
$$+ \lambda_{1111}x^4 + \lambda_{2222}y^4$$
$$\left. + \lambda_{1122}x^2y^2\right)\psi_i(x,y) \;. \tag{10.23}$$

Diese zeitunabhängigen Schrödinger-Gleichungen definieren spezielle anharmonische quantenmechanische Oszillatoren. Auf Grund des Auftretens von Potentialtermen bis vierter Ordnung lassen sich die dadurch beschriebenen quantenmechanischen Oszillatoren als Oszillatoren vierter Ordnung charakterisieren. ψ_i repräsentiert Zustandsfunktionen gebundener als auch ungebundener Zustände. E_i steht für die Energien dieser Zustände.

Betrachten wir im folgenden die analytische Lösung einer solchen Schrödinger-Gleichung etwas genauer. Wir wollen uns auf den durch (10.22) gegebenen Spezialfall beschränken.

10.2.3 Analytische Lösungen

Da die zeitunabhängige Schrödinger-Gleichung (10.22) Potenzen der Ortsvariablen x enthält, ist es sinnvoll, zur Lösung dieser Differentialgleichung einen Potenzreihenansatz durchzuführen:

$$\psi_i(x) = \sum_{j=0}^{\infty} b_{i,j} x^j .$$ (10.24)

Setzt man diesen Ansatz in (10.22) ein, dann erhält man den Potenzreihenausdruck

$$\sum_{j=0}^{\infty} \left[E_i b_{i,j} x^j + j(j-1) \frac{\hbar^2}{2m_0} b_{i,j} x^{j-2} - \lambda_{11} b_{i,j} x^{j+2} - \lambda_{1111} b_{i,j} x^{j+4} \right] = 0 ,$$ (10.25)

der ausgeschrieben und geordnet nach Potenzen von x die Form

$$x^0 \left[E_i b_{i,0} + 2(2-1) \frac{\hbar^2}{2m_0} b_{i,2} \right]$$

$$+ x^1 \left[E_i b_{i,1} + 3(3-1) \frac{\hbar^2}{2m_0} b_{i,3} \right]$$

$$+ x^2 \left[E_i b_{i,2} + 4(4-1) \frac{\hbar^2}{2m_0} b_{i,4} - \lambda_{11} b_{i,0} \right]$$

$$+ x^3 \left[E_i b_{i,3} + 5(5-1) \frac{\hbar^2}{2m_0} b_{i,5} - \lambda_{11} b_{i,1} \right]$$

$$+ x^4 \left[E_i b_{i,4} + 6(6-1) \frac{\hbar^2}{2m_0} b_{i,6} - \lambda_{11} b_{i,2} - \lambda_{1111} b_{i,0} \right]$$

$$+ x^5 \left[E_i b_{i,5} + 7(7-1) \frac{\hbar^2}{2m_0} b_{i,7} - \lambda_{11} b_{i,3} - \lambda_{1111} b_{i,1} \right] + \ldots = 0$$ (10.26)

annimmt. Dieser Potenzreihenausdruck offenbart zwei grundsätzliche Sachverhalte:

1. Ausgehend von frei wählbaren Startkoeffizienten $b_{i,0}$ und $b_{i,1}$ können alle übrigen Potenzreihenkoeffizienten $b_{i,j \geq 2}$ auf eine sukzessive Weise derartig bestimmt werden, daß jeder Reihenkoeffizient der Reihe (10.26) für sich verschwindet, sodaß der gewählte Ansatz die betrachtete zeitunabhängige Schrödinger-Gleichung tatsächlich erfüllt.
2. Die Reihe (10.26) besteht aus zwei additiv überlagerten Teilreihen, deren Koeffizienten separat zum Verschwinden gebracht werden können. Die eine Teilreihe ist mit Potenzreihenkoeffizienten $b_{i,j=\text{ungerade}}$ und die andere Teilreihe mit Potenzreihenkoeffizienten $b_{i,j=\text{gerade}}$ verbunden. Die Potenzreihenkoeffizienten $b_{i,j=\text{ungerade}}$ können ausgehend von $b_{i,1}$ und die Potenzreihenkoeffizienten $b_{i,j=\text{gerade}}$ ausgehend von $b_{i,0}$ festgelegt werden. Der Ansatz (10.24) läßt sich somit als Überlagerung zweier unabhängiger Potenzreihen schreiben, die jede für sich die betrachtete Schrödinger-Gleichung erfüllen, wobei eine dieser beiden Potenzreihen nur gerade Potenzen von x und die andere nur ungerade Potenzen von x aufweist.

Mathematisch ausformuliert heißt das, daß der Ansatz (10.24) sich in der Form

$$\psi_i(x) = \psi_{\text{g},i}(x) + \psi_{\text{u},i}(x)$$ (10.27)

mit

$$\psi_{g,i}(x) = \sum_{j=0}^{\infty} b_{i,2j} x^{2j} \,, \tag{10.28}$$

$$\psi_{u,i}(x) = \sum_{j=0}^{\infty} b_{i,2j+1} x^{2j+1} \tag{10.29}$$

schreiben läßt, wobei (wie sich an der Struktur der Koeffizienten der Reihe (10.26) ablesen läßt) die Koeffizienten der Potenzreihen (10.28)–(10.29) der rekursiven Koeffizientenrelation

$$\begin{aligned} b_{i,j+2} = \ & -\frac{2m_0}{(j+2)(j+1)\hbar^2} E_i b_{i,j} + \frac{2m_0}{(j+2)(j+1)\hbar^2} \lambda_{11} b_{i,j-2} \\ & + \frac{2m_0}{(j+2)(j+1)\hbar^2} \lambda_{1111} b_{i,j-4} \end{aligned} \tag{10.30}$$

genügen, welche die sukzessive Festlegung dieser Koeffizienten ausgehend von den frei wählbaren Startkoeffizienten $b_{i,0}$, $b_{i,1}$ ermöglicht. Die festen Indices u und g deuten die „gerade" bzw. „ungerade Struktur" der vorliegenden Potenzreihen an.

Gemäß der Relation (10.30) taucht der Startkoeffizient $b_{i,0}$ innerhalb aller Koeffizienten $b_{i,j=\text{gerade}}$ und der Startkoeffizient $b_{i,1}$ innerhalb aller Koeffizienten $b_{i,j=\text{ungerade}}$ als einfacher Faktor auf, sodaß diese Startkoeffizienten vor die jeweiligen Potenzreihen gezogen werden können und unter Verwendung der Beziehungen $b_{i,0} := B_{i,g}$, $b_{i,1} := B_{i,u}$ der obige Ansatz in der Form

$$\psi_i(x) = B_{i,g}\phi_{g,i}(x) + B_{i,u}\phi_{u,i}(x) \tag{10.31}$$

mit

$$\phi_{g,i}(x) = \sum_{j=0}^{\infty} B_{i,2j} x^{2j} \tag{10.32}$$

und

$$\phi_{u,i}(x) = \sum_{j=0}^{\infty} B_{i,2j+1} x^{2j+1} \tag{10.33}$$

notiert werden kann. Dieser Formulierung zugeordnet ist die rekursive Koeffizientenrelation

$$B_{i,j+2} = -h(j)E_i B_{i,j} + h(j)\lambda_{11} B_{i,j-2} + h(j)\lambda_{1111} B_{i,j-4} \tag{10.34}$$

mit

$$B_{i,0} = 1 \,, \ B_{i,1} = 1 \tag{10.35}$$

und

$$h(j) = \frac{2m_0}{(j+2)(j+1)\hbar^2} \,. \tag{10.36}$$

Dieses Schema definiert alle Potenzreihenlösungen der betrachteten zeitunabhängigen Schrödinger-Gleichung.

I. Analytische Lösungen höherer Ordnung

Durch Erweiterung der durch (10.12) vorgegebenen grundlegenden eindimensionalen Potentialfunktion um Terme mit ungeraden Potenzen sowie um Terme höherer Ordnung erhält man Potentialfunktionen höherer Ordnung:

$$V(x) = \lambda_1 x + \lambda_{11} x^2 + \lambda_{111} x^3 + \lambda_{1111} x^4 + \ldots . \tag{10.37}$$

Benützt man auch für derartige Fälle den oben angegebenen Potenzreihenansatz, dann sieht man, daß das ebenfalls angegebene mathematische Schema einfach erweitert werden kann. Ohne detaillierte Rechnung sei hier angegeben, daß damit verbundene Zustandsfunktionen ebenfalls von der Form (10.31)–(10.33) sind, wobei die dann gültige rekursive Koeffizientenrelation

$$
\begin{aligned}
B_{i,j+2} = &-h(j)E_i B_{i,j} + h(j)\lambda_1 B_{i,j-1} + h(j)\lambda_{11} B_{i,j-2} \\
&+ h(j)\lambda_{111} B_{i,j-3} + h(j)\lambda_{1111} B_{i,j-4} + \ldots
\end{aligned}
\tag{10.38}
$$

mit der Festlegung (10.35), (10.36) zu berücksichtigen ist. Vergleicht man mit (10.34) ist offensichtlich, daß sich diese Koeffizientenrelation durch additive Ergänzung von (10.34) (um Terme, welche die neu auftretenden Parameter enthalten) gewinnen läßt. Dies sei hier noch angegeben.

II. Der harmonische Oszillator als Grenzfall

Das obige mathematische Schema enthält den im Abschnitt 4.8.1 diskutierten Fall des harmonischen Oszillators als Grenzfall: Setzt man

$$
\lambda_{11} = \frac{1}{2} m_0 \Omega^2 ,
$$

$$
\lambda_{1111} = 0 ,
\tag{10.39}
$$

dann geht die Potentialfunktion (10.12) in die Potentialfunktion (4.291) des harmonischen Oszillators über. Berücksichtigt man zusätzlich, daß im Abschnitt 4.8.1 statt der Ortskoordinate x eine zugeordnete dimensionslose Koordinate ξ benützt wurde, welche über (4.310) mit der Ortskoordinate x verbunden ist, dann läßt sich das jetzt betrachtete Schema in dasjenige des Abschnitts 4.8.1 überführen: Die hier auftretenden zentralen Funktionen $\phi_{u,i}(x)$, $\phi_{g,i}(x)$ ersetzten die im Abschnitt 4.8.1 auftretenden zentralen Funktionen $\phi_{u,i}(\xi)$, $\phi_{g,i}(\xi)$; die rekursive Koeffizientenrelation (10.34) tritt an die Stelle der rekursiven Koeffizientenrelation (4.315). Auch dies sei hier noch angegeben.

10.2.4 Numerische Auswertung

Die durch die obigen Schemata definierten zentralen Funktionen lassen sich auf eine analytische Weise weitergehend untersuchen. Darauf wird hier jedoch verzichtet. Stattdessen wird direkt eine numerische Auswertung dieser zentralen Funktionen durchgeführt. Es erfolgt eine Beschränkung auf die mit dem grundlegenden Bifurkationspotential verbundenen zentralen Funktionen.

Tabelle 10.2 Ein spezieller MATLAB-Scriptfile, Teil 1: Ein einfaches Programm zur Berechnung von zentralen Funktionen mit über ein rekursives Koeffizientenschema definierten Potenzreihenkoeffizienten bei Verwendung des Numerikprogrammpakets MATLAB, Version 4

```
clear all                    %Loeschen von noch vorhandenen Speicherdaten

%Rechenparameterfestlegung :
m = 60                       %Festlegung hoechster auftretender Exponent
                             %2j_max1 + 1 der Potenzreihe. j_max1 := m
a = −2.0                     %Startwert x := a
Da = 0.05                    %Schrittweite Δx := Da
nx = 81                      %Anzahl nx der Differenzen Δx
SE = 0                       %Startenergie E_a := SE
DE = 1                       %Energiedifferenzen ΔE_a = E_b − E_a := DE
nE = 21                      %Anzahl nE der Energiedifferenzen ΔE_a
Q = 1                        %Faktor 2m_0/ℏ^2 := Q
L1 = 5                       %Faktor λ_11 := L1
L2 = 0.5                     %Faktor λ_1111 := L2


%Rechenprogramm :
for i = 1 : nE               %BeginnVorgabeschleifeEnergiewerte E_i := E(i)
  E(i) = SE + (DE ∗ i) − DE
  for j = 0 : (2 ∗ m) − 1    %Beginn Berechnungsschleife Koeffizienten B_{i,j+2} bei
                             %Energiewert E_i (j_max2 + 2 = 2m + 1 → j_max2 = 2m − 1)
    if j < 2                 %Beginn Entscheidungsschleife 1
    B(j + 2) = −E(i) ∗ Q/((j + 2) ∗ (j + 1))
    elseif j == 2
    B(j + 2) = (−B(2) ∗ E(i) ∗ Q/((j + 2) ∗ (j + 1))) + L1 ∗ Q/((j + 2) ∗ (j + 1))
    elseif j == 3
    B(j + 2) = (−B(3) ∗ E(i) ∗ Q/((j + 2) ∗ (j + 1))) + L1 ∗ Q/((j + 2) ∗ (j + 1))
    elseif j == 4
    A1 = B(2) ∗ L1 ∗ Q/((j + 2) ∗ (j + 1)) + L2 ∗ Q/((j + 2) ∗ (j + 1))
    B(j + 2) = (−B(4) ∗ E(i) ∗ Q/((j + 2) ∗ (j + 1))) + A1
    elseif j == 5
    A2 = B(3) ∗ L1 ∗ Q/((j + 2) ∗ (j + 1)) + L2 ∗ Q/((j + 2) ∗ (j + 1))
    B(j + 2) = (−B(5) ∗ E(i) ∗ Q/((j + 2) ∗ (j + 1))) + A2
    elseif j > 5
    A3 = B(j − 2) ∗ L1 ∗ Q/((j + 2) ∗ (j + 1)) + B(j − 4) ∗ L2 ∗ Q/((j + 2) ∗ (j + 1))
    B(j + 2) = (−B(j) ∗ E(i) ∗ Q/((j + 2) ∗ (j + 1))) + A3
    end                      %Ende Entscheidungsschleife 1
    for k = 1 : m            %Beginn Zuordnungsschleife
                             %B_{k,j+2} → B_{k,2j+1} := f((2 ∗ k) + 1) , B_{k,2j} := f(2 ∗ k)
      if j + 2 == 2 ∗ k      %Beginn Entscheidungsschleife 2
      f(2 ∗ k) = B(j + 2)
      elseif j + 2 == (2 ∗ k) + 1
      f((2 ∗ k) + 1) = B(j + 2)
      else
      g(k) = B(j + 2)
      end                    %Ende Entscheidungsschleife 2
    end                      %Ende Zuordnungsschleife
```

Tabelle 10.3 Ein spezieller MATLAB-Scriptfile, Teil 2: Ein einfaches Programm zur Berechnung von zentralen Funktionen mit über ein rekursives Koeffizientenschema definierten Potenzreihenkoeffizienten bei Verwendung des Numerikprogrammpakets MATLAB, Version 4

```
end                                      %Ende Berechnungsschleife Koeffizienten
for s = 1 : nx                           %Beginn Vorgabeschleife x − Werte
    x(s) = a + (Da ∗ s) − Da
    for k = 0 : m                        %Beginn Berechnung Einzelwerte
                                         %ϕ_{g,i}(x(s)), ϕ_{u,i}(x(s))
                                         %bei vorgegebenem x − und E_i − Wert
        if k < 1                         %Beginn Entscheidungsschleife 3
        Y = Y + (x(s)) ∧ (2 ∗ k)         %Werte ϕ_{g,i}(x(s)) := Y
        Y1 = Y1 + (x(s)) ∧ ((2 ∗ k) + 1) %Werte ϕ_{u,i}(x(s)) := Y1
        elseif k >= 1
        Y = Y + f(2 ∗ k) ∗ (x(s)) ∧ (2 ∗ k)
        Y1 = Y1 + f((2 ∗ k) + 1) ∗ (x(s)) ∧ ((2 ∗ k) + 1)
        end                              %Ende Entscheidungsschleife 3
    end                                  %Ende Berechnung Einzelwerte
                                         %ϕ_{g,i}(x(s)), ϕ_{u,i}(x(s))
    Z(i,s) = Y                           %Aufbau Werte − Matrix
                                         %ϕ_{g,i=1...nE}(x = x(1)...x(nx))
    Z1(i,s) = Y1                         %Aufbau Werte − Matrix
                                         %ϕ_{u,i=1...nE}(x = x(1)...x(nx))
    Y = 0                                %Zuruecksetzen des Wertes Y auf Null
    Y1 = 0                               %Zuruecksetzen des Wertes Y1 auf Null
    end                                  %Ende Vorgabeschleife x − Werte
end                                      %Ende Vorgabeschleife Energiewerte


%Ausgabeparameterfestlegung :
colormap(copper)                         %Spezielles Bildfarbschema
set(gcf,'DefaultAxesLineWidth',1)        %Spezielle Achsendicke
set(gcf,'DefaultAxesBox','on')           %Wertebereichsbox


%Bildschirmausgabe :
subplot(2,2,1)                           %Teilbild 1 : ϕ_{u,i}(x)
surf(x,E,Z1)                             %Teilbild 1 : 3D − Oberflaeche
axis([−2 2 0 20 −2 2])                   %Teilbild 1 : Achsenfestlegung
subplot(2,2,2)                           %Teilbild 2 : ϕ_{g,i}(x)
surf(x,E,Z)                              %Teilbild 2 : 3D − Oberflaeche
axis([−2 2 0 20 −2 2])                   %Teilbild 2 : Achsenfestlegung
subplot(2,2,3)                           %Teilbild 3 : ϕ_{u,i}(x)
plot(x,Z1)                               %Teilbild 3 : 2D − Darstellung
axis([−2 2 −2 2])                        %Teilbild 3 : Achsenfestlegung
subplot(2,2,4)                           %Teilbild 4 : ϕ_{g,i}(x)
plot(x,Z)                                %Teilbild 4 : 2D − Darstellung
axis([−2 2 −2 2])                        %Teilbild 4 : Achsenfestlegung
```

10.2.4.1 Das Computerprogramm

Ein typisches Computerprogramm zur numerischen Berechnung von durch das obige mathematische Schema definierten zentralen Funktionen bei vorgegebener Energie E_i sowie vorgegebenen Parametern λ_{11}, λ_{1111} zeigen die Tabellen 10.2 und 10.3. Es stellt eine relativ einfache Umsetzung des obigen mathematischen Schemas mit Hilfe einer einfachen Programmiersprache dar. Modifikationen des in diesen Tabellen angegebenen Computerprogramms bildeten die Grundlage zur Berechnung der folgenden Graphiken.

 Das angegebene Computerprogramm zeigt typische Elemente der Programmiertechnik: Arbeitsschleifen (for … end), die unter Berücksichtigung von Bedingungen (if, else, elseif) abgearbeitet werden müssen.

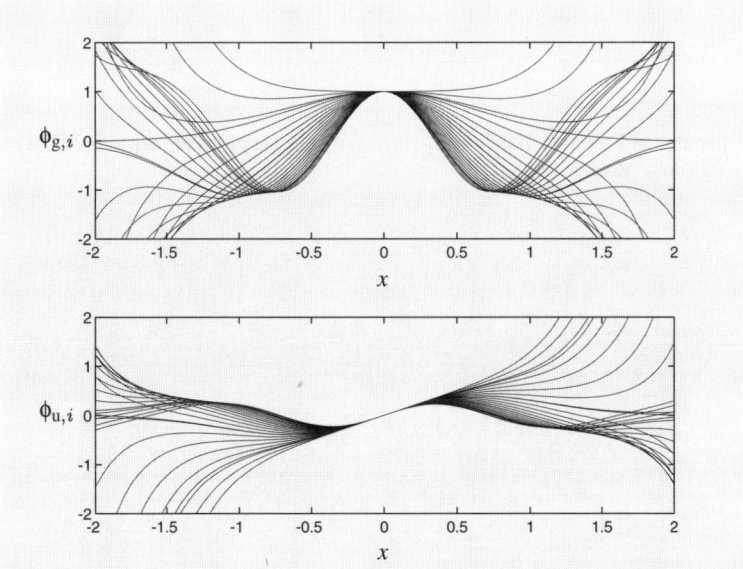

Bild 10.9 Die zentralen Funktionen $\phi_{g,i} = \phi_{g,i}(x)$, $\phi_{u,i} = \phi_{u,i}(x)$ im Fall eines Potentialfunktionsterms zweiter sowie eines Potentialfunktionsterms vierter Ordnung. Es wird $\lambda_{11} = 5$, $\lambda_{1111} = 0.5$ vorausgesetzt. Die Teilbilder zeigen jeweils eine Menge von einzelnen zentralen Funktionen. Jede zentrale Funktion ist einem bestimmten Energieeigenwert zugeordnet. Die relativ gesehen am weitesten oben gelegenen zentralen Funktionen der Teilbilder sind den niedrigsten Energieeigenwerten zugeordnet. Nach unten hin gesehen nehmen diese Energieeigenwerte zu. Der Wertebereich der Energieeigenwerte ist durch $0 \leq E_i \leq 20$ gegeben. Das obere Teilbild zeigt zentrale Funktionen mit gerader Exponentenstruktur und das untere Teilbild zeigt zentrale Funktionen mit ungerader Exponentenstruktur. Damit verbunden ist eine bezüglich des Ortsvariablen-Nullpunktes gerade bzw. ungerade Symmetrie. Die zwei Teilbilder zeigen insgesamt vier zentrale Funktionen, welche durch ihre Konvergenz gegen den ϕ-Wert 0 bei relativ großen x-Werten ausgezeichnet sind. Diese repräsentieren gebundene Zustände. Nichtkonvergente zentrale Funktionen repräsentieren nichtgebundene Zustände. Die zu berücksichtigenden physikalischen Dimensionen sind durch $\mathrm{Dim}[x] = \mathrm{Länge}$, $\mathrm{Dim}[E_i] = \mathrm{Energie}$, $\mathrm{Dim}[\lambda_{11}] = \mathrm{Energie/Länge}^2$, $\mathrm{Dim}[\lambda_{1111}] = \mathrm{Energie/Länge}^4$ charakterisierbar

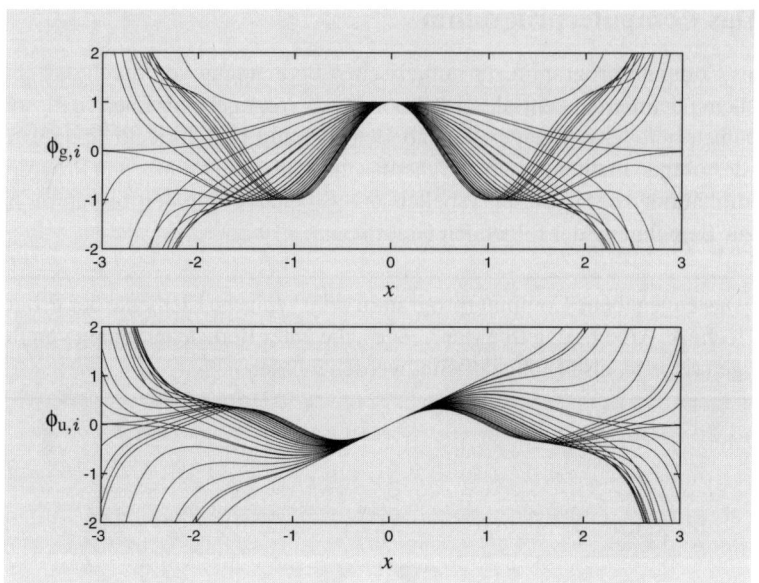

Bild 10.10 Die zentralen Funktionen $\phi_{g,i} = \phi_{g,i}(x)$, $\phi_{u,i} = \phi_{u,i}(x)$ im Fall $\lambda_{11} = -0.5$, $\lambda_{1111} = 0.5$. Es wird $0 \leq E_i \leq 10$ vorausgesetzt

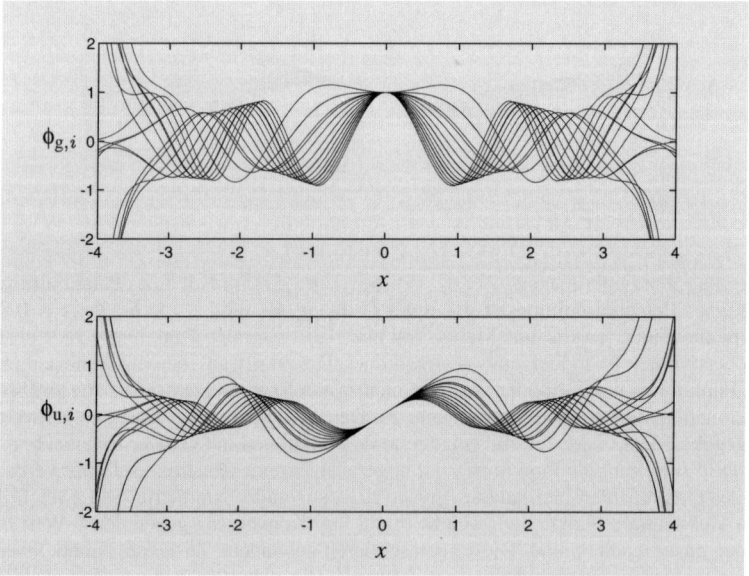

Bild 10.11 Die zentralen Funktionen $\phi_{g,i} = \phi_{g,i}(x)$, $\phi_{u,i} = \phi_{u,i}(x)$ im Fall $\lambda_{11} = -5$, $\lambda_{1111} = 0.5$. Es wird $-1 \leq E_i \leq 10$ vorausgesetzt

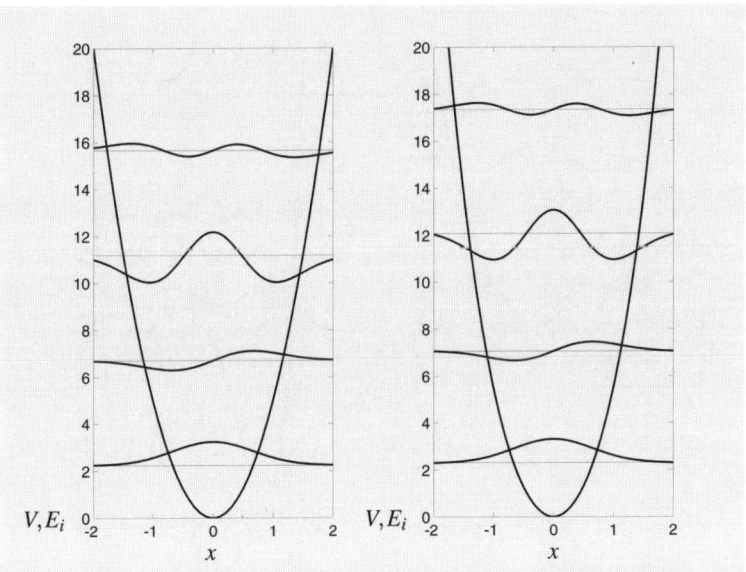

Bild 10.12 Potentialfunktionen, zentrale Funktionen gebundener Zustände und Energieeigenwerte im Vergleich. Links: $\lambda_{11} = 5$, $\lambda_{1111} = 0$ (d. h. es wird der Fall des harmonischen Oszillators betrachtet). Rechts: $\lambda_{11} = 5$, $\lambda_{1111} = 0.5$ (d. h. es wird ein spezieller anharmonischer Oszillator betrachtet, der bezüglich des harmonischen Oszillators durch einen zusätzlichen Term vierter Ordnung ausgezeichnet ist). Die parabelförmigen Kurven beschreiben die vorausgesetzten Potentialfunktionen, die wellenförmigen Kurven stellen die zentralen Funktionen dar und die waagerechten Linien geben die Energieeigenwerte vor. Die Ordinatenwerte machen nur Aussagen über Energien und nicht über Elongationen der zentralen Funktionen. Die Abszissenwerte grenzen Raumbereiche ab, in denen die zentralen Funktionen deutlich von Null verschiedene Werte aufweisen. Berücksichtigt werden die zentralen Funktionen und Energieeigenwerte der ersten vier gebundenen Zustände. Die jeweils unterste waagerechte Linie markiert den jeweils untersten gebundenen Zustand, d. h. den Grundzustand mit Energie E_0. Die zu berücksichtigenden physikalischen Dimensionen sind durch Dim $[x]$ = Länge, Dim $[E_i]$ = Dim $[V]$ = Energie, Dim $[\lambda_{11}]$ = Energie/Länge^2, Dim $[\lambda_{1111}]$ = Energie/Länge^4 charakterisierbar

10.2.4.2 Numerische Ergebnisse

Die Bilder 10.9–10.11 illustrieren das numerische Verhalten der zentralen Funktionen $\phi_{u,i}(x)$ und $\phi_{g,i}(x)$ für die Fälle

$$\lambda_{11} = 5 \,, \quad \lambda_{1111} = 0.5 \,, \tag{10.40}$$

$$\lambda_{11} = -0.5 \,, \quad \lambda_{1111} = 0.5 \,, \tag{10.41}$$

$$\lambda_{11} = -5 \,, \quad \lambda_{1111} = 0.5 \,, \tag{10.42}$$

d. h. für einen Fall deutlich vor dem Bifurkationspunkt, einen Fall kurz nach Eintreten der Bifurkation sowie einen Fall im deutlich ausgeprägten Bifurkationsstadium. Entsprechend dieser Bilder liegen im allgemeinen nichtkonvergente zentrale Funktionen vor, die nichtgebundenen Zuständen zuordenbar sind. Nur mit ganz bestimmten Energieeigenwerten verbundene zentrale Funktionen zeigen Konvergenz und sind somit gebundenen Zuständen zuordenbar. In den

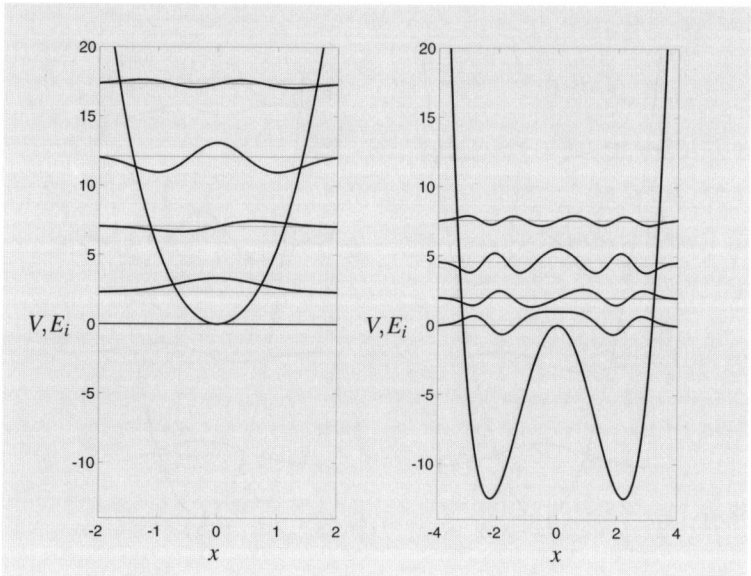

Bild 10.13 Potentialfunktionen, zentrale Funktionen gebundener Zustände und Energieeigenwerte im Vergleich. Links: $\lambda_{11} = 5$, $\lambda_{1111} = 0.5$. Rechts: $\lambda_{11} = -5$, $\lambda_{1111} = 0.5$. Die durch diese Parameterwerte vorgegebenen Szenarien decken den Bereich der Bifurkation weitgehend ab: Während das linke Teilbild einen anschaulichen Eindruck über die potentielle Energie V, die gebundenen Zuständen zugeordneten Energieeigenwerte E_i sowie die damit verknüpften zentralen Funktionen relativ weit vor dem Auftreten der Bifurkation vermittelt, veranschaulicht das rechte Teilbild die mit einer voll entwickelten Bifurkation verbundenen Größen. Ansonsten gelten die Aussagen des Bildes 10.12

einzelnen Bildern werden jeweils die ersten vier konvergenten zentralen Funktionen berücksichtigt: zwei symmetrische und zwei antisymmetrische zentrale Funktionen.

Die Bilder 10.12 und 10.13 zeigen die gebundenen Zuständen zuordenbaren konvergenten zentralen Funktionen alleine. Es werden auch hier jeweils die ersten vier konvergenten zentralen Funktionen berücksichtigt. Während Bild 10.12 einen Vergleich zwischen dem mit der hier betrachteten Potentialfunktion vierter Ordnung verbundenen Szenario und dem durch den Fall des harmonischen Oszillators vorgegebenen Szenario bietet, wird in Bild 10.13 die Potentialfunktion vierter Ordnung für verschiedene Fälle betrachtet. Gemäß der dortigen Graphiken sind Eigenwerten E_i gebundener Zustände entweder symmetrische zentrale Funktionen $\phi_{g,i}(x)$ oder antisymmetrische zentrale Funktionen $\phi_{u,i}(x)$ zugeordnet. Vergleicht man die einzelnen Teilbilder des Bildes 10.12, dann stellt man insbesondere fest, daß im Vergleich zum harmonischen Oszillator das Auftreten eines Terms vierter Ordnung zur Aufhebung der Äquidistanz der Differenzen zwischen den Energieeigenwerten führt, was auf eine zunehmende Verschiebung der Energieeigenwerte zu höheren Werten hin zurückzuführen ist. Im Fall des hier vorausgesetzten, nur schwach wirkenden Terms vierter Ordnung unterscheiden sich die zentralen Funktionen der beiden Szenarien nur wenig voneinander. Vergleicht man die einzelnen Teilbilder des Bildes 10.13, dann stellt man insbesondere fest, daß eine Bifurkation zu einer zunehmenden relativen Verschiebung der Energieeigenwerte nach unten führt. Es ist offensichtlich, daß die oszillatorische Struktur der zentralen Funktionen mit der Bifurkation verstärkt wird.

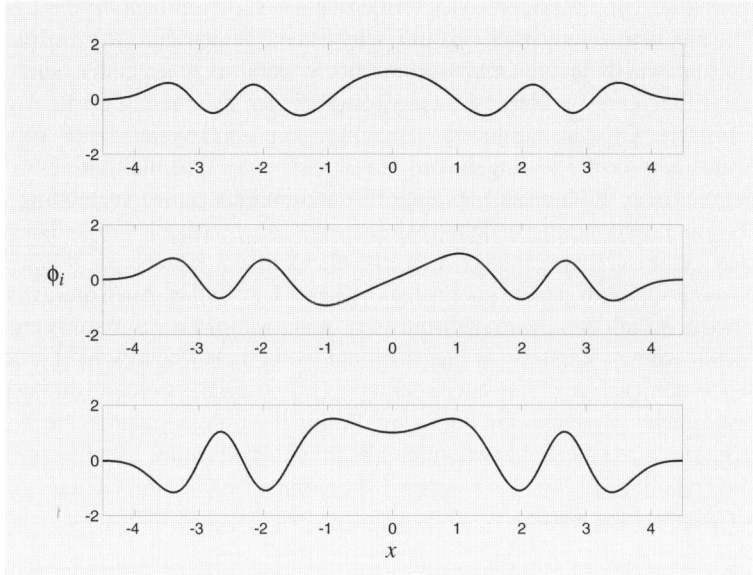

Bild 10.14 Die zentralen Funktionen der ersten drei gebundenen Zustände im Fall $\lambda_{11} = -7, \lambda_{1111} = 0.5$

Die zunehmende Bifurkation sorgt schließlich dafür, daß der Energieeigenwert E_0 des Grundzustandes energetisch gesehen in die Bifurkationsminima hineinläuft. Dieser Prozeß beginnt bereits im zweiten Teilbild von Bild 10.13. Damit verbunden ist eine deutliche Zunahme der oszillatorischen Struktur der zentralen Funktionen. Im Bild 10.14 werden die mit einer derartigen Situation verbundenen ersten drei konvergenten zentralen Funktionen gezeigt.[4]

10.3 Analogien

Gemäß der in diesem Kapitel erhaltenen numerischen Ergebnisse führt das Auftreten von anharmonischen Termen in der zugrundegelegten Potentialfunktion zu einer Aufhebung der Äquidistanz des mit gebundenen Zuständen verbundenen Energieniveauschemas. Bildhaft ausge-

---

[4]Das Hineinlaufen in den Bereich der Bifurkationsminima ist mit einem Vorzeichenwechsel der Energieeigenwerte verknüpft, d. h. die Energieeigenwerte werden negativ. Dieses Auftreten von negativen Energieeigenwerten ist eine Folge des Auftretens von negativen Werten der vorausgesetzten Potentialfunktion. Würde man durch Hinzuaddition eines konstanten Wertes zu der betrachteten Potentialfunktion eine energetisch gesehen nach oben gehende Verschiebung der Potentialfunktion erzwingen, dann würden sich weder die Energiedifferenzen des betrachteten Energiesprektrums noch die zentralen Funktionen verändern, d. h. die beobachtbaren Eigenschaften des mikroskopischen Systems würden unverändert bleiben. Dieses Verhalten spiegelt den allgemeinen Sachverhalt wider, daß eine Energie eines beliebigen physikalischen Systems nur bis auf eine Konstante festgelgt ist. Dieser Sachverhalt wurde bereits im Zusammenhang mit Coulomb-Potentialen erörtert und sei hier noch einmal erwähnt, um nicht den Eindruck zu erwecken, daß an dieser Stelle das Auftreten einer negativen Energie einer besonderen Interpretation (insbesondere keiner Antiteilchen-Interpretation) bedarf.

drückt, führt der Einbezug anharmonischer Terme zu einer Verkomplizierung des Energiestrukturmusters. Die hier betrachteten mikroskopischen Systeme zeigen also die prinzipiell gleichen „Verhaltensmuster" wie diejenigen makroskopischer Systeme, d. h. auch hier führt das Auftreten nichtlinearer Elemente zur Herausbildung komplizierter, d. h. häufig gradientenbehafteter Muster physikalischer Größen. Ähnlich wie ein makroskopisches System beim Auftreten eines Bifurkationspotentials dazu gezwungen wird, im Bereich eines Potentialminimums präsent zu sein, führt hier die Herausbildung ausgeprägter Potentialminima zur Herausbildung von im Bereich dieser Potentialminima angesiedelten Minima oder Maxima damit verbundener Zustandsfunktionen und somit zu einer erhöhten Wahrscheinlichkeit, das betrachtete Teilchen in einem durch ein Potentialminimum gekennzeichneten Ortsbereich zu finden. Auch dieses „Verhaltensmuster" ist also direkt mit den „Verhaltensmustern" makroskopischer Systeme vergleichbar.

Zum Abschluß dieses Kapitels sei hier noch ein wesentlicher Unterschied relativ zu makroskopischen Systemen angegeben: auch sehr hohe Potentialwälle werden von Zustandsfunktionen mikroskopischer Systeme durchdrungen. Dadurch wird eine quantenmechanische Effektklasse charakterisiert, die für gewöhnlich als *Tunneleffekt* in der Literatur geführt wird: auch sehr hohe Potentialwälle können von mikroskopischen Teilchen mit einer gewissen Wahrscheinlichkeit überwunden werden.

Buch 6: Lineare und nichtlineare Aspekte der Quantenphysik

Linearität und Nichtlinearität: Aspekte der nichtlinearen Physik, spezielle lineare und spezielle nichtlineare Aspekte der Quantenphysik, Quantenphysik und Synergetik

11 Linearität und Nichtlinearität

Das Entstehen von der sinnlichen Erfahrungswelt direkt zugänglichen hochorganisierten Materiezuständen läßt sich auf mathematisch-theoretischer Beschreibungsebene auf *nichtlineare Gesetzmäßigkeiten* zurückführen. Dies gilt nicht nur für Systeme, die für gewöhnlich der Physik zugeordnet werden, dies gilt für Systeme der Chemie genauso wie für Systeme der Biologie, für Systeme der Soziologie genauso wie für Systeme der Ökonomie: hochkomplizierte „Muster" hochenergetischer Plasmen genauso wie hochkomplizierte „Muster" des Klima- oder des Wirtschaftsgeschehens lassen sich auf nichtlineare Gesetzmäßigkeiten zurückführen. Die im Kapitel 10 betrachteten klassischen Oszillatoren verdeutlichen anschaulich, was mit diesen Aussagen gemeint ist: Nichtlineare Differentialgleichungen wie die Lorenz-Gleichungen (10.1), die Rössler-Gleichungen (10.6) oder die van-der-Pol Gleichungen (10.9) definieren hochkomplizierte „Muster", beispielsweise beschrieben durch die in den Bildern 10.2 und 10.3 veranschaulichten chaotischen Attraktoren. Die Entstehung hochorganisierter Materiezustände geschieht in aller Regel selbständig, d. h. befinden sich systemspezifische Kontrollparameter innerhalb geeigneter Wertebereiche, dann findet ein *Selbstorganisationsprozeß* statt. Der im Zusammenhang mit dem van-der-Pol-Oszillator erwähnte Selbsterregungsprozeß stellt eine spezielle Konkretisierung dafür dar. Entsprechend der dortigen Ausführungen sind Selbstorganisationseigenschaften in nichtlinearen Gesetzmäßigkeiten implizit enthalten.

Nichtlineare Gesetzmäßigkeiten haben eine übergeordnete Bedeutung für die der sinnlichen Erfahrungswelt direkt zugänglichen Systeme: Lineare Gesetzmäßigkeiten erweisen sich als unter bestimmten Voraussetzungen geltende Approximationen. Als Beispiel dafür sei das Fadenpendel genannt, das einen einfache Oszillator repräsentiert und aus einer im Gravitationsfeld schwingenden, an einem Faden aufgehängten Masse besteht, oder das im Abschnitt 4.8.1 eingeführte Federpendel, das sich aus einer Feder und einer an dieser Feder befestigten Masse zusammensetzt. Eine ein derartiges System beschreibende Newtonsche Bewegungsgleichung ist eine nichtlineare Differentialgleichung, die für kleine Auslenkungen eines solchen Pendels aus seiner Ruhelage in eine lineare Differentialgleichung überführt werden kann.

Die übergeordnete Bedeutung nichtlinearer Gesetzmäßigkeiten läßt sich in einer noch fundamentaleren Art und Weise spezifizieren: Analysiert man grundlegende nichtlineare Differentialgleichungen der makroskopischen Physik, dann stellt man fest, daß sich in bestimmten Grenzbereichen skalare Funktionen einführen lassen, welche das systemspezifische Verhalten auf einer mathematischen Ebene definieren, d. h. Potentialfunktionen. Diese ergeben sich „automatisch" im Rahmen des durchgeführten Approximationsprozesses und treten als zentrale

Bestandteile der sich als Folge dieses Approximationsprozesses ergebenden Differentialgleichungen auf. Ein Beispiel findet man in der statistischen Lasertheorie: Ausgehend von den nichtlinearen Lasergleichungen (6.202) läßt sich die bereits erwähnte Amplitudengleichung zur Beschreibung des statistischen Verhaltens der Amplituden von Lasermoden gewinnen, innerhalb der als zentraler Bestandteil eine Potentialfunktion auftritt, die das zeitliche Verhalten der Amplituden definiert.

Analysiert man die für die Physik mikroskopischer Systeme grundlegende Schrödinger- und Dirac-Gleichung, dann stellt man fest, das diese Bewegungsgleichungen typische lineare Differentialgleichungen repräsentieren. Über diese Bewegungsgleichungen hinausgehend stellt man fest, daß die damit verbundenen Feldtheorien ihrem Wesen nach lineare Theorien sind. Berücksichtigt man die obigen, makroskopische Systeme betreffenden Ausführungen, dann ist die Vermutung naheliegend, daß sich auch diese, mikroskopische Systeme beschreibenden Feldtheorien als Grenzfälle einer übergeordneten nichtlinearen Feldtheorie gewinnen lassen. Darüber hinausgehend ist die Vermutung naheliegend, daß alle Spielarten quantenmechanischer Theorien unter bestimmten Bedingungen geltende Grenzfälle einer nichtlinearen Feldtheorie sind – Spielarten, im Rahmen derer die eigentlich vorhandenen nichtlinearen Eigenschaften nicht mehr explizit auftreten, sondern sich implizit (beispielsweise über das Auftreten von Potentialfunktionen) äußern oder nur noch angedeutet (beispielsweise als Operatorprodukte innerhalb quantenfeldtheoretischer Formalismen) vorhanden sind.

In der Tat wurde eine Vielzahl von Versuchen unternommen, eine solche übergeordnete nichtlineare Theorie zu schaffen. Bis heute jedoch haben diese Anstrengungen noch zu keinem befriedigenden Ergebnis geführt.

Nichtlineare *Aspekte* der Quantenphysik lassen sich jedoch genügend finden. (i) Beispielsweise repräsentieren die im Kapitel 10 eingeführten *anharmonischen Oszillatoren* unter nichtlinearen Kräften agierende Modellsysteme, die sich als Erweiterungen des im Abschnitt 4.8.1 eingeführten harmonischen Oszillators ergeben, wobei unter *nichtlinearen Kräften* solche Kräfte zu verstehen sind, die innerhalb der Newtonschen Bewegungsgleichung nichtlineare Eigenschaften erzeugen. Während beispielsweise die den harmonischen Oszillator definierende Kraft $F = -m_0\Omega^2 x$ (vgl. (4.292)) eine lineare Kraft darstellt, repräsentiert die einen anharmonischen Oszillator definierende Kraft $F = -2\lambda_{11}x - 4\lambda_{1111}x^3$ (vgl. (10.13)) eine durch den Zusatzterm $\sim x^3$ hervorgerufene nichtlineare Kraft. Die Implementation derartiger nichtlinearer Kräfte in den linearen quantenmechanischen Formalismus durch Einbezug zugeordneter Potentialfunktionen definiert spezielle nichtlineare Aspekte der Quantenphysik. Dies geht soweit, daß ein solches Modellsystem auch in dem durch die benützte Schrödinger-Gleichung vorgegebenen linearen Rahmen mit nichtlinearen Eigenschaften vergleichbare Effekte aufweist. So verkompliziert sich die Energieeigenwertstruktur wenn vom Modell des harmonischen (linearen) zum Modell des anharmonischen (nichtlinearen) Oszillators übergegangen wird. Im Kapitel 10 wird dieser Sachverhalt herausgearbeitet. (ii) Wie oben bereits angedeutet wird, findet man andersgeartete Beispiele im Umfeld der Quantenfeldtheorie: Auf einer feldspezifischen Betrachtungsebene treten im Zusammenhang mit Wechselwirkungen *Feldgrößenprodukte* auf. Geht man durch Einführung von Feldoperatoren zu einer quantenfeldtheoretischen Betrachtungsebene über, dann erhält man Systemoperatoren, die *Feldoperatorprodukte* aufweisen. Beispiele für nichtlineare Anteile liefern in diesem Zusammenhang betrachtbare Eichfeldtheorien: Der im Abschnitt 9 eingeführte Term $k \left[A_\mu^a Q^a, A_\nu^a Q^a \right]_-$ der Beziehung (9.22) definiert einen nichtlinearen Zusatzterm. (iii) Das sogenannte *Quantenchaos* definiert wiederum andersgeartete Beispiele[1]: Bestimmte Strukturen von Spektren von Atomen in magnetischen Feldern können durch einen semiklassischen (man könnte auch sagen: semiquantenmechanischen) Formalismus erklärt werden. Im Zusammenhang mit dieser semiklassischen Beschreibung treten aus der nichtlinearen Physik wohlbekannte Systemcharakteristika auf, die in der nichtlinearen Physik mit den Begriffen *Bifurkation* und *Chaos* umschrieben werden. Im Abschnitt 10.1 werden diese Begriffe eingeführt.

Die oben angesprochenen nichtlinearen Aspekte der Quantenphysik sollen im folgenden nicht weitergehend diskutiert werden. Betrachten wir stattdessen ein einfaches Beispiel der Quantenmechanik, das sich als linearer Grenzfall in einen übergeordneten nichtlinearen Rahmen einordnen läßt. Klären wir jedoch zuerst, was man unter *Nichtlinearität* versteht.

11.1 Was versteht man unter Nichtlinearität?

Betrachtet man das Lösungsverhalten von Gleichungen, dann stellt man fest, daß es zwei grundsätzlich unterschiedliche Gleichungstypen gibt: Gleichungen, deren Lösungen sich überlagern lassen, wobei das erhaltene Ergebnis wiederum eine Lösung der Gleichung darstellt, und Gleichungen, deren Lösungen in diesem Sinne nicht überlagert werden dürfen. Die Begriffe *Linearität* und *Nichtlinearität* charakterisieren diese Grundeigenschaft[2].

> Während beispielsweise lineare Differentialgleichungen dadurch ausgezeichnet sind, daß das Superpositionsprinzip gilt (d. h. Lösungen einer Differentialgleichung können dergestalt überlagert werden, daß die sich ergebende Summe wiederum eine Lösung der Differentialgleichung darstellt), sind nichtlineare Differentialgleichungen dadurch ausgezeichnet, daß das Superpositionsprinzip nicht gilt (d. h. überlagerte Lösungen einer Differentialgleichung repräsentieren keine neue Lösung der Differentialgleichung).

11.2 Modengleichungen

Raumzeitliche Differentialgleichungen der nichtlinearen Physik lassen sich ohne größeren Aufwand nur numerisch behandeln. Analytische Vorgehensweisen erfordern – wenn sie überhaupt möglich sind – einen enormen Aufwand. Um diesen Aufwand zu reduzieren wurden Näherungsmethoden entwickelt, welche einen relativ einfachen Zugang zu analytischen Lösungen ermöglichen. Insbesondere an kritischen Punkten, d. h. in der Umgebung von Phasenübergängen, sind solche Näherungsmethoden anwendbar. Eine bedeutende Rolle spielen

---

[1]Über Quantenchaos gibt es mitlerweile eine große Zahl von Veröffentlichungen. Insbesondere seien in diesem Zusammenhang die Veröffentlichungen von G. Wunner angeführt: siehe beispielsweise [77].

[2]Die Eigenschaft *Linearität* wurde bereits in den Abschnitten 2.1 und 2.2 (im Zusammenhang mit allgemeinen raum- und gruppentheoretischen Überlegungen) näher betrachtet. Die hier folgenden Überlegungen stellen eine über den linearen Bereich hinausgehende Erweiterung dar.

in diesem Zusammenhang auf Bedingungen der Form $\dot{\alpha}_i \approx 0$ beruhende adiabatische Eliminationsverfahren, die sich in der Umgebung kritischer Punkte (auf im Rahmen raumzeitlicher Differentialgleichungen auftretende Modengleichungen) anwenden lassen.

Die Möglichkeit der Anwendung der adiabatischen Elimination geht weit über Systeme, die für gewöhnlich der Physik zugeordnet werden, hinaus. Ausformulieren läßt sich dieser Sachverhalt einschließlich seiner Konsequenzen in Form eines Naturprinzips, das für gewöhnlich als „Versklavungsprinzip" bezeichnet wird. Dieses „Versklavungsprinzip" ist Kernbestandteil der *Synergetik*[3], einer disziplinübergreifenden Lehre, die sich mit makroskopischen Systemzuständen in der Umgebung kritischer Punkte und damit verbundener „Musterentwicklung" befaßt. Betrachten wir das „Versklavungsprinzip" bzw. die adiabatischen Elimination und ihre Konsequenzen im folgenden etwas genauer:

11.2.1 Modengleichungen: Begründung

Nichtlineare raumzeitliche Differentialgleichungen der Synergetik der Form

$$\hat{N}U(\boldsymbol{x},t) = 0 \tag{11.1}$$

(mit einem raumzeitlichen nichtlinearen Differentialoperator $\hat{N}$) lassen sich häufig durch einen Ansatz der Art

$$\sum_m \mathcal{U}_m(t)\,\mathcal{G}_m(\boldsymbol{x}) = U(\boldsymbol{x},t) \tag{11.2}$$

lösen, wobei $\mathcal{G}_m(\boldsymbol{x})$ ein nur von Ortskoordinaten abhängiges orthogonales Funktionssystem repräsentiert und $\mathcal{U}_m(t)$ für zugeordnete zeitabhängige Amplituden, die *Moden*[4], steht. Setzt man ein solches Differentialgleichungssystem voraus, dann kann der Ansatz (11.2) in das Differentialgleichungssystem eingesetzt und es können Beziehungen zur Bestimmung der Funktionen $\mathcal{G}_m(\boldsymbol{x})$ hergeleitet werden. Analog der Begründung einer quantenmechanischen Mastergleichung können über die Bildung geeigneter Skalarprodukte anschließend die Dynamik der Moden $\mathcal{U}_m(t)$ definierende *Modengleichungen* gewonnen werden, welche auf einer abstrakten Repräsentationsebene durch den Ausdruck

$$\dot{\mathcal{U}}_m(t) = -\lambda_m \mathcal{U}_m(t) + \mathcal{N}_m(\{\mathcal{U}_m\}) \tag{11.3}$$

beschrieben werden, wobei $\mathcal{N}_m(\{\mathcal{U}_m\})$ Verknüpfungen aller Moden erfaßt und λ_m systemspezifische Parameter repräsentiert.

11.2.2 Modengleichungen: Separation

Häufig lassen sich Modengleichungen der Form (11.3) gemäß

$$
\begin{aligned}
\dot{\mathcal{U}}_0(t) &= -\lambda_0 \mathcal{U}_0(t) + \mathcal{N}_0(\{\mathcal{U}_m\})\,, \\
\dot{\mathcal{U}}_{m\neq 0}(t) &= -\lambda_{m\neq 0}\mathcal{U}_{m\neq 0}(t) + \mathcal{N}_{m\neq 0}(\{\mathcal{U}_m\})
\end{aligned}
\tag{11.4}
$$

---

[3]Bezüglich der Synergetik und des Versklavungsprinzips sei insbesondere auf die Veröffentlichungen von H. Haken hingewiesen: man vergleiche mit [74, 75]

[4]Diese Bezeichnung ist eine vereinfachende, aber übliche Bezeichnung: der Begriff *Mode* bezeichnet auch eine komplette raumzeitliche Funktion des Funktionssystems.

aufspalten, wobei die vernachlässigbares Zeitverhalten definierenden Bedingungen

$$\dot{\mathcal{U}}_{m\neq0}(t) \approx 0 \tag{11.5}$$

die Trennung in die zwei Anteile definieren[5].

11.2.3 Modengleichung: Adiabatische Elimination

Liegt die durch (11.4) und (11.5) beschriebene Situation vor, dann kann (meist unter Verwendung zusätzlicher Näherungen) aus der zweiten Gleichung von (11.4) ein Zusammenhang der Form

$$\mathcal{U}_{m\neq0}(t) = \mathcal{N}'_{m\neq0}(\{\mathcal{U}_0\}) \tag{11.6}$$

gewonnen werden, der die Elimination der Moden $\mathcal{U}_{m\neq0}(t)$ aus der ersten Gleichung von (11.4) erlaubt, sodaß diese erste Gleichung in eine Beziehung der Form

$$\dot{\mathcal{U}}_0(t) = -\lambda_0 \mathcal{U}_0(t) + \mathcal{N}_0(\{\mathcal{U}_0\}) \tag{11.7}$$

überführt werden kann. Entsprechend der Relation (11.6) folgen sämtliche Moden $\mathcal{U}_{m\neq0}(t)$ instantan der Mode $\mathcal{U}_0(t)$. Insofern repräsentiert die Mode $\mathcal{U}_0(t)$ eine „ordnende" Mode (die in der Synergetik auch *Ordnungsparameter* genannt wird), welche die Moden $\mathcal{U}_{m\neq0}(t)$ „versklavt". Die Relation (11.6) hat zur Folge, daß sich die Moden $\mathcal{U}_{m\neq0}(t)$ aus dem zentralen Rechenprozeß eliminieren lassen. Im Sinne des obigen Sprachgebrauchs repräsentiert die sich dabei ergebende Differentialgleichung (11.7) eine Ordnungsparametergleichung. Verfolgt man die obigen Ausführungen, dann ist klar, daß die Bedingungen (11.5) in letzter Konsequenz den „ordnenden" und „versklavten" Charakter der Moden und die damit verbundene Ordnungsparametergleichung erzwingen.

Ist ein physikalisches System durch (operative oder nichtoperative) Bedingungen der Form $\dot{\alpha}_i \approx 0$ bzw. durch „versklavte" und „ordnende" Systemkomponenten ausgezeichnet, dann verwendet man das Attribut *adiabatisch*. Insofern lassen sich durch $\dot{\mathcal{U}}_{m\neq0}(t) \approx 0$ beschriebene Prozeßabläufe als *adiabatisch* und das obige Vorgehen läßt sich als *adiabatische Elimination* bezeichnen.[6]

11.2.4 Modengleichungen: „Musterentwicklung"

Der im Zusammenhang mit der oben besprochenen adiabatischen Eliminationsprozedur auftretende mathematische Sachverhalt spiegelt den experimentellen Sachverhalt wider, daß Phasenübergänge mit Musterbildung verknüpft sind: In der Umgebung eines kritischen Punktes

[5]Hier wird angenommen, daß bis auf eine Mode alle Moden ein vernachlässigbares Zeitverhalten zeigen. Dieser Sonderfall wird hier der Einfachheit halber betrachtet. Im allgemeinen Fall können mehrere solche Moden auftreten.

[6]Weitere Beispiele für adiabatische Prozeßabläufe sind durch thermodynamische Prozesse gegeben, die ohne Wärmeaustausch stattfinden, d. h. $\dot{Q} \approx 0$. Auch in der Molekülphysik spielen adiabatische Prozeßabläufe eine Rolle: In Rahmen der Born-Oppenheimer-Näherung wird angenommen, daß die Elektronen eines Moleküls sich instantan auf die relativen Kernpositionen einstellen können, was auf die Separation von Elektronen- und Kernbewegung führt.

sind Moden durch relativ kleine Beträge ausgezeichnet. Über eine Beziehung der Form (11.6), beispielsweise

$$\mathcal{U}_{m \neq 0}(t) \sim \mathcal{U}_0^2(t) \,, \tag{11.8}$$

erzwingen Ordnungsparameter, beispielsweise der Ordnungsparameter $\mathcal{U}_0(t)$, sehr viel kleinere relative Beträge aller übrigen Moden, sodaß nur noch die mit den Ordnungsparametern verknüpften räumlichen Funktionen in deutlicher Ausprägung vorhanden sind: es entwickeln sich im Experiment feststellbare „Muster".

Hochkomplizierte „Muster" entwickeln sich nach Phasenübergängen fern vom thermischen Gleichgewicht. Beispielsweise seien in diesem Zusammenhang Phasenübergänge in Flüssigkeiten genannt. So können sich in einseitig erhitzten Flüssigkeiten, nach Überschreitung eines kritischen Erhitzungspunktes, rollenförmige Bewegungsmuster herausbilden. Beobachtbar ist dieser Effekt in vielen alltäglichen Situationen: in einem Kochtopf erhitztes Wasser genauso wie durch eine Flamme zu Flüssigkeit gewordenes Kerzenwachs zeigen rollenförmige Bewegungsmuster. Im Gegensatz dazu entwickeln sich Lasertätigkeit und damit verbundene „elektrodynamische Muster" nach Überschreitung eines kritischen Pumpenergiepunktes. Derartige kritische Punkte markieren Systeminstabilitäten. Im ersten Fall spricht man von einer *Bénard-Instabilität* und im zweiten Fall von einer *Laser-Instabilität*.

Entsprechend dieser Ausführungen genügt alleine die Änderung eines Kontrollparameters wie der Pumpenergie um die „Musterentwicklung" in Gang zu setzen, d. h. um einen *Selbstorganisationsprozeß* auszulösen. Die obigen Gleichungen erfassen einen solchen Selbstorganisationsprozeß implizit. Insbesondere geht die Änderung eines Kontrollparameters auf eine solche Weise in die Parameter des Gleichungssystems (11.3) ein, daß in der Umgebung eines kritischen Punktes eine adiabatische Elimination möglich ist und somit Moden unterdrückende (und damit Selbstorganisation) beschreibende Beziehungen auftreten können.

11.3 Operatormodengleichungen

Entsprechend der experimentellen und theoretischen Erfahrung bildet das „Versklavungsprinzip" ein weitreichendes Naturprinzip, das Schema der adiabatischen Elimination in der oben angegebenen Ausformulierung läßt sich weitreichend anwenden. Daß sich spezielle quantenmechanische Problemstellungen ebenfalls unter dieses Schema unterodnen lassen, sollen folgende Überlegungen verdeutlichen.

11.3.1 Einiges über den Zeitentwicklungsoperator

Setzt man die Zustandsvektordarstellung (4.18) in die Schrödinger-Gleichung (4.9) ein, dann erhält man die Bewegungsgleichung

$$\frac{\partial}{\partial t}\hat{U}_t = -\frac{\mathrm{i}}{\hbar}\hat{H}\hat{U}_t \, . \tag{11.9}$$

Diese lineare Differentialgleichung bestimmt das Zeitverhalten des Zeitentwicklungsoperators $\hat{U}_t$ und damit auch das Zeitverhalten des diesem Zeitentwicklungsoperator zugeordneten Zustandsvektors. Entsprechend der im Zusammenhang mit der Zustandsvektordarstellung (4.18) gemachten Voraussetzungen ist das Schrödingerbild zugrunde zu legen.

Ist der Hamiltonoperator $\hat{H}$ zeitabhängig, $\hat{H} - \hat{H}(t)$, dann repräsentiert

$$\hat{U}_t = \hat{T}\exp\left[-\frac{\mathrm{i}}{\hbar}\int_{t_0}^{t}\hat{H}\,\mathrm{d}t'\right] \tag{11.10}$$

die allgemeine Lösung der Bewegungsgleichung (11.9), wobei $t_0 = t_A$ den Anfangszeitpunkt markiert. $\hat{T}$ steht für den im Abschnitt 4.2.5 eingeführten Zeitordnungsoperator (auch: Wick-Dyson-Zeitordnungsoperator).[7] Ist der Hamiltonoperator $\hat{H}$ zeitunabhängig, $\hat{H} \neq \hat{H}(t)$, dann repräsentiert

$$\hat{U}_t = \exp\left[-\frac{\mathrm{i}}{\hbar}\hat{H}(t-t_0)\right] \tag{11.11}$$

die allgemeine Lösung der Bewegungsgleichung (11.9). Setzt man einen zeitunabhängigen Hamiltonoperator voraus, dann läßt sich die Lösung (11.11) aus (11.10) gewinnen, indem das Integral im Exponenten berechnet wird.

11.3.2 Operatormoden, primäre und sekundäre

Häufig kann ein zeitlich periodischer Hamiltonoperator der Form

$$\hat{H} = \sum_{n=-\infty}^{+\infty}\hat{\mathcal{H}}_n\exp\left(\mathrm{i}\omega_n t\right) \tag{11.12}$$

mit $\hat{\mathcal{H}}_n \neq \hat{\mathcal{H}}_n(t)$ und $\omega_n = n\omega$, $n = -\infty,\dots,0,\dots,+\infty$, $\omega = 2\pi/T$ vorausgesetzt werden. Dies ist beispielsweise der Fall, wenn zeitlich periodische Anregungen (Periodendauer T) der magnetischen Resonanz betrachtet werden. Setzt man diese periodische Hamiltonoperator-Struktur voraus, dann liegt der Ansatz

$$\hat{U}_t = \sum_{m}\hat{\mathcal{U}}_m\exp\left(\mathrm{i}\omega_m t\right) \tag{11.13}$$

mit $\hat{\mathcal{U}}_m = \hat{\mathcal{U}}_m(t)$ und $\omega_m = m\omega$, $m = -\infty,\dots,0,\dots,+\infty$, $\omega = 2\pi/T$ nahe.

---

[7]Diese Berechnung läßt sich analog der für das Wechselwirkungsbild gültigen Rechnung des Abschnitts 4.2.5 durchführen: man vergleiche mit der Beziehung (4.49). Insofern tritt auch hier der Wick-Dyson-Zeitordnungsoperator auf.

Berücksichtigt man (11.12) innerhalb der Bewegungsgleichung (11.9) und setzt den Ansatz (11.13) ein, dann erhält man die partielle Differentialgleichung

$$\sum_m \left[\frac{\partial \hat{\mathcal{U}}_m}{\partial t} + i\omega_m \hat{\mathcal{U}}_m \right] \exp(i\omega_m t) + \sum_{m,n} \frac{i}{\hbar} \hat{\mathcal{H}}_n \hat{\mathcal{U}}_m \exp[i(\omega_m + \omega_n)t] = 0 , \tag{11.14}$$

die nach einer Umordnung der Indices in die partielle Differentialgleichung

$$\sum_m \left[\frac{\partial \hat{\mathcal{U}}_m}{\partial t} + i\omega_m \hat{\mathcal{U}}_m + \frac{i}{\hbar} \sum_k \hat{\mathcal{H}}_{m-k} \hat{\mathcal{U}}_k \right] \exp(i\omega_m t) = 0 \tag{11.15}$$

überführt werden kann, welche dem System partieller Differentialgleichungen

$$\frac{\partial \hat{\mathcal{U}}_m}{\partial t} + i\omega_m \hat{\mathcal{U}}_m + \frac{i}{\hbar} \sum_k \hat{\mathcal{H}}_{m-k} \hat{\mathcal{U}}_k = 0 \tag{11.16}$$

gleichwertig ist, da t beliebig gewählt werden kann.

Separiert man den Operator $\hat{\mathcal{U}}_0$ von den Operatoren $\hat{\mathcal{U}}_{m\neq 0}$, dann läßt sich (11.16) in zwei Anteile aufspalten:

$$\frac{\partial \hat{\mathcal{U}}_0}{\partial t} + \frac{i}{\hbar} \hat{\mathcal{H}}_0 \hat{\mathcal{U}}_0 + \frac{i}{\hbar} \sum_{k\neq 0} \hat{\mathcal{H}}_{-k} \hat{\mathcal{U}}_k = 0 \quad \text{für} \quad m = 0 \tag{11.17}$$

und

$$\frac{\partial \hat{\mathcal{U}}_m}{\partial t} + i \left(\omega_m + \frac{1}{\hbar} \hat{\mathcal{H}}_0 \right) \hat{\mathcal{U}}_m + \frac{i}{\hbar} \sum_{k\neq m} \hat{\mathcal{H}}_{m-k} \hat{\mathcal{U}}_k = 0 \quad \text{für} \quad m \neq 0 . \tag{11.18}$$

Setzt man

$$\lambda_m = i \left(\omega_m + \frac{1}{\hbar} \hat{\mathcal{H}}_0 \right) \quad \text{und} \quad \hat{\mathcal{N}}_m = -\frac{i}{\hbar} \sum_{k\neq m} \hat{\mathcal{H}}_{m-k} \hat{\mathcal{U}}_k , \tag{11.19}$$

dann erhält man einerseits die Beziehung

$$\frac{\partial}{\partial t} \hat{\mathcal{U}}_0 = -\lambda_0 \hat{\mathcal{U}}_0 + \hat{\mathcal{N}}_0 \tag{11.20}$$

und andererseits die Beziehungen

$$\frac{\partial}{\partial t} \hat{\mathcal{U}}_{m\neq 0} = -\lambda_m \hat{\mathcal{U}}_m + \hat{\mathcal{N}}_m . \tag{11.21}$$

Diese Beziehungen bestimmen das Zeitverhalten sämtlicher Operatoren $\hat{\mathcal{U}}_m$, wobei das spezielle physikalische System über die Operatoren $\hat{\mathcal{H}}_n$ in den Formalismus implementiert wird. Die Operatoren $\hat{\mathcal{U}}_m$ werden im folgenden als *Operatormoden* bezeichnet. Im einzelnen wird die Größe $\hat{\mathcal{U}}_0$ als *primäre Operatormode* und die Größen $\hat{\mathcal{U}}_{m\neq 0}$ werden als *sekundäre Operatormoden* bezeichnet. Insofern stellen die Beziehungen (11.20)–(11.21) *Operatormodengleichungen* dar.

11.3.3 Operatormoden, „ordnende" und „versklavte"

Das obige Operatormodengleichungssystem läßt sich für bestimmte Spezialfälle analytisch exakt lösen. Ist dies nicht der Fall, dann sind Approximationen möglich. So ist auf die hier vorliegenden operativen Beziehungen das oben eingeführte adiabatische Eliminationsverfahren anwendbar:

11.3.3.1 Adiabatische Elimination

Weisen die Operatormoden $\hat{U}_{m\neq0}$ eine relativ gesehen vernachlässigbare Zeitentwicklung auf, sodaß

$$\frac{\partial}{\partial t}\hat{U}_{m\neq0} \approx 0 \tag{11.22}$$

gesetzt werden kann, dann kann das obige Operatormodengleichungssystem systematisch gelöst werden:

I. Die Struktur der sekundären Operatormoden

Berücksichtigt man (11.22) innerhalb der Operatormodengleichungen (11.21) und setzt

$$\lambda_{m\neq0} \approx i\omega_m , \tag{11.23}$$

dann ergibt sich ein einfacher Ausdruck zur Beschreibung der sekundären Operatormoden, der Ausdruck

$$\hat{U}_{m\neq0} = -\frac{1}{\hbar}\frac{1}{\omega_m}\sum_{k\neq m}\hat{\mathcal{H}}_{m-k}\hat{U}_k . \tag{11.24}$$

Aus dem die sekundären Operatormoden auf eine rekursive Weise beschreibenden Ausdruck (11.24) läßt sich ein diese Operatormoden direkt beschreibender Ausdruck gewinnen. Dieser ist durch

$$\hat{U}_{m\neq0} = \hat{\mathcal{V}}_m\hat{U}_0 , \quad \hat{\mathcal{V}}_m = \sum_{i=1}^{\infty}\hat{\mathcal{V}}_m^{(i)} \tag{11.25}$$

gegeben, wobei die Summanden der hier auftretenden Operatorensumme durch

$$\hat{\mathcal{V}}_m^{(1)} = \left(-\frac{1}{\hbar}\right)\frac{1}{\omega_m}\hat{\mathcal{H}}_m \tag{11.26}$$

und

$$\hat{\mathcal{V}}_m^{(i>1)} = \left(-\frac{1}{\hbar}\right)^i \sum_{k_1,\dots,k_{i-1}} \frac{1}{\omega_m\omega_{k_1}\dots\omega_{k_{i-1}}}\hat{\mathcal{H}}_{m-k_1}\hat{\mathcal{H}}_{k_1-k_2}\dots\hat{\mathcal{H}}_{k_{i-2}-k_{i-1}}\hat{\mathcal{H}}_{k_{i-1}} \tag{11.27}$$

mit

$$m \neq k_1, k_1 \neq k_2,\dots,k_{i-2} \neq k_{i-1} \quad \text{und} \quad k_1,k_2,\dots,k_{i-1} \neq 0 \tag{11.28}$$

gegeben sind.

Beweis 11.1 Die Rekursionsformel (11.24) läßt sich mit Hilfe eines Potenzreihenansatzes für die sekundären Operatormoden in eine Potenzreihe des „Größenordnungsparameters" λ überführen, die sämtliche Ansatzkoeffizienten enthält. Durch eine geeignete Wahl der Ansatzkoeffizienten kann erreicht werden, daß die durch diese Potenzreihe gegebene Gleichung identisch erfüllt ist, sodaß der gemachte Ansatz festgelegt und gezeigt ist, daß dieser Ansatz die sekundären Operatormoden tatsächlich erfaßt: Berücksichtigt man in (11.24) $\hat{\mathcal{H}}_n = \lambda \hat{\mathcal{H}}_n'$ und setzt die sekundären Operatormoden gemäß

$$\hat{u}_{m\neq0} = \lambda \hat{u}_m^{(1)} + \lambda^2 \hat{u}_m^{(2)} + \dots \tag{11.29}$$

an (man beachte, daß dieser Ansatz nur für die sekundären Operatormoden gilt, d. h. $m \neq 0$), dann erhält man die Potenzreihe

$$\left(\hat{u}_m^{(1)} + \frac{1}{\hbar} \frac{1}{\omega_m} \hat{\mathcal{H}}_m' \hat{u}_0 \right) \lambda + \left(\hat{u}_m^{(2)} + \frac{1}{\hbar} \sum_{\substack{k\neq m \\ k\neq0}} \frac{1}{\omega_m} \hat{\mathcal{H}}_{m-k}' \hat{u}_k^{(1)} \right) \lambda^2 + \dots = 0 \,. \tag{11.30}$$

In dieser Potenzreihe läßt sich jeder Potenzreihenkoeffizient für sich zum „Verschwinden" bringen, was die Gültigkeit des gemachten Ansatzes bestätigt und auf ein rekursives Schema zur Festlegung aller Ansatzkoeffizienten führt:

$$\lambda \hat{u}_m^{(1)} = \lambda \left(-\frac{1}{\hbar} \right) \frac{1}{\omega_m} \hat{\mathcal{H}}_m' \hat{u}_0 \,, \quad \lambda \hat{u}_m^{(2)} = \lambda \left(-\frac{1}{\hbar} \right) \sum_{\substack{k\neq m \\ k\neq0}} \frac{1}{\omega_m} \hat{\mathcal{H}}_{m-k}' \hat{u}_k^{(1)} \,,$$

$$\dots \,. \tag{11.31}$$

Ersetzt man sukzessive die Terme höherer Ordnung durch Terme niedrigerer Ordnung, dann läßt sich dieses rekursive Schema in das Koeffizientenschema

$$\lambda \hat{u}_m^{(1)} = \lambda \left(-\frac{1}{\hbar} \right) \frac{1}{\omega_m} \hat{\mathcal{H}}_m' \hat{u}_0 \,, \quad \lambda \hat{u}_m^{(2)} = \lambda \left(-\frac{1}{\hbar} \right)^2 \sum_{\substack{k\neq m \\ k\neq0}} \frac{1}{\omega_m \omega_k} \hat{\mathcal{H}}_{m-k}' \hat{\mathcal{H}}_k' \hat{u}_0 \,,$$

$$\dots \tag{11.32}$$

überführen. Dieses Koeffizientenschema legt den Ansatz (11.29) vollständig fest, sodaß ein direkter Ausdruck für die sekundären Operatormoden vorgegeben ist. Ersetzt man $\lambda \hat{\mathcal{H}}_n'$ wieder durch $\hat{\mathcal{H}}_n$, dann erhält man die Formulierung (11.25). Die allgemeine Formel (11.27) kann direkt an dem sich ergebenden Koeffizientenschema abgelesen werden.

Die obigen, sekundäre Operatorenmoden beschreibende Ausdrücke (11.24) und (11.25) enthalten als Kernbestandteil den Zusammenhang

$$\hat{u}_{m\neq0} = -\frac{1}{\hbar} \frac{1}{\omega_m} \hat{\mathcal{H}}_m \hat{u}_0 \,. \tag{11.33}$$

Dieser Kernbestandteil definiert die erste Approximationsstufe.

II. Die Bewegungsgleichung der primären Operatormode

Setzt man den Kernbestandteil (11.33) in die Operatorenmodengleichung (11.20) ein, dann erhält man eine Differentialgleichung, die nur noch die zentrale Operatormode $\hat{U}_0$ aufweist, die Beziehung

$$\frac{\partial}{\partial t} \hat{U}_0 = \frac{i}{\hbar} \left(-\hat{\mathcal{H}}_0 + \frac{1}{\hbar} \sum_{k \neq 0} \frac{1}{\omega_k} \hat{\mathcal{H}}_{-k} \hat{\mathcal{H}}_k \right) \hat{U}_0 \, , \tag{11.34}$$

die unter Verwendung von Kommutatorklammern in der folgenden Form notiert werden kann:

$$\frac{\partial}{\partial t} \hat{U}_0 = \frac{i}{\hbar} \left(-\hat{\mathcal{H}}_0 + \frac{1}{\hbar} \sum_{k > 0} \frac{1}{\omega_k} \left[\hat{\mathcal{H}}_{-k}, \hat{\mathcal{H}}_k \right]_- \right) \hat{U}_0 \, . \tag{11.35}$$

Setzt man stattdessen (11.25) in (11.20) ein, dann erhält man die Differentialgleichung

$$\frac{\partial}{\partial t} \hat{U}_0 = -\frac{i}{\hbar} \hat{\mathcal{H}} \hat{U}_0 \, , \quad \hat{\mathcal{H}} = \sum_{n=0}^{\infty} \hat{\mathcal{H}}^{(n)} \tag{11.36}$$

welche (11.35) als Grenzfall enthält: Die Komponenten des *sekularen Hamiltonoperators* $\hat{\mathcal{H}}$ sind durch das Koeffizientenschema

$$\hat{\mathcal{H}}^{(0)} = \hat{\mathcal{H}}_0 \, , \quad \hat{\mathcal{H}}^{(1)} = \left(-\frac{1}{\hbar} \right) \sum_{k > 0} \frac{1}{\omega_k} \left[\hat{\mathcal{H}}_{-k}, \hat{\mathcal{H}}_k \right]_- \, , \quad \dots \tag{11.37}$$

gegeben, das sich mittels der allgemeinen Formel

$$\hat{\mathcal{H}}^{(n>0)} = \left(-\frac{1}{\hbar} \right)^n \sum_{k_1, \dots, k_n > 0} \frac{1}{\omega_{k_1} \cdots \omega_{k_n}} \left[\hat{\mathcal{H}}_{-k_1}, \hat{\mathcal{H}}_{k_1 - k_2} \cdots \hat{\mathcal{H}}_{k_{n-1} - k_n}, \hat{\mathcal{H}}_{k_n} \right]_- \tag{11.38}$$

geschlossen darstellen läßt, wobei der multiple Kommutator

$$\left[\hat{\mathcal{H}}_{-k_1}, \hat{\mathcal{H}}_{k_1 - k_2} \cdots \hat{\mathcal{H}}_{k_{n-1} - k_n}, \hat{\mathcal{H}}_{k_n} \right]_-$$

$$= \left[\hat{\mathcal{H}}_{-k_1}, \left[\hat{\mathcal{H}}_{k_1 - k_2} \cdots \left[\hat{\mathcal{H}}_{k_{n-1} - k_n}, \hat{\mathcal{H}}_{k_n} \right]_- \right]_- \right]_- \tag{11.39}$$

zu berücksichtigen ist.

Durch Lösen einer der beiden obigen Differentialgleichungen kann das Zeitverhalten der primären Operatormode in verschiedenen Approximationsstufen berechnet werden. Unter Verwendung von (11.25) bzw. (11.33) kann dann rückwirkend das Zeitverhalten aller weiteren Operatormoden berechnet werden.

III. Weshalb „adiabatische Elimination"?

Entsprechend der Relation (11.25) bzw. (11.33) folgen sämtliche sekundären Operatormoden $\hat{U}_{m \neq 0}$ instantan der primären Operatormode, was entsprechend der obigen Rechnung zur Folge hat, daß sich die sekundären Operatormoden $\hat{U}_{m \neq 0}$ aus dem zentralen Rechenprozeß eliminieren lassen. Verfolgt man die obigen Ausführungen, dann ist klar, daß die Forderung (11.22) in letzter Konsequenz den „ordnenden" und „versklavten" Charakter der Operatormoden bewirkt. Vergleicht man mit den Ausführungen des Abschnitts 11.2, dann ist klar, daß nun ein von $\partial \hat{U}_{m \neq 0} / \partial t \approx 0$ hervorgerufener adiabatischer Eliminationsprozeß durchgeführt wurde.

11.3.3.2 Die Struktur der primären und sekundären Operatormoden

Löst man eine der beiden obigen Differentialgleichungen, dann erhält man einen Ausdruck zur Beschreibung der primären Operatormode. Über das dadurch erhaltene Ergebnis lassen sich dann auch die sekundären Operatormoden festlegen.

I. Die Struktur der „ordnenden" Operatormode

Die Differentialgleichung (11.36) wird durch den Ausdruck

$$\hat{u}_0 = \exp\left(-\frac{i}{\hbar}\hat{\mathcal{H}}\,t\right) \,, \quad \hat{\mathcal{H}} = \sum_{n=0}^{\infty} \hat{\mathcal{H}}^{(n)} \tag{11.40}$$

gelöst, wobei $\hat{\mathcal{H}}$ der oben eingeführte sekulare Hamiltonoperator ist, dessen Komponenten durch (11.37)–(11.38) definiert werden. Entsprechend (11.40) weist die primäre („ordnende") Operatormode die Struktur eines einfachen Exponentialoperators auf.

II. Die Struktur der „versklavten" Operatormoden

Setzt man (11.40) in (11.25) ein, dann erhält man einen Ausdruck zur Beschreibung der sekundären („versklavten") Operatormoden:

$$\hat{u}_{m\neq 0} = \hat{\mathcal{V}}_m \exp\left(-\frac{i}{\hbar}\hat{\mathcal{H}}\,t\right) \,, \quad \hat{\mathcal{V}}_m = \sum_{i=1}^{\infty} \hat{\mathcal{V}}_m^{(i)} \,, \tag{11.41}$$

wobei die Komponenten $\hat{\mathcal{V}}_m^{(i)}$ von $\hat{\mathcal{V}}_m$ durch (11.26)–(11.27) gegeben sind.

III. Die Operatormoden in erster Approximationsstufe

Verwendet man (11.33) und (11.35) statt (11.25) und (11.36), dann erhält man folgendes Operatormodensystem:

$$\hat{u}_0 = \exp\left[-\frac{i}{\hbar}\left(\hat{\mathcal{H}}^{(0)} + \hat{\mathcal{H}}^{(1)}\right)t\right] \tag{11.42}$$

und

$$\hat{u}_{m\neq 0} = -\frac{1}{\hbar}\frac{1}{\omega_m}\hat{\mathcal{H}}_m \exp\left[-\frac{i}{\hbar}\left(\hat{\mathcal{H}}^{(0)} + \hat{\mathcal{H}}^{(1)}\right)t\right] \,. \tag{11.43}$$

Dieses repräsentiert die erste Approximationsstufe.

11.3.4 Zur Einordnung in das Konzept der Synergetik

Das obige Operatormodenschema läßt sich dem im Abschnitt 11.2 angegebenen Modenschema unterordnen. So lassen sich die Operatormodengleichungen (11.20) und (11.21) als Spezialfall der Modengleichungen (11.4) auffassen; die Relation (11.25) bzw. (11.33) kan als Spezialfall der Relation (11.6) aufgefaßt werden; die Differentialgleichung (11.36) bzw. (11.35) kann der Ordnungsparametergleichung (11.7) untergeordnet werden. Während aber im Zusammenhang mit synergetischen Systemen (wie beispielsweise Lasersystemen, beschrieben auf einer makroskopischen Betrachtungsebene) typischerweise eine Konkretisierung auf nichtoperativer Ebene vorliegt, ist im jetzt betrachteten quantenmechanischen Zusammenhang eine Konkretisierung auf operativer Ebene von Bedeutung; während das angegebene Modenschema Amplituden räumlicher Funktionen erfaßt, beschreibt das betrachtete Operatormodenschema Amplituden zeitlicher Funktionen.

> Ein viel gravierenderer Unterschied besteht jedoch darin, daß im jetzt betrachteten quantenmechanischen Zusammenhang auf allen Ebenen lineare (und nicht wie bei synergetischen Systemen nichtlineare) Gleichungen vorliegen. Entsprechend dieses Unterschieds werden durch nichtlineare Terme erfaßbare Eigenschaften, wie beispielsweise *Selbstorganisation*, von den im quantenmechanischen Zusammenhang auftretenden Gleichungen nicht wiedergegeben. Berücksichtigt man diese Unterschiede, dann jedoch läßt sich das angegebene Operatormodenschema dem allgemeinen synergetischen Modenschema unterordnen.

11.3.5 Zur Einordnung in das Konzept der Sekularmittelung

Das eingeführte Operatormodenschema ist ein insbesondere in der magnetischen Resonanz wohlbekanntes Rechenschema[8]. Dabei erhaltene Ergebnisse werden in der magnetischen Resonanz beispielsweise zur Berechnung von *Bloch-Siegert Verschiebungen* herangezogen, d. h. zur Berechnung von durch zusätzliche Anregungsfelder hervorgerufenen Energieverschiebungen der Zeeman-Energieniveaus. Im Rahmen der magnetischen Resonanz wird zur Beschreibung des betrachteten Spinsystems vor allem die „ordnende" Operatormode $\hat{U}_0$ benützt. Das Gesamtverfahren wird in diesem Zusammenhang auch als *Sekularmittelung* (im angloamerikanischen Sprachraum: *secular averaging*) bezeichnet.[9] Die oben benützte Bezeichung *sekularer Hamiltonoperator* deutet darauf hin.

---

[8]Es sei hier erwähnt, daß in der magnetischen Resonanz die Operatormodengleichungen (11.20) und (11.21) normalerweise nicht direkt mittels des Verfahrens der adiabatische Elimination reduziert werden, sondern erst mittels der Laplacetransformation zu transformierten Differentialgleichungen übergegangen wird. Der Reduktionsprozess wird dann in einer gleichwertigen Weise auf dieser transformierten Betrachtungsebene durchgeführt. Die Rücktransformation vom Bildraum in den Originalraum führt dann auf entsprechende Ergebnisse.

[9]Man vergleiche mit [63, 64, 65]. Insbesondere die Monographie *Principles of High Resolution NMR in Solids* von M. Mehring bietet einen weitreichend Überblick über theoretische Methoden der NMR.

11.3.6 Sind Operatormodengleichungen nichtlinearisierbar?

Die obigen Ausführungen scheinen es nahe zu legen, eine nichtlineare Erweiterung der Operatormodengleichungen einzuführen. Berücksichtigt man jedoch, daß die Operatormodengleichungen (11.20) und (11.21) eine direkte Folge der Zeitoperatorgleichung (11.9) sind, welche wiederum eine Folge der zeitabhängigen Schrödinger-Gleichung repräsentiert, dann zeigt sich, daß eine solche nichtlineare Erweiterung nicht sinnvoll ist: Entsprechend der Ausführungen des Kapitels 4 ist die zeitabhängige Schrödinger-Gleichung eine Beziehung zur Beschreibung von zeitabhängigen quantenmechanischen Systemzuständen, die sich als Überlagerung (= Superposition) von zeitunabhängigen quantenmechanischen Systemeigenzuständen konstruieren lassen. Beispielsweise stellen die im Abschnitt 4.7.2 betrachteten (mit der zeitabhängigen Schrödinger-Gleichung eines freien Teilchens verbundenen) zeitabhängigen Beugungswellen Überlagerungen von durch zeitunabhängige Exponentialfunktionen beschriebenen Systemeigenzuständen dar. Würde man die zeitabhängige Schrödinger-Gleichung nichtlinear erweitern (was dann zu der nichtlinearen Erweiterung der eingeführten Operatormodengleichungen führen würde), dann würde die zeitabhängige Schrödinger-Gleichung das Superpositionsprinzip nicht mehr enthalten und damit ihrer eigentlichen Bedeutung beraubt.

Insofern ist zu vermuten, daß – sollte die Einführung einer nichtlinearen quantenmechanischen Bewegungsgleichung sinnvoll sein – von einer fundamentalen Betrachtungsebene ausgegangen werden muß. Einen Eindruck darüber, wie eine solche fundamentale Betrachtungsebene aussehen könnte, soll das folgende abschließende Kapitel vermitteln.

Buch 6: Lineare und nichtlineare Aspekte der Quantenphysik

Über die Quantenphysik hinaus: Raum-Zeit-Geometrie (Einsteinsche Feldgleichungen, Geodätengleichung, Einstein-Maxwellsche Gleichungen), Wellen-Teilchen-Materie

12 Über die Quantenphysik hinaus

Im Zusammenhang mit Denkansätzen, die Quantenphysik in einen übergeordneten nichtlinearen Rahmen einzuordnen, sind insbesondere solche Denkansätze von Bedeutung, die Quantenverhalten auf das dynamische Verhalten der Raum-Zeit-Geometrie bzw. des diese Geometrie beschreibenden Metriktensors zurückzuführen versuchen.[1] Zum Abschluß dieser Überblicksvorlesung soll ein derartiger Denkansatz noch angegeben werden: *Wellen-Teilchen-Materie*. Beginnen wir jedoch mit Betrachtungen über den Begriff *Raum-Zeit-Geometrie*.

12.1 Raum-Zeit-Geometrie

Die Erkenntnis, daß eine spezifische Materieverteilung in einer selbstkonsistenten Weise mit einem eine spezifische Raum-Zeit-Geometrie definierenden spezifischen raumzeitlichen Koordinatensystem verbunden ist, repräsentiert einen *der* Marksteine in der Entwicklung der modernen Naturwissenschaften. Die durch diesen Zusammenhang vorgegebene Selbstkonsistenzebene ist fundamental im wahrsten Sinne des Wortes. Erstmals im Rahmen der allgemeinen Relativitätstheorie für Massenverteilungen ausformuliert, wurde diese Zuordnung später weitergehend verallgemeinert. Betrachten wir diesen Sachverhalt genauer:

12.1.1 Raum-Zeit-Geometrie I: Massen

Die Zuordnung von Massenverteilungen zu Raum-Zeit-Geometrien wird in der *allgemeinen Relativitätstheorie* ausformuliert[2]. Die allgemeine Relativitätstheorie repräsentiert genaugenommen eine *geometrisierte Gravitationstheorie*, die eine Massenverteilung mit einem raumzeitlichen, Gravitationseffekte beschreibenden Koordinatensystem verbindet. Die zentralen Beziehungen dieser Theorie sind durch die Einsteinschen Feldgleichungen und die Geodätengleichung gegeben.

---

[1] Derartige Ansätze sind im Zusammenhang mit der Entwicklung einer *einheitlichten Feldtheorie* zu sehen, d. h. einer Feldtheorie, die alle bekannten Materieeigenschaften (insbesondere Wechselwirkungseigenschaften) umschließt: nur eine solche Feldtheorie ist „einheitlich", die auch durch quantenphysikalische Beziehungen vorgegebene Materieeigenschaften reproduziert.

[2] Einen recht umfassenden Einblick in diesen Themenkreis bietet das Buch von S. Weinberg: siehe [13]. Ein für Vorlesungszwecke gutes Manuskript existiert von H. Ruder: siehe [10].

12.1.1.1 Die Einsteinschen Feldgleichungen

Im Rahmen der allgemeinen Relativitätstheorie wird einer Massenverteilung ein raumzeitliches, Gravitationseffekte beschreibendes Koordinatensystem zugeordnet. Beschrieben wird diese Zuordnung durch spezielle nichtlineare Feldgleichungen, die ihrem Begründer gemäß als *Einsteinsche Feldgleichungen* bezeichnet werden: Die Einsteinschen Feldgleichungen sind durch

$$R_{\mu\nu} = -K\tilde{T}_{\mu\nu} \quad \text{mit} \quad \tilde{T}_{\mu\nu} = T_{\mu\nu} - \frac{R}{2K}g_{\mu\nu} \tag{12.1}$$

gegeben. Durch die dadurch vorgegebene Vorschrift wird ein Zusammenhang zwischen einem raumzeitlichen Koordinatensystem und einer Massenverteilung hergestellt, wenn $R_{\mu\nu}$ die Elemente des im Abschnitt 2.3 eingeführten Ricci-Tensors darstellt, R der dort eingeführte Krümmungsskalar ist, K die Einsteinsche Gravitationskonstante repräsentiert, welche mit der Newtonschen Gravitationskonstante G der Newtonschen Gravitationstheorie über die Relation $K = (8\pi/c^2)G$ verbunden ist und $T_{\mu\nu}$ für Elemente des metrischen Energie-Impuls-Tensors steht, der die mit einer Massenverteilung verbundene raumzeitliche Energie-Impuls-Verteilung repräsentiert.

Implementiert man ein durch die Einsteinschen Feldgleichungen festgelegtes raumzeitliches Koordinatensystem in die Geodätengleichung (2.167), dann erhält man eine dazu konsistente Bewegungsgleichung zur Beschreibung einer Massenpunktbewegung innerhalb einer vorgegebenen Massenverteilung:

12.1.1.2 Die Geodätengleichung

Die Grundidee, die zur Begründung der allgemeinen Relativitätshtheorie führen, sind in den *Einsteinschen Prinzipien* mit dem *Äquivalenzprinzip* und dem *Invarianzprinzip* als wesentlichen Bestandteilen ausformuliert. Während das Äquivalenzprinzip die Gleichbehandlung von träger und schwerer Masse fordert, verlangt das Invarianzprinzip die Forminvarianz einer physikalischen Gesetzmäßigkeit bezüglich beliebigen Koordinatensystem-Transformationen. Berücksichtigt man, daß Trägheit und damit verbundene träge Massen in Nichtinertialsystemen auftreten, dann folgt aus dem Äquivalenzprinzip, daß auch das Auftreten einer schweren Masse mit Nichtinertialsystemen verbunden sein muß. Legt man diese Forderung zugrunde, dann muß die Bewegung eines Massenpunktes innerhalb einer vorgegebenen Massenverteilung gleich der Bewegung eines Massenpunktes innerhalb eines geeigneten Koordinatensystems gesetzt werden können, sodaß eine solche Bewegung beschreibende Bewegungsgleichung durch die Vorgabe eines geeigneten Koordinatensystems spezifiziert werden können muß. Eine Beziehung, die diese Eigenschaften aufweist und überdies das Invarianzprinzip erfüllt, ist die nichtlineare Differentialgleichung

$$\frac{d^2q^\kappa}{ds^2} + \sum_{\mu,\nu} \Gamma^\kappa_{\mu\nu} \frac{dq^\mu}{ds} \frac{dq^\nu}{ds} = 0, \tag{12.2}$$

die im Abschnitt 2.3.1 als *Geodätengleichung* eingeführt wurde.

12.1.1.3 Lokale Grenzfälle

Über wohldefinierte Näherungsprozesse können aus den Einsteinschen Feldgleichungen und aus der Geodätengleichung lokal geltende Grenzfälle erhalten werden. Dabei findet man die im Kapitel 11 angesprochenen grundlegenden Sachverhalte wieder: Lineare Gesetzmäßigkeiten der makroskopischen Physik erweisen sich als unter bestimmten Voraussetzungen geltende Grenzfälle nichtlinearer Gesetzmäßigkeiten; nichtlineare Eigenschaften der makroskopischen Physik werden in bestimmten Grenzbereichen durch Potentialfunktionen erfaßt. Betrachten wir im folgenden zwei derartige lokal geltende Grenzfälle.

I. Lokale Metrikwellen

Die Einsteinschen Feldgleichungen enthalten in einer impliziten Weise eine Wellengleichung des d'Alembertschen Typs:

Ricci-Tensor, Christoffel-Symbole

Entsprechend der Ausführungen des Abschnitts 2.3 ist der Ricci-Tensor durch

$$R_{\mu\nu} = \sum_{\varepsilon,\kappa} g^{\kappa\varepsilon} R_{\kappa\mu\nu\varepsilon} = \sum_{\varepsilon,\kappa,\sigma} g^{\kappa\varepsilon} g_{\kappa\sigma} R^{\sigma}_{\mu\nu\varepsilon}$$

$$= \sum_{\varepsilon,\kappa,\sigma} g^{\kappa\varepsilon} g_{\kappa\sigma} \left(\frac{\partial \Gamma^{\sigma}_{\mu\nu}}{\partial q^{\varepsilon}} - \frac{\partial \Gamma^{\sigma}_{\mu\varepsilon}}{\partial q^{\nu}} + \sum_{\lambda} \Gamma^{\lambda}_{\mu\nu} \Gamma^{\sigma}_{\lambda\varepsilon} - \sum_{\lambda} \Gamma^{\lambda}_{\mu\varepsilon} \Gamma^{\sigma}_{\lambda\nu} \right) \tag{12.3}$$

mit den folgenden Christoffel-Symbolen gegeben[3]:

$$\Gamma^{\kappa}_{\mu\nu} = \sum_{\varepsilon} g^{\kappa\varepsilon} \Gamma_{\varepsilon\mu\nu} = \frac{1}{2} \sum_{\varepsilon} g^{\kappa\varepsilon} \left(\frac{\partial g_{\varepsilon\mu}}{\partial q^{\nu}} - \frac{\partial g_{\mu\nu}}{\partial q^{\varepsilon}} + \frac{\partial g_{\nu\varepsilon}}{\partial q^{\mu}} \right) . \tag{12.4}$$

Ricci-Tensor, Christoffel-Symbole: lokale Näherung

Setzt man für die innerhalb der Christoffel-Symbole enthaltenen Metriktensorelemente $g_{\mu\nu}$ den Ausdruck

$$g_{\mu\nu} = \eta_{\mu\nu} + \gamma_{\mu\nu} \tag{12.5}$$

an, wobei $\eta_{\mu\nu}$ ein pseudoeuklidisches Koordinatensystem mit Koordinaten x^{μ} ($\mu = 1,2,3,0$) festlegt und $\gamma_{\mu\nu}$ ein Deviationsterm ist, der Abweichungen von der pseudoeuklidischen Metrik angibt, dann nehmen die Christoffel-Symbole $\Gamma^{\kappa}_{\mu\nu}$ die Form

$$\Gamma^{\kappa}_{\mu\nu} = \sum_{\varepsilon} \eta^{\kappa\varepsilon} \Gamma_{\varepsilon\mu\nu} = \frac{1}{2} \sum_{\varepsilon} \eta^{\kappa\varepsilon} \left(\frac{\partial \gamma_{\varepsilon\mu}}{\partial x^{\nu}} - \frac{\partial \gamma_{\mu\nu}}{\partial x^{\varepsilon}} + \frac{\partial \gamma_{\nu\varepsilon}}{\partial x^{\mu}} \right) \tag{12.6}$$

an, wenn $\gamma_{\mu\nu}$ eine relativ kleine Störung repräsentiert, sodaß Terme höherer Ordnung vernachlässigt werden können, und die zu benützenden Koordinaten q^{μ} in gleicher Näherung gleich den pseudoeuklidischen Koordinaten x^{μ} gesetzt werden können.

---

[3]Man vergleiche insbesondere mit den Beziehungen (2.164), (2.159), (2.158) sowie mit (2.151), (2.152).

Setzt man die somit erhaltenen Christoffel-Symbole in den oben angegebenen Ricci-Tensor ein und berücksichtigt nur führende Terme, dann reduziert sich der Ricci-Tensor auf den Ausdruck

$$R_{\mu\nu} = \frac{1}{2} \left(\sum_{i=1}^{3} \frac{\partial^2}{\partial x^i \partial x^i} - \frac{\partial^2}{\partial x^{0^2}} \right) \gamma_{\mu\nu} = \frac{1}{2} \left(\triangle - \frac{1}{c^2} \frac{\partial^2}{\partial t^2} \right) \gamma_{\mu\nu} = \frac{1}{2} \Box \gamma_{\mu\nu} \,. \tag{12.7}$$

Die Beziehungen (12.6) und (12.7) definieren eine spezielle lokale Näherung der Christoffel-Symbole und des Ricci-Tensors.

Metrikwellengleichung: lokale Näherung

Setzt man den Ricci-Tensor in der lokalen Näherung (12.7) in die Einsteinschen Feldgleichungen (12.1) ein und berücksichtigt noch einmal (12.5), dann erhält man eine Wellengleichung des d'Alembertschen Typs, die Metrikwellengleichung

$$-\Box \gamma_{\mu\nu} = 2K\tilde{T}_{\mu\nu} \quad \text{bzw.} \quad -\Box \gamma_{\mu\nu} + \frac{R}{2K} \gamma_{\mu\nu} = 2K\tilde{T}'_{\mu\nu} \tag{12.8}$$

mit

$$\tilde{T}_{\mu\nu} = T_{\mu\nu} - \frac{R}{2K} g_{\mu\nu} \quad \text{bzw.} \quad \tilde{T}'_{\mu\nu} = T_{\mu\nu} - \frac{R}{2K} \eta_{\mu\nu} \,, \tag{12.9}$$

die verschiedene Formen von zeitabhängigen *lokalen Metrikwellen* erfaßt. Zeitunabhängige lokale Metrikzustände werden dementsprechend durch eine Gleichung des Laplaceschen Typs erfaßt:

$$-\triangle \gamma_{\mu\nu} = 2K\tilde{T}_{\mu\nu} \quad \text{bzw.} \quad -\triangle \gamma_{\mu\nu} + \frac{R}{2K} \gamma_{\mu\nu} = 2K\tilde{T}'_{\mu\nu} \,. \tag{12.10}$$

Die obige Metrikwellengleichung ist eine inhomogene Differentialgleichung. Sie enthält folgende wichtige homogene Spezialfälle:

- Im „materiefreien" Raum, d. h.

$$\tilde{T}_{\mu\nu} = 0 \,, \tag{12.11}$$

geht die inhomogene d'Alembertsche Gleichung (12.8) in die homogene d'Alembertsche Gleichung

$$\Box \gamma_{\mu\nu} = 0 \tag{12.12}$$

über. Dadurch vorgegebene freie lokale Metrikwellen sind als *freie lokale Gravitationswellen* interpretierbar.

- Im zeitunabhängigen Fall geht die homogene d'Alembertsche Gleichung (12.12) in den homogenen Grenzfall der inhomogenen Laplaceschen Gleichung (12.10) über:

$$\triangle \gamma_{\mu\nu} = 0 \,. \tag{12.13}$$

Eine derartige homogene Laplacesche Gleichung definiert zeitunabhängige lokale Metrikzustände im „materiefreien" Raum.

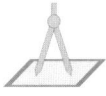

> Diese Rechnung verdeutlicht den Sachverhalt, daß lineare Gesetzmäßigkeiten der makroskopischen Physik (hier vorgegeben durch die lineare Differential-gleichung (12.12) oder (12.13)) als unter bestimmten Voraussetzungen gelten-de Näherungen nichtlinearer Gesetzmäßigkeiten (hier vorgegeben durch die Ein-steinschen Feldgleichungen (12.1)) gewonnen werden können.

II. Lokale Massenpunktbewegungen

Ausgehend von der Geodätengleichung (12.2) läßt sich die Newtonsche Bewegungsgleichung eines sich in einem Gravitationspotential bewegenden Körpers gewinnen, wobei das Gravita-tionspotential durch eine Potentialfunktion beschrieben wird: Verwendet man die Christoffel-Symbole in der durch (12.5) und (12.6) definierten lokalen Näherung und berücksichtigt zusätz-lich eine Massenpunktbewegung der Größenordnung $v \ll c$, sodaß das in einem pseudoeukli-dischen Koordinatensystem in der Form

$$\mathrm{d}s = \sqrt{(\mathrm{d}x^1)^2 + (\mathrm{d}x^2)^2 + (\mathrm{d}x^3)^2 - (\mathrm{d}x^0)^2} = \sqrt{-c^2 \left[1 - \left(\frac{v}{c} \right)^2 \right] (\mathrm{d}t)^2} \qquad (12.14)$$

schreibbare Linienelement in den einfachen Ausdruck

$$\mathrm{d}s = \sqrt{-c^2 (\mathrm{d}t)^2} \qquad (12.15)$$

übergeht, dann läßt sich die Geodätengleichung (12.2) durch

$$\frac{\mathrm{d}^2 x^i}{\mathrm{d}t^2} = -\frac{c^2}{2} \frac{\partial \gamma_{00}}{\partial x^i} \qquad (12.16)$$

mit $i = 1, 2, 3$ ersetzen, wenn ein zeitunabhängiger Metriktensor vorausgesetzt wird, sodaß alle Ableitungsterme mit Zeitableitungen $\partial / \partial x^0$ wegfallen, und wenn (konsistent mit den obigen Annahmen) Terme höherer Ordnung in v/c vernachlässigt werden. Setzt man dann noch

$$V = \frac{c^2}{2} \gamma_{00} , \qquad (12.17)$$

dann erhält man schließlich die Bewegungsgleichung

$$\frac{\mathrm{d}^2 x^i}{\mathrm{d}t^2} = -\frac{\partial V}{\partial x^i} , \qquad (12.18)$$

die nicht anderes als die Newtonschen Bewegungsgleichung für einen Körper darstellt, der sich innerhalb eines durch V beschriebenen Gravitationspotentials bewegt.

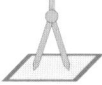

> Insofern verdeutlicht diese Rechnung den Sachverhalt, daß sich nichtlineare Ei-genschaften der makroskopischen Physik in bestimmten Grenzbereichen implizit durch Potentialfunktionen erfassen lassen.

Im Lichte dieser Herleitung präsentiert sich die elementare Form der Newtonschen Bewegungsgleichung als eine nichtrelativistische Bewegungsgleichung, die zugrunde gelegt werden kann, wenn ein Koordinatensystem vorausgesetzt werden kann, das näherungsweise gleich einem Inertialsystem ist, wobei die Abweichung von einem Inertialsystem durch Einführung einer Potentialfunktion derartig erfaßt werden kann, daß der damit verbundene Deviationsterm nicht mehr explizit in den Gleichungen auftritt.

Die obige Geodätengleichung enthält nicht nur das durch die obige Newtonsche Bewegungsgleichung angegebene Bewegungsgesetz: Im Fall eines Inertialsystems definiert diese Geodätengleichung eine Gerade, sodaß diese Geodätengleichung auf diese Weise auch das Trägheitsgesetz impliziert.

Die Einsteinschen Feldgleichungen und die Geodätengleichung definieren eine fundamentale Selbstkonsistenzebene der Materie auf der Grundlage einer Raum-Zeit-Geometrie. Auf dieser Betrachtungsebene kann die Statik und die Dynamik von Massenverteilungen und Gravitationswechselwirkungen mittels Methoden und Größen der im Abschnitt 2.3 eingeführten Differentialgeometrie beschrieben werden.

12.1.2 Raum-Zeit-Geometrie II: elektromagnetische Felder

Diese geometrisierte Betrachtungsweise läßt sich auf elektromagnetische Felder ausdehnen:

12.1.2.1 Die Einstein-Maxwellschen Gleichungen

In beliebigen Riemannschen Räumen lassen sich elektromagnetische Felder durch die Feldgleichungen

$$\sum_{\nu} F^{\nu}_{\mu;\nu} = 0 \, ,$$

$$F_{\mu\nu;\kappa} + F_{\nu\kappa;\mu} + F_{\kappa\mu;\nu} = 0$$

(12.19)

beschreiben. Diese Feldgleichungen ergeben sich durch Ausdehnung der im Minkowski-Raum geltenden „kovarianten Formulierung" (3.185) und (3.186) der Maxwellschen Gleichungen auf beliebige Riemannsche Räume, was insbesondere bedeutet, daß die in (3.185) und (3.186) auftretenden partiellen Ableitungen durch kovariante Ableitungen zu ersetzen sind[4]. Da reine Felder betrachtet werden, sind keine Stromgrößen und Ladungen zu berücksichtigen.

---

[4]Welche innerhalb der Beziehungen (12.19) durch das Symbol ; angedeutet werden!

Sind die Einsteinschen Feldgleichungen auch für elektromagnetische Materieformen geltende Raum-Zeit-Materie-Selbstkonsistenzgleichungen, dann muß der in den Einsteinschen Feldgleichungen enthaltene Energie-Impuls-Tensor auch dem Maxwellschen Energie-Impuls-Tensor, gleichgesetzt werden können. Setzt man dies voraus, dann sind zusätzlich zu den obigen Beziehungen Raum-Zeit-Materie-Selbstkonsistenzgleichungen der Form

$$R_{\mu\nu} = -K\left(T_{\mu\nu} - \frac{R}{2K}g_{\mu\nu}\right) \qquad (12.20)$$

zu berücksichtigen, wobei $T_{\mu\nu}$ hier die Komponenten des Maxwellschen Energie-Impuls-Tensors repräsentiert.

Setzt man die Komponenten $T_{\mu\nu}$ der Selbstkonsistenzgleichungen (12.20) gleich den Komponenten des Maxwellschen Energie-Impuls-Tensors, dann verknüpfen diese Selbstkonsistenzgleichungen ein elektromagnetisches Feld mit einer raumzeitlichen Struktur.

Die Gleichungen des aus den Beziehungen (12.19) und (12.20) gebildeten Feldgleichungssystems sind die *Einstein-Maxwellschen Gleichungen*. Untersuchen wir den darin enthaltenen Maxwellschen Energie-Impuls-Tensor hinsichtlich beliebiger Riemannscher Räume:

12.1.2.2 Der Maxwellsche Energie-Impuls-Tensor

Der Zusammenhang zwischen einem elektromagnetischen Feld und dessen Energie-Impuls-Struktur kann mit Hilfe von Tensorkomponenten des Maxwellschen Feldstärketensors und des Maxwellschen Energie-Impuls-Tensors auf eine elegante Art und Weise ausformuliert werden. Die konkrete Form einer diesen Zusammenhang beschreibenden Beziehung hängt vom zugrundegelegten Riemannschen Raum und vom Kovarianz-Kontravarianz-Grad der vorausgesetzten Tensorkomponenten ab:

I. Energie-Impuls-Tensor: Minkowski-Raum

Im Minkowski-Raum läßt sich dieser Zusammenhang durch den Ausdruck

$$T_\mu^\nu = \sum_{\sigma,\tau}\left(F_{\mu\sigma}F^{\nu\sigma} - \frac{1}{4}\delta_\mu^\nu F_{\sigma\tau}F^{\sigma\tau}\right) \qquad (12.21)$$

erfassen[5], wobei die Größen $F_{\mu\nu}$ bzw. $F^{\mu\nu}$ für zweifach kovariante bzw. zweifach kontravariante Tensorkomponenten des Maxwellschen Feldstärketensors und die Größen T_μ^ν für einfach kovariante einfach kontravariante Tensorkomponenten des Maxwellschen Energie-Impuls-Tensors stehen.

---

[5]Man vergleiche mit der Beziehung (3.208).

II. Energie-Impuls-Tensor: beliebige Riemannsche Räume

Geht man zu beliebigen Riemannschen Räumen über, dann ist (12.21) entsprechend

$$T_\mu^\nu = \sum_{\sigma,\tau} \left(F_{\mu\sigma} F^{\nu\sigma} - \frac{1}{4} g_\mu^\nu F_{\sigma\tau} F^{\sigma\tau} \right) \tag{12.22}$$

zu verallgemeinern, wobei über g_μ^ν der jeweilige Riemannsche Raum in den Formalismus implementiert werden kann. Die Komponenten $F_{\mu\nu}$, $F^{\mu\nu}$ genauso wie die Komponenten T_μ^ν sind Funktionen der jeweiligen raumspezifischen Koordinaten.

Ersetzt man das den Minkowski-Raum charakterisierende Kronecker-Symbol durch identisch indizierte Metriktensorkomponenten, dann erhält man den Maxwellschen Energie-Impuls-Tensor beliebiger Riemannscher Räume.

III. Energie-Impuls-Tensor: rein kovariant

Der einfach kovariante einfach kontravariante Tensorkomponenten T_μ^ν sowie zweifach kovariante Tensorkomponenten $F_{\mu\nu}$ und zweifach kontravariante Tensorkomponenten $F^{\mu\nu}$ aufweisende Zusammenhang (12.22) läßt sich in einen Ausdruck überführen, der nur noch rein kovariante Tensorkomponenten $F_{\mu\nu}$ und $T_{\mu\nu}$ enthält, indem die strukturverändernde Eigenschaft der Metriktensorkomponenten ausgenützt wird: Berücksichtigt man

$$T_\mu^\nu = \sum_\alpha T_{\mu\alpha} g^{\nu\alpha}, \quad F^{\nu\sigma} = \sum_\alpha F_\alpha^\sigma g^{\nu\alpha}, \quad g_\mu^\nu = \sum_\alpha g_{\mu\alpha} g^{\nu\alpha}, \tag{12.23}$$

dann erhält man

$$T_{\mu\nu} = \sum_{\sigma,\tau} \left(F_{\mu\sigma} F_\nu^\sigma - \frac{1}{4} g_{\mu\nu} F_{\sigma\tau} F^{\sigma\tau} \right), \tag{12.24}$$

berücksichtigt man zusätzlich

$$F^{\sigma\tau} = \sum_{\alpha,\beta} F_{\alpha\beta} g^{\sigma\alpha} g^{\tau\beta}, \quad F_\nu^\sigma = \sum_\gamma F_{\nu\gamma} g^{\sigma\gamma}, \tag{12.25}$$

dann erhält man letztendlich

$$T_{\mu\nu} = \sum_{\alpha,\beta,\gamma,\sigma,\tau} \left(F_{\mu\sigma} F_{\nu\gamma} g^{\sigma\gamma} - \frac{1}{4} g_{\mu\nu} F_{\sigma\tau} F_{\alpha\beta} g^{\sigma\alpha} g^{\tau\beta} \right). \tag{12.26}$$

Die indexpositionsändernde Wirkung der Metriktensorkomponenten erlaubt die Anpassung des Maxwellschen Energie-Impuls-Tensors auf den im Zusammenhang mit den Einstein-Maxwellschen Gleichungen notwendigen Bedarf.

IV. Energie-Impuls-Tensor: Implementation in die Feldgleichungen

Berücksichtigt man (12.26) innerhalb der Raum-Zeit-Materie-Selbstkonsistenzgleichung (12.20), dann ergibt sich die Relation

$$R_{\mu\nu} = -K \left[\sum_{\alpha,\beta,\gamma,\sigma,\tau} \left(F_{\mu\sigma}F_{\nu\gamma}g^{\sigma\gamma} - \frac{1}{4}g_{\mu\nu}F_{\sigma\tau}F_{\alpha\beta}g^{\sigma\alpha}g^{\tau\beta} \right) - \frac{R}{2K}g_{\mu\nu} \right], \qquad (12.27)$$

welche elektromagnetische Feldstärken mit einer Raum-Zeit-Geometrie verknüpft.

Sind die Einsteinschen Feldgleichungen auch für elektromagnetische Materieformen geltende Raum-Zeit-Materie-Selbstkonsistenzgleichungen, dann lassen sich elektromagnetische Felder in einen übergeordneten Geometrisierungsprozeß eingliedern.

12.1.2.3 Zur Geometrodynamik

Theoretische Ansätze, welche die Zurückführung materieller Dynamik auf eine dynamische Raum-Zeit-Geometrie zum Ziel haben, werden für gewöhnlich unter den Überbegriff *Geometrodynamik* untergeordnet. Dies gilt auch für die hier betrachtete *Einstein-Maxwellschen Theorie von Gravitation und Elektromagnetismus*. Über die bisherigen Ausführungen hinaus sollte noch festgehalten werden, daß sich diese Theorie direkt als eine Menge von Bedingungen ausformulieren läßt, welche innerhalb der Einsteinschen Feldgleichungen die Eigenschaften der Raum-Zeit-Geometrie weitergehend spezifizieren. Darauf sei hier jedoch nur noch hingewiesen und nicht genauer darauf eingegangen.

12.1.3 Raum-Zeit-Geometrie III: verallgemeinerte Ladungen

Die oben eingeführte geometrisierte Betrachtungsweise läßt sich auf verallgemeinerte Ladungen ausweiten: Analog zu den Christoffel-Symbolen der Differentialgeometrie lassen sich die im Kapitel 9 im Zusammenhang mit verallgemeinerten Ladungen eingeführten Eichfeldgrößen $A^{\kappa}_{\mu\nu} = A^{a}_{\mu}\{Q^{a}\}^{\kappa}_{\nu}$ als Übertragungskoeffizienten interpretieren, welche die Parallelverschiebung von Vektoren ψ^{κ} innerhalb eines durch diese Vektoren aufgespannten inneren Raums definieren, wobei die Feldstärkegrößen $F^{\varepsilon\kappa}_{\mu\nu} = F^{a\varepsilon}_{\mu}\{Q^{a}\}^{\kappa}_{\nu}$ als Krümmungstensoren fungieren.

Insofern läßt sich eine geometriesierte Wechselwirkungstheorie einführen, die einerseits eine (durch eine Massenverteilung und ein elektromagetisches Feld vorgegebene) Geometrie und andererseits eine (durch verallgemeinerte Ladungen vorgegebene) Geometrie einschließt.

12.2 Wellen-Teilchen-Materie

Die im Abschnitt 12.1.1 betrachteten Sachverhalte lassen sich als *Einsteinsche Theorie* umschreiben und der im Abschnitt 12.1.2 betrachtete theoretische Ansatz läßt sich als *Einstein-Maxwellsche Theorie* bezeichnen. Die zentrale Gleichung der Einsteinschen genauso wie der Einstein-Maxwellschen Theorie bilden die Einsteinschen Feldgleichungen. Während in der Einsteinschen Theorie jedoch Massenverteilungen mit Raum-Zeit-Geometrien verbunden werden, verbindet die Einstein-Maxwellsche Theorie elektromagnetische Felder mit Raum-Zeit-Geometrien. Gegenstand der Einsteinsche Theorie ist also eine Materieform, die man (auf der vorausgesetzten makroskopischen Beobachtungsebene) als *körpertypisch* charakterisieren kann, und Gegenstand der Einstein-Maxwellschen Theorie ist also eine Materieform, die sich (auf der vorausgesetzten makroskopischen Beobachtungsebene) als *wellentypisch* charakterisieren läßt.

Analysiert man demgegenüber *Mikromaterie* (d. h. die durch mikroskopische Systeme vorgegebene Materieform), dann findet man, daß diese einerseits Welleneigenschaften und andererseits Teilcheneigenschaften aufweist, wobei die Verknüpfung dieser beiden Eigenschaften von einer fundamentalen Natur ist: in keinster Weise läßt sich eine Trennung in einen Teilchenanteil und in einen Wellenanteil durchführen. Umschrieben wird dieser Sachverhalt mit dem Begriff *Wellen-Teilchen-Dualismus*.

Innerhalb der Einsteinschen und der Einstein-Maxwellschen Theorie werden die betrachteten Materieformen durch Spezifizierung der Komponenten $T_{\mu\nu}$ in den Formalismus implementiert. Setzt man voraus, daß die Einsteinschen Feldgleichungen universelle Feldgleichungen sind, welche die Selbstkonsistenz beliebiger Materieformen definieren, d. h. insbesondere, daß die Einsteinschen Feldgleichungen über den durch die Einsteinsche und die Einstein-Maxwellsche Theorie abgesteckten Rahmen hinaus gelten und daß beliebige Beobachtungsebenen zugrunde gelegt werden können, dann muß es möglich sein, durch Spezifizierung der Komponenten $T_{\mu\nu}$, auch Mikromaterie mittels dieser Einsteinschen Feldgleichungen zu erfassen.

Die oben angesprochene universelle Gültigkeit der Einsteinschen Feldgleichungen wird im folgenden vorausgesetzt, sodaß ein einfaches Modell zur Implementation einer Materieform mit wellentypischen und gleichzeitig teilchentypischen Eigenschaften in den Einsteinschen Formalismus studiert werden kann. Der dabei zugrundegelegte Ansatz soll als *Wellen-Teilchen-Ansatz* und die dadurch definierte Materieform soll als *Wellen-Teilchen-Materie* bezeichnet werden.

12.2.1 Wellen-Teilchen-Materie: zeitunabhängige Zustände

Beschränkt man sich auf zeitunabhängige lokale Szenarien, dann können die Einsteinschen Feldgleichungen entsprechend (12.10) durch die Beziehung

$$-\triangle\gamma_{00} + \frac{R}{2K}\gamma_{00} = 2K\tilde{T}'_{00}\,. \tag{12.28}$$

ersetzt werden, wenn nur die Energiedichteanteilen zugeordneten Komponenten γ_{00}, T_{00} berücksichtigt werden.

12.2.1.1 Wellen-Teilchen-Materie I: Wellen-Teilchen-Ansatz

Der Zusammenhang

$$\tilde{T}_{00}'' = K' \varepsilon m_0 \gamma_{00} \tag{12.29}$$

definiert einen Ansatz zur Implementierung einer Materieform mit wellentypischen und gleichzeitig teilchentypischen Eigenschaften in den betrachteten zeitunabhängigen lokalen Einsteinschen Formalismus: Setzt man m_0 gleich der Ruhemasse eines Teilchens, dann definiert dieser Ansatz einerseits Teilcheneigenschaften (ausgedrückt durch die Teilchengröße m_0) und andererseits Welleneigenschaften (ausgedrückt durch die Wellengröße γ_{00}). In diesem Sinne repräsentiert K' die Wellen-Teilchen-Kopplungskonstante. Die Größe ε kann als Träger der in T_{00} enthaltenen Energieinformation betrachtet werden. Der Ansatz (12.29) soll im folgenden als *Wellen-Teilchen-Ansatz* bezeichnet werden, da er eine fundamentale Wellen-Teilchen-Verknüpfung der oben angesprochenen Art widerspiegelt: in keinster Weise läßt sich eine Trennung in einen Teilchenanteil und in einen Wellenanteil durchführen.

12.2.1.2 Wellen-Teilchen-Materie II: Wellen-Teilchen-Gleichung

Setzt man einerseits $KK' = 1/\kappa$ und andererseits $\kappa R/2m_0 = \phi$, dann folgt mit (12.29) aus (12.28) eine Differentialgleichung des zeitunabhängigen Schrödingerschen Typs, die Beziehung

$$-\frac{\kappa}{2m_0}\triangle \gamma_{00} + \phi \gamma_{00} = \varepsilon \gamma_{00} \, . \tag{12.30}$$

Ensprechend ihrer Begründung erfaßt sie zeitunabhängige lokale Metrikzustände einer durch den Zusammenhang (12.29) definierten Materieform. In Fortführung der obigen Begriffsbildung soll diese Materieform im folgenden als *Wellen-Teilchen-Materie* bezeichnet werden, die Beziehung (12.30) als *Wellen-Teilchen-Gleichung*.

12.2.2 Wellen-Teilchen-Materie: zeitabhängige Zustände

Genauso wie im Zusammenhang mit der zeitunabhängigen Schrödinger-Gleichung (man vergleiche mit dem Abschnitt 4.2.5.4) läßt sich auch dieser Wellen-Teilchen-Gleichung eine zeitabhängige Form zuordnen, welche zeitabhängiges Verhalten über eine statistisch gleichwertige statistische Gesamtheit erfaßbar macht,

$$-\frac{\kappa}{2m_0}\triangle \gamma_{00}(t) + \phi \gamma_{00}(t) = i\sqrt{\kappa}\frac{\partial}{\partial t}\gamma_{00}(t) \, , \tag{12.31}$$

sodaß über einen Ansatz der Form $\gamma_{00}(t) = \exp\left(-i\varepsilon t/\sqrt{\kappa}\right)\gamma_{00}$ die zeitabhängige Form wiedergewonnen werden kann.

12.2.3 Wellen-Teilchen-Materie: nichtlineare Erweiterungen

Entsprechend der obigen Ausführungen lassen sich etliche Ansatzpunkte zur nichtlinearen Erweiterung der eingeführten Wellen-Teilchen-Gleichung finden. Beispielsweise kann der sich hinter dem Laplace-Operator $\triangle$ „verbergende" lokal angenäherte Ricci-Tensor in einer weniger angenäherten Form benützt werden. Da der lokal angenäherte Ricci-Tensor auch einen Zeitanteil mit einem Ableitungsoperator zweiter Ordnung aufweist, muß in diesem Zusammenhang auch darüber nachgedacht werden, ob das Auftreten eines Zeitanteils mit einem Ableitungsoperator zweiter Ordnung auf eine zeitabhängige Form der Wellen-Teilchen-Gleichung führt, die Lösungen zuläßt, die über die durch (12.31) vorgegebene Zuordnung hinausgehen.

12.2.4 Zum Denkansatz

Setzt man $\kappa = \hbar^2$, $\phi = V$, $\epsilon = E$ und $\gamma_{00} = \psi$, dann geht die Wellen-Teilchen-Gleichung (12.30) in die zeitunabhängige Schrödinger-Gleichung über. Abgesehen von der durch den Wellen-Teilchen-Ansatz erzeugten Wellen-Teilchen-Struktur-Implementation, läßt sich die strukturelle Ähnlichkeit der hier betrachteten Wellen-Teilchen-Gleichung mit der zeitunabhängigen Schrödinger-Gleichung auf die strukturelle Ähnlichkeit der Metrikzustandsgleichung (12.28) mit der zeitunabhängigen Schrödinger-Gleichung zurückführen:

- Der operative Anteil der zeitunabhängigen Schrödinger-Gleichung genauso wie der operative Anteil der zeitunabhängigen Metrikzustandsgleichung (12.28) besteht im wesentlichen aus einem Laplace-Operator.
- In beiden Gleichungen ist dem Laplace-Operator jeweils eine Größe zugeordnet, welche eine Aussage über die Energie eines Zustands macht: in der zeitunabhängigen Schrödinger-Gleichung leistet dies die Zustandsenergiegröße E und in der zeitunabhängigen Metrikzustandsgleichung leistet dies die Komponente T'_{00}.
- In beiden Gleichungen tritt eine Größe auf, mittels der ein spezifisches System in den Formalismus implementiert werden kann: in der Schrödinger-Gleichung ist das die Potentialfunktion V und in der Metrikzustandsgleichung (12.28) ist das der Krümmungsskalar R.

> Insofern repräsentieren die obigen Ausführungen einen speziellen Denkansatz, der im Zusammenhang mit der Problematik der Einordnung der Quantenphysik in einen übergeordneten nichtlinearen Raum-Zeit-Geometrie-Rahmen möglich ist. Eine Vielzahl von anderen Denkansätzen ist in der Literatur findbar. Ob einer dieser Denkansätze sich letztendlich als erfolgreich erweisen wird, bleibt abzuwarten.

Diese Bemerkungen sollen die Überblicksvorlesung über Quantenphysik abschließen. Es sei hier noch angemerkt, daß viele interessante Themenkreise nicht oder nicht ausführlich berücksichtigt werden konnten, um den Umfang der Vorlesung in Grenzen zu halten. Es sei dem Leser selbst überlassen, sich weitergehend zu informieren. Als kleine Hilfe dazu werden im folgenden noch einige Literaturhinweise angegeben.

Literaturhinweise

[A] Für jeden der in dieser Überblicksvorlesung angesprochenen Themenkreise gibt es eine schier unüberschaubare Fülle von Spezialliteratur. Eine kleine Auswahl von Arbeiten wird im folgenden aufgelistet. Die im Buch angegebenen Referenzen beziehen sich auf die folgenden Listen. In Sinne des Konzepts des Buches werden Arbeiten der Quantenphysik und der klassischen Physik zusammen angegeben. Beginnen wir mit der Betrachtung grundlegender Literatur über *mathematische Methoden*:

1. Abramowitz M., Stegun A. I.: Handbook of Mathematical Functions (Dover Publications, New York 1970)
2. Gradshteyn I. S., Ryzhik I. M.: Table of Integrals, Series, and Products (Academic Press, New York 1980)
3. Grosche G., Ziegler V. (Hrsg.): Bronstein I. N., Semendjajew K. A., Taschenbuch der Mathematik, 19. Auflage (Teubner Verlagsgesellschaft, Leipzig 1979)
4. Grosche G., Ziegler V. (Hrsg.): Bronstein I. N., Semendjajew K. A., Taschenbuch der Mathematik, Ergänzende Kapitel, 19. Auflage (Harri Deutsch, Frankfurt am Main 1980)
5. Großmann S.: Funktionalanalysis I und II (Akademische Verlagsgesellschaft, Wiesbaden 1975)
6. Klingbeil E.: Tensorrechnung für Ingenieure (B. I. Hochschultaschenbücher 1966)

[B] Arbeiten über *Raum, Zeit, Relativität* und *Gravitation* geben in vielerlei Hinsicht Rahmenbedingungen für die Quantenphysik vor. Hierzu die folgenden Literaturhinweise:

7. Einstein A.: Über die spezielle und die allgemeine Relativitätstheorie, Wissenschaftliche Taschenbücher (Vieweg, Wiesbaden, 1981)
8. French A. P.: Die spezielle Relativitätstheorie, M.I.T. Einführungskurs Physik (Vieweg, Wiesbaden 1982)
9. Linde A.: Particle Physics and Inflationary Cosmology (Harwoord Academic Publishers, Chur 1990)
10. Ruder H.: Allgemeine Relativitätstheorie (Lehrstuhl für Theoretische Astrophysik, Universität Tübingen, Auf der Morgenstelle 12C, Tübingen)
11. Ruder H., Ruder M.: Die spezielle Relativitätstheorie, Vieweg Studium (Vieweg, Wiesbaden 1993)
12. Weyl H.: Raum, Zeit, Materie (Springer, Berlin Heidelberg 1970)
13. Weinberg S.: Gravitation and Cosmology (J. Wiley, New York 1972)

[C] Einiges über *mathematisch-physikalische Methoden*:

14. Blum K. : Density Matrix Theory and Applications (Plenum Press, New York 1981)
15. Fano U.: Description of Quantum Mechanics by Density Matrix and Operator Techniques, Rev. mod. Phys. 29, 74 (1957)

16. Kleinert H.: Path Integrals (World Scientific, Singapore New Jersey London Hong Kong 1990)

[D] Ein Grundbestandteil der Quantenphysik bildet die *Quantenmechanik*. Im folgenden einige Arbeiten über Spezialthemen der Quantenmechanik:

17. Haken H., Wolf H. C.: Atom- und Quantenphysik, 3. Auflage (Springer, Berlin Heidelberg 1987)
18. Haken H., Wolf H. C.: Molekülphysik und Quantenchemie, 2. Auflage (Springer, Berlin Heidelberg 1993)
19. Hellwege K. H.: Einführung in die Festkörperphysik (Springer, Berlin Heidelberg 1981)
20. Kittel C.: Einführung in die Festkörperphysik, 11. Auflage (Oldenbourg 1996)

[E] Ein spezieller Zugang zu Vielteilchensystemen der Quantenphysik wird durch Methoden der *Statistik* und *Quantenstatistik* vorgegeben. Hierzu folgende Literaturhinweise:

21. Fick E., Sauermann G.: Quantenstatistik dynamischer Prozesse, Band IIa: Antwort und Relaxationstheorie (Harri Deutsch, Frankfurt am Main 1983)
22. Fließbach T.: Statistische Physik 2. Auflage (Spektrum, Heidelberg 1995)
23. Fröhner F. H.: Applications of the Maximum Entropy Principle in Nuclear Physics, *in* Proceedings of the IX International School on Nuclear Physics, Neutron Physics and Nuclear Energy, Hrsg.: W. Andrejtscheff, D. Elenkov (World Scientific 1990)
24. Fröhner F. H.: Assignment of Uncertainties to Scientific Data, Invited Paper, International Conference on Reactor Physics and Recator Computations, Tel Aviv, 1994
25. Haake F.: Statistical Treatment of Open Systems by Generalized Master Equations, Springer Tracts in Modern Physics Vol. 66 (Springer, Berlin Heidelberg 1973)
26. Risken H.: The Fokker-Planck-Equation (Springer, Berlin Heidelberg 1982)
27. Weberruß V. A.: Universality in Statistical Physics and Synergetics. A Comprehensive Approach to Modern Theoretical Physics (Vieweg, Wiesbaden 1993)

[F] Ein wichtiger, auf der Quantenmechanik aufbauender und mit der Quantenstatistik eng verbundener Themenkreis der Quantenphysik läßt sich mit *Feldquantisierung, Quantenfeldtheorie, Quantenelektrodynamik* umschreiben. Folgende Arbeiten seien in diesem Zusammenhang angegeben:

28. Becher P., Böhm M., Joos H.: Eichtheorien der starken und elektroschwachen Wechselwirkung (Teubner, Stuttgart 1983)
29. Feynman R. P.: Quantenelektrodynamik, 3. Auflage (Oldenbourg 1992)
30. Greiner W., Müller B.: Theoretische Physik, Bd. 5, Symmetrien, 3. Auflage (Harri Deutsch, Frankfurt am Main 1990)
31. Greiner W., Müller B.: Gauge Theory of Weak Interactions, 2nd Edition (Springer, Berlin Heidelberg 1995)
32. Greiner W., Müller B.: Quantum Chromodynamics, 2nd corrected Printing (Springer, Berlin Heidelberg 1995)
33. Greiner W., Reinhardt J.: Theoretische Physik, Bd. 7: Quantenelektrodynamik (Harri Deutsch, Frankfurt am Main 1984)
34. Greiner W., Reinhardt J.: Theoretische Physik, Bd. 7A: Feldquantisierung (Harri Deutsch, Frankfurt am Main 1993)
35. Hatfield B.: Quantum Field Theory of Point Particles and Strings (Addison-Wesley 1992)
36. Itzykson C., Zuber J. B.: Quantum Field Theory (McGraw-Hill, New York 1987)
37. Kaku M.: Quantum Field Theory (Oxford University Press, Oxford 1993)

[G] Die innerste Materieebene läßt sich mit den Schlagworten *Teilchen* und *Kerne* charakterisieren. Diese Materieebene ist insbesondere mittels Methoden der Quantenfeldtheorie beschreibbar. Zu dieser innersten Materieebene die folgenden Literaturhinweise:

38. Frauenfelder H., Henley E. M.: Teilchen und Kerne, 3. Auflage (Oldenbourg 1994)

39. Haag R.: Local Quantum Physics (Fields, Particles, Algebras), 2nd Edition (Springer, Berlin Heidelberg 1997)

40. Institut für Strahlenphysik, Universität Stuttgart: Annual Report 1994, Annual Report 1995

41. Petrich W.: Bose-Einstein-Kondensation eines nahezu idealen Teilchengases (Physikalische Blätter 52, 1996, Nr. 4)

42. Povh B., Rith K., Scholz C., Zetsche F.: Teilchen und Kerne, Zweite Auflage (Springer, Berlin Heidelberg 1994)

[H] In der Quantenphysik der letzten Jahrzehnte waren vor allem „elementare Quanteneinheiten" von Bedeutung. Immer mehr rückt jedoch die Untersuchung komplizierter „Netzwerkstrukturen" in den Vordergrund. In diesem Zusammenhang sei auf folgende Arbeiten hingewiesen:

43. Granzow C. M., Liebman A., Mahler G.: Energy Transfer and Quantum Trajectories in Quasimolecular Networks, European Phys. J. B, in press (1998)

44. Haken H. (Ed.): Computational Systems, Natural and Artificial (Springer, Berlin Heidelberg 1988)

45. Haken H.: Information and Self-Organization (Springer, Berlin Heidelberg 1988)

46. Keller M., Mahler G.: Nanostructures, Entanglement, and the Physics of Quantum Control, J. mod. Optics (1994)

47. Keller M.: Quanteninformation und Physik des Entanglement, Dissertation (Universität Stuttgart 1995)

48. Körner H.: Stochastische Dynamik optisch gesteuerter Quantennetzwerke mit Anwendungen in der Molekularelektronik, Dissertation (Universität Stuttgart 1993)

49. Mahler G., Weberruß V. A.: Quantum Networks. Dynamics of Open Nanostructures, 2nd Edition (Springer, Berlin Heidelberg 1998)

50. Peres A., Wooters W. K.: Optimal Detection of Quantum Information, Phys. Rev. Lett. 66, 1119 (1991)

51. Sonderforschungsbereich 329 (Physikalische und chemische Grundlagen der Molekularelektronik), Universität Stuttgart: Arbeits- und Ergebnisberichte 1986–1988, 1989–1991, 1992–1994

[I] Im Zusammenhang mit „Netzwerkstrukturen" ist die Theorie von auf quantenphysikalischen Systemen basierenden Computermodellen von Bedeutung:

52. Biafore M.: Cellular Automata for Nanometer-Scale Computation, Physica D 70, 415 (1993)

53. Brown J.: A Quantum Revolution for Computing, New Scientist, p 24 (24. 09.1994)

54. Cirac J. I., Zoller P.: Quantum Computation with Cold Trapped Ions, Phys. Rev. Lett. 74, 4091 (1995)

55. Deutsch D.: Quantum Computational Networks, Proc. Roy. Soc. London A 425 (1989)

56. Deutsch D., Josza R.: Rapid Solution of Problems by Quantum Computation, Proc. Roy. Soc. London A 439, 553 (1992)

57. Lloyd S.: A Potentially Realizable Quantum Computer, Science 261, 1569 (1993)

[J] Ein wichtiges Spezialgebiet der Quantenphysik ist die *Magnetische Resonanz*. Sowohl das theoretische als auch das praktische Wissen geht weit über die in diesem Buch angebotenen Grundlagen hinaus. *Tensoroperatoren*, *„Secular Averaging"*, *Floquet Theorem* und *Spin Echo* seien hier als Stichworte genannt. Einige Literaturhinweise dazu:

58. Abragam A.: Principles of Nuclear Magnetism (Oxford University Press, Oxford 1961)

59. Abragam A., Goldman, M.: Nuclear Magnetism: Order and Disorder (Clarendon Press, Oxford 1982)

60. Brink D. M., Satchler G. R.: Angular Momentum (Clarendon Press, Oxford 1968)

61. Ernst R. R., Bodenhausen G., Wokaum A.: Principles of Nuclear Magnetic Resonance in one and two Dimensions (Oxford University Press, Oxford 1987)

62. Gerstein B. C., Dybowski C. R.: Transient Techniques in NMR of Solids (Academic Press, New York 1985)

63. Haeberlen U.: High resolution NMR in Solids, Selective Averaging (Academic Press, New York 1976)
64. Mehring M.: Principles of High Resolution NMR in Solids (Springer, Berlin Heidelberg 1983)
65. Mehring M.: Internal Spin Interactions and Rotations in Solids. In: Encyclopedia of NMR (Academic Press, New York 1996)
66. Memory J. D.: Quantum Theory of Magnetic Resonance Parameters (McGraw-Hill, New York 1968)
67. Slichter C. P.: Principles of Magnetic Resonance, Springer Series in Solid-State Sciences 1 (Springer Berlin Heidelberg 1990)

[K] Ein weiteres wichtiges Spezialgebiet der Quantenphysik bilden *Quantenoptik* und *Lasertheorie*. Auch hier einige Literaturhinweise:

68. Demtröder W.: Laserspektroskopie, 3. Auflage (Springer, Berlin Heidelberg 1993)
69. Haken H.: Licht und Materie, Band 1 (Elemente der Quantenoptik) und 2 (Laser) (B. I. Wissenschaftsverlag Mannheim)
70. Meystre P., Sargent M.: Elements of Quantum Optics (Springer, Berlin Heidelberg 1991)

[L] Im Zusammenhang mit *numerischen Verfahrensweisen* sei folgende Literatur angegeben:

71. Hehl F. W., Puntigam R. A:, Ruder H. (Eds.): Relativity and Scientific Computing (Springer, Berlin Heidelberg 1996)
72. Kinzel W., Reents G.: Physik per Computer (Spektrum, Heidelberg 1996)

[M] *Nichtlineare Aspekte* der Quantenphysik bilden einen höchst interessanten Themenkreis der Quantenphysik. Auch im Bereich der makroskopischen Physik stellt dieser Themenkreis ein höchst interessantes Forschungsgebiet dar. Zu diesem Themenkreis seien die folgenden Arbeiten angegeben:

73. Blümel R.: Exponential Sensitivity and Chaos in Quantum Systems, Phys. Rev. Lett. 73, 428 (1994)
74. Haken H.: Synergetik, Eine Einführung, 2. Auflage (Springer, Berlin Heidelberg 1983)
75. Haken H.: Advanced Synergetics (Springer, Berlin Heidelberg 1983)
76. Stanley H. E.: Introduction to Phase Transitions And Critical Phenomena (Clarendon Press, Oxford 1971)
77. Main J., Wunner G.: Hydrogen atom in a magnetic field: Ghost orbits, catastrophes, and uniform semiclassical approximations, Phys. Rev. A, 55, 1743 (1997)

[N] Der *gedankliche Hintergrund* der Quantenphysik (man könnte auch sagen: „die *Philosophie* dahinter") zeigt im Vergleich zur klassischen Physik viele Besonderheiten. Dazu folgende Literaturhinweise:

78. Aspect A., Grangier P., Roger G.: Experimental Realization of Einstein-Podolski-Rosen-Bohm Gedanken Experiment, Phys. Rev. Lett. 49, 91 (1982)
79. Bohm D., Aharonov Y.: Discussion of Experimental Proof of the Paradox of Einstein, Rosen, and Podolski, Phys. Rev. 108, 1070 (1957)
80. Brody T.: The Philosophy behind Physics (Springer, Berlin Heidelberg 1993)
81. Selleri F.: Die Debatte um die Quantentheorie (Vieweg, Wiesbaden 1983)

[O] Neueste Ergebnisse werden für gewöhnlich auf „Servern" elektronisch hinterlegt oder als „Papers" in Fachzeitschriften veröffentlicht. Zum Abschluß noch einige Hinweise auf interessante weiterführende „Papers":

82. Benredjem D., Sureau A., Möller C.: Zeeman Splitting in the Maxwell-Bloch Theory of Collisionally Damped Lasers, Phys. Rev. A, 55, 4576 (1997)

83. Bergeman T.: Hartree-Fock Calculations of Bose-Einstein Condensation of Li Atoms in a Harmonic Trap for $T > 0$, Phys. Rev. A, 55, 3658 (1997)

84. Elmfors P., Lautrup B., Skagerstam B.: Dynamics, Correlations, and Phases of the Micromaser, Phys. Rev. A, 54, 5171 (1996)

85. Ezawa Z. F.: Quantum Coherence and Skyrmions in a Bilinear Quantum Hall System, Phys. Rev. B, 55, 7771 (1997)

86. Harju A., Barbiellini B., Nieminen R. M.: Stability of Light Positronic Atoms. Quantum Monte Carlo Studies, Phys. Rev. A, 54, 4849 (1996)

87. Krätschmer W., Fostiropoulos K., Hoffmann D. R.: Chem. Phys. Lett., 170, 167 (1990)

88. Leonski W.: Finite-dimensional Coherent-state Generation and Quantum-optical Nonlinear Oscillator Modells, Phys. Rev. A, 55, 3874 (1997)

89. Lu Y., Amado R. D.: Nucleon-antinucleon Interaction from the Skyrme Model, Phys. Rev. C, 54, 1566 (1996)

90. March N. H.: Density-functional Approach to Relativistic Charge Expansion Theory, Phys. Rev. A, 55, 3935 (1997)

91. Mølmer K., Castin Y., Dalibard J.: Monte Carlo Wavefunction Method in Quantum Optics, J. Opt. Soc. Am. B 10, 524 (1993)

92. Nachtwei G., Lütjering G., Weiss D., Liu Z. H., von Klitzing K., Foxon C. T.: Breakdown of the Quantum Hall Effect in Periodic and Aperiodic Antidot Arrays, Phys. Rev. B, 55, 6731 (1997)

93. Strohmaier R., Ludwig C., Petersen J., Gompf B., Eisenmenger W.: STM investigations of C_6Br_6 on HOPG and MoS_2, Surface Science Letters 318 (1994) L1181–L1185 (Elsevier Science)

94. Tang D. Y., Li M. Y., Malos J. T., Heckenberg N. R., Weiss C. O.: Subtleties of the Period-doubling Chaos of an Optically Pumped NH_3 Single-mode Ring Laser, Phys. Rev. A, 52, 717 (1995)

95. Wilke C., Wunner G.: Photon Splitting in Strong Magnetic Fields: Asymptotic Approximation Formulas versus Accurate Numerical Results, Phys. Rev. D, 55, 997 (1997)

Sachwortverzeichnis

Über den Autor

Bis 1992 arbeitete Volker A. Weberruß am 1. Institut für theoretische Physik und Synergetik der Universität Stuttgart. Nach seiner Promotion 1992 gründete Dipl. Phys. Volker A. Weberruß ein wissenschaftlich orientiertes Projektbüro (V.A.W. scientific consultation), das Auftragsarbeiten für wissenschaftliche Institute innerhalb und außerhalb von Universitäten durchführt. Seine bisherigen Tätigkeiten schließen Modellentwicklung, analytische und numerische Berechnungen und Software-Arbeiten genauso wie englischsprachige Vorlesungstätigkeiten ein. Der Schwerpunkt seiner Arbeit liegt jedoch in der Ausarbeitung unvollständiger wissenschaftlicher Manuskripte und der Herstellung von kompletten englisch- oder deutschsprachigen Büchern in Software-Form („Softbooks"), die im Auftrag und in Zusammenarbeit mit Universitätsdozenten entstehen und von namhaften Verlagen publiziert werden. Kontaktadresse: siehe Impressum.

Danksagung und Anmerkungen

Bei Herrn Prof. Dr. A. Wunderlin möchte ich mich für zahlreiche Diskussionen und Anregungen bedanken. Herr Prof. Dr. E. A. Cornell und Herr Dr. W. Petrich stellten mir freundlicherweise die Aufnahme über die Messung eines Bose-Einstein-Kondensats zur Verfügung. Herrn Prof. Dr. U. Kneissl sei für die Übersendung von Forschungsberichten gedankt. Die Raster-Tunnel-Mikroskop-Aufnahme wurde freundlicherweise von Herrn Dr. B. Gompf zur Verfügung gestellt, bei dem ich mich an dieser Stelle ebenfalls herzlich bedanken möchte. Auch Dank gebührt den Herren Dr. U. Griesinger und Dr. H. Schweizer, die mir AFM-Aufnahmen von Nanostrukturen zum Gebrauch überlassen haben. Bei den Mitarbeitern des Max-Planck-Instituts für Astronomie möchte ich mich für die Überlassung von Falschfarbenaufnahmen verschiedener kosmologischer Objekte bedanken. Frau D. Klink hat mir auch bei diesem Buch äußerst wertvolle Hilfe geleistet, was an dieser Stelle ausdrücklich gewürdigt werden soll. Abschließend möchte ich auch allen Mitarbeitern des Oldenbourg-Verlags, insbesondere Herrn A. Türk, für die gute Zusammenarbeit danken.